Höhere Mathematik für Naturwissenschaftler und Ingenieure

Günter Bärwolff

Höhere Mathematik für Naturwissenschaftler und Ingenieure

3. Auflage

Unter Mitarbeit von Gottfried Seifert

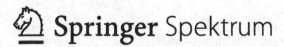

Günter Bärwolff
Technische Universität Berlin
Berlin, Deutschland

ISBN 978-3-662-55021-2   ISBN 978-3-662-55022-9   (eBook)
DOI 10.1007/978-3-662-55022-9

Die Deutsche Nationalbibliothek verzeichnet diese Publikation in der Deutschen Nationalbibliografie; detaillierte bibliografische Daten sind im Internet über http://dnb.d-nb.de abrufbar.

Springer Spektrum

Planung: Dr. Andreas Rüdinger

Gedruckt auf säurefreiem und chlorfrei gebleichtem Papier

Springer Spektrum ist Teil von Springer Nature
Die eingetragene Gesellschaft ist Springer-Verlag GmbH Deutschland
Die Anschrift der Gesellschaft ist: Heidelberger Platz 3, 14197 Berlin, Germany

Vorwort

In dem vorliegenden Buch sind zum einen langjährige Erfahrungen bei der projektorientierten Zusammenarbeit zwischen Mathematikern, Physikern und Ingenieuren in interdisziplinären Arbeitsgruppen zur Lösung angewandter mathematischer Aufgaben, zum anderen die Erfahrungen bei der mathematischen Grundausbildung von Ingenieurstudenten an der Technischen Universität Berlin zusammengeflossen. Dabei konnten wesentliche Vorstellungen der Kollegen D. Ferus, R.D. Grigorieff, D. Krüger, K. Kutzler und H. Bausch, die ich in den vergangenen 10 Jahren auch in meinen Vorlesungen verwendet habe, dankenswerterweise genutzt werden.

Dieses Lehrbuch hat zum Ziel, in einem Band die mathematischen Inhalte zu behandeln, die üblicherweise im Grundstudium der Ingenieure und Physiker vermittelt werden. Da somit in einem Band ein sehr breites Spektrum zu bearbeiten war, haben wir uns speziell bei den Themen "Funktionentheorie", "Partielle Differentialgleichungen", "Integraltransformationen" und "Variationsrechnung und Optimierung" nur auf Grundlagen konzentriert, die in der Mathematikausbildung von Ingenieuren an der Technischen Universität Berlin seitens der Ingenieurfakultäten für wichtig erachtet wurden. Der Inhalt des Buches bildet die Mathematikkurse weitestgehend ab, die an der Technischen Universität Berlin im Ingenieurgrundstudium vermittelt werden.

Auf Vorschlag einiger in der Mathematikausbildung von Ingenieuren tätigen Fachkollegen anderer Universitäten wurde der ursprünglich vorgesehene Rahmen um Kapitel zur Wahrscheinlichkeitsrechnung und Statistik beträchtlich erweitert. Diese beiden Kapitel wurden im Wesentlichen von meinem langjährigen Kollegen G. Seifert geschrieben, der durch kritische Hinweise und Verbesserungsvorschläge auch an Teilen des übrigen Textes mitgewirkt hat.

Um das Buch lesbar zu gestalten, war es nicht immer möglich, nur Begriffe zu verwenden, die schon ausführlich besprochen und definiert sind. Es liegt z.B. nahe, die Binomialkoeffizienten im Abschnitt über natürliche Zahlen einzuführen. Um dabei dann auch die binomischen Formeln zur Berechnung von $(a + b)^n$ sinnvoll behandeln zu können, setzen wir voraus, dass a und b reelle Zahlen sind, ohne den Begriff der reellen Zahl an dieser Stelle schon definiert zu haben. Ein anderes Beispiel ist der Vektorbegriff, bei dem wir uns zunächst auf Schulkenntnisse stützen, wenn wir Ungleichungen und Operationen mit komplexen Zahlen graphisch darstellen. Später werden dann die Vektoren als Elemente spezieller abstrakter Vektorräume behandelt. Wir waren bestrebt, die aus Darstellungs- und Lesbarkeitsgründen vorab verwendeten Begriffe in den betreffenden thematischen Abschnitten zu definieren.

Das Buch soll einerseits Studierenden der Ingenieur- und Naturwissenschaften bei der Mathematikausbildung an der Universität oder Fachhochschule ein nützlicher Begleiter sein, andererseits aber auch dem in der Praxis tätigen Ingenieur

oder Physiker als Nachschlagewerk dienen. Neben Ingenieuren und Naturwissenschaftlern richtet sich das Buch durch das breite Themenspektrum bis hin zur
nichtlinearen Optimierung und Wahrscheinlichkeitsrechnung/Statistik auch an
Techno- und Wirtschaftsmathematiker oder Betriebs- und Volkswirte, die an einer fundierten mathematischen Ausbildung als Grundlage für eine Unternehmensführung interessiert sind. Bei der Vermittlung der mathematischen Inhalte
spielt der Aspekt der praktischen Nutzung der dargelegten Methoden und Instrumente eine wesentliche Rolle. Allerdings kann es mit diesem Buch nicht nur
darum gehen, Studierende, die schnell und "irgendwie" ihren Mathematikkurs
überstehen wollen, anzusprechen. Das Buch richtet sich vor allem an Leute, die
an Mathematik und am Verständnis von Inhalten interessiert sind. Deshalb wird
im Rahmen der Möglichkeiten von 870 Seiten eine weitestgehend stimmige Darstellung der angesprochenen Themen angestrebt. Will man das erreichen, müssen auch recht theoretisch anmutende Themen wie z.B. die Eigenschaften von
Funktionenreihen oder die Eigenschaften von Determinanten und Matrizen in
der linearen Algebra diskutiert werden. Beweise von Sätzen und Formeln führen
wir in der Regel dort, wo es um das Erlernen von Beweistechniken geht, oder wo
mit den Beweisen durch konstruktive Methoden das Verständnis von Inhalten
gefördert oder die mathematische Allgemeinbildung erweitert wird. Die Voraussetzungen von Sätzen und mathematischen Aussagen werden nicht immer in der
schärfstmöglichen Form angegeben. Als Beispiel sei etwa die Forderung der stetigen Differenzierbarkeit einer Funktion genannt, deren Ableitung eigentlich nur
integrierbar sein muss, weil sie in einem Integralausdruck verwendet wird. Hier
wurde die Stetigkeit der Ableitung gefordert, obwohl die schwächere Forderung
der Integrierbarkeit ausgereicht hätte. Allerdings haben für die Anwendung relevante Funktionen in der Regel stetige Ableitungen, so dass die stärkere Voraussetzung dann meist erfüllt ist.
Im Anhang werden in einer kompakten Sammlung wichtige Formeln zu den einzelnen Kapiteln zusammengefasst. Da die Lösungen der in jedem Kapitel gestellten Aufgaben recht ausführlich dargestellt werden, werden sie aus Platzgründen
zum Download im Internet auf www.spektrum-verlag.de als pdf- und als ps-
Datei angeboten.
Für an vertiefender Literatur und an lückenlosen Nachweisen interessierte Leser werden im Anhang zu den einzelnen Kapiteln mathematische Monographien
angegeben.
Herrn Dr. Andreas Rüdinger als verantwortlichen Lektor von Spektrum Akademischer Verlag möchte ich zum einen für die Anregung zu diesem Lehrbuch und
zum anderen für die problemlose Zusammenarbeit von der Vertragsentstehung
bis zum fertigen Buch meinen Dank aussprechen. Insbesondere in der Endphase
der Fertigstellung des Manuskripts war die unkomplizierte Zusammenarbeit mit
Frau Barbara Lühker von Spektrum Akademischer Verlag hilfreich.
Zu guter letzt möchte ich Frau Gabriele Graichen, die die vielen Grafiken auf dem
Computer erstellt hat, für die effiziente Zusammenarbeit herzlich danken, ohne
die das Buch nicht möglich gewesen wäre.

Berlin, August 2004   Günter Bärwolff

Vorwort zur 2. Auflage

Den Vorschlägen von Fachkolleginnen und -kollegen folgend, wird die 2. Auflage um zwei Themengebiete ergänzt. Einmal wird das Kapitel "Gewöhnliche Differentialgleichungen" um einen Abschnitt zu Zweipunkt-Randwertproblemen und Rand-Eigenwertproblemen erweitert. Des Weiteren wurde ein Kapitel zur Thematik "Tensorrechnung" hinzugefügt. Das Kapitel "Partielle Differentialgleichungen" wurde auch mit Bezug auf den neuen Abschnitt zu Randwertproblemen durch meinen Kollegen Gottfried Seifert umfassend überarbeitet. Die Formelsammlung wurde entsprechend ergänzt. Die sorgfältige Durchsicht der 1. Auflage, die sich daraus ergebende Überarbeitung durch G. Seifert und die Aufbereitung vorhandener sowie die Erzeugung neuer Grafiken durch Frau Gabriele Graichen haben dem Buch zweifellos sehr gut getan. Ebenso ausgesprochen dankbar bin ich Frau B. Lühker und Herrn Dr. A. Rüdinger von Spektrum Akademischer Verlag für das akribische Lesen des Manuskripts, speziell der neu hinzugekommenen Themen, und die klugen Hinweise. Besonders bei der indexträchtigen Tensorrechnung hat das zur rechtzeitigen Korrektur einer Reihe von Flüchtigkeitsschreibfehlern beigetragen.

Außerdem wurden selbstverständlich berechtigte Hinweise von Lesern berücksichtigt, insbesondere ein wesentlich umfangreicherer Index erstellt und das Erratum der 1. Auflage eingearbeitet.

Berlin, November 2005 Günter Bärwolff

Vorwort zur 3. Auflage

In der 3. Auflage sind neben einer Reihe von Korrekturen kleinerer Unkorrektheiten der vorigen Auflagen in verschiedenen Kapiteln Ergänzungen als Reaktion auf Meinungsäußerungen von Lesern und Fachkollegen sowie des bewährten Lektorats des Verlags vorgenommen worden. So wurden z.B. der Begriff der Orthogonalität allgemeiner gefasst und der Nutzen von orthogonalen Matrizen anhand von Beispielen belegt. Außerdem wurde dem Wunsch Rechnung getragen, den Index um wichtige Stichworte zu ergänzen.

Obwohl in dem vorliegenden Lehrbuch hauptsächlich darum geht, den Lesern die behandelten Gebiete der Höheren Mathematik vermitteln und sie in die Lage zu versetzen, Begriffe und Konzepte zu verstehen und anzuwenden, habe ich den Anhang um eine kurze Einführung in das Computeralgebra-System MATLAB[1] bzw. Octave[2] ergänzt. Auch aus dem Grund, um bestimmte Techniken wie z.B. die Produkte von Matrizen oder Vektoren effizient auszuführen bzw. eigene Rechnungen zu überprüfen.

Sehr hilfreich für das Verständnis sind darüberhinaus die in Matlab/Octave vorhandenen Möglichkeiten Sachverhalte zu visualisieren. Letztendlich danke ich Frau B. Lühker und Herrn Dr. A. Rüdinger von Springer Spektrum für die traditionell gute Zusammenarbeit.

Berlin, Juni 2017 Günter Bärwolff

---

[1]MATLAB ist eine kommerzielle Software des US-amerikanischen Unternehmens MathWorks
[2]Open-Source frei verfügbare Alternative zu MATLAB

Inhaltsverzeichnis

1 Grundlagen

In dem vorliegenden Kapitel werden Prinzipien dargestellt, die in den weiteren Kapiteln Verwendung finden. Dabei werden aus der Schule bekannte Rechenregeln mit Zahlen und Gleichungen, induktives und deduktives Herleiten von Formeln und Aussagen wiederholt, sowie die mathematische Beschreibung der Abhängigkeit bestimmter Variablen von Eingangsgrößen als Funktionen bzw. Abbildungen behandelt.

Natürliche, ganze, rationale und reelle Zahlen und ihre Bedeutung für die Lösung von Gleichungen werden dargestellt. Unverzichtbar in einem Grundlagenkapitel sind die komplexen Zahlen, die in fast allen Bereichen der angewandten Mathematik benötigt werden. Der Fundamentalsatz der Algebra liefert Darstellungsformen von Polynomen, die grundlegende Aussagen über die Nullstellen dieser wichtigen elementaren Funktionen gestatten.

Übersicht

1.1 Logische Grundlagen

Im Folgenden sollen die wichtigsten Begriffe der Aussagen- und Prädikatenlo-
gik erläutert werden. Dabei geht es um Aussagen, Aussageformen, logische Ausdrücke. Diese werden benutzt, um mathematische Sachverhalte zu beschreiben,
z.B. einen mathematischen Satz, bei dem aus einer Voraussetzung A eine Behauptung B folgt. Bedeutet die Voraussetzung A, dass die Zahl b größer oder gleich
Null ist, dann ist die Behauptung B, dass die Gleichung $x^2 - b = 0$ reelle Lösungen besitzt, richtig.

1.1.1 Aussagen und Aussageformen

Die Mathematik präsentiert sich in Aussagen, z.B.

$\qquad A := $ "625 ist durch 5, 25 und 125 teilbar",

$\qquad B := $ "$x^2 + 1 = 0$ hat keine reelle Lösung",

$\qquad C := $ "Die Punkte $P_1 = (1{,}2)$, $P_2 = (2{,}4)$ und $P_3 = (5{,}5)$
$\qquad\qquad$ liegen auf einer Geraden,"

wobei $A := B$ bedeutet, dass A durch B definiert wird. **Aussagen** sind dadurch
gekennzeichnet, dass man in der Regel in der Lage ist, klar zu entscheiden, ob sie
wahr oder falsch sind. Wenn wir mit $\omega(A), \omega(B), \omega(C)$ den jeweiligen **Wahrheits-
wert** (W für eine wahre Aussage und F für eine falsche Aussage) der Aussagen
A, B, C bezeichnen, erhält man sofort

$\qquad \omega(A) = W, \qquad \omega(B) = W$

und im Ergebnis einer kleinen Skizze (Abb. 1.1) $\omega(C) = F$. Hier wollen wir unter
$\omega(A) = W$ verstehen, dass durch ω der Aussage A der Wert W zugeordnet wird.
Entsprechend bezeichnen wir mit $\omega(A) = F$ die Zuordnung des Wertes F durch
ω für die Aussage A. Weitere Werte soll ω nicht annehemen können.
Wir postulieren also:

> Eine Aussage kann entweder wahr oder falsch sein - ein Drittes gibt es nicht.

Dieses Postulat bezeichnet man auch als "Satz vom ausgeschlossenen Dritten",
und damit arbeiten wir mit der klassischen **zweiwertigen** Logik. Wir definieren
nun den Begriff der Aussageform.

Definition 1.1. (Aussageform)
Eine **Aussageform** ist ein Satz, der eine oder mehrere Variable enthält und der
nach dem Ersetzen der Variablen durch konkrete Werte in eine Aussage übergeht.

Im Falle einer Variablen x verwenden wir die Schreibweise $A(x)$ für eine Aussageform, z.B.

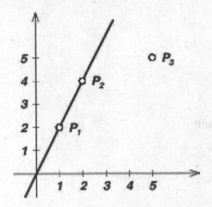

Abb. 1.1. Geometrischer Beweis von $\omega(C) = F$

$$A(x) := "P_1 = (1,2),\ P_2 = (2,4)\ \text{und}\ P_3 = (5,x)\ \text{liegen auf einer Geraden}",$$

bzw. im Falle zweier Variablen x, y die Schreibweise $B(x,y)$, z.B.

$$B(x,y) := "x = 5y".$$

Man sieht nun sofort, dass

    $A(10)$ wahr ist,   also $\omega(A(10)) = W$,   und dass auch

    $B(25,5)$ wahr ist,   also $\omega(B(25,5)) = W$.

Weiter ist z.B.

    $A(8)$ falsch,   also $\omega(A(8)) = F$,   und auch

    $B(1,1)$ falsch,   also $\omega(B(1,1)) = F$.

1.1.2 Logische Operationen und Aussagenverbindungen

Oft stehen Aussagen nicht allein, sondern eine interessierende Aussage ergibt sich erst durch Verknüpfung anderer Aussagen mittels logischer Operationen. Von dieser "zusammengesetzten" Aussage ist dann zu prüfen, ob sie wahr oder falsch ist.

> **Logische Operationen** sind Operationen, die auf Aussagen angewandt neue Aussagen bzw. Aussagenverbindungen erzeugen.

a) Negation

Die **Negation** einer Aussage A, bezeichnet durch

    $\overline{A}$ oder $\neg A$ (gesprochen: "nicht A"),

ist eine Aussage, für die gilt:

$$\omega(\overline{A}) = F, \qquad\qquad \text{wenn} \quad \omega(A) = W \quad \text{ist,}$$

$$\omega(\overline{A}) = W, \qquad\qquad \text{wenn} \quad \omega(A) = F \quad \text{ist.}$$

Wenn A beispielsweise die Aussage

$A :=$ "25 ist eine Quadratzahl"

ist, und damit $\omega(A) = W$ gilt, so ist $\overline{A}$ die Aussage

$\overline{A} :=$ "25 ist keine Quadratzahl",

was ja bekanntlich nicht richtig ist, so dass sich $\omega(\overline{A}) = F$ ergibt.

b) Konjunktion

Die **Konjunktion** der Aussagen A und B bezeichnen wir durch

$A \wedge B$ \qquad (gesprochen: "A und B"),

und verstehen darunter eine Aussage, die genau dann wahr ist, wenn sowohl A als auch B wahr sind, d.h.

$\omega(A \wedge B) = W$ genau dann, wenn $\omega(A) = W$ und $\omega(B) = W$ ist.

Die Konjunktion $A \wedge B$ der Aussagen

$A :=$ "Politiker sagen immer die Wahrheit" und

$B :=$ "alle Studenten haben mindestens eine 2 als Abiturabschluss"

ist auf jeden Fall falsch, also gilt $\omega(A \wedge B) = F$, da $\omega(A) = F$, unabhängig davon, ob B zutrifft oder nicht.

Ein Beispiel für eine Konjunktion ist eine Reihenschaltung zweier Schalter, wobei nur dann Strom fließt, wenn beide Schalter geschlossen sind. Wir definieren 3 Aussagen A, B, C, und zwar sei A die Aussage, dass Schalter 2 geschlossen ist, B die Aussage, dass Schalter 3 geschlossen ist, und C sei die Aussage, dass zwischen den Knoten 1 und 4 Strom fließen kann.

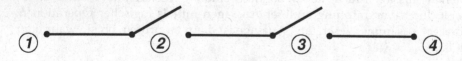

Abb. 1.2. Reihenschaltung als Beispiel für die Konjunktion

$$\omega(A) = \begin{cases} W & \text{Schalter 2 geschlossen} \\ F & \text{Schalter 2 offen} \end{cases}$$

$$\omega(B) = \begin{cases} W & \text{Schalter 3 geschlossen} \\ F & \text{Schalter 3 offen} \end{cases}$$

$$\omega(C) = \begin{cases} W & \text{Leitung zwischen 1 und 4 geschlossen} \\ F & \text{Leitung zwischen 1 und 4 unterbrochen} \end{cases} \cdot$$

Damit gilt C genau dann, wenn A und B gelten, also ist $C = A \wedge B$.

c) Alternative

Die **Alternative** der Aussagen A und B bezeichnen wir mit

$A \vee B$ (gesprochen: "A oder B"),

und verstehen darunter eine Aussage, die genau dann wahr ist, wenn mindestens eine der beiden Aussagen A, B wahr ist:

$\omega(A \vee B) = F$ genau dann, wenn $\omega(A) = F$ und $\omega(B) = F$ ist.

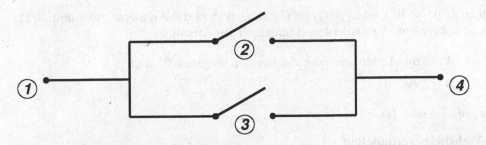

Abb. 1.3. Parallelschaltung als Beispiel für die Alternative, A, B, C wie oben definiert

Eine technische Realisierung der Alternative wäre eine Parallelschaltung zweier Schalter, so dass nur dann kein Strom fließt, wenn beide Schalter geöffnet sind (siehe dazu Abb. 1.3). Haben A, B, C dieselbe Bedeutung wie in Abb. 1.2, so gilt jetzt C genau dann, wenn A oder B gilt (oder beide), also ist $C = A \vee B$.

d) Implikation

Die **Implikation** der Aussagen A und B wird mit

$A \Longrightarrow B$ (gesprochen: "aus A folgt B")

bezeichnet. Sie ist genau dann falsch, wenn aus einer wahren Voraussetzung (A) eine falsche Schlussfolgerung (B) gezogen wird, d.h.

$\omega(A \Longrightarrow B) = F$ genau dann, wenn $\omega(A) = W$ und $\omega(B) = F$.

Hierzu ist anzumerken, dass man in der Mathematik bei korrekten Schlussfolgerungen aus einer falschen Voraussetzung sowohl falsche, als auch wahre Aussagen herleiten kann. Zum Beispiel ist der Satz

"Wenn 7 durch 3 teilbar ist, dann ist $2 \cdot 7$ durch 3 teilbar"

wahr (denn 7 ist ja nicht durch 3 teilbar).

e) **Äquivalenz**
Die **Äquivalenz** zweier Aussagen A und B wird mit

$$A \Longleftrightarrow B \quad \text{oder} \quad A \equiv B \quad \text{(gesprochen "}A \text{ gilt genau dann, wenn } B \text{ gilt",}$$
$$\text{oder "}A \text{ ist äquivalent zu } B\text{")}$$

bezeichnet und ist definiert durch

$$\omega(A \Longleftrightarrow B) = W \text{ genau dann,}$$
$$\text{wenn } A, \ B \text{ den gleichen Wahrheitswert haben.}$$

Als Beispiel betrachten wir die Aussageformen $A(a) := "a=0"$ und $B(b) := "b=0"$ und erhalten für die Aussagenverbindung $A(0) \Longleftrightarrow B(1)$

$$\omega(A(0) \Longleftrightarrow B(1)) = F,$$

da $\omega(A(0)) = W$ und $\omega(B(1)) = F$ gilt, also sind die Aussagen $A(0)$ und $B(1)$ nicht äquivalent. Äquivalent sind hingegen die Aussagen

$A := "$mindestens eine der Zahlen $x, \ y$ ist gleich $0"$ und

$B := "\text{xy} = 0".$

Es gilt $\omega(A \Longleftrightarrow B) = W$.

f) **Wahrheitswerttabellen**
Für die besprochenen Aussagen bzw. Aussagenverbindungen ergibt sich die folgende **Wahrheitswerttabelle**:

A	$\overline{A}$	A	B	$A \wedge B$	$A \vee B$	$A \Longrightarrow B$	$A \Longleftrightarrow B$
W	F	W	W	W	W	W	W
F	W	W	F	F	W	F	F
		F	W	F	W	W	F
		F	F	F	F	W	W

Die Operationssymbole $\neg$ (bzw. $(\bar{\ })$), $\vee$, $\wedge$, $\Longrightarrow$, $\Longleftrightarrow$ nennt man **Funktoren** oder auch Junktoren. Bei komplizierteren Aussagenverbindungen stellt man zur Entscheidung, ob die Aussage in Abhängigkeit von den Wahrheitswerten der beteiligten Aussagen und Aussagenverbindungen zutrifft oder nicht, die Wahrheitswerttabelle für die gesamte Aussagenverbindung und deren Bestandteile auf. Dies wollen wir exemplarisch für die Aussagenverbindung

$$C := (A \wedge (B \Longrightarrow \overline{A})) \Longrightarrow \overline{B}$$

tun. Die sorgfältige Betrachtung der einzelnen Bestandteile von C ergibt die Wahrheitswerttabelle

A	B	$\overline{A}$	$\overline{B}$	$B \Longrightarrow \overline{A}$	$A \wedge (B \Longrightarrow \overline{A})$	C
W	W	F	F	F	F	W
W	F	F	W	W	W	W
F	W	W	F	W	F	W
F	F	W	W	W	F	W

Die Aussagenverbindung C ist also immer wahr. "Immerwahre" Aussagenverbindungen werden **Tautologien** genannt.

Eine spezielle Äquivalenz von Aussagen bildet die Grundlage für den in der Mathematik gebräuchlichen **indirekten Beweis**. Wir betrachten die Wahrheitswerttabelle

A	B	$\overline{A}$	$\overline{B}$	$A \Longrightarrow B$	$\overline{B} \Longrightarrow \overline{A}$	$(A \Longrightarrow B) \Longleftrightarrow (\overline{B} \Longrightarrow \overline{A})$
W	W	F	F	W	W	W
W	F	F	W	F	F	W
F	W	W	F	W	W	W
F	F	W	W	W	W	W

und stellen fest, dass die Aussagen $A \Longrightarrow B$ und $\overline{B} \Longrightarrow \overline{A}$ äquivalent sind. Will man z.B. nachweisen, dass $A \Longrightarrow B$ gilt, also unter der Voraussetzung A die Aussage B beweisen, so ist dies gleichbedeutend mit dem Beweis, dass aus $\overline{B}$ das Gegenteil der Aussage A, also $\overline{A}$, folgt. Wenn man statt $A \Longrightarrow B$ die äquivalente Aussage $\overline{B} \Longrightarrow \overline{A}$ nachweist, spricht man von einem **indirekten Beweis**. Indirekte Beweise sind auch in folgender Form möglich. Angenommen, man will beweisen, dass eine Aussage A wahr ist. Wenn man zeigen kann, dass aus der Gültigkeit von $\overline{A}$ (d.h. $\omega(\overline{A}) = W$) eine falsche Aussage B ($\omega(B) = F$) folgt, dann ist $\omega(A) = W$ bewiesen. Denn bei $\omega(\overline{A} \Longrightarrow B) = W$ und $\omega(B) = F$ bleibt gemäß Wahrheitswerttabelle f) nur $\omega(\overline{A}) = F$, also $\omega(A) = W$. Ein Beispiel eines indirekten Beweises werden wir im Abschnitt über rationale Zahlen angeben, und zwar werden wir zeigen, dass $\sqrt{2}$ keine rationale Zahl ist.

Abschließend wollen wir einige logische Regeln zusammenfassen.

Äquivalente Aussagen:

Für alle Aussagen A und B gelten die Beziehungen

a) $\overline{\overline{A}} \equiv A$,

b) $(A \Longrightarrow B) \equiv (\overline{A} \vee B) \equiv (\overline{B} \Longrightarrow \overline{A})$,

c) $(A \Longleftrightarrow B) \equiv ((A \Longrightarrow B) \wedge (B \Longrightarrow A)) \equiv (\overline{A} \Longleftrightarrow \overline{B})$,

d) $\overline{A \wedge B} \equiv \overline{A} \vee \overline{B}$,

e) $\overline{A \vee B} \equiv \overline{A} \wedge \overline{B}$.

Der Nachweis der Regeln ergibt sich sofort aus den Wahrheitswerttabellen der zu vergleichenden Aussagenverbindungen.

1.1.3 Quantoren

Bei Aussageformen $A(x)$ oder $B(x,y)$ ist oftmals die Frage interessant, für welche konkreten x oder y die Aussagen A bzw. B zutreffen oder nicht. Besondere Bedeutung haben die Fälle "für alle x mit einer vorgegebenen Eigenschaft" und "es existiert mindestens ein x". Für diese Fälle werden Quantoren, nämlich

$\forall x$ "für alle x"   (Allquantor)

$\exists x$ "es existiert ein x, so dass ..."   (Existenzquantor)

eingeführt. Betrachten wir beispielsweise die Aussageform $A(x) = "x^2 = 1"$ so erhalten wir mit dem Allquantor $\forall$ die Aussage

$$P \quad := \quad (\forall x, \text{reell} : A(x)) \quad = \quad (\forall x, \text{reell} : "x^2 = 1")$$

und bemerken, dass $\omega(P) = F$ gilt, da die Gleichung $x^2 = 1$ nicht für alle reellen Zahlen gilt. Für die Aussage

$$Q \quad := \quad (\exists x, \text{reell} : A(x)) \quad = \quad (\exists x, \text{reell} : "x^2 = 1")$$

erhalten wir dagegen $\omega(Q) = W$, da die Gleichung ja für die reelle Zahl $x = 1$ erfüllt ist.

Abschließend wollen wir die Verneinung von Aussagen der Form $P := \forall x : A(x)$ und $Q := \exists x : A(x)$ betrachten. Es gilt

$$\overline{P} = \overline{\forall x : A(x)} := (\exists x : \overline{A(x)}) \quad \text{und} \quad \overline{Q} = \overline{\exists x : A(x)} := (\forall x : \overline{A(x)}) .$$

Dass dies vernünftig ist, zeigt das folgende Beispiel. Wir betrachten die Aussageform

$$B(x) := " x^2 + x + 1 = 0" \quad \text{und die Aussage} \quad P := (\exists x, \text{reell} : B(x)) .$$

Wir stellen fest, dass die Aussage P falsch ist, da man keine reelle Zahl x finden kann, die die Gleichung $x^2 + x + 1 = 0$ erfüllt. Nach Definition ergibt sich

$$\overline{P} = \overline{\exists x, \text{reell} : B(x)} = (\forall x, \text{reell} : \overline{B(x)}) = (\forall x, \text{reell} : "x^2 + x + 1 \neq 0").$$

Da es keine reelle Zahl x gibt, die die Gleichung $x^2 + x + 1 = 0$ erfüllt, ist "logischerweise" für alle reellen Zahlen x die Ungleichheit $x^2 + x + 1 \neq 0$ erfüllt, und damit ist die Aussage $\overline{P}$ wahr, also $\omega(\overline{P}) = W$.

1.2 Grundlagen der Mengenlehre

1.2.1 Begriff der Menge und Mengenbeziehungen

Der Begriff der Menge wird in verschiedenen Bereichen unseres Lebens wie selbstverständlich benutzt. Auf die mathematisch strengen Grundlagen der Mengentheorie kann im Rahmen dieses Buches nicht eingegangen werden. Zum Verständnis des Stoffes ist ein so genannter "naiver" Standpunkt ausreichend. Deshalb verwenden wir die

Definition 1.2. (CANTORsche "naive" oder "intuitive" Mengendefinition)

Eine **Menge** ist eine Zusammenfassung wohlunterschiedener Objekte der Anschauung oder des Denkens zu einem Ganzen (einer Gesamtheit).

Die darauf beruhende Mengenlehre nennt man CANTORsche, **naive, intuitive** oder auch **anschauliche Mengenlehre**. Die in einer Menge A zusammengefassten Objekte nennt man **Elemente** von A. Um gewisse Antinomien im Rahmen der naiven Mengenlehre auszuschließen, treffen wir die (naheliegende) Voraussetzung, dass man zu einer jeden Menge A und einem jeden Objekt x entscheiden kann, ob x zu A gehört oder nicht: Für jede Menge A und jedes Objekt x gilt genau eine der Relationen

$$x \in A \qquad \text{oder} \qquad x \notin A .$$

Eine Gesamtheit, die kein Element enthält, heißt leere Menge; wir bezeichnen sie mit $\emptyset$.

Es gibt zwei Möglichkeiten der Charakterisierung bzw. Darstellung von Mengen:

1) die **enumerative** (aufzählende) Darstellung, d.h. die Elemente werden explizit aufgelistet

$$A := \{Otto, Ottmar, Ole, Oswald\},$$

2) die **deskriptive** (beschreibende) Darstellung, d.h. die Charakterisierung der Elemente durch eine Eigenschaft,

$$B := \{n \mid \omega(C(n)) = W\},$$

(lies: "B ist die Menge aller n, für die gilt: $\omega(C(n)) = W$"); dabei ist $C(n)$ eine Aussageform, z.B.

$$C(n) := \text{"}n \text{ ist eine natürliche Zahl } (n \in \mathbb{N}) \text{ und es gibt ein } p \in \mathbb{N} \text{ mit } n = 2p\text{"}.$$

In diesem Fall ist B die Menge der geraden natürlichen Zahlen $2\mathbb{N}$.

Ähnlich wie die Beziehungen $\leq$, $=$ und $<$ zwischen reellen Zahlen lassen sich auch zwischen Mengen bestimmte Relationen erklären. Die **Mengenbeziehungen** Gleichheit, Teilmenge, echte Teilmenge sind wie folgt definiert:

(i) A heißt **Teilmenge** von B bzw. B heißt **Obermenge** von A, wenn jedes Element von A auch Element von B ist:

$$x \in A \Longrightarrow x \in B .$$

Schreibweise: $A \subseteq B$.

(ii) Die Mengen A und B sind **gleich**, wenn jedes Element von A auch Element von B ist und jedes Element von B auch Element von A ist:

$$x \in A \Longleftrightarrow x \in B \quad \text{bzw.} \quad A \subseteq B \land B \subseteq A .$$

Schreibweise: $A = B$.

(iii) A heißt **echte Teilmenge** von B, wenn A Teilmenge von B ist und mindestens ein Element b von B existiert, das nicht zu A gehört:

$$x \in A \Longrightarrow x \in B \wedge \exists b,\, b \in B : b \notin A \quad \text{bzw.} \quad A \subseteq B \wedge A \neq B \,.$$

Schreibweise: $A \subset B$.

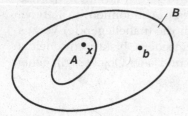   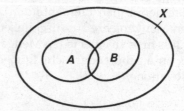

Abb. 1.4. A echte Teilmenge von B ($A \subset$ B)   **Abb. 1.5.** A und B als Teilmengen der Obermenge X

Mit den so genannten VENN-EULER-Diagrammen (s. z.B. Abbildungen 1.4, 1.5) können Mengen und Mengenoperationen graphisch veranschaulicht werden. Dabei stellt man sich die Elemente einer Menge als Punkte und die Mengen als von geschlossenen Kurven begrenzte Gebiete in der Ebene vor.

1.2.2 Mengenoperationen

Mit Hilfe bestimmter Operationen lassen sich aus vorgegebenen Mengen neue bilden. A und B seien Teilmengen einer Grundmenge X: $A \subseteq X$, $B \subseteq X$. Unter der **Vereinigungsmenge** $A \cup B$ von A und B verstehen wir die Menge aller Elemente, die in A oder in B enthalten sind:

$$A \cup B := \{x \mid x \in A \vee x \in B\} \,.$$

Unter dem **Durchschnitt** oder Schnittmenge $A \cap B$ von A und B versteht man die Gesamtheit aller Elemente, die sowohl in A als auch in B enthalten sind:

$$A \cap B := \{x \mid x \in A \wedge x \in B\} \,.$$

Gibt es kein Element, das sowohl in A als auch in B enthalten ist, so nennt man die Mengen A und B **disjunkt**.

Die **Differenzmenge** $A \setminus B$ von A und B ist die Gesamtheit aller Elemente, die in A, aber nicht in B enthalten sind:

$$A \setminus B := \{x \mid x \in A \wedge x \notin B\} \,.$$

Ist A eine Teilmenge von X, so ist die **Komplementärmenge** oder das Komplement $\overline{A}$ (auch mit $C_X A$ oder auch A^c bezeichnet) definiert durch

$$\overline{A} := X \setminus A \,.$$

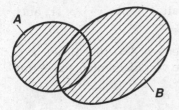

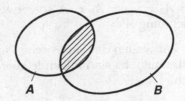

Abb. 1.6. Vereinigung $A \cup B$

Abb. 1.7. Durchschnitt $A \cap B$

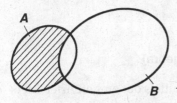

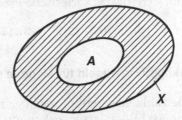

Abb. 1.8. Differenz $A \setminus B$

Abb. 1.9. Komplement $\overline{A}$ von A in X

Die Menge aller Teilmengen A einer Menge X heißt **Potenzmenge** $\mathcal{P}(X)$ von X:

$$\mathcal{P}(X) := \{A \mid A \subseteq X\}\,.$$

Beispiel: Sei $X = \{1, 3, 5\}$ gegeben. Die Menge X hat die Teilmengen

$$A_1 = \emptyset,\ A_2 = \{1\},\ A_3 = \{3\},\ A_4 = \{5\},$$
$$A_5 = \{1{,}3\},\ A_6 = \{1{,}5\},\ A_7 = \{3{,}5\},\ A_8 = \{1{,}3{,}5\}\,,$$

so dass wir mit

$$\mathcal{P}(X) = \{A_k \mid k = 1, 2, \ldots, 8\}$$

die Potenzmenge finden. Durch vollständige Induktion (s. Abschnitt 1.4) kann man zeigen, dass die Potenzmenge einer Menge mit n Elementen genau 2^n Elemente besitzt. Das wird im angegebenen Beispiel bestätigt, denn wir haben für die Menge X mit 3 Elementen $2^3 = 8$ Teilmengen gefunden.

Die Menge aller geordneten Paare (a, b), wobei a ein beliebiges Element aus einer Menge A und b ein beliebiges Element aus einer Menge B bedeuten, heißt das **kartesische Produkt** $A \times B$ der beiden Mengen A und B:

$$A \times B := \{(a, b) \mid a \in A \wedge b \in B\}\,.$$

Wir nennen $(a_1, a_2, \ldots, a_n)$ ein geordnetes n-Tupel der beliebigen Elemente a_k aus den Mengen A_k ($k = 1, \ldots, n$), und die Menge aller n-Tupel heißt das kartesische Produkt $A_1 \times A_2 \times \cdots \times A_n$ der Mengen $A_1, A_2, \ldots, A_n$:

$$A_1 \times A_2 \times \cdots \times A_n := \{(a_1, a_2, \ldots, a_n) \mid a_1 \in A_1 \wedge a_2 \in A_2 \wedge \cdots \wedge a_n \in A_n\}\,.$$

Gilt $A_1 = A_2 = \cdots = A_n = A$, so verwendet man statt $A_1 \times A_2 \times \cdots \times A_n$ auch die Bezeichnung A^n.

Beispiel: Wir wollen das kartesische Produkt der Mengen $A = \{0,2,4\}$ und $B = \{1,3\}$ bestimmen. Es sind folgende geordneten Paare von Elementen aus A und B möglich:

$$(0,1), \ (0,3), \ (2,1), \ (2,3), \ (4,1), \ (4,3) \ .$$

Damit ergibt sich für das kartesische Produkt

$$A \times B = \{(0,1),(0,3),(2,1),(2,3),(4,1),(4,3)\} \ .$$

1.2.3 Verknüpfungsregeln für Mengen (Mengenalgebra)

Aus der Vielzahl der Verknüpfungsregeln, die sich mittels der eingeführten Mengenoperationen bilden lassen, geben wir hier nur einige wenige an.

Für beliebige Teilmengen A, B einer Grundmenge X gelten die folgenden Verknüpfungsregeln (mengenalgebraische Regeln):

a) 1. Distributivgesetz: $A \cap (B \cup C) = (A \cap B) \cup (A \cap C)$,

b) 2. Distributivgesetz: $A \cup (B \cap C) = (A \cup B) \cap (A \cup C)$,

c) Assoziativgesetz für $\cup$: $A \cup B \cup C = (A \cup B) \cup C = A \cup (B \cup C)$,

d) Assoziativgesetz für $\cap$: $A \cap B \cap C = (A \cap B) \cap C = A \cap (B \cap C)$,

e) $A \subseteq B \Longleftrightarrow A \cup B = B \Longleftrightarrow A \cap B = A$,

f) $A \cap B = \emptyset \Longleftrightarrow A \subseteq \overline{B} \Longleftrightarrow B \subseteq \overline{A}$,

g) DE MORGANsche Regeln: $\overline{A \cup B} = \overline{A} \cap \overline{B}$, $\overline{A \cap B} = \overline{A} \cup \overline{B}$
   In Worten:
   Das Komplement der Vereinigungsmenge ist gleich dem Durchschnitt der Komplemente. Das Komplement des Durchschnittes ist gleich der Vereinigung der Komplemente.

Die Beweise lassen sich mit Hilfe der oben definierten Mengenoperationen ($\cap$, $\cup$, $\setminus$, C_X) leicht führen. Am Beispiel der DE MORGANschen Regeln sieht das folgendermaßen aus:

$$
\begin{aligned}
x \in X \setminus (A \cup B) \ &\Longleftrightarrow \ x \in X \wedge x \notin (A \cup B) \\
&\Longleftrightarrow \ x \in X \wedge (x \notin A \wedge x \notin B) \\
&\Longleftrightarrow \ (x \in X \wedge x \notin A) \wedge (x \in X \wedge x \notin B) \\
&\Longleftrightarrow \ x \in (X \setminus A) \cap (X \setminus B) \, ,
\end{aligned}
$$

$$
\begin{aligned}
x \in X \setminus (A \cap B) \ &\Longleftrightarrow \ x \in X \wedge x \notin (A \cap B) \\
&\Longleftrightarrow \ x \in X \wedge (x \notin A \vee x \notin B) \\
&\Longleftrightarrow \ (x \in X \wedge x \notin A) \vee (x \in X \wedge x \notin B) \\
&\Longleftrightarrow \ x \in (X \setminus A) \cup (X \setminus B) \, .
\end{aligned}
$$

Mengenalgebraische Ausdrücke (Mengenverknüpfungen) sind in der Regel durch konsequente Klammersetzung klar definiert. Wenn in Ausdrücken einmal keine Klammern gesetzt sind, so gilt die Konvention aus der Grundschule "Punktrechnung geht vor Strichrechnung", wobei in der Mengenalgebra der Durchschnitt $\cap$ der Multiplikation in der Arithmetik und die Vereinigung $\cup$ bzw. die Differenz $\setminus$ der Addition bzw. Subtraktion von Zahlen entspricht. Der Ausdruck

$$A \cup B \cap C \cup D \cap E$$

ist gleichbedeutend mit dem geklammerten Ausdruck

$$A \cup (B \cap C) \cup (D \cap E) = (A \cup (B \cap C)) \cup (D \cap E).$$

Beispiele:
1) Wenn wir die Menge der natürlichen Zahlen $\{1,2,3,\dots\}$ wie üblich mit $\mathbb{N}$ und die der geraden natürlichen Zahlen mit $2\mathbb{N}$ bezeichnen, dann erhalten wir mit

$$\overline{2\mathbb{N}} = \mathbb{N} \setminus 2\mathbb{N} = \{2n - 1 \mid n \in \mathbb{N}\}$$

die Menge der ungeraden natürlichen Zahlen als Komplement der geraden natürlichen Zahlen in $\mathbb{N}$.

2) Seien die Mengen
$A := \{x \in \mathbb{R} \mid 6 \leq x < 25\} = [6,25[,$
$B := \{x \in \mathbb{N} \mid x \text{ teilt } 625 \land x \neq 1\}$ und
$C := \{7,8,9\}$
gegeben. Die Mengen $A \cap B$, $A \cup B$, $(A \cap B) \cup C$ und $A \cup (B \cap C)$ sind zu bilden. Für B ergibt sich $B = \{5,25,125\}$. Man sieht sehr schnell, dass A und B bzw. B und C keine gemeinsamen Elemente haben (die Mengen sind disjunkt), so dass

$$A \cap B = \emptyset \qquad \text{und} \qquad B \cap C = \emptyset$$

gilt. Damit ist

$$A \cup (B \cap C) = A \qquad \text{und} \qquad (A \cap B) \cup C = C.$$

Für $A \cup B$ ergibt sich schließlich

$$A \cup B = [6,25) \cup \{5,25,125\} = [6,25] \cup \{5,125\}.$$

3) Wir suchen die Lösungsmenge des Gleichungssystems

a) $\sin x \cos y = 0$ b) $\cos x \sin y = 0$,

d.h. alle Punkte (x,y), für die beide Gleichungen a), b) erfüllt sind. Die Gleichung a) ist erfüllt für die Punktmengen

$$L_{a1} = \{(x,y) \mid x = k\pi , k \text{ ganzzahlig und } y \text{ beliebig}\} \qquad \text{und}$$

$$L_{a2} = \{(x,y) \mid y = \frac{\pi}{2} + k\pi , k \text{ ganzzahlig und } x \text{ beliebig}\} .$$

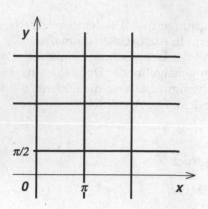

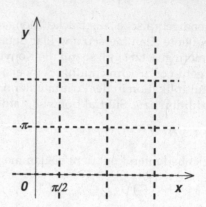

Abb. 1.10. Lösungsmenge von a)   **Abb. 1.11.** Lösungsmenge von b)

In der x-y-Ebene kann man die Lösungsmenge $L_a = L_{a1} \cup L_{a2}$ von a) geometrisch darstellen durch die Punkte, die in der Abb. 1.10 auf den sich kreuzenden Geraden liegen.

Als Lösungsmenge der Gleichung b) findet man die Menge L_b als Vereinigung der Mengen

$$L_{b1} = \{(x,y) \mid y = k\pi \, , k \text{ ganzzahlig und } x \text{ beliebig}\} \qquad \text{und}$$

$$L_{b2} = \{(x,y) \mid x = \frac{\pi}{2} + k\pi \, , k \text{ ganzzahlig und } y \text{ beliebig}\} \, .$$

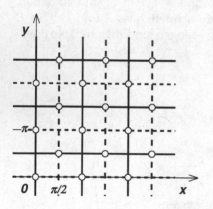

Abb. 1.12. Lösungen des Systems a) und b)

In der x-y-Ebene kann man die Lösungsmenge L_b von b) geometrisch darstellen durch die Punkte, die in der Abb. 1.11 auf den sich kreuzenden Geraden liegen. Die Menge der Lösungen L, die sowohl a) als auch b) erfüllen, erhält man als Schnittmenge der Mengen L_a und L_b, also $L = L_a \cap L_b$. In der Abb. 1.12 sind die Elemente der Menge L durch Kreise an den Schnittpunkten von Geraden gekennzeichnet.

1.3 Abbildungen

Seien A und B Mengen. Dann verstehen wir unter einer **Abbildung** f von A nach B,

$$f : A \to B, \quad a \mapsto f(a),$$

eine Zuordnungsvorschrift, die jedem $a \in A$ genau ein $b \in B$, $b = f(a)$ zuordnet. Ist $A' \subseteq A$ und $B' \subseteq B$, dann nennen wir

$$f(A') := \{y \in B | \exists x \in A' \text{ mit } y = f(x)\}$$

die **Bildmenge** von A', und

$$f^{-1}(B') := \{x \in A | f(x) \in B'\}$$

die **Urbildmenge** von B'.

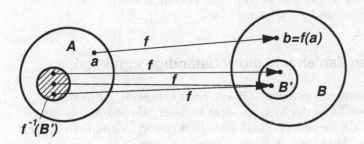

Abb. 1.13. Abbildung $f : A \to B$ (nicht injektiv)

A wird **Definitionsbereich** der Abbildung f genannt. Die Bildmenge $f(A) \subseteq B$ heißt **Wertebereich** oder **Wertevorrat** der Abbildung f. Eine Abbildung $f : A \to B$ heißt **injektiv** (eineindeutig), falls für alle $a_1, a_2 \in A$ gilt:

$$a_1 \neq a_2 \Longrightarrow f(a_1) \neq f(a_2) .$$

Bei injektiven Abbildungen $f : A \to B$ gehören also zu unterschiedlichen Urbildern im Definitionsbereich unterschiedliche Bilder im Wertebereich $f(A) \subseteq B$. Daraus folgt, dass es zu jedem Bild $b \in f(A)$ genau ein Urbild $a \in A$ gibt. f heißt **surjektiv** (Abbildung auf), falls es zu jedem $b \in B$ ein $a \in A$ gibt, so dass $f(a) = b$ gilt ($f(A) = B$). f heißt **bijektiv**, falls f injektiv und surjektiv ist. $f : A \to B$ ist dann also eine umkehrbar eindeutige Abbildung von A nach B, wobei der Wertebereich $f(A)$ die gesamte Menge B ausfüllt: $f(A) = B$. Mit $\mathbb{R}$ bezeichnen wir die Menge der reellen Zahlen. Die Abbildung $f : \mathbb{R} \to \mathbb{R}$, $x \mapsto x^2$ ist nicht injektiv, da unterschiedliche Originale, nämlich $x = a$ und $x = -a$, auf dasselbe Bildelement $f(-a) = f(a) = a^2$ abgebildet werden. Die

Abbildung ist nicht surjektiv, da nur ein Teil von $\mathbb{R}$ als Wertebereich erscheint. Die Abbildung ist damit auch nicht bijektiv. Durch Einschränkung des Definitionsbereiches auf $[0, \infty[$ wird aus $f : \mathbb{R} \to \mathbb{R}$, $x \mapsto x^2$ eine bijektive Abbildung.

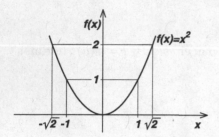

Abb. 1.14. Abbildung $f : \mathbb{R} \to \mathbb{R}$, $x \mapsto x^2$

Beispiel: Es sei $f : \mathbb{R} \to \mathbb{R}$ definiert durch $f(x) = x^2$, also $x \mapsto x^2$. Es sollen die Bildmenge von $\mathbb{R}$ und die Urbildmenge von $[1,2]$ bestimmt werden. Man findet (s. Abb. 1.14) $f(\mathbb{R}) = [0, \infty[$ und $f^{-1}([1,2]) = [-\sqrt{2}, -1] \cup [1, \sqrt{2}]$.

1.4 Die natürlichen Zahlen und die vollständige Induktion

Die natürlichen Zahlen entspringen dem Zählen, einer Fähigkeit, die in allen Kulturen existiert. Ausgehend von der Mengenlehre können die natürlichen Zahlen und auch die anderen Zahlenbereiche mathematisch streng axiomatisch aufgebaut werden. Wir gehen davon aus, dass uns die natürlichen Zahlen von irgendjemandem gegeben worden sind und wir in "üblicher" Weise damit arbeiten können. Der Mathematiker PEANO hat mit seinen Axiomen eine treffliche Charakterisierung der natürlichen Zahlen vorgenommen, auf die wir uns im Folgenden stützen werden.

PEANOsche Axiome zur Charakterisierung der Menge der natürlichen Zahlen $\mathbb{N}$:

1) 1 ist eine natürliche Zahl.

2) Jede natürliche Zahl n hat genau einen Nachfolger n' (Schreibweise 2=1', 3=2' usw.).

3) 1 ist kein Nachfolger einer natürlichen Zahl.

4) die Nachfolger zweier verschiedener natürlicher Zahlen sind voneinander verschieden (daraus folgt insbesondere, dass jede natürliche Zahl außer 1 genau einen Vorgänger hat).

5) Induktionsprinzip: Sei $A \subseteq \mathbb{N}$ mit
   (i) $1 \in A$,   und   (ii) $n \in A \Longrightarrow n' \in A$.
   Dann ist $A = \mathbb{N}$.

Insbesondere das 5. PEANOsche Axiom hat eine besondere Bedeutung, denn es ist die Grundlage für das **Prinzip der vollständigen Induktion**. Es besagt in Worten: Enthält eine Menge natürlicher Zahlen die Zahl 1 und mit jeder Zahl auch ihren Nachfolger, so enthält sie alle natürlichen Zahlen. Eine einfache Verallgemeinerung dieses Sachverhalts ist: Enthält eine Menge M natürlicher Zahlen die Zahl n_0 und mit jeder natürlichen Zahl k, $k \geq n_0$, auch den Nachfolger $k' = k+1$, dann enthält M sämtliche natürliche Zahlen n mit $n \geq n_0$. Damit gilt:

Satz 1.1. *(Prinzip der vollständigen Induktion)*

Seien $n_0 \in \mathbb{N}$ und $A(n)$ eine Aussageform für jedes $n \in \mathbb{N}$ mit $n \geq n_0$. Wenn die beiden Aussagen

1) $A(n_0)$ ist wahr,

2) für alle $k \in \mathbb{N}$, $k \geq n_0$: $A(k)$ ist wahr $\Longrightarrow$ $A(k+1)$ ist wahr

gelten, dann ist die Aussage $A(n)$ für alle $n \in \mathbb{N}$ mit $n \geq n_0$ wahr.

Da das Prinzip der vollständigen Induktion ein wichtiges Beweisprinzip der Mathematik darstellt, wollen wir den Satz 1.1 etwas genauer analysieren.

Der Beweis der Aussage "$A(n)$ ist wahr für alle $n \in \mathbb{N}$, $n \geq n_0$" durch vollständige Induktion verläuft nach folgendem Schema:

1) *Induktionsanfang*: Man zeigt für ein geeignetes $n_0 \in \mathbb{N}$:
   $A(n_0)$ ist wahre Aussage.

2) *Induktionsannahme*: Man nimmt an, dass
   $A(k)$ für ein beliebiges festes $k \in \mathbb{N}$, $k \geq n_0$, wahr ist.

3) *Induktionsschritt* oder *-schluss*:
   Zu beweisen ist die Implikation: Wenn $A(k)$ für beliebiges festes $k \geq n_0$ wahr ist, dann ist auch $A(k+1)$ eine wahre Aussage.

Damit ist der Induktionsbeweis abgeschlossen. Mit jedem n gehört dann auch der Nachfolger $(n+1)$ zur Menge der natürlichen Zahlen ($n \geq n_0$), für die $A(n)$ wahr ist. Diese Menge enthält dann alle natürlichen Zahlen n mit $n \geq n_0$.

Beispiel: Wir vermuten, dass mit einem gewissen n_0 für $n \geq n_0$

$$A(n) := n^2 \geq 2n + 1$$

gilt, und wollen die Vermutung mit dem Prinzip der vollständigen Induktion beweisen.

Induktionsanfang:

$\quad A(1): \quad 1^2 \geq 2 + 1 \quad$ falsch, also $\quad n_0 > 1$,

$\quad A(2): \quad 2^2 \geq 4 + 1 \quad$ falsch, also $\quad n_0 > 2$,

$\quad A(3): \quad 3^2 \geq 6 + 1 \quad$ richtig, also $\quad n_0 = 3 \quad$ ist möglich.

Die *Induktionsannahme* lautet

$\quad A(k) \quad$ gelte für ein beliebiges festes $k \in \mathbb{N}$, $k \geq 3$, d.h. es wird angenommen, dass $k^2 \geq 2k + 1$ für beliebiges festes $k \geq 3$ gilt. Unter Nutzung der Induktionsannahme ist nun die Gültigkeit von $A(k + 1)$ zu zeigen.

Mit dem *Induktionsschluss* $(k \geq 3)$

$$
\begin{aligned}
A(k) =" k^2 \geq 2k + 1" \text{ ist wahr} \;\Longrightarrow\; & k^2 + (2k + 1) \geq 2k + 1 + (2k + 1) \\
\Longrightarrow\; & (k + 1)^2 \geq 2k + 2 + 2k \\
\Longrightarrow\; & (k + 1)^2 \geq 2(k + 1) + 2k \\
\Longrightarrow\; & (k + 1)^2 \geq 2(k + 1) + 1 \\
\Longrightarrow\; & A(k + 1) \text{ ist wahr}
\end{aligned}
$$

ist die Aussage $A(n) =" n^2 \geq 2n + 1"$ nach Satz 1.1 für alle $n \in \mathbb{N}$ mit $n \geq 3$ bewiesen.

Zur kompakten Darstellung von Summen, z.B. der Summe $a_0 + a_1 + a_2 + ... + a_n$, führen wir das **Summenzeichen** Σ ein und verabreden

$$
\sum_{k=0}^{n} a_k = a_0 + a_1 + a_2 + ... + a_n \quad \text{bzw.} \quad \sum_{k=m}^{n} a_k = a_m + a_{m+1} + ... + a_n \; .
$$

0 bzw. m $(m \leq n)$ ist der Startindex, n der Endindex und k ist der Laufindex. Hat man eine Indexmenge, z.B. $I = \{1,3,5,7,10\}$ gegeben, so kann man auch über die Indexmenge I summieren und verwendet das Summenzeichen in der Form

$$
\sum_{k \in I} a_k = a_1 + a_3 + a_5 + a_7 + a_{10} \; .
$$

Hat man eine Summe der Form $\sum_{k=1}^{n} a_k$ gegeben, so kann man den Startindex um eine ganze Zahl p verschieben: Man macht dann eine **Indexverschiebung** der Form

$$
\sum_{k=1}^{n} a_k = \sum_{k=1+p}^{n+p} a_{k-p} \; .
$$

Ist die Summe $(3^0 + 3^1 + 3^2 + \cdots + 3^n)$ gegeben, so gilt

$$
\sum_{k=0}^{n} 3^k = \sum_{k=1}^{n+1} 3^{k-1} \; ,
$$

d.h. bei der Summe auf der rechten Seite wurde der Index um $p = 1$ verschoben. Diese einfache Umschreibung ist oft beim Nachweis von bestimmten Summenformeln nützlich.

Beispiel: Wir vermuten, dass die Beziehung

$$
\sum_{l=0}^{n-1} 2^l = 2^0 + 2^1 + \cdots + 2^{n-1} = 2^n - 1, \quad n \geq 1, n \in \mathbb{N}
$$

gilt, d.h. die Gültigkeit der Summenformel ist in diesem Fall die Aussage $A(n)$, und wir wollen dies mit vollständiger Induktion beweisen.

Induktionsanfang, $n = 1$:

$$1 = 2^0 = 2^1 - 1 = 1, \quad \text{d.h.} \quad A(1) \quad \text{ist wahr.}$$

Wir können es also mit $n_0 = 1$ versuchen.

Induktionsannahme: Für beliebiges festes $k \in \mathbb{N}$, $k \geq 1$ gilt:

$$\sum_{l=0}^{k-1} 2^l = 2^k - 1$$

Induktionsschritt: Unter Nutzung der Gültigkeit der Induktionsannahme ist

$$\sum_{l=0}^{k} 2^l = 2^{k+1} - 1$$

zu zeigen:

$$\sum_{l=0}^{k-1} 2^l = 2^k - 1 \implies \sum_{l=0}^{k-1} 2^l + 2^k = 2^k - 1 + 2^k$$

$$\implies \sum_{l=0}^{k} 2^l = 2 \cdot 2^k - 1 \implies \sum_{l=0}^{k} 2^l = 2^{k+1} - 1 \, ,$$

was zu beweisen war. Mit diesem Induktionsschluss ist $A(n)$ für alle $n \in \mathbb{N}$ mit $n \geq 1$ bewiesen.

Aus der Schule kennt man für beliebige reelle Zahlen (vgl. Abschnitt 1.5.3) die drei binomischen Formeln

$$
\begin{array}{lll}
1) & (a+b)^2 = a^2 + 2ab + b^2 \, , & \\
2) & (a-b)^2 = a^2 - 2ab + b^2 \, , & \qquad (1.1) \\
3) & a^2 - b^2 = (a+b)(a-b) \, . &
\end{array}
$$

Diese Formeln kann man für beliebige Exponenten $n \in \mathbb{N}$ verallgemeinern. Dazu benötigen wir die Begriffe **Fakultät** und **Binomialkoeffizient**.

Definition 1.3. (Fakultät und Binomialkoeffizient)
Seien $n, k \in \mathbb{N}$ mit $n \geq k$ gegeben. Durch das Symbol $n!$ bezeichnet man das Produkt der Zahlen von 1 bis n, also

$$n! = 1 \cdot 2 \cdots \cdot n$$

(gesprochen: n-**Fakultät**). Für die Zahl 0 wird $0! = 1$ verabredet. Für $n > k > 0$ ist durch

$$\binom{n}{k} = \frac{n(n-1)(n-2) \cdot (n-k+1)}{1 \cdot 2 \cdot 3 \ldots k} = \frac{n!}{(n-k)! \cdot k!}$$

der **Binomialkoeffizient** $\binom{n}{k}$ (gesprochen: n über k) erklärt. Für $k = 0$ und $k = n$ wird

$$\binom{n}{0} = 1 = \binom{n}{n}$$

verabredet.

Für die Addition von Binomialkoeffizienten findet man durch Hauptnennerbildung und eine kurze Rechnung

$$\binom{n}{k} + \binom{n}{k+1} = \frac{n!}{(n-k)! \cdot k!} + \frac{n!}{(n-k-1)! \cdot (k+1)!}$$

$$= \frac{n![(k+1) + (n-k)]}{(n-k)!(k+1)!} = \frac{(n+1)!}{(n-k)!(k+1)!} = \binom{n+1}{k+1}.$$

Die ersten beiden binomischen Formeln (1.1) sind Spezialfälle des **binomischen Lehrsatzes**

$$(a+b)^n = \sum_{k=0}^{n} \binom{n}{k} a^{n-k} b^k \ , \quad a, b \in \mathbb{R} \text{ beliebig, und beliebiges } n \in \mathbb{N} \ . \quad (1.2)$$

Die Beziehung (1.2) beweisen wir mit der vollständigen Induktion.
Der Induktionsanfang für $n = 1$ ergibt sich durch

$$a + b = (a+b)^1 = \sum_{k=0}^{1} \binom{1}{k} a^{1-k} b^k = \binom{1}{0} a b^0 + \binom{1}{1} a^0 b = a + b \ .$$

Wir setzen jetzt die Gültigkeit von (1.2) für eine fixierte natürliche Zahl n voraus und zeigen die Gültigkeit für den Nachfolger von n, also für $n + 1$. Es ergibt sich nun

$$(a+b)^{n+1} = \left[\sum_{k=0}^{n} \binom{n}{k} a^{n-k} b^k \right] (a+b)$$

$$= \sum_{k=0}^{n} \binom{n}{k} a^{n-k+1} b^k + \sum_{k=0}^{n} \binom{n}{k} a^{n-k} b^{k+1}$$

$$= a^{n+1} + \sum_{k=1}^{n} \binom{n}{k} a^{n-k+1} b^k + \sum_{k=0}^{n-1} \binom{n}{k} a^{n-k} b^{k+1} + b^{n+1}$$

$$= a^{n+1} + \sum_{k=1}^{n} \left[\binom{n}{k} + \binom{n}{k-1} \right] a^{n+1-k} b^k + b^{n+1}$$

$$= \binom{n+1}{0} a^{n+1} + \sum_{k=1}^{n} \binom{n+1}{k} a^{n+1-k} b^k + \binom{n+1}{n+1} b^{n+1}$$

$$= \sum_{k=0}^{n+1} \binom{n+1}{k} a^{n+1-k} b^k \ .$$

In den letzten vier Zeilen der eben durchgeführten Rechnung wurden die Beziehungen

$$\binom{n}{k} + \binom{n}{k-1} = \binom{n+1}{k} \quad \text{und} \quad \binom{n+1}{0} = \binom{n+1}{n+1} = 1$$

sowie eine Indexverschiebung benutzt. Damit ist der Nachweis des binomischen Lehrsatzes erbracht.

Mit dem binomischen Lehrsatz (1.2) und den Binomialkoeffizienten kann man das PASCALsche Dreieck für die Koeffizienten der Glieder der Potenz $(a+b)^n$ aufstellen, nämlich

$$
\begin{array}{ccccccccccccc}
 & & & & & 1 & & & & & & & (a+b)^0 \\
 & & & & 1 & & 1 & & & & & & (a+b)^1 \\
 & & & 1 & & 2 & & 1 & & & & & (a+b)^2 \\
 & & 1 & & 3 & & 3 & & 1 & & & & (a+b)^3 \\
 & 1 & & 4 & & 6 & & 4 & & 1 & & & (a+b)^4 \\
1 & & 5 & & 10 & & 10 & & 5 & & 1 & & (a+b)^5
\end{array}
$$
...

Z.B. liest man aus der 4. Zeile die Koeffizienten $1, 3, 3$ und 1 für die Summanden a^3, a^2b, ab^2 und b^3 der Potenz $(a+b)^3$ ab

$$(a+b)^3 = a^3 + 3a^2b + 3ab^2 + b^3 \, .$$

Das Dreieck kann man für höhere Potenzen einfach erweitern ohne die Formeln für die Binomialkoeffizienten anzuwenden, indem die Koeffizienten der jeweils nächsten Potenz immer als Summe der links und rechts darüber stehenden Koeffizienten bestimmt werden und die Einsen an den Seiten des Dreiecks fortgeschrieben werden. Die Begründung für dieses Verfahren liegt in der oben angegebenen Summenformel für zwei Binomialkoeffizienten. Die Verallgemeinerung der dritten binomischen Formel lautet

$$a^{n+1} - b^{n+1} = (a^n + a^{n-1}b + \cdots + ab^{n-1} + b^n)(a-b) = (a-b)\sum_{k=0}^{n} a^{n-k}b^k \, .$$

Der Nachweis dieser Formel durch vollständige Induktion sei dem Leser als Übung empfohlen.

Nun sei noch auf eine spezielle Teilmenge der natürlichen Zahlen, nämlich die Menge der **Primzahlen** $\mathbb{P}$ hingewiesen:

$$\mathbb{P} = \{p \mid p \in \mathbb{N}, \, p > 1, \, p \text{ hat nur die Teiler } 1 \text{ und } p\} \, .$$

Die Bedeutung der Primzahlen kommt im Fundamentalsatz der Arithmetik zum Ausdruck.

Fundamentalsatz der Arithmetik:

Jede natürliche Zahl $n > 1$ lässt sich auf eine und nur eine Weise als Produkt endlich vieler Primzahlen darstellen, wenn man die Primzahlen der Größe nach ordnet.

Danach lässt sich jede natürliche Zahl $n > 1$ auf genau eine Weise durch ein Produkt aus Primzahlpotenzen darstellen:

$$n = p_1^{\nu_1} p_2^{\nu_2} \cdots p_k^{\nu_k}$$

mit $p_1, p_2, \ldots, p_k \in \mathbb{P}$, $\nu_1, \nu_2, \ldots, \nu_k \in \mathbb{N}$, $k \in \mathbb{N}$ und $p_1 < p_2 < \cdots < p_k$. Diese Darstellung heißt kanonische **Primfaktorzerlegung** von n.

Beispiel: $63 = 3^2 \cdot 7$ $(k = 2, p_1 = 3, p_2 = 7, \nu_1 = 2, \nu_2 = 1)$

Zwei natürliche Zahlen n, m heißen **teilerfremd**, wenn ihre Primfaktorzerlegungen nur unterschiedliche Primzahlen enthalten. Der **größte gemeinsame Teiler** ggT solcher Zahlen ist 1 $(ggT(n, m) = 1)$.

Beispiel: $ggT(63,800) = 1$, denn es gilt $63 = 3^2 \cdot 7$ und $800 = 2^5 \cdot 5^2$.

1.5   Ganze, rationale und reelle Zahlen

In der Menge der natürlichen Zahlen $\mathbb{N}$ kann man die Gleichung $n + x = m$ nur lösen, wenn $m > n$ ist, denn dann ist $x = m - n$ wieder eine natürliche Zahl. Für $m \leq n$ findet man kein $x \in \mathbb{N}$, für das $n + x = m$ ist. Die Menge der natürlichen Zahlen ist "zu klein", um eine Lösung dieser Gleichung zu enthalten.

1.5.1   Ganze Zahlen

Man führt daher die Menge $\mathbb{Z}$ der **ganzen Zahlen** ein, die außer $\mathbb{N}$ noch die Zahlen $0, -1, -2, -3, \ldots$ enthält:

$$\mathbb{Z} = \{0, +1, -1, +2, -2, +3, -3, \ldots\} .$$

In dieser Menge findet man eine Lösung x von $n + x = m$ nicht nur für beliebige $n, m \in \mathbb{N}$, sondern sogar für $n, m \in \mathbb{Z}$. Wir wollen hier als bekannt voraussetzen, wie man mit ganzen Zahlen rechnet. Addition und Subtraktion führen nicht aus $\mathbb{Z}$ heraus, ebensowenig die Multiplikation; das Produkt $n \cdot m$ zweier ganzer Zahlen n, m ist wieder eine ganze Zahl. Wollte man nur addieren, subtrahieren und multiplizieren hätte man keinen Grund, den Zahlbereich $\mathbb{Z}$ zu erweitern.
Die Division allerdings gelingt in $\mathbb{Z}$ nur in Spezialfällen. Sucht man eine Lösung x der Gleichung $nx = m$ für $n, m \in \mathbb{Z}$, $n \neq 0$, so gibt es eine Lösung $x \in \mathbb{Z}$ nur dann, wenn n ein Teiler von m ist. Man hat also Grund, den Zahlbereich $\mathbb{Z}$ abermals zu erweitern.
Die Zerlegung in Primfaktoren ist in $\mathbb{Z}$ ganz analog wie bei den natürlichen Zahlen; man muss nur das Vorzeichen von n beachten:

$$n = \pm p_1^{\nu_1} p_2^{\nu_2} \cdots p_k^{\nu_k} .$$

1.5.2 Rationale Zahlen

Es ist nicht nur der Wunsch, Gleichungen der Form $nx = m$ mit $n, m \in \mathbb{Z}$ und $n \neq 0$ lösen zu können, der eine Erweiterung des Zahlbereichs $\mathbb{Z}$ nahelegt. Auch aus dem täglichen Leben weiß man, dass es oft bequem und sinnvoll ist, von der Hälfte, einem Drittel oder anderen Bruchteilen eines Ganzen zu reden. Man führt daher die Menge $\mathbb{Q}$ der **rationalen Zahlen** ein:

$$\mathbb{Q} = \{q \mid q = \frac{a}{b}, \ a, b \in \mathbb{Z}, \ b \neq 0, \ a, b \ \text{teilerfremd}\} \ .$$

Die ganzen Zahlen $\mathbb{Z}$ sind in $\mathbb{Q}$ enthalten ($b = 1$). Mit der Bedingung "a, b teilerfremd" verhindern wir, dass Brüche, die nur durch Erweitern oder Kürzen auseinander hervorgehen und also dieselbe rationale Zahl darstellen, als jeweils eigenständige Elemente q in $\mathbb{Q}$ aufgeführt werden. Grundlage dafür ist die Primfaktorzerlegung von Zähler und Nenner. Man "kürzt" so lange, bis in Zähler und Nenner nur noch unterschiedliche Primzahlen vorhanden sind oder, was dasselbe ist, $ggT(a, b) = 1$. In $\mathbb{Q}$ hat die Gleichung $nx = m$, $(n, m \in \mathbb{Z}, n \neq 0)$ eine Lösung $x = \frac{m}{n}$.

Mit den Elementen q von $\mathbb{Q}$, d.h. den rationalen Zahlen, können wir nun uneingeschränkt rechnen, d.h. wir können sie addieren, subtrahieren, multiplizieren und dividieren, sofern wir die Division durch Null ausschließen.

Sind a, b, c, d, e ganze Zahlen mit $b \neq 0, d \neq 0, e \neq 0$ und $ggT(a, b) = ggT(c, d) = 1$, so ist

$$\frac{a}{b} \pm \frac{c}{d} = \frac{ad \pm cb}{bd} \ , \quad \frac{a}{b} \cdot \frac{c}{d} = \frac{ac}{bd} \ , \quad \frac{a}{b} : \frac{e}{d} = \frac{ad}{be} \ .$$

Die Ergebnisse sollen dann wieder so "gekürzt" werden, dass der größte gemeinsame Teiler von Zähler und Nenner gleich 1 ist.

Beispiel:

$$\frac{1}{4} - \frac{5}{8} = \frac{8 - 20}{32} = -\frac{12}{32} = -\frac{2^2 \cdot 3}{2^5} = -\frac{3}{2^3} = -\frac{3}{8} \ .$$

Gibt es Gründe, den Bereich der rationalen Zahlen abermals zu erweitern? Mindestens mathematisch interessant ist die Frage, ob es eine rationale Zahl $q = \frac{m}{n} \in \mathbb{Q}$ gibt, die mit sich selbst multipliziert 2 ergibt. Oder: Gibt es ein Quadrat mit Flächeninhalt 2, dessen Seitenlänge eine rationale Zahl $\frac{m}{n}$ ist? Schon EUKLID wusste, dass es solche $n, m \in \mathbb{Z}$ nicht geben kann. Das bedeutet, dass $\sqrt{2} \notin \mathbb{Q}$ ist. Das soll im Folgenden mit einem indirekten Beweis nachgewiesen werden.

Wir nehmen an, dass das zu Beweisende falsch ist und versuchen aus dieser Annahme einen offensichtlichen Widerspruch abzuleiten. Daraus folgt dann, dass unsere Annahme falsch sein muss, das zu Beweisende also richtig ist.

Annahme: $\sqrt{2}$ ist eine rationale Zahl, d.h. es gibt $n, m \in \mathbb{N}$ mit $(\frac{m}{n})^2 = 2$. Offenbar kann man $n, m \in \mathbb{N}$ annehmen. Dann ist

$$2n^2 = m^2 \ .$$

Die Zahlen $2n^2$ und m^2 müssen die gleiche Primfaktorzerlegung haben. Die Zahl 2 muss in der Primfaktorzerlegung von m vorkommen, sonst könnte m^2 keine gerade Zahl $2n^2$ sein. In der Primfaktorzerlegung von m komme der Faktor 2^s $(s \geq 1)$ vor. Enthält die Primfaktorzerlegung von n den Faktor 2^r (ist n eine ungerade Zahl, so ist $r = 0$), so tritt in der Zerlegung von $2n^2$ der Faktor 2^{2r+1} auf. Wegen der Eindeutigkeit der Primfaktorzerlegung müsste dann $2s = 2r + 1$, also eine gerade Zahl einer ungeraden gleich sein. Wegen dieses offensichtlichen Widerspruchs ist unsere Annahme "$\sqrt{2}$ ist eine rationale Zahl" falsch.

$\sqrt{2}$ ist bei weitem nicht die einzige interessante Zahl, die nicht in $\mathbb{Q}$ enthalten ist. Auch Quadratwurzeln anderer natürlicher Zahlen sowie e, π und viele andere "geläufige" Zahlen fehlen in $\mathbb{Q}$. Daher ist eine Erweiterung des Zahlenbereichs $\mathbb{Q}$ wünschenswert.

1.5.3 Reelle Zahlen

Zur Darstellung von rationalen Zahlen verwendet man neben den Brüchen auch Dezimalzahlen. So schreibt man statt $\frac{9}{8}$ auch die **Dezimalzahl** 1,125 , und meint damit

$$1 \cdot 10^0 + 1 \cdot 10^{-1} + 2 \cdot 10^{-2} + 5 \cdot 10^{-3} .$$

Zur Angabe von Zahlen im **Dezimalsystem** benötigt man die 10 Ziffern $0, \ldots, 9$. Es geht allerdings nicht immer so glatt ab, wie im Falle der Zahl $\frac{9}{8}$, denn wenn man z.B. die Zahl $\frac{1}{7}$ im Dezimalsystem darstellen möchte erhält man

$$\frac{1}{7} = 0{,}142857142857142857\ldots =$$
$$1 \cdot 10^{-1} + 4 \cdot 10^{-2} + 2 \cdot 10^{-3} + 8 \cdot 10^{-4} + 5 \cdot 10^{-5} + 7 \cdot 10^{-6} + \ldots,$$

also einen unendlichen, aber periodischen Dezimalbruch mit der Periode 142857. Jede rationale Zahl a lässt sich als **unendlicher periodischer Dezimalbruch** in der Form

$$a = \sum_{n=0}^{m} z_{m-n} 10^{m-n} + \sum_{k=1}^{\infty} z_{-k} 10^{-k} , \, z_{m-n}, z_{-k} \in \{0,1,2,3,4,5,6,7,8,9\},$$

darstellen. Üblicherweise schreibt man dafür kürzer

$$a = z_m z_{m-1} \cdots z_0, z_{-1} z_{-2} \cdots .$$

Endliche Dezimalbrüche kann man als spezielle periodische Dezimalbrüche mit der Periode 0 auffassen, z.B.

$$\frac{90}{8} = 1 \cdot 10^1 + 1 \cdot 10^0 + 2 \cdot 10^{-1} + 5 \cdot 10^{-2} = 11{,}25000\ldots .$$

Umgekehrt kann man zeigen, dass jeder periodische Dezimalbruch eine rationale Zahl darstellt.

Neben den bisher betrachteten unendlichen periodischen Dezimalbrüchen (rationale Zahlen) sind (unendliche) nichtperiodische Dezimalbrüche denkbar.

Wir erweitern den Bereich $\mathbb{Q}$ der rationalen Zahlen (unendliche periodische Dezimalbrüche), indem wir die **nichtperiodischen Dezimalbrüche** hinzu nehmen. Die durch nichtperiodische Dezimalbrüche dargestellten Zahlen nennt man **irrationale Zahlen**. Damit ergibt sich der Bereich $\mathbb{R}$ der **reellen Zahlen**:

$$\mathbb{R} = \{x \mid x \text{ ist als unendlicher Dezimalbruch darstellbar}\}.$$

Etwas problematisch ist dabei die Art des Aufschreibens solcher nichtperiodischer Dezimalbrüche. Man kann nur Näherungen angeben, z.B.

$$1{,}41 \; ; \quad 1{,}414 \; ; \quad 1{,}4142 \; ; \quad 1{,}41421 \ldots$$

für $\sqrt{2}$. Beim Rechnen mit diesen nichtperiodischen Dezimalbrüchen muss man sich im Allg. auch auf Näherungswerte in Form endlicher Dezimalbrüche stützen.

Der Bereich der reellen Zahlen ist in vieler Hinsicht umfassend genug. Man kann die Elemente von $\mathbb{R}$ addieren, subtrahieren, multiplizieren und dividieren (mit Ausnahme der Division durch Null), das Ergebnis gehört immer wieder zu $\mathbb{R}$. Man kann zeigen dass z.B. die oben genannten Zahlen ($\sqrt{2}$, e, π,...) als irrationale Zahlen zu $\mathbb{R}$ gehören. Wichtig ist auch, dass konvergente Folgen aus $\mathbb{Q}$ oder $\mathbb{R}$ Grenzwerte in $\mathbb{R}$ haben. Die Begriffe **Konvergenz** und **Grenzwert** werden im Kapitel 2 noch ausführlich erklärt und sollen hier nur zur Illustration verwendet werden. Zum Beispiel kann man beweisen, dass die rekursiv definierte Folge rationaler Zahlen

$$x_{k+1} = \frac{1}{2}\left(x_k + \frac{2}{x_k}\right) \qquad (k = 0,1,2,\ldots)$$

mit $x_0 = 1$ (also $x_1 = \frac{3}{2} = 1{,}5$, $x_2 = \frac{17}{12} = 1{,}416\ldots$, $x_3 = 1{,}4142\ldots$) in $\mathbb{Q}$ keinen Grenzwert hat, wohl aber in $\mathbb{R}$ (nämlich $\sqrt{2}$).

Die reellen Zahlen lassen sich als Punkte der **Zahlengeraden** veranschaulichen.

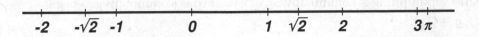

Abb. 1.15. Reelle Zahlen als Punkte auf der Zahlengeraden

Wichtige Teilmengen von $\mathbb{R}$ sind **Intervalle**. Man unterscheidet abgeschlossene, offene und halboffene Intervalle.

a) **abgeschlossenes Intervall:**

$$[a,b] = \{x \mid x \in \mathbb{R},\ a \le x \le b\}$$

b) **offenes Intervall:**

$$]a, b[= \{x \mid x \in \mathbb{R}, \; a < x < b\}$$

c) **halboffene Intervalle:**

$$]a, b] = \{x \mid x \in \mathbb{R}, \; a < x \le b\}, \qquad [a, b[= \{x \mid x \in \mathbb{R}, \; a \le x < b\}.$$

1.5.4 Zahlkörper

Wir machen an dieser Stelle einen kleinen Ausflug in die Algebra und sagen etwas über die Struktur der Zahlenmengen $\mathbb{Q}$ und $\mathbb{R}$. Die für Elemente von $\mathbb{Q}$, $\mathbb{R}$ definierten Operationen Addition und Multiplikation sowie Subtraktion und Division prägen den Zahlenmengen $\mathbb{Q}$, $\mathbb{R}$ eine gewisse Struktur auf. Sie erweisen sich dabei als Spezialfälle einer algebraischen Struktur, des Körpers. Grob gesprochen ist ein **Körper** eine Menge, für dessen Elemente zwei Verknüpfungen erklärt sind, wobei die Elemente bezüglich jeder dieser Verknüpfungen eine ABELsche Gruppe bilden und beide Verknüpfungen durch ein Distributivgesetz verbunden sind.

Eine **Gruppe** G ist eine nichtleere Menge, für deren Elemente eine binäre Verknüpfung $\oplus$ erklärt ist, wobei folgende Gruppenaxiome erfüllt sind:

a) Assoziativgesetz: $\forall f, g, h \in G$

$$(f \oplus g) \oplus h = f \oplus (g \oplus h)$$

b) Existenz eines neutralen Elements e: $\exists e, \; e \in G$, so dass $\forall g, g \in G$

$$e \oplus g = g \oplus e = g \quad \text{ist.}$$

c) Existenz eines inversen Elements g^{-1}: $\forall g, g \in G, \; \exists g^{-1}, g^{-1} \in G$ mit

$$g \oplus g^{-1} = g^{-1} \oplus g = e \quad.$$

Eine Gruppe heißt **ABELsche Gruppe**, wenn a), b), c) erfüllt sind und die in G erklärte Verknüpfung $\oplus$ kommutativ ist, d.h. wenn das Kommutativgesetz gilt:

d) $\forall f, g \in G$ gilt

$$f \oplus g = g \oplus f \quad.$$

In $\mathbb{Q}$ und $\mathbb{R}$ sind Addition und Multiplikation als Verknüpfungen erklärt. Man verifiziert leicht, dass $\mathbb{Q}$, $\mathbb{R}$ bezüglich der Addition (in der obigen Gruppendefinition identifizieren wir $\oplus$ mit dem üblichen $+$) eine ABELsche Gruppe bilden: Sei $r, s, t \in \mathbb{R}$ oder $\in \mathbb{Q}$, dann ist

a) $(r + s) + t = r + (s + t)$

   (Assoziativgesetz der Addition)

b) $0 + r = r + 0 = r$

   (0 ist das neutrale Element bezüglich der Addition)

c) $r + (-r) = (-r) + r = 0$

   ($-r$ ist das zu r gehörige inverse Element der Addition)

d) $r + s = s + r$

Bei der Verifikation als Gruppe bezüglich der Multiplikation identifizieren wir das $\oplus$ in der Gruppendefinition mit dem üblichen Multiplikationszeichen "$\cdot$". Man muss aber jetzt das neutrale Element der Addition (0) herausnehmen, sich also auf die Mengen $\mathbb{Q} \setminus \{0\}$ bzw. $\mathbb{R} \setminus \{0\}$ beschränken. Ansonsten verifiziert man für $r, s, t \in \mathbb{Q} \setminus \{0\}$ oder $\in \mathbb{R} \setminus \{0\}$

a) $(r \cdot s) \cdot t = r \cdot (s \cdot t)$

   (Assoziativgesetz der Multiplikation)

b) $1 \cdot r = r \cdot 1 = r$

   (1 ist das neutrale Element bezüglich der Multiplikation)

c) $r \cdot r^{-1} = r^{-1} \cdot r = 1$

   (r^{-1} ist das zu r gehörige inverse Element bei der Multiplikation; hier wird klar, warum man sich auf $\mathbb{Q} \setminus \{0\}$ bzw. $\mathbb{R} \setminus \{0\}$ beschränken muss)

d) $r \cdot s = s \cdot r$

Dass das neutrale Element der Addition hier auszuschließen ist, entspricht der strengen allgemeinen Definition des Körpers.

Damit ist gezeigt, dass die Zahlenmengen $\mathbb{Q}, \mathbb{R}$ bezüglich der Addition und $\mathbb{Q} \setminus \{0\}, \mathbb{R} \setminus \{0\}$ bezüglich der Multiplikation ABELsche Gruppen bilden.

Wir verifizieren noch das Distributivgesetz, das wir natürlich schon aus der Schule kennen: Für beliebige rationale oder reelle Zahlen r, s, t gilt

$$r(s + t) = rs + rt .$$

Wie in der üblichen Schreibweise der Multiplikation wird in der Regel das Multiplikationszeichen weggelassen, d.h. statt $r \cdot s$ schreibt man einfach rs. Damit ist gezeigt, dass die Mengen $\mathbb{Q}$ und $\mathbb{R}$ Körper sind.

1.6 Ungleichungen und Beträge

Hauptgegenstand dieses Abschnittes sind Ungleichungen zwischen reellen Zahlen, also etwa Beziehungen der Form

$$\frac{1}{5}x \leq 3 .$$

1.6.1 Rechenregeln für Ungleichungen

Grundlage der Rechenregeln für Ungleichungen bilden die folgenden drei Axiome ($x, y, a, b \in \mathbb{R}$):

Für zwei beliebige Zahlen $x, y \in \mathbb{R}$ besteht genau eine der Beziehungen

$$x < y, \ x = y, \ y < x \, . \tag{1.3}$$

Weiter gelten die Implikationen

$$x < y \wedge a \leq b \Longrightarrow x + a < y + b \tag{1.4}$$

$$x < y \wedge 0 < a \Longrightarrow ax < ay \, . \tag{1.5}$$

Axiom (1.3) drückt aus, dass die Menge der reellen Zahlen $\mathbb{R}$ eine **geordnete Menge** ist. (1.4) und (1.5) bezeichnet man auch als Monotoniesätze für Addition und Multiplikation. Mit den Axiomen (1.3)-(1.5) lassen sich zahlreiche Rechenregeln herleiten, insbesondere:

Ist $a, b \in \mathbb{R}$ und $a > b$, so gelten die folgenden **Rechenregeln** für Ungleichungen:

(i) $\quad \forall c \in \mathbb{R}: \ a + c > b + c$,

(ii) $\quad \forall c \in \mathbb{R}, \ c > 0: \ a \cdot c > b \cdot c$,

(iii) $\quad \forall c \in \mathbb{R}, \ c < 0: \ a \cdot c < b \cdot c$,

(iv) $\quad \frac{1}{a} < \frac{1}{b}$, falls $0 < b < a$,

(v) $\quad a > b \wedge c > d \Longrightarrow a + c > b + d$,

(vi) $\quad \forall n \in \mathbb{N}: \ a > b > 0 \Longrightarrow a^n > b^n$,

(vii) $\quad \forall n \in \mathbb{N}: \ a > b > 0 \Longrightarrow \sqrt[n]{a} > \sqrt[n]{b}$.

Die Regeln (i) bis (v) erklären sich aus den Axiomen (1.3)-(1.5) und die Regeln (vi) und (vii) lassen sich recht einfach mit der Methode der vollständigen Induktion zeigen. Da die Multiplikation einer Ungleichung mit einer negativen Zahl gemäß (iii) zu einer Richtungsumkehrung der Ungleichung führt und dies erfahrungsgemäß manchmal einige Probleme bereitet, soll diese Regel bewiesen werden. Zuerst zeigen wir, dass $-c > 0$ gilt. Wäre nämlich $-c \leq 0$, so würde man mit Axiom (1.4) und der Voraussetzung $c < 0$

$$0 = c + (-c) < 0 + 0 = 0$$

erhalten. Aber $0 < 0$ steht im Widerspruch zu (1.3), weil ja $0 = 0$ gilt. Damit wissen wir, dass $-c > 0$ ist, und aus (1.5) folgt

$$(-c)a > (-c)b \, , \quad \text{d.h.} \quad -ca > -cb \, .$$

Aufgrund von Axiom (1.4) können wir auf beiden Seiten der letzten Ungleichung $ca + cb$ addieren und erhalten

$$-ca + ca + cb > -cb + ca + cb \, ,$$

also $cb > ca$ wie behauptet.

Definition 1.4. (Betrag einer reellen Zahl)
Der **Betrag** einer reellen Zahl x wird mit $|x|$ bezeichnet und ist definiert durch

$$|x| = \begin{cases} x & \text{für} & x > 0, \\ 0 & \text{für} & x = 0, \\ -x & \text{für} & x < 0 \end{cases}$$

Geometrisch gesehen ist $|x|$ der Abstand der Zahl x auf der Zahlengeraden vom Nullpunkt und $|x - y|$ der Abstand der Zahlen x und y voneinander.

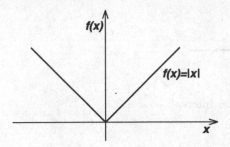

Abb. 1.16. Verlauf von $x \mapsto |x|$ in der x-y-Ebene

Wichtige Beziehungen mit Beträgen fassen wir im nachfolgenden Satz zusammen.

Satz 1.2. *(Rechnen mit Beträgen)*

Für alle $a, b \in \mathbb{R}$ *gelten:*

(i) $|a \cdot b| = |a| \cdot |b|$,

(ii) $\left|\frac{a}{b}\right| = \frac{|a|}{|b|}$, *falls* $b \neq 0$,

(iii) $|a| < b \Longleftrightarrow -b < a < b$,

(iv) $|a + b| \leq |a| + |b|$ *(Dreiecksungleichung)*,

(v) $|a + b| \geq ||a| - |b||$.

(iv) und (v) besagen in Worten:
Der Betrag einer Summe ist nicht größer als die Summe der Beträge und nicht kleiner als der Betrag der Differenz dieser Beträge. Die Bezeichnung "Dreiecksungleichung" kann an dieser Stelle, wo wir es geometrisch allenfalls mit Punkten auf der Zahlengeraden $\mathbb{R}$ zu tun haben und weit und breit kein "Dreieck" zu sehen ist, kaum überzeugend erklärt werden. Sie wird dadurch verständlich, dass sie, wie später gezeigt wird, auch dann gilt, wenn a, b, $a + b$ Vektoren bedeuten, die ein Dreieck aufspannen: $|a|$, $|b|$, $|a + b|$ sind dann jeweils der Betrag (Länge) der Vektoren a, b, $a + b$. Die Formel (iv) besagt dann, dass die Summe der Längen zweier Seiten eines Dreiecks nicht kleiner als die Länge der dritten Seite ist. Der Begriff des **Vektors** wird hier im Vorgriff auf die später zu diskutierenden Vektorräume nur zur Veranschaulichung verwendet.

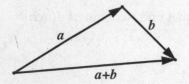 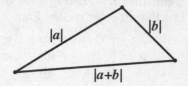

Abb. 1.17. Vektoren $a, b, a + b$ und ihre Längen

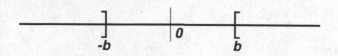

Abb. 1.18. Die Menge aller $a \in \mathbb{R}$ mit $|a| < b$ ist das Intervall $-b < a < b$

Beweis von (iii),(iv) und (v);
Zuerst soll (iii) bewiesen werden (Abb. 1.18).

$$|a| < b \Longrightarrow a < b \wedge -a < b \Longrightarrow a < b \wedge a > -b,$$
$$-b < a < b \Longrightarrow -b < a \wedge a < b \Longrightarrow b > -a \wedge b > a \Longrightarrow |a| < b.$$

Damit ist (iii) bewiesen. Unter Nutzung von (iii) beweisen wir (iv), die Dreiecksungleichung. Es gilt

1) $-|a| \leq a \leq |a|$
2) $-|b| \leq b \leq |b|$.

Die nach dem Axiom (1.4) mögliche Addition der gleichgerichteten Ungleichungen 1) und 2) ergibt

$$-(|a| + |b|) \leq a + b \leq |a| + |b|.$$

Aus (iii) folgt sofort die Dreiecksungleichung. Um (v) zu beweisen, wendet man
die Dreiecksungleichung (iv) auf $a = (a + b) - b$ an:

$$|a| \leq |a + b| + |b| \,,$$
$$|a| - |b| \leq |a + b| \,.$$

Aus $b = (a + b) - a$ erhält man analog

$$|b| - |a| = -(|a| - |b|) \leq |a + b| \,.$$

Also ist sowohl $|a + b| \geq |a| - |b|$ als auch $|a + b| \geq -(|a| - |b|)$. Die größere
der beiden Zahlen $|a| - |b|$ und $-(|a| - |b|)$ ist aber gleich $||a| - |b||$. Also ist (v)
bewiesen.

1.6.2　Wichtige Ungleichungen

a) Verallgemeinerte Dreiecksungleichung

Eine Verallgemeinerung der Dreiecksungleichung ergibt sich für $n \in \mathbb{N}$ zu

$$|\sum_{i=1}^{n} a_i| \le \sum_{i=1}^{n} |a_i|.$$

Diese verallgemeinerte Dreiecksungleichung beweist man unter Nutzung der Dreiecksungleichung (Satz 1.2, (iv)) mit der Methode der vollständigen Induktion.

b) CAUCHY-SCHWARZsche Ungleichung

Wir geben zunächst die LAGRANGEsche Identität an, woraus die CAUCHY-SCHWARZsche Ungleichung sofort folgt. Seien $a_1, a_2, ..., a_n, b_1, b_2, ..., b_n$ beliebige reelle Zahlen, $n \in \mathbb{N}$, $n \ge 2$. Dann gilt die LAGRANGEsche Identität

$$\sum_{i=1}^{n} a_i^2 \sum_{i=1}^{n} b_i^2 - (\sum_{i=1}^{n} a_i b_i)^2 = \sum_{(m,l) \in I_n} (a_m b_l - a_l b_m)^2 \quad . \tag{1.6}$$

Dabei bedeutet I_n die Menge aller Kombinationen (m,l) von n Elementen $1, 2, ..., n$ zur 2. Klasse ohne Berücksichtigung der Anordnung:

$$\begin{aligned}
I_n = \{ (1,2), \quad (1,3), \quad ..., \qquad &((1, n-1), \qquad (1, n), \\
(2,3), \quad ..., \qquad &(2, n-1), \qquad (2, n), \\
&\vdots \\
&(n-2, n-1), \quad (n-2, n), \\
&(n-1, n) \} \quad .
\end{aligned}$$

Aus (1.6) folgt unmittelbar die CAUCHY-SCHWARZsche Ungleichung wenn man beachtet, dass die rechte Seite von (1.6) nicht negativ sein kann:

$$\sum_{i=1}^{n} a_i^2 \sum_{i=1}^{n} b_i^2 - (\sum_{i=1}^{n} a_i b_i)^2 \ge 0 \qquad \text{bzw.} \tag{1.7}$$

$$|\sum_{i=1}^{n} a_i b_i| \le \sqrt{\sum_{i=1}^{n} a_i^2} \sqrt{\sum_{i=1}^{n} b_i^2} \quad . \tag{1.8}$$

In der Sprache der Vektorrechnung bedeutet (1.8), dass der Betrag des Skalarprodukts zweier Vektoren nicht größer als das Produkt der Beträge dieser Vektoren sein kann (s.dazu Abschnitt 4.8.2).

Wir beweisen jetzt die LAGRANGEsche Identität (1.6) durch vollständige Induktion:

1) *Induktionsanfang* für $n = 2$

$$(a_1^2 + a_2^2)(b_1^2 + b_2^2) - (a_1 b_1 + a_2 b_2)^2 = a_1^2 b_2^2 + a_2^2 b_1^2 - 2 a_1 a_2 b_1 b_2 = (a_1 b_2 - a_2 b_1)^2 \, ,$$

d.h. (1.6) gilt für $n = 2$.

2) *Induktionsannahme*: Für beliebiges festes $k \in \mathbb{N}$, $k \geq 2$ gilt

$$\sum_{i=1}^{k} a_i^2 \sum_{i=1}^{k} b_i^2 - (\sum_{i=1}^{k} a_i b_i)^2 = \sum_{(m,l) \in I_k} (a_m b_l - a_l b_m)^2 \quad .$$

3) *Induktionsschluss*: Aus der Induktionsannahme ist zu folgern, dass gilt

$$\sum_{i=1}^{k+1} a_i^2 \sum_{i=1}^{k+1} b_i^2 - (\sum_{i=1}^{k+1} a_i b_i)^2 = \sum_{(m,l) \in I_{k+1}} (a_m b_l - a_l b_m)^2 \quad .$$

Um die Induktionsannahme verwenden zu können, zerlegen wir die Summen auf der linken Seite und multiplizieren aus:

$$(\sum_{i=1}^{k} a_i^2 + a_{k+1}^2)(\sum_{i=1}^{k} b_i^2 + b_{k+1}^2) - (\sum_{i=1}^{k} a_i b_i + a_{k+1} b_{k+1})^2$$

$$= \sum_{i=1}^{k} a_i^2 \sum_{i=1}^{k} b_i^2 + a_{k+1}^2 \sum_{i=1}^{k} b_i^2 + b_{k+1}^2 \sum_{i=1}^{k} a_i^2 + a_{k+1}^2 b_{k+1}^2$$

$$-(\sum_{i=1}^{k} a_i b_i)^2 - 2 a_{k+1} b_{k+1} \sum_{i=1}^{k} a_i b_i - a_{k+1}^2 b_{k+1}^2 = (*) \quad .$$

Aus der Induktionsannahme folgt

$$(*) = \sum_{(m,l) \in I_k} (a_m b_l - a_l b_m)^2 +$$

$$a_{k+1}^2 \sum_{i=1}^{k} b_i^2 + b_{k+1}^2 \sum_{i=1}^{k} a_i^2 - 2 a_{k+1} b_{k+1} \sum_{i=1}^{k} a_i b_i$$

$$= \sum_{(m,l) \in I_k} (a_m b_l - a_l b_m)^2$$

$$+ (a_1^2 b_{k+1}^2 - 2 a_1 b_1 a_{k+1} b_{k+1} + a_{k+1}^2 b_1^2)$$

$$+ (a_2^2 b_{k+1}^2 - 2 a_2 b_2 a_{k+1} b_{k+1} + a_{k+1}^2 b_2^2)$$

$$\vdots$$

$$+ (a_k^2 b_{k+1}^2 - 2 a_k b_k a_{k+1} b_{k+1} + a_{k+1}^2 b_k^2)$$

$$= \sum_{(m,l) \in I_k} (a_m b_l - a_l b_m)^2 + \sum_{i=1}^{k} (a_i b_{k+1} - a_{k+1} b_i)^2$$

$$= \sum_{(m,l) \in I_{k+1}} (a_m b_l - a_l b_m)^2 \quad .$$

Damit ist die LAGRANGEsche Identität (1.6) und also auch die CAUCHY-SCHWARZsche Ungleichung (1.7), (1.8) bewiesen.

c) BERNOULLIsche Ungleichung

Sei $a > -1$, $a \neq 0$. Dann gilt die BERNOULLIsche Ungleichung

$$(1 + a)^n > 1 + na, \qquad \forall n \in \mathbb{N}, n \geq 2.$$

Die BERNOULLIsche Ungleichung beweist man mit der Methode der vollständigen Induktion, also:

1) *Induktionsanfang* für $n_0 = 2$

$$(1 + a)^2 = 1 + 2a + a^2 > 1 + 2a, \text{ da } a \neq 0.$$

2) *Induktionsannahme*: Ungleichung gilt für festes $k \in \mathbb{N}, k \geq 2$.
   Unter dieser Annahme ist die Gültigkeit der Ungleichung für $k + 1$ zu zeigen.

3) *Induktionsbeweis*

$$(1 + a)^k > 1 + ka \implies (1 + a)^k(1 + a) > (1 + ka)(1 + a)$$
$$\implies (1 + a)^{k+1} > 1 + (k + 1)a + ka^2$$
$$\implies (1 + a)^{k+1} > 1 + (k + 1)a, \text{ da } ka^2 > 0.$$

Damit gilt die Ungleichung $\forall n \in \mathbb{N}, n \geq 2$.

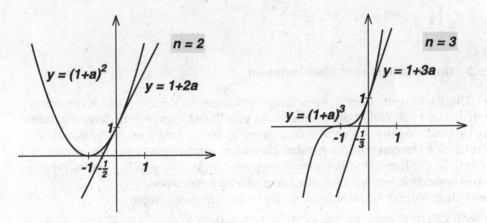

Abb. 1.19. Geometrische Veranschaulichung der BERNOULLIschen Ungleichung

d) Beziehung zwischen arithmetischem und geometrischem Mittel

Sei $a \geq 0, b \geq 0$, dann gilt

$$\sqrt{ab} \leq \frac{a + b}{2},$$

d.h. das geometrische Mittel ist kleiner oder gleich dem arithmetischen Mittel. Das ergibt sich sofort aus

$$(\sqrt{a} - \sqrt{b})^2 \geq 0 \iff a - 2\sqrt{ab} + b \geq 0 \iff a + b \geq 2\sqrt{ab}.$$

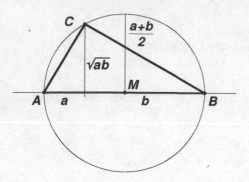

Abb. 1.20. Beziehung zwischen geometrischem und arithmetischem Mittel

Diese Beziehung lässt sich auch einfach geometrisch veranschaulichen. Das in
den Halbkreis (Durchmesser $a + b$) einbeschriebene Dreieck ABC ist bekanntlich
rechtwinklig. Nach dem Höhensatz (EUKLID) ist das Quadrat seiner Höhe gleich
dem Produkt ab aus den Hypothenusenabschnitten a, b. Diese Höhe ist aber sicher nicht größer als der Radius $\frac{a+b}{2}$. Die Verallgemeinerung dieser Ungleichung
für die nichtnegativen reellen Zahlen $a_1, a_2, ..., a_n$ ($n \in \mathbb{N}$) lautet

$$\sqrt[n]{\prod_{i=1}^{n} a_i} := \sqrt[n]{a_1 a_2 \ldots a_n} \leq \frac{1}{n} \sum_{i=1}^{n} a_i.$$

1.6.3 Ungleichungen mit einer Variablen

Bei Ungleichungen oder Ungleichungssystemen, in denen Variablen vorkommen, besteht das Ziel in der Bestimmung von Variablenmengen, deren Elemente
die Ungleichungen erfüllen. Zur Bestimmung der Lösungsmengen werden die in
den Ungleichungen vorkommenden Variablen durch äquivalente Umformungen
isoliert. In der Regel sind bei komplizierteren Ungleichungen Fallunterscheidungen erforderlich, um wirklich alle Lösungen zu bestimmen.
Besondere Sorgfalt ist erforderlich, falls in den Ungleichungen

a) Betragsterme, wie z.B. $|x - 3|$, vorkommen, oder

b) die Nenner von Brüchen Nullstellen haben und das Vorzeichen wechseln können, z.B. im Ausdruck $\frac{1}{x-1}$.

Die Nullstellen von Betragstermen und die Nullstellen in Nennern von Brüchen
nennt man auch **kritische Punkte**.

Beispiel: Die Ungleichung

$$|2x + 5| \leq 25x - 3$$

ist zu lösen. Genauer: Wir wollen $L = \{x \in \mathbb{R} \mid |2x + 5| \leq 25x - 3\}$ identifizie-
ren. Wir erkennen mit $x = -\frac{5}{2}$ den kritischen Punkt und unterscheiden die Fälle
$x < -\frac{5}{2}$ und $x \geq -\frac{5}{2}$.

Fall I, $x < -\frac{5}{2}$. Wir suchen Lösungen der Ungleichung aus der Menge der potentiellen Lösungskandidaten $L_{cand} = \,] -\infty, -\frac{5}{2}[$, d.h.

$$|2x + 5| \leq 25x - 3 \iff -(2x + 5) \leq 25x - 3 \iff -2 \leq 27x \iff x \geq -\frac{2}{27}\,,$$

also $x \in L = [-\frac{2}{27}, \infty[$. Damit erhalten wir mit

$$L_I = L \cap L_{cand} = \,] -\infty, -\frac{5}{2}[\cap [-\frac{2}{27}, \infty[= \emptyset$$

die Lösungsmenge des Falles I. Von den Kandidaten $x \geq -\frac{2}{27}$ gehört also keiner zu L.

Fall II, $x \geq -\frac{5}{2}$. Wir suchen Lösungen der Ungleichung aus $L_{cand} = [-\frac{5}{2}, \infty[$. Es ergibt sich

$$|2x + 5| \leq 25x - 3 \iff 2x + 5 \leq 25x - 3 \iff 8 \leq 23x \iff x \geq \frac{8}{23}\,,$$

also $x \in L = [\frac{8}{23}, \infty[$ und damit für den Fall II die Lösungsmenge

$$L_{II} = L \cap L_{cand} = [\frac{8}{23}, \infty[\cap [-\frac{5}{2}, \infty[= [\frac{8}{23}, \infty[\,.$$

Als Lösungsmenge der Ausgangsungleichung erhalten wir schließlich

$$L = L_I \cup L_{II} = [\frac{8}{23}, \infty[.$$

Bei den eben durchgeführten Fallunterscheidungen ist die Gefahr groß, einen Fall zu vergessen oder ungenügend zu würdigen.

Eine Methode, die weniger fehleranfällig ist als die oben beschriebene **algebraische Methode**, wollen wir **geometrische Methode** nennen. Zur Erläuterung der Methode betrachten wir die Ungleichung

$$|2x + 5| \leq 3 - \frac{x}{2}. \qquad (1.9)$$

Wenn wir $g(x) = |2x + 5|$ und $f(x) = 3 - \frac{x}{2}$ setzen, dann bedeutet die Lösung der Ungleichung (1.9) nichts anderes, als die Bestimmung der Intervalle oder Punkte x auf der reellen Zahlengeraden, für die

$$g(x) \leq f(x)$$

ist. Wenn wir die Funktionsgraphen aufzeichnen, können wir die Lösung der Zeichnung entnehmen. Die Abb. 1.21 verdeutlicht die geometrische Methode und ergibt, ebenso wie die algebraische Methode, die Lösungsmenge $L = [-\frac{16}{3}, -\frac{4}{5}]$, wobei die Intervallendpunkte $-\frac{16}{3}$ und $-\frac{4}{5}$ genau die x-Koordinaten der Schnittpunkte der Funktionen $g(x)$ und $f(x)$ sind, also die Gleichung $g(x) = f(x)$ erfüllen.

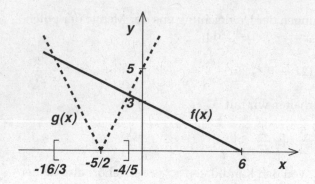

Abb. 1.21. Geometrische Lösung von $|2x + 5| \leq 3 - \frac{x}{2}$

1.7 Komplexe Zahlen

1.7.1 Einführung der komplexen Zahlen

Die hierarchische Einführung der Zahlbereiche

$$\mathbb{N}, \quad \mathbb{Z}, \quad \mathbb{Q}, \quad \mathbb{R},$$

lässt sich mit dem Wunsch, Gleichungen zu lösen, motivieren. Die Gleichung

$$n + x = 0$$

hat in $\mathbb{N}$ für $n \in \mathbb{N}$ keine Lösung, allerdings in $\mathbb{Z}$, nämlich die eindeutige Lösung $x = -n$.

Betrachtet man mit $a, b \in \mathbb{Z}$ die Gleichung

$$ax = b,$$

so ist diese i. Allg. nicht in $\mathbb{Z}$ lösbar, allerdings für $a \neq 0$ eindeutig lösbar in $\mathbb{Q}$ mit der Lösung $x = \frac{b}{a}$.

Bei der Lösung der quadratischen Gleichung

$$x^2 + px + q = 0 \qquad (p, q \in \mathbb{R}) \tag{1.10}$$

erhält man durch quadratische Ergänzung

$$x^2 + px + q = (x + \frac{p}{2})^2 - (\frac{p^2}{4} - q) = 0 \quad \Longleftrightarrow \quad x + \frac{p}{2} = \pm\sqrt{\frac{p^2}{4} - q}$$

die bekannte p-q-Formel

$$x_{1,2} = -\frac{p}{2} \pm \sqrt{\frac{p^2}{4} - q} \tag{1.11}$$

für die Nullstellen eines quadratischen Polynoms. Die Quadratwurzel kann in $\mathbb{R}$ allerdings nur im Fall $\frac{p^2}{4} - q \geq 0$ gezogen werden. Zum Beispiel hat die Gleichung $x^2 + 4x - 5 = 0$ die Lösungen (Abb. 1.22)

$$x_{1/2} = -2 \pm \sqrt{4 + 5} = -2 \pm 3$$
$$x_1 = -5, \quad x_2 = 1 \,.$$

Andererseits kommt man bei dem Versuch, die Gleichung $x^2 + 4x + 5 = 0$ mittels (1.11) zu lösen, ganz formal auf $x_{1/2} = -2 \pm \sqrt{4-5} = -2 \pm \sqrt{-1}$, was in $\mathbb{R}$ keine Bedeutung hat. Man sagt, diese Gleichung hat in $\mathbb{R}$ keine Lösung. Geometrisch sieht man das daran, dass die Kurve $y = x^2 + 4x + 5$ die x-Achse nicht schneidet (Abb. 1.22). Es ist naheliegend, $\mathbb{R}$ mit dem Ziel zu erweitern, dass in dem erweiterten Zahlenbereich u.a. die Lösung quadratischer Gleichungen ohne Einschränkung möglich wird.

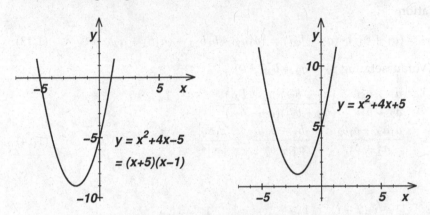

Abb. 1.22. Quadratische Gleichungen mit und ohne Lösungen in $\mathbb{R}$

Aus dem angegebenen Beispiel folgt, dass "$\sqrt{-1}$" in dem erweiterten Zahlenbereich enthalten sein sollte. Man führt deshalb die **imaginäre Einheit** i ein, für die gilt $i^2 = -1$. Die Elemente des erweiterten Zahlenbereichs heißen komplexe Zahlen, den Bereich nennen wir $\mathbb{C}$.

Definition 1.5. (Komplexe Zahlen)

1) Unter einer **komplexen Zahl** $z \in \mathbb{C}$ versteht man einen Ausdruck der Form

$$z := a + bi \quad \text{mit} \quad a, b \in \mathbb{R}.$$

$a \in \mathbb{R}$ heißt **Realteil** von z : $\quad a =: \operatorname{Re} z$
$b \in \mathbb{R}$ heißt **Imaginärteil** von z : $\quad b =: \operatorname{Im} z$.

2) Zwei **komplexe Zahlen sind gleich**, wenn sowohl die Realteile als auch die Imaginärteile übereinstimmen. Insbesondere ist

$$a + bi = 0 \iff a = 0 \wedge b = 0.$$

3) Ist $z = a + bi$, so heißt $\overline{z} = a - bi$ die zu z **konjugiert komplexe Zahl.**

4) Unter dem **Betrag** $|z|$ einer komplexen Zahl $z = a + bi$ versteht man die nichtnegative reelle Zahl $|z| = \sqrt{a^2 + b^2}$.

Es ist $\mathbb{R} \subset \mathbb{C}$, d.h. die reellen Zahlen sind die komplexen Zahlen mit dem Imaginärteil 0.
Wir erklären jetzt, wie man mit den komplexen Zahlen rechnet.

Addition/Subtraktion:

$$z_1 \pm z_2 = (a_1 + b_1 i) \pm (a_2 + b_2 i) = (a_1 \pm a_2) + (b_1 \pm b_2)i \qquad (1.12)$$

Multiplikation:

$$z_1 \cdot z_2 = (a_1 + b_1 i) \cdot (a_2 + b_2 i) = (a_1 a_2 - b_1 b_2) + (a_1 b_2 + a_2 b_1)i \qquad (1.13)$$

Division (Voraussetzung $z_2 = a_2 + b_2 i \neq 0$):

$$\frac{z_1}{z_2} = \frac{a_1 + b_1 i}{a_2 + b_2 i} = \frac{(a_1 + b_1 i)(a_2 - b_2 i)}{(a_2 + b_2 i)(a_2 - b_2 i)} =$$

$$= \frac{a_1 a_2 + b_1 b_2}{a_2^2 + b_2^2} + \frac{a_2 b_1 - a_1 b_2}{a_2^2 + b_2^2} i = \frac{z_1 \overline{z}_2}{|z_2|^2} \qquad (1.14)$$

Beispiel:

$$\frac{1 + i}{2 - i} = \frac{(1 + i)(2 + i)}{(2 - i)(2 + i)} = \frac{1}{5}(2 + 3i + i^2) = \frac{1}{5} + \frac{3}{5}i \ .$$

Die Zurückführung eines Quotienten aus komplexen Zahlen auf die übliche Form $a + b\,i$ gelingt stets durch "Reellmachen des Nenners", d.h. Erweitern des Bruches mit dem Konjugiert-Komplexen des Nenners.

Rechenregeln für z und $\overline{z}$
Summe und Produkt aus komplexer und zugehöriger konjugiert-komplexer Zahl sind stets reell:

$$z = a + b\,i \ , \ \overline{z} = a - b\,i \Longrightarrow z + \overline{z} = 2a \ , \ z \cdot \overline{z} = a^2 + b^2 = |z|^2 \ .$$

Weiterhin gelten die Beziehungen

$$\overline{\overline{z}} = z \ , \quad \overline{z_1 + z_2} = \overline{z}_1 + \overline{z}_2 \ , \quad \overline{z_1 z_2} = \overline{z}_1 \overline{z}_2 \ ,$$

die man aus der Definition 1.5 und den angegebenen Rechenregeln leicht herleitet.

$\mathbb{C}$ als Zahlkörper

Die in $\mathbb{C}$ erklärten Operationen Addition und Multiplikation sind **assoziativ** und **kommutativ**. Das neutrale Element bezüglich der Addition ist die reelle Zahl 0, das neutrale Element bezüglich der Multiplikation ist die reelle Zahl 1: Für jedes $a + b\,i \in \mathbb{C}$ gilt

$$(a + b\,i) + (0 + 0\,i) = a + b\,i \ ,$$
$$(a + b\,i)(1 + 0\,i) = a + b\,i \ .$$

Für beliebiges $z \in \mathbb{C}$ ist das inverse bzw. reziproke Element bezüglich der Addition $(-z)$, das inverse bzw. reziproke Element bezüglich der Multiplikation ist $\frac{1}{z} = \frac{\bar{z}}{|z|^2}$ (für $z \neq 0$). Es gilt das Distributivgesetz

$$z_1(z_2 + z_3) = z_1 z_2 + z_1 z_3 .$$

Aufgrund der Definition im Abschnitt 1.5.4 können wir damit sagen, dass $\mathbb{C}$ **ein Zahlkörper** ist; $\mathbb{C}$ enthält auch die Körper $\mathbb{R}$ und $\mathbb{Q}$, ist also eine Erweiterung von $\mathbb{R} \supset \mathbb{Q}$.

Im Körper $\mathbb{C}$ können wir die Gleichung (1.10) nun auch für den Fall $\frac{p^2}{4} - q < 0$ lösen und mit

$$x_1 = -\frac{p}{2} + i\sqrt{q - \frac{p^2}{4}} , \qquad x_2 = -\frac{p}{2} - i\sqrt{q - \frac{p^2}{4}}$$

zwei komplexe Lösungen angeben; dabei ist $x_2 = \bar{x}_1$. Im Fall $x^2 + 4x + 5 = 0$ hat man speziell

$$x_1 = -2 + i , \qquad x_2 = -2 - i .$$

1.7.2 Die GAUSSsche Zahlenebene

Wenn wir in der Ebene ein kartesisches (x, y)-Koordinatensystem einführen und auf der x-Achse den Realteil und auf der y-Achse den Imaginärteil einer komplexen Zahl $z = a + bi$ auftragen, entspricht jede komplexe Zahl einem Punkt in der Ebene, die man GAUSSsche oder **komplexe Zahlenebene** nennt. Die Abszissen-

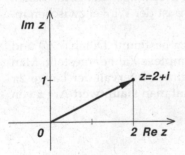
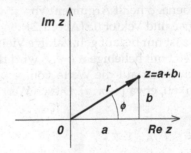

Abb. 1.23. Komplexe Zahl $z = 2 + i$ in der GAUSSschen Zahlenebene

Abb. 1.24. Polarkoordinaten in der GAUSSschen Zahlenebene

achse heißt **reelle Achse**, die Ordinatenachse **imaginäre Achse**. Der Schnittpunkt beider Achsen entspricht der Zahl 0. Die GAUSSsche Zahlenebene ist ein Bild des Körpers $\mathbb{C}$ der komplexen Zahlen, die reelle Achse stellt dabei den Teilkörper $\mathbb{R}$ der reellen Zahlen dar.

Manchmal ist es bequem, die komplexen Zahlen $z = a + bi$ in der GAUSSschen Ebene durch Vektoren $\vec{0z}$ mit den Komponenten a, b darzustellen (Abb. 1.25). Zum Beispiel lassen sich Addition und Subtraktion gemäß ihrer Definition (1.12)

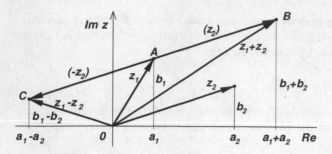

Abb. 1.25. Addition und Subtraktion zweier komplexer Zahlen in der GAUSSschen Zahlenebene

geometrisch durch Addition und Subtraktion entsprechender Vektoren veranschaulichen. Aus dem Dreieck $0AB$ in der Abb. 1.25 liest man die Gültigkeit der **Dreiecksungleichung** für komplexe Zahlen ab. Es ist

$$|\overline{0B}| \le |\overline{0A}| + |\overline{AB}|\,, \qquad \text{also} \qquad |z_1 + z_2| \le |z_1| + |z_2|\,.$$

Ebenso gilt im Dreieck $0AC$

$$|\overline{0C}| \ge |\overline{AC}| - |\overline{0A}| \quad \text{und}$$
$$|\overline{0C}| \ge |\overline{0A}| - |\overline{AC}|\,, \qquad \text{also} \qquad |z_1 - z_2| \ge ||z_1| - |z_2||$$

(vgl. hier auch Abschnitt 1.6.1).

In der GAUSSschen Zahlenebene ist eine komplexe Zahl auch durch ihre **Polarkoordinaten** (r, ϕ) charakterisiert. Dabei heißt r der **absolute Betrag** von z und bedeutet geometrisch den Abstand des Punktes z vom Ursprung in der GAUSSschen Zahlenebene. ϕ heißt **Argument** von z: $\phi =: \arg z$. ϕ ist der Winkel zwischen reeller Achse und Vektor $\overline{0z}$ (Abb. 1.24).

$\phi = \arg z$ ist nur bis auf ganzzahlige Vielfache von 2π bestimmt: Durch (r, ϕ) und $(r, \phi + 2k\pi)$ mit beliebigem $k \in \mathbb{Z}$ wird dieselbe komplexe Zahl dargestellt. Man kann sich daher auf die Werte von $\phi = \arg z$ in einem Intervall der Länge 2π beschränken, etwa $]-\pi, \pi]$. Diesen Wert von ϕ nennt man **Hauptwert** Arg z von arg z:

$$-\pi < \operatorname{Arg} z \le \pi\,.$$

Zwischen Real- und Imaginärteil a, b und den Polarkoordinaten r, ϕ einer komplexen Zahl bestehen folgende Zusammenhänge:

$$a = r\cos\phi\,,\ b = r\sin\phi\,,\ r = \sqrt{a^2 + b^2}\,,\ \tan\phi = \frac{b}{a}\quad (a \neq 0)\,. \tag{1.15}$$

Für $a = 0$ (d.h. rein imaginäre Zahlen z) gilt $\phi = \frac{\pi}{2}$ für $b > 0$ (z.B. $z = 2i$) und $\phi = -\frac{\pi}{2}$ für $b < 0$ (z.B. für $z = -3i$). Für $z = 0$ ist $r = 0$ und ϕ unbestimmt.

Will man den Hauptwert Arg z bei gegebenen a, b bestimmen, so muss man sich zunächst darüber klar werden, in welchem Quadranten der GAUSSschen Ebene die Zahl $z = a + bi$ liegt. Daraus folgt das Intervall, das für den Hauptwert von

ϕ in Frage kommt (Abb. 1.26). Nun hat man einen Wert ϕ aus diesem Intervall zu bestimmen, für den $\tan \phi = \frac{b}{a}$ gilt. Da $\tan \phi = \frac{b}{a}$ im Intervall $] - \pi, \pi]$ zwei Lösungen hat, ist durch den Quadranten (Vorzeichen von a und b), in dem die Zahl z liegt, zu entscheiden, welche Lösung die richtige ist (Abstand der Lösungen ist π, siehe auch Abb. 1.27).

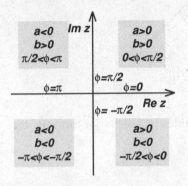
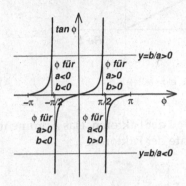

Abb. 1.26. Werte von $\phi = \operatorname{Arg} z$ in den 4 Quadranten der GAUSSschen Zahlenebene

Abb. 1.27. Bestimmung von $\phi = \operatorname{Arg} z$ für $z = a + b\,i$

Beispiele:

1) $z = -2 + i \Longrightarrow$
   $a = -2, \ b = 1$, also $+ \frac{\pi}{2} < \phi = \operatorname{Arg} z < \pi$ nach Abb. 1.26
   $\tan \phi = \frac{b}{a} = -\frac{1}{2} \to \phi = -26{,}56^o + 180^o = 153{,}44^o$ (vgl. Abb. 1.27)
   $r = |z| = \sqrt{(-2)^2 + 1^2} = \sqrt{5}$
   $-2 + i = \sqrt{5}(\cos 153{,}44^o + i \sin 153{,}44^o) = 2{,}24(-0{,}89 + 0{,}45\,i)$, (vgl. Abb. 1.28).

2) $z = 1 - i \Longrightarrow$
   $a = 1, \ b = -1$, also $- \frac{\pi}{2} < \phi = \operatorname{Arg} z < 0$ nach Abb. 1.26
   $\tan \phi = \frac{b}{a} = -1 \to \phi = -\frac{\pi}{4}$ (vgl. Abb. 1.27)
   $r = |z| = \sqrt{1 + (-1)^2} = \sqrt{2}$
   $1 - i = \sqrt{2}(\cos(-\frac{\pi}{4}) + i \sin(-\frac{\pi}{4})) = 1{,}41(0{,}71 - 0{,}71\,i)$, (vgl. Abb. 1.29).

Allgemein lautet die **Polarkoordinatendarstellung** (trigonometrische Darstellung) einer komplexen Zahl $z = a + b\,i$

$$z = r(\cos \phi + i \sin \phi). \tag{1.16}$$

Für die Multiplikation zweier komplexer Zahlen $z = |z|(\cos \phi + i \sin \phi)$ und $w = |w|(\cos \psi + i \sin \psi)$ in Polarkoordinatendarstellung folgt aus (1.13):

$$
\begin{aligned}
z \cdot w &= |z||w|((\cos \phi \cos \psi - \sin \phi \sin \psi) + i(\cos \phi \sin \psi + \sin \phi \cos \psi)) \\
&= |z||w|(\cos(\phi + \psi) + i \sin(\phi + \psi)),
\end{aligned}
\tag{1.17}
$$

Letzteres unter Nutzung der Additionstheoreme der trigonometrischen Funktionen. Der Betrag des Produktes zweier komplexer Zahlen ist gleich dem Produkt

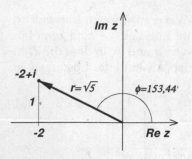

Abb. 1.28. $z = -2 + i$

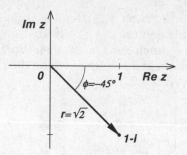

Abb. 1.29. $z = 1 - i$

der Beträge der Faktoren. Das Argument des Produktes ist gleich der Summe der Argumente der Faktoren.

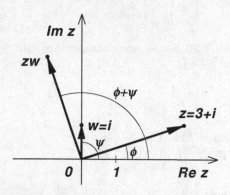

Abb. 1.30. Multiplikation komplexer Zahlen in Polarkoordinaten

Beispiel:

$$
\begin{aligned}
z &= 3 + i = \sqrt{10}[\cos(18{,}43^{o}) + i\sin(18{,}43^{o})] \\
w &= i = 1 \cdot [\cos(90^{o}) + i\sin(90^{o})] \\
zw &= \sqrt{10}[\cos(108{,}43^{o}) + i\sin(108{,}43^{o})]
\end{aligned}
$$

(Abb. 1.30).

Für die Division zweier komplexer Zahlen z und $w\,(|w| \neq 0)$ erhält man auf ähnliche Weise

$$
\frac{z}{w} = \frac{|z|}{|w|}\left(\cos(\phi - \psi) + i\,\sin(\phi - \psi)\right),
$$

also bedeutet die Division zweier komplexer Zahlen die Division ihrer Beträge und die Subtraktion ihrer Argumente.

Eine sehr wichtige Rolle beim Rechnen mit komplexen Zahlen spielt die

EULERsche Formel:

$$e^{i\phi} := \cos \phi + i \sin \phi. \qquad (1.18)$$

Dies ist hier als Definition von $e^{i\phi}$ zu verstehen. Im Rahmen der Theorie der Potenzreihen kann man die Beziehung (1.18) streng beweisen. Mit der EULERschen Formel ergibt sich für eine komplexe Zahl z ihre Exponentialdarstellung

$$z = |z|e^{i\phi},$$

wobei hier die gleichen Potenzgesetze für komplexe Exponenten wie bei reellen Exponenten verabredet werden. Wir werden später feststellen, dass die Exponentialdarstellung das Rechnen mit komplexen Zahlen und die Lösung komplexer Gleichungen angenehm vereinfacht. Aufgrund der Eigenschaften der trigonometrischen Funktionen und der Exponentialfunktion gemäß (1.18) gilt für eine komplexe Zahl z

$$z = r(\cos \phi + i \sin \phi) = r(\cos(\phi + k2\pi) + i \sin(\phi + k2\pi)) \text{ bzw.}$$

$$z = re^{i\phi} = re^{i(\phi + k2\pi)}, \qquad (1.19)$$

für beliebige $k \in \mathbb{Z}$. Man sieht insbesondere, dass die nach (1.18) definierte Funktion $e^{i\phi}$ eine 2π-periodische Funktion von ϕ ist, im Gegensatz zur Funktion e^x bei $x \in \mathbb{R}$.

1.7.3 Potenzieren und Radizieren

Wir können bisher komplexe Zahlen addieren, subtrahieren, multiplizieren und dividieren. Mit der Kenntnis der Multiplikation können wir auch **ganzzahlige Potenzen komplexer Zahlen** bilden. Die Berechnung von z^{12}, z.B. für $z = 2 + 2i$ ist allerdings auf dem Wege

$$z^{12} = z \cdot z \cdot z \cdot z \cdot z \cdot z \cdot z \cdot z \cdot z \cdot z \cdot z \cdot z$$

recht mühselig und es lohnt sich, über einen eleganteren Weg nachzudenken, der neben dem Potenzieren auch eine elegante Methode des Radizierens beinhaltet. Wir erinnern uns an die Exponentialdarstellung einer komplexen Zahl und schreiben $z = 2 + 2i$ in der Form (es ist hier $|z| = |2 + 2i| = \sqrt{8}$, $\text{Arg } z = \frac{\pi}{4}$)

$$z = \sqrt{8}e^{i\frac{\pi}{4}}$$

auf. Mit der formalen Anwendung der aus der Schule bekannten Potenzgesetze auf komplexe Zahlen erhält man

$$\begin{aligned} z^{12} &= (\sqrt{8}e^{i\frac{\pi}{4}})^{12} = (\sqrt{8})^{12}(e^{i\frac{\pi}{4}})^{12} \\ &= 8^6 e^{i3\pi} = 8^6(\cos(3\pi) + i \sin(3\pi)) = -8^6 = -2^{18}. \end{aligned} \qquad (1.20)$$

Ist die Gleichung $z^3 = w$ mit $w = -3 + \sqrt{3}i$ zu lösen, sind alle komplexen Zahlen zu ermitteln, für die die Gleichung gilt. Wir werden feststellen, dass es genau 3 Lösungen gibt. Zur Bestimmung dieser 3 Lösungen betrachten wir nun die Exponentialdarstellung von $w = -3 + \sqrt{3}i$. Mit dem Betrag $\sqrt{12}$ und dem Argument $\text{Arg } z = \frac{5\pi}{6}$ erhält man $w = \sqrt{12}e^{i\frac{5\pi}{6}}$, bzw. unter Berücksichtigung der Beziehung (1.19)

$$w = \sqrt{12}e^{i\left(\frac{5\pi}{6} + 2k\pi\right)} \tag{1.21}$$

für beliebige $k \in \mathbb{Z}$. Für die weitere Betrachtung verabreden wir, dass jede Zahl a **n-te Wurzel** der komplexen Zahl b heißt, für die $a^n = b$ gilt. Für a wird auch die Bezeichnung $\sqrt[n]{b}$ verwendet. Wenn wir nun die 3. Wurzel aus der Zahl $w = -3 + \sqrt{3}i$ ziehen, und die Beziehung (1.21) berücksichtigen, erhalten wir mit

$$z_k = \left(\sqrt{12}\right)^{\frac{1}{3}}\left(e^{i\left(\frac{5\pi}{6} + 2k\pi\right)}\right)^{\frac{1}{3}} = 12^{\frac{1}{6}}e^{i\left(\frac{5\pi}{18} + \frac{2k\pi}{3}\right)}$$

für $k \in \mathbb{Z}$ die Lösungen der Gleichung $z^3 = w = -3 + \sqrt{3}i$. Wir stellen fest, dass $z_0 = z_3 = z_6 = z_9 = \ldots$, $z_1 = z_4 = z_7 = \ldots$ und $z_2 = z_5 = \ldots$ gilt, so dass wir tatsächlich nur drei Lösungen z_0, z_1 und z_2 der Gleichung erhalten. In der GAUSSschen Zahlenebene liegen z_0, z_1, z_2 auf einem Kreis mit dem Radius $12^{\frac{1}{6}} = \sqrt[6]{12}$. Die Positionen von z_0, z_1, z_2 auf dem Kreis markieren ein regelmäßiges Dreieck (siehe auch Abb. 1.31). Wenn wir die Überlegungen zum eben betrachteten Beispiel unter Nutzung der Potenzgesetze verallgemeinern, kommen wir zum folgenden Satz.

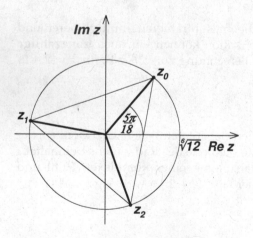

Abb. 1.31. Dritte Wurzeln der Zahl $w = -3 + \sqrt{3}i$

Satz 1.3. *(DE MOIVREsche Formel, Potenzieren und Radizieren in $\mathbb{C}$)*

Sei $n \in \mathbb{N}$, dann gilt
a) Die n-te Potenz von $z = a + bi = r(\cos\phi + i\,\sin\phi) = re^{i\phi}$ ergibt sich zu

$$z^n = r^n(\cos(n\phi) + i\,\sin(n\phi)) = r^n e^{in\phi}, \tag{1.22}$$

d.h. es gilt die DE MOIVREsche Formel

$$(\cos\phi + i\sin\phi)^n = \cos(n\phi) + i\sin(n\phi)\,. \tag{1.23}$$

b) Für jede komplexe Zahl $w = re^{i\phi} \neq 0$ hat die Gleichung $z^n = w$ genau n verschiedene Lösungen, nämlich die n n-ten Wurzeln

$$z_k = \sqrt[n]{r}(\cos(\frac{\phi}{n} + \frac{k2\pi}{n}) + i\,\sin(\frac{\phi}{n} + \frac{k2\pi}{n})) = \sqrt[n]{r}e^{i(\frac{\phi}{n} + \frac{k2\pi}{n})} \tag{1.24}$$

für $k = 0, 1, \ldots, n-1$.
Die n-ten Wurzeln liegen auf einem Kreis mit dem Radius $\sqrt[n]{r}$ um den Nullpunkt der GAUSSschen Zahlenebene und bilden ein regelmäßiges n-Eck.
Ist ϕ der Hauptwert $\mathrm{Arg}\,w$ von $\arg w$, gilt also $-\pi < \phi \leq \pi$, so nennt man z_0 den **Hauptwert** *von $\sqrt[n]{z}$.*

Beispiele:
1) Zu bestimmen sind die komplexen Zahlen z, für die

$$\frac{z+1}{4} = \frac{1+i}{z-1}$$

gilt. Wegen des Nenners der rechten Seite suchen wir nur nach komplexen Zahlen, die ungleich 1 sind. Nach der Beseitigung der Nenner durch Multiplikation mit $4(z-1)$ erhält man die Gleichung $z^2 - 1 = 4 + 4i$ bzw. $z^2 = 5 + 4i$. Um die beiden Wurzeln aus $5 + 4i$ zu bestimmen, rechnen wir Radius $r = |5 + 4i| = \sqrt{41}$ und Argument $\phi = \arctan\frac{4}{5} = 38{,}65°$ aus und erhalten mit Satz 1.3

$$
\begin{aligned}
z_0 &= \sqrt[4]{41}(\cos 0{,}67474/2 + i\,\sin 0{,}67474/2) \\
&= 2{,}53(0{,}94363 + i\,0{,}33101)\ \text{und} \\
z_1 &= \sqrt[4]{41}(\cos(0{,}67474/2 + \pi) + i\,\sin(0{,}67474/2 + \pi)) \\
&= 2{,}53(-0{,}94363 - i\,0{,}33101).
\end{aligned}
$$

Bei der Quadratwurzel aus einer komplexen Zahl liegen die beiden Lösungen auf einem Kreis in der GAUSSschen Zahlenebene um π versetzt, so dass man hier ein "2-Eck", sprich die geradlinige Verbindung der 2 Punkte in der Ebene, erhält.

2) Es sind alle Lösungen der Gleichung $z^4 = 1$ zu ermitteln. Wir erhalten $|1| = 1$

und arg $1 = \arctan 0 = 0$. Die Anwendung von Satz 1.3 ergibt die 4 Wurzeln

$$
\begin{aligned}
z_0 &= \cos 0 + i \sin 0 = 1 \\
z_1 &= \cos(0 + \frac{\pi}{2}) + i \sin(0 + \frac{\pi}{2}) = i \\
z_2 &= \cos(0 + \pi) + i \sin(0 + \pi) = -1 \\
z_1 &= \cos(0 + \frac{3\pi}{2}) + i \sin(0 + \frac{3\pi}{2}) = -i .
\end{aligned}
$$

Mit den 4 Wurzeln können wir den komplexen Ausdruck $p(z) = z^4 - 1$ in Linearfaktoren zerlegen, und erhalten

$$
p(z) = z^4 - 1 = (z - 1)(z - i)(z + 1)(z + i),
$$

wie man durch Ausmultiplizieren der rechten Seite nachprüfen kann.

3) Es sind alle $z \in \mathbb{C}$ zu bestimmen, die der Gleichung

$$
z^4 + 2z^2 + 1 = 0
$$

genügen. Wir bemerken $z^4 + 2z^2 + 1 = (z^2 + 1)^2$, so dass wir nur nach den Nullstellen von $z^2 + 1$ zu suchen haben. Diese sind uns allerdings mit

$$
z_0 = i \text{ und } z_1 = -i
$$

bekannt. In diesem Fall sind $z_0 = i$ und $z_1 = -i$ doppelte Nullstellen, d.h. z_0 und z_1 haben jeweils die algebraische Vielfachheit 2, und die Zerlegung in Linearfaktoren lautet

$$
z^4 + 2z^2 + 1 = (z - i)(z + i)(z - i)(z + i) = (z - i)^2(z + i)^2.
$$

4) Anwendung der DE MOIVREschen Formel zur Herleitung trigonometrischer Beziehungen.

Mittels der DE MOIVREschen Formel (1.23) und der Multiplikation zweier komplexer Zahlen in Polarkoordinatendarstellung

$$
(\cos \phi + i \sin \phi)(\cos \psi + i \sin \psi) = \cos(\phi + \psi) + i \sin(\phi + \psi) \qquad (1.25)
$$

lassen sich nun leicht Additionstheoreme und trigonometrische Beziehungen für den Sinus bzw. Kosinus des mehrfachen Winkels herleiten. Ausgehend von der Beziehung (1.25) erhält man nach Ausmultiplizieren der linken Seite

$$
[\cos \phi \cos \psi - \sin \phi \sin \psi] + i[\sin \phi \cos \psi + \cos \phi \sin \psi] = \cos(\phi + \psi) + i \sin(\phi + \psi)
$$

und damit die Additionstheoreme

$$
\begin{aligned}
\cos(\phi + \psi) &= \cos \phi \cos \psi - \sin \phi \sin \psi & (1.26) \\
\sin(\phi + \psi) &= \sin \phi \cos \psi + \cos \phi \sin \psi & (1.27)
\end{aligned}
$$

Aus der Beziehung (1.23) erhält man für $n = 2$ nach dem Ausmultiplizieren der linken Seite

$$
\cos^2 \phi - \sin^2 \phi + 2i \sin \phi \cos \phi = \cos(2\phi) + i \sin(2\phi)
$$

und damit die Beziehungen

$$\cos(2\phi) = \cos^2\phi - \sin^2\phi \tag{1.28}$$
$$\sin(2\phi) = 2\sin\phi\cos\phi \tag{1.29}$$

für den doppelten Winkel. Die Beziehungen (1.28) und (1.29) kann man natürlich auch als Spezialfall $\phi = \psi$ aus den Beziehungen (1.26), (1.27) herleiten. Analog zur Herleitung der Beziehungen (1.28), (1.29) erhält man auch auf relativ einfache Weise die bekannten Beziehungen für Sinus und Kosinus des n-fachen Winkels.

1.7.4 Fundamentalsatz der Algebra

Wir haben die Erweiterung des Zahlkörpers $\mathbb{R}$ zum Zahlkörper $\mathbb{C}$ der komplexen Zahlen bisher dadurch motiviert, dass alle Gleichungen 2. Grades $x^2 + px + q = 0$ mit $p, q \in \mathbb{R}$ in dem erweiterten Zahlbereich Lösungen haben sollten. Dieses Ziel allein würde allerdings den Aufwand kaum rechtfertigen. Tatsächlich ist mit der Einführung der komplexen Zahlen ein weit größerer Wurf gelungen.

Es zeigt sich nämlich, dass in $\mathbb{C}$ nicht nur algebraische Gleichungen 2. Grades, sondern sogar algebraische Gleichungen beliebigen Grades (mit Koeffizienten aus $\mathbb{C}$) Lösungen haben.

Lösungen algebraischer Gleichungen sind Nullstellen von Polynomen. Daher führen wir zunächst den Begriff des Polynoms ein. Ein **Polynom über dem Körper der komplexen Zahlen** $\mathbb{C}$ ist ein Ausdruck der Form

$$p_n(x) := a_n x^n + a_{n-1} x^{n-1} + \cdots + a_1 x + a_0 \tag{1.30}$$

mit $a_i \in \mathbb{C}, i = 0, \ldots, n, \ a_n \neq 0, \ n = 0, 1, 2, \ldots$. $p_n(x)$ beschreibt bei gegebenen a_i eine Abbildung

$$p : \mathbb{C} \to \mathbb{C} \ ; \ x \mapsto p_n(x) \ .$$

Die Zahlen $a_0, a_1, \ldots, a_n$ nennt man die **Koeffizienten** von $p_n(x)$. n heißt der **Grad des Polynoms** $p_n(x)$ und wird mit $\deg(p_n)$ bezeichnet. Für $a_n \neq 0$ ist

$$\deg(p_n) = n \ .$$

Die Bezeichnung "deg" leitet sich von "degree" aus dem Englischen ab. Ein Polynom vom Grade 0 ist eine (von Null verschiedene) Konstante a_0. Die Menge der Polynome über $\mathbb{C}$ bezeichnen wir mit $\mathbb{C}(x)$. Polynome bezeichnet man auch als **ganze rationale Funktionen**. Eine Zahl $\alpha \in \mathbb{C}$ heißt **Nullstelle** von p_n, wenn $p_n(\alpha) = 0$ ist. Nullstellen von $p_n(x)$ sind die Zahlen aus $\mathbb{C}$, die durch die Abbildung $x \mapsto p_n(x)$ auf die Null der GAUSSschen Ebene abgebildet werden. Hat das Polynom $p_n(x)$ die Nullstelle α, so lässt es sich "durch $(x - \alpha)$ ohne Rest dividieren": Es gibt dann ein Polynom $q_{n-1}(x) \in \mathbb{C}(x)$ vom Grade $n - 1$, mit

$$p_n(x) = q_{n-1}(x)(x - \alpha) \ . \tag{1.31}$$

Ist α Nullstelle des Polynoms $p_n(x)$ (1.30), d.h. gilt $p_n(\alpha) = 0$, so ist α **Lösung der algebraischen Gleichung n-ten Grades**

$$a_n x^n + a_{n-1} x^{n-1} + \cdots + a_1 x + a_0 = 0 \ . \tag{1.32}$$

Dass beliebige algebraische Gleichungen in $\mathbb{C}$ Nullstellen haben, ist die Aussage des Fundamentalsatzes der Algebra, für den C.F. GAUSS 1799 den ersten Beweis gegeben hat:

Fundamentalsatz der Algebra:

Sei

$$p_n(x) = a_n x^n + a_{n-1} x^{n-1} + \cdots + a_1 x + a_0$$

mit $a_0, a_1, \ldots, a_n \in \mathbb{C}, n \in \mathbb{N}$ (d.h. $n \geq 1$) ein Polynom n-ten Grades über $\mathbb{C}$. Dann gibt es mindestens eine Zahl $\alpha \in \mathbb{C}$ mit

$$p_n(\alpha) = 0 \quad .$$

Es sei daran erinnert, dass wir die Erweiterung des Körpers $\mathbb{R}$ der reellen Zahlen zum Körper $\mathbb{C}$ der komplexen Zahlen gerade dadurch motiviert hatten, dass ein Zahlenbereich bestimmt werden sollte, in dem die Lösung beliebiger quadratischer Gleichungen (mit reellen Koeffizienten) liegen. Es ist also kein Wunder, dass der Fundamentalsatz der Algebra für $n = 2$ wieder die Existenz mindestens einer Nullstelle solcher Gleichungen in $\mathbb{C}$ zeigt. Andererseits ist die Aussage dieses Satzes natürlich wesentlich umfassender; auf den Beweis für beliebiges $n \in \mathbb{N}$ gehen wir hier nicht ein.

Für $n = 1$ ist nach (1.31) $p_1(x) = a_1(x - \alpha)$. Für $n > 1$ kann man auf das in (1.31) stehende Polynom $q_{n-1}(x)$ den Fundamentalsatz erneut anwenden und findet so die Existenz einer Zahl $\beta \in \mathbb{C}$ mit $q_{n-1}(\beta) = 0$. Somit hat $p_n(x)$ mindestens zwei Nullstellen $\alpha, \beta \in \mathbb{C}$, die allerdings nicht notwendig verschieden sein müssen. Durch wiederholte Anwendung dieses Schlusses ergibt sich, dass für jedes Polynom $p_n(x)$ über $\mathbb{C}$ n Nullstellen $\alpha_1, \alpha_2, \ldots, \alpha_n \in \mathbb{C}$ existieren, die nicht notwendig paarweise verschieden sein müssen. Diese Aussage ist nur eine andere Formulierung des oben angegebenen Fundamentalsatzes der Algebra, der die Existenz mindestens einer Nullstelle in $\mathbb{C}$ behauptet. Beide Aussagen sind äquivalent. Weiter erhält man die Zerlegung von $p_n(x)$ in n Linearfaktoren

$$p_n(x) = a_n(x - \alpha_1)(x - \alpha_2) \ldots (x - \alpha_n) \quad . \tag{1.33}$$

Sind $\alpha_1, \alpha_2, \ldots, \alpha_r \in \mathbb{C}$ die paarweise verschiedenen unter den n Nullstellen ($r \leq n$) und fasst man die zu ein und derselben Nullstelle gehörenden Linearfaktoren zusammen, so erhält (1.33) die Form

$$p_n(x) = a_n(x - \alpha_1)^{m_1}(x - \alpha_2)^{m_2} \ldots (x - \alpha_r)^{m_r} \tag{1.34}$$

mit $m_i \geq 1$, $m_1 + m_2 + \cdots + m_r = n$. m_i heißt **Vielfachheit** der Nullstelle α_i.

Gemäß Fundamentalsatz der Algebra haben also beliebige algebraische Gleichungen (1.32) mit Koeffizienten $a_i \in \mathbb{C}$ genau n Lösungen in $\mathbb{C}$, wenn man jede der (paarweise verschiedenen) Lösungen so oft zählt, wie es ihre Vielfachheit angibt. Man muss $\mathbb{C}$ nicht erweitern, wenn man einen Zahlkörper sucht, der neben den Koeffizienten a_i einer algebraischen Gleichung (beliebigen Grades) (1.32) auch deren Lösungen enthält. Einen solchen Zahlkörper nennt man **algebraisch abgeschlossen**. Zum Vergleich: Der Zahlkörper der reellen Zahlen $\mathbb{R}$ ist nicht algebraisch abgeschlossen. Die algebraische Abgeschlossenheit von $\mathbb{C}$ besagt dasselbe wie der Fundamentalsatz der Algebra, dass eben die Lösungen einer beliebigen algebraischen Gleichung (1.32) mit $a_i \in \mathbb{C}$ in $\mathbb{C}$ liegen. Man weiß also, in welcher Zahlenmenge man zu suchen hat, wenn man solche Gleichungen praktisch lösen will. Nichtsdestoweniger ist die effektive Bestimmung dieser Lösungen in $\mathbb{C}$ i. Allg. eine schwierige Aufgabe - der Fundamentalsatz der Algebra liefert dafür unmittelbar keine konstruktive Methode. Das gilt auch dann, wenn man sich bei allgemeinen algebraischen Gleichungen auf reelle Koeffizienten $a_0, a_1, \ldots, a_n$ beschränkt. Für allgemeine algebraische Gleichungen niedrigen Grades ($n \leq 4$) gibt es Lösungsformeln. Sie sind aber für $n = 3,4$ schon recht unhandlich, so dass man schon hier auf andere, z.B. numerische, Methoden zurückgreift, die für allgemeine Gleichungen höherer Ordnung ohnehin erforderlich sind.

Beispiele:

1) Gesucht sind die Lösungen der Gleichung

$$x^6 + 1 = 0$$

bzw. die Nullstellen des Polynoms $p_6(x) = x^6 + 1$. In diesem Fall reduziert sich die Lösung der Gleichung auf das Radizieren, d.h. die Anwendung von (1.24). Es ist $n = 6, w = -1, \phi = \pi$. Wir nennen die 6 Wurzeln aus -1 $\alpha_0, \alpha_1, \ldots, \alpha_5$. Aus (1.24) folgt

$$\alpha_k = \cos \frac{2k+1}{6}\pi + i \sin \frac{2k+1}{6}\pi = e^{i\frac{2k+1}{6}\pi} \quad (k = 0,1,\ldots,5).$$

Die 6 Lösungen der Gleichung $x^6 + 1 = 0$ sind also (unter Nutzung von $\cos \frac{\pi}{6} = \frac{\sqrt{3}}{2}$, $\sin \frac{\pi}{6} = \frac{1}{2}$):

$$\alpha_0 = \frac{1}{2}(\sqrt{3} + i) \,, \quad \alpha_3 = -\frac{1}{2}(\sqrt{3} + i) \,,$$

$$\alpha_1 = i \,, \qquad\qquad \alpha_4 = -i \,,$$

$$\alpha_2 = -\frac{1}{2}(\sqrt{3} - i) \,, \quad \alpha_5 = \frac{1}{2}(\sqrt{3} - i) \,.$$

Man sieht, dass die Wurzeln paarweise verschieden sind, die Vielfachheiten sind daher sämtlich gleich 1. Die Produktdarstellung (1.33) ist

$$x^6 + 1 = [x - \frac{1}{2}(\sqrt{3} + i)][x - i][x + \frac{1}{2}(\sqrt{3} - i)]$$

$$[x + \frac{1}{2}(\sqrt{3} + i)][x + i][x - \frac{1}{2}(\sqrt{3} - i)] \,. \tag{1.35}$$

Mit jeder Wurzel ist auch die konjugiert-komplexe Zahl eine Wurzel von $x^6 + 1 = 0$ (das ist übrigens stets der Fall bei algebraischen Gleichungen mit reellen Koeffizienten):

$$\alpha_5 = \overline{\alpha}_0, \quad \alpha_4 = \overline{\alpha}_1, \quad \alpha_3 = \overline{\alpha}_2 \,.$$

Je zwei konjugiert komplexe Linearfaktoren ergeben einen quadratischen Faktor mit reellen Koeffizienten:

$$(x - \alpha)(x - \overline{\alpha}) = x^2 - (\alpha + \overline{\alpha})x + \alpha\overline{\alpha} \ .$$

Daher erhält man aus (1.35) die Darstellung von $x^6 + 1$ in Form eines Produkts aus reellen Polynomen 2. Grades:

$$x^6 + 1 = (x^2 - \sqrt{3}x + 1)(x^2 + 1)(x^2 + \sqrt{3}x + 1) \ . \tag{1.36}$$

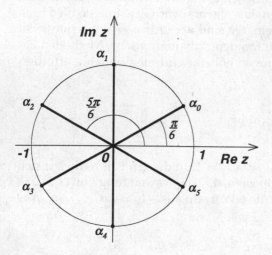

Abb. 1.32. Wurzeln der Gleichung $x^6 + 1 = 0$

2) Quadratische Gleichungen mit reellen Koeffizienten

$$p_2(x) = x^2 + px + q = 0 \ .$$

2a) Für $\frac{p^2}{4} - q > 0$ ergeben sich die Nullstellen bzw. Lösungen

$$\alpha_1 = -\frac{p}{2} - \sqrt{\frac{p^2}{4} - q}, \quad \alpha_2 = -\frac{p}{2} + \sqrt{\frac{p^2}{4} - q} \ .$$

2b) Im Fall $\frac{p^2}{4} = q$ ist $\alpha_1 = \alpha_2 = -\frac{p}{2}$.

2c) Für $\frac{p^2}{4} - q < 0$ ist

$$\cdot \alpha_1 = -\frac{p}{2} - i\sqrt{q - \frac{p^2}{4}}, \quad \alpha_2 = -\frac{p}{2} + i\sqrt{q - \frac{p^2}{4}} \ .$$

α_1, α_2 sind entweder beide reell oder zueinander konjugiert komplex. Die Zerlegung in Linearfaktoren entsprechend (1.33) ist

$$\text{allgemein}: \quad p_2(x) = x^2 + px + q = (x - \alpha_1)(x - \alpha_2)$$

$$\text{Fall 2a}: \quad p_2(x) = (x + \frac{p}{2} + \sqrt{\frac{p^2}{4} - q})(x + \frac{p}{2} - \sqrt{\frac{p^2}{4} - q})$$

$$\text{Fall 2b}: \quad p_2(x) = (x + \frac{p}{2})(x + \frac{p}{2}) = (x + \frac{p}{2})^2$$

$$\text{Fall 2c}: \quad p_2(x) = (x + \frac{p}{2} + i\sqrt{q - \frac{p^2}{4}})(x + \frac{p}{2} - i\sqrt{q - \frac{p^2}{4}}).$$

Im Fall 2b) $\frac{p^2}{4} = q$ ist $(-\frac{p}{2})$ eine Nullstelle der Vielfachheit 2, vgl. (1.34). Man verifiziert die Zerlegungen leicht durch Ausmultiplizieren.

Abschließend sei noch darauf hingewiesen, dass die komplexen Zahlen nicht nur im Rahmen des Fundamentalsatzes der Algebra von Bedeutung sind. Sie spielen darüber hinaus zum Beispiel auch eine wichtige Rolle bei der Lösung von Differentialgleichungen wie auch in zahlreichen Gebieten der Physik. Mit der Funktionentheorie hat sich ein mathematisches Spezialgebiet entwickelt, das Funktionen von einer (oder mehreren) komplexen Veränderlichen untersucht und das wiederum in viele Teilgebiete von Mathematik und Physik hineinwirkt.

1.7.5 Berechnung von Polynomwerten – HORNERschema

Die Berechnung des Wertes eines Polynoms $p(x)$ für eine vorgebene Zahl $x \in \mathbb{C}$ oder $x \in \mathbb{R}$ lässt sich auf verschiedene Weise durchführen, jedoch ist das HORNERschema eine besonders effektive Methode. Dabei überlegt man, dass für ein Polynom $p(x)$ mit dem Grad n gilt

$$\begin{aligned}
p(x) &= a_n x^n + a_{n-1} x^{n-1} + \cdots + a_1 x + a_0 \\
&= x(a_n x^{n-1} + a_{n-1} x^{n-2} + \ldots a_1) + a_0 \\
&= x(\ldots x(x(x(xa_n + a_{n-1}) + a_{n-2}) + a_{n-3}) + \cdots + a_1) + a_0.
\end{aligned}$$

Betrachten wir konkret ein Polynom 4. Grades $q(x) = \sum_{j=0}^{4} a_j x^j$, so gilt

$$\begin{aligned}
q(x) &= a_4 x^4 + a_3 x^3 + a_2 x^2 + a_1 x + a_0 \\
&= x(x(x(xa_4 + a_3) + a_2) + a_1) + a_0,
\end{aligned}$$

womit sich die Möglichkeit der Berechnung von $q(x_0)$ mittels der Rekursionsformeln

$$\begin{aligned}
b_4 &= a_4 \\
b_3 &= a_3 + b_4 x_0 \\
b_2 &= a_2 + b_3 x_0 & b_4 &= a_4, \\
b_1 &= a_1 + b_2 x_0 & b_j &= a_j + b_{j+1} x_0, j = 3,2,1,0 \\
b_0 &= a_0 + b_1 x_0
\end{aligned}$$

mit dem Ergebnis $q(x_0) = b_0$ ergibt. Man kann das HORNERschema in der Tabelle

	a_4	a_3	a_2	a_1	a_0	
$+$		$b_4 x_0$	$b_3 x_0$	$b_2 x_0$	$b_1 x_0$	
x_0*	b_4 ↗	b_3 ↗	b_2 ↗	b_1 ↗	$b_0 = q(x_0)$	

zusammenfassen. Für das Polynom $q(x) = 3x^4 + 2x^3 - 20x + 4$ berechnet man $q(4)$ mit dem HORNERschema

	3	2	0	-20	4	
$+$		12	56	224	816	
$4*$	3 ↗	14 ↗	56 ↗	204 ↗	$820 = q(4).$	

(1.37)

Für ein Polynom $p(x)$ mit dem Grad n notieren wir zur Berechnung des Wertes von $p(x_0)$ das HORNERschema

	a_n	a_{n-1}	$\cdots$	a_1	a_0	
$+$		$b_n x_0$	$\cdots$	$b_2 x_0$	$b_1 x_0$	
x_0*	$b_n = a_n$ ↗	b_{n-1} ↗	$\cdots$ ↗	b_1 ↗	$b_0 = p(x_0).$	

(1.38)

Die Schlusszahl der dritten Zeile des HORNERschemas (1.38) ist der Wert $p(x_0)$ und die übrigen Zahlen der dritten Zeile sind die Koeffizienten des Polynoms $g(x)$, das man bei der Division von $p(x)$ durch den Linearfaktor $x - x_0$ erhält. Es gilt der Satz

Satz 1.4. *(HORNERschema)*
Mit $b_n = a_n$, $b_j := a_j + b_{j+1}x_0$, $j = n-1, n-2, ...,0$, und $g(x) = \sum_{j=0}^{n-1} b_{j+1}x^j$ gilt für $x \neq x_0$

$$\frac{p(x)}{x - x_0} = g(x) + \frac{b_0}{x - x_0} .$$

(1.39)

Beweis: Wir errechnen auf direkte Weise

$$
\begin{aligned}
(x - x_0)g(x) + b_0 &= \sum_{j=0}^{n-1} b_{j+1}x^{j+1} - x_0 \sum_{j=0}^{n-1} b_{j+1}x^j + b_0 = \sum_{k=1}^{n} b_k x^k - x_0 \sum_{j=0}^{n-1} b_{j+1}x^j + b_0 \\
&= a_n x^n + \sum_{k=0}^{n-1} b_k x^k - x_0 \sum_{j=0}^{n-1} b_{j+1}x^j = a_n x^n + \sum_{j=0}^{n-1}(b_j - x_0 b_{j+1})x^j \\
&= a_n x^n + \sum_{j=0}^{n-1} a_j x^j = \sum_{j=0}^{n} a_j x^j = p(x) .
\end{aligned}
$$

Die Division durch $(x - x_0)$ ergibt die Behauptung. $\qquad\square$

Ist x_0 eine Nullstelle des Polynoms $p(x)$, so sieht man mit dem Satz 1.4 sofort, dass $p(x)$ durch $x - x_0$ ohne Rest teilbar ist, da $b_0 = p(x_0) = 0$.

Beispiel: Betrachten wir das Polynom $q(x) = 3x^4 + 2x^3 - 20x + 4$. Mit Hilfe des HORNERschemas (1.37) finden wir nach Satz 1.4

$$\frac{q(x)}{x - 4} = 3x^3 + 14x^2 + 56x + 204 + \frac{820}{x - 4}.$$

Mit dem HORNERschema berechnet man also mit minimalem Aufwand

1) den Funktionswert $p(x_0)$ eines Polynoms p, und

2) die Division von $p(x)$ durch den Linearfaktor $x - x_0$.

Des Weiteren ist es möglich, mit iterierter Anwendung des HORNERschemas ein Polynom $p(x) = \sum_{j=0}^{n} a_j x^j$ nach Potenzen von $x - x_0$ umzuordnen, d.h. Zahlen $c_0, ..., c_n \in \mathbb{C}$ zu berechnen, so dass

$$p(x) = \sum_{j=0}^{n} c_j (x - x_0)^j, \quad x \in \mathbb{C}, \tag{1.40}$$

gilt. Die Beziehung (1.40) heißt auch die TAYLOR-Entwicklung von $p(x)$ an der Stelle $x - x_0$. Ohne an dieser Stelle näher auf den Begriff der Ableitung einer Funktion einzugehen, sei darauf hingewiesen, dass für die Koeffizienten c_j die Beziehung

$$c_j = \frac{p^{(j)}(x_0)}{j!}, \quad j = 0, 1, \ldots, n,$$

gilt, wobei $p^{(j)}$ für die j-te Ableitung der Funktion p steht. Wir schreiben das so genannte vollständige HORNERschema für das Polynom $p(x) = 2x^4 - x^3 - x - 18$ auf und wollen zum einen $p(2)$ berechnen, und zweitens p nach Potenzen von $x - 2$ umordnen.

	2	-1	0	-1	-18	
$+$		4	6	12	22	
$2*$	$2 \nearrow$	$3 \nearrow$	$6 \nearrow$	$11 \nearrow$	$4 =: c_0$	$\Rightarrow \frac{p^{(0)}(2)}{0!} = 4$
$+$		4	14	40		
$2*$	$2 \nearrow$	$7 \nearrow$	$20 \nearrow$	$51 =: c_1$		$\Rightarrow \frac{p^{(1)}(2)}{1!} = 51$
$+$		4	22			
$2*$	$2 \nearrow$	$11 \nearrow$	$42 =: c_2$			$\Rightarrow \frac{p^{(2)}(2)}{2!} = 42$
$+$		4				
$2*$	$2 \nearrow$	$15 =: c_3$				$\Rightarrow \frac{p^{(3)}(2)}{3!} = 15$
$+$						
$2*$	$2 =: c_4$					$\Rightarrow \frac{p^{(4)}(2)}{4!} = 2$

Mit den Koeffizienten c_0, c_1, c_2, c_3, c_4 können wir das Polynom nach Potenzen von $x - 2$ umordnen und erhalten

$$\begin{aligned} p(x) &= 2x^4 - x^3 - x - 18 \\ &= 2(x-2)^4 + 15(x-2)^3 + 42(x-2)^2 + 51(x-2) + 4. \end{aligned}$$

1.8 Aufgaben

1) Beweisen Sie die folgende Verallgemeinerung der BERNOULLIschen Ungleichung:

$$(1 + a_1)(1 + a_2) \cdot \cdots \cdot (1 + a_n) > 1 + (a_1 + a_2 + \cdots + a_n),$$

für $a_k > 0$ und $n \geq 2$.

2) Beweisen Sie durch vollständige Induktion, dass die folgende Verallgemeinerung der BERNOULLIschen Ungleichung gilt: Für $0 < a_k < 1$ und $n \geq 2$ ist

$$(1 - a_1)(1 - a_2) \cdot \cdots \cdot (1 - a_n) > 1 - (a_1 + a_2 + \cdots + a_n).$$

3) Beweisen Sie mit Hilfe der Ungleichungen aus den Aufgaben 1) und 2), dass für $n = 0,1,\ldots$ und $a > -1$ stets $(1 + a)^n \geq 1 + na$ ist.

4) Weisen Sie die Gültigkeit der Summenformel

$$1 + a + a^2 + \cdots + a^n = \frac{1 - a^{n+1}}{1 - a}$$

für $0 < a < 1$ und $n = 0,1,2,\ldots$ nach.

5) Bestimmen Sie die Lösungsmenge der Ungleichung $|x - 5| < \frac{1}{x}$.

6) Bestimmen Sie die Lösungsmenge des Ungleichungssystems

$$x^2 + 6x + 2 > 0$$
$$|x + 3| \leq 4.$$

7) Ermitteln Sie Real- und Imaginärteil der komplexen Zahl $z = \frac{e^{i\frac{\pi}{2}} + 3 - 5i}{2 - i}$.

8) Berechnen Sie Real- und Imaginärteil der komplexen Zahl $z = e^{i\frac{5\pi}{6}} + \frac{2-i}{1+i}$.

9) Berechnen Sie Argument und Betrag der komplexen Zahl $z = 2 + 2\sqrt{3}i$.

10) Bestimmen Sie die 4. Wurzeln der imaginären Einheit i.

11) Zerlegen Sie das Polynom $p(z) = z^5 + 32$ durch die Bestimmung der Nullstellen in Linearfaktoren.

12) Weisen Sie die Gültigkeit der Beziehungen

$$\sin 3x = 3 \sin x - 4 \sin^3 x$$
$$\cos 3x = 4 \cos^3 x - 3 \cos x$$

mit Hilfe der EULERschen Formel nach.

13) Skzizzieren Sie die Mengen der komplexen Zahlen $z = x + iy$ in der komplexen Zahlenebene, die den Bedingungen

(a) $z\bar{z} \leq 2$ bzw.   (b) $\operatorname{Re} z \cdot \operatorname{Im} z \leq 1$

genügen.

2 Analysis von Funktionen einer Veränderlichen

Hauptgegenstand der Analysis sind Funktionen und deren Eigenschaften. Funktionen werden in Physik, Mechanik und Ingenieurwissenschaften zur Beschreibung von Gesetzmäßigkeiten verwendet. Mittels Differentiation von Funktionen bestimmt man in der Mechanik Geschwindigkeiten und Beschleunigungen, die Integration ermöglicht z.B. die Berechnung von Trägheitsmomenten und die Bestimmung von Kurvenlängen. Weitere Anwendungsgebiete sind Extremalaufgaben und die Approximation komplizierter nichtlinearer Zusammenhänge durch Polynome niedrigen Grades. Grundlagen für den sicheren Umgang mit der Differential- und Integralrechnung bilden Kenntnisse über die Stetigkeit, Grenzwerte von Folgen und Funktionen sowie Zahlen- und Potenzreihen.

Übersicht

2.1 Begriff der Funktion

Im vorliegenden Kapitel werden wir uns hauptsächlich mit Funktionen einer reellen Veränderlichen und deren Eigenschaften befassen. Wenn wir z.B. vom exponentiellen Wachstum einer Bakterienkultur sprechen, meinen wir als Mathematiker eigentlich eine Abbildung $w : [t_0, T] \to \mathbb{R}$ mit $w(t) = c_0 e^{a\,t}$, wobei $w(t)$ die Masse der Bakterien zum Zeitpunkt t bezeichnet. Die Abbildung w bildet ein Intervall, also eine Teilmenge des $\mathbb{R}$, in $\mathbb{R}$ ab. Abbildungen dieser Art nennen wir Funktionen einer reellen Veränderlichen. In der Praxis interessiert nun zum Beispiel die Schnelligkeit des Wachstums, das Verhalten von w für große und kleine Zeiten t in Abhängigkeit der Parameter c_0 und a.

Man unterscheidet zwischen der aus der Schule bekannten Analysis von Funktionen einer reellen Veränderlichen und der Analysis von Funktionen mehrerer reeller Veränderlicher, auch mehrdimensionale Analysis genannt. Die Analysis untergliedert sich in mehrere Teilgebiete, darunter insbesondere die Infinitesimalrechnung (d.h. die Differential- und Integralrechnung), Differentialgleichungen, und Variationsrechnung. Diese Gebiete werden auch in dem vorliegenden und danach folgenden Kapiteln behandelt.

Wir hatten soeben schon angemerkt, dass Funktionen spezielle Abbildungen sind, und fassen dies in der folgenden Definition zusammen.

Definition 2.1. (reelle Funktion einer reellen Veränderlichen)
Sei $D \subset \mathbb{R}$, dann heißt eine Abbildung

$$f : D \to \mathbb{R}$$

reell-wertige Funktion einer reellen Veränderlichen. Mit $x \in D \subset \mathbb{R}$ als unabhängiger Veränderlichen und $y \in \mathbb{R}$ als abhängiger Veränderlichen (dem Bild von x bei der Abbildung f) schreibt man dafür auch $y = f(x)$. $D = D(f) \subset \mathbb{R}$ heißt **Definitionsbereich** der Funktion f und

$$W = \{y \in \mathbb{R} \mid \exists x \in D \text{ mit } y = f(x)\}$$

heißt **Wertebereich** oder Wertevorrat von f (wird auch mit $f(D)$ bezeichnet). Der größtmögliche Definitionsbereich einer Funktion wird natürlicher Definitionsbereich genannt.

In diesem Kapitel soll für den Definitionsbereich D einer Funktion stets $D \subseteq \mathbb{R}$ gelten. Wir haben die reell-wertige Funktion als Abbildung der Menge $D \subset \mathbb{R}$ (Definitionsbereich) auf die Menge $W \subset \mathbb{R}$ (Wertebereich) definiert. Damit ist zugleich gesagt, dass durch eine reell-wertige Funktion f jedem $x \in D$ **genau ein** $y \in W$ zugeordnet wird, d.h. in der Richtung vom Definitionsbereich zum Wertebereich ist die durch f vermittelte Zuordnung stets **eindeutig**:

$$f(a) \neq f(a') \implies a \neq a' \qquad (a, a' \in D)\,.$$

Ist $A \subseteq D \subseteq \mathbb{R}$, so nennen wir

$$f(A) := \{y \in W | \exists x \in A \text{ mit } y = f(x)\}$$

die **Bildmenge** von A. Ist $B \subseteq W \subseteq \mathbb{R}$, so heißt

$$f^{-1}(B) := \{x \in D | f(x) \in B\}$$

die **Urbildmenge** von B.

Im Kapitel 1 haben wir erklärt, wann eine Abbildung injektiv, surjektiv bzw. bijektiv ist, daran sei nun noch einmal erinnert. Eine Funktion $f : A \to B$ heißt **injektiv** (eineindeutig), falls für beliebiges $a, a' \in A$

$$a \neq a' \implies f(a) \neq f(a')$$

gilt. f heißt **surjektiv** (Abbildung auf, $f(A) = B$), falls es zu jedem $b \in B$ ein $a \in A$ gibt, so dass $b = f(a)$ gilt. f heißt **bijektiv**, falls f injektiv und surjektiv ist.

Die Funktionen f und g sind gleich ($f = g$) genau dann, wenn $D(f) = D(g)$ und für alle $x \in D(f)$ $f(x) = g(x)$ gilt.

Beispiele von Funktionen:

1) $y = \sqrt{x}$, $D = \mathbb{R}_{\geq 0} := [0, \infty[$, $W = [0, \infty[$, injektiv, surjektiv, damit bijektiv;

2) $y = e^x$, $D = \mathbb{R}$, $W =]0, \infty[$, injektiv, surjektiv, damit bijektiv;

3) $y = \cos x$, $D = \mathbb{R}$, $W = [-1, 1]$, surjektiv, nicht injektiv;

4) $y = \begin{cases} 1 & \text{falls } x \text{ rational} \\ 0 & \text{sonst} \end{cases}$, $D = \mathbb{R}$, $W = \{0, 1\}$, surjektiv, nicht injektiv.

Neben der in den Beispielen verwendeten analytischen Darstellungsform von Funktionen durch eine (oder auch mehrere) Formeln gibt es auch die Möglichkeit einer **Parameterdarstellung**. Wenn wir zum Beispiel die Ordinate y auf einer

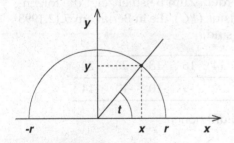

Abb. 2.1. Oberer Kreisbogen mit dem Radius r

oberen Kreisbogenhälfte (Radius r, $y \geq 0$) als Funktion der Abszisse x betrachten (Abb. 2.1) können wir sowohl x, $x \in [-r, r]$, als auch den zugehörigen Funktionswert y in Abhängigkeit vom Parameter t (Winkel) aus dem Intervall $[0, \pi]$ darstellen:

$$x = r \cos t, \quad y = r \sin t .$$

Die entsprechende analytische Darstellung erhält man durch Elimination des Parameters t in der Form

$$y^2 + x^2 = r^2 \quad \text{(implizite Darstellung), bzw.}$$

$$y = \sqrt{r^2 - x^2} \quad \text{(explizite Darstellung).}$$

Diese Abbildung $f : [-r, r] \to [0, r]$ ist surjektiv, aber nicht injektiv, da zwei unterschiedliche Punkte aus $[-r, r]$ auf denselben Bildpunkt $y \in [0, r]$ abgebildet werden.

Sei $f : D \to \mathbb{R}$ eine Funktion, dann heißt

$$graph\, f := \{(x, f(x)) | x \in D\}$$

Graph der Funktion f.

Eine weitere Darstellungsform von funktionalen Zusammenhängen ist durch **Tabellen** der Art

x	x_1	x_2	$\dots$	x_n
y	y_1	y_2	$\dots$	y_n

gegeben. Die Tabelle beschreibt die Funktion

$$f : \{x_1, x_2, \dots, x_n\} \to \{y_1, y_2, \dots, y_n\},$$

die durch die Zuordnungstabelle surjektiv ist. An dieser Stelle sei darauf hingewiesen, dass man eine Funktion $f : D \to F$ auch durch Angabe ihres Graphen, d.h. das **kartesische Produkt** $D \times f(D) \subset D \times F$ beschreiben kann. Im Falle der in der Tabelle notierten Funktion erhält man

$$D \times f(D) = \{(x_1, y_1), (x_2, y_2), \dots, (x_n, y_n)\}.$$

Tabellen dieser Art entstehen oft im Ergebnis von Messungen, bei denen eine Einflussgröße (x) bestimmte diskrete Werte annimmt und die jeweils zugehörigen Werte einer anderen Größe (y) gemessen werden. Zum Beispiel zeigt die folgende Tabelle die Temperaturen $\theta(t)$ in Grad Celsius ($^\circ C$), die in Berlin am 5.12.1998 zu jeder zweiten Stunde festgestellt worden sind:

t	0	2	4	6	8	10	12	14	16	18	20	22
θ	-15	-16	-17	-15	-14	-10	-8	-9	-9	-10	-10	-14

Weitere Möglichkeiten der Darstellung von Funktionen:

a) **Graphische Darstellung**,

b) Darstellung durch **Computerprogramme** (sin, cos, exp usw.) in Basic-, PASCAL-, C- oder FORTRAN-Programmen,

c) Beschreibung durch eine **Differentialgleichung** und Anfangsbedingungen, etwa

$$\begin{aligned} mx'' + kx &= r(t) \\ x(t_0) &= x_0 \\ x'(t_0) &= w_0. \end{aligned}$$

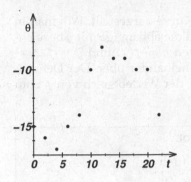

Abb. 2.2. Temperaturmessreihe $\theta(t)$ am 5.12.98

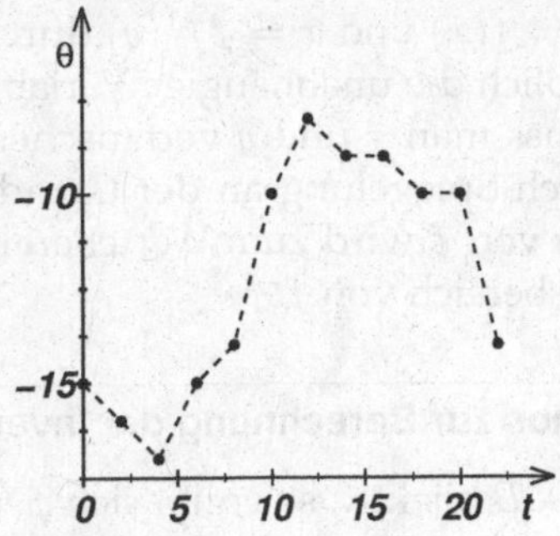

Abb. 2.3. Temperaturmessreihe linear interpoliert

d) Implizite Darstellung, z.B.

$$F(x, y) = e^{y \sin x} - 1 = 0,$$

wodurch ein funktionaler Zusammenhang zwischen x und y definiert sein kann, aber nicht sein muss.

Definition 2.2. (Umkehrfunktion f^{-1})
Ist $f : A \to B$ eine bijektive (eineindeutige) Funktion, so ist jedem $x \in A$ genau ein $y = f(x) \in B$ und auch umgekehrt jedem $y \in B$ genau ein $x \in A$ zugeordnet. Die damit existierende Funktion $f^{-1} : B \to A$ mit

$$f^{-1}(y) = x, \quad \text{falls} \quad y = f(x),$$

heißt **Umkehrabbildung, Umkehrfunktion** oder **inverse Funktion**.

Die inverse Funktion $f^{-1} : B \to A$ ist wie die Ausgangsfunktion $f : A \to B$ **bijektiv**:
Da f surjektiv ist, d.h. A auf B abbildet, ist unter f jeder Punkt y von B Bild irgendeines Punktes x von A. Also wird jeder Punkt y von B durch f^{-1} auf (mindestens) einen Punkt $x \in A$ abgebildet. Jeder Punkt $x \in A$ muss auch als Bild $f^{-1}(y)$ eines Punktes $y \in B$ erscheinen, da $f(x) \in B$ für alle $x \in A$ ist. Also bildet f^{-1} die Menge B auf A ab, ist also surjektiv. f^{-1} ist auch injektiv, denn für $y_1 \neq y_2$ muss $f^{-1}(y_1) \neq f^{-1}(y_2)$ sein. Wäre das nicht der Fall, so würde f einen Punkt von A, nämlich $f^{-1}(y_1) = f^{-1}(y_2)$, auf zwei verschiedene Punkte $y_1 \neq y_2$ von B abbilden, was der Definition einer Funktion widerspricht. Also ist f^{-1} eine bijektive Abbildung. Es gilt

$$f^{-1}(f(x)) = x \quad \forall x \in A$$

und $D(f^{-1}) = B$, $f^{-1}(B) = A$. In $x = f^{-1}(y)$ (Abb. 2.5) ist y die unabhängige Variable und x die abhängige Veränderliche. In einem (x, y)-Koordinatensystem werden $y = f(x)$ und $x = f^{-1}(y)$ durch dieselbe Kurve dargestellt. Will man in f^{-1} wie üblich die unabhängige Variable mit x und die abhängige mit y bezeichnen, so muss man x und y vertauschen. Die Kurven $y = f(x)$ und $y = f^{-1}(x)$ gehen durch Spiegelung an der Geraden $y = x$ ineinander über. Der Definitionsbereich von f wird zum Wertebereich von f^{-1}, der Wertebereich von f zum Definitionsbereich von f^{-1}.

Algorithmus zur Berechnung der inversen Funktion:

Ist $f : A \to B$ bijektiv, so ergibt sich $f^{-1} : B \to A$ durch

1) $y = f(x)$ nach x auflösen $\to x = f^{-1}(y)$,

2) x und y vertauschen $\to y = f^{-1}(x)$.

$y = f^{-1}(x)$ und $y = f(x)$ liegen spiegelbildlich zur Geraden $y = x$.

Beispiele:

1) $y = x^2$, $A = B = \mathbb{R}_{\geq 0}$, Inverse existiert, $y = f^{-1}(x) = \sqrt{x}$,

2) $y = x^2$, $A = \mathbb{R}$, Inverse existiert nicht, da $y = x^2$ für $x \in \mathbb{R}$ nicht bijektiv ist,

3) $y = \tan x$, $A =]-\frac{\pi}{2}, \frac{\pi}{2}[$, Inverse existiert, $y = f^{-1}(x) = \arctan x$,

4) $y = \cos x$, $A = \mathbb{R}$, Inverse existiert nicht.

5) Die Berechnung der inversen Funktion von $f(x) = 2x + 2$ ergibt

$$y = f(x) = 2x + 2 \quad \to \quad x = \frac{1}{2}y - 1 \quad \to \quad f^{-1}(x) = \frac{1}{2}x - 1 \,.$$

Mitunter ist ein funktionaler Zusammenhang im Rahmen einer Problemstellung erst zu erarbeiten. Als Beispiel betrachten wir dazu die Ermittlung der Abhängigkeit des Blickwinkels von der Sitzposition im Seitenrang eines Theaters oder Kinos. Die Situation ist in der Skizze 2.7 dargestellt. Da man sinnvollerweise die Sitzposition so wählt, dass der Blickwinkel möglichst groß ist, lohnt sich die Beschäftigung mit dem funktionalen Zusammenhang $\alpha = f(x)$ und den Eigenschaften dieser Funktion. Bevor Eigenschaften untersucht werden können, muss

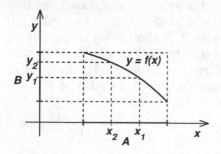

Abb. 2.4. Die Umkehrfunktion $f^{-1}(y) = x$ einer bijektiven Funktion $y = f(x)$ ist bijektiv

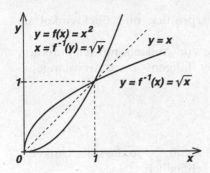

Abb. 2.5. Umkehrfunktion $y = \sqrt{x}$ zu $y = x^2$, $A = B = \mathbb{R}_{\geq 0}$

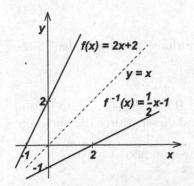

Abb. 2.6. Funktion und Umkehrfunktion

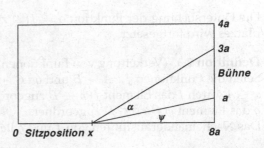

Abb. 2.7. Blickwinkel α und Sitzposition x

man die Funktion aufstellen. Wenn wir uns an die Vektorrechnung und das Skalarprodukt erinnern und ein Koordinatensystem mit dem Ursprung an der Position x $(0 \leq x < 8a)$ betrachten, können wir den Winkel zwischen den Ortsvektoren $\vec{v}$ des Punktes $(8a - x, a)$ und $\vec{w}$ des Punktes $(8a - x, 3a)$ durch die aus dem Skalarprodukt (siehe dazu Kapitel 4.5.1) resultierende Formel

$$
\begin{aligned}
\cos(\vec{v}, \vec{w}) &= \frac{\vec{v} \cdot \vec{w}}{|\vec{v}||\vec{w}|} = \frac{(8a - x)(8a - x) + a3a}{|\vec{v}||\vec{w}|} \\
&= \frac{64a^2 - 16ax + x^2 + 3a^2}{\sqrt{64a^2 - 16ax + x^2 + a^2}\sqrt{64a^2 - 16ax + x^2 + 9a^2}} \\
&= \frac{67a^2 - 16ax + x^2}{\sqrt{65a^2 - 16ax + x^2}\sqrt{73a^2 - 16ax + x^2}}
\end{aligned}
$$

beschreiben. Nun hat die Kosinusfunktion mit dem Definitionsbereich $D = \mathbb{R}$, wie im obigen Beispiel 4 angemerkt, keine Umkehrfunktion. Schränkt man jedoch den Definitionsbereich auf das Intervall $D = [0, \pi]$ ein, so existiert die Umkehrfunktion (bezeichnet mit $\arccos x$). Damit erhalten wir mit

$$
\alpha = (\vec{v}, \vec{w}) = \arccos\left(\frac{67a^2 - 16ax + x^2}{\sqrt{65a^2 - 16ax + x^2}\sqrt{73a^2 - 16ax + x^2}}\right)
$$

den funktionalen Zusammenhang zwischen Sitzposition und Blickwinkel als
Funktion $f : [0,8a[\to]0, \frac{\pi}{2}[$.
Eine zweite, etwas übersichtlichere Möglichkeit zur Aufstellung der Funktion
$\alpha = f(x)$ ergibt sich durch die Verwendung der Tangens- bzw. Arcustangens-
funktion. Man erhält

$$\tan(\alpha + \psi) = \frac{3a}{8a - x} \quad \text{und} \quad \tan\psi = \frac{a}{8a - x}.$$

Die Winkel ψ und $\psi + \alpha$ sind aus dem Intervall $I =]0, \frac{\pi}{2}[$, so dass die Umkehrfunktion des Tangens existiert. Für α erhält man schließlich

$$\alpha = \arctan(\frac{3a}{8a - x}) - \arctan(\frac{a}{8a - x}). \tag{2.1}$$

Die Untersuchung der Funktion $\alpha = f(x)$ zur Ermittlung des "optimalen" Sitz-
platzes wird fortgesetzt.

Definition 2.3. (Verkettung von Funktionen)
Seien die Funktionen $f : A \to B$ und $g : C \to D$ mit $B \subset C$ gegeben, so ist jedem
$x \in A$ durch f das Element $f(x) \in B$ zugeordnet, und diesem durch die Funktion
g das Element $g(f(x)) \in D$ zugeordnet.
Das Nacheinanderausführen von f und g liefert eine Funktion

$$h = g \circ f : A \to D.$$

$h = g \circ f$ heißt zusammengesetzte oder **verkettete Funktion**.

Beispiele:

1) $f(x) = e^x$, $g(x) = x^2 \to h(x) = g \circ f(x) = (e^x)^2$

2) $f(x) = e^x$, $g(x) = x^2 \to h(x) = f \circ g(x) = e^{x^2}$

3) $f(x) = x^2$, $g(x) = \sqrt{x} \to h(x) = f \circ g(x) = g \circ f(x) = x$ für $x \geq 0$

4) Bei der Verkettung von Funktionen muss man möglicherweise Definitionsbereiche einschränken, um die Verkettung durchführen zu können, beispielsweise
kann man $f(x) = \ln x$ und $g(x) = 1 - x^2$ nur dann verketten zu $h(x) = f \circ g(x) =$
$f(g(x)) = \ln(1 - x^2)$, wenn der Definitionsbereich von g auf das Intervall $]-1,1[$
reduziert wird.

2.2 Eigenschaften von Funktionen

Bevor die zentralen Begriffe des Grenzwertes von Funktionen und der Stetigkeit besprochen werden, wollen wir einige grundlegende, aber im Vergleich zur
Stetigkeit recht einfache Eigenschaften von Funktionen notieren. Diese Begriffe
werden in den folgenden Kapiteln bei den unterschiedlichsten Themen benötigt.

Definition 2.4. (beschränkte Funktion)
Eine Funktion $f : D \to \mathbb{R}$ heißt auf der Menge $M \subset D$ **beschränkt**, wenn es eine
Konstante $c \in \mathbb{R}, 0 < c < \infty$, gibt, so dass

$$|f(x)| \leq c \quad \text{für alle} \quad x \in M$$

gilt. f heißt auf M **nach oben beschränkt**, wenn es eine "obere Schranke"
$b_o \in \mathbb{R}, b_o < \infty$, gibt, so dass $f(x) \leq b_o$ für alle $x \in M$ gilt, und f heißt auf M
nach unten beschränkt, wenn es eine "untere Schranke" $b_u \in \mathbb{R}, b_u > -\infty$, gibt,
so dass $f(x) \geq b_u$ für alle $x \in M$ gilt.

Beispiele:

1) Die Betragsfunktion $y = |x|$ ist mit $D = \mathbb{R}$ durch die Konstante $b_u = 0$ nach
unten beschränkt. Sie ist auf jedem endlichen Intervall $M = [a, b]$ auch nach oben
beschränkt, und zwar auf jeden Fall durch die Konstante $b_o = |a| + |b|$.

2) Die nach unten geöffnete Parabel $y = -x^2 + 1$ ist durch die Konstante $b_o = 3$
nach oben beschränkt (es gibt natürlich auch kleinere obere Schranken, z.B. $b_o = 1$).

3) Die Funktion $y = \arctan x$ ist durch die Konstante $c = \frac{\pi}{2}$ beschränkt, d.h. es
gilt

$$|\arctan x| \leq \frac{\pi}{2} \quad \forall x \in \mathbb{R}.$$

Die Funktion $y = \tan x$ ist auf $D =] - \frac{\pi}{2}, \frac{\pi}{2}[$ nicht beschränkt. Auf jedem Intervall
M der Form $[-\frac{\pi}{2} + \epsilon, \frac{\pi}{2} - \epsilon]$ mit $0 < \epsilon < \frac{\pi}{2}$ ist sie beschränkt, wie klein ϵ auch
gewählt wird.

Die kleinste obere Schranke einer nach oben beschränkten Funktion $f : D \to \mathbb{R}$
heißt **Supremum** von f ($\sup_{x \in D} f(x)$). Die größte untere Schranke einer nach unten beschränkten Funktion $f : D \to \mathbb{R}$ heißt **Infimum** von f ($\inf_{x \in D} f(x)$). Man
kann zeigen, dass die reellen Zahlen $\sup_{x \in D} f(x)$ und $\inf_{x \in D} f(x)$ unter den angegebenen Beschränktheitsvoraussetzungen über f existieren und eindeutig bestimmt sind.

Definition 2.5. (monoton steigende und monoton fallende Funktion)
Sei $I \subset D$ ein Intervall und $f : D \to \mathbb{R}$ eine Funktion $y = f(x)$. Wenn für alle
$x, y \in I$ gilt

　　aus　$x < y$　folgt　$f(x) \leq f(y)$,

dann spricht man von einer auf I **monoton steigenden Funktion**. Folgt aus $x < y$
sogar $f(x) < f(y)$, so nennt man f eine auf I streng monoton steigende Funktion.
Gilt für alle $x, y \in I$

　　aus　$x < y$　folgt　$f(x) \geq f(y)$,

dann spricht man von einer auf I **monoton fallenden Funktion**. Folgt aus $x < y$
sogar $f(x) > f(y)$ so nennt man f eine auf I streng monoton fallende Funktion.

Beispiele für monoton steigende Funktionen sind z.B. $y = \arctan x, y = x^3$ oder
$y = e^x$, sie sind sogar streng monoton steigend. Die Funktion $y = \frac{1}{x}$ mit dem
Definitionsbereich $D =]0, \infty[$ ist streng monoton fallend.

Definition 2.6. (konvexe und konkave Funktionen)
Sei $f : D \to \mathbb{R}$, dann heißt f auf dem Intervall $I \subset D$ **konvex von unten**, wenn für beliebige $a, b \in I$, $a \neq b$, und alle $\alpha \in [0,1]$

$$f(\alpha a + (1 - \alpha)b) \leq \alpha f(a) + (1 - \alpha)f(b)$$

gilt. f heißt **konkav von unten**, wenn für beliebige $a, b \in I$, $a \neq b$, und alle $\alpha \in [0,1]$

$$f(\alpha a + (1 - \alpha)b) \geq \alpha f(a) + (1 - \alpha)f(b)$$

gilt. Sind in den Ungleichungen die Gleichheitszeichen für $\alpha \in]0,1[$ ausgeschlossen, so bezeichnet man f als **streng konvex von unten** bzw. **streng konkav von unten** auf I.

Z.B. ist die Funktion $f(x) = x^2$ auf $I = \mathbb{R}$ streng konvex von unten, denn es gilt für $\alpha \in]0,1[$ und $a \neq b$

$$
\begin{aligned}
(\alpha a + (1 - \alpha)b)^2 &= \alpha^2 a^2 + 2\alpha(1 - \alpha)ab + (1 - \alpha)^2 b^2 \\
&= \alpha a^2 - \alpha(1 - \alpha)(a - b)^2 + (1 - \alpha)b^2 < \alpha a^2 + (1 - \alpha)b^2 \; .
\end{aligned}
$$

Geometrisch bedeutet die Konvexität (bzw. die Konkavität), dass die Gerade durch die Punkte $(a, f(a))$ und $(b, f(b))$ in dem Intervall $[a, b]$ nicht unterhalb (nicht oberhalb) der Funktion liegt.

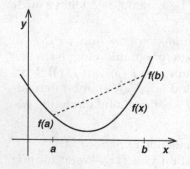 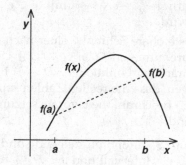

Abb. 2.8. $f(x)$ streng konvex von unten   **Abb. 2.9.** $f(x)$ streng konkav von unten

Definition 2.7. (gerade und ungerade Funktion)
Sei der Definitionsbereich D der Funktion $f : D \to \mathbb{R}$ symmetrisch bezüglich $x = 0$ (mit jedem $x \in D$ ist auch $-x \in D$). Gilt für alle $x \in D$

$$f(x) = f(-x),$$

dann heißt f **gerade** Funktion. Gilt für alle $x \in D$

$$f(x) = -f(-x),$$

dann heißt f **ungerade** Funktion.

Der Graph einer geraden Funktion, z.B. $y = \cos x$ oder $y = |x|$, ist symmetrisch bezüglich der y-Achse. Bei einer ungeraden Funktion, z.B. $y = x^3$, geht der Graph der Funktion für $x > 0$ durch Drehung um $180°$ in den Graphen der Funktion für $x < 0$ über. Jede Funktion $f : D \to \mathbb{R}$ mit einem um den Punkt $x = 0$ symmetrischen Definitionsbereich D kann man als Summe $f(x) = g(x) + u(x)$ einer geraden Funktion g und einer ungeraden Funktion u darstellen, denn mit

$$g(x) = \frac{f(x) + f(-x)}{2} \quad \text{und} \quad u(x) = \frac{f(x) - f(-x)}{2}$$

findet man Funktionen mit den geforderten Eigenschaften.

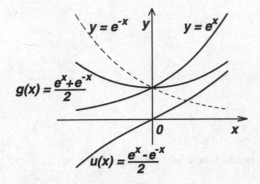

Abb. 2.10. $f(x) = e^x$ als Summe einer geraden und einer ungeraden Funktion

Definition 2.8. (periodische Funktion)
Die Funktion $f : D \to \mathbb{R}$ heißt **periodisch**, falls eine Zahl $\alpha > 0$ existiert, so dass für alle $x \in D$ auch $x + \alpha \in D$ ist, und darüberhinaus

$$f(x + \alpha) = f(x)$$

gilt. α heißt Periode der Funktion f. Die kleinste Periode einer Funktion f, also $\alpha_{min} = min\,\{\alpha\}$, nennt man **primitive Periode** der Funktion.

Die trigonometrischen Funktionen sind periodische Funktionen. Die Funktion $y = \sin x$ hat die Perioden $2k\pi, k \in \mathbb{N}$, und die kleinste bzw. primitive Periode 2π.

2.3 Elementare Funktionen

Oft lassen sich Funktionen auf die Verkettung (arithmetische Verknüpfung oder auch Komposition) von so genannten elementaren Grundfunktionen zurückführen, so dass sich in diesen Fällen die Eigenschaften der "komponierten" Funktionen auf die Eigenschaften der Grundfunktionen zurückführen lassen. Im Folgenden werden die wesentlichen elementaren Grundfunktionen kurz diskutiert. An dieser Stelle sei darauf hingewiesen, dass eine mathematisch korrekte Definition der Exponentialfunktion erst möglich ist, wenn wir den Begriff des Grenzwertes von Zahlenfolgen oder der Reihe kennen. Die Einführung der trigonometrischen Funktionen über die Beziehungen zwischen Ankathete, Gegenkathete und Hypotenuse des Dreiecks im Einheitskreis wird an dieser Stelle als Schulwissen vorausgesetzt. Eine mathematisch exakte Definition der Exponentialfunktion und der trigonometrischen Funktionen wird im Kapitel 3 mit Hilfe von Potenzreihen vorgenommen.

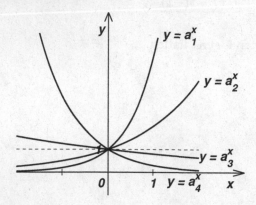

Abb. 2.11. Exponentialfunktion $y = a^x$ für verschiedene Werte der Basis a ($0 < a_4 < a_3 < 1 < a_2 < a_1$)

1) **Exponentialfunktion** $y = a^x$, $a \neq 1$, $a > 0$, $D = \mathbb{R}$;
ist $a = e$ (**EULERsche Zahl** $e = 2{,}71828\dots$), spricht man von der e-**Funktion** $y = e^x$;

2) **Logarithmusfunktion** $y = log_a x$, $a \neq 1$, $a > 0$, $D = \mathbb{R}_{>0}$,
definiert als die Zahl y mit der Eigenschaft $a^y = x$;
ist $a = e$, definiert man mit

$$y = \ln x := \log_e x$$

den **natürlichen Logarithmus.**
Aufgrund der Definition des Logarithmus über den Zusammenhang mit der Exponentialfunktion gelten die Gesetze ($b, c \in \mathbb{R}_{>0}$)

$$\log_a(b \cdot c) = \log_a b + \log_a c, \ \log_a\left(\frac{b}{c}\right) = \log_a b - \log_a c, \ \log_a b^c = c \log_a b.$$

Die Rechenregeln für die Logarithmusfunktion beruhen auf Eigenschaften der Exponentialfunktion:

$$a^{\log_a(bc)} = bc = a^{\log_a(b)} a^{\log_a(c)} = a^{\log_a(b) + \log_a(c)}$$

also $\log_a(bc) = \log_a(b) + \log_a(c)$.

$$a^{\log_a(\frac{b}{c})} = \frac{b}{c} = a^{\log_a(b)} a^{-\log_a(c)} = a^{\log_a(b) - \log_a(c)}$$

also $\log_a\left(\frac{b}{c}\right) = \log_a(b) - \log_a(c)$.

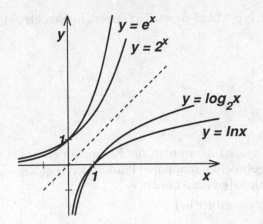

Abb. 2.12. Exponentialfunktion und die Logarithmusfunktion als deren Umkehrfunktion

$$a^{\log_a(b^c)} = b^c = [a^{\log_a(b)}]^c = a^{c\log_a(b)}$$

$$\text{also} \quad \log_a(b^c) = c\log_a(b) \ .$$

Die Exponentialfunktion ist die Umkehrung der Logarithmusfunktion und umgekehrt.

3) **Potenzfunktion** $y = x^\nu$:

$\nu \in \mathbb{N}$: natürlicher (größtmöglicher) Definitionsbereich $D = \mathbb{R}$,

$\nu \in \mathbb{Z}, \nu < 0: D = \mathbb{R} \setminus \{0\}$,

$\nu \in \mathbb{R}: y = x^\nu := e^{\ln x^\nu} = e^{\nu \ln x}, D = \mathbb{R}_{>0}$.

Die Umkehrfunktionen zu $y = x^\nu$, $\nu \neq 0$, sind mit $y = x^{\frac{1}{\nu}} = \sqrt[\nu]{x}$ wiederum Potenzfunktionen.

4) **Trigonometrische Funktionen**:

$y = \sin x$, $y = \cos x$, $D = \mathbb{R}$, primitive Periode $\alpha = 2\pi$;

$y = \tan x$, $D = \mathbb{R} \setminus \{x = (2k+1)\frac{\pi}{2}, k \in \mathbb{Z}\}$, primitive Periode π;

$y = \cot x$, $D = \mathbb{R} \setminus \{x = k\pi, k \in \mathbb{Z}\}$, primitive Periode π.

Es gelten die wichtigen Beziehungen

$$\tan x = \frac{\sin x}{\cos x}, \quad \sin^2 x + \cos^2 x = 1 \ ,$$

$$\sin(x \pm y) = \sin x \cos y \pm \cos x \sin y, \quad \cos(x \pm y) = \cos x \cos y \mp \sin x \sin y \ .$$

Die beiden zuletzt genannten Beziehungen nennt man Additionstheoreme der trigonometrischen Funktionen $\sin x$, $\cos x$. Auf die Exponentialfunktion und die trigonometrischen Funktionen wird im vorliegenden und im folgenden Kapitel noch ausführlicher eingegangen.

5) **Inverse trigonometrische Funktionen**:

$y = \arcsin x$, $y = \arccos x$, $D = [-1,1]$,

$y = \arctan x$, $y = \text{arccot}\, x$, $D = \mathbb{R}$.

Funktionen, die sich in einer geschlossenen analytischen Formel als Verknüpfung der elementaren Grundfunktionen vom Typ 1 bis 5 darstellen lassen, heißen **elementare Funktionen**.

Beispiele für elementare Funktionen:

1) **Polynome** (ganz rationale Funktionen)

$$y = \sum_{k=0}^{n} a_k x^k, \quad a_n \neq 0, \, a_k, x \in \mathbb{R}, \, n \in \mathbb{N}.$$

n heißt Grad des Polynoms, a_k $(k = 0, \ldots, n)$ nennt man die Koeffizienten des Polynoms. Soll der Unterschied zu den gebrochen rationalen Funktionen (vgl. 2)) betont werden, spricht man von ganzrationalen Funktionen.

2) **Gebrochen rationale Funktionen** (Polynombrüche)

$$y = \frac{p_n(x)}{q_m(x)},$$

mit den Polynomen n−ten bzw. m−ten Grades p_n und q_m. Ist $n < m$, heißt y **echt gebrochen** rationale Funktion oder echter Polynombruch. Ist $n \geq m$, heißt y **unecht gebrochen** rationale Funktion. Im Ergebnis einer Polynomdivision lässt sich eine unecht gebrochen rationale Funktion immer als Summe eines Polynoms und einer echt gebrochen rationalen Funktion darstellen.

3) **Hyperbelfunktionen**

$$\sinh x \; := \; \frac{e^x - e^{-x}}{2}, \quad D = \mathbb{R}, \, W = \mathbb{R}, \text{ ungerade,}$$

$$\cosh x \; := \; \frac{e^x + e^{-x}}{2}, \quad D = \mathbb{R}, \, W = [1, \infty[, \text{ gerade,}$$

$$\tanh x \; := \; \frac{e^x - e^{-x}}{e^x + e^{-x}}, \quad D = \mathbb{R}, \, W =]-1,1[, \text{ ungerade,}$$

$$\coth x \; := \; \frac{e^x + e^{-x}}{e^x - e^{-x}}, \quad D = \mathbb{R} \setminus \{0\}, \, W = \mathbb{R} \setminus [-1,1], \text{ ungerade}$$

(sprich: Sinus hyperbolicus, Cosinus hyperbolicus,...). An wichtigen Beziehungen errechnet man

$$\tanh x = \frac{\sinh x}{\cosh x}, \quad \coth x = \frac{\cosh x}{\sinh x},$$

$$\cosh^2 x - \sinh^2 x = 1, \quad \cosh 2x = \cosh^2 x + \sinh^2 x,$$

$$1 - \tanh^2 x = \frac{1}{\cosh^2 x},$$

$$\sinh(x \pm y) = \sinh x \, \cosh y \pm \cosh x \, \sinh y,$$

$$\cosh(x \pm y) = \cosh x \, \cosh y \pm \sinh x \, \sinh y.$$

Die Bezeichnung "Hyperbelfunktionen" lässt sich dadurch erklären, dass mit

$$x = a \cosh t \,, \quad y = b \sinh t \; (a, b \in \mathbb{R}_{>0}, \, t \in \mathbb{R})$$

eine Parameterdarstellung des rechten Astes der Hyperbel

$$\left(\frac{x}{a}\right)^2 - \left(\frac{y}{b}\right)^2 = 1$$

gegeben ist.

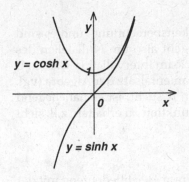

Abb. 2.13. Hyperbelfunktionen $y = \cosh x, y = \sinh x$

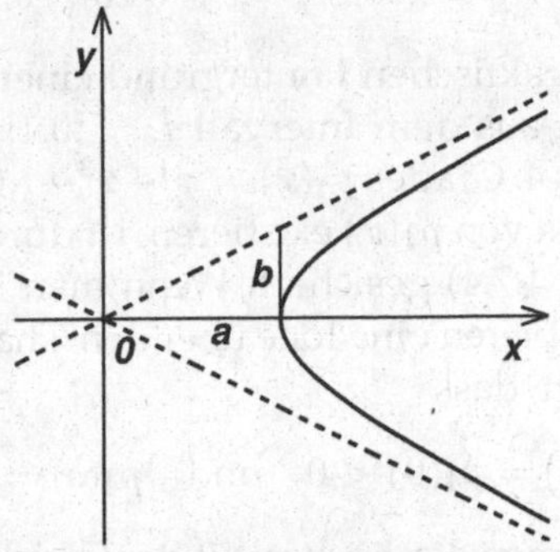

Abb. 2.14. Hyperbel $\left(\frac{x}{a}\right)^2 - \left(\frac{y}{b}\right)^2 = 1$ bzw. $(x, y) = (a \cosh t, b \sinh t)$

Die Umkehrfunktionen der Hyperbelfunktionen heißen **Areafunktionen**, z.B. wird mit

$$y = \operatorname{arsinh} x$$

die Umkehrfunktion der Funktion $\sinh x$ bezeichnet. Alle Areafunktionen lassen sich explizit durch Logarithmusfunktionen ausdrücken, z.B. gilt

$$\operatorname{arsinh} x = \ln(x + \sqrt{x^2 + 1}).$$

Mit $y = \sinh x$, $x = \operatorname{arsinh} y$ erhält man nämlich

$$y = \frac{e^x - e^{-x}}{2} \iff e^{2x} - 2ye^x - 1 = 0,$$

für $z = e^x$ also die quadratische Gleichung $z^2 - 2yz - 1 = 0$ mit der Lösung

$$z_{1,2} = y \pm \sqrt{y^2 + 1} \quad \text{bzw.} \quad e^x = y \pm \sqrt{y^2 + 1}.$$

Da e^x immer positiv ist, bleibt nur $e^x = y + \sqrt{y^2 + 1}$, also $x = \operatorname{arsinh} y$ bzw. $x = \ln(y + \sqrt{y^2 + 1})$. Tauscht man nun noch x und y aus, so hat man mit $y = \operatorname{arsinh} x = \ln(x + \sqrt{x^2 + 1})$ die Umkehrfunktion von $\sinh x$ berechnet.

2.4 Grenzwert und Stetigkeit von Funktionen

2.4.1 Motivation

Wie in vielen anderen Bereichen der Mathematik geht es auch in der Analysis oft um die Lösung von Gleichungen der Art

$$f(x) = 0, \tag{2.2}$$

wobei die reell-wertige Funktion $f : I \to \mathbb{R}$ auf dem Intervall $I = [a, b]$ definiert ist, so dass bei der Lösung der Gleichung (2.2) alle $x \in I$ gesucht sind, die die Gleichung erfüllen. Die Lösungen der Gleichungen nennt man sinnvollerweise Nullstellen der Funktion im Intervall I. Die Lösung der Gleichung

$$x^4 + x^3 + 1{,}662x^2 - x - 0{,}25 = 0$$

hat den praktischen Hintergrund einer Standfestigkeitsberechnung, und es sind Lösungen aus dem Intervall $I = [0,1]$ gefragt. Es geht also um Nullstellen des Polynoms 4. Grades $p_4(x) = x^4 + x^3 + 1{,}662x^2 - x - 0{,}25$ im Intervall $[0,1]$. Dass in $\mathbb{C}$ Nullstellen von $p_4(x)$ existieren, ist durch den Fundamentalsatz der Algebra (vgl. Abschnitt 1.7.4) gesichert. Wenn man Nullstellen in $\mathbb{R}$ sucht, ist es naheliegend durch Probieren eine Idee über den Charakter der Funktion zu erhalten; z.B. sieht man sofort, dass

$$p_4(a) = p_4(0) < 0 \quad \text{und} \quad p_4(b) = p_4(1) > 0$$

gilt. Die Frage der Lösbarkeit der Gleichung in $\mathbb{R}$ ist nun gleichbedeutend mit der Frage, ob der Graph der Funktion eine ununterbrochene Linie ist, die im Punkt $(a, p_4(a))$ unterhalb der x−Achse beginnt und im Punkt $(b, p_4(b))$ oberhalb der x−Achse endet, und somit die x−Achse schneidet, wie die Anschauung und die Abb. 2.15 vermuten lässt. Die Eigenschaft eines Funktionsgraphen, "ununter-

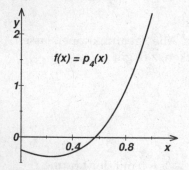

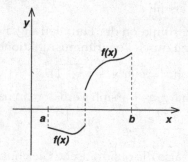

Abb. 2.15. Graph der Funktion $p_4(x)$

Abb. 2.16. Graph einer Funktion, die die x−Achse überspringt

brochen" zu sein, beschreibt man mathematisch als Eigenschaft der Stetigkeit der Funktion, was im Weiteren genauer diskutiert werden soll.

Man überlegt sich nun den folgenden Algorithmus zur Lösungsberechnung.

1) Ist $p_4(a) < 0$ und $p_4(b) > 0$, wie in unserem Beispiel, halbieren wir das Intervall und berechnen p_4 an der Stelle $c = \frac{a+b}{2}$;
   ist $|p_4(c)| \leq \epsilon$ (ϵ eine Genauigkeitsvorgabe, z.B. $\epsilon = 10^{-5}$), sind wir fertig und haben mit $x = c$ eine Nullstelle mit einer geforderten Genauigkeit gefunden; ist $|p_4(c)| > \epsilon$, gehen wir zum Punkt 2).

2) Ist $p_4(c) < 0$, setzen wir $a := c$ und $b := b$ und gehen zum Punkt 1), ist $p_4(c) > 0$, setzen wir $a := a$ und $b := c$ und gehen zum Punkt 1).

Der eben skizzierte Algorithmus heißt **Intervallhalbierungsverfahren** und führt im Falle von "ununterbrochenen" (stetigen) Funktionen stets zu einer Lösung. Mit dem Taschenrechner kommt man nach ein paar Schritten zu einer Lösung $x = 0{,}566$. Es sei hier darauf hingewiesen, dass der beschriebene Algorithmus zwar zu einer Lösung führt, allerdings nicht klärt, ob es sich um die einzige Lösung handelt.

Springt die Funktion, ohne die x−Achse zu schneiden (Abb. 2.16), funktioniert der eben skizzierte Algorithmus nicht.

Ein weiteres Motiv, sich mit dem Begriff bzw. der Eigenschaft der Stetigkeit von Funktionen zu befassen, besteht in der Möglichkeit, eine vorgegebene Genauigkeit für die Berechnung eines Funktionswertes in Abhängigkeit vom Argument der Funktion zu erzielen. Dieser Sachverhalt soll an einem Beispiel diskutiert werden.

Zwischen der Temperatur θ einer medizinischen Sonde und dem Widerstand Ω einer Spule besteht ein funktionaler Zusammenhang. Um eine gewünschte Temperatur θ_0 mit einer Toleranz ϵ ($\theta = \theta_0 \pm \epsilon$) zu erzielen, ist die Frage zu klären, ob man zu der vorgegeben Toleranz ϵ einen Widerstandsbereich $\Omega = \Omega_0 \pm \delta$ angeben kann, so dass bei der Einstellung des Widerstandsreglers mit der Genauigkeit δ um den Wert Ω_0 die resultierende Temperatur der Sonde mit Sicherheit in dem Intervall $]\theta_0 - \epsilon, \theta_0 + \epsilon[$ liegt.

Die Frage kann immer dann positiv beantwortet werden, wenn die Funktion $\theta = f(\Omega)$ stetig ist. Sei der funktionale Zusammenhang in der Form

$$\theta = f(\Omega) = 3\sqrt{\Omega}$$

gegeben (Temperaturen in Grad Celsius und Widerstände in Ohm). Wir verwenden einen Regelbereich von 100 Ohm bis 200 Ohm, damit hat $f : D \to \mathbb{R}$ den Definitionsbereich $D = [100, 200]$. Wir wollen eine Temperatur von $41°$ mit einer Genauigkeit $\epsilon = 0{,}1°$ erreichen, und wollen ausrechnen, wie genau der Widerstandsregler eingestellt werden muss. Zuerst errechnen wir den Wert Ω_0 mit $\theta(\Omega_0) = 41$ und finden

$$41 = 3\sqrt{\Omega_0} \quad \text{bzw.} \quad \Omega_0 = \left(\frac{41}{3}\right)^2 = \frac{1681}{9} = 186{,}7777\ldots\,.$$

Aufgrund der dritten binomischen Formel $a^2 - b^2 = (a + b)(a - b)$ gilt

$$\Omega - \Omega_0 = (\sqrt{\Omega} - \sqrt{\Omega_0})(\sqrt{\Omega} + \sqrt{\Omega_0}) \quad \text{bzw.} \quad \sqrt{\Omega} - \sqrt{\Omega_0} = \frac{\Omega - \Omega_0}{\sqrt{\Omega} + \sqrt{\Omega_0}}.$$

Damit erhalten wir die Abschätzung

$$|f(\Omega) - f(\Omega_0)| = 3\left|\frac{\Omega - \Omega_0}{\sqrt{\Omega} + \sqrt{\Omega_0}}\right| \leq \frac{3}{2\sqrt{100}}|\Omega - \Omega_0|,$$

da $\sqrt{\Omega} + \sqrt{\Omega_0}$ im Falle des vorliegenden Definitionsbereiches immer größer als $2\sqrt{100}$ ist.

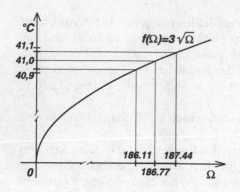

Abb. 2.17. Reglereinstellung für eine vorgegebene Temperaturtoleranz

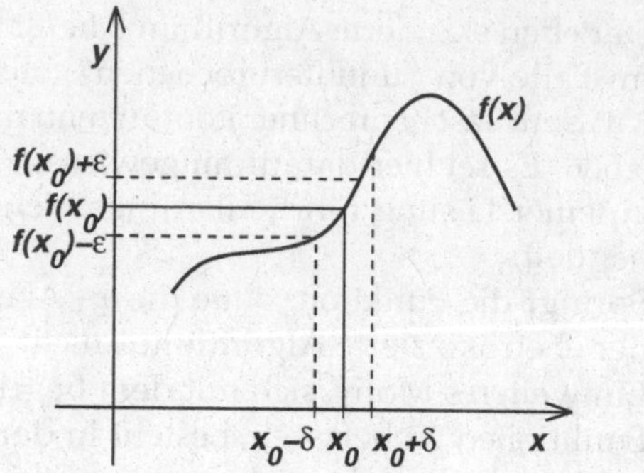

Abb. 2.18. $\epsilon - \delta -$Betrachtung an der Stelle
x_0

Aus der Ungleichung folgt, dass $|f(\Omega) - f(\Omega_0)| \leq 0{,}1$ dann gilt, wenn

$$|\Omega - \Omega_0| \leq 0{,}1 \frac{20}{3} \quad \text{bzw.} \quad |\Omega - \Omega_0| \leq \frac{2}{3}$$

gilt. Wenn wir den Wert $\Omega_0 = 186{,}7777$ Ohm mit einer Genauigkeit von $0{,}6666$
Ohm einstellen, können wir die $41°$ mit einer Genauigkeit von $0{,}1°$ garantieren.

Es ist offensichtlich, dass die eben durchgeführte Betrachtung im Falle einer
Funktion mit einer Sprungstelle, wie in Abb. 2.16 dargestellt, für die Sprungstelle
x_0 nicht zum Erfolg geführt hätte.

Die eben diskutierte Eigenschaft einer Funktion (in der Abb. 2.18 illustriert),
dass man für jedes vorgegebene Genauigkeitsintervall der Funktionswerte
$]f(x_0) - \epsilon, f(x_0) + \epsilon[$, $\epsilon > 0$, ein Intervall für das Argument
$]x_0 - \delta, x_0 + \delta[$, $\delta > 0$, angeben kann, so dass für
$x \in]x_0 - \delta, x_0 + \delta[$ in jedem Fall $f(x) \in]f(x_0) - \epsilon, f(x_0) + \epsilon[$ folgt,
bedeutet gerade die Stetigkeit der Funktion.

Im Folgenden wollen wir die eben durchgeführten Überlegungen zur Stetigkeit
mathematisch beschreiben.

2.4.2 Definition des Grenzwertes einer Funktion

Bei den obigen Betrachtungen haben wir mit den Intervallen $]x_0 - \delta, x_0 + \delta[$ und
$]f(x_0) - \epsilon, f(x_0) + \epsilon[$, also Umgebungen von x_0 bzw. $f(x_0)$, operiert. Sei $\delta \in \mathbb{R}$,
$\delta > 0$, und $x_0 \in \mathbb{R}$, dann heißt

$$U_\delta(x_0) = \{x \in \mathbb{R} | \, |x - x_0| < \delta\} =]x_0 - \delta, x_0 + \delta[$$

δ-Umgebung von x_0. Damit können wir das Intervall $]f(x_0) - \epsilon, f(x_0) + \epsilon[$ auch
als ϵ-**Umgebung** von $f(x_0)$, also $U_\epsilon(f(x_0))$, interpretieren.

Definition 2.9. (offene Menge, innerer Punkt, Randpunkt)
Sei $D \subset \mathbb{R}$, dann heißt D **offene Menge** in $\mathbb{R}$, wenn zu jedem Element $x \in D$ ein

$\delta > 0$ gefunden werden kann, so dass $U_\delta(x) \subset D$ gilt. $x \in D$ heißt **innerer Punkt** der Menge D, wenn es ein $\delta > 0$ gibt, so dass $U_\delta(x) \subset D$ gilt. Elemente $x \in D$, die nicht innere Punkte der Menge D sind, und bei denen in jeder Umgebung $U_\delta(x)$ mindestens ein $\bar{x} \in D$ und ein $\bar{\bar{x}} \notin D$ vorhanden ist, heißen **Randpunkte** der Menge.

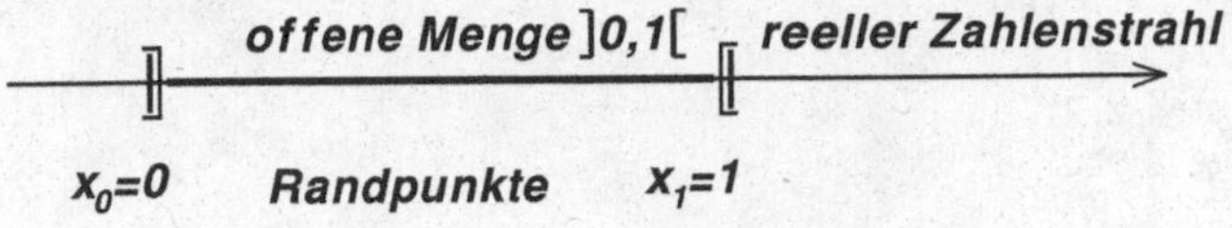

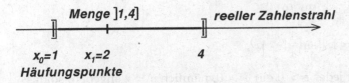

Abb. 2.19. Offene Menge $D =]0,1[$ mit den Randpunkten $x_0 = 0$ und $x_1 = 1$; $x_0, x_1 \notin D$

a heißt **Häufungswert** (oder **Häufungspunkt**) der Menge D, wenn in jeder δ−Umgebung von a mindestens ein $x \neq a$, $x \in D$ existiert. In jeder δ−Umgebung $U_\delta(a)$ gibt es dann unendlich viele $x \in D$. Der Häufungspunkt gehört nicht unbedingt zur Menge D, denn wenn wir $D =]0,1[$ wählen, ist $a = 0$ offensichtlich ein Häufungspunkt (ebenso wie $a = 1$), gehört aber nicht zu D.

Abb. 2.20. Häufungspunkte $x_0 = 1, x_0 \notin D$ und $x_1 = 2, x_1 \in D$ der Menge $D =]1,4]$

Beispiele.

1) $D = \{\frac{1}{n} | n \in \mathbb{N}\}$ hat nur den Häufungspunkt $a = 0$.

2) Ist $D = [0,3]$, so ist jedes Element $a \in D$ Häufungspunkt von D.

3) Ist $D =]0,1]$, so ist die Menge der Häufungspunkte von D gleich dem Intervall $[0,1]$ (siehe auch obige Bemerkung).

4) $D =]0,2[$ ist eine offene Menge in $\mathbb{R}$. Alle Punkte x aus $]0,2[$ sind innere Punkte.

5) Die offenen Intervalle und die Vereinigung offener Intervalle sind sämtlich offene Mengen in $\mathbb{R}$.

6) $x = 2$ ist Randpunkt der Menge $D =]0,2]$.

Definition 2.10. (Grenzwert einer Funktion)
Ist $f : D \to \mathbb{R}$ eine reell-wertige Funktion und a ein Häufungspunkt von D, dann strebt $f(x)$ für $x \to a$ gegen g, wenn zu jeder Zahl $\epsilon > 0$ eine Zahl $\delta > 0$ existiert, so dass für alle $x \in D$ mit $|x - a| < \delta$, $x \neq a$,

$$|f(x) - g| < \epsilon$$

gilt. g heißt **Grenzwert** der Funktion f an der Stelle a und wird durch

$$g = \lim_{x \to a} f(x)$$

bezeichnet. a muss kein Element von D sein, und g muss nicht Element des Wertebereichs der Funktion f sein.

Das Symbol lim steht für **Limes**, die lateinische Bezeichnung für den römischen Grenzwall, und deshalb spricht man in der Mathematik beim Grenzwert auch vom Limes. Die Funktion

$$y = f(x) = \begin{cases} 1 & \text{für } x \neq 2, \\ 0 & \text{für } x = 2 \end{cases}$$

mit dem Definitionsbereich $D = \mathbb{R}$ hat an der Stelle $a = 2$ offensichtlich den Grenzwert $g = 1$.

Weitere **Beispiele** von Grenzwerten von Funktionen:

1) Sei $f : \mathbb{R} \setminus \{0\} \to \mathbb{R}$, $y = f(x) = x \sin \frac{1}{x}$. Der Grenzwert der Funktion an der Stelle $x = 0$ existiert und es gilt

$$\lim_{x \to 0} f(x) = 0;$$

denn man erhält für jedes $x \in \mathbb{R} \setminus \{0\}$

$$|f(x) - 0| = |f(x)| = |x||\sin \frac{1}{x}| \leq |x|,$$

und damit kann man für jedes $\epsilon > 0$ ein $\delta > 0$, nämlich $\delta = \epsilon$ angeben, so dass aus $|x| < \delta$, $x \neq 0$ die Beziehung $|f(x)| < \epsilon$ folgt.

2) Sei $g : [1,10] \to \mathbb{R}$, $y = g(x) = x^2$. Der Grenzwert an der Stelle $x = 2$ existiert und es gilt $\lim_{x \to 2} g(x) = 4$. Es ist zu zeigen:

Für alle $\epsilon > 0$ existiert ein $\delta > 0$: $|x - 2| < \delta \to |x^2 - 4| < \epsilon$.

Für ein vorgegebenes ϵ ist ein δ mit der geforderten Eigenschaft zu berechnen. Es gilt

$$|x^2 - 4| < \epsilon \iff -\epsilon < x^2 - 4 < \epsilon \iff -\epsilon < (x - 2)(x + 2) < \epsilon.$$

Wegen des Definitionsbereiches $[1,10]$ ist $x + 2$ positiv und damit ergibt sich

$$-\frac{\epsilon}{x + 2} < x - 2 < \frac{\epsilon}{x + 2} \quad \text{bzw.} \quad |x - 2| < \frac{\epsilon}{x + 2}.$$

Damit kann man durch die Wahl von $\delta = \frac{\epsilon}{10+2} = \frac{\epsilon}{12}$ in jedem Fall $|x^2 - 4| < \epsilon$ erfüllen.

Ist $f : D \to \mathbb{R}$ eine reell-wertige Funktion und a ein Häufungspunkt von D, dann strebt $f(x)$ für $x \to a$ von links (von rechts) gegen g, wenn zu jeder Zahl $\epsilon > 0$ eine Zahl $\delta > 0$ existiert, so dass für alle $x \in D \cap U_\delta(a)$ mit $x < a$ $(x > a)$,

$$|f(x) - g| < \epsilon$$

gilt. g heißt **linksseitiger (rechtsseitiger) Grenzwert** der Funktion f an der Stelle a und wird durch

$$g = \lim_{x \to a-0} f(x) \quad (g = \lim_{x \to a+0} f(x))$$

bezeichnet. Der Grenzwert der Funktion $f : D \to \mathbb{R}$ an der Stelle $x = a$ existiert genau dann, wenn links- und rechtsseitiger Grenzwert existieren und gleich sind.

Beispiel: Mit $[x]$ bezeichnet man die so genannte entier-Funktion: $[x] = p$, wobei p die größte ganze Zahl mit $p \leq x$ ist. Man findet mit

$$\lim_{x \to 1-0}[x] = 0 \quad , \quad \lim_{x \to 1+0}[x] = 1$$

unterschiedliche links- und rechtsseitige Grenzwerte an der Stelle $x = 1$. Damit existiert der Grenzwert $\lim_{x \to 1}[x]$ nicht.

Die Definition 2.10 für $\lim_{x \to a} f(x) = g$ ist zu modifizieren, wenn a und/oder g gleich ∞ oder $-\infty$ sind.

Als Beispiel betrachten wir $g = \infty$. Man sagt, die Funktion $f : D \to \mathbb{R}$ strebe für $x \to a$ gegen ∞, ausgedrückt durch $\lim_{x \to a} f(x) = \infty$, wenn es zu jedem (beliebig großem) $\Psi > 0$ ein $\delta > 0$ gibt, so dass für alle x mit $|x - a| < \delta$ die Ungleichung $f(x) > \Psi$ gilt.

Betrachten wir nun ein Beispiel mit $a = \infty$. Wir wollen den Grenzprozess $\lim_{x \to \infty} \frac{1}{x}$ untersuchen. Wir vermuten, dass die Funktion für x gegen ∞ den Grenzwert $g = 0$ hat, d.h. wir müssen zeigen

$$\forall \epsilon > 0 \quad \exists \Delta > 0 : x > \Delta \Longrightarrow |\frac{1}{x}| < \epsilon.$$

Wir wollen nun nachweisen, dass tatsächlich

$$\lim_{x \to \infty} \frac{1}{x} = 0$$

gilt. Geben wir eine Zahl $\epsilon > 0$ vor. Wenn wir $\Delta = \frac{1}{\epsilon}$ wählen, folgt aus $x > \Delta = \frac{1}{\epsilon}$ nach der Multiplikation mit ϵ und der Division durch x die Ungleichung $\frac{1}{x} < \epsilon$, und damit ist $\lim_{x \to \infty} \frac{1}{x} = 0$ gezeigt.

Ist $g = \infty$ oder $g = -\infty$, spricht man von **uneigentlichen** Grenzwerten (die Funktion strebt gegen ∞ bzw. $-\infty$). Die Beschränktheit einer Funktion ist keine Garantie für die Existenz des Grenzwertes einer Funktion an einer Stelle $x = a$, wie das Beispiel mit der entier-Funktion $[\ \ ] : [0,2] \to \mathbb{R}$ an der Stelle $x = 1$ gezeigt hat. Auch im Falle der sinus-Funktion existiert der Grenzwert $\lim_{x \to \infty} \sin x$ nicht.

Andererseits können bei unbeschränkten Funktionen Grenzwerte existieren, z.B. gilt $\lim_{x \to 0} \frac{1}{x^2} = \infty$. Auch bei den uneigentlichen Grenzwerten gilt: Der Grenzwert existiert genau dann, wenn linksseitiger und rechtsseitiger Grenzwert existieren und übereinstimmen. Z.B. existieren für die Funktion $f(x) = \frac{1}{x}$ einseitige Grenzwerte

$$\lim_{x \to 0+0} \frac{1}{x} = \infty \quad \text{oder} \quad \lim_{x \to 0-0} \frac{1}{x} = -\infty.$$

Sie sind aber voneinander verschieden, also existiert der Grenzwert $\lim_{x \to 0} \frac{1}{x}$ nicht. Analoges gilt bei $f(x) = \tan x$ bei $x \to \frac{\pi}{2} \pm 0$.

Grenzwertsätze:

Es werden jeweils Grenzwerte für einen der Fälle

$$x \to a, \quad x \to a + 0, \quad x \to a - 0, \quad x \to \infty, \quad x \to -\infty$$

betrachtet. Unter Voraussetzung der Existenz der Grenzwerte gelten die Regeln

(i) $\lim(f + g) = \lim f + \lim g$,

(ii) $\lim(f \cdot g) = \lim f \cdot \lim g$,

(iii) $\lim \frac{f}{g} = \frac{\lim f}{\lim g}$ falls $\lim g \neq 0$,

(iv) $f \leq g \Longrightarrow \lim f \leq \lim g$,

(v) $f \leq g \leq h \wedge \lim f = \lim h = y \Longrightarrow \lim g = y$.

Die Regeln (i) bis (v) gelten auch für uneigentliche Grenzwerte, wobei Unbestimmtheiten der Form $"\infty - \infty"$ in (i), $"0 \cdot \infty"$ in (ii) und $"\frac{\infty}{\infty}"$ in (iii) ausgeschlossen werden, und die "Rechenregeln"

$$\infty + \infty = \infty, \quad \infty \cdot \pm\infty = \pm\infty, \quad \frac{0}{\pm\infty} = 0,$$

verabredet werden. Wird in Regel (iii) die Voraussetzung $\lim g \neq 0$ fallen gelassen, ist mit $"\frac{0}{0}"$ eine weitere Unbestimmtheit möglich.

Im Falle des Auftretens von Unbestimmtheiten sind die Grenzwertsätze nicht anwendbar und es werden Sonderbetrachtungen erforderlich. Bei dem Beispiel $f(x) = \frac{\sin x}{x}$ tritt für $x \to 0$ der Fall $"\frac{0}{0}"$ auf. Aus der Abb. 2.21 erhält man für die mit A bezeichneten Flächen die Beziehungen

$$A_{\triangle 0PQ} < A_{Sektor} < A_{\triangle 0PR} \quad \text{und damit}$$

$$\frac{\sin x}{2} < \pi \frac{x}{2\pi} < \frac{\tan x}{2} \quad \text{bzw. nach Division durch} \quad \frac{\sin x}{2}$$

$$1 < \frac{x}{\sin x} < \frac{1}{\cos x}.$$

Nach der Regel (v), dem so genannten Einschachtelungssatz, folgt

$$\lim_{x \to 0+0} \frac{x}{\sin x} = 1 \quad \text{und damit nach Regel (iii)} \quad \lim_{x \to 0+0} \frac{\sin x}{x} = 1.$$

2.4.3   Grenzwertberechnung und Konvergenzgeschwindigkeitsordnung

Bei der Berechnung von Grenzwerten von Funktionen treten oft Unbestimmtheiten der Art $"\frac{0}{0}"$ oder $"\frac{\infty}{\infty}"$ auf, wie auch im eben behandelten Beispiel bei der

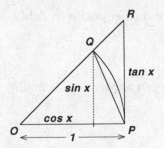

Abb. 2.21. Skizze zur Grenzwertbetrachtung $\lim_{x\to 0+0} \frac{\sin x}{x}$

Bestimmung von $\lim_{x\to 0+0} \frac{\sin x}{x}$, da sowohl der Zähler $\sin x$ als auch der Nenner x für $x \to 0$ gegen 0 streben. Entscheidend für die eventuelle Existenz eines endlichen Grenzwertes ist die "Geschwindigkeit", mit der Zähler und Nenner im Verlaufe des Grenzprozesses $x \to 0$ gegen 0 bzw. gegen ∞ streben. Wenn der Zähler im Vergleich zum Nenner schneller oder mit der gleichen Geschwindigkeit gegen 0 strebt, ist ein endlicher Grenzwert zu erwarten, anderenfalls nicht.

Definition 2.11. (Ordnung von Größen bei Grenzwertbildungen)
Sei $\lim_{x\to a} f(x) = 0$ für eine von x abhängige Variable $f(x)$ und es gebe eine positive Zahl k, so dass

$$\lim_{x\to a} \frac{|f(x)|}{|x - a|^k} = c > 0$$

gilt. Dann sagt man, $f(x)$ verschwinde für $x \to a$ von der Ordnung k. Man schreibt dafür auch

$$f(x) = O(|x - a|^k) \quad \text{für} \quad x \to a\,.$$

Ist $\lim_{x\to a} f(x) = \infty$ (oder gleich $-\infty$) und gilt mit einer positiven Zahl k

$$\lim_{x\to a} |f(x)| \cdot |x - a|^k = c > 0\,,$$

so sagt man, $f(x)$ gehe bei $x \to a$ von der Ordnung k gegen ∞ (bzw. $-\infty$). Schreibweise:

$$f(x) = O(|x - a|^{-k}) \quad \text{für} \quad x \to a\,.$$

Ist $\lim_{x\to\infty} f(x) = 0$ und gibt es eine positive Zahl k, so dass

$$\lim_{x\to\infty} |x|^k |f(x)| = c > 0$$

ist, dann sagt man $f(x)$ verschwindet für $x \to \infty$ von der Ordnung k. Schreibweise:

$$f(x) = O(|x|^{-k}) \quad \text{für} \quad x \to \infty\,.$$

Ist $\lim_{x\to\infty} f(x) = \infty$ bzw. $\lim_{x\to\infty} f(x) = -\infty$ und ist mit einer positiven Zahl k

$$\lim_{x\to\infty} \frac{|f(x)|}{|x|^k} = c > 0 \,,$$

so sagt man $f(x)$ gehe für $x \to \infty$ von der Ordnung k gegen ∞ bzw. $-\infty$. Schreibweise

$$f(x) = O(|x|^k) \quad \text{für} \quad x \to \infty \,.$$

Analog definiert man das Verschwinden bzw. das Streben von $f(x)$ gegen ∞ oder $-\infty$ für $x \to -\infty$.
Sind $f(x)$ und $g(x)$ zwei Funktionen, für die

$$\lim_{x\to a} \frac{f(x)}{g(x)} = 0 \quad \text{oder} \quad \lim_{\substack{x\to\infty \\ bzw.\ x\to-\infty}} \frac{f(x)}{g(x)} = 0$$

gilt, so sagt man, $f(x)$ sei $o(g(x))$ (klein o von $g(x)$) bei dem betreffenden Grenzübergang. Ist $\lim g(x) = 0$, so geht dann $f(x)$ stärker gegen Null als $g(x)$.

Beispiel: Für $x \to 0$ verschwindet $\tan x$ mit der Ordnung 1, da $\lim_{x\to 0} \frac{\tan x}{x} = 1$ gilt. Also ist $\tan x = O(x)$ für $x \to 0$.

Mitunter kann man die Ordnung auch nicht quantifizieren, sondern nur qualitativ fixieren. Aus

$$\lim_{x\to\infty} \frac{x^p}{e^x} = 0 \,, \ p \in \mathbb{N},$$

folgt z.B., dass e^x mit höherer Ordnung unendlich wird als jede noch so große Potenz von x. Daraus folgt

$$\lim_{x\to\infty} \frac{e^x}{x^p} = \infty \,, \ p \in \mathbb{N}.$$

Andererseits gilt

$$\lim_{x\to\infty} \frac{\ln x}{x^p} = 0 \,, \ p \in \mathbb{N},$$

d.h. der natürliche Logarithmus (damit auch Logarithmen zur Basis $a > 0$) wird mit schwächerer Ordnung unendlich als jede noch so niedrige Potenz von x.

Satz 2.1. *(Grenzwerte in Abhängigkeit von Größenordnungen)*
Für $f(x) = O(|x - a|^\alpha)$ und $g(x) = O(|x - a|^\beta)$ folgt

$$\lim_{x\to a} \frac{f(x)}{g(x)} = 0 \quad \text{falls} \quad \alpha > \beta \quad \text{und} \quad \lim_{x\to a} \frac{f(x)}{g(x)} = \pm\infty \quad \text{falls} \quad \alpha < \beta \,.$$

Für $f(x) = O(|x - a|^\alpha)$, $\alpha > 0$, und $g(x) = O(|x - a|^\beta)$, $\beta < 0$, folgt

$$\lim_{x\to a} f(x) = 0 \quad \text{und} \quad \lim_{x\to a} g(x) = \pm\infty \,.$$

Die Bestimmung von Ordnungen bei Grenzwertuntersuchungen ist mitunter recht aufwendig. Wir werden in diesem Kapitel etwas später mit den TAYLOR-Reihen Möglichkeiten zur Bestimmung von Größenordnungen behandeln. Das korrekte Rechnen und die eventuelle Vernachlässigung von verschwindenden Größen höherer Ordnung ist nicht einfach und erfordert viel Übung. Allerdings erspart man sich bei Größenordnungsabschätzungen sehr viel Arbeit, wenn man den Umgang mit verschwindenden bzw. unendlich werdenden Größen beherrscht.

2.4.4 Folgen reeller Zahlen

Bevor wir uns mit Stetigkeitsbetrachtungen befassen, führen wir den wichtigen Begriff der reellen Zahlenfolge ein.

Definition 2.12. (Zahlenfolge)
Eine Abbildung $f : \mathbb{N} \to \mathbb{R}$, $a_n = f(n)$, die jeder natürlichen Zahl genau eine reelle Zahl zuordnet, heißt **unendliche Zahlenfolge** und wird auch mit $(a_n)_{n\in\mathbb{N}}$ oder auch kurz mit (a_n) bezeichnet. a_n heißt das n−te Glied der unendlichen Zahlenfolge. Bildet f nur jede natürliche Zahl zwischen 1 und N in die Menge der reellen Zahlen ab ($f : \{1, 2, \ldots, N\} \to \mathbb{R}$), so erhält man eine **endliche Zahlenfolge** oder ein N-Tupel reeller Zahlen $(a_1, a_2, \ldots, a_N)$.

Unter der abkürzenden Bezeichnung "Zahlenfolge" oder "Folge" soll im Weiteren stets eine unendliche Zahlenfolge, d.h eine Abbildung von $\mathbb{N}$ nach $\mathbb{R}$, verstanden werden.
Da es sich bei dem Bildbereich einer unendlichen reellen Zahlenfolge um eine Menge in $\mathbb{R}$ handelt, kann die Menge auch Häufungspunkte haben. Z.B. hat die Folge $(a_n) := \{1 - \frac{1}{n} | n \in \mathbb{N}\}$ den Häufungspunkt 1, und die Folge $(a_n) := \{(-1)^n | n \in \mathbb{N}\}$ die Häufungspunkte 1 und -1. Da wir uns in einem späteren Kapitel noch ausführlicher mit Folgen (und Reihen) befassen werden, sollen an dieser Stelle nur einige für die Stetigkeit und Grenzwerte von Funktionen nützliche Eigenschaften von Folgen behandelt werden.

Definition 2.13. (Nullfolge)
Eine Folge $(a_n)_{n\in\mathbb{N}}$ heißt **Nullfolge**, wenn man zu jedem beliebigen $\epsilon > 0$ einen Index $n_0 \in \mathbb{N}$ finden kann, so dass

$$|a_n| < \epsilon \quad \forall n \geq n_0.$$

In diesem Fall sagt man auch (a_n) konvergiert oder strebt gegen Null und beschreibt dies durch

$$\lim_{n\to\infty} a_n = 0 \quad \text{oder} \quad a_n \to 0 \text{ für } n \to \infty.$$

Gibt man also ein (beliebig kleines) positives ϵ vor, so liegen alle Glieder a_n einer Nullfolge (a_n) mit hinreichend großen Indizes n ($n \geq n_0(\epsilon)$) in der ϵ-Umgebung des Nullpunktes. Je kleiner man das positive ϵ wählt, umso mehr Glieder der

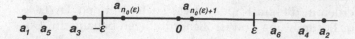

Abb. 2.22. Nullfolge (a_n), Beispiel $n_0(\epsilon) = 7$

Zahlenfolge werden i. Allg. außerhalb der ϵ-Umgebung des Nullpunktes liegen; d.h. bei Verkleinerung des ϵ hat man mit einer Vergrößerung des $n_0(\epsilon)$ zu rechnen. Die Folge $1, \frac{1}{2}, \frac{1}{3}, \ldots, \frac{1}{n}, \ldots$ ist offensichtlich eine Nullfolge, denn für eine Zahl $\epsilon > 0$ findet man mit $n_0 = [\frac{1}{\epsilon}] + 1$ eine Zahl, so dass $\frac{1}{n} < \epsilon$ für alle $n \geq n_0$ gilt. Für diese Folge ergibt sich bei spezieller Wahl des ϵ:

ϵ	$n_0(\epsilon) = [\frac{1}{\epsilon}] + 1$	$\|a_n\| < \epsilon$
1^-	2	$\frac{1}{2}, \frac{1}{3}, \frac{1}{4}, \ldots$
0,1	11	$\frac{1}{11}, \frac{1}{12}, \frac{1}{13}, \ldots$
0,01	101	$\frac{1}{101}, \frac{1}{102}, \frac{1}{103}, \ldots$
0,001	1001	$\frac{1}{1001}, \frac{1}{1002}, \frac{1}{1003}, \ldots$

Satz 2.2. *(Eigenschaften von Nullfolgen)*
a) Ist (a_n) eine Nullfolge und gilt für eine Folge (b_n)

$$|b_n| \leq |a_n| \quad \forall n \in \mathbb{N},$$

so ist auch (b_n) eine Nullfolge.
b) Sind (a_n) und (b_n) Nullfolgen, so sind die Folgen

$$(a_n + b_n), \quad (a_n - b_n), \quad (a_n \cdot b_n), \quad (a_n^k), \quad (c\,a_n)$$

mit den beliebigen Konstanten $k \in \mathbb{N}$ und $c \in \mathbb{R}$ ebenfalls Nullfolgen.

Man beweist den Satz wie folgt:
a) Da (a_n) Nullfolge ist, findet man zu jedem $\epsilon > 0$ einen Index $n_0 \in \mathbb{N}$, so dass $|a_n| < \epsilon$ für alle $n \geq n_0$ gilt. Da $|b_n| \leq |a_n|$ gelten soll, gilt zu vorgegebenem $\epsilon > 0$ auch $|b_n| < \epsilon$ für $n \geq n_0$.
b) (a_n) und (b_n) sind Nullfolgen, d.h. zu jedem $\epsilon > 0$ existiert ein Index $n_1 \in \mathbb{N}$ mit $|a_n| < \frac{\epsilon}{2}$ für alle $n \geq n_1$, bzw. ein Index $n_2 \in \mathbb{N}$ mit $|b_n| < \frac{\epsilon}{2}$ für alle $n \geq n_2$. Wenn wir nun $n_0 = max\{n_1, n_2\}$ setzen, erhalten wir

$$|a_n \pm b_n| \leq |a_n| + |b_n| < \frac{\epsilon}{2} + \frac{\epsilon}{2} = \epsilon \text{ für alle } n \geq n_0,$$

d.h. $(a_n + b_n)$ und $(a_n - b_n)$ sind Nullfolgen. Man findet nun, dass mit (a_n) auch $(a_n + a_n)$, $(a_n + a_n + a_n)$ und $(m\,a_n)$ mit einer beliebigen Konstante $m \in \mathbb{N}$ Nullfolgen sind. Betrachten wir nun irgendein $m \in \mathbb{N}$ mit $m \geq |c|$. Damit ist auch $|c\,a_n| \leq |m\,a_n|$ und aus a) folgt, dass $(c\,a_n)$ Nullfolge ist, da $(m\,a_n)$ Nullfolge ist.

Wir folgern daraus, dass $(a_n \cdot b_n)$ Nullfolge ist. Man findet nämlich ein $c > 0$ mit $|a_n| < c$ für alle $n \in \mathbb{N}$. Nun ist $(c\,b_n)$ Nullfolge und es gilt $|a_n \cdot b_n| \leq |c\,b_n|$. Aus a) folgt $(a_n \cdot b_n)$ ist Nullfolge.

Damit ist $(a_n \cdot a_n)$, $(a_n \cdot a_n \cdot a_n)$ und schließlich (a_n^k) für festes $k \in \mathbb{N}$ Nullfolge und damit ist der Satz 2.2 bewiesen.

Mit dem wichtigen Satz 2.2 erkennt man nun sofort, dass

$$(\frac{1}{n^3}), \quad (\frac{1}{n} + \frac{1}{n^2}), \quad (c \cdot \frac{1}{n}), \quad c \in \mathbb{R} \text{ beliebig,}$$

Nullfolgen sind. Die geometrische Folge

$$1, \; q, \; q^2, \; q^3, \ldots, q^n, \ldots$$

ist eine Nullfolge, wenn $|q| < 1$ ist. Zum Nachweis definiert man durch

$$1 + h = \frac{1}{|q|}$$

eine Zahl $h > 0$. Mit der BERNOULLIschen Ungleichung $(1 + h)^n \geq 1 + nh$ (s. Abschnitt 1.6.2) folgt nun

$$|q^n| = |q|^n = \frac{1}{(1 + h)^n} \leq \frac{1}{1 + nh} < \frac{1}{nh}.$$

Da $(\frac{1}{nh})$ nach dem Satz 2.2 eine Nullfolge ist, ist auch (q^n) eine Nullfolge.

Definition 2.14. (Grenzwert einer Folge)
Eine reelle Zahlenfolge (a_n) konvergiert genau dann gegen eine reelle Zahl a, wenn

$$(a_n - a)_{n \in \mathbb{N}}$$

eine Nullfolge ist. a heißt **Grenzwert** oder **Limes** der Folge (a_n). Man beschreibt dies durch

$$\lim_{n \to \infty} a_n = a \quad \text{oder} \quad a_n \to a \; \text{für} \; n \to \infty.$$

In der $\epsilon - \delta$-Sprechweise konvergiert damit eine Folge (a_n) genau dann gegen a, wenn es zu jedem $\epsilon > 0$ einen Index $n_0 \in \mathbb{N}$ gibt, so dass für alle $n \geq n_0$

$$|a_n - a| < \epsilon$$

gilt.

Definition 2.15. (CAUCHY-Folge)
Eine reelle Zahlenfolge (a_n) heißt **CAUCHY-Folge**, wenn es zu jedem $\epsilon > 0$ ein $n_0 \in \mathbb{N}$ gibt, so dass

$$|a_n - a_m| < \epsilon \quad \forall \, m, n \geq n_0 \quad \text{gilt.}$$

CAUCHY-Folgen reeller Zahlen haben die wichtige Eigenschaft, dass sie im Sinne von Definition 2.14 konvergent sind, und man kann das folgende Konvergenz-kriterium formulieren.

Satz 2.3. *(CAUCHYsches Konvergenzkriterium)*
Eine reelle Zahlenfolge (a_n) *konvergiert genau dann, wenn* (a_n) *eine CAUCHY-Folge ist.*

Dieses Konvergenzkriterium ist in der Analysis sehr wichtig, allerdings erlaubt es nur theoretische Konvergenzuntersuchungen und ist für die konkrete Berech-nung von Grenzwerten nicht geeignet. Das CAUCHYsche Konvergenzkriterium erlaubt Aussagen über die Konvergenz einer Folge allein unter Benutzung der Glieder der Folge. Ein eventuell vorhandener Grenzwert a spielt bei dem Kriteri-um keine Rolle.

Definition 2.16. (Beschränktheit von Folgen)
Wenn es für die Folge (a_n) ein beschränktes Intervall $[A, B] \subset \mathbb{R}$ mit

$$A \leq a_n \leq B \quad \text{für alle} \quad n \in \mathbb{N}$$

gibt, heißt die Folge (a_n) **beschränkt**. A heißt untere Schranke der Folge. Das größte mögliche A heißt größte untere Schranke oder das **Infimum** der Folge (a_n) und wird mit $\inf_{n \in \mathbb{N}} a_n$ bezeichnet.
B heißt obere Schranke der Folge. Das kleinste mögliche B heißt kleinste obere Schranke oder das **Supremum** der Folge (a_n) und wird durch $\sup_{n \in \mathbb{N}} a_n$ bezeich-net.

Eine Folge (a_n) heißt **monoton steigend**, wenn

$$a_n \leq a_{n+1} \quad \text{für alle} \quad n \in \mathbb{N}$$

gilt, und **monoton fallend**, wenn

$$a_n \geq a_{n+1} \quad \text{für alle} \quad n \in \mathbb{N}$$

gilt. Gelten die echten kleiner ($<$) oder größer ($>$) Beziehungen, spricht man von strenger Monotonie.

Definition 2.17. (Teilfolge)
Als **Teilfolge** von $(a_n)_{n \in \mathbb{N}}$ bezeichnet man jede Folge

$$a_{n_1}, a_{n_2}, a_{n_3}, \dots, a_{n_k}, \dots, \quad \text{kurz} \quad (a_{n_k})_{k \in \mathbb{N}}$$

mit $n_1 < n_2 < \cdots < n_k < \dots$ $(n_k \in \mathbb{N})$.

Betrachten wir z.B. die Folge (a_n) mit $a_n = (-1)^n$, dann ist die Folge (a_{2n}) eine Teilfolge, die nur aus jedem zweiten Folgenglied von (a_n) besteht; im vorliegen-den Fall ist $(a_{2n}) = (1,1,1,\dots)$.
Aus der harmonischen Folge

$$1, \frac{1}{2}, \frac{1}{3}, \dots, \frac{1}{n}, \dots \quad \text{kann man z.B. die Teilfolge} \quad 1, \frac{1}{4}, \frac{1}{9}, \dots, \frac{1}{n^2}, \dots$$

bilden. Teilfolgen von (a_n) haben die Eigenschaft, dass sie im Falle der Konver-genz der Folge (a_n) gegen a, auch gegen a konvergieren. Des Weiteren gilt der folgende wichtige Satz der Analysis.

Satz 2.4. *(Eigenschaften beschränkter Folgen, BOLZANO-WEIERSTRASS)*

a) Jede beschränkte reelle Zahlenfolge besitzt eine konvergente Teilfolge.

b) Jede beschränkte monotone Zahlenfolge konvergiert.

Wir erinnern daran, dass wir unter "Zahlenfolge" eine unendliche Zahlenfolge verstehen wollten. Teil a) dieses fundamentalen Satzes der Analysis weist man konstruktiv nach, d.h. man konstruiert die Teilfolge. Wir betrachten das Beschränktheitsintervall $I_1 = [A, B]$, in dem alle Glieder von (a_n) nach Voraussetzung liegen. Danach halbiert man das Intervall I_1 und erhält die Teilintervalle $[A, C]$ und $[C, B]$. In mindestens einem der Teilintervalle liegen unendlich viele Folgenglieder a_n, und dieses Intervall bezeichnen wir mit I_2. Auf diese Weise konstruieren wir eine Intervallfolge (I_k) mit der Eigenschaft $I_1 \supset I_2 \supset \dots$. Die Intervalle I_k haben jeweils die Längen $\frac{B-A}{2^{k-1}}$, die für $k \to \infty$ gegen 0 streben. Aus jedem Teilintervall I_k wählen wir nun ein mit Sicherheit vorhandenes Glied von (a_n) aus und bezeichnen es mit a_{n_k}, wobei $n_1 < n_2 < \dots < n_k < \dots$ gelten soll. Die Folge (a_{n_k}) konvergiert gegen die einzige reelle Zahl a, die in allen Teilintervallen I_k liegt.

Für die Aussage b) des Satzes 2.4 überlegt man sich, dass beschränkte monoton steigende Folgen gegen das Supremum, und beschränkte monoton fallende Folgen gegen das Infimum konvergieren.

Beispiele:

1) Wenn wir die oben angesprochene Folge (a_n) mit $a_n = (-1)^n$ betrachten, ist (a_n) beschränkt, denn es gilt $-1 \leq a_n \leq 1$ für alle $n \in \mathbb{N}$. Hier findet man mit (a_{2n}) oder (a_{2n+1}) sehr leicht Teilfolgen von (a_n), die gegen 1 bzw. -1 konvergieren.

2) Die Folge mit den Gliedern

$$a_n = 1 + \frac{1}{1!} + \frac{1}{2!} + \frac{1}{3!} + \dots + \frac{1}{n!}$$

ist offensichtlich streng monoton steigend. (a_n) ist auch beschränkt, denn es gilt

$$\frac{1}{n!} = \frac{1}{1 \cdot 2 \cdot 3 \cdots n} \leq \frac{1}{1 \cdot 2 \cdot 2 \cdots 2} = \frac{1}{2^{n-1}}.$$

Mit Hilfe der geometrischen Summenformel $\sum_{k=1}^{n} q^{k-1} = \frac{1-q^n}{1-q}$, $q \neq 1$, ergibt sich

$$a_n \leq 1 + (1 + \frac{1}{2} + \frac{1}{2^2} + \dots + \frac{1}{2^{n-1}}) = 1 + \frac{1 - (\frac{1}{2})^n}{1 - \frac{1}{2}} < 1 + \frac{1}{1 - \frac{1}{2}} = 3.$$

Also ist 3 eine obere Schranke der Folge. Nach Satz 2.4 konvergiert die Folge. Der Grenzwert der Folge ergibt sich (im Rahmen der Genauigkeit eines Taschenrechners) zu

$$\lim_{n \to \infty} \sum_{k=0}^{n} \frac{1}{k!} = e \approx 2{,}71828183$$

und wird EULERsche Zahl e genannt. EULER hat unter Nutzung des binomischen Lehrsatzes gezeigt, dass die Zahl e auch Grenzwert der Folge $a_n = (\frac{n+1}{n})^n = (1 + \frac{1}{n})^n$ (EULER-Folge) ist, also

$$\lim_{n \to \infty} (\frac{n+1}{n})^n = \lim_{n \to \infty} (1 + \frac{1}{n})^n = e$$

gilt.

3) Rechnet man einige Glieder der Folge $a_n = \sqrt[n]{n}$ aus, dann ensteht der Verdacht, dass die Folge konvergiert und den Grenzwert 1 hat. Das soll gezeigt werden. Da $\sqrt[n]{n} > 1$ für $n > 1$ gilt, ergibt sich mit

$$\sqrt[n]{n} - 1 = y_n \iff \sqrt[n]{n} = 1 + y_n \iff n = (1 + y_n)^n$$

aufgrund der binomischen Lehrsatzes

$$n = 1 + \binom{n}{1} y_n + \binom{n}{2} y_n^2 + \cdots + y_n^n \geq 1 + \binom{n}{2} y_n^2 = 1 + \frac{n(n-1)}{2} y_n^2 \,,$$

da die Glieder auf der rechten Seite alle größer als 0 sind. Es gilt also

$$n \geq 1 + \frac{n(n-1)}{2} y_n^2 \iff \frac{2}{n} \geq y_n^2$$

und daraus folgt $\lim_{n \to \infty} y_n = 0$ bzw. $\lim_{n \to \infty} \sqrt[n]{n} = 1$. Auf analoge Weise zeigt man für $c > 1$

$$\lim_{n \to \infty} \sqrt[n]{c} = 1 \,.$$

4) Im Kapitel 1 hatten wir bei den reellen Zahlen die rekursive Folge

$$x_{k+1} = \frac{1}{2}(x_k + \frac{2}{x_k}), \ k = 0,1,2,\ldots, \ \text{und} \ x_0 = 1 \,,$$

angegeben und darauf hingewiesen, dass diese den Grenzwert $\sqrt{2}$ hat. Das soll nun gezeigt werden. Man zeigt zuerst, dass $x_k \geq \sqrt{2}$ für $k \geq 1$ gilt. Aus der Rekursionsbeziehung folgt nach Multiplikation mit x_k und der anschließenden Subtraktion von $\sqrt{2} x_k$

$$x_k x_{k+1} = \frac{1}{2}(x_k^2 + 2) \implies x_k(x_{k+1} - \sqrt{2}) = \frac{1}{2}(x_k^2 + 2) - \sqrt{2} x_k = \frac{1}{2}(x_k - \sqrt{2})^2 \geq 0 \,.$$

Da $x_k > 0$ ist, muss $x_{k+1} - \sqrt{2} \geq 0 \iff x_{k+1} \geq \sqrt{2}$ für alle $k = 0, 1, 2, \ldots$ gelten. Die fallende Monotonie der Folge $(x_k)_{k \in \mathbb{N}}$ ergibt sich durch die Beziehung

$$\frac{x_{k+1}}{x_k} = \frac{1}{2}(1 + \frac{2}{x_k^2}) \leq \frac{1}{2} + \frac{1}{2} = 1 \,,$$

unter Nutzung der Beschränktheit der Folgenglieder x_k nach unten durch $\sqrt{2}$. Damit ist aufgrund des Satzes von BOLZANO-WEIERSTRASS die Konvergenz der Folge gegen einen Grenzwert a gesichert und wir finden für $a = \lim_{n \to \infty} x_k$ unter Nutzung der Rekursionsformel

$$\lim_{n \to \infty} x_{k+1} = \frac{1}{2}(\lim_{n \to \infty} x_k + \frac{2}{\lim_{n \to \infty} x_k}) \quad \text{bzw.} \quad a = \frac{1}{2}(a + \frac{2}{a}) \,,$$

und damit $a = \sqrt{2}$.

2.4.5 Eine Definition der Exponentialfunktion

Bisher haben wir die Exponentialfunktion $y = e^x$ bzw. allgemeiner $y = f(x) = a^x$, $a > 0$, als durch "den Taschenrechner gegeben" verwendet; $f(x)$ ist ja bisher nur für rationale x erklärt, denn für $x = \frac{p}{q}$ mit $p, q \in \mathbb{Z}$ können wir $a^x = a^{\frac{p}{q}} = \sqrt[q]{a^p}$ ausrechnen. Um $f : D \to \mathbb{R}$ mit $D = \mathbb{R}$ zu erklären, muss $f(x) = a^x$ auch für irrationale Argumente sinnvoll erklärt werden.

Dazu wollen wir die Ergebnisse des vorangehenden Abschnittes über die Konvergenz monotoner Folgen verwenden. Zuerst betrachten wir den Fall $a > 1$ und zeigen die strenge Monotonie von f auf der Menge der rationalen Zahlen $\mathbb{Q}$: Sind x_1, x_2 rationale Zahlen mit $x_1 > x_2$ so kann man sie auf den Hauptnenner bringen, d.h. es gibt ganze Zahlen p, q, m mit

$$x_1 = \frac{p}{m}, \quad x_2 = \frac{q}{m} \quad (m \neq 0,\ p > q).$$

Damit erhält man

$$\frac{f(x_1)}{f(x_2)} = \frac{a^{x_1}}{a^{x_2}} = a^{x_1 - x_2} = a^{\frac{p-q}{m}} = \sqrt[m]{a^{p-q}}.$$

Es ist $\sqrt[m]{a} > 1$, denn aus $\sqrt[m]{a} \leq 1$ folgt im Widerspruch zur Voraussetzung $a \leq 1^m = 1$. Wegen $p > q$ gilt $\sqrt[m]{a^{p-q}} > 1$, und damit folgt $f(x_1) > f(x_2)$, also ist f streng monoton steigend.

Im Fall $0 < a < 1$ ist $f(x) = a^x$ für rationale x streng monoton fallend, wegen der Beziehung $a^x = \left(\frac{1}{a}\right)^{-x}$ mit $\frac{1}{a} > 1$. Im Fall $a = 1$ ist $f(x) = a^x = 1$, also konstant.

Ist $a > 0$ eine reelle Zahl und x eine irrationale Zahl mit der Dezimaldarstellung

$$x = z_0, z_1 z_2 z_3 \ldots z_n \ldots$$

(z_0 ganz, $z_1, z_2, z_3, \ldots$ Ziffern, wobei wir unter einer Ziffer ein Element der Menge $\{0,1,2,3,4,5,6,7,8,9\}$ verstehen), so definieren wir daraus die monotone Folge der rationalen Zahlen

$$
\begin{aligned}
r_0 &= z_0 \\
r_1 &= z_0, z_1 \\
r_2 &= z_0, z_1 z_2 \\
r_3 &= z_0, z_1 z_2 z_3 \\
&\ \vdots \\
r_n &= z_0, z_1 z_2 z_3 \ldots z_n
\end{aligned}
$$

und definieren

$$a^x := \lim_{n \to \infty} a^{r_n}. \tag{2.3}$$

a^x ist allerdings nur dann für reelle x erklärt, wenn der Grenzwert existiert. Der Limes (2.3) existiert und ist endlich, denn die Folge (a^{r_n}) konvergiert nach Satz 2.4, da sie monoton und beschränkt ist. Die Monotonie folgt aus der Monotonie der Folge (r_n). Die Beschränktheit ist ebenso offensichtlich, denn es gilt

$$a^{r_0} \leq a^{r_n} < a^{r_0+1} \quad \text{bei} \quad a > 1.$$

Für $a < 1$ ist die Folge (a^{r_n}) monoton fallend und offenbar durch Null nach unten beschränkt. Damit ist $f : \mathbb{R} \to \mathbb{R}$ mit $a > 0$ für alle reellen Zahlen x erklärt. Man nennt die Funktion f **Exponentialfunktion zur Basis** a. Die Exponentialfunktion $f : \mathbb{R} \to]0, \infty[$, $f(x) = a^x$ ist damit für $a > 1$ als streng monoton wachsende Funktion erklärt. Sie ist außerdem injektiv. Die ersten Glieder der Folge zur Berechnung von $2^{\sqrt{2}}$ ergeben sich z.B. zu

$$2^1, \quad \sqrt[10]{2^{14}}, \quad \sqrt[100]{2^{141}}, \quad \sqrt[1000]{2^{1414}} \dots .$$

Man erkennt allerdings schnell, dass diese Methode zur Berechnung von Potenzen mit reellen Exponenten zwar mathematisch korrekt ist, aber praktisch einen sehr großen Aufwand bedeutet. Deshalb werden wir etwas später im Kapitel 3 noch andere Möglichkeiten zur Berechnung von Exponentialfunktionen besprechen.

Mit der eben durchgeführten Betrachtung haben wir indirekt auch die Logarithmusfunktion $y = \log_a x$ eingeführt, denn die Logarithmusfunktion ist als Umkehrfunktion der Exponentialfunktion erklärt. Der Verlauf der Exponentialfunktion und der Logarithmusfunktion wurde bereits in der Abb. 2.12 skizziert.

2.4.6 Stetigkeit

Mit den Begriffen des Grenzwertes einer Funktion und des Grenzwertes von Folgen können wir nun die Stetigkeit definieren.

Definition 2.18. (Stetigkeit einer Funktion in einem Punkt x_0)

Eine Funktion $f : D \to \mathbb{R}$ ist **linksseitig stetig** im Punkt $x_0 \in D$, wenn

$$\lim_{x \to x_0 - 0} f(x) = f(x_0)$$

gilt. Eine Funktion $f : D \to \mathbb{R}$ ist **rechtsseitig stetig** im Punkt $x_0 \in D$, wenn

$$\lim_{x \to x_0 + 0} f(x) = f(x_0)$$

gilt. Eine Funktion $f : D \to \mathbb{R}$ ist **stetig** im Punkt $x_0 \in D$, wenn

$$\lim_{x \to x_0 + 0} f(x) = \lim_{x \to x_0 - 0} f(x) = \lim_{x \to x_0} f(x) = f(x_0)$$

gilt.

Ausgehend von der Stetigkeit in einem Punkt wird nachfolgend die Stetigkeit auf Mengen erklärt. Sei D eine offene Menge in $\mathbb{R}$. Eine Funktion f heißt auf D stetig, wenn für alle $x_0 \in D$ gilt

$$\lim_{x \to x_0} f(x) = f(x_0).$$

Sei I ein Intervall aus $\mathbb{R}$ und $f : I \to \mathbb{R}$. Dann heißt die Funktion f auf dem Intervall I stetig, wenn sie in jedem inneren Punkt von I stetig ist und in jedem Randpunkt, der zu I gehört, einseitig stetig ist.

Die Definition 2.18 der Stetigkeit in einem Punkt x_0 bedeutet, dass für alle Folgen $(x_n)_{n \in \mathbb{N}} \subset D$ mit $x_n \to x_0$ stets

$$\lim_{n \to \infty} f(x_n) = f(x_0)$$

gilt. Dies kann man auch in der Form

$$\lim_{n \to \infty} f(x_n) = f(\lim_{n \to \infty} x_n)$$

schreiben, und wir können uns merken, dass bei Stetigkeit von f in $x_0 = \lim_{n \to \infty} x_n$ das Funktionssymbol f und $\lim_{n \to \infty}$ vertauscht werden können. Aufgrund der Stetigkeitsdefinition ist der Nachweis der Stetigkeit gleichbedeutend mit der Grenzwertberechnung von Funktionen.

Äquivalent zu den Stetigkeitsdefinitionen mittels der Grenzwerte ist die so genannte $\epsilon - \delta$−Definition.

Satz 2.5. *(Stetigkeit in einem Punkt x_0)*

Die Funktion $f : D \to \mathbb{R}$, $D \subset \mathbb{R}$ ist genau dann stetig im Punkt $x_0 \in D$, wenn zu jedem $\epsilon > 0$ ein $\delta > 0$ existiert, so dass gilt:

$$x \in D \wedge |x - x_0| < \delta \implies |f(x) - f(x_0)| < \epsilon.$$

Die Zahl δ aus dem vorstehenden Satz hängt i. Allg. von ϵ und dem jeweiligen x_0 ab. Findet man für eine Funktion $f : D \to \mathbb{R}$ zu jedem $\epsilon > 0$ eine Zahl $\delta > 0$, so dass $|f(x) - f(y)| < \epsilon$ für alle $x, y \in D$ mit $|x - y| < \delta$ gilt, dann heißt f **gleichmäßig stetig**. Ist f auf einem abgeschlossenen Intervall stetig, dann ist f dort auch gleichmäßig stetig.

Gilt an einem Punkt $x_0 \in D$

$$\lim_{x \to x_0 + 0} f(x) \neq \lim_{x \to x_0 - 0} f(x),$$

dann ist x_0 eine Unstetigkeitsstelle der Funktion f. Betrachten wir z.B. die Funktion

$$f(x) = \begin{cases} \frac{|x|}{x} & \text{für} \quad x \neq 0 \\ 0 & \text{für} \quad x = 0 \end{cases},$$

so ist $x_0 = 0$ eine Unstetigkeitsstelle, denn

$$\lim_{x \to x_0 + 0} f(x) = 1 \neq -1 = \lim_{x \to x_0 - 0} f(x).$$

Von besonderem Interesse ist das Verhalten von Funktionen beim Grenzübergang $x \to x_0$, wenn die Funktionen an der Stelle x_0 nicht erklärt sind. Z.B. ist die Funktion

$$f(x) = \frac{\sin x}{x}$$

nur auf $\mathbb{R} \setminus \{0\}$ erklärt. Allerdings gilt, wie weiter oben gezeigt,

$$\lim_{x \to 0} f(x) = 1.$$

Damit kann man die Funktion f durch

$$f^*(x) = \begin{cases} \frac{\sin x}{x} & \text{für} \quad x \neq 0 \\ 1 & \text{für} \quad x = 0 \end{cases}$$

stetig erweitern, denn $f^* : \mathbb{R} \to \mathbb{R}$ ist eine überall stetige Funktion. Eine ähnliche Situation liegt vor, wenn an einer Stelle x_0 gilt

$$\lim_{x \to x_0+0} f(x) = \lim_{x \to x_0-0} f(x) = g,$$

allerdings $f(x_0) \neq g$ ist. In diesem Fall ist f an der Stelle x_0 nicht stetig, allerdings kann man durch die Ersatzfunktion

$$f^*(x) = \begin{cases} f(x) & \text{für} \quad x \neq x_0 \\ g & \text{für} \quad x = x_0 \end{cases}$$

die Unstetigkeit beheben. Man spricht dann von einer **hebbaren Unstetigkeits-stelle** x_0. Existieren für eine Stelle x_0 die beiden einseitigen Grenzwerte der Funktion $f(x)$, sind aber voneinander verschieden,

$$\lim_{x \to x_0-0} f(x) \neq \lim_{x \to x_0+0} f(x),$$

so liegt bei x_0 eine Sprungstelle von $f(x)$ vor; ein Beispiel ist die entier-Funktion $y = f(x) = [x]$ für ganzzahlige Werte x_0. Solche Sprungstellen bezeichnet man auch als **Unstetigkeitsstellen 1. Art**. In den Abbildungen 2.23 und 2.24 sind Unstetigkeitstellen der Funktionen

$$f_1(x) = \begin{cases} |x| & (x \neq 0) \\ 2 & (x = 0) \end{cases} \quad \text{und} \quad f_2(x) = \begin{cases} \frac{|x|}{x} & (x \neq 0) \\ 0 & (x = 0) \end{cases}$$

dargestellt.
Von **Unstetigkeitsstellen 2. Art** spricht man, wenn mindestens einer der einseitigen Grenzwerte nicht existiert oder unendlich ist, wie z.B. im Falle der Funktion $f : \mathbb{R} \to \mathbb{R}$

$$f(x) = \begin{cases} \frac{1}{x} & \text{für} \quad x \neq 0 \\ 0 & \text{für} \quad x = 0 \end{cases}$$

an der Stelle $x_0 = 0$ (links- und rechtsseitiger Grenzwert ist $-\infty$ bzw. ∞, es liegt eine **Unendlichkeitsstelle oder Polstelle** vor) oder im Falle der Funktion $f(x) = \sin \frac{1}{x}$ an der Stelle $x_0 = 0$ (links- und rechtsseitige Grenzwerte existieren nicht, es liegt eine **oszillatorische** Unstetigkeit vor). In den Abbildungen 2.25 und 2.26 sind Unstetigkeitsstellen der Funktionen

$$f_3(x) = \begin{cases} \frac{1}{x} & (x \neq 0) \\ 0 & (x = 0) \end{cases} \quad \text{und} \quad f_4(x) = \begin{cases} \sin \frac{1}{x} & (x \neq 0) \\ 0 & (x = 0) \end{cases}$$

skizziert.

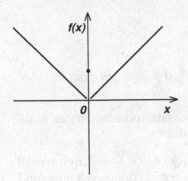

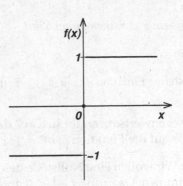

Abb. 2.23. Hebbare Unstetigkeitsstelle der Funktion $f_1(x)$ bei $x = 0$

Abb. 2.24. Unstetigkeitsstelle 1. Art der Funktion $f_2(x)$ bei $x = 0$

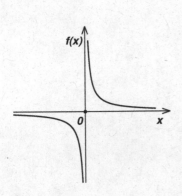

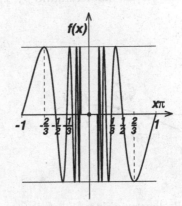

Abb. 2.25. Unstetigkeitsstelle 2. Art der Funktion $f_3(x)$ bei $x = 0$

Abb. 2.26. Oszillatorische Unstetigkeit der Funktion $f_4(x)$

2.5 Eigenschaften stetiger Funktionen

Bei der Diskussion der Lösung einer Gleichung der Form $f(x) = x^4 + x^3 + 1{,}662x^2 - x - 0{,}25 = 0$ auf dem Intervall $[0,1]$ haben wir die folgende Eigenschaft einer stetigen Funktion ausgenutzt.

Satz 2.6. *(Nullstellensatz)*
Ist $f : [a,b] \to \mathbb{R}$ stetig und haben $f(a)$ und $f(b)$ unterschiedliche Vorzeichen, d.h $f(a) \cdot f(b) < 0$, so besitzt f in $]a,b[$ mindestens eine Nullstelle.

Der Beweis des Satzes 2.6 kann mit dem oben beschriebenen Intervallhalbierungsverfahren erbracht werden, indem eine Folge konstruiert wird, die aufgrund der Stetigkeit gegen eine Nullstelle konvergiert.

Satz 2.7. *(Zwischenwertsatz)*
Sei $f : [a,b] \to \mathbb{R}$ stetig und $\bar{y}$ eine beliebige Zahl zwischen $f(a)$ und $f(b)$, so gibt es

mindestens ein $\bar{x}$ zwischen a und b mit

$$f(\bar{x}) = \bar{y},$$

d.h. eine stetige Funktion $f : [a, b] \to \mathbb{R}$ nimmt jeden Wert $\bar{y}$ zwischen $f(a)$ und $f(b)$ an.

Der Zwischenwertsatz ergibt sich aus dem Nullstellensatz, indem man den Nullstellensatz auf die Funktion $g(x) := f(x) - \bar{y}$ anwendet.

Beispiel: Wir wollen eine Nullstelle des Polynoms $p_3(x) = x - \frac{x^3}{3} - \frac{1}{2}$ im Intervall [0,1] bestimmen. Da $p_3(0) = -\frac{1}{2} < 0$ und $p_3(1) = \frac{1}{6} > 0$ gilt, können wir aufgrund des Nullstellensatzes auf die Existenz einer Nullstelle aus $]0,1[$ schließen. Für das Intervallhalbierungsverfahren berechnen wir $p_3(\frac{1}{2}) = -\frac{1}{24} < 0$. Jetzt ist das Intervall $[\frac{1}{2},1]$ zu halbieren und $p_3(\frac{3}{4})$ zu berechnen.

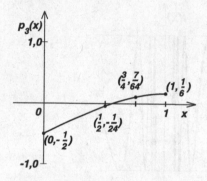

Abb. 2.27. Bestimmung einer Nullstelle für $p_3(x) = x - \frac{x^3}{3} - \frac{1}{2}$

Wir erhalten $p_3(\frac{3}{4}) = \frac{7}{64} > 0$ und müssen damit das Intervall $[\frac{1}{2}, \frac{3}{4}]$ halbieren, um $p_3(\frac{5}{8})$ zu berechnen. Mit diesem Verfahren konstruieren wir eine Folge

$$\frac{1}{2}, \frac{3}{4}, \frac{5}{8}, \dots \quad \text{bzw.} \quad 0{,}5, \ 0{,}75, \ 0{,}625, \dots \, ,$$

die gegen eine Nullstelle des Polynoms $p_3(x)$ in $[0,1]$ strebt. Das Verfahren liefert auch numerische Schranken für die Nullstelle, da man fortlaufend Intervalle I_k bestimmt mit $I_{k+1} \subset I_k$, in denen die Nullstelle liegen muss. Sinnvollerweise programmiert man dieses Verfahren auf einem Rechner.

Rechenregeln für stetige Funktionen:

Sind f und g stetig im Punkt x_0, so sind auch

$$f + g, \quad f - g, \quad f \cdot g \quad \text{und} \quad \frac{f}{g} \quad \text{(falls } g(x_0) \neq 0\text{)}$$

stetig in x_0.

Die Stetigkeit von $f + g$, $f - g$, $f \cdot g$ ergibt sich direkt aus der Stetigkeitsdefinition. Zum Nachweis der Stetigkeit von $\frac{f}{g}$ benötigt man den folgenden Hilfssatz. Als Konsequenz aus $f(x_0) \neq 0$ für eine stetige Funktion ergibt sich der Satz: Ist $f : D \to \mathbb{R}$ stetig im Punkt x_0 und gilt $f(x_0) \neq 0$, so gibt es eine Umgebung $U_\delta(x_0)$, mit

$$f(x) \neq 0 \quad \text{für alle } x \in U_\delta(x_0) \cap D.$$

Der Satz bringt eine ganz plausible Eigenschaft stetiger Funktionen zum Ausdruck: Eine stetige Funktion, die an einer Stelle x_0 von Null verschieden ist, muss auch noch in einer gewissen Umgebung dieser Stelle von Null verschieden sein.

Beweis: Man wählt $\epsilon = |f(x_0)|$. Aufgrund der Stetigkeit existiert ein $\delta > 0$, so dass für alle $x \in D$ mit $|x - x_0| < \delta$ die Beziehung $|f(x_0) - f(x)| < \epsilon = |f(x_0)|$ gilt.
Aufgrund der Ungleichung $|a| - |b| \leq ||a| - |b|| \leq |a - b|$ (auch Vierecksungleichung genannt), gilt nun

$$|f(x_0)| - |f(x)| < \epsilon = |f(x_0)| \quad \text{und damit} \quad -|f(x)| < 0 \quad \text{bzw.} \quad |f(x)| > 0,$$

und damit ist die Behauptung bewiesen. $\qquad\qquad\qquad\qquad\qquad\qquad\qquad\qquad$ □

Nun kann man aus der Stetigkeit von f und g bei $g(x_0) \neq 0$ die Stetigkeit von $\frac{f}{g}$ folgern. Betrachtet man nur Folgen (x_n) aus der Umgebung $U_\delta(x_0)$, wo $g(x) \neq 0$ ist, so folgt für $x_n \to x_0$ aufgrund der Grenzwertregeln $\frac{f(x_n)}{g(x_n)} \to \frac{f(x_0)}{g(x_0)}$, und damit ist $\frac{f}{g}$ im Punkt x_0 stetig.
Während der Nachweis der Unstetigkeit einer Funktion an einer Stelle x_0 oft recht einfach ist, indem man die Ungleichheit von links- und rechtsseitigem Grenzwert zeigt, ist die Untersuchung der Stetigkeit von Funktionen oft aufwendig. Für viele in der Praxis vorkommenden Funktionen hilft der folgende Satz.

Satz 2.8. *(Verkettung stetiger Funktionen)*
Wenn $f : A \to B$ in x_0 stetig ist, und $g : B \to C$ in $f(x_0)$ stetig ist, dann ist die verkettete Funktion $g \circ f(x) = g(f(x)) : A \to C$ stetig in x_0.
Elementare Funktionen $f : D \to \mathbb{R}$ sind auf jedem Intervall $I \subset D$ stetig, wobei wir unter D den jeweiligen Definitionsbereich verstehen, auf dem wir die elementaren Funktionen im Abschnitt 2.3 definiert haben.
Sei $f : I \to \mathbb{R}$ eine streng monotone und stetige Funktion und I ein Intervall, dann ist die Umkehrfunktion f^{-1} stetig auf $D = f(I)$.

Zum Nachweis des ersten Teils des Satzes überlegt man sich, dass aufgrund der Stetigkeit von g für alle $\epsilon_g > 0$ ein $\epsilon_f > 0$ existiert, so dass aus

$$|f(x) - f(x_0)| < \epsilon_f \quad \text{die Beziehung} \quad |g(f(x)) - g(f(x_0))| < \epsilon_g$$

folgt. Die Stetigkeit von f garantiert nun die Existenz einer Zahl $\delta > 0$, so dass $|f(x) - f(x_0)| < \epsilon_f$ aus $|x - x_0| < \delta$ folgt. Damit ist die Stetigkeit von $g \circ f$ im Punkt x_0 gezeigt.

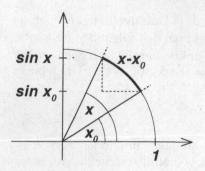

Abb. 2.28. Skizze zur Stetigkeit der Sinusfunktion

Der Nachweis der Stetigkeit von elementaren Funktionen ist für Polynome und die trigonometrischen Funktionen $\sin x$ und $\cos x$ recht einfach. Den Nachweis der Stetigkeit von Polynomen führt man auf die offensichtliche Stetigkeit von $f(x) = x$ zurück. Wenn wir die Sinusfunktion als Quotient aus Gegenkathete und Hypotenuse am Kreis definieren, dann erkennt man aus der Abb. 2.28, dass

$$|\sin x - \sin x_0| \le |x - x_0|$$

ist, und daraus folgt unmittelbar $\lim_{x \to x_0} \sin x = \sin x_0$, also die Stetigkeit. Zur Stetigkeit der Umkehrfunktion einer streng monotonen, stetigen Funktion weisen wir auf die geometrische Konstruktion der Umkehrfunktion, also die Spiegelung des Funktionsgraphen an der Geraden $y = x$ hin, woraus man die Stetigkeit der Umkehrfunktion erkennt. Allerdings kann man die Stetigkeit von trigonometrischen Funktionen, Exponentialfunktionen und Logarithmusfunktionen auch auf andere Art und Weise zeigen, wie wir im Kapitel 3 noch sehen werden.

An dieser Stelle sei darauf hingewiesen, dass man Funktionen $f : D \to \mathbb{R}$, die der Bedingung

$$|f(x) - f(y)| \le L|x - y| \quad \text{auf der Menge} \quad D$$

mit einer reellen Konstanten L genügen, LIPSCHITZ-stetig nennt. Es ist klar, dass aus der LIPSCHITZ-Stetigkeit die Stetigkeit folgt. Die Sinusfunktion ist offensichtlich LIPSCHITZ-stetig mit $L = 1$.

Wir haben den Begriff der beschränkten Funktion eingeführt und wissen, dass für jede nach oben beschränkte Funktion $f : D \to \mathbb{R}$

$$f(x) \le \sup_{x \in D} f(x),$$

bzw. für nach unten beschränkte Funktionen

$$f(x) \ge \inf_{x \in D} f(x)$$

gilt. Supremum und Infimum müssen nicht angenommen werden, d.h. es muss nicht unbedingt ein $x_0 \in D$ geben mit

$$f(x_0) = \inf_{x \in D} f(x).$$

Z.B. ist die Funktion $f :]0, \infty[\to \mathbb{R}$, $f(x) = \frac{1}{x}$ durch 0 nach unten beschränkt und 0 ist auch die größte untere Schranke. Allerdings existiert kein $x_0 \in]0, \infty[$ mit $f(x_0) = \inf_{x \in D} f(x)$. Gibt es wie im Falle der Betragsfunktion $f(x) = |x|$ ein x_0, nämlich $x_0 = 0$, so dass $f(0) = 0 = \inf_{x \in \mathbb{R}} |x|$ gilt, so heißt $f(x_0)$ das Minimum von f auf dem Definitionsbereich.

Definition 2.19. (Maximum und Minimum)
Gibt es ein $x_0 \in D$, so dass $f(x_0)$ gleich dem Supremum von f ist, d.h. dass für alle $x \in D$

$$f(x) \leq f(x_0) = \sup_{x \in D} f(x)$$

gilt, so heißt $f(x_0)$ das **Maximum** von f und wird mit

$$\max_{x \in D} f(x) = f(x_0)$$

bezeichnet, und x_0 wird eine Maximalstelle von f genannt.
Gibt es ein $x_0 \in D$, so dass $f(x_0)$ gleich dem Infimum von f ist, d.h. dass für alle $x \in D$

$$f(x) \geq f(x_0) = \inf_{x \in D} f(x)$$

gilt, so heißt $f(x_0)$ das **Minimum** von f und wird mit

$$\min_{x \in D} f(x) = f(x_0)$$

bezeichnet, und x_0 wird eine Minimalstelle von f genannt.

Wir haben oben angemerkt, dass die Funktion $f(x) = \frac{1}{x}$ auf dem Intervall $]0, \infty[$ kein Minimum annimmt und außerdem keine endliche obere Schranke hat. Betrachten wir die Funktion auf dem Intervall $[10^{-100}, 10^{100}]$ so können wir mit $f(10^{-100}) = 10^{100}$ und $f(10^{100}) = 10^{-100}$ Maximum und Minimum angeben.
Um eine generelle Aussage zur Existenz von Maximum und Minimum einer Funktion machen zu können, benötigen wir spezielle Mengeneigenschaften für die Definitionsbereiche der Funktionen. Eine Menge $A \subset \mathbb{R}$ heißt **abgeschlossen**, wenn alle Häufungspunkte a der Menge A auch Element der Menge sind. Eine Menge $A \subset \mathbb{R}$ heißt **kompakt**, wenn sie abgeschlossen und beschränkt ist. Abgeschlossene Intervalle $I = [a, b]$ und die Vereinigung endlich vieler abgeschlossener Intervalle sind kompakte Mengen in $\mathbb{R}$, d.h. sie sind beschränkt und abgeschlossen. Der folgende Satz gibt nun Auskunft über die Existenz von Maximum und Minimum von Funktionen.

Satz 2.9. (*WEIERSTRASS*)
Jede stetige Funktion $f : [a, b] \to \mathbb{R}$ ist beschränkt und besitzt sowohl Maximum und Minimum, d.h. es existieren Elemente $x_0, x_1 \in [a, b]$ mit

$$f(x_0) \leq f(x) \leq f(x_1) \quad \text{für alle } x \in [a, b] .$$

Jede auf einem abgeschlossenen Intervall $[a, b]$ stetige Funktion nimmt also auf $[a, b]$ Maximum und Minimum an.

Beweis: Der Beweis der Beschränktheit wird indirekt geführt, also wird angenommen, dass f nicht nach oben beschränkt ist. Damit kann man zu jedem $n \in \mathbb{N}$ ein $x_n \in [a, b]$ finden mit $f(x_n) > n$. Da die entstehende Folge (x_n) aus $[a, b]$ beschränkt ist, besitzt sie nach dem Satz 2.4 von BOLZANO-WEIERSTRASS eine konvergente Teilfolge $(x_{n_k})_{k \in \mathbb{N}}$ mit einem Grenzwert $\bar{x} \in [a, b]$. Wegen der Stetigkeit von f gilt

$$\lim_{k \to \infty} f(x_{n_k}) = f(\bar{x}).$$

Wegen $f(x_{n_k}) > n_k$ gilt

$$\lim_{k \to \infty} f(x_{n_k}) = \infty,$$

was ein Widerspruch zur Stetigkeitsvoraussetzung von f ist, so dass die Annahme falsch war.

Es soll nun die Existenz eines Maximums für f gezeigt werden. Wegen der Beschränktheit existiert auf jeden Fall das Supremum $s := \sup_{x \in [a,b]} f(x)$. Damit gibt es zu jedem $n \in \mathbb{N}$ einen Wert $f(x_n)$ mit $s - \frac{1}{n} < f(x_n) \leq s$. Die so entstehende Folge (x_n) liegt in $[a, b]$ und im Ergebnis des Grenzübergangs ergibt sich

$$\lim_{n \to \infty} f(x_n) = s. \tag{2.4}$$

(x_n) besitzt aufgrund der Beschränktheit eine konvergente Teilfolge (x_{n_k}) mit einem Grenzwert $\bar{x} \in [a, b]$, und wegen der Stetigkeit von f gilt

$$\lim_{k \to \infty} f(x_{n_k}) = f(\bar{x}). \tag{2.5}$$

Aus den Beziehungen (2.4) und (2.5) folgt

$$f(\bar{x}) = s,$$

d.h. $\bar{x}$ ist eine Maximalstelle und s das Maximum von f.

Der Nachweis der Beschränktheit nach unten und der Existenz eines Minimums erfolgt völlig analog. Damit ist der Beweis des Satzes 2.9 erbracht.   □

An dieser Stelle sei darauf hingewiesen, dass der obige Satz nur für abgeschlossene Intervalle und nicht für offene Intervalle $]a, b[$ gilt, wenngleich es durchaus möglich ist, dass eine Funktion auch auf einem offenen Intervall Maximum und Minimum annimmt.

Für offene Intervalle $]a, b[$ versagt der eben für abgeschlossene Intervalle geführte indirekte Beweis des WEIERSTRASSschen Satzes, weil der Grenzwert $\bar{x}$ der Folge (x_{n_k}) nicht notwendig zu $]a, b[$ gehören muss. Der Satz 2.9 ist die Grundlage für die Behandlung von Extremalproblemen, bei denen nach Maximum oder Minimum gesucht wird. Des Weiteren spielt er eine wichtige Rolle bei verschiedenen Beweisen der Differential- und Integralrechnung. Wenn wir uns nun an unsere gewünschte optimale Sitzposition im Theater erinnern, stellen wir fest, dass die Funktion $f : [0, 8a] \to \mathbb{R}$,

$$\alpha = \arctan\left(\frac{3a}{8a - x}\right) - \arctan\left(\frac{a}{8a - x}\right)$$

a) eine elementare und damit stetige Funktion ist (für $x \to 8a$ definieren wir $\alpha = 0$), und

b) dass sie auf einem kompakten Intervall definiert und beschränkt ist, also Maximum und Minimum annimmt. Das Minimum wird offensichtlich bei $x = 8a$ mit $\alpha = 0$ angenommen. Das Maximum können wir zwar mit den bisherigen Mitteln noch nicht berechnen, wir wissen aber aufgrund des Satzes 2.9 um dessen Existenz.

2.6 Differenzierbarkeit von Funktionen

Ein entscheidendes Motiv zur Behandlung der Differenzierbarkeit von Funktionen ist die Bestimmung von Tangenten an Funktionsgraphen. Auch die Bestimmung der Geschwindigkeit aus Weg-Zeit-Kurven ordnet sich hier ein. Aus der Abb. 2.29 wird ersichtlich, dass an einer Maximalstelle x_0 der Anstieg der Tangente im Punkt $(x_0, f(x_0))$ gleich Null ist. Zur Bestimmung des Anstiegs der Tangente betrachten wir die folgende Definition.

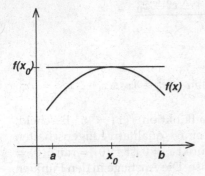

Abb. 2.29. Tangente am Funktionsmaximum

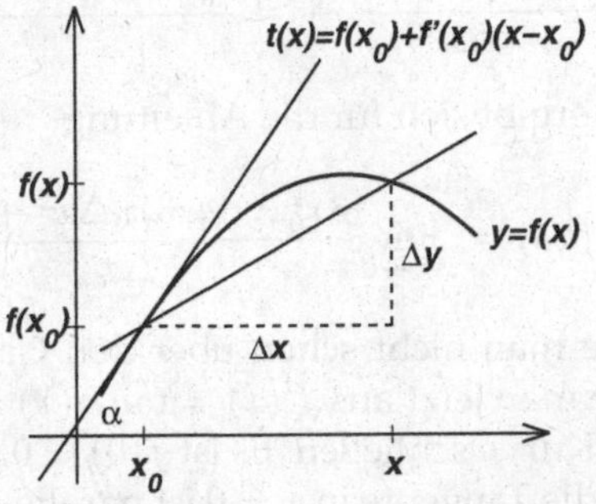

Abb. 2.30. Sekante und Tangente an f in x_0

Definition 2.20. (Differenzenquotient)
Sei $f : I \to \mathbb{R}$ eine Funktion und I ein Intervall. Als **Differenzenquotient** von f bezüglich zweier Punkte x und x_0 aus I bezeichnet man den Ausdruck

$$\frac{\Delta y}{\Delta x} := \frac{f(x) - f(x_0)}{x - x_0}, \quad x \neq x_0. \tag{2.6}$$

Definition 2.21. (Differenzierbarkeit)

Sei $f : I \to \mathbb{R}$ eine Funktion und I ein Intervall. f heißt **differenzierbar** im Punkt $x_0 \in I$, wenn der Grenzwert

$$\lim_{x \to x_0} \frac{f(x) - f(x_0)}{x - x_0} \quad \text{bzw.} \quad \lim_{\Delta x \to 0} \frac{f(x_0 + \Delta x) - f(x_0)}{\Delta x} \tag{2.7}$$

existiert. Der Grenzwert wird mit $f'(x_0)$ (oder $\frac{df}{dx}(x_0)$, $\frac{df}{dx}|_{x=x_0}$) bezeichnet und **Ableitung** oder **Differentialquotient** von f in x_0 genannt.

Geometrisch bedeutet der Differenzenquotient (2.6) die Steigung der Sekante an f in x und x_0 (s. auch Abb. 2.30). Der Grenzübergang $x \to x_0$ für den Differenzenquotienten bedeutet, dass x immer näher an x_0 heranrückt, so dass sich die Sekante an f der Tangente im Punkt $(x_0, f(x_0))$ nähert und beim Grenzübergang schließlich erreicht.

Die Tangente kann man mit Hilfe der Ableitung $f'(x_0)$ durch die Gleichung

$$t(x) = f(x_0) + f'(x_0)(x - x_0) \tag{2.8}$$

beschreiben. Die Tangente existiert genau dann, wenn f in x_0 differenzierbar ist. Die Ableitung $f'(x_0)$ ist gerade der Anstieg der Tangente, bzw. der Tangens des Winkels α, den die Tangente an f in x_0 mit der x−Achse bildet.

Beispiel: Es soll die Ableitung der Funktion $f(x) = x^3$ an der Stelle x_0 berechnet werden. Für den Differenzenquotienten erhält man

$$\frac{(x_0 + \Delta x)^3 - x_0^3}{\Delta x} = \frac{x_0^3 + 3x_0^2 \Delta x + 3x_0 \Delta x^2 + \Delta x^3 - x_0^3}{\Delta x}.$$

Damit ergibt sich für die Ableitung

$$f'(x_0) = \lim_{\Delta x \to 0} \frac{3x_0^2 \Delta x + 3x_0 \Delta x^2 + \Delta x^3}{\Delta x} = \lim_{\Delta x \to 0} (3x_0^2 + 3x_0 \Delta x + \Delta x^2) = 3x_0^2.$$

Wüsste man nicht schon über den Graphen der Funktion $f(x) = x^3$ Bescheid, könnte man jetzt aus $f'(x) = \tan \alpha(x) = 3x^2$ auf einige qualitative Eigenschaften dieser Kurve schließen. Es ist $f(0) = 0$, und im Punkt $x = 0$ ist $f'(0) = \tan \alpha(0) = 0$, d.h. die Tangente in $x = 0$ ist parallel zur x-Achse. Die Anstiege in den Punkten x und $(-x)$ sind gleich und wachsen mit $|x|$.

An Randpunkten von Intervallen $I = [a, b]$ kann man nur rechts- bzw. linksseitige Grenzwerte betrachten. Wir definieren deshalb die einseitige Differenzierbarkeit.

Definition 2.22. (rechts- und linksseitige Differenzierbarkeit)
Ist $\Delta y = f(x_0 + \Delta x) - f(x_0)$ und existiert

$$\lim_{\Delta x \to 0+0} \frac{\Delta y}{\Delta x} \quad \text{bzw.} \quad \lim_{\Delta x \to 0-0} \frac{\Delta y}{\Delta x},$$

dann heißt die Funktion $f : D \to \mathbb{R}$ im Punkt x_0 **rechts- bzw. linksseitig differenzierbar**. Die Funktion $f : I \to \mathbb{R}$ ist im Punkt x_0 differenzierbar, wenn rechts- und linksseitiger Grenzwert des Differenzenquotienten $\frac{\Delta y}{\Delta x}$ existieren und gleich sind.

Die Funktion $f(x) = |x|$ ist für $x = 0$ rechts- und linksseitig differenzierbar, aber nicht differenzierbar.

Definition 2.23. (Differenzierbarkeit auf $I \subset D$)
Die Funktion $f : D \to \mathbb{R}$ heißt auf dem Intervall $I \subset D$ **differenzierbar**, wenn f in jedem inneren Punkt von I differenzierbar ist, und in jedem zu I gehörigem Randpunkt einseitig differenzierbar ist.

Satz 2.10. *(Differenzierbarkeit $\Longrightarrow$ Stetigkeit)*
Ist eine Funktion $f : D \to \mathbb{R}$ in einem Punkt x_0 differenzierbar, so ist sie an der Stelle x_0 auch stetig.

Beweis: Zum Nachweis dieses Satzes bemerken wir, dass der Differenzenquotient $\frac{f(x_n)-f(x_0)}{x_n-x_0}$ für $x_n \to x_0$ wegen der Differenzierbarkeit von f gegen $f'(x_0)$ konvergiert. Daher gilt

$$f(x_n) - f(x_0) = \frac{f(x_n) - f(x_0)}{x_n - x_0}(x_n - x_0) \to f'(x_0) \cdot 0 = 0$$

für $n \to \infty$, also $f(x_n) \to f(x_0)$. Damit ist die Stetigkeit im Punkt x_0 gezeigt. Die Umkehrung gilt natürlich nicht, wie man am Beispiel $f(x) = |x|$ für $x = 0$ sofort sieht. $\square$

2.6.1 Differentiationsregeln

Die folgenden Regeln zur Berechnung von Ableitungen von additiv oder multiplikativ verknüpften Funktionen, sowie für die Ableitungsberechnung von Verkettungen und inversen Funktionen bilden die Grundlagen für die Differentiation vieler in der Praxis vorkommenden Funktionen.

Differentiationsregeln:

Seien f und g differenzierbare Funktionen. Die Ableitung einer Funktion f wird durch f' bezeichnet.

(i) Ableitung von Summe, Produkt und Quotient
$(f + g)' = f' + g'$
$(c \cdot f)' = cf'$ (c reelle Konstante)
$(fg)' = f'g + fg'$ (Produktregel)
$\left(\frac{f}{g}\right)' = \frac{f'g - fg'}{g^2}$, falls $g \neq 0$ (Quotientenregel)

(ii) Kettenregel (äußere Ableitung $\times$ innere Ableitung)
$(f \circ g(x))' = (f(g(x))' = f'(g(x)) \cdot g'(x)$

(iii) Ableitung der Umkehrfunktion
Ist $y = f(x)$ bijektiv und differenzierbar mit $f'(x) \neq 0$, dann gilt

$$(f^{-1})'(x) = \frac{1}{f'(y)} \quad \text{bzw.} \quad (f^{-1})'(x) = \frac{1}{f'(f^{-1}(x))}.$$

Sinnvollerweise nennt man die unabhängige Veränderliche y wieder x. Der Definitionsbereich von f^{-1} ist der Wertebereich der bijektiven differenzierbaren Funktion f.

(iv) Ableitung der elementaren Grundfunktionen
$(x^{\nu})' = \nu\, x^{\nu-1}$ $(\nu \in \mathbb{Z})$
$(\sin x)' = \cos x$, $(\cos x)' = -\sin x$
$(e^x)' = e^x$, $(a^x)' = a^x \ln a$ $(a > 0)$
$(\ln |x|)' = \frac{1}{x}$ $(x \neq 0)$
$(\log_a |x|)' = \frac{1}{x \ln a}$ $(a > 0, x \neq 0)$

Die Regeln unter Punkt (i) sind leicht nachzurechnen. Deshalb sollen im Folgenden einige der anderen Regeln besprochen und bewiesen werden.

Zum Nachweis der Kettenregel definiert man die Funktion

$$f^*(y) := \begin{cases} \frac{f(y)-f(y_0)}{y-y_0} & \text{falls } y \neq y_0, \\ f'(y_0) & \text{falls } y = y_0 \end{cases}.$$

Da f in $y_0 = g(x_0)$ differenzierbar ist, gilt $\lim_{y \to y_0} f^*(y) = f^*(y_0) = f'(y_0)$. Außerdem gilt $f(y) - f(y_0) = f^*(y)(y - y_0)$. Damit erhält man

$$
\begin{aligned}
(f \circ g)'(x_0) &= \lim_{x \to x_0} \frac{(f \circ g)(x) - (f \circ g)(x_0)}{x - x_0} = \lim_{x \to x_0} \frac{f^*(g(x))(g(x) - g(x_0))}{x - x_0} \\
&= \lim_{x \to x_0} f^*(g(x)) \lim_{x \to x_0} \frac{g(x) - g(x_0)}{x - x_0} = f'(g(x_0))g'(x_0) \, .
\end{aligned}
$$

Für die Umkehrfunktion gilt $f(f^{-1}(x)) = x$. Die Ableitung dieser Gleichung ergibt unter Nutzung der Kettenregel

$$f'(f^{-1}(x))(f^{-1})'(x) = 1 \quad \text{bzw.} \quad (f^{-1})'(x) = \frac{1}{f'(f^{-1}(x))} \, .$$

Ableitung der Sinus-Funktion:
Es ist der Grenzwert des Differenzenquotienten

$$\frac{\Delta y}{\Delta x} := \frac{\sin(x_0 + \Delta x) - \sin x_0}{\Delta x}$$

zu untersuchen. Unter Nutzung des Additionstheorems für die Sinus-Funktion erhält man

$$\lim_{\Delta x \to 0} \frac{\Delta y}{\Delta x} = \lim_{\Delta x \to 0} \frac{\sin x_0 \cos \Delta x + \cos x_0 \sin \Delta x - \sin x_0}{\Delta x} =$$

$$= \lim_{\Delta x \to 0} (\sin x_0 \frac{\cos \Delta x - 1}{\Delta x} + \cos x_0 \frac{\sin \Delta x}{\Delta x}).$$

Aufgrund der Grenzwertsätze und der Berücksichtigung der Ergebnisse

$$\lim_{\Delta x \to 0} \frac{\sin \Delta x}{\Delta x} = 1 \quad \text{bzw.} \quad \lim_{\Delta x \to 0} \frac{\cos \Delta x - 1}{\Delta x} = 0,$$

die oben nachgewiesen wurden bzw. durch geometrische Betrachtungen offensichtlich sind, erhält man mit

$$\lim_{\Delta x \to 0} \frac{\Delta y}{\Delta x} = \cos x_0$$

die Ableitung der Sinusfunktion. Für die Kosinusfunktion erhält man auf die gleiche Weise $(\cos x)' = -\sin x$.

Ableitung der ln- und der e-Funktion:
Grundlage der Berechnung der Ableitung der ln −Funktion ist die Nutzung des Grenzwertes

$$\lim_{n\to\infty}(1+\frac{1}{n})^n = \lim_{h\to 0}(1+h)^{\frac{1}{h}} = e \tag{2.9}$$

bzw.

$$\lim_{h\to 0}(1+hx)^{\frac{1}{h}} = e^x. \tag{2.10}$$

Durch Nutzung des binomischen Lehrsatzes lassen sich die Beziehungen (2.9) bzw. (2.10) auf die weiter oben durchgeführte Grenzwertbetrachtung der Folge mit den Gliedern $a_n = 1 + \frac{1}{1!} + \frac{1}{2!} + \frac{1}{3!} + \cdots + \frac{1}{n!}$ zurückführen. Dies kann von interessierten Lesern in der angegebenen Literatur nachgelesen werden.
Der Differenzenquotient der Logarithmusfunktion ergibt sich für $x_0 > 0$ und $x_0 + \Delta x > 0$ zu

$$\frac{\ln(x_0 + \Delta x) - \ln x_0}{\Delta x} = \frac{\ln\frac{x_0+\Delta x}{x_0}}{\Delta x} = \frac{\ln(1+\frac{\Delta x}{x_0})}{\Delta x} = \frac{1}{\Delta x}\ln(1+\frac{\Delta x}{x_0}) =$$

$$\ln((1+\frac{\Delta x}{x_0})^{\frac{1}{\Delta x}}) = \ln(1+\frac{1/x_0}{1/\Delta x})^{1/\Delta x} \to \ln e^{\frac{1}{x_0}} = \frac{1}{x_0}.$$

Für $x < 0$ erhält man mit der Kettenregel

$$(\ln|x|)' = (\ln(-x))' = \frac{1}{-x}\cdot(-1) = \frac{1}{x} \quad \text{und damit}$$

$$(\ln|x|)' = \frac{1}{x} \quad \text{für alle} \quad x \neq 0.$$

Die Ableitung der Funktion $y = e^x$ erhält man mit der Regel für die Umkehrfunktion, mit $x = \ln y$ ergibt sich

$$(e^x)' = \frac{dy}{dx} = (\frac{dx}{dy})^{-1} = [(\ln y)']^{-1} = [\frac{1}{y}]^{-1} = y = e^x.$$

Die Ableitung der Potenzfunktion $y = x^\nu$ ($\nu \in \mathbb{Z}$) berechnet man durch Nutzung des binomischen Lehrsatzes zu $y' = \nu x^{\nu-1}$.

Beispiele zur Ableitungsberechnung:
1) Für die Ableitung der Funktion $f(x) = \ln(\sin x)$ für $x \in]0, \pi[$ ergibt die Kettenregel

$$f'(x) = \frac{1}{\sin x}\cos x.$$

2) Die Funktion $y = f(x) = \sin x$ ist in $[-\frac{\pi}{2}, \frac{\pi}{2}]$ bijektiv und differenzierbar. Die Voraussetzungen $f'(x) \neq 0$ zur Berechnungsregel für die Ableitung der Umkehrfunktion ist allerdings nur für $x \in]-\frac{\pi}{2}, \frac{\pi}{2}[$ erfüllt. Man muss also damit rechnen,

dass die Umkehrfunktion $y = \arcsin x$ nur für $-1 < x < 1$ differenzierbar ist. Tatsächlich ergibt sich:

$$x = \sin(\arcsin x)$$
$$1 = \cos(\arcsin x)(\arcsin x)'$$
$$(\arcsin x)' = \frac{1}{\cos(\arcsin x)} = \frac{1}{\sqrt{1 - \sin^2(\arcsin x)}} = \frac{1}{\sqrt{1 - x^2}}.$$

Da für $x \in]-\frac{\pi}{2}, \frac{\pi}{2}[$ $\cos x > 0$ ist, ist das positive Vorzeichen der Quadratwurzel zu nehmen. Die durchgeführte Rechnung ist also wirklich nur für $x \in]-1,1[$ sinnvoll.

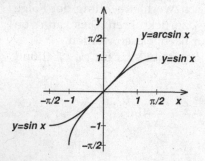

Abb. 2.31. Graphen der Funktionen $\sin x$ und $\arcsin x$

3) Für die Funktion $f(x) = x \ln x - x$ $(x > 0)$ erhält man

$$f'(x) = \ln x + x\frac{1}{x} - 1 = \ln x$$

mit der Summen- und Produktregel.

2.6.2 Logarithmisches Differenzieren

Mitunter ist es unerlässlich oder zumindest sehr zweckmäßig, eine Funktion vor dem Ableiten zu logarithmieren.
Will man z.B. die Funktion $y = x^x$, $x > 0$ differenzieren, fällt einem keine Regel ein, denn es handelt sich weder um eine Exponential- noch um eine Potenzfunktion. Hier hilft das Logarithmieren. Es ergibt sich

$$\ln y = \ln x^x = x \ln x,$$

differenziert man beide Seiten, erhält man

$$\frac{y'}{y} = \ln x + 1, \quad \text{und damit} \quad y' = x^x(\ln x + 1).$$

Man kann auch die Beziehung $a = e^{\ln a}$ nutzen, und erhält auf diesem Wege für $y = x^x$

$$y = e^{\ln x^x} = e^{x \ln x},$$

und damit für die Ableitung

$$y' = e^{x \ln x}(\ln x + 1) = x^x(\ln x + 1).$$

Satz 2.11. *(logarithmische Ableitung)*
Ist $f : I \to \mathbb{R}_{>0}$ *differenzierbar auf* I, *so gilt für die Ableitung der logarithmierten Funktion* $F(x) := \ln f(x)$

$$(F(x))' = (\ln f(x))' = \frac{f'(x)}{f(x)} \qquad (2.11)$$

(2.11) *heißt logarithmische Ableitung von* f.

Beispiele:

1) $y = x^{3x^2} = e^{\ln x^{3x^2}} = e^{3x^2 \ln x}$, $x > 0$,

$$y' = e^{3x^2 \ln x}(6x \ln x + 3x) = x^{3x^2}(6x \ln x + 3x).$$

2) $y = x^{\cos x} = e^{\ln x^{\cos x}} = e^{\cos x \ln x}$, $x > 0$,

$$y' = e^{\cos x \ln x}[(-\sin x)\ln x + \frac{\cos x}{x}] = x^{\cos x}(\frac{\cos x}{x} - \sin x \ln x).$$

2.6.3 Höhere Ableitungen

Definition 2.24. (mehrfache Ableitung)
Die Funktion $f : D \to \mathbb{R}$ sei differenzierbar auf $A \subseteq D$ und habe die Ableitung $g(x) = f'(x)$. Ist $g : A \to \mathbb{R}$ differenzierbar auf $B \subseteq A$ mit der Ableitung $g'(x) = (f'(x))'$, dann heißt f auf B **zweimal differenzierbar** und

$$f^{(2)}(x) := g'(x) = (f'(x))'$$

heißt zweite Ableitung der Funktion f.
Die Differenzierbarkeit der $(n-1)$-ten Ableitung vorausgesetzt, kann man analog die n-**te Ableitung** von f durch

$$f^{(n)}(x) = (f^{(n-1)}(x))'$$

rekursiv definieren. Für $f^{(n)}(x)$ schreibt man auch $\frac{d^n f}{d x^n}(x)$.

2.7 Lineare Approximation und Differential

Bei komplizierten nichtlinearen Zusammenhängen bereiten die Nichlinearitäten bei Berechnungen oft Schwierigkeiten. Jedenfalls sind die Nichtlinearitäten in der Regel schwieriger als lineare Zusammenhänge zu behandeln. Deshalb ist die Frage interessant, ob man Funktionen zumindest in kleinen Umgebungen irgendeines Punktes x_0 des Definitionsbereiches gut durch lineare Funktionen oder Geraden annähern kann. Wenn wir uns an die Sinusfunktion erinnern, dann haben wir bei der Untersuchung des Grenzwertes $\lim_{x \to 0+0} \frac{\sin x}{x} = 1$ festgestellt, dass für kleine x die Funktionen $f(x) = \sin x$ und $g(x) = x$ sehr gut übereinstimmen, so dass man für kleine x statt mit der nichtlinearen Funktion $f(x) = \sin x$ mit guter Näherung auch mit der Funktion $g(x) = x$ arbeiten kann.

Um die obige Frage zu beantworten überlegen wir uns zunächst, dass man Differenzierbarkeit auch anders als in der obigen Definition 2.21 erklären kann.

Satz 2.12. *(Differenzierbarkeit)*
Die Funktion $f : I \to \mathbb{R}$ ist im Punkt x_0 genau dann differenzierbar, wenn es eine Zahl $f'(x_0)$ gibt, so dass

$$\lim_{x \to x_0} \frac{f(x) - f(x_0) - f'(x_0)(x - x_0)}{x - x_0} = 0$$

bzw. mit $k(x) = f(x) - f(x_0) - f'(x_0)(x - x_0)$

$$\lim_{x \to x_0} \frac{k(x)}{x - x_0} = 0$$

gilt. Die Zahl $f'(x_0)$ heißt Ableitung von f in x_0.

Mit dem Satz 2.12 hat man für die Funktion f die Darstellung

$$f(x) = f(x_0) + f'(x_0)(x - x_0) + k(x),$$

wobei $k(x)$ für $x \to x_0$ überlinear gegen 0 strebt, also $k(x) = o(x - x_0)$ ist. Damit ist

$$g(x) = f(x_0) + f'(x_0)(x - x_0) \tag{2.12}$$

für kleines $x - x_0$ eine gute Näherung der im Allg. nichtlinearen Funktion f ($g(x) \approx f(x)$). Für die Sinusfunktion erhält man für $x_0 = 0$

$$g(x) = \sin 0 + \sin'(0)(x - 0) = 0 + 1(x - 0) = x,$$

d.h. man kann in der Nähe von $x_0 = 0$ die Sinusfunktion durch die lineare Funktion $g(x) = x$ annähern. Wie gut die Näherung ist, werden wir etwas später im Zusammenhang mit dem Satz von TAYLOR erfahren. Man wird erwarten, dass die Näherung umso schlechter wird, je weiter man sich vom Punkt x_0 entfernt. Die eben diskutierte Methode zur Näherung von im Allg. nichtlinearen Funktionen durch Geraden ist in der Abb. 2.32 skizziert.

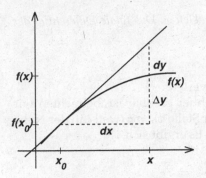

Abb. 2.32. Funktion und totales Differential dy

2.7.1 Totales Differential

Definition 2.25. (totales Differential)

Sei $f : I \to \mathbb{R}$ eine in x_0 differenzierbare Funktion.

$$dy := f'(x_0)(x - x_0) \tag{2.13}$$

heißt **totales Differential** von f bei x_0. Mit der Bezeichnung $dx = \Delta x = x - x_0$ für den Zuwachs $\Delta x = x - x_0$ wird das totale Differential auch in der Form

$$dy = f'(x_0)dx$$

geschrieben.

Das totale Differential von f an der Stelle x_0 ist eine Näherung von $\Delta y := f(x) - f(x_0)$, d.h. es gilt

$$\Delta y = f(x) - f(x_0) \approx dy = f'(x_0)dx \quad \text{bzw.} \quad f(x) \approx f(x_0) + f'(x_0)(x - x_0).$$

Die Differenz $\Delta y - dy$ verschwindet wegen der Differenzierbarkeit von f für $\Delta x \to 0$. Δy und dy haben also die gleiche Größenordnung und für $f'(x_0) \neq 0$ gilt $\Delta y = dy + o(\Delta x)$ bzw.

$$\frac{\Delta y - dy}{\Delta x} \to 0 \quad \text{für} \quad \Delta x = x - x_0 \to 0.$$

Satz 2.13. (totales Differential der unabhängigen Variablen)
Für den Spezialfall der Funktion $f(x) = x$ erhält man für das Differential an der Stelle x_0

$$dy = dx = x - x_0.$$

dx heißt totales Differential der unabhängigen Variablen x. Das totale Differential der unabhängigen Variablen ist gleich ihrem Zuwachs.

Beispiele:

1) Näherungsweise Berechnung von Funktionswerten:
Berechnet werden soll $\ln 3$. Da kein Taschenrechner greifbar ist, betrachten wir das totale Differential von $y = f(x) = \ln x$ an der Stelle $x_0 = e$ (weil e in der Nähe von 3 liegt und $\ln e$ ein uns bekannter Wert ist!). Es ergibt sich

$$\ln 3 \approx \ln e + dy = 1 + \frac{1}{e}(3 - e) = \frac{3}{e} \approx 1{,}10,$$

da $dy = f'(e)dx = \frac{1}{e}(x - e)$ ist.

2) Mit dem totalen Differential $dy = e^x dx$ der Funktion $y = f(x) = e^x$ erhält man für $\Delta y = e^x - e^{x_0}$ und $dy = e^{x_0}dx$

$$\frac{\Delta y - dy}{x - x_0} = \frac{e^x - e^{x_0} - e^{x_0}dx}{dx} \to 0 \quad \text{für} \quad dx \to 0\,,$$

und damit für $x_0 = 0$

$$\frac{e^x - 1 - x}{x} \to 0 \quad \text{für} \quad x \to 0\,.$$

Daraus ergibt sich sofort

$$\lim_{x \to 0} \frac{e^x - 1}{x} = 1 \qquad \text{bzw.} \qquad \lim_{x \to 0} \frac{\sinh x}{x} = 1\,.$$

2.7.2 Fehlerrechnung und -fortpflanzung

Aus der Beziehung $\Delta y \approx dy$ ergibt sich sofort

$$|f(x_0 + \Delta x) - f(x_0)| \approx |f'(x_0)| \cdot |\Delta x|. \tag{2.14}$$

Mit der Beziehung (2.14) ist es möglich, Aussagen über den Fehler bei der Berechnung von $f(x)$ zu machen, wenn das Argument x fehlerbehaftet ist.
Ist $\tilde{x}$ ein Näherungswert von x und δ die Toleranz, d.h.

$$|x - \tilde{x}| < \delta,$$

dann gilt für den absoluten Fehler des Näherungswertes $f(\tilde{x}) = \tilde{y}$

$$|\Delta y| = |y - \tilde{y}| \approx |f'(\tilde{x})| \cdot |\Delta x| < |f'(\tilde{x})| \cdot \delta.$$

Diese Aussage gilt für kleine δ und $f'(\tilde{x}) \neq 0$. Für eine vorgegebene Toleranz δ definiert man den **absoluten Fehler** durch

$$|f'(\tilde{x})|\,\delta,$$

den **relativen Fehler** ($f(\tilde{x}) \neq 0$) durch

$$\left|\frac{f'(\tilde{x})}{f(\tilde{x})}\right| \delta,$$

und den **prozentualen Fehler** in % ($f(\tilde{x}) \neq 0$) durch

$$\left|\frac{f'(\tilde{x})}{f(\tilde{x})}\right| \delta \, 100.$$

Beispiel: Der Theodolit zur Winkelmessung einer Vermessungsfirma arbeitet mit einer Genauigkeit von einem Grad (es ist ein älteres Modell). Es soll die Höhe eines Hochspannungsmastes, der sich in einer Entfernung von $300\,m$ vom Standort eines $2\,m$ hohen Theodoliten befindet, bestimmt werden.

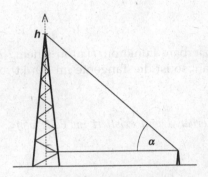

Abb. 2.33. Hochspannungsmast und Theodolit

Die Abb. 2.33 skizziert die Situation. Die Anvisierung der Mastspitze ergibt einen Winkel von 35 Grad. Für die Höhe des Mastes in Metern ergibt sich die Beziehung

$$h = 300 \tan \alpha + 2.$$

Für den absoluten Fehler errechnet man

$$|\Delta h| \approx 300 \, |\tan'(\frac{35\pi}{180})| \, |\frac{\pi}{180}| = 300 \, \frac{1}{\cos^2(0{,}6108)} \, 0{,}01745 \approx 7{,}8016,$$

also rund $7{,}8\,m$. Damit hat man die Höhe $h = 300 \tan(0{,}6108) + 2 \approx 212$ Metern mit einem maximalen absoluten Fehler von etwa $7{,}8\,m$ bestimmt.

2.8 Eigenschaften differenzierbarer Funktionen

Die in den folgenden Sätzen formulierten Eigenschaften von differenzierbaren Funktionen sollen u.a. zur Lösung von Extremalproblemen und zur Näherung von Funktionen durch Polynome benutzt werden.

Satz 2.14. *(notwendige Bedingung für absoluten Extremwert)*
Sei $f : I \to \mathbb{R}$ auf dem Intervall I definiert und nehme in einem inneren Punkt $x_0 \in I$ einen absoluten Extremwert an.
Falls $f'(x_0)$ existiert, so gilt $f'(x_0) = 0$.

Beweis: Nach Voraussetzung existiert

$$f'(x_0) = \lim_{x \to x_0} \frac{f(x) - f(x_0)}{x - x_0}.$$

Sei x_0 ein innerer Punkt, wo f minimal wird (Beweis für Maximum analog), d.h. es gilt für alle $x \in I$ $f(x) \geq f(x_0)$. Damit hat man für $x < x_0$

$$\frac{f(x) - f(x_0)}{x - x_0} \leq 0 \Longrightarrow f'(x_0) \leq 0$$

und für $x > x_0$

$$\frac{f(x) - f(x_0)}{x - x_0} \geq 0 \Longrightarrow f'(x_0) \geq 0.$$

Dann folgt $f'(x_0) = 0$.   □

Nimmt also eine für $x \in I$ definierte, differenzierbare Funktion $f(x)$ in einem inneren Punkt x_0 einen absoluten Extremwert an, so ist die Tangente im Punkt $(x_0, f(x_0))$ eine Parallele zur x-Achse.

Satz 2.15. *(Satz von ROLLE)*
Sei $f : [a, b] \to \mathbb{R}$ stetig und auf $]a, b[$ differenzierbar. Dann existiert im Falle von $f(a) = f(b)$ mindestens ein $x_0 \in]a, b[$ mit

$$f'(x_0) = 0.$$

Beweis: Nach Satz 2.9 besitzt f als auf $[a, b]$ stetige Funktion Maximum M und Minimum m. Ist $m = M$, so folgt $f'(x) \equiv 0$ für alle $x \in]a, b[$. Ist $m < M$, so wird mindestens einer dieser Werte im Inneren von $]a, b[$ angenommen (wegen $f(a) = f(b)$ können nicht beide auf den Randpunkten angenommen werden), und damit folgt nach Satz 2.14 die Behauptung.   □

Satz 2.16. *(Mittelwertsatz)*
Sei $f : [a, b] \to \mathbb{R}$ stetig und auf $]a, b[$ differenzierbar. Dann existiert mindestens ein $x_0 \in]a, b[$ mit

$$f'(x_0) = \frac{f(b) - f(a)}{b - a}.$$

Beweis: Mit

$$g(x) := f(x) - f(a) - (x - a)\frac{f(b) - f(a)}{b - a}$$

wird eine Hilfsfunktion eingeführt, für die $g(a) = g(b) = 0$ gilt. g erfüllt die Voraussetzungen des Satzes 2.15 und damit existiert ein $x_0 \in]a, b[$ mit $g'(x_0) = 0$. Da man durch Differentiation

$$g'(x_0) = f'(x_0) - \frac{f(b) - f(a)}{b - a}$$

feststellt, ergibt sich mit $f'(x_0) = \frac{f(b) - f(a)}{b - a}$ die Behauptung des Satzes.   □

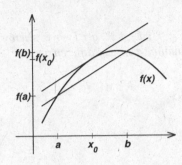

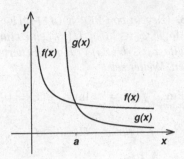

Abb. 2.34. Sekante und parallele Tangente (Mittelwertsatz)

Abb. 2.35. Funktion g fällt ab $x = a$ schneller als f

Der Mittelwertsatz besagt, dass es in $]a, b[$ einen Punkt x_0 gibt, in dem die Tangente an die Kurve $y = f(x)$ parallel ist zur Sekante durch die Kurvenpunkte $(a, f(a))$ und $(b, f(b))$.

Folgerung aus dem Mittelwertsatz:
Ist $f :]a, b[\to \mathbb{R}$ für jedes $x \in]a, b[$ differenzierbar und ist überall $f'(x) \geq 0$ ($f'(x) \leq 0$), so ist $f(x)$ auf $]a, b[$ monoton steigend (monoton fallend).

Satz 2.17. *(verallgemeinerter Mittelwertsatz)*
Seien die reell-wertigen Funktionen f und h auf $[a, b]$ stetig und auf $]a, b[$ differenzierbar. Weiterhin gelte auf $]a, b[$ überall $h'(x) \neq 0$. Dann existiert ein Punkt $x_0 \in]a, b[$ mit

$$\frac{f'(x_0)}{h'(x_0)} = \frac{f(b) - f(a)}{h(b) - h(a)}.$$

Beweis: Mit der Einführung der Hilfsfunktion

$$g(x) := f(x) - f(a) - (h(x) - h(a))\frac{f(b) - f(a)}{h(b) - h(a)},$$

für die $g(a) = g(b) = 0$ gilt, ergibt sich die Behauptung ebenso wie beim Beweis des Satzes 2.16 aus dem Satz von ROLLE. $\square$

Aus dem Satz 2.16 folgt der Satz von ROLLE 2.15. Aus dem Satz 2.17 folgt der Satz 2.16 (für $h(x) = x$). Der Satz 2.17 kann bei dem Nachweis von Ungleichungen hilfreich sein. Haben z.B. zwei monoton fallende Funktionen $f(x)$ und $g(x)$ einen Schnittpunkt bei $x = a$, und gilt für $x > a$ die Beziehung $\frac{f'(x)}{g'(x)} < 1$ (g fällt ab $x = a$ schneller als f) und ist $g'(x) \neq 0$ für alle $x > a$, so folgt aus dem verallgemeinerten Mittelwertsatz

$$\frac{f(x) - f(a)}{g(x) - g(a)} = \frac{f'(\xi)}{g'(\xi)} < 1 \quad \text{bzw.} \quad f(x) - f(a) > g(x) - g(a) \quad \text{bzw.} \quad f(x) > g(x).$$

Das Vorzeichen in der Ungleichung kehrt sich um, da mit $g(x) - g(a) < 0$ multipliziert wird!
Wir wenden uns jetzt einer Methode zu, mit der man oft Unbestimmtheiten der Form $\frac{0}{0}$ oder $\frac{\infty}{\infty}$ beseitigen kann. Es sind die so genannten BERNOULLI-L'HOSPITALschen Regeln.

Satz 2.18. *(Regeln von BERNOULLI-L'HOSPITAL)*
Seien $I =]a, b[$, $x_0 \in [a, b]$, $U(x_0)$ eine Umgebung von x_0. $f : I \to \mathbb{R}$, $g : I \to \mathbb{R}$ seien zwei für alle $x_0 \in U(x_0) \cap I$, möglicherweise mit Ausnahme von x_0, differenzierbare Funktionen. Weiter sei

$$\lim_{x \to x_0, x \in I} f(x) = \lim_{x \to x_0, x \in I} g(x) = 0, \ \infty \ oder \ -\infty \,.$$

Es gelte $g'(x) \neq 0$ für $x \in U(x_0) \cap I$, $x \neq x_0$. Wenn dann

$$\lim_{x \to x_0, x \in I} \frac{f'(x)}{g'(x)} \in \mathbb{R} \cup \{-\infty, \infty\}$$

ist (d.h. der Grenzwert im eigentlichen oder uneigentlichen Sinn existiert), dann gilt

$$\lim_{x \to x_0, x \in I} \frac{f(x)}{g(x)} = \lim_{x \to x_0, x \in I} \frac{f'(x)}{g'(x)} \,.$$

Einseitige Grenzwerte für $x \to \infty$ oder $x \to -\infty$ sind eingeschlossen: Sind f, g zwei für $x \in [A, \infty[$ bzw. $] - \infty, B]$ definierte, differenzierbare Funktionen, ist $g'(x) \neq 0$ für diese x und ist

$$\lim_{\substack{x \to \infty \\ bzw. \ x \to -\infty}} f(x) = \lim_{\substack{x \to \infty \\ bzw. \ x \to -\infty}} g(x) = 0, \ \infty \ oder \ -\infty \,.$$

so gilt
$$\lim_{\substack{x \to \infty \\ bzw. \ x \to -\infty}} \frac{f(x)}{g(x)} = \lim_{\substack{x \to \infty \\ bzw. \ x \to -\infty}} \frac{f'(x)}{g'(x)} \,,$$

falls der zuletzt hingeschriebene Grenzwert existiert oder gleich ∞ oder $-\infty$ ist.

Der Satz gestattet (wenn die Voraussetzungen erfüllt sind) die Behandlung von Unbestimmtheiten der Form

$$\lim_{x \to x_0} \frac{f(x)}{g(x)} = \frac{"0"}{0} \quad und \quad \lim_{x \to x_0} \frac{f(x)}{g(x)} = \frac{"\infty"}{\infty} \,.$$

x_0 kann dabei sowohl innerer als auch Randpunkt des Definitionsbereichs $I =]a, b[$ von $f(x), g(x)$ sein. Bei $I =]a, \infty[$ oder $I =] - \infty, b[$ sind auch solche Unbestimmtheiten einbezogen, die bei Grenzübergängen $x \to \infty$ oder $x \to -\infty$ entstehen. Liefert $\lim_{x \to x_0} \frac{f'(x)}{g'(x)}$ wieder eine Unbestimmtheit der Art $\frac{"0"}{0}$ bzw. $\frac{"\infty"}{\infty}$, so kann der Satz mit f', g' anstelle von f, g erneut angewandt werden, falls f', g' die Voraussetzungen erfüllen. So kann man fortfahren, bis im positiven Fall keine Unbestimmtheit mehr auftritt oder sich zeigt, dass auf diesem Wege die Bestimmung der Unbestimmtheit nicht möglich ist.

Beweis: Beim Beweis des Satzes 2.18 beschränken wir uns auf den Fall, dass $I =]a, b[$ ein endliches Intervall, x_0 der rechte Randpunkt b und $\lim_{x \to b-0} f(x) = \lim_{x \to b-0} g(x) = 0$ ist. Wenn wir $f(b) = g(b) = 0$ setzen, haben wir mit $f(x), g(x)$ zwei für $x \in U(b) \cap I$, d.h. auch in einem offenen Intervall $]\beta, b[$ (mit geeignetem $\beta < b$), stetige Funktionen. Da $g(b) = 0$ und $g'(x) \neq 0$ für $x \in]\beta, b[$ ist, muss nach dem Satz von ROLLE (Satz 2.15)

$g(x) \neq 0$ für alle $x \in]\beta, b[$ sein. $\frac{f(x)}{g(x)}$ ist also für $x \in]\beta, b[$ definiert. Sei $(x_n)_{n \in \mathbb{N}}$ eine Folge mit $x_n \in]\beta, b[$ und $\lim_{n \to \infty} x_n = b$. Nach dem verallgemeinerten Mittelwertsatz (Satz 2.17) gibt es zu jedem n ein ξ_n mit $x_n < \xi_n < b$, so dass

$$\frac{f(x_n)}{g(x_n)} = \frac{0 - f(x_n)}{0 - g(x_n)} = \frac{f(b) - f(x_n)}{g(b) - g(x_n)} = \frac{f'(\xi_n)}{g'(\xi_n)}$$

gilt. Mit $x_n \to b$ ist auch $\xi_n \to b$. Wegen der vorausgesetzten (eigentlichen oder uneigentlichen) Existenz von $\lim_{x \to b-0} \frac{f'(x)}{g'(x)}$ folgt daraus die Behauptung. $\qquad \square$

Beispiele:

1) Seien a und b beliebige positive Zahlen. Man findet

$$\lim_{x \to \infty} \frac{e^{ax}}{x} = \lim_{x \to \infty} \frac{a\, e^{ax}}{1} = \infty, \quad \text{und} \quad \lim_{x \to \infty} \frac{e^{ax}}{x^b} = \lim_{x \to \infty} \left(\frac{e^{\frac{a}{b}x}}{x}\right)^b = \infty.$$

Daraus folgt, dass jede Exponentialfunktion e^{ax} ($a > 0$) schneller gegen ∞ strebt als jede Potenz von x. Damit ergibt sich sofort

$$\lim_{x \to \infty} p(x) e^{-ax} = 0$$

für jedes reelle Polynom p, d.h. es ist $p(x) = o(e^{ax})$ für $x \to \infty$.

2) Seien a und b beliebige positive Zahlen. Man errechnet

$$\lim_{x \to \infty} \frac{\ln x}{x^b} = \lim_{x \to \infty} \frac{\frac{1}{x}}{b\, x^{b-1}} = \lim_{x \to \infty} \frac{1}{b\, x^b} = 0.$$

Wegen $\log_a x = \frac{\ln x}{\ln a}$ folgt ebenso

$$\lim_{x \to \infty} \frac{\log_a x}{x^b} = 0,$$

d.h. jeder Logarithmus $\log_a x$ geht langsamer gegen ∞ als jede Potenz von x. Man schreibt dafür auch $\log_a x = o(x^b)$ für $x \to \infty$.

3) Sei $b > 0$, dann folgt im Grenzübergang $x \to 0 + 0$

$$\lim_{x \to 0+0} x^b \ln x = \lim_{x \to 0+0} \frac{\ln x}{x^{-b}} = \lim_{x \to 0+0} \frac{\frac{1}{x}}{-b\, x^{-b-1}} = \lim_{x \to 0+0} \left[-\frac{x^b}{b}\right] = 0 \, .$$

Daraus folgt

$$\lim_{x \to 0} x^x = \lim_{x \to 0} e^{x \ln x} = e^0 = 1 \quad (x > 0).$$

4)
$$\lim_{x \to 0} \frac{\tan x - x}{x - \sin x} = \lim_{x \to 0} \frac{\frac{1}{\cos^2 x} - 1}{1 - \cos x} = \lim_{x \to 0} \frac{\sin^2 x}{\cos^2 x - \cos^3 x}$$
$$= \lim_{x \to 0} \frac{2 \sin x \cos x}{-2 \cos x \sin x + 3 \cos^2 x \sin x} = \lim_{x \to 0} \frac{2}{3 \cos x - 2} = 2.$$

5)
$$\lim_{x \to 0} \frac{1 - \cos x}{x} = \lim_{x \to 0} \frac{\sin x}{1} = 0.$$

6)
$$\lim_{x \to 0} \frac{1 - \cos x}{x^2} = \lim_{x \to 0} \frac{\sin x}{2x} = \lim_{x \to 0} \frac{\cos x}{2} = \frac{1}{2}.$$

Am Beispiel der Funktionen $f(x) = x^2$ und $g(x) = -x^2$ wollen wir auf einen wichtigen Zusammenhang zwischen Konvexität (Konkavität) und Monotonieeigenschaften der Ableitung hinweisen, vgl. die Definitionen 2.5 und 2.6. $f(x) = x^2$ ist eine (von unten) konvexe Funktion. Die Ableitung $f'(x) = 2x$ ist eine monoton steigende Funktion. Bei $g(x) = -x^2$ als konkaver Funktion finden wir mit $g'(x) = -2x$ eine monoton fallende Funktion. Es gilt generell der Satz

Satz 2.19. *(Ableitung konvexer bzw. konkaver Funktionen)*
Die Ableitung einer von unten konvexen (konkaven) differenzierbaren Funktion ist monoton steigend (fallend).

Zum Abschluss dieses Abschnittes erklären wir noch einen Begriff, der zwei Eigenschaften einer Funktion, nämlich die Differenzierbarkeit und die Stetigkeit der Ableitung, zusammenfasst.

Definition 2.26. (stetige Differenzierbarkeit)
Eine Funktion $f : D \to \mathbb{R}$ heißt **stetig differenzierbar** auf $I \subset D$, wenn sie differenzierbar ist und die Ableitung $f'(x)$ eine stetige Funktion auf I ist.

Es ist offensichtlich, dass alle mehrmals differenzierbaren Funktionen, speziell die aus elementaren Funktionen zusammengesetzten Funktionen, diese Eigenschaft der stetigen Differenzierbarkeit besitzen (vgl. Satz 2.10). Das folgende Beispiel zeigt, dass es Funktionen gibt, deren Ableitung nicht stetig ist.

Beispiel: Wir betrachten die Funktion

$$f(x) = \begin{cases} x^2 \cos \frac{1}{x^2} & \text{für } x \neq 0 \\ 0 & \text{für } x = 0 \end{cases},$$

und finden mit

$$f'(0) = \lim_{x \to 0} \frac{x^2 \cos \frac{1}{x^2} - 0}{x - 0} = \lim_{x \to 0} x \cos \frac{1}{x^2} = 0$$

für die Ableitung

$$f'(x) = \begin{cases} 2x \cos \frac{1}{x^2} + \frac{2}{x} \sin \frac{1}{x^2} & \text{für } x \neq 0 \\ 0 & \text{für } x = 0 \end{cases}.$$

Man erkennt nun, dass der Grenzwert $\lim_{x \to 0} f'(x)$ nicht existiert, und damit ist die Ableitung im Punkt $x = 0$ nicht stetig.

2.9 TAYLOR-Formel und der Satz von TAYLOR

Durch Einsetzen von $x = x_0 + (x - x_0)$ in ein Polynom $p(x)$ kann man das Polynom neu ordnen, und zwar nach Potenzen von $x - x_0$. Diese und andere nützliche Polynommanipulationen kann man mit dem HORNER-Schema vornehmen (vgl. Abschnitt 1.7.5). Z.B. erhält man für das Polynom

$$p_3(x) = 47 - 13x - 9x^2 + 2x^3$$

durch das Einsetzen von $x = 2 + (x - 2)$ das Ergebnis

$$p_3(x) = 1 - 25(x - 2) + 3(x - 2)^2 + 2(x - 2)^3 .$$

Es gilt der folgende

Satz 2.20. *(Polynomdarstellung mit einer Entwicklungsstelle)*
Jedes Polynom $p_n(x)$ lässt sich für beliebiges $x_0 \in \mathbb{R}$ in der Form

$$p_n(x) = a_0 + a_1(x - x_0) + \cdots + a_n(x - x_0)^n = \sum_{k=0}^{n} a_k(x - x_0)^k$$

darstellen und es gilt

$$a_k = \frac{p_n^{(k)}(x_0)}{k!} \qquad (k = 0, 1, \ldots, n). \tag{2.15}$$

Beweis: Die Beziehung (2.15) ergibt sich direkt aus der Berechnung von $p_n^{(k)}(x)$ an der Stelle x_0.   □

Wenn $f : D \to \mathbb{R}$ eine n-mal differenzierbare Funktion ist und wenn man $T_n(x)$ durch

$$T_n(x) := \sum_{k=0}^{n} \frac{f^{(k)}(x_0)}{k!}(x - x_0)^k \tag{2.16}$$

erklärt, so ergibt sich

$$T_n^{(k)}(x_0) = f^{(k)}(x_0), \qquad \text{für } k = 0, 1, \ldots, n.$$

Damit ist $T_n(x)$ ein Polynom n-ten Grades, das mit der Funktion f im Funktionswert und in allen Ableitungen bis zur n-ten Ordnung an der Stelle $x = x_0$ übereinstimmt. Das Polynom $T_n(x)$ ist das einzige Polynom n-ten Grades mit den eben notierten Eigenschaften.

Definition 2.27. (TAYLOR-Polynom)
Das in (2.16) definierte Polynom $T_n(x)$ heißt **TAYLOR-Polynom** n-ten Grades für die Funktion f. x_0 heißt Entwicklungsstelle. Die Kurven von $y = T_n(x)$ heißen Schmiegparabeln an die Kurve $y = f(x)$ in der Umgebung von $x = x_0$.

Die Güte der Näherung

$$f(x) \approx T_n(x)$$

in der Umgebung von x_0 wächst im Allg. mit steigendem n. Die Beziehung

$$f(x) \approx T_1(x) = f(x_0) + \frac{f'(x_0)}{1!}(x - x_0) = f(x_0) + f'(x_0)(x - x_0)$$

entspricht genau der Beziehung

$$\Delta y \approx dy.$$

Der Fehler bei der Näherungsbeziehung $f(x) \approx T_n(x)$ ergibt sich zu

$$R_n(x) := f(x) - T_n(x) \,,$$

und R_n hängt von f und x_0 ab.

Satz 2.21. *(Satz von TAYLOR)*

Die Funktion $f : I \to \mathbb{R}$ sei auf einem offenen Intervall I $(n + 1)$-mal differenzierbar. Weiter sei $x_0 \in I$ fest. Dann gibt es für alle $x \in I$ und zu jedem $p \in \{1, 2, \ldots, n + 1\}$ mindestens eine Zahl ξ zwischen x und x_0, so dass

$$f(x) = \sum_{k=0}^{n} \frac{f^{(k)}(x_0)}{k!}(x - x_0)^k + R_n(x) \tag{2.17}$$

mit

$$R_n(x) = \frac{f^{(n+1)}(\xi)}{n! \, p}(x - x_0)^p (x - \xi)^{n+1-p} \tag{2.18}$$

gilt. (2.17) heißt TAYLOR-Formel mit dem Restglied $R_n(x)$ in der SCHLÖMILCH-Form (2.18).

Beweis: Es sei $p \in \{1, 2, \ldots, n + 1\}$ beliebig, aber fest gewählt. Falls $x = x_0$ gilt, ist $R_n(x_0) = 0$ und $f(x) = f(x_0)$ und der Satz gilt.
Sei nun $x \neq x_0$, $x \in I$. Es wird nun ein $c_x \in \mathbb{R}$ bestimmt, so dass

$$f(x) = f(x_0) + \frac{f'(x_0)}{1!}(x - x_0)^1 + \cdots + \frac{f^{(n)}(x_0)}{n!}(x - x_0)^n + c_x(x - x_0)^p \tag{2.19}$$

gilt. Nach (2.17) ist $c_x(x - x_0)^p = R_n(x)$. Nun ersetzt man in (2.19) x_0 durch eine Variable z, wobei x und c_x festgehalten werden, und definiert die Funktion

$$F(z) := f(z) + \frac{f'(z)}{1!}(x - z)^1 + \cdots + \frac{f^{(n)}(z)}{n!}(x - z)^n + c_x(x - z)^p \tag{2.20}$$

auf I. Es gilt offenbar $F(x) = f(x)$ und $F(x_0) = f(x)$, also $F(x) = F(x_0)$. Nach dem Satz von ROLLE existiert ein ξ zwischen x und x_0 mit

$$F'(\xi) = 0.$$

Dabei hat $F'(z)$ für beliebige $z \in I$ den Wert

$$F'(z) = \frac{f^{(n+1)}(z)}{n!}(x-z)^n - c_x p(x-z)^{p-1},$$

den man aus (2.20) errechnet. Für $z = \xi$ wird der Ausdruck gleich Null und für c_x ergibt sich

$$c_x = \frac{f^{(n+1)}(\xi)}{n!\,p}(x-\xi)^{n+1-p}.$$

Setzt man diesen Ausdruck in (2.19) ein, ergibt sich mit

$$R_n(x) = \frac{f^{(n+1)}(\xi)}{n!\,p}(x-x_0)^p(x-\xi)^{n+1-p} \tag{2.21}$$

die **Restgliedformel von SCHLÖMILCH**. Definiert man durch $\theta = \frac{\xi - x_0}{x - x_0}$ bzw. $\xi = x_0 + \theta(x - x_0)$ eine reelle Zahl θ mit $0 < \theta < 1$ und setzt $p = n + 1$, so geht (2.21) in die LAGRANGE-**Form**

$$R_n(x) = \frac{f^{(n+1)}(x_0 + \theta(x - x_0))}{(n+1)!}(x-x_0)^{n+1} \tag{2.22}$$

über. Für für $p = 1$ ergibt sich dann die CAUCHYsche **Restglied-Form**

$$R_n(x) = \frac{f^{(n+1)}(x_0 + \theta(x - x_0))}{n!}(x-x_0)^{n+1}(1-\theta)^n . \tag{2.23}$$

$\square$

Anmerkungen zum Satz von TAYLOR:

1) Die Aussagen über die Form des Restglieds, insbesondere die Existenz einer Zwischenstelle ξ bzw. einer Zahl θ mit $0 < \theta < 1$, sind hier die eigentlich mathematisch interessanten Sachverhalte.

2) $|R_n|$ gibt den Fehler bei der Approximation von $f(x)$ durch $T_n(x)$ an. Sehr wünschenswert ist die Angabe einer oberen Schranke für $|R_n|$, die nicht von θ bzw. ξ abhängt.

3) Bei Restgliedabschätzungen wird in aller Regel die LAGRANGE-Form benutzt, da sie sich zum einen recht einfach merken lässt und andererseits am "griffigsten" ist.

4) Der Spezialfall der TAYLOR-Formel (2.17) für $x_0 = 0$

$$f(x) = \sum_{k=0}^{n} \frac{f^{(k)}(0)}{k!}x^k + R_n(x) \tag{2.24}$$

mit dem Restglied in der LAGRANGE-Form

$$R_n(x) = \frac{f^{(n+1)}(\theta x)}{(n+1)!}x^{n+1}$$

heißt **MCLAURIN-Formel**.

Beispiele:

1) MCLAURIN-Formel für die Funktion $y \doteq f(x) = \cos x$, $x \in \mathbb{R}$:

$$f^{(k)}(x) = \left\{ \begin{array}{ll} (-1)^\nu \cos x & \text{falls } k = 2\nu \\ (-1)^{\nu+1} \sin x & \text{falls } k = 2\nu + 1 \end{array} \right\} = \cos(x + k\frac{\pi}{2}),$$

$$f^{(k)}(0) = \left\{ \begin{array}{ll} 0 & \text{falls } k = 2\nu + 1 \\ (-1)^\nu & \text{falls } k = 2\nu \end{array} \right\} = \cos(k\frac{\pi}{2});$$

für das TAYLOR-Polynom ergibt sich

$$T_{2n+1}(x) = \sum_{\nu=0}^{n} (-1)^\nu \frac{x^{2\nu}}{(2\nu)!} = 1 - \frac{x^2}{2!} + \frac{x^4}{4!} - \cdots + (-1)^n \frac{x^{2n}}{(2n)!}$$

und damit

$$\cos x = \sum_{\nu=0}^{n} (-1)^\nu \frac{x^{2\nu}}{(2\nu)!} + R_{2n+1}(x) .$$

Wegen

$$R_{2n+1}(x) = (-1)^{n+1} \frac{x^{2n+2}}{(2n+2)!} \cos(\theta x)$$

gilt für jedes feste $x \in \mathbb{R}$

$$\lim_{n \to \infty} R_{2n+1}(x) = 0 .$$

2) MCLAURIN-Formel für die Funktion $y = f(x) = \sin x$, $x \in \mathbb{R}$:

$$f^{(k)}(x) = \sin(x + k\frac{\pi}{2}),$$

$$f^{(k)}(0) = \sin(k\frac{\pi}{2}),$$

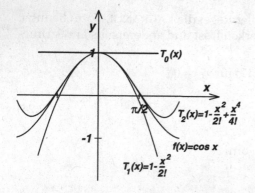

Abb. 2.36. TAYLOR-Polynome (Schmiegparabeln) $T_0(x), T_1(x), T_2(x)$ für die Funktion $\cos x$ bei $x_0 = 0$

$$k = 2\nu \Longrightarrow f^{(2\nu)}(0) = 0, \qquad k = 2\nu + 1 \Longrightarrow f^{(2\nu+1)}(0) = (-1)^\nu,$$

für das TAYLOR-Polynom ergibt sich

$$T_{2n+2}(x) = \sum_{\nu=0}^{n} (-1)^\nu \frac{x^{2\nu+1}}{(2\nu+1)!} = x - \frac{x^3}{3!} + \frac{x^5}{5!} - \cdots + (-1)^n \frac{x^{2n+1}}{(2n+1)!}$$

und damit

$$\sin x = \sum_{\nu=0}^{n} (-1)^\nu \frac{x^{2\nu+1}}{(2\nu+1)!} + R_{2n+2}(x) \text{ mit } R_{2n+2}(x) = (-1)^{n+1} \frac{x^{2n+3}}{(2n+3)!} \sin(\theta x),$$

wobei $R_{2n+2}(x) \underset{n\to\infty}{\longrightarrow} 0$ für jedes feste $x \in \mathbb{R}$ gilt.
3) Die Glieder des Polynoms für die Cosinus-Funktion ergeben sich durch gliedweises Differenzieren der Glieder des Polynoms für $\sin x$.
4) MCLAURIN-Formel für die Funktion $y = f(x) = e^x$: Es gilt

$$f^{(k)}(x) = e^x, \qquad f^{(k)}(0) = 1,$$

und damit ergibt sich

$$T_n(x) = \sum_{k=0}^{n} \frac{x^k}{k!} = 1 + \frac{x}{1!} + \frac{x^2}{2!} + \frac{x^3}{3!} + \cdots + \frac{x^n}{n!}.$$

Für das Restglied $R_n(x)$ findet man die Abschätzung

$$
\begin{aligned}
|R_n(x)| &= \left| \frac{e^{\theta x}}{(n+1)!} \right| \cdot |x|^{n+1} = \frac{e^{\theta x}}{(n+1)!} |x|^{n+1} \\
&\leq \frac{e^{\theta |x|}}{(n+1)!} |x|^{n+1} < \frac{e^{|x|}}{(n+1)!} |x|^{n+1},
\end{aligned}
$$

und damit einen von θ unabhängigen Ausdruck. Dieser konvergiert für $n \to \infty$ für jedes fixierte x gegen Null, denn man findet immer eine natürliche Zahl p mit $p - 1 \leq |x|$ und $p > |x|$, so dass

$$\frac{n!}{|x|^n} = \frac{1 \cdot 2 \dots (p-1) \cdot p \dots n}{|x| \cdot |x| \dots |x| \cdot |x| \dots |x|} \geq \frac{(p-1)!}{|x|^{p-1}} \cdot \left(\frac{p}{|x|} \right)^{n-(p-1)} \underset{n\to\infty}{\longrightarrow} \infty,$$

und damit konvergiert der Ausdruck $\frac{|x|^n}{n!}$ für $n \to \infty$ gegen Null.
5) MCLAURIN-Formel für $f(x) = (1+x)^n$ mit $n \in \mathbb{N}$:
Nach dem Errechnen der Ableitungen $f^{(k)}(x)$ erhält man für $k \leq n$:

$$\frac{f^{(k)}(0)}{k!} = \frac{n(n-1)(n-2)\dots(n-k+1)}{k!} = \binom{n}{k}.$$

Weiterhin ist $f^{(n+1)}(x) \equiv 0$, so dass $R_n(x) = 0$ für das Restglied der TAYLOR-Formel gilt. Die TAYLOR-Entwicklung mit $x_0 = 0$ lautet dann

$$(1+x)^n = \sum_{k=0}^{n} \binom{n}{k} x^k, \quad n \in \mathbb{N},$$

und ist nichts anderes als die aus der Schule bekannte binomische Formel.
6) MCLAURIN-Formel für $f(x) = (1 + x)^\alpha$ mit $\alpha \in \mathbb{R}$, $0 < x < 1$:
Für die Ableitungen $f^{(k)}(x)$ erhält man

$$f^{(k)}(x) = \alpha(\alpha - 1)(\alpha - 2)\ldots(\alpha - k + 1)(1 + x)^{\alpha - k}.$$

Analog zum bekannten Binomialkoeffizienten definieren wir $\binom{\alpha}{k}$ für reelles α

$$\binom{\alpha}{k} := \frac{\alpha(\alpha - 1)(\alpha - 2)\ldots(\alpha - k + 1)}{k!} \quad \text{für } k \in \mathbb{N}, \quad \text{und} \quad \binom{\alpha}{0} := 1.$$

Damit ergibt sich $\frac{f^{(k)}(0)}{k!} = \binom{\alpha}{k}$ und somit die TAYLOR-Entwicklung

$$f(x) = (1 + x)^\alpha = \sum_{k=0}^{n} \binom{\alpha}{k} x^k + R_n(x), \text{ mit } R_n(x) = \binom{\alpha}{n+1}(1 + \theta x)^{\alpha - n - 1} x^{n+1}.$$

Z.B. erhält man für $\alpha = \frac{1}{2}$, also die Wurzelfunktion, die Näherung

$$(1 + x)^{\frac{1}{2}} = \sqrt{1 + x} \approx 1 + \frac{x}{2} - \frac{x^2}{8},$$

und für das vernachlässigte Restglied $R_2(x)$ errechnet man

$$|R_2(x)| = |\binom{\frac{1}{2}}{3}| \frac{|x|^3}{(1 + \theta x)^{\frac{5}{2}}} \leq \frac{|x|^3}{16} \leq \frac{1}{128} \quad \text{für } 0 < x \leq \frac{1}{2}$$

und $|R_2(x)| \leq \frac{1}{16}$ für $0 < x < 1$.

2.10 Extremalprobleme

Mit dem Satz von TAYLOR ist es möglich, notwendige und hinreichende Bedingungen für Extremwerte und Wendepunkte von Funktionen zu formulieren.

Definition 2.28. (lokale oder relative Extrema)
Die Funktion $f : I \to \mathbb{R}$ besitzt im Intervall I in x_0 ein **lokales Maximum (Minimum)**, wenn es eine ϵ−Umgebung $U_\epsilon(x_0)$ gibt, in der $f(x_0)$ größter (kleinster) Funktionswert ist, d.h. im Falle des Maximums

$$f(x_0) \geq f(x) \quad \text{für alle } x \in I \cap U_\epsilon(x_0)$$

und im Falle des Minimums $f(x_0) \leq f(x)$ für alle $x \in I \cap U_\epsilon(x_0)$ gilt. x_0 heißt eine lokale Maximalstelle (Minimalstelle), und die Zahl $f(x_0)$ heißt lokales Maximum (Minimum). Gilt sogar $f(x_0) > f(x)$ ($f(x_0) < f(x)$), so heißt x_0 echte lokale Maximalstelle (Minimalstelle) und $f(x_0)$ echtes lokales Maximum (Minimum)[1]. Statt "lokal" wird auch "relativ" verwendet.

---

[1]Wenn vom Maximum (Minimum) ohne adjektiv gesprochen wird, dann ist immer das globale Maximum (Minimum) gemeint

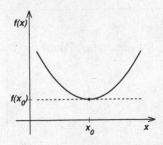

Abb. 2.37. Von unten konvexe Kurve ($f'' > 0$) mit Minimum bei $x = x_0$

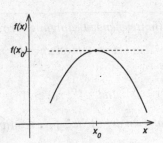

Abb. 2.38. Von unten konkave Kurve ($f'' < 0$) mit Maximum bei $x = x_0$

Satz 2.22. *(notwendige Bedingung für lokale Extrema)*

Für jede lokale Extremalstelle x_0 einer auf I differenzierbaren Funktion $f : I \to \mathbb{R}$ gilt

    a) $f'(x_0) = 0$ oder   b) x_0 ist Randpunkt von I.

Beweis: Sei x_0 lokale Maximalstelle und x_0 kein Randpunkt, dann gibt es eine Umgebung $U_\epsilon(x_0) \subset I$ mit $f(x_0) - f(x) \geq 0$ für alle $x \in U_\epsilon(x_0)$ und damit

$$f'(x_0) = \lim_{x \to x_0 - 0} \frac{f(x_0) - f(x)}{x_0 - x} \geq 0 \text{ und } f'(x_0) = \lim_{x \to x_0 + 0} \frac{f(x_0) - f(x)}{x_0 - x} \leq 0$$

und damit $f'(x_0) = 0$. Der Beweis für Minimalstellen verläuft analog.   □

Ist eine auf einem Intervall I differenzierbare Funktion $f(x)$ gemäß Definition 2.5 monoton steigend (fallend), so gilt $f'(x) \geq 0$ ($f'(x) \leq 0$) auf I und umgekehrt. $f'(x) > 0$ ($f'(x) < 0$) auf I ist hinreichend für strenges Wachsen (Fallen) von $f(x)$ auf I, aber nicht notwendig (Beispiel: $f(x) = x^3$). Für eine auf I zweimal differenzierbare, von unten konvexe (konkave) Funktion (vgl. Definition 2.6) muss daher nach Satz 2.19 $f''(x) \geq 0$ ($f''(x) \leq 0$) sein. Aus $f''(x) \geq 0$ ($f''(x) \leq 0$) folgt umgekehrt auch die Konvexität (Konkavität) von $f(x)$. $f''(x) > 0$ ($f''(x) < 0$) ist für strenge Konvexität (Konkavität) auf I hinreichend, aber nicht notwendig (Beispiel: $f(x) = x^4$). Die hinreichenden Bedingungen $f''(x) > 0$ bzw. $f''(x) < 0$ finden Anwendung in Satz 2.23.

Satz 2.23. *(hinreichende Bedingung für relative Extrema)*

Sei $f : D \to \mathbb{R}$ auf einer Umgebung von x_0 zweimal stetig differenzierbar. Wenn für f an der Stelle x_0

$$f'(x_0) = 0 \quad und \quad f''(x_0) > 0$$

gilt, dann hat f an der Stelle x_0 ein relatives Minimum. Gilt

$$f'(x_0) = 0 \quad und \quad f''(x_0) < 0,$$

dann hat f an der Stelle x_0 ein relatives Maximum. Ist f in einer Umgebung von x_0 dreimal stetig differenzierbar und gilt

$$f'(x_0) = f''(x_0) = 0 \quad und \quad f^{(3)}(x_0) \neq 0,$$

dann liegt mit dem Punkt x_0 ein horizontaler Wendepunkt vor.

Beweis: Wir betrachten das TAYLOR-Polynom $T_1(x)$ der Funktion f an der Stelle x_0. Wegen der Voraussetzung erhalten wir

$$f(x) = T_1(x) + R_1(x) = f(x_0) + R_1(x) \qquad bzw.$$

$$f(x) - f(x_0) = \frac{f''(x_0 + \theta(x - x_0))}{2!} (x - x_0)^2.$$

$(x - x_0)^2$ ist für $x \neq x_0$ immer positiv. Ist $f''(x_0) > 0$, dann gilt dies wegen der Stetigkeit von f'' auch in einer Umgebung $U_\delta(x_0)$, so dass $\frac{f^{(2)}(x_0+\theta(x-x_0))}{2!} > 0$ für x aus $U_\delta(x_0)$ und damit auch

$$f(x) > f(x_0)$$

in der Umgebung gilt. D.h. f nimmt in $x = x_0$ ein echtes relatives Minimum an.
Der Nachweis für die Annahme eines relativen Maximums im Falle $f''(x_0) < 0$ erfolgt völlig analog.
Ist $f'(x_0) = f''(x_0) = 0$ und $f^{(3)}(x_0) \neq 0$, dann wechselt $(x - x_0)^3$ beim Passieren des Punktes x_0 das Vorzeichen, so dass aus der Gleichung $f(x) = T_2(x) + R_2(x)$ bzw.

$$f(x) - f(x_0) = \frac{f^{(3)}(x_0 + \theta(x - x_0))}{3!} (x - x_0)^3$$

folgt, dass die Funktion bei $x = x_0$ ihre dort angelegte Tangente $y = f(x_0) = $ const. schneidet, also $x = x_0$ ein Wendepunkt ist. □

Der Satz 2.23 lässt sich wie folgt verallgemeinern:

Wenn $f : D \to \mathbb{R}$ auf einer Umgebung von x_0 $n-$mal stetig differenzierbar ist,

$$f'(x_0) = f''(x_0) = \cdots = f^{(n-1)}(x_0) = 0 \quad und \quad f^{(n)}(x_0) \neq 0$$

gilt und n eine gerade Zahl ist, dann hat f an der Stelle x_0 ein relatives Extremum, und zwar im Falle $f^{(n)}(x_0) > 0$ ein relatives Minimum, und im Fall $f^{(n)}(x_0) < 0$

ein relatives Maximum. Ist n eine ungerade Zahl, so liegt im Punkt x_0 ein Wendepunkt vor.

Diese Verallgemeinerung wird analog zum Satz 2.23 bewiesen und ist eine gute Übung für den interessierten Leser.

Beispiel: Mit den Sätzen 2.22 und 2.23 können wir nun unsere optimale Sitzplatzposition im Theater bestimmen. Die Voraussetzungen der Sätze sind erfüllt (Stetigkeit und Differenzierbarkeit), da es sich bei $\alpha = f(x)$ um eine elementare Funktion handelt. Zuerst müssen wir alle Punkte bestimmen, die die notwendige Bedingung $f'(x) = 0$ erfüllen. Unsere Funktion lautete

$$\alpha = f(x) = \arctan(\frac{3a}{8a - x}) - \arctan(\frac{a}{8a - x}),$$

und für die Ableitung erhalten wir

$$f'(x) = \frac{1}{1 + \frac{9a^2}{(8a-x)^2}} \frac{3a}{(8a-x)^2} - \frac{1}{1 + \frac{a^2}{(8a-x)^2}} \frac{a}{(8a-x)^2} = \frac{3a}{(8a-x)^2 + 9a^2} - \frac{a}{(8a-x)^2 + a^2}.$$

Die Auswertung der notwendigen Bedingung bedeutet

$$\frac{3a}{(8a - x)^2 + 9a^2} - \frac{a}{(8a - x)^2 + a^2} = 0 \quad \text{bzw.}$$

$$3(8a - x)^2 + 3a^2 = (8a - x)^2 + 9a^2 \iff 2(8a - x)^2 - 6a^2 = 0$$
$$\iff 2x^2 - 32ax + 122a^2 = 0.$$

Die Lösung der quadratischen Gleichung ergibt sich zu

$$x_{1,2} = 8a \pm \sqrt{3}a,$$

und da unsere Funktion den Definitionsbereich $[0, 8a]$ hatte, ist $x = (8 - \sqrt{3})a$ der einzige Kandidat für eine Extremalstelle.

Für die zweite Ableitung erhält man

$$f''(x) = \frac{6a(8a - x)}{[(8a - x)^2 + 9a^2]^2} - \frac{2a(8a - x)}{[(8a - x)^2 + a^2]^2},$$

und damit

$$f''((8 - \sqrt{3})a) = \frac{6a\sqrt{3}a}{[3a^2 + 9a^2]^2} - \frac{2a\sqrt{3}a}{[3a^2 + a^2]^2} = \frac{6\sqrt{3}}{144a^2} - \frac{2\sqrt{3}}{16a^2} = -\frac{\sqrt{3}}{12a^2} < 0.$$

Aus Satz 2.23 ergibt sich, dass die Funktion an der Stelle $x = (8 - \sqrt{3})a$ ein lokales Maximum annimmt. Da es keine weiteren Punkte in $[0, 8a]$ gibt, die die notwendige Bedingung für ein lokales Extremum erfüllen, und die Funktionswerte in den Randpunkten $x = 0$ und $x = 8a$ kleiner als der Funktionswert $\alpha = f((8 - \sqrt{3})a) = \frac{\pi}{6}$ sind. In der Praxis ist es nicht immer nötig, die hinreichenden Bedingungen auszuwerten, denn oft, aber nicht immer, gibt es zusätzliche Informationen über das Funktionsverhalten und speziell den Funktionsverlauf, so dass es vielfach nur darauf ankommt, die Extremalstellen durch die Lösung der Gleichung $f'(x) = 0$ zu ermitteln.

2.11 BANACHscher Fixpunktsatz und NEWTON-Verfahren

Viele Probleme der angewandten Mathematik münden in der Aufgabe, Gleichungen der Art

$$f(x) = 0$$

zu lösen, wobei $f : D \to \mathbb{R}$ eine reell-wertige, i. Allg. nichtlineare Funktion ist. Sowohl bei der Berechnung von Nullstellen von Polynomen oder der Auswertung von notwendigen Bedingungen für Extremalprobleme konnten wir die Gleichungen nur lösen, weil wir Glück hatten bzw. weil die Beispiele geschickt gewählt wurden. In der Regel ist es nicht möglich, die Lösungen in Form von geschlossenen analytischen Ausdrücken exakt auszurechnen. In den meisten Fällen ist es allerdings möglich, Lösungen als Grenzwerte von Iterationsfolgen numerisch zu berechnen. Ein einfach formulierbares aber trotzdem nicht ganz einfaches Problem ist die Berechnung des Funktionswertes der Exponentialfunktion $y = 2^a$ für eine nichtrationale Potenz a. Zur guten näherungsweisen Berechnung ist eine Iteration erforderlich.

Zum Beginn des Abschnittes "Grenzwerte und Stetigkeit" haben wir mit dem Intervallhalbierungsverfahren schon ein einfaches iteratives Verfahren zur Lösung einer Gleichung behandelt. Es ist an dieser Stelle nicht möglich, die numerische Lösung nichtlinearer Gleichungen umfassend zu behandeln, aber auf die Grundlage der meisten iterativen Verfahren, den BANACHschen Fixpunktsatz, soll nicht verzichtet werden.

2.11.1 BANACHscher Fixpunktsatz

Definition 2.29. (Fixpunkt)
Sei $f : I \to I$ eine Funktion, die das reelle Intervall I in sich abbildet. Jede Lösung $\bar{x}$ der Gleichung

$$x = f(x) \tag{2.25}$$

heißt **Fixpunkt** von f. Die Gleichung (2.25) wird daher auch Fixpunktgleichung genannt.

Geometrisch bedeutet ein Fixpunkt $\bar{x}$ gerade die x-Koordinate eines Schnittpunktes der Geraden $y = x$ mit dem Graphen der Funktion $y = f(x)$. Oder auch: Durch $f(x)$ wird jeder Punkt $x \in I$ auf einen Punkt $f(x) \in I$ abgebildet. Original und Bildpunkt sind i. Allg. unterschiedliche Punkte aus I. Wird nun ein Punkt $\bar{x}$ durch $f(\bar{x})$ auf sich selbst abgebildet, so bleibt er bei der Abbildung durch f fest (fix), ist also ein **Fixpunkt** von f. Jede Gleichung $g(x) = 0$ kann man durch Einführung von $f(x) := g(x) + x$ als Fixpunktgleichung $x = f(x)$ aufschreiben. Wenn man keinerlei Vorstellung von der Lösung der Gleichung (2.25) hat, findet man mitunter mit

$$(x_n), \qquad x_0 \in I, \; x_{n+1} = f(x_n), \, n \in \mathbb{N} \tag{2.26}$$

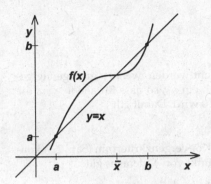

Abb. 2.39. Fixpunkte von f

eine Folge, die, wenn sie konvergiert, im Falle einer stetigen Funktion gegen einen Fixpunkt von f konvergiert. Im folgenden Satz wird eine hinreichende Bedingung für die Konvergenz der Iterationsfolge (x_n) formuliert.

Satz 2.24. *(BANACHscher Fixpunktsatz in $\mathbb{R}$)*
Sei $f : I \to I$ eine reell-wertige Funktion, die ein abgeschlossenes Intervall I in sich abbildet. Weiterhin gelte für alle $x, y \in I$ die Ungleichung

$$|f(x) - f(y)| \leq K|x - y| \tag{2.27}$$

mit einer von x, y unabhängigen Konstanten $K < 1$. Dann hat f genau einen Fixpunkt $\bar{x} \in I$ und die durch $x_{n+1} = f(x_n)$ definierte Iterationsfolge (x_n) konvergiert für jeden beliebigen Anfangspunkt $x_0 \in I$ gegen diesen Fixpunkt.

Beweis: Für die Iterationsfolge (x_n) gilt aufgrund der Voraussetzungen

$$|x_{n+1} - x_n| = |f(x_n) - f(x_{n-1})| \leq K|x_n - x_{n-1}| \quad \text{für alle } n = 1,2,3,\dots,$$

also folgt auch

$$|x_{n+1} - x_n| \leq K|x_n - x_{n-1}| \leq K^2|x_{n-1} - x_{n-2}| \leq \cdots \leq K^n|x_1 - x_0| \quad \text{bzw.}$$

$$|x_{n+1} - x_n| \leq K^n|x_1 - x_0| \quad \text{für alle } n = 0,1,2,3,\dots.$$

Für $n < m$ erhält man

$$
\begin{aligned}
|x_n - x_m| &= |(x_n - x_{n+1}) + (x_{n+1} - x_{n+2}) \\
&\quad + (x_{n+2} - x_{n+3}) + \cdots + (x_{m-1} - x_m)| \\
&\leq |x_n - x_{n+1}| + |x_{n+1} - x_{n+2}| \\
&\quad + |x_{n+2} - x_{n+3}| + \cdots + |x_{m-1} - x_m| \\
&\leq K^n|x_1 - x_0| + K^{n+1}|x_1 - x_0| \\
&\quad + K^{n+2}|x_1 - x_0| + \cdots + K^{m-1}|x_1 - x_0| \\
&\leq K^n(1 + K + K^2 + \cdots + K^{m-n-1})|x_1 - x_0| \\
&= K^n \frac{1 - K^{m-n}}{1 - K}|x_1 - x_0| \leq K^n \frac{1}{1 - K}|x_1 - x_0|,
\end{aligned}
\tag{2.28}
$$

also

$$|x_n - x_m| \leq \frac{K^n}{1 - K}|x_1 - x_0|, \qquad (m > n). \qquad (2.29)$$

Die rechte Seite von (2.29) kann beliebig klein gemacht werden, wenn n groß genug gewählt wird, da $K^n \to 0$ für $n \to \infty$; also gibt es auch ein n_0, so dass für alle $n \geq n_0$ die rechte Seite kleiner als ein beliebig vorgegebenes $\epsilon > 0$ wird. Damit gilt

$$|x_n - x_m| < \epsilon$$

für alle $m > n \geq n_0$, und nach dem CAUCHYschen Konvergenzkriterium (Satz 2.3) konvergiert (x_n) gegen einen Grenzwert $\bar{x}$. $\bar{x}$ ist ein Fixpunkt von f, denn es gilt

$$
\begin{aligned}
|\bar{x} - f(\bar{x})| &= |\bar{x} - x_n + x_n - f(\bar{x})| \leq |\bar{x} - x_n| + |x_n - f(\bar{x})| \\
&= |\bar{x} - x_n| + |f(x_{n-1}) - f(\bar{x})| \\
&\leq |\bar{x} - x_n| + K|x_{n-1} - \bar{x}| \to 0 \quad \text{für} \quad n \to \infty.
\end{aligned}
$$

$\bar{x}$ ist der einzige Fixpunkt, denn wenn wir einen weiteren Fixpunkt $\bar{\bar{x}}$ annehmen, würde

$$|\bar{x} - \bar{\bar{x}}| = |f(\bar{x}) - f(\bar{\bar{x}})| \leq K|\bar{x} - \bar{\bar{x}}| < |\bar{x} - \bar{\bar{x}}|$$

gelten, also $|\bar{x} - \bar{\bar{x}}| < |\bar{x} - \bar{\bar{x}}|$, was bei $\bar{x} \neq \bar{\bar{x}}$ einen Widerspruch darstellt. $\square$

Aus dem BANACHschen Fixpunktsatz ergeben sich die Fehlerabschätzungen

$$|x_n - \bar{x}| \leq \frac{K^n}{1 - K}|x_1 - x_0| \qquad \text{(a priori Abschätzung)} \qquad (2.30)$$

$$|x_n - \bar{x}| \leq \frac{1}{1 - K}|x_{n+1} - x_n| \qquad \text{(a posteriori Abschätzung)}, \qquad (2.31)$$

wobei die a priori Abschätzung (2.30) sofort aus (2.29) folgt. Aus (2.30) folgt für $n = 0$ die für jedes $x_0 \in I$ gültige Beziehung

$$|x_0 - \bar{x}| \leq \frac{1}{1 - K}|x_1 - x_0| \quad \text{bzw.} \quad |x - \bar{x}| \leq \frac{1}{1 - K}|f(x) - x| \quad \text{für alle } x \in I$$

und damit speziell für $x_n = x$ die a posteriori Abschätzung (2.31).

Beispiel: Es sollen die Nullstellen des Polynoms $p_3(x) = \frac{1}{4}x^3 - x + \frac{1}{5}$ berechnet werden. Schreibt man die Gleichung $p_3(x) = 0$ in der Form

$$x = f(x) := \frac{1}{4}x^3 + \frac{1}{5}$$

auf, stellt man fest, dass $f : [0,1] \to [0,1]$ die Voraussetzungen des Satzes 2.24 erfüllt: Man kann einen Fixpunkt $\bar{x} \in [0,1]$ von f und damit eine Nullstelle von $p_3(x)$ durch die Iterationsfolge $x_{n+1} = f(x_n)$, z.B. mit $x_0 = \frac{1}{2}$, bis auf eine beliebige Genauigkeit berechnen. Nachfolgend ist der Ausdruck eines kleinen Computerprogramms für die Iteration zu finden.

```
It.-Nr = 0,  x=  0.5
It.-Nr = 1,  x=  0.231250003
It.-Nr = 2,  x=  0.203091621
It.-Nr = 3,  x=  0.202094197
It.-Nr = 4,  x=  0.202063486
It.-Nr = 5,  x=  0.202062547
It.-Nr = 6,  x=  0.202062517
```

Man kann für die Funktion $f(x) = \frac{1}{4}x^3 + \frac{1}{5}$ aus dem Mittelwertsatz der Differentialrechnung die Abschätzung

$$|f(x) - f(x^*)| \le \frac{3}{4}|x - x^*| \quad \text{für} \quad x, x^* \in [0,1]$$

herleiten. (2.27) gilt also mit $K = \frac{3}{4}$. Damit kann man mit der a posteriori Abschätzung (2.31) den Abstand der 5. Fixpunkt-Iteration x_5 von dem Fixpunkt $\bar{x}$ durch

$$|x_5 - \bar{x}| \le \frac{1}{1 - 0{,}75}|x_6 - x_5| = 4 \cdot 0{,}3 \cdot 10^{-8} = 1{,}2 \cdot 10^{-8}$$

berechnen. Man kann sich leicht davon überzeugen, dass die a priori Abschätzung (2.30) mit

$$|x_6 - \bar{x}| \le \frac{0{,}75^6}{1 - 0{,}75}|x_1 - x_0| = 0{,}71191406 \cdot 0{,}26875 = 0{,}1913269$$

eine wesentlich pessimistischere Schätzung der Genauigkeit ergibt. Die restlichen beiden Nullstellen von $p_3(x)$ lassen sich nun nach Division durch $x - \bar{x} = x - 0{,}202062517$ mit der p-q-Formel quasi-exakt berechnen.

2.11.2 NEWTON-Verfahren

Die eben besprochene BANACHsche Fixpunktiteration hat den Vorteil der sehr einfachen Realisierung, ist allerdings aufgrund der Voraussetzungen oft nicht anwendbar. Mit dem NEWTON-Verfahren wollen wir ein Verfahren besprechen, das in fast allen Situationen anwendbar ist. Allerdings hängt der Erfolg des Verfahrens ganz im Unterschied zum eben behandelten Verfahren wesentlich von der Wahl einer "guten" Startiteration ab. Dies sollte aber für einen fähigen Ingenieur bzw. Ingenieurstudenten keine Hürde sein, denn eine vernünftige mathematische Modellierung des jeweiligen Problems vorausgesetzt, hat man meistens eine Vorstellung, wo die Lösung etwa liegen sollte.

Gelöst werden soll wiederum eine Gleichung $f(x) = 0$. Die Grundidee des NEWTON-Verfahrens besteht darin, dass man in einem Punkt $(x_0, f(x_0))$ die Tangente an den Funktionsgraphen anlegt und den Schnittpunkt x_1 dieser Tangente mit der x-Achse bestimmt. Ist x_0 bereits eine "gute" Näherung für eine Nullstelle $\bar{x}$ von $f(x)$, so kann man hoffen, dass x_1 eine bessere Näherung für $\bar{x}$ ist. Das Verfahren wird dann fortgesetzt, indem man x_0 durch x_1 ersetzt und eine Näherung x_2 in analoger Weise bestimmt. In der Abb. 2.40 ist dieses iterative Verfahren angedeutet. Angenommen x_0 ist als in der Nähe einer Nullstelle $\bar{x}$ befindlich bekannt. Die Gleichung der Tangente an f in x_0 ist

$$g(x) = f(x_0) + f'(x_0)(x - x_0),$$

und für den Schnittpunkt x_1 von $g(x)$ mit der x-Achse findet man

$$g(x_1) = f(x_0) + f'(x_0)(x_1 - x_0) = 0 \quad \text{bzw.} \quad x_1 = x_0 - \frac{f(x_0)}{f'(x_0)}.$$

Dabei wird $f'(x) \neq 0$ in dem Teil I des Definitionsintervalls von f, in dem die gesuchte Nullstelle vermutet wird, vorausgesetzt. In vielen Fällen ist x_1 eine bessere Näherungslösung als x_0, d.h. liegt näher bei $\bar{x}$. Mit dieser Erfahrung kann man durch

$$x_{n+1} = x_n - \frac{f(x_n)}{f'(x_n)} \qquad (n = 0,1,2,\ldots) \tag{2.32}$$

eine Zahlenfolge konstruieren, von der wir annehmen, dass alle Glieder in I liegen. Die NEWTON-Folge (2.32) konvergiert unter bestimmten Voraussetzungen gegen eine Nullstelle $\bar{x}$. Im folgenden Satz werden hinreichende Bedingungen für die Konvergenz formuliert.

Satz 2.25. *(NEWTON-Verfahren)*
Sei $f : I \to \mathbb{R}$ eine auf einem Intervall $I \supset [x_0 - r, x_0 + r]$, $r > 0$, definierte, zweimal stetig differenzierbare Funktion, mit $f'(x) \neq 0$ für alle $x \in I$. Weiterhin existiere eine reelle Zahl K, $0 < K < 1$, mit

$$\left| \frac{f(x)f''(x)}{[f'(x)]^2} \right| \leq K \qquad \text{für alle } x \in I \tag{2.33}$$

und

$$\left| \frac{f(x_0)}{f'(x_0)} \right| \leq (1 - K)r. \tag{2.34}$$

Dann hat f genau eine Nullstelle $\bar{x}$ in I und die NEWTON-Folge (2.32) konvergiert quadratisch gegen $\bar{x}$, d.h. es gilt

$$|x_{n+1} - \bar{x}| \leq C(x_n - \bar{x})^2 \qquad \text{für alle } n = 0,1,2,\ldots \tag{2.35}$$

mit einer Konstanten C. Außerdem gilt die Fehlerabschätzung

$$|x_n - \bar{x}| \leq \frac{|f(x_n)|}{M} \qquad \text{mit } 0 < M = \min_{x \in I} |f'(x)|. \tag{2.36}$$

Der Beweis des Satzes 2.25 wird durch die Definition der Hilfsfunktion

$$g(x) = x - \frac{f(x)}{f'(x)}$$

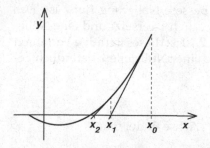

Abb. 2.40. NEWTON-Verfahren

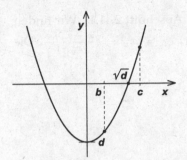

Abb. 2.41. Wahl eines Intervalls für das NEWTON-Verfahren

auf den BANACHschen Fixpunktsatz und den Nachweis der Existenz eines Fixpunktes von g als Grenzwert der Iterationsfolge $x_{n+1} = g(x_n)$ zurückgeführt. Der Satz 2.25 besagt, dass das NEWTON-Verfahren zur Berechnung einer Nullstelle als Grenzwert einer NEWTON-Folge (2.32) funktioniert, wenn x_0 nah genug bei $\bar{x}$ liegt und somit $|f(x_0)|$ klein ist, denn dann gibt es Chancen, dass die nicht weiter spezifizierten Konstanten $r > 0$ und $K > 0$ existieren und die Voraussetzungen (2.33) und (2.34) erfüllt sind. In der Praxis ist man in der Regel auf Probieren (trial and error) angewiesen, d.h. man probiert das Verfahren für sinnvoll erscheinende Startnäherungen x_0, und hat oft nach ein paar Versuchen Glück. Nicht auf Glück ist man bei konvexen Funktionen angewiesen, wie der folgende Satz zeigt.

Satz 2.26. *(Nullstelle einer konvexen Funktion)*
Sei $f : [a, b] \to \mathbb{R}$ zweimal stetig differenzierbar und konvex mit $f'(x) \neq 0$ auf $[a, b]$. Die Vorzeichen von $f(a)$ und $f(b)$ seien verschieden. Dann konvergiert die NEWTON-Folge (2.32) von f für $x_0 = a$, falls $f(a) > 0$ und für $x_0 = b$, falls $f(b) > 0$, gegen die einzige Nullstelle $\bar{x}$ von f auf $[a, b]$.

Beispiele:
1) Betrachten wir das Standardbeispiel zum NEWTON-Verfahren, die Bestimmung der Nullstelle der Funktion $f(x) = x^2 - d$, $d > 0$, was gleichbedeutend mit der Berechnung von $\sqrt{d}$ ist. Wir wählen $b > 0$, $c > 0$ so, dass $b^2 - d < 0$, $c^2 - d > 0$ ist. Dann kann $[b, c]$ die Rolle des Intervalls $[a, b]$ im Satz 2.26 einnehmen. Sämtliche Voraussetzungen des Satzes 2.26 sind erfüllt. Für $f'(x)$ erhalten wir $f'(x) = 2x$ und damit die NEWTON-Folge

$$x_{n+1} = x_n - \frac{x_n^2 - d}{2x_n} = \frac{1}{2}\left(x_n + \frac{d}{x_n}\right).$$

Nachfolgend ist der Ausdruck eines kleinen Computerprogramms für die Iteration zur Berechnung von $\sqrt{2}$, d.h. $d = 2$, zu finden. Wir wählen etwa $b = 0,1$ und $c = 1,5$.

```
It.-Nr =  0,  x=   1.5
It.-Nr =  1,  x=   1.41666663
It.-Nr =  2,  x=   1.41421568
It.-Nr =  3,  x=   1.41421354
It.-Nr =  4,  x=   1.41421354
```

2) Nullstelle des Polynoms $p_3(x) = \frac{1}{4}x^3 - x + \frac{1}{5}$ (s. Abschnitt 2.11.1). Wir finden $p_3'(x) = \frac{3}{4}x^2 - 1$ und damit die NEWTON-Folge $x_{n+1} = x_n - \frac{\frac{1}{4}x_n^3 - x_n + \frac{1}{5}}{\frac{3}{4}x_n^2 - 1}$. Die Iteration ergibt das Resultat

```
It.-Nr  =  0,   x=   0.899999976
It.-Nr  =  1,   x=  -0.419108152
It.-Nr  =  2,   x=   0.272738785
It.-Nr  =  3,   x=   0.20107384
It.-Nr  =  4,   x=   0.202062368
It.-Nr  =  5,   x=   0.202062517
It.-Nr  =  6,   x=   0.202062517
```

Startet man statt mit $x_0 = 0{,}9$ mit der besseren Näherung $x_0 = 0{,}5$, erhält man

```
It.-Nr  =  0,   x=   0.5
It.-Nr  =  1,   x=   0.169230774
It.-Nr  =  2,   x=   0.201913655
It.-Nr  =  3,   x=   0.202062517
It.-Nr  =  4,   x=   0.202062517
```

also eine Näherungslösung der gleichen Güte nach 4 Schritten. Mit der oben durchgeführten BANACHschen Fixpunktiteration hatten wir 6 Schritte bei der Wahl der Startiteration $x_0 = 0{,}5$ benötigt.

2.12   Kurven im $\mathbb{R}^2$

In der Physik und in den Ingenieurwissenschaften besteht oft das Problem, Satellitenbahnen, Flugkurven von Körpern unterschiedlicher Art oder Teilchenbahnen mathematisch zu beschreiben. In den genannten Fällen geht es also um die Verfolgung der örtlichen Veränderung von Objekten, die sich mit einer Geschwindigkeit fortbewegen. Der Einfachheit wegen betrachten wir hier zunächst Bewegungskurven im $\mathbb{R}^2$. Wenn sich Körper auch i. Allg. im $\mathbb{R}^3$ bewegen, kann man doch oft die dritte Dimension vernachlässigen (z.B. bei Kurven im Straßen- und Schienenverkehr). In einigen Fällen ist die Bewegung auch streng zweidimensional (z.B. elliptische Bewegung der Planeten gemäß der KEPLERschen Gesetze). Im Kapitel 5 werden Kurven im $\mathbb{R}^3$ und ganz allgemein im $\mathbb{R}^n$ besprochen.

Definition 2.30. (Kurve im $\mathbb{R}^2$)

Sei $G \subset \mathbb{R}^2$ und $[a,b] \subset \mathbb{R}$ ein abgeschlossenes Intervall. Jede Abbildung

$$\mathbf{x} : [a,b] \to G, \quad \mathbf{x} = \begin{pmatrix} x_1 \\ x_2 \end{pmatrix},$$

mit stetig differenzierbaren Funktionen $x_1 : [a,b] \to \mathbb{R}$ und $x_2 : [a,b] \to \mathbb{R}$ heißt **Kurvenstück** in G mit dem Anfangspunkt $\mathbf{x}(a) = (x_1(a), x_2(a))^T$, dem Endpunkt $\mathbf{x}(b) = (x_1(b), x_2(b))^T$ und der Spur $\{\mathbf{x}(t) \,|\, a \le t \le b\}$. Zur Darstellung der Kurvenpunkte aus der $x - y$-Ebene bzw. aus dem $\mathbb{R}^2$ verwenden wir Spaltenvektoren $\begin{pmatrix} x_1 \\ x_2 \end{pmatrix} =: (x_1, x_2)^T$. Ein Kurvenstück heißt **regulär**, wenn $[x_1'(t)]^2 + [x_2'(t)]^2 > 0$ für alle $t \in [a,b]$ gilt.

$$\mathbf{x}(t) = \begin{pmatrix} x_1(t) \\ x_2(t) \end{pmatrix}$$

heißt **Parameterdarstellung** des Kurvenstückes mit dem Parameter t. Durch wachsende Werte des Parameters ist für das Kurvenstück eine **Orientierung** gegeben. Eine Aneinanderreihung von Kurvenstücken K_i, $i = 1, ..., r$, wobei der Anfangspunkt von K_i jeweils mit dem Endpunkt von K_{i-1}, $i = 2, ..., r$, übereinstimmt, heißt **Kurve**. Ist nur ein Kurvenstück vorhanden, wird es oft auch als Kurve bezeichnet.

Im Abschnitt 2.1 hatten wir bereits eine Parameterdarstellung einer speziellen Kurve, der oberen Kreisbogenhälfte, angegeben. Eine Parameterdarstellung für Hyperbeln ist im Abschnitt 2.3 zu finden.

Beispiel: Wenn wir den Graphen der Funktion $f(x) = \frac{1}{x^2}$, $x \in [\frac{1}{2}, 2]$ in der Form

$$\mathbf{x}(t) = \begin{pmatrix} t \\ \frac{1}{t^2} \end{pmatrix}, \; t \in [\frac{1}{2}, 2]$$

aufschreiben, ist $\mathbf{x}(t)$ eine reguläre Kurve mit dem Anfangspunkt $(\frac{1}{2}, 4)^T$ und dem Endpunkt $(2, \frac{1}{4})^T$.

2.12.1 Kurventangente

Wir werden im Folgenden den Begriff des Vektors verwenden. Dieser Begriff wird im Kapitel 4 ausführlich im Zusammenhang mit dem Begriff des abstrakten Vektorraums behandelt. Hier verstehen wir unter einem Vektor

$$\mathbf{x} = \begin{pmatrix} x_1 \\ x_2 \end{pmatrix}$$

eine gerichtete Größe, die vom Koordinatenursprung $\mathbf{0}$ zum Punkt $\mathbf{x} = (x_1, x_2)^T$ zeigt, und die die Länge $|\mathbf{x}| = \sqrt{x_1^2 + x_2^2}$ hat.

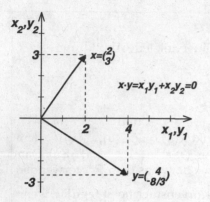

Abb. 2.42. Vektoren als gerichtete Pfeile

Außerdem wollen wir unter dem **Skalarprodukt** $\mathbf{x} \cdot \mathbf{y}$ der Vektoren $\mathbf{x} = (x_1, x_2)^T$ und $\mathbf{y} = (y_1, y_2)^T$ die reelle Zahl

$$\mathbf{x} \cdot \mathbf{y} = x_1 y_1 + x_2 y_2$$

verstehen. Die Vektoren kann man als gerichtete Pfeile einer bestimmten Länge verstehen. Stehen die Pfeile bzw. Vektoren senkrecht aufeinander, so ist das Skalarprodukt dieser Vektoren gleich 0. In diesem Fall spricht man davon, dass die Vektoren orthogonal sind.

Zu jeder Parameterdarstellung einer Kurve kann man

$$\dot{\mathbf{x}}(t) = \lim_{h \to 0} \frac{1}{h}[\mathbf{x}(t+h) - \mathbf{x}(t)] = \begin{pmatrix} x_1'(t) \\ x_2'(t) \end{pmatrix} =: \begin{pmatrix} \dot{x}_1(t) \\ \dot{x}_2(t) \end{pmatrix} \tag{2.37}$$

definieren. In der Physik und den Ingenieurwissenschaften ersetzt man bei der Darstellung von Ableitungen oft den Strich (x') durch den Punkt $(\dot{x})$, wenn die unabhängige Variable, nach der differenziert wird, die Zeit ist. Unser Parameter t muss nicht diese physikalische Bedeutung haben. Aus der Abb. 2.43 wird ersichtlich, dass (2.37) den Übergang von Sekantenvektoren zu einem Tangentenvektor bzw. zu einer Kurventangente im Punkt $(x_1(t), x_2(t))^T$ beschreibt. Da wir uns im $\mathbb{R}^2$, also in der $x_1 - x_2-$ bzw. $x - y-$Ebene, bewegen, wird statt x_1 auch x und statt x_2 auch y als Bezeichnung verwendet. Der durch (2.37) definierte Vektor $\dot{\mathbf{x}}(t)$ heißt **Tangentenvektor** der Kurve $\mathbf{x}(t)$ im Punkt $(x(t), y(t))^T$. Für die Tangente T im Punkt $(x(t_0), y(t_0))^T$ ergibt sich mit dem Anstieg $\tan \alpha = \frac{\dot{y}(t_0)}{\dot{x}(t_0)}$ die Gleichung

$$y = y(t_0) + \frac{\dot{y}(t_0)}{\dot{x}(t_0)}(x - x(t_0)).$$

Die Normale N im Punkt $(x(t_0), y(t_0))^T$ steht senkrecht auf T, hat also den Anstieg

$$\tan(\alpha + \frac{\pi}{2}) = \frac{\sin(\alpha + \frac{\pi}{2})}{\cos(\alpha + \frac{\pi}{2})} = \frac{\cos \alpha}{-\sin \alpha} = -\frac{1}{\tan \alpha} = -\frac{\dot{x}(t_0)}{\dot{y}(t_0)}.$$

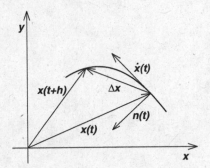

Abb. 2.43. Sekantenvektor $\Delta\mathbf{x} = \mathbf{x}(t+h) - \mathbf{x}(t)$, Tangentenvektor $\dot{\mathbf{x}}(t)$ und Normalen-vektor $\mathbf{n}(t)$

Die Gleichung der Normalen ist daher

$$y = y(t_0) - \frac{\dot{x}(t_0)}{\dot{y}(t_0)}(x - x(t_0)) \ .$$

Einen **Normalenvektor** $\mathbf{n}(t_0)$ im Punkt $(x(t), y(t))^T$, also einen Vektor, der auf $\dot{\mathbf{x}}(t_0)$ senkrecht steht und in der (x, y)-Ebene liegt, erhält man durch

$$\mathbf{n}(t_0) = \begin{pmatrix} -\dot{y}(t_0) \\ \dot{x}(t_0) \end{pmatrix} ,$$

denn es gilt $\dot{\mathbf{x}}(t) \cdot \mathbf{n}(t) = 0$.

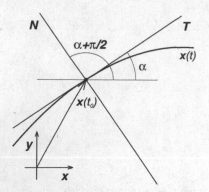

Abb. 2.44. Tangente und Normale

Insbesondere bei der Berechnung der Länge von Kurven spielt das Bogenelement oder auch Differential der Bogenlänge eine Rolle. Die Länge von Kurven kann erst im Rahmen der später zu behandelnden Integralrechnung exakt berechnet werden. In der Abb. 2.45 ist die Situation an einer Kurve dargestellt.

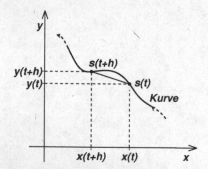

Abb. 2.45. Differential der Bogenlänge

Die Länge der Sekante $c = |\mathbf{x}(t+h) - \mathbf{x}(t)|$ berechnet sich nach dem Satz des PYTHAGORAS zu

$$c = \sqrt{\Delta x^2 + \Delta y^2} = \sqrt{[x(t+h) - x(t)]^2 + [y(t+h) - y(t)]^2}.$$

Da die Distanz bzw. der Zeitraum h sehr klein ist, postulieren wir die Äquivalenz von c und dem Kurvenbogen Δs vom Punkt $\mathbf{x}(t)$ bis zum Punkt $\mathbf{x}(t+h)$, also $c \sim \Delta s$ für $h \to 0$. Den Kurvenbogen Δs kann man auch als Differenz der durchlaufenen Kurvenlänge $s(t+h)$ und der durchlaufenen Kurvenlänge $s(t)$ verstehen. Damit kann man

$$\frac{s(t+h) - s(t)}{h} = \sqrt{[\frac{x(t+h) - x(t)}{h}]^2 + [\frac{y(t+h) - y(t)}{h}]^2},$$

bzw. bei differenzierbaren Funktionen $x(t), y(t)$ (z.B. bei regulären Kurven)

$$
\begin{aligned}
\frac{d\,s}{d\,t} &= \lim_{h\to 0} \frac{s(t+h)-s(t)}{h} \\
&= \lim_{h\to 0} \sqrt{\left[\frac{x(t+h)-x(t)}{h}\right]^2 + \left[\frac{y(t+h)-y(t)}{h}\right]^2}, \\
&= \sqrt{\left[\lim_{h\to 0}\frac{x(t+h)-x(t)}{h}\right]^2 + \left[\lim_{h\to 0}\frac{y(t+h)-y(t)}{h}\right]^2}, \\
&= \sqrt{\dot{x}^2(t)+\dot{y}^2(t)}.
\end{aligned}
$$

bilden. Bedeutet t die Zeit, in der sich ein Körper längs der Kurve $\mathbf{x}(t)$ bewegt, so ist $\frac{ds}{dt} = \sqrt{\dot{x}^2(t)+\dot{y}^2(t)}$ offenbar seine Geschwindigkeit.

Definition 2.31. (Bogendifferential)

$$
d\,s := \sqrt{\dot{x}^2(t)+\dot{y}^2(t)}\,d\,t
$$

heißt **Differential der Bogenlänge** oder Bogenelement, wobei $d\,t$ das Differential der unabhängigen Variablen t ist.

Wenn eine Kurve als Funktionsgraph gegeben ist, d.h. in der Form

$$
\mathbf{x}(t) = \begin{pmatrix} t \\ f(t) \end{pmatrix}
$$

geschrieben werden kann, ergibt sich für das Differential der Bogenlänge

$$
d\,s = \sqrt{1+[f'(t)]^2}\,d\,t \quad \text{und} \quad \frac{d\,s}{d\,t} = \sqrt{1+[f'(t)]^2}.
$$

Beispiele:

1) Gegeben ist der Viertelkreisbogen in Parameterform

$$
x(t) = R\cos t, \; y(t) = R\sin t, \, t \in [0, \frac{\pi}{2}].
$$

Für das Differential der Bogenlänge errechnet man

$$
d\,s = \sqrt{R^2 \sin^2 t + R^2 \cos^2 t}\,d\,t = R\,d\,t.
$$

Für den Tangentenvektor und den Normalenvektor im Punkt $(x(t_0), y(t_0))^T$ ergibt sich

$$
\dot{\mathbf{x}}(t_0) = \begin{pmatrix} -R\sin t_0 \\ R\cos t_0 \end{pmatrix}, \qquad \mathbf{n}(t_0) = \begin{pmatrix} -R\cos t_0 \\ -R\sin t_0 \end{pmatrix},
$$

und damit z.B. im Punkt $(x(\frac{\pi}{4}), y(\frac{\pi}{4}))$

$$
\dot{\mathbf{x}}(\frac{\pi}{4}) = \begin{pmatrix} -R\frac{1}{\sqrt{2}} \\ R\frac{1}{\sqrt{2}} \end{pmatrix}, \qquad \mathbf{n}(\frac{\pi}{4}) = \begin{pmatrix} -R\frac{1}{\sqrt{2}} \\ -R\frac{1}{\sqrt{2}} \end{pmatrix}.
$$

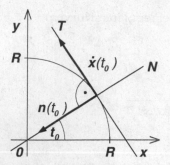

Abb. 2.46. Tangente und Normale am Viertelkreis

Die Gleichungen der Tangente und der Normalen in diesem Punkt sind

$$T: \quad x \cos t_0 + y \sin t_0 = R$$
$$N: \quad -x \sin t_0 + y \cos t_0 = 0$$

2) Gegeben ist die Sinuskurve von 0 bis π, also

$$x(t) = t, \ y(t) = \sin t, \ t \in [0, \pi].$$

Für das Differential der Bogenlänge errechnet man

$$ds = \sqrt{1 + \cos^2 t}\, dt.$$

Für den Tangentenvektor ergibt sich

$$\dot{\mathbf{x}}(t) = \begin{pmatrix} 1 \\ \cos t \end{pmatrix},$$

und damit z.B. im Punkt $(\frac{\pi}{2}, 1)$

$$\dot{\mathbf{x}}(\frac{\pi}{2}) = \begin{pmatrix} 1 \\ 0 \end{pmatrix}.$$

2.12.2 Krümmung einer Kurve

Die Krümmung einer Kurve ist, wie der Name sagt, ein Maß für die Abweichung einer Kurve von einer Geraden. Danach hat eine Gerade die Krümmung 0. Mathematisch fasst man den Begriff der Krümmung mit dem Grenzwert für $\Delta s \to 0$ des Verhältnisses $\frac{\Delta \alpha}{\Delta s}$ zwischen der Änderung $\Delta \alpha$ des Kurventangenten-Anstellwinkels α und der Änderung der Bogenlänge s. Dass eine Gerade die Krümmung Null hat ergibt sich offenbar auch aus dieser Definition der Krümmung. Einer Kreislinie wird im alltäglichen Sprachgebrauch intuitiv eine konstante Krümmung zugeschrieben. Diese Aussage über den Kreis bestätigt sich auch mittels der Definition $\lim_{\Delta s \to 0} \frac{\Delta \alpha}{\Delta s} = \frac{d\alpha}{ds}$ für die Krümmung:

$$x(t) = R \cos t, \quad y(t) = R \sin t, \quad (0 \le t \le 2\pi), \quad \alpha = t + \frac{\pi}{2}.$$

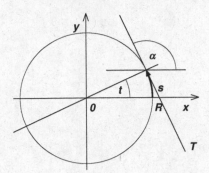

Abb. 2.47. Krümmung einer Kreislinie

Es gilt damit $\frac{d\alpha}{ds} = \frac{dt}{ds} = \frac{1}{R}$, letzteres wegen $ds = R\,dt$.
Die Krümmung eines Kreises ist daher nach der Definition längs der Kreislinie konstant und umgekehrt proportional dem Kreisradius.

Definition 2.32. (Krümmung und Krümmungsradius einer Kurve)
Die **Krümmung** einer regulären Kurve $\mathbf{x}(t) = (x(t), y(t))^T$, $a \le t \le b$, mit zweimal stetig differenzierbaren Funktionen $x : [a, b] \to \mathbb{R}$ und $y : [a, b] \to \mathbb{R}$ beträgt im Kurvenpunkt $P(t) = (x(t), y(t))$

$$\kappa(t) = \lim_{\Delta s \to 0} \frac{\Delta \alpha}{\Delta s} = \frac{d\alpha}{ds} = \frac{\dot{x}(t)\ddot{y}(t) - \dot{y}(t)\ddot{x}(t)}{\sqrt{(\dot{x}^2(t) + \dot{y}^2(t))^3}}.$$

Für den Fall, dass die Kurve als Graph der zweimal stetig differenzierbaren Funktion $f : [a, b] \to \mathbb{R}$ in der Form $\mathbf{x}(t) = (t, f(t))^T$ gegeben ist, ergibt sich für die Krümmung

$$\kappa(t) = \frac{f''(t)}{\sqrt{(1 + [f'(t)]^2)^3}}.$$

$R = \frac{1}{|\kappa|}$ heißt **Krümmungsradius**.

Für die in den Formeln für $\kappa(t)$ auftretenden Quadratwurzeln ist der positive Wert zu nehmen.
Die Beziehung

$$\frac{d\alpha}{ds} = \frac{\dot{x}(t)\ddot{y}(t) - \dot{y}(t)\ddot{x}(t)}{\sqrt{(\dot{x}^2(t) + \dot{y}^2(t))^3}}.$$

lässt sich wie folgt beweisen: Aus der Parameterdarstellung $\mathbf{x}(t) = (x(t), y(t))^T$ der Kurve folgt für den Anstellwinkel der Tangente

$$\tan \alpha(t) = \frac{\dot{y}(t)}{\dot{x}(t)}.$$

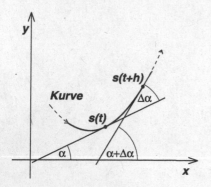

Abb. 2.48. Skizze zur Krümmung einer Kurve

Werden beide Seiten nach s differenziert, ergibt sich

$$\frac{1}{\cos^2 \alpha} \frac{d\alpha}{ds} = \frac{\dot{x}(t)\ddot{y}(t) - \dot{y}(t)\ddot{x}(t)}{[\dot{x}(t)]^2} \frac{dt}{ds} .$$

Wegen

$$\cos^2 \alpha = \frac{1}{1 + \tan^2 \alpha} = \frac{1}{1 + (\frac{\dot{y}}{\dot{x}})^2} = \frac{\dot{x}^2}{\dot{x}^2 + \dot{y}^2}$$

und $\frac{dt}{ds} = \frac{1}{\sqrt{\dot{x}^2 + \dot{y}^2}}$ wird, wie behauptet,

$$\frac{d\alpha}{ds} = \frac{\dot{x}(t)\ddot{y}(t) - \dot{y}(t)\ddot{x}(t)}{\sqrt{(\dot{x}^2(t) + \dot{y}^2(t))^3}} .$$

Durch wachsende Parameterwerte t bzw. wachsende Bogenlänge s ist eine bestimmte Orientierung der Kurve $(x(t), y(t))^T$ gegeben. Die Krümmung $\kappa(t)$ ist in einem Punkt $P_0 = (x(t_0), y(t_0))^T$ positiv bzw. negativ, je nachdem der Anstieg $\alpha(t)$ der Tangenten wächst oder fällt, wenn man den Punkt P_0 in Richtung wachsender t passiert.

Der **Krümmungskreis** einer Kurve in einem Punkt P_0 ist der Kreis,

a) der durch den Punkt P_0 geht,

b) dessen Radius gleich dem Krümmungsradius $R(t_0) = \frac{1}{|\kappa(t_0)|}$ ist, und

c) dessen Mittelpunkt M_0 auf der durch P_0 gehenden Normalen N_0 liegt.

Blickt man auf der Kurve $(x(t), y(t))^T$ in Richtung der durch wachsende t gegebenen Orientierung, so liegt M_0 auf der Normalen N_0 rechts bzw. links der Kurve, je nachdem $\kappa(t_0) < 0$ oder $\kappa(t_0) > 0$ ist. Blickt man von M_0 aus zum Kurvenpunkt P_0, so erscheint die Kurve $(x(t), y(t))^T$ für t−Werte aus einer Umgebung von t_0 konkav. Den Mittelpunkt des Krümmungskreises nennt man **Krümmungsmittelpunkt**. Man kann zeigen, dass die Koordinaten $x_M(t), y_M(t)$ des Mittelpunktes

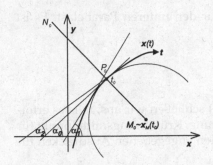
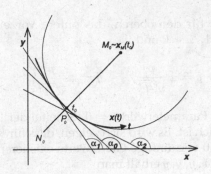

Abb. 2.49. Negative Krümmung $\kappa(t) <$ 0, $(\alpha_1 > \alpha_0 > \alpha_2)$

Abb. 2.50. Positive Krümmung $\kappa(t) >$ 0, $(\alpha_1 < \alpha_0 < \alpha_2)$

M des zum Kurvenpunkt $(x(t), y(t))^T$ gehörigen Krümmungskreises durch

$$x_M(t) \;=\; x(t) - \dot{y}(t)\frac{[\dot{x}(t)]^2 + [\dot{y}(t)]^2}{\dot{x}(t)\ddot{y}(t) - \ddot{x}(t)\dot{y}(t)}$$

$$y_M(t) \;=\; y(t) + \dot{x}(t)\frac{[\dot{x}(t)]^2 + [\dot{y}(t)]^2}{\dot{x}(t)\ddot{y}(t) - \ddot{x}(t)\dot{y}(t)}$$

gegeben sind. Der zu P_0 gehörige Krümmungskreis ist identisch mit dem so genannten Schmiegungskreis, d.h. dem Kreis, der sich im Punkt P_0 enger an die Kurve $(x(t), y(t))^T$ anschmiegt als jeder andere Kreis. Der Schmiegungskreis berührt die Kurve $(x(t), y(t))^T$ in P_0 von mindestens 2. Ordnung, d.h. der Schmiegungs-, also auch der Krümmungskreis durch P_0, hat in P_0 sowohl dieselbe Tangente als auch dieselbe 2. Ableitung wie die Kurve.

Beispiele:
1) Wir wollen einige der beschriebenen Sachverhalte am Beispiel der Parabel $(p > 0)$

$$x = x(t) = t, \qquad y^2 = 2pt, \text{ d.h. } \quad y(t) = \pm\sqrt{2pt} \; (0 \le t < \infty)$$

verifizieren. Wir betrachten den oberen $(y = +\sqrt{2pt})$ und unteren $(y = -\sqrt{2pt})$

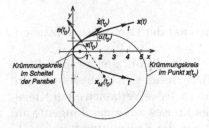

Abb. 2.51. Krümmungskreis, Krümmungsmittelpunkt bei der Parabel

Parabelast simultan; in den folgenden Beziehungen gilt das obere Vorzeichen stets für den oberen, das untere Vorzeichen für den unteren Parabelast. Es ist $\dot{x} = 1$, $\ddot{x} = 0$ und

$$\dot{y} = \pm \frac{p}{\sqrt{2pt}}, \qquad \ddot{y} = \mp \frac{p^2}{\sqrt{2pt}^3} \; .$$

Den Parameterwert $t = 0$ (Scheitel der Parabel) schließen wir aus, falls es erforderlich ist. Es wird sich zeigen, dass für Krümmung, Krümmungsmittelpunkt für $t \to 0$ vernünftige Grenzwerte existieren. Mit den angegebenen Ausdrücken für $x, \dot{x}, \ddot{x}, y, \dot{y}, \ddot{y}$ erhält man

$$\kappa(t) = \frac{\dot{x}\ddot{y} - \dot{y}\ddot{x}}{\sqrt{\dot{x}^2 + \dot{y}^2}^3} = \mp \frac{\sqrt{p}}{\sqrt{2t + p}^3} \; ,$$

$$R(t) = \frac{1}{|\kappa(t)|} = \frac{\sqrt{2t + p}^3}{\sqrt{p}} \; ,$$

$$x_M(t) = x - \dot{y}\frac{\dot{x}^2 + \dot{y}^2}{\dot{x}\ddot{y} - \dot{y}\ddot{x}} = 3t + p \; ,$$

$$y_M(t) = y + \dot{x}\frac{\dot{x}^2 + \dot{y}^2}{\dot{x}\ddot{y} - \dot{y}\ddot{x}} = \mp \frac{1}{p^2}\sqrt{2pt}^3 \; .$$

Für Tangenten- und Normalenvektor findet man ($t \neq 0$)

$$\dot{\mathbf{x}}(t) = \begin{pmatrix} \dot{x} \\ \dot{y} \end{pmatrix} = \begin{pmatrix} 1 \\ \pm \frac{p}{\sqrt{2pt}} \end{pmatrix}$$

$$\mathbf{n}(t) = \begin{pmatrix} -\dot{y} \\ \dot{x} \end{pmatrix} = \begin{pmatrix} \mp \frac{p}{\sqrt{2pt}} \\ 1 \end{pmatrix} \; .$$

Die Krümmungsmittelpunkte einer Kurve liegen wieder auf einer Kurve, die man **Evolute** nennt. Im Fall der betrachteten Parabel $x = t$, $y^2 = 2pt$ ist dies die so genannte NEILsche Parabel $(x_M(t), y_M(t))^T$. Durch Elimination von t erhält man die Darstellung

$$y_M^2 = \frac{8}{27p}(x_M - p)^3 \; .$$

Als Übung sei empfohlen, diese Kurve zusammen mit der Parabel zu skizzieren und zu diskutieren.

2) Beim Bau technischer Anlagen ist es oft wichtig, nicht nur stetige und differenzierbare funktionale Zusammenhänge zu sichern, sondern z.B. Unstetigkeiten bzw. Sprungstellen in der Krümmung zu verhindern. Jedes Verlassen einer Kreiskurve (Radius R) ab einem beliebigen Punkt des Kreises auf einer Tangente an den Kreis in diesem Punkt bedeutet einen Sprung in der Krümmung von $\kappa = \frac{1}{R}$ auf $\kappa = 0$. Man kann diese Unstetigkeiten der Krümmung verhindern, wenn man zwischen Kreis und Gerade eine Kurve zwischen schaltet, deren Krümmung sich stetig von $\frac{1}{R}$ zu 0 ändert.

3) Betrachten wir zum Beispiel ein Fahrzeug der Masse m, das mit einer konstanten Geschwindigkeit $v > 0$ durch eine Parabelkurve $y = cx^2$ fährt. Die Fliehkraft Z beim Durchfahren errechnet sich durch die Formel $Z = \frac{m\,v^2}{R}$, wobei $R = R(x)$ der jeweilige Krümmungsradius ist. Für den Krümmungsradius errechnet man

$$R = \frac{1}{|\kappa|} = \frac{\sqrt{1 + 4cx^2}^3}{2c},$$

und erhält damit bei Durchfahren des Punktes $P = (0,0)$ der Kurve die Fliehkraft $Z = 2c\,m\,v^2$.

2.13 Integralrechnung

Mit den Mitteln der Integralrechnung wird es möglich, den Flächeninhalt unter einem Funktionsgraphen und die Länge einer Bahnkurve, wie in den Abbildungen 2.52 und 2.53 dargestellt, zu berechnen. Neben der Berechnung von Flächeninhalten, Längen und Volumina geht es bei der Integralrechnung z.B. um die Bestimmung von Schwerpunkten, Trägheitsmomenten, der Arbeit, der Energie.

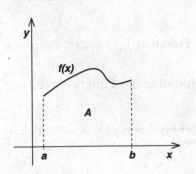

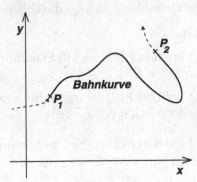

Abb. 2.52. Fläche A unter dem Graph der Funktion f

Abb. 2.53. Länge der Kurve von P_1 bis P_2

Wir werden schnell feststellen, dass die Integralrechnung die Umkehrung der Differentialrechnung ist, und damit die Integralrechnung nicht ohne die Differentialrechnung beherrschbar ist. Wir werden uns anfangs mit dem so genannten unbestimmten Integral und mit Stammfunktionen befassen und das formale Integrieren erlernen, ehe wir uns mit dem bestimmten Integral zur Flächen- und Längenberechnung befassen. Mit diesem Abschnitt zur Integration werden Grundlagen und Techniken bereitgestellt, die in den folgenden Kapiteln, insbesondere in den Kapiteln 7 und 8 benötigt werden.

2.13.1 Unbestimmtes Integral und Stammfunktion

Unter Nutzung der Differenzierbarkeitseigenschaft einer Funktion kann man den Begriff der Stammfunktion einführen. Man benötigt die Fähigkeit zu differenzieren, um integrieren zu können.

Definition 2.33. (Stammfunktion und unbestimmtes Integral)

Sei $f : I \to \mathbb{R}$ eine auf dem Intervall I definierte reell-wertige Funktion. Eine differenzierbare Funktion $F : I \to \mathbb{R}$ mit der Eigenschaft

$$F' = f$$

heißt **Stammfunktion** von f.
Ist F eine Stammfunktion von f, dann heißt

$$\int f(x)\,dx := F(x) + C\,, \qquad C = \text{const.}, \ C \in \mathbb{R}$$

unbestimmtes Integral der Funktion f. Die Konstante C heißt Integrationskonstante. Das unbestimmte Integral einer Funktion f ist die Gesamtheit aller Stammfunktionen von f. Die Funktion $f(x)$ heißt **Integrand**.

Aus der Definition 2.33 folgt die Differenzierbarkeit des unbestimmten Integrals.

Beispiele:

1) Die Funktion $F(x) = x^3$ ist Stammfunktion der Funktion $f(x) = 3x^2$, denn es gilt $F'(x) = f(x)$.

2) Die Funktion $F(x) = \sqrt{x}$ ist für $x > 0$ Stammfunktion der Funktion $f(x) = \frac{1}{2\sqrt{x}}$, denn es gilt $(\sqrt{x})' = \frac{1}{2\sqrt{x}}$.

3) Die Funktion $F(x) = \frac{\sin^2 x}{2}$ ist Stammfunktion der Funktion $f(x) = \sin x \cos x$, denn es gilt $(\frac{\sin^2 x}{2})' = \sin x \cos x$.

2.13.2 Integrationsregeln und -techniken

Mit der Definition 2.33 wissen wir, dass die Funktion $F(x) = \arctan x$ eine Stammfunktion der Funktion $f(x) = \frac{1}{1+x^2}$ ist und für das unbestimmte Integral

$$\int \frac{1}{1+x^2}\,dx = \arctan x + C$$

gilt. Auf die Angabe der Grundintegrale von Funktionen wie x^a, $\sin x$, $\cos x$ soll hier verzichtet werden, da man diese sehr schnell findet, wenn man sich an die Differentialrechnung erinnert (z.B. Abschnitt 2.6.1) und überlegt, welche Funktionen als Ableitungen x^a, $\sin x$, $\cos x$ haben. Aufgrund der Differentiationsregeln lassen sich nun Regeln für die unbestimmten Integrale herleiten.

Satz 2.27. *(Linearität des unbestimmten Integrals)*
Seien c_1 und c_2 reelle Konstanten und f und g Funktionen, die Stammfunktionen besit-

zen, dann gilt

$$\int (c_1 f(x) + c_2 g(x))\, dx = c_1 \int f(x)\, dx + c_2 \int g(x)\, dx.$$

Z.B. erhält man

$$\int \left(\frac{5}{1+x^2} + 3x^4\right) dx = 5 \int \frac{1}{1+x^2} dx + 3 \int x^4 dx = 5 \arctan x + \frac{3}{5} x^5 + C.$$

Aus der Kettenregel der Differentiation

$$[F(g(x))]' = F'(g(x))g'(x) \quad \text{und} \quad F'(x) = f(x)$$

folgt die Substitutionsregel

$$\int f(g(x))g'(x)\, dx = F(g(x)) + C. \tag{2.38}$$

Satz 2.28. *(Substitutionsregeln)*
Sei f stetig auf dem Intervall J und φ stetig differenzierbar auf dem Intervall I, wobei $\varphi(I) \subset J$ gilt und die Umkehrfunktion φ^{-1} existiert, dann gilt
1)

$$\int f(\varphi(x))\varphi'(x)\, dx = \int f(t)\, dt \qquad mit \qquad t = \varphi(x) \tag{2.39}$$

und
2)

$$\int f(x)\, dx = \int f(\varphi(t))\varphi'(t)\, dt \qquad mit \qquad x = \varphi(t). \tag{2.40}$$

Die Regeln 1 und 2 sind eigentlich identisch. Jedoch gibt es Integrale, bei denen die Regel 1 von rechts nach links betrachtet wird, und deshalb wurde dieser Fall als Regel 2 gesondert aufgeführt.
Im Folgenden sind die Algorithmen zu den Substitutionsregeln skizziert.

Substitutionsregel 1:

1) $\varphi(x)$ wird durch t ersetzt (substituiert),

2) wegen $\frac{dt}{dx} = \varphi'(x)$ bzw. $dt = \varphi'(x)\, dx$ wird $\varphi'(x)\, dx$ durch dt ersetzt,

3) das Integral $\int f(t)\, dt$ wird berechnet (das sollte einfacher als die Berechnung des Integrals $\int f(\varphi(x))\varphi'(x)\, dx$ sein, sonst wäre die Mühe umsonst!),

4) t wird durch $\varphi(x)$ ersetzt (Rücksubstitution).

Substitutionsregel 2:

1) x wird durch $\varphi(t)$ ersetzt (substituiert),

2) wegen $\frac{dx}{dt} = \varphi'(t)$ bzw. $dx = \varphi'(t)\,dt$ wird dx durch $\varphi'(t)\,dt$ ersetzt,

3) das Integral $\int f(\varphi(t))\varphi'(t)\,dt$ wird berechnet,

4) t wird durch $\varphi^{-1}(x)$ ersetzt (Rücksubstitution).

Beispiele:

1) Sei g eine stetig differenzierbare Funktion ohne Nullstellen, dann ergibt sich über die Substitution $t = g(x)$

$$\int \frac{g'(x)}{g(x)}\,dx = \int \frac{1}{t}\,dt = \ln|t| + C = \ln|g(x)| + C.$$

Wenn z.B. das Integral $\int \frac{6x^2}{x^3+5}\,dx$ zu berechnen ist, erhält man mit der Substitution $t = \phi(x) = x^3 + 5$ schließlich

$$\int \frac{6x^2}{x^3+5}\,dx = 2\int \frac{1}{t}\,dt = 2\ln|t| + C = 2\ln|x^3 + 5| + C.$$

2) Betrachten wir das Integral $\int \frac{(\ln x)^2}{x}\,dx$. Wir substituieren $t = \ln x$ und erhalten nach dem oben skizzierten Algorithmus $dt = \frac{1}{x}dx$ und damit ($x > 0$)

$$\int \frac{(\ln x)^2}{x}\,dx = \int t^2\,dt = \frac{1}{3}t^3 + C = \frac{1}{3}(\ln x)^3 + C.$$

3) Das Integral $\int e^{\sin x} \cos x\,dx$ ist zu berechnen. Mit der Substitution $t = \sin x$ erhält man

$$\int e^{\sin x} \cos x\,dx = \int e^t\,dt = e^t + C = e^{\sin x} + C.$$

Die Anwendung der Substitutionsregel kann immer dann mit Aussicht auf Erfolg versucht werden, wenn im Integranden neben einer Funktion auch deren Ableitung vorkommt.

Die nächste Integrationsregel beruht auf der Produktregel der Differentiation, also $(u \cdot v)' = u'v + uv'$. Integriert man die Gleichung, erhält man die Regel der partiellen Integration.

Partielle Integration:

Für zwei auf einem Intervall I stetig differenzierbare Funktionen u und v ist $u \cdot v$ eine Stammfunktion von $(u \cdot v)' = u'v + uv'$ und es gilt

$$u(x)v(x) = \int (u'(x)v(x) + u(x)v'(x))\,dx \quad \text{bzw. nach Satz 2.28} \tag{2.41}$$

$$\int u'(x)v(x)\,dx = u(x)v(x) - \int u(x)v'(x))\,dx.$$

Beispiele:
1) Mit $u' = \sin x$ und $v = \sin x$ erhält man

$$
\begin{aligned}
\int \sin^2 x \, dx &= -\cos x \sin x - \int (-\cos x) \cos x \, dx \\
&= -\cos x \sin x + \int \cos^2 x \, dx \\
&= -\cos x \sin x + \int (1 - \sin^2 x) \, dx \\
&= -\cos x \sin x + x - \int \sin^2 x \, dx,
\end{aligned}
$$

und damit

$$
\int \sin^2 x \, dx = \frac{1}{2}(x - \cos x \sin x) + C.
$$

[2] Mit $u' = e^x$ und $v = x$ erhält man

$$
\int x e^x \, dx = x e^x - \int e^x \, dx = x e^x - e^x + C = (x - 1)e^x + C.
$$

3) Mit $u' = \sin x$ und $v = x$ erhält man

$$
\int x \sin x \, dx = x(-\cos x) - \int (-\cos x) \, dx = -x \cos x + \sin x + C.
$$

4) Ein Beispiel zur Anwendung partieller Integration gemeinsam mit der Substitutionsregel 2
Zu berechnen ist das Integral $\int \frac{1}{(1+x^2)^2} \, dx$. Die Substitution $x = \tan t$ und damit $dx = \frac{1}{\cos^2 t} \, dt$ ergibt

$$
\int \frac{1}{(1 + x^2)^2} \, dx = \int \frac{1}{\cos^2 t (1 + \frac{\sin^2 t}{\cos^2 t})^2} \, dt = \int \cos^2 t \, dt.
$$

Mit der partiellen Integration erhält man mit $u' = \cos t$ und $v = \cos t$ wie in Beispiel 1)

$$
\begin{aligned}
\int \cos^2 t \, dt &= \tfrac{1}{2}(t + \sin t \cos t) + C \\[4pt]
&= \tfrac{1}{2}(\arctan x + \sin(\arctan x) \cos(\arctan x)) + C.
\end{aligned}
$$

Auf eine weitere Vereinfachung des Ergebnisses wird hier verzichtet.

2.13.3 Integration rationaler Funktionen und Partialbruchzerlegung

Bevor wir rationale Funktionen integrieren können, müssen wir einige wichtige Eigenschaften von Polynomen mit reellen Koeffizienten diskutieren.

Satz 2.29. *(Nullstellenpaar bei Polynomen mit reellen Koeffizienten)*
Sei $p(x) = \sum_{j=0}^{n} a_j x^j$ ein Polynom mit reellen Koeffizienten a_j und sei $\alpha \in \mathbb{C}$ eine m-fache Nullstelle von p, also $p(\alpha) = 0$. Dann ist $\overline{\alpha}$ ebenfalls m-fache Nullstelle mit $p(\overline{\alpha}) = 0$.

Beweis: Wir führen den Beweis nur für $m = 1$.

$$p(\overline{\alpha}) = \sum_{j=0}^{n} a_j \overline{\alpha}^j = \sum_{j=0}^{n} \overline{a_j}\,\overline{\alpha^j} = \sum_{j=0}^{n} \overline{a_j \alpha^j} = \overline{\sum_{j=0}^{n} a_j \alpha^j} = \overline{p(\alpha)} = \overline{0} = 0.$$

□

Nach dem Fundamentalsatz der Algebra (s. dazu Abschnitt 1.7.4) hat ein Polynom n-ten Grades n Nullstellen. Ist der Grad n des Polynoms p ungerade, so hat p mindestens eine reelle Nullstelle, denn nachdem man alle Paare konjugiert komplexer Nullstellen gebildet hat, muss mindestens eine Nullstelle übrig bleiben, für die kein konjugiert komplexer Partner mehr vorhanden ist (was ja nach dem Satz 2.29 für jede komplexe Nullstelle möglich sein muss).
Ist der Grad des Polynoms p gerade, so ist die Zahl r der reellen Nullstellen ebenfalls gerade (möglicherweise gibt es dann auch überhaupt keine reelle Nullstelle, d.h. $r = 0$.

Satz 2.30. *(quadratischer Faktor)*
Das Produkt der Linearfaktoren $(x - z_j)$ und $(x - \overline{z_j})$ ist ein Polynom 2. Grades mit ausschließlich reellen Koeffizienten.

Beweis: Man erhält

$$(x - z_j)(x - \overline{z_j}) = x^2 - x\overline{z_j} - xz_j + z_j\overline{z_j} = x^2 - (z_j + \overline{z_j})x + z_j\overline{z_j},$$

also ein Polynom mit den reellen Koeffizienten $a_2 = 1$, $a_1 = -(z_j + \overline{z_j}) = -2\,\mathrm{Re}\,z_j$ und $a_0 = z_j\overline{z_j} = |z_j|^2$.   □

Beispiel: Wir betrachten das konjugiert komplexe Zahlenpaar $z = 2 + 5i$ und $\overline{z} = 2 - 5i$. Dann ergibt die Rechnung

$$(x - (2 + 5i))(x - (2 - 5i))$$
$$= x^2 - (2 + 5i)x - (2 - 5i)x + (2 + 5i)(2 - 5i)$$
$$= x^2 - 4x + 4 - 25i^2 = x^2 - 4x + 29,$$

also ein Polynom mit den reellen Koeffizienten $a_2 = 1$, $a_1 = -4 = -2\,\mathrm{Re}\,z$ und $a_0 = 29 = |z|^2$.

Im direkten Ergebnis des Fundamentalsatzes der Algebra, der Sätze 2.29 und 2.30 können wir den folgenden Satz zur Zerlegbarkeit von Polynomen mit reellen Koeffizienten formulieren.

Satz 2.31. *(Zerlegung eines Polynoms mit reellen Koeffizienten)*
Ein Polynom p mit dem Grad n mit ausschließlich reellen Koeffizienten kann man in

lineare und quadratische Faktoren mit reellen Koeffizienten zerlegen. Es gilt die Zerlegungsformel

$$p(x) = a_n \prod_{k=1}^{r} (x - z_k)^{m_k} \prod_{j=1}^{s} (x^2 + p_j x + q_j)^{n_j}, \quad mit \quad \sum_{k=1}^{r} m_k + 2 \sum_{j=1}^{s} n_j = n.$$

Beweis: Da mit jeder komplexen Nullstelle w_j auch $\overline{w_j}$ Nullstelle des Polynoms p ist, findet man insgesamt s komplexe Nullstellenpaare $w_j, \overline{w_j}$, deren Vielfachheit jeweils n_j sein soll.

Die restlichen r Nullstellen sind reell. Wir bezeichnen sie mit z_k, wobei m_k die Vielfachheit von z_k sein soll. Nach dem Fundamentalsatz der Algebra bzw. Satz 2.29 gibt es für das Polynom p die Darstellung

$$
\begin{aligned}
p(x) \quad = \quad & a_n (x - z_1)^{m_1} (x - z_2)^{m_2} \ldots (x - z_r)^{m_r} (x - w_1)^{n_1} (x - \overline{w_1})^{n_1} \\
& (x - w_2)^{n_2} (x - \overline{w_2})^{n_2} \ldots (x - w_s)^{n_s} (x - \overline{w_s})^{n_s}.
\end{aligned}
\tag{2.42}
$$

Wenn wir das Produkt der Linearfaktoren $x - w_j$ und $x - \overline{w_j}$ bilden, erhalten wir mit

$$x^2 + p_j x + q_j = (x - w_j)(x - \overline{w_j})$$

ein quadratisches Polynom mit reellen Koeffizienten (vgl. Satz 2.30). Damit folgt aus (2.42) die behauptete Zerlegungsformel.

Die Anzahl und die Vielfachheit der reellen Nullstellen und komplexen Nullstellenpaare erklärt die Formel $\sum_{k=1}^{r} m_k + 2 \sum_{j=1}^{s} n_j = n$. □

Beispiele:

1) Wir betrachten das Polynom $p(x) = x^3 - x^2 + x - 1$ und finden durch genaues Hinsehen mit $z_1 = 1$ eine Nullstelle. Beim zweiten Hinsehen finden wir mit $z_2 = i$ eine Nullstelle und können mit dem Satz 2.29 schlussfolgern, dass auch $z_3 = \overline{z_2} = -i$ eine Nullstelle ist, da unser Polynom ausschließlich reelle Koeffizienten hat. Wir erhalten also die Faktorisierung

$$p(x) = (x - 1)(x - i)(x + i),$$

bzw. nach der Produktbildung $(x - i)(x + i) = x^2 + 1$ mit

$$p(x) = (x - 1)(x^2 + 1)$$

die Zerlegung in einen Linearfaktor und einen quadratischen Faktor. In diesem Fall gilt für die Zahlen des Satzes 2.31

$$n = 3, \qquad r = 1, \qquad m_1 = 1, \qquad s = 1, \qquad n_1 = 1,$$

und damit $m_1 + 2n_1 = 1 + 2 \cdot 1 = 3 = n$.

2) Sei das Polynom $p(x) = x^4 - 2x^3 + 3x^2 - 2x + 1$ gegeben. Wir finden mit Octave oder MATLAB die Nullstelle $z_1 = \frac{1}{2} + \frac{\sqrt{3}}{2}i$. Da wir wissen, dass $z_2 = \overline{z_1} = \frac{1}{2} - \frac{\sqrt{3}}{2}i$ ebenfalls eine Nullstelle ist, können wir das Polynom $p(x)$

ohne Rest durch $(x - z_1)(x - z_2)$ dividieren, und erhalten ein Polynom $q(x)$, so dass

$$p(x) = q(x)(x - z_1)(x - z_2)$$

gilt. Konkret ergibt sich

$$(x - z_1)(x - z_2) = \left(x - \frac{1}{2} - \frac{\sqrt{3}}{2}i\right)\left(x - \frac{1}{2} + \frac{\sqrt{3}}{2}i\right) = x^2 - x + 1,$$

und

$$
\begin{array}{l}
(x^4 - 2x^3 + 3x^2 - 2x + 1) : (x^2 - x + 1) = x^2 - x + 1 \\
\underline{-(x^4 - x^3 + x^2)} \\
\quad\quad (-x^3 + 2x^2 - 2x + 1) \\
\quad\quad \underline{-(-x^3 + x^2 - x)} \\
\quad\quad\quad\quad (x^2 - x + 1) \\
\quad\quad\quad\quad \underline{-(x^2 - x + 1)} \\
\quad\quad\quad\quad\quad\quad 0.
\end{array}
$$

Damit haben wir für $p(x)$ die Zerlegung

$$p(x) = (x^2 - x + 1)^2$$

erhalten, und mit den Bezeichnungen des Satzes 2.31 haben wir

$$n = 4, \qquad r = 0, \qquad s = 1, \qquad n_1 = 2,$$

und damit $2n_1 = 2 \cdot 2 = 4 = n$.

Nach diesen Vorbereitungen wenden wir uns jetzt der **Integration rationaler Funktionen** zu. Eine rationale Funktion ist entweder eine ganze rationale Funktion (Polynom) oder eine gebrochen rationale Funktion (Polynombruch). Die gebrochen rationale Funktion

$$\frac{p_n(x)}{q_m(x)}$$

(p_n bzw. q_m sind Polynome n-ten bzw. m-ten Grades, d.h. $\deg(p_n) = n$, $\deg(q_m) = m$) kann echt ($n < m$) oder unecht ($n \geq m$) gebrochen sein. Polynome kann man leicht integrieren. Bei den gebrochen rationalen Funktionen kann man sich auf die **echt gebrochen rationalen Funktionen** beschränken. Jede unecht gebrochen rationale Funktion kann man nämlich als Summe aus einem Polynom und einer echt gebrochen rationalen Funktion darstellen: Ist in $\frac{p_n(x)}{q_m(x)}$ der Grad des Zählerpolynoms größer als der des Nennerpolynoms ($n \geq m$), dann gibt es zwei eindeutig bestimmte Polynome $s(x)$, $r(x)$ mit $deg(r) < deg(q_m) = m$, so dass

$$p_n(x) = s(x)q_m(x) + r(x)$$

gilt. Es ist $deg(s) = n - m$; $r(x)$ kann auch das Nullpolynom sein: $r(x) \equiv 0$ ist eingeschlossen; dann ist $p_n(x)$ durch $q_m(x)$ teilbar und $\frac{p_n(x)}{q_m(x)}$ ist bereits ein Polynom $s(x)$. Ist aber $r(x)$ verschieden vom Nullpolynom, dann ist

$$\frac{p_n(x)}{q_m(x)} = s(x) + \frac{r(x)}{q_m(x)}$$

die Darstellung der unecht gebrochen rationalen Funktion als Summe aus einer ganzrationalen Funktion (Polynom) $s(x)$ vom Grade $n - m$ und einer echt gebrochen rationalen Funktion $\frac{r(x)}{q_m(x)}$.

Die Koeffizienten der Polynome $s(x)$, $r(x)$ kann man z.B. durch einen Koeffizientenvergleich[2] bestimmen. Wir demonstrieren dies durch ein Beispiel.

$$\frac{p_n(x)}{q_m(x)} = \frac{x^4 + 2}{x^2 + 2x - 1} = s(x) + \frac{r(x)}{x^2 + 2x - 1}$$

Ansatz:

$$x^4 + 2 = s(x)(x^2 + 2x - 1) + r(x) = (c_2 x^2 + c_1 x + c_0)(x^2 + 2x - 1) + d_1 x + d_0$$

Koeffizientenvergleich:

$$x^4 : \quad 1 = c_2$$
$$x^3 : \quad 0 = 2c_2 + c_1$$
$$x^2 : \quad 0 = -c_2 + 2c_1 + c_0$$

Hieraus folgt $s(x) = x^2 - 2x + 5$ und weiter

$$d_1 x + d_0 = r(x) = x^4 + 2 - (x^2 - 2x + 5)(x^2 + 2x - 1) = -12x + 7 \,.$$

Also gilt

$$\frac{x^4 + 2}{x^2 + 2x - 1} = x^2 - 2x + 5 + \frac{-12x + 7}{x^2 + 2x - 1} \,.$$

Wir wissen, dass es für $q_m(x)$ nach Satz 2.31 eine Zerlegung der Art

$$q_m(x) = a_m \prod_{k=1}^{r}(x - x_k)^{m_k} \prod_{j=1}^{s}(x^2 + p_j x + q_j)^{n_j}, \quad \text{mit} \quad \sum_{k=1}^{r} m_k + 2 \sum_{j=1}^{s} n_j = m \quad (2.43)$$

gibt. Die x_k sind die r reellen Nullstellen mit den Vielfachheiten m_k ($k = 1, 2, ..., r$). Die Polynome $(x^2 + p_j x + q_j)$ sind das Ergebnis der Multiplikation $(x - w_j)(x - \overline{w_j})$, wobei $w_j, \overline{w_j}$ insgesamt s Nullstellenpaare (komplex, konjugiert komplex) mit den Vielfachheiten n_j ($j = 1, 2, ..., s$) sind. Im Ergebnis der Multiplikation entstehen dabei reelle Koeffizienten p_j, q_j (vgl. Satz 2.30). Hat man nun das Nennerpolynom q_m der echt gebrochen rationalen Funktion in der Form

---

[2]Sind zwei Polynome $f(x) = \sum a_k x^k$, $g(x) = \sum b_k x^k$ mit $f(x) = g(x)$ gleich für alle x, so haben f und g dieselben Koeffizienten $a_k = b_k$ für alle k.

(2.43) vorzuliegen, kann man mit dem folgenden Satz die Grundlagen für die Integration rationaler Funktionen formulieren.

Satz 2.32. *(reelle Partialbruchzerlegung)*

Seien $p(x)$ und $q(x)$ Polynome mit reellen Koeffizienten, deg $p = n$ und deg $q = m$ und $n < m$. Auf der Grundlage der Faktorenzerlegung (2.43) des Nennerpolynoms $q(x)$ gibt es für die echt gebrochen rationale Funktion $r(x) = \frac{p_n(x)}{q_m(x)}$ genau eine Zerlegung in Partialbrüche der Form

$$
\begin{aligned}
\frac{p_n(x)}{q_m(x)} = \quad & \frac{a_{11}}{x-x_1} + \frac{a_{12}}{(x-x_1)^2} + \cdots + \frac{a_{1m_1}}{(x-x_1)^{m_1}} \\
+ \quad & \frac{a_{21}}{x-x_2} + \frac{a_{22}}{(x-x_2)^2} + \cdots + \frac{a_{2m_2}}{(x-x_2)^{m_2}} \\
+ \quad & \cdots \\
+ \quad & \frac{a_{r1}}{x-x_r} + \frac{a_{r2}}{(x-x_r)^2} + \cdots + \frac{a_{rm_r}}{(x-x_r)^{m_r}} \\
+ \quad & \frac{b_{11}x+c_{11}}{x^2+p_1x+q_1} + \cdots + \frac{b_{1n_1}x+c_{1n_1}}{(x^2+p_1x+q_1)^{n_1}} \\
+ \quad & \frac{b_{21}x+c_{21}}{x^2+p_2x+q_2} + \cdots + \frac{b_{2n_2}x+c_{2n_2}}{(x^2+p_2x+q_2)^{n_2}} \\
+ \quad & \cdots \\
+ \quad & \frac{b_{s1}x+c_{s1}}{x^2+p_sx+q_s} + \cdots + \frac{b_{sn_s}x+c_{sn_s}}{(x^2+p_sx+q_s)^{n_s}},
\end{aligned}
\tag{2.44}
$$

wobei die Koeffizienten a, b, c eindeutig bestimmt (und auch bestimmbar) sind.

Zur Struktur der Formel (2.44):

Zu jeder reellen Nullstelle und jedem Paar konjugiert-komplexer Nullstellen des Nennerpolynoms gehören so viele Partialbrüche, wie die entsprechende Vielfachheit angibt. Die Potenzen in den Nennern der Partialbrüche wachsen dabei von 1 bis zur Vielfachheit. Die unterschiedliche Form der zu reellen bzw. Paaren konjugiert-komplexer Nullstellen gehörigen Partialbrüche ist offensichtlich.

Für die Koeffizienten a, b, c entsteht nach der Multiplikation der Gleichung (2.44) mit dem Nennerpolynom $q_m(x)$ eine Gleichung der Form

$$p_n(x) = b_{m-1}(x), \quad n \leq m-1,$$

denn die Nennerpolynome der rechten Seite der Gleichung (2.44) kürzen sich weg, da sie allesamt Teiler des Polynoms $q_m(x)$ sind. Ein Vergleich der Koeffizienten der Polynome $p_n(x)$ und $b_{m-1}(x)$ (2 Polynome sind gleich, wenn die Koeffizienten vor den entsprechenden Potenzen von x übereinstimmen) ergibt ein eindeutig lösbares lineares Gleichungssystem mit m Gleichungen für die m Koeffizienten a, b, c.

Die allgemeinste Form der Partialbruchzerlegung erhalten wir mit

Satz 2.33. *(allgemeine Partialbruchzerlegung)*

Seien $p(z)$ und $q(z)$ Polynome mit im Allg. komplexen Koeffizienten, deg $p = n$ und deg $q = m$ und $n < m$. Das Nennerpolynom habe die Nullstellen $z_1 \ldots, z_r$ mit den Vielfachheiten $m_1 \ldots, m_r$. Auf der Grundlage der Faktorenzerlegung gemäß Fundamentalsatz der Algebra gibt es für die echt gebrochen rationale Funktion $r(z) = \frac{p_n(z)}{q_m(z)}$ genau *eine Zerlegung in Partialbrüche der Form*

$$
\begin{aligned}
\frac{p_n(z)}{q_m(x)} =\ & \frac{c_{11}}{z-z_1} + \frac{c_{12}}{(z-z_1)^2} + \cdots + \frac{c_{1m_1}}{(z-z_1)^{m_1}} \\
+\ & \frac{a_{21}}{z-z_2} + \frac{c_{22}}{(z-z_2)^2} + \cdots + \frac{c_{2m_2}}{(z-z_2)^{m_2}} \\
\cdots \\
+\ & \frac{c_{r1}}{z-z_r} + \frac{c_{r2}}{(z-z_r)^2} + \cdots + \frac{c_{rm_r}}{(x-z_r)^{m_r}}\,,
\end{aligned}
\tag{2.45}
$$

wobei die Koeffizienten c eindeutig bestimmt (und auch bestimmbar) sind.

Beispiele:

1) Betrachten wir die echt gebrochen rationale Funktion

$$\frac{x^2 + x - 1}{x^4 - 2x^3 + 3x^2 - 2x + 1}\,.$$

Nullstellen des Nennerpolynoms sind nicht leicht zu finden, aber wenn man den Nenner in der Form

$$x^4 - 2x^3 + 2x^2 + x^2 - 2x + 1 = x^4 - 2x^2(x-1) + (x-1)^2$$

umschreibt, stellen wir fest, dass

$$x^4 - 2x^3 + 3x^2 - 2x + 1 = (x^2 - x + 1)^2$$

gilt. Der quadratische Faktor $x^2 - x + 1$ hat keine reellen Nullstellen, sondern das konjugiert-komplexe Paar

$$w_1 = \frac{1}{2} + \frac{\sqrt{3}}{2}i, \quad \overline{w}_1 = \frac{1}{2} - \frac{\sqrt{3}}{2}i,$$

mit der Vielfachheit $m_1 = 2$. Die Zerlegung in lineare bzw. quadratische Faktoren ergibt

$$x^4 - 2x^3 + 3x^2 - 2x + 1 = [(x - w_1)(x - \overline{w}_1)]^2 = (x^2 - x + 1)^2.$$

Nach dem Satz 2.32 muss eine eindeutige Partialbruchzerlegung der Form

$$\frac{x^2 + x - 1}{x^4 - 2x^3 + 3x^2 - 2x + 1} = \frac{b_{11}x + c_{11}}{x^2 - x + 1} + \frac{b_{12}x + c_{12}}{(x^2 - x + 1)^2}$$

existieren, d.h. es muss eindeutig bestimmte Koeffizienten $b_{11}, c_{11}, b_{12}, c_{12}$ geben. Zur Bestimmung der Koeffizienten multiplizieren wir den Ansatz mit dem Nennerpolynom und erhalten aufgrund der gültigen Zerlegung für das Nennerpolynom die Gleichung

$$
\begin{aligned}
x^2 + x - 1 &= (b_{11}x + c_{11})(x^2 - x + 1) + b_{12}x + c_{12} \\
&= b_{11}x^3 + (c_{11} - b_{11})x^2 + (b_{11} + b_{12} - c_{11})x + c_{11} + c_{12}.
\end{aligned}
$$

Aus dem Koeffizientenvergleich ergibt sich das oben angesprochene Gleichungssystem

$$
\begin{array}{rcrcrcr}
b_{11} & & & & & = & 0 \\
-b_{11} & +c_{11} & & & & = & 1 \\
b_{11} & -c_{11} & +b_{12} & & & = & 1 \\
& c_{11} & & +c_{12} & & = & -1
\end{array}
$$

zur Bestimmung der Koeffizienten mit der Lösung

$$
b_{11} = 0, \quad c_{11} = 1, \quad b_{12} = 2, \quad c_{12} = -2,
$$

und somit die Partialbruchzerlegung

$$
\frac{x^2 + x - 1}{x^4 - 2x^3 + 3x^2 - 2x + 1} = \frac{1}{x^2 - x + 1} + \frac{2x - 2}{(x^2 - x + 1)^2}.
$$

Die komplexe Partialbruchuzerlegung vo $\frac{z^2+z-1}{z^4-2z^3+3z^2-2z+1}$ hat gemäß Satz 2.33 und (2.45) die Form

$$
\begin{aligned}
\frac{z^2 + z - 1}{z^4 - 2z^3 + 3z^2 - 2z + 1} &= \frac{c_{11}}{z - (\frac{1}{2} + \frac{\sqrt{3}}{2}i)} + \frac{c_{12}}{[z - (\frac{1}{2} + \frac{\sqrt{3}}{2}i)]^2} \\
&+ \frac{c_{21}}{z - (\frac{1}{2} - \frac{\sqrt{3}}{2}i)} + \frac{c_{22}}{[z - (\frac{1}{2} - \frac{\sqrt{3}}{2}i)]^2}.
\end{aligned}
$$

Die Bestimmung der in diesem Fall komplexen Koeffizienten erfolgt über den Koeffizientenvergleich analog zum reellen Fall und sollte als Übung eigenständig durchgeführt werden.

2) Betrachten wir die Funktion

$$
f(x) = \frac{4x^2 - 7x + 25}{x^3 - 6x^2 + 3x + 10},
$$

so finden wir mit $x_1 = -1$ sehr schnell eine Nullstelle des Nenners, und damit auch bald die anderen beiden Nullstellen $x_2 = 2$ und $x_3 = 5$. Nach dem Satz 2.32 gibt es die Zerlegung

$$
\frac{4x^2 - 7x + 25}{(x + 1)(x - 2)(x - 5)} = \frac{a_1}{x + 1} + \frac{a_2}{x - 2} + \frac{a_3}{x - 5}, \tag{2.46}
$$

und nach der Multiplikation mit dem Nennerpolynom ergibt sich die Gleichung

$$
4x^2 - 7x + 25 = a_1(x - 2)(x - 5) + a_2(x + 1)(x - 5) + a_3(x + 1)(x - 2) \tag{2.47}
$$

$$
= (a_1 + a_2 + a_3)x^2 + (-7a_1 - 4a_2 - a_3)x + 10a_1 - 5a_2 - 2a_3.
$$

Der Koeffizientenvergleich führt auf das Gleichungssystem

$$
\begin{array}{rcrcrcr}
a_1 & +a_2 & +a_3 & = & 4 \\
-7a_1 & -4a_2 & -a_3 & = & -7 \\
10a_1 & -5a_2 & -2a_3 & = & 25
\end{array}
$$

mit der Lösung

$$a_1 = 2, \quad a_2 = -3, \quad a_3 = 5.$$

Es gibt mehrere Methoden zur Koeffizientenbestimmung:

a) Die in den beiden Beispielen durchgeführte Methode des **Koeffizientenvergleichs** führt, wie gesehen, auf ein eindeutig lösbares lineares Gleichungssystem. Die Methode führt immer zum Erfolg, ist allerdings mitunter recht aufwendig.

b) Es geht oft auch einfacher, mit der so genannten **Grenzwertmethode**. Wenn wir beim Beispiel 2 die Nullstellen nacheinander in die Gleichung (2.47) einsetzen, erhalten wir nacheinander die Gleichungen

$$\begin{aligned}
4 + 7 + 25 &= a_1(-3)(-6) \Longleftrightarrow a_1 = \frac{36}{18} = 2, \\
16 - 14 + 25 &= a_2 3(-3) \Longleftrightarrow a_2 = \frac{27}{-9} = -3, \\
100 - 35 + 25 &= a_3 6 \cdot 3 \Longleftrightarrow a_3 = \frac{90}{18} = 5.
\end{aligned}$$

Hinter diesem einfachen "Einsetzen der reellen Nullstellen" verbirgt sich tatsächlich eine Grenzwertbildung, wenn man etwas genauer hinsieht. Die Partialbruchzerlegung (2.44) gilt streng genommen nur für die $x \in \mathbb{R}$ mit $x \neq x_1, x_2, \ldots, x_r$. Bei der Multiplikation mit dem Nennerpolynom $q_m(x)$ sind also diese x-Werte auch auszuschließen. Somit gilt auch die durch die Multiplikation gewonnene Polynomgleichung $p_n(x) = b_{m-1}(x)$ zunächst nur für $x \neq x_1, x_2, \ldots, x_r$, z.B. (2.46) nur für $x \neq -1,2,5$. Natürlich gilt für die Polynome p_n, b_{m-1} auch $\lim_{x \to x_j} p_n(x) = \lim_{x \to x_j} b_{m-1}(x)$ $(j = 1, 2, \ldots, r)$, und diese Grenzwerte sind durch Einsetzen von $x = x_j$ bestimmbar. Damit ist die "Grenzwertmethode" gerechtfertigt.

c) Eine dritte Möglichkeit der Koeffizientenbestimmung erhält man mit der so genannten **Methode des Zuhaltens**, die nur für Linearfaktoren funktioniert. Z.B. multipliziert man die Gleichung (2.46) zuerst mit $x + 1$ und erhält

$$\frac{4x^2 - 7x + 25}{(x-2)(x-5)} = a_1 + \frac{a_2(x+1)}{x-2} + \frac{a_3(x+1)}{x-5}$$

bzw. nach Einsetzen von $x = -1$ direkt $a_1 = 2$. Dies würde man auch erhalten, wenn man auf der linken Seite von (2.46) die Nullstelle $x = -1$ einsetzt und den zu Null werdenden Term $(x + 1)$ im Nenner zuhält (deshalb der Name). Mit den anderen Nullstellen verfährt man ebenso.

Die **Schritte der Partialbruchzerlegung** sind:

1) Eventuell eine durchzuführende Polynomdivision zur Erzeugung einer echt gebrochen rationalen Funktion,

2) Bestimmung der Nullstellen des Nennerpolynoms bzw. der Zerlegung in lineare und/oder quadratische Faktoren gemäß Satz 2.31,

3) Aufstellung des Ansatzes für die Partialbrüche gemäß Satz 2.32,

4) Bestimmung der Koeffizienten.

Wenn wir uns an das eigentliche Problem der Berechnung einer Stammfunktion einer echt gebrochen rationalen Funktion erinnern, haben wir nach der Partialbruchzerlegung anstelle des Integrals

$$\int \frac{p_n(x)}{q_m(x)} \, dx$$

Integrale des Types

A) $\quad \displaystyle\int \frac{a}{(x-r)^\alpha} \, dx \qquad$ und $\qquad$ B) $\quad \displaystyle\int \frac{bx+c}{(x^2+px+q)^\beta} \, dx$

zu berechnen ($\alpha, \beta \in \mathbb{N}$, $a, b, c, r, p, q \in \mathbb{R}$).
Die Integrale des Types A sind durch die Substitution $t = x - r$ einfach zu berechnen; man erhält

$$I_A = \int \frac{a}{(x-r)^\alpha} \, dx = a \int \frac{1}{t^\alpha} \, dt = \begin{cases} a \ln |x - r| & \text{für } \alpha = 1 \\ a \frac{1}{1-\alpha}(x-r)^{-\alpha+1} & \text{für } \alpha \neq 1. \end{cases}$$

Bei den Integralen des Types B ist anzumerken, dass $4q - p^2 > 0$ gilt, da die quadratischen Polynome $x^2 + px + q$ dadurch gekennzeichnet waren, dass sie keine reellen Nullstellen hatten.
Für den Fall $\beta = 1$ erhalten wir

$$\begin{aligned} I_B = \int \tfrac{bx+c}{x^2+px+q} \, dx &= \tfrac{b}{2} \int \tfrac{2x+p-p+2\frac{c}{b}}{x^2+px+q} \, dx \\ &= \tfrac{b}{2} \int \tfrac{2x+p}{x^2+px+q} \, dx + \tfrac{b}{2} \int \tfrac{2\frac{c}{b}-p}{x^2+px+q} \, dx \\ &= \tfrac{b}{2} \ln(x^2+px+q) + (c - p\tfrac{b}{2}) \int \tfrac{1}{(x+\frac{p}{2})^2 + q - \frac{p^2}{4}} \, dx \\ &= \tfrac{b}{2} \ln(x^2+px+q) + \tfrac{c-p\frac{b}{2}}{q-\frac{p^2}{4}} \int \tfrac{1}{(\frac{x+\frac{p}{2}}{\sqrt{q-\frac{p^2}{4}}})^2 + 1} \, dx \end{aligned}$$

Nach der Substitution

$$t = \frac{x + \frac{p}{2}}{\sqrt{q - \frac{p^2}{4}}}, \qquad dt = \frac{dx}{\sqrt{q - \frac{p^2}{4}}}$$

erhält man schließlich

$$I_B = \frac{b}{2} \ln(x^2+px+q) + \frac{c - p\frac{b}{2}}{\sqrt{q - \frac{p^2}{4}}} \arctan\left(\frac{x + \frac{p}{2}}{\sqrt{q - \frac{p^2}{4}}}\right) + C. \tag{2.48}$$

Für $\beta \in \mathbb{N}$, $\beta > 1$ gewinnt man aus dem Ansatz

$$\int \frac{dx}{(x^2+px+q)^\beta} = \frac{c_1 x + c_2}{(x^2+px+q)^{\beta-1}} + c_3 \int \frac{dx}{(x^2+px+q)^{\beta-1}}$$

eine Rekursionsformel, indem man die zunächst unbestimmten Koeffizienten c_1, c_2, c_3 durch Koeffizientenvergleich bestimmt, nachdem auf beiden Seiten differenziert und mit $(x^2+px+q)^\beta$ durchmultipliziert wurde. Man findet nach kurzer

Rechnung $c_1 = \frac{2}{(\beta-1)(4q-p^2)}$, $c_2 = \frac{p}{(\beta-1)(4q-p^2)}$, $c_3 = \frac{2(2\beta-3)}{(\beta-1)(4q-p^2)}$ und damit die Rekursionsformel

$$\int \frac{dx}{(x^2 + px + q)^\beta} = \frac{1}{(\beta-1)(4q-p^2)} \frac{2x+p}{(x^2+px+q)^{\beta-1}}$$
$$+ \frac{2(2\beta-3)}{(\beta-1)(4q-p^2)} \int \frac{dx}{(x^2+px+q)^{\beta-1}} . \qquad (2.49)$$

Damit kann man den Exponenten β im Nenner um 1 vermindern. Man kommt schließlich auf das Integral $\int \frac{dx}{x^2+px+q}$. Das kann nach (2.48) mit $b = 0, c = 1$ geschlossen ausgewertet werden:

$$\int \frac{dx}{x^2 + px + q} = \frac{2}{\sqrt{4q - p^2}} \arctan \frac{2x + p}{\sqrt{4q - p^2}} .$$

Wenn man berücksichtigt, dass für $\beta > 1$

$$[\tfrac{1}{(x^2+px+q)^\beta}]' = \frac{-\beta(2x+p)}{(x^2+px+q)^{\beta-1}} \quad \text{bzw.} \quad \frac{1}{(x^2+px+q)^\beta} = \int \frac{-\beta(2x+p)}{(x^2+px+q)^{\beta-1}} \, dx$$

gilt, erhält man durch geschicktes Ausklammern und Ergänzen mit einer "nahrhaften Null", also einem Term der Art $b - b$, die Formel

$$\int \frac{bx + c}{(x^2 + px + q)^\beta} \, dx = -\frac{b}{2(\beta-1)((x^2 + px + q)^{\beta-1}} + (c - \frac{bp}{2}) \int \frac{dx}{(x^2 + px + q)^\beta} .$$

Diese Formel führt das Problem der Integration einer Funktion $\frac{bx+c}{(x^2+px+q)^\beta}$ mit $\beta > 1$ auf das Problem der Integration der Funktion $\frac{1}{(x^2+px+q)^\beta}$ zurück. Diese Integrationsaufgabe war aber mit der Rekursionsformel (2.49) und (2.48) (Spezialfall $b = 0, c = 1$) bereits erledigt. Der Leser sollte die angegebenen Integrationsformeln durch Differenzieren bestätigen.

Damit hat man alle Formeln parat, um das unbestimmte Integral von gebrochen rationalen Funktionen zu bestimmen.

Beispiele:

1) Es soll das Integral $\int \frac{4x+6}{(x^2+2x+6)^2} \, dx$ berechnet werden. Da das Nennerpolynom keine reellen Nullstellen hat, ist keine weitere Zerlegung in Partialbrüche möglich und nötig. Wir erhalten durch Überlegung und Anwendung der eben hergeleiteten Formeln

$$
\begin{aligned}
\int \tfrac{4x+6}{(x^2+2x+6)^2} \, dx &= 2 \int \tfrac{2x+3}{(x^2+2x+6)^2} \, dx = 2 \int \tfrac{2x+2-2+3}{(x^2+2x+6)^2} \, dx \\
&= 2 \int \tfrac{2x+2}{(x^2+2x+6)^2} \, dx + 2 \int \tfrac{1}{(x^2+2x+6)^2} \, dx \\
&= 2 \int \tfrac{1}{u^2} \, du + 2 \int \tfrac{1}{(x^2+2x+6)^2} \, dx \quad (u = x^2 + 2x + 6) \\
&= -2\tfrac{1}{x^2+2x+6} + 2[\tfrac{x+1}{10(x^2+2x+6)} + \tfrac{1}{10} \int \tfrac{1}{x^2+2x+6} \, dx] \\
&= \tfrac{x-9}{5(x^2+2x+6)} + \tfrac{1}{5} \int \tfrac{1}{x^2+2x+6} \, dx \\
&= \tfrac{x-9}{5(x^2+2x+6)} + \tfrac{1}{5\sqrt{5}} \arctan(\tfrac{x+1}{\sqrt{5}}) + C.
\end{aligned}
$$

2) Die Funktion $f(x) = \frac{x}{(1+x^2)^2}$ kann nicht weiter in Partialbrüche zerlegt werden. Für das unbestimmte Integral erhält man mit der Substitution $t = 1 + x^2$ recht schnell

$$\int \frac{x}{(1+x^2)^2}\, dx = \frac{1}{2}\int \frac{2x}{(1+x^2)^2}\, dx = \frac{1}{2}\int \frac{dt}{t^2} = -\frac{1}{2t} + C = -\frac{1}{2(1+x^2)} + C.$$

3) Es soll das Integral

$$I = \int \frac{2x^3 - x^2 - 10x + 19}{x^2 + x - 6}\, dx$$

berechnet werden. Da das Zählerpolynom den Grad 3 und das Nennerpolynom mit 2 einen kleineren Grad hat, ist eine Polynomdivision durchzuführen. Man erhält

$$\begin{aligned}
(2x^3 - x^2 - 10x + 19) &: (x^2 + x - 6) = 2x - 3 \\
\underline{-(2x^3 + 2x^2 - 12x)} & \\
(-3x^2 + 2x + 19) & \\
\underline{-(-3x^2 - 3x + 18)} & \\
(5x + 1) &
\end{aligned}$$

und damit

$$\frac{2x^3 - x^2 - 10x + 19}{x^2 + x - 6} = 2x - 3 + \frac{5x + 1}{x^2 + x - 6}.$$

Die Nullstellen des Nenners findet man mit $x_1 = 2$ und $x_2 = -3$ und der Ansatz für die Partialbruchzerlegung lautet

$$\frac{5x + 1}{x^2 + x - 6} = \frac{a_1}{x - 2} + \frac{a_2}{x + 3}.$$

Nach der Multiplikation mit $x^2 + x - 6$ erhält man

$$5x + 1 = a_1(x + 3) + a_2(x - 2),$$

und nach Einsetzen von $x = 2$ sofort $a_1 = \frac{11}{5}$ und nach Einsetzen von $x = -3$ den Koeffizienten $a_2 = \frac{14}{5}$. Für das Integral I ergibt sich damit

$$\begin{aligned}
I &= \int (2x - 3)\, dx + \frac{11}{5}\int \frac{dx}{x-2} + \frac{14}{5}\int \frac{dx}{x+3} \\
&= x^2 - 3x + \frac{11}{5}\ln|x - 2| + \frac{14}{5}\ln|x + 3| + C.
\end{aligned}$$

4) Abschließend soll das Integral

$$I = \int \frac{dx}{x^4 + 2x^3 - 2x^2 - 6x + 5}$$

berechnet werden. Mit $x_1 = 1$ findet man glücklicherweise schnell eine Nullstelle, so dass man durch $x - 1$ dividieren kann. Es ergibt sich

$$(x^4 + 2x^3 - 2x^2 - 6x + 5) = (x - 1)(x^3 + 3x^2 + x - 5),$$

also mit $x^3 + 3x^2 + x - 5$ ein Polynom, das wiederum 1 als Nullstelle hat, und wir erhalten

$$(x^4 + 2x^3 - 2x^2 - 6x + 5) = (x - 1)^2(x^2 + 4x + 5).$$

Da $x^2 + 4x + 5$ keine weiteren reellen Nullstellen hat, gibt es eine Partialbruchzerlegung der Form

$$\frac{1}{x^4 + 2x^3 - 2x^2 - 6x + 5} = \frac{a_1}{x - 1} + \frac{a_2}{(x - 1)^2} + \frac{bx + c}{x^2 + 4x + 5}.$$

Daraus folgt

$$1 = a_1(x - 1)(x^2 + 4x + 5) + a_2(x^2 + 4x + 5) + (bx + c)(x - 1)^2,$$

und durch Einsetzen von $x = 1$ erhalten wir $a_2 = \frac{1}{10}$. Wenn man $a_2(x^2 + 4x + 5)$ auf die linke Seite bringt, erhält man

$$-\frac{1}{10}x^2 - \frac{2}{5}x + \frac{1}{2} = a_1(x - 1)(x^2 + 4x + 5) + (bx + c)(x - 1)^2.$$

Die Division durch $x - 1$ (die wegen der Gestalt der rechten Seite ohne Rest möglich sein muss) ergibt

$$-\frac{1}{10}x - \frac{1}{2} = a_1(x^2 + 4x + 5) + (bx + c)(x - 1), \tag{2.50}$$

und durch Einsetzen von $x = 1$ erhält man $a_1 = -\frac{3}{50}$. Wenn man diesen Wert in (2.50) einsetzt, ergibt sich

$$\frac{3}{50}x^2 + \frac{7}{50}x - \frac{1}{5} = bx^2 + (c - b)x - c,$$

und durch Koeffizientenvergleich erhält man $b = \frac{3}{50}$ und $c = \frac{1}{5}$. Damit ergibt sich für das Integral

$$
\begin{aligned}
I &= -\frac{3}{50}\int\frac{dx}{x - 1} + \frac{1}{10}\int\frac{dx}{(x - 1)^2} + \int\frac{\frac{3}{50}x + \frac{1}{5}}{x^2 + 4x + 5}\,dx \\
&= -\frac{3}{50}\ln|x - 1| - \frac{1}{10(x - 1)} + \frac{3}{100}\int\frac{2x + \frac{20}{3}}{x^2 + 4x + 5}\,dx \\
&= -\frac{3}{50}\ln|x - 1| - \frac{1}{10(x - 1)} + \frac{3}{100}\int\frac{2x + 4 + \frac{8}{3}}{x^2 + 4x + 5}\,dx \\
&= -\frac{3}{50}\ln|x - 1| - \frac{1}{10(x - 1)} + \frac{3}{100}\ln(x^2 + 4x + 5) + \frac{2}{25}\int\frac{dx}{x^2 + 4x + 5} \\
&= -\frac{3}{50}\ln|x - 1| - \frac{1}{10(x - 1)} + \frac{3}{100}\ln(x^2 + 4x + 5) + \frac{2}{25}\arctan(x + 2) + C.
\end{aligned}
$$

Da die Integration die Umkehrung der Differentiation ist, lässt sich bei jeder Integration die Probe durch das Ableiten der erhaltenen Stammfunktion machen.

Allerdings ist das im Falle der Beispiele 1 und 4 zugegebenermaßen sehr aufwendig, jedoch als Übung zu empfehlen.

Man kann beweisen, dass auf einem Intervall stetige Funktionen Stammfunktionen besitzen. Jedoch kann man die Stammfunktionen nicht immer geschlossen analytisch darstellen. Eine der bekanntesten Funktionen, die nicht geschlossen integrierbar sind, ist die Funktion $f(x) = e^{-x^2}$. In diesen Fällen kann man die Stammfunktionen in Form einer Potenzreihe angeben. Man entwickelt den Integranden in eine TAYLOR-Reihe und integriert diese gliedweise (s. dazu Satz 3.26 und Abschnitt 3.7).

In einer Formeltabelle im Anhang sind eine Reihe von Substitutionen angegeben, die in vielen Fällen auf die Integration rationaler Funktionen führen. Die Integrale rationaler Funktionen lassen sich immer in geschlossener Form angeben, wenngleich oft auch sehr mühselig. Das Hauptproblem besteht oft in der Bestimmung der Nullstellen der Nennerpolynome.

Eine Klasse von Funktionen, deren Integration sich auf die Integration rationaler Funktionen zurückführen lässt, ist die Menge der rationalen Funktionen von $\sin x$ und $\cos x$:

$$R(\sin x, \cos x)$$

zum Beispiel $R(\sin x, \cos x) = \frac{1}{\cos x}$. Mit der Substitution

$$\cos x = \frac{1 - \tan^2 \frac{x}{2}}{1 + \tan^2 \frac{x}{2}} \qquad \sin x = \frac{2 \tan \frac{x}{2}}{1 + \tan^2 \frac{x}{2}}$$

wird $R(\sin x, \cos x)$ eine rationale Funktion von $\tan \frac{x}{2}$. Das Integral über diese Funktion behandelt man mit der Substitution $t = \tan \frac{x}{2}$,

$$dt = \frac{1}{2 \cos^2 \frac{x}{2}} dx = \frac{1 + \tan^2 \frac{x}{2}}{2} dx , \qquad dx = \frac{2}{1 + t^2} dt .$$

Damit entsteht eine rationale Funktion von t, die geschlossen integriert werden kann. Mit der beschriebenen Substitution ergibt sich

$$\int \frac{1}{\cos x} dx = \int \frac{1 + t^2}{1 - t^2} \frac{2 dt}{1 + t^2} = 2 \int \frac{dt}{1 - t^2} = \int \frac{dt}{1 - t} + \int \frac{dt}{1 + t} .$$

Daraus folgt bei Berücksichtigung der Substitution

$$\int \frac{1}{\cos x} dx = \ln | \tan \frac{x}{2} + 1 | - \ln | \tan \frac{x}{2} - 1 | + \text{const.} = \ln | \frac{\tan \frac{x}{2} + 1}{\tan \frac{x}{2} - 1} | + \text{const.} .$$

Beispiel: Nun soll mit dem Integral der Funktion

$$R(\sin x, \cos x) = \frac{5 \sin x + 3 \cos x}{4 \cos^2 x + 1}$$

ein etwas komplizierteres Beispiel betrachtet werden. Es ergibt sich mit der Substitution $t = \tan\frac{x}{2}$

$$\int \frac{5\sin x + 3\cos x}{4\cos^2 x + 1}\,dx = \int \frac{5\frac{2t}{1+t^2} + 3\frac{1-t^2}{1+t^2}}{4[\frac{1-t^2}{1+t^2}]^2 + 1}\frac{2}{1+t^2}\,dt = \frac{1}{5}\int \frac{-6t^2 + 20t + 6}{t^4 - \frac{6}{5}t^2 + 1}\,dt \;.$$

Mit dem Ansatz $t^4 - \frac{6}{5}t^2 + 1 = (t^2 + at + 1)(t^2 - at + 1)$ für das Nennerpolynom ergibt sich für a der Wert $\frac{4}{\sqrt{5}}$. Die quadratischen Faktorpolynome besitzen keine reellen Nullstellen. Der Ansatz für die reelle Partialbruchzerlegung des Integranden lautet dann

$$\frac{-6t^2 + 20t + 6}{(t^2 + \frac{4}{\sqrt{5}}t + 1)(t^2 - \frac{4}{\sqrt{5}}t + 1)} = \frac{At + B}{t^2 + \frac{4}{\sqrt{5}}t + 1} + \frac{Ct + D}{t^2 - \frac{4}{\sqrt{5}}t + 1} \;.$$

Für die Koeffizienten A, B, C, D erhält man durch Koeffizientenvergleich das Gleichungssystem

$$A + C = 0\;, \quad -A\frac{4}{\sqrt{5}} + B + C\frac{4}{\sqrt{5}} = -6\;, \quad A - B\frac{4}{\sqrt{5}} + C + D\frac{4}{\sqrt{5}} = 20\;, \quad B + D = 6\;.$$

Als Lösung ergibt sich $A = \frac{3}{2}\sqrt{5}$, $B = -\frac{5}{2}\sqrt{5} + 3$, $C = -\frac{3}{2}\sqrt{5}$ und $D = \frac{5}{2}\sqrt{5} + 3$. Die Integrale der Partialbrüche kann man nun durch Anwendung der oben nachgewiesenen Formel (2.48) leicht ermitteln.

Man erkennt, dass auf diesem Weg prinzipiell eine Stammfunktion durch eine Partialbruchzerlegung, die Integration der Partialbrüche und die Rücksubstitution bestimmt werden kann. Allerdings kann man im Fall des vorliegenden Integranden auch einen einfacheren Weg gehen. Für den ersten Summanden $\frac{5\sin x}{4\cos^2 x + 1}$ erhält man mit der Substitution $u = 2\cos x$, $-2\sin x\,dx = du$

$$\int \frac{5\sin x}{4\cos^2 x + 1}\,dx = -\frac{5}{2}\int \frac{1}{u^2 + 1}\,du = -\frac{5}{2}\arctan(2\cos x) + \text{const.} \;,$$

Für den zweiten Summanden $\frac{3\cos x}{4\cos^2 x + 1}$ erhält man mit der Substitution $v = \sin x$, $\cos x\,dx = dv$

$$\int \frac{3\cos x}{4\cos^2 x + 1}\,dx = 3\int \frac{dv}{4(1 - v^2) + 1} = -\frac{3}{4}\int \frac{dv}{v^2 - \frac{5}{4}} \;.$$

Mit einer Partialbruchzerlegung ergibt sich weiter

$$-\frac{3}{4}\int \frac{dv}{v^2 - \frac{5}{4}} = -\frac{3}{4}[-\frac{1}{\sqrt{5}}\int \frac{dv}{v + \frac{\sqrt{5}}{2}} + \frac{1}{\sqrt{5}}\int \frac{dv}{v - \frac{\sqrt{5}}{2}}] = \frac{3}{4\sqrt{5}}\ln|\frac{v + \frac{\sqrt{5}}{2}}{v - \frac{\sqrt{5}}{2}}| + \text{const.} \;.$$

Insgesamt erhält man damit

$$\int \frac{5\sin x + 3\cos x}{4\cos^2 x + 1}\,dx = -\frac{5}{2}\arctan(2\cos x) + \frac{3}{4\sqrt{5}}\ln|\frac{\sin x + \frac{\sqrt{5}}{2}}{\sin x - \frac{\sqrt{5}}{2}}| + \text{const.} \;.$$

Geschicktes Ausnutzen spezieller Eigenschaften der Integranden führt also mitunter zu Vereinfachungen gegenüber den allgemeinen Integrationstechniken für rationale Funktionen.

2.13.4 Bestimmtes Integral

Anfangs wurde mit der Berechnung von Flächeninhalten auf ein wichtiges Ziel der Integralrechnung hingewiesen. Sei $f : [a, b] \to \mathbb{R}_{>0}$ eine positive, beschränkte Funktion. Die in der Abb. 2.54 schraffierte Punktmenge heißt Fläche von f auf $[a, b]$ und besteht aus allen Punkten (x, y) mit $a \leq x \leq b$ und $0 \leq y \leq f(x)$. Ziel ist es, den Inhalt der Fläche zu bestimmen, und auch zu erklären, was man darunter versteht. Wir gehen dabei von unserem Grundwissen aus, dass der Flächeninhalt eines Rechtecks gleich dem Produkt von Länge und Breite ist.

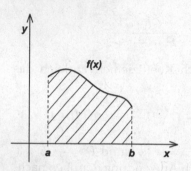

Abb. 2.54. Fläche von f auf $[a, b]$ **Abb. 2.55.** Zerlegung Z

Es wird eine Streifeneinteilung wie in Abb. 2.55 gebildet, wobei jeweils Streifen der Breite Δx_i, $i = 1, 2, \ldots, n$, mit den beliebig gewählten Punkten $x_0, x_1, x_2, \ldots, x_n$

$$a = x_0 < x_1 < x_2 < \cdots < x_n = b \tag{2.51}$$

betrachtet werden. Die Menge der so gebildeten Teilintervalle

$$[x_0, x_1], [x_1, x_2], \ldots, [x_{n-1}, x_n]$$

heißt **Zerlegung** Z des Intervalls $[a, b]$. Die größte der Teilintervalllängen Δx_i

$$|Z| := \max_{i \in \{1, \ldots, n\}} \Delta x_i$$

heißt **Feinheit** der Zerlegung Z. Wie in der Abb. 2.55 angedeutet, bildet man in jedem Streifen zwei Rechtecke, die die Fläche von f von "oben" und von "unten" annähern. Wegen der Beschränktheit von f existiert auf allen Teilintervallen obere und untere Grenze f

$$M_i := \sup_{x \in [x_{i-1}, x_i]} f(x) \qquad m_i := \inf_{x \in [x_{i-1}, x_i]} f(x) \ . \tag{2.52}$$

Über dem Intervall $[x_{i-1}, x_i]$ entsteht ein "unteres" Rechteck mit dem Flächeninhalt $m_i \Delta x_i$ und ein "oberes" Rechteck mit dem Flächeninhalt $M_i \Delta x_i$. Eine Summierung über i ergibt

$$S_f(Z) \quad := \quad \sum_{i=1}^{n} M_i \Delta x_i, \qquad \text{die \textbf{Obersumme} von } f \text{ bezüglich } Z, \text{ und}$$

$$s_f(Z) \quad := \quad \sum_{i=1}^{n} m_i \Delta x_i, \qquad \text{die \textbf{Untersumme} von } f \text{ bezüglich } Z.$$

Wählt man mit ξ_i einen beliebigen Punkt aus dem Intervall $[x_{i-1}, x_i]$ für $i = 1, 2, \ldots, n$, so gilt $m_i \leq f(\xi_i) \leq M_i$ und deshalb auch

$$s_f(Z) \leq \sum_{i=1}^{n} f(\xi_i) \Delta x_i \leq S_f(Z).$$

Die Summe $R(Z) = \sum_{i=1}^{n} f(\xi_i) \Delta x_i$ heißt RIEMANNsche **Summe** bezüglich der Zerlegung Z. Es ist offensichtlich, dass bei immer feiner werdenden Zerlegungen die Obersummen im Allg. immer kleiner und die Untersummen immer größer werden. Damit ist es sinnvoll, Infimum aller Obersummen und Supremum aller Untersummen zu bilden:

$$\bar{I}_f \quad := \quad \inf_Z S_f(Z), \qquad \text{genannt \textbf{Oberintegral} von } f,$$

$$\underline{I}_f \quad := \quad \sup_Z s_f(Z), \qquad \text{genannt \textbf{Unterintegral} von } f.$$

Dabei bedeutet $\inf_Z$ und $\sup_Z$, dass das Supremum bzw. Infimum über der Menge aller Zerlegungen gebildet wird. Sind Z_1 und Z_2 zwei beliebige, unterschiedliche Zerlegungen des Intervalls $[a, b]$, dann kann man eine verfeinerte Zerlegung Z aus den Durchschnitten der Teilintervalle von Z_1 und Z_2 bilden. Es ist dann offensichtlich

$$s_f(Z_1) \leq s_f(Z) \leq R(Z) \leq S_f(Z) \leq S_f(Z_2),$$

$$s_f(Z_2) \leq s_f(Z) \leq R(Z) \leq S_f(Z) \leq S_f(Z_1).$$

$$(2.53)$$

Damit ergibt sich insbesondere, dass für beliebige Zerlegungen Z_1, Z_2

$$s_f(Z_1) \leq S_f(Z_2) \quad \text{und} \quad s_f(Z_2) \leq S_f(Z_1)$$

ist. Daraus folgt, dass die Menge der Obersummen nach unten beschränkt ist, und die Menge der Untersummen nach oben. Daraus folgt die Existenz von $\bar{I}_f$ und $\underline{I}_f$ und

$$\underline{I}_f \leq \bar{I}_f.$$

Aus der Definition der RIEMANNsche Summe wird deutlich, dass der Wert irgendeiner RIEMANNschen Summe zwischen dem der Ober- und dem der Untersumme liegen, die zu derselben Zerlegung gehören.
Für stetige Funktionen auf jeden Fall, aber auch für viele andere übliche Funktionen ist $\underline{I}_f = \bar{I}_f$. Ist (Z_k) eine Zerlegungsfolge, für die $\lim_{k \to \infty} |Z_k| = 0$ gilt, so

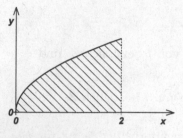

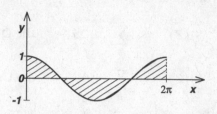

Abb. 2.56. $\int_0^2 \sqrt{x}\, dx = \frac{4\sqrt{2}}{3}$ **Abb. 2.57.** $\int_0^{2\pi} \cos x\, dx = 0$

heißt (Z_k) **ausgezeichnete** oder **zulässige Zerlegungsfolge**. Gilt $\underline{I}_f = \bar{I}_f$, so folgt aufgrund von (2.53)

$$\lim_{k\to\infty} s_f(Z_k) = \underline{I}_f = \lim_{k\to\infty} R(Z_k) = \bar{I}_f = \lim_{k\to\infty} S_f(Z_k) \,.$$

Die durchgeführten Betrachtungen rechtfertigen die folgende Definition.

Definition 2.34. (Integrierbarkeit, RIEMANNsches Integral)

Eine auf $[a,b]$ beschränkte Funktion f heißt im Intervall $[a,b]$ **RIEMANN-integrierbar**, falls das Unter- und Oberintegral von f übereinstimmen, d.h. falls $\underline{I}_f = \bar{I}_f$ gilt. Der gemeinsame Grenzwert $\bar{I}_f = \underline{I}_f$ wird **bestimmtes RIEMANNsches Integral** von $f(x)$ über $[a,b]$ genannt und mit

$$I = \int_a^b f(x)\, dx$$

bezeichnet. a heißt untere und b obere **Integrationsgrenze** und $[a,b]$ wird **Integrationsintervall** genannt. x heißt **Integrationsvariable** und $f(x)$ **Integrand**.

Wir haben bei der Definition 2.34 des RIEMANNschen Integrals auf die Forderung $f > 0$ verzichtet, da wir Integrale nicht nur zur Berechnung von Flächen verwenden. Ist $f > 0$, ergibt das bestimmte Integral $\int_a^b f(x)\, dx$ gerade den Inhalt der Fläche, die zwischen dem Graphen der Funktion f und der x-Achse über dem Intervall $[a,b]$ liegt. Gilt $f > 0$ nicht, sind auch bestimmte Integralwerte kleiner oder gleich Null möglich. Der folgende Satz liefert ein Kriterium zur Integrierbarkeit, ohne die schwer handhabbaren Begriffe Ober- und Unterintegral zu benötigen.

Satz 2.34. (*RIEMANNsches Integral*)
Für jede beschränkte Funktion $f : [a,b] \to \mathbb{R}$ gilt:
f ist genau dann integrierbar, wenn jede Folge RIEMANNscher Summen $R(Z_k)$ von f, bei denen die Feinheiten $|Z_k|$ der zugehörigen Zerlegungen gegen Null streben und die Punkte ξ_i in den Teilintervallen von Z_k beliebig gewählt werden, gegen denselben Grenzwert konvergiert. Dieser ist gleich $\int_a^b f(x)\, dx$, also gilt

$$\lim_{k\to\infty} R(Z_k) = \int_a^b f(x)\, dx.$$

Für stetige Funktionen lässt sich zeigen, dass jede Folge RIEMANNscher Summen gegen den gleichen Grenzwert konvergiert. Deshalb gilt der wichtige Satz

---

Satz 2.35. *(Stetigkeit $\Longrightarrow$ Integrierbarkeit)*

Eine auf $[a, b]$ stetige Funktion ist integrierbar. Das gilt auch für **stückweise stetige Funktionen**, *die auf $[a, b]$ mit Ausnahme endlich vieler hebbarer Unstetigkeitsstellen oder Unstetigkeitsstellen 1. Art (Sprungstellen) stetig sind.*

Beweis: Wir betrachten eine Zerlegung Z_n

$$a = x_0 < x_1 < x_2 < \cdots < x_n = b$$

des Intervalls $[a, b]$ und bezeichnen mit ω_i die Differenz zwischen der oberen und unteren Grenze M_i und m_i der Funktion f auf dem Teilintervall $[x_i, x_{i+1}]$, also $\omega_i = M_i - m_i \geq 0$. Aufgrund der Stetigkeit auf dem abgeschlossenen Intervall $[a, b]$ (gleichmäßige Stetigkeit) gibt es zu jedem vorgegebenen $\epsilon > 0$ eine Zahl $\delta > 0$, so dass ω_i kleiner als ϵ wird für $\Delta x_i < \delta$. Daraus folgt für Zerlegungen Z_n mit $|Z_n| < \delta$

$$0 \leq \sum_{k=0}^{n-1} \omega_k \Delta x_k < \sum_{k=0}^{n-1} \epsilon \Delta x_k = \epsilon \sum_{k=0}^{n-1} \Delta x_k = \epsilon(b - a) \,.$$

Da ϵ beliebig klein ist, folgt

$$\lim_{n \to \infty} \sum_{k=0}^{n-1} \omega_k \Delta x_k = \lim_{n \to \infty} (S_f(Z_n) - s_f(Z_n)) = 0 \quad \text{bzw.}$$

$$\lim_{n \to \infty} S_f(Z_n) = \lim_{n \to \infty} s_f(Z_n) \,,$$

und damit auch aufgrund der Ungleichungsketten (2.53)

$$\lim_{n \to \infty} S_f(Z_n) = \lim_{n \to \infty} s_f(Z_n) = \lim_{n \to \infty} R(Z_n) \,.$$

Da dies für jede Folge immer feiner werdenden Zerlegungen gilt, ist der gemeinsame Grenzwert gleich dem Integral $\int_a^b f(x)\, dx$. Bei stückweise stetigen Funktionen führt man die Betrachtung auf jedem einzelnen Stetigkeitsintervall durch und kommt zum gleichen Ergebnis. □

Die Menge der integrierbaren Funktionen ist tatsächlich umfangreicher als die Menge der stückweise stetigen Funktionen. Stückweise Stetigkeit ist eine hinreichende, aber keine notwendige Bedingung für die Integrierbarkeit.

Wir werden später sehen, dass es auch möglich ist, auf die Beschränktheitsforderung an die Funktion auf dem Integrationsintervall und auf die Endlichkeit des Integrationsintervalls zu verzichten und in bestimmten Fällen trotzdem ein (so genanntes uneigentliches) Integral zu berechnen. Zur Illustration des bestimmten Integrals als gemeinsamer Grenzwert von Ober- und Untersummenfolgen soll nun das Integral $\int_0^2 f(x)\, dx$ der Funktion $f(x) = x^2$ berechnet werden. In der Abb. 2.58 sind die Zerlegung und die resultierenden Ober- und Untersummen dargestellt. Wir verabreden mit

$$h = \frac{2}{n} \quad \text{und} \quad x_k = kh, \; k = 0,1,\ldots,n \,,$$

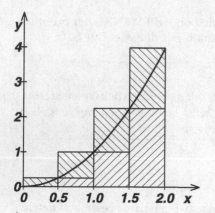

Abb. 2.58. Unter- und Obersummen für $f(x) = x^2$ auf $[0,2]$

eine Zerlegung Z_n in n gleiche Teilintervalle der Länge h. Für die Untersumme und Obersumme erhält man aufgrund der Monotonie von $f(x) = x^2$

$$s_f(Z_n) = \sum_{k=0}^{n-1} (k\,h)^2 h = h^3 [1^2 + 2^2 + \cdots + (n-1)^2] \quad \text{bzw.}$$

$$S_f(Z_n) = \sum_{k=1}^{n} (k\,h)^2 h = h^3 [1^2 + 2^2 + \cdots + n^2] \,.$$

Für die Summe der ersten p Quadratzahlen kann man mit der vollständigen Induktion $\sum_{k=1}^{p} k^2 = \frac{1}{6} p(p+1)(2p+1)$ zeigen, und damit folgt mit $n = \frac{2}{h}$ für die Unter- und Obersummen

$$s_f(Z_n) = \frac{1}{6} h^3 (n-1)n(2n-1) = \frac{1}{6} 2^3 (1 - \frac{1}{n})(2 - \frac{1}{n}) \quad \text{bzw.}$$

$$S_f(Z_n) = \frac{1}{6} h^3 n(n+1)(2n+1) = \frac{1}{6} 2^3 (1 + \frac{1}{n})(2 + \frac{1}{n}) \,.$$

Für $n \to \infty$ streben die Folgen der Unter- und Obersummen gegen den gleichen Grenzwert $\frac{1}{6} 2^3 2 = \frac{8}{3}$ und damit erhalten wir

$$\int_0^2 x^2 \, dx = \frac{8}{3} = 2{,}6666 \,.$$

In der Tabelle 2.1 sind die Werte der Unter- und Obersummen für wachsendes n und deren Annäherung notiert.

Satz 2.36. *(Mittelwertsätze der Integralrechnung)*
a) (Mittelwertsatz der Integralrechnung)
Ist die Funktion $f : [a, b] \to \mathbb{R}$ stetig, so existiert ein $\xi \in]a, b[$ mit

$$\int_a^b f(x) \, dx = f(\xi)(b - a). \tag{2.54}$$

Tabelle 2.1. Unter- und Obersummen für wachsendes n

n	h	$s_f(Z_n)$	$S_f(Z_n)$
2	1	1	4
4	0,5	1,625	3,625
8	0,25	2,1875	3,1875
16	0,125	2,421875	2,921875
32	0,0625	2,542968	2,792968
64	0,03125	2,604492	2,729492

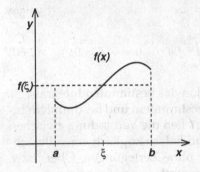

Abb. 2.59. Geometrische Bedeutung des Mittelwertsatzes

b) (verallgemeinerter Mittelwertsatz der Integralrechnung)
Sind die Funktionen $f : [a, b] \to \mathbb{R}$ und $g : [a, b] \to \mathbb{R}$ stetig und ist $g(x) > 0$ für alle $x \in]a, b[$, so existiert ein $\xi \in]a, b[$ mit

$$\int_a^b f(x)g(x)\,dx = f(\xi) \int_a^b g(x)\,dx. \tag{2.55}$$

Die Aussage a) des Satzes 2.36 ist in der Abb. 2.59 skizziert. Zum Nachweis von a) rechnet man die Zahl $c = \int_a^b f(x)\,dx/(b-a)$ aus und sieht, dass

$$\min_{x \in [a,b]} f(x) \le c \le \max_{x \in [a,b]} f(x)$$

gilt. Aus dem Zwischenwertsatz für auf einem abgeschlossenen Intervall stetige Funktionen folgt die Existenz eines $\xi \in [a, b]$ mit $c = f(\xi)$. Man findet auch immer ein ξ aus $]a, b[$, denn im Falle $\xi = a$ ergibt sich entweder $f(x) = $ const. auf $[a, b]$ und dann kann man auch $\xi = \frac{a+b}{2} \in]a, b[$ wählen, oder bei nichtkonstantem f gibt es aufgrund der Stetigkeit Zahlen $\eta, \gamma \in]a, b[$ mit $f(\eta) > f(a) > f(\gamma)$, so dass zwischen η und γ ein Wert ξ existiert, der die Gleichung (2.54) erfüllt.

Satz 2.37. *(Rechenregeln für bestimmte Integrale)*
Seien f und g integrierbare Funktionen auf dem Intervall $[a, b]$, $a < c < b$ und $c_1, c_2 \in$

$\mathbb{R}$, *dann gilt*

$$\int_a^b (c_1 f + c_2 g)\, dx = c_1 \int_a^b f\, dx + c_2 \int_a^b g\, dx, \tag{2.56}$$

$$\left| \int_a^b f\, dx \right| \le \int_a^b |f|\, dx, \tag{2.57}$$

$$\int_a^b f\, dx = \int_a^c f\, dx + \int_c^b f\, dx, \tag{2.58}$$

$$f \ge 0 \; auf\, [a,b] \Longrightarrow \int_a^b f\, dx \ge 0, \tag{2.59}$$

ist f *auf* $[a,b]$ *stetig und nichtnegativ sowie* $\displaystyle\int_a^b f\, dx = 0 \Longrightarrow f = 0.$ $\qquad$ (2.60)

Diese Regeln ergeben sich sofort aus der Definition des bestimmten Integrals. Bisher wurde der Zusammenhang zwischen unbestimmtem und bestimmtem Integral noch nicht deutlich. Die folgenden Sätze stellen die Verbindung zwischen unbestimmtem und bestimmtem Integral her und liefern zugleich einen Berechnungsalgorithmus für bestimmte Integrale, der ohne Zerlegungen, Ober- bzw. Untersummen und RIEMANNsche Summen auskommt.

Satz 2.38. *(erster Hauptsatz der Differential-und Integralrechnung)*
Ist $f : I \to \mathbb{R}$ *auf dem Intervall* I *stetig, dann ist die Funktion* F, *definiert durch*

$$F(x) := \int_a^x f(t)\, dt, \qquad (x, a \in I), \tag{2.61}$$

eine Stammfunktion von f.

Beweis: Zum Nachweis des Satzes 2.38 betrachtet man den Differenzenquotienten

$$\frac{F(x+h) - F(x)}{h} = \frac{1}{h}\left(\int_a^{x+h} f(t)\, dt - \int_a^x f(t)\, dt \right) = \frac{1}{h} \int_x^{x+h} f(t)\, dt .$$

Nach dem Mittelwertsatz 2.36 existiert nun ein $\xi \in\,]x, x+h[$, so dass

$$\frac{F(x+h) - F(x)}{h} = f(\xi)$$

gilt. Der Grenzprozess $h \to 0$ ergibt schließlich $F'(x) = f(x)$, also ist F Stammfunktion von f. $\qquad\qquad\square$

Der folgende zweite Hauptsatz, der sich direkt aus dem Satz 2.38 ergibt, liefert bei Kenntnis einer Stammfunktion eine Berechnungsvorschrift für bestimmte Integrale.

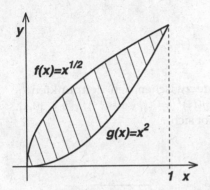

Abb. 2.60. Fläche zwischen $f(x)$ und $g(x)$ über $[0,1]$

Satz 2.39. *(zweiter Hauptsatz der Differential-und Integralrechnung)*

Ist F Stammfunktion einer stetigen Funktion $f : I \to \mathbb{R}$ auf einem Intervall I, so gilt für beliebige $a, b \in I$

$$\int_a^b f(x)\,dx = F(b) - F(a) = F(x)\big|_a^b.$$

In den Sätzen 2.38 und 2.39 kann die Voraussetzung der Stetigkeit von f reduziert werden auf die Forderung der stückweisen Stetigkeit.

Diese Sätze 2.38 und 2.39 heißen **Hauptsätze der Differential-und Integralrechnung**, weil sie die Verbindung zwischen unbestimmten und bestimmten Integralen herstellen.

Wir haben zwar schon eine Vielzahl von Stammfunktionen bzw. unbestimmten Integralen berechnet, wussten aber bisher noch nicht so recht wozu. Mit den Sätzen 2.38 und 2.39 können wir nun mit einer berechneten Stammfunktion z.B. einen Flächeninhalt, oder ganz allgemein, ein bestimmtes Integral berechnen.

Beispiele:
1) Berechnet werden soll der Inhalt der Fläche, die von den Graphen der Funktionen $f(x) = \sqrt{x}$ und $g(x) = x^2$ auf dem Intervall $[0,1]$ eingeschlossen wird (s. auch Abb. 2.60).
Man erhält

$$A = \int_0^1 \sqrt{x}\,dx - \int_0^1 x^2\,dx = \frac{2}{3}x^{\frac{3}{2}}\big|_0^1 - \frac{x^3}{3}\big|_0^1 = \frac{2}{3} - \frac{1}{3} = \frac{1}{3}.$$

2) Berechnet werden soll die Länge einer Bahnkurve. Wir erinnern uns daran, dass das Bogendifferential die Form

$$ds = \sqrt{\dot{x}^2 + \dot{y}^2}\,dt$$

hat (Def. 2.31). Für die Länge einer Kurve, die dem Parameterintervall $[t_0, t_1]$ entspricht, erhält man mit

$$s = \int_{t_0}^{t_1} \sqrt{\dot{x}^2 + \dot{y}^2}\, dt$$

gewissermaßen die Summe aller Bogenelemente zwischen den Zeitpunkten t_0 und t_1. Betrachten wir die Kurve $\mathbf{x}(t) = (x(t), y(t))^T = (t, \sqrt{1-t^2})^T$, $t \in [0,1]$, also einen Viertelkreisbogen. Für die Länge ergibt sich

$$s = \int_0^1 \sqrt{\dot{x}^2 + \dot{y}^2}\, dt = \int_0^1 \sqrt{1 + \frac{t^2}{1-t^2}}\, dt.$$

Wir berechnen zuerst eine Stammfunktion von $f(t) = \sqrt{1 + \frac{t^2}{1-t^2}} = \frac{1}{\sqrt{1-t^2}}$. Mit der Substitution $t = \sin u$ und $dt = \cos u\, du$ erhalten wir

$$F(t) = \int \frac{1}{\sqrt{1-t^2}}\, dt = \int \frac{1}{\cos u} \cos u\, du = \int du = u + C = \arcsin t + C.$$

Damit ergibt sich

$$s = \int_0^1 \sqrt{1 + \frac{t^2}{1-t^2}}\, dt = F(1) - F(0) = \arcsin(1) - \arcsin(0) = \frac{\pi}{2}.$$

2.14 Volumen und Oberfläche von Rotationskörpern

Obwohl die Berechnung von Oberflächenintegralen erst im Rahmen der Integralrechnung im $\mathbb{R}^n$ ausführlicher behandelt wird, kann man den Inhalt der Oberfläche bestimmter Körper mit recht einfachen Integralen berechnen.

Definition 2.35. (Rotationskörper)
Sei $f(x) \geq 0$ in $[a,b]$ eine stetige Funktion. R tiert der Funktionsgraph $\{(x, f(x)) \mid a \leq x \leq b\}$ um die x−Achse, so entsteht ein durch die Funktion f erzeugter **Rotationskörper**.

Das Volumen dieses Körpers kann nun wie folgt berechnet werden. Wir unterteilen das Intervall $[a,b]$ in n Teilintervalle

$$[x_i, x_{i+1}], \quad i = 0, ..., n-1, \quad x_i = a + ih = a + i\frac{b-a}{n}\,.$$

Wenn wir aus dem Rotationskörper eine Scheibe über dem Intervall $[x_i, x_{i+1}]$ herausschneiden, so erhalten wir einen Kegelstumpf, dessen Volumen V_i näherungsweise gleich

$$V_i \approx f^2(\xi_i)\pi h\,, \quad \xi_i \in [x_i, x_{i+1}]$$

ist. Damit wird das gesamte Volumen des Rotationskörpers näherungweise zu

$$V \approx \sum_{i=0}^{n-1} f^2(\xi_i)\pi h\,.$$

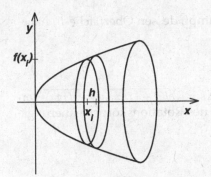

Abb. 2.61. Rotationskörper, durch die Funktion $f(x)$ erzeugt

Man überlegt sich, dass dies die RIEMANNsche Summe für die Funktion $\pi f^2(x)$ bezüglich der (äquidistanten) Zerlegung $\{[x_i, x_{i+1}]\}$ mit $x_i = a + i\frac{b-a}{n}$ ist. Mit dem Grenzübergang $n \to \infty$ können wir von der Summe zum Integral übergehen und Folgendes anmerken.

Volumen eines Rotationskörpers (2. GULDINsche Regel):

Das Volumen des von der Funktion $f : [a, b] \to \mathbb{R}_{\geq 0}$ erzeugten Rotationskörpers wird durch

$$V := \pi \int_a^b f^2(x)\, dx$$

erklärt.

Beispiel: Zur Berechnung des Volumens einer Kugel mit dem Radius R betrachten wir die Funktion

$$f(x) = R\sqrt{1 - (\frac{x}{R})^2},\ x \in [-R, R]\,.$$

Es ist leicht einzusehen, dass der Rotationskörper von f genau die Kugel mit dem Radius R ist. Für das Kugelvolumen errechnen wir nun

$$
\begin{aligned}
V &= \pi \int_{-R}^{R} R^2 (1 - (\frac{x}{R})^2)\, dx = \pi R^2 \int_{-R}^{R} (1 - (\frac{x}{R})^2)\, dx \\
&= \pi R^2 (x - \frac{x^3}{3R^2})|_{-R}^{R} = \pi R^2 [R - \frac{R}{3} + R - \frac{R}{3}] = \frac{4}{3}\pi R^3\,.
\end{aligned}
$$

Ebenso einfach ist die Berechnung der Oberfläche eines Rotationskörpers. Wir benutzen dazu die gleichen Teilintervalle wie bei der Volumenberechnung, und wenn wir aus dem Rotationskörper eine Scheibe über dem Intervall $[x_i, x_{i+1}]$

herauschneiden, so erhalten wir einen Kegelstumpf, dessen Oberfläche F_i näherungsweise gleich

$$F_i \approx 2\pi f(\xi_i)\Delta s, \quad \xi_i \in [x_i, x_{i+1}]$$

ist, wobei sich aus dem Satz des PYTHAGORAS $\Delta s = \sqrt{h^2 + [f(x_{i+1}) - f(x_i)]^2}$ ergibt. Damit erhält man die gesamte Oberfläche des Rotationskörpes näherungsweise zu

$$F \approx \sum_{i=0}^{n-1} 2\pi f(\xi_i) \sqrt{1 + [\frac{f(x_{i+1}) - f(x_i)}{h}]^2}\, h\,.$$

Auch hier handelt es sich um eine RIEMANNsche Summe, nämlich für die Funktion $2\pi f(x)\sqrt{1 + [f'(x)]^2}$. Mit dem Grenzübergang $n \to \infty$ bzw. $h \to 0$ können wir von der Summe zum Integral übergehen. Es ergibt sich die Berechnungsformel für die

---

Mantelfläche eines Rotationskörpers (1. GULDINsche Regel):

Die Oberfläche des von der Funktion $f : [a, b] \to \mathbb{R}_{\geq 0}$ erzeugten Rotationskörpers lässt sich durch

$$F := 2\pi \int_a^b f(x)\sqrt{1 + [f'(x)]^2}\, dx$$

berechnen.

2.15   Parameterintegrale

Gamma-Funktion

$$\Gamma(x) := \int_0^\infty t^{x-1} e^{-t}\, dt, \quad x > 0,$$

BESSEL-Funktionen

$$J_n(x) := \frac{1}{\pi} \int_0^\pi \cos(x \sin t - nt)\, dt, \quad n \in \mathbb{N},$$

oder LAPLACE-Transformierte einer Funktion $f(t)$

$$F(x) := \int_0^\infty f(t) e^{-xt}\, dt$$

sind Beispiele für Funktionen, die durch Integrale definiert sind. Die drei genannten Funktionen werden in nachfolgenden Kapiteln noch eine Rolle spielen. Dabei ist die unabhängige Veränderliche x jeweils ein Parameter des Integrals. Für die unterschiedlichen Werte des Parameters ergeben sich unterschiedliche Integranden und damit i. Allg. unterschiedliche Werte des Integrals. Von der so definierten Funktion des Parameters kann man eventuell (wenn sie differenzierbar ist) die Ableitung bilden.

Da es in vielen dieser Fälle nicht möglich ist, eine Stammfunktion anzugeben, stellt sich die Frage nach Regeln für die Differentiation der Integrale nach dem Parameter. Dazu sollen im Folgenden einige Regeln und Eigenschaften dargelegt werden.

Die Rechtfertigung für die Verwendung der Integrationsgrenzen ∞ bei der Gamma-Funktion werden wir vornehmen, wenn wir uns im nächsten Abschnitt mit uneigentlichen Integralen befassen. Die LAPLACE-Transformation werden wir in Kapitel 11 genauer besprechen. Zunächst wenden wir uns Parameterintegralen mit endlichen Integrationsgrenzen zu.

Satz 2.40. *(Differentiation bestimmter Parameterintegrale)*
Seien $[a, b]$ *und* $[c, d]$ *abgeschlossene Intervalle und die Funktion* $f(x, y)$ *in* $[a, b] \times [c, d]$ *stetig bezüglich des Parameters* x *und integrierbar bezüglich der Veränderlichen* y. *Dann gilt für das Parameterintegral*

$$F(x) := \int_c^d f(x, y) \, dy, \quad a \leq x \leq b,$$

a) $F(x)$ *ist in* $[a, b]$ *stetig,*

b) ist f *zusätzlich auf* $[a, b]$ *nach dem Parameter* x *stetig differenzierbar, dann ist* F *differenzierbar und hat die Ableitung*

$$F'(x) = \frac{d}{dx} \int_c^d f(x, y) \, dy = \int_c^d \frac{\partial f(x, y)}{\partial x} \, dy . \tag{2.62}$$

Beweis: Es soll hier nur der Beweis für den Teil b) angedeutet werden. Schreibt man $F'(x)$ als Grenzwert eines Differenzenquotienten, so erhält man

$$F'(x) = \lim_{\Delta x \to 0} \frac{1}{\Delta x} [F(x + \Delta x) - F(x)] ,$$

und damit

$$F'(x) = \lim_{\Delta x \to 0} \int_a^b \frac{f(x + \Delta x, y) - f(x, y)}{\Delta x} \, dy .$$

Wenn man nutzt, dass der Limes unter das Integralzeichen gezogen werden kann (soll hier nicht bewiesen werden), dann ist der Beweis erbracht. □

Unter den genannten Voraussetzungen darf man also die Ableitung $F'(x)$ des Integrals durch Differentiation unter dem Integralzeichen bilden. Differentiation und Integralzeichen sind dann vertauschbar. Die Ableitung $F'(x)$ wird dann (wie $F(x)$) durch ein bestimmtes Parameterintegral dargestellt.

Beispiel: Betrachten wir die BESSEL-Funktion, die in der Physik eine sehr große Rolle spielt. Gemäß dem eben formulierten Satz können wir die Ableitung ausrechnen, es ergibt sich

$$J_n'(x) = -\frac{1}{\pi} \int_0^\pi \sin(x \sin t - nt) \cdot \sin t \, dt \,.$$

Hängen im Parameterintegral die Integrationsgrenzen noch vom Parameter x ab, dann gilt der folgende Satz.

Satz 2.41. *(LEIBNIZ-Regel)*
Sind neben den Voraussetzungen des Satzes 2.40 $h(x)$ und $g(x)$ stetig differenzierbare Funktionen, dann gilt

$$
\begin{aligned}
F'(x) &= \frac{d}{dx} \int_{g(x)}^{h(x)} f(x,y) \, dy \\
&= \int_{g(x)}^{h(x)} \frac{\partial f(x,y)}{\partial x} \, dy + f(x,h(x))h'(x) - f(x,g(x))g'(x) \,.
\end{aligned}
\tag{2.63}
$$

Sind die Integrationsgrenzen (wie der Integrand) auch vom Parameter abhängig, so entstehen gegenüber dem Fall konstanter Grenzen (Satz 2.40) Zusatzterme. Offenbar ist Satz 2.40 ein Spezialfall von Satz 2.41.

Beispiel: Betrachten wir das Parameterintegral

$$J(x) = \int_1^{1+x^2} \frac{\sin xt}{xt} \, dt \,,$$

so erhalten wir für die Ableitung nach Satz 2.41

$$J'(x) = \int_1^{1+x^2} \left[\frac{\cos xt}{xt}t - \frac{\sin xt}{(xt)^2}t\right] dt + \frac{\sin x(1+x^2)}{x(1+x^2)}2x - \frac{\sin x}{x} \cdot 0 \,.$$

2.16 Uneigentliche Integrale

Bei den bestimmten Integralen hatten wir

a) von der zu integrierenden Funktion die Beschränktheit gefordert und

b) endliche Integrationsgrenzen vorausgesetzt.

Was passiert, wenn eine der beiden Voraussetzungen nicht erfüllt ist? Kann man einem Integral der Form

$$\int_0^1 (-\ln x) \, dx$$

einen Sinn zuschreiben? Die Logarithmus-Funktion strebt für $x \to 0$ gegen $-\infty$. Allerdings ist das Integral

$$\int_{\epsilon}^{1} (-\ln x)\, dx$$

für jedes noch so kleine positive ϵ definiert, so dass man auch den Grenzwert

$$\lim_{\epsilon \to 0} \int_{\epsilon}^{1} (-\ln x)\, dx$$

untersuchen kann. Wenn wir das tun, erhalten wir

$$\lim_{\epsilon \to 0} \int_{\epsilon}^{1} (-\ln x)\, dx = \lim_{\epsilon \to 0} [-x \ln x + x]\Big|_{\epsilon}^{1} = 1 + \lim_{\epsilon \to 0} (\epsilon \ln \epsilon - \epsilon).$$

Die Anwendung der Regel von L'HOSPITAL ergibt mit

$$\lim_{\epsilon \to 0} \frac{\ln \epsilon - 1}{1/\epsilon} = \lim_{\epsilon \to 0} \frac{1/\epsilon}{-1/\epsilon^2} = \lim_{\epsilon \to 0} (-\epsilon) = 0$$

schließlich

$$\lim_{\epsilon \to 0} \int_{\epsilon}^{1} (-\ln x)\, dx = 1.$$

Mit dieser Grenzwertbetrachtung haben wir dem Integral $\int_0^1 (-\ln x)\, dx$ einen Sinn gegeben. Wenn man das Integral als Inhalt der Fläche zwischen der x-Achse, dem Graph des Integranden und der y-Achse versteht, so haben wir durch die obige Grenzwertbetrachtung den Flächeninhalt 1 berechnet.
Betrachten wir nun andererseits das Integral

$$\int_0^1 \frac{1}{x^2} dx \; ,$$

so stellen wir fest, dass die Funktion $\frac{1}{x^2}$ wie auch $(-\ln x)$ für $x \to 0$ gegen ∞ strebt, aber im Gegensatz zu der obigen Erfahrung der Grenzwert

$$\lim_{\epsilon \to 0} \int_{\epsilon}^{1} \frac{1}{x^2} dx = \lim_{\epsilon \to 0} [-\frac{1}{x}]\Big|_{\epsilon}^{1} = -1 + \lim_{\epsilon \to 0} \frac{1}{\epsilon} = \infty$$

ist, und damit nicht existiert. Die Graphen der Funktionen sind in der Abb. 2.62 dargestellt und man sieht, dass die Funktion $-\ln x$ im gesamten Intervall deutlich kleiner als die Funktion $\frac{1}{x^2}$ ist, so dass das Ergebnis der Grenzwertbetrachtung zumindest plausibel ist.
Betrachten wir nun das Integral $\int_1^\infty \frac{1}{x^2} dx$ so bedeutet dies die Untersuchung des Grenzwerts

$$\lim_{a \to \infty} \int_1^a \frac{1}{x^2} dx \; .$$

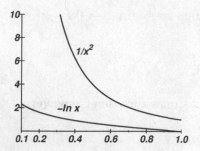

Abb. 2.62. Verlauf von $-\ln x$ und $\frac{1}{x^2}$ im Intervall $[0,1\,,1]$

Man erhält

$$\lim_{a\to\infty}\int_1^a \frac{1}{x^2}dx = \lim_{a\to\infty}\left[-\frac{1}{x}\right]\Big|_1^a = -\lim_{a\to\infty}\frac{1}{a} - (-1) = 1\,.$$

Es ist also sowohl im Fall unbeschränkter Integranden als auch im Fall unendlicher Integrationsgrenzen möglich, über eine Grenzwertbetrachtung zu definieren oder auch zu entscheiden, ob das Integral als Grenzwert bestimmter Integrale mit beschränkten Integranden bzw. mit endlichen Grenzen existiert.

Definition 2.36. (uneigentliches Integral)

Die Funktion f sei auf dem rechts offenen Intervall $[a,b[$, $b \in \mathbb{R} \cup \{\infty\}$, erklärt und in jedem Intervall $[a,c]$, $c < b$, stückweise stetig. Durch die Vereinbarungen

a) $\displaystyle\int_a^b f(x)\,dx := \lim_{c\to b-0}\int_a^c f(x)\,dx$, b) $\displaystyle\int_a^\infty f(x)\,dx := \lim_{c\to\infty}\int_a^c f(x)\,dx$ (2.64)

wird der Integralbegriff erweitert

a) auf Integranden $f(x)$, die bei $x \to b - 0$ unbeschränkt sind, und

b) auf unbeschränkte Integrationsintervalle $[a,\infty[$.

In den beiden Fällen nennt man die durch (2.64) definierten Integrale **uneigentlich** (uneigentlich an der oberen Grenze). Analog definiert man bei entsprechenden Verhältnissen an der unteren Grenze die uneigentlichen Integrale

$$\int_a^b f(x)\,dx := \lim_{c\to a+0}\int_c^b f(x)\,dx, \quad \text{bzw.} \quad \int_{-\infty}^b f(x)\,dx := \lim_{c\to -\infty}\int_c^b f(x)\,dx\,.$$

$$(2.65)$$

Man sagt ein uneigentliches Integral **konvergiert**, wenn der zugehörige Grenzwert existiert. Anderenfalls divergiert das uneigentliche Integral.

Auch ohne explizite Benutzung des Grenzwertbegriffes kann man notwendige und hinreichende Bedingungen für die Konvergenz uneigentlicher Integrale angeben, die analog sind dem CAUCHYschen Konvergenzkriterium für Zahlenfolgen (Satz 2.3, Def. 2.15). Wir geben diese Bedingung nur für den Fall eines Integrals über ein unendliches Intervall $[a, \infty[$ an.

Satz 2.42. *(CAUCHY-Kriterium für die Konvergenz eines uneigentlichen Integrals) Die Funktion $f(x)$ sei in $[a, \infty[$ über jedes abgeschlossene Teilintervall integrierbar. Das Integral*

$$\int_a^\infty f(x)\,dx$$

ist konvergent genau dann, wenn $\forall \epsilon, \epsilon > 0, \exists X, X > a$, so dass für alle x_1, x_2 mit $X < x_1 < x_2$

$$|\int_{x_1}^{x_2} f(x)\,dx| < \epsilon$$

ist.

Trotz des unbeschränkten Integrationsintervalls gilt bei konvergenten Integralen der betrachteten Art: Die von x–Achse, Funktionsgraph des Integranden und den beiden Geraden $x = x_1$, $x = x_2$ begrenzte Fläche (s. Abb. 2.63) wird betragsmäßig beliebig klein, wenn ihre Begrenzungsgeraden $x = x_1$, $x = x_2$ nur hinreichend "weit draußen" ($x_2 > x_1 > X$) liegen. Je kleiner man ϵ wählt, umso größer wird X i. Allg. sein müssen. Analoge Konvergenzkriterien lassen sich auch für die anderen Typen uneigentlicher Integrale formulieren.

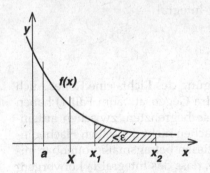

Abb. 2.63. Zur Konvergenz uneigentlicher Integrale der Form $\int_a^\infty f(x)\,dx$
2mm]

Beispiele:
1) Wir betrachten das Integral

$$I_1 = \int_0^\infty \sin x\,dx \ .$$

Ein mathematischer Anfänger könnte vielleicht auf den Gedanken kommen, dass das Integral I_1 konvergent sei und den Wert Null habe, weil sich im unendlichen

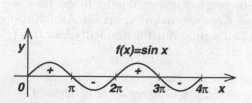

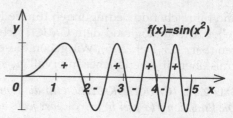

Abb. 2.64. Zum Integral $\int_0^\infty \sin x \, dx$ **Abb. 2.65.** Zum Integral $\int_0^\infty \sin(x^2) \, dx$

Intervall $[0, \infty[$ die positiven und negativen Flächen zwischen Sinus-Kurve und $x-$Achse "wegheben" (s. Abb. 2.64)

Das Integral I_1 ist aber divergent. Denn: Wählen wir irgendein ϵ mit $0 < \epsilon < 2$, so gibt es dazu kein $X \ (> 0)$ mit der Eigenschaft, dass für alle x_1, x_2 mit $X < x_1 < x_2$

$$\left| \int_{x_1}^{x_2} \sin x \, dx \right| < \epsilon$$

gilt. Gäbe es nämlich ein solches X, so könnte man k so groß wählen, dass auch $x_1 = 2k\pi > X$, $x_2 = (2k+1)\pi > X$ ist. Dann ist aber

$$\left| \int_{x_1}^{x_2} \sin x \, dx \right| = \left| -\cos x \big|_{2k\pi}^{(2k+1)\pi} \right| = 2 \, ,$$

d.h. größer als das gewählte ϵ.

2) Wir betrachten nun das so genannte FRESNEL-Integral

$$I_2 = \int_0^\infty \sin(x^2) \, dx \, .$$

Solche Integrale spielen in der Theorie der Beugung des Lichts eine Rolle. Auch hier oszilliert der Integrand um die $x-$Achse. Im Gegensatz zum Fall 1) haben hier die vom Funktionsgraph und der $x-$Achse begrenzten, zwischen aufeinanderfolgenden Nullstellenpaaren liegenden Flächen nicht denselben Flächeninhalt. Die Inhalte werden mit wachsenden Abszissen betragsmäßig offenbar immer kleiner. Daher besteht eine gewisse Chance, dass das Integral I_2 konvergent ist. Tatsächlich: Man kann zeigen, dass sich nach Wahl eines beliebigen $\epsilon > 0$ ein $X > 0$ finden lässt, so dass

$$\left| \int_{x_1}^{x_2} \sin(x^2) \, dx \right| < \epsilon$$

ist, wenn nur $x_1, x_2 \ (x_1 < x_2)$ beide größer als X sind. Mittels der Substitution $x^2 = t$ erhält man zunächst

$$\int_{x_1}^{x_2} \sin(x^2) \, dx = \frac{1}{2} \int_{x_1^2}^{x_2^2} \frac{\sin t}{\sqrt{t}} \, dt \, .$$

Partielle Integration liefert

$$\int_{x_1^2}^{x_2^2} \frac{\sin t}{\sqrt{t}}\, dt = -\frac{\cos t}{\sqrt{t}}\Big|_{x_1^2}^{x_2^2} - \frac{1}{2}\int_{x_1^2}^{x_2^2} \frac{\cos t}{\sqrt{t}^3}\, dt\ .$$

Wegen $|\cos t| \le 1$ ist

$$|\int_{x_1^2}^{x_2^2} \frac{\sin t}{\sqrt{t}}\, dt| \le \frac{1}{x_2} + \frac{1}{x_1} + \frac{1}{2}\int_{x_1^2}^{x_2^2} t^{-\frac{3}{2}}\, dt = \frac{1}{x_2} + \frac{1}{x_1} + \frac{1}{x_1} - \frac{1}{x_2} = \frac{2}{x_1}\ .$$

Damit ist

$$|\int_{x_1}^{x_2} \sin(x^2)\, dx| \le \frac{1}{x_1} < \epsilon$$

für alle x_1, x_2 mit $x_2 > x_1 > X = \frac{1}{\epsilon}$. Also ist I_2 tatsächlich konvergent. Dass

$$I_2 = \int_0^\infty \sin(x^2)\, dx = \frac{1}{2}\int_0^\infty \frac{\sin x}{\sqrt{x}}\, dx = \frac{1}{2}\sqrt{\frac{\pi}{2}}$$

ist, kann man mit dem CAUCHYschen Konvergenzkriterium allerdings nicht erkennen.

Sind beide Integrationsgrenzen unendlich oder ist der Integrand an beiden Grenzen nicht beschränkt oder ist eine Grenze unendlich und ist der Integrand an der anderen Grenze nicht beschränkt, so spricht man von einem an beiden Grenzen uneigentlichen Integral. Man zerlegt dann das Integral additiv in zwei Integrale, die nur an je einer Grenze uneigentlich sind. Im Falle eines Integrals über ein endliches Intervall $]a, b[$ mit einem an beiden Grenzen unendlichen, aber über jedes abgeschlossene Teilintervall von $]a, b[$ integrierbaren Integranden wählt man ein $c \in]a, b[$ und definiert das uneigentliche Integral durch

$$\int_a^b f(x)\, dx := \int_a^c f(x)\, dx + \int_c^b f(x)\, dx$$

$$= \lim_{u \to a+0} \int_u^c f(x)\, dx + \lim_{o \to b-0} \int_c^o f(x)\, dx\ .$$

Es sei ausdrücklich darauf hingewiesen, dass die beiden Grenzwerte auf der rechten Seite **unabhängig voneinander** zu bestimmen sind. Nur wenn beide Grenzwerte existieren, konvergiert das uneigentliche Integral $\int_a^b f(x)\, dx$.

Hat man das Integral $\int_a^b f(x)\, dx$ zu berechnen und gibt es im Inneren des Intervalls $[a, b]$ endlich viele Polstellen oder Unendlichkeitsstellen der Funktion $f(x)$, z.B. $x_1, ..., x_{n-1}$ mit

$$a = x_0 < x_1 < ... < x_{n-1} < x_n = b,$$

dann setzt man

$$\int_a^b f(x)\, dx = \sum_{i=1}^n \int_{x_{i-1}}^{x_i} f(x)\, dx \tag{2.66}$$

wobei die Summanden der rechten Seite i.d.R. uneigentliche Integrale der oben besprochenen Art sind. Bevor man also ein Integral berechnet, hat man neben dem Charakter der Intervallgrenzen zu überprüfen, ob im Inneren des Integrationsintervalls kritische Punkte, an denen der Integrand unendlich wird, existieren. Tut man das nicht, kann man böse Überraschungen erleben. Betrachten wir dazu das folgende

Beispiel: Die Funktion $f(x) = \frac{1}{x^2}$ soll im Intervall $[-1,3]$ integriert werden. Kümmert man sich nicht um das Verhalten der Funktion im Inneren des Intervalls $[-1,3]$, dann errechnet man

$$\int_{-1}^{3} \frac{1}{x^2}\,dx = \left[-\frac{1}{x}\right]\Big|_{-1}^{3} = -\frac{1}{3} + \frac{1}{-1} = -\frac{4}{3}.$$

Denkt man daran, dass die Funktion immer größer als 0 ist und das Integral ja als Flächeninhalt interpretierbar ist, muss man bei dem Resultat ins Grübeln kommen. Berücksichtigt man, dass die Funktion $f(x) = \frac{1}{x^2}$ für $x \to 0$ über alle Grenzen wächst, so muss man das Integral über die Beziehung

$$\int_{-1}^{3} \frac{1}{x^2}\,dx = \int_{-1}^{0} \frac{1}{x^2}\,dx + \int_{0}^{3} \frac{1}{x^2}\,dx$$

berechnen. Man stellt allerdings sehr schnell fest, dass beide Integrale auf der rechten Seite nicht konvergieren!

Im Folgenden soll die Berechnung uneigentlicher Integrale anhand einiger Beispiele dargestellt werden.

Beispiele:
1) Zu berechnen ist das Integral $\int_{-\infty}^{\infty} \frac{dx}{1+x^2}$, also ein Integral mit zwei unendlichen Grenzen. Wir spalten das Integral in zwei uneigentliche Integrale auf und erhalten

$$
\begin{aligned}
\int_{-\infty}^{\infty} \frac{dx}{1+x^2} &= \int_{-\infty}^{0} \frac{dx}{1+x^2} + \int_{0}^{\infty} \frac{dx}{1+x^2} \\
&= \lim_{b\to\infty} \int_{-b}^{0} \frac{dx}{1+x^2} + \lim_{a\to\infty} \int_{0}^{a} \frac{dx}{1+x^2} \\
&= \lim_{b\to\infty} \arctan x\big|_{-b}^{0} + \lim_{a\to\infty} \arctan x\big|_{0}^{a} = \pi\,.
\end{aligned}
$$

2)

$$\int_{0}^{\infty} e^{-st} \cos(\omega t)\,dt = \lim_{c\to\infty} \int_{0}^{c} e^{-st} \cos(\omega t)\,dt \quad (s > 0, \omega \neq 0)\,.$$

Wir berechnen zuerst die Stammfunktion $\int e^{-st} \cos(\omega t)\,dt$ und finden mit zweimaliger partieller Integration

$$\int e^{-st} \cos(\omega t)\, dt = e^{-st} \sin(\omega t)/\omega - \int [-se^{-st} \sin(\omega t)/\omega]\, dt$$

$$= e^{-st} \sin(\omega t)/\omega + \frac{s}{\omega} \int e^{-st} \sin(\omega t)\, dt$$

$$= e^{-st} \sin(\omega t)/\omega + \frac{s}{\omega}[e^{-st}(-\cos(\omega t))/\omega - \int -se^{-st}(-\cos(\omega t))/\omega\, dt] \,;$$

damit ergibt sich

$$(1 + \frac{s^2}{\omega^2}) \int e^{-st} \cos(\omega t)\, dt = e^{-st} \sin(\omega t)/\omega - \frac{s}{\omega}e^{-st} \cos(\omega t) - \frac{s}{\omega^2}e^{-st} \cos(\omega t)$$

bzw.

$$\int e^{-st} \cos(\omega t)\, dt = \frac{\omega}{s^2 + \omega^2}e^{-st}[\sin(\omega t) - \frac{s}{\omega} \cos(\omega t)].$$

Die Berechnung des Grenzwertes ergibt

$$\lim_{c \to \infty} \frac{\omega}{s^2 + \omega^2}e^{-st}[\sin(\omega t) - \frac{s}{\omega} \cos(\omega t)]\Big|_{t=0}^{t=c} = \frac{s}{s^2 + \omega^2},$$

und damit konvergiert das uneigentliche Integral.

Bei den bisherigen Beispielen konnte man die Grenzwertbetrachtung auf der Grundlage der Stammfunktion durchführen. Dies ist leider nicht immer möglich. In vielen Fällen ist eine Bestimmung der Stammfunktion nicht möglich, so dass die Werte von uneigentlichen Integralen mit numerischen Methoden oder anderen analytischen Verfahren bestimmt werden müssen. Dies soll an dieser Stelle nicht weiter diskutiert werden. Es stellt sich aber die Frage, ob sich die Mühe überhaupt lohnt.

Es sind also Kriterien gefragt, die eine Aussage über Konvergenz oder Divergenz uneigentlicher Integrale zulassen, ohne den gegebenenfalls existierenden Wert des Integrals bestimmen zu müssen. Ein notwendiges und hinreichendes Kriterium war oben angegeben worden (Satz 2.42). Wir formulieren noch ein notwendiges und einige hinreichende Konvergenzkriterien.

Satz 2.43. *(notwendige Konvergenzbedingung)*
Ist $f(x) \geq 0$ und monoton fallend, dann folgt aus der Konvergenz des uneigentlichen Integrals $\int_a^\infty f(x)\, dx$

$$\lim_{x \to \infty} f(x) = 0\,.$$

Zu diesem Satz ist anzumerken, dass $\lim_{x \to \infty} f(x) = 0$ bei konvergentem Integral $\int_a^\infty f(x)\, dx$ nicht zu gelten braucht, wenn die Voraussetzungen des Satzes ($f \geq 0$, monoton fallend) nicht erfüllt sind. Als Beispiel sei $\int_0^\infty \sin(x^2)\, dx$ genannt.

Satz 2.44. *(Majoranten-Minoranten-Kriterium)*
Ist $f(x) \geq 0$ und gilt $g(x) \geq f(x)$ auf $[a, \infty[$, dann gilt:

$$\text{a)} \quad \text{konvergiert} \quad \int_a^\infty g(x)\, dx\,, \quad \text{dann konvergiert} \quad \int_a^\infty f(x)\, dx\,,$$

und

$$\text{b)} \quad \text{divergiert} \quad \int_a^\infty f(x)\, dx\,, \quad \text{dann divergiert} \quad \int_a^\infty g(x)\, dx\,.$$

Im Fall a) nennt man $g(x)$ konvergente Majorante von $f(x)$ und
im Fall b) nennt man $f(x)$ divergente Minorante von $g(x)$.

Das Majoranten-Minoranten-Kriterium gilt entsprechend auch für Integrale mit endlichem Integrationsintervall, wobei der Integrand an einem Intervallrandpunkt unbeschränkt ist.
Ein Integral $\int_a^\infty f(x)\, dx$, für das sogar $\int_a^\infty |f(x)|\, dx$ konvergiert, heißt **absolut konvergent**. Die Funktion $f(x)$ nennt man dann über $[a, \infty[$ **absolut integrierbar**. Analoge Bezeichnungen benutzt man auch bei Integralen mit unbeschränkten Integranden.

Satz 2.45. *(absolute Konvergenz)*
Konvergiert das uneigentliche Integral

$$\int_a^\infty |f(x)|\, dx, \quad \text{dann konvergiert das uneigentliche Integral} \quad \int_a^\infty f(x)\, dx.$$

Beispiele:
1) Die Konvergenz des uneigentlichen Integrals $\int_1^\infty \frac{\cos x}{x^2}\, dx$ soll gezeigt werden. Da eine Stammfunktion nicht gefunden werden kann, soll die Frage der Konvergenz oder Divergenz mit dem Majoranten-Minoranten-Kriterium untersucht werden. Hinreichend für die Konvergenz ist die Konvergenz des uneigentlichen Integrals $\int_1^\infty \frac{|\cos x|}{x^2}\, dx$. Für die Funktion $f(x) = \frac{|\cos x|}{x^2}$ findet man mit $g(x) = \frac{1}{x^2}$ eine konvergente Majorante und kann auf die Konvergenz des Integrals $\int_1^\infty \frac{\cos x}{x^2}\, dx$ schließen.
2) Das Integral

$$\int_0^\infty \frac{\sin^2 x + 1}{x}\, dx$$

ist divergent, da man mit $f(x) = \frac{1}{x}$ eine divergente Minorante findet, denn es gilt

$$\frac{1}{x} \leq \frac{\sin^2 x + 1}{x}\,, \quad x \in\,]0, \infty[\quad \text{und} \quad \int_0^\infty \frac{dx}{x} = \int_0^1 \frac{dx}{x} + \int_1^\infty \frac{dx}{x}$$

$$= \lim_{c \to 0+0} \int_c^1 \frac{dx}{x} + \lim_{d \to \infty} \int_1^d \frac{dx}{x} = \lim_{c \to 0+0} (-\ln c) + \lim_{d \to \infty} \ln d = \infty + \infty = \infty.$$

3) Konvergenz des EULERschen Integrals 2. Gattung (Gamma-Funktion)

$$\Gamma(x) = \int_0^\infty t^{x-1} e^{-t}\, dt \quad (x > 0)\,.$$

Das Integral ist für alle $x > 0$ an der oberen Grenze uneigentlich, für $0 < x < 1$ auch an der unteren Grenze, da für $t \to 0$ der Integrand unbeschränkt ist. Wir wollen zeigen, dass für alle $x > 0$ Konvergenz stattfindet,

$$\int_0^\infty t^{x-1} e^{-t}\, dt = \lim_{\epsilon \to 0+0} \underbrace{\int_\epsilon^1 t^{x-1} e^{-t}\, dt}_{I_1(\epsilon)} + \lim_{T \to \infty} \underbrace{\int_1^T t^{x-1} e^{-t}\, dt}_{I_2(T)}\,.$$

a) $I_1(\epsilon)$: Für $x \geq 1$ ist der Integrand auf [0,1] stetig und damit existiert $\lim_{\epsilon \to 0+0} I_1(\epsilon)$. Für $0 < x < 1$ ist der Integrand für $t \to 0$ unbeschränkt. Es gilt $t^{x-1} e^{-t} \leq t^{x-1}$ und

$$\int_\epsilon^1 t^{x-1}\, dt = \frac{t^x}{x}\Big|_\epsilon^1 = \frac{1}{x} - \frac{\epsilon}{x}\,.$$

Es existiert also $\int_0^1 t^{x-1}\, dt$ für $0 < x < 1$, so dass nach dem Majorantenkriterium

$$\lim_{\epsilon \to 0+0} I_1(\epsilon) = \lim_{\epsilon \to 0+0} \int_\epsilon^1 t^{x-1} e^{-t}\, dt = \int_0^1 t^{x-1} e^{-t}\, dt$$

existiert. Damit ist die Existenz von $\lim_{\epsilon \to 0+0} I_1(\epsilon)$ für alle $x > 0$ gezeigt.

b) $I_2(T)$: Für $0 < x \leq 1$ ist $t^{x-1} e^{-t} \leq e^{-t}$ bei $t \geq 1$ und

$$\int_1^T e^{-t}\, dt = -e^{-t}\Big|_1^T = e^{-1} - e^{-T}\,,$$

d.h. es existiert $\int_1^\infty e^{-t}\, dt$. Das Majorantenkriterium liefert damit die Existenz von $\lim_{T \to \infty} I_2(T)$. Für $x > 1$ kann man partiell integrieren:

$$I_2(T) = \int_1^T t^{x-1} e^{-t}\, dt = -t^{x-1} e^{-t}\Big|_1^T + (x-1) \int_1^T t^{x-2} e^{-t}\, dt\,.$$

Die Grenzwerte für $T \to \infty$ der ausintegrierten Summanden $\frac{e^{-T}}{T^{1-x}}$ existieren, weil e^{-T} schneller als jede T-Potenz T^{1-x} gegen Null geht. Man muss nun die partielle Integration solange ausführen, bis der Exponent der t-Potenz im Integranden kleiner oder gleich 1 wird. Dann ist der oben diskutierte Fall ($0 < x \leq 1$) anwendbar. Damit existiert $\lim_{t \to \infty} I_2(T)$ für alle $x > 0$.

An dieser Stelle sollen einige Eigenschaften der Gammafunktion aufgeführt werden. Für positive x ist sie, wie oben besprochen, als uneigentliches Integral definiert und für negative, nicht ganzzahlige x als Grenzwert einer Folge, nämlich

$$\Gamma(x) = \begin{cases} \int_0^\infty e^{-t} t^{x-1}\, dt & \text{für } x > 0, \\ \lim_{n \to \infty} \frac{n!}{x(x+1)(x+2)\ldots(x+n-1)} & \text{für } x \neq 0, -1, -2, \ldots \end{cases} \tag{2.67}$$

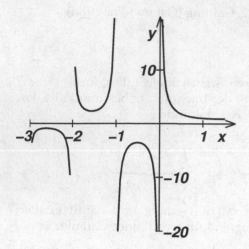

Abb. 2.66. Graph der Gamma-Funktion

Daraus ergibt sich die wichtige Eigenschaft der Gammafunktion: Es gilt

$$\Gamma(x+1) = x\Gamma(x) \quad \text{und} \quad \Gamma(n) = (n-1)! \text{ für ganzzahlige positive } n.$$

Aufgrund der Tatsache, dass das uneigentliche Integral $\int_a^\infty \frac{M}{x^\alpha}\,dx$ $(a > 0)$, für $\alpha > 1$ konvergiert, und das uneigentliche Integral $\int_a^\infty \frac{N}{x}\,dx$ divergiert (M und N sind hier positive Konstanten), kann man die folgenden Kriterien zur Konvergenzuntersuchung formulieren.

Satz 2.46. *(Potenzfunktionen als Majoranten/Minoranten)*
Betrachtet wird

$$I = \int_a^\infty f(x)\,dx \quad (a > 0),$$

wobei der Integrand $f(x)$ über jedes beschränkte Teilintervall von $[a, \infty[$ integrierbar sei.

a) Ist für $x \geq c \geq a$ (d.h. ab einer gewissen Stelle $x = c$)

$$|f(x)| \leq \frac{M}{x^\alpha} \quad \text{mit} \ \alpha > 1, \ M > 0$$

(d.h. $f(x) = O(x^{-\alpha})$ für $x \to \infty$), dann ist I konvergent.

b) Ist ab einer Stelle $c \geq a$, d.h. für $x \geq c$, dagegen

$$f(x) \geq \frac{N}{x^\alpha} \quad \text{mit} \ \alpha \leq 1, \ N > 0,$$

dann ist I divergent.

Beispiel: Für das Integral $\int_1^\infty \frac{\sin x}{x\sqrt{x}}\,dx$ ergibt sich mit der Beziehung

$$|\frac{\sin x}{x\sqrt{x}}| \le \frac{1}{x^{3/2}}$$

die Konvergenz.

2.17 Numerische Integration

Die analytische Bestimmung einer Stammfunktion und die damit gegebene einfache Möglichkeit der numerischen Berechnung von bestimmten Integralen ist manchmal sehr aufwendig, und manchmal sogar unmöglich. In solchen Fällen kann man eine näherungsweise Berechnung der Integrale auf numerischem Weg vornehmen. Auch im Fall der Vorgabe von Funktionen in Tabellenform (z.B. Ergebnisse einer Messreihe) kann keine analytische Integration durchgeführt werden. In beiden Fällen ist es möglich, den Integranden als Wertetabelle der Form

$$(x_0, y_0), (x_1, y_1), \ldots, (x_n, y_n)$$

vorzugeben, wobei im Fall eines analytisch gegebenen Integranden die Abszissen $x_0, \ldots, x_n$ beliebig wählbar sind, während man bei Messreihen an die vorliegenden Messergebnisse gebunden ist.

2.17.1 Trapezregel

In Erinnerung an die Definition des bestimmten Integrals mittels RIEMANNscher Summen (Satz 2.34) kann man das Integral

$$\int_a^b f(x)\,dx$$

für die in Form einer Wertetabelle gegebene Funktion $f(x)$ durch die Formel

$$\int_a^b f(x)\,dx \approx \sum_{i=1}^n \frac{y_{i-1} + y_i}{2}(x_i - x_{i-1}) \tag{2.68}$$

annähern. Bei äquidistanter Teilung des Integrationsintervalls mit $x_k = a + kh$, $h = \frac{b-a}{n}$, $k = 0, 1, \ldots, n$, erhält man die summierte Trapezregel in folgender Form:

$$\int_a^b f(x)\,dx \approx h(\frac{1}{2}y_0 + y_1 + y_2 + \cdots + y_{n-1} + \frac{1}{2}y_n).$$

Die Abb. 2.67 zeigt den Flächeninhalt im Ergebnis der Anwendung der Trapezregel (2.68). Es wird deutlich, dass die Trapezregel den exakten Wert des Integrals

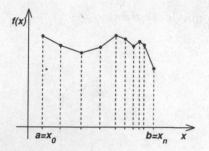

Abb. 2.67. Skizze zur numerischen Integration

einer Funktion $f(x)$ liefert, die in den Punkten $x_0, x_1, ..., x_n$ die Funktionswerte $y_0, y_1, ..., y_n$ und in den Intervallen $[x_{i-1}, x_i]$ den linearen Verlauf

$$f(x) = y_{i-1} + \frac{x - x_{i-1}}{x_i - x_{i-1}}(y_i - y_{i-1}) \ , \ x \in [x_{i-1}, x_i]$$

hat. Die Trapezregel ist damit nicht in der Lage, kompliziertere als lineare Verläufe der Funktion zwischen den Stützstellen x_i exakt zu erfassen. Das bedeutet eine i. Allg. recht grobe Näherung des Integrals durch die Trapezregel.

2.17.2 SIMPSON-Formel

Eine genauere numerische Berechnung des Integrals ist mit der SIMPSON-Formel möglich. Ausgangspunkt ist wiederum eine Wertetabelle der Form

$$(x_0, y_0), (x_1, y_1), \dots, (x_n, y_n) \, ,$$

wobei wir allerdings fordern, dass n eine gerade Zahl ist, also die Darstellung $n = 2m$, $m \in \mathbb{N}$, hat. Betrachten wir zum Beispiel die Wertetabelle

$$(1,1), (2,3), (3,2)$$

zur sehr groben, diskreten Beschreibung einer bestimmten Funktion $f(x)$ (s. Abb. 2.68), die im Intervall $[1,3]$ definiert ist: Die numerische Berechnung des Integrals mit der Trapezregel ergibt

$$\int_1^3 f(x)\, dx \approx 2[\frac{1}{2} \cdot 1 + \frac{1}{2} \cdot 2] = 3 \ . \tag{2.69}$$

Wenn die Funktion aber etwa den in der Abb. 2.68 skizzierten Verlauf hat, also nicht "eckig", sondern "glatt" ist, dann ist der mit der Trapezregel berechnete Wert nur eine sehr grobe Näherung. Im folgenden Abschnitt zum Thema "Interpolation" werden wir zeigen, dass man durch n Punkte genau ein Polynom $(n - 1)$-ten Grades legen kann, also durch die Punkte $(1,1), (2,3), (3,2)$ genau ein quadratisches Polynom $p_2(x)$. Dieses Polynom kann man in der Form

$$p_2(x) = \frac{(x - 2)(x - 3)}{2} \cdot 1 + \frac{(x - 1)(x - 3)}{-1} \cdot 3 + \frac{(x - 1)(x - 2)}{2} \cdot 2$$

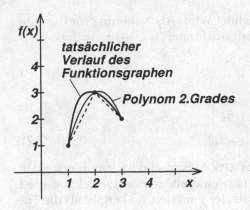

Abb. 2.68. Lineare und polynomiale Interpolation

aufschreiben und man nennt es Interpolationspolynom. Nun bietet sich zur näherungsweisen Berechnung des Integrals der punktweise gegebenen Funktion über dem Intervall [1,3] die Integration von $p_2(x)$ in den Grenzen 1 und 3 an, also

$$\int_1^3 f(x)\,dx \approx \int_1^3 p_2(x)\,dx = \frac{1}{3}[1 + 4 \cdot 3 + 2] = 5\,. \tag{2.70}$$

Aus der Abb. 2.68 wird sichtbar, dass mit der Näherungsbeziehung (2.70) ein genaueres Ergebnis erzielt wird, als mit der Trapezformel (2.69). Die Strichlinie bedeutet dabei die lineare Interpolation zwischen den Stützwerten. Nun kann man diese Überlegung der Näherung der Funktion mit einem Polynom 2. Grades auf das gesamte Integrationsintervall $[x_0, x_n] = [a, b]$ übertragen. Zur vereinfachten Darstellung nehmen wir eine äquidistante Stützstellenverteilung $x_i = x_0 + i \cdot h$, $h = \frac{b-a}{n}$, $i = 0, \dots, n$, an. Da n eine gerade Zahl ist ($n = 2m$), kann man Teilintervalle $[x_{2k-2}, x_{2k}]$, $k = 1, \dots, m$, bilden, und es gilt

$$[x_0, x_n] = \cup_{k=1}^m [x_{2k-2}, x_{2k}]\,.$$

In jedem der Teilintervalle $[x_{2k-2}, x_{2k}]$ bestimmt man nun für die Wertepaare

$$(x_{2k-2}, y_{2k-2}), (x_{2k-1}, y_{2k-1}), (x_{2k}, y_{2k})$$

ein quadratisches Polynom $p_{2,k}(x)$, das mit den Bedingungen $p_{2,k}(x_{2k-\mu}) = y_{2k-\mu}$ ($\mu = 0,1,2$) eindeutig festgelegt ist. Man rechnet nun leicht die Beziehung

$$\int_{x_{2k-2}}^{x_{2k}} p_{2,k}(x)\,dx = \frac{h}{3}[y_{2k-2} + 4y_{2k-1} + y_{2k}]$$

nach, die als KEPLERsche Fassregel bezeichnet wird. Als Näherung für das Integral über $[a, b]$ erhält man daraus die Quadraturformel ($h = \frac{b-a}{2m}$, $n = 2m$)

$$\int_a^b f(x)\,dx \approx \sum_{k=1}^m \int_{x_{2k-2}}^{x_{2k}} p_{2,k}(x)\,dx =$$

$$\frac{h}{3}[(y_0 + y_{2m}) + 2(y_2 + y_4 + \cdots + y_{2m-2})$$

$$+ 4(y_1 + y_3 + \cdots + y_{2m-1})]\,. \tag{2.71}$$

Die Formel (2.71) wird auch summierte SIMPSON-Formel oder summierte SIMPSONsche Regel genannt. Mit (2.71) liegt nun eine Integrationsformel vor, die i. Allg. eine genauere Näherung des Integrals der Funktion $f(x)$ ergibt als die Trapezformel.

2.17.3 Fehler der numerischen Integration

Die Genauigkeit der Trapez-Formel oder der SIMPSON-Formel erhält man durch Restgliedabschätzungen.

Satz 2.47. *(Restgliedformeln)*
Wenn $f(x)$ in $[a, b]$ eine stetige 2. bzw. 4. Ableitung hat, dann existiert ein Zwischenwert $\xi \in\,]a, b[$, so dass die Beziehungen

$$\int_a^b f(x)\,dx = h(\frac{1}{2}y_0 + y_1 + y_2 + y_3 + y_4 + \cdots + y_{n-1} + \frac{1}{2}y_n) - f^{(2)}(\xi)\frac{(b-a)h^2}{12}$$

und

$$\int_a^b f(x)\,dx = \frac{h}{3}[(y_0 + y_{2m}) + 2(y_2 + y_4 + \cdots + y_{2m-2}) + 4(y_1 + y_3 + \cdots + y_{2m-1})]$$

$$-f^{(4)}(\xi)\frac{(b-a)h^4}{180}$$

gelten. Damit ergeben sich Fehler der Ordnung $O(h^2)$ für die Trapezformel und $O(h^4)$ für die SIMPSON-Formel.

Um aussagekräftige Fehlerabschätzungen zu erhalten, sind i. Allg. Abschätzungen für die Beträge der 2. bzw. 4. Ableitung des Integranden im Integrationsintervall erforderlich.

Aus den Restgliedformeln erkennt man, dass mit der SIMPSONschen Regel Polynome bis zum 3. Grad exakt integriert werden, denn für diese Polynome ist $f^{(4)}(x) \equiv 0$. Darüber sollte man sich einen Moment wundern, weil bei der Herleitung der KEPLERschen Fassregel und damit auch der SIMPSONschen Regel nur Interpolationspolynome 2. Grades integriert worden sind.

Im nächsten Kapitel wird nach dem Studium von Potenzreihen eine weitere Möglichkeit zur numerischen Integralberechnung behandelt.

2.18 Interpolation

Bei der numerischen Integration wurde im Falle der Vorgabe einer Funktion in Form einer Wertetabelle zur näherungsweisen Integration eine Interpolation durchgeführt. Bei der Trapezregel wurde linear interpoliert und bei der SIMPSON-schen Regel wurde stückweise mit quadratischen Polynomen interpoliert.

Generell geht es bei der Interpolation um die Erzeugung von kontinuierlichen Funktionen, die an bestimmten Stützstellen vorgegebene Werte haben. Gegeben ist eine Wertetabelle

$$(x_0, y_0), (x_1, y_1), \ldots, (x_n, y_n) \ . \tag{2.72}$$

Die Wertetabelle kann auch aus Werten einer analytisch schwierig zu handhaben-den Funktion an bestimmten Stützstellen bestehen, wobei das Ziel der Interpo-lation hier die Konstruktion einer einfach zu handhabenden Funktion ist, die an den Stützstellen die Werte der komplizierten Funktion hat.

Gesucht ist eine stetige und differenzierbare Funktion $f(x)$, $f : [x_0, x_n] \to \mathbb{R}$, die die Bedingungen

$$f(x_i) = y_i \ , \ i = 0, \ldots, n \ ,$$

erfüllt.

2.18.1 LAGRANGE-Interpolation

Den Nachweis der Existenz einer stetig differenzierbaren Funktion, die die $(n+1)$ Bedingungen $f(x_i) = y_i$, $i = 0, \ldots, n$, erfüllt, führt man konstruktiv, indem ein Polynom n-ten Grades mit diesen Eigenschaften konstruiert wird. Unter der Voraussetzung $x_i \neq x_j$ für $i \neq j$ erfüllt das Polynom

$$p_n(x) = \sum_{j=0}^{n} L_j(x) y_j \tag{2.73}$$

mit den Koeffizientenpolynomen

$$
\begin{aligned}
L_j(x) &= \prod_{i=0, i \neq j}^{n} \frac{x - x_i}{x_j - x_i} \\
&= \frac{(x - x_0)(x - x_1) \ldots (x - x_{j-1})(x - x_{j+1}) \ldots (x - x_n)}{(x_j - x_0)(x_j - x_1) \ldots (x_j - x_{j-1})(x_j - x_{j+1}) \ldots (x_j - x_n)}
\end{aligned}
$$

wegen $L_j(x_i) = \delta_{ij}$ gerade die geforderten Bedingungen $p_n(x_i) = y_i$, $i = 0, 1, \ldots, n$. Das Polynom (2.73) heißt LAGRANGE-Polynom. Die Koeffizientenpo-lynome $L_j(x)$ sind Produkte von n Linearfaktoren und ergeben somit Polynome n-ten Grades. Wir werden im Kapitel 4 zeigen, dass es nur ein Polynom n-ten Grades gibt, das die Bedingungen $p_n(x_i) = y_i$, $i = 0, 1, \ldots, n$, erfüllt. Für die Wertetabelle

x_i	1	2	3	4	7	10	12	13	15
y_i	3	2	6	7	9	15	18	27	30

erhält man mit der LAGRANGE-Interpolation ein Polynom 8. Grades mit dem in der Abb. 2.69 dargestellten Verlauf.

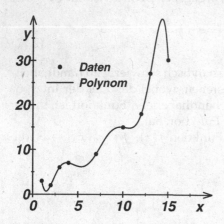

Abb. 2.69. LAGRANGE-Polynom 8. Grades

2.18.2 NEWTON-Interpolation

Die NEWTON-Interpolation ist ebenso wie die LAGRANGE-Interpolation eine Polynom-Interpolation. Die Problemstellung ist wie gehabt. Es ist eine Wertetabelle (x_i, y_i) , $i = 0, \ldots, n$, gegeben, und eine stetige und differenzierbare Funktion $f(x)$ gesucht, für die im Intervall $[x_0, x_n]$ in den Stützwerten $f(x_i) = y_i$ gilt. Da das Ergebnis bei der NEWTON-Interpolation ein Polynom $n-$ten Grades sein soll, erhält man das **gleiche** Polynom wie bei der LAGRANGE-Interpolation, da es genau ein Polynom $n-$ten Grades mit den geforderten Eigenschaften gibt.
Der Unterschied zwischen NEWTON- und LAGRANGE-Interpolation besteht in der konkreten Berechnung des Polynoms. Das Verfahren bei der NEWTON-Interpolation geht von dem Ansatz

$$p_n(x) = b_0 + b_1(x - x_0) + b_2(x - x_0)(x - x_1) + \cdots + \qquad (2.74)$$
$$b_n(x - x_0)(x - x_1)\ldots(x - x_{n-1})$$

aus. Die Koeffizienten werden nun wieder so bestimmt, dass das Polynom $p_n(x)$ durch die Punkte (x_i, y_i) , $i = 0, \ldots, n$, verläuft. Man erhält das gestaffelte Gleichungssystem

$$
\begin{aligned}
y_0 &= b_0 \\
y_1 &= b_0 + b_1(x_1 - x_0) \\
y_2 &= b_0 + b_1(x_2 - x_0) + b_2(x_2 - x_0)(x_2 - x_1) \\
&\vdots \\
y_n &= b_0 + b_1(x_n - x_0) + b_2(x_n - x_0)(x_n - x_1) + \cdots + \\
&\quad b_n(x_n - x_0)(x_n - x_1)\ldots(x_n - x_{n-1})
\end{aligned} \tag{2.75}
$$

zur Bestimmung der Koeffizienten b_i. Man sieht, dass die Berechnung rekursiv erfolgen kann wenn natürlicherweise wieder $x_i \neq x_j$ für $i \neq j$ vorausgesetzt wird. Hat man b_0, so kann man damit b_1 berechnen, und mit b_0 und b_1 kann man b_2 berechnen usw.. Bei der schrittweisen Auflösung des Systems (2.75) lässt sich für jeden Koeffizienten b_i eine Formel mit Hilfe **dividierter Differenzen** angeben. Sind von einer Funktion $f(x)$ an $n+1$ Stützstellen $x_0, x_1, \ldots x_n$ die zugehörigen Funktionswerte $y_0 = f(x_0), \ldots, y_n = f(x_n)$ gegeben, so lassen sich die dividierten Differenzen, auch Steigungen genannt, der Ordnung 0 bis n berechnen. Wir definieren die Steigungen 0. Ordnung

$$
[x_i] := y_i \, , \ i = 0, \ldots n,
$$

die Steigungen 1. Ordnung

$$
[x_i x_j] := \frac{[x_i] - [x_j]}{x_i - x_j} \, , \ i, j = 0, \ldots, n, \ i \neq j,
$$

und allgemein die Steigungen $r-$ter Ordnung

$$
[x_i x_{i+1} \ldots x_{i+r}] := \frac{[x_{i+1} \ldots x_{i+r}] - [x_i \ldots x_{i+r-1}]}{x_{i+r} - x_i} .
$$

Eine wichtige Eigenschaft der dividierten Differenzen ist die Symmetrie in ihren Argumenten, d.h. es gilt z.B.

$$
[x_0 x_1 \ldots x_n] = [x_n x_{n-1} \ldots x_0] = [x_{k_0} x_{k_1} \ldots x_{k_n}] ,
$$

wobei $k_1, k_2, \ldots, k_n$ irgendeine beliebige Vertauschung (Permutation) der Indizes $1, 2, \ldots, n$ ist. Mit den eben erklärten Steigungen kann man $p_n(x)$ auch in der Form

$$
\begin{aligned}
p_n(x) &= [x_0] + [x_0 x_1](x - x_0) + [x_0 x_1 x_2](x - x_0)(x - x_1) + \cdots + \\
&\quad [x_0 x_1 \ldots x_n](x - x_0)(x - x_1) \ldots (x - x_{n-1})
\end{aligned}
$$

notieren. Mit den Formeln der Steigungen lässt sich ein so genanntes Steigungsschema oder Schema zur Berechnung der dividierten Differenzen aufstellen. Wir geben die Wertetabelle

x_i	1	2	3
y_i	3	2	6

vor, also eine Ausgangsposition für ein Polynom 2. Grades. Dafür kann man das Schema

$x_{i+2} - x_i$	$x_{i+1} - x_i$	x_i	$[x_i] = y_i$	Δ	$[x_{i+1}x_i]$	Δ	$[x_2x_1x_0]$
		1	3				
	1			-1	-1		
2		2	2			5	2,5
	1			4	4		
		3	6				

aufstellen, und erhält

$$[x_0] = 3 \ , \quad [x_1x_0] = -1 \ , \quad [x_2x_1x_0] = 2{,}5 \ .$$

Damit erhält man das NEWTONsche Interpolationspolynom

$$\begin{aligned} p_2(x) &= [x_0] + [x_1x_0](x - x_0) + [x_2x_1x_0](x - x_0)(x - x_1) \\ &= 3 - (x - 1) + 2{,}5 \cdot (x - 1)(x - 2) \ , \end{aligned}$$

das mit dem LAGRANGE-Interpolationspolynom

$$p_2(x) = 3\frac{(x - 2)(x - 3)}{(1 - 2)(1 - 3)} + 2\frac{(x - 1)(x - 3)}{(2 - 1)(2 - 3)} + 6\frac{(x - 1)(x - 2)}{(3 - 1)(3 - 2)}$$

übereinstimmt. Das sollte als Übung überprüft werden.

2.18.3 Spline-Interpolation

Die Polynominterpolation hat den Vorteil, dass man im Ergebnis mit dem Polynom eine Funktion erhält, die zum einen die geforderten Eigenschaften hat, und zweitens in Form einer geschlossenen Formel vorliegt. In der Abb. 2.69 ist aber zu sehen, dass schon bei einem Polynom 8. Grades, also einer Interpolationsfunktion für 9 vorgegebene Wertepaare, starke Oszillationen im Funktionsverlauf auftreten können.

Eine Möglichkeit, dies zu vermeiden, ist die lineare Interpolation oder als Konsequenz der SIMPSONschen Integrationsregel die stückweise Interpolation mit quadratischen Polynomen. Allerdings geht dabei an den Stützstellen die Differenzierbarkeit der Interpolationskurve verloren.

Bei der so genannten **Spline**-Interpolation passiert dies nicht. Die Methodik geht auf die Lösung eines Variationsproblems aus der Mechanik zurück und liefert im Unterschied zur polynomialen Interpolation meistens wesentlich brauchbarere Ergebnisse.

Gegeben sind wiederum $(n + 1)$ Datenpaare

$$(x_0, y_0), (x_1, y_1), \ldots, (x_n, y_n)$$

mit $x_0 < x_1 < \cdots < x_{n-1} < x_n$. Im Rahmen der Theorie der Splines nennt man die Stützstellen $x_0, x_1, \ldots, x_n$ auch **Knoten**. Eine Funktion $s_k(x)$ heißt **zu den Knoten** $x_0, x_1, \ldots, x_n$ **gehörende Spline-Funktion vom Grade** $k \geq 1$, wenn

a) $s_k(x)$ für $x \in [x_0, x_n]$ $(k-1)$ mal stetig differenzierbar ist und

b) $s_k(x)$ für $x \in [x_i, x_{i+1}]$, $(i = 0,1,\ldots,n-1)$ ein Polynom höchstens k-ten Grades ist.

Eine solche Spline-Funktion $s_k(x)$ heißt **interpolierende Spline-Funktion**, wenn die für die Knoten $x_0, x_1, \ldots, x_n$ gegebenen Funktionswerte $y_0, y_1, \ldots, y_n$ interpoliert werden:

c) $s_k(x_i) = y_i$ $(i = 0,1,\ldots,n)$.

In der Praxis der Interpolation kann man sich meist auf Spline-Funktionen niedriger Grade, etwa $k \leq 3$, beschränken. Wir betrachten den Fall $k = 3$ und bezeichnen die interpolierende Spline-Funktion $s_3(x)$ für $x \in [x_i, x_{i+1}]$ mit

$$p_i(x) = \alpha_i + \beta_i(x - x_i) + \gamma_i(x - x_i)^2 + \delta_i(x - x_i)^3, \qquad (2.76)$$
$$p_i : [x_i, x_{i+1}] \to \mathbb{R}, \ i = 0, \ldots, n-1.$$

Die sorgfältige Auswertung der Forderungen a), b), c) ergibt den folgenden Algorithmus zur Bestimmung der Koeffizienten $\alpha_i, \beta_i, \gamma_i, \delta_i$:

1) Die $(n + 1)$ Hilfsgrößen $m_0, m_1, \ldots, m_n$ müssen dem tridiagonalen linearen Gleichungssystem aus $(n - 1)$ Gleichungen genügen:

$$h_{i-1}m_{i-1} + 2(h_{i-1} + h_i)m_i + h_i m_{i+1} = c_i, \ i = 1, \ldots, n-1,$$

mit

$$h_i = x_{i+1} - x_i \text{ und } c_i = \frac{6}{h_i}(y_{i+1} - y_i) - \frac{6}{h_{i-1}}(y_i - y_{i-1}).$$

2) Die Koeffizienten $\alpha_i, \beta_i, \gamma_i, \delta_i$, $(i = 0,1,\ldots,n-1)$ ergeben sich aus

$$\alpha_i := y_i, \ \beta_i := \frac{y_{i+1} - y_i}{h_i} - \frac{2m_i + m_{i+1}}{6}h_i, \ \gamma_i := \frac{m_i}{2}, \ \delta_i := \frac{m_{i+1} - m_i}{6h_i} .$$

Die $(n - 1)$ linearen Gleichungen für $(n + 1)$ Hilfsgrößen m_i bringen im Wesentlichen zum Ausdruck, dass die interpolierende Spline-Funktion $s_3(x)$ an den inneren Knoten $x_1, x_2, \ldots, x_{n-1}$ stetige erste und zweite Ableitungen hat. Offenbar fehlen 2 Bedingungen, um für $m_0, m_1, \ldots, m_n$ eine eindeutige Lösung gewinnen zu können. Diese zusätzlichen Bedingungen werden i. Allg. durch gewisse Forderungen gewonnen, die man an das Verhalten der interpolierenden Spline-Funktion an den äußeren Knoten x_0, x_n stellt. Da hat man gewisse Freiheiten. Fordert man etwa in x_0, x_n das Verschwinden der zweiten Ableitungen

$$s_3''(x_0) = s_3''(x_n) = 0 ,$$

so bedeutet das, dass das lineare Gleichungssystem durch die beiden Gleichungen

$$m_0 = 0 \ , \qquad m_n = 0$$

zu ergänzen ist, wodurch ein Gleichungssystem mit $(n + 1)$ Gleichungen für ebenso viele Unbekannte entstanden ist.

Die Abb. 2.70 zeigt das Ergebnis der Spline-Interpolation im Vergleich mit der Polynominterpolation zur Lösung der Interpolationsaufgabe

x_i	1	2	3	4	7	10	12	13	15
y_i	3	2	6	7	9	15	18	27	30

Dabei wird deutlich, dass die Spline-Interpolation im Vergleich zur Polynominterpolation wesentlich weniger und auch "sanftere" Oszillationen zeigt.
Mit steigender Anzahl von Stützstellen wird das Ergebnis einer Polynominterpolation i. Allg. immer problematischer. Wenn wir zum Beispiel die Interpolationsaufgabe

x_i	1	2	3	4	7	10	12	13	15	16	18	20
y_i	3	2	6	7	9	15	18	27	30	25	20	20

mit 12 Stützstellen betrachten, sieht man in der Abb. 2.71 deutlich die Unzulänglichkeiten der Polynominterpolation.
Die bei Interpolationspolynomen höheren Grades oft auftretenden Oszillationen wirken sich insbesondere dann sehr störend aus, wenn man die Interpolationskurve zur näherungsweisen Bestimmung der Ableitung einer durch die Stützstellen gehenden "vernünftigen" Kurve benutzen will. Sinnvoller ist es dann in jedem Fall, wenn man die Ableitung auf dem Intervall $[x_i, x_{i+1}]$ durch den Differenzenquotienten

$$\frac{y_{i+1} - y_i}{x_{i+1} - x_i} \approx: f'(x)$$

annähert oder aus einer Spline-Funktion niedrigen Grades bestimmt.

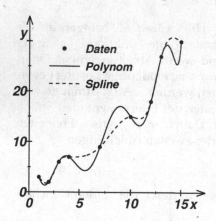

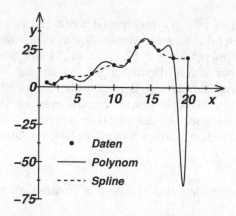

Abb. 2.70. Kubischer interpolierender Spline und Interpolationspolynom 8. Grades

Abb. 2.71. Kubischer interpolierender Spline und Interpolationspolynom 11. Grades

2.18.4 Vor- und Nachteile von Polynom- und Spline-Interpolationen

Die Vor- und Nachteile von Polynom- und Splineinterpolation lassen sich in der folgenden Tabelle zusammenfassen.

Methode	Vorteil	Nachteil
Lagrange-Interpolation	leichte Berechenbarkeit des Polynoms, geschlossene Formel	Neuberechnung bei Hinzunahme von Stützstellen, starke Oszillationen bei mehr als 10 Stützstellen.
Newton-Interpolation	leichte Berechenbarkeit des Polynoms, geschlossene Formel, einfache Erweiterung der Formel bei Stützstellenhinzunahme	starke Oszillationen bei mehr als 10 Stützstellen.
Spline-Interpolation	keine "unnatürlichen" Oszillationen	keine geschlossene Formel, größerer Berechnungsaufwand als bei der Polynominterpolation.

2.19 Aufgaben

1) Berechnen Sie die Grenzwerte der Folgen

$$(a_n) = \left(\frac{4n^2 + \sqrt{3}}{3n^2 + 4n + 25}\right), \quad (b_n) = (\sqrt[n]{n+4}), \quad (c_n) = \left(\frac{\sin(n^3)}{n}\right), \quad (d_n) = \left(\frac{n}{e^n}\right).$$

2) Berechnen Sie die Grenzwerte

$$\lim_{x\to\infty} \frac{\ln x + \sqrt{x}}{x}, \quad \lim_{x\to 0} \frac{\sin(x^3)}{x^2}, \quad \lim_{x\to\frac{\pi}{2}} \frac{\cos x}{\frac{\pi}{2} - x}.$$

3) Berechnen Sie die Ableitungen der Funktion

$$f_1(x) = \sqrt{\sin x}, \quad f_2(x) = x^{x^2}, \quad f_3(x) = \frac{xe^x}{\arctan x}, \quad f_4(x) = x\sqrt{x}\cos x.$$

4) Berechnen Sie das TAYLOR-Polynom 2. Grades der Funktion $f(x) = \sqrt{1+x^2}$ mit dem Entwicklungspunkt $x_0 = 0$, und schätzen Sie die Genauigkeit der Approximation von f durch das TAYLOR-Polynom für $x \in [0, \frac{1}{5}]$ ab.

5) Berechnen Sie die maximale Krümmung der Kurve $\gamma(x) = (x, \frac{1}{x^2})^T$, $x \in [0,1,4]$.

6) Berechnen Sie die unbestimmten Integrale/Stammfunktionen

$$\int \frac{x^3}{x^2 + 2x - 1}\, dx, \quad \int e^{3x} \cos x\, dx, \quad \int \frac{1}{\cos x + \sin x + 1}\, dx\,.$$

7) Berechnen Sie das Volumen des Rotationskörpers, der durch die Rotation der Funktion $f(x) = x^3$, $x \in [0, \pi]$ um die y-Achse entsteht.

8) Berechnen Sie die Oberfläche des Rotationskörpers, der durch die Rotation der Funktion $f(x) = \sqrt{4 - x^2}$, $x \in [0,2]$ um die y-Achse entsteht.

9) Untersuchen Sie die uneigentlichen Integrale

$$\int_0^\infty \frac{1}{1 + x^4}\, dx, \quad \int_1^2 \frac{1}{x^2 - 1}\, dx, \quad \int_0^\infty \frac{\cos^2 x}{1 + x^3}\, dx\,.$$

auf Konvergenz und berechnen Sie gegebenenfalls ihre Werte.

10) Konstruieren Sie mit dem NEWTON-Verfahren eine rekursive Folge zur näherungsweisen Berechnung von $\sqrt{5}$.

11) Bestimmen Sie das LAGRANGE-Polynom zur Interpolation der Messwerte

x_i	1	2	3	5
y_i	0	3	2	1

12) Bestimmen Sie das NEWTONsche Interpolationspolynom zur Interpolation der Wertepaare

x_i	1	2	3	4
y_i	3	2	6	1

unter Nutzung der Ergebnisse auf Seite 186.

13) Berechnen Sie die Integrale

$$\int_1^e x \ln x\, dx, \quad \int_0^\pi x^2 \sin x\, dx, \quad \int_{-1}^1 x \cos x\, dx\,.$$

14) Approximieren Sie die Funktion $f(x) = \frac{x}{\ln x}$ durch das TAYLOR-Polynom 2. Grades in den Nähe von $x_0 = 2$ und schätzen Sie die Approximationsgüte für $x \in [2, \frac{11}{5}]$ ab.

15) Untersuchen Sie das Extremalverhalten (lokal und global) der Funktionen

(a) $f(x) = x \ln x$ $(x > 0)$, und (b) $g(x) = x \sin x$ $(x \in \mathbb{R})$.

3 Reihen

Im vorangegangenen Kapitel wurden TAYLOR-Polynome, d.h. Summen aus endlich vielen Potenzfunktionen, als Mittel zur Approximation von hinreichend oft differenzierbaren Funktionen behandelt. Im folgenden Kapitel sollen nun Summen mit "unendlich" vielen Summanden betrachtet werden. Solche Summen werden auch Reihen genannt. Mit Hilfe des mathematischen Grenzwertbegriffs lässt sich für derartige Summen aus unendlich vielen Summanden entscheiden, wann man ihnen vernünftigerweise einen Sinn geben, d.h. eine konkrete Summe zuordnen kann, und wann nicht. Reihen werden bei der Approximation von Funktionen verwendet. Ein weiteres Anwendungsgebiet von Reihen ist die näherungsweise Berechnung von Integralen und die Bestimmung von Näherungslösungen für Differentialgleichungen. Bei der Beschreibung von periodischen Prozessen spielen spezielle Funktionenreihen im Rahmen der FOURIER-Analyse eine zentrale Rolle. Reihen finden auch Anwendung bei der Berechnung von Funktionswerten der Exponentialfunktion oder trigonometrischer Funktionen auf Rechnern.
Bevor man allerdings Reihen anwenden kann, ist es erforderlich, Konvergenzverhalten und Konvergenzbereiche sowie Methoden zur Konstruktion von Reihen zu einem bestimmten Zweck zu untersuchen.

Übersicht

3.1 Zahlenreihen

3.1.1 Konvergenz unendlicher Reihen

Wir betrachten hier reelle Zahlenreihen, weisen jedoch darauf hin, dass sämtliche
Betrachtungen auch auf den Fall von Reihen mit komplexen Gliedern problemlos
übertragbar sind.

Definition 3.1. (unendliche Reihe)
Wir betrachten die Zahlenfolge

$$a_0, a_1, a_2, a_3, \ldots$$

aus $\mathbb{R}$. Wenn man die Elemente nacheinander aufaddiert, entsteht mit

$$s_0 = a_0, s_1 = a_0 + a_1, s_2 = a_0 + a_1 + a_2, \ldots$$

eine neue Zahlenfolge (s_n), die man **unendliche Reihe** nennt. Man beschreibt die
unendliche Reihe symbolisch durch

$$a_0 + a_1 + a_2 + a_3 + \ldots \qquad \text{oder} \qquad \sum_{k=0}^{\infty} a_k \, .$$

Statt unendlicher Reihe sagt man auch kurz **Reihe**. Die Glieder a_n der Zahlenfolge (a_n) nennt man auch Glieder der Reihe $\sum_{k=0}^{\infty} a_k$. Für den hier mit k bezeichneten Summationsindex kann natürlich auch jeder andere Buchstabe stehen. Die
Summen

$$s_n = \sum_{k=0}^{n} a_k \tag{3.1}$$

heißen **Teil- oder Partialsummen** der Reihe. Der kleinste Wert des Summationsindex muss nicht 0 sein: Ist $p \in \mathbb{Z}$, so.versteht man unter

$$\sum_{k=p}^{\infty} a_k$$

die Teilsummenfolge (s_n') mit

$$s_0' = a_p, \ s_1' = a_p + a_{p+1}, \ s_2' = a_p + a_{p+1} + a_{p+2}, \ \ldots$$

Setzt man $b_k = a_{k+p}$ $(k = 0,1,2,\ldots)$, so gilt

$$\sum_{k=p}^{\infty} a_k = \sum_{k=0}^{\infty} b_k \, ,$$

und man hat die Reihe mit Anfangsindex p auf eine Reihe mit Anfangsindex 0
zurückgeführt. Aus einer unendlichen Reihe kann man eine beliebige (endliche)
Teilsumme "herausziehen", d.h. für $p \in \mathbb{N}$ gilt

$$\sum_{k=0}^{\infty} a_k = a_0 + a_1 + \cdots + a_{p-1} + \sum_{k=p}^{\infty} a_k \, .$$

Als Beispiel einer Reihe sei die spezielle geometrische Reihe

$$1 + \frac{1}{2} + \frac{1}{4} + \frac{1}{8} + \ldots = \sum_{k=0}^{\infty} \frac{1}{2^k}$$

genannt.

Definition 3.2. (Konvergenz einer Reihe)
Eine Reihe $\sum_{k=0}^{\infty} a_k$ heißt genau dann **konvergent**, wenn die Folge (s_n) ihrer Partialsummen konvergiert. Ist s der Grenzwert dieser Folge, also $s = \lim_{n\to\infty} s_n$, so schreibt man dafür auch

$$s = \sum_{k=0}^{\infty} a_k \, .$$

s heißt Grenzwert oder **Summe** der Reihe. Eine Reihe, die nicht konvergent ist, heißt **divergent**.

Man kann also sagen: Mit dem Begriff "unendliche Reihe" ist nichts anderes gemeint als die Folge der aus den Gliedern der Reihe gebildeten Partialsummen.

Beispiele:
1) Da die allgemeine geometrische Reihe

$$1 + q + q^2 + q^3 + q^4 + \ldots = \sum_{k=0}^{\infty} q^k$$

oft benutzt wird, soll diese Reihe kurz diskutiert werden. Wir setzen zunächst $q \neq 1$ voraus. Wenn man die Partialsumme

$$s_n = 1 + q + q^2 + \ldots + q^n$$

und das Produkt $q s_n$

$$q s_n = q + q^2 + q^3 + \ldots + q^{n+1}$$

voneinander subtrahiert, erhält man

$$s_n - q s_n = 1 - q^{n+1} \quad \text{bzw.} \quad s_n = \frac{1 - q^{n+1}}{1 - q} \, .$$

Für $|q| < 1$ ist die Folge (s_n) (und damit die Reihe $\sum_{k=0}^{\infty} q^k$) konvergent und es gilt

$$\sum_{k=0}^{\infty} q^k = \lim_{n\to\infty} s_n = \frac{1}{1 - q} \, .$$

Für $|q| \geq 1$ wachsen die s_n mit $n \to \infty$ betragsmäßig über jede endliche Grenze, (s_n) ist also divergent. Das gilt auch für $q = 1$, was man sofort sieht, wenn man auf die ursprüngliche Definition $s_n = 1 + q + q^2 + \cdots + q^n = n+1$ zurückgeht. Für $q = -1$ gilt $s_n = \frac{1}{2}[1 + (-1)^n]$, also ebenfalls keine Konvergenz. Zusammenfassend stellen wir fest: Die geometrische Reihe $\sum_{k=0}^{\infty} q^k$ ist für $|q| < 1$ konvergent mit der Summe $\frac{1}{1-q}$, und für $|q| \geq 1$ divergent.

2) Eine weitere bekannte Reihe ist die harmonische Reihe.

$$1 + \frac{1}{2} + \frac{1}{3} + \frac{1}{4} + \dots = \sum_{k=1}^{\infty} \frac{1}{k} \ .$$

Die Glieder $a_k = \frac{1}{k}$ dieser Reihe werden für $k \to \infty$ beliebig klein. Man könnte daher vermuten, dass sich verschiedene Partialsummen $s_n = \sum_{k=1}^{n} \frac{1}{k}$ und $s_p = \sum_{k=1}^{p} \frac{1}{k}$ bei hinreichend großen Werten n, p nur wenig unterscheiden und (s_n) (z.B. nach dem CAUCHYschen Konvergenzkriterium) konvergent sein müsste. Diese Vermutung ist falsch: Die harmonische Reihe ist divergent. Wir zeigen dies durch einen indirekten Beweis. Wäre $\sum_{k=1}^{\infty} \frac{1}{k}$ konvergent, so wäre das gleichbedeutend mit der Konvergenz der Folge (s_n) ihrer Partialsummen und so müsste auch jede Teilfolge $(s'_m) = (s_{n_m})$ $(1 \leq n_1 < n_2 < \dots)$ von (s_n) konvergent sein (vgl. Abschnitt 2.4). Wenn wir zeigen, dass es eine divergente Teilfolge gibt, kann $\sum_{k=1}^{\infty} \frac{1}{k}$ nicht konvergent sein. Eine solche divergente Teilfolge erhält man für $n_m = 2^m$, d.h. mit der Folge

$$(s'_m) = (s_{2^m}) = \sum_{k=1}^{2^m} \frac{1}{k} \ ,$$

es gilt nämlich

$$
\begin{aligned}
s'_m = s_{2^m} &= 1 + \tfrac{1}{2} + \underbrace{(\tfrac{1}{3} + \tfrac{1}{4})}_{} + \underbrace{(\tfrac{1}{5} + \dots + \tfrac{1}{8})}_{} + \\
&\qquad \underbrace{4 \text{ Glieder}}_{} \\
&\quad + \underbrace{(\tfrac{1}{9} + \dots + \tfrac{1}{16})}_{8 \text{ Glieder}} + \dots + \underbrace{(\tfrac{1}{2^{m-1}+1} + \dots + \tfrac{1}{2^m})}_{2^{m-1} \text{ Glieder}} \\
&\geq 1 + \tfrac{1}{2} + \underbrace{(\tfrac{1}{4} + \tfrac{1}{4})}_{} + \underbrace{(\tfrac{1}{8} + \dots + \tfrac{1}{8})}_{4 \text{ Glieder}} + \\
&\quad + \underbrace{(\tfrac{1}{16} + \dots + \tfrac{1}{16})}_{8 \text{ Glieder}} + \dots + \underbrace{(\tfrac{1}{2^m} + \dots + \tfrac{1}{2^m})}_{2^{m-1} \text{ Glieder}} \\
&= 1 + m \cdot \tfrac{1}{2} \to \infty \quad \text{für} \quad m \to \infty \ .
\end{aligned}
$$

Mit (s_{2^m}) ist eine divergente Teilfolge der Partialsummenfolge (s_n) gefunden. Es ist $\lim_{m \to \infty} s_{2^m} = \infty$ und die Divergenz der harmonischen Reihe damit bewiesen. Die gesamte Partialsummenfolge (s_n) ist streng monoton steigend, so dass man symbolisch $\lim_{n \to \infty} s_n = \infty$ oder auch

$$\sum_{k=1}^{\infty} \frac{1}{k} = \infty$$

schreiben kann.

Satz 3.1. *(Operationen mit konvergenten Reihen)*
Konvergente Reihen dürfen gliedweise addiert, subtrahiert und mit einem konstanten
Faktor multipliziert werden. Es gilt

$$\sum_{k=0}^{\infty}(a_k \pm b_k) = \sum_{k=0}^{\infty} a_k \pm \sum_{k=0}^{\infty} b_k \quad und \quad \sum_{k=0}^{\infty}(\lambda a_k) = \lambda \sum_{k=0}^{\infty} a_k \; .$$

Das heißt: Die durch gliedweise Addition, gliedweise Subtraktion, gliedweises
Multiplizieren mit einem konstanten Faktor aus konvergenten Reihen hervorge-
henden Reihen sind wieder konvergent und haben die angegebenen Summen.

Man überlegt sich schnell, dass Reihen **nicht** konvergieren können, wenn die
Glieder gegen eine endliche Zahl $c \neq 0$ streben. Es gilt das folgende Kriterium.

Notwendiges Konvergenzkriterium für Reihen:

Bei einer konvergenten Reihe $\sum_{k=0}^{\infty} a_k$ bilden die Glieder eine Nullfolge: es gilt

$$\lim_{k \to \infty} a_k = 0 \; .$$

Denn: Die Teilsummenfolge (s_n) einer konvergenten Reihe $\sum_{k=0}^{\infty} a_k$ erfüllt das
CAUCHYsche Konvergenzkriterium. Also gibt es zu jedem $\epsilon > 0$ ein $n_0(\epsilon) \in \mathbb{N}$, so
dass

$$|s_{n+1} - s_n| < \epsilon \quad \text{für} \quad n \geq n_0(\epsilon)$$

gilt. Wegen $s_{n+1} - s_n = a_{n+1}$ ist dies gleichwertig mit $\lim_{k \to \infty} a_k = 0$.

Am Beispiel der harmonischen Reihe sieht man, dass die Umkehrung des Kriteriums **nicht** gilt, d.h. die Konvergenz der Folge (a_k) mit dem Grenzwert Null ist
nicht hinreichend für die Konvergenz der Reihe $\sum_{k=0}^{\infty} a_k$.

3.1.2 Allgemeine Konvergenzkriterien

Mit dem eben formulierten notwendigen Konvergenzkriterium kann man nur
Negativnachweise führen und entscheiden, ob sich eine Konvergenzuntersuchung einer Reihe überhaupt lohnt. Wir brauchen hinreichende Konvergenzkriterien, die im Folgenden diskutiert werden sollen.

Satz 3.2. *(Monotoniekriterium für Reihen)*
Eine Reihe $\sum_{k=0}^{\infty} a_k$ mit nichtnegativen Gliedern a_k konvergiert genau dann, wenn die
Folge ihrer Partialsummen beschränkt ist.

Dies folgt sofort aus dem Satz über die Konvergenz beschränkter und monotoner Folgen (Satz 2.4), da $s_n = \sum_{k=0}^{n} a_k$ monoton steigt. Aus der Tatsache, dass
CAUCHY-Folgen in $\mathbb{R}$ konvergieren, folgt der

Satz 3.3. *(CAUCHY-Kriterium für Reihen)*
Eine Reihe $\sum_{k=0}^{\infty} a_k$ konvergiert genau dann, wenn Folgendes gilt:
Zu jedem $\epsilon > 0$ gibt es ein $n_0(\epsilon) \in \mathbb{N}$, so dass für alle $n, m \in \mathbb{N}$, $m > n > n_0(\epsilon)$ stets

$$\left| \sum_{k=n+1}^{m} a_k \right| < \epsilon \tag{3.2}$$

gilt.

Die Ungleichung (3.2) ist ja nichts anderes als $|s_m - s_n| < \epsilon$, also die CAUCHY-Folgenbedingung für die Partialsummenfolge (s_n). Das CAUCHY-Kriterium bedeutet in Worten: Jedes aus einer konvergenten unendlichen Reihe $\sum_{k=0}^{\infty} a_k$ herausgeschnittene endliche Teilstück $a_{n+1} + a_{n+2} + \cdots + a_m$ wird betragsmäßig beliebig klein, wenn es nur mit einem Glied a_{n+1} mit hinreichend großem Index $n + 1$ beginnt. Erfüllt umgekehrt eine Reihe diese Bedingung, so ist sie konvergent.

Satz 3.4. *(LEIBNIZ-Kriterium)*
Eine alternierende Reihe

$$a_0 - a_1 + a_2 - a_3 + a_4 - \ldots = \sum_{k=0}^{\infty} (-1)^k a_k$$

mit $a_k > 0$ konvergiert, wenn die Folge (a_k) monoton fallend ist und gegen Null strebt, also

$$\lim_{k \to \infty} a_k = 0 \, .$$

Beweis: Der Nachweis dieses Kriteriums basiert auf einer geeigneten Klammerung der Partialsummen, nämlich

$$s_{2n} = a_0 - (a_1 - a_2) - (a_3 - a_4) - \cdots - (a_{2n-1} - a_{2n}) \tag{3.3}$$
$$s_{2n-1} = (a_0 - a_1) + (a_2 - a_3) + \cdots + (a_{2n-2} - a_{2n-1}) \, . \tag{3.4}$$

Da aufgrund der fallenden Monotonie von (a_n) alle Klammerausdrücke in (3.3) und (3.4) größer oder gleich 0 sind, ist die Folge (s_{2n}) monoton fallend und (s_{2n-1}) monoton wachsend. Damit gilt für $n \geq 1$ die Ungleichungskette

$$s_1 \leq s_{2n-1} \leq s_{2n-1} + a_{2n} = s_{2n} \leq s_0,$$

und (s_{2n}) und (s_{2n-1}) konvergieren aufgrund der Monotonie und Beschränktheit nach dem Satz von BOLZANO-WEIERSTRASS. Wegen $s_{2n} - s_{2n-1} = a_{2n}$ und der Voraussetzung, dass (a_n) Nullfolge ist, gilt

$$\lim_{n \to \infty} s_{2n} = \lim_{n \to \infty} s_{2n-1} = \lim_{n \to \infty} s_n = \sum_{k=0}^{\infty} (-1)^k a_k \, .$$

$\square$

Beispiel: Im Gegensatz zur harmonischen Reihe $\sum_{k=1}^{\infty}$ konvergiert die alternierende Reihe

$$1 - \frac{1}{2} + \frac{1}{3} - \frac{1}{4} + \ldots = \sum_{k=1}^{\infty} (-1)^{k+1} \frac{1}{k}$$

nach dem LEIBNIZ-Kriterium.

Für alternierende, nach dem LEIBNIZ-Kriterium konvergente Reihen kann man eine einfache Abschätzung des Restgliedes vornehmen. Sei s der Wert der Reihe $\sum_{k=0}^{\infty} (-1)^k a_k$ mit $a_k > 0$, $a_0 \geq a_1 \geq a_2 \geq \ldots$, $\lim_{k \to \infty} a_k = 0$, dann liegt das Restglied

$$R_m = s - s_m = s - \sum_{k=0}^{m} (-1)^k a_k$$

zwischen 0 und $(-1)^{m+1} a_{m+1}$. Es gilt also

$$|R_m| \leq a_{m+1} \, .$$

Kennt man den Wert einer solchen Reihe, z.B. ist

$$1 - \frac{1}{1!} + \frac{1}{2!} - \frac{1}{3!} \pm \cdots = \frac{1}{e} \, ,$$

dann kann man mit den durchgeführten Restgliedüberlegungen den Wert von $\frac{1}{e}$ mit einer Genauigkeit von 10^{-6} durch $\sum_{k=0}^{m} (-1)^k \frac{1}{k!}$ berechnen, wenn man m so wählt, dass

$$\frac{1}{(m+1)!} < 10^{-6} \tag{3.5}$$

gilt. Die Ungleichung (3.5) ist für $m = 9$ als kleinste mögliche natürliche Zahl erfüllt.

3.1.3 Absolut konvergente Reihen

Definition 3.3. (Absolute Konvergenz einer Reihe)
Eine Reihe $\sum_{k=0}^{\infty} a_k$ heißt **absolut konvergent**, wenn die Reihe der Absolutbeträge ihrer Glieder konvergiert, d.h. wenn

$$\sum_{k=0}^{\infty} |a_k|$$

konvergent ist.

Ist eine Reihe absolut konvergent, so ist sie auch konvergent. Diese Folgerung ergibt sich wegen der Dreiecksungleichung

$$|a_{n+1} + \ldots + a_m| \leq |a_{n+1}| + \ldots + |a_m| \, , \quad m, n \text{ beliebig,}$$

aus dem CAUCHY-Kriterium. Offenbar ist

$$|\sum_{k=0}^{\infty} a_k| \leq \sum_{k=0}^{\infty} |a_k| \, .$$

Absolut konvergente Reihen stellen den Normalfall konvergenter Reihen dar. D.h. konvergente Reihen, die nicht absolut konvergieren, sind relativ selten. Jede konvergente Reihe mit positiven Gliedern ist absolut konvergent. Wir werden uns etwas intensiver mit Konvergenzkriterien und den Eigenschaften absolut konvergenter Reihen befassen.

Reihen, die konvergent, aber nicht absolut konvergent sind, heißen **bedingt konvergente** Reihen. Wie in 3.1.1 und 3.1.2 gezeigt, ist $\sum_{k=1}^{\infty} (-1)^{k+1} \frac{1}{k}$ eine bedingt konvergente Reihe. Absolut konvergente Reihen haben einige angenehme Eigenschaften, die den Umgang mit ihnen erleichtern. Wie bei Summen aus endlich vielen Summanden gilt hier das Kommutativgesetz, wie es im folgenden Satz formuliert wird:

Satz 3.5. *(Umordnung absolut konvergenter Reihen)*
Absolut konvergente Reihen dürfen beliebig umgeordnet werden: Ist $\sum_{k=0}^{\infty} a_k$ eine absolut konvergente Reihe mit dem Grenzwert s, so konvergiert jede durch Umordnung ihrer Glieder daraus entstehende Reihe $\sum_{k=0}^{\infty} a_{n_k}$ ebenfalls gegen s.

In der Folge (n_k) muss jeder Index $0,1,2,..$ genau einmal vorkommen. Im Gegensatz zu den absolut konvergenten Reihen hängt bei den nicht absolut konvergenten der Grenzwert von der Reihenfolge der Glieder ab. Man kann aus einer konvergenten, aber nicht absolut konvergenten Reihe durch passende Umordnung sogar eine divergente Reihe erzeugen. Damit werden die Bezeichnungen "unbedingt konvergent" für absolut konvergente Reihen und "bedingt konvergent" für konvergente, aber nicht absolut konvergente Reihen verständlich.

Auch der folgende Multiplikationssatz zeigt eine weitgehende Analogie zwischen Summen mit endlich vielen Summanden und absolut konvergenten Reihen:

Satz 3.6. *(Multiplikationssatz)*
Sind

$$\sum_{k=0}^{\infty} a_k \qquad und \qquad \sum_{k=0}^{\infty} b_k$$

absolut konvergente Reihen, so folgt

$$(\sum_{k=0}^{\infty} a_k) \cdot (\sum_{k=0}^{\infty} b_k) = \sum_{k=0,j=0}^{\infty} a_k b_j \, , \tag{3.6}$$

wobei das Indexpaar (k,j) in der rechten Summe alle Paare

$$
\begin{array}{cccc}
(0,0) & (0,1) & (0,2) & \dots \\
(1,0) & (1,1) & (1,2) & \dots \\
(2,0) & (2,1) & (2,2) & \dots \\
\dots & \dots & \dots & \dots \\
\dots & \dots & \dots & \dots
\end{array}
$$

in irgendeiner Weise durchläuft. Wählt man die Reihenfolge in der nachfolgend skizzierten Weise

$$(0,0) \qquad (0,1) \qquad (0,2) \qquad (0,3) \quad \ldots$$
$$\qquad \nearrow \qquad \nearrow \qquad \nearrow \qquad \ldots$$
$$(1,0) \qquad (1,1) \qquad (1,2) \qquad \ldots$$
$$\qquad \nearrow \qquad \nearrow \qquad \ldots$$
$$(2,0) \qquad (2,1) \qquad \ldots$$
$$\qquad \nearrow \qquad \ldots$$
$$(3,0) \quad \ldots$$
$$\ldots,$$

so folgt

$$\left(\sum_{k=0}^{\infty} a_k\right) \cdot \left(\sum_{k=0}^{\infty} b_k\right) = \sum_{j=0}^{\infty} c_j \qquad mit \qquad c_j = \sum_{k=0}^{j} a_{j-k} b_k \, . \tag{3.7}$$

Das Produkt (3.7) nennt man auch CAUCHY-Produkt.

3.1.4 Kriterien für absolute Konvergenz

Im Folgenden werden die wichtigsten Konvergenzkriterien für absolut konvergente Reihen bzw. Reihen mit positiven Gliedern dargestellt.

Satz 3.7. *(Majorantenkriterium)*
Ist $\sum_{k=0}^{\infty} a_k$ absolut konvergent und gilt

$$|b_k| \leq |a_k|$$

für alle k von einem Index k_0 an, so ist auch $\sum_{k=0}^{\infty} b_k$ absolut konvergent.

$$\sum_{k=0}^{\infty} |a_k| \quad heißt\ eine\ Majorante\ von \quad \sum_{k=0}^{\infty} b_k \, .$$

Beweis: Aus

$$\sum_{k=k_0}^{n} |b_k| \leq \sum_{k=k_0}^{n} |a_k| \leq \sum_{k=k_0}^{\infty} |a_k|$$

folgt mit dem Monotoniekriterium Satz 3.2 die Behauptung. □

Satz 3.8. *(Vergleichskriterien)*
Seien die Reihen

$$\sum_{k=0}^{\infty} a_k \quad mit \quad a_k > 0 \quad und \quad \sum_{k=0}^{\infty} b_k \quad mit \quad b_k > 0$$

gegeben.

a) Es gebe eine ganze Zahl $k_0 \geq 0$, so dass $a_k \leq b_k$ für alle $k \geq k_0$ gilt. Dann folgt

aa) Ist $\sum_{k=0}^{\infty} b_k$ konvergent, dann ist auch $\sum_{k=0}^{\infty} a_k$ konvergent ($\sum_{k=0}^{\infty} b_k$ ist konvergente Majorante, es ist $\sum_{k=0}^{\infty} a_k \leq \sum_{k=0}^{\infty} b_k$).

ab) Ist $\sum_{k=0}^{\infty} a_k$ divergent, dann ist auch $\sum_{k=0}^{\infty} b_k$ divergent ($\sum_{k=0}^{\infty} a_k$ ist divergente Minorante).

b) Existiert ein endlicher Grenzwert

$$\lim_{k \to \infty} \frac{a_k}{b_k} =: c \neq 0,$$

dann sind die Reihen entweder beide konvergent oder beide divergent.

Satz 3.9. *(Quotientenkriterium)*
Die Reihe $\sum_{k=0}^{\infty} a_k$ ist absolut konvergent, wenn es einen Index k_0 und eine positive Zahl $c < 1$ gibt, so dass für alle $k \geq k_0$

$$a_k \neq 0 \quad und \quad \left|\frac{a_{k+1}}{a_k}\right| \leq c \tag{3.8}$$

gilt. Ist andererseits von einem Index k_0 an (d.h. für alle $k \geq k_0$)

$$a_k \neq 0 \quad und \quad \left|\frac{a_{k+1}}{a_k}\right| \geq 1,$$

so ist die Reihe divergent.

Beweis: Aus (3.8) folgt

$$\left|\frac{a_k}{a_{k_0}}\right| = \left|\frac{a_{k_0+1}}{a_{k_0}}\right| \cdot \left|\frac{a_{k_0+2}}{a_{k_0+1}}\right| \cdot \ldots \cdot \left|\frac{a_k}{a_{k-1}}\right| \leq c \cdot c \cdot \ldots \cdot c = c^{k-k_0},$$

also

$$\left|\frac{a_k}{a_{k_0}}\right| \leq c^{k-k_0} \quad \text{bzw.} \quad |a_k| \leq Bc^k, \text{ mit } B = c^{-k_0}|a_{k_0}|.$$

Aus der Konvergenz der geometrischen Reihe $\sum_{k=0}^{\infty} Bc^k$ bei $0 < c < 1$ gegen $\frac{B}{1-c}$ folgt die absolute Konvergenz von $\sum_{k=0}^{\infty} a_k$ nach Satz 3.8. □

Satz 3.10. *(Wurzelkriterium)*
Die Reihe $\sum_{k=0}^{\infty} a_k$ ist absolut konvergent, wenn es eine positive Zahl $c < 1$ gibt, mit

$$\sqrt[k]{|a_k|} \leq c, \tag{3.9}$$

für alle k von einem Index k_0 an. Gilt andererseits von einem Index k_0 an $\sqrt[k]{|a_k|} \geq 1$, so ist die Reihe divergent.

Beweis: Aus (3.9) folgt $|a_k| \leq c^k$. Damit ist die geometrische Reihe $\sum_{k=0}^{\infty} c^k$ eine konvergente Majorante der Reihe $\sum_{k=0}^{\infty} |a_k|$. □

Aus dem Quotientenkriterium und dem Wurzelkriterium kann man nun direkt die etwas "griffigeren" Kriterien folgern.

Satz 3.11. *(Quotienten- und Wurzelkriterium)*

Für eine Reihe $\sum_{k=0}^{\infty} a_k$ gelte

a) $a_k \neq 0$ für alle k ab einem Index k_0 und es existiert $\lim_{k \to \infty} \left| \frac{a_{k+1}}{a_k} \right| = d$ oder

b) es existiert $\lim_{k \to \infty} \sqrt[k]{|a_k|} = d$;

dann konvergiert die Reihe absolut, falls $d < 1$ ist, und sie divergiert, falls $d > 1$ ist.

3.1.5 Integralkriterium für Reihen

Mit dem Majorantenkriterium und den Vergleichskriterien wurde schon deutlich, dass es Ähnlichkeiten zwischen Reihen und uneigentlichen Integralen (solche mit einer Integrationsgrenze gleich ∞) gibt. Es sei nun f eine Funktion, die auf jedem abgeschlossenen Intervall $[m, p] \subset [m, \infty[$ integrierbar ist.

Satz 3.12. *(Integralkriterium für Reihen)*
Ist $f(x)$ auf $[m, \infty[$ (m ganzzahlig) positiv und monoton fallend, so haben

$$\sum_{k=m}^{\infty} f(k) \quad und \quad \int_{m}^{\infty} f(x)\, dx$$

gleiches Konvergenzverhalten.

Beweis: Es gilt $f(k) \geq f(x) \geq f(k+1)$ für alle $x \in [k, k+1]$ und jede ganze Zahl $k \geq m$. Nach Integration über $[k, k+1]$ folgt

$$f(k) \geq \int_{k}^{k+1} f(x)\, dx \geq f(k+1)\ .$$

Die Summation über k von m bis n ergibt

$$\sum_{k=m}^{n} f(k) \geq \int_{m}^{n+1} f(x)\, dx \geq \sum_{k=m+1}^{n+1} f(k)\ .$$

Aus dem Monotoniekriterium für Reihen (Satz 3.2) und dem Monotoniekriterium für uneigentliche Integrale folgt die Behauptung des Satzes.   □

Die Abb. 3.2 zeigt die Begrenzung des Wertes der Reihe $\sum_{k=2}^{\infty} \frac{1}{k^2}$ durch das uneigentliche Integral $\int_{1}^{\infty} \frac{1}{x^2}\, dx = 1$.

3.2 Funktionenfolgen

Bevor wir Funktionenreihen behandeln wollen, soll der Begriff der Funktionenfolge erklärt werden.

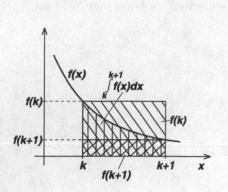

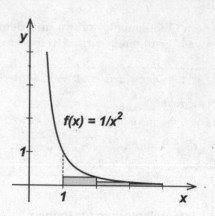

Abb. 3.1. Zum Integralkriterium für Reihen

Abb. 3.2. $\int_1^\infty \frac{1}{x^2}\,dx$ als Majorante von $\sum_{k=2}^\infty \frac{1}{k^2}$

Definition 3.4. (Funktionenfolge)
Die unendliche Folge

$$f_1,\ f_2,\ f_3,\ \dots,\ f_n,\ \dots \tag{3.10}$$

der Funktionen $f_k : D \to \mathbb{R}$, $k = 0,1,2,\dots$, nennen wir **Funktionenfolge** auf D und schreiben dafür wie im Falle von Zahlenfolgen auch kurz $(f_n)_{n\in\mathbb{N}}$ oder (f_n).

Definition 3.5. (punktweise Konvergenz)
Eine Funktionenfolge (f_n) auf D heißt **punktweise konvergent**, wenn für jedes $x \in D$ die Zahlenfolge $(f_n(x))$ konvergiert. Statt von punktweiser Konvergenz spricht man auch abkürzend von Konvergenz. Die Grenzfunktion f ist dabei für jedes $x \in D$ durch

$$\lim_{n\to\infty} f_n(x) =: f(x)$$

erklärt.

Nach diesem Konvergenzbegriff strebt die Funktionenfolge

$$f_n(x) = \frac{1}{1 + x^{2n}}, \quad n = 1,2,3,\dots$$

in $D =\ ]-\infty, \infty[$ punktweise gegen die Grenzfunktion

$$f(x) = \begin{cases} 1 & \text{für} \quad |x| < 1 \\ \frac{1}{2} & \text{für} \quad |x| = 1 \\ 0 & \text{für} \quad |x| > 1 \end{cases}.$$

Damit haben wir die Situation, dass eine Folge stetiger Funktionen punktweise gegen eine offensichtlich unstetige Grenzfunktion konvergiert (Abb. 3.7). Um zu sichern, dass sich im Ergebnis eines solchen Grenzprozesses eine stetige Grenzfunktion ergibt, muss ein "schärferer" Konvergenzbegriff gefunden werden.

Bevor mit der gleichmäßigen Konvergenz dieser schärfere Konvergenzbegriff formuliert wird, muss ein "Abstand" zweier Funktionen definiert werden. Mit dem Begriff des Supremums als kleinster obere Schranke einer Funktion können wir folgenden Abstandsbegriff einführen:

Definition 3.6. (Abstand und Supremumsnorm)
Sind f und g beschränkte Funktionen auf D, so nennt man

$$||f - g||_\infty := \sup_{x \in D} |f(x) - g(x)|$$

den **Abstand** beider Funktionen voneinander. Die **Supremumsnorm** $||f||_\infty$ ist das Supremum von $|f(x)|$ auf D

$$||f||_\infty := \sup_{x \in D} |f(x)|$$

oder der Abstand der Funktion f von der Funktion $g \equiv 0$. Handelt es sich bei den Funktionen um stetige Funktionen und ist D eine kompakte Menge, z.B. ein abgeschlossenes Intervall, dann gilt

$$||f - g||_\infty := \max_{x \in D} |f(x) - g(x)| \quad \text{bzw.} \quad ||f||_\infty = \max_{x \in D} |f(x)| \ .$$

Es gibt dann ein $x_0 \in D$ mit $||f - g||_\infty = |f(x_0) - g(x_0)|$ und ein $x_1 \in D$ mit $||f||_\infty = |f(x_1)|$. In den Abbildungen 3.3 und 3.4 sind die Normen zweier Funktionen graphisch dargestellt.

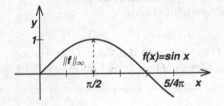 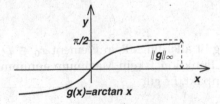

Abb. 3.3. $||f||_\infty$, Supremumsnorm von $f : [0, \frac{5}{4}\pi] \to \mathbb{R}, f(x) = \sin x$

Abb. 3.4. $||g||_\infty$, Supremumsnorm von $g : \mathbb{R} \to]-\frac{\pi}{2}, \frac{\pi}{2}[, g(x) = \arctan x$

Betrachten wir die Funktionen $f(x) = \sin x$ und $g(x) = \arctan x$ auf dem Definitionsbereich $[0, \frac{5}{4}\pi]$, so ergibt sich für den Abstand $||f-g||_\infty = \arctan \frac{5}{4}\pi - \sin \frac{5}{4}\pi = \arctan \frac{5}{4}\pi + \frac{\sqrt{2}}{2}$ (s. auch Abb. 3.5).
Betrachten wir z.B. die Funktion $f(x) = 1 - \frac{1}{x}$ auf $D = [1, \infty[$. Wir wissen, dass $0 \leq f(x) < 1$ für alle $x \in D$ gilt. Andererseits finden wir keine Schranke $c < 1$ mit $f(x) \leq c$ für alle $x \in D$, denn zu jedem c mit $0 < c < 1$ gibt es z.B. mit $x_0 = 1/(1 - \frac{1+c}{2})$ ein Element aus D mit

$$1 > f(x_0) > c \,,$$

so dass 1 die kleinste obere Schranke ist (s. auch Abb. 3.6).

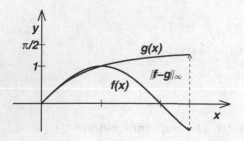

Abb. 3.5. Abstand $||f - g||_\infty$ der Funktionen $\sin x$ und $\arctan x$ über dem Intervall $[0, \frac{5}{4}\pi]$

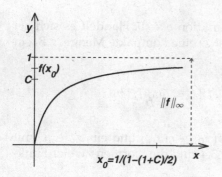

Abb. 3.6. Supremumsnorm von $f(x) = 1 - \frac{1}{x}$

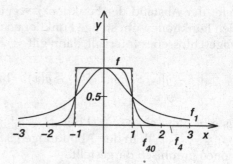

Abb. 3.7. Funktionenfolge $f_n(x) = \frac{1}{1 + x^{2n}}$ und Grenzfunktion f

Es gibt allerdings kein Element $x_0 \in D$ mit $f(x_0) = 1$, so dass auf $D = [1, \infty[$ die Funktion f kein Maximum annimmt. Die Menge $D = [1, \infty[$ ist eben nicht kompakt. Es gilt

$$||f||_\infty = \sup_{x \in [1, \infty[} |f(x)| = 1 \,.$$

Definition 3.7. (gleichmäßige Konvergenz)
Eine Folge (f_n) von auf einem Intervall D definierten Funktionen f_n konvergiert genau dann **gleichmäßig** gegen die auf D definierte Funktion f, wenn von einem Index n_0 an die Funktionen $f_n - f$ auf D beschränkt sind und

$$\lim_{n \to \infty} ||f_n - f||_\infty = 0$$

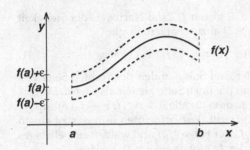

Abb. 3.8. ϵ-Schlauch um die Funktion f

gilt. In diesem Falle schreibt man auch kürzer

$$f = \lim_{n \to \infty} f_n \qquad \text{oder} \qquad f_n \to f \text{ für } n \to \infty \,.$$

Es folgt unmittelbar, dass jede gleichmäßig konvergente Funktionenfolge auch punktweise konvergiert. Die Umkehrung gilt nicht, denn bei dem Beispiel der Funktionenfolge $f_n(x) = \frac{1}{1+x^{2n}}$ erkennt man, dass die Bedingung $\|f_n - f\|_\infty < \epsilon$ für alle $n = 1,2,3,\dots$ für jede positive Zahl ϵ, die kleiner als $\frac{1}{2}$ ist, verletzt ist, denn man findet $\|f_n - f\|_\infty = \frac{1}{2}$ (s. dazu Abb. 3.7). Die gleichmäßige Konvergenz bedeutet graphisch, dass ab einem Index n_0 alle Funktionen f_n in einem "ϵ-Schlauch" um f liegen wie in Abb. 3.8 dargestellt. Gleichmäßige Konvergenz ist eine Aussage über das Verhalten von Funktionen als Ganzes, d.h. für alle $x \in D$ gleichermaßen, eben **gleichmäßig**.

Die Untersuchung einer Funktionenfolge auf gleichmäßige Konvergenz ist mit dem folgenden Kriterium möglich.

Satz 3.13. *(CAUCHY-Kriterium für gleichmäßige Konvergenz bei Folgen)*
Eine Folge (f_n) von auf D beschränkten Funktionen f_n ist genau dann gleichmäßig konvergent, wenn gilt:
Zu jedem $\epsilon > 0$ gibt es einen Index n_0, so dass für alle $n, m \geq n_0$ gilt

$$\|f_n - f_m\|_\infty < \epsilon \,.$$

Der nachfolgende Satz liefert die eigentliche Motivation für die Befassung mit gleichmäßig konvergenten Funktionenfolgen.

Satz 3.14. *(Stetigkeit der Grenzfunktion)*
Jede auf D gleichmäßig konvergente Folge stetiger Funktionen (f_n) hat eine auf D stetige Grenzfunktion f. Anders ausgedrückt gilt für $x_0 = \lim_{k \to \infty} x_k \in D$

$$\lim_{n \to \infty} f_n\big(\lim_{k \to \infty} x_k\big) = \lim_{k \to \infty} \big(\lim_{n \to \infty} f_n(x_k)\big) \,.$$

Beweis: (f_n) konvergiere gleichmäßig auf $D \subset \mathbb{R}$ gegen f. Zum Nachweis der Stetigkeit von f ist die Differenz $|f(x) - f(x_0)|$ für $x, x_0 \in D$ abzuschätzen. Es gilt

$$|f(x) - f(x_0)| \leq |f(x) - f_n(x)| + |f_n(x) - f_n(x_0)| + |f_n(x_0) - f(x_0)| \qquad (3.11)$$

für $x, x_0 \in D$. Es sei $\epsilon > 0$ beliebig. Jeder der drei Summanden der rechten Seite von (3.11) soll kleiner als $\epsilon/3$ gemacht werden, damit die linke Seite kleiner als ϵ wird. Da (f_n) gleichmäßig gegen f strebt, gibt es ein $n_0 \in \mathbb{N}$, so dass für alle $n > n_0$ $|f(x) - f_n(x)| < \epsilon/3$, $|f_n(x_0) - f(x_0)| < \epsilon/3$ für beliebige $x, x_0 \in D$ gilt. Wir betrachten nun das zu einem beliebig gewählten $n > n_0$ gehörende Element f_n der Folge (f_n) und wählen ein beliebiges $x_0 \in D$. Wegen der vorausgesetzten Stetigkeit der f_n gibt es ein $\delta > 0$, so dass

$$|f_n(x) - f_n(x_0)| < \epsilon/3 \qquad \text{für alle} \quad x \in D \quad \text{mit} \quad |x - x_0| \leq \delta$$

gilt. Aus (3.11) ergibt sich damit

$$|f(x) - f(x_0)| < \epsilon/3 + \epsilon/3 + \epsilon/3 = \epsilon, \quad \text{falls} \quad |x - x_0| \leq \delta,$$

d.h. die Stetigkeit der Grenzfunktion f im beliebig gewählten Punkt $x_0 \in D$. Damit ist der Satz bewiesen. $\qquad\qquad\qquad\qquad\qquad\qquad\qquad\qquad\qquad\qquad\qquad\qquad\qquad\quad\Box$

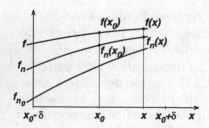

Abb. 3.9. Zum Beweis von Satz 3.14

Die Aussagen der folgenden Sätze sind grundlegend für den praktischen Umgang mit Funktionenfolgen und deren Grenzfunktion. Es geht dabei um die gliedweisen Grenzübergänge, d.h. um die Frage, unter welchen Bedingungen die Folge der differenzierten bzw. integrierten Glieder f_n' bzw. $\int_a^b f_n(x)\,dx$ einer gegebenen Folge (f_n) gegen die Ableitung $f'(x)$ bzw. das Integral $\int_a^b f(x)\,dx$ der Grenzfunktion f der Folge (f_n) konvergieren.

Satz 3.15. *(gliedweise Differentiation)*
Sind (f_n) und (f_n') auf $[a, b]$ gleichmäßig konvergent und ist $\lim_{n\to\infty} f_n = f$, so ist f auf $[a, b]$ differenzierbar und es gilt $\lim_{n\to\infty} f_n' = f'$.

Man kann die Voraussetzung des Satzes 3.15, dass (f_n) auf $[a, b]$ gleichmäßig konvergiert, abschwächen. Es genügt zu fordern, dass (f_n) für einen einzigen Wert $x \in [a, b]$ konvergiert.

Satz 3.16. *(gliedweise Integration)*
Ist (f_n) eine auf $[a, b]$ gleichmäßig konvergente Folge integrierbarer Funktionen, so ist ihre Grenzfunktion $f = \lim_{n\to\infty} f_n$ integrierbar und es gilt

$$\lim_{n\to\infty} \int_a^b f_n(x)\,dx = \int_a^b f(x)\,dx \,.$$

Wir bemerken, dass man bei der gliedweisen Differentiation einer Folge (f_n) die gleichmäßige Konvergenz der aus den Ableitungen gebildeten Folge (f'_n) voraussetzen muss. Während im Ergebnis der gliedweisen Differentiation einer Folge (f_n) wieder eine Funktionenfolge (f'_n) entsteht, ist das Ergebnis der gliedweisen Integration von (f_n) eine Zahlenfolge $(\int_a^b f_n(x)\,dx)$.

3.3 Gleichmäßig konvergente Reihen

Dieses Kapitel dient hauptsächlich der Darstellung der mathematischen Grundlagen für das Operieren mit Funktionenreihen. Es soll geklärt werden, was beim Rechnen mit Potenzreihen und FOURIER-Reihen erlaubt ist, ohne die wichtige Eigenschaft der Konvergenz einzubüßen. Die praktische Bedeutung dieses Abschnittes wird daher erst in den nachfolgenden Kapiteln über Potenz- und FOURIER-Reihen deutlich.
Nach den Begriffen **Funktionenfolge** und **gleichmäßige Konvergenz** von Funktionenfolgen soll nun der Begriff der Funktionenreihe eingeführt werden.

Definition 3.8. (Funktionenreihe)
Sei (f_k) eine Funktionenfolge auf D, dann definieren wir durch

$$s_n = \sum_{k=0}^n f_k\,, \quad n = 0,1,2,3,\dots$$

eine neue Funktionenfolge (s_n), und nennen diese Folge **unendliche Reihe** oder kurz **Reihe der Funktionen** f_k. Die f_k heißen **Glieder** der Reihe und die s_n Teil- oder Partialsummen. Man beschreibt die Reihe auch durch

$$\sum_{k=0}^\infty f_k \quad \text{oder} \quad \sum_{k=0}^\infty f_k(x) \ \text{mit } x \in D.$$

Definition 3.9. (punktweise und gleichmäßige Konvergenz)
Die Reihe $\sum_{k=0}^\infty f_k$ ist **punktweise** bzw. **gleichmäßig konvergent**, je nachdem, ob die Folge (s_n) der Teilsummen punktweise oder gleichmäßig konvergent ist. Die Grenzfunktion $s = \lim_{n\to\infty} s_n$ wird auch **Summe** der Reihe oder Summenfunktion genannt und durch

$$s = \sum_{k=0}^\infty f_k \quad \text{oder} \quad s(x) = \sum_{k=0}^\infty f_k(x) \ (\text{mit } x \in D)$$

bezeichnet.

Die Aussage des Satzes 3.13 für Partialsummenfolgen bzw. unendliche Funktionenreihen ergibt das folgende Kriterium für gleichmäßig konvergente Reihen.

Satz 3.17. (*CAUCHYsches Kriterium für gleichmäßige Konvergenz bei Reihen*)
Eine Reihe $\sum_{k=0}^\infty f_k$ mit auf D beschränkten Funktionen f_k konvergiert auf D genau

dann gleichmäßig, wenn Folgendes erfüllt ist: Zu jedem $\epsilon > 0$ gibt es einen Index n_0, so dass für alle n, m mit $m > n \geq n_0$ gilt

$$\| \sum_{k=n+1}^{m} f_k \|_\infty < \epsilon.$$

Bezüglich der Supremumsnorm $\| \cdot \|_\infty$ erinnern wir an die Definition 3.6.

Definition 3.10. (gleichmäßige absolute Konvergenz)
Eine Reihe $\sum_{k=0}^{\infty} f_k$ von auf D beschränkten Funktionen heißt genau dann **gleichmäßig absolut konvergent**, wenn $\sum_{k=0}^{\infty} \|f_k\|_\infty$ konvergiert.

In diesem Fall ist $\sum_{k=0}^{\infty} f_k$ tatsächlich gleichmäßig konvergent, denn wegen $\sup_{x \in D}(f + g) \leq \sup_{x \in D} f + \sup_{x \in D} g$ gilt

$$\| \sum_{k=n+1}^{m} f_k \|_\infty \leq \sum_{k=n+1}^{m} \|f_k\|_\infty.$$

Eine einfache Möglichkeit zur Entscheidung, ob eine Funktionenreihe gleichmäßig konvergent ist, bietet das folgende Kriterium.

Satz 3.18. (*Majorantenkriterium von WEIERSTRASS*)
Gilt für die Glieder der Funktionenreihe $\sum_{k=0}^{\infty} f_k$ von einem Index k_0 an

$$\|f_k\|_\infty \leq \alpha_k \quad (k = k_0, k_0 + 1, k_0 + 2, \dots)$$

und ist die Zahlenreihe $\sum_{k=0}^{\infty} \alpha_k$ konvergent, so ist die Funktionenreihe $\sum_{k=0}^{\infty} f_k$ gleichmäßig absolut konvergent. Die Reihe $\sum_{k=0}^{\infty} \alpha_k$ heißt eine Majorante für $\sum_{k=0}^{\infty} f_k$.

Im Falle der Konvergenz für $x \in D$ kann man durch den Grenzwert $\sum_{k=0}^{\infty} f_k(x)$ auf D eine Funktion erklären. Die folgenden Sätze liefern wichtige Aussagen über die Summenfunktion. Sie basieren auf den Sätzen 3.14, 3.15 und 3.16.

Satz 3.19. (*Stetigkeit der Reihensumme*)
Sind die Glieder einer in $D = [a, b]$ gleichmäßig konvergenten Reihe $\sum_{k=0}^{\infty} f_k$ in $[a, b]$ stetig, so ist die Summe $s = \sum_{k=0}^{\infty} f_k$ ebenfalls stetig in $[a, b]$. In den Randpunkten ist einseitige Stetigkeit von f_k bzw. s gemeint.

Satz 3.20. (*gliedweises Differenzieren gleichmäßig konvergenter Reihen*)
Es sei $\sum_{k=0}^{\infty} f_k$ eine Reihe auf $[a, b]$ differenzierbarer Funktionen. Existiert der Grenzwert $s(x) = \sum_{k=0}^{\infty} f_k(x)$ für wenigstens ein $x \in [a, b]$, und ist die Ableitungsreihe $\sum_{k=0}^{\infty} f_k'$ gleichmäßig konvergent in $[a, b]$, so ist auch die Funktionenreihe $\sum_{k=0}^{\infty} f_k$ gleichmäßig konvergent in $[a, b]$, die Summe $s(x)$ ist differenzierbar und $s'(x)$ kann durch gliedweises Differenzieren gewonnen werden:

$$s'(x) = (\sum_{k=0}^{\infty} f_k)' = \sum_{k=0}^{\infty} f_k'.$$

Satz 3.21. (*gliedweises Integrieren gleichmäßig konvergenter Reihen*)
*Jede gleichmäßig konvergente Reihe $\sum_{k=0}^{\infty} f_k$ auf $[a, b]$ integrierbarer Funktionen besitzt
auf $[a, b]$ eine integrierbare Summenfunktion $\sum_{k=0}^{\infty} f_k$ und es gilt:*

$$\int_a^b \sum_{k=0}^{\infty} f_k(x)\, dx = \sum_{k=0}^{\infty} \int_a^b f_k(x)\, dx \ .$$

3.4 Potenzreihen

Eine sehr wichtige Rolle in der Analysis und angewandten Mathematik spielen
Funktionenreihen, bei denen die Summanden die Form $f_k(x) = a_k(x - x_0)^k$ haben, also Potenzfunktionen sind. Diese Reihen nennt man Potenzreihen.

Definition 3.11. (Potenzreihe)
Eine Reihe der Form

$$\sum_{k=0}^{\infty} a_k(x - x_0)^k \ , \quad x, x_0 \in \mathbb{R}, a_k \in \mathbb{R} \tag{3.12}$$

mit den Polynomen $s_n(x) = \sum_{k=0}^{n} a_k(x - x_0)^k$ als Partialsummen heißt **Potenzreihe**. x_0 heißt **Entwicklungspunkt** der Potenzreihe, die Zahlen a_k heißen **Koeffizienten** der Potenzreihe.

Aus dem Koeffizientenvergleich für Polynome, d.h. aus der Äquivalenz

$$\sum_{k=0}^{n} a_k x^k = \sum_{k=0}^{n} b_k x^k \Longleftrightarrow a_k = b_k \ , \ (0 \le k \le n),$$

folgt der Identitätssatz für Potenzreihen.

Satz 3.22. (*Identitätssatz*)
*Es seien $f(x) = \sum_{k=0}^{\infty} a_k(x - x_0)^k$ und $g(x) = \sum_{k=0}^{\infty} b_k(x - x_0)^k$ zwei Potenzreihen,
die beide in einem offenen Intervall I um x_0 konvergieren. Stimmen dann f und g auf
einer Folge $x_1, x_2, x_3, \ldots$ mit $\lim_{n \to \infty} x_n = x_0$ ($x_n \ne x_0$) überein, d.h. $f(x_k) = g(x_k)$
für $k = 1, 2, 3, \ldots$, so sind beide Potenzreihen identisch, also gilt*

$$a_k = b_k \quad \text{für } k = 0, 1, \ldots \quad \text{und} \quad f(x) = g(x) \quad \text{für alle} \ \ x \in I \ .$$

Diesen Satz nennt man auch Unitätssatz oder Eindeutigkeitssatz für Potenzreihen, weil danach eine Funktion $f(x)$, wenn überhaupt, dann nur auf eine einzige Weise durch eine Potenzreihe mit Entwicklungspunkt x_0 dargestellt werden kann. Er bildet auch die Grundlage für den Koeffizientenvergleich bei Potenzreihen: Aus

$$\sum_{k=0}^{\infty} a_k(x - x_0)^k = \sum_{k=0}^{\infty} b_k(x - x_0)^k$$

für $x \in]x_0 - \rho, x_0 + \rho[$ mit $\rho > 0$ folgt $a_k = b_k$ für $k = 0, 1, \ldots$. Im Folgenden sollen
die allgemeinen Konvergenzeigenschaften von Potenzreihen untersucht werden.

Satz 3.23. *(Satz von* CAUCHY *und* HADAMARD*)*

Zu jeder Potenzreihe $\sum_{k=0}^{\infty} a_k (x - x_0)^k$ mit den Koeffizienten a_k und dem Entwicklungspunkt x_0 gibt es ein Konvergenzintervall $]x_0 - \rho, x_0 + \rho[$ mit folgenden Eigenschaften:

a) Die Potenzreihe konvergiert für $x \in]x_0 - \rho, x_0 + \rho[$ punktweise (sogar absolut). Sie konvergiert außerdem gleichmäßig absolut in jedem abgeschlossenen Teilintervall von $]x_0 - \rho, x_0 + \rho[$.

b) Außerhalb von $[x_0 - \rho, x_0 + \rho]$ divergiert die Potenzreihe.

Die Fälle $\rho = 0$ und $\rho = \infty$ sind zugelassen. Im Fall $\rho = 0$ ist $]x_0 - \rho, x_0 + \rho[$ leer; dabei ist allerdings zu bedenken, dass für $x = x_0$ jede Potenzreihe (3.12) trivialerweise konvergent ist. Trotz dieses selbstverständlichen Konvergenzpunktes sagt man im Fall $\rho = 0$, die Potenzreihe sei **nirgends konvergent**. Für $\rho = \infty$ ist $]x_0 - \rho, x_0 + \rho[= \mathbb{R}$, die Reihe heißt dann **beständig konvergent**. ρ heißt **Konvergenzradius** der Potenzreihe. Der Nachweis dieses Satzes erfolgt durch die konstruktive Berechnung des Konvergenzradius' ρ.

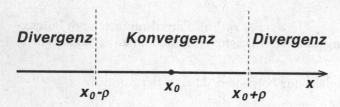

Abb. 3.10. Zum Konvergenzradius von Potenzreihen

Satz 3.24. *(Konvergenzradius)*
Es sei $\sum_{k=0}^{\infty} a_k x^k$ eine Potenzreihe mit $a_k \neq 0$ für alle $k \geq k_0$. Gilt

$$\lim_{k \to \infty} \left| \frac{a_{k+1}}{a_k} \right| = c > 0, \quad bzw. \quad \lim_{k \to \infty} \sqrt[k]{|a_k|} = c > 0, \tag{3.13}$$

so ist

$$\rho = \frac{1}{c} = \lim_{k \to \infty} \left| \frac{a_k}{a_{k+1}} \right| \quad bzw. \quad \rho = \frac{1}{c} = \frac{1}{\lim_{k \to \infty} \sqrt[k]{|a_k|}}$$

der Konvergenzradius der Reihe.

Beweis: Wir beschränken uns auf den Nachweis der Formel

$$\frac{1}{\rho} = \lim_{k \to \infty} \left| \frac{a_{k+1}}{a_k} \right|.$$

Wir wenden auf die Potenzreihe das Quotientenkriterium für Zahlenreihen (Satz 3.11) an. Für aufeinanderfolgende Glieder erhält man bei $k \geq k_0$

$$\left| \frac{a_{k+1}(x-x_0)^{k+1}}{a_k(x-x_0)^k} \right| = \left| \frac{a_{k+1}}{a_k} \right| \cdot |x-x_0| \to c|x-x_0| \quad \text{für} \quad k \to \infty \, .$$

Nach dem Quotientenkriterium liegt Konvergenz für $c|x-x_0| < 1$, also für

$$|x-x_0| < \frac{1}{c} = \rho \qquad \text{bzw.} \qquad x \in]x_0 - \rho, x_0 + \rho[$$

vor. Nach dem Quotientenkriterium liegt weiter Divergenz für $c|x-x_0| > 1$ vor. Also ist ρ der Konvergenzradius, wie in Satz 3.24 behauptet. $\square$

Die Anwendung der Berechnungsformeln (3.13) für Potenzreihen, bei denen Glieder mit bestimmten $x-$Potenzen fehlen, wie z.B. bei der Reihe

$$x + \frac{3}{2}x^3 + \frac{9}{3}x^5 + \frac{27}{4}x^7 + \ldots = \sum_{k=0}^{\infty} \frac{3^k}{k+1} x^{2k+1},$$

ist i. Allg. nicht möglich.
Sind die "Lücken" gleichabständig wie im vorliegenden Fall, kann man die Beziehung

$$\sum_{k=0}^{\infty} \frac{3^k}{k+1} x^{2k+1} = x \sum_{k=0}^{\infty} \frac{3^k}{k+1} x^{2k} = x \sum_{k=0}^{\infty} \frac{3^k}{k+1} u^k$$

mit $u = x^2$ zur Konvergenzuntersuchung nutzen. Für die Reihe $\sum_{k=0}^{\infty} \frac{3^k}{k+1} u^k$ findet man den Konvergenzradius

$$\rho = \lim_{k \to \infty} \frac{\frac{3^k}{k+1}}{\frac{3^{k+1}}{k+2}} = \lim_{k \to \infty} \frac{3^k}{3^{k+1}} \frac{k+2}{k+1} = \frac{1}{3} \, .$$

D.h. die Reihe ist für $|u| < \frac{1}{3}$ konvergent. Mit $u = x^2$ folgt daraus die Konvergenz der Reihe $\sum_{k=0}^{\infty} \frac{3^k}{k+1} x^{2k+1}$ für

$$x^2 < \frac{1}{3} \qquad \text{bzw.} \qquad |x| < \frac{1}{\sqrt{3}} \, .$$

Bezeichnet man mit

$$\overline{\lim_{k \to \infty}} \sqrt[k]{|a_k|}$$

den **größten** Häufungspunkt der Folge $\sqrt[k]{|a_k|}$ oder **Limes-superior**, so kann man den Konvergenzradius **immer** mit der Formel

$$\rho = \frac{1}{\overline{\lim}_{k \to \infty} \sqrt[k]{|a_k|}} \tag{3.14}$$

berechnen. Ist die Folge $\sqrt[k]{|a_k|}$ unbeschränkt, also $\overline{\lim}_{k\to\infty} \sqrt[k]{|a_k|} = \infty$, so ist die Potenzreihe nirgends konvergent; wir setzen dann $\rho = 0$. Ist $\overline{\lim}_{k\to\infty} \sqrt[k]{|a_k|} = 0$, so ist die Reihe beständig konvergent und es gilt $\rho = \infty$. Hat die Folge $\sqrt[k]{|a_k|}$ nur einen Häufungspunkt, dann gilt

$$\overline{\lim_{k\to\infty}} \sqrt[k]{|a_k|} = \lim_{k\to\infty} \sqrt[k]{|a_k|}$$

und die Formel (3.14) stimmt mit der obigen Formel überein.

Hat man den Konvergenzradius einer Potenzreihe berechnet, weiß man was innerhalb und außerhalb des Konvergenzintervalls passiert. Offen ist das Konvergenzverhalten der Reihe an den Randpunkten des Konvergenzintervalls. Dazu ist für den rechten Randpunkt das Verhalten der Reihe $\sum_{k=0}^{\infty} a_k(x_0 + \rho - x_0)^k = \sum_{k=0}^{\infty} a_k \rho^k$ und für den linken Randpunkt das Verhalten der Reihe $\sum_{k=0}^{\infty} a_k(x_0 - \rho - x_0)^k = \sum_{k=0}^{\infty} a_k(-\rho)^k$ gesondert zu untersuchen. Die Reihe $\sum_{k=0}^{\infty} \frac{5^k}{k+1} x^k$ hat nach Satz 3.24 den Konvergenzradius $\rho = \frac{1}{5}$. Für den rechten Randpunkt des Konvergenzintervalls $]-\frac{1}{5}, \frac{1}{5}[$ ergibt sich die Zahlenreihe $\sum_{k=0}^{\infty} \frac{5^k}{k+1} \frac{1}{5}^k = \sum_{k=0}^{\infty} \frac{1}{k+1}$. Das ist eine harmonische Reihe, deren Divergenz wir nachgewiesen haben. Für den linken Randpunkt $-\frac{1}{5}$ erhält man die Zahlenreihe

$$\sum_{k=0}^{\infty} \frac{5^k}{k+1}(-\frac{1}{5})^k = \sum_{k=0}^{\infty} (-1)^k \frac{1}{k+1} .$$

Diese alternierende Reihe konvergiert nach dem LEIBNIZ-Kriterium. Damit weiß man, dass die Reihe $\sum_{k=0}^{\infty} \frac{5^k}{k+1} x^k$ im Intervall $[-\frac{1}{5}, \frac{1}{5}[$ konvergiert, und außerhalb dieses Intervalls divergiert. Außerdem wissen wir aus Satz 3.23, dass die Potenzreihe in jedem abgeschlossenen Teilintervall von $]-\frac{1}{5}, \frac{1}{5}[$ gleichmäßig absolut konvergiert.

3.5 Operationen mit Potenzreihen

Aus den Sätzen 3.1 und 3.6 über die gliedweise Addition und das CAUCHY-Produkt folgt unmittelbar für Potenzreihen

Satz 3.25. *(Konvergenz von Summe und Produkt)*
Für Summe und Produkt zweier Potenzreihen $\sum_{k=0}^{\infty} a_k(x-x_0)^k$ und $\sum_{k=0}^{\infty} b_k(x-x_0)^k$ gilt im gemeinsamen Konvergenzbereich

$$\sum_{k=0}^{\infty} a_k(x - x_0)^k + \sum_{k=0}^{\infty} b_k(x - x_0)^k = \sum_{k=0}^{\infty} (a_k + b_k)(x - x_0)^k \qquad (3.15)$$

bzw.

$$\left(\sum_{k=0}^{\infty} a_k(x - x_0)^k\right) \cdot \left(\sum_{k=0}^{\infty} b_k(x - x_0)^k\right) = \sum_{k=0}^{\infty} c_k(x - x_0)^k \qquad (3.16)$$

mit $c_k = a_0 b_k + a_1 b_{k-1} + ... + a_k b_0$.

Das heißt: Die durch (3.15), (3.16) definierten Potenzreihen sind im gemeinsamen Konvergenzbereich der Ausgangsreihen konvergent und haben dort die linksstehenden Werte. Aus dem Satz von CAUCHY und HADAMARD 3.23 folgt die gleichmäßige Konvergenz von Potenzreihen in jedem abgeschlossenen Teilintervall des Konvergenzintervalls und damit nach Satz 3.19 die Stetigkeit der durch die Potenzreihe definierten Funktion in jedem Teilintervall. Da die Summanden einer Potenzreihe Polynome und damit stetige, integrierbare und differenzierbare Funktionen sind, kann man Potenzreihen gliedweise differenzieren und integrieren.

Satz 3.26. *(gliedweises Differenzieren und Integrieren)*
Sei $\sum_{k=0}^{\infty} a_k(x - x_0)^k$ eine Potenzreihe mit dem Konvergenzradius $\rho > 0$ und der Summe $f(x)$.

a) *Die Funktion $f(x) = \sum_{k=0}^{\infty} a_k(x - x_0)^k$ ist auf dem Konvergenzintervall $]x_0 - \rho, x_0 + \rho[$ beliebig oft differenzierbar. Die Ableitungen erhält man durch* **gliedweises** *Differenzieren der Potenzreihe: z.B. ist*

$$f'(x) = \sum_{k=1}^{\infty} k a_k(x - x_0)^{k-1} . \tag{3.17}$$

b) *$f(x)$ ist weiter über jedes abgeschlossene Teilintervall $[a, b]$ des Konvergenzintervalls integrierbar (da stetig). Das Integral darf durch gliedweise Integration der Potenzreihe gebildet werden:*

$$\int_a^b f(x)\,dx = \sum_{k=0}^{\infty} \frac{a_k}{k+1}[(b - x_0)^{k+1} - (a - x_0)^{k+1}] . \tag{3.18}$$

Man kann leicht zeigen, dass die Reihen (3.17) und (3.18) denselben Konvergenzradius haben wie die Reihe $\sum_{k=0}^{\infty} a_k(x - x_0)^k$: Es ist z.B.

$$\overline{\lim}_{k \to \infty} \sqrt[k]{|ka_k|} = \overline{\lim}_{k \to \infty} \sqrt[k]{|a_k|} ,$$

weil $\sqrt[k]{|ka_k|} = \sqrt[k]{k} \sqrt[k]{|a_k|}$ und $\lim_{k \to \infty} \sqrt[k]{k} = 1$. Nach (3.14) sind somit die Konvergenzradien für $\sum_{k=0}^{\infty} a_k(x - x_0)^k$ und $\sum_{k=0}^{\infty} k a_k(x - x_0)^k$ gleich.

3.6 Komplexe Potenzreihen, Reihen von $\exp x$, $\sin x$ und $\cos x$

Bei den bisherigen Betrachtungen über Potenzreihen haben wir den Begriff des Konvergenzradius verwendet, um das Konvergenzintervall zu charakterisieren. Betrachtet man komplexe Potenzreihen, also Reihen der Form

$$a_0 + a_1(z - z_0) + a_2(z - z_0)^2 + \cdots = \sum_{k=0}^{\infty} a_k(z - z_0)^k \quad a_k, z, z_0 \in \mathbb{C} , \tag{3.19}$$

so charakterisiert der **Konvergenzradius** kein Intervall, sondern einen **Konvergenzkreis** um die komplexe Zahl z_0 als Mittelpunkt. Der im Reellen (Satz 3.23)

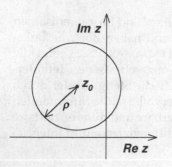

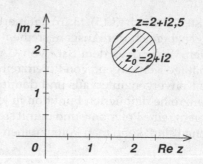

Abb. 3.11. Konvergenzkreis in der GAUSSschen Zahlenebene

Abb. 3.12. Konvergenzkreis der Reihe $\sum_{k=0}^{\infty} \frac{(2i)^k}{k+1}(z-(2+2i))^k$

eingeführte Begriff des Konvergenzradius erhält damit bei der Erweiterung ins Komplexe erst seinen eigentlichen Sinn. Für die Potenzreihe (3.19) gelten alle Kriterien, in denen Beträge benutzt wurden, also das Quotientenkriterium und das Wurzelkriterium. Damit gelten auch die Formeln zur Berechnung des Konvergenzradius ρ

$$\rho = \frac{1}{c} = \lim_{k\to\infty} \left|\frac{a_k}{a_{k+1}}\right| \quad \text{bzw.} \quad \rho = \frac{1}{c} = \frac{1}{\lim_{k\to\infty} \sqrt[k]{|a_k|}}$$

und der Satz von CAUCHY und HADAMARD 3.23. Im Unterschied zum reellen Fall konvergiert die Potenzreihe (3.19) aber nicht in einem Intervall, sondern für alle $z = x + iy$, die innerhalb des Konvergenzkreises mit dem Radius ρ um den Mittelpunkt $z_0 = x_0 + iy_0$ liegen, d.h.

$$K_{z_0,\rho} = \left\{ z = x + iy \mid (x-x_0)^2 + (y-y_0)^2 < \rho^2 \right\}.$$

Im Satz von CAUCHY und HADAMARD für komplexe Potenzreihen wird das Konvergenzintervall um den reellen Entwicklungspunkt x_0 durch den Konvergenzkreis $K_{z_0,\rho}$ ersetzt (vgl. Abb. 3.11). Auf dem Rand des Konvergenzkreises kann man keine Aussage zur Konvergenz oder Divergenz treffen. Hier sind Einzeluntersuchungen erforderlich. Allerdings hat man hier im Unterschied zum reellen Fall unendlich viele Randpunkte zu untersuchen.

Beispiel: Für die komplexe Potenzreihe $\sum_{k=0}^{\infty} \frac{(2i)^k}{k+1}(z-(2+2i))^k$ errechnet man für den Konvergenzradius (Abb. 3.12)

$$\rho = \lim_{k\to\infty} \frac{\left|\frac{(2i)^k}{k+1}\right|}{\left|\frac{(2i)^{k+1}}{k+2}\right|} = \lim_{k\to\infty} \frac{1}{|2i|} \frac{k+2}{k+1} = \frac{1}{2}.$$

Für den Randpunkt $z = 2 + 2{,}5i$ ist die Zahlenreihe $\sum_{k=0}^{\infty} \frac{(2i)^k}{k+1}(0{,}5i)^k$ zu untersuchen. Man findet

$$\sum_{k=0}^{\infty} \frac{(2i)^k}{k+1}(0{,}5i)^k = \sum_{k=0}^{\infty} \frac{1}{k+1} i^{2k} = \sum_{k=0}^{\infty} \frac{1}{k+1}(-1)^k,$$

also eine alternierende Reihe, die aufgrund des LEIBNIZ-Kriteriums konvergiert.

3.6.1 Die Exponentialfunktion als Potenzreihe

Wir haben im Kapitel 2 die Exponentialfunktion $f(x) = a^x$ durch Grenzwertbetrachtungen von rationalen Potenzen der Basis $a > 0$ erklärt. Damit ist die Berechnung des Wertes der Funktion $f(x) = 2^x$ an der Stelle $x = \sqrt{3}$ zwar möglich, aber praktisch nur schwer durchführbar. Deshalb wollen wir hier eine Definition der Exponentialfunktion behandeln, die auf einer Potenzreihe basiert.

Definition 3.12. (Exponentialfunktion)
Die Funktion $\exp : \mathbb{R} \to \mathbb{R}$

$$\exp x := \sum_{k=0}^{\infty} \frac{x^k}{k!} = 1 + x + \frac{x^2}{2!} + \frac{x^3}{3!} + \cdots$$

heißt **Exponentialfunktion**.

Die Definition 3.12 ist gerechtfertigt, weil man für die Reihe $\sum_{k=0}^{\infty} \frac{x^k}{k!}$ den Konvergenzradius $\rho = \infty$ findet und damit ist $\exp x$ für alle $x \in \mathbb{R}$ definiert.
Im Folgenden sollen die wichtigsten Eigenschaften der Exponentialfunktion kurz besprochen werden. Für Argumente $x \geq 0$ gilt offensichtlich

$$\exp 0 = 1, \ \exp x \geq 1 + x , \tag{3.20}$$

woraus $\lim_{x \to \infty} \exp x = \infty$ folgt. $\exp x$ ist nach der Definition 3.12 auf dem Intervall $[0, \infty[$ streng monoton wachsend.

Satz 3.27. *(Additionstheorem)*
Für die in Def. 3.12 erklärte Exponentialfunktion gilt das Additionstheorem

$$(\exp x)(\exp y) = \exp(x + y) .$$

Beweis: Potenzreihen sind absolut konvergent, so dass man die Reihen für $\exp x$ und $\exp y$ miteinander multiplizieren kann. Unter Nutzung des Satzes 3.25 (CAUCHY-Produkt) und des binomischen Satzes erhält man

$$(\exp x)(\exp y) \ = \ \sum_{k=0}^{\infty} \frac{x^k}{k!} \sum_{k=0}^{\infty} \frac{y^k}{k!} \ \overset{\text{CAUCHY-Produkt}}{=} \ \sum_{k=0}^{\infty} \sum_{j=0}^{k} \frac{x^{k-j}}{(k-j)!} \frac{y^j}{j!}$$

$$= \ \sum_{k=0}^{\infty} \frac{1}{k!} \sum_{j=0}^{k} \frac{k!}{(k-j)!j!} x^{k-j} y^j$$

$$\overset{\text{binomischer Satz}}{=} \ \sum_{k=0}^{\infty} \frac{1}{k!} (x+y)^k = \exp(x+y) .$$

$\square$

Mit dem eben bewiesenen Additionstheorem kann man nun alle anderen wichtigen Eigenschaften der Exponentialfunktion herleiten. Man findet

$$(\exp x)(\exp(-x)) = \exp(x + (-x)) = \exp 0 = 1 . \tag{3.21}$$

Wegen (3.20) ist $\exp x > 0$ für $x \geq 0$ und damit folgt aus (3.21) $\exp x > 0$ für alle $x \in \mathbb{R}$ und

$$\exp(-x) = \frac{1}{\exp x} \,. \tag{3.22}$$

Aus (3.22) folgt, dass die Exponentialfunktion auf ganz $\mathbb{R}$ streng monoton wachsend ist und $\lim_{x \to -\infty} \exp x = 0$ gilt. Aus der strengen Monotonie folgt, dass die Funktion $\exp : \mathbb{R} \to]0, \infty[$ injektiv ist.

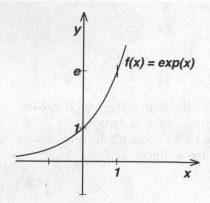

Abb. 3.13. Graph der Exponentialfunktion

Da die Exponentialfunktion als konvergente Potenzreihe stetig auf ganz $\mathbb{R}$ ist und da

$$\lim_{x \to -\infty} \exp x = 0 \quad \text{und} \quad \lim_{x \to \infty} \exp x = \infty$$

gilt, folgt aus dem Zwischenwertsatz die Surjektivität. Damit ist die Exponentialfunktion bijektiv. In der Abb. 3.13 ist der Graph der Exponentialfunktion skizziert. Die Exponentialfunktion findet in vielen Gebieten praktische Anwendung. Überall wo Wachstumsprozesse beschrieben werden, spielt die Exponentialfunktion eine wichtige Rolle. Nehmen wir als Beispiel das Wachstum des Kapitals K bei einem jährlichen Zinssatz von p %. Setzt man $x = \frac{p}{100}$, so hat sich das Kapital nach einem Jahr auf $K + xK = K(1 + x)$ vermehrt. Bei einer wöchentlichen Verzinsung hätte man nach einem Jahr einen Betrag von $K(1 + \frac{x}{52})^{52}$ und bei einer kontinuierlichen Verzinsung eine Vermehrung auf $\lim_{n \to \infty} K(1 + \frac{x}{n})^n$. JACOB BERNOULLI hat diesen Grenzwert 1690 ausgerechnet, indem er $(1 + \frac{x}{n})^n$ mit dem binomischen Satz ausgeschrieben hat, und er hat

$$\lim_{n \to \infty} (1 + \frac{x}{n})^n = \sum_{k=0}^{\infty} \frac{x^k}{k!} = \exp x$$

erhalten.

3.6.2 Die Logarithmusfunktion als Umkehrfunktion von $\exp x$

Aus der Bijektivität der Exponentialfunktion folgt die Existenz der inversen Funktion.

Definition 3.13. (natürlicher Logarithmus)
Die inverse Funktion der Exponentialfunktion $\exp : \mathbb{R} \to]0, \infty[$ bezeichnen wir mit $\ln :]0, \infty[\to \mathbb{R}$, $x \mapsto \ln x$. Die Funktion $\ln$ heißt **natürlicher Logarithmus**.

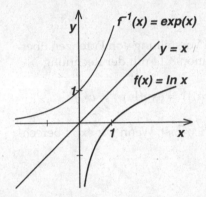

Abb. 3.14. Graph der Logarithmusfunktion

Es gilt aufgrund der Definition $\exp(\ln x) = x$. Damit kann man unter Nutzung des Additionstheorems der Exponentialfunktion für positive a, b durch

$$\exp(\ln(ab)) = a \cdot b = \exp(\ln a)\exp(\ln b) = \exp(\ln a + \ln b)$$

über die Bijektivität von $\exp$ die Gültigkeit des Logarithmengesetzes

$$\ln(ab) = \ln a + \ln b$$

nachweisen. Völlig analog zeigt man für $b, c > 0$

$$\ln(\frac{b}{c}) = \ln b - \ln c \quad \text{und mit } b = c \quad \ln 1 = 0 \,.$$

Mit Hilfe der Exponentialfunktion und der Logarithmusfunktion kann man nun die allgemeine Potenzfunktion, die wir im Kapitel 2 diskutiert haben, wie folgt erklären.

Definition 3.14. (allgemeine Potenzfunktion, Logarithmus zur Basis a)
Sei $a > 0$ und $x \in \mathbb{R}$. Dann heißt die Funktion

$$f(x) = a^x = \exp(x \ln a)$$

Potenzfunktion zur Basis a. Die aufgrund der Bijektivität der Exponentialfunktion und damit auch der Potenzfunktion zur Basis a existierende Umkehrfunktion $g(x)$ von a^x nennt man Logarithmusfunktion zur Basis a und bezeichnet sie mit $g(x) = \log_a x$.

Aus den Eigenschaften der Exponentialfunktion und der natürlichen Logarithmusfunktion ergeben sich die Rechenregeln für die allgemeinen Potenzen

$$a^{x+y} = a^x a^y , \quad a^{-x} = \frac{1}{a^x} , \quad (a^x)^y = a^{xy} , \quad a^0 = 1 .$$

Für Exponenten $n \in \mathbb{N}$ ergibt sich aus der ersten Rechenregel durch vollständige Induktion

$$a^n = \underbrace{a \cdots \cdot a}_{n} ,$$

d.h. die Definition 3.14 stimmt mit der bisherigen Vorstellung von Potenzen überein. Außerdem ergibt die Anwendung der Definition 3.14 mit der Rechnung

$$(a^{\frac{1}{n}})^n = \exp(n \ln(a^{\frac{1}{n}})) = \exp(n \ln(\exp(\frac{1}{n} \ln a))) = \exp(\ln a) = a ,$$

dass $a^{\frac{1}{n}}$ gleich der n-ten Wurzel aus a, also gleich $\sqrt[n]{a}$ ist. Wenn wir $\exp 1$ berechnen, erhalten wir mit

$$\exp 1 = \sum_{k=0}^{\infty} \frac{1}{k!} \approx 2{,}71828 ,$$

die EULERsche Zahl e (vgl. Abschnitt 2.4.4), woraus wir durch

$$e^x = \exp(x \ln e) = \exp(x \ln(\exp 1)) = \exp x$$

die Gleichheit der Potenzfunktion mit der Basis e und der Exponentialfunktion, also

$$e^x = \exp x$$

feststellen. Aufgrund der gleichmäßigen Konvergenz der Potenzreihe $\sum_{k=0}^{\infty} \frac{x^k}{k!}$ kann man die Reihe gliedweise differenzieren und man erhält

$$(\exp x)' = (\sum_{k=0}^{\infty} \frac{x^k}{k!})' = \sum_{k=1}^{\infty} \frac{k x^{k-1}}{k!} = \sum_{k=0}^{\infty} \frac{x^k}{k!} = \exp x .$$

D.h. die Ableitung der Exponentialfunktion ist gleich der Exponentialfunktion, und die Exponentialfunktion ist (wie jede andere durch eine Potenzreihe dargestellte Funktion) beliebig oft differenzierbar. Damit kann man mit dem Satz von TAYLOR für beliebiges $n \in \mathbb{N}$ die Beziehung

$$\exp x = \sum_{k=0}^{n} \frac{x^k}{k!} + R_n(x) ,$$

mit $R_n(x) = \frac{\exp \xi}{(n+1)!} x^{n+1}$ aufschreiben, wobei ξ ein Wert zwischen 0 und x ist. Möchte man nun den Wert der Exponentialfunktion e^x mit einer Genauigkeit von 10^{-8} (etwa die Genauigkeit auf einem Taschenrechner) ausrechnen, so muss man nur die Zahl n ermitteln, die

$$|R_n(x)| \leq 10^{-8}$$

sichert. Zum Beispiel ergibt sich für $x = \sqrt{3}$ aufgrund der Monotonie der Exponentialfunktion

$$
\begin{aligned}
|R_n(x)| &= |\frac{\exp \xi}{(n+1)!} x^{n+1}| < \frac{\exp 2}{(n+1)!} |x^{n+1}| \\
&= \frac{e^2}{(n+1)!} \sqrt{3}^{n+1} < \frac{3^2}{(n+1)!} 2^{n+1} .
\end{aligned}
$$

Für $n = 17$ findet man $(n + 1)! = 18! = 6402373705728000$, also eine Zahl, die größer als $6 \cdot 10^{15}$ ist. Wegen $2^{n+1} = 2^{18} = 262144$ ist

$$\frac{3^2}{(n+1)!} 2^{n+1} < \frac{9}{6 \cdot 10^{15}} 3 \cdot 10^5 = 4{,}5 \cdot 10^{-10} ,$$

also gilt

$$|R_{17}| < 4{,}5 \cdot 10^{-10} .$$

Damit kann man $\exp \sqrt{3} = e^{\sqrt{3}}$ durch die Berechnung von

$$\sum_{k=0}^{17} \frac{(\sqrt{3})^k}{k!} ,$$

mit einer Genauigkeit von $4{,}5 \cdot 10^{-10}$ berechnen. Man überprüft auf die gleiche Weise, dass man $\exp \sqrt{3} = e^{\sqrt{3}}$ durch das TAYLOR-Polynom

$$T_{16}(x) = \sum_{k=0}^{16} \frac{(\sqrt{3})^k}{k!}$$

mit einer Genauigkeit von 10^{-8} berechnen kann.

Abschließend soll noch einmal kurz auf die Logarithmusfunktion eingegangen werden. Wir hatten den Logarithmus zur Basis $a > 0$, also $\log_a x$, als Umkehrfunktion der allgemeinen Potenzfunktion a^x eingeführt. Für $a = e$ gilt $\log_a x = \ln x$ und man spricht vom natürlichen Logarithmus, und für $a = 10$ verwendet man auch das Symbol $\lg x$ statt $\log_{10} x$ und spricht vom **dekadischen Logarithmus**. Da das Rechnen mit Logarithmen oft als schwierig angesehen wird, sollte man sich den folgenden Satz einprägen.

> Der Logarithmus $\log_a x$ ist nichts weiter als der **Exponent** γ, für den $a^\gamma = x$ ist. Ist z.B. $a = 4$, so ist $\log_4 64$ der Exponent γ, für den $4^\gamma = 64$ ist. In diesem Fall ist $\gamma = \log_4 64 = 3$. Es wird auch sofort deutlich, dass $\log_a 1 = 0$ für alle $a > 0$ gilt, denn der einzige Exponent γ mit $a^\gamma = 1$ ist $\gamma = 0$.

3.6.3 Sinus, Kosinus und die EULERsche Formel

Beim Rechnen mit komplexen Zahlen haben wir die EULERsche Formel

$$e^{i\phi} = \cos\phi + i\,\sin\phi$$

zur Wurzelberechnung bzw. Nullstellenbestimmung von Polynomen und zur Umrechnung der Darstellung von komplexen Zahlen benutzt. Wir sind dabei davon ausgegangen, dass die aus der Schule bekannten Potenzgesetze auch für komplexe Exponenten gelten. Im vorangegangenen Abschnitt haben wir die Gleichheit $e^x = \exp x$ für reelle x gezeigt. Durch

$$\exp z := \sum_{k=0}^{\infty} \frac{z^k}{k!} \tag{3.23}$$

können wir die **komplexe Exponentialfunktion** definieren. Die Reihe in (3.23) ist für alle $z \in \mathbb{C}$ konvergent und damit ist durch (3.23) eine Funktion $\exp : \mathbb{C} \to \mathbb{C}$ definiert. Es gelten wie bei der reellen Exponentialfunktion die Beziehungen

$$\exp(z_1 + z_2) = \exp z_1 \exp z_2\,, \quad \exp z \neq 0 \quad \text{und} \quad \exp(-z) = \frac{1}{\exp z}$$

für alle $z, z_1, z_2 \in \mathbb{C}$. Damit ist

$$a^z := \exp(z \ln a)$$

für positive reelle Zahlen a definiert und wir stellen die Gleichheit

$$e^z = \exp z$$

fest. Speziell für $z = ix$ mit $x \in \mathbb{R}$ erhalten wir die Reihe

$$
\begin{aligned}
\exp(i\,x) &= \sum_{k=0}^{\infty} \frac{(i\,x)^k}{k!} = 1 + \frac{i\,x}{1!} - \frac{x^2}{2!} - \frac{i\,x^3}{3!} + \frac{x^4}{4!} + \cdots \\
&= 1 - \frac{x^2}{2!} + \frac{x^4}{4!} - \frac{x^6}{6!} + \cdots + i\left(\frac{x}{1!} - \frac{x^3}{3!} + \frac{x^5}{5!} - \cdots\right).
\end{aligned}
\tag{3.24}
$$

Die Beziehung (3.24) ist die Grundlage für die folgende Definition der Sinus- und Kosinus-Funktion.

Definition 3.15. (Sinus und Kosinus)
Die durch die auf ganz $\mathbb{R}$ konvergenten Reihen

$$\cos x = \sum_{k=0}^{\infty} (-1)^k \frac{x^{2k}}{(2k)!} = 1 - \frac{x^2}{2!} + \frac{x^4}{4!} - \frac{x^6}{6!} + \cdots \tag{3.25}$$

$$\sin x = \sum_{k=0}^{\infty} (-1)^k \frac{x^{2k+1}}{(2k+1)!} = \frac{x}{1!} - \frac{x^3}{3!} + \frac{x^5}{5!} - \cdots \tag{3.26}$$

erklärten Funktionen heißen **Sinus- und Kosinus-Funktion**.

Wir werden im Folgenden rechtfertigen, dass diese Definitionen von Sinus und Kosinus tatsächlich das gleiche Ergebnis liefern, wie die Definition durch die Quotienten aus Gegenkathete bzw. Ankathete und Hypotenuse im rechtwinkligen Dreieck. Der Vorteil der Definition 3.15 besteht u.a. darin, dass man zur Berechnung eines Funktionswertes keine Winkel abtragen muss, um die Länge von An- und Gegenkathete abmessen zu können. Des Weiteren folgt die Stetigkeit und Differenzierbarkeit aus den oben besprochenen Aussagen über konvergente Potenzreihen (z.B. Satz 3.26). Die EULERsche Formel ist mit (3.24) und der Definition 3.15 verifiziert. Es gelten die Beziehungen

$$e^{ix} = \cos x + i\,\sin x \qquad e^{-ix} = \cos x - i\,\sin x \qquad (3.27)$$

und daraus erhält man durch Kombinationen die beiden Formeln

$$\cos x = \frac{e^{ix} + e^{-ix}}{2} \qquad \sin x = \frac{e^{ix} - e^{-ix}}{2i}\,.$$

Aus der Reihendefinition 3.15 folgt

$$\cos 0 = 1\,, \qquad \sin 0 = 0 \qquad\qquad \text{und} \qquad\qquad (3.28)$$
$$\cos(-x) = \cos x\,, \qquad \sin(-x) = -\sin x\,. \qquad\qquad (3.29)$$

Die so definierten Funktionen sind gerade ($\cos x$) bzw. ungerade ($\sin x$) Funktionen. Die Additionstheoreme hatten wir schon im Abschnitt über komplexe Zahlen nachgewiesen. Aus $e^{i(x \pm y)} = e^{ix} e^{\pm iy}$ folgt mittels (3.27)

$$\cos(x \pm y) + i\sin(x \pm y) = (\cos x + i\sin x)(\cos y \pm i\sin y)\,,$$

und durch Trennung von Real- und Imaginärteil erhält man schließlich

$$\cos(x \pm y) \;=\; \cos x \cos y \mp \sin x \sin y \qquad\qquad (3.30)$$
$$\sin(x \pm y) \;=\; \cos x \sin y \pm \sin x \sin y\,. \qquad\qquad (3.31)$$

Aus (3.30) folgt

$$\cos(x + y) - \cos(x - y) = -2\sin x \sin y\,, \qquad\qquad (3.32)$$

und mit $x_2 := x + y$, $x_1 := x - y$ und damit $x = \frac{x_1 + x_2}{2}$, $y = \frac{x_2 - x_1}{2}$ ergibt sich

$$\cos x_2 - \cos x_1 = -2\sin \frac{x_1 + x_2}{2} \sin \frac{x_2 - x_1}{2}\,. \qquad\qquad (3.33)$$

Aus (3.28) und (3.30) folgt mit $x = y$ der trigonometrische Pythagoras

$$\cos^2 x + \sin^2 x = 1\,. \qquad\qquad (3.34)$$

Aus den Additionstheoremen (3.30), (3.31) und (3.32) folgen die Beziehungen für das doppelte Argument

$$\cos 2x \;=\; \cos^2 x - \sin^2 x = 2\cos^2 x - 1 \qquad\qquad (3.35)$$
$$\sin 2x \;=\; 2\cos x \sin x\,. \qquad\qquad (3.36)$$

Die eben durchgeführten Rechnungen bestätigen, dass die hier vorgenommene Definition 3.15 der Kosinus- und Sinusfunktion mit den Erfahrungen aus der Schule am Einheitskreis im Einklang sind.

Die weiteren Betrachtungen haben den Nachweis der Periodizität der Kosinus- und Sinusfunktion und die Bestimmung der Periode, also auch der Zahl π zum Ziel. Wenn wir die Sinusreihe (3.26) etwas umordnen (ist bei absolut konvergenten Reihen nach Satz 3.5 erlaubt), etwa in der Weise

$$\sin x = x(1 - \frac{x^2}{6}) + \frac{x^5}{120}(1 - \frac{x^2}{42}) + \cdots + \frac{x^{4m+1}}{(4m+1)!}[1 - \frac{x^2}{(4m+2)(4m+3)}] + \cdots,$$

dann erkennen wir, dass

$$\sin x > 0 \qquad \text{für} \quad x \in\,]0,2[\tag{3.37}$$

ist. Nach Definition ist

$$\cos 2 = 1 - \frac{2^2}{2!} + \frac{2^4}{4!} \pm \cdots$$

und weil $\frac{2^2}{2!} > \frac{2^4}{4!} > \frac{2^6}{6!} > \cdots$ gilt, ist die $\cos 2$-Reihe vom zweiten Glied an eine alternierende Reihe mit monoton fallenden Gliedern und damit ergibt sich

$$\cos 2 < 1 - 2 + \frac{16}{24} = -\frac{1}{3} < 0 \,. \tag{3.38}$$

Diese Abschätzungen ergeben mit den oben hergeleiteten Formeln (3.33) und (3.37) für $0 \leq x_1 < x_2 < 2$

$$\cos x_2 - \cos x_1 = -2\sin \frac{x_1 + x_2}{2} \sin \frac{x_2 - x_1}{2} < 0 \,,$$

weil die Argumente der Sinusfunktion auf der rechten Seite zwischen 0 und 2 liegen. Damit ist der Nachweis erbracht, dass die Kosinusfunktion auf dem Intervall $[0,2[$ streng monoton fallend ist. Da die Kosinusfunktion stetig ist (sie ist durch eine beständig konvergente Potenzreihe definiert), hat sie zwischen 0 ($\cos 0 > 0$) und 2 ($\cos 2 < 0$) aufgrund des Zwischenwertsatzes wegen der Monotonie genau eine Nullstelle. Den doppelten Wert diese Nullstelle bezeichnen wir mit π.

Definition 3.16. (die Zahl π)
Die Zahl π ist die eindeutig bestimmte reelle Zahl mit

$$\cos(\frac{\pi}{2}) = 0 \qquad \text{und} \qquad 0 < \frac{\pi}{2} < 2 \,.$$

Mit der Zahl π, von der wir in diesem Kontext nur wissen, dass sie zwischen 0 und 4 liegt, kann nun die Periodizität der Kosinus- und Sinusfunktion nachgewiesen werden.

Satz 3.28. *(Periodizität der trigonometrischen Funktionen)*
Die durch (3.25) *und* (3.26) *definierten Kosinus- und Sinusfunktionen sind periodisch und es gilt für alle* $x \in \mathbb{R}$

$$\cos(x + 2\pi) = \cos x \qquad \text{und} \qquad \sin(x + 2\pi) = \sin x \,.$$

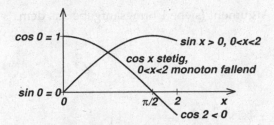

Abb. 3.15. Zur Definition von π

Beweis: Wegen (3.37) und der Positivität der Kosinusfunktion im Intervall $]0, \frac{\pi}{2}[$ folgt aus der Beziehung (3.36)

$$\sin x > 0 \quad \text{für} \quad 0 < x < \pi \tag{3.39}$$
$$\sin \pi = 0 \, . \tag{3.40}$$

π ist damit die kleinste positive Nullstelle der Sinusfunktion. Aus der Beziehung (3.35) ergibt sich

$$\cos \pi = 2 \cos^2\left(\frac{\pi}{2}\right) - 1 = -1 \, .$$

Aus dem Additionstheorem (3.31) ergibt sich

$$\sin(x + \pi) = \sin x \cos \pi + \cos x \sin \pi = - \sin x$$

und damit

$$\sin(x + 2\pi) = \sin(x + \pi + \pi) = \sin(x + \pi) \cos \pi + \cos(x + \pi) \sin \pi$$
$$= - \sin x \cdot (-1) = \sin x \, . \tag{3.41}$$

Ebenso zeigt man unter Nutzung des Additionstheorems (3.30) die Beziehung

$$\cos(x + 2\pi) = \cos x \, .$$

Damit ist die 2π-Periodizität der Kosinus- und Sinusfunktion nachgewiesen, ohne auf die anschauliche Definition der trigonometrischen Funktionen am Einheitskreis zurückzugreifen. $\qquad \square$

3.6.4 Berechnung von Funktionswerten der Sinus- und Kosinusfunktion

Aus Beziehungen für das doppelte und dreifache Argument kann man nun spezielle Werte der Kosinus- und Sinusfunktion ausrechnen. Aus der Beziehung für das doppelte Argument (3.35) folgt

$$0 = \cos\left(\frac{\pi}{2}\right) = \cos\left(2\frac{\pi}{4}\right) = 2 \cos^2 \frac{\pi}{4} - 1 \, ,$$

und damit (wegen $\cos x > 0$ für $0 \leq x < \frac{\pi}{2}$)

$$\cos \frac{\pi}{4} = \frac{1}{\sqrt{2}} \quad \text{und} \quad \sin \frac{\pi}{4} = \sqrt{1 - \frac{1}{2}} = \frac{1}{\sqrt{2}} \, .$$

Aus der Beziehung für das dreifache Argument (siehe Übungsaufgabe aus dem Kapitel 1)

$$\cos 3x = \cos x(1 - 4\sin^2 x)$$

erhält man mit $x = \frac{\pi}{6}$

$$0 = \cos(\frac{\pi}{2}) = \cos(3\frac{\pi}{6}) = \cos\frac{\pi}{6}(1 - 4\sin^2\frac{\pi}{6}) \ .$$

Da $\cos\frac{\pi}{6} \neq 0$ gilt, erhält man aus $1 - 4\sin^2\frac{\pi}{6} = 0$ (wegen $\sin x > 0$ für $0 < x < \pi$, vgl. (3.39), und $\cos x > 0$ für $0 \leq x < \frac{\pi}{2}$),

$$\sin\frac{\pi}{6} = \frac{1}{2} \quad \text{und} \quad \cos\frac{\pi}{6} = \sqrt{1 - \frac{1}{4}} = \frac{\sqrt{3}}{2} \ .$$

Aus dem Additionstheorem (3.32) erhält man die Beziehung

$$\cos(\frac{\pi}{2} - x) = \sin x \ , \tag{3.42}$$

aus der man die Wertetabelle für einige oft vorkommende Argumente der trigonometrischen Funktionen ausrechnen kann.

x	0	$\frac{\pi}{6}$	$\frac{\pi}{4}$	$\frac{\pi}{3}$	$\frac{\pi}{2}$	$\frac{2\pi}{3}$	$\frac{3\pi}{4}$	$\frac{5\pi}{6}$	π
$\sin x$	0	$\frac{1}{2}$	$\frac{\sqrt{2}}{2}$	$\frac{\sqrt{3}}{2}$	1	$\frac{\sqrt{3}}{2}$	$\frac{\sqrt{2}}{2}$	$\frac{1}{2}$	0
$\cos x$	1	$\frac{\sqrt{3}}{2}$	$\frac{\sqrt{2}}{2}$	$\frac{1}{2}$	0	$-\frac{1}{2}$	$-\frac{\sqrt{2}}{2}$	$-\frac{\sqrt{3}}{2}$	-1

Wir hatten zu Beginn dieses Abschnittes darauf hingewiesen, dass man mit den Definitionen 3.15 Werte trigonometrischer Funktionen berechnen kann, ohne Winkel messen zu müssen. Das ist natürlich praktisch nur näherungsweise möglich, aber beliebig genau. Es soll exemplarisch der Wert $\sin 5$ auf 8 Stellen genau berechnet werden. Wir erinnern daran, dass die Argumente x der trigonometrischen Funktionen hier sämtlich dimensionslose Zahlen sind. Deutet man sie als Winkel, so bedeutet x das Bogenmaß dieses Winkels, also entspräche $x = 5$ einem Winkel von $5 \cdot \frac{360^\circ}{2\pi} = 286{,}5^\circ$. Man überlegt sich nun, dass $\sin 5 = \sin(5 - 2\pi) = \sin(-1{,}2831853)$ ist. Das setzt allerdings die Kenntnis von $\frac{\pi}{2}$ bzw. π voraus, was durch eine genaue Berechnung der Werte von Sinus- und Kosinusfunktion im Intervall $]0,2[$ z.B. mit einem Intervallhalbierungsverfahren oder NEWTON-Verfahren erreicht werden kann. Wir verwenden nun die gleiche Methode wie im Falle der Berechnung von $e^{\sqrt{3}}$. Zuerst halten wir fest, dass aus der gliedweisen Differentiation der Sinus- und Kosinusreihen

$$(\sin x)' = \cos x \quad \text{und} \quad (\cos x)' = -\sin x$$

folgt. Man beweist durch vollständige Induktion

$$\begin{aligned} (\sin x)^{(2k)} &= (-1)^k \sin x, \ (\sin x)^{(2k+1)} = (-1)^k \cos x, \\ (\cos x)^{(2k)} &= (-1)^k \cos x, \ (\cos x)^{(2k+1)} = (-1)^{k+1} \sin x \ (k = 0,1,\dots) . \end{aligned}$$

Des Weiteren überlegt man sich, dass aus (3.34) die Beziehungen

$$|\sin x| \leq 1 \,, \qquad |\cos x| \leq 1$$

für alle $x \in \mathbb{R}$ folgen. Aus dem Satz von TAYLOR folgt

$$\sin x = \sum_{k=0}^{2n+2} \frac{\sin^{(k)}(0)}{k!} x^k + R_{2n+2}(x) \qquad\qquad (3.43)$$

$$= x - \frac{x^3}{3!} + \frac{x^5}{5!} \mp \ldots (-1)^n \frac{x^{2n+1}}{(2n+1)!} + R_{2n+2}(x)$$

mit $R_{2n+2}(x) = \frac{\sin^{(2n+3)}(\xi)}{(2n+3)!} x^{2n+3}$ und einem Wert ξ, der zwischen 0 und x liegt. Für $x = -1{,}2831853$ ist nun ein n zu wählen, das die Abschätzung

$$|R_{2n+2}(-1{,}2831853)| < 10^{-8}$$

absichert. Aufgrund der Beschränktheit der trigonometrischen Funktionen kann man die Abschätzung

$$|R_{2n+2}(-1{,}2831853)| \leq \frac{1{,}2831853^{2n+3}}{(2n+3)!}$$

machen und findet für $n = 6$

$$\frac{1{,}2831853^{2n+3}}{(2n+3)!} \approx 3{,}22 \cdot 10^{-11} \,,$$

so dass man den Wert der Sinusfunktion $\sin 5 = \sin(-1{,}2831853)$ durch das TAYLOR-Polynom T_{14} vom Grad 13 an der Stelle $-1{,}2831853$, also durch

$$T_{14}(-1{,}2831853) = \sum_{k=0}^{6} (-1)^n \frac{(-1{,}2831853)^{2n+1}}{(2n+1)!}$$

mit einer Genauigkeit von $3{,}22 \cdot 10^{-11}$ berechnen kann (zeigen Sie, dass $n = 5$, d.h. T_{12}, auch schon für eine Genauigkeit von 10^{-8} gereicht hätte).
Entscheidend für die Genauigkeit der Berechnung ist die Größe des Restgliedes und wir haben deshalb die Berechnung von $\sin 5$ durch die Berechnung von $\sin(5 - 2\pi) = \sin(-1{,}2831853)$ ersetzt, weil die Potenz $(-1{,}2831853)^{2n+3}$ offensichtlich kleiner als 5^{2n+3} ist. Aufgrund der Periodizität, der Nutzung der Beziehungen $\sin x = -\sin(-x)$ bzw. $\cos x = \cos(-x)$ sowie $\cos(\frac{\pi}{2} - x) = \sin x$ reicht es bei Kenntnis von π aus, die Werte der Sinusfunktion im Intervall $[0, \frac{\pi}{4}]$ zu berechnen, um daraus sämtliche Werte von Sinus- und Kosinusfunktion herleiten zu können.
In der folgenden Abb. 3.16 sind die Graphen der Sinus- und Kosinusfunktion, die wir durch ein Computeralgebraprogramm berechnet haben, dargestellt. Grundlage für die Berechnung von trigonometrischen Funktionswerten in Computeralgebraprogrammen sind die hier besprochenen Potenzreihen.

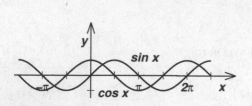 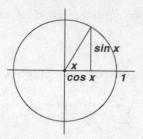

Abb. 3.16. Graphen der Sinus- und Kosi-   **Abb. 3.17.** Sinus und Kosinus am Ein-
nusfunktion   heitskreis

Die Tangens- und Cotangensfunktion berechnet man in der bekannten Weise als Quotienten der Sinus- und Kosinusfunktion.

Zum Schluss dieses Abschnittes wollen wir noch kurz auf die Bezeichnung **Kreisfunktionen** bzw. **trigonometrische Funktionen** oder Dreiecksfunktionen, die für die Sinus- und Kosinusfunktion verwendet werden, eingehen. Kreis- und Dreiecksfunktion deshalb, weil man Sinus und Kosinus mit den Katheten eines rechtwinkligen Dreiecks im Einheitskreis bestimmen kann. Misst man die Länge des Umfangs des Einheitskreises, findet man als Ergebnis 2π. Das überprüfen wir, indem wir die Länge des Graphen der Funktion $f(x) = \sqrt{1 - x^2}$, $f : [-1,1] \to \mathbb{R}$, berechnen (Halbkreisbogen). Für die Bogenlänge ist das Integral

$$L = \int_{-1}^{1} \sqrt{1 + [f'(x)]^2}\, dx$$

zu berechnen. Es ergibt sich mit der Substitution $x = \sin u$

$$L = \int_{-1}^{1} \sqrt{1 + [\frac{-2x}{2\sqrt{1 - x^2}}]^2}\, dx = \int_{-1}^{1} \sqrt{\frac{1}{1 - x^2}}\, dx$$

$$= \int_{\arcsin(-1)}^{\arcsin 1} \frac{1}{\cos u} \cos u\, du = \int_{-\frac{\pi}{2}}^{\frac{\pi}{2}} du = \pi\,.$$

Alle für die Substitution $x = \sin u$ erforderlichen Eigenschaften der Funktion $\sin u$ (z.B. $\sin \frac{\pi}{2} = 1$, $\sin(-\frac{\pi}{2}) = -1$, monotones Wachsen für $-\frac{\pi}{2} \le u \le \frac{\pi}{2}$) hatten wir oben aus den Potenzreihen hergeleitet. Damit haben wir gezeigt, dass der Umfang des Einheitskreises genau 4 mal so groß ist wie die Entfernung der zwischen 0 und 2 liegenden Nullstelle der cos-Funktion vom Nullpunkt der Abszissenachse (Def. 3.16).

3.7 Numerische Integralberechnung mit Potenzreihen

Die über ein Integral definierte Fehlerfunktion

$$\Psi(x) = \int_{0}^{x} e^{-t^2}\, dt\,,$$

die eng mit der Wahrscheinlichkeitsverteilungsfunktion der Normalverteilung (s. auch Kapitel 14) zusammenhängt, lässt sich nicht geschlossen analytisch integrieren, d.h. es lässt sich keine geschlossen angebbare Stammfunktion finden. Es ist allerdings möglich, unter Nutzung der Reihe

$$e^{-t^2} = 1 - \frac{t^2}{1!} + \frac{t^4}{2!} - \frac{t^6}{3!} + \dots = \sum_{k=0}^{\infty} (-1)^k \frac{t^{2k}}{k!}, \quad t \in \mathbb{R}$$

eine gliedweise Integration vorzunehmen. Man erhält dann

$$\Psi(x) = \int_0^x e^{-t^2} \, dt = \sum_{k=0}^{\infty} (-1)^k \frac{x^{2k+1}}{k!(2k+1)} \quad (x \in \mathbb{R}).$$

Damit hat man eine Darstellung, die die Berechnung der Funktionswerte bis zu

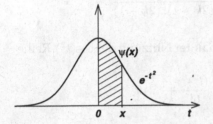

Abb. 3.18. Glockenkurve $f(t) = e^{-t^2}$ **Abb. 3.19.** Fehlerfunktion $\Psi(x)$

einer beliebigen Genauigkeit ermöglicht. Es ist klar, dass für "große" x entsprechend mehr Glieder zur Erreichung einer vorgegebenen Genauigkeit erforderlich sind als bei x–Werten in der Nähe des Nullpunktes.

Es lässt sich beweisen, dass die elliptischen Integrale (erster Gattung)

$$F(\phi, k) = \int_0^\phi \frac{dt}{\sqrt{1 - k^2 \sin^2 t}} \quad (0 < k^2 < 1)$$

nicht analytisch auswertbar sind. Die Entwicklung des Integranden in eine Reihe ergibt

$$\frac{1}{\sqrt{1 - k^2 \sin^2 t}} = 1 + \frac{1}{2} k^2 \sin^2 t + \frac{1}{2} \cdot \frac{3}{4} k^4 \sin^4 t + \frac{1}{2} \cdot \frac{3}{4} \cdot \frac{5}{6} k^6 \sin^6 t + \dots,$$

so dass man nach der gliedweisen Integration

$$F(\phi, k) = \phi + \frac{1}{2} k^2 \int_0^\phi \sin^2 t \, dt + \frac{1}{2} \cdot \frac{3}{4} k^4 \int_0^\phi \sin^4 t \, dt + \dots$$

erhält. Das **vollständige elliptische** Integral für $\phi = \frac{\pi}{2}$ ergibt sich zu

$$K(k) := F(\frac{\pi}{2}, k) = \frac{\pi}{2} [1 + (\frac{1}{2})^2 k^2 + (\frac{1}{2} \cdot \frac{3}{4})^2 k^4 + (\frac{1}{2} \cdot \frac{3}{4} \cdot \frac{5}{6})^2 k^6 + \dots] \quad .$$

Für den Integralsinus

$$Si\,x = \int_0^x \frac{\sin t}{t} dt$$

ergibt sich unter Nutzung der Reihe

$$\sin t = t - \frac{t^3}{3!} + \frac{t^5}{5!} - \dots$$

$$
\begin{aligned}
Si\,x &= \int_0^x [1 - \frac{t^2}{3!} + \frac{t^4}{5!} - \dots]\,dt = [t - \frac{t^3}{3!\,3} + \frac{t^5}{5!\,5} - \dots]_0^x \\
&= x - \frac{x^3}{3!\,3} + \frac{x^5}{5!\,5} - \dots = \sum_{k=0}^{\infty}(-1)^k \frac{x^{2k+1}}{(2k+1)!\,(2k+1)} .
\end{aligned}
$$

Für das FRESNEL-Integral $\int_0^x \cos(t^2)dt$ erhält man unter Nutzung der $\cos(t^2)$-Reihe

$$
\begin{aligned}
\int_0^x \cos(t^2)dt &= \int_0^x [1 - \frac{(t^2)^2}{2!} + \frac{(t^2)^4}{4!} - \frac{(t^2)^6}{6!} + \dots]\,dt \\
&= [t - \frac{t^5}{2!\,5} + \frac{t^9}{4!\,9} - \frac{t^{13}}{6!\,13} + \dots]_0^x \\
&= \sum_{k=0}^{\infty}(-1)^k \frac{x^{4k+1}}{(2k)!\,(4k+1)} .
\end{aligned}
$$

Wir haben uns hier auf einige Beispiele beschränkt, um das Prinzip der Integralberechnung mit Hilfe von Potenzreihen darzustellen. Bei den praktischen numerischen Rechnungen sind darüberhinaus Abschätzungen für die Fehler erforderlich, die man begeht, wenn man die Potenzreihen nach einer bestimmten Anzahl von Gliedern abbricht.

3.8 Konstruktion von Reihen

Im Kapitel 2 haben wir mit dem Satz von TAYLOR eine Grundlage zur Konstruktion von Potenzreihen behandelt. Oben haben wir festgestellt, dass man konvergente Potenzreihen addieren und multiplizieren bzw. gliedweise differenzieren und integrieren kann. Im Folgenden sollen diese Prinzipien genutzt werden, um schnell und effizient Reihen herzuleiten oder zu konstruieren.

Die gliedweise Addition von Reihen kann man nutzen, um z.B. für die Funktion $\cosh x$ unter Nutzung der Exponentialreihe eine Reihe aufzustellen. Es gilt per definitionem

$$\cosh x := \frac{1}{2}[e^x + e^{-x}]$$

und mit den Reihen für e^x bzw. e^{-x} erhält man

$$
\begin{aligned}
\cosh x &= \frac{1}{2}[1 + x + \frac{x^2}{2!} + \frac{x^3}{3!} + \frac{x^4}{4!} + ...] \\
&+ \frac{1}{2}[1 - x + \frac{x^2}{2!} - \frac{x^3}{3!} + \frac{x^4}{4!} - ...] \\
&= 1 + \frac{x^2}{2!} + \frac{x^4}{4!} + ... = \sum_{k=0}^{\infty} \frac{x^{2k}}{(2k)!} \cdot
\end{aligned}
$$

Wie die e^x-Reihe ist diese Reihe beständig konvergent. Die Multiplikation von Potenzreihen unter Nutzung des CAUCHY-Produktes kann man z.B. zur Konstruktion einer Produktreihe für $e^{-x} \sin x$ anwenden. Man erhält

$$
\begin{aligned}
e^{-x} \sin x &= (\sum_{k=0}^{\infty} \frac{(-x)^k}{k!})(\sum_{k=0}^{\infty} (-1)^k \frac{x^{2k+1}}{(2k+1)!}) \\
&= (1 - x + \frac{x^2}{2!} - \frac{x^3}{3!} + ...)(x - \frac{x^3}{3!} + \frac{x^5}{5!} - ...) \\
&= x - x^2 + \frac{x^3}{3} - + ... \; .
\end{aligned}
$$

Eine andere Methode zur Reihenkonstruktion ergibt sich mit der Nutzung der Eigenschaft, dass Potenzreihen gliedweise differenziert und integriert werden können. Durch gliedweises Differenzieren erhält man zum Beispiel ausgehend von der geometrischen Reihe

$$
\frac{1}{1-x} = \sum_{k=0}^{\infty} x^k = 1 + x + x^2 + x^3 + ... \tag{3.44}
$$

die Reihe

$$
\frac{1}{(1-x)^2} = (\frac{1}{1-x})' = \sum_{k=0}^{\infty} (x^k)' = \sum_{k=1}^{\infty} k\,x^{k-1} = 1 + 2x + 3x^2 + 4x^3 + ... \; .
$$

Man muss natürlich berücksichtigen, dass diese Reihe nur für $|x| < 1$ konvergiert, da die geometrische Reihe $\sum_{k=0}^{\infty} x^k$ nur für $|x| < 1$ konvergent ist.
Auf die gleiche Weise kann man durch die Substitution $u = -x^2$ ausgehend von der geometrischen die Reihe $\frac{1}{1+u} = \sum_{k=0}^{\infty} u^k$, ($|u| < 1$) die Reihe

$$
\frac{1}{1+x^2} = \sum_{k=0}^{\infty} (-1)^k x^{2k}
$$

erhalten, die für $|x| < 1$ konvergiert. Gliedweise Integration ergibt bei Beachtung von $\arctan 0 = 0$ mit

$$
\arctan x = \int_0^x \frac{d\xi}{1+\xi^2} = \sum_{k=0}^{\infty} (-1)^k \frac{x^{2k+1}}{2k+1}
$$

eine Reihe für die Funktion $\arctan x$, die allerdings nur für $-1 < x < 1$ konvergent ist. Will man eine Reihe für den $\arcsin x$ haben und hat die TAYLOR-Reihe

$$\frac{1}{\sqrt{1-x^2}} = 1 + \frac{1}{2}x^2 + \frac{1 \cdot 3}{2 \cdot 4}x^4 + \frac{1 \cdot 3 \cdot 5}{2 \cdot 4 \cdot 6}x^6 + \dots$$

zur Verfügung, erhält man durch Integration

$$\arcsin x = x + \frac{1}{2 \cdot 3}x^3 + \frac{1 \cdot 3}{2 \cdot 4 \cdot 5}x^5 + \frac{1 \cdot 3 \cdot 5}{2 \cdot 4 \cdot 6 \cdot 7}x^7 + \dots .$$

Damit wird $\arcsin 0 = 0$ erfüllt. Da die TAYLOR-Reihenentwicklung eine recht wichtige Methode zur Konstruktion von Potenzreihen ist, soll die Aussage des Satzes von TAYLOR hier noch einmal angegeben werden, wobei die Differenzierbarkeitsvoraussetzungen gegenüber Satz 2.21 der kompakteren Formulierung wegen leicht verschärft werden.

Für jede auf dem offenen Intervall $I \subset \mathbb{R}$ $(n+1)$–mal stetig differenzierbare Funktion f und für beliebige $x, x_0 \in I$ gilt

$$f(x) = f(x_0) + \frac{f'(x_0)}{1!}(x - x_0) + \dots + \frac{f^{(n)}(x_0)}{n!}(x - x_0)^n + R_n(x, x_0) \quad (3.45)$$

mit dem Restglied nach LAGRANGE

$$R_n(x, x_0) = \frac{f^{(n+1)}(\xi)}{(n+1)!}(x - x_0)^{n+1} , \quad (3.46)$$

wobei ξ eine zwischen x und x_0 liegende Zahl ist. Die Koeffizienten $a_k = \frac{f^{(k)}(x_0)}{n!}$ heißen TAYLOR-Koeffizienten und x_0 heißt Entwicklungspunkt oder Mittelpunkt der TAYLOR-Reihe.

Aus dem Satz von TAYLOR kann man unmittelbar schlussfolgern, dass sich jede auf dem offenen Intervall $I \subset \mathbb{R}$ beliebig oft stetig differenzierbare Funktion f für $x, x_0 \in I$ in eine Potenzreihe

$$f(x) = \sum_{k=0}^{\infty} \frac{f^{(k)}(x_0)}{k!}(x - x_0)^k \quad (3.47)$$

entwickeln lässt, wenn für das Restglied

$$\lim_{n \to \infty} R_n(x, x_0) = 0 \quad (3.48)$$

gilt. Die Reihe in der Formel (3.47) nennt man auch **TAYLOR-Reihe**. Ist $x_0 = 0$, spricht man statt von der TAYLOR-Reihe von der MCLAURIN-Reihe. Die Bedingung $\lim_{n\to\infty} R_n(x, x_0) = 0$ ist für elementare Funktionen mit dem Definitionsbereich D und $x, x_0 \in I \subset D$ immer erfüllt. Außerdem überlegt man sich, dass die Bedingung immer dann erfüllt ist, wenn x aus dem Konvergenzintervall der Reihe ist (siehe Beispiel $(1 + x)^\alpha$ unten).

Wenn man $f^{(k)}(x_0)$ in der Grenzwertbildung nicht berücksichtigen muss oder wenn $|f^{(k)}(x_0)| \leq M$ mit einer von k unabhängigen Konstanten $M > 0$ gilt, ergibt sich die Bedingung (3.48) sofort. Betrachten wir z.B. die weiter oben diskutierte Funktion $f(x) = (1 + x)^\alpha$ für reelle Potenzen α. Nach dem Satz von TAYLOR erhält man am Entwicklungspunkt $x_0 = 0$ die Beziehung

$$(1 + x)^\alpha = \sum_{k=0}^{n} \binom{\alpha}{k} x^k + R_n(x)$$

mit

$$R_n(x,0) =: R_n(x) = \binom{\alpha}{n+1}(1 + \xi)^{\alpha - n - 1} x^{n+1}.$$

Dabei haben wir den Binomialkoeffizienten $\binom{\alpha}{n} = \frac{\alpha(\alpha-1)\cdots\cdots(\alpha-n+1)}{n!}$ für reelle α genutzt, wobei $\binom{\alpha}{0} = 1$ gilt und $\binom{\alpha}{n} = 0$ für ganzzahlige α mit $n > \alpha$ ist. Für $0 \leq x < 1$ kann man zeigen, dass

$$(1 + x)^\alpha = \sum_{k=0}^{\infty} \binom{\alpha}{k} x^k$$

gilt. Dass die Reihe $\sum_{k=0}^{\infty} \binom{\alpha}{k} x^k$ für $|x| < 1$, also insbesondere für $0 \leq x < 1$ konvergent ist, sieht man mit der Berechnung des Konvergenzradius ρ. Man erhält (Satz 3.24)

$$\rho = \lim_{k \to \infty} \left|\frac{\binom{\alpha}{k}}{\binom{\alpha}{k+1}}\right| = \lim_{k \to \infty} \left|\frac{k+1}{\alpha - k}\right| = 1.$$

Damit erkennt man zum einen, dass die Reihe für $0 \leq x < 1$ konvergent ist, und zweitens, dass die Folge der Summanden $\binom{\alpha}{k} x^k$ eine Nullfolge sein muss, denn das ist **notwendig** für die Konvergenz. Für die Folge $(R_n(x))$ bedeutet das

$$|R_n(x)| = \left|\binom{\alpha}{n+1} x^{n+1}\right| \cdot |(1 + \xi)^{\alpha - n - 1}| = \left|\binom{\alpha}{n+1} x^{n+1}\right|\left|\frac{1}{(1 + \xi)^{n+1-\alpha}}\right|$$

bzw.

$$|R_n(x)| < \left|\binom{\alpha}{n+1} x^{n+1}\right| \quad \text{für } n \geq \alpha,$$

da $(1 + \xi)^{n+1-\alpha} > 1$ wegen $0 < \xi < x$ bei $n \geq \alpha$ ist. Weil, wie oben gezeigt, $|\binom{\alpha}{n+1} x^{n+1}|$ für $n \to \infty$ gegen Null strebt, gilt dies auch für $|R_n(x)|$ und damit auch für die Restgliedfolge $(R_n(x))$. Damit ist gezeigt, dass die Funktion $f(x) = (1 + x)^\alpha$ für $0 \leq x < 1$ gleich der Summe ihrer TAYLOR-Reihe ist.

3.9 FOURIER-Reihen

In der Physik und im Ingenieurwesen spielen periodische Vorgänge eine große Rolle. Sie treten in Form von mechanischen oder elektrischen Schwingungen,

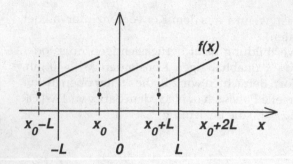

Abb. 3.20. L-periodische Funktion mit Periodizitätsintervallen $[x_0 + kL, x_0 + (k+1)L[$, $x_0 \in \mathbb{R}$

Wellen, Drehbewegungen vielfach auf. In der jüngsten Vergangenheit wurden auch zahlreiche periodische Phänomene in Sozial- und Wirtschaftswissenschaften entdeckt. Das Darstellen beliebiger periodischer funktionaler Zusammenhänge durch Reihen von Kosinus- und Sinusfunktionen ist dabei die mathematische Grundaufgabe.

3.9.1 Periodische Funktionen

Definition 3.17. (periodische Funktion)
Unter einer **periodischen Funktion** verstehen wir eine Funktion $f : \mathbb{R} \to \mathbb{R}$, die die Gleichung

$$f(x + L) = f(x) \tag{3.48}$$

für alle $x \in \mathbb{R}$ erfüllt. Dabei ist L eine positive Konstante. Das kleinste $L > 0$, dass (3.48) erfüllt, heißt die **Minimalperiode** oder auch primitive Periode von f. Jedes n-fache ($n \in \mathbb{N}$) der Minimalperiode ist wieder Periode. Man nennt f auch L-**periodische Funktion**. Z.B. hat $f(x) = \sin x$ die Minimalperiode 2π und ist eine 2π-periodische Funktion, aber auch eine 4π-, 6π-,... periodische Funktion. Ist von einer L-periodischen Funktion die Rede, so bedeutet L in der Regel die Minimalperiode.

Teilt man die reelle Achse in Intervalle der Länge L ein, z.B. in Intervalle $[kL, (k+1)L]$ (k ganzzahlig), so ist der Graph von f auf allen diesen Intervallen gleich. Die Funktionen $\cos x$ und $\sin x$ sind wichtige Beispiele periodischer Funktionen mit der Periode 2π. Die Funktionen

$$\sin(nx) \qquad \cos(nx) \qquad \text{für } n \in \mathbb{N}$$

haben die Minimalperioden $\frac{2\pi}{n}$ und damit auch die Periode 2π.

Definition 3.18. (trigonometrisches Funktionensystem)
Die Funktionen 1, $\sin(nx)$, $\cos(nx)$ für $n \in \mathbb{N}$ bilden das **trigonometrische Funktionensystem** $\{1, \sin nx, \cos nx\}$.

Im Weiteren wird es darum gehen, periodische Funktionen durch Linearkombinationen von Elementen des trigonometrischen Funktionensystems zu approximieren.

Durch eine einfache Transformation bzw. Substitution kann man jede L-periodische Funktion $f(x)$ in eine Funktion mit der Periode 2π verwandeln. Wir substituieren $x = t\frac{L}{2\pi}$ und bilden die L-periodische Funktion $f(x)$ umkehrbar eindeutig auf die 2π-periodische Funktion

$$\hat{f}(t) := f(t\frac{L}{2\pi})$$

ab. Aus $\hat{f}(t)$ gewinnt man durch $f(x) = \hat{f}(2\pi\frac{x}{L})$ die L-periodische Funktion $f(x)$ wieder zurück. Dieser Fakt rechtfertigt im Weiteren die vorzugsweise Betrachtung von 2π-periodischen Funktionen.

3.9.2 Trigonometrische Reihen, FOURIER-Koeffizienten

Es sei $f : \mathbb{R} \to \mathbb{R}$ eine beliebige 2π-periodische Funktion. Unser Ziel besteht im Folgenden darin, diese Funktion mit geeigneten reellen Konstanten $a_0, a_1, \ldots,$ $b_1, b_2, \ldots$ durch eine Reihe der Form

$$\frac{a_0}{2} + \sum_{n=1}^{\infty}(a_n \cos(nx) + b_n \sin(nx)) \tag{3.49}$$

darzustellen. Die Reihe (3.49) heißt trigonometrische Reihe und ist definiert durch die Partialsummenfolge (s_m) der **trigonometrischen Polynome**

$$s_m = \frac{a_0}{2} + \sum_{n=1}^{m}(a_n \cos(nx) + b_n \sin(nx)), \quad m = 0,1,2,\ldots .$$

Setzt man für $a_n^2 + b_n^2 > 0$

$$\cos\phi_n = \frac{b_n}{\sqrt{a_n^2 + b_n^2}} \qquad \sin\phi_n = \frac{a_n}{\sqrt{a_n^2 + b_n^2}},$$

so erhält man unter Nutzung des Additionstheorems für die Sinusfunktion

$$s_m = \frac{a_0}{2} + \sum_{n=1}^{m}\sqrt{a_n^2 + b_n^2}\,\sin(nx + \phi_n).$$

Es gilt die Frage zu beantworten, ob

$$
\begin{aligned}
f(x) &= \frac{a_0}{2} + \sum_{n=1}^{\infty}(a_n \cos(nx) + b_n \sin(nx)) \\
&= \lim_{m\to\infty}[\frac{a_0}{2} + \sum_{n=1}^{m}(a_n \cos(nx) + b_n \sin(nx))]
\end{aligned} \tag{3.50}
$$

tatsächlich gelten kann, wenn man die Koeffizienten $a_0, a_1, \ldots$ und $b_1, b_2, \ldots$ geeignet wählt. Zur Klärung dieser Fragen nehmen wir an, dass $f(x)$ durch eine solche Reihe (3.49) wirklich dargestellt werden kann und setzen des Weiteren die gleichmäßige Konvergenz dieser Reihe voraus. Wir fragen dann nach den Koeffizienten a_n, b_n, d.h. wir leiten Bedingungen her, die die Koeffizienten notwendig erfüllen müssen, wenn $f(x)$ durch eine gleichmäßig konvergente Reihe (3.49) dargestellt wird.

Zur Bestimmung der Koeffizienten:
Beide Seiten der Gleichung (3.50) werden mit $\sin(kx)$ multipliziert ($k \in \mathbb{N}$, fest) und anschließend über das Intervall $[-\pi, \pi]$ integriert. Durch die Annahme der gleichmäßigen Konvergenz kann man die Reihe gliedweise integrieren. Man erhält also

$$\int_{-\pi}^{\pi} f(x)\sin(kx)\,dx = \frac{a_0}{2}\int_{-\pi}^{\pi}\sin(kx)\,dx +$$

$$+ \sum_{n=1}^{\infty}\left(a_n \int_{-\pi}^{\pi}\cos(nx)\sin(kx)\,dx + b_n \int_{-\pi}^{\pi}\sin(nx)\sin(kx)\,dx \right) . \qquad (3.51)$$

Mit Hilfe der Additionstheoreme der trigonometrischen Funktionen (3.30), (3.31) kann man die Produkte $\cos(nx)\sin(kx)$ und $\sin(nx)\sin(kx)$ in Summen umwandeln, die leicht zu integrieren sind:

$$\cos(nx)\sin(kx) = \frac{1}{2}\{\sin[(n+k)x] - \sin[(n-k)x]\} ,$$

$$\sin(nx)\sin(kx) = \frac{1}{2}\{\cos[(n+k)x] - \cos[(n-k)x]\} ,$$

$$\cos(nx)\cos(kx) = \frac{1}{2}\{\cos[(n+k)x] + \cos[(n-k)x]\} .$$

Man erhält dann die

Orthogonalitätsrelationen für das trigonometrische Funktionensystem ($k, n \in \mathbb{N}$):

$$\int_{-\pi}^{\pi}\cos(nx)\sin(kx)\,dx = 0 ,$$

$$\int_{-\pi}^{\pi}\sin(nx)\sin(kx)\,dx = \delta_{nk}\pi , \qquad (3.52)$$

$$\int_{-\pi}^{\pi}\cos(nx)\cos(kx)\,dx = \delta_{nk}\pi .$$

Wir erinnern dabei an das KRONECKER-Symbol δ_{nk}, das durch $\delta_{nk} = 0$ für $n \neq k$ und $\delta_{nk} = 1$ für $n = k$ definiert ist. Aufgrund der Orthogonalitätsrelationen verschwinden auf der rechten Seite von (3.51) alle Integrale bis auf das Integral

$\int_{-\pi}^{\pi} \sin^2(kx)\,dx$, so dass aus (3.51) die Gleichung

$$\int_{-\pi}^{\pi} f(x)\sin(kx)\,dx = b_k \int_{-\pi}^{\pi} \sin^2(kx)\,dx = b_k \pi \tag{3.53}$$

folgt. Multipliziert man (3.49) für $k \in \mathbb{N} \cup \{0\}$ mit $\cos(kx)$ und integriert über das Intervall $[-\pi, \pi]$, so erhält man für $k \in \mathbb{N}$ mittels (3.52) und für $k = 0$ durch gliedweise Integration der Reihe (3.49) selbst die Gleichung

$$\int_{-\pi}^{\pi} f(x)\cos(kx)\,dx = \begin{cases} a_k \int_{-\pi}^{\pi} \cos^2(kx)\,dx = a_k\pi & \text{für } k \in \mathbb{N}, \\ \frac{a_0}{2} \int_{-\pi}^{\pi} 1\,dx = a_0\pi & \text{für } k = 0. \end{cases} \tag{3.54}$$

Die Auflösung nach den Koeffizienten liefert die Berechnungsformeln

$$a_n = \frac{1}{\pi} \int_{-\pi}^{\pi} f(x)\cos(nx)\,dx \quad \text{für} \quad n = 0,1,2,\dots,$$

$$\tag{3.55}$$

$$b_n = \frac{1}{\pi} \int_{-\pi}^{\pi} f(x)\sin(nx)\,dx \quad \text{für} \quad n = 1,2,3,\dots.$$

Diese Methode zur Berechnung aller Koeffizienten ist von FOURIER entdeckt worden, weshalb die Approximation periodischer Vorgänge mit Sinus-Kosinus-Polynomen auch FOURIER-**Analyse** genannt wird. Die in (3.55) definierten Zahlen a_n, b_n heißen FOURIER-**Koeffizienten** der Funktion f.

An dieser Stelle weisen wir darauf hin, dass Orthogonalität bisher durch die Auswertung von geeigneten Skalarprodukten erklärt wurde und wird (siehe dazu auch Kapitel 4). Durch

$$\langle f, g \rangle = \frac{1}{\pi} \int_{-\pi}^{\pi} f(x)g(x)\,dx \tag{3.56}$$

ist offensichtlich ein Skalarprodukt auf dem Raum der reell-wertigen 2π-periodischen Funktionen definiert. Dieses Skalarprodukt induziert durch

$$\|f\|_2 = \sqrt{\langle f, f \rangle} \tag{3.57}$$

auch eine Norm auf dem Funktionenraum, die auch als L_2-Norm bezeichnet wird. Wenn wir die Elemente des trigonometrischen Funktionensystems mit

$$\{\phi_j(x),\, j = 1,2,\dots\}, \tag{3.58}$$

wie folgt erklären: $\phi_1(x) = \frac{1}{\sqrt{2}}$, $\phi_2(x) = \sin x$, $\phi_3(x) = \cos x$, $\phi_4(x) = \sin(2x),\dots$, dann stellt man unter Berücksichtigung der Beziehungen (3.52) fest, dass

$$\langle \phi_j, \phi_k \rangle = \delta_{jk}$$

gilt, also sind die Elemente von (3.58) bezüglich des Skalarproduktes (3.56) orthogonal und haben jeweils die Norm eins, d.h. sie sind orthonormal.

Das Problem besteht nun darin, dass man nicht a-priori weiß, ob die Reihe gleichmäßig konvergiert. Immerhin kann man aber die Formeln (3.55) für jede integrierbare Funktion f anwenden und damit formal die Reihe

$$\frac{a_0}{2} + \sum_{n=1}^{\infty} (a_n \cos(nx) + b_n \sin(nx)) \tag{3.59}$$

bilden. Sie heißt FOURIER-**Reihe** von f.

Diese Reihe (3.59) kann man mit den Koeffizienten

$$f_k = \langle f(x), \phi_k(x) \rangle, \quad k = 1, 2, \ldots \tag{3.60}$$

auch in der Form

$$\sum_{k=1}^{\infty} f_k \phi_k(x) \tag{3.61}$$

darstellen. Die Äquivalenz der Darstellungen (3.59) und (3.61) ist offensichtlich. Um anzudeuten, dass die Reihe über die FOURIER-Koeffizienten (3.55) mit einer 2π-periodischen Funktion $f(x)$ in Verbindung steht, verwendet man die Bezeichnung

$$f(x) \sim \frac{a_0}{2} + \sum_{n=1}^{\infty} (a_n \cos(nx) + b_n \sin(nx)) \, .$$

Es bleibt die Frage zu beantworten: Für welche Funktionen f konvergiert deren FOURIER-Reihe gegen f, d.h. wann kann man $\sim$ durch ein Gleichheitszeichen ersetzen? Glücklicherweise kann man diese Frage für die meisten im Ingenieurwesen vorkommenden periodischen Funktionen positiv beantworten, nämlich für stückweise glatte Funktionen.

Definition 3.19. (stückweise glatte Funktion)
Eine auf einem Intervall I definierte Funktion f heißt **stückweise glatt** (s. auch Abb. 3.21), wenn gilt:

a) f ist stetig differenzierbar, ausgenommen auf einer Menge von Punkten, die sich in I nirgends häufen.

b) In diesen Ausnahmepunkten x_i existieren die rechts- und linksseitigen Grenzwerte $f(x_i + 0)$ und $f(x_i - 0)$ sowie $f'(x_i + 0)$ und $f'(x_i - 0)$. Gemäß den Definitionen der einseitigen Ableitungen bedeutet das die Existenz der Grenzwerte

$$f'(x_i + 0) = \lim_{h \to 0+0} \frac{f(x_i + h) - f(x_i + 0)}{h},$$

$$\tag{3.62}$$

$$f'(x_i - 0) = \lim_{h \to 0-0} \frac{f(x_i + h) - f(x_i - 0)}{h}.$$

c) In allen Punkten x_i ist der Funktionswert $f(x_i)$ das arithmetische Mittel der
einseitigen Grenzwerte

$$f(x_i) = \frac{1}{2}(f(x_i + 0) + f(x_i - 0)) .$$ (3.63)

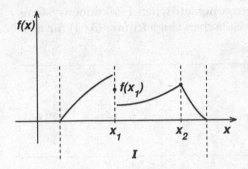

Abb. 3.21. Stückweise glatte Funktion

Die Forderung c) ist stark auf FOURIER-Reihen zugeschnitten, wie man im Folgenden sehen wird. Schließlich gilt der folgende Satz, dessen Nachweis den Rahmen
dieses Buches sprengen würde.

Satz 3.29. *(Konvergenz von FOURIER-Reihen)*
*Ist $f : \mathbb{R} \to \mathbb{R}$ eine 2π-periodische, stückweise glatte Funktion, so konvergiert ihre
FOURIER-Reihe punktweise gegen f. In jedem abgeschlossenen Intervall ohne Unstetig-
keitsstellen von f ist die Konvergenz darüberhinaus gleichmäßig.*

An Unstetigkeitsstellen konvergiert die FOURIER-Reihe damit gegen das arith-
metische Mittel $f(x_i) = \frac{1}{2}(f(x_i + 0) + f(x_i - 0))$ von links- und rechtsseitigem
Grenzwert.
Eine wichtige Ungleichung für die FOURIER-Koeffizienten liefert der folgende
Satz.

Satz 3.30. *(BESSELsche Ungleichung)*
*Für jede auf $[-\pi, \pi]$ quadratisch integrierbare Funktion $f(x)$ gilt für alle $n \in \mathbb{N}$ die
BESSELsche Ungleichung*

$$\frac{a_0^2}{2} + \sum_{k=1}^{n}(a_k^2 + b_k^2) \leq \frac{1}{\pi}\int_{-\pi}^{\pi} f^2(x)\, dx .$$ (3.64)

Dabei sind a_k, b_k die FOURIER-Koeffizienten (3.55) von f.

Beweis: In der folgenden Herleitung wird die quadratische Klammer im Integral ausmultipliziert. Die Verwendung der Orthogonalitätsrelationen (3.52) ergibt dann:

$$
\begin{aligned}
0 \leq \int_{-\pi}^{\pi} (f(x) &\quad - \quad \left[\tfrac{a_0}{2} + \sum_{k=1}^{n}(a_k \cos(kx) + b_k \sin(kx))\right])^2 dx \\
&= \int_{-\pi}^{\pi} (f^2(x) - 2f(x)[\ldots] + [\ldots]^2)\, dx \\
&= \int_{-\pi}^{\pi} f^2(x)\, dx - \pi \left(\tfrac{a_0^2}{2} + \sum_{k=1}^{n}(a_k^2 + b_k^2)\right) .
\end{aligned}
$$

$\square$

Mit Hilfe bestimmter Eigenschaften des trigonometrischen Funktionensystems ("Vollständigkeit") erhält man aus der BESSELschen Ungleichung (3.64) für $n \rightarrow \infty$ die

PARSEVALsche Gleichung:

$$
\frac{a_0^2}{2} + \sum_{k=1}^{\infty}(a_k^2 + b_k^2) = \frac{1}{\pi} \int_{-\pi}^{\pi} f^2(x)\, dx . \tag{3.65}
$$

Aus (3.65) (aber auch schon aus (3.64)) folgt, dass die Reihe auf der linken Seite konvergent ist, woraus man erkennt, dass die FOURIER-Koeffizienten einer integrierbaren Funktion Nullfolgen sind:

$$
\lim_{k \to \infty} a_k = 0 , \qquad \lim_{k \to \infty} b_k = 0 . \tag{3.66}
$$

Mit den oben eingeführten Koeffizienten (3.60) erhält man die etwas "kompaktere" Form der BESSELschen Ungleichung bzw. der PARSEVALschen Gleichung, und zwar

BESSELsche Ungleichung

$$
\sum_{k=1}^{n} f_k^2 \leq \frac{1}{\pi} \int_{-\pi}^{\pi} f^2(x)\, dx = \pi ||f||_2^2; ,
$$

bzw.
PARSEVALsche Gleichung:

$$
\sum_{k=1}^{\infty} f_k^2 = \frac{1}{\pi} \int_{-\pi}^{\pi} f^2(x)\, dx = \pi ||f||_2^2 .
$$

Hier gilt für die Koeffizientenfolge f_k analog zu den a_k und b_k:

$$
\lim_{k \to \infty} f_k = 0 .
$$

Der folgende Satz ergänzt die Aussage des Satzes 3.29 und bildet unter gewissen Voraussetzungen an die periodische Funktion die Grundlage für das gliedweise Differenzieren und Integrieren von FOURIER-Reihen.

Satz 3.31. *(punktweise und gleichmäßige Konvergenz)*
Ist f eine stetige, stückweise glatte Funktion der Periode 2π, so konvergiert ihre FOURIER-Reihe gleichmäßig und absolut gegen f. Für ihre FOURIER-Koeffizienten a_k, b_k folgt außerdem die Konvergenz der Reihen

$$\sum_{k=1}^{\infty} |a_k|, \qquad \sum_{k=1}^{\infty} |b_k|.$$

Beweis: Aus $(|A| - |B|)^2 \geq 0$ folgt $2|AB| \leq A^2 + B^2$. Damit gilt mit $A = \frac{1}{k}$ und $B = ka_k$ die Ungleichungskette

$$2|a_k \cos(kx)| \leq 2|a_k| = \frac{2}{k}|ka_k| \leq \frac{1}{k^2} + (ka_k)^2 \tag{3.67}$$

und analog

$$2|b_k \sin(kx)| \leq 2|b_k| \leq \frac{1}{k^2} + (kb_k)^2 \tag{3.68}$$

für $k \in \mathbb{N}$. Die Ableitung f' wird an ihren Sprungstellen durch das arithmetische Mittel ihrer einseitigen Grenzwerte erklärt. Die FOURIER-Koeffizienten von f' sind kb_k und $-ka_k$, wie man durch partielle Integration der Integraldarstellungen der FOURIER-Koeffizienten von f' herausfindet. Die BESSELsche Ungleichung für f' ergibt damit die Konvergenz der Reihe

$$\sum_{k=1}^{\infty} k^2(a_k^2 + b_k^2).$$

Die obigen Ungleichungen (3.67) und (3.68) ergeben

$$|a_k \cos(kx) + b_k \sin(kx)| \leq |a_k| + |b_k| \leq \frac{1}{k^2} + \frac{k^2}{2}(a_k^2 + b_k^2). \tag{3.69}$$

Da $\sum_{k=1}^{\infty} \left(\frac{k^2}{2}(a_k^2 + b_k^2) + \frac{1}{k^2}\right)$ konvergiert, ist diese Reihe eine Majorante für $\sum_{k=1}^{\infty} |a_k \cos(kx) + b_k \sin(kx)|$, wie auch für die Reihen $\sum_{k=1}^{\infty} |a_k|$ und $\sum_{k=1}^{\infty} |b_k|$. Daraus folgt die Behauptung des Satzes. $\qquad \square$

Bisher wurde bei den Konvergenzuntersuchungen der Abstand zwischen der Funktion und der FOURIER-Reihe als maximaler Betrag der Differenz zwischen Funktion und Reihe auf dem Periodizitätsintervall $[-\pi, \pi]$ betrachtet und in den Sätzen 3.29 und 3.31 die gleichmäßige Konvergenz für stetige, stückweise glatte Funktionen festgestellt. Misst man den Abstand zweier Funktionen f, g nicht am Maximum der Differenzen aller Funktionswerte auf $[-\pi, \pi]$, sondern mit der L_2-Norm der Funktionsdifferenz, also

$$\|f - g\|_2 := \frac{1}{\pi} \left(\int_{-\pi}^{\pi} |f(x) - g(x)|^2 \, dx \right)^{1/2},$$

kann man auf die Voraussetzung der stückweisen Glattheit verzichten. Es genügt dann die stückweise Stetigkeit:

Satz 3.32. *(Konvergenz im quadratischen Mittel)*
Die FOURIER-Reihe einer auf $[-\pi, \pi]$ stückweise stetigen Funktion f konvergiert auf $[-\pi, \pi]$ stets im quadratischen Mittel gegen f, d.h. für die Partialsummen s_m der FOU-RIER-Reihe von f gilt

$$\lim_{m \to \infty} ||f - s_m||_2 = 0 \ .$$

Die Konvergenz im quadratischen Mittel ist dann bei Approximationen ausreichend, wenn "Ausreißer", d.h. irgendwelche Spitzen, Zacken in Funktionsgraphen unbedeutend für den zu untersuchenden periodischen Vorgang sind. Es ist $||f - g||_2 = 0$ insbesondere dann, wenn sich f und g nur an endlich vielen Stellen in $[-\pi, \pi]$ voneinander unterscheiden. Haben Ausreißer im Funktionsverlauf eine entscheidende Bedeutung oder sind unbedingt zu vermeiden, muss man punktweise oder gleichmäßige Konvergenz benutzen. Die Abb. 3.22 zeigt die unterschiedlichen "Abstände" zweier Funktionen. Entscheidend für die Größe $||f - g||_2$ ist nicht der Ausreißer, sondern der Inhalt der Fläche, die zwischen den Graphen der Funktionen f und g entsteht. Und dieser Flächeninhalt kann trotz einer sehr großen maximalen Funktionsdifferenz sehr klein sein.

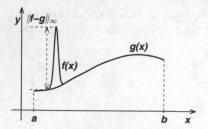

Abb. 3.22. Normen der Funktionsdifferenz $f - g$

Soll die 2π-periodische Funktion f durch ein trigonometrisches Polynom $s_m(x) = \frac{a_0}{2} + \sum_{k=1}^{m} [a_k \cos(kx) + b_k \sin(kx)]$ approximiert werden, so gilt der folgende Satz, der eine eindrucksvolle Rechtfertigung für die Befassung mit FOURIER-Reihen liefert.

Satz 3.33. *(Approximation im quadratischen Mittel)*
Sei $m \in \mathbb{N}$ beliebig vorgegeben. Der quadratische Fehler der Approximation einer beschränkten, 2π-periodischen Funktion f durch ein trigonometrisches Polynom der Form s_m in der L_2-Norm, d.h.

$$||f - s_m||_2^2 = \frac{1}{\pi^2} \int_{-\pi}^{\pi} (f(x) - s_m(x))^2 \, dx \ ,$$

wird genau dann minimal, wenn die Koeffizienten a_0 und $a_k, b_k,\ k = 1, 2, \ldots$ gerade die FOURIER-Koeffizienten der Funktion f sind. Für den Fehler gilt

$$||f - s_m||_2^2 = \frac{1}{\pi^2} \int_{-\pi}^{\pi} f^2(x) \, dx - \frac{1}{\pi} [\frac{a_0^2}{2} + \sum_{k=1}^{m} (a_k^2 + b_k^2)] \ . \tag{3.70}$$

Beweis: Der Nachweis dieser wichtigen Aussage ist nicht kompliziert aber etwas mühselig. Deshalb beschränken wir uns auf eine gerade 2π-periodische Funktion f mit $f(0) = 0$ und suchen unter allen trigonometrischen Polynomen $g_m(x) = \sum_{k=1}^{m} A_k \cos(kx)$ das Polynom mit

$$\int_{-\pi}^{\pi} (f(x) - g_m(x))^2 \, dx = min! \, .$$

Es ergibt sich unter Nutzung der Definition der FOURIER-Koeffizienten und der Orthogonalitätsrelationen (3.52)

$$\int_{-\pi}^{\pi} (f(x) - g_m(x))^2 \, dx = \int_{-\pi}^{\pi} (f(x) - \sum_{k=1}^{m} A_k \cos(kx))^2 \, dx$$

$$= \int_{-\pi}^{\pi} f^2(x) \, dx - 2 \int_{-\pi}^{\pi} f(x) \sum_{k=1}^{m} A_k \cos(kx) \, dx + \int_{-\pi}^{\pi} (\sum_{k=1}^{m} A_k \cos(kx))^2 \, dx$$

$$= \int_{-\pi}^{\pi} f^2(x) \, dx - 2 \sum_{k=1}^{m} A_k \int_{-\pi}^{\pi} f(x) \cos(kx) \, dx + \int_{-\pi}^{\pi} (\sum_{k=1}^{m} A_k \cos(kx))^2 \, dx$$

$$= \int_{-\pi}^{\pi} f^2(x) \, dx - 2\pi \sum_{k=1}^{m} A_k a_k + \int_{-\pi}^{\pi} (\sum_{k,j=1}^{m} A_k A_j \cos(kx) \cos(jx)) \, dx$$

$$= \int_{-\pi}^{\pi} f^2(x) \, dx - 2\pi \sum_{k=1}^{m} A_k a_k + \pi \sum_{k=1}^{m} A_k^2 \, .$$

Die Division durch π^2 und eine quadratische Ergänzung ergeben

$$\frac{1}{\pi^2} \int_{-\pi}^{\pi} (f(x) - g_m(x))^2 \, dx = \frac{1}{\pi^2} \int_{-\pi}^{\pi} f^2(x) \, dx + \frac{1}{\pi} [\sum_{k,j=1}^{m} (A_k - a_k)^2 - \sum_{k=1}^{m} a_k^2] \, .$$

Man erkennt sofort, dass die rechte Seite am kleinsten wird, wenn die A_k gerade gleich den FOURIER-Koeffizienten a_k sind.   □

Die Beziehung (3.70) gibt Auskunft über einen integralen Fehler. Eine quantitative Abschätzung des Fehlers $r(x) = f(x) - s_m(x)$ für einen bestimmten x-Wert ist bei der FOURIER-Approximation im Unterschied zur Approximation von Funktionen durch TAYLOR-Polynome, wo man den Fehler z.B. durch das LAGRANGEsche Restglied (3.46) für einen beliebigen x-Wert aus dem Definitionsintervall quantitativ beschreiben kann, nicht möglich.
Nach den vielen Sätzen und den Beweisen soll nun auf einige Beispiele und praktische Aspekte der Berechnung von FOURIER-Reihen eingegangen werden. Wenn man die Berechnungsformeln für die FOURIER-Koeffizienten ansieht und an die Integration gerader oder ungerader Funktionen über das Intervall $[-\pi, \pi]$ denkt, dann kommt man schnell zu der Folgerung, dass die FOURIER-Reihe einer ungeraden Funktion eine reine Sinusreihe, und die einer geraden Funktion eine reine Kosinusreihe (einschließlich einem konstanten Glied) ist. Wir haben dies beim Beweis von Satz 3.33 bereits benutzt. Für die FOURIER-Koeffizienten einer geraden Funktion f gilt

$$a_k = \frac{1}{\pi} \int_{-\pi}^{\pi} f(x) \cos(kx) \, dx = \frac{2}{\pi} \int_{0}^{\pi} f(x) \cos(kx) \, dx \quad \text{und} \quad b_k = 0 \, . \quad (3.71)$$

Im Fall einer ungeraden Funktion f erhält man für die FOURIER-Koeffizienten

$$b_k = \frac{1}{\pi} \int_{-\pi}^{\pi} f(x) \sin(kx)\, dx = \frac{2}{\pi} \int_0^{\pi} f(x) \sin(kx)\, dx \quad \text{und} \quad a_k = 0 \, , \quad (3.72)$$

denn das Produkt einer ungeraden Funktion f mit der ungeraden Sinusfunktion ist eine gerade Funktion g und für gerade Funktionen gilt

$$\begin{aligned}
\int_{-\pi}^{\pi} g(x)\, dx \quad &= \quad \int_{-\pi}^{0} g(x)\, dx + \int_0^{\pi} g(x)\, dx \\
&= \quad -\int_0^{-\pi} g(x)\, dx + \int_0^{\pi} g(x)\, dx \\
\overset{[u=-x]}{=} \quad &\int_0^{\pi} g(u)\, du + \int_0^{\pi} g(x)\, dx = 2\int_0^{\pi} g(x)\, dx \, . \quad (3.73)
\end{aligned}$$

Da das Produkt einer geraden Funktion f mit der geraden Kosinusfunktion wieder eine gerade Funktion ist, beweist (3.73) auch die Formel (3.71). Dass bei geraden Funktionen die Koeffizienten b_k und bei einer ungeraden Funktion die Koeffizienten a_k verschwinden, folgt daraus, dass in beiden Fällen Integrale von $-\pi$ bis π über ungerade Funktionen zu bilden sind.

Beispiel (Sägezahnkurve): Wir betrachten bei $a > 0$ die Funktion

$$f(x) = \begin{cases} ax & \text{für } -\pi < x < \pi \\ 0 & \text{für } x = \pi \end{cases}$$

und denken uns die Funktion zu einer 2π-periodischen Funktion auf $\mathbb{R}$ fortgesetzt.

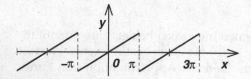

Abb. 3.23. Sägezahnkurve

f ist eine ungerade Funktion und damit gilt $a_n = 0$ für alle $n = 0,1,2,\dots$. Die b_n berechnet man mit der Formel (3.72) zu

$$\begin{aligned}
b_n \quad &= \quad \frac{2a}{\pi} \int_0^{\pi} x \sin(nx)\, dx = \\
&= \quad \frac{2a}{\pi} \left(\left[-x \frac{\cos(nx)}{n} \right]_0^{\pi} + \frac{1}{n} \int_0^{\pi} \cos(nx)\, dx \right) = \frac{2a(-1)^{n+1}}{n} \, .
\end{aligned}$$

Damit folgt die Reihendarstellung der Sägezahnkurve

$$f(x) = 2a \left(\frac{\sin x}{1} - \frac{\sin(2x)}{2} + \frac{\sin(3x)}{3} - + \dots \right) \, .$$

Setzt man $a = 1$ und betrachtet nur x-Werte aus $] - \pi, \pi[$, so erhält man für $-\pi < x < \pi$ die Formel

$$x = 2 \left(\frac{\sin x}{1} - \frac{\sin(2x)}{2} + \frac{\sin(3x)}{3} - +... \right),$$

und damit die erstaunliche Darstellung einer sehr einfachen Funktion durch die Kombination sich wild bewegender Sinusfunktionen. Nach Satz 3.29 konvergiert die FOURIER-Reihe punktweise gegen f, da f stückweise glatt im Sinne der Definition 3.19 ist. In jedem abgeschlossenen Intervall, das die Sprungstellen $k\pi$ ($k \in \mathbb{Z}$) nicht enthält, ist die Konvergenz sogar gleichmäßig.

3.9.3 Fortsetzung zu periodischen Funktionen

Hat man eine Funktion $f : [0, L[\rightarrow \mathbb{R}$ gegeben und interessiert sich für eine Approximation dieser Funktion durch eine trigonometrische Reihe, dann hat man dazu mehrere Möglichkeiten. Man muss f periodisch fortsetzen, d.h. man muss eine periodische Funktion $F : \mathbb{R} \rightarrow \mathbb{R}$ finden mit $F(t) = f(t)$ auf $[0, L[$. Es bieten sich für die Fortsetzung drei Möglichkeiten an. k sei eine beliebige ganze Zahl.

a) Direkte Fortsetzung der auf $[0, L[$ gegebenen Funktion zu einer L-periodischen Funktion $F(t)$:

$$F(t) = f(t - kL) \quad \text{für} \quad kL \leq t < (k+1)L.$$

b) Ungerade Fortsetzung zu einer $2L$-periodischen Funktion $F(t)$:

$$F(t) = \begin{cases} f(t) & \text{für } 0 \leq t < L \\ f(0) & \text{für } t = L \\ -f(-t) & \text{für } -L < t < 0 \end{cases}.$$

Die hiermit für $-L < t \leq L$ definierte Funktion $F(t)$ wird durch $F(t + 2kL) = F(t)$ $(-L < t \leq L)$ zu einer $2L$-periodischen ungeraden Funktion.

c) Gerade Fortsetzung zu einer $2L$-periodischen Funktion $F(t)$:

$$F(t) = \begin{cases} f(t) & \text{für } 0 \leq t < L \\ f(0) & \text{für } t = L \\ f(-t) & \text{für } -L < t < 0 \end{cases}.$$

Die so für $-L < t \leq L$ definierte Funktion wird durch $F(t + 2kL) = F(t)$ $(-L < t \leq L)$ zu einer $2L$-periodischen geraden Funktion.

In den Abbildungen 3.24, 3.25 und 3.26 sind die Fortsetzungen graphisch dargestellt.

Mit einer geraden Fortsetzung ist es möglich, die Funktion $f : [0, L[\rightarrow \mathbb{R}$ durch eine reine Kosinusreihe zu approximieren, und mit einer ungeraden Fortsetzung erhält man als FOURIER-Reihe eine reine Sinusreihe.

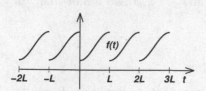

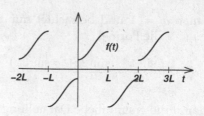

Abb. 3.24. Fortsetzung zu einer L-periodischen Funktion

Abb. 3.25. Ungerade Fortsetzung zu einer $2L$-periodischen Funktion

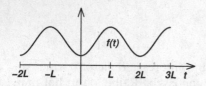

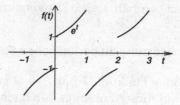

Abb. 3.26. Gerade Fortsetzung zu einer $2L$-periodischen Funktion

Abb. 3.27. Ungerade Fortsetzung von e^t für $0 \leq t < 1$

Beispiel: Betrachten wir die Funktion $f(t) = e^t$ auf dem Definitionsintervall $[0,1[$. Durch

$$F(t) = \begin{cases} f(t) = e^t & 0 \leq t < 1 \\ -f(-t) = -e^{-t} & -1 \leq t < 0 \end{cases}$$

und $F(t) = F(t - 2k)$, $2k - 1 \leq t \leq 2k + 1$, haben wir f zu einer 2-periodischen ungeraden Funktion $F : \mathbb{R} \to \mathbb{R}$ fortgesetzt. Für die FOURIER-Koeffizienten b_k ergibt sich mit den im folgenden Abschnitt allgemein hergeleiteten Formeln (3.75)

$$b_k = 2 \int_0^1 e^t \sin(kt\pi)\, dt = \underbrace{[2e^t \sin(kt\pi)]_0^1}_{=0} - 2 \int_0^1 e^t \cos(kt\pi) k\pi\, dt$$

$$= -[2e^t \cos(kt\pi) k\pi]_0^1 - k\pi 2 \int_0^1 e^t \sin(kt\pi) k\pi\, dt$$

$$= 2(-e(-1)^k + 1)k\pi - (k\pi)^2 b_k \ ,$$

und damit erhält man

$$b_k = \frac{2k\pi(1 - e(-1)^k)}{1 + (k\pi)^2} \quad \text{für} \quad k = 1,2,3,\dots$$

und die FOURIER-Reihe von $F(t)$ hat die Form

$$2\pi \sum_{k=1}^\infty \frac{k(1 - e(-1)^k)}{1 + (k\pi)^2} \sin(kt\pi) \ .$$

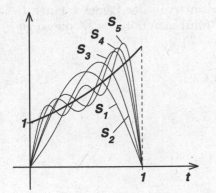
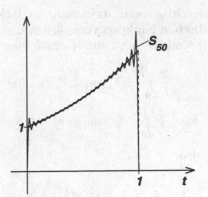

Abb. 3.28. Approximation von e^t auf [0,1] durch trigonometrische Polynome bis zum Grad 5

Abb. 3.29. Approximation von e^t auf [0,1] durch ein trigonometrisches Polynome mit dem Grad 50

Das Überschwingen der trigonometrischen Polynome am Rand des Intervalls [0,1], also an der Sprungstelle (s. Abb. 3.29), ist keine Einzelerscheinung im konkreten Beispiel der trigonometrischen Approximation der Funktion $f(t) = e^t$. Man nennt es GIBBSsches Phänomen und es ist eine allgemeine Erscheinung. Dabei wird an der Sprungstelle die Funktion $f(t)$ durch das Polynom $s_m(t)$ (m-te Partialsumme der FOURIER-Reihe) für große m um 17,89% überschwungen.

3.9.4 Formeln für den Fall einer L-periodischen Funktion

Da die periodischen Vorgänge i. Allg. eine Periode $L \neq 2\pi$ haben, sollen für diesen Fall die Konsequenzen für die wichtigsten Formeln und Ungleichungen bzw. Gleichungen der FOURIER-Analyse hergeleitet werden. Das geht recht einfach und zwar im Wesentlichen durch die Nutzung der Substitutionsregel bei der Integration. Wenn f L-periodisch ist, ist die Funktion $\hat{f}(t) = f(t\frac{L}{2\pi})$ eine Funktion mit der Periode 2π, denn es gilt, wie in Abschnitt 3.9.1 bereits bemerkt,

$$\hat{f}(t + 2\pi) = f((t + 2\pi)\frac{L}{2\pi}) = f(t\frac{L}{2\pi} + L) = f(t\frac{L}{2\pi}) = \hat{f}(t) \, .$$

Wenn wir z.B. die FOURIER-Koeffizienten a_k für die 2π-periodische Funktion $\hat{f}$ betrachten, ergibt sich

$$a_k = \frac{1}{\pi} \int_{-\pi}^{\pi} \hat{f}(t) \cos(kt) \, dt = \frac{1}{\pi} \int_{-\pi}^{\pi} f(t\frac{L}{2\pi}) \cos(kt) \, dt \, .$$

Mit der Substitution $\tau = t\frac{L}{2\pi}$ erhält man

$$a_k = \frac{1}{\pi} \int_{-\frac{L}{2}}^{\frac{L}{2}} f(\tau) \cos(k\tau \frac{2\pi}{L})\frac{2\pi}{L} \, d\tau = \frac{2}{L} \int_{-\frac{L}{2}}^{\frac{L}{2}} f(\tau) \cos(k\tau \frac{2\pi}{L}) \, d\tau \, .$$

Berücksichtigt man, dass man das Integrationsintervall der Länge L einer L-periodischen Funktion verschieben kann, und führt man mit $\omega = \frac{2\pi}{L}$ die so genannte Kreisfrequenz ein, so erhält man

$$a_k = \frac{2}{L} \int_0^L f(\tau) \cos(k\omega\tau)\, d\tau \quad \text{für} \quad k = 0,1,2,\dots \tag{3.74}$$

$$b_k = \frac{2}{L} \int_0^L f(\tau) \sin(k\omega\tau)\, d\tau \quad \text{für} \quad k = 1,2,\dots \ . \tag{3.75}$$

Es ist also

$$\hat{f}(t) \sim \frac{a_0}{2} + \sum_{k=1}^{\infty} [a_k \cos(kt) + b_k \sin(kt)] \ .$$

Wegen $f(t) = \hat{f}(\frac{2\pi}{L}t) = \hat{f}(\omega t)$ folgt als FOURIER-Reihe für die L-periodische Funktion f

$$f(t) \sim \frac{a_0}{2} + \sum_{k=1}^{\infty} [a_k \cos(k\omega t) + b_k \sin(k\omega t)]$$

mit den Koeffizienten (3.74) und (3.75). Die BESSELsche Ungleichung (3.64) und die PARSEVALsche Gleichung (3.65) haben für L-periodische integrierbare Funktionen die Form

$$\frac{2}{L} \int_0^L [f(t)]^2\, dt \geq \frac{a_0^2}{2} + \sum_{k=1}^{n} (a_k^2 + b_k^2)$$

bzw.

$$\frac{2}{L} \int_0^L [f(t)]^2\, dt = \frac{a_0^2}{2} + \sum_{k=1}^{\infty} (a_k^2 + b_k^2) \ .$$

Beispiel: Es soll die FOURIER-Reihe der 2-periodischen Funktion

$$f(t) = \begin{cases} t - 1 & \text{für} \quad 0 < t < 2 \\ 0 & \text{für} \quad t = 0 \end{cases}$$

bestimmt werden.

Als Kreisfrequenz erhalten wir $\omega = \frac{2\pi}{2} = \pi$. Wir betrachten die direkte (ungerade) Fortsetzung (Abb. 3.30), wobei alle Koeffizienten a_k verschwinden. Dass bei geraden Funktionen alle b_k gleich Null sind und bei ungeraden Funktionen alle a_k gleich Null sind, gilt natürlich auch für L-periodische Funktionen. Für die b_k erhält man

$$b_k = \frac{2}{2} \int_0^2 (t - 1) \sin(kt\pi)\, dt = \int_0^2 t \sin(kt\pi)\, dt - \int_0^2 \sin(kt\pi)\, dt \ .$$

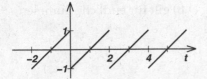

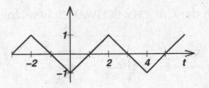

Abb. 3.30. Ungerade fortgesetzte 2-periodische Funktion $f(t)$

Abb. 3.31. Gerade Fortsetzung von $f(t) = t - 1$ zu einer stetigen Funktion

Die Auswertung der Integrale ergibt

$$b_k = t \frac{-\cos(kt\pi)}{k\pi}\Big|_0^2 - \int_0^2 \frac{-\cos(kt\pi)}{k\pi}\, dt + \frac{\cos(kt\pi)}{k\pi}\Big|_0^2 ,$$

und damit $b_k = -t\frac{\cos(kt\pi)}{k\pi}\big|_0^2 = -\frac{2}{k\pi}$ für $k = 1, 2, \ldots$. Damit hat die FOURIER-Reihe der Funktion die Gestalt

$$-\sum_{k=1}^{\infty} \frac{2}{k\pi} \sin(k\pi t) = -\frac{2}{\pi} \sum_{k=1}^{\infty} \frac{\sin(k\pi t)}{k} . \tag{3.76}$$

3.9.5 Gliedweise Differenzierbarkeit und Integrierbarkeit von FOURIER-Reihen

Die Sätze 3.20 und 3.21 ergeben zusammen mit dem Satz 3.31, dass die FOURIER-Reihe einer stetigen und stückweise glatten periodischen Funktion f gliedweise integrierbar ist. Ist die Ableitungsreihe $\sum_{k=0}^{\infty} f_k'$ gleichmäßig konvergent, so kann man die FOURIER-Reihe von f auch gliedweise differenzieren.

Die Voraussetzungen an f sind oft nicht erfüllt, speziell die Anforderungen an die Ableitungsreihe. In vielen praktischen Fällen hat man periodische, unstetige, nicht differenzierbare Vorgänge zu analysieren. Deshalb wollen wir die Frage beantworten, ob eine punktweise konvergente FOURIER-Reihe gliedweise integrierbar bzw. differenzierbar ist. Wir betrachten dazu mit

$$f(x) = \frac{a_0}{2} + \sum_{k=1}^{\infty} [a_k \cos(kx) + b_k \sin(kx)]$$

eine in einem Intervall I, das den Punkt $x = 0$ enthält, konvergente FOURIER-Reihe. Die formale gliedweise Integration der rechten Seite von 0 bis x ergibt

$$\frac{a_0}{2} \int_0^x d\xi + \sum_{k=1}^{\infty} [a_k \int_0^x \cos(k\xi)\, d\xi + b_k \int_0^x \sin(k\xi)\, d\xi]$$

$$= \frac{a_0}{2} x + \sum_{k=1}^{\infty} [\frac{a_k}{k} \sin(kx) - \frac{b_k}{k}(\cos(kx) - 1)] . \tag{3.77}$$

Nach der CAUCHY-SCHWARZschen Ungleichung (1.8) gilt für endliche Summen

$$\sum_{k=1}^{n} \frac{|a_k|}{k} \leq \sqrt{\sum_{k=1}^{n} a_k^2} \sqrt{\sum_{k=1}^{n} \frac{1}{k^2}} \, .$$

Da aber $\sum_{k=1}^{\infty} \frac{1}{k^2}$ und aufgrund der PARSEVALschen Gleichung (3.65) auch $\sum_{k=1}^{\infty} a_k^2$ konvergieren, ist die Reihe $\sum_{k=1}^{\infty} \frac{|a_k|}{k}$ und analog die Reihe $\sum_{k=1}^{\infty} \frac{|b_k|}{k}$ konvergent. Aus dem Majorantenkriterium folgt damit die absolute Konvergenz der Reihe (3.77). Da sich die naheliegende Vermutung

$$\int_0^x f(\xi)\, d\xi = \frac{a_0}{2} x + \sum_{k=1}^{\infty} \left[\frac{a_k}{k} \sin(kx) - \frac{b_k}{k} \cos(kx) \right] + \sum_{k=1}^{\infty} \frac{b_k}{k}$$

nachweisen lässt, gilt der folgende Satz.

Satz 3.34. *(Integration einer FOURIER-Reihe)*
Eine punktweise konvergente FOURIER-Reihe kann man gliedweise integrieren und es gilt

$$F(x) = \int_0^x f(\xi)\, d\xi - \frac{a_0}{2} x = \sum_{k=1}^{\infty} \left[\frac{a_k}{k} \sin(kx) - \frac{b_k}{k} \cos(kx) \right] + \sum_{k=1}^{\infty} \frac{b_k}{k} \, ,$$

wobei die Reihe für alle $x \in \mathbb{R}$ gleichmäßig gegen $F(x)$ konvergiert.

Etwas komplizierter ist die Frage nach dem gliedweisen Differenzieren einer FOURIER-Reihe. Natürlich gilt der allgemeine Satz 3.20. Man sieht aber an einem ganz einfachen instruktiven Beispiel, dass man FOURIER-Reihen im Allgemeinen nicht gliedweise differenzieren darf. Die FOURIER-Reihe (3.76) konvergiert an allen Stetigkeitsstellen, also auch im Intervall $]0,2[$ punktweise gegen die Funktion $f(t) = t - 1$. Die Ableitungsreihe von (3.76) hat die Form

$$-2 \sum_{k=1}^{\infty} \cos(kt\pi) \, . \tag{3.78}$$

Während die FOURIER-Reihe für den Stetigkeitspunkt $t = 1$ exakt den Funktionswert 0 hat, erhält man für die Ableitungsreihe mit

$$-2 \sum_{k=1}^{\infty} \cos(k\pi) = -2 \sum_{k=1}^{\infty} (-1)^k$$

eine divergente Reihe, obwohl die zu approximierende Funktion an der Stelle $t = 1$ keinen Sprung hat und überdies auch differenzierbar ist.
Die im Beispiel gewählte direkte Fortsetzung ergab eine unstetige periodische Funktion. Setzt man nun $f(t) = t - 1$ gerade fort zu einer 4-periodischen Funktion, die stetig auf ganz $\mathbb{R}$ ist (Abb. 3.31), erhält man eine reine Kosinusreihe mit

den Koeffizienten

$$a_k = \int_0^2 (t-1)\cos(kt\frac{\pi}{2})\,dt = \frac{(-1)^k - 1}{(k\frac{\pi}{2})^2},$$

und damit die FOURIER-Reihe

$$\sum_{k=1}^{\infty} \frac{(-1)^k - 1}{(k\frac{\pi}{2})^2} \cos(kt\frac{\pi}{2})$$

mit der Ableitungsreihe

$$-\sum_{k=1}^{\infty} \frac{(-1)^k - 1}{k\frac{\pi}{2}} \sin(kt\frac{\pi}{2}) = \frac{4}{\pi} \sum_{k=1}^{\infty} \frac{\sin((2k-1)t\frac{\pi}{2})}{2k-1}.$$

Für $t = 1$ erhalten wir aus der Ableitungsreihe mit

$$\frac{4}{\pi} \sum_{k=1}^{\infty} \frac{(-1)^{k+1}}{2k-1} = \frac{4}{\pi}(1 - \frac{1}{3} + \frac{1}{5} - \frac{1}{7} + \dots) = 1$$

eine alternierende und nach LEIBNIZ konvergente Reihe. Entscheidend für diese positive Wandlung im Vergleich zur unstetigen direkten ungeraden Fortsetzung ist die Tatsache, dass die gerade fortgesetzte Funktion stetig ist.

Im Unterschied zu einer Potenzreihe kann man eine punktweise konvergente FOURIER-Reihe, die die Funktion $f(x)$ darstellt, im Allgemeinen nicht gliedweise differenzieren.

Satz 3.35. *(Differentiation einer FOURIER-Reihe)*
Eine punktweise konvergente FOURIER-Reihe, die die Funktion $f(x)$ darstellt, kann man nur dann gliedweise an einer Stelle x differenzieren, wenn die Ableitungsreihe im Punkt x konvergent ist. Im Fall der Konvergenz stellt die Ableitungsreihe $f'(x)$ dar. Hinreichend für die Konvergenz der Ableitungsreihe ist die Stetigkeit und die stückweise stetige Differenzierbarkeit von f'.

3.9.6 Komplexe Schreibweise von FOURIER-Reihen

Obwohl wir bisher nur reell-wertige periodische Funktionen betrachtet haben, erweist sich in vielen Bereichen der Technik die komplexe Schreibweise von FOU-RIER-Reihen oft als sehr brauchbar. Deshalb wollen wir ausgehend von den reellen FOURIER-Koeffizienten die komplexe Schreibweise herleiten.

Wir wissen, dass jede stückweise glatte, 2π-periodische Funktion $f : \mathbb{R} \to \mathbb{R}$ in eine FOURIER-Reihe

$$f(x) = \frac{a_0}{2} + \sum_{n=1}^{\infty} (a_n \cos(nx) + b_n \sin(nx)) \qquad (3.79)$$

entwickelt werden kann. Die Reihendarstellung wird noch übersichtlicher, wenn wir die aus den EULERschen Formeln (vgl. Abschnitt 3.6.3) folgenden Beziehungen

$$\cos(nx) = \frac{e^{inx} + e^{-inx}}{2}, \qquad \sin(nx) = \frac{e^{inx} - e^{-inx}}{2i} \tag{3.80}$$

berücksichtigen. Damit können wir die FOURIER-Reihe von f umformen in

$$
\begin{aligned}
f(x) &= \frac{a_0}{2} + \sum_{n=1}^{\infty} \left(a_n \frac{e^{inx} + e^{-inx}}{2} + b_n \frac{e^{inx} - e^{-inx}}{2i} \right) \\
&= \frac{a_0}{2} + \sum_{n=1}^{\infty} \left(\frac{a_n - ib_n}{2} e^{inx} + \frac{a_n + ib_n}{2} e^{-inx} \right).
\end{aligned}
$$

Mit dem Ziel einer recht kompakten Darstellung verabreden wir $b_0 := 0$ und

$$a_{-n} := a_n \qquad \text{und} \qquad b_{-n} := -b_n \tag{3.81}$$

für $n = 0, 1, 2, \dots$. Damit und mit der Abkürzung

$$\alpha_n := \frac{a_n - ib_n}{2}, \quad n \text{ ganzzahlig}, \tag{3.82}$$

erhält f die Reihendarstellung

$$f(x) = \alpha_0 + \sum_{n=1}^{\infty} (\alpha_n e^{inx} + \alpha_{-n} e^{-inx}). \tag{3.83}$$

Die m-te Partialsumme der rechten Seite hat die Form

$$s_m(x) = \alpha_0 + \sum_{n=1}^{m} (\alpha_n e^{inx} + \alpha_{-n} e^{-inx}) = \sum_{n=-m}^{m} \alpha_n e^{inx}. \tag{3.84}$$

Da sie für $m \to \infty$ gegen $f(x)$ strebt, schreiben wir

$$f(x) = \sum_{n=-\infty}^{\infty} \alpha_n e^{inx}. \tag{3.85}$$

Die rechte Seite wird dabei als Grenzwert

$$\lim_{m \to \infty} \sum_{n=-m}^{m} \alpha_n e^{inx} \tag{3.86}$$

im Sinne einer "symmetrischen" Grenzwertbildung verstanden. Üblicherweise wird dagegen unter $\sum_{n=-\infty}^{\infty} c_n$ die Summe $\sum_{n=-\infty}^{0} c_n + \sum_{0}^{\infty} c_n$ verstanden, d.h. es müssen zwei Grenzwerte gebildet werden und unabhängig voneinander existieren. Die Koeffizienten α_n in (3.85) lassen sich ebenso wie die reellen Koeffizienten a_n, b_n direkt durch eine Integralformel angeben. Wenn wir annehmen, dass die Reihe (3.85) gleichmäßig konvergiert, erhält man nach Multiplikation der Reihe mit e^{-ikx}, k ganzzahlig, der Integration über $[-\pi, \pi]$ und der Vertauschung von $\int_{-\pi}^{\pi}$ und $\sum$

$$\int_{-\pi}^{\pi} f(x) e^{-ikx} \, dx = \sum_{n=-\infty}^{\infty} \alpha_n \int_{-\pi}^{\pi} e^{i(n-k)x} \, dx. \tag{3.87}$$

Das rechts stehende Integral ist dabei so zu verstehen, dass über Real- und Imaginärteil einzeln integriert wird und danach summiert wird. Man errechnet somit

$$\int_{-\pi}^{\pi} e^{i(n-k)x}\,dx = \int_{-\pi}^{\pi}(\cos((n-k)x) + i\sin((n-k)x))\,dx \qquad (3.88)$$

$$= \int_{-\pi}^{\pi}\cos((n-k)x)\,dx + i\underbrace{\int_{-\pi}^{\pi}\sin((n-k)x)\,dx}_{0} = \begin{cases} 2\pi & \text{falls } n = k, \\ 0 & \text{falls } n \neq k. \end{cases}$$

Die Summe in (3.87) reduziert sich damit nur auf das eine Glied mit $n = k$, und es ergibt sich durch Umstellen für beliebiges ganzzahliges n

$$\alpha_n = \frac{1}{2\pi}\int_{-\pi}^{\pi} f(x)e^{-inx}\,dx\,. \qquad (3.89)$$

Die Integralformel (3.89) gilt allgemein, also auch wenn die gleichmäßige Konvergenz der Reihe (3.85) nicht gegeben ist; denn aus der Beziehung (3.82) kann man die Beziehung (3.89) einfach durch Einsetzen der Integralformeln (3.55) für a_n und b_n herleiten, wenn man $e^{-inx} = \cos(nx) - i\sin(nx)$ beachtet.

Für die Rückberechnung von a_n, b_n aus α_n ergibt sich $a_n = 2\,\mathrm{Re}\,\alpha_n$, $b_n = -2\,\mathrm{Im}\,\alpha_n$ oder

$$a_n = \alpha_n + \alpha_{-n}, \quad b_n = i(\alpha_n - \alpha_{-n}) \qquad (n = 0,1,2,\ldots).$$

Dabei ist (für reell-wertige Funktionen f) $\alpha_n = \overline{\alpha_{-n}}$, wie man anhand von (3.81), (3.82) sieht.

Die Konvergenzsätze 3.29 und 3.31 gelten für die komplex geschriebene Reihe (3.85) entsprechend.

In der Reihe (3.85) werden die Funktionen des Systems

$$\{\psi_k(x) = e^{ikx},\ k = 0, -1, 1, -2, 2, \ldots\} \qquad (3.90)$$

linear kombiniert. Mit

$$\langle f, g \rangle = \frac{1}{2\pi}\int_{-\pi}^{\pi} f(x)\overline{g(x)}\,dx \qquad (3.91)$$

wird auf dem Raum der im Allg. komplex-wertigen 2π-periodischen Funktionen ein Skalarprodukt definiert, und durch

$$\|f\| = \sqrt{\langle f, f \rangle} \qquad (3.92)$$

auch eine Norm induziert, was als Übung nachgewiesen werden sollte. Analog zur Rechnung (3.88) findet man mit

$$\langle \psi_k, \psi_j \rangle = \delta_{kj}\,,$$

dass die Funktionen des Systems (3.90) orthogonal und orthonormal (Norm ist gleich eins) sind. Außerdem ergibt sich unter Nutzung des Skalarproduktes (3.91) mit

$$\alpha_n = \langle f, \psi_n \rangle = \frac{1}{2\pi}\int_{-\pi}^{\pi} f(x)\overline{\psi_n(x)}\,dx = \frac{1}{2\pi}\int_{-\pi}^{\pi} f(x)\overline{e^{inx}}\,dx = \frac{1}{2\pi}\int_{-\pi}^{\pi} f(x)e^{-inx}\,dx$$

die Berechnungsformel für die komplexen FOURIER-Koeffizienten. Damit kann man die Reihe (3.85) auch in der Form

$$f(x) = \sum_{n=-\infty}^{\infty} \langle f, \psi_n \rangle \psi_n(x) = \sum_{n=-\infty}^{\infty} \alpha_n e^{inx} \tag{3.93}$$

darstellen. Am Ende stellen wir fest, dass die "komplexe Schreibweise" von FOURIER-Reihen nicht nur für reell-wertige periodische Funktionen sinnvoll ist, sondern auch den Fall von komplex-wertigen periodischen Funktionen abdeckt. Auf die benötigte Integration komplex-wertiger Funktionen gehen wir im Abschnitt 3.9.7 ein.

Mit der Darstellung (3.93) und der Orthonormalität der Funktionen ψ_k findet man durch Skalarproduktbildung

$$\langle f, f \rangle = \sum_{n=-\infty}^{\infty} \alpha_n \alpha_{-n} = \sum_{n=-\infty}^{\infty} \alpha_n \overline{\alpha_n} = \sum_{n=-\infty}^{\infty} |\alpha_n|^2$$

bzw.

$$\frac{1}{2\pi} \int_{-\pi}^{\pi} |f(x)|^2 \, dx = \sum_{n=-\infty}^{\infty} \alpha_n \overline{\alpha_n} = \sum_{n=-\infty}^{\infty} |\alpha_n|^2$$

die PARSEVALsche Gleichung, aus der mit

$$\frac{1}{2\pi} \int_{-\pi}^{\pi} |f(x)|^2 \, dx \geq \sum_{k=-n}^{n} \alpha_k \overline{\alpha_k} = \sum_{k=-n}^{n} |\alpha_k|^2$$

die BESSELsche Ungleichung folgt.

Zur Beschreibung von Schwingungen wird im Ingenieurwesen und in der Physik häufig unmittelbar der Reihenansatz über die komplexe Exponentialfunktion verwendet, also

$$f(t) = \sum_{n=-\infty}^{\infty} \alpha_n e^{in\omega t} . \tag{3.94}$$

$\omega = \frac{2\pi}{L} > 0$ ist dabei die Kreisfrequenz der Schwingung. Mit dieser Reihe arbeitet man oft einfacher als mit Sinus- und Kosinusreihen, da die Exponentialfunktion die Gleichung $e^{x+y} = e^x e^y$ erfüllt. An dieser Stelle sei darauf hingewiesen, dass man ausgehend von der Formel (3.89) analog zur Herleitung der Formeln (3.74),(3.75) für L-periodische Funktionen die Koeffizienten-Berechnungsformel

$$\alpha_n = \frac{1}{L} \int_0^L f(\tau) e^{-ik\omega\tau} d\tau \tag{3.95}$$

für eine L-periodische Funktion $f : \mathbb{R} \to \mathbb{C}$ findet.

Will man z.B. die phasenverschobene Schwingung $g(t) := f(t - t_0)$ durch eine

FOURIER-Reihe beschreiben, dann ergibt sich aus (3.94) sofort

$$g(t) = f(t - t_0) = \sum_{n=-\infty}^{\infty} \alpha_n e^{in\omega(t-t_0)} = \sum_{n=-\infty}^{\infty} \underbrace{(\alpha_n e^{-in\omega t_0})}_{=:\beta_n} e^{in\omega t}, \qquad (3.96)$$

und somit ist die FOURIER-Reihe von g schnell ermittelt. Der Weg über die reelle FOURIER-Reihe von f ist dagegen wesentlich umständlicher.

3.9.7 FOURIER-Reihen komplex-wertiger Funktionen

In den bisherigen Abschnitten haben wir zwar Funktionen $f : \mathbb{R} \to \mathbb{R}$, also reell-wertige Funktionen betrachtet, jedoch (abgesehen von der Begründung der Beziehung $\alpha_n = \overline{\alpha_{-n}}$) an keiner Stelle benutzt, dass die Funktionen nur reelle Werte haben dürfen. Deshalb können viele Aussagen und Herleitungen der vorangegangenen Abschnitte auf komplex-wertige Funktionen $f : \mathbb{R} \to \mathbb{C}$ übertragen werden.

Bei den Integralformeln zur Berechnung der Koeffizienten a_n, b_n bzw. α_n nach (3.89) ist lediglich darauf zu achten, dass Real- und Imaginärteil des Integranden einzeln zu integrieren und dann zu summieren sind, also

$$\int f(t)\, dt = \int \operatorname{Re} f(t)\, dt + i \int \operatorname{Im} f(t)\, dt \,.$$

Im Folgenden werden nun einige Rechenregeln zur vereinfachten Berechnung von FOURIER-Reihen notiert.

Satz 3.36. *(Rechenregeln)*
Im Folgenden sind $f, g : \mathbb{R} \to \mathbb{C}$ L-periodische, stückweise glatte Funktionen mit den FOURIER-Reihen $f(t) = \sum_{n=-\infty}^{\infty} \alpha_n e^{in\omega t}$ und $g(t) = \sum_{n=-\infty}^{\infty} \beta_n e^{in\omega t}$ mit $\omega = \frac{2\pi}{L}$, wobei L als Schwingungsdauer und ω als Kreisfrequenz interpretiert werden können. Es gelten die folgenden Regeln:

(i) Linearität

$$af + bg = \sum_{n=-\infty}^{\infty} (a\alpha_n + b\beta_n)e^{in\omega t}, \; a, b \in \mathbb{C}. \qquad (3.97)$$

(ii) Konjugation, Zeitumkehr

$$\overline{f(t)} = \sum_{n=-\infty}^{\infty} \overline{\alpha_{-n}} e^{in\omega t}\,, \qquad f(-t) = \sum_{n=-\infty}^{\infty} \alpha_{-n} e^{in\omega t}\,. \qquad (3.98)$$

(iii) Streckung, Ähnlichkeit

$$f(ct) = \sum_{n=-\infty}^{\infty} \alpha_n e^{inc\omega t}\,. \qquad (3.99)$$

(iv) Verschiebung im Zeitbereich (Phasenverschiebung)

$$f(t + a) = \sum_{n=-\infty}^{\infty} (e^{in\omega a}\alpha_n)e^{in\omega t} .$$
(3.100)

(v) Verschiebung im Frequenzbereich

$$e^{ik\omega t}f(t) = \sum_{n=-\infty}^{\infty} \alpha_{n-k}e^{in\omega t} , \quad k \in \mathbb{Z} .$$
(3.101)

Die Nachweise von (i)-(v) lassen sich durch richtige Anwendung der Potenzgesetze gut durchrechnen und können als Übung durchgeführt werden.

Die Verbindung zu 2π-periodischen Funktionen wird durch die Substitution $t := \frac{x}{\omega}$ hergestellt: $F(x) := f(\frac{x}{\omega})$ ist dann eine 2π-periodische Funktion im bisher betrachteten Sinn. Im folgenden Satz wird die PARSEVALsche Gleichung bei komplexer Schreibweise der FOURIER-Reihen formuliert.

Satz 3.37. *(PARSEVALsche Gleichung)*
Sind f und g L-periodische, in $[0, L]$ stückweise stetige Funktionen mit den FOURIER-Reihen $\sum_{n=-\infty}^{\infty} \alpha_n e^{in\omega t}$ und $\sum_{n=-\infty}^{\infty} \beta_n e^{in\omega t}$, so gelten

$$\sum_{n=-\infty}^{\infty} \alpha_n \overline{\beta_n} = \frac{1}{L} \int_0^L f(t)\overline{g(t)} \, dt ,$$
(3.102)

$$\sum_{n=-\infty}^{\infty} |\alpha_n|^2 = \frac{1}{L} \int_0^L |f(t)|^2 \, dt \quad \text{(PARSEVALsche Gleichung)} .$$
(3.103)

Im Fall reell-wertiger Funktionen f folgt aus (3.103) für die Koeffizienten a_n, b_n der entsprechenden sin-cos-Reihe die schon behandelte PARSEVALsche Gleichung in der Form

$$\frac{a_0^2}{2} + \sum_{n=1}^{\infty} (a_n^2 + b_n^2) = \frac{2}{L} \int_0^L |f(t)|^2 \, dt .$$
(3.104)

Die Verbindung zwischen der Gleichung (3.103) und der Gleichung (3.104) ergibt sich durch Einsetzen der Beziehung $\alpha_n = \frac{a_n - ib_n}{2}$ und das Zusammenfassen der Summanden mit den Indizes n und $-n$.

Anwendung finden die PARSEVALschen Relationen z.B. bei der Aufstellung von Summenformeln und der Berechnung bestimmter Integrale.

3.9.8 Diskrete FOURIER-Analyse

In der Ingenieurpraxis sind die zeitabhängigen periodischen Vorgänge oftmals nicht als Funktionen in Form von analytischen Ausdrücken, sondern in der Regel nur in Form von Tabellen oder diskreten Messreihen bekannt. Deshalb sind die weiter oben hergeleiteten Integralformeln zur Berechnung der FOURIER-Koeffizienten oft nicht direkt anwendbar. Als Beispiel soll weiter unten das periodische

Verhalten der Tangentialkräfte (an der Kurbelwelle) für eine Dampfmaschine diskutiert werden.

Prinzip der diskreten FOURIER-Analyse

Wir gehen von dem typischen Fall der Vorgabe von äquidistanten Ordinaten, d.h. Werten einer periodischen Funktion in äquidistanten Argumentwerten x, aus. Ziel ist nun die möglichst einfache Berechnung von FOURIER-Koeffizienten auf der Basis der vorgegebenen diskreten Werte einer Funktion $y = f(x)$. Das mit diesen FOURIER-Koeffizienten gebildete trigonometrische Polynom sollte dann den durch die diskreten Funktionswerte näherungsweise gegebenen periodischen Funktionsverlauf approximieren. Sei beispielsweise das Intervall $[0, 2\pi]$ in k gleiche Teile geteilt und es seien die Ordinaten bzw. Funktionswerte

$$y_0, y_1, y_2, ..., y_{k-1}, y_k = y_0 \tag{3.105}$$

in den Teilpunkten $x_j = j\frac{2\pi}{k}$

$$0, \frac{2\pi}{k}, 2\frac{2\pi}{k}, ..., (k-1)\frac{2\pi}{k}, 2\pi \tag{3.106}$$

bekannt. Dabei ist es egal, ob nur die diskreten Werte y_j gegeben sind, oder ob die y_j durch $y_j = f(x_j)$ ausgehend von einer Funktion berechnet wurden. Mittels Anwendung der Trapezformel (Abschnitt 2.17.1) auf die Integraldarstellung (3.55) ergibt sich für den FOURIER-Koeffizienten a_0 näherungsweise

$$a_0 \approx a_0^* = \frac{1}{\pi} \cdot \frac{2\pi}{k} \left[\frac{1}{2} y_0 + y_1 + y_2 + ... + y_{k-1} + \frac{1}{2} y_k \right] .$$

Aufgrund der Periodizität ist $y_k = y_0$ und damit

$$\frac{k}{2} a_0^* = y_0 + y_1 + y_2 + ... + y_{k-1} . \tag{3.107}$$

Analog ergibt sich mit Hilfe der Trapezregel für die übrigen Integrale (3.55)

$$a_m^* = \frac{1}{\pi} \cdot \frac{2\pi}{k} \left[y_0 + y_1 \cos(m\frac{2\pi}{k}) + y_2 \cos(m\frac{2 \cdot 2\pi}{k}) + ... + y_{k-1} \cos(m\frac{(k-1)2\pi}{k}) \right]$$

oder

$$a_m' = \frac{k}{2} a_m^* = \sum_{j=0}^{k-1} y_j \cos(m\frac{j2\pi}{k}) \tag{3.108}$$

sowie

$$b_m' = \frac{k}{2} b_m^* = \sum_{j=1}^{k-1} y_j \sin(m\frac{j2\pi}{k}) . \tag{3.109}$$

Die entscheidenden mathematischen Grundlagen für die diskrete FOURIER-Analyse liefern die folgenden zwei Sätze.

Satz 3.38. *(interpolierendes FOURIER-Polynom)*
Es seien $k = 2n$, $n \in \mathbb{N}$, Werte (3.105) einer 2π-periodischen Funktion an den äquidistant verteilten Stützstellen $x_0, x_1, \ldots, x_k = x_0 + 2\pi$ gegeben. Das spezielle FOURIER-Polynom vom Grad n

$$g_n^*(x) := \frac{a_0^*}{2} + \sum_{j=1}^{n-1} \{a_j^* \cos(jx) + b_j^* \sin(jx)\} + \frac{a_n^*}{2} \cos(nx) \tag{3.110}$$

mit den Koeffizienten a_j^*, b_j^* aus (3.108) bzw. (3.109) ist das eindeutig bestimmte interpolierende FOURIER-Polynom zu den Stützstellen (3.106), d.h. es gilt $g_n^*(x_j) = y_j$, $j = 0, \ldots, k$.

Der Satz 3.38 besagt damit, dass man mit den $k = 2n$ Koeffizienten $a_j^*, j = 0, \ldots, n$, und $b_j^*, j = 1, \ldots, n$, die vorgegebenen Werte $y_j, j = 0, \ldots, 2n$, einer periodischen Funktion **exakt** durch das spezielle FOURIER-Polynom (3.110) wiedergeben kann. Im Normalfall ist die Zahl k sehr groß und man möchte die Funktionswerte durch ein FOURIER-Polynom mit einem Grad $m < n$ approximieren. Der folgende Satz sagt etwas über die Qualität der Approximation der $j = 2n$ Funktionswerte y_j durch ein FOURIER-Polynom vom Grad $m < n$ aus.

Satz 3.39. *(beste Approximation durch ein FOURIER-Polynom)*
Es seien $k = 2n$, $n \in \mathbb{N}$, Werte (3.105) einer 2π-periodischen Funktion an den äquidistant verteilten Stützstellen $x_0, x_1, \ldots, x_k = x_0 + 2\pi$ gegeben.
Das FOURIER-Polynom

$$g_m^*(x) := \frac{a_0^*}{2} + \sum_{j=1}^{m} \{a_j^* \cos(jx) + b_j^* \sin(jx)\} \tag{3.111}$$

vom Grad $m < n$ mit den Koeffizienten (3.108) bzw. (3.109) approximiert die durch $y_j = f(x_j)$, $j = 0, \ldots, k$ gegebene Funktion im diskreten quadratischen Mittel der k Stützstellen x_j (3.106) derart, dass die Summe der Quadrate der Abweichungen

$$F = \sum_{j=1}^{k} [g_m^*(x_j) - y_j]^2 \tag{3.112}$$

minimal ist, wobei zum Vergleich sämtliche trigonometrischen Polynome m-ten Grades herangezogen werden.

Die Beweise der Sätze 3.38 und 3.39 basieren auf diskreten Orthogonalitätsrelationen für die trigonometrischen Funktionen, die vergleichbar mit den Relationen (3.52) sind. Im Folgenden soll eine möglichst effiziente Berechnung der FOURIER-Koeffizienten (3.108) bzw. (3.109) anhand eines konkreten Beispiels behandelt werden. Wir setzen zunächst $k = 12$ und gehen von den zwölf Ordinaten

$$y_0, y_1, y_2, ..., y_{11}$$

aus, die den 12 äquidistanten Argumentwerten

$$0, \frac{\pi}{6}, \frac{\pi}{3}, \frac{\pi}{2}, \frac{2\pi}{3}, \frac{5\pi}{6}, \pi, \frac{7\pi}{6}, \frac{4\pi}{3}, \frac{3\pi}{2}, \frac{5\pi}{3}, \frac{11\pi}{6},$$

d.h. den Winkeln

$$0^o, \ 30^o, \ 60^o, \ 90^o, \ 120^o, \ 150^o, \ 180^o, \ 210^o, \ 240^o, \ 270^o, \ 300^o, \ 330^o$$

entsprechen.

Durch die Eigenschaften von Sinus- und Kosinusfunktion (vgl. Abschnitt 3.6.4) reduzieren sich alle Faktoren der Ordinaten in den Formeln (3.107) - (3.109) auf

$$+1, \qquad \pm \sin 30^o = \pm 0{,}5, \qquad \pm \sin 60^o = \pm 0{,}866 (= \pm \frac{1}{2}\sqrt{3}) \ .$$

Man prüft nämlich leicht nach, dass

$$
\begin{aligned}
6a_0^* &= y_0 + y_1 + y_2 + y_3 + y_4 + y_5 + y_6 + y_7 + y_8 + y_9 + y_{10} + y_{11}, \\
6a_1^* &= (y_2 + y_{10} - y_4 - y_3)\sin 30^o \\
       &\quad + (y_1 + y_{11} - y_5 - y_7)\sin 60^o + (y_0 - y_6), \\
6a_2^* &= (y_1 + y_5 + y_7 + y_{11} - y_2 - y_4 - y_3 - y_{10})\sin 30^o \\
       &\quad + (y_0 + y_6 - y_2 - y_9), \\
6a_3^* &= y_0 + y_4 + y_8 - y_2 - y_6 - y_{10}, \\
6b_1^* &= (y_1 + y_5 - y_7 - y_{11})\sin 30^o \\
       &\quad + (y_2 + y_4 - y_8 - y_{10})\sin 60^o + (y_3 - y_9), \\
6b_2^* &= (y_1 + y_2 + y_7 + y_8 - y_4 - y_5 - y_{10} - y_{11})\sin 60^o, \\
6b_3^* &= y_1 + y_5 + y_9 - y_3 - y_7 - y_{11}, \quad \text{usw. für } a_4, b_4, \ldots
\end{aligned}
$$

(3.113)

ist. Beispielsweise ist

$$
\begin{aligned}
6a_1^* &= y_0 \ + y_1 \cos 30^o + y_2 \cos 60^o + y_3 \cos 90^o + y_4 \cos 120^o \\
       &\quad + y_5 \cos 150^o + y_6 \cos 180^o + y_7 \cos 210^o + y_8 \cos 240^o \\
       &\quad + y_9 \cos 270^o + y_{10} \cos 300^o + y_{11} \cos 330^o \\
       &= y_0 \ + y_1 \sin 60^o + y_2 \sin 30^o - y_4 \sin 30^o - y_5 \sin 60^o - y_6 \\
       &\quad - y_7 \sin 60^o - y_8 \sin 30^o + y_{10} \sin 30^o + y_{11} \sin 60^o \ ,
\end{aligned}
$$

was dem oben angegebenen Ausdruck entspricht. Um die Berechnungen (hauptsächlich die "teuren" Multiplikationen) auf ein Minimum zu reduzieren, führt man sie nach einem bestimmten Schema aus, das von dem deutschen Mathematiker RUNGE stammt. Zuerst schreibt man die Ordinaten in der nachstehend angegebenen Anordnung, darunter die Summe und die Differenz je zweier übereinander stehender Ordinaten:

	Ordinaten						
	y_0	y_1	y_2	y_3	y_4	y_5	y_6
		y_{11}	y_{10}	y_9	y_8	y_7	
Summen	u_0	u_1	u_2	u_3	u_4	u_5	u_6
Differenzen		v_1	v_2	v_3	v_4	v_5	

Danach verfährt man mit den erhaltenen Summen und Differenzen ähnlich:

	Summen						Differenzen		
	u_0	u_1	u_2	u_3			v_1	v_2	v_3
	u_6	u_5	u_4				v_5	v_4	
Summen	s_0	s_1	s_2	s_3		Summen	σ_1	σ_2	σ_3
Differenzen	d_0	d_1	d_2			Differenzen	δ_1	δ_2	

Mit Hilfe dieser Größen s, d, σ, δ können wir die gesuchten Koeffizienten folgendermaßen ausdrücken:

$$
\begin{aligned}
6a_0^* &= s_0 + s_1 + s_2 + s_3, \\
6a_1^* &= d_0 + 0{,}866d_1 + 0{,}5d_2, \\
6a_2^* &= (s_0 - s_3) + 0{,}5(s_1 - s_2), \\
6a_3^* &= d_0 - d_2, \\
6b_1^* &= 0{,}5\sigma_1 + 0{,}866\sigma_2 + \sigma_3, \\
6b_2^* &= 0{,}866(\delta_1 + \delta_2), \\
6b_3^* &= \sigma_1 - \sigma_3, \text{ usw. für } a_4, b_4, \dots .
\end{aligned}
\tag{3.114}
$$

Man prüft leicht nach, dass die Formeln genau die Werte (3.113) liefern.

Beispiel: Harmonische Analyse der Tangentialkräfte einer Dampfmaschine
Die nachfolgende Rechnung hat hauptsächlich Demonstrationscharakter, zumal man in der Regel wesentlich mehr als 12 Messwerte analysieren muss, was per Hand nicht mehr in überschaubarer Zeit beherrschbar ist.
Im Zusammenhang mit dem Problem der kleinen Schwingungen der Welle ist es interessant, die harmonischen Komponenten der Tangentialkraft T als Funktion des Drehwinkels φ der Kurbelwelle zu bestimmen. In Abb. 3.32 ist das Diagramm dargestellt, dem 12 äquidistante Ordinaten entnommen werden. Damit wird nach dem obigen Schema die FOURIER-Analyse durchgeführt.

	Ordinaten von T						
$T_0 \dots T_6$	-7200	-300	7000	4300	0	-5200	-7400
$T_{11} \dots T_7$		250	4500	7600	3850	-2250	
Summen	-7200	-50	11500	11900	3800	-7450	-7400
Differenzen		-550	2500	-3300	-3850	-2950	

	Summen						Differenzen		
u	-7200	-50	11500	11900		v	-550	2500	-3300
u	-7400	-7450	3850			v	-2950	-3850	
s	-14600	-7500	15350	11900		σ	-3500	-1350	-3300
d	200	7400	7650			δ	2400	6350	

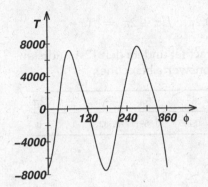

Abb. 3.32. Diagramm der Tangentialkräfte

Nach den Formeln (3.114) ergibt sich nun

$$6a_0^* = -14600 - 7500 + 15350 + 11900 = 5150, \qquad a_0^* = 858,$$
$$6a_1^* = 200 + 7400 \cdot 0{,}866 + 7650 \cdot 0{,}5 = 10433, \qquad a_1^* = 1739,$$
$$6a_2^* = (-14600 - 11900) + (-7500 - 15350) \cdot 0{,}5 = -37925, \qquad a_2^* = -6321,$$
$$6a_3^* = 200 - 7650 = -7450, \qquad a_3^* = -1242,$$
$$6b_1^* = -3500 \cdot 0{,}5 - 1350 \cdot 0{,}866 - 3300 = -6219, \qquad b_1^* = -1037,$$
$$6b_2^* = (2400 + 6350) \cdot 0{,}866 = 7578, \qquad b_2^* = 1263,$$
$$6b_3^* = -3500 + 3300 = -200, \qquad b_3^* = -33,$$

also

$$T(\varphi) = \quad 429 + 1739\cos\varphi - 1037\sin\varphi - 6321\cos(2\varphi) + 1263\sin(2\varphi) \qquad (3.115)$$
$$-1242\cos(3\varphi) - 33\sin(3\varphi) + \dots .$$

Wenn man Kosinus und Sinus des gleichen Winkels gemäß

$$A\sin\varphi + B\cos\varphi = \sqrt{A^2 + B^2}\left(\frac{A}{\sqrt{A^2 + B^2}}\cos\varphi + \frac{B}{\sqrt{A^2 + B^2}}\sin\varphi\right)$$
$$= \sqrt{A^2 + B^2}(\sin\varphi_0\cos\varphi + \cos\varphi_0\sin\varphi)$$
$$= \sqrt{A^2 + B^2}\sin(\varphi + \varphi_0)$$

zusammenfasst ($\varphi_0 = \arctan\frac{A}{B}$ bzw. $\varphi_0 = \arcsin\frac{A}{\sqrt{A^2+B^2}}$), erhält man

$$T = \quad 429 + 2020\sin(\varphi + 121°) + 6440\sin(2\varphi + 281°)$$
$$+1240\sin(3\varphi + 268°) + \dots .$$

Aus der Reihendarstellung sieht man, dass das zweite Glied oder die "zweite Harmonische" den größten Einfluss hat.

Einen Überblick über die Genauigkeit der beschriebenen diskreten FOURIER-Analyse kann man sich durch die diskrete FOURIER-Analyse einer analytisch gegebenen Funktion verschaffen. Wenn man z.B. die Funktion

$$y = f(x) = \frac{1}{2\pi^2}(x^3 - 3\pi x^2 + 2\pi^2 x), \ x \in [0,2\pi], \ f(x+2\pi) = f(x),$$

mit dem in Abb. 3.33 dargestellten Graphen betrachtet und an den 12 äquidistanten x-Positionen des Intervalls $[0,2\pi]$ die Funktionswerte berechnet,

x	0	$\frac{\pi}{6}$	$\frac{\pi}{3}$	$\frac{\pi}{2}$	$\frac{2\pi}{3}$	$\frac{5\pi}{6}$	π	$\frac{7\pi}{6}$	$\frac{4\pi}{3}$	$\frac{3\pi}{2}$	$\frac{5\pi}{3}$	$\frac{11\pi}{6}$	2π
y	0	0,4	0,582	0,589	0,465	0,255	0	-0,255	-0,465	-0,589	-0,582	-0,4	0

erhält man nach dem RUNGEschen Schema

$$b_1^* = 0{,}608 \, , \qquad b_2^* = 0{,}076 \, , \qquad b_3^* = 0{,}022 \, .$$

Alle a_n^* verschwinden, da auch alle u_k im Schema gleich Null sind. Mit der Formel für die FOURIER-Koeffizienten b_n erhält man nach dreimaliger partieller Integration

$$b_n = \frac{1}{2\pi^3} \int_0^{2\pi} (x^3 - 3\pi x^2 + 2\pi^2 x) \sin(nx) \, dx = \frac{6}{n^3 \pi^2} \, .$$

Danach ergibt sich für die b_n

$$b_1 = \frac{6}{\pi^2} = 0{,}6079 \, , \qquad b_2 = \frac{6}{4\pi^2} = 0{,}0760 \, , \qquad b_3 = \frac{6}{9\pi^2} = 0{,}0225 \, .$$

Sie stimmen also mit den Ergebnissen der diskreten FOURIER-Analyse recht gut überein.

Die eben skizzierte diskrete FOURIER-Analyse ist nach dem Vorbild des diskutierten Schemas von RUNGE für große Ordinatenzahlen in Computerprogrammen realisiert, wobei diese Methodik besonders schnell und effektiv wird, wenn die Zahl der diskreten Ordinaten pro Periode gleich einer Zweierpotenz $k = 2^n$ oder zumindest gerade ist. In diesen Fällen spricht man auch von der **schnellen FOURIER-Analyse**, die hauptsächlich unter dem Kürzel **FFT** (fast fourier transform) bekannt ist. Die Aufgabe besteht in der effizienten Bestimmung der Koeffizienten $a_j' = \frac{k}{2}a_j^*, j = 0,\ldots,n$, und $b_j' = \frac{k}{2}b_j^*, j = 1,\ldots,n-1$. Die Grundlage

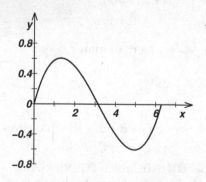

Abb. 3.33. $f(x) = \frac{1}{2\pi^2}(x^3 - 3\pi x^2 + 2\pi^2 x)$ für $0 \le x \le 2\pi$

für die FFT bildet die komplexe diskrete FOURIER-Analyse. Und zwar bildet man ausgehend von den reellen Funktionswerten $y_j = f(x_j)$ die $n = \frac{k}{2}$ komplexen Zahlenwerte

$$z_j := y_{2j} + iy_{2j+1} = f(x_{2j}) + if(x_{2j+1}) \qquad (j = 0,1,\ldots,n-1)\,. \qquad (3.116)$$

Für diese komplexen Daten wird die diskrete komplexe FOURIER-Analyse der Ordnung n wie folgt definiert.

Definition 3.20. (diskrete komplexe FOURIER-Transformation)
Durch

$$c_p := \sum_{j=0}^{n-1} z_j e^{-ijp\frac{2\pi}{n}} = \sum_{j=0}^{n-1} z_j w_n^{jp} \qquad (p = 0,1,\ldots,n-1) \qquad (3.117)$$

werden die **komplexen FOURIER-Transformierten** (komplexe FOURIER-Koeffizienten) erklärt, wobei $w_n := e^{-i\frac{2\pi}{n}}$ gesetzt wurde.

Für die Rekonstruktion der Werte z_j gilt die Beziehung

$$z_p = \frac{1}{n}\sum_{j=0}^{n-1} c_j e^{ijp\frac{2\pi}{n}} = \frac{1}{n}\sum_{j=0}^{n-1} c_j w_n^{-jp} \qquad (p = 0,1,\ldots,n-1)\,. \qquad (3.118)$$

Die Beziehung (3.118) weist man ausgehend von (3.117) nach, indem man benutzt, dass die Summe der n-ten Einheitswurzeln $w_n^{-j} = e^{ij\frac{2\pi}{n}}$ gleich 0 ist. Für den Fall $n = 4$ hat die Beziehung (3.117) die Form

$$
\begin{pmatrix} c_0 \\ c_1 \\ c_2 \\ c_3 \end{pmatrix} =
\begin{pmatrix} 1 & 1 & 1 & 1 \\ 1 & w^1 & w^2 & w^3 \\ 1 & w^2 & w^4 & w^6 \\ 1 & w^3 & w^6 & w^9 \end{pmatrix}
\begin{pmatrix} z_0 \\ z_1 \\ z_2 \\ z_3 \end{pmatrix} =
\begin{pmatrix} 1 & 1 & 1 & 1 \\ 1 & w^1 & w^2 & w^3 \\ 1 & w^2 & 1 & w^2 \\ 1 & w^3 & w^2 & w^1 \end{pmatrix}
\begin{pmatrix} z_0 \\ z_1 \\ z_2 \\ z_3 \end{pmatrix} =: \mathbf{c} = \mathbf{W}_4 \mathbf{z}
$$

mit $w = w_4$. Dabei wurde berücksichtigt, dass $w^{j+4} = w^j$ für alle $j \in \mathbb{Z}$ gilt. Zeilenvertauschungen und geeignete Faktorisierungen der Koeffizientenmatrix der Art

$$
\begin{pmatrix} c_0 \\ c_2 \\ c_1 \\ c_3 \end{pmatrix} =
\left(\begin{array}{cc|cc} 1 & 1 & 1 & 1 \\ 1 & w^2 & 1 & w^2 \\ \hline 1 & w & w^2 & w^3 \\ 1 & w^3 & w^2 & w^1 \end{array}\right)
\begin{pmatrix} z_0 \\ z_1 \\ z_2 \\ z_3 \end{pmatrix} =
\left(\begin{array}{cc|cc} 1 & 1 & 0 & 0 \\ 1 & w^2 & 0 & 0 \\ \hline 0 & 0 & 1 & 1 \\ 0 & 0 & 1 & w^2 \end{array}\right)
\left(\begin{array}{cc|cc} 1 & 0 & 1 & 0 \\ 0 & 1 & 0 & 1 \\ \hline 1 & 0 & w^2 & 0 \\ 0 & w^1 & 0 & w^3 \end{array}\right)
\begin{pmatrix} z_0 \\ z_1 \\ z_2 \\ z_3 \end{pmatrix}
$$

(hier für $n = 4$) ermöglichen letztendlich im allgemeinen Fall eine drastische Reduzierung der Zahl der "teuren" Multiplikationen bei der Berechnung der FOURIER-Transformierten c_j ausgehend von den z_j-Werten und erklären die Begriffswahl **FFT**. Mit der **FFT** ist es möglich die Zahl der komplexen Multiplikationen von der Ordnung $O(n^2)$ auf $O(n \log_2 n)$ zu reduzieren. Für $n = 10^6$ komplexe Funktionswerte ergibt sich z.B. $n^2 = 10^{12}$ bzw. $n \log_2 n \equiv 2 * 10^7$. Mitte der 1960er Jahre entstand so ein Unterschied von Rechenzeiten von mehren Tagen für die "normale" diskrete FOURIER-Transformation zu einer Rechenzeit im Minuten-Bereich mit der **FFT**.

Mit Blick auf die oben definierte reelle diskrete FOURIER-Transformation wird die Def. 3.20 gerechtfertigt durch den folgenden

---

Satz 3.40. *(Beziehung zwischen komplexen und reellen FOURIER-Koeffizienten)*
Für die reellen FOURIER-Koeffizienten a'_j und b'_j und die komplexen Koeffizienten c_j
gelten die Beziehungen

$$a'_j - ib'_j \;=\; \frac{1}{2}(c_j + \bar{c}_{n-j}) + \frac{1}{2i}(c_j - \bar{c}_{n-j})e^{-i\frac{j\pi}{n}} \tag{3.119}$$

$$a'_{n-j} - ib'_{n-j} \;=\; \frac{1}{2}(\bar{c}_j + c_{n-j}) + \frac{1}{2i}(\bar{c}_j - c_{n-j})e^{i\frac{j\pi}{n}} \;, \tag{3.120}$$

für $j = 0, 1, \ldots, n$, falls $b'_0 = b'_n = 0$ und $c_n = c_0$ gesetzt wird.

Mit diesem Satz ist es möglich, aus dem Ergebnis der komplexen FOURIER-Transformation das (spezielle) reelle FOURIER-Polynom (3.110) mit den Koeffizienten $a^*_j = \frac{2}{k}a'_j$ ($j = 0, \ldots, n$) und $b^*_j = \frac{2}{k}b'_j$ ($j = 1, \ldots, n-1$) zu bestimmen, was ja ursprünglich beabsichtigt war. Wir wollen zur Übung die diskrete komplexe FOURIER-Transformation mit dem obigen Beispiel der harmonischen Analyse der Tangentialkräfte einer Dampfmaschine mit den gegebenen 12 reellen Funktionswerte $y_0, \ldots, y_{11}$ durchführen. Mit $z_j = y_{2j} + i y_{2j+1}$ ($j = 0, \ldots, 5$) und $w = w_6 = e^{-i\frac{2\pi}{6}} = \frac{1}{2} - i\frac{\sqrt{3}}{2}$ erhalten wir

$$\mathbf{z} = \begin{pmatrix} z_0 \\ z_1 \\ z_2 \\ z_3 \\ z_4 \\ z_5 \end{pmatrix} = \begin{pmatrix} -7200 - i\,300 \\ 7000 + i\,4300 \\ -i\,5200 \\ -7400 - i\,2250 \\ 3850 + i\,7600 \\ 4500 + i\,250 \end{pmatrix}$$

und

$$W_6 = \begin{pmatrix} 1 & 1 & 1 & 1 & 1 & 1 \\ 1 & w^1 & w^2 & w^3 & w^4 & w^5 \\ 1 & w^2 & w^4 & w^6 & w^8 & w^{10} \\ 1 & w^3 & w^6 & w^9 & w^{12} & w^{15} \\ 1 & w^4 & w^8 & w^{12} & w^{16} & w^{20} \\ 1 & w^5 & w^{10} & w^{15} & w^{20} & w^{25} \end{pmatrix} = \begin{pmatrix} 1 & 1 & 1 & 1 & 1 & 1 \\ 1 & w^1 & w^2 & w^3 & w^4 & w^5 \\ 1 & w^2 & w^4 & 1 & w^2 & w^4 \\ 1 & w^3 & 1 & w^3 & 1 & w^3 \\ 1 & w^4 & w^2 & 1 & w^4 & w^2 \\ 1 & w^5 & w^4 & w^3 & w^2 & w^1 \end{pmatrix},$$

wobei $w^{j+6} = w^j$ berücksichtigt wurde. Für $\mathbf{c} = W_6\,\mathbf{z}$ erhält man nach der Matrixmultiplikation

$$\mathbf{c} = \begin{pmatrix} c_0 \\ c_1 \\ c_2 \\ c_3 \\ c_4 \\ c_5 \end{pmatrix} = \begin{pmatrix} 750 + 4400i \\ -3552{,}7 + 4194{,}1i \\ -7682{,}5 - 11524i \\ -7450 - 200i \\ -36868 - 525{,}7i \\ 11603 + 1855{,}9i \end{pmatrix}.$$

Setzt man nun noch $c_6 = c_0$, dann ergibt die Formel (3.119) für die reellen Koeffizienten a'_j und b'_j

$$\begin{pmatrix} a'_0 - i\,b'_0 \\ a'_1 - i\,b'_1 \\ a'_2 - i\,b'_2 \\ a'_3 - i\,b'_3 \\ a'_4 - i\,b'_4 \\ a'_5 - i\,b'_5 \\ a'_6 - i\,b'_6 \end{pmatrix} = \begin{pmatrix} 5148 \\ 10434 + 6222i \\ -37926 - 7578i \\ -7452 + 198i \\ -6624 + 3420i \\ -2382 + 3884i \\ -3648 \end{pmatrix}$$

und man kann daraus die Koeffizienten ablesen. Sowohl die Matrixmultiplikation $W_6\,z$ als auch die Berechnung der rechten Seiten der Formel (3.119) sind zweifellos per Hand etwas aufwendig, und deshalb haben wir hier auch einen Rechner bzw. ein Computerprogramm (octave) zum Rechnen mit komplexen Zahlen zu Hilfe genommen. Nach der Multiplikation mit $\frac{2}{k} = \frac{1}{6}$ erhält man

$$a_0^* = 858, a_1^* = 1739, a_2^* = -6321, a_3^* = -1242, a_4^* = -1104, a_5^* = -397, a_6^* = -608$$

und

$$b_1^* = -1037,\ b_2^* = 1263,\ b_3^* = -33,\ b_4^* = -570,\ b_5^* = -649\,,$$

so dass sich das spezielle FOURIER-Polynom

$$\begin{aligned} g_6^*(\varphi) \;=\; & 429 + 1739\cos\varphi - 1037\sin\varphi - 6321\cos(2\varphi) + 1263\sin(2\varphi) \\ & -1242\cos(3\varphi) - 33\sin(3\varphi) \\ & -1104\cos(4\varphi) - 570\sin(4\varphi) - 397\cos(5\varphi) - 649\sin(5\varphi) - 304\cos(6\varphi) \end{aligned}$$

ergibt. $T(\varphi)$ (s. Formel (3.115)) stimmt mit $g_6^*(\varphi)$ überein, und damit wurde der Bezug der diskreten komplexen FOURIER-Transformation zur diskreten reellen bestätigt.

3.10 Aufgaben

1) Berechnen Sie den Wert der Reihe $\sum_{k=3}^{\infty}\left(\frac{3}{4}\right)^k$.

2) Untersuchen Sie die Reihe $\sum_{k=1}^{\infty}\frac{1}{k(k+1)}$ auf ihr Konvergenzverhalten.

3) Bestimmen Sie den Konvergenzradius der Potenzreihe $\sum_{k=1}^{\infty}\frac{2^k}{k!}(x-5)^k$ und geben Sie das Konvergenzintervall an. Untersuchen Sie die Konvergenzeigenschaften an den Randpunkten des Konvergenzintervalls.

4) Berechnen Sie den Konvergenzradius der Reihe $\sum_{k=0}^{\infty}\left(\frac{1-i}{2-i}\right)^k(z-i)^k$ und geben Sie den Konvergenzkreis an.

5) Von einer Potenzreihe $\sum_{k=0}^{\infty}a_k(x-2)^k$, $a_k \in \mathbb{R}$, weiß man, dass sie für $x = 5$ absolut konvergent ist, für $x = -2$ konvergent und für $x = -4$ divergent ist. Was kann man über den Konvergenzradius aussagen? In welchen Intervallen liegt mit Sicherheit Konvergenz bzw. Divergenz vor?

6) Zeigen Sie unter Nutzung der arctan-Reihe die Gültigkeit der Beziehung

$$\frac{\pi}{4} = 1 - \frac{1}{3} + \frac{1}{5} - \frac{1}{7} + - \cdots = \sum_{k=0}^{\infty} (-1)^k \frac{1}{2k+1}$$

und geben Sie eine Zahl $n \in \mathbb{N}$ an, so dass der Fehler bei der Berechnung von $\frac{\pi}{4}$ durch $\sum_{k=0}^{n}(-1)^k \frac{1}{2k+1}$ kleiner als 10^{-5} wird.

7) Gegeben ist die Funktion $f(x) = \frac{4}{\pi}(\pi x - x^2)$, $x \in [0, \pi]$. Setzen Sie die Funktion ungerade zu einer 2π-periodischen Funktion fort und berechnen Sie die FOURIER-Reihe der Funktion.

8) Berechnen Sie die FOURIER-Reihe der ungeraden 2π-periodischen Funktion

$$f(x) = \begin{cases} y = x & \text{für} \quad -\frac{\pi}{2} \leq x \leq \frac{\pi}{2} \\ y = \pi - x & \text{für} \quad \frac{\pi}{2} \leq x \leq \frac{3\pi}{2} \end{cases} .$$

Nutzen Sie das Ergebnis und die PARSEVALsche Gleichung zur Berechnung des Wertes der Reihen

$$\sum_{k=1}^{\infty} \frac{1}{(2k-1)^2} \quad \text{bzw.} \quad \sum_{k=1}^{\infty} \frac{1}{(2k-1)^4} .$$

9) (a) Skizzieren Sie den Graphen der π-periodischen Funktion $f : \mathbb{R} \to \mathbb{R}$, die durch $f(x) = (x - \frac{\pi}{2})^2$ für $0 \leq x \leq \pi$ definiert ist.
(b) Berechnen Sie die zugeörige reelle FOURIER-Reihe der Funktion.
(c) Untersuchen Sie diese FOURIER-Reihe auf Konvergenz im Intervall $[0, \pi]$ und folgern Sie, dass

$$\sum_{n=1}^{\infty} \frac{1}{n^2} = \frac{\pi^2}{6} \quad \text{und} \quad \sum_{n=1}^{\infty} \frac{(-1)^{(n-1)}}{n^2} = \frac{\pi^2}{12}$$

gilt.

10) (a) Bestimmen Sie das komplexe FOURIER-Polynom n-ter Ordnung der Funktion f, die definiert ist durch $f(x) = e^{2x}$ für $0 \leq x \leq 1$ mit $f(x) = f(x+2)$ und $f(x) = f(-x)$.
(b) Wie lautet die zugehörige Darstellung des FOURIER-Polynoms n-ter Ordnung im Reellen?.

11) Approximieren Sie $\sin x$ im Intervall $]0, \pi[$ durch ein FOURIER-Polynom n-ter Ordnung, das nur Cosinus-Terme enthält.

12) Entwickeln Sie die Funktion $f(x) = \sin^2 x$ in eine trigonometrische Reihe und bestimmen Sie das bestimmte Integral

$$\int_0^{\pi} \sin^4 x \, dx$$

mit Hilfe der PARSEVALschen Gleichung.

13) (a) Definieren Sie eine ungerade Fortsetzung der auf dem Intervall $[0,1]$ definierten Funktion $f(x) = x(1-x)$ zu einer 2-periodischen Funktion,
(b) Skizzieren Sie den Graphen der 2-periodischen Funktion.
(c) Bestimmen Sie eine FOURIER-Reihe zur Darstellung der auf $[0,1]$ definierten Funktion $f(x) = x(1-x)$.

4 Lineare Algebra

Das mathematische Gebiet der Algebra umfasste historisch zunächst vor allem Verfahren zur Bestimmung der Nullstellen von Polynomen mit rationalen Koeffizienten, d.h. zur Lösung "algebraischer Gleichungen". Bis heute hat diese mathematische Disziplin vielfältige Erweiterungen erfahren. An vielen Stellen der Mathematik taucht der Begriff "Algebra" auf, z.B. algebraisch abgeschlossene Körper (s. Abschnitt 1.5.4), algebraische Zahlentheorie, Mengenalgebra, algebraisches Komplement (s. Abschnitt 4.1), algebraische Vielfachheit von Eigenwerten (s. Abschnitt 4.7). Die lineare Algebra befasst sich mit Lösungsverfahren für lineare Gleichungssysteme und der Theorie linearer Räume. Ein Motiv für die Befassung mit diesen Themen sind Linearisierungen von nichtlinearen Aufgabenstellungen der Physik und der Ingenieurwissenschaften, die oft nur sehr schwer direkt zu lösen sind. Des Weiteren sind homogene lineare Gleichungen interessant, weil für deren Lösungen das **Superpositionsprinzip** gilt. D.h. mit zwei oder mehr Lösungen sind auch deren Linearkombination eine Lösung eines homogenen linearen Problems. Dieses Prinzip gilt auch für lineare homogene Differentialgleichungen (Kapitel 6 und 9). Die Lösungen bilden einen linearen Raum. Hilfsmittel wie Vektoren, Matrizen und Determinanten spielen in der linearen Algebra eine wichtige Rolle und werden deshalb ausführlich behandelt. Im vorliegenden Kapitel werden mit der Untersuchung von Eigenwertproblemen auch Grundlagen zur Lösung von Differentialgleichungen gelegt. Leser, die sich der "Linearen Algebra" über die Vektorrechnung im $\mathbb{R}^3$ nähern möchten, finden im Abschnitt 4.8 einen geeigneten Einstieg. Dort wo es möglich ist, werden Bezüge zum Raum der Anschauung und geometrische Interpretationen von Sachverhalten der linearen Algebra dargestellt.

Übersicht

Bei der Lösung linearer Gleichungssysteme hat man es im einfachsten Fall mit zwei Gleichungen und zwei Unbekannten zu tun, also etwa

$$5x + 3y = 1$$
$$3x + 4y = 3. \tag{4.1}$$

Mit der Elimination von y durch die Subtraktion des Vierfachen der ersten Gleichung von dem Dreifachen der zweiten erhält man $x = -\frac{5}{11}$, und nach Elimination von x durch die Subtraktion des Fünffachen der zweiten Gleichung von dem Dreifachen der ersten Gleichung erhält man $y = \frac{12}{11}$.

Wenn wir statt der konkreten Koeffizienten 5, 3, 4,... nun allgemeine, etwa relle Koeffizienten einführen und das allgemeine lineare algebraische Gleichungssystem mit 2 Gleichungen und 2 Unbekannten in der Form

$$a_{11}x_1 + a_{12}x_2 = b_1 \tag{4.2a}$$
$$a_{21}x_1 + a_{22}x_2 = b_2 \tag{4.2b}$$

betrachten, erhalten wir nach der oben beschriebenen Elimination von x_2 bzw. x_1 die Lösung in der Form

$$x_1 = \frac{a_{22}b_1 - a_{12}b_2}{a_{11}a_{22} - a_{21}a_{12}}, \qquad x_2 = \frac{a_{11}b_2 - a_{21}b_1}{a_{11}a_{22} - a_{21}a_{12}}. \tag{4.3}$$

Dabei sei, um triviale Fälle auszuschließen, in (4.2a), (4.2b) jeweils mindestens ein Koeffizient auf der linken Seite ungleich Null ($a_{11}^2 + a_{12}^2 > 0$, $a_{21}^2 + a_{22}^2 > 0$). An den Beziehungen (4.3) erkennt man sofort, dass diese Lösung dann sinnvoll ist, wenn der Ausdruck $a_{11}a_{22} - a_{21}a_{12}$ von Null verschieden ist. Die Lösung ist dann eindeutig bestimmt. Einsetzen von (4.3) in (4.2a), (4.2b) zeigt, dass (4.3) tatsächlich eine Lösung ist.

Bevor wir zu den Begriffen und Lösungstechniken für "größere" Gleichungssysteme kommen, sei auf die geometrische Bedeutung von Gleichungssystemen hingewiesen. Wenn wir die beiden Gleichungen (4.1) nach y auflösen, haben wir mit $y = -\frac{5}{3}x + \frac{1}{3}$ und $y = -\frac{3}{4}x + \frac{3}{4}$ zwei Funktionen $f(x)$ und $g(x)$ oder zwei Geraden in der Ebene. Die Lösung des Gleichungssystems (4.1) ist der Schnittpunkt der beiden Geraden. Aus der Skizze 4.1 bestätigt man den Schnittpunkt $(x_s, y_s) = (-\frac{5}{11}, \frac{12}{11})$. Es ist $a_{11}a_{22} - a_{21}a_{12} = 5 \cdot 4 - 3 \cdot 3 = 11 \neq 0$. Während die Geraden (4.2a), (4.2b) im Fall $a_{11}a_{22} - a_{21}a_{12} \neq 0$ für jede Wahl von b_1, b_2 genau einen Schnittpunkt in der (x_1, x_2)-Ebene haben, muss der Fall

$$a_{11}a_{22} - a_{21}a_{12} = 0$$

gesondert untersucht werden. Mittels einer Fallunterscheidung wollen wir zeigen, dass bei $a_{11}a_{22} - a_{21}a_{12} = 0$ die beiden Geraden entweder verschieden und zueinander parallel sind oder in eine Gerade zusammenfallen, dass also (4.2a), (4.2b) entweder keine oder unendlich viele Lösungen haben.

Bei der Fallunterscheidung beachten wir unsere Annahme $a_{11}^2 + a_{12}^2 > 0$, $a_{21}^2 + a_{22}^2 > 0$.

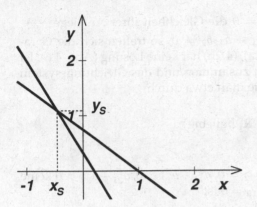

Abb. 4.1. Geometrische Lösung von (4.1)

1) Sei $a_{11} = 0$. Dann muss $a_{12} \neq 0$, $a_{21} = 0$, $a_{22} \neq 0$ sein. Für die beiden Geraden (4.2a), (4.2b) hat man

$$(a): \quad x_2 = \frac{b_1}{a_{12}} \qquad (b): \quad x_2 = \frac{b_2}{a_{22}} \;.$$

Ist $\frac{b_1}{a_{12}} \neq \frac{b_2}{a_{22}}$ oder $a_{22}b_1 - a_{12}b_2 \neq 0$, so gibt es keine gemeinsamen Punkte, die beiden Geraden sind parallel zur x_1-Achse (Abb. 4.2). Das Gleichungssystem hat keine Lösung, die Gleichungen (4.2a) und (4.2b) widersprechen sich. Ist $a_{22}b_1 - a_{12}b_2 = 0$, so fallen die Geraden zusammen (Abb. 4.3). Das Gleichungssystem hat unendlich viele Lösungen (x_1, x_2), die man etwa in der Form

$$x_1 = t \qquad x_2 = \frac{b_1}{a_{12}} \quad (t \in \mathbb{R}, \text{ beliebig})$$

angeben kann.

2) Sei $a_{11} \neq 0$.

2a) Sei weiter $a_{12} = 0$. Dann muss $a_{22} = 0$, $a_{21} \neq 0$ sein. Die beiden Geraden sind zur x_2-Achse parallel:

$$(a): \quad x_1 = \frac{b_1}{a_{11}} \qquad (b): \quad x_1 = \frac{b_2}{a_{21}} \;.$$

Ist jetzt $\frac{b_1}{a_{11}} \neq \frac{b_2}{a_{21}}$ oder $a_{11}b_2 - a_{21}b_1 \neq 0$, so sind die beiden Geraden verschieden und das Gleichungssystem hat keine Lösung (Abb. 4.4). Bei $a_{11}b_2 - a_{21}b_1 = 0$ fallen die Geraden zusammen und man hat unendlich viele Lösungen (x_1, x_2) (Abb. 4.5):

$$x_1 = \frac{b_1}{a_{11}} \qquad x_2 = t \quad (t \in \mathbb{R}, \text{ beliebig}) \;.$$

2b) Sei nun (bei $a_{11} \neq 0$) $a_{12} \neq 0$. Wegen $a_{21}^2 + a_{22}^2 > 0$, $a_{11}a_{22} - a_{21}a_{12} = 0$ müssen auch $a_{21} \neq 0$, $a_{22} \neq 0$ sein. Die Geraden

$$(a): \quad x_2 = -\frac{a_{11}}{a_{12}}x_1 + \frac{b_1}{a_{12}} \qquad (b): \quad x_2 = -\frac{a_{21}}{a_{22}}x_1 + \frac{b_2}{a_{22}}$$

sind parallel, weil aus $a_{11}a_{22} - a_{21}a_{12} = 0$ die Gleichheit ihrer Anstiege $-\frac{a_{11}}{a_{12}}$ und $-\frac{a_{21}}{a_{22}}$ folgt. Ist $\frac{b_1}{a_{12}} \neq \frac{b_2}{a_{22}}$ bzw. $a_{22}b_1 - a_{12}b_2 \neq 0$, so treffen sich die Geraden nirgends, das Gleichungssystem (4.2a), (4.2b) hat keine Lösung (Abb. 4.6). Ist $a_{22}b_1 - a_{12}b_2 = 0$, so fallen die Geraden zusammen und das Gleichungssystem hat unendlich viele Lösungen (x_1, x_2), die man etwa durch

$$x_1 = t \qquad x_2 = -\frac{a_{11}}{a_{12}}t + \frac{b_1}{a_{12}} \quad (t \in \mathbb{R}, \text{beliebig})$$

angeben kann (Abb. 4.7).
Man sieht leicht, dass es bei $a_{11}a_{22} - a_{21}a_{12} = 0$, $a_{11}^2 + a_{12}^2 > 0$, $a_{21}^2 + a_{22}^2 > 0$ keine weiteren Fälle gibt. Wegen $a_{11}a_{22} - a_{21}a_{12} = 0$ ist

$$a_{22}(a_{11}b_2 - a_{21}b_1) = -a_{21}(a_{22}b_1 - a_{12}b_2),$$

woraus folgt, dass in allen drei Fällen, wo das Gleichungssystem (4.2a), (4.2b) unendlich viele Lösungen hat, $a_{11}b_2 - a_{21}b_1 = a_{22}b_1 - a_{12}b_2 = 0$ gilt.

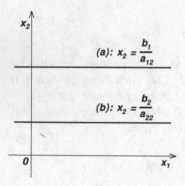

Abb. 4.2. System ohne Lösung

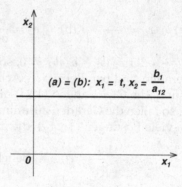

Abb. 4.3. Unendlich viele Lösungen

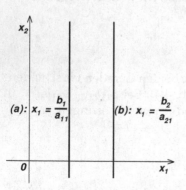

Abb. 4.4. System ohne Lösung

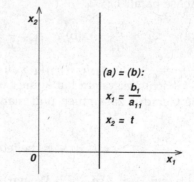

Abb. 4.5. Unendlich viele Lösungen

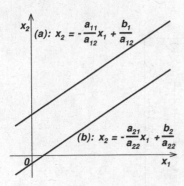

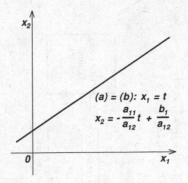

Abb. 4.6. System ohne Lösung

Abb. 4.7. Unendlich viele Lösungen

Zusammenfassung:
Die Lösungsmenge des Gleichungssystems (4.2a), (4.2b) wird bestimmt durch die Eigenschaften des (durch die rechten Seiten b_1, b_2) "erweiterten Koeffizientenschemas"

$$\begin{pmatrix} a_{11} & a_{12} & b_1 \\ a_{21} & a_{22} & b_2 \end{pmatrix}.$$

Ist $a_{11}a_{22} - a_{21}a_{12} \neq 0$, so gibt es für beliebige rechte Seiten b_1, b_2 genau eine Lösung (x_1, x_2), nämlich (4.3). Ist $a_{11}a_{22} - a_{21}a_{12} = 0$, so gibt es entweder keine Lösung oder unendlich viele Lösungen (x_1, x_2). Das System (4.2a), (4.2b) hat bei $a_{11}a_{22} - a_{21}a_{12} = 0$ unendlich viele Lösungen genau dann, wenn

$$a_{11}b_2 - a_{21}b_1 = a_{22}b_1 - a_{12}b_2 = 0$$

ist. In dem nachfolgenden Diagramm sind die Fallunterscheidungen graphisch dargestellt. Bei der Untersuchung größerer linearer Gleichungssysteme werden diese Sachverhalte verallgemeinert. Zunächst ist eine Verallgemeinerung der aus dem erweiterten Koeffizientenschema abgeleiteten Ausdrücke $a_{11}a_{22} - a_{12}a_{21}$, $a_{11}b_2 - a_{21}b_1$, $a_{12}b_2 - a_{22}b_1$ auf Gleichungssysteme mit n Gleichungen und n Unbekannten ($n \in \mathbb{N}$, beliebig) erforderlich. Das erfolgt im Abschnitt 4.2. Mit 4 oder mehr Unbekannten und Gleichungen ist die geometrische Veranschaulichung nicht mehr möglich. Dann werden gut ausgearbeitete analytische Lösungsmethoden eingesetzt (z.B. GAUSSscher Algorithmus). Für die Lösbarkeit allgemeiner linearer Gleichungssysteme mit n Gleichungen und m Unbekannten ($n, m \in \mathbb{N}$) gibt es aber keine anderen Möglichkeiten als die drei oben für $n = m = 2$ diskutierten: (a) keine Lösung, (b) genau eine Lösung, (c) unendlich viele Lösungen.

Überblick über die Lösungsmenge des Systems

$$a_{11}x_1 + a_{12}x_2 = b_1$$
$$a_{21}x_1 + a_{22}x_2 = b_2 \qquad (*) \quad \text{mit} \quad a_{11}^2 + a_{12}^2 > 0, \ a_{21}^2 + a_{22}^2 > 0.$$

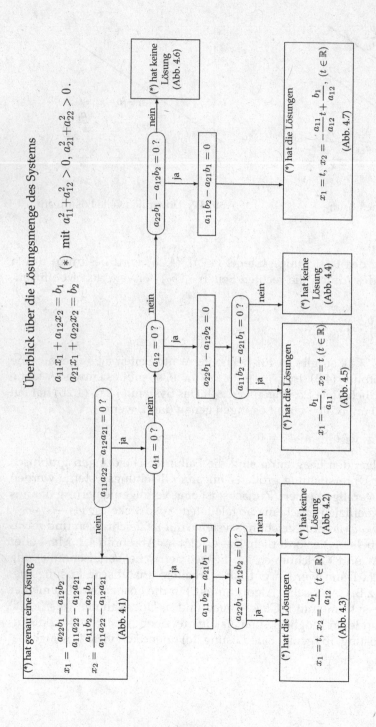

4.1 Determinanten

Bei der Betrachtung des einfachen linearen Gleichungssystems (4.2a), (4.2b) haben wir festgestellt, dass das **erweiterte Koeffizientenschema**

$$\begin{pmatrix} a_{11} & a_{12} & b_1 \\ a_{21} & a_{22} & b_2 \end{pmatrix}$$

das Gleichungssystem beschreibt und für die Lösung verantwortlich ist. Unter dem **Koeffizientenschema** versteht man i. Allg. das Schema der Koeffizienten der Unbekannten allein, hier also

$$\begin{pmatrix} a_{11} & a_{12} \\ a_{21} & a_{22} \end{pmatrix}.$$

Wir verabreden, dass die Koeffizienten Elemente aus einem Körper K sind, wobei K für $\mathbb{R}$ oder $\mathbb{C}$ stehen soll. Ist nichts anderes gesagt, soll $K = \mathbb{R}$ gelten.
Wir wollen uns nun mit dem Koeffizientenschema der allgemeinen Form

$$\begin{pmatrix} a_{11} & a_{12} & \dots & a_{1n} \\ a_{21} & a_{22} & \dots & a_{2n} \\ \vdots & \vdots & & \vdots \\ a_{n1} & a_{n2} & \dots & a_{nn} \end{pmatrix} \tag{4.4}$$

als Schema für die Koeffizienten der Unbekannten bei linearen Gleichungssystemen mit n Gleichungen und n Unbekannten der Form

$$\begin{aligned}
a_{11}x_1 &+ a_{12}x_2 &+ \dots &+ a_{1n}x_n = b_1 \\
a_{21}x_1 &+ a_{22}x_2 &+ \dots &+ a_{2n}x_n = b_2 \\
\vdots \quad &\quad \vdots & & \quad \vdots \\
a_{n1}x_1 &+ a_{n2}x_2 &+ \dots &+ a_{nn}x_n = b_n,
\end{aligned}$$

befassen. Ein allgemeines Element des Schemas (4.4) bezeichnen wir mit a_{ij}, wobei i die Nummer der Zeile und j die Nummer der Spalte bedeutet, wo das Element im Schema steht ($1 \le i, j \le n$). Für das Schema (4.4) benutzen wir auch die Schreibweise (a_{ij}).

4.1.1 Determinantendefinition

Eine Determinante n-ter Ordnung ist eine Abbildung von n^2 Elementen aus K (etwa $\mathbb{R}$) auf ein Element aus K ($\mathbb{R}$), d.h. eine Abbildung $\det : K^{n^2} \to K$, die wie folgt definiert ist:

Definition 4.1. (Determinante n-ter Ordnung)
Als **Determinante n-ter Ordnung** bezeichnet man den Wert, der einem Koeffizientenschema mit $n \times n$ Elementen durch

$$
\det \begin{pmatrix} a_{11} & a_{12} & \cdots & a_{1n} \\ a_{21} & a_{22} & \cdots & a_{2n} \\ \vdots & \vdots & & \vdots \\ a_{n1} & a_{n2} & \cdots & a_{nn} \end{pmatrix} = \begin{vmatrix} a_{11} & a_{12} & \cdots & a_{1n} \\ a_{21} & a_{22} & \cdots & a_{2n} \\ \vdots & \vdots & & \vdots \\ a_{n1} & a_{n2} & \cdots & a_{nn} \end{vmatrix} \tag{4.5}
$$

$$
:= a_{11}A_{11} + a_{12}A_{12} + \cdots + a_{1n}A_{1n} = \sum_{j=1}^{n} a_{1j}A_{1j}
$$

zugeordnet wird.
Mit A_{ij} bezeichnet man die **Adjunkte** (oder das algebraische Komplement) des Elements a_{ij}, die erklärt ist durch

$$
A_{ij} := (-1)^{i+j} \begin{vmatrix} a_{11} & a_{12} & \cdots & a_{1,j-1} & a_{1,j+1} & \cdots & a_{1n} \\ \vdots & \vdots & & \vdots & \vdots & & \vdots \\ a_{i-1,1} & a_{i-1,2} & \cdots & a_{i-1,j-1} & a_{i-1,j+1} & \cdots & a_{i-1,n} \\ a_{i+1,1} & a_{i+1,2} & \cdots & a_{i+1,j-1} & a_{i+1,j+1} & \cdots & a_{i+1,n} \\ \vdots & \vdots & & \vdots & \vdots & & \vdots \\ a_{n1} & a_{n2} & \cdots & a_{n,j-1} & a_{n,j+1} & \cdots & a_{nn} \end{vmatrix} . \tag{4.6}
$$

A_{ij} ist also die mit $(-1)^{i+j}$ multiplizierte Determinante des $(n-1) \times (n-1)$-Koeffizientenschemas, das durch Streichen der i-ten Zeile und j-ten Spalte aus einem $(n \times n)$-Koeffizientenschema entsteht.

Man nennt diese Determinanten $(n-1)$-ter Ordnung auch **Unterdeterminanten** oder **Minoren** $(n-1)$-ter Ordnung der Determinante n-ter Ordnung $\det(a_{ij})$. Streicht man aus einem Koeffizientenschema mit $n \times n$ Elementen p Zeilen und p Spalten ($1 \leq p < n$), so entstehen Unterdeterminanten oder Minoren $(n-p)$-ter Ordnung. Adjunkten sind also gemäß (4.6) die mit dem Vorzeichenfaktor $(-1)^{i+j}$ multiplizierten Unterdeterminanten $(n-1)$-ter Ordnung. Die Folge von Elementen einer Determinante n-ter Ordnung (4.5) , für die Zeilen- und Spaltenindizes übereinstimmen, also $a_{11}, a_{22}, \ldots, a_{nn}$, heißt **Hauptdiagonale** der Determinante $\det(a_{ij})$. Bei der in (4.5) gegebenen **rekursiven** Bestimmung einer Determinante n-ter Ordnung sagt man, die Determinante sei nach der ersten Zeile entwickelt. Man kann eine Determinante beliebiger Ordnung durch (möglicherweise häufige) sukzessive Anwendung der Formel (4.5) berechnen, wenn man nur den Wert einer beliebigen Determinante 1. Ordnung kennt. Es ist naheliegend, die Determinante $\det(a)$ einer Zahl a ($a \in K$) als die Zahl a selbst zu definieren:

$$
\det(a) = a .
$$

Dann bestimmt sich die Determinante 2. Ordnung gemäß (4.5) durch

$$
\begin{aligned}
\det\begin{pmatrix} a_{11} & a_{12} \\ a_{21} & a_{22} \end{pmatrix} &= \begin{vmatrix} a_{11} & a_{12} \\ a_{21} & a_{22} \end{vmatrix} = a_{11}A_{11} + a_{12}A_{12} \\
&= a_{11}(-1)^{1+1}a_{22} + a_{12}(-1)^{1+2}a_{21} \\
&= a_{11}a_{22} - a_{21}a_{12} \,.
\end{aligned}
\tag{4.7}
$$

Das ist gerade der Ausdruck, der bei linearen Gleichungssystemen aus 2 Gleichungen mit zwei Unbekannten darüber entscheidet, ob das Gleichungssystem eine eindeutig bestimmte Lösung hat oder nicht (s. oben).

Beispiele:

1) Die Berechnung einer Determinante 3. Ordnung wird auf die Berechnung von Determinanten 2. Ordnung zurückgeführt:

$$
\begin{vmatrix} 3 & 1 & 5 \\ 2 & -1 & 2 \\ 1 & 1 & 1 \end{vmatrix} =
$$

$$
\begin{aligned}
&= 3 \cdot (-1)^{1+1}\begin{vmatrix} -1 & 2 \\ 1 & 1 \end{vmatrix} + 1 \cdot (-1)^{1+2}\begin{vmatrix} 2 & 2 \\ 1 & 1 \end{vmatrix} + 5 \cdot (-1)^{1+3}\begin{vmatrix} 2 & -1 \\ 1 & 1 \end{vmatrix} \\
&= 3 \cdot ((-1) \cdot 1 - 2 \cdot 1) - (2 \cdot 1 - 2 \cdot 1) + 5(2 \cdot 1 - 1 \cdot (-1)) \\
&= -9 - 0 + 15 = 6.
\end{aligned}
$$

2) Berechnung einer parameterabhängigen Determinante:

$$
\begin{vmatrix} a & 2 & 1 \\ 2 & a & 3 \\ 1 & 3 & a \end{vmatrix} =
$$

$$
\begin{aligned}
&= a \cdot (-1)^{1+1}\begin{vmatrix} a & 3 \\ 3 & a \end{vmatrix} + 2 \cdot (-1)^{1+2}\begin{vmatrix} 2 & 3 \\ 1 & a \end{vmatrix} + 1 \cdot (-1)^{1+3}\begin{vmatrix} 2 & a \\ 1 & 3 \end{vmatrix} \\
&= a(a^2 - 9) - 2(2a - 3) + (6 - a) = a^3 - 14a + 12.
\end{aligned}
$$

Man kann die Rekursionsformel (4.5) zur Berechnung einer Determinante n-ter Ordnung in eine explizite Formel verwandeln: Es gilt

$$
\begin{aligned}
D_n &= \det\begin{pmatrix} a_{11} & a_{12} & \ldots & a_{1n} \\ a_{21} & a_{22} & \ldots & a_{2n} \\ \vdots & \vdots & & \vdots \\ a_{n1} & a_{n2} & \ldots & a_{nn} \end{pmatrix} \\
&= \sum_{\substack{(\nu_1,\nu_2,\ldots,\nu_n) \\ 1 \le \nu_j \le n}} (-1)^{I(\nu_1,\nu_2,\ldots,\nu_n)} a_{1\nu_1} a_{2\nu_2} \ldots a_{n\nu_n} \,.
\end{aligned}
\tag{4.8}
$$

Dabei bedeutet $(\nu_1, \nu_2, \ldots, \nu_n)$ eine Permutation der Zahlen $1, 2, \ldots, n$ und $I(\nu_1, \nu_2, \ldots, \nu_n)$ die Anzahl der in der Permutation vorkommenden Inversionen. Summiert wird über sämtliche $n!$ Permutationen der Zahlen $1, 2, \ldots, n$. Man sagt, zwei Zahlen bilden in der Permutation $(\nu_1, \nu_2, \ldots, \nu_n)$ der Zahlen $1, 2, \ldots, n$ eine Inversion, wenn sie in dieser Permutation umgekehrt zu ihrer natürlichen Reihenfolge auftreten. Ist z.B. $n = 4$ und betrachtet man die Permutation $(\nu_1, \nu_2, \nu_3, \nu_4) = (3,1,4,2)$ der Zahlen $1,2,3,4$, so bilden 3 und 1, 3 und 2 sowie 4 und 2 jeweils eine Inversion; 3 und 4, 1 und 4, 1 und 2 bilden keine Inversion, da sie in natürlicher Reihenfolge stehen. Es ist also $I(3,1,4,2) = 3$, $(-1)^{I(3,1,4,2)} = -1$. Das in (4.8) auftretende Produkt $a_{1\nu_1} a_{2\nu_2} \ldots a_{n\nu_n}$ enthält je ein Element aus jeder Zeile und je ein Element aus jeder Spalte des Schemas (a_{ij}). Insgesamt besteht die Summe aus $n!$ solchen Produkten, versehen mit entsprechenden Vorzeichen. In allen diesen Produkten sind die Faktoren a_{ij} so geordnet, dass die Zeilenindizes i in natürlicher Reihenfolge stehen. In der Summe kommt z.B. das Produkt der Hauptdiagonalelemente $a_{11} a_{22} \ldots a_{nn}$ mit positivem Vorzeichen vor, da $I(1, 2, \ldots, n) = 0$ ist. Die Determinatendefinitionsformel (4.8) geht auf LEIBNIZ zurück. Unter Nutzung dieser Formel lassen sich wichtige Eigenschaften, von Determinanten, die deren Berechnung vereinfachen, nachweisen. Deshalb soll die Formel bewiesen werden.

Wir wollen die Beziehung (4.8) für $n \geq 2$ durch vollständige Induktion beweisen (die Formel (4.8) gilt auch für $n = 1$, wenn man sinnvollerweise $I(1) = 0$ setzt).

Wir betrachten $n = 2$: nach (4.8) ist

$$
D_2 = \begin{vmatrix} a_{11} & a_{12} \\ a_{21} & a_{22} \end{vmatrix} = \sum_{\substack{(\nu_1, \nu_2) \\ 1 \leq \nu_1, \nu_2 \leq 2}} (-1)^{I(\nu_1, \nu_2)} a_{1\nu_1} a_{2\nu_2} \; .
$$

Zu summieren ist über die $2! = 2$ Permutationen $(1,2)$ und $(2,1)$. Es gilt $I(1,2) = 0$, $I(2,1) = 1$. Daher ist

$$
D_2 = (-1)^0 a_{11} a_{22} + (-1)^1 a_{12} a_{21} = a_{11} a_{22} - a_{12} a_{21} \; .
$$

Man erhält also dasselbe Ergebnis wie (4.7), wo die Definition 4.1, d.h. die Entwicklung nach der ersten Zeile, benutzt worden ist.

Wir nehmen nun an, dass (4.8) für sämtliche Determinanten bis zur Ordnung $(n-1)$ bewiesen ist (Induktionsannahme). Zunächst gilt nach (4.5) (Entwicklung nach der ersten Zeile)

$$
\begin{aligned}
D_n &= \det \begin{pmatrix} a_{11} & a_{12} & \cdots & a_{1n} \\ a_{21} & a_{22} & \cdots & a_{2n} \\ \vdots & \vdots & & \vdots \\ a_{n1} & a_{n2} & \cdots & a_{nn} \end{pmatrix} \\
&= \sum_{\mu=1}^{n} a_{1\mu} A_{1\mu} = \sum_{\mu=1}^{n} a_{1\mu} (-1)^{1+\mu} M_{1\mu} \; ,
\end{aligned}
$$

wobei wir den Zusammenhang zwischen zu $a_{1\mu}$ gehörenden Adjunkten $A_{1\mu}$ und

Minoren (Unterdeterminanten von D_n) $M_{1\mu}$ benutzt haben. $M_{1\mu}$ ist eine Determinante $(n-1)$-ter Ordnung, daher gilt nach Induktionsannahme

$$
M_{1\mu} = \begin{vmatrix} a_{21} & a_{22} & \cdots & a_{2,\mu-1} & a_{2,\mu+1} & \cdots & a_{2n} \\ a_{31} & a_{32} & \cdots & a_{3,\mu-1} & a_{3,\mu+1} & \cdots & a_{3n} \\ \cdots & & & & & & \\ a_{n1} & a_{n2} & \cdots & a_{n,\mu-1} & a_{n,\mu+1} & \cdots & a_{nn} \end{vmatrix}
$$

$$
= \sum_{\substack{(\nu_2,\nu_3,\ldots,\nu_n) \\ 1 \le \nu_j \le n, \nu_j \ne \mu}} (-1)^{I(\nu_2,\nu_3,\ldots,\nu_n)} a_{2\nu_2} a_{3\nu_3} \cdots a_{n\nu_n} .
$$

Damit erhält man

$$
D_n = \sum_{\mu=1}^n (-1)^{1+\mu} \sum_{\substack{(\nu_2,\nu_3,\ldots,\nu_n) \\ 1 \le \nu_j \le n, \nu_j \ne \mu}} (-1)^{I(\nu_2,\nu_3,\ldots,\nu_n)} a_{1\mu} a_{2\nu_2} a_{3\nu_3} \cdots a_{n\nu_n} .
$$

Nun ist

$$
I(\nu_2,\nu_3,\ldots,\nu_n) = I(\mu,\nu_2,\nu_3,\ldots,\nu_n) + \mu - 1 .
$$

Denn: In der Permutation $(\nu_2,\ldots,\nu_n)$ sind die $(n-1)$ von μ verschiedenen natürlichen Zahlen $1,2,\ldots,n$ irgendwie angeordnet. Die Anzahl der zwischen ihnen vorhandenen Inversionen bleibt erhalten, wenn man zur Permutation $(\mu,\nu_2,\nu_3,\ldots,\nu_n)$ übergeht, d.h. die Zahl μ (die unter den $\nu_2,\nu_3,\ldots,\nu_n$ nicht vorkommt) vor die Permutation setzt. Es kommen aber $\mu-1$ neue Inversionen hinzu, da unter den $\nu_2,\nu_3,\ldots,\nu_n$ die Zahlen $1,2,\ldots,\mu-1$ irgendwie vorkommen. Damit ist

$$
\begin{aligned}
(-1)^{1+\mu}(-1)^{I(\nu_2,\nu_3,\ldots,\nu_n)} &= (-1)^{1+\mu}(-1)^{I(\mu,\nu_2,\nu_3,\ldots,\nu_n)}(-1)^{\mu-1} \\
&= (-1)^{I(\mu,\nu_2,\nu_3,\ldots,\nu_n)}
\end{aligned}
$$

und mit $\mu = \nu_1$ erhält man

$$
D_n = \sum_{\substack{(\nu_1,\nu_2,\ldots,\nu_n) \\ 1 \le \nu_j \le n}} (-1)^{I(\nu_1,\nu_2,\ldots,\nu_n)} a_{1\nu_1} a_{2\nu_2} \cdots a_{n\nu_n} ,
$$

womit der Beweis von (4.8) erbracht ist.

Man kann zeigen, dass die Summanden in der Summe (4.8) so umgeordnet werden können, dass die Spaltenindizes in den Produkten aus den a_{ij} in der natürlichen Reihenfolge stehen:

$$
\begin{aligned}
D_n &= \det \begin{pmatrix} a_{11} & a_{12} & \cdots & a_{1n} \\ a_{21} & a_{22} & \cdots & a_{2n} \\ \vdots & \vdots & & \vdots \\ a_{n1} & a_{n2} & \cdots & a_{nn} \end{pmatrix} \\
&= \sum_{\substack{(\nu_1,\nu_2,\ldots,\nu_n) \\ 1 \le \nu_j \le n}} (-1)^{I(\nu_1,\nu_2,\ldots,\nu_n)} a_{\nu_1 1} a_{\nu_2 2} \cdots a_{\nu_n n} .
\end{aligned}
$$

4.1.2 Regeln zur Determinantenberechnung

Bei der rekursiven Definition (4.1) der Determinante n-ter Ordnung wurde die Determinante nach der **ersten** Zeile entwickelt. Die Berechnung einer Determinante n-ter Ordnung kann man auch durch eine Entwicklung nach einer anderen Zeile oder Spalte vornehmen. Es gilt der

Satz 4.1. *(Determinantenentwicklungssatz)*
Eine Determinante n-ter Ordnung kann durch eine Entwicklung nach einer beliebigen Zeile k ($1 \leq k \leq n$) oder Spalte l ($1 \leq l \leq n$) berechnet werden. Es gilt

$$\begin{vmatrix} a_{11} & a_{12} & \cdots & a_{1n} \\ a_{21} & a_{22} & \cdots & a_{2n} \\ \cdots & \cdots & & \cdots \\ a_{n1} & a_{n2} & \cdots & a_{nn} \end{vmatrix} = \sum_{\mu=1}^{n} a_{k\mu} A_{k\mu} = \sum_{\mu=1}^{n} a_{\mu l} A_{\mu l} \, . \tag{4.9}$$

Beweis: Beim Beweis beschränken wir uns auf die Entwicklung nach einer beliebigen Zeile k. Klammert man in (4.8) aus der Summe von Produkten $a_{1\nu_1} a_{2\nu_2} \ldots a_{n\nu_n}$, die den Faktor $a_{k\mu}$ enthalten, diesen Faktor für $\mu = 1, 2, \ldots, n$ aus, so erhält man

$$\det(a_{ij}) = \sum_{(\nu_1, \nu_2, \ldots, \nu_n)} (-1)^{I(\nu_1, \nu_2, \ldots, \nu_n)} a_{1\nu_1} a_{2\nu_2} \ldots a_{n\nu_n}$$

$$= \sum_{\mu=1}^{n} a_{k\mu} \sum_{\substack{(\nu_1, \ldots, \nu_{k-1}, \nu_{k+1}, \ldots, \nu_n) \\ \nu_j \neq \mu}} (-1)^{I_\mu} a_{1\nu_1} \ldots a_{k-1,\nu_{k-1}} a_{k+1,\nu_{k+1}} \ldots a_{n\nu_n} \, , \tag{4.10}$$

mit $I_\mu = I(\nu_1, \ldots, \nu_{k-1}, \mu, \nu_{k+1}, \ldots, \nu_n)$. Summiert wird bei festem μ über alle $(n-1)!$ Permutationen $(\nu_1, \ldots, \nu_{k-1}, \nu_{k+1}, \ldots, \nu_n)$ der Zahlen $1, 2, \ldots, \mu-1, \mu+1, \ldots, n$. Es bleibt zu zeigen, dass die in (4.10) stehende Summe

$$S = \sum_{\substack{(\nu_1, \ldots, \nu_{k-1}, \nu_{k+1}, \ldots, \nu_n) \\ \nu_j \neq \mu}} (-1)^{I_\mu} a_{1\nu_1} \ldots a_{k-1,\nu_{k-1}} a_{k+1,\nu_{k+1}} \ldots a_{n\nu_n} \tag{4.11}$$

gleich dem zu $a_{k\mu}$ gehörenden algebraischen Komplement $A_{k\mu}$ ist. Man sieht zunächst, dass in der Summe von Produkten kein Element der k-ten Zeile und wegen $\nu_j \neq \mu$ kein Element der μ-ten Spalte vorkommt, so wie es auch bei $A_{k\mu}$ der Fall ist. Diese notwendige Bedingung ist also erfüllt. Es ist noch $I(\nu_1, \ldots, \nu_{k-1}, \mu, \nu_{k+1}, \ldots, \nu_n)$ auf $I(\nu_1, \ldots, \nu_{k-1}, \nu_{k+1}, \ldots, \nu_n)$ zurückzuführen. Dazu überführen wir die Permutation $(\nu_1, \ldots, \nu_{k-1}, \mu, \nu_{k+1}, \ldots, \nu_n)$ durch $(k-1)$ Vertauschungen benachbarter Elemente in die Permutation $(\mu, \nu_1, \ldots, \nu_{k-1}, \nu_{k+1}, \ldots, \nu_n)$. Bei jeder Vertauschung nimmt die Anzahl der Inversionen entweder um 1 ab oder um 1 zu. Erfolgt bei den sukzessiven Vertauschungen p mal eine Zunahme und m mal eine Abnahme der Anzahl der Inversionen, so ist $p+m = k-1$ und die Anzahl der Inversionen ändert sich insgesamt um $p-m = 2p-(k-1)$:

$$I(\nu_1, \ldots, \nu_{k-1}, \mu, \nu_{k+1}, \ldots, \nu_n) =$$
$$I(\mu, \nu_1, \ldots, \nu_{k-1}, \nu_{k+1}, \ldots, \nu_n) + 2p - (k-1) \, .$$

Lässt man die Zahl μ weg, geht also von $(\mu, \nu_1, \ldots, \nu_{k-1}, \nu_{k+1}, \ldots, \nu_n)$ zu $(\nu_1, \ldots, \nu_{k-1}, \nu_{k+1}, \ldots, \nu_n)$ über, so bleiben die zwischen den ν_j bestehenden Inversionen erhalten. Es entfallen aber die $(\mu - 1)$ Inversionen, die die als erstes Element stehende

Zahl μ mit ihren Vorgängern $1, 2, \ldots, \mu - 1$ bildet, die unter den $\nu_1, \ldots, \nu_{k-1}, \nu_{k+1}, \ldots, \nu_n$ vorkommen. Also ist

$$I(\nu_1, \ldots, \nu_{k-1}, \mu, \nu_{k+1}, \ldots, \nu_n) =$$
$$I(\nu_1, \ldots, \nu_{k-1}, \nu_{k+1}, \ldots, \nu_n) + \mu - 1 + 2p - (k - 1)$$

und wegen $(-1)^{2p} = (-1)^{2k} = 1$

$$(-1)^{I(\nu_1, \ldots, \nu_{k-1}, \mu, \nu_{k+1}, \ldots, \nu_n)} = (-1)^{I(\nu_1, \ldots, \nu_{k-1}, \nu_{k+1}, \ldots, \nu_n)} (-1)^{k+\mu} .$$

Für die Summe (4.11) ergibt sich damit

$$S = (-1)^{k+\mu} \sum_{\substack{(\nu_1, \ldots, \nu_{k-1}, \nu_{k+1}, \ldots, \nu_n) \\ \nu_j \neq \mu}} (-1)^{I_k} a_{1\nu_1} \ldots a_{k-1,\nu_{k-1}} a_{k+1,\nu_{k+1}} \ldots a_{n\nu_n}$$

$$= (-1)^{k+\mu} M_{k\mu} ,$$

mit $I_k = I(\nu_1, \ldots, \nu_{k-1}, \nu_{k+1}, \ldots, \nu_n)$. Nach (4.8) ist $M_{k\mu}$ die zu $a_{k\mu}$ gehörige Unterdeterminante $(n-1)$-ter Ordnung. Wegen $A_{k\mu} = (-1)^{k+\mu} M_{k\mu}$ erhält man damit aus (4.10)

$$\det(a_{ij}) = \sum_{\mu=1}^{n} a_{k\mu} A_{k\mu} ,$$

also den Nachweis des Determinantenentwicklungssatzes. $\qquad\qquad\square$

Dass eine Determinante auch durch Entwicklung nach einer beliebigen Spalte berechnet werden kann, folgt auf der Grundlage von

$$D_n = \sum_{\substack{(\nu_1, \nu_2, \ldots, \nu_n) \\ 1 \leq \nu_j \leq n}} (-1)^{I(\nu_1, \nu_2, \ldots, \nu_n)} a_{\nu_1 1} a_{\nu_2 2} \ldots a_{\nu_n n}$$

ganz analog.

Beispiel: Beispiel 1 von oben, Entwicklung nach der 2. Spalte:

$$\begin{vmatrix} 3 & 1 & 5 \\ 2 & -1 & 2 \\ 1 & 1 & 1 \end{vmatrix} =$$

$$= 1 \cdot (-1)^{1+2} \begin{vmatrix} 2 & 2 \\ 1 & 1 \end{vmatrix} + -1 \cdot (-1)^{2+2} \begin{vmatrix} 3 & 5 \\ 1 & 1 \end{vmatrix} + 1 \cdot (-1)^{3+2} \begin{vmatrix} 3 & 5 \\ 2 & 2 \end{vmatrix} =$$

$$= -(2 - 2) - (3 - 5) - (6 - 10) = -0 + 2 + 4 = 6.$$

4.1.3 SARRUSsche Regel und Eigenschaften von Determinanten

Für Determinanten 3. Ordnung gibt es eine Berechnungsregel, die SARRUSsche Regel, die sich leicht einprägt und keine Entwicklung nach Zeilen oder Spalten erforderlich macht. Wir schreiben das 3×3-Koeffizienten-Schema auf und ergänzen es, indem wir die erste und zweite Spalte als 4. und 5. Spalte neben das ursprüngliche Schema schreiben:

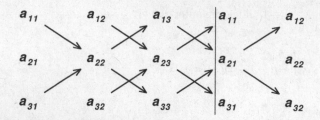

Die Determinante 3. Ordnung berechnet man nun als die Summe der drei Produkte aus den durch die südöstlich gerichteten Pfeile miteinander verbundenen Elemente, also

$$SP = a_{11}a_{22}a_{33} + a_{12}a_{23}a_{31} + a_{13}a_{21}a_{32},$$

minus der Summe der drei Produkte aus den durch die nordöstlich gerichteten Pfeile miteinander verknüpften Elemente, also

$$SM = a_{31}a_{22}a_{13} + a_{32}a_{23}a_{11} + a_{33}a_{21}a_{12},$$

so dass sich für die Determinante 3. Ordnung

$$\begin{vmatrix} a_{11} & a_{12} & a_{13} \\ a_{21} & a_{22} & a_{23} \\ a_{31} & a_{32} & a_{33} \end{vmatrix} = SP - SM$$

ergibt. Wir wollen die SARRUSsche Regel mit Hilfe der LEIBNIZschen Determinantenformel (4.8) nachweisen. Nach (4.8) ist

$$\det \begin{pmatrix} a_{11} & a_{12} & a_{13} \\ a_{21} & a_{22} & a_{23} \\ a_{31} & a_{32} & a_{33} \end{pmatrix} = \sum_{\substack{(\nu_1, \nu_2, \nu_3) \\ 1 \le \nu_j \le 3}} (-1)^{I(\nu_1, \nu_2, \nu_3)} a_{1\nu_1} a_{2\nu_2} a_{3\nu_3} \ .$$

Die Summation ist zu erstrecken über die $3! = 6$ Permutationen der Zahlen 1,2,3:

(ν_1, ν_2, ν_3)	$I(\nu_1, \nu_2, \nu_3)$	Vorzeichen von $a_{1\nu_1} a_{2\nu_2} a_{3\nu_3}$
(1,2,3)	0	+
(1,3,2)	1	-
(2,1,3)	1	-
(2,3,1)	2	+
(3,1,2)	2	+
(3,2,1)	3	-

Damit erhält man

$$\det \begin{pmatrix} a_{11} & a_{12} & a_{13} \\ a_{21} & a_{22} & a_{23} \\ a_{31} & a_{32} & a_{33} \end{pmatrix} =$$

$$= a_{11}a_{22}a_{33} + a_{12}a_{23}a_{31} + a_{13}a_{21}a_{32} - (a_{11}a_{23}a_{32} + a_{12}a_{21}a_{33} + a_{13}a_{22}a_{31})$$
$$= SP - SM \ .$$

Beispiel:

$$\begin{vmatrix} 4 & 2 & 3 \\ 3 & -1 & 6 \\ 2 & 1 & 5 \end{vmatrix} =$$

$$= 4 \cdot (-1) \cdot 5 + 2 \cdot 6 \cdot 2 + 3 \cdot 3 \cdot 1 - (2 \cdot (-1) \cdot 3 + 1 \cdot 6 \cdot 4 + 5 \cdot 3 \cdot 2)$$
$$= -20 + 24 + 9 + 6 - 24 - 30 = -35.$$

Mit der SARRUSschen Regel kann man Determinanten höherer Ordnung nach sukzessiver Reduktion mittels (4.9) auf Determinanten 3. Ordnung berechnen. Es empfielt sich jedoch in jedem Fall nach "günstigen" Zeilen oder Spalten **mit möglichst vielen Nullen** zu suchen, um den Aufwand bei der Determinantenberechnung möglichst gering zu halten. Wenn die Determinante

$$D = \begin{vmatrix} 4 & 2 & 3 & 1 & 5 \\ 3 & -1 & 6 & 0 & 1 \\ 2 & 0 & 5 & 0 & 2 \\ 3 & 0 & 1 & 0 & 4 \\ 3 & 1 & 3 & 1 & 4 \end{vmatrix}$$

berechnet werden soll, entwickelt man sinnvollerweise nach der 4. Spalte und erhält

$$D = (-1)^{1+4} \begin{vmatrix} 3 & -1 & 6 & 1 \\ 2 & 0 & 5 & 2 \\ 3 & 0 & 1 & 4 \\ 3 & 1 & 3 & 4 \end{vmatrix} + (-1)^{5+4} \begin{vmatrix} 4 & 2 & 3 & 5 \\ 3 & -1 & 6 & 1 \\ 2 & 0 & 5 & 2 \\ 3 & 0 & 1 & 4 \end{vmatrix}.$$

Die Determinanten 4. Ordnung entwickelt man nun jeweils nach der 2. Spalte und erhält

$$D = (-1)(-1)^5(-1)^{1+2} \begin{vmatrix} 2 & 5 & 2 \\ 3 & 1 & 4 \\ 3 & 3 & 4 \end{vmatrix} + (-1)^5(-1)^{4+2} \begin{vmatrix} 3 & 6 & 1 \\ 2 & 5 & 2 \\ 3 & 1 & 4 \end{vmatrix}$$

$$+ 2(-1)^9(-1)^{1+2} \begin{vmatrix} 3 & 6 & 1 \\ 2 & 5 & 2 \\ 3 & 1 & 4 \end{vmatrix} + (-1)(-1)^9(-1)^{2+2} \begin{vmatrix} 4 & 3 & 5 \\ 2 & 5 & 2 \\ 3 & 1 & 4 \end{vmatrix}$$

$$= - \begin{vmatrix} 2 & 5 & 2 \\ 3 & 1 & 4 \\ 3 & 3 & 4 \end{vmatrix} - \begin{vmatrix} 3 & 6 & 1 \\ 2 & 5 & 2 \\ 3 & 1 & 4 \end{vmatrix} + 2 \begin{vmatrix} 3 & 6 & 1 \\ 2 & 5 & 2 \\ 3 & 1 & 4 \end{vmatrix} + \begin{vmatrix} 4 & 3 & 5 \\ 2 & 5 & 2 \\ 3 & 1 & 4 \end{vmatrix}.$$

Von hier ab kann mit der SARRUSschen Regel der Wert der Determinante 5. Ordnung schnell berechnet werden.

Im Folgenden werden allgemeine Eigenschaften von Determinanten diskutiert, die oft zu drastischen Vereinfachungen bei der Berechnung von Determinanten genutzt werden können. Die Beweise der Eigenschaften ergeben sich aus dem Entwicklungssatz bzw. der LEIBNIZschen Formel (4.8).

Definition 4.2. (Vereinfachung der Schreibweise)
Zur Vereinfachung der Darstellung von Determinanten verabreden wir für die
j-te Spalte eines Koeffizientenschemas

$$
A = \begin{pmatrix} a_{11} & a_{12} & \cdots & a_{1j} & \cdots & a_{1n} \\ a_{21} & a_{22} & \cdots & a_{2j} & \cdots & a_{2n} \\ \vdots & \vdots & & \vdots & & \vdots \\ a_{n1} & a_{n2} & \cdots & a_{nj} & \cdots & a_{nn} \end{pmatrix}
\tag{4.12}
$$

die Bezeichnung

$$
\mathbf{a}_j,
$$

und sprechen auch vom **Spaltenvektor** $\mathbf{a}_j$. Damit können wir das Koeffizientenschema (4.12) auch in der Form

$$
A = (\mathbf{a}_1, \mathbf{a}_2, \ldots, \mathbf{a}_j, \ldots, \mathbf{a}_n) \quad ,
$$

und die Determinante in der Form

$$
\det(A) = \det(\mathbf{a}_1, \mathbf{a}_2, \ldots, \mathbf{a}_n)
$$

aufschreiben.

Mit A^T bezeichnen wir das "transponierte" Koeffizientenschema A, d.h. es ist
$A^T = (a'_{ij})$ mit $a'_{ij} = a_{ji}$.

Satz 4.2. (*Gleichheit der Determinanten von A und A^T*)
*Die Determinanten eines Koeffizientenschemas A und des an der Hauptdiagonale gespie-
gelten Koeffizientenschemas A^T sind gleich, d.h. es gilt*

$$
\begin{vmatrix} a_{11} & a_{12} & \cdots & a_{1n} \\ a_{21} & a_{22} & \cdots & a_{2n} \\ \vdots & \vdots & & \vdots \\ a_{n1} & a_{n2} & \cdots & a_{nn} \end{vmatrix} = \begin{vmatrix} a_{11} & a_{21} & \cdots & a_{n1} \\ a_{12} & a_{22} & \cdots & a_{n2} \\ \vdots & \vdots & & \vdots \\ a_{1n} & a_{2n} & \cdots & a_{nn} \end{vmatrix} .
$$

Beweis: Bezeichnet man die auf der linken Seite stehende Determinante mit D_n, so ist
nach (4.8)

$$
D_n = \sum_{\substack{(\nu_1, \nu_2, \ldots, \nu_n) \\ 1 \le \nu_j \le n}} (-1)^{I(\nu_1, \nu_2, \ldots, \nu_n)} a_{1\nu_1} a_{2\nu_2} \cdots a_{n\nu_n} .
$$

Für die durch Vertauschung von Zeilen- und Spaltenindizes entstehende Determinante
$D_n{}'$ ist daher nach (4.8)

$$
D_n{}' = \sum_{\substack{(\nu_1, \nu_2, \ldots, \nu_n) \\ 1 \le \nu_j \le n}} (-1)^{I(\nu_1, \nu_2, \ldots, \nu_n)} a_{\nu_1 1} a_{\nu_2 2} \cdots a_{\nu_n n} .
$$

Die in D'_n auftretende Summe ist, wie oben im Anschluss an den Beweis von (4.8) bemerkt,
lediglich eine Umordnung der in D_n stehenden Summe.   □

Die im Folgenden dargelegten Determinanteneigenschaften haben deutliche Bezüge zu den später zu behandelnden äquivalenten Umformungen (Linearkombinationen von Zeilen usw.) bei der Lösung linearer Gleichungssysteme und zu rangerhaltenden Operationen mit Matrizen. Wir werden sehen, dass die äquivalenten Umformungen, z.B. die Addition des Vielfachen einer Zeile einer Koeffizientenmatrix zu einer anderen Zeile, die Lösungsmenge der linearen Gleichungssysteme nicht verändern.

Satz 4.3. *(Linearität der Determinante bezüglich einer Reihe)*
Sei $\lambda \in \mathbb{R}$, *dann gilt*

$$\det(\mathbf{a}_1, \mathbf{a}_2, \ldots, \mathbf{a}_{i-1}, \lambda \mathbf{a}_i + \mathbf{b}_i, \mathbf{a}_{i+1}, \ldots, \mathbf{a}_n) \tag{4.13}$$

$$= \lambda \det(\mathbf{a}_1, \ldots, \mathbf{a}_{i-1}, \mathbf{a}_i, \mathbf{a}_{i+1}, \ldots, \mathbf{a}_n) + \det(\mathbf{a}_1, \ldots, \mathbf{a}_{i-1}, \mathbf{b}_i, \mathbf{a}_{i+1}, \ldots, \mathbf{a}_n).$$

Der Beweis dieses Satzes ergibt sich durch Entwicklung der Determinante nach der i-ten Spalte (Satz 4.1).

Aus der Determinantendefinition und (4.8) kann man folgern:

Satz 4.4. *(Vorzeichenwechsel der Determinante bei Reihenaustausch)*
Tauscht man zwei Spalten eines Koeffizientenschemas aus, so wechselt die Determinante das Vorzeichen, also gilt für $i \neq k$

$$\det(\mathbf{a}_1, \ldots, \mathbf{a}_n) = -\det(\mathbf{a}_1, \ldots, \mathbf{a}_{i-1}, \mathbf{a}_k, \mathbf{a}_{i+1}, \ldots, \mathbf{a}_{k-1}, \mathbf{a}_i, \mathbf{a}_{k+1}, \ldots, \mathbf{a}_n).$$

Mittels der Sätze 4.3 und 4.4 kann man beweisen:

Satz 4.5. *(Invarianz der Determinante gegenüber Reihenkombinationen)*
Sei $\lambda \in \mathbb{R}$ *und* $i \neq k$, *dann gilt*

$$\det(\mathbf{a}_1, \ldots, \mathbf{a}_n) = \det(\mathbf{a}_1, \ldots, \mathbf{a}_i, \ldots, \mathbf{a}_{k-1}, \mathbf{a}_k + \lambda \mathbf{a}_i, \mathbf{a}_{k+1}, \ldots, \mathbf{a}_n),$$

d.h. man kann das λ-*fache der* i-*ten Spalte zu der* k-*ten Spalte addieren, ohne dass sich der Wert der Determinante ändert.*

Satz 4.6. *(Determinante bei linear abhängigen Reihen)*
Ist eine Spalte eines Koeffizientenschemas eine Linearkombination aus anderen Spalten des Schemas, so verschindet die Determinante

$$\det(\mathbf{a}_1, \mathbf{a}_2, \ldots, \mathbf{a}_{k-1}, \sum_{\substack{\mu=1 \\ \mu \neq k}}^{n} \lambda_\mu \mathbf{a}_\mu, \mathbf{a}_{k+1}, \ldots, \mathbf{a}_n) = 0.$$

Daraus folgt mittels Satz 4.5 insbesondere, dass eine Determinante verschwindet, wenn eine Spalte nur aus Nullen besteht (das ergibt sich natürlich auch aus Satz 4.1) oder zwei Spalten gleich oder zueinander proportional sind:

$$\det(\mathbf{a}_1, \ldots, \mathbf{a}_2, \ldots, \mathbf{a}_{k-1}, \mathbf{0}, \mathbf{a}_{k+1}, \ldots, \mathbf{a}_n) = 0$$
$$\det(\mathbf{a}_1, \mathbf{a}_2, \ldots, \mathbf{a}_i, \ldots, \mathbf{a}_{k-1}, \lambda \mathbf{a}_i, \mathbf{a}_{k+1}, \ldots, \mathbf{a}_n) = 0 \quad (i \neq k).$$

Aufgrund des Satzes 4.2 gelten die in den Sätzen 4.3 bis 4.6 genannten Eigenschaften auch wenn man "Spalte" durch "Zeile" ersetzt, d.h. man kann in diesen Sätzen die Bezeichnung a_k auch als eine Bezeichnung für eine Zeile verstehen. Als Oberbegriff für Spalten und Zeilen führen wir deshalb den Begriff der **Reihe** ein.

Den Determinantenentwicklungssatz 4.1 kann man auch so lesen, dass bei Multiplikation der Elemente einer beliebigen Reihe mit den zu diesen Elementen gehörenden Adjunkten (und der Summation) der Wert der Determinante herauskommt. Was geschieht, wenn man die Elemente einer Reihe mit den Adjunkten der Elemente einer parallelen anderen Reihe multipliziert? Gefragt ist also nach

$$\sum_{\mu=1}^{n} a_{k\mu}A_{l\mu} \quad \text{bzw.} \quad \sum_{\mu=1}^{n} a_{\mu k}A_{\mu l}$$

für $k \neq l$. Wir beschränken uns dabei auf die Multiplikation der Elemente $a_{\mu k}$ der k-ten Spalte mit den Adjunkten $A_{\mu l}$ der Elemente einer anderen Spalte (der l-ten). Aus Satz 4.6 folgt für $k \neq l$

$$\det(\mathbf{a}_1, \mathbf{a}_2, \ldots, \mathbf{a}_{l-1}, \mathbf{a}_k, \mathbf{a}_{l+1}, \ldots, \mathbf{a}_{k-1}, \mathbf{a}_k, \mathbf{a}_{k+1}, \ldots, \mathbf{a}_n) = 0 \,.$$

Wir entwickeln die Determinante gemäß Satz 4.1 nach der l-ten Spalte und erhalten

$$\sum_{\mu=1}^{n} a_{\mu k}A_{\mu l} = 0 \,,$$

denn die Adjunkten der Elemente der l-ten Spalte enthalten die Elemente der l-ten Spalte nicht. Analog erhält man für $k \neq l$

$$\sum_{\mu=1}^{n} a_{k\mu}A_{l\mu} = 0 \,.$$

Damit ist bewiesen:

Satz 4.7. *(Nullsatz und Entwicklungssatz)*
Multipliziert man die Elemente einer Reihe mit den Adjunkten der Elemente einer parallelen Reihe, so ergibt sich Null. Zusammen mit Satz 4.1 kann man für $1 \leq k, l \leq n$ schreiben

$$\sum_{\mu=1}^{n} a_{k\mu}A_{l\mu} = \delta_{kl} \det(a_{ij})$$

$$\sum_{\mu=1}^{n} a_{\mu k}A_{\mu l} = \delta_{kl} \det(a_{ij}) \,, \qquad\qquad (4.14)$$

wobei δ_{kl} das KRONECKER-Symbol bedeutet (s. Def. 4.12).

Beispiele zur Anwendung der Regeln:

1) Anwendung des Satzes 4.5 (Spaltenoperationen)

$$\begin{vmatrix} 3 & -1 & 6 & 7 \\ 2 & 2 & 3 & 5 \\ 3 & 2 & 1 & 3 \\ 3 & 1 & 3 & 4 \end{vmatrix} \underset{=}{\scriptstyle [(3):=(2)+(3)]} \begin{vmatrix} 3 & -1 & 5 & 7 \\ 2 & 2 & 5 & 5 \\ 3 & 2 & 3 & 3 \\ 3 & 1 & 4 & 4 \end{vmatrix} \underset{=}{\scriptstyle [(4):=(4)-(3)]}$$

$$
= \begin{vmatrix} 3 & -1 & 5 & 2 \\ 2 & 2 & 5 & 0 \\ 3 & 2 & 3 & 0 \\ 3 & 1 & 4 & 0 \end{vmatrix} = -2 \begin{vmatrix} 2 & 2 & 5 \\ 3 & 2 & 3 \\ 3 & 1 & 4 \end{vmatrix} = -2(16 + 18 + 15 - (30 + 6 + 24)) = 22.
$$

2) Anwendung des Satzes 4.5 (Zeilenoperationen) zur Berechnung von

$$
\begin{vmatrix} 4 & -1 & 6 & 7 \\ 2 & 2 & 3 & 5 \\ 4 & 2 & 1 & 3 \\ 4 & 1 & 3 & 4 \end{vmatrix}.
$$

Die Subtraktion des 2-fachen der 2. Zeile von der 1., 3. und 4. Zeile ergibt

$$
\begin{vmatrix} 4 & -1 & 6 & 7 \\ 2 & 2 & 3 & 5 \\ 4 & 2 & 1 & 3 \\ 4 & 1 & 3 & 4 \end{vmatrix} = \begin{vmatrix} 0 & -5 & 0 & -3 \\ 2 & 2 & 3 & 5 \\ 0 & -2 & -5 & -7 \\ 0 & -3 & -3 & -6 \end{vmatrix} =
$$

$$
= -2 \begin{vmatrix} -5 & 0 & -3 \\ -2 & -5 & -7 \\ -3 & -3 & -6 \end{vmatrix} = -2(-150 + 0 - 18 - (-45 - 105 + 0)) = 36.
$$

3) Ein glücklicher Umstand.
Zu berechnen ist die Determinante 8. Ordnung

$$
D_8 = \begin{vmatrix} 3 & 3 & 1075 & -99 & 25 & 1 & 999 & 2 \\ 0 & 2 & 773 & 1 & 0 & 12 & 4 & 61 \\ 0 & 0 & 4 & 33 & 21 & 1 & 0 & 51 \\ 0 & 0 & 0 & 5 & 1 & 2 & 3 & 19 \\ 0 & 0 & 0 & 0 & 2 & 1 & 23 & 12 \\ 0 & 0 & 0 & 0 & 0 & 9 & 1 & 13 \\ 0 & 0 & 0 & 0 & 0 & 0 & 21 & 1 \\ 0 & 0 & 0 & 0 & 0 & 0 & 0 & 3 \end{vmatrix}.
$$

Die konsequente mehrfache Anwendung des Determinantenentwicklungssatzes bzw. der rekursiven Definition ergibt für D_8 genau das Produkt der Diagonalelemente, also

$$
D_8 = 3 \cdot 2 \cdot 4 \cdot 5 \cdot 2 \cdot 9 \cdot 21 \cdot 3 = 136080.
$$

Dieses Beispiel zeigt uns den Vorteil von so genannten "oberen" oder "unteren" Dreiecksschemen, deren Determinanten man sofort durch das Produkt der Diagonalelemente aufschreiben kann. Es ist also immer sinnvoll, durch die geschickte (zulässige) Kombination von Zeilen oder Spalten eine weitestgehende Dreiecksgestalt des Koeffizientenschemas anzustreben, um dadurch die Berechnung von Determinanten zu erleichtern.

4.1.4 Determinanten komplexer Koeffizientenschemata

In den bisherigen Beispielen haben wir ausschließlich Determinanten reeller Koeffizientenschemata berechnet. Die Definition der Determinante und der Determinantenentwicklungssatz 4.1 schließen allerdings komplexe Koeffizientenschemata nicht aus. So finden wir durch konsequente Anwendung der Determinantendefinition bzw. der SARRUSschen Regel

$$C_3 = \begin{vmatrix} i & 3 & 5 \\ 2 & 1 & 0 \\ 1 & 1-i & 3 \end{vmatrix} = 3i + 10(1-i) - 5 - 18 = -13 - 7i, \quad \text{bzw.}$$

$$C_2 = \begin{vmatrix} 5+3i & 3-i \\ 3+i & 5-3i \end{vmatrix} = (5+3i)(5-3i) - (3-i)(3+i) = 34 - 10 = 24.$$

Die Determinante eines komplexen Koeffizientenschemas ist in der Regel eine komplexe Zahl, kann aber wie im Falle von C_2 auch reell sein. Die Berechnungsalgorithmen für Determinanten komplexer Koeffizientenschemata sind die gleichen wie im Fall rein reeller Schemata.

4.2 CRAMERsche Regel

Mit der Fähigkeit, Determinanten zu berechnen, ist es nun möglich, ein lineares Gleichungssystem der Form

$$
\begin{array}{llll}
a_{11}x_1 & +a_{12}x_2 & +\ldots & +a_{1n}x_n = b_1 \\
a_{21}x_1 & +a_{22}x_2 & +\ldots & +a_{2n}x_n = b_2 \\
\vdots & \vdots & \vdots & \vdots \\
a_{n1}x_1 & +a_{n2}x_2 & +\ldots & +a_{nn}x_n = b_n,
\end{array}
\tag{4.15}
$$

mit der CRAMERschen Regel zu lösen, sofern eine eindeutige Lösung existiert. Dazu definieren wir das Koeffizientenschema

$$
A_j := \begin{pmatrix}
a_{11} & a_{12} & \cdots & a_{1j-1} & b_1 & a_{1j+1} & \cdots & a_{1n} \\
a_{21} & a_{22} & \cdots & a_{2j-1} & b_2 & a_{2j+1} & \cdots & a_{2n} \\
\vdots & \vdots & & \vdots & \vdots & \vdots & & \vdots \\
a_{n1} & a_{n2} & \cdots & a_{nj-1} & b_n & a_{nj+1} & \cdots & a_{nn},
\end{pmatrix}
$$
$$= (\mathbf{a}_1, \ldots, \mathbf{a}_{j-1}, \mathbf{b}, \mathbf{a}_{j+1}, \ldots, \mathbf{a}_n)$$

als das Schema, das aus dem Schema

$$
A := \begin{pmatrix}
a_{11} & a_{12} & \cdots & a_{1j-1} & a_{1j} & a_{1j+1} & \cdots & a_{1n} \\
a_{21} & a_{22} & \cdots & a_{2j-1} & a_{2j} & a_{2j+1} & \cdots & a_{2n} \\
\vdots & \vdots & & \vdots & \vdots & \vdots & & \vdots \\
a_{n1} & a_{n2} & \cdots & a_{nj-1} & a_{nj} & a_{nj+1} & \cdots & a_{nn},
\end{pmatrix}
$$
$$= (\mathbf{a}_1, \ldots, \mathbf{a}_{j-1}, \mathbf{a}_j, \mathbf{a}_{j+1}, \ldots, \mathbf{a}_n)$$

dadurch hervorgeht, dass man die j-te Spalte durch die "rechte Seite", also die Spalte b, ersetzt.

Satz 4.8. *(CRAMERsche Regel)*
Das lineare Gleichungssystem (4.15) *ist unter der Voraussetzung* $\det(A) \neq 0$ *eindeutig lösbar, und für die Lösung gilt*

$$x_j = \frac{\det(A_j)}{\det(A)} = \frac{\det(\mathbf{a}_1, \ldots, \mathbf{a}_{j-1}, \mathbf{b}, \mathbf{a}_{j+1}, \ldots, \mathbf{a}_n)}{\det(\mathbf{a}_1, \mathbf{a}_2, \ldots, \mathbf{a}_n)}, \quad j = 1, \ldots, n. \quad (4.16)$$

Beweis: Wir stellen zunächst fest, dass es außer (4.16) keine weitere Lösung von (4.15) gibt (Eindeutigkeit): Sei $(x_1, x_2, \ldots, x_n)$ irgendeine Lösung. Dann ist $\mathbf{b} = \sum_{k=1}^{n} x_k \mathbf{a}_k$ und damit hat man

$$
\begin{aligned}
\det(A_j) &= \det(\mathbf{a}_1, \ldots, \mathbf{a}_{j-1}, \mathbf{b}, \mathbf{a}_{j+1}, \ldots, \mathbf{a}_n) \\
&= \det(\mathbf{a}_1, \ldots, \mathbf{a}_{j-1}, \sum_{k=1}^{n} x_k \mathbf{a}_k, \mathbf{a}_{j+1}, \ldots, \mathbf{a}_n) .
\end{aligned}
$$

Nach Satz 4.5 können wir zur j-ten Spalte nacheinander $-x_1\mathbf{a}_1, -x_2\mathbf{a}_2, \ldots, -x_{j-1}\mathbf{a}_{j-1}, -x_{j+1}\mathbf{a}_{j+1}, \ldots, -x_n\mathbf{a}_n$ addieren, ohne den Wert der Determinante zu ändern. Daraus folgt

$$
\begin{aligned}
\det(A_j) &= \det(\mathbf{a}_1, \ldots, \mathbf{a}_{j-1}, x_j\mathbf{a}_j, \mathbf{a}_{j+1}, \ldots, \mathbf{a}_n) \\
&= x_j \det(\mathbf{a}_1, \ldots, \mathbf{a}_n) = x_j \det(A) ,
\end{aligned}
$$

letzteres nach Satz 4.3. Wegen $\det(A) \neq 0$ ist also für jede Lösung $(x_1, x_2, \ldots, x_n)$

$$x_j = \frac{\det(A_j)}{\det(A)} .$$

Andere Lösungen gibt es folglich nicht. Um nun zu zeigen, dass es sich bei (4.16) tatsächlich um eine Lösung handelt (Existenz), setzen wir (4.16) in (4.15) ein. Die linke Seite der i-ten Gleichung wird damit zu

$$\sum_{j=1}^{n} a_{ij} x_j = \sum_{j=1}^{n} a_{ij} \frac{\det(A_j)}{\det(A)} = \frac{1}{\det(A)} \sum_{j=1}^{n} a_{ij} \det(\mathbf{a}_1, \ldots, \mathbf{a}_{j-1}, \mathbf{b}, \mathbf{a}_{j+1}, \ldots, \mathbf{a}_n) = (*) .$$

Entwicklung nach der j-ten Spalte liefert

$$
\begin{aligned}
(*) &= \frac{1}{\det(A)} \sum_{j=1}^{n} a_{ij} \sum_{l=1}^{n} b_l A_{lj} \\
&= \frac{1}{\det(A)} \sum_{l=1}^{n} b_l \sum_{j=1}^{n} a_{ij} A_{lj} \\
&= \frac{1}{\det(A)} \sum_{l=1}^{n} b_l \delta_{il} \det(A) = b_i ,
\end{aligned}
$$

wobei wir Satz 4.7 benutzt haben. Damit ist die Existenz einer Lösung gezeigt und der Satz bewiesen. $\qquad\square$

Die eingangs durchgeführte "elementare" Untersuchung eines allgemeinen linearen Gleichungssystems aus 2 Gleichungen und 2 Unbekannten ordnet sich für den Fall nichtverschwindender Koeffizientendeterminante hier ein.

Beispiel: Es soll das Gleichungssystem

$$
\begin{array}{rrrrl}
3x_1 & +x_2 & -x_3 & & = 0 \\
-x_1 & +2x_2 & +x_3 & -5x_4 & = 2 \\
 & 7x_2 & +x_3 & +x_4 & = 0 \\
2x_1 & -4x_2 & +8x_3 & -3x_4 & = 0
\end{array}
$$

mit der CRAMERschen Regel gelöst werden. Zuerst ist die Determinante

$$
\det(A) = \begin{vmatrix}
3 & 1 & -1 & 0 \\
-1 & 2 & 1 & -5 \\
0 & 7 & 1 & 1 \\
2 & -4 & 8 & -3
\end{vmatrix}
$$

zu berechnen, man erhält

$$
\det(A) = \begin{vmatrix}
3 & 1 & -1 & 0 \\
-1 & 2 & 1 & -5 \\
0 & 7 & 1 & 1 \\
0 & 0 & 10 & -13
\end{vmatrix} = \begin{vmatrix}
0 & 7 & 2 & -15 \\
-1 & 2 & 1 & -5 \\
0 & 7 & 1 & 1 \\
0 & 0 & 10 & -13
\end{vmatrix} =
$$

$$
= \begin{vmatrix}
7 & 2 & -15 \\
7 & 1 & 1 \\
0 & 10 & -13
\end{vmatrix} = \begin{vmatrix}
0 & 1 & -16 \\
7 & 1 & 1 \\
0 & 10 & -13
\end{vmatrix} = -7 \begin{vmatrix} 1 & -16 \\ 10 & -13 \end{vmatrix} = -7 \cdot 147 = -1029.
$$

Die Berechnung von $\det(A_1)$ ergibt

$$
\det(A_1) = \begin{vmatrix}
0 & 1 & -1 & 0 \\
2 & 2 & 1 & -5 \\
0 & 7 & 1 & 1 \\
0 & -4 & 8 & -3
\end{vmatrix} = -2 \begin{vmatrix}
1 & -1 & 0 \\
7 & 1 & 1 \\
-4 & 8 & -3
\end{vmatrix} =
$$

$$
= -2 \begin{vmatrix}
1 & -1 & 0 \\
8 & 0 & 1 \\
-4 & 8 & -3
\end{vmatrix} = -2 \begin{vmatrix}
1 & -1 & 0 \\
8 & 0 & 1 \\
4 & 0 & -3
\end{vmatrix} = -2 \begin{vmatrix} 8 & 1 \\ 4 & -3 \end{vmatrix} = 56.
$$

Die Berechnung von $\det(A_2)$ ergibt

$$
\det(A_2) = \begin{vmatrix}
3 & 0 & -1 & 0 \\
-1 & 2 & 1 & -5 \\
0 & 0 & 1 & 1 \\
2 & 0 & 8 & -3
\end{vmatrix} = 2 \begin{vmatrix}
3 & -1 & 0 \\
0 & 1 & 1 \\
2 & 8 & -3
\end{vmatrix} =
$$

$$
= 2 \begin{vmatrix}
3 & -1 & 0 \\
0 & 0 & 1 \\
2 & 11 & -3
\end{vmatrix} = -2 \begin{vmatrix} 3 & -1 \\ 2 & 11 \end{vmatrix} = -70.
$$

Die Berechnung von $\det(A_3)$ ergibt

$$\det(A_3) = \begin{vmatrix} 3 & 1 & 0 & 0 \\ -1 & 2 & 2 & -5 \\ 0 & 7 & 0 & 1 \\ 2 & -4 & 0 & -3 \end{vmatrix} = -2 \begin{vmatrix} 3 & 1 & 0 \\ 0 & 7 & 1 \\ 2 & -4 & -3 \end{vmatrix} =$$

$$= -2 \begin{vmatrix} 3 & 1 & 0 \\ 0 & 7 & 1 \\ 14 & 0 & -3 \end{vmatrix} = -2 \cdot 3 \begin{vmatrix} 7 & 1 \\ 0 & -3 \end{vmatrix} - 2 \cdot 14 \begin{vmatrix} 1 & 0 \\ 7 & 1 \end{vmatrix} = 126 - 28 = 98.$$

Die Berechnung von $\det(A_4)$ ergibt

$$\det(A_4) = \begin{vmatrix} 3 & 1 & -1 & 0 \\ -1 & 2 & 1 & 2 \\ 0 & 7 & 1 & 0 \\ 2 & -4 & 8 & 0 \end{vmatrix} = 2 \begin{vmatrix} 3 & 1 & -1 \\ 0 & 7 & 1 \\ 2 & -4 & 8 \end{vmatrix} =$$

$$= 2 \begin{vmatrix} 3 & 8 & 0 \\ 0 & 7 & 1 \\ 2 & -4 & 8 \end{vmatrix} = 2 \cdot 3 \begin{vmatrix} 7 & 1 \\ -4 & 8 \end{vmatrix} + 2 \cdot 2 \begin{vmatrix} 8 & 0 \\ 7 & 1 \end{vmatrix} = 360 + 32 = 392.$$

Damit ergibt sich

$$x_1 = -\frac{56}{1029}, \quad x_2 = \frac{70}{1029}, \quad x_3 = -\frac{98}{1029}, \quad x_4 = -\frac{392}{1029}.$$

Glücklicherweise gibt es neben der CRAMERschen Regel noch andere Methoden zur Lösung linearer Gleichungssysteme, denn schon bei einem Gleichungssystem mit 4 Gleichungen und 4 Unbekannten hat man mit der Berechnung von 5 Determinanten 4. Ordnung sehr viel zu tun. Die CRAMERsche Regel sollte man auf die Lösung von Systemen mit 3 Gleichungen beschränken. Alles was darüber hinaus geht, wird besser mit dem weiter unten diskutierten GAUSSschen Eliminationsverfahren behandelt.

4.3 Matrizen

Nachdem wir Determinanten von quadratischen Koeffizientenschemata erklärt haben, wollen wir den Begriff der **Matrix** einführen und die Verknüpfung von Matrizen durch Operationen mit dem Ziel der systematischen Beschreibung von linearen Gleichungssystemen und deren Lösung erklären. Matrizen haben darüber hinaus auch allgemeinere Bedeutung: Jede lineare Abbildung zwischen endlichdimensionalen linearen Räumen (Vektorräumen) lässt sich durch eine Matrix darstellen und umgekehrt entspricht jeder Matrix eine lineare Abbildung (s. dazu auch insbesondere Abschnitt 4.5.2).

4.3.1 Definition und Operationen

Wir verabreden, dass die Elemente der Koeffizientenschemata nach wie vor Elemente aus einem Zahlkörper K sind, also im Falle $K = \mathbb{R}$ reelle Zahlen, und im Fall $K = \mathbb{C}$ komplexe Zahlen.

Definition 4.3. (Matrix)
Seien $a_{ij} \in K$ für $i = 1,2,\ldots,n$ und $j = 1,2,\ldots,m$. Dann heißt das i. Allg. rechteckige Koeffizientenschema

$$\begin{pmatrix} a_{11} & a_{12} & \cdots & a_{1m} \\ a_{21} & a_{22} & \cdots & a_{2m} \\ \vdots & \vdots & & \vdots \\ a_{n1} & a_{n2} & \cdots & a_{nm} \end{pmatrix}$$

eine **Matrix** mit m Spalten und n Zeilen über K, und wird auch durch $(a_{ij})_{i=1,\ldots,n}^{j=1,\ldots,m}$ bezeichnet. Man nennt solche Matrizen auch $(n \times m)$-Matrizen und bezeichnet die Menge aller Matrizen des Types $n \times m$ über dem Zahlkörper K auch mit $M(n,m,K)$. Wenn der Typ der Matrix unstrittig ist, verwenden wir auch die Kurzbezeichnung $A = (a_{ij})$ für eine Matrix. In der Informatik oder Numerik ist eine Matrix ein zweidimensionales Feld (array).

Im Gegensatz zur Determinante hat eine Matrix keinen Wert in irgendeinem Zahlkörper. Von quadratischen Matrizen ($n = m$) kann man Determinanten bilden, die dann einen Wert in einem Zahlkörper haben (Definition 4.1).

Definition 4.4. (transponierte Matrix)
Sei $A = (a_{ij})_{i=1,\ldots,n}^{j=1,\ldots,m}$ eine Matrix (über K), dann heißt die an der Diagonale $(a_{11}, a_{22}, \ldots)$ gespiegelte Matrix

$$A^T := \begin{pmatrix} a_{11} & a_{21} & \cdots & a_{n1} \\ a_{12} & a_{22} & \cdots & a_{n2} \\ \vdots & \vdots & & \vdots \\ a_{1m} & a_{2m} & \cdots & a_{nm} \end{pmatrix}$$

die zu A **transponierte Matrix**. Ist $A \in M(n,m,K)$, so gilt $A^T \in M(m,n,K)$.

Definition 4.5. (symmetrische Matrix)
Eine Matrix A vom Typ $n \times n$ heißt **symmetrisch**, wenn

$$A = A^T$$

gilt.

Im Fall $K = \mathbb{C}$ bezeichnen wir durch $\bar{A}$ die Matrix $(\bar{a}_{ij})$, d.h. die Matrix aus den konjugiert komplexen Elementen. Ist $K = \mathbb{R}$, so ist $\bar{A} = A$.

Definition 4.6. (adjungierte Matrix)

Sei $A = (a_{ij})_{i=1,\ldots,n}^{j=1,\ldots,m}$ eine Matrix (über $\mathbb{C}$), dann heißt

$$A^* = \bar{A}^T$$

zu A **adjungierte Matrix**.

Ist $A = (a_{ij})_{i=1,\ldots,n}^{j=1,\ldots,m}$ eine Matrix über $\mathbb{R}$, dann gilt für die adjungierte Matrix $A^* = A^T$.

Definition 4.7. (selbstadjungierte Matrix)

Sei A eine $(n \times n)$-Matrix. A heißt **selbstadjungiert** oder HERMITEsch, wenn

$$A^* = A$$

gilt. Ist A eine reelle Matrix, bedeutet die Selbstadjungiertheit gerade die Symmetrie der Matrix. Es gilt dann

$$A^* = A^T = A\,.$$

Die Addition von Matrizen gleichen Typs und die Multiplikation von Matrizen mit skalaren Größen (reelle oder komplexe Zahlen, also Elementen aus dem Zahlkörper, über dem die Matrizen erklärt sind) ist leicht vorstellbar, d.h. zwei Matrizen addiert man, indem man die Elemente addiert. Das Produkt einer skalaren Größe λ mit einer Matrix A erhält man, indem man sämtliche Elemente der Matrix mit λ multipliziert.

Definition 4.8. (Matrixaddition)

Seien $A = (a_{ij})$ und $B = (b_{ij})$ Matrizen gleichen Typs, dann heißt die Matrix $C = (c_{ij})$ die **Summe** der Matrizen A und B, $C = A + B$, wenn

$$c_{ij} = a_{ij} + b_{ij}$$

gilt.

Definition 4.9. (Multiplikation einer Matrix mit einer skalaren Größe)

Sei $\lambda \in K$ und $A = (a_{ij})$ eine Matrix über K, dann heißt die Matrix $C = (c_{ij})$ das **Produkt der skalaren Größe λ mit A**, $C = \lambda A$, wenn

$$c_{ij} = \lambda a_{ij}$$

gilt.

Definition 4.10. (Matrixmultiplikation)

Betrachten wir die Matrix $A = (a_{ij})_{i=1,\ldots,n}^{j=1,\ldots,m}$ vom Typ $n \times m$ und die Matrix $B = (b_{ij})_{i=1,\ldots,m}^{j=1,\ldots,p}$ vom Typ $m \times p$, d.h. die Anzahl der Spalten von A ist gleich der Anzahl der Zeilen von B. Dann definieren wir die Matrix

$$C = (c_{ij})_{i=1,\ldots,n}^{j=1,\ldots,p}$$

vom Typ $n \times p$ mit

$$c_{ij} := \sum_{k=1}^{m} a_{ik} b_{kj}$$

als das **Produkt der Matrizen** A **und** B, $C = A \cdot B$, also

$$C = A \cdot B = \begin{pmatrix} \sum_{k=1}^{m} a_{1k} b_{k1} & \cdots & \sum_{k=1}^{m} a_{1k} b_{kp} \\ \vdots & & \vdots \\ \sum_{k=1}^{m} a_{nk} b_{k1} & \cdots & \sum_{k=1}^{m} a_{nk} b_{kp} \end{pmatrix}.$$

Merkregel: Zeile × Spalte; das Element c_{ij} entsteht durch die Multiplikation der i-ten Zeile von A mit der j-ten Spalte von B (s. Abb. 4.8).

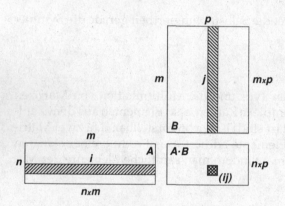

Abb. 4.8. Schema zur Matrixmultiplikation

Definition 4.11. (Nullmatrix und Einheitsmatrix)
Die Matrix des Typs $n \times m$, deren Elemente alle gleich Null sind, heißt **Nullmatrix** **0**. Die quadratische Matrix vom Typ $n \times n$

$$I_n = E := \begin{pmatrix} 1 & 0 & \cdots & 0 \\ 0 & 1 & \cdots & 0 \\ \vdots & \vdots & & \vdots \\ 0 & 0 & \cdots & 1 \end{pmatrix}$$

nennen wir **Einheitsmatrix**.

Definition 4.12. (KRONECKER-Symbol)
Das Symbol

$$\delta_{ij} := \begin{cases} 1 & \text{für} \quad i = j, \\ 0 & \text{für} \quad i \neq j, \end{cases}$$

heißt KRONECKER-Symbol.

Mit Hilfe des KRONECKER-Symbols kann man die Einheitsmatrix vom Typ $n \times n$ in der Form

$$E = (\delta_{ij})$$

aufschreiben.

Beispiele:
1)

$$A = \begin{pmatrix} 3 & 1 \\ 6 & 2 \end{pmatrix}, \qquad B = \begin{pmatrix} 1 & -2 \\ -3 & 6 \end{pmatrix},$$

$$A \cdot B = \begin{pmatrix} a_{11}b_{11} + a_{12}b_{21} & a_{11}b_{12} + a_{12}b_{22} \\ a_{21}b_{11} + a_{22}b_{21} & a_{21}b_{12} + a_{22}b_{22} \end{pmatrix} = \begin{pmatrix} 0 & 0 \\ 0 & 0 \end{pmatrix}.$$

2)

$$A = \begin{pmatrix} 1 & 3 & 5 \\ 1 & 2 & 0 \\ 1 & 2 & 5 \end{pmatrix}, \qquad B = \begin{pmatrix} 1 & 4 \\ 2 & 0 \\ 5 & 1 \end{pmatrix}, \qquad \lambda = 5,$$

$$A \cdot B = \begin{pmatrix} 32 & 9 \\ 5 & 4 \\ 30 & 9 \end{pmatrix}, \qquad \lambda B = \begin{pmatrix} 5 & 20 \\ 10 & 0 \\ 25 & 5 \end{pmatrix}.$$

3)

$$\begin{pmatrix} 5 & 2 \\ 6 & 1 \\ 4 & 8 \end{pmatrix} \cdot \begin{pmatrix} 1 & 2 & 0 \\ 4 & 3 & 5 \end{pmatrix} = \begin{pmatrix} 13 & 16 & 10 \\ 10 & 15 & 5 \\ 36 & 32 & 40 \end{pmatrix}.$$

4)

$$(4\ 5\ 6) \cdot \begin{pmatrix} -4 \\ -5 \\ -6 \end{pmatrix} = -77, \quad \text{aber} \quad \begin{pmatrix} -4 \\ -5 \\ -6 \end{pmatrix} \cdot (4\ 5\ 6) = \begin{pmatrix} -16 & -20 & -24 \\ -20 & -25 & -30 \\ -24 & -30 & -36 \end{pmatrix}$$

Satz 4.9. *(Assoziativ- und Distributivgesetze)*
1) Das Matrixprodukt ist assoziativ und distributiv, d.h.

$$A \cdot B \cdot C = (A \cdot B) \cdot C = A \cdot (B \cdot C),$$

$$A \cdot (B + C) = A \cdot B + A \cdot C,$$

$$(A + B) \cdot C = A \cdot C + B \cdot C.$$

2) Es gilt für alle $m \times n$-Matrizen A und $(n \times p)$-Matrizen B

$$(A \cdot B)^T = B^T \cdot A^T.$$

Im Unterschied zur Produktbildung reeller oder komplexer Zahlen erkennt man aus den Beispielen, dass

a) das Matrixprodukt i. Allg. **nicht kommutativ** ist (Beispiel 4), und

b) aus der Gleichung $A \cdot B = 0$ i. Allg. nicht geschlussfolgert werden kann, dass A oder B gleich der Nullmatrix 0 sind (Beispiel 1).

4.3.2 Spezielle Matrizentypen

Eine besondere Rolle spielen Matrizen des Types $n \times 1$ bzw. $1 \times n$. In diesem Fall spricht man von Spalten- bzw. Zeilenvektoren. Unter Nutzung der Matrixmultiplikation (Definition 4.10) kann man ein lineares Gleichungssystem der Form

$$
\begin{array}{llll}
a_{11}x_1 & +a_{12}x_2 & +\ldots & +a_{1n}x_n = b_1 \\
a_{21}x_1 & +a_{22}x_2 & +\ldots & +a_{2n}x_n = b_2 \\
\vdots & \vdots & \vdots & \vdots \\
a_{n1}x_1 & +a_{n2}x_2 & +\ldots & +a_{nn}x_n = b_n
\end{array}
$$

auch als Matrixgleichung der Form

$$
\begin{pmatrix} a_{11} & \ldots & a_{1n} \\ \vdots & & \vdots \\ a_{n1} & \ldots & a_{nn} \end{pmatrix} \cdot \begin{pmatrix} x_1 \\ \vdots \\ x_n \end{pmatrix} = \begin{pmatrix} b_1 \\ \vdots \\ b_n \end{pmatrix}, \quad A \cdot \mathbf{x} = \mathbf{b} \tag{4.17}
$$

darstellen.

Wichtige Eigenschaften der Einheitsmatrix E bzw. Nullmatrix $\mathbf{0}$, die sich unmittelbar aus der Definition der Matrixmultiplikation ergeben, fassen wir im folgenden Satz zusammen.

Satz 4.10. *(Multiplikation mit Null- und Einheitsmatrizen)*
Sei E die $(n \times n)$-Einheitsmatrix, dann gilt für Matrizen A vom Typ $n \times p$ bzw. Matrizen B vom Typ $p \times n$

$$
E \cdot A = A, \quad B \cdot E = B.
$$

Das Produkt einer Matrix A mit der Nullmatrix oder umgekehrt ist, sofern es gebildet werden kann, gleich der Nullmatrix.

Definition 4.13. (Hauptdiagonale)
Die Elemente a_{jj} der Matrix $A = (a_{ij})$ vom Typ $n \times n$ heißen Elemente der **Hauptdiagonalen** von A.

Definition 4.14. (obere Dreiecksmatrix)
Eine Matrix $A = (a_{ij})$ vom Typ $n \times n$ heißt obere Dreiecksmatrix, falls

$$
a_{ij} = 0 \quad \text{für alle} \quad i > j, \quad \text{also}
$$

$$
A = \begin{pmatrix} a_{11} & a_{12} & \ldots & a_{1n-1} & a_{1n} \\ 0 & a_{22} & \ldots & a_{2n-1} & a_{2n} \\ 0 & 0 & \ldots & a_{3n-1} & a_{3n} \\ \vdots & \vdots & & \vdots & \vdots \\ 0 & 0 & \ldots & 0 & a_{nn} \end{pmatrix}
$$

gilt (die untere Dreiecksmatrix ist analog definiert).

Für obere bzw. untere Dreiecksmatrizen $A = (a_{ij})$ gilt

$$\det(A) = \prod_{j=1}^{n} a_{jj}.$$

Definition 4.15. (reguläre Matrix)
Gilt für die Determinante der Matrix A vom Typ $n \times n$

$$\det(A) \neq 0,$$

dann heißt A **regulär** oder nicht singulär. Ist die Determinante $\det(A) = 0$, so heißt A **singulär**.

Definition 4.16. (inverse Matrix)
Sei A eine Matrix vom Typ $n \times n$. Wenn es eine Matrix B vom Typ $n \times n$ mit der Eigenschaft $B \cdot A = E$ gibt, heißt B **linksinverse Matrix** von A. Wenn es eine Matrix C vom Typ $n \times n$ mit der Eigenschaft $A \cdot C = E$ gibt, heißt C **rechtsinverse Matrix** von A.

Aufgrund der Assoziativität der Matrixmultiplikation folgt aus $A \cdot C = E$ nach der Multiplikation mit der Linksinversen B von links die Beziehung

$$C = B =: A^{-1},$$

und wir können, die Existenz vorausgesetzt, von der **inversen Matrix** A^{-1} sprechen. Es gilt $A^{-1} \cdot A = A \cdot A^{-1} = E$.

Mit dem Matrixkalkül können wir nun die Lösung eines linearen Gleichungssystems von n Gleichungen und n Unbekannten

$$A \cdot \mathbf{x} = \mathbf{b}$$

auf die Bestimmung der inversen Matrix zurückführen, immer vorausgesetzt, dass diese existiert, denn nach der Multiplikation mit A^{-1} von links ergibt sich sofort

$$\mathbf{x} = A^{-1} \cdot \mathbf{b}.$$

Wenn eine Matrixmultiplikation aus dem Kontext klar ersichtlich ist, lässt man oft das Multiplikationszeichen weg und schreibt z.B. $A\mathbf{x}$ statt $A \cdot \mathbf{x}$ oder AB statt $A \cdot B$.

Definition 4.17. (positive Definitheit einer Matrix)
Die reelle symmetrische Matrix A vom Typ $n \times n$ heißt **positiv definit**, wenn für alle $\mathbf{x} \in \mathbb{R}^n$, $\mathbf{x} \neq \mathbf{0}$ die Beziehung

$$\mathbf{x}^T A \mathbf{x} > 0$$

gilt, und **positiv semidefinit**, falls $\mathbf{x}^T A \mathbf{x} \geq 0$ gilt.

Definition 4.18. (orthogonale Matrix)
Eine quadratische Matrix Q vom Typ $n \times n$ heißt orthogonal, wenn sie regulär ist und

$$Q^T = Q^{-1} \quad \text{also} \quad Q^T Q = E$$

gilt. Mit Q ist auch Q^T offensichtlich orthogonal.

Satz 4.11. *(Determinantenmultiplikationssatz)*
Seien A und B Matrizen vom Typ $n \times n$, dann gilt

$$\det(A \cdot B) = \det(A) \cdot \det(B).$$

Das heißt: Die Determinante des Produkts zweier quadratischer Matrizen ist gleich dem Produkt der Determinante der beiden Matrizen. Da $\det(E) = 1$, folgt aus dem Determinantenmultiplikationssatz für eine invertierbare Matrix

$$\det(A^{-1}) = \frac{1}{\det(A)}.$$

4.3.3 Inversenformel

Jede reguläre Matrix A ist invertierbar und hat genau eine inverse Matrix. Die Bestimmung der inversen Matrix $X = A^{-1}$ bedeutet die Lösung des Matrixgleichungssystems

$$A \cdot X = E \quad \text{bzw.}$$

$$\begin{pmatrix} a_{11} & a_{12} & \cdots & a_{1n} \\ a_{21} & a_{22} & \cdots & a_{2n} \\ \vdots & & & \vdots \\ a_{n1} & a_{n2} & \cdots & a_{nn} \end{pmatrix} \cdot \begin{pmatrix} x_{11} & x_{12} & \cdots & x_{1n} \\ x_{21} & x_{22} & \cdots & x_{2n} \\ \vdots & & & \vdots \\ x_{n1} & x_{n2} & \cdots & x_{nn} \end{pmatrix} = \begin{pmatrix} 1 & 0 & \cdots & 0 \\ 0 & 1 & \cdots & 0 \\ \vdots & & & \vdots \\ 0 & 0 & \cdots & 1 \end{pmatrix}.$$

Dieses Matrixgleichungssystem entspricht nun n linearen Gleichungssystemen der Form

$$A \cdot \mathbf{x}_j = \mathbf{e}_j \, ;$$

dabei ist $\mathbf{e}_j$ der Spaltenvektor, der nur in der j-ten Zeile eine 1 zu stehen hat und in allen anderen Zeilen Nullen, und

$$\mathbf{x}_j = \begin{pmatrix} x_{1j} \\ x_{2j} \\ \vdots \\ x_{nj} \end{pmatrix}$$

der j-te Spaltenvektor aus X. Wir erinnern uns an die Definition der Adjunkten A_{ij} (4.6) eines Matrixelements und erhalten mit der CRAMERschen Regel für $\mathbf{x}_j =$

$(x_{1j}, x_{2j}, \ldots, x_{nj})^T$

$$\mathbf{x}_j = \frac{1}{\det(A)} \begin{pmatrix} A_{j1} \\ A_{j2} \\ \vdots \\ A_{jn} \end{pmatrix}, \quad j = 1, 2, \ldots, n.$$

Wenn wir nämlich zu festem j $(1 \leq j \leq n)$ das Gleichungssystem $A \cdot \mathbf{x}_j = \mathbf{e}_j$ zur Bestimmung von $\mathbf{x}_j$ betrachten und die μ-te Komponente von $\mathbf{x}_j$ mit $x_{\mu j}$ bezeichnen $(1 \leq \mu \leq n)$, so folgt aus (4.16)

$$x_{\mu j} = \frac{\det(\mathbf{a}_1, \mathbf{a}_2, \ldots, \mathbf{a}_{\mu-1}, \mathbf{e}_j, \mathbf{a}_{\mu+1}, \ldots, \mathbf{a}_n)}{\det(A)}.$$

$\mathbf{a}_1, \ldots, \mathbf{a}_n$ sind dabei die Spaltenvektoren von A. Die im Zähler stehende Determinante entwickeln wir nach den Elementen der μ-ten Spalte, in der nur ein von Null verschiedenes Element vorkommt, nämlich eine 1 in der j-ten Zeile. Also ist $x_{\mu j} = \frac{A_{j\mu}}{\det(A)}$ $(1 \leq j, \mu \leq n)$. Damit erhalten wir

$$X = A^{-1} = \frac{1}{\det(A)} \begin{pmatrix} A_{11} & A_{21} & \ldots & A_{n1} \\ A_{12} & A_{22} & \ldots & A_{n2} \\ \vdots & \vdots & & \vdots \\ A_{1n} & A_{2n} & \ldots & A_{nn} \end{pmatrix} = \frac{1}{\det(A)} \begin{pmatrix} A_{11} & A_{12} & \ldots & A_{1n} \\ A_{21} & A_{22} & \ldots & A_{2n} \\ \vdots & \vdots & & \vdots \\ A_{n1} & A_{n2} & \ldots & A_{nn} \end{pmatrix}^T$$

$$(4.18)$$

die so genannte **Inversenformel** (in Worten: Die Inverse von A ist $\frac{1}{\det(A)}$ mal die Transponierte der Adjunktenmatrix von A).

Beispiel: Zu berechnen ist die Inverse der Matrix

$$A = \begin{pmatrix} 2 & 1 & -5 \\ 7 & 1 & 1 \\ -4 & 8 & -3 \end{pmatrix}.$$

Für die Determinante von A ergibt sich

$$\det(A) = -6 - 4 - 280 - (16 - 21 + 20) = -290 - 15 = -305.$$

Die Berechnung der Adjunkten ergibt:

$$A_{11} = \begin{vmatrix} 1 & 1 \\ 8 & -3 \end{vmatrix} = -3 - 8 = -11, \quad A_{12} = - \begin{vmatrix} 7 & 1 \\ -4 & -3 \end{vmatrix} = -(-21 + 4) = 17,$$

$$A_{13} = \begin{vmatrix} 7 & 1 \\ -4 & 8 \end{vmatrix} = 56 + 4 = 60, \quad A_{21} = - \begin{vmatrix} 1 & -5 \\ 8 & -3 \end{vmatrix} = -(-3 + 40) = -37,$$

$$A_{22} = \begin{vmatrix} 2 & -5 \\ -4 & -3 \end{vmatrix} = -6 - 20 = -26, \quad A_{23} = - \begin{vmatrix} 2 & 1 \\ -4 & 8 \end{vmatrix} = -(16 + 4) = -20,$$

$$A_{31} = \begin{vmatrix} 1 & -5 \\ 1 & 1 \end{vmatrix} = 1 + 5 = 6, \quad A_{32} = - \begin{vmatrix} 2 & -5 \\ 1 & 1 \end{vmatrix} = -(2 + 35) = -37,$$

$$A_{33} = \begin{vmatrix} 2 & 1 \\ 7 & 1 \end{vmatrix} = 2 - 7 = -5,$$

so dass sich die inverse Matrix

$$A^{-1} = -\frac{1}{305} \begin{pmatrix} -11 & -37 & 6 \\ 17 & -26 & -37 \\ 60 & -20 & -5 \end{pmatrix}$$

ergibt. Als Übungsaufgabe bestätige man $A\,A^{-1} = A^{-1}A = E$.

4.3.4 Rang einer Matrix

Der Begriff des Ranges einer Matrix A hat eine grundlegende Bedeutung für die Lösbarkeit des linearen Gleichungssystems $A\mathbf{x} = \mathbf{b}$. Kennt man den Rang der Matrix und den Rang der erweiterten Matrix, kann man entscheiden, ob das Gleichungssystem lösbar ist oder nicht. Wir werden im Folgenden den Begriff des Ranges definieren und konstruktive Methoden zur Rangberechnung und zur gleichzeitigen Lösung von Gleichungssystemen darlegen.

Definition 4.19. (Unterdeterminante)
Sei A eine Matrix vom Typ $n \times m$. Die Determinante einer $(k \times k)$-Untermatrix von A heißt **Unterdeterminante** von A mit der Zeilenzahl k, oder Unterdeterminante der Ordnung k von A oder k-reihige Unterdeterminante von A.

Definition 4.20. (Rang einer Matrix)
Sei A eine Matrix vom Typ $n \times m$. A hat den **Rang** p, wenn gilt:

a) Es gibt eine nichtverschwindende Unterdeterminante der Ordnung p von A.

b) Jede Unterdeterminante von A, deren Ordnung größer als p ist, verschwindet.

Man schreibt

$$\text{Rang } A = \text{rg } A = p.$$

Der Rang einer Matrix A vom Typ $n \times m$ ist die größte Zeilenzahl nichtverschwindender Unterdeterminanten von A. Es gilt

$$\text{rg } A \le \min\{n, m\}.$$

Beispiel:

Für die Matrix $\quad A = \begin{pmatrix} 5 & 2 & 1 & 4 \\ 0 & 1 & 4 & 3 \\ 0 & 8 & 1 & 5 \\ 0 & 3 & 12 & 9 \end{pmatrix} \quad$ findet man mit $\quad \begin{vmatrix} 5 & 2 & 1 \\ 0 & 1 & 4 \\ 0 & 8 & 1 \end{vmatrix} = -155$

eine nichtverschwindende 3-reihige Unterdeterminante von A, stellt aber durch die Subtraktion des 3-fachen der 2. Zeile von der 4. Zeile sofort fest, dass $\det(A) = 0$ ist. Daraus folgt, dass A den Rang 3 hat.

Satz 4.12. *(Umformungen mit Rangerhaltung)*
Der Rang einer Matrix A bleibt bei

a) der Vertauschung von parallelen Reihen (Reihe als Oberbegriff für Zeile und Spalte),

b) *Multiplikation einer Reihe mit einem Element* $\lambda \in K,\ \lambda \neq 0$,

c) *Addition des Vielfachen einer Reihe zu einer Parallelreihe,*

d) *Transponieren von A*

unverändert.

Satz 4.13. (*Konstruktion eines ranggleichen Trapezschemas*)
Jedes Koeffizientenschema

$$A = \begin{pmatrix} a_{11} & a_{12} & \ldots & a_{1m} \\ a_{21} & a_{22} & \ldots & a_{2m} \\ \vdots & \vdots & & \vdots \\ a_{n1} & a_{n2} & \ldots & a_{nm} \end{pmatrix} \neq 0$$

vom Typ $n \times m$ *lässt sich durch die zielgerichtete Anwendung der Operationen a), b) und c) des Satzes 4.12 in ein Trapezschema der Form*

$$\left(\begin{array}{cccc|ccc} a'_{11} & a'_{12} & \ldots & a'_{1r-1} & a'_{1r} & a'_{1r+1} & \ldots & a'_{1m} \\ 0 & a'_{22} & \ldots & a'_{2r-1} & a'_{2r} & a'_{2r+1} & \ldots & a'_{2m} \\ 0 & 0 & \ldots & a'_{3r-1} & a'_{3r} & a'_{3r+1} & \ldots & a'_{3m} \\ \vdots & \vdots & \ddots & \vdots & \vdots & \vdots & & \vdots \\ 0 & 0 & \ldots & 0 & a'_{rr} & a'_{rr+1} & \ldots & a'_{rm} \\ \hline 0 & 0 & \ldots & 0 & 0 & 0 & \ldots & 0 \\ \vdots & \vdots & & \vdots & \vdots & \vdots & & \vdots \\ 0 & 0 & \ldots & 0 & 0 & 0 & \ldots & 0 \end{array} \right) \tag{4.19}$$

mit $a'_{jj} \neq 0,\ j = 1,2,\ldots,r,$ *überführen.*

Beweis: (GAUSSscher Algorithmus)
Da $A \neq 0$ gilt, kann man durch Zeilen- oder Spaltenvertauschungen auf jeden Fall aus A
eine Matrix

$$\tilde{A}^{(1)} = \begin{pmatrix} \tilde{a}_{11}^{(1)} & \tilde{a}_{12}^{(1)} & \ldots & \tilde{a}_{1m}^{(1)} \\ \tilde{a}_{21}^{(1)} & \tilde{a}_{22}^{(1)} & \ldots & \tilde{a}_{2m}^{(1)} \\ \vdots & \vdots & & \vdots \end{pmatrix}$$

mit $\tilde{a}_{11}^{(1)} \neq 0$ erhalten.
Nun können wir alle Zeilen $i,\ i \geq 2$, jeweils durch

$$\text{Zeile } i - \frac{\tilde{a}_{i1}^{(1)}}{\tilde{a}_{11}^{(1)}} \times \ \text{Zeile 1}$$

ersetzen, und erhalten

$$A^{(1)} = \begin{pmatrix} a_{11}^{(1)} & a_{12}^{(1)} & \ldots & a_{1m}^{(1)} \\ 0 & & & \\ \vdots & & B^{(2)} & \\ 0 & & & \end{pmatrix},$$

mit $a_{11}^{(1)} = \tilde{a}_{11}^{(1)} \neq 0$ und einer Matrix $B^{(2)}$ vom Typ $(n-1) \times (m-1)$. Mit $B^{(2)}$ verfahren wir im Fall $B^{(2)} \neq \mathbf{0}$ nun so wie mit A, und erhalten nach endlich vielen Schritten das angestrebte Trapezschema

$$
A^{(k)} = \left(
\begin{array}{cccc|ccc}
a_{11}^{(k)} & a_{12}^{(k)} & \cdots & a_{1r-1}^{(k)} & a_{1r}^{(k)} & a_{1r+1}^{(k)} & \cdots & a_{1m}^{(k)} \\
0 & a_{22}^{(k)} & \cdots & a_{2r-1}^{(k)} & a_{2r}^{(k)} & a_{2r+1}^{(k)} & \cdots & a_{2m}^{(k)} \\
0 & 0 & \cdots & a_{3r-1}^{(k)} & a_{3r}^{(k)} & a_{3r+1}^{(k)} & \cdots & a_{3m}^{(k)} \\
\vdots & \vdots & \ddots & \vdots & \vdots & \vdots & & \vdots \\
0 & 0 & \cdots & 0 & a_{rr}^{(k)} & a_{rr+1}^{(k)} & \cdots & a_{rm}^{(k)} \\
\hline
0 & 0 & \cdots & 0 & 0 & 0 & \cdots & 0 \\
\vdots & \vdots & & \vdots & \vdots & \vdots & & \vdots \\
0 & 0 & \cdots & 0 & 0 & 0 & \cdots & 0
\end{array}
\right),
$$

mit $a_{jj}^{(k)} \neq 0$, $j = 1, 2, \ldots, r$.

Den Algorithmus zur Erzeugung von $A^{(k)}$ nennt man GAUSSschen **Algorithmus**. $\square$

Zum GAUSSschen Algorithmus ist anzumerken, dass beim Übergang von $\tilde{A}^{(1)}$ zu $A^{(1)}$ die Faktoren $c := \tilde{a}_{i1}^{(1)}/\tilde{a}_{11}^{(1)}$ benutzt werden. Um Fehlerfortpflanzungen (durch die näherungsweise und damit fehlerbehaftete Realisierung von Zahlen auf dem Computer und der Behandlung **sehr großer Gleichungssysteme** bei der Multiplikation mit sehr großen Zahlen c) einzuschränken, sollten die Faktoren $\tilde{a}_{i1}^{(1)}/\tilde{a}_{11}^{(1)}$ dem Betrage klein, z.B. kleiner oder gleich 1 sein. Das erreicht man durch eine geeignete Zeilenvertauschung, d.h. $\tilde{A}^{(1)}$ sollte so beschaffen sein, dass

$$|\tilde{a}_{11}^{(1)}| \geq |\tilde{a}_{i1}^{(1)}| \quad \text{für} \quad i = 1, 2, \ldots$$

erfüllt ist. Eine solche Vorgehensweise nennt man **Pivotisierung** und das dann betragsgrößte Element $\tilde{a}_{11}^{(1)}$ der Spalte heißt **Pivotelement**.

Da die Zeilen- bzw. Spaltenoperationen den Rang von A nicht verändern, kann man aus dem Trapezschema den Rang von A ablesen: rg $A = r$. Im Ergebnis des Algorithmus' zur Erzeugung eines Trapezschemas der Form (4.19) erhält man mit r den Rang der Matrix A.

Beispiel: Wir wollen den Rang der Matrix

$$
A = \begin{pmatrix}
0 & 2 & -1 & 3 \\
2 & 4 & 0 & -1 \\
2 & 7 & -1 & 0 \\
1 & -1 & 1 & -1 \\
0 & 2 & 1 & 3
\end{pmatrix}
$$

bestimmen. Nach dem Vertauschen der Zeilen 1 und 4 erhält man

$$
\begin{pmatrix}
1 & -1 & 1 & -1 \\
2 & 4 & 0 & -1 \\
2 & 7 & -1 & 0 \\
0 & 2 & -1 & 3 \\
0 & 2 & 1 & 3
\end{pmatrix}.
$$

Wir ersetzen nun $(II) := (II) - 2 \cdot (I)$ und $(III) := (III) - 2 \cdot (I)$, mit dem Ergebnis

$$\begin{pmatrix} 1 & -1 & 1 & -1 \\ 0 & 6 & -2 & 1 \\ 0 & 9 & -3 & 2 \\ 0 & 2 & -1 & 3 \\ 0 & 2 & 1 & 3 \end{pmatrix}.$$

Im nächsten Schritt ersetzen wir

$$(III) := (III) - \frac{9}{6} \cdot (II), \quad (IV) := (IV) - \frac{2}{6} \cdot (II) \quad \text{und} \quad (V) := (V) - \frac{2}{6} \cdot (II),$$

und erhalten

$$\begin{pmatrix} 1 & -1 & 1 & -1 \\ 0 & 6 & -2 & 1 \\ 0 & 0 & 0 & \frac{1}{2} \\ 0 & 0 & -\frac{1}{3} & \frac{8}{3} \\ 0 & 0 & \frac{5}{3} & \frac{8}{3} \end{pmatrix}.$$

Wir vertauschen die Zeilen 3 und 5 und erhalten

$$\begin{pmatrix} 1 & -1 & 1 & -1 \\ 0 & 6 & -2 & 1 \\ 0 & 0 & \frac{5}{3} & \frac{8}{3} \\ 0 & 0 & -\frac{1}{3} & \frac{8}{3} \\ 0 & 0 & 0 & \frac{1}{2} \end{pmatrix}.$$

Wir ersetzen nun $(IV) := (IV) + \frac{1}{5} \cdot (III)$, und erhalten

$$\begin{pmatrix} 1 & -1 & 1 & -1 \\ 0 & 6 & -2 & 1 \\ 0 & 0 & \frac{5}{3} & \frac{8}{3} \\ 0 & 0 & 0 & \frac{48}{15} \\ 0 & 0 & 0 & \frac{1}{2} \end{pmatrix}.$$

Schließlich ersetzen wir $(V) := (V) - \frac{5}{32} \cdot (IV)$, und erhalten das Trapezschema

$$\begin{pmatrix} 1 & -1 & 1 & -1 \\ 0 & 6 & -2 & 1 \\ 0 & 0 & \frac{5}{3} & \frac{8}{3} \\ 0 & 0 & 0 & \frac{48}{15} \\ 0 & 0 & 0 & 0 \end{pmatrix}$$

und können rg $A = 4$ ablesen.

4.3.5 Elementarmatrizen und GAUSSscher Algorithmus

Die auf Zeilen einer Matrix A angewandten Operationen a), b) und c) des Satzes 4.12 lassen sich als Multiplikationen von A mit so genannten **Elementarmatrizen** interpretieren. Für $i \neq j$ definieren wir die $(n \times n)$-Matrix

$$
L_{ij} =
\begin{pmatrix}
1 & & & \vdots & & & & \vdots & & & \\
 & \ddots & & \vdots & & & & \vdots & & & \\
 & & 1 & \vdots & & & & \vdots & & & \\
\cdots & \cdots & \cdots & 0 & \cdots & \cdots & \cdots & 1 & \cdots & \cdots & \cdots \\
 & & & \vdots & 1 & & & \vdots & & & \\
 & & & \vdots & & \ddots & & \vdots & & & \\
 & & & \vdots & & & 1 & \vdots & & & \\
\cdots & \cdots & \cdots & 1 & \cdots & \cdots & \cdots & 0 & \cdots & \cdots & \cdots \\
 & & & \vdots & & & & \vdots & 1 & & \\
 & & & \vdots & & & & \vdots & & \ddots & \\
 & & & \vdots & & & & \vdots & & & 1
\end{pmatrix}
. \qquad (4.20)
$$

L_{ij} geht aus der Einheitsmatrix dadurch hervor, dass man die 1 aus aus der Position (i, i) an die Position (i, j) und die 1 aus der Position (j, j) an die Position (j, i) verschiebt. Ist A eine beliebige $(n \times n)$-Matrix, dann entsteht durch die Produktbildung $L_{ij} \cdot A$ eine Matrix $\tilde{A}$

$$
L_{ij} \cdot A = \tilde{A},
$$

die aus A durch Vertauschen der i-ten und j-ten Zeile entsteht.

Beispiel: Wir betrachten die Matrix

$$
A = \begin{pmatrix} 0 & 2 & 4 \\ 0 & 5 & 7 \\ 4 & 0 & 0 \end{pmatrix}
$$

und wollen die Zeilen 1 und 3 tauschen. Dazu betrachten wir die Matrix L_{13}

$$
L_{13} = \begin{pmatrix} 0 & 0 & 1 \\ 0 & 1 & 0 \\ 1 & 0 & 0 \end{pmatrix}.
$$

Im Ergebnis der Multiplikation $L_{13} \cdot A$ erhalten wir

$$
L_{13} \cdot A = \begin{pmatrix} 0 & 0 & 1 \\ 0 & 1 & 0 \\ 1 & 0 & 0 \end{pmatrix} \cdot \begin{pmatrix} 0 & 2 & 4 \\ 0 & 5 & 7 \\ 4 & 0 & 0 \end{pmatrix} = \begin{pmatrix} 4 & 0 & 0 \\ 0 & 5 & 7 \\ 0 & 2 & 4 \end{pmatrix},
$$

also die gewünschte Vertauschung.

Für $i \neq j$ betrachten wir nun die Matrix

$$
S_{ij}(\lambda) = \begin{pmatrix} 1 & & & & & \\ & \ddots & \cdots & \lambda & \cdots & \\ & & \ddots & & & \\ & & & \ddots & & \\ & & & & & 1 \end{pmatrix}, \tag{4.21}
$$

also eine Einheitsmatrix vom Typ $n \times n$, in der an der Position (i, j) die Zahl λ statt einer Null eingefügt wurde. Die Multiplikation $S_{ij}(\lambda) \cdot A$ ergibt eine Matrix $\tilde{A} = S_{ij}(\lambda) \cdot A$, die aus A durch die Addition des λ-fachen der j-ten Zeile zur i-ten Zeile entsteht.

Beispiel: Wir betrachten die Matrix

$$
A = \begin{pmatrix} 1 & 1 & 2 & 2 \\ 0 & 2 & 4 & 6 \\ 0 & 5 & 7 & 1 \\ 4 & 4 & 8 & 12 \end{pmatrix}
$$

und wollen zur Erzeugung möglichst vieler Nullen die 4. Zeile mit dem (-2)-fachen der 2. Zeile kombinieren. Dazu betrachten wir die Elementarmatrix $S_{42}(-2)$

$$
\begin{pmatrix} 1 & 0 & 0 & 0 \\ 0 & 1 & 0 & 0 \\ 0 & 0 & 1 & 0 \\ 0 & -2 & 0 & 1 \end{pmatrix}
$$

und erhalten nach der Multiplikation $S_{42}(-2) \cdot A$

$$
S_{42}(-2) \cdot A = \begin{pmatrix} 1 & 0 & 0 & 0 \\ 0 & 1 & 0 & 0 \\ 0 & 0 & 1 & 0 \\ 0 & -2 & 0 & 1 \end{pmatrix} \cdot \begin{pmatrix} 1 & 1 & 2 & 2 \\ 0 & 2 & 4 & 6 \\ 0 & 5 & 7 & 1 \\ 4 & 4 & 8 & 12 \end{pmatrix} = \begin{pmatrix} 1 & 1 & 2 & 2 \\ 0 & 2 & 4 & 6 \\ 0 & 5 & 7 & 1 \\ 4 & 0 & 0 & 0 \end{pmatrix}
$$

das gewünschte Ergebnis.

Die Multiplikation der i-ten Zeile der Matrix A mit einer Zahl $\lambda \neq 0$ wird durch die Multiplikation $E_i(\lambda) \cdot A$ erreicht, wobei $E_i(\lambda)$·die Matrix

$$E_i(\lambda) = \begin{pmatrix} 1 & & & & \\ & \ddots & & & \\ & & \lambda & & \\ & & & \ddots & \\ & & & & 1 \end{pmatrix} \tag{4.22}$$

ist, die aus der Einheitsmatrix E durch das Ersetzen der 1 an der Position (i, i) durch die Zahl λ entsteht.

Definition 4.21. (Matrix mit vollem Rang)
Eine Matrix A vom Typ $n \times m$ hat den **vollen Rang**, wenn

$$\operatorname{rg} A = \min\{n, m\}$$

gilt.

Eine quadratische Matrix A vom Typ $n \times n$ hat damit den vollen Rang genau dann, wenn die Determinante von A verschieden von Null ist.

Satz 4.14. *(Determinanten von Elementarmatrizen)*
Für die Elementarmatrizen vom Typ (4.20), (4.21) *und* (4.22) *gilt*
1) $\det(L_{ij}) = -1$,

2) $\det(S_{ij}(\lambda)) = 1$,

3) $\det(E_i(\lambda)) = \lambda \neq 0$.

Die Elementarmatrizen vom Typ (4.20), (4.21) *und* (4.22) *haben alle den vollen Rang.*

Satz 4.15. *(Elementare Umformungen)*
Bei Beschränkung auf Operationen mit Zeilen entsprechen die Operationen a), b) und c) des Satzes 4.12 für eine Matrix A der Multiplikation mit Elementarmatrizen des Typs (4.20), (4.21) *und* (4.22).

Der GAUSSsche Algorithmus, bei dem nur Zeilenoperationen zugelassen werden, zur Vereinfachung einer Matrix A bzw. zur Erzeugung eines Trapezschemas bedeutet die Multiplikation von A mit einem Produkt von Elementarmatrizen des Typs (4.20), (4.21) und (4.22) von links. Spaltenoperationen bedeuten die Multiplikation von A mit Elementarmatrizen von rechts.

4.3.6 Bestimmung der Inversen einer Matrix mit dem GAUSSschen Algorithmus

Aus der Definition des Ranges einer Matrix ergibt sich die Voraussetzung für die Existenz der Inversen (4.18) einer Matrix $A = (a_{ij})$ vom Typ $n \times n$ mit

$$rg\, A = n,$$

d.h. die Matrix muss den vollen Rang haben. Im Ergebnis des GAUSSschen Algorithmus, unter auschließlicher Verwendung von **Zeilenumformungen**, erhält man im Falle $rg\, A = n$ die Matrix

$$A^{(k)} = \begin{pmatrix} a_{11}^{(k)} & a_{12}^{(k)} & \cdots & a_{1n}^{(k)} \\ 0 & a_{22}^{(k)} & \cdots & a_{2n}^{(k)} \\ \vdots & \vdots & \ddots & \vdots \\ 0 & 0 & \cdots & a_{nn}^{(k)} \end{pmatrix},$$

mit $a_{jj}^{(k)} \neq 0,\; j = 1, 2, \ldots, n..$ Nun ist es offensichtlich, dass man durch elementare Zeilenoperationen die obere Dreiecksmatrix weiter zu einer Matrix

$$A^{(l)} = \begin{pmatrix} a_{11}^{(l)} & 0 & \cdots & 0 \\ 0 & a_{22}^{(l)} & \cdots & 0 \\ \vdots & & \ddots & \vdots \\ 0 & 0 & \cdots & a_{nn}^{(l)} \end{pmatrix} \quad \text{bzw.} \quad E = \begin{pmatrix} 1 & 0 & \cdots & 0 \\ 0 & 1 & \cdots & 0 \\ \vdots & & \ddots & \vdots \\ 0 & 0 & \cdots & 1 \end{pmatrix},$$

umformen kann. Wenn wir nun mit dem GAUSSschen Algorithmus nicht nur die Matrix A umformen, sondern das Schema $[A|E]$, also

$$\begin{bmatrix} a_{11} & a_{12} & \cdots & a_{1n} & 1 & 0 & \cdots & 0 \\ a_{21} & a_{22} & \cdots & a_{2n} & 0 & 1 & \cdots & 0 \\ \vdots & \vdots & & \vdots & \vdots & & \ddots & \vdots \\ a_{n1} & a_{n2} & \cdots & a_{nn} & 0 & 0 & \cdots & 1 \end{bmatrix}$$

überführen in das Schema

$$\begin{bmatrix} 1 & 0 & \cdots & 0 & x_{11} & x_{12} & \cdots & x_{1n} \\ 0 & 1 & \cdots & 0 & x_{21} & x_{22} & \cdots & x_{2n} \\ \vdots & & \ddots & \vdots & \vdots & \vdots & & \vdots \\ 0 & 0 & \cdots & 1 & x_{n1} & x_{n2} & \cdots & x_{nn} \end{bmatrix},$$

haben wir mit

$$A^{-1} := X = \begin{pmatrix} x_{11} & x_{12} & \cdots & x_{1n} \\ x_{21} & x_{22} & \cdots & x_{2n} \\ \vdots & \vdots & & \vdots \\ x_{n1} & x_{n2} & \cdots & x_{nn} \end{pmatrix}$$

die Inverse der Matrix A erhalten.

Hinsichtlich der Interpretation des GAUSSschen Algorithmus als Multiplikation der Matrix A mit einem Produkt von Elementarmatrizen kann man die Bestimmung der Inversen folgendermaßen beschreiben.

Es ist möglich, nach l elementaren Umformungen die Matrixgleichung $A \cdot X = E$ umzuformen in

$$P^{(l)} A \cdot X = P^{(l)} \cdot E \quad \Longleftrightarrow \quad X = P^{(l)}, \tag{4.23}$$

wobei $P^{(l)}$ das Produkt der Elementarmatrizen vom Typ (4.20), (4.21) und (4.22) ist, das den l elementaren Umformungen der Matrix A in die Einheitsmatrix E ($P^{(l)}A = E$) entspricht. Aus der Gleichung (4.23) sowie aus $P^{(l)}A = E$ erkennt man sofort, dass $P^{(l)}$ die Matrix A invertiert, also

$$A^{-1} = P^{(l)} \tag{4.24}$$

gilt.

Beispiel: Wir wollen mit dem GAUSSschen Algorithmus die Inverse der Matrix

$$A = \begin{pmatrix} 0 & 2 & 1 \\ 3 & 2 & 1 \\ 1 & -1 & 6 \end{pmatrix}$$

bestimmen, und werden die den Eliminationsschritten entsprechenden Elementarmatrizen notieren.

Wir gehen von dem Schema $[A|E]$ aus, also

$$\begin{bmatrix} 0 & 2 & 1 & 1 & 0 & 0 \\ 3 & 2 & 1 & 0 & 1 & 0 \\ 1 & -1 & 6 & 0 & 0 & 1 \end{bmatrix},$$

tauschen die 1. und die 3. Zeile und erhalten

$$\begin{bmatrix} 1 & -1 & 6 & 0 & 0 & 1 \\ 3 & 2 & 1 & 0 & 1 & 0 \\ 0 & 2 & 1 & 1 & 0 & 0 \end{bmatrix},$$

was der Multiplikation mit der Matrix L_{13} entspricht. Im nächsten Schritt ist das 3-fache der 1. Zeile von der 2. Zeile zu subtrahieren, wir erhalten

$$\begin{bmatrix} 1 & -1 & 6 & 0 & 0 & 1 \\ 0 & 5 & -17 & 0 & 1 & -3 \\ 0 & 2 & 1 & 1 & 0 & 0 \end{bmatrix}.$$

Diese Zeilenoperation entspricht der Multiplikation mit der Elementarmatrix $S_{21}(-3)$. Im nächsten Schritt ist das $\frac{2}{5}$-fache der 2. Zeile von der 3. zu subtrahieren, man erhält

$$\begin{bmatrix} 1 & -1 & 6 & 0 & 0 & 1 \\ 0 & 5 & -17 & 0 & 1 & -3 \\ 0 & 0 & \frac{39}{5} & 1 & -\frac{2}{5} & \frac{6}{5} \end{bmatrix},$$

was der Multiplikation mit der Elementarmatrix $S_{32}(-\frac{2}{5})$ entspricht. Jetzt multiplizieren wir die 2. Zeile mit $\frac{1}{5}$ und die 3. Zeile mit $\frac{5}{39}$, und erhalten

$$\begin{bmatrix} 1 & -1 & 6 & 0 & 0 & 1 \\ 0 & 1 & -\frac{17}{5} & 0 & \frac{1}{5} & -\frac{3}{5} \\ 0 & 0 & 1 & \frac{5}{39} & -\frac{2}{39} & \frac{6}{39} \end{bmatrix}.$$

Diese Operationen entsprechen der Multiplikation mit den Elementarmatrizen $E_2(\frac{1}{5})$ und $E_3(\frac{5}{39})$. Als nächstes addieren wir die 2. Zeile zur 1. und erhalten

$$\left[\begin{array}{ccc|ccc} 1 & 0 & \frac{13}{5} & 0 & \frac{1}{5} & \frac{2}{5} \\ 0 & 1 & -\frac{17}{5} & 0 & \frac{1}{5} & -\frac{3}{5} \\ 0 & 0 & 1 & \frac{5}{39} & -\frac{2}{39} & \frac{6}{39} \end{array}\right].$$

Diese Operation entspricht der Multiplikation mit der Elementarmatrix $S_{12}(1)$. Jetzt ist das $\frac{13}{5}$-fache der 3. Zeile von der 1. Zeile zu subtrahieren, man erhält

$$\left[\begin{array}{ccc|ccc} 1 & 0 & 0 & -\frac{1}{3} & \frac{1}{3} & 0 \\ 0 & 1 & -\frac{17}{5} & 0 & \frac{1}{5} & -\frac{3}{5} \\ 0 & 0 & 1 & \frac{5}{39} & -\frac{2}{39} & \frac{6}{39} \end{array}\right],$$

(Multiplikation mit der Elementarmatrix $S_{13}(-\frac{13}{5})$). Schließlich ist das $\frac{17}{5}$-fache der 3. Zeile zur 2. Zeile zu addieren. Es ergibt sich

$$\left[\begin{array}{ccc|ccc} 1 & 0 & 0 & -\frac{1}{3} & \frac{1}{3} & 0 \\ 0 & 1 & 0 & \frac{85}{195} & \frac{5}{195} & -\frac{15}{195} \\ 0 & 0 & 1 & \frac{5}{39} & -\frac{2}{39} & \frac{6}{39} \end{array}\right],$$

was der Multiplikation mit der Elementarmatrix $S_{23}(\frac{17}{5})$ entspricht. Vorausgesetzt wir haben uns nicht verrechnet, haben wir mit

$$A^{-1} = \begin{pmatrix} -\frac{1}{3} & \frac{1}{3} & 0 \\ \frac{85}{195} & \frac{5}{195} & -\frac{15}{195} \\ \frac{5}{39} & -\frac{2}{39} & \frac{6}{39} \end{pmatrix} = \frac{1}{39}\begin{pmatrix} -13 & 13 & 0 \\ 17 & 1 & -3 \\ 5 & -2 & 6 \end{pmatrix}$$

die Inverse der Matrix A erhalten. In der Erinnerung an die jeweilige Multiplikation mit Elementarmatrizen (vgl. Satz 4.15) erhält man für die Inverse die Darstellung

$$A^{-1} = S_{23}(\tfrac{17}{5}) \cdot S_{13}(-\tfrac{13}{5}) \cdot S_{12}(1) \cdot E_3(\tfrac{5}{39}) \cdot E_2(\tfrac{1}{5}) \cdot S_{32}(-\tfrac{2}{5}) \cdot S_{21}(-3) \cdot L_{13}.$$

4.3.7 Determinanten-Berechnung mit dem GAUSSschen Algorithmus

Beschränken wir uns bei der Umformung einer Matrix A (quadratisch, mit vollem Rang) zu einer oberen oder unteren Dreiecksmatrix auf die Reihenoperationen (4.20) und (4.21) und erhalten dabei das Resultat

$$\begin{pmatrix} a_{11}^{(k)} & a_{12}^{(k)} & \cdots & a_{1n}^{(k)} \\ 0 & a_{22}^{(k)} & \cdots & a_{2n}^{(k)} \\ \vdots & \vdots & \ddots & \vdots \\ 0 & 0 & \cdots & a_{nn}^{(k)} \end{pmatrix},$$

so ergibt sich die Determinante der Matrix A zu

$$\det(A) = (-1)^v \prod_{j=1}^{n} a_{jj},$$

wobei v die Zahl der Reihenvertauschungen ist (vgl. Satz 4.4).

Beispiel: Die Determinante der Matrix

$$A = \begin{pmatrix} 0 & 2 & 1 \\ 3 & 2 & 1 \\ 1 & -1 & 6 \end{pmatrix}$$

ergibt sich damit zu

$$\det(A) = (-1) \cdot 1 \cdot 5 \cdot \frac{39}{5} = -39,$$

wie aus dem Dreiecksschema

$$\begin{bmatrix} 1 & -1 & 6 \\ 0 & 5 & -17 \\ 0 & 0 & \frac{39}{5} \end{bmatrix}$$

sofort bei einer vorausgegangenen Zeilenvertauschung zu ersehen ist.

4.4 Lineare Gleichungssysteme und deren Lösung

Für den Fall eines Gleichungssystems mit n Gleichungen und n Unbekannten der Form

$$A \cdot \mathbf{x} = \mathbf{b}, \quad \det(A) \neq 0,$$

hatten wir in Satz 4.8 mit der CRAMERschen Regel eine Lösung bestimmt. Wir haben aber bemerkt, dass der Aufwand der CRAMERschen Regel für $n \geq 4$ schon beträchtlich ist.

Im Folgenden wollen wir uns der Lösung allgemeinerer linearer Gleichungssysteme mit n Gleichungen und m Unbekannten widmen. In diesem allgemeinen Fall haben wir das Gleichungssystem

$$\begin{array}{lllll} a_{11}x_1 & +a_{12}x_2 & +\dots & +a_{1m}x_m & = b_1 \\ a_{21}x_1 & +a_{22}x_2 & +\dots & +a_{2m}x_m & = b_2 \\ \vdots & \vdots & \vdots & \vdots & \\ a_{n1}x_1 & +a_{n2}x_2 & +\dots & +a_{nm}x_m & = b_n, \end{array}$$

bzw.

$$A \cdot \mathbf{x} = \mathbf{b} \qquad\qquad (4.25)$$

mit

$$A = \begin{pmatrix} a_{11} & a_{12} & \cdots & a_{1m} \\ a_{21} & a_{22} & \cdots & a_{2m} \\ \vdots & \vdots & & \vdots \\ a_{n1} & a_{n2} & \cdots & a_{nm} \end{pmatrix}, \quad \mathbf{x} = \begin{pmatrix} x_1 \\ x_2 \\ \vdots \\ x_m \end{pmatrix}, \quad \mathbf{b} = \begin{pmatrix} b_1 \\ b_2 \\ \vdots \\ b_n \end{pmatrix},$$

zu diskutieren und, falls möglich, zu lösen.

Beispiel: $n = 3$, $m = 4$,

$$\begin{array}{rrrrl} 2x_1 & +3x_2 & +x_3 & +2x_4 & = 3 \\ x_1 & +2x_2 & & +2x_4 & = 2 \\ 3x_1 & +x_2 & +2x_3 & +6x_4 & = 4 \end{array},$$

also

$$A \cdot \mathbf{x} = \mathbf{b}, \quad A = \begin{pmatrix} 2 & 3 & 1 & 2 \\ 1 & 2 & 0 & 2 \\ 3 & 1 & 2 & 6 \end{pmatrix}, \quad \mathbf{x} = \begin{pmatrix} x_1 \\ x_2 \\ x_3 \\ x_4 \end{pmatrix}, \quad \mathbf{b} = \begin{pmatrix} 3 \\ 2 \\ 4 \end{pmatrix}.$$

Definition 4.22. (Gleichungssystem, homogen, inhomogen)
Wenn die "rechte Seite" b des Gleichungssystems (4.25) gleich **0** (also $b_1 = b_2 = \cdots = b_n = 0$) ist, heißt das Gleichungssystem **homogen**, im Fall $\mathbf{b} \neq \mathbf{0}$ nennt man das Gleichungssystem **inhomogen**.

Zu den Lösungen bzw. zur Lösbarkeit des Gleichungssystems (4.25) können wir folgende Aussagen machen, die weitestgehend durch die bisher durchgeführten Überlegungen erklärt werden können.

4.4.1 Lösbarkeitskriterien und Lösungsmethoden für lineare Gleichungssysteme

Es ist offensichtlich, dass das homogene lineare Gleichungssystem (4.25) immer lösbar ist, denn mit $\mathbf{x} = \mathbf{0}$ existiert zumindest die "triviale" Lösung. Entweder es existiert genau eine Lösung, nämlich die Lösung $x_1 = x_2 = \cdots = x_m = 0$, oder es existieren unendlich viele Lösungen. Denn wenn auch nur eine nichttriviale Lösung $(x_1, x_2, \ldots, x_m)$ existiert, gibt es sofort unendlich viele Lösungen $(\lambda x_1, \lambda x_2, \ldots, \lambda x_m)$ mit $\lambda \in \mathbb{R}$.
Beim inhomogenen System (4.25) unterscheiden wir 3 Fälle (vgl. Einleitung des Kapitels 4):

a) $A \cdot \mathbf{x} = \mathbf{b}$ ist nicht lösbar,

b) es gibt genau eine Lösung von $A \cdot \mathbf{x} = \mathbf{b}$,

c) es existieren unendlich viele Lösungen von $A \cdot \mathbf{x} = \mathbf{b}$.

Andere Fälle gibt es nicht. Sei $\mathbf{x}_1$ eine bestimmte Lösung des inhomogenen Systems und $\mathbf{x}_2$ irgendeine andere. Dann ist $A\mathbf{x}_1 = \mathbf{b}$, $A\mathbf{x}_2 = \mathbf{b}$ und damit $A(\mathbf{x}_2 - \mathbf{x}_1) = \mathbf{0}$, also $\mathbf{x}_2 = \mathbf{x}_1 - \mathbf{y}_h$ mit $A\mathbf{y}_h = \mathbf{0}$. Für $\mathbf{y}_h$ gibt es aber, wie oben gesagt, entweder genau eine ($y_h = 0$) oder unendlich viele Möglichkeiten. Daher hat auch das inhomogene System, wenn es überhaupt lösbar ist, entweder genau eine oder unendlich viele Lösungen.

Im Folgenden soll nun das Instrumentarium zur Entscheidung der Frage, ob ein inhomogenes lineares Gleichungssystem lösbar ist oder nicht, sowie zur konkreten Lösung von linearen Gleichungssystemen bereit gestellt werden.

Definition 4.23. (erweiterte Koeffizientenmatrix)
Mit

$$A|\mathbf{b} := \begin{pmatrix} a_{11} & a_{12} & \cdots & a_{1m} & b_1 \\ a_{21} & a_{22} & \cdots & a_{2m} & b_2 \\ \vdots & \vdots & & \vdots & \vdots \\ a_{n1} & a_{n2} & \cdots & a_{nm} & b_n \end{pmatrix}$$

führen wir den Begriff der **erweiterten** Koeffizientenmatrix ein.

Satz 4.16. *(Lösbarkeitskriterium)*
Das lineare Gleichungssystem (4.25) ist genau dann lösbar, wenn

$$rg\ A|\mathbf{b} = rg\ A$$

gilt (d.h. wenn der Rang der Koeffizientenmatrix gleich dem Rang der erweiterten Koeffizientenmatrix ist).

Es gilt offensichtlich $rg\ A \leq rg\ A|\mathbf{b} \leq rg\ A + 1$, so dass nur die Fälle

a) $rg\ A|\mathbf{b} = rg\ A + 1 \implies$ (4.25) hat keine Lösung,

b) $rg\ A|\mathbf{b} = rg\ A \implies$ (4.25) hat mindestens eine Lösung

möglich sind. Es ist für $m = n$ offenbar $1 \leq rg\ A \leq n$, $1 \leq rg\ A|\mathbf{b} \leq n$. Ist z.B. $rg\ A = n$, so muss auch $rg\ A|\mathbf{b} = n$ sein, also gilt Fall b).

Beispiel: Betrachten wir

$$\begin{array}{rrrl} 3x_1 & +5x_2 & +4x_3 & = 6 \\ x_1 & +x_2 & +2x_3 & = 2 \\ 5x_1 & +7x_2 & +8x_3 & = 1 \end{array}, \quad A = \begin{pmatrix} 3 & 5 & 4 \\ 1 & 1 & 2 \\ 5 & 7 & 8 \end{pmatrix}, \quad \mathbf{b} = \begin{pmatrix} 6 \\ 2 \\ 1 \end{pmatrix}.$$

Wir bestimmen $rg\ A$ und $rg\ A|\mathbf{b}$ durch Maßnahmen entsprechend Satz 4.12, Satz 4.13:

$$rg\ A|\mathbf{b} = rg \begin{pmatrix} 3 & 5 & 4 & 6 \\ 1 & 1 & 2 & 2 \\ 5 & 7 & 8 & 1 \end{pmatrix} = rg \begin{pmatrix} 3 & 5 & 4 & 6 \\ 1 & 1 & 2 & 2 \\ 0 & 0 & 0 & -9 \end{pmatrix} = rg \begin{pmatrix} 3 & 5 & 4 & 6 \\ 0 & -\frac{2}{3} & \frac{2}{3} & 0 \\ 0 & 0 & 0 & -9 \end{pmatrix}.$$

Man liest $rg\ A = 2$ ab; es ist $rg\ A|\mathbf{b} = 3$, weil z.B. die dreireihige Unterdeterminante

$$\begin{vmatrix} 3 & 5 & 6 \\ 0 & -\frac{2}{3} & 0 \\ 0 & 0 & -9 \end{vmatrix} = 18 \neq 0$$

ist. Es ist $rg\ A = 2 \neq 3 = rg\ A|\mathbf{b}$, d.h. das System ist unlösbar.

Im vorigen Abschnitt hatten wir den GAUSSschen Algorithmus als Algorithmus zur rangerhaltenden Umformung von Matrizen eingeführt und zur Erzeugung von Trapezschemata benutzt. Die darin verwendeten Umformungen (Multiplikation mit Elementarmatrizen) bedeuten mit Blick auf die erweiterte Koeffizientenmatrix linearer Gleichungssysteme **äquivalente** Umformungen, die die Lösungsmenge des jeweiligen Gleichungssystems **nicht verändern**!

Das Vertauschen von Zeilen entspricht der Vertauschung von Gleichungen, die Addition des Vielfachen einer Zeile zu einer anderen entspricht der Addition des Vielfachen einer Gleichung zu einer anderen. Die Multiplikation einer Zeile mit einer Zahl bedeutet das Durchmultiplizieren einer Gleichung mit dieser Zahl.

Vorsicht ist in jedem Fall bei der Vertauschung von Spalten geboten. Zum einen darf die "rechte Seite" b in keinem Fall vertauscht werden. Die Umordnung anderer Spalten bedeutet die Umordnung von Unbekannten. Mit $x_1', x_2', \ldots, x_m'$ bezeichnen wir die nach evtl. Spaltentausch umzuordnenden Lösungskomponenten $x_1, x_2, \ldots, x_m$. Nach Tausch der ersten mit der dritten Spalte ist z.B. $x_1' = x_3$, $x_3' = x_1, x_k' = x_k, k \neq 1, k \neq 3$.

Wenn wir den GAUSSschen Algorithmus auf die erweiterte Matrix $A|b$ mit dem Ziel anwenden, ein trapezförmiges Schema zu erzeugen, erhalten wir, etwa nach k Schritten, in jedem Fall ein Schema der Art

$$
\left(
\begin{array}{cccccccc|c}
a_{11}^{(k)} & a_{12}^{(k)} & \cdots & a_{1r-1}^{(k)} & a_{1r}^{(k)} & a_{1r+1}^{(k)} & \cdots & a_{1m}^{(k)} & b_1^{(k)} \\
0 & a_{22}^{(k)} & \cdots & a_{2r-1}^{(k)} & a_{2r}^{(k)} & a_{2r+1}^{(k)} & \cdots & a_{2m}^{(k)} & b_2^{(k)} \\
0 & 0 & \cdots & a_{3r-1}^{(k)} & a_{3r}^{(k)} & a_{3r+1}^{(k)} & \cdots & a_{3m}^{(k)} & b_3^{(k)} \\
\vdots & \vdots & \ddots & \ddots & \vdots & \vdots & & \vdots & \vdots \\
0 & 0 & \cdots & 0 & a_{rr}^{(k)} & a_{rr+1}^{(k)} & \cdots & a_{rm}^{(k)} & b_r^{(k)} \\
\hline
0 & 0 & \cdots & 0 & 0 & 0 & \cdots & 0 & b_{r+1}^{(k)} \\
\vdots & \vdots & & \vdots & \vdots & \vdots & & \vdots & \vdots \\
0 & 0 & \cdots & 0 & 0 & 0 & \cdots & 0 & b_n^{(k)}
\end{array}
\right), \tag{4.26}
$$

mit $a_{jj}^{(k)} \neq 0$, $j = 1,2,\ldots,r$. Dieses Schema steht für das Gleichungssystem

$$
\begin{aligned}
a_{11}^{(k)}x_1' + a_{12}^{(k)}x_2' + \ldots + a_{1r}^{(k)}x_r' + a_{1r+1}^{(k)}x_{r+1}' + \ldots + a_{1m}^{(k)}x_m' &= b_1^{(k)} \\
a_{22}^{(k)}x_2' + \ldots + a_{2r}^{(k)}x_r' + a_{2r+1}^{(k)}x_{r+1}' + \ldots + a_{2m}^{(k)}x_m' &= b_2^{(k)} \\
\ddots \qquad\qquad\qquad\qquad\qquad &\quad\vdots \\
a_{rr}^{(k)}x_r' + a_{rr+1}^{(k)}x_{r+1}' + \ldots + a_{rm}^{(k)}x_m' &= b_r^{(k)} \\
\hline
0 &= b_{r+1}^{(k)} \\
&\quad\vdots \\
0 &= b_n^{(k)},
\end{aligned}
\tag{4.27}
$$

das äquivalent zu dem Ausgangsgleichungssystem (4.25) ist. Aus dem Schema (4.26) und dem Gleichungssystem (4.27) kann man nun sofort die Lösungssituation beschreiben.

Satz 4.17. *(Schlussfolgerungen für die Lösung aus dem GAUSSschen Algorithmus)*

a) Ist eines der Elemente $b_j^{(k)}$, $j = r+1, \ldots, n$, ungleich Null, dann hat das Gleichungssystem (4.27) bzw. (4.25) keine Lösung. Es ist rg $A|b = $ rg $A + 1$.

b) Gilt $b_j^{(k)} = 0$, $j = r + 1, \ldots, n$, dann ist das Gleichungssystem (4.27) bzw. (4.25) lösbar. Es ist rg $A|b = $ rg A.

> *b.1) Gilt $r = m = n$, so existiert genau eine Lösung von (4.27) bzw. (4.25),*
> *b.2) Ist $r < m$, dann hat das Gleichungssystem (4.27) bzw. (4.25) unendlich viele Lösungen. Es lassen sich $m - r$ Parameter frei wählen.*

Beweis: Wegen $r = $ rg A ist $r \le m$.

a) Sei o.B.d.A. $b_{r+1}^{(k)} \ne 0$. Es gilt rg $A|\mathbf{b} = $ rg $A + 1$, denn die Unterdeterminante

$$
\det \begin{pmatrix}
a_{11}^{(k)} & a_{12}^{(k)} & \cdots & a_{1r-1}^{(k)} & a_{1r}^{(k)} & b_1^{(k)} \\
0 & a_{22}^{(k)} & \cdots & a_{2r-1}^{(k)} & a_{2r}^{(k)} & b_2^{(k)} \\
0 & 0 & \cdots & a_{3r-1}^{(k)} & a_{3r}^{(k)} & b_3^{(k)} \\
\vdots & \vdots & \ddots & \vdots & \vdots & \vdots \\
0 & 0 & \cdots & 0 & a_{rr}^{(k)} & b_r^{(k)} \\
0 & 0 & \cdots & 0 & 0 & b_{r+1}^{(k)}
\end{pmatrix}
$$

hat den Wert $a_{11}^{(k)} a_{22}^{(k)} \ldots a_{rr}^{(k)} b_{r+1}^{(k)} \ne 0$. Also hat $A|\mathbf{b}$ den Rang $r+1$, während die Matrix A den Rang r hat. Damit hat das System keine Lösung, denn $b_j^{(k)} \ne 0$ für mindestens ein $j, r < j \le n$, widerspricht dem System (4.27).

b) Es gilt $b_j^{(k)} = 0$, $j = r+1, \ldots, n$.

b.1) Ist $r = m$, so ergibt sich aus (4.27) das System

$$
\begin{array}{rcl}
a_{11}^{(k)} x_1' + a_{12}^{(k)} x_2' + \ldots + a_{1m}^{(k)} x_m' &=& b_1^{(k)} \\
a_{22}^{(k)} x_2' + \ldots + a_{2m}^{(k)} x_m' &=& b_2^{(k)} \\
\ddots \quad \vdots \quad \vdots & & \\
a_{mm}^{(k)} x_m' &=& b_m^{(k)}
\end{array}
\tag{4.28}
$$

mit $a_{jj}^{(k)} \ne 0$, $j = 1,2,\ldots,m$. Man kann nun beginnend mit $x_m' = \dfrac{b_m^{(k)}}{a_{mm}^{(k)}}$ und dem Einsetzen in die $(m-1)$-te Gleichung x_{m-1}' ausrechnen usw.

b.2) Aus dem System (4.27) erhält man im Fall $r < m$

$$
\begin{array}{l}
a_{11}^{(k)} x_1' + a_{12}^{(k)} x_2' + \ldots + a_{1r}^{(k)} x_r' + a_{1r+1}^{(k)} x_{r+1}' + \ldots + a_{1m}^{(k)} x_m' = b_1^{(k)} \\
a_{22}^{(k)} x_2' + \ldots + a_{2r}^{(k)} x_r' + a_{2r+1}^{(k)} x_{r+1}' + \ldots + a_{2m}^{(k)} x_m' = b_2^{(k)} \\
\qquad \ddots \qquad\qquad \vdots \qquad\qquad \vdots \\
a_{rr}^{(k)} x_r' + a_{rr+1}^{(k)} x_{r+1}' + \ldots + a_{rm}^{(k)} x_m' = b_r^{(k)}
\end{array}
$$

oder

$$
\begin{array}{l}
a_{11}^{(k)} x_1' + a_{12}^{(k)} x_2' + \ldots + a_{1r}^{(k)} x_r' = b_1^{(k)} - a_{1r+1}^{(k)} x_{r+1}' - \ldots - a_{1m}^{(k)} x_m' \\
a_{22}^{(k)} x_2' + \ldots + a_{2r}^{(k)} x_r' = b_2^{(k)} - a_{2r+1}^{(k)} x_{r+1}' - \ldots - a_{2m}^{(k)} x_m' \\
\qquad \ddots \qquad\qquad \vdots \qquad\qquad \vdots \\
a_{rr}^{(k)} x_r' = b_r^{(k)} - a_{rr+1}^{(k)} x_{r+1}' - \ldots - a_{rm}^{(k)} x_m'
\end{array}
\tag{4.29}
$$

Da $a_{jj}^{(k)} \neq 0$, $j = 1,2,\ldots,r$, gilt, kann man für beliebige rechte Seiten des Gleichungssystems (4.29) Lösungen $x_1', x_2', \ldots, x_r'$ bestimmen, nachdem man die "Unbekannten" $t_1 := x_{r+1}', \ldots, t_{m-r} := x_m'$ als Parameter frei gewählt hat. Daraus folgt die Existenz von unendlich vielen Lösungen.

Die $x_1', x_2', \ldots, x_r'$ bestimmt man bei vorgegebenen $t_1, t_2, \ldots, t_{m-r}$ auf die gleiche rekursive Art wie im Fall b.1). $\qquad\square$

Verzichtet man auf Spaltenoperationen beim GAUSSschen Algorithmus, erhält man i. Allg. kein Trapezschema, sondern ein **Zeilenstufenschema**, aus dem man aber auch den Rang der Matrix A bzw. $A|b$ direkt als Zahl der Nichtnullzeilen des Zeilenstufenschemas ablesen kann und im Fall der Ranggleichheit von A und $A|b$ die Lösung des linearen Gleichungssystems sehr leicht rekursiv berechnen kann.

Beispiel:

$$\begin{aligned}
x_1 + 2x_2 + 3x_3 + 4x_4 &= 1 \\
x_1 + 2x_2 + x_3 + 2x_4 &= 2 \quad \Longleftrightarrow \quad A\mathbf{x} = \mathbf{b} \\
2x_3 + 2x_4 &= -1
\end{aligned}$$

Durch Zeilenoperationen erhält man das Zeilenstufenschema

$$\begin{pmatrix} 1 & 2 & 2 & 4 & | & 1 \\ 0 & 0 & -2 & -2 & | & 1 \\ 0 & 0 & 0 & 0 & | & 0 \end{pmatrix}.$$

Der Rang von A und $A|b$ ist gleich 2. Mit der Wahl von $x_4 = s$ und $x_2 = t$ erhält man als Lösung

$$x_1 = 2 - 2s - 2t, \ x_2 = t, \ x_3 = -\frac{1}{2} - s, \ x_4 = s \quad (s,t \in \mathbb{R}).$$

4.4.2 Praktische Anwendung des GAUSSschen Algorithmus zur Lösung linearer Gleichungssysteme

Beispiele:

1) Betrachten wir das Gleichungssystem

$$\begin{aligned}
3x_1 &+x_2 &-x_3 & &= 0 \\
-1x_1 &+2x_2 &+x_3 &-5x_4 &= 2 \\
&7x_2 &+x_3 &x_4 &= 0 \\
2x_1 &-4x_2 &+8x_3 &-3x_4 &= 0
\end{aligned}$$

so erhalten wir die erweiterte Koeffizientenmatrix ($n = m = 4$)

$$\begin{pmatrix} 3 & 1 & -1 & 0 & | & 0 \\ -1 & 2 & 1 & -5 & | & 2 \\ 0 & 7 & 1 & 1 & | & 0 \\ 2 & -4 & 8 & -3 & | & 0 \end{pmatrix}.$$

(I):=(I)+3·(II), (IV):=(IV)+2·(III) und der Tausch der ersten und zweiten Zeile ergeben

$$\left(\begin{array}{cccc|c} -1 & 2 & 1 & -5 & 2 \\ 0 & 7 & 2 & -15 & 6 \\ 0 & 7 & 1 & 1 & 0 \\ 0 & 0 & 10 & -13 & 4 \end{array}\right),$$

(III):=(III)-(II) ergibt

$$\left(\begin{array}{cccc|c} -1 & 2 & 1 & -5 & 2 \\ 0 & 7 & 2 & -15 & 6 \\ 0 & 0 & -1 & 16 & -6 \\ 0 & 0 & 10 & -13 & 4 \end{array}\right),$$

(IV):=(IV)+10·(III) führt schließlich zu dem gewünschten Trapezschema

$$\left(\begin{array}{cccc|c} -1 & 2 & 1 & -5 & 2 \\ 0 & 7 & 2 & -15 & 6 \\ 0 & 0 & -1 & 16 & -6 \\ 0 & 0 & 0 & 147 & -56 \end{array}\right),$$

aus dem wir rg $A|b$ = rg A = 4 und damit die eindeutige Lösbarkeit erkennen.

Für die Lösung erhalten wir

$$x_4 = -\frac{56}{147}, \quad x_3 = 6 - \frac{16 \cdot 56}{147} = -\frac{14}{147},$$

$$x_2 = (6 - \frac{15 \cdot 56}{147} + \frac{2 \cdot 14}{147})/7 = \frac{10}{147},$$

$$x_1 = -2 + \frac{5 \cdot 56}{147} - \frac{14}{147} + \frac{2 \cdot 10}{147} = -\frac{8}{147}.$$

2) Das Gleichungssystem

$$\begin{array}{rrrl} -x_1 & +2x_2 & +x_3 & = 2 \\ 3x_1 & +x_2 & -x_3 & = 0 \\ 4x_1 & +6x_2 & & = 0 \\ & 7x_2 & +x_3 & = 0 \end{array}$$

hat die erweiterte Koeffizientenmatrix ($n = 4$, $m = 3$)

$$\left(\begin{array}{ccc|c} -1 & 2 & 1 & 2 \\ 3 & 1 & -1 & 0 \\ 4 & 6 & 0 & 0 \\ 0 & 7 & 1 & 0 \end{array}\right).$$

(II):=(II)+3·(I), (III):=(III)+4·(I) ergeben

$$\left(\begin{array}{ccc|c} -1 & 2 & 1 & 2 \\ 0 & 7 & 2 & 6 \\ 0 & 14 & 4 & 8 \\ 0 & 7 & 1 & 0 \end{array}\right).$$

(III) := (III) -2·(II), (IV):= (IV) -(II) und die Vertauschung der dritten und vierten Zeile liefert

$$\left(\begin{array}{ccc|c} -1 & 2 & 1 & 2 \\ 0 & 7 & 2 & 6 \\ 0 & 0 & -1 & -6 \\ \hline 0 & 0 & 0 & -4 \end{array}\right)$$

das Trapezschema, aus dem sich rg $A = 3$ und rg $A|b = 4$ ergibt. Damit existiert keine Lösung des Gleichungssystems.

3) Das System

$$\begin{array}{rrrrl} 5x_1 & +x_2 & -x_3 & -23x_4 & = 7 \\ -x_1 & +2x_2 & +x_3 & -5x_4 & = 2 \end{array}$$

hat die erweiterte Koeffizientenmatrix ($m = 4$, $n = 2$)

$$\left(\begin{array}{cccc|c} 5 & 1 & -1 & -23 & 7 \\ -1 & 2 & 1 & -5 & 2 \end{array}\right).$$

(I):=(I) +5·(II) und die Vertauschung der Zeilen ergibt

$$\left(\begin{array}{cccc|c} -1 & 2 & 1 & -5 & 2 \\ 0 & 11 & 4 & -48 & 17 \end{array}\right).$$

Der Rang r von A ist gleich dem Rang von $A|b$ ($r = 2$). Damit ist das Gleichungssystem lösbar. Wir haben die Situation $2 = r < m = 4$, woraus die Existenz unendlich vieler Lösungen folgt. Aus dem letzten Schema ergibt sich das Gleichungssystem

$$\begin{array}{rrrrl} -x_1 & +2x_2 & +x_3 & -5x_4 & = 2 \\ & 11x_2 & +4x_3 & -48x_4 & = 17 \end{array}$$

Wir können $m-r$, also 2, Parameter wählen. Mit der Wahl von $t := x_3$ und $s := x_4$ erhalten wir

$$\begin{array}{l} x_2 = \frac{1}{11}(17 - 4t + 48s) = \frac{17}{11} - \frac{4}{11}t + \frac{48}{11}s \\ x_1 = -2 + \frac{2}{11}(17 - 4t + 48s) + t - 5s = \frac{12}{11} + \frac{3}{11}t + \frac{41}{11}s \end{array}$$

oder in der Spaltenvektordarstellung

$$\left(\begin{array}{c} x_1 \\ x_2 \\ x_3 \\ x_4 \end{array}\right) = \left(\begin{array}{c} \frac{12}{11} \\ \frac{17}{11} \\ 0 \\ 0 \end{array}\right) + t \left(\begin{array}{c} \frac{3}{11} \\ -\frac{4}{11} \\ 1 \\ 0 \end{array}\right) + s \left(\begin{array}{c} \frac{41}{11} \\ \frac{48}{11} \\ 0 \\ 1 \end{array}\right), \quad t, s \in \mathbb{R},$$

die uns die Struktur der Lösung zeigt.

4) Wir betrachten das Gleichungssystem

$$\begin{array}{rrrl} 2x_1 & +3x_2 & -3x_3 & = 2 \\ 6x_1 & +3x_2 & +4x_3 & = 2 \\ 4x_1 & +3x_2 & +\alpha x_3 & = 2 \end{array}$$

mit dem reellen Parameter α, und wollen die Lösbarkeit in Abhängigkeit von α untersuchen. Ausgehend von der erweiterten Koeffizientenmatrix ($n = m = 3$)

$$\left(\begin{array}{ccc|c} 2 & 3 & -3 & 2 \\ 6 & 3 & 4 & 2 \\ 4 & 3 & \alpha & 2 \end{array} \right)$$

erhalten wir nach (II):=(II)-3·(I) und (III):=(III)-2·(I)

$$\left(\begin{array}{ccc|c} 2 & 3 & -3 & 2 \\ 0 & -6 & 13 & -4 \\ 0 & -3 & \alpha+6 & -2 \end{array} \right).$$

Nach (III):=(III)-$\frac{1}{2}$·(II) ergibt sich

$$\left(\begin{array}{ccc|c} 2 & 3 & -3 & 2 \\ 0 & -6 & 13 & -4 \\ 0 & 0 & \alpha-\frac{1}{2} & 0 \end{array} \right).$$

Im Fall $\alpha = \frac{1}{2}$ gilt $r = $ rg $A|b = $ rg $A = 2$ und $r < m$, d.h. es existieren unendlich viele Lösungen. Mit dem frei wählbaren Parameter $t := x_3$ erhält man

$$x_2 = (4+13t)/6 = \frac{2}{3} + \frac{13}{6}t, \quad x_1 = (2 - 3(\frac{2}{3} + \frac{13}{6}t) + 3t)/2 = -\frac{7}{4}t,$$

bzw.

$$\left(\begin{array}{c} x_1 \\ x_2 \\ x_3 \end{array} \right) = \left(\begin{array}{c} 0 \\ \frac{2}{3} \\ 0 \end{array} \right) + t \left(\begin{array}{c} -\frac{7}{4} \\ \frac{13}{6} \\ 1 \end{array} \right), \quad t \in \mathbb{R}.$$

Im Fall $\alpha \neq \frac{1}{2}$ gilt $r = $ rg $A|b = $ rg $A = 3$ und $r = m$, d.h. es existiert genau eine Lösung, nämlich

$$\left(\begin{array}{c} x_1 \\ x_2 \\ x_3 \end{array} \right) = \left(\begin{array}{c} 0 \\ \frac{2}{3} \\ 0 \end{array} \right).$$

Die Parameterdiskussion zur Lösung von Gleichungssystemen wird weiter unten bei der Thematik Eigenwerte und Eigenvektoren eine bedeutende Rolle spielen.

4.5 Allgemeine Vektorräume

In diesem Abschnitt werden einige Aussagen und Begriffe der Vektorrechnung verallgemeinert. In den vorangegangenen Kapiteln haben wir z.B. mit den Zahlbereichen oder Matrizen Mengen betrachtet, auf denen Operationen wie Addition oder Multiplikation von Elementen dieser Mengen erklärt waren. Beispielsweise haben wir bei Matrizen gleichen Typs die Addition von Matrizen und die

Multiplikation von Matrizen mit Elementen eines Zahlkörpers (z.B. $\mathbb{C}$ oder $\mathbb{R}$) erklärt. Die Rechenregeln der Addition und der Multiplikation mit Skalaren bei Matrizen unterscheiden sich nicht von denen bei den komplexen und reellen Zahlen oder den Vektoren des $\mathbb{R}^3$. Deshalb ist es sinnvoll, den Begriff des abstrakten Vektorraumes einzuführen.

Definition 4.24. (Vektorraum oder linearer Raum über dem Körper K)
Sei V eine nichtleere Menge. Ist mit $"+"$: $V \times V \to V$ eine "Addition" und mit $"\cdot"$: $K \times V \to V$ eine skalare "Multiplikation" erklärt, also $\mathbf{x} + \lambda \cdot \mathbf{y} \in V$ für alle $\mathbf{x}, \mathbf{y} \in V$ und für alle $\lambda \in K$ gilt, dann heißt $(V, +, \cdot)$ **Vektorraum** (oder **linearer Raum**), wenn für beliebige Elemente $\mathbf{a}, \mathbf{b}, \mathbf{c} \in V$ und $\lambda, \gamma \in K$ die folgenden Axiome gelten:

1) $\mathbf{a} + \mathbf{b} = \mathbf{b} + \mathbf{a}$ (Kommutativgesetz der Addition),

2) $\mathbf{a} + (\mathbf{b} + \mathbf{c}) = (\mathbf{a} + \mathbf{b}) + \mathbf{c}$ (Assoziativgesetz der Addition),

3) es existiert ein Nullelement der Addition $\mathbf{0}$, so dass $\mathbf{a} + \mathbf{0} = \mathbf{a}$ für jedes $\mathbf{a} \in V$ gilt,

4) zu jedem $\mathbf{a} \in V$ gibt es ein inverses Element der Addition $-\mathbf{a}$ mit $\mathbf{a} + (-\mathbf{a}) = \mathbf{0}$,

5) es existiert ein Einselement $1 \in K$ mit $1 \cdot \mathbf{a} = \mathbf{a}$,

6) $\lambda(\gamma \cdot \mathbf{a}) = \lambda\gamma \cdot \mathbf{a}$ (Assoziativgesetz der skalaren Multiplikation),

7) $\lambda(\mathbf{a} + \mathbf{b}) = \lambda\mathbf{a} + \lambda\mathbf{b}$,

8) $(\lambda + \gamma)\mathbf{a} = \lambda\mathbf{a} + \gamma\mathbf{a}$ (Distributivgesetze) .

Dabei wird das Multiplikationszeichen $"\cdot"$ in der Regel weggelassen ($\lambda\mathbf{x} = \lambda \cdot \mathbf{x}$) Die Elemente des Vektorraumes heißen **Vektoren**.

Definition 4.25. (Linearkombination)
Sind $\mathbf{v}_1, ..., \mathbf{v}_k$ Vektoren aus V und gilt $\lambda_1, ..., \lambda_k \in K$, so heißt

$$\lambda_1 \mathbf{v}_1 + \lambda_2 \mathbf{v}_2 + ... + \lambda_k \mathbf{v}_k \qquad (\lambda_1, ..., \lambda_k \in K)$$

eine **Linearkombination** der Vektoren $\mathbf{v}_1, ..., \mathbf{v}_k$. Nach Definition 4.24 ist eine Linearkombination von Elementen aus V wieder ein Element aus V.

Definition 4.26. (lineare Abhängigkeit, lineare Unabhängigkeit)
Die Vektoren $\mathbf{v}_1, ..., \mathbf{v}_m \in V$ heißen **linear abhängig**, wenn wenigstens einer unter ihnen als Linearkombination der übrigen geschrieben werden kann, oder wenn einer der Vektoren gleich dem Nullvektor $\mathbf{0}$ ist. Andernfalls heißen die Vektoren $\mathbf{v}_1, ..., \mathbf{v}_m$ **linear unabhängig**.

Diese Definition der linearen Unabhängigkeit bzw. linearen Abhängigkeit ist gleichbedeutend mit Folgender: Die Vektoren $\mathbf{v}_1, ..., \mathbf{v}_m \in V$ heißen linear unabhängig genau dann, wenn aus

$$\lambda_1 \mathbf{v}_1 + \lambda_2 \mathbf{v}_2 + ... + \lambda_m \mathbf{v}_m = \mathbf{0}$$

folgt, dass $\lambda_1 = \lambda_2 = \cdots = \lambda_m = 0$ ist.

Definition 4.27. (Dimension)
Die maximale Zahl linear unabhängiger Vektoren eines Vektorraumes V heißt
Dimension des Vektorraumes.

Definition 4.28. (Basis)
Es sei m die Dimension eines Vektorraumes V. Dann wird jedes m-Tupel
$(\mathbf{v}_1,\ldots,\mathbf{v}_m)$ von linear unabhängigen Vektoren aus V eine **Basis** von V genannt.

Sei V ein Vektorraum und $(\mathbf{v}_1,\ldots,\mathbf{v}_m)$ eine Basis von V. Zu jedem Element $\mathbf{v} \in V$
existieren Koeffizienten $x_1,\ldots,x_m \in K$ mit $\mathbf{v} = \sum_{i=1}^{m} x_i \mathbf{v}_i$. Man nennt $x_1,\ldots,x_m$
die **Koordinaten von v** bezüglich der Basis.
Die Existenz der x_i folgt aus der Existenz einer Relation $\lambda \mathbf{v} + \lambda_1 \mathbf{v}_1 + \cdots + \lambda_m \mathbf{v}_m =$
$\mathbf{0}$, wobei $\lambda, \lambda_1, \ldots, \lambda_m$ nicht sämtlich verschwinden; denn $(m+1)$ Vektoren sind
linear abhängig. Offenbar muss $\lambda \neq 0$ sein und daher gibt es $x_i \in K$ mit $\mathbf{v} =$
$\sum_{i=1}^{m} x_i \mathbf{v}_i$. Die Koordinaten sind eindeutig bestimmt: Nimmt man die Existenz
einer weiteren Darstellung $\mathbf{v} = \sum_{i=1}^{m} x_i' \mathbf{v}_i$ an, so wäre $\sum_{i=1}^{m} (x_i - x_i') \mathbf{v}_i = \mathbf{0}$.
Aus der linearen Unabhängigkeit der Basis $(\mathbf{v}_1,\ldots,\mathbf{v}_m)$ folgt dann $(x_i - x_i') = 0$
bzw. $x_i = x_i'$ für $i = 1,2,\ldots,m$, und damit die Eindeutigkeit der Koordinaten
bezüglich der Basis $(\mathbf{v}_1,\ldots,\mathbf{v}_m)$.

Definition 4.29. (Unterraum)
Sei V ein Vektorraum, der die Menge U von Vektoren umfasst, also $U \subset V$. Ist U
selbst wieder ein Vektorraum, so heißt U **Unterraum** von V.

Beispiele für Vektorräume:

1) Die reellen Zahlen $\mathbb{R}$ sind ein Vektorraum über $\mathbb{R}$ mit der üblichen Addition
und Multiplikation reeller Zahlen.

2) Die Menge der Lösungen eines linearen homogenen Gleichungssystems $A\mathbf{x} =$
$\mathbf{0}$, wobei A eine $(m \times n)$-Matrix $(n, m \in \mathbb{N})$ über $\mathbb{R}$ ist, mit der Addition als kompo-
nentenweiser Addition und der skalaren Multiplikation als Multiplikation aller
Komponenten der Lösung $\mathbf{x}$ mit einer reellen Zahl (Skalar). Die Dimension des
Vektorraumes ist gleich der Anzahl der freien Parameter der Lösung des linearen
Gleichungssystems.

3) Die Menge der Polynome $p_2(x) = a_2 x^2 + a_1 x + a_0$ des Grades 2 über $\mathbb{R}$
mit der üblichen Addition und Multiplikation ist ein dreidimensionaler Vektorraum. Man findet mit x^2, x^1 und x^0 drei linear unabhängige Elemente, denn aus
$p_2(x) = 0$ für alle $x \in \mathbb{R}$ folgt $a_0 = a_1 = a_2 = 0$.

4.5.1 Die Vektorräume $\mathbb{R}^n$ und $\mathbb{C}^n$

Wir führen den Vektorraum $\mathbb{R}^n$ als Menge aller n-Tupel reeller Zahlen ein. Den
Spezialfall $\mathbb{R}^3$ behandeln wir später gesondert, da es sich dabei um den Raum
unserer Anschauung handelt. Die Elemente $\mathbf{a} \in \mathbb{R}^n$ identifizieren wir mit Spaltenvektoren bzw. Matrizen des Typs $n \times 1$.

$$\mathbf{a} = \begin{pmatrix} a_1 \\ a_2 \\ \vdots \\ a_n \end{pmatrix} \qquad (a_i \in \mathbb{R}).$$

Mit der normalen Matrixaddition

$$\begin{pmatrix} a_1 \\ a_2 \\ \vdots \\ a_n \end{pmatrix} + \begin{pmatrix} b_1 \\ b_2 \\ \vdots \\ b_n \end{pmatrix} = \begin{pmatrix} a_1 + b_1 \\ a_2 + b_2 \\ \vdots \\ a_n + b_n \end{pmatrix} =: \begin{pmatrix} c_1 \\ c_2 \\ \vdots \\ c_n \end{pmatrix}$$

und der komponentenweisen skalaren Multiplikation

$$\lambda \begin{pmatrix} a_1 \\ a_2 \\ \vdots \\ a_n \end{pmatrix} = \begin{pmatrix} \lambda a_1 \\ \lambda a_2 \\ \vdots \\ \lambda a_n \end{pmatrix}$$

wird der $\mathbb{R}^n$ nach Definition 4.24 zum Vektorraum über $\mathbb{R}$. Wenn nichts Anderes gesagt wird, verwenden wir für den $\mathbb{R}^n$ die **kanonische** oder **natürliche Basis**

$$\mathbf{e}_1 = \begin{pmatrix} 1 \\ 0 \\ 0 \\ \vdots \\ 0 \\ 0 \end{pmatrix}, \mathbf{e}_2 = \begin{pmatrix} 0 \\ 1 \\ 0 \\ \vdots \\ 0 \\ 0 \end{pmatrix}, \ldots, \mathbf{e}_n = \begin{pmatrix} 0 \\ 0 \\ 0 \\ \vdots \\ 0 \\ 1 \end{pmatrix},$$

so dass für einen Vektor $\mathbf{a} = (a_1, \ldots, a_n)^T$

$$\mathbf{a} = a_1 \mathbf{e}_1 + a_2 \mathbf{e}_2 + \cdots + a_n \mathbf{e}_n$$

gilt.

Definition 4.30. (Skalarprodukt in einem Vektorraum, unitärer Raum)
Sei V ein Vektorraum über dem Zahlkörper K. Die Abbildung

$$\langle \cdot, \cdot \rangle : V \times V \to K$$

heißt **Skalarprodukt** oder **inneres Produkt**, wenn für $\mathbf{x}, \mathbf{y}, \mathbf{z} \in V$ und $\lambda \in K$

a) $\langle \mathbf{x}, \mathbf{y} \rangle = \overline{\langle \mathbf{y}, \mathbf{x} \rangle}$ Kommutativgesetz,

b) $\langle \lambda \mathbf{x} + \beta \mathbf{y}, \mathbf{z} \rangle = \bar{\lambda} \langle \mathbf{x}, \mathbf{z} \rangle + \bar{\beta} \langle \mathbf{y}, \mathbf{z} \rangle$ Distributivgesetz,

c) $\langle \mathbf{x}, \mathbf{x} \rangle \geq 0$, $\langle \mathbf{x}, \mathbf{x} \rangle = 0 \iff \mathbf{x} = \mathbf{0}$,   positive Definitheit

gilt. Der mit dem Skalarprodukt $\langle \cdot, \cdot \rangle$ ausgestattete Raum heiß **unitärer** Raum.

Für $K = \mathbb{R}$ kann man die Querstriche weglassen. Für zwei Vektoren $\mathbf{a} = (a_1, \ldots, a_n)^T$ und $\mathbf{b} = (b_1, \ldots, b_n)^T$ definieren wir durch

$$\mathbf{a} \cdot \mathbf{b} = \langle \mathbf{a}, \mathbf{b} \rangle := \sum_{j=1}^{n} a_j b_j \qquad (4.30)$$

das Skalarprodukt der Vektoren im $\mathbb{R}^n$. Man bezeichnet (4.30) auch als EUKLIDi-sches **Skalarprodukt**. Das Skalarprodukt zweier Vektoren ist gleichbedeutend mit der Matrix-Multiplikation eines Zeilenvektors (Matrix vom Typ $1 \times n$) mit einem Spaltenvektor (Matrix vom Typ $n \times 1$), also $\mathbf{a} \cdot \mathbf{b} := \mathbf{a}^T \mathbf{b} = \sum_{j=1}^{n} a_j b_j$. Man prüft leicht nach, dass $\mathbf{a} \cdot \mathbf{b} = \sum_{j=1}^{n} a_j b_j$ ein Skalarprodukt im Sinne der Definition 4.30 ist (mitunter verwendet man beim EUKLIDischen Skalarprodukt auch der Vektoren $\mathbf{a}$ und $\mathbf{b}$ auch die Bezeichnung $\langle \mathbf{a}, \mathbf{b} \rangle_2$). Für Vektoren aus dem $\mathbb{C}^n$ ist durch

$$\langle \mathbf{a}, \mathbf{b} \rangle := \sum_{j=1}^{n} a_j \bar{b}_j \tag{4.31}$$

ein Skalarprodukt über $K = \mathbb{C}$ erklärt.

Definition 4.31. (EUKLIDischer Raum)
Der mit dem Skalarprodukt (4.30) ausgestattete Vektorraum $\mathbb{R}^n$ heißt EUKLIDi-scher **Raum** und wird mit $\mathbb{E}^n$ bezeichnet.

Der EUKLIDische Raum ist also ein spezieller Vektorraum, denn die allgemeine Definition 4.24 erfordert kein Skalarprodukt.

Definition 4.32. (Betrag eines Vektors, EUKLIDische Norm)
Mit dem Skalarprodukt wird durch

$$|\mathbf{a}| := \sqrt{\langle \mathbf{a}, \mathbf{a} \rangle} = \sqrt{\sum_{j=1}^{n} a_j^2}$$

der **Betrag** oder EUKLID**ische Norm** eines Vektors $\mathbf{a} \in \mathbb{E}^n$ erklärt, und durch $\cos(\mathbf{a}, \mathbf{b}) := \frac{\mathbf{a} \cdot \mathbf{b}}{|\mathbf{a}| \cdot |\mathbf{b}|}$ in Verallgemeinerung zum $\mathbb{R}^3$ der Kosinus des Winkels, den die Vektoren $\mathbf{a}$ und $\mathbf{b}$ bilden. Statt der Bezeichnung $|\mathbf{a}|$ wird auch die Bezeichnung $\|\mathbf{a}\|_2$ für die EUKLIDische Norm verwendet.
Für Vektoren $\mathbf{z}$ aus dem $\mathbb{C}^n$ ist durch

$$|\mathbf{z}| := \sqrt{\langle \mathbf{z}, \bar{\mathbf{z}} \rangle} = \sqrt{\sum_{j=1}^{n} z_j \bar{z}_j}$$

der Betrag erklärt.

An dieser Stelle sei auf eine wichtige Eigenschaft von orthogonalen Matrizen hin-gewiesen, und zwar gilt der

Satz 4.18. *(Längenerhaltung)*
Sei $\mathbf{x} \in \mathbb{R}^n$ *(bzw.* $\mathbf{x} \in \mathbb{C}^n$*) und* Q *eine orthogonale Matrix von Typ* $n \times n$. *Dann gilt*

$$|Q\mathbf{x}| = |\mathbf{x}| \quad bzw. \quad \langle Q\mathbf{x}, Q\mathbf{x} \rangle = \langle \mathbf{x}, \mathbf{x} \rangle \,,$$

d.h. durch orthogonale Matrizen bewirkte Transformationen sind längenerhaltend bezüg-lich der EUKLID*ischen Norm.*

Beweis: Es gilt

$$|Q\mathbf{x}|^2 = \langle Q\mathbf{x}, Q\mathbf{x} \rangle = \langle Q^T Q\mathbf{x}, \mathbf{x} \rangle = \langle \mathbf{x}, \mathbf{x} \rangle = |\mathbf{x}|^2 \,.$$

□

Um die Definition des Kosinus des Winkels $\gamma = (\mathbf{a}, \mathbf{b})$ zwischen den Vektoren $\mathbf{a}, \mathbf{b}$ zu veranschaulichen, betrachten wir die Verhältnisse im $\mathbb{E}^3$. Die im Ursprung angetragenen Vektoren $\mathbf{a}, \mathbf{b}$ spannen dort eine Ebene auf, in der das Dreieck $\triangle OAB$ liegt. Ist $\mathbf{a} = (a_1, a_2, a_3)^T$, $\mathbf{b} = (b_1, b_2, b_3)^T$, so ist $\overrightarrow{AB} = (b_1 - a_1, b_2 - a_2, b_3 - a_3)^T$. Der Kosinussatz liefert

$$\sum_{i=1}^{3} (b_i - a_i)^2 = \sum_{i=1}^{3} a_i^2 + \sum_{i=1}^{3} b_i^2 - 2 \sqrt{\sum_{i=1}^{3} a_i^2} \sqrt{\sum_{i=1}^{3} b_i^2} \cos\gamma \,.$$

Daraus folgt

$$\cos\gamma = \frac{\sum_{i=1}^{3} a_i b_i}{\sqrt{\sum_{i=1}^{3} a_i^2} \sqrt{\sum_{i=1}^{3} b_i^2}} = \frac{\mathbf{a} \cdot \mathbf{b}}{|\mathbf{a}||\mathbf{b}|} \,.$$

Dass $|\cos\gamma| \leq 1$ und im allgemeinen Fall $|\cos(\mathbf{a}, \mathbf{b})| \leq 1$ ist, folgt aus der CAUCHY-SCHWARZschen Ungleichung. Die Vektoren $\mathbf{a}$ und $\mathbf{b}$ aus einem unitären Raum heißen **orthogonal**, wenn $< \mathbf{a}, \mathbf{b} > = 0$ gilt. Wenn V ein unitärer Raum und U ein Unterraum von V ist, dann heißt

$$U^\perp := \{\mathbf{x} \in V \,|\, < \mathbf{x}, \mathbf{u} > = 0, \text{ für alle } \mathbf{u} \in U\}$$

orthogonales Komplement von U.

Beispiel: Betrachten wir den EUKLIDischen Raum $\mathbb{E}^3$. Dann überlegt man sich, dass eine Gerade durch den Ursprung, d.h. mit einem fixierten Vektor $\mathbf{a} \in \mathbb{E}^3$ die Menge der Vektoren $\mathbf{v}$

$$\{\mathbf{x} \,|\, \mathbf{x} \in \mathbb{R}^3, \ \mathbf{x} = \lambda \mathbf{a}, \ \lambda \in \mathbb{R}\}$$

einen Unterraum U des $\mathbb{E}^3$ bilden. Als orthogonales Komplement der Geraden U findet man eine durch den Ursprung gehende Ebene

$$U^\perp := \{\mathbf{x} \,|\, \mathbf{x} \in \mathbb{R}^3, \ \mathbf{x} = \alpha \mathbf{b} + \beta \mathbf{c}, \ \alpha, \beta \in \mathbb{R}\}$$

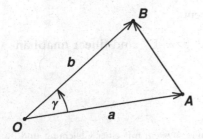

Abb. 4.9. Von $\mathbf{a}$ und $\mathbf{b}$ gebildeter Winkel γ

wobei die Vektoren b und c senkrecht auf a stehen.
Betrachten wir konkret den Unterraum

$$U = \{\mathbf{x} \mid \mathbf{x} \in \mathbb{R}^3,\ \mathbf{x} = \alpha \begin{pmatrix} 1 \\ 2 \\ 3 \end{pmatrix},\ \alpha, \beta \in \mathbb{R}\}$$

des $\mathbb{E}^3$. Um $U^\perp$ auszurechnen, ist das lineare Gleichungssystem[1]

$$\begin{pmatrix} 1 & 2 & 3 \end{pmatrix} \mathbf{d} = 0$$

zu lösen, um alle Vektoren $\mathbf{d}$ zu finden, die orthogonal zu den Vektoren aus U sind. Als Lösung findet man nach kurzer Rechnung

$$\mathbf{d} = s \begin{pmatrix} -2 \\ 1 \\ 0 \end{pmatrix} + t \begin{pmatrix} -3 \\ 0 \\ 1 \end{pmatrix},\ s, t \in \mathbb{R},$$

so dass für das orthogonale Komplement

$$U^\perp = \{\mathbf{d} \mid \mathbf{d} \in \mathbb{R}^3,\ \mathbf{d} = s \begin{pmatrix} -2 \\ 1 \\ 0 \end{pmatrix} + t \begin{pmatrix} -3 \\ 0 \\ 1 \end{pmatrix},\ s, t \in \mathbb{R}\}$$

gilt.

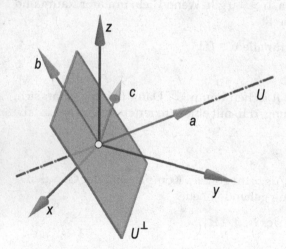

Abb. 4.10. Unterraum U und orthogonales Komplement $U^\perp$

m Vektoren $\mathbf{a}_j = (a_{j1}, a_{j2}, \ldots, a_{jn})^T$ aus dem $\mathbb{R}^n$ bzw. $\mathbb{E}^n$ sind **linear unabhängig**, wenn das Gleichungssystem

$$\sum_{j=1}^{m} \lambda_j \mathbf{a}_j = \mathbf{0}$$

---

[1]Es handelt sich hier tatsächlich um ein lineares Gleichungssystem mit einer Gleichung und 3 Unbekannten.

nur die triviale Lösung $\lambda = (\lambda_1, \lambda_2, \ldots, \lambda_m) = (0,0,\ldots,0)$ hat. Betrachten wir die Koeffizientenmatrix

$$A = \begin{pmatrix} a_{11} & \cdots & a_{m1} \\ \vdots & & \vdots \\ a_{1n} & \cdots & a_{mn} \end{pmatrix}$$

vom Typ $n \times m$. Das homogene Gleichungssystem $A \cdot \lambda = 0$ ist immer lösbar, da $rg\, A = rg\, A|b$ gilt. Das Gleichungssystem hat nur dann die triviale Lösung $\lambda = 0$ als einzige Lösung, wenn der Rang von A gleich m ist, d.h. nur im Fall $rg\, A = m$ sind die m Vektoren linear unabhängig. Betrachten wir nun den Fall $m > n$, dann kann der Rang von A nicht größer als n sein, und wir haben die Situation

$$r := \mathrm{rg}\, A \leq n < m\,.$$

Damit existiert aufgrund der Wahlmöglichkeit von $m - r$ freien Parametern eine nichttriviale Lösung $\lambda \neq 0$, also sind die m Vektoren linear abhängig. Mit der gerade durchgeführten Betrachtung haben wir die folgende Aussage bewiesen.

Satz 4.19. *(Maximalzahl linear unabhängiger Vektoren im $\mathbb{R}^n$ bzw. $\mathbb{C}^n$)*
Im $\mathbb{R}^n$ bzw. $\mathbb{C}^n$ können bis zu n Vektoren linear unabhängig sein. Für $m > n$ sind m beliebige Vektoren aus dem $\mathbb{R}^n$ bzw. $\mathbb{C}^n$ linear abhängig.

Satz 4.20. *(Basiseigenschaft n linear unabhängiger Vektoren im $\mathbb{R}^n$ bzw. $\mathbb{C}^n$)*
Im $\mathbb{R}^n$ bzw. $\mathbb{C}^n$ ist jedes System von n linear unabhängigen Vektoren eine Basis, d.h. für jeden Vektor $\mathbf{a} \in \mathbb{R}^n$ bzw. $\mathbf{a} \in \mathbb{C}^n$ existieren n eindeutig bestimmte skalare Koeffizienten $\alpha_1, \ldots, \alpha_n$, so dass

$$\mathbf{a} = \sum_{j=1}^{n} \alpha_j \mathbf{a}_j \tag{4.32}$$

gilt. Die Zahlen $\alpha_1, \ldots, \alpha_n$ heißen Koordinaten von $\mathbf{a}$ bezüglich der Basis $(\mathbf{a}_1, \mathbf{a}_2, \ldots, \mathbf{a}_n)$.

Beweis: Das lineare Gleichungssystem (4.32) mit n Gleichungen und n Unbekannten $\alpha_1, \ldots, \alpha_n$ ist eindeutig lösbar, da $det(A) \neq 0$ wegen der Basiseigenschaft der $\mathbf{a}_1, \mathbf{a}_2, \ldots, \mathbf{a}_n$ gelten muss. $\qquad\Box$

Beispiel: Betrachten wir die 4 Vektoren

$$\mathbf{c}_1 = \begin{pmatrix} i \\ 0 \\ 0 \end{pmatrix}, \; \mathbf{c}_2 = \begin{pmatrix} 0 \\ 1 \\ 1 \end{pmatrix}, \; \mathbf{c}_3 = \begin{pmatrix} 0 \\ 0 \\ 1+i \end{pmatrix}, \; \mathbf{c}_4 = \begin{pmatrix} 2i \\ 1 \\ 5 \end{pmatrix} \in \mathbb{C}^3\,.$$

Wir wollen diese auf lineare Unabhängigkeit überprüfen, die vorliegt, wenn

$$\begin{pmatrix} i & 0 & 0 & 2i \\ 0 & 1 & 0 & 1 \\ 0 & 1 & 1+i & 5 \end{pmatrix} \begin{pmatrix} \lambda_1 \\ \lambda_2 \\ \lambda_3 \\ \lambda_4 \end{pmatrix} = \begin{pmatrix} 0 \\ 0 \\ 0 \end{pmatrix} \tag{4.33}$$

nur die triviale Lösung $\lambda_j = 0$, $j = 1, \ldots, 4$, hat. Mit dem GAUSSschen Algorithmus findet man nach wenigen Schritten das zu (4.33) äquivalente System

$$
\begin{pmatrix} 1 & 0 & 0 & 2 \\ 0 & 1 & 0 & 1 \\ 0 & 0 & 1 & 2+2i \end{pmatrix} \begin{pmatrix} \lambda_1 \\ \lambda_2 \\ \lambda_3 \\ \lambda_4 \end{pmatrix} = \begin{pmatrix} 0 \\ 0 \\ 0 \end{pmatrix} .
$$

Z.B. mit der naheliegenden Wahl von $\lambda_4 = 1$ findet man sukzessiv $\lambda_3 = -2 - 2i$, $\lambda_2 = -1$, $\lambda_1 = -2$, also eine nichttriviale Lösung, so dass die 4 Vektoren linear abhängig sind. Dagegen sind die Vektoren c_1, c_2, c_3 linear unabhängig, und bilden eine Basis des $\mathbb{C}^3$. Zum Nachweis betrachten wir das lineare Gleichungssystem

$$
\begin{pmatrix} i & 0 & 2i \\ 0 & 1 & 0 \\ 0 & 1 & 1+i \end{pmatrix} \begin{pmatrix} c_1 \\ c_2 \\ c_3 \end{pmatrix} = \begin{pmatrix} a \\ b \\ c \end{pmatrix} .
$$

Ist dieses Gleichungssystem für beliebige Zahlen $a, b, c \in \mathbb{C}$ lösbar, dann ist der Basis-Nachweis erbracht. Mit dem GAUSSschen Algorithmus erhält man für das erweiterete Koeffizientenschema

$$
\begin{bmatrix} i & 0 & 0 & | & a \\ 0 & 1 & 0 & | & b \\ 0 & 1 & 1+i & | & c \end{bmatrix} \Longrightarrow \begin{bmatrix} 1 & 0 & 0 & | & -a\,i \\ 0 & 1 & 0 & | & b \\ 0 & 1 & 1+i & | & c \end{bmatrix} \Longrightarrow
$$

$$
\begin{bmatrix} 1 & 0 & 0 & | & -a\,i \\ 0 & 1 & 0 & | & b \\ 0 & 0 & 1+i & | & c-b \end{bmatrix} \Longrightarrow \begin{bmatrix} 1 & 0 & 0 & | & -a\,i \\ 0 & 1 & 0 & | & b \\ 0 & 0 & 2 & | & (1-i)(c-b) \end{bmatrix}
$$

Damit kann man die Lösung

$$
c_3 = \frac{1}{2}(1-i)(c-b), \quad c_2 = b, \quad c_1 = -a\,i
$$

ablesen, d.h. wir finden für beliebige $a, b, c \in \mathbb{C}$ eine eindeutig bestimmte Lösung, können also jeden beliebigen Vektor des $\mathbb{C}^3$ linear kombinieren. Außerdem erkennt man sofort, dass für $a = b = c = 0$ nur die triviale Lösung $c_1 = c_2 = c_3 = 0$ folgt, also die lineare Unabhängigkeit der Vektoren c_1, c_2, c_3 zeigt.

4.5.2 Lineare Abbildungen, Koordinaten, Basiswechsel

Wir wollen uns in diesem Abschnitt mit speziellen, man kann auch sagen, ausgesprochen gutartigen Abbildungen befassen.

Definition 4.33. (lineare Abbildung)
Seien V und W Vektorräume über dem Körper K, und mit

$$
f : V \to W,
$$

eine Abbildung von V in W gegeben. Die Abbildung f heißt **linear**, wenn für $\mathbf{x}, \mathbf{y} \in V$ und $\lambda \in K$

$$f(\mathbf{x} + \mathbf{y}) = f(\mathbf{x}) + f(\mathbf{y}) \tag{4.34}$$
$$f(\lambda \mathbf{x}) = \lambda f(\mathbf{x}) \tag{4.35}$$

gilt. Die lineare Abbildung f wird auch **Homomorphismus** genannt, da sie die Struktur des Vektorraumes V auf die Bildmenge $f(V) \subset W$ überträgt. Ist f eine bijektive Abbildung, heißt f **Isomorphismus**.

Beispiele linearer Abbildungen sind etwa

1) lineare Funktionen

$$f : \mathbb{R} \to \mathbb{R}, \ f(x) = \gamma x, \ \gamma \in \mathbb{R},$$

2) die Drehung einer Ebene um einen bestimmten Winkel α, wobei

$$f : \mathbb{R}^2 \to \mathbb{R}^2,$$

jedem Vektor $\mathbf{x}$ den um den Winkel α in mathematisch positiver Richtung gedrehten Vektor $\mathbf{w} = f(\mathbf{x})$ zuordnet (siehe Abb. 4.11).

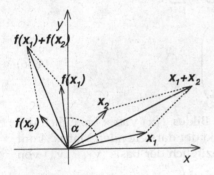

Abb. 4.11. Linearität der Drehung der x-y-Ebene

Wenn wir uns an die komplexen Zahlen erinnern, $\mathbf{x}$ in Polarkoordinaten, also durch $\mathbf{x} = (r \cos \phi, r \sin \phi)^T$ darstellen und die Additionstheoreme der trigonometrischen Funktionen benutzen, finden wir

$$f \begin{pmatrix} x \\ y \end{pmatrix} = \begin{pmatrix} r \cos(\phi + \alpha) \\ r \sin(\phi + \alpha) \end{pmatrix} = \begin{pmatrix} r \cos \alpha \cos \phi - r \sin \alpha \sin \phi \\ r \sin \alpha \cos \phi + r \cos \alpha \sin \phi \end{pmatrix}$$
$$= \begin{pmatrix} \cos \alpha & -\sin \alpha \\ \sin \alpha & \cos \alpha \end{pmatrix} \cdot \begin{pmatrix} r \cos \phi \\ r \sin \phi \end{pmatrix} = \begin{pmatrix} \cos \alpha & -\sin \alpha \\ \sin \alpha & \cos \alpha \end{pmatrix} \cdot \begin{pmatrix} x \\ y \end{pmatrix}.$$

Im Folgenden wollen wir uns mit linearen Abbildungen der Art

$$f : V \to W$$

befassen, wobei V ein Vektorraum der Dimension n und W ein Vektorraum der Dimension m ist $(n, m \in \mathbb{N})$. Mit $(\mathbf{v}_1, ..., \mathbf{v}_n)$ sei eine Basis von V und mit $(\mathbf{w}_1, ..., \mathbf{w}_m)$ eine Basis von W gegeben. Wir betrachten $f(\mathbf{v}_j)$ für $j = 1, 2, ..., n$, also die Bilder der Basisvektoren $\mathbf{v}_j$. Da $(\mathbf{w}_1, ..., \mathbf{w}_m)$ eine Basis von W ist, gibt es $\alpha_{ij}, i = 1, 2, ..., m$, so dass

$$f(\mathbf{v}_j) = \sum_{i=1}^{m} a_{ij} \mathbf{w}_i = \begin{pmatrix} a_{1j} \\ a_{2j} \\ \vdots \\ a_{mj} \end{pmatrix}$$

gilt. Die a_{ij} sind die Koordinaten der Bilder der Basisvektoren von V bezüglich der Basis $(\mathbf{w}_1, ..., \mathbf{w}_m)$ von W. Die Abbildung f ist durch die Matrix

$$A = \begin{pmatrix} a_{11} & \cdots & a_{1n} \\ \vdots & & \vdots \\ a_{m1} & \cdots & a_{mn} \end{pmatrix},$$

auch **darstellende Matrix** genannt, eindeutig bestimmt. Für $\mathbf{x} = \sum_{j=1}^{n} x_j \mathbf{v}_j \in V$ folgt aus (4.34), (4.35)

$$f(\mathbf{x}) = f(\sum_{j=1}^{n} x_j \mathbf{v}_j) = \sum_{j=1}^{n} x_j f(\mathbf{v}_j) = \sum_{j=1}^{n} x_j \sum_{i=1}^{m} a_{ij} \mathbf{w}_i =$$

$$\begin{pmatrix} \sum_{j=1}^{n} a_{1j} x_j \\ \sum_{j=1}^{n} a_{2j} x_j \\ \vdots \\ \sum_{j=1}^{n} a_{mj} x_j \end{pmatrix} = A \cdot \begin{pmatrix} x_1 \\ x_2 \\ \vdots \\ x_n \end{pmatrix}. \tag{4.36}$$

In (4.36) stehen links die m Komponenten des Bildes $f(\mathbf{x})$ von $\mathbf{x}$ bezüglich der Basis $(\mathbf{w}_1, ..., \mathbf{w}_m)$ in W. Rechts steht das Produkt der darstellenden Matrix A mit dem Vektor aus den n Komponenten von $\mathbf{x}$ bezüglich der Basis $(\mathbf{v}_1, ..., \mathbf{v}_n)$ von V.

Aufgrund der Gesetze der Matrixmultiplikation ergibt sich, dass jede Matrix A vom Typ $m \times n$ durch $\mathbf{x} \mapsto A \cdot \mathbf{x}$ eine lineare Abbildung $V \to W$ erklärt. Die eben vorgenommenen Betrachtungen können wir im folgenden Satz zusammenfassen.

Satz 4.21. *(darstellende Matrix einer linearen Abbildung)*
Sei V ein Vektorraum der Dimension n und W ein Vektorraum der Dimension m. Sei $f : V \to W$ eine lineare Abbildung, dann existiert genau eine Matrix $A = (a_{ij})$ vom Typ $m \times n$, so dass

$$f(\mathbf{v}_j) = \sum_{i=1}^{m} a_{ij} \mathbf{w}_i, \qquad j = 1, ..., n\,.$$

A heißt die **Abbildungsmatrix** *oder* **darstellende Matrix** *von f bezüglich der Basen $(\mathbf{v}_1, ..., \mathbf{v}_n)$ bzw. $(\mathbf{w}_1, ..., \mathbf{w}_m)$ von V bzw. W.*

Die Abbildungsmatrix hängt von der Basis $\mathbf{v}_j$ von V und der Basis $\mathbf{w}_i$ von W, sowie von der konkreten linearen Abbildung f ab. Hat ein Element des Urbildraumes V bezüglich der Basis $\mathbf{v}_j$ die Koordinaten

$$\mathbf{x} = \begin{pmatrix} x_1 \\ x_2 \\ \vdots \\ x_n \end{pmatrix}, \quad \text{so ergeben sich mit} \quad \mathbf{y} = A \cdot \begin{pmatrix} x_1 \\ x_2 \\ \vdots \\ x_n \end{pmatrix}$$

die Koordinaten des Bildes von $\mathbf{y} = f(\mathbf{x})$ bezüglich der Basis $\mathbf{w}_i$ des Bildraumes W.

Beispiel: Wir betrachten die lineare Abbildung $f : \mathbb{R}^2 \to \mathbb{R}^3$, d.h. es ist $n = 2, m = 3$. $\mathbf{v}_1 = (1,0)^T$, $\mathbf{v}_2 = (0,1)^T$ sei die Basis von $\mathbb{R}^2$, $\mathbf{w}_1 = (1,0,0)^T$, $\mathbf{w}_2 = (0,1,0)^T$, $\mathbf{w}_3 = (0,0,1)^T$ die Basis von $\mathbb{R}^3$. Wir legen die Abbildung dadurch fest, dass wir sagen, wohin Basisvektoren des $\mathbb{R}^2$ in $\mathbb{R}^3$ abgebildet werden sollen: Es sei

$$f(\mathbf{v}_1) = \begin{pmatrix} 1 \\ 1 \\ 1 \end{pmatrix} = 1\mathbf{w}_1 + 1\mathbf{w}_2 + 1\mathbf{w}_3 \qquad f(\mathbf{v}_2) = \begin{pmatrix} 1 \\ -1 \\ 0 \end{pmatrix} = 1\mathbf{w}_1 - 1\mathbf{w}_2 + 0\mathbf{w}_3 \ .$$

Mit $f(\mathbf{v}_j) = \sum_{i=1}^{3} a_{ij}\mathbf{w}_i$ können wir (Satz 4.21) die Abbildungsmatrix von f bezüglich der benutzten Basen angeben,

$$A = \begin{pmatrix} 1 & 1 \\ 1 & -1 \\ 1 & 0 \end{pmatrix} .$$

Nach (4.36) wird mittels f ein beliebiger Punkt des $\mathbb{R}^2$ mit den Koordinaten x_1, x_2 (bezüglich $\mathbf{v}_1, \mathbf{v}_2$) auf einen Punkt des $\mathbb{R}^3$ mit den Koordinaten y_1, y_2, y_3 (bezüglich $\mathbf{w}_1, \mathbf{w}_2, \mathbf{w}_3$) durch

$$\begin{pmatrix} y_1 \\ y_2 \\ y_3 \end{pmatrix} = A \cdot \begin{pmatrix} x_1 \\ x_2 \end{pmatrix} = \begin{pmatrix} 1 & 1 \\ 1 & -1 \\ 1 & 0 \end{pmatrix} \begin{pmatrix} x_1 \\ x_2 \end{pmatrix} = \begin{pmatrix} x_1 + x_2 \\ x_1 - x_2 \\ x_1 \end{pmatrix}$$

abgebildet.

Die nachfolgend erklärten Begriffe Kern und Bild einer linearen Abbildung haben im Falle von linearen Abbildungen aus dem $\mathbb{R}^n$ in den $\mathbb{R}^m$, die durch Matrizen A vom Typ $m \times n$ beschrieben werden, Bedeutung für die Lösbarkeit linearer Gleichungssysteme. Der Kern einer durch die Matrix A definierten linearen Abbildung ist gleich der Lösungsmenge des homogenen Gleichungssystems $A\mathbf{x} = \mathbf{0}$. Das Bild einer durch die Matrix A definierten linearen Abbildung ist gleich der Menge der "rechten Seiten" $\mathbf{b} \in \mathbb{R}^m$, für die das Gleichungssystem $A\mathbf{x} = \mathbf{b}$ eine Lösung hat, also die Menge aller möglichen Bilder der Abbildung.

Definition 4.34. (Kern einer linearen Abbildung f)
Sei $f : V \to W$ eine lineare Abbildung.

$$\ker f := \{\mathbf{x} \in V \mid f(\mathbf{x}) = \mathbf{0}\}$$

heißt **Kern** der linearen Abbildung f.

Definition 4.35. (Bild einer linearen Abbildung f)
Sei $f : V \to W$ eine lineare Abbildung.

$$\text{im } f = f(V) := \{ \mathbf{w} \in W \mid \text{es gibt ein } \mathbf{v} \in V \text{ mit } f(\mathbf{v}) = \mathbf{w} \}$$

heißt **Bild** der linearen Abbildung f.

Der Kern $\ker f \subset V$ einer linearen Abbildung f ist ein Vektorraum (Unterraum von V). Da jede Matrix A vom Typ $m \times n$ eine lineare Abbildung vom $\mathbb{R}^n$ in den $\mathbb{R}^m$ beschreibt, besteht der Kern von A gerade aus den Lösungen des homogenen linearen Gleichungssystems $A\mathbf{x} = \mathbf{0}$. D.h. die Lösungen eines homogenen linearen Gleichungssystems bilden einen Vektorraum. Das Bild $\text{im } f \subset W$ einer linearen Abbildung f ist ebenfalls ein Vektorraum (Unterraum von W).

Definition 4.36. (Defekt und Rang einer linearen Abbildung f)
Mit $dim\ U$ bezeichnen wir die Dimension eines Vektorraumes U. Wir nennen

$$\text{def } f := \dim \ker f \quad \text{den } \textbf{Defekt} \text{ und } \quad \text{rg } f := \dim \text{im } f \quad \text{den } \textbf{Rang}$$

der linearen Abbildung $f : V \to W$.

Der Rang einer linearen Abbildung ist gleich dem Rang der zugehörigen Matrix A. Defekt und Rang einer linearen Abbildung stehen in einem Zusammenhang mit der Dimension des Vektorraumes V, es gilt der

Satz 4.22. *(Rangkriterium)*
Sei $f : V \to W$ eine lineare Abbildung, dann gilt

$$rg\ f + def\ f = dim\ V.$$

Beispiel: Zu berechnen ist der Kern der linearen Abbildung $f : \mathbb{R}^3 \to \mathbb{R}$

$$f(\begin{pmatrix} x_1 \\ x_2 \\ x_3 \end{pmatrix}) = x_1 + x_2 + x_3.$$

Es ist das Gleichungssystem

$$f(\mathbf{x}) = x_1 + x_2 + x_3 = 0$$

zu lösen. Wir wählen die freien Parameter $t = x_2$ und $s = x_3$ und erhalten $x_1 = -(t + s)$ und damit

$$\ker f = \{ \mathbf{x} \mid \mathbf{x} = t \begin{pmatrix} -1 \\ 1 \\ 0 \end{pmatrix} + s \begin{pmatrix} -1 \\ 0 \\ 1 \end{pmatrix}, t, s \in \mathbb{R} \}.$$

$\ker f$ ist ein Unterraum des $\mathbb{R}^3$ der Dimension 2 (def $f = 2$, es handelt sich um eine Ebene, die durch den Nullpunkt geht). Die Dimension des Bildes der linearen Abbildung ist nach Satz 4.22 gleich 1. Damit hat f den Rang 1. Die zu f gehörende Matrix A hat die einfache Form

$$A = (1 \ 1 \ 1)$$

und offensichtlich den Rang 1.

Satz 4.23. *(Lösungsstruktur eines linearen Gleichungssystems)*
Die Lösungen $\mathbf{x}_h$ *des linearen homogenen Gleichungssystems* $A \cdot \mathbf{x} = \mathbf{0}$ *bilden einen Vektorraum. Alle Lösungen des linearen Gleichungssystems* $A \cdot \mathbf{x} = \mathbf{b}$ *lassen sich in der Form*

$$\mathbf{x} = \mathbf{x}_h + \mathbf{x}_s \tag{4.37}$$

darstellen, wobei $\mathbf{x}_s$ *irgendeine Lösung des Systems* $A \cdot \mathbf{x} = \mathbf{b}$ *ist.* $\mathbf{x}_s$ *nennt man* **spezielle** *oder* **partikuläre** *Lösung.* $\mathbf{x}$ *heißt allgemeine Lösung.*
Im Falle der eindeutigen Lösbarkeit von $A \cdot \mathbf{x} = \mathbf{0}$ *ist* $\mathbf{x}_h = \mathbf{0}$ *und* $\mathbf{x} = \mathbf{x}_s$ *(existiert keine spezielle Lösung* $\mathbf{x}_s$, *dann existiert zwangsläufig auch keine allgemeine Lösung* (4.37) *von* $A \cdot \mathbf{x} = \mathbf{b}$).

Im Folgenden soll die Frage behandelt werden, wie sich die Abbildungsmatrix einer linearen Abbildung f im Falle eines **Basiswechsels** in den Vektorräumen V und/oder W verhält.
Seien nun $(\tilde{\mathbf{v}}_1, ..., \tilde{\mathbf{v}}_n)$ eine weitere Basis von V (neben $(\mathbf{v}_1, ..., \mathbf{v}_n)$) und $(\tilde{\mathbf{w}}_1, ..., \tilde{\mathbf{w}}_m)$ eine weitere Basis von W (neben $(\mathbf{w}_1, ..., \mathbf{w}_m)$). Wir wollen den Übergang von den Basen $(\mathbf{v}_1, ..., \mathbf{v}_n)$ und $(\mathbf{w}_1, ..., \mathbf{w}_m)$ zu diesen neuen Basen beschreiben. Wir definieren eine $(n \times n)$-Matrix B_v und eine $m \times m$-Matrix B_w mit

$$\begin{pmatrix} \tilde{\mathbf{v}}_1 \\ \vdots \\ \tilde{\mathbf{v}}_n \end{pmatrix} = B_v \begin{pmatrix} \mathbf{v}_1 \\ \vdots \\ \mathbf{v}_n \end{pmatrix} \quad \text{und} \quad \begin{pmatrix} \tilde{\mathbf{w}}_1 \\ \vdots \\ \tilde{\mathbf{w}}_m \end{pmatrix} = B_w \begin{pmatrix} \mathbf{w}_1 \\ \vdots \\ \mathbf{w}_m \end{pmatrix}.$$

B_v und B_w heißen **Matrizen des Basiswechsels**. Mit diesen Beziehungen wird z.B. der Basis $(\mathbf{v}_1, ..., \mathbf{v}_n)$ gemäß $\tilde{\mathbf{v}}_j = \sum_{k=1}^{n} b_{jk} \mathbf{v}_k$ mit $B_v = (b_{jk})$ eine neue Basis $(\tilde{\mathbf{v}}_1, ..., \tilde{\mathbf{v}}_n)$ zugeordnet.

Satz 4.24. *(Transformation der darstellenden Matrix beim Basiswechsel)*
(i) Sei $\mathbf{v} \in V$. *Falls* $\mathbf{x} = (x_1, ..., x_n)^T$ *der Koordinatenvektor von* $\mathbf{v}$ *bezüglich* $(\mathbf{v}_1, ..., \mathbf{v}_n)$
ist, so ist $\tilde{\mathbf{x}} = (B_v^T)^{-1} \mathbf{x}$ *der Koordinatenvektor von* $\mathbf{v}$ *bezüglich* $(\tilde{\mathbf{v}}_1, ..., \tilde{\mathbf{v}}_n)$.
(ii) Sei $f : V \to W$ *linear. Falls* A *die darstellende Matrix von* f *bezüglich* $(\mathbf{v}_1, ..., \mathbf{v}_n)$
und $(\mathbf{w}_1, ..., \mathbf{w}_m)$ *ist, so ist*

$$\tilde{A} = (B_w^T)^{-1} A B_v^T$$

die darstellende Matrix von f *bezüglich* $(\tilde{\mathbf{v}}_1, ..., \tilde{\mathbf{v}}_n)$ *und* $(\tilde{\mathbf{w}}_1, ..., \tilde{\mathbf{w}}_m)$.

Beweis:
(i) Sei $\mathbf{v} = \sum_{j=1}^{n} x_j \mathbf{v}_j$. Wegen

$$\mathbf{v}_j = \left[B_v^{-1} \begin{pmatrix} \tilde{\mathbf{v}}_1 \\ \vdots \\ \tilde{\mathbf{v}}_n \end{pmatrix} \right]_j = \sum_{i=1}^{n} (B_v^{-1})_{ji} \tilde{\mathbf{v}}_i$$

gilt

$$\mathbf{v} = \sum_{j=1}^{n} x_j \sum_{i=1}^{n} (B_v^{-1})_{ji} \tilde{\mathbf{v}}_i = \sum_{i=1}^{n} \tilde{\mathbf{v}}_i \sum_{j=1}^{n} (B_v^{-1})_{ji} x_j = \sum_{i=1}^{n} \left[(B_v^T)^{-1} \mathbf{x} \right]_i \tilde{\mathbf{v}}_i.$$

(ii) Falls $\tilde{\mathbf{x}}$ der Koordinatenvektor von $\mathbf{v} \in V$ bezüglich $(\tilde{\mathbf{v}}_1, ..., \tilde{\mathbf{v}}_n)$ ist, so ist $\mathbf{x} = B_v^T \tilde{\mathbf{x}}$ der Koordinatenvektor von $\mathbf{v}$ bezüglich $(\mathbf{v}_1, ..., \mathbf{v}_n)$ (nach (i)). Da A die darstellende Matrix bezüglich $(\mathbf{v}_1, ..., \mathbf{v}_n)$ und $(\mathbf{w}_1, ..., \mathbf{w}_m)$ ist, ist $\mathbf{y} = A\mathbf{x}$ der Koordinatenvektor von $f(\mathbf{v})$ bezüglich $(\mathbf{w}_1, ..., \mathbf{w}_m)$. Nach (i) ist $\tilde{\mathbf{y}} = (B_w^T)^{-1}\mathbf{y}$ der Koordinatenvektor von $f(\mathbf{v})$ bezüglich $(\tilde{\mathbf{w}}_1, ..., \tilde{\mathbf{w}}_m)$. Wegen $\tilde{\mathbf{y}} = (B_w^T)^{-1}AB_v^T\tilde{\mathbf{x}} = \tilde{A}\tilde{\mathbf{x}}$ ist die Aussage bewiesen. $\square$

Beispiel: Wir betrachten die lineare Abbildung

$$f : \mathbb{R}^2 \to \mathbb{R}^3, \quad f(\begin{pmatrix} x_1 \\ x_2 \end{pmatrix}) = \begin{pmatrix} x_1 + 2x_2 \\ x_1 - x_2 \\ 2x_2 \end{pmatrix}, \tag{4.38}$$

wobei wir uns auf $\mathbf{e} = (\mathbf{e}_1, \mathbf{e}_2)$ als Basis des $\mathbb{R}^2$ und $\mathbf{d} = (\mathbf{d}_1, \mathbf{d}_2, \mathbf{d}_3)$ als Basis des $\mathbb{R}^3$ beziehen. Die Abbildungsmatrix A ist

$$A = \begin{pmatrix} 1 & 2 \\ 1 & -1 \\ 0 & 2 \end{pmatrix}.$$

Betrachten wir nun im $\mathbb{R}^2$ die Basis $\mathbf{a} = (\mathbf{a}_1, \mathbf{a}_2)$, für die

$$\begin{pmatrix} \mathbf{a}_1 \\ \mathbf{a}_2 \end{pmatrix} = \begin{pmatrix} \mathbf{e}_1 + 2\mathbf{e}_2 \\ \mathbf{e}_1 - 3\mathbf{e}_2 \end{pmatrix} = \begin{pmatrix} 1 & 2 \\ 1 & -3 \end{pmatrix} \cdot \begin{pmatrix} \mathbf{e}_1 \\ \mathbf{e}_2 \end{pmatrix} = B_v \cdot \begin{pmatrix} \mathbf{e}_1 \\ \mathbf{e}_2 \end{pmatrix}$$

bzw.

$$\begin{pmatrix} \mathbf{e}_1 \\ \mathbf{e}_2 \end{pmatrix} = B_v^{-1} \cdot \begin{pmatrix} \mathbf{a}_1 \\ \mathbf{a}_2 \end{pmatrix} = \begin{pmatrix} \frac{3}{5} & \frac{2}{5} \\ \frac{1}{5} & -\frac{1}{5} \end{pmatrix} \cdot \begin{pmatrix} \mathbf{a}_1 \\ \mathbf{a}_2 \end{pmatrix}$$

gelten soll.
Im Bildraum $\mathbb{R}^3$ wollen wir zu der Basis $\mathbf{b} = (\mathbf{b}_1, \mathbf{b}_2, \mathbf{b}_3)$ übergehen, für die

$$\begin{pmatrix} \mathbf{b}_1 \\ \mathbf{b}_2 \\ \mathbf{b}_3 \end{pmatrix} = B_w \cdot \begin{pmatrix} \mathbf{d}_1 \\ \mathbf{d}_2 \\ \mathbf{d}_3 \end{pmatrix} = \begin{pmatrix} 1 & 2 & -1 \\ 0 & -1 & 3 \\ 0 & 0 & 1 \end{pmatrix} \cdot \begin{pmatrix} \mathbf{d}_1 \\ \mathbf{d}_2 \\ \mathbf{d}_3 \end{pmatrix}$$

bzw.

$$\begin{pmatrix} \mathbf{d}_1 \\ \mathbf{d}_2 \\ \mathbf{d}_3 \end{pmatrix} = B_w^{-1} \cdot \begin{pmatrix} \mathbf{b}_1 \\ \mathbf{b}_2 \\ \mathbf{b}_3 \end{pmatrix} = \begin{pmatrix} 1 & 2 & -5 \\ 0 & 1 & -3 \\ 0 & 0 & 1 \end{pmatrix} \cdot \begin{pmatrix} \mathbf{b}_1 \\ \mathbf{b}_2 \\ \mathbf{b}_3 \end{pmatrix}$$

gelten soll. Die Beziehung (4.38) bedeutet nun

$$f(x_1\mathbf{e}_1 + x_2\mathbf{e}_2) = (x_1 + 2x_2)\mathbf{d}_1 + (x_1 - x_2)\mathbf{d}_2 + 2x_2\mathbf{d}_3,$$

und wenn wir nun von den Basen $\mathbf{e}$ und $\mathbf{d}$ des $\mathbb{R}^2$ bzw. $\mathbb{R}^3$ zu den Basen $\mathbf{a}$ und $\mathbf{b}$ übergehen wollen, ergibt sich für die "linke Seite"

$$\begin{aligned} f(x_1\mathbf{e}_1 + x_2\mathbf{e}_2) &= f(x_1(\frac{3}{5}\mathbf{a}_1 + \frac{2}{5}\mathbf{a}_2) + x_2(\frac{1}{5}\mathbf{a}_1 - \frac{1}{5}\mathbf{a}_2)) = \\ &= f((x_1\frac{3}{5} + x_2\frac{1}{5})\mathbf{a}_1 + (x_1\frac{2}{5} - x_2\frac{1}{5})\mathbf{a}_2) =: f(x_1'\mathbf{a}_1 + x_2'\mathbf{a}_2). \end{aligned}$$

Für die "neuen" Koordinaten des Vektors $\mathbf{x}$ ergibt sich damit

$$\begin{pmatrix} x_1' \\ x_2' \end{pmatrix} = \begin{pmatrix} \frac{3}{5} & \frac{1}{5} \\ \frac{2}{5} & -\frac{1}{5} \end{pmatrix} \cdot \begin{pmatrix} x_1 \\ x_2 \end{pmatrix} = (B_v^{-1})^T \cdot \begin{pmatrix} x_1 \\ x_2 \end{pmatrix}.$$

Für die "rechte Seite" erhält man

$$(x_1 + 2x_2)\mathbf{d}_1 + (x_1 - x_2)\mathbf{d}_2 + 2x_2\mathbf{d}_3 := y_1\mathbf{d}_1 + y_2\mathbf{d}_2 + y_3\mathbf{d}_3 =$$

$$= y_1(\mathbf{b}_1 + 2\mathbf{b}_2 - 5\mathbf{b}_3) + y_2(\mathbf{b}_2 - 3\mathbf{b}_3) + y_3\mathbf{b}_3 =$$

$$= y_1\mathbf{b}_1 + (2y_1 + y_2)\mathbf{b}_2 + (-5y_1 - 3y_2 + y_3)\mathbf{b}_3 =$$

$$=: y_1'\mathbf{b}_1 + y_2'\mathbf{b}_2 + y_3'\mathbf{b}_3.$$

Damit erhalten wir für die "neuen" Koordinaten von $\mathbf{y} = f(\mathbf{x})$

$$\begin{pmatrix} y_1' \\ y_2' \\ y_3' \end{pmatrix} = \begin{pmatrix} 1 & 0 & 0 \\ 2 & 1 & 0 \\ -5 & -3 & 1 \end{pmatrix} \cdot \begin{pmatrix} y_1 \\ y_2 \\ y_3 \end{pmatrix} = (B_w^{-1})^T \cdot \begin{pmatrix} y_1 \\ y_2 \\ y_3 \end{pmatrix}.$$

Mit dem Übergang von den Koordinaten der alten Basen zu den Koordinaten der neuen Basen erhält man die Abbildungsmatrix nach dem Basiswechsel.

$$\begin{pmatrix} y_1' \\ y_2' \\ y_3' \end{pmatrix} = (B_w^{-1})^T \cdot \begin{pmatrix} y_1 \\ y_2 \\ y_3 \end{pmatrix} = (B_w^{-1})^T \cdot A \cdot \begin{pmatrix} x_1 \\ x_2 \end{pmatrix} = (B_w^{-1})^T \cdot A \cdot B_v^T \cdot \begin{pmatrix} x_1' \\ x_2' \end{pmatrix}$$

bzw. $$\begin{pmatrix} y_1' \\ y_2' \\ y_3' \end{pmatrix} = (B_w^{-1})^T \cdot A \cdot B_v^T \cdot \begin{pmatrix} x_1' \\ x_2' \end{pmatrix} =: \tilde{A} \cdot \begin{pmatrix} x_1' \\ x_2' \end{pmatrix}.$$

Damit ergibt sich die Abbildungsmatrix bei den diskutierten Basiswechseln zu

$$\tilde{A} = (B_w^{-1})^T \cdot A \cdot B_v^T = (B_w^T)^{-1} \cdot A \cdot B_v^T.$$

Definition 4.37. (Ähnlichkeit von Matrizen)
Die Matrizen A und A' heißen **ähnlich**, wenn eine reguläre Matrix B existiert, so dass

$$A' = B \cdot A \cdot B^{-1}$$

gilt.

Die Abbildungsmatrizen A und A' einer linearen Abbildung $f : V \to V$ bezüglich zweier Basen sind ähnlich, denn die in Satz 4.24 benutzten Matrizen B_v, B_w stimmen überein, wenn $W = V$ ist.
An dieser Stelle soll noch einmal auf die Begriffe der adjungierten bzw. HERMITE-schen oder selbstadjungierten Matrix eingegangen werden. Wir betrachten mit

der $(m \times n)$-Matrix $A = (a_{ij})$ die darstellende Matrix einer linearen Abbildung aus dem K^n in den K^m (K steht hier für $\mathbb{R}$ oder $\mathbb{C}$). Es gilt für $\mathbf{x} \in K^n, \mathbf{y} \in K^m$

$$\langle A\mathbf{x}, \mathbf{y} \rangle = \langle \mathbf{x}, A^*\mathbf{y} \rangle \,, \tag{4.39}$$

wobei $A^* = \bar{A}^T$ die zu A adjungierte Matrix ist, denn es ergibt sich mit dem EUKLIDischen Skalarprodukt in K^n bzw. K^m

$$\langle A\mathbf{x}, \mathbf{y} \rangle = \sum_{k=1}^{m} (\sum_{j=1}^{n} a_{kj} x_j) \bar{y}_k = \sum_{j=1}^{n} \sum_{k=1}^{m} a_{kj} \bar{y}_k x_j$$

$$= \sum_{j=1}^{n} x_j (\overline{\sum_{k=1}^{m} \bar{a}_{kj} y_k}) = \langle \mathbf{x}, \bar{A}^T \mathbf{y} \rangle = \langle \mathbf{x}, A^*\mathbf{y} \rangle \,.$$

Ist $K = \mathbb{R}$, dann kann man die Querstriche weglassen, und es gilt $\langle A\mathbf{x}, \mathbf{y} \rangle = \langle \mathbf{x}, A^T\mathbf{y} \rangle$. Die Beziehung (4.39) zwischen Matrix und adjungierter Matrix ist die Grundlage für die

Definition 4.38. (adjungierte lineare Abbildung)
f^* heißt adjungierte Abbildung der linearen Abbildung $f : K^n \to K^m$, wenn für $\mathbf{x} \in K^n$ und $\mathbf{y} \in K^m$

$$\langle f(\mathbf{x}), \mathbf{y} \rangle = \langle \mathbf{x}, f^*(\mathbf{y}) \rangle$$

gilt. Die Abbildungsmatrix von $f^* : K^m \to K^n$ ist die adjungierte Matrix A^* der Abbildungsmatrix A von f. Ist die Matrix A selbstadjungiert (d.h. gilt $A = A^T$ für $K = \mathbb{R}$ bzw. $A = \bar{A}^T$ für $K = \mathbb{C}$), dann nennt man die Abbildung f selbstadjungiert bzw. HERMITEsch.

4.6 Orthogonalisierungsverfahren nach ERHARD SCHMIDT

Im EUKLIDischen Raum $\mathbb{E}^n$ (Def. 4.31) kennen wir das innere Produkt oder Skalarprodukt zweier Vektoren

$$\mathbf{x} = \begin{pmatrix} x_1 \\ x_2 \\ \vdots \\ x_n \end{pmatrix} \,, \qquad \mathbf{y} = \begin{pmatrix} y_1 \\ y_2 \\ \vdots \\ y_n \end{pmatrix} \qquad \text{als die Zahl} \qquad \langle \mathbf{x}, \mathbf{y} \rangle = \sum_{i=1}^{n} x_i y_i \,\,.$$

Statt $\langle \mathbf{x}, \mathbf{y} \rangle$ verwendet man auch die Bezeichnungen $\mathbf{x} \cdot \mathbf{y}$ oder $(\mathbf{x}, \mathbf{y})$. Über das Skalarprodukt lässt sich auch der Betrag oder die Länge eines Vektors in der Form

$$|\mathbf{x}| = \sqrt{\langle \mathbf{x}, \mathbf{x} \rangle} \quad \text{bzw.} \quad |\mathbf{x}|^2 = \langle \mathbf{x}, \mathbf{x} \rangle$$

erklären. Der Begriff Länge ist dadurch gerechtfertigt, dass in den anschaulichen Räumen $\mathbb{R}$, $\mathbb{R}^2$ und $\mathbb{R}^3$ der Betrag von $\mathbf{x}$ gerade die Länge des Ortsvektors bzw. der Abstand des Punktes $\mathbf{x}$ vom Ursprung ist.
Ist das Skalarprodukt zweier Vektoren gleich Null, stehen die Vektoren senkrecht

aufeinander. Die Eigenschaft des senkrechten Aufeinanderstehens entspricht der Orthogonalität in einem unitären Raum. Zwei Vektoren werden **orthogonal** genannt, wenn deren Skalarprodukt gleich Null ist.

An dieser Stelle sei daran erinnert, dass eine Basis B des $\mathbb{R}^3$ (bzw. des $\mathbb{R}^n$) aus 3 (bzw. n) linear unabhängigen Vektoren besteht, die nicht notwendig senkrecht aufeinander stehen, z.B.

$$B = \left\{ \begin{pmatrix} 1 \\ 2 \\ 2 \end{pmatrix}, \begin{pmatrix} 1 \\ 1 \\ 2 \end{pmatrix}, \begin{pmatrix} 5 \\ 1 \\ 1 \end{pmatrix} \right\}.$$

Hat man allerdings drei Vektoren aus dem $\mathbb{R}^3$, die paarweise orthogonal sind, dann handelt es sich in jedem Falle um eine Basis. Man spricht in diesem Fall von einer **Orthogonalbasis**, z.B.

$$O = \left\{ \begin{pmatrix} 1 \\ 2 \\ 2 \end{pmatrix}, \begin{pmatrix} 0 \\ -1 \\ 1 \end{pmatrix}, \begin{pmatrix} 4 \\ -1 \\ -1 \end{pmatrix} \right\}.$$

Normiert man nun noch die Elemente der Orthogonalbasis, so dass sie die Länge 1 haben (Streckung durch Multiplikation mit dem reziproken Betrag), erhält man eine so genannte **Orthonormalbasis**, also

$$O = \left\{ \begin{pmatrix} \frac{1}{3} \\ \frac{2}{3} \\ \frac{2}{3} \end{pmatrix}, \begin{pmatrix} 0 \\ \frac{-1}{\sqrt{2}} \\ \frac{1}{\sqrt{2}} \end{pmatrix}, \begin{pmatrix} \frac{4}{\sqrt{18}} \\ \frac{-1}{\sqrt{18}} \\ \frac{-1}{\sqrt{18}} \end{pmatrix} \right\},$$

die für die Darstellung von Vektoren Vorteile bietet. Betrachten wir dazu den $\mathbb{R}^3$ mit den Basen

$$E = \{\mathbf{e}_1, \mathbf{e}_2, \mathbf{e}_3\} = \left\{ \begin{pmatrix} 1 \\ 0 \\ 0 \end{pmatrix}, \begin{pmatrix} 0 \\ 1 \\ 0 \end{pmatrix}, \begin{pmatrix} 0 \\ 0 \\ 1 \end{pmatrix} \right\} \quad \text{und}$$

$$B = \{\mathbf{b}_1, \mathbf{b}_2, \mathbf{b}_3\} = \left\{ \begin{pmatrix} \frac{1}{2} \\ \frac{\sqrt{3}}{2} \\ 0 \end{pmatrix}, \begin{pmatrix} \frac{\sqrt{3}}{2} \\ \frac{1}{2} \\ 0 \end{pmatrix}, \begin{pmatrix} 0 \\ 0 \\ 1 \end{pmatrix} \right\},$$

wobei die Komponenten der $\mathbf{b}_j$ ihre Koordinaten bezüglich E bedeuten. Man stellt fest, dass E eine Orthonormalbasis ist, während die Vektoren aus B nicht alle senkrecht aufeinander stehen. Betrachten wir bezüglich E nun den Ortsvektor des Punktes $P = (2, \frac{3}{2}, 0)$, also den Vektor $\mathbf{x} = \overrightarrow{OP} = (2, \frac{3}{2}, 0)^T$, so stellen wir fest, dass die Koordinaten 2, $\frac{3}{2}$ und 0 nichts anderes als die senkrechten Projektionen des Vektors auf die Achsen des von $\mathbf{e}_1, \mathbf{e}_2, \mathbf{e}_3$ aufgespannten Koordinatensystems mit dem Ursprung O sind. Da die Vektoren $\mathbf{e}_k$ die Länge 1 haben, ergeben sich die Koordinaten des Vektors $\mathbf{x} = \overrightarrow{OP}$ auch als die Skalarprodukte $\langle \mathbf{x}, \mathbf{e}_1 \rangle$, $\langle \mathbf{x}, \mathbf{e}_2 \rangle$, $\langle \mathbf{x}, \mathbf{e}_3 \rangle$ und es gilt

$$\mathbf{x} = \overrightarrow{OP} = \sum_{k=1}^{3} \langle \mathbf{x}, \mathbf{e}_k \rangle \, \mathbf{e}_k.$$

Möchte man den Vektor $\mathbf{x} = \overrightarrow{OP}$ bezüglich der Basis B darstellen, muss man unter Nutzung des durch $\mathbf{b}_1$ und $\mathbf{b}_2$ aufgespannten Parallelogramms auf die durch

b_1 und b_2 und den Ursprung O gegebenen Achsen projizieren und kann dann mit α und β (die dritte Koordinate bleibt unverändert Null, da der Vektor $x = (2, \frac{3}{2}, 0)^T$ in der Ebene $x_3 = 0$ liegt) die Koordinaten des Vektors bezüglich der Basis B ablesen (s. Abb. 4.12). Letztlich hat der Vektor $x = \overrightarrow{OP} = \alpha b_1 + \beta b_2 + 0\, b_3$ bezüglich der Basis B die Koordinaten α, β und 0.

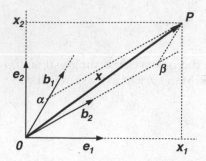

Abb. 4.12. Vektor $x = \overrightarrow{OP}$ bezüglich der Basen E und B

Man kann zeigen, dass alle quadratischen Polynome mit reellen Koeffizienten einen Vektorraum P_2 über dem Körper der reellen Zahlen bilden.
Dann kann man durch

$$(p, q) := \int_{-1}^{1} p(x) q(x)\, dx$$

zwei Polynomen $p, q \in P_2$ eine reelle Zahl zuordnen und kann leicht zeigen, dass man damit auch ein Skalarprodukt nach Def. 4.30 definiert hat (Nachweis der Skalarprodukteigenschaften ergibt sich direkt aus den Eigenschaften des Integrals).
Mit $1, x, x^2$ kann man auch eine Basis von P_2 angeben, denn

$$\alpha + \beta x + \gamma x^2 = 0$$

ist für alle $x \in \mathbb{R}$ nur erfüllbar, wenn $\alpha = \beta = \gamma = 0$ gilt.
Auch in Funktionenräumen lohnt es sich, nach Orthonormalbasen zu suchen. Bei der numerischen Lösung von 2-Punkt-Randwertproblemen (Differentialgleichung 2. Ordnung mit Vorgabe zweier Randwerte, s. dazu auch Kapitel 6) macht man zum Beispiel Lösungsansätze der Form

$$y(x) = \sum_{k=1}^{r} c_k \varphi_k(x),$$

wobei $\varphi_k(x)$ Basiselemente eines Funktionenraumes sind, und die Bestimmung der Koeffizienten c_k die Näherungslösung $y(x)$ liefert.
Abhängig von der Differentialgleichung entstehen zur Bestimmung der c_k lineare (oder auch nichtlineare) Gleichungssysteme, deren Koeffizentenmatrizen wesentlich durch die Skalarprodukte (φ_k, φ_j) bestimmt werden. Ist $\{\varphi_1(x), \varphi_2(x),$

$\dots,\varphi_r(x)\}$ eine Orthomormalbasis, so gilt

$$(\varphi_k, \varphi_j) = \begin{cases} 0 & \text{für} \quad k \neq j \\ 1 & \text{für} \quad k = j \end{cases},$$

und man erhält eine schwach besetzte Matrix (eine Matrix mit vielen Nullen), womit die Lösung des linearen Gleichungssystems sehr effizient möglich ist.

4.6.1 Orthogonalisierung in einem abstrakten Vektorraum

Nun soll das SCHMIDTsche Orthogonalisierungsverfahren[2] für ein System linear unabhängiger Vektoren $L = \{u_1, u_2, \dots, u_n\}$ eines abstrakten Vektorraums U mit einem Skalarprodukt $\langle \cdot, \cdot \rangle$ und der dadurch induzierten Norm $\| \cdot \|$ als Algorithmus skizziert werden. Dabei ist es unerheblich, ob der Vektorraum endlich- oder unendlich-dimensional ist. Dabei geht man induktiv vor.

Orthogonalisierungsverfahren von SCHMIDT

Den ersten normierten Vektor erhält man durch $q_1 = \frac{u_1}{\|u_1\|}$. Nun nehmen wir an, dass wir bereits $k - 1$ orthonormale Vektoren $q_1, \dots, q_{k-1}$ mit der Eigenschaft $\mathcal{L}\{q_1, \dots, q_{k-1}\} = \mathcal{L}\{u_1, \dots, u_{k-1}\}$ konstruiert haben. Durch

$$q_k' = u_k - \sum_{j=1}^{k-1} \langle q_j, u_k \rangle q_j \tag{4.40}$$

wird ein Vektor konstruiert, der orthogonal zu $\{q_1, \dots, q_{k-1}\}$ ist, denn für $i = 1, \dots, k - 1$ ergibt sich

$$\begin{aligned}
\langle q_k', q_i \rangle &= \langle u_k, q_j \rangle - \sum_{j=1}^{k-1} \langle q_j, u_k \rangle \langle q_j, q_i \rangle = \langle u_k, q_j \rangle - \sum_{j=1}^{k-1} \langle q_j, u_k \rangle \delta_{ji} \\
&= \langle u_k, q_j \rangle - \langle u_k, q_j \rangle = 0,
\end{aligned}$$

und mit $q_k = \frac{q_k'}{\|q_k'\|}$ bilden $\{q_1, \dots, q_{k-1}, q_k\}$ ein Orthonormalsystem mit der Eigenschaft $\mathcal{L}\{q_1, \dots, q_k\} = \mathcal{L}\{u_1, \dots, u_k\}$. Diese Eigenschaft ergibt sich, weil q_k eine Linearkombination der Vektoren u_k und $q_1, \dots, q_{k-1}$ ist sowie $\mathcal{L}\{q_1, \dots, q_{k-1}\} = \mathcal{L}\{u_1, \dots, u_{k-1}\}$ bereits galt.

Beispiel: Zur Illustration der eben beschriebenen Methode sollen nun Vektoren aus dem $\mathbb{R}^4$ orthogonalisiert werden. Gegeben seien die linear unabhängigen Vektoren

$$\mathbf{b}_1 = \begin{pmatrix} 4 \\ 3 \\ 1 \\ 2 \end{pmatrix}, \quad \mathbf{b}_2 = \begin{pmatrix} 1 \\ 1 \\ 1 \\ -2 \end{pmatrix}, \quad \mathbf{b}_3 = \begin{pmatrix} 1 \\ 1 \\ 2 \\ 1 \end{pmatrix}.$$

---

[2]In der Literatur wird auch oft der Begriff GRAM-SCHMIDT-Verfahren verwendet

Gesucht sind 3 orthogonale Einheitsvektoren e_1, e_2, e_3 mit

$$\mathcal{L}\{b_1, b_2, b_3\} = \mathcal{L}\{e_1, e_2, e_3\} \ .$$

Der Vektor e_1 ergibt sich sofort durch Normierung von b_1, also

$$e_1 = \frac{1}{|b_1|}b_1 = \frac{1}{\sqrt{30}}\begin{pmatrix} 4 \\ 3 \\ 1 \\ 2 \end{pmatrix} \ .$$

Für den Vektor e_2' ergibt (4.40)

$$e_2' = b_2 - \langle b_2, e_1 \rangle e_1$$

und wir erhalten

$$\langle b_2, e_1 \rangle = \frac{1}{\sqrt{30}}[4+3+1+4] = \frac{12}{\sqrt{30}} \ ,$$

und damit

$$e_2' = -\frac{12}{\sqrt{30}}\frac{1}{\sqrt{30}}\begin{pmatrix} 4 \\ 3 \\ 1 \\ 2 \end{pmatrix} + \begin{pmatrix} 1 \\ 1 \\ 1 \\ 2 \end{pmatrix} = \begin{pmatrix} 1-8/5 \\ 1-6/5 \\ 1-2/5 \\ 2-4/5 \end{pmatrix} = \begin{pmatrix} -3/5 \\ -1/5 \\ 3/5 \\ 6/5 \end{pmatrix} \ .$$

Die Normierung ergibt

$$e_2 = \frac{1}{|e_2'|}e_2' = \frac{1}{\sqrt{55/25}}\begin{pmatrix} -3/5 \\ -1/5 \\ 3/5 \\ 6/5 \end{pmatrix} = \frac{5}{\sqrt{55}}\begin{pmatrix} -3/5 \\ -1/5 \\ 3/5 \\ 6/5 \end{pmatrix} = \frac{1}{\sqrt{55}}\begin{pmatrix} -3 \\ -1 \\ 3 \\ 6 \end{pmatrix} \ .$$

Für den Vektor e_3' ergibt (4.40)

$$e_3' = b_3 - \langle b_3, e_1 \rangle e_1 - \langle b_3, e_2 \rangle e_2$$

und wir finden

$$\langle b_3, e_1 \rangle = \frac{1}{\sqrt{30}}[4+3+2+2] = \frac{11}{\sqrt{30}}$$

und

$$\langle b_3, e_2 \rangle = \frac{1}{\sqrt{55}}[-3-1+6+6] = \frac{8}{\sqrt{55}} \ .$$

Damit erhält man

$$e_3' = -\frac{11}{\sqrt{30}}\frac{1}{\sqrt{30}}\begin{pmatrix} 4 \\ 3 \\ 1 \\ 2 \end{pmatrix} - \frac{8}{\sqrt{55}}\frac{1}{\sqrt{55}}\begin{pmatrix} -3 \\ -1 \\ 3 \\ 6 \end{pmatrix} + \begin{pmatrix} 1 \\ 1 \\ 2 \\ 1 \end{pmatrix} =$$

$$= \begin{pmatrix} 1-44/30+24/55 \\ 1-33/30+8/55 \\ 2-11/30-24/55 \\ 1-22/30-48/55 \end{pmatrix} = \frac{1}{330}\begin{pmatrix} -10 \\ 15 \\ 395 \\ -200 \end{pmatrix} \ .$$

Die Normierung des Vektors e_3', also die Berechnung von $e_3 = \frac{1}{|e_3'|}e_3'$ wird als Übung empfohlen. Ebenso sollte man die paarweise Orthogonalität von e_1, e_2, e_3 prüfen.

Beispiel: Als weiteres Beispiel betrachten wir den oben angesprochenen Vektorraum der Polynome zweiten Grades mit dem Skalarprodukt

$$(p,q) = \int_{-1}^{1} p(x)q(x)\, dx\,,$$

so dass für den Betrag $|p|$ eines Polynoms $p(x)$ aufgrund der Definition des Skalarproduktes

$$|p|^2 = \int_{-1}^{1} [p(x)]^2\, dx$$

gilt. Mit

$$B = \{b_1(x), b_2(x), b_3(x)\} = \{1, x, x^2\}$$

ist eine Basis gegeben. Gesucht ist eine Orthonormalbasis $E = \{e_1, e_2, e_3\}$ des Vektorraums der Polynome 2. Grades.
Die Berechnung von e_1 ergibt

$$e_1(x) = \frac{1}{|b_1|}b_1(x) = \frac{1}{\sqrt{\int_{-1}^{1} dx}}1 = \frac{1}{\sqrt{2}}\,.$$

Für e_2' findet man gemäß (4.40)

$$e_2'(x) = b_2(x) - (b_2, e_1)e_1$$

und man findet nun

$$(b_2, e_1) = \int_{-1}^{1} x\frac{1}{\sqrt{2}}\, dx = \frac{x^2}{2\sqrt{2}}\Big|_{-1}^{1} = 0\,.$$

Damit ist $e_2'(x) = b_2(x)$, also waren $b_2(x)$ und $e_1(x)$ schon orthogonal. Die Normierung ergibt

$$e_2(x) = \frac{1}{|b_2|}b_2(x) = \frac{1}{\sqrt{\int_{-1}^{1} x^2 dx}}b_2(x) = \frac{1}{\sqrt{2/3}}b_2(x) = \sqrt{\frac{3}{2}}x\,.$$

Für $e_3'(x)$ ergibt die Anwendung von (4.40)

$$e_3'(x) = b_3(x) - (b_3, e_1)e_1 - (b_3, e_2)e_2$$

und wir erhalten

$$(b_3, e_1) = \int_{-1}^{1} x^2\frac{1}{\sqrt{2}}\, dx = \frac{2}{3\sqrt{2}} \quad \text{bzw.} \quad (b_3, e_2) = \int_{-1}^{1} x^2\sqrt{\frac{3}{2}}x\, dx = 0\,.$$

Für $e_3'(x)$ ergibt sich damit

$$e_3'(x) = -\frac{2}{3\sqrt{2}}\frac{1}{\sqrt{2}} + x^2 = x^2 - \frac{1}{3} \ .$$

Die Normierung ergibt

$$e_3(x) = \frac{1}{|e_3'|}e_3'(x) = \frac{1}{\sqrt{\int_{-1}^{1}(x^2 - \frac{1}{3})^2\,dx}}(x^2 - \frac{1}{3}) =$$

$$= \frac{1}{\sqrt{8/45}}(x^2 - \frac{1}{3}) = \sqrt{\frac{45}{8}}(x^2 - \frac{1}{3}) \ .$$

Damit erhalten wir mit

$$E = \{\frac{1}{\sqrt{2}}, \sqrt{\frac{3}{2}}x, \sqrt{\frac{45}{8}}(x^2 - \frac{1}{3})\}$$

die gesuchte Orthonormalbasis des Vektorraumes der Polynome 2. Grades. Es sei darauf hingewiesen, dass Orthogonalität immer bezüglich eines konkreten Skalarproduktes zu verstehen ist. Wählt man zum Beispiel im Vektorraum der quadratischen Polynome

$$(p, q) = \int_0^1 p(x)q(x)\,dx$$

als Skalarprodukt, so erhält man ausgehend von der Basis $B = \{1, x, x^2\}$ mit dem SCHMIDTschen Verfahren auch eine andere Orthonormalbasis als die oben berechnete. Dies sei als Übung empfohlen.

Wenn wir die Spalten einer regulären Matrix A vom Typ $n \times n$ mit $a_1, \ldots, a_n$ bezeichnen, dann sind die a_k linear unabhängige Vektoren aus dem $\mathbb{R}^n$. Die Orthogonalisierung ergibt mit

$$q_1' = a_1 \qquad\qquad\qquad\qquad , q_1 = q_1'/\|q_1'\|$$
$$q_2' = a_2 - \langle a_2, q_1\rangle q_1 \qquad\qquad , q_2 = q_2'/\|q_2'\|$$

$$\cdots$$

$$q_n' = a_n - \langle a_n, q_1\rangle q_1 \cdots - \langle a_n, q_{n-1}\rangle q_{n-1} \quad , q_n = q_n'/\|q_n'\|$$

ein Orthonormalsystem $\{q_1, \ldots, q_n\}$. Stellt man die Gleichungen nach den Vektoren a_k um, dann ergibt sich

$$
\begin{aligned}
a_1 &= \|q_1'\|q_1 \\
a_2 &= \langle a_2, q_1\rangle q_1 + \|q_2'\|q_2
\end{aligned}
$$

$$\cdots$$

$$a_n = \langle a_n, q_1\rangle q_1 + \cdots + \langle a_n, q_{n-1}\rangle q_{n-1} + \|q_n'\|q_n$$

oder zusammengefasst

$$A = QR \Longleftrightarrow [a_1\, a_2 \ldots a_n] = [q_1\, q_2 \ldots q_n]R \qquad\qquad (4.41)$$

wobei für die Matrix R

$$\begin{bmatrix} \|q_1'\| & \langle a_2, q_1 \rangle & \cdots & \cdots & \langle a_k, q_1 \rangle \\ 0 & \|q_2'\| & \langle a_3, q_2 \rangle & \cdots & \langle a_k, q_2 \rangle \\ \vdots & & \ddots & \ddots & \vdots \\ 0 & \cdots & 0 & \|q_{n-1}'\| & \langle a_k, q_{k-1} \rangle \\ 0 & \cdots & \cdots & 0 & \|q_n'\| \end{bmatrix} \qquad (4.42)$$

gilt. Da Q offensichtlich eine orthogonale Matrix ist, kann man R auch durch $R = Q^T A$ erhalten. Mit (4.41) hat man also als "Nebenprodukt" der Orthogonalisierung der Spalten vo A die sogenannte QR-Zerlegung konstruiert, die in vielen Anwendungsgebieten nutzbar ist. Hat man z.B. eine QR-Zerlegung von A, dann lässt sich die Lösung eines linearen Gleichungssystem $Ax = b$ durch

$$Ax = QRx = b \Longleftrightarrow Rx = Q^T b$$

auf ein lineares Gleichungssystem mit einer oberen Dreiecksmatrix reduzieren, und das ist durch "Rückwärts"-Einsetzen ohne größere Rechnung zu lösen. Wir haben hier die QR-Zerlegung für eine quadratische Matrix besprochen. QR-Zerlegungen sind allerdings auch für Matrizen A vom Typ $m \times k$ mit $m > k$ möglich. Es gilt dann

$$A = QS, \qquad (4.43)$$

wobei Q eine orthogonale Matrix vom Typ $m \times m$ ist, und S eine Matrix vom Typ $m \times k$ ist, die die verallgemeinerte obere Dreiecksform

$$S = \begin{bmatrix} R \\ N \end{bmatrix}$$

mit der oberen Dreiecksmatrix R des Typs $k \times k$ (Matrix der Struktur (4.42)) und einer Null-Matrix N vom Typ $(m - k) \times k$ hat. Im Fall der nicht-quadratischen Matrix A vom Typ $m \times k$ mit $m > k$ erhält man mit dem SCHMIDTschen Orthogonalisierungsverfahren nur k orthogonale Vektoren $q_1, \ldots, q_k$, so dass $m - k$ orthonormale Vektoren "fehlen", um Q zu bilden. Diese fehlenden orthonormalen Vektoren $q_{k+1}, \ldots, q_m$ kann man z.B. durch die Lösung der linearen Gleichungssysteme

$$\begin{pmatrix} q_1^T \\ q_2^T \\ \vdots \\ q_l^T \end{pmatrix} q_{l+1} = \begin{pmatrix} 0 \\ 0 \\ \vdots \\ 0 \end{pmatrix},$$

$l = k, \ldots, m - 1$, gewinnen (weitere Ausführungen zur QR-Zerlegung findet man z.B. in "Bärwolff, G.: Numerik für Ingenieure, Physiker und Informatiker, Spektrum-Verlag 2015").

4.7 Eigenwertprobleme

Im Folgenden sollen Eigenwertprobleme mit dem Ziel der Anwendung der Theorie auf die Lösung von Aufgabenstellungen wie Lösung von Schwingungsproblemen, Lösung von linearen Differentialgleichungssystemen mit konstanten Koeffizienten und Transformation von Quadriken auf Normalform untersucht werden.
Sei A eine reelle quadratische Matrix vom Typ $n \times n$ und $\mathbf{x}$ ein Spaltenvektor
vom Typ $n \times 1$. Man erhält einen klaren Einblick in die Struktur der linearen
Abbildung, die durch A gegeben wird, wenn man (möglichst viele) Vektoren $\mathbf{x} \in$
$\mathbb{C}^n \setminus \{\mathbf{0}\}$ findet mit $A \cdot \mathbf{x} = \lambda\mathbf{x}$ mit einem "Proportionalitätsfaktor" $\lambda \in \mathbb{C}$ oder
$\mathbb{R}$. Ein solcher spezieller Vektor $\mathbf{x}$ wird also durch A auf ein Vielfaches von sich
selbst abgebildet.

Definition 4.39. (Eigenwert, Eigenvektor)
$\lambda \in \mathbb{C}$ heißt **Eigenwert** einer Matrix A vom Typ $n \times n$, wenn es wenigstens einen
Spaltenvektor $\mathbf{x} \neq \mathbf{0}$ mit

$$A \cdot \mathbf{x} = \lambda\mathbf{x} \tag{4.44}$$

gibt. Wir werden später sehen, dass die Eigenwerte für wichtige Klassen von Matrizen reell sind, allerdings gilt das nicht einmal für alle Matrizen mit reellen Elementen. Deshalb gehen wir bei der Eigenwertdefinition davon aus, dass Eigen-
werte λ im Allgemeinen komplexe Zahlen sind. Ein Vektor $\mathbf{x} \in \mathbb{C} \setminus \{\mathbf{0}\}$, der die
Gleichung (4.44) erfüllt, heißt zum Eigenwert λ gehörender **Eigenvektor**.

Satz 4.25. *(Kriterium zur Eigenwertberechnung)*
*$\lambda \in \mathbb{C}$ ist genau dann ein Eigenwert einer quadratischen Matrix A, wenn $\det(A - \lambda E) =$
0 gilt.*

Beweis: Falls $\det(A - \lambda E) \neq 0$, ist $A - \lambda E$ regulär, und es gibt keinen Vektor $\mathbf{x} \in \mathbb{C}^n \setminus \{\mathbf{0}\}$
mit $\mathbf{0} = (A - \lambda E)\mathbf{x}$, d.h. mit $A\mathbf{x} = \lambda\mathbf{x}$. Also ist λ kein Eigenwert von A.
Falls $\det(A - \lambda E) = 0$, so besitzt das homogene Gleichungssystem $(A - \lambda E)\mathbf{x} = \mathbf{0}$ min-
destens eine Lösung $\mathbf{x} \in \mathbb{C}^n \setminus \{\mathbf{0}\}$, d.h. es gilt $A\mathbf{x} = \lambda\mathbf{x}$. Also ist λ ein Eigenwert.   □

Definition 4.40. (charakteristisches Polynom)
A sei eine quadratische reelle Matrix.

$$\chi_A(\lambda) := \det(A - \lambda E)$$

heißt **charakteristisches Polynom** der Matrix A.

Im Falle einer Matrix A vom Typ $n \times n$ ist $\det(A - \lambda E)$ ein Polynom n-ten Grades
in λ. Auf spezielle Eigenschaften des charakteristischen Polynoms $\chi_A(\lambda)$ soll hier
nicht weiter eingegangen werden. Allerdings sollte als grobe Kontrollinformati-
on bei der Berechnung des charakteristischen Polynoms auf jeden Fall beachtet
werden, dass das absolute Glied gleich der Determinante von A ist, und dass der
Koeffizient der höchsten Potenz von λ, also λ^n, gleich $(-1)^n$ ist.

Satz 4.26. *(Eigenwertkonstellation einer $(n \times n)$-Matrix)*
Die Eigenwerte der reellen quadratischen Matrix A vom Typ $n \times n$ sind die Nullstellen

des charakteristischen Polynoms. Aus dem Fundamentalsatz der Algebra folgt die Existenz von p (p ≤ n) Eigenwerten λ_1, λ_2,...,λ_p *mit den* **algebraischen** *Vielfachheiten* $m_1, m_2, \ldots, m_p$, *für die*

$$\sum_{j=1}^{p} m_j = n$$

gilt.

Definition 4.41. (Eigenraum)
Sei λ ein Eigenwert einer Matrix A vom Typ $n \times n$. Die Menge der Vektoren

$$V_\lambda := \{\mathbf{x} \mid A \cdot \mathbf{x} = \lambda\mathbf{x}\}$$

heißt zum Eigenwert λ gehörender **Eigenraum**. V_λ ist ein Vektorraum und Unterraum des $\mathbb{R}^n$ oder des $\mathbb{C}^n$.

Definition 4.42. (geometrische Vielfachheit)
λ sei Eigenwert der Matrix A vom Typ $n \times n$.

$$g(\lambda) = n - \text{rg}\,(A - \lambda E),$$

also die Zahl der freien Parameter bei der Lösung des Gleichungssystems

$$(A - \lambda E) \cdot \mathbf{x} = \mathbf{0}\,,$$

heißt die **geometrische Vielfachheit** des Eigenwertes λ.

Sei $n = 2$ oder $n = 3$. In diesem Fall sind die Eigenräume von Eigenwerten Unterräume des $\mathbb{R}^2$ oder $\mathbb{C}^2$ bzw. des $\mathbb{R}^3$ oder $\mathbb{C}^3$, d.h. V_λ kann z.B. eine Gerade, eine Ebene oder auch den gesamten dreidimensionalen Raum ausfüllen. In den genannten Fällen können wir die Dimension von V_λ angeben:

a) Ist V_λ eine Gerade, hat der Eigenraum die Dimension 1 und der Eigenwert λ die geometrische Vielfachheit $\dim(V_\lambda) = 1$,

b) ist V_λ eine Ebene, hat der Eigenraum die Dimension 2 und der Eigenwert λ die geometrische Vielfachheit $\dim(V_\lambda) = 2$,

c) füllt V_λ den gesamten dreidimensionalen Raum $\mathbb{R}^3$ aus, hat der Eigenraum die Dimension 3 und der Eigenwert λ die geometrische Vielfachheit $\dim(V_\lambda) = 3$.

Die oben definierte geometrische Vielfachheit $g(\lambda)$ eines Eigenwertes λ ist gleich der Dimension des zu λ gehörenden Eigenraumes V_λ, also

$$g(\lambda) = \dim(V_\lambda)\,.$$

Die geometrische Vielfachheit ist kleiner oder gleich der algebraischen Vielfachheit.

Beispiele:

1) Die Eigenwerte der Matrix $A = \begin{pmatrix} 1 & 1 \\ 0 & 1 \end{pmatrix}$ sind zu bestimmen. Es ergibt sich das charakteristische Polynom

$$\det(A - \lambda E) = \begin{vmatrix} 1 - \lambda & 1 \\ 0 & 1 - \lambda \end{vmatrix} = (1 - \lambda)(1 - \lambda),$$

woraus sich die doppelte Nullstelle bzw. der Eigenwert $\lambda = 1$ mit der algebraischen Vielfachheit 2 ergibt. Zur Berechnung der zu $\lambda = 1$ gehörenden Eigenvektoren ist das "Gleichungssystem" bzw. die Gleichung $x_2 = 0$ zu lösen, und man findet die Lösung

$$\mathbf{x} = t \begin{pmatrix} 1 \\ 0 \end{pmatrix}, \ t \in \mathbb{R},$$

so dass

$$V_{\lambda=1} := \{\mathbf{x} = t \begin{pmatrix} 1 \\ 0 \end{pmatrix} \mid t \in \mathbb{R}\},$$

eine Gerade im $\mathbb{R}^2$ ist. Damit hat der Eigenwert $\lambda = 1$ die algebraische Vielfachheit 2 und die geometrische Vielfachheit 1. Hier ist also die geometrische Vielfachheit echt kleiner als die algebraische. Das wird in 4.7.6 vertieft.

2) Wir suchen die Eigenwerte der Matrix

$$A = \begin{pmatrix} 1 & -1 & 0 \\ 0 & 2 & 1 \\ 0 & 1 & 1 \end{pmatrix}.$$

Für das charakteristische Polynom erhalten wir

$$\det(A - \lambda E) = \begin{vmatrix} 1-\lambda & -1 & 0 \\ 0 & 2-\lambda & 1 \\ 0 & 1 & 1-\lambda \end{vmatrix} =$$

$$= (1-\lambda)(2-\lambda)(1-\lambda) - (1-\lambda) = (1-\lambda)(\lambda^2 - 3\lambda + 1),$$

mit den Nullstellen $\lambda_1 = 1$, $\lambda_2 = \frac{3+\sqrt{5}}{2}$ und $\lambda_3 = \frac{3-\sqrt{5}}{2}$ (Eigenwerte mit der algebraischen Vielfachheit 1).
Zur Bestimmung der Eigenvektoren für λ_1 ergibt sich das Gleichungssystem

$$\begin{array}{rl} -x_2 & = 0 \\ x_2 +x_3 & = 0 \\ x_2 & = 0 \end{array} \quad \text{mit der Lösung} \quad \mathbf{x} = t \begin{pmatrix} 1 \\ 0 \\ 0 \end{pmatrix}, \ t \in \mathbb{R}.$$

Damit ist

$$V_{\lambda_1=1} = \{\mathbf{x} = t \begin{pmatrix} 1 \\ 0 \\ 0 \end{pmatrix} \mid t \in \mathbb{R}\},$$

eine Gerade im $\mathbb{R}^3$ und die geometrische Vielfachheit $g(\lambda)$ von $\lambda_1 = 1$ ist 1.
Zur Bestimmung der zu $\lambda = \lambda_2$ gehörenden Eigenvektoren ist das Gleichungssystem

$$\begin{array}{rll} \frac{-1-\sqrt{5}}{2}x_1 & -x_2 & = 0 \\ & \frac{1-\sqrt{5}}{2}x_2 & +x_3 = 0 \\ & x_2 & +\frac{-1-\sqrt{5}}{2}x_3 = 0 \end{array}$$

zu lösen. Die Subtraktion des $\frac{2}{1-\sqrt{5}}$-fachen der 2. Zeile von der 3. ergibt das System

$$\frac{-1-\sqrt{5}}{2}x_1 \quad -x_2 \qquad = 0$$
$$\frac{1-\sqrt{5}}{2}x_2 \quad +x_3 \quad = 0 \,.$$

Mit dem freien Parameter $t = x_3$ lautet die Lösung

$$\mathbf{x} = t \begin{pmatrix} -1 \\ \frac{1+\sqrt{5}}{2} \\ 1 \end{pmatrix}, \, t \in \mathbb{R}.$$

Die zu $\lambda = \lambda_3$ gehörenden Eigenvektoren ergeben sich aus dem Gleichungssystem

$$\frac{-1+\sqrt{5}}{2}x_1 \quad -x_2 \qquad = 0$$
$$\frac{1+\sqrt{5}}{2}x_2 \qquad +x_3 = 0$$
$$x_2 \quad +\frac{-1+\sqrt{5}}{2}x_3 = 0$$

zu

$$\mathbf{x} = t \begin{pmatrix} -1 \\ \frac{1-\sqrt{5}}{2} \\ 1 \end{pmatrix}, \, t \in \mathbb{R}, \, t \neq 0.$$

λ_2 und λ_3 haben ebenfalls die geometrische Vielfachheit 1. Man bestätigt leicht, dass in allen 3 Fällen $\text{rg}\,(A - \lambda_i E) = 2$ ist, so dass gemäß Def. 4.42 $g(\lambda_i) = 3 - 2 = 1$ ist.

3) Gegeben ist die Matrix $A = \begin{pmatrix} 5 & -2 \\ 1 & 2 \end{pmatrix}$. Es sollen die Eigenwerte und Eigenvektoren berechnet werden. Für das charakteristische Polynom erhalten wir

$$\chi_A(\lambda) = \begin{vmatrix} 5-\lambda & -2 \\ 1 & 2-\lambda \end{vmatrix}$$
$$= (5-\lambda)(2-\lambda) + 2 = 10 - 7\lambda + \lambda^2 + 2 = \lambda^2 - 7\lambda + 12 \,.$$

Für die Nullstellen errechnet man

$$\lambda_{1,2} = \frac{7}{2} \pm \sqrt{\frac{49}{4} - 12} = \frac{7}{2} \pm \frac{1}{2} \,,$$

so dass A die Eigenwerte $\lambda_1 = 4$ und $\lambda_2 = 3$ hat.
Zur Berechnung der Eigenvektoren sind die Gleichungssysteme

$$\begin{array}{ll} x_1 \quad -2x_2 = 0 \\ x_1 \quad -2x_2 = 0 \end{array} \quad \text{bzw.} \quad \begin{array}{ll} 2x_1 \quad -2x_2 = 0 \\ x_1 \quad -x_2 = 0 \end{array}$$

zu lösen. Das links stehende Gleichungssystem zur Berechnung der Eigenvektoren, die zum Eigenwert λ_1 gehören, hat die Lösung

$$\mathbf{x}_1 = c \begin{pmatrix} 2 \\ 1 \end{pmatrix}, \quad c \in \mathbb{R}.$$

Aus dem anderen Gleichungssystem erhält man die zum Eigenwert λ_2 gehörenden Eigenvektoren

$$\mathbf{x}_2 = d \begin{pmatrix} 1 \\ 1 \end{pmatrix}, \quad d \in \mathbb{R} \, (d \neq 0).$$

Für beide Eigenwerte stimmen die algebraischen und geometrischen Vielfachheiten überein.

4) In diesem Beispiel soll die Beziehung zwischen Eigenwertproblemen und Differentialgleichungssystemen skizziert werden (vgl. dazu Kapitel 6). Für einen **Zwei-Massen-Schwinger** der Massen m_1, m_2 ergeben sich die Bewegungsgleichungen

$$\begin{array}{rcl} m_1 \ddot{x}_1 = & -k_1 x_1 + & k_2(x_2 - x_1) \\ m_2 \ddot{x}_2 = & k_2(x_1 - x_2) - & k_3 x_2 \end{array}, \tag{4.45}$$

wobei die Punkte über den Koordinaten x_j des Massenpunktes $\mathbf{x}$ die Ableitungen nach der Zeit markieren. k_1, k_2, k_3 sind Federkonstanten. Mit den Verabredungen

$$\mathbf{x} = \begin{pmatrix} x_1 \\ x_2 \end{pmatrix}, \quad A = \begin{pmatrix} -\frac{k_1+k_2}{m_1} & \frac{k_2}{m_1} \\ \frac{k_2}{m_2} & -\frac{k_3+k_2}{m_2} \end{pmatrix}$$

kann man die Differentialgleichungen in der Form $\ddot{\mathbf{x}} = A\mathbf{x}$ aufschreiben. Aus dem Lösungsansatz

$$\mathbf{x} = \mathbf{b} e^{i\omega t}, \quad \mathbf{b} \in \mathbb{R}^2, \quad \omega \in \mathbb{R},$$

erhält man über $\dot{\mathbf{x}} = i\omega \mathbf{b} e^{i\omega t}$ und $\ddot{\mathbf{x}} = i^2 \omega^2 \mathbf{b} e^{i\omega t}$ das Eigenwertproblem

$$A\mathbf{b} e^{i\omega t} = -\omega^2 \mathbf{b} e^{i\omega t} \quad \text{bzw.} \quad A\mathbf{b} = \lambda \mathbf{b} \text{ mit } \lambda = -\omega^2,$$

nach dessen Lösung (Bestimmung der Eigenwerte $\lambda_{1,2}$ und Eigenvektoren $\mathbf{b}_{1,2}$ in Abhängigkeit von m_1, m_2, k_1, k_2, k_3) man als Lösung von (4.45)

$$\mathbf{x} = c_1 \mathbf{b}_1 e^{i\omega_1 t} + c_2 \mathbf{b}_2 e^{i\omega_2 t}, \quad \omega_j = \sqrt{-\lambda_j}$$

erhält ($c_{1,2} \in \mathbb{C}$ beliebige Konstanten). Die reellen Lösungen ergeben sich als Linearkombinationen von $\operatorname{Re} \mathbf{x}$ und $\operatorname{Im} \mathbf{x}$.

Es soll nun die Frage der "Größe" des Vektorraums, der von allen Eigenvektoren einer $(n \times n)$-Matrix A über $\mathbb{C}$ aufgespannt wird, untersucht werden.

Satz 4.27. *(Eigenvektoren zu paarweise verschiedenen Eigenwerten)*
Gehören die Eigenvektoren $\mathbf{x}_1, ..., \mathbf{x}_r$ zu paarweise verschiedenen Eigenwerten $\lambda_1, ..., \lambda_r$ der $(n \times n)$-Matrix A, dann sind sie linear unabhängig.

Beweis: Wir beschränken uns auf $r = 2$. Seien λ_1, λ_2 zwei Eigenwerte mit $\lambda_1 \neq \lambda_2, \mathbf{x}_1, \mathbf{x}_2$ seien die zugehörigen Eigenvektoren: $A\mathbf{x}_1 = \lambda_1\mathbf{x}_1$, $A\mathbf{x}_2 = \lambda_2\mathbf{x}_2$. Man muss zeigen, dass $\alpha = \beta = 0$ aus $\alpha\mathbf{x}_1 + \beta\mathbf{x}_2 = \mathbf{0}$ folgt. Wir nehmen im Gegensatz dazu an, dass $\alpha \neq 0$ ist. Dann ist $\mathbf{x}_1 = -\frac{\beta}{\alpha}\mathbf{x}_2$, d.h. $\mathbf{x}_2$ und $\mathbf{x}_1$ sind parallel oder antiparallel. Da Eigenvektoren nur bis auf einen skalaren Faktor bestimmt sind, können wir $\mathbf{x}_1 = \mathbf{x}_2 = \mathbf{x} \neq \mathbf{0}$ setzen. Dann ist

$$\lambda_1\mathbf{x} = A\mathbf{x} = \lambda_2\mathbf{x} \, ,$$

also $\lambda_1 = \lambda_2$, d.h. ein Widerspruch zur Voraussetzung, so dass die Annahme $\alpha \neq 0$ falsch ist. □

Satz 4.28. *(Gleichheit von algebraischen und geometrischen Vielfachheiten)*
Eine $(n \times n)$-Matrix A hat genau dann n linear unabhängige Eigenvektoren, wenn algebraische und geometrische Vielfachheit bei jedem Eigenwert übereinstimmen.

Aus Satz 4.27 folgt, dass die Eigenvektoren einer $(n \times n)$-Matrix A über $\mathbb{C}$ den Raum $\mathbb{C}^n$ aufspannen, wenn A n paarweise verschiedene Eigenwerte hat.
Analog spannen im Falle einer reellen $(n \times n)$-Matrix A bei n reellen paarweise verschiedenen Eigenwerten die zugehörigen Eigenvektoren den gesamten $\mathbb{R}^n$ auf.

4.7.1 Transformation und Diagonalisierung

Definition 4.43. (transformierte Matrizen)
Es seien A und C $(n \times n)$-Matrizen über $\mathbb{C}$, wobei C regulär ist, d.h. $\det C \neq 0$. Man kann die Matrix

$$B = C^{-1}AC \tag{4.46}$$

bilden. Man sagt dann, dass B aus A **durch Transformation mit C hervorgegangen** ist oder die Matrizen A und B ähnlich sind.

Satz 4.29. *(Invarianz des charakteristischen Polynoms bei regulären Transformationen)*
Das charakteristische Polynom χ_A einer $(n \times n)$-Matrix A über $\mathbb{C}$ bleibt bei einer Transformation unverändert, d.h. für jede reguläre $(n \times n)$-Matrix C über $\mathbb{C}$ gilt

$$\chi_A = \chi_{C^{-1}AC} \, .$$

Beweis:

$$
\begin{aligned}
\det(A - \lambda E) &= \det(CC^{-1}(A - \lambda E)) = \det(C)\det(C^{-1}(A - \lambda E)) \\
&= \det(C^{-1}(A - \lambda E))\det(C) = \det(C^{-1}AC - \lambda E) \, .
\end{aligned}
$$

□

Bei einer regulären Transformation einer $(n \times n)$-Matrix A über $\mathbb{C}$ bleiben **alle Eigenwerte** samt ihren algebraischen Vielfachheiten **unverändert**.

Satz 4.30. *(Eigenwerte spezieller Matrizen)*
Sei A eine $(n \times n)$-Matrix über $\mathbb{C}$.

a) *Eigenwerte von Dreiecksmatrizen*
   Bei Dreiecksmatrizen sind die Diagonalelemente die Eigenwerte.

b) *Verschieben von Eigenwerten (shiften)*
   Sind $\lambda_1, ..., \lambda_r$ die Eigenwerte von A und ist $\epsilon \in \mathbb{C}$, so besitzt die Matrix

$$A_\epsilon := A + \epsilon E \qquad \text{die Eigenwerte} \qquad \mu_j = \lambda_j + \epsilon, \; (j = 1, ..., r).$$

   μ_j und λ_j haben die gleiche algebraische Vielfachheit.

c) *Eigenwerte von Matrixpotenzen*
   Hat A die Eigenwerte λ_j (j=1,...,r), so sind λ_j^m ($m \in \mathbb{N}$) Eigenwerte von A^m.

d) *Eigenwerte der transponierten Matrix*
   Die transponierte Matrix A^T hat das gleiche charakteristische Polynom wie die Matrix A und somit die gleichen Eigenwerte.

Definition 4.44. (Diagonalisierbarkeit)
Eine $(n \times n)$-Matrix A über $\mathbb{C}$ heißt **diagonalisierbar** (oder diagonalähnlich), wenn sie sich in eine Diagonalmatrix transformieren lässt, d.h. wenn es eine reguläre $(n \times n)$-Matrix C über $\mathbb{C}$ gibt mit

$$C^{-1}AC = D = \text{diag}(\alpha_1, ..., \alpha_n) \qquad (\alpha_j \in \mathbb{C}).$$

Satz 4.31. *(Diagonalisierbarkeitskriterium I)*
Eine $(n \times n)$-Matrix A über $\mathbb{C}$ lässt sich genau dann in eine Diagonalmatrix transformieren, wenn sie n linear unabhängige Eigenvektoren besitzt.
Sind $\mathbf{x}_1, ..., \mathbf{x}_n$ linear unabhängige Eigenvektoren von A, so gilt mit der daraus gebildeten Matrix $C = [\mathbf{x}_1, ..., \mathbf{x}_n]$, also der Matrix, die als Spalten die Eigenvektoren hat,

$$C^{-1}AC = diag(\lambda_1, ..., \lambda_n) \quad .$$

Dabei sind $\lambda_1, ..., \lambda_n$ die Eigenwerte von A, die den Vektoren $\mathbf{x}_1, ..., \mathbf{x}_n$ entsprechen. Ein Eigenwert λ_j erscheint in $diag(\lambda_1, ..., \lambda_n)$ genau κ_j—mal, wobei κ_j die algebraische Vielfachheit von λ_j ist.

Satz 4.32. *(Diagonalisierbarkeitskriterium II)*
Eine $(n \times n)$-Matrix A über $\mathbb{C}$ ist genau dann diagonalisierbar, wenn die algebraische und geometrische Vielfachheit für jeden Eigenwert von A übereinstimmen.

4.7.2 Symmetrische reelle Matrizen und ihre Eigenwerte

Bei Schwingungs- oder Bewegungsgleichungen treten wie im Fall der Darstellung von quadratischen Formen und Quadriken **symmetrische** Matrizen mit reellen Elementen auf. Im Folgenden sollen die recht angenehmen Eigenschaften symmetrischer reeller Matrizen und ihrer Eigenwerte summarisch in Sätzen dargestellt werden.

Satz 4.33. *(Eigenschaften symmetrischer reeller Matrizen)*
Für jede reelle symmetrische $(n \times n)$-Matrix $S = (s_{ij})$ gilt:

a) Alle Eigenwerte von S sind reell.

b) Eigenvektoren $\mathbf{x}_j, \mathbf{x}_k$, die zu verschiedenen Eigenwerten λ_j, λ_k von S gehören, stehen senkrecht aufeinander, d.h. $< \mathbf{x}_j, \mathbf{x}_k > = 0$.

c) Geometrische und algebraische Vielfachheit stimmen bei jedem Eigenwert von S überein.

Beweis: Bewiesen werden soll nur die Behauptung a). Wir bezeichnen mit $\mathbf{x}^*$ den Vektor $\overline{\mathbf{x}}^T$, wobei $\overline{\mathbf{x}}$ der konjugiert komplexe Vektor zu $\mathbf{x}$ ist. Sei nun λ ein Eigenwert von S und $\mathbf{x}$ ein zugehöriger Eigenvektor. Damit ist $\mathbf{x}^*\mathbf{x} = |\mathbf{x}|^2 =: r > 0$ reell und es folgt

$$\mathbf{x}^* S \mathbf{x} = \mathbf{x}^* \lambda \mathbf{x} = \lambda \mathbf{x}^* \mathbf{x} = \lambda r .$$

Für jede komplexe Zahl z, aufgefasst als (1×1)-Matrix, gilt $z = z^T$. Damit und aus der Symmetrie von S folgt für die komplexe Zahl $\mathbf{x}^* S \mathbf{x}$

$$\mathbf{x}^* S \mathbf{x} = (\mathbf{x}^* S \mathbf{x})^T = \mathbf{x}^T S \mathbf{x}^{*T} = \overline{\mathbf{x}^* S \overline{\mathbf{x}}} = \overline{\mathbf{x}^* S \mathbf{x}} = \overline{\lambda r} = \overline{\lambda} r .$$

Es ergibt sich schließlich $\overline{\lambda} r = \lambda r$, d.h. λ ist reell. $\square$

Beispiel: Wir betrachten die symmetrische Matrix

$$A = \begin{pmatrix} 2 & -1 & 0 \\ -1 & 2 & -1 \\ 0 & -1 & 2 \end{pmatrix}$$

und finden das charakteristische Polynom

$$\det(A - \lambda E) = (2 - \lambda)^3 - (2 - \lambda) - (2 - \lambda) = (2 - \lambda)[(2 - \lambda)^2 - 2]$$

und damit die Eigenwerte $\lambda_1 = 2$, $\lambda_2 = 2 + \sqrt{2}$, $\lambda_3 = 2 - \sqrt{2}$.

Satz 4.34. *(Orthonormalbasis aus Eigenvektoren einer symmetrischen Matrix)*
Zu jeder symmetrischen reellen $(n \times n)$-Matrix S kann man n Eigenvektoren $\mathbf{x}_1, ..., \mathbf{x}_n$ finden, die eine Orthonormalbasis des $\mathbb{R}^n$ bilden.

Es sei daran erinnert, dass wir unter einer Orthonormalbasis eine Basis verstehen, wo alle Basisvektoren Einheitsvektoren sind und paarweise senkrecht aufeinander stehen.

Satz 4.35. *(Diagonalisierung symmetrischer Matrizen)*
Zu jeder symmetrischen reellen $(n \times n)$-Matrix S gibt es eine reguläre Matrix C mit

$$C^T S C =: M = diag(\lambda_1, ..., \lambda_n) .$$

Dabei sind $\lambda_1, ..., \lambda_n \in \mathbb{R}$ die Eigenwerte von S. Die $\lambda_1, ..., \lambda_n \in \mathbb{R}$ sind hierbei nicht notwendig verschieden. Jeder Eigenwert kommt in $\lambda_1, ..., \lambda_n$ so oft vor, wie seine algebraische Vielfachheit angibt.
Die Spalten $\mathbf{x}_1, ..., \mathbf{x}_n$ von C sind normierte Eigenvektoren von S, d.h. $\mathbf{x}_j$ ist ein zu λ_j gehörender Eigenvektor. $\mathbf{x}_1, ..., \mathbf{x}_n$ bilden eine Orthonormalbasis. Für die Matrix C gilt $C^T C = E$, und Matrizen mit solchen Eigenschaften nennt man **Orthogonalmatrizen.**

Sind die Eigenwerte einer reellen symmetrischen Matrix A vom Typ $n \times n$ sämtlich positiv, dann folgt aus dem Satz 4.35 unter Nutzung der aus Eigenvektoren bestehenden Orthonormalbasis zur Darstellung eines beliebigen nichttrivialen Vektors $\mathbf{x} \in \mathbb{R}^n$ die positive Definitheit der Matrix A, d.h. es gilt

$$\mathbf{x}^T A \mathbf{x} = <A\mathbf{x}, \mathbf{x}> \; > 0 \, .$$

Umgekehrt folgt auch aus der positiven Definitheit einer reellen symmetrischen Matrix A die Positivität sämtlicher Eigenwerte von A. Es gilt der

Satz 4.36. *(Kriterium für positive Definitheit)*
Eine reelle symmetrische Matrix A vom Typ $n \times n$ ist genau dann positiv definit, wenn alle Eigenwerte von A positiv sind.

Betrachtet man statt der reellen Matrix A vom Typ $n \times n$ eine Matrix dieses Typs über $\mathbb{C}$, dann kann man den Satz 4.33 verallgemeinern:

Satz 4.37. *(Eigenschaften selbstadjungierter Matrizen)*
Für jede selbstadjungierte $(n \times n)$-Matrix $A = (a_{ij})$ gilt Folgendes:

a) Alle Eigenwerte von A sind reell.

b) Geometrische und algebraische Vielfachheit stimmen bei jedem Eigenwert von A überein.

Der Beweis dieses Satzes erfolgt völlig analog zum Beweis des Satzes 4.33. Ebenso wie der Satz 4.33 lassen sich auch die Sätze 4.34 und 4.35 für selbstadjungierte Matrizen verallgemeinern. Ist die Matrix A reell, dann bedeutet die Selbstadjungiertheit gerade die Symmetrie der Matrix, so dass der Satz 4.33 ein Spezialfall des Satzes 4.37 ist.

4.7.3 Hauptachsentransformation

Hat man Gleichungen der Form

$$\frac{x^2}{4} + \frac{y^2}{9} = 1 \qquad \text{bzw.} \qquad y = 4(x+1)^2 + 2$$

gegeben, dann wird dadurch eine Ellipse mit den Halbachsen 2 und 3 bzw. eine Parabel mit dem Scheitelpunkt $P = (-1,2)$ beschrieben. Ist die Gleichung

$$\frac{x^2}{9} + 4xy - \frac{y^2}{4} + x - 2y = 4 \tag{4.47}$$

gegeben, ist nicht gleich zu erkennen, ob durch die Gleichung möglicherweise eine Ellipse, eine Parabel, Hyperbeln oder evtl. die leere Menge beschrieben wird. Mit der Hauptachsentransformation, d.h. der Drehung und Verschiebung von Koordinatensystemen, transformiert man Gleichungen der Art (4.47) auf eine Normalform, die Auskunft über das durch die Gleichung beschriebene geometrische Objekt gibt.

Definition 4.45. (quadratische Form)
Einen Ausdruck der Form

$$q(\mathbf{x}) = \sum_{\substack{i,j=1 \\ (i \leq j)}}^{n} \alpha_{ij} x_i x_j$$

nennen wir **quadratische Form**, wobei $\mathbf{x} = (x_1, x_2, ..., x_n)^T$ ein Vektor aus dem $\mathbb{R}^n$ sein soll, und die Koeffizienten α_{ij} ebenfalls reell sein sollen.
Mit der Matrix $A = (a_{ij})$ und

$$a_{ii} = \alpha_{ii} \quad \text{und} \quad a_{ij} = a_{ji} = \frac{\alpha_{ij}}{2}, \ i \leq j ,$$

kann man $q(\mathbf{x})$ auch in der Form

$$q(\mathbf{x}) = \mathbf{x}^T A \mathbf{x}$$

aufschreiben, wobei die Matrix A reell und symmetrisch ist.

Jede reelle symmetrische Matrix ist diagonalisierbar; es gibt nach Satz 4.35 eine Orthogonalmatrix C, so dass gilt:

$$C^T A C = M = \text{diag}(\lambda_1, ..., \lambda_n) .$$

Mit diesem C kann man nach Substitution $\mathbf{x} = C\mathbf{y}$ die quadratische Form q auch in der Form

$$\hat{q}(\mathbf{y}) = q(C\mathbf{y}) = (C\mathbf{y})^T A(C\mathbf{y}) = \mathbf{y}^T C^T A C\mathbf{y} = \mathbf{y}^T M\mathbf{y}$$

aufschreiben. Mit $\mathbf{y} = (y_1, ..., y_n)^T$ erhält die quadratische Form folglich die Normalform

$$\hat{q}(\mathbf{y}) = \lambda_1 y_1^2 + \lambda_2 y_2^2 + ... + \lambda_n y_n^2 .$$

Die eben beschriebene Transformation einer quadratischen Form bezeichnet man als **Hauptachsentransformation**.

Definition 4.46. (Hauptachsen)
Die Spalten der orthogonalen Matrix C aus $C^T A C = \text{diag}(\lambda_1, ..., \lambda_n)$, also die zu den Eigenwerten $\lambda_1, ..., \lambda_n$ gehörenden orthonormalen Eigenvektoren $\mathbf{x}_1, ..., \mathbf{x}_n$, bezeichnet man als **Hauptachsen** der quadratischen Form $q(\mathbf{x}) = \mathbf{x}^T A \mathbf{x}$.

4.7.4 Transformation von Quadriken auf Normalform

Im Folgenden soll entschieden werden, welcher geometrische Ort durch die Gleichung

$$x^2 + 5xy - 10yz + 2xz + y^2 = 2$$

beschrieben wird. Die Beantwortung der Frage nach der geometrischen Bedeutung einer solchen Gleichung ist nicht nur mit Bezug auf das Erkennen von
Kegelschnitten von Interesse, sondern spielt auch bei der Klassifikation partieller Differentialgleichungen eine Rolle. Im Folgenden wird die Transformation
von Quadriken auf Normalformen behandelt. Nach einer solchen Transformation
kann man aus der konkret erhaltenen Normalform die Bedeutung der Gleichung
recht einfach ablesen.

Definition 4.47. (Quadrik)
Die Menge aller $\mathbf{x} \in \mathbb{R}^n$ mit

$$q(\mathbf{x}) := \mathbf{x}^T A \mathbf{x} + \mathbf{b}^T \mathbf{x} + \beta = 0 \tag{4.48}$$

bezeichnet man als **Quadrik** im $\mathbb{R}^n$, wobei die $(n \times n)$-Matrix A reell und symmetrisch ist, und der Spaltenvektor b aus dem $\mathbb{R}^n$ ist. β ist eine reelle Zahl.

Definition 4.48. (Koordinatensystem)
Sei mit $\mathbf{c}_1, \mathbf{c}_2, ..., \mathbf{c}_n$ eine Basis des $\mathbb{R}^n$ und $\mathbf{u} \in \mathbb{R}^n$ gegeben, dann bezeichnet man
durch

$$(\mathbf{u}; \mathbf{c}_1, \mathbf{c}_2, ..., \mathbf{c}_n)$$

ein **Koordinatensystem** mit dem Ursprung u.
Ist $\mathbf{u} \neq \mathbf{0}$, dann ist das Koordinatensystem $(\mathbf{u}; \mathbf{c}_1, \mathbf{c}_2, ..., \mathbf{c}_n)$ aus dem Koordinatensystem $(\mathbf{0}; \mathbf{c}_1, \mathbf{c}_2, ..., \mathbf{c}_n)$ mit dem Nullpunkt als Ursprung durch eine Verschiebung von $\mathbf{0}$ nach u hervorgegangen.

1) Mit einer Hauptachsentransformation $\mathbf{x} = C\mathbf{y}$ der quadratischen Form $\mathbf{x}^T A \mathbf{x}$
kann man man die Quadrik q mit der Gleichung (4.48) in der Form

$$\hat{q}(\mathbf{y}) = q(C\mathbf{y}) = \mathbf{y}^T M \mathbf{y} + \mathbf{d}^T \mathbf{y} + \beta = 0 \tag{4.49}$$

aufschreiben, wobei

$$M = \operatorname{diag}(\lambda_1, ..., \lambda_n) = C^T A C \quad \text{und} \quad \mathbf{d}^T = \mathbf{b}^T C$$

mit der Orthogonalmatrix C der orthonormalen Eigenvektoren gilt.
Die Gleichung (4.49) hat ausgeschrieben die Form

$$\lambda_1 y_1^2 + \lambda_2 y_2^2 + ... + \lambda_n y_n^2 + d_1 y_1 + d_2 y_2 + ... + d_n y_n + \beta = 0 \tag{4.50}$$

Seien die Eigenwerte so geordnet, dass $\lambda_1, ..., \lambda_r$ die von Null verschiedene Eigenwerte sind, und $\lambda_{r+1} = ... = \lambda_n = 0$ gilt.
Die Transformation auf die Form (4.49) bedeutet eine Drehung des ursprüngli-
chen kanonischen Koordinatensystems $(\mathbf{0}; \mathbf{e}_1, ..., \mathbf{e}_n)$ in das Koordinatensystem
$(\mathbf{0}; \mathbf{b}_1, \mathbf{b}_2, ..., \mathbf{b}_n)$, wobei $\mathbf{b}_1, \mathbf{b}_2, ..., \mathbf{b}_n$ die Hauptachsen der quadratischen Form
$\mathbf{x}^T A \mathbf{x}$ sind.

2) Mit einer quadratischen Ergänzung kann man die Gleichung (4.50) durch die
Einführung von

$$z_j = \begin{cases} y_j & \text{falls } \lambda_j = 0 \\ y_j + \frac{d_j}{2\lambda_j} & \text{falls } \lambda_j \neq 0 \end{cases}$$

in der Form

$$\lambda_1 z_1^2 + \lambda_2 z_2^2 + \dots + \lambda_r z_r^2 + d_{r+1} z_{r+1} + \dots + d_n z_n + \beta - \sum_{j=1}^{r} \frac{d_j^2}{4\lambda_j} = 0 \quad (4.51)$$

notieren.

Die quadratische Ergänzung bedeutet eine Verschiebung des Koordinatenursprungs von $\mathbf{0}$ nach $\mathbf{u}$ mit $\mathbf{u} = (\mathbf{y} - \mathbf{z})^T$.

3) Ist einer der Koeffizienten $d_{r+1}, \dots, d_n$ verschieden von Null, etwa d_s, kann man durch die Substitution

$$w_s = z_s + \frac{\beta - \sum_{j=1}^{r} \frac{d_j^2}{4\lambda_j}}{d_s}, \qquad w_j = z_j \text{ für } j \neq s,$$

die Gleichung (4.51) letztendlich in der Form

$$\lambda_1 w_1^2 + \lambda_2 w_2^2 + \dots + \lambda_r w_r^2 + d_{r+1} w_{r+1} + \dots + d_n w_n = 0 \quad (4.52)$$

schreiben. Die Substitution bedeutet eine weitere Verschiebung des Ursprunges von $\mathbf{u}$ nach $\mathbf{v}$ mit $\mathbf{v} = (\mathbf{y} - \mathbf{w})^T$.

4.7.5 Anwendung der Hauptachsentransformation

Die konkrete Anwendung der Hauptachsentransformation soll nun am Beispiel der Transformation einer Quadrik demonstriert werden, da die obige Darstellung zugegebenermaßen recht allgemein war. Es soll die Quadrik

$$2x^2 - y^2 + 4xy - 2x + y - 6 = 0 \quad (4.53)$$

transformiert werden. Mit der Matrix

$$A = \begin{pmatrix} 2 & 2 \\ 2 & -1 \end{pmatrix} \quad \text{und den Vektoren} \quad \mathbf{b} = \begin{pmatrix} -2 \\ 1 \end{pmatrix}, \quad \mathbf{x} = \begin{pmatrix} x \\ y \end{pmatrix}$$

kann man die Gleichung (4.53) auch in der Form

$$\mathbf{x}^T A \mathbf{x} + \mathbf{b}^T \mathbf{x} - 6 = 0 \quad (4.54)$$

aufschreiben. A kann diagonalisiert werden, man erhält das charakteristische Polynom

$$\chi_A(\lambda) = (2 - \lambda)(-1 - \lambda) - 4 = \lambda^2 - \lambda - 6$$

mit den Nullstellen bzw. Eigenwerten $\lambda_1 = 3$ und $\lambda_2 = -2$. Für λ_1 erhält man den normierten Eigenvektor

$$\mathbf{x}_1 = \frac{1}{\sqrt{5}} \begin{pmatrix} 2 \\ 1 \end{pmatrix},$$

und für λ_2 ergibt sich der Eigenvektor der Länge eins

$$\mathbf{x}_2 = \frac{1}{\sqrt{5}} \begin{pmatrix} -1 \\ 2 \end{pmatrix}.$$

Die orthogonale Matrix

$$C = (\mathbf{x}_1, \mathbf{x}_2) = \frac{1}{\sqrt{5}} \begin{pmatrix} 2 & -1 \\ 1 & 2 \end{pmatrix}$$

ergibt die Transformation

$$C^T A C = \begin{pmatrix} 3 & 0 \\ 0 & -2 \end{pmatrix} =: D.$$

Mit der Substitution $\mathbf{x} = C\mathbf{y}$ erhält man aus (4.54) die Gleichung

$$\mathbf{y}^T D \mathbf{y} + \mathbf{d}^T \mathbf{y} - 6 = 0,$$

wobei $\mathbf{d}^T = \mathbf{b}^T C = \frac{1}{\sqrt{5}}(-3, 4)$ gilt. Ausgeschrieben hat die Gleichung damit die Form

$$3y_1^2 - 2y_2^2 - \frac{3}{\sqrt{5}}y_1 + \frac{4}{\sqrt{5}}y_2 - 6 = 0.$$

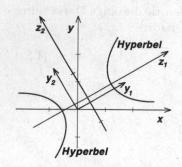

Abb. 4.13. Drehung und Verschiebung (Hauptachsentransformation)

Die quadratische Ergänzung führt auf

$$3(y_1 - \frac{1}{2\sqrt{5}})^2 - 3(\frac{1}{2\sqrt{5}})^2 - 2(y_2 - \frac{1}{\sqrt{5}})^2 + 2(\frac{1}{\sqrt{5}})^2 - 6 = 3z_1^2 - 2z_2^2 - \frac{23}{4} = 0$$

$$\Longleftrightarrow \frac{z_1^2}{a^2} - \frac{z_2^2}{b^2} - 1 = 0, \qquad (4.55)$$

mit $z_1 = y_1 - \frac{1}{2\sqrt{5}}$, $z_2 = y_2 - \frac{1}{\sqrt{5}}$, $a = \sqrt{\frac{23}{12}}$ und $b = \sqrt{\frac{23}{8}}$. Aus der Gleichung (4.55) erkennt man, dass die Gleichung eine Hyperbel beschreibt. Zusammen-

Tabelle 4.1. Normalformen der Quadriken im $\mathbb{R}^2$, $a, b, p \neq 0$

Alle Eigenwerte der Matrix A sind ungleich Null	
$\frac{x^2}{a^2} + \frac{y^2}{b^2} - 1 = 0$	Ellipse mit den Halbachsen a, b
$\frac{x^2}{a^2} + \frac{y^2}{b^2} + 1 = 0$	leere Menge $\emptyset$
$\frac{x^2}{a^2} - \frac{y^2}{b^2} - 1 = 0$	Hyperbel
$x^2 + a^2 y^2 = 0$	Punkt $(x, y) = (0{,}0)$
$x^2 - a^2 y^2 = 0$	Geradenpaar $y = \pm|a|x$ mit Schnittpunkt
Ein Eigenwert der Matrix A ist gleich Null	
$x^2 - 2py = 0$	Parabel
$x^2 - a^2 = 0$	paralleles Geradenpaar
$x^2 + a^2 = 0$	leere Menge $\emptyset$
$x^2 = 0$	Gerade $x = 0$ (y-Achse)

gefasst wurde mit der Hauptachsentransformation eine Drehung des ursprünglichen Koordinatensystems in ein Koordinatensystem mit den Hauptachsen $\mathbf{x}_1$ und $\mathbf{x}_2$ als orthonormierte Basis durchgeführt.

Mit der quadratischen Ergänzung wurde der Ursprung des Koordinatensystems vom Nullpunkt in den Punkt $\mathbf{u} = \frac{1}{\sqrt{5}}\binom{1/2}{1}$ verschoben. In der Abb. 4.13 ist die Drehung und die Verschiebung skizziert. In der Tabelle 4.1 sind die möglichen Resultate der Hauptachsentransformation von Quadriken im $\mathbb{R}^2$ und ihre geometrische Bedeutung dargestellt. Auf eine Tabelle der möglichen Normalformen von Quadriken im $\mathbb{R}^3$ verzichten wir. Hier informiert man sich am besten durch Nutzung eines Computeralgebraprogramms (z.B. Octave oder MATLAB) über die geometrische Bedeutung des jeweiligen Resultats der Hauptachsentransformation und stellt z.B. fest, dass es sich bei dem Resultat

$$\frac{x^2}{a^2} + \frac{y^2}{b^2} - \frac{z^2}{c^2} + 1 = 0, \ \text{d.h.} \ z(x, y) = \pm|c|\sqrt{\frac{x^2}{a^2} + \frac{y^2}{b^2} + 1}$$

um ein zweischaliges Hyperboloid, und bei

$$\frac{x^2}{a^2} + \frac{y^2}{b^2} - \frac{z^2}{c^2} - 1 = 0, \ \text{d.h.} \ z(x, y) = \pm|c|\sqrt{\frac{x^2}{a^2} + \frac{y^2}{b^2} - 1}$$

um ein einschaliges Hyperboloid handelt (s. Abb. 4.14).

Ein weiteres Anwendungsgebiet der Hauptachsentransformation und der Diagonalisierung wird im nachfolgenden Kapitel 6 aufgezeigt. Außerdem ist die Trans-

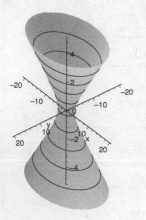 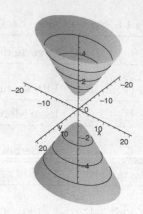

Abb. 4.14. Ein- und zweischaliges Hyperboloid

formation von Quadriken auf Normalform die Grundlage für die Typ-Klassifikation von partiellen Differentialgleichungen.

4.7.6 Defizite bei Eigenvektoren

Insbesondere bei der Lösung von Differentialgleichungssystemen wird sich die Bestimmung von Eigenwerten und dazugehörenden Eigenvektoren von Matrizen als sehr wichtig erweisen. Stimmt die algebraische Vielfachheit aller Eigenwerte einer Matrix jeweils mit der geometrischen Vielfachheit überein, kann man zu den Eigenwerten einer $(n \times n)$-Matrix A n linear unabhängige Eigenvektoren finden, die den $\mathbb{C}^n$ aufspannen. An einem einfachen Beispiel sieht man allerdings, dass die geometrische Vielfachheit echt kleiner als die algebraische Vielfachheit sein kann, denn die Matrix

$$A = \begin{pmatrix} 1 & 2 & 1 \\ 0 & 2 & 1 \\ 0 & 0 & 2 \end{pmatrix} \quad \text{hat die Eigenwerte} \quad \lambda_1 = 1 \quad \text{und} \quad \lambda_2 = 2\,,$$

wobei λ_1 die algebraische und geometrische Vielfachheit 1 hat und λ_2 die algebraische Vielfachheit 2 hat. Für $\lambda_1 = 1$ findet man die Eigenvektoren $\mathbf{v_1} = t(1,0,0)^T$. Stellt man das lineare Gleichungssystem $(A - \lambda_2 E)\mathbf{v_2} = \mathbf{0}$ zur Berechnung der zu λ_2 gehörenden Eigenvektoren auf, also

$$\begin{pmatrix} -1 & 2 & 1 \\ 0 & 0 & 1 \\ 0 & 0 & 0 \end{pmatrix} \begin{pmatrix} v_{21} \\ v_{22} \\ v_{23} \end{pmatrix} = \begin{pmatrix} 0 \\ 0 \\ 0 \end{pmatrix} \quad \text{mit} \quad \begin{pmatrix} v_{21} \\ v_{22} \\ v_{23} \end{pmatrix} = s \begin{pmatrix} 2 \\ 1 \\ 0 \end{pmatrix}$$

als Lösung. Der Eigenraum von $\lambda_2 = 2$ ist eine Gerade durch den Ursprung und hat die Dimension 1 und damit hat λ_2 die geometrische Vielfachheit 1. Wir haben damit die Situation, dass die algebraische Vielfachheit von λ_2 echt größer als die geometrische Vielfachheit ist. Man findet zu den Eigenwerten der Matrix nur 2 linear unabhängige Eigenvektoren, z.B.

$$\mathbf{v_1} = \begin{pmatrix} 1 \\ 0 \\ 0 \end{pmatrix} \quad \text{und} \quad \mathbf{v_2} = \begin{pmatrix} 2 \\ 1 \\ 0 \end{pmatrix},$$

und spricht von einem **Defizit** bei den Eigenvektoren der Matrix A. Es ist offensichtlich, dass das Gleichungssystem $(A - \lambda_2 E)^2 \, \mathbf{v} = \mathbf{0}$ mindestens so viele Lösungen hat, wie das Gleichungssystem $(A - \lambda_2 E)\mathbf{v} = \mathbf{0}$, denn aus "$\mathbf{v}$ ist Lösung von $(A - \lambda_2 E)\mathbf{v} = \mathbf{0}$" folgt "$\mathbf{v}$ ist Lösung von $(A - \lambda_2 E)^2 \, \mathbf{v} = \mathbf{0}$". Wir finden für das Gleichungssystem

$$(A - \lambda_2 E)^2 \mathbf{v} = \begin{pmatrix} -1 & 2 & 1 \\ 0 & 0 & 1 \\ 0 & 0 & 0 \end{pmatrix} \begin{pmatrix} -1 & 2 & 1 \\ 0 & 0 & 1 \\ 0 & 0 & 0 \end{pmatrix} \mathbf{v} = \begin{pmatrix} 1 & -2 & 1 \\ 0 & 0 & 0 \\ 0 & 0 & 0 \end{pmatrix} \mathbf{v} = \begin{pmatrix} 0 \\ 0 \\ 0 \end{pmatrix}$$

die Lösungen

$$\mathbf{v} = s \begin{pmatrix} 2 \\ 1 \\ 0 \end{pmatrix} + r \begin{pmatrix} -1 \\ 0 \\ 1 \end{pmatrix},$$

also auch 2 linear unabhängige Lösungsvektoren $\mathbf{v_2} = (2, 1, 0)^T$ und $\mathbf{v_3} = (-1, 0, 1)^T$. Diese beiden Vektoren nennt man die zu λ_2 gehörenden linear unabhängigen Hauptvektoren. Generell gilt, dass man zu einem k-fachen Eigenwert λ immer k linear unabhängige **Hauptvektoren** als Lösungen der Gleichung

$$(A - \lambda E)^k \, \mathbf{v} = \mathbf{0}$$

findet. Ist die geometrische Vielfachheit gleich der algebraischen, so sind alle Hauptvektoren auch Eigenvektoren. Damit kann man zu jeder $(n \times n)$-Matrix n linear unabhängige Hauptvektoren finden.

4.7.7 Eigenwerte spezieller komplexer Matrizen

Dass eine $(n \times n)$-Matrix reell ist, muss nicht notwendigerweise dazu führen, dass die Eigenwerte reell sind. Denn das charakteristische Polynom hat dann zwar ausschließlich reelle Koeffizienten, aber wir können nicht a priori sagen, dass alle Nullstellen reell sind. Wir wissen nur, dass im Falle von komplexen Nullstellen $\lambda = a + ib$ des charakteristischen Polynoms diese Nullstellen bzw. Eigenwerte immer paarweise mit der jeweiligen konjugiert komplexen Zahl $\overline{\lambda} = a - ib$ auftreten. Somit ist in diesem Fall die Zahl der komplexen Eigenwerte immer gerade. Z.B. finden wir für die Matrix

$$A = \begin{pmatrix} 0 & 1 & 0 \\ 0 & 0 & 1 \\ 0 & -1 & 0 \end{pmatrix} \quad \text{mit dem charakteristischen Polynom} \quad -\lambda(\lambda^2 + 1)$$

die Eigenwerte $\lambda_1 = 0$, $\lambda_2 = i$ und $\lambda_3 = \overline{\lambda}_2 = -i$. Für Matrizen über $\mathbb{C}$ ergibt sich ein charakteristisches Polynom mit komplexen Koeffizienten. Damit kann man keine Aussage darüber machen, ob die Zahl der komplexen Eigenwerte gerade oder ungerade ist. Modifizieren wir dazu einfach die Matrix des letzten Beispiels leicht durch Änderung der ersten Zeile, z.B. durch

$$\tilde{A} = \begin{pmatrix} 0 & i & 0 \\ 0 & 0 & 1 \\ 0 & -1 & 0 \end{pmatrix} .$$

Das charakteristische Polynom ergibt sich zu $\det(\tilde{A} - \lambda E) = -\lambda(\lambda^2 + i)$ mit den Nullstellen $\lambda_1 = 0$, $\lambda_2 = \frac{1}{\sqrt{2}}(1 + i)$ und $\lambda_3 = \frac{1}{\sqrt{2}}(-1 - i)$.
Betrachten wir die Matrix

$$B = \begin{pmatrix} 1 & 2-i & 1+i \\ 2+i & -1 & -3i \\ 1-i & 3i & 0 \end{pmatrix} ,$$

die bis auf die Diagonale komplexe Einträge hat, so ergibt sich das charakteristische Polynom

$$\det(B - \lambda E) = -\lambda^3 + 17\lambda - 25 .$$

Man kann sich nun überlegen, dass die Nullstellen des charakteristischen Polynoms der Gleichung $\lambda^3 = 17\lambda - 25$ genügen, und die Gerade $g(\lambda) = 17\lambda - 25$ schneidet den Graphen der Funktion $f(\lambda) = \lambda^3$ dreimal und das bedeutet, dass es 3 reelle Eigenwerte, nämlich $\lambda_1 = -4{,}7217$, $\lambda_2 = 1{,}8327$ und $\lambda_3 = 2{,}8891$ gibt. Das ist kein Zufall, sondern das liegt an der Matrix B, die die Eigenschaft

$$B = \overline{B}^T \quad \text{bzw.} \quad b_{ij} = \overline{b}_{ji} = (b_{ij}),$$

hat, also ist B gleich ihrer konjugiert komplexen transponierten Matrix. Solche Matrizen hatten wir selbstadjungiert genannt, und selbstadjungierte Matrizen haben immer reelle Eigenwerte (Satz 4.37).

4.8 Vektorrechnung im $\mathbb{R}^3$

Im Folgenden werden einige Ausführungen zu Vektoren in der Ebene und im Raum gemacht, wo die Dinge unserer Anschauung zugänglich sind. Dabei werden Begriffe, die in den vorangegangenen Kapiteln schon in abstrakten Vektorräumen eine Rolle gespielt haben, unter den konkreten Bedingungen der Ebene und des dreidimensionalen Raumes betrachtet. Dabei sollen auch die Möglichkeiten der Anschauung genutzt werden, so dass nicht unbedingt auf die allgemeineren Ausführungen in Abschnitt 4.5.1 zurückgegriffen werden muss.

4.8.1 Vektoren im $\mathbb{R}^3$

Definition 4.49. (Vektor im $\mathbb{R}^3$)
Ein Vektor $\vec{a}$ ist eine Größe, die durch **einen Betrag und eine Richtung** definiert

ist. Aus diesem Grund verwenden wir für Vektoren auch Symbole, die mit einem Pfeil gekennzeichnet werden, also $\vec{a}$ statt bisher a.

Den Betrag von $\vec{a}$ bezeichnet man mit $|\vec{a}|$.

Bekannte Vektoren aus der Physik und der Mechanik sind die Kraft und die Geschwindigkeit, z.B. die Windgeschwindigkeit, die durch die Windstärke und die Windrichtung charakterisiert ist.

Neben der Bezeichnung $\vec{a}$ werden auch die Bezeichnungen a, $\underline{a}$, $\overrightarrow{P_1 P_2}$ für Vektoren verwendet. Im $\mathbb{R}^3$, also dem dreidimensionalen Raum der Anschauung, stellt man sich Vektoren gemeinhin als im Raum liegende Pfeile vor, wobei der Vektor $\vec{a} = \overrightarrow{P_1 P_2}$ die Gesamtheit aller gerichteten Strecken der Länge $|\vec{a}| = |\overrightarrow{P_1 P_2}|$ ist, die parallel zu $\overrightarrow{P_1 P_2}$ sind.

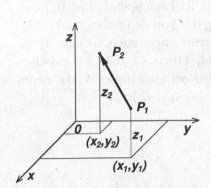

Abb. 4.15. Vektor $\overrightarrow{P_1 P_2}$ im $\mathbb{R}^3$

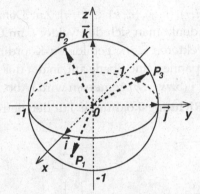

Abb. 4.16. Einheitsvektoren in einer Kugel mit dem Radius 1

Zur Darstellung von Vektoren im $\mathbb{R}^3$ benötigen wir den Begriff des Einheitsvektors und des Nullvektors.

Definition 4.50. (Einheitsvektor, Nullvektor)
Unter einem **Einheitsvektor** versteht man einen Vektor mit dem Betrag 1. Ein **Nullvektor** ist ein Vektor, der den Betrag 0 hat. Dem Nullvektor wird keine Richtung zugeordnet.

Vektoren $\vec{a} = \overrightarrow{P_1 P_2}$ im $\mathbb{R}^3$ sind durch die Koordinaten von 2 Punkten P_1 und P_2 charakterisierbar, indem wir den Betrag als den kürzesten Abstand der Punkte verstehen wollen, und die Richtung durch die Reihenfolge der Punkte, also von P_1 nach P_2, erklären.

Satz 4.38. *(Vektordarstellung)*
Seien $\vec{e}_1$, $\vec{e}_2$ und $\vec{e}_3$ Einheitsvektoren im $\mathbb{R}^3$, die nicht in einer Ebene liegen, dann gibt es für jeden Vektor $\vec{a}$ aus dem $\mathbb{R}^3$ genau ein Tripel von Zahlen a_1, a_2 und a_3, so dass gilt:

$$\vec{a} = a_1 \vec{e}_1 + a_2 \vec{e}_2 + a_3 \vec{e}_3 \; .$$

Drei Vektoren im $\mathbb{R}^3$, die nicht in einer Ebene ($\mathbb{R}^2$) liegen, sind linear unabhängig.

Definition 4.51. (Basisvektoren)

Vektoren $\vec{e}_1$, $\vec{e}_2$ und $\vec{e}_3$, die nicht in einer Ebene liegen, heißen **Basisvektoren**, und a_1, a_2 und a_3 heißen Koordinaten des Vektors $\vec{a}$ bezüglich der Basis $(\vec{e}_1, \vec{e}_2, \vec{e}_3)$.

Wählt man die kanonische oder natürliche Basis $\vec{e}_1 = \vec{i}$, $\vec{e}_2 = \vec{j}$ und $\vec{e}_3 = \vec{k}$, die in der Abb. 4.18 dargestellt ist, so nennt man a_x, a_y, a_z die Koordinaten von $\vec{a}$:

$$\vec{a} = a_x\vec{i} + a_y\vec{j} + a_z\vec{k}$$

und es ist

$$a_x = |\vec{a}|\cos(\vec{a},\vec{i}), \quad a_y = |\vec{a}|\cos(\vec{a},\vec{j}), \quad a_z = |\vec{a}|\cos(\vec{a},\vec{k}), \tag{4.56}$$

mit $(\vec{a},\vec{i}), (\vec{a},\vec{j}), (\vec{a},\vec{k}) \in [0,\pi]$. Zur Definition der **Richtungswinkel** $(\vec{a},\vec{i})$, $(\vec{a},\vec{j})$, $(\vec{a},\vec{k})$ denkt man sich den Vektor $\vec{a}$ im Ursprung des von den orthogonalen Einheitsvektoren $\vec{i}, \vec{j}, \vec{k}$ gebildeten Koordinatensystems angetragen. $\vec{a}$ und $\vec{i}$ (bzw. $\vec{j}, \vec{k}$) spannen eine Ebene auf, in der der Winkel $(\vec{a},\vec{i})$ (bzw. $(\vec{a},\vec{j})$, $(\vec{a},\vec{k})$) zwischen $\vec{a}$ und $\vec{i}$ (bzw. $\vec{j}, \vec{k}$) gemessen wird (Abb. 4.17). Die Kosinusse dieser Winkel nennt man **Richtungskosinusse**. Für den Betrag von $\vec{a}$ ergibt sich $|\vec{a}| = \sqrt{a_x^2 + a_y^2 + a_z^2}$.

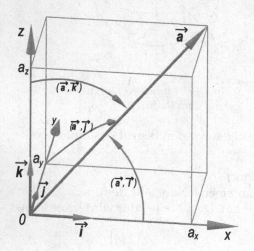

Abb. 4.17. Richtungswinkel

Repräsentiert man den Vektor $\vec{a}$ durch $\overrightarrow{P_1P_2}$, wobei P_1 die Koordinaten x_1, y_1, z_1 und P_2 die Koordinaten x_2, y_2, z_2 hat, so erhält man für den Betrag

$$|\vec{a}| = \sqrt{(x_2 - x_1)^2 + (y_2 - y_1)^2 + (z_2 - z_1)^2}.$$

Wegen (4.56) und $|\vec{a}|^2 = a_x^2 + a_y^2 + a_z^2$ ergibt sich für die Richtungskosinusse

$$\cos^2(\vec{a},\vec{i}) + \cos^2(\vec{a},\vec{j}) + \cos^2(\vec{a},\vec{k}) = 1.$$

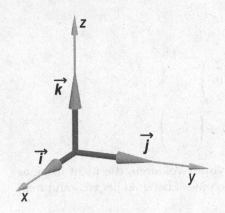

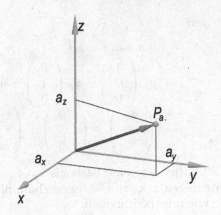

Abb. 4.18. Natürliche Basis im kartesischen Koordinatensystem des $\mathbb{R}^3$

Abb. 4.19. Ortsvektor des Punktes P_a

Ist eine Basis vorgegeben, so sind für einen Vektor $\vec{a}$ die Koordinaten a_1, a_2 und a_3 eindeutig festgelegt, und der Vektor kann mit der Matrix

$$\mathbf{a} = \begin{pmatrix} a_1 \\ a_2 \\ a_3 \end{pmatrix}$$

vom Typ 3×1 (Spaltenvektor) identifiziert werden. a_1, a_2 und a_3 bezeichnen wir auch als **Komponenten** des Vektors $\vec{a}$ bezüglich der gegebenen Basis.

Verwendet man die natürliche Basis $(\vec{i}, \vec{j}, \vec{k})$, so hat der Vektor $\mathbf{a}$ als Repräsentanten den Vektor $\overrightarrow{P_0 P_a}$, wobei P_0 der Koordinatenursprung ist, und P_a die Koordinaten a_x, a_y und a_z im $\mathbb{R}^3$ hat. Man spricht auch vom Ortsvektor des Punktes P_a. Wenn wir Vektoren aus dem $\mathbb{R}^3$ als Spaltenvektoren vom Typ 3×1 identifizieren, so gelten für diese Vektoren auch die oben diskutierten Matrizen-Rechengesetze. Insbesondere sind 2 Vektoren gleich, wenn ihre Komponenten übereinstimmen (bezüglich derselben Basis).

Für die kanonischen oder natürlichen Basisvektoren $\vec{i}, \vec{j}, \vec{k}$ gilt

$$\vec{i} = \begin{pmatrix} 1 \\ 0 \\ 0 \end{pmatrix}, \quad \vec{j} = \begin{pmatrix} 0 \\ 1 \\ 0 \end{pmatrix}, \quad \vec{k} = \begin{pmatrix} 0 \\ 0 \\ 1 \end{pmatrix}, \tag{4.57}$$

und für Vektoren $\vec{e}$ der Länge 1 ergibt sich

$$\vec{e} = \begin{pmatrix} \cos(\vec{e}, \vec{i}) \\ \cos(\vec{e}, \vec{j}) \\ \cos(\vec{e}, \vec{k}) \end{pmatrix}.$$

Mit den Beziehungen (4.57) errechnet man mit den üblichen Rechenregeln für

Matrizen

$$\vec{a} = a_x \vec{i} + a_y \vec{j} + a_z \vec{k}$$

$$= a_x \begin{pmatrix} 1 \\ 0 \\ 0 \end{pmatrix} + a_y \begin{pmatrix} 0 \\ 1 \\ 0 \end{pmatrix} + a_z \begin{pmatrix} 0 \\ 0 \\ 1 \end{pmatrix}$$

$$= \begin{pmatrix} a_x \\ 0 \\ 0 \end{pmatrix} + \begin{pmatrix} 0 \\ a_y \\ 0 \end{pmatrix} + \begin{pmatrix} 0 \\ 0 \\ a_z \end{pmatrix} = \begin{pmatrix} a_x \\ a_y \\ a_z \end{pmatrix}.$$

Im $\mathbb{R}^3$ hatten wir eine Basis als ein System von 3 Vektoren, die nicht in einer Ebene liegen, erklärt. Die Eigenschaft, nicht in einer Ebene zu liegen, kann man auch wie folgt beschreiben.

1) Die natürlichen Basisvektoren $\vec{i}$, $\vec{j}$ und $\vec{k}$ sind ebenso wie alle anderen Basen linear unabhängig.

2) Zwei Vektoren $\vec{a}_1$ und $\vec{a}_2$ sind linear abhängig, wenn es zwei reelle Zahlen α_1, α_2 mit $\alpha_1^2 + \alpha_2^2 > 0$ gibt, so dass

$$\alpha_1 \vec{a}_1 + \alpha_2 \vec{a}_2 = \mathbf{0}$$

gilt. Sei o.B.d.A. $\alpha_1 \neq 0$, dann erhalten wir die Beziehung

$$\vec{a}_1 = -\frac{\alpha_2}{\alpha_1} \vec{a}_2,$$

was geometrisch bedeutet, dass $\vec{a}_1$ und $\vec{a}_2$ gleich oder entgegengesetzt gerichtet sind. Solche Vektoren heißen kollinear und es wird die Symbolik

$$\vec{a}_1 \parallel \vec{a}_2$$

verwendet.

3) Lineare Unabhängigkeit von drei Vektoren im $\mathbb{R}^3$ bedeutet für die Gleichungssysteme

$$\alpha_1 \vec{a}_1 + \alpha_2 \vec{a}_2 + \alpha_3 \vec{a}_3 = \mathbf{0},$$

bzw.

$$\alpha_1 \begin{pmatrix} a_{x1} \\ a_{y1} \\ a_{z1} \end{pmatrix} + \alpha_2 \begin{pmatrix} a_{x2} \\ a_{y2} \\ a_{z2} \end{pmatrix} + \alpha_3 \begin{pmatrix} a_{x3} \\ a_{y3} \\ a_{z3} \end{pmatrix} = \begin{pmatrix} 0 \\ 0 \\ 0 \end{pmatrix}, \tag{4.58}$$

dass nur die triviale Lösung $\alpha_1 = \alpha_2 = \alpha_3 = 0$ existiert. Wenn wir uns der CRAMERschen Regel erinnern, hat das Gleichungssystem (4.58) genau dann nur die triviale Lösung, wenn

$$\begin{vmatrix} a_{x1} & a_{x2} & a_{x3} \\ a_{y1} & a_{y2} & a_{y3} \\ a_{z1} & a_{z2} & a_{z3} \end{vmatrix} \neq 0$$

gilt.

Satz 4.39. (*Spatproduktkriterium für die lineare Unabhängigkeit*)
Die Vektoren $\vec{a}_1$, $\vec{a}_2$ und $\vec{a}_3$ sind genau dann linear unabhängig, wenn das durch die Beziehung

$$(\vec{a}_1, \vec{a}_2, \vec{a}_3) := \begin{vmatrix} a_{x1} & a_{x2} & a_{x3} \\ a_{y1} & a_{y2} & a_{y3} \\ a_{z1} & a_{z2} & a_{z3} \end{vmatrix} \tag{4.59}$$

definierte **Spatprodukt** *der Vektoren ungleich 0 ist.*

Ist das Spatprodukt dreier Vektoren gleich 0, heißen die Vektoren komplanar, d.h. sie liegen in einer Ebene. Geometrisch bedeutet das Spatprodukt dreier Vektoren das Volumen des Spates, der von den drei Vektoren aufgespannt wird (vgl. auch Abb. 4.23). Dabei wird vorausgesetzt, dass die Vektoren in der Reihenfolge im Spatprodukt ein Rechtssystem bilden, ansonsten muss man den Betrag des Spatproduktes bilden, um das Volumen des Spates zu erhalten.

Satz 4.40. (*Maximalzahl linear unabhängiger Vektoren im $\mathbb{R}^3$*)
4 oder mehr Vektoren im $\mathbb{R}^3$ sind immer linear abhängig.

Beweis: Wir betrachten das Gleichungssystem

$$\alpha_1 \begin{pmatrix} a_{x1} \\ a_{y1} \\ a_{z1} \end{pmatrix} + \alpha_2 \begin{pmatrix} a_{x2} \\ a_{y2} \\ a_{z2} \end{pmatrix} + \cdots + \alpha_k \begin{pmatrix} a_{xk} \\ a_{yk} \\ a_{zk} \end{pmatrix} = \begin{pmatrix} 0 \\ 0 \\ 0 \end{pmatrix}, \tag{4.60}$$

mit $k \geq 4$. Der Rang der Koeffizientenmatrix ist gleich dem Rang der erweiterten Koeffizientenmatrix, d.h.

$$r = rg\, A = rg\, A|\mathbf{b} \leq 3,$$

und damit können zur Lösung von (4.60) mindestens $k - 3$ Parameter frei, also auch von Null verschieden, gewählt werden. Damit existiert eine nichttriviale Lösung von (4.60) und die k Vektoren sind linear abhängig. $\square$

Satz 4.40 ist ein Spezialfall des Satzes 4.19.

4.8.2 Skalar-, Vektor- und Spatprodukt

Definition 4.52. (Skalarprodukt)
Das Skalarprodukt der Vektoren

$$\vec{a} = \begin{pmatrix} a_x \\ a_y \\ a_z \end{pmatrix} \quad, \quad \vec{b} = \begin{pmatrix} b_x \\ b_y \\ b_z \end{pmatrix}$$

bzw. $\vec{a} = a_x \vec{i} + a_y \vec{j} + a_z \vec{k}$ und $\vec{b} = b_x \vec{i} + b_y \vec{j} + b_z \vec{k}$ bezeichnet und definiert man durch

$$\vec{a} \cdot \vec{b} = \langle \vec{a}, \vec{b} \rangle := a_x b_x + a_y b_y + a_z b_z. \tag{4.61}$$

Diese Definition entspricht der allgemeinen Definition des Skalarproduktes im $\mathbb{R}^n$ (vgl. (4.30)). Durch Bildung des Skalarprodukts wird zwei Vektoren eine reelle Zahl zugeordnet. Geometrisch kann man das Skalarprodukt zweier Vektoren wie folgt interpretieren. Wir wählen ein orthogonales Koordinatensystem, dessen x- und y-Achsen die Eigenschaften haben, dass

a) der Vektor $\vec{a}$ in Richtung der x-Achse verläuft, und

b) der Vektor $\vec{b}$ in der $x - y$-Ebene liegt.

In diesem Koordinatensytem haben die Vektoren die Darstellung

$$\vec{a} = \begin{pmatrix} |\vec{a}| \\ 0 \\ 0 \end{pmatrix}, \quad \vec{b} = \begin{pmatrix} b_x \\ b_y \\ 0 \end{pmatrix}.$$

Als Skalarprodukt erhalten wir

$$\vec{a} \cdot \vec{b} = |\vec{a}| b_x = |\vec{a}||\vec{b}| \cos(\vec{a}, \vec{b}), \tag{4.62}$$

also das Produkt des Betrages von $\vec{a}$ mit der vorzeichenbehafteten Länge der Projektion von $\vec{b}$ auf die Richtung von $\vec{a}$. Hat $\vec{a}$ die Länge 1 ($|\vec{a}| = 1$), dann ergibt das Skalarprodukt $\vec{a} \cdot \vec{b}$ gerade die Projektion von $\vec{b}$ auf die von $\vec{a}$ gebildete Achse (in der Abb. 4.20 die x-Achse).

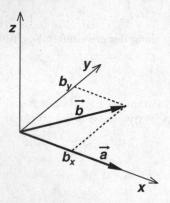

Abb. 4.20. Geometrische Interpretation des Skalarproduktes $\vec{a} \cdot \vec{b} = |\vec{a}| b_x$

Wenn wir die Matrixmultiplikation zur Definition des Skalarproduktes zweier Vektoren verwenden wollen, erhalten wir

$$\vec{a} \cdot \vec{b} := (a_x, a_y, a_z) \cdot \begin{pmatrix} b_x \\ b_y \\ b_z \end{pmatrix} = \mathbf{a}^T \mathbf{b},$$

wobei wir mit $\mathbf{a}$ und $\mathbf{b}$ Spaltenvektoren oder besser Matrizen des Types 3×1 bezeichnen ($\mathbf{a}^T$ ist Matrix vom Typ 1×3).

Aus der Definition und der geometrischen Interpretation des Skalarproduktes der Vektoren $\vec{a}$ und $\vec{b}$ ergibt sich:

a) Stehen $\vec{a}$ und $\vec{b}$ senkrecht aufeinander ($\vec{a} \perp \vec{b}$), dann folgt

$$\vec{a} \cdot \vec{b} = 0 \,.$$

b) Sind $\vec{a}$ und $\vec{b}$ parallel oder antiparallel ($\vec{a} \parallel \vec{b}$), dann folgt

$$\vec{a} \cdot \vec{b} = \pm|\vec{a}||\vec{b}| \,.$$

c) Es gilt für den duch $\vec{a}, \vec{b}$ gebildeten Winkel $(\vec{a}, \vec{b})$ (wird auch durch $\angle(\vec{a}, \vec{b})$ bezeichnet)

$$\cos(\vec{a}, \vec{b}) = \frac{a_x b_x + a_y b_y + a_z b_z}{|\vec{a}||\vec{b}|}.$$

d) Das Skalarprodukt ist kommutativ. Es gilt das **Distributivgesetz** $\vec{a} \cdot (\vec{b} + \vec{c}) = \vec{a} \cdot \vec{b} + \vec{a} \cdot \vec{c}$.

Definition 4.53. (Vektorprodukt im $\mathbb{R}^3$)

Das **Vektorprodukt**, auch **äußeres Produkt** genannt, $\vec{a} \times \vec{b}$ der Vektoren $\vec{a} = a_x \vec{i} + a_y \vec{j} + a_z \vec{k}$ und $\vec{b} = b_x \vec{i} + b_y \vec{j} + b_z \vec{k}$ ist definiert als der Vektor

$$\vec{a} \times \vec{b} = \begin{pmatrix} a_x \\ a_y \\ a_z \end{pmatrix} \times \begin{pmatrix} b_x \\ b_y \\ b_z \end{pmatrix} := \begin{pmatrix} a_y b_z - a_z b_y \\ a_z b_x - a_x b_z \\ a_x b_y - a_y b_x \end{pmatrix} \,.$$

Für die Berechnung des Vektorproduktes $\vec{a} \times \vec{b}$ kann man auch die Beziehung

$$\vec{a} \times \vec{b} = \begin{vmatrix} \vec{i} & \vec{j} & \vec{k} \\ a_x & a_y & a_z \\ b_x & b_y & b_z \end{vmatrix}$$

benutzen, wobei hier die Determinante "symbolisch" zu verstehen ist. Die Entwicklung nach der ersten Zeile ergibt

$$\vec{a} \times \vec{b} = (a_y b_z - a_z b_y)\vec{i} + (a_z b_x - a_x b_z)\vec{j} + (a_x b_y - a_y b_x)\vec{k},$$

und damit die oben definierte Form. Das Vektorprodukt $\vec{a} \times \vec{b}$ der Vektoren $\vec{a}$ und $\vec{b}$ ist ein Vektor mit den folgenden Eigenschaften:

a) $\vec{a} \times \vec{b}$ steht senkrecht auf den Vektoren $\vec{a}$ und $\vec{b}$.

b) $\vec{a}$, $\vec{b}$ und $\vec{a} \times \vec{b}$ bilden in dieser Reihenfolge ein Rechtssystem (dabei stelle man sich vor, dass $\vec{a}$, $\vec{b}$ und $\vec{a} \times \vec{b}$ in dieser Reihenfolge für die gespreizten Daumen, Zeigefinger und Mittelfinger der rechten Hand stehen).

c) Für den Betrag des Vektorproduktes gilt

$$|\vec{a} \times \vec{b}| = |\vec{a}| \cdot |\vec{b}| \sin(\vec{a}, \vec{b}).$$

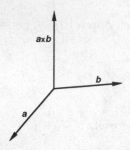

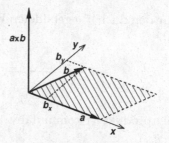

Abb. 4.21. Rechtssystem $\vec{a}$, $\vec{b}$ und $\vec{a} \times \vec{b}$

Abb. 4.22. Geometrische Interpretation des Vektorproduktes

Wenn wir wie bei der geometrischen Interpretation des Skalarproduktes o.B.d.A ein spezielles Koordinatensystem so wählen, dass für die Vektoren $\vec{a}$ und $\vec{b}$

$$\vec{a} = \begin{pmatrix} |\vec{a}| \\ 0 \\ 0 \end{pmatrix} \quad , \quad \vec{b} = \begin{pmatrix} b_x \\ b_y \\ 0 \end{pmatrix}$$

gilt, dann schließt man aus

$$\vec{a} \times \vec{b} = \begin{vmatrix} \vec{i} & \vec{j} & \vec{k} \\ |\vec{a}| & 0 & 0 \\ b_x & b_y & 0 \end{vmatrix} = |\vec{a}| b_y \vec{k}$$

auf die Parallelität von $\vec{a} \times \vec{b}$ und $\vec{k}$, also ist $\vec{a} \times \vec{b}$ ein auf $\vec{a}$ und $\vec{b}$ senkrecht stehender Vektor. Wegen $|b_y| = |\vec{b}| \sin(\vec{a}, \vec{b})$ (vgl. Abb. 4.22) ist

$$|\vec{a} \times \vec{b}| = |\vec{a}| \cdot |\vec{b}| \sin(\vec{a}, \vec{b}) \, ,$$

wie oben behauptet. Man kann auch sagen: Der Betrag des Vektorproduktes $\vec{a} \times \vec{b}$ ist gleich dem Flächeninhalt des von den Vektoren $\vec{a}$ und $\vec{b}$ aufgespannten Parallelogramms. Das in (4.59) definierte Spatprodukt $(\vec{a}, \vec{b}, \vec{c})$ ist gleich dem Volumen des Spates, der von den drei Vektoren aufgespannt wird. Im folgenden Satz fassen wir die Eigenschaften von Vektorprodukt und Spatprodukt zusammen.

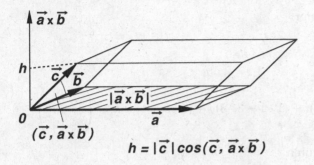

Abb. 4.23. Von $\vec{a}, \vec{b}$ und $\vec{c}$ gebildeter Spat

Eigenschaften von Vektor- und Spatprodukt:

a) $\vec{a} \times \vec{b} = 0$ genau dann, wenn $\vec{a}$ und $\vec{b}$ kollinear sind.

b) Aufgrund der Determinanteneigenschaften folgt

$$(\vec{a}, \vec{b}, \vec{c}) = (\vec{b}, \vec{c}, \vec{a}) = (\vec{c}, \vec{a}, \vec{b}) = -(\vec{a}, \vec{c}, \vec{b}) = -(\vec{b}, \vec{a}, \vec{c}) = -(\vec{c}, \vec{b}, \vec{a}).$$

c) Es gilt

$$(\vec{a}, \vec{b}, \vec{c}) = \vec{c} \cdot (\vec{a} \times \vec{b}) = \vec{b} \cdot (\vec{c} \times \vec{a}) = \vec{a} \cdot (\vec{b} \times \vec{c}).$$

d) Aufgrund der geometrischen Bedeutung von Vektor- und Spatprodukt gilt

$$|(\vec{a}, \vec{b}, \vec{c})| = |\vec{c}| \cdot |(\vec{a} \times \vec{b})| \cdot |\cos(\vec{c}, \vec{a} \times \vec{b})| = |\vec{c}||\vec{a}||\vec{b}||\sin(\vec{a}, \vec{b})||\cos(\vec{c}, \vec{a} \times \vec{b})|.$$

e) Ist $(\vec{a}, \vec{b}, \vec{c}) > 0$, dann bilden die Vektoren $\vec{a}, \vec{b}$ und $\vec{c}$ ein Rechtssystem, ist $(\vec{a}, \vec{b}, \vec{c}) < 0$, bilden sie ein Linkssystem.

f) Es gilt das Antikommutativgesetz für das Vektorprodukt $(\vec{a} \times \vec{b}) = -(\vec{b} \times \vec{a})$.

g) Es gilt ein Distributivgesetz der Form $\vec{a} \times (\vec{b} + \vec{c}) = \vec{a} \times \vec{b} + \vec{a} \times \vec{c}$.

h) Es gilt ein Assoziativgesetz der Form $(\alpha \vec{a}) \times \vec{b} = \alpha(\vec{a} \times \vec{b})$.

Beispiele:

1) Es soll das Vektorprodukt

$$\vec{v} \times \vec{w} \quad \text{der Vektoren} \quad \vec{v} = \begin{pmatrix} 3 \\ 5 \\ 1 \end{pmatrix} \quad \text{und} \quad \vec{w} = \begin{pmatrix} 4 \\ 1 \\ 8 \end{pmatrix},$$

berechnet werden. Def. 4.53 liefert

$$\vec{v} \times \vec{w} = \begin{vmatrix} \vec{i} & \vec{j} & \vec{k} \\ 3 & 5 & 1 \\ 4 & 1 & 8 \end{vmatrix}$$

$$= (5 \cdot 8 - 1 \cdot 1)\vec{i} + (1 \cdot 4 - 3 \cdot 8)\vec{j} + (3 \cdot 1 - 4 \cdot 5)\vec{k} = \begin{pmatrix} 39 \\ -20 \\ -17 \end{pmatrix}$$

2) Es ist zu prüfen, ob die Vektoren

$$\vec{a} = \begin{pmatrix} 3 \\ 2 \\ 1 \end{pmatrix}, \quad \vec{b} = \begin{pmatrix} 2 \\ 1 \\ 2 \end{pmatrix}, \quad \vec{c} = \begin{pmatrix} 1 \\ 1 \\ 1 \end{pmatrix}$$

einen Spat aufspannen. Falls ja, ist das Volumen zu berechnen und zu entscheiden, ob die Vektoren ein Rechtssystem oder ein Linkssystem bilden. Zur Lösung der 3 Aufgaben ist lediglich das Spatprodukt zu berechnen. Es gilt

$$(\vec{a}, \vec{b}, \vec{c}) = \begin{vmatrix} 3 & 2 & 1 \\ 2 & 1 & 1 \\ 1 & 2 & 1 \end{vmatrix} = 3 + 2 + 4 - 1 - 4 - 6 = -2,$$

damit kann man schlussfolgern, dass die Vektoren in der vorgegebenen Reihenfolge ein Linkssystem bilden. Das Volumen des aufgespannten Spates ist gleich 2.

3) Gesucht ist ein Vektor $\vec{a} = (a_x, a_y, a_z)^T$ mit

$$\begin{pmatrix} 3 \\ 5 \\ 4 \end{pmatrix} \times \begin{pmatrix} a_x \\ a_y \\ a_z \end{pmatrix} = \begin{pmatrix} 9 \\ 1 \\ -8 \end{pmatrix}.$$

Es ergibt sich die Vektorgleichung

$$\begin{vmatrix} \vec{i} & \vec{j} & \vec{k} \\ 3 & 5 & 4 \\ a_x & a_y & a_z \end{vmatrix} = \begin{pmatrix} 5a_z - 4a_y \\ 4a_x - 3a_z \\ 3a_y - 5a_x \end{pmatrix} = \begin{pmatrix} 9 \\ 1 \\ -8 \end{pmatrix},$$

und der GAUSSsche Algorithmus für das äquivalente lineare Gleichungssystem mit den Unbekannten a_x, a_y, a_z liefert

$$\begin{bmatrix} 0 & -4 & 5 & | & 9 \\ 4 & 0 & -3 & | & 1 \\ -5 & 3 & 0 & | & -8 \end{bmatrix} \Longrightarrow \begin{bmatrix} 4 & 0 & -3 & | & 1 \\ -5 & 3 & 0 & | & -8 \\ 0 & -4 & 5 & | & 9 \end{bmatrix} \Longrightarrow$$

$$\begin{bmatrix} 4 & 0 & -3 & | & 1 \\ 0 & 12 & -15 & | & -27 \\ 0 & -4 & 5 & | & 9 \end{bmatrix} \Longrightarrow \begin{bmatrix} 4 & 0 & -3 & | & 1 \\ 0 & 12 & -15 & | & -27 \\ \hline 0 & 0 & 0 & | & 0 \end{bmatrix}$$

mit der Lösung

$$
\begin{pmatrix} a_x \\ a_y \\ a_z \end{pmatrix} = \begin{pmatrix} \frac{1}{4} \\ -\frac{27}{12} \\ 0 \end{pmatrix} + t^* \begin{pmatrix} \frac{3}{4} \\ \frac{15}{12} \\ 1 \end{pmatrix} = \begin{pmatrix} \frac{1}{4} \\ -\frac{27}{12} \\ 0 \end{pmatrix} + t \begin{pmatrix} 3 \\ 5 \\ 4 \end{pmatrix}, \quad t \in \mathbb{R}.
$$

Da $\vec{a} \times \vec{b} = \vec{0}$ für $\vec{a} \parallel \vec{b}$ ist, kann

$$
\begin{pmatrix} a_x \\ a_y \\ a_z \end{pmatrix} \quad \text{nur bis auf einen zu} \quad \begin{pmatrix} 3 \\ 5 \\ 4 \end{pmatrix}
$$

parallelen Vektor bestimmt werden.

4.8.3 Geraden im Raum

Eine Gerade g im $\mathbb{R}^3$ ist eindeutig durch einen Punkt $P_0 = (p_{0x}, p_{0y}, p_{0z})^T$ und einen Vektor $\vec{a} = (a_x, a_y, a_z)^T \neq \mathbf{0}$, der parallel zur Geraden ist, festgelegt. Für alle Punkte $P = (x, y, z)^T$ der Geraden g existiert eine Zahl $t \in \mathbb{R}$ mit

$$
P = P_0 + t\vec{a}. \tag{4.63}
$$

Andererseits ergibt sich für jedes $t \in \mathbb{R}$ ein Punkt der Geraden g. Bezeichnet man mit $\vec{r_0}$ den Ortsvektor von P_0, und mit $\vec{r}$ den Ortsvektor eines beliebigen Punktes P der Geraden g, so gilt

$$
\vec{r} = \vec{r_0} + t\vec{a} \quad \text{bzw.} \quad \begin{pmatrix} x \\ y \\ z \end{pmatrix} = \begin{pmatrix} p_{0x} \\ p_{0y} \\ p_{0z} \end{pmatrix} + t \begin{pmatrix} a_x \\ a_y \\ a_z \end{pmatrix}. \tag{4.64}
$$

Die Beziehungen (4.63) und (4.64) nennen wir Vektorform der Geradengleichung. Die Elimination des Parameters t ergibt für $a_x \neq 0, a_y \neq 0, a_z \neq 0$ schließlich die parameterfreie Form der Geradengleichung

$$
\frac{x - p_{0x}}{a_x} = \frac{y - p_{0y}}{a_y} \tag{4.65}
$$

$$
\frac{x - p_{0x}}{a_x} = \frac{z - p_{0z}}{a_z}. \tag{4.66}
$$

Mit Blick auf die etwas später zu diskutierenden Ebenen im Raum ist anzumerken, dass (4.65) und (4.66) jeweils Ebenen beschreiben und die Schnittmenge dieser Ebenen die Gerade ist.

Die Berechnung des kürzesten Abstandes d eines Punktes Q zu einer Geraden g kann man recht einfach über das Vektorprodukt vornehmen. Sei die Gerade durch den Punkt P_0 und den Vektor $\vec{a}$ definiert (s. Abb. 4.24), und $\vec{b} = \overrightarrow{P_0Q}$ der Vektor, der die Punkte P_0 und Q miteinander verbindet. Für den Flächeninhalt

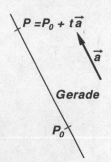

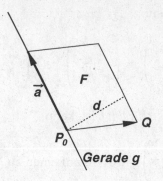

Abb. 4.24. Durch P und $\vec{a}$ definierte Gerade

Abb. 4.25. Abstand eines Punktes Q zu einer Geraden, berechnet mit dem Vektorprodukt

des durch $\vec{a}$ und $\vec{b}$ aufgespannten Parallelogramms ergibt sich mit dem Vektorprodukt

$$F = |\vec{a} \times \overrightarrow{P_0Q}| = |\vec{a}|d$$

und damit für den Abstand die Beziehung

$$d = \frac{|\vec{a} \times \overrightarrow{P_0Q}|}{|\vec{a}|}.$$

Beispiel: Die Gerade g sei durch $P_0 = (1,5,2)^T$ und $\vec{a} = (1,2,3)^T$ gegeben. Es soll der kürzeste Abstand des Punktes $Q = (1,1,1)^T$ von der Geraden ermittelt werden. Es ergibt sich

$$\overrightarrow{P_0Q} = \begin{pmatrix} 0 \\ -4 \\ -1 \end{pmatrix}, \quad \overrightarrow{P_0Q} \times \vec{a} = \begin{vmatrix} \vec{i} & \vec{j} & \vec{k} \\ 0 & -4 & -1 \\ 1 & 2 & 3 \end{vmatrix} = \begin{pmatrix} -10 \\ -1 \\ 4 \end{pmatrix},$$

und damit

$$d = \frac{\sqrt{100 + 1 + 16}}{\sqrt{1 + 4 + 9}} = \sqrt{\frac{117}{14}}.$$

Den kürzesten Abstand zweier nicht paralleler Geraden g_1 und g_2 bestimmt man auf ähnliche Weise wie den Abstand eines Punktes zur Geraden. Die geometrische Situation ist in der Abb. 4.26 dargestellt.

Wenn g_1 durch den Punkt P_1 und den Vektor $\vec{a}$ beschrieben wird, und g_2 durch P_2 und $\vec{b}$, dann bilden $\vec{a}$, $\vec{b}$ und $\vec{c} := \overrightarrow{P_1P_2}$ einen Spat, dessen Höhe h der kürzeste Abstand der Geraden ist. Für das Volumen V des Spates gilt

$$V = |(\vec{a}, \vec{b}, \vec{c})| = |\vec{a} \times \vec{b}|h,$$

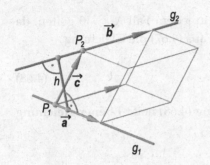

Abb. 4.26. Abstand zweier Geraden

und damit

$$h = \frac{|(\vec{a}, \vec{b}, \vec{c})|}{|\vec{a} \times \vec{b}|}.$$

Betrachten wir zum Beispiel die Geraden

$$g_1: \quad P = \begin{pmatrix} 0 \\ 0 \\ 1 \end{pmatrix} + t \begin{pmatrix} 0 \\ 1 \\ 0 \end{pmatrix} \quad \text{und} \quad g_2: \quad Q = \begin{pmatrix} 0 \\ 0 \\ 0 \end{pmatrix} + t \begin{pmatrix} 1 \\ 0 \\ 0 \end{pmatrix}.$$

Für den Abstand h erhält man mit $\vec{c} = \overrightarrow{P_1 P_2} = (0, 0, -1)^T$

$$h = \frac{\begin{vmatrix} 0 & 1 & 0 \\ 1 & 0 & 0 \\ 0 & 0 & -1 \end{vmatrix}}{\left| \begin{pmatrix} 0 \\ 1 \\ 0 \end{pmatrix} \times \begin{pmatrix} 1 \\ 0 \\ 0 \end{pmatrix} \right|} = 1,$$

was auch anschaulich sofort nachvollzogen werden kann.

4.8.4 Ebenen im Raum

Eine Ebene E kann man durch einen Punkt P_0 dieser Ebene und zwei Vektoren $\vec{a}$ und $\vec{b}$, die zum einen parallel zur Ebene sind (oder Repräsentanten in der Ebene haben) und zum anderen nicht kollinear sind, beschreiben. Wenn wir mit dem Punkt $P \in E$ einen beliebigen Punkt der Ebene betrachten, so sind die Vektoren $\vec{a}$, $\vec{b}$ und $\vec{c} = \overrightarrow{P_0 P}$ komplanar, d.h. sie sind linear abhängig. Damit hat das Gleichungssystem

$$\lambda_1 \overrightarrow{P_0 P} + \lambda_2 \vec{a} + \lambda_3 \vec{b} = \mathbf{0} \tag{4.67}$$

eine nichttriviale Lösung $(\lambda_1, \lambda_2, \lambda_3)$. Es muss in jedem Fall $\lambda_1 \neq 0$ gelten, da sonst $\vec{a}$ und $\vec{b}$ kollinear wären. Damit kann man aus (4.67) die Gleichung

$$\overrightarrow{P_0 P} = \alpha \vec{a} + \beta \vec{b} \iff P = P_0 + \alpha \vec{a} + \beta \vec{b} \tag{4.68}$$

für alle Ebenenpunkte P herleiten. Die Gleichung (4.68) heißt **Ebenengleichung in Vektorform**.

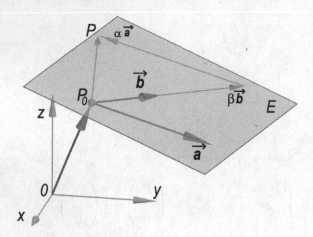

Abb. 4.27. Ebene E, aufgespannt von $\vec{a}, \vec{b}$

Mit $P = (x, y, z)^T$, $P_0 = (p_{0x}, p_{0y}, p_{0z})^T$, $\vec{a} = (a_x, a_y, a_z)^T$, $\vec{b} = (b_x, b_y, b_z)^T$ kann man (4.68) auch in der Form

$$\begin{pmatrix} x \\ y \\ z \end{pmatrix} = \begin{pmatrix} p_{0x} \\ p_{0y} \\ p_{0z} \end{pmatrix} + \alpha \begin{pmatrix} a_x \\ a_y \\ a_z \end{pmatrix} + \beta \begin{pmatrix} b_x \\ b_y \\ b_z \end{pmatrix}$$

schreiben. Zu jedem Punkt $P = (x, y, z)^T$ der Ebene gibt es zwei reelle Zahlen α, β, so dass diese Beziehung gilt. Umgekehrt erhält man zu beliebiger Wahl von $\alpha, \beta \in \mathbb{R}$ auch stets einen Punkt der Ebene E.
Eine weitere Möglichkeit der Beschreibung einer Ebene besteht in der Angabe eines Punktes $P_0 \in E$ und eines Normalenvektors $\vec{n} = (n_x, n_y, n_z)^T$, d.h. eines Vektors, der senkrecht auf der Ebene steht. Man betrachtet konkret die Punkte P_0 und P der Ebene mit den Ortsvektoren $\vec{r}_0 = (x_0, y_0, z_0)^T$ und $\vec{r} = (x, y, z)^T$. Soll $\vec{n}$ senkrecht auf $\vec{r} - \vec{r}_0$ stehen, ist das gleichbedeutend mit der Beziehung

$$(\vec{r} - \vec{r}_0) \cdot \vec{n} = (x - x_0)n_x + (y - y_0)n_y + (z - z_0)n_z = 0 \,. \tag{4.69}$$

Die Gleichungen (4.68) und (4.69) sind äquivalent, denn wenn man $\vec{n} = \vec{a} \times \vec{b}$

wählt, erhält man

$$(\vec{r} - \vec{r}_0) \cdot \vec{n} = (\vec{r} - \vec{r}_0) \cdot (\vec{a} \times \vec{b}) = ((\vec{r} - \vec{r}_0), \vec{a}, \vec{b})$$

$$= \begin{vmatrix} x - x_0 & y - y_0 & z - z_0 \\ a_x & a_y & a_z \\ b_x & b_y & b_z \end{vmatrix} = 0.$$

In dieser Form kann man der Ebenengleichung eine weitere anschauliche Bedeutung geben: Die Bedingung, dass der Vektor $\vec{r} - \vec{r}_0$ in der Ebene E liegt, ist gleichbedeutend mit der Bedingung, dass der von den Vektoren $\vec{a}$, $\vec{b}$ (die in der Ebene liegen) und $\vec{r} - \vec{r}_0$ gebildete Spat das Volumen Null hat.

Die Ebenendarstellung (4.69) heißt **Koordinatendarstellung** und wird in der Form

$$\vec{x} \cdot \vec{n} = ax + by + cz = d \tag{4.70}$$

notiert, wobei a, b, c die Koordinaten des Normalenvektors $\vec{n}$ sind und $d = \vec{r}_0 \cdot \vec{n}$ ist. Zur Bestimmung des Abstandes eines Punktes P_0' zur Ebene E betrachten wir einen senkrecht auf der Ebene stehenden Normalenvektor $\vec{n}$ und erhalten mit

$$|\overrightarrow{P_0 P_0'} \cdot \vec{n}| = \rho |\vec{n}| \quad \text{bzw.} \quad \rho = \frac{|\overrightarrow{P_0 P_0'} \cdot \vec{n}|}{|\vec{n}|}$$

den Abstand über eine Skalarproduktbildung, wobei P_0 irgendein Punkt der Ebene E ist.

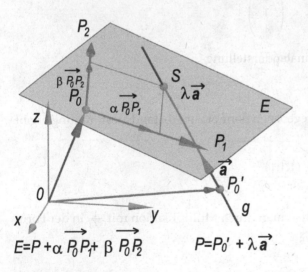

$$E = P + \alpha \overrightarrow{P_0 P_1} + \beta \overrightarrow{P_0 P_2} \qquad P = P_0' + \lambda \vec{a}$$

Abb. 4.28. Abstand eines Punktes P_0' zur Ebene E

Hat nun der Normalenvektor $\vec{n}$ den Betrag 1, d.h. $|\vec{n}| = \sqrt{a^2 + b^2 + c^2} = 1$, und ist d positiv, heißt die Ebenendarstellung (4.70) HESSEsche Normalform. Diese

Form kann man durch Multiplikation mit dem Faktor $\frac{1}{\sqrt{a^2+b^2+c^2}}$, falls $d \geq 0$ gilt, und mit dem Faktor $-\frac{1}{\sqrt{a^2+b^2+c^2}}$, falls $d < 0$ ist, aus jeder Ebenengleichung (4.70) herstellen.

Sei die Ebene E in der HESSEschen Normalform $\vec{x} \cdot \vec{n} = d$ gegeben, so ist die rechte Seite d der kürzeste Abstand der Ebene zum Koordinatenursprung bzw. Nullpunkt. Geht man bei der Bestimmung des Abstandes ρ eines Punktes P zur Ebene E von der HESSEschen Normalform aus, kann man ρ über die Beziehung

$$\rho = |\vec{r} \cdot \vec{n} - d|$$

ermitteln, wobei $\vec{r}$ der Ortsvektor des Punktes P ist.

Beispiel: Der Abstand des Punktes $P_3 = (1,2,4)^T$ von der Ebene E, die durch die 3 Punkte $P_0 = (1,0,1)^T$, $P_1 = (1,1,0)^T$ und $P_2 = (0,1,1)^T$ gegeben ist, ist gesucht. Für die Vektordarstellung der Ebene erhalten wir

$$P = P_0 + t \, \overrightarrow{P_0P_1} + s \, \overrightarrow{P_0P_2} \qquad \text{bzw.}$$

$$\begin{pmatrix} x \\ y \\ z \end{pmatrix} = \begin{pmatrix} 1 \\ 0 \\ 1 \end{pmatrix} + t \begin{pmatrix} 0 \\ 1 \\ -1 \end{pmatrix} + s \begin{pmatrix} -1 \\ 1 \\ 0 \end{pmatrix}, \quad t, s \in \mathbb{R}.$$

Nach der skalaren Multiplikation der Vektorgleichung der Ebene mit einem Normalenvektor, den wir mit

$$\vec{n} = \begin{pmatrix} 0 \\ 1 \\ -1 \end{pmatrix} \times \begin{pmatrix} -1 \\ 1 \\ 0 \end{pmatrix} = \begin{pmatrix} 1 \\ 1 \\ 1 \end{pmatrix}$$

erhalten, finden wir die Koordinatendarstellung

$$x + y + z = 2$$

der Ebene E. Aus der oben angegebenen Formel zur Abstandsbestimmung ergibt sich

$$\rho = \frac{|\overrightarrow{P_0P_3} \cdot \vec{n}|}{|\vec{n}|} = \frac{|(0,2,3) \cdot (1,1,1)^T|}{|\sqrt{3}|} = \frac{5}{\sqrt{3}}.$$

Die HESSEsche Normalform erhält man durch Multiplikation mit $\frac{1}{\sqrt{3}}$ in der Form

$$\frac{x}{\sqrt{3}} + \frac{y}{\sqrt{3}} + \frac{z}{\sqrt{3}} = \frac{2}{\sqrt{3}},$$

und findet mit $\frac{2}{\sqrt{3}}$ den Abstand der Ebene vom Ursprung. Mit $\frac{1}{\sqrt{3}}\vec{n}$ als Normalenvektor bestätigt man den gefundenen Wert $\rho = \frac{5}{\sqrt{3}}$ auch mit Hilfe der Formel $\rho = |\vec{r} \cdot \vec{n} - d|$: Es ist $|(1,2,4)\frac{1}{\sqrt{3}}(1,1,1)^T - \frac{2}{\sqrt{3}}| = \frac{5}{\sqrt{3}}$.

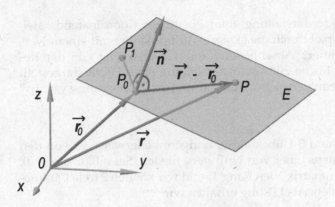

Abb. 4.29. Normalenvektor der Ebene E

Im Folgenden überlegen wir uns, dass die Bestimmung des Schnittpunktes einer Geraden g mit einer Ebene E gleichbedeutend mit der Lösung eines linearen Gleichungssystems ist. Sei z.B.

$$g: \quad \begin{pmatrix} x \\ y \\ z \end{pmatrix} = \begin{pmatrix} 1 \\ 0 \\ 2 \end{pmatrix} + \lambda \begin{pmatrix} 2 \\ 1 \\ 4 \end{pmatrix} \quad \text{und}$$

$$E: \quad \begin{pmatrix} x \\ y \\ z \end{pmatrix} = \begin{pmatrix} 0 \\ 1 \\ 1 \end{pmatrix} + \alpha \begin{pmatrix} 2 \\ 1 \\ 0 \end{pmatrix} + \beta \begin{pmatrix} 2 \\ 0 \\ 4 \end{pmatrix},$$

dann ergibt sich für den Schnittpunkt das lineare Gleichungssystem

$$\lambda \begin{pmatrix} 2 \\ 1 \\ 4 \end{pmatrix} + \alpha \begin{pmatrix} -2 \\ -1 \\ 0 \end{pmatrix} + \beta \begin{pmatrix} -2 \\ 0 \\ -4 \end{pmatrix} = \begin{pmatrix} -1 \\ 0 \\ -2 \end{pmatrix} + \begin{pmatrix} 0 \\ 1 \\ 1 \end{pmatrix} \quad \text{bzw.}$$

$$\begin{array}{rrrl} 2\lambda & -2\alpha & -2\beta & = -1 \\ \lambda & -\alpha & & = 1 \ . \\ 4\lambda & & -4\beta & = -1 \end{array}$$

Man erkennt nun, dass genau ein Schnittpunkt existiert, wenn

$$D = \begin{vmatrix} 2 & -2 & -2 \\ 1 & -1 & 0 \\ 4 & 0 & -4 \end{vmatrix} \neq 0$$

ist. Für D erhält man $D = -8 \neq 0$ und kann den Schnittpunkt allein durch die Bestimmung von λ berechnen. Nach CRAMER erhält man

$$\lambda = \frac{D_\lambda}{D} = \frac{-10}{-8} = \frac{5}{4} \quad \text{und damit} \quad \begin{pmatrix} x \\ y \\ z \end{pmatrix} = \begin{pmatrix} 1 \\ 0 \\ 2 \end{pmatrix} + \frac{5}{4} \begin{pmatrix} 2 \\ 1 \\ 4 \end{pmatrix} = \frac{1}{4} \begin{pmatrix} 14 \\ 5 \\ 18 \end{pmatrix}.$$

Der Übergang von der Vektordarstellung einer Ebene zur Koordinatendarstellung wurde im obigen Beispiel durch die skalare Multiplikation mit einem Normalenvektor praktisch erläutert. Abschließend soll der Übergang von der Koordinatendarstellung einer Ebene zur Vektordarstellung einer Ebene dargestellt werden. Dieser Übergang reduziert sich auf die Lösung des "Gleichungssystems"

$$ax + by + cz = d.$$

Wir haben eine Gleichung und 3 Unbekannte, und sinnvollerweise ist von den Koeffizienten a, b, c mindestens einer von Null verschieden. Sei o.B.d.A. $a \neq 0$. Damit hat die "Koeffizientenmatrix" den Rang 1, und wir können 2 freie Parameter mit $t = y$ und $s = z$ wählen. Als Lösung erhalten wir

$$\begin{pmatrix} x \\ y \\ z \end{pmatrix} = \begin{pmatrix} \frac{d}{a} - t\frac{b}{a} - s\frac{c}{a} \\ t \\ s \end{pmatrix}$$

bzw.

$$\begin{pmatrix} x \\ y \\ z \end{pmatrix} = \begin{pmatrix} \frac{d}{a} \\ 0 \\ 0 \end{pmatrix} + t \begin{pmatrix} -\frac{b}{a} \\ 1 \\ 0 \end{pmatrix} + s \begin{pmatrix} -\frac{c}{a} \\ 0 \\ 1 \end{pmatrix}.$$

Damit hat man eine Gleichung der Form (4.68), d.h. die Vektorform der Ebenengleichung, gewonnen.

4.9   Aufgaben

1) Berechnen Sie die Determinanten der Matrizen

$$A = \begin{pmatrix} 2 & -1 & 0 \\ -1 & 2 & -1 \\ 0 & -1 & 1 \end{pmatrix}, B = \begin{pmatrix} 2 & -1 & a \\ -1 & 2 & -1 \\ b & -1 & 1 \end{pmatrix}, C = \begin{pmatrix} 1 & 1 & 1 & 1 \\ 1 & 2 & 4 & 8 \\ 1 & 3 & 9 & 27 \\ 1 & 4 & 16 & 64 \end{pmatrix}.$$

2) Ermitteln Sie sämtliche reellen Zahlenpaare (a, b), für die die Determinante der Matrix B aus Aufgabe 1 gleich Null, bzw. ungleich Null ist.

3) Untersuchen Sie das lineare Gleichungssystem $A_k \mathbf{x} = \mathbf{b}_k$ auf Lösbarkeit und ermitteln Sie gegebenenfalls alle Lösungen für

$$A_1 = \begin{pmatrix} 2 & -2 & 0 \\ -1 & 2 & -1 \\ 1 & 0 & -1 \end{pmatrix}, \mathbf{b}_1 = \begin{pmatrix} 3 \\ -3 \\ 0 \end{pmatrix},$$

$$A_2 = \begin{pmatrix} 2 & -2 & 1 & 2 \\ -1 & 2 & -1 & -2 \\ 1 & 0 & -1 & 1 \\ 0 & 1 & 3 & 2 \end{pmatrix}, \mathbf{b}_2 = \begin{pmatrix} 3 \\ -3 \\ 0 \\ 5 \end{pmatrix}.$$

4) Berechnen Sie die Eigenwerte der Matrizen

$$A = \begin{pmatrix} 1 & -1 & 0 \\ -1 & 2 & -1 \\ 0 & -1 & 1 \end{pmatrix}, B = \begin{pmatrix} 1 & -1 & 1 \\ -1 & 1 & -1 \\ 1 & -1 & 1 \end{pmatrix}, C = \begin{pmatrix} 0 & 1 & 0 & 0 \\ 0 & 0 & 1 & 0 \\ 0 & 0 & 0 & 1 \\ -1 & 4 & -6 & 4 \end{pmatrix},$$

und berechnen Sie die dazugehörenden Eigenvektoren und im Falle des Defizits von Eigenvektoren die Hauptvektoren. Geben Sie jeweils die algebraischen und geometrischen Vielfachheiten an.

5) Weisen Sie nach, dass die Eigenräume zu den Eigenwerten der Matrix A aus Aufgabe 4 Vektorräume sind. Geben Sie für jeden Eigenraum eine Basis an.

6) Weisen Sie nach, dass die Ortsvektoren der Punkte $P_1 = (0,3,4)$, $P_2 = (0,4,2)$, $P_3 = (2,0,1)$ eine Basis des $\mathbb{R}^3$ bilden. Orthonormieren Sie diese Basis. Berechnen Sie schließlich die Koordinaten des Vektors $\mathbf{x} = (1,1,1)^T = \mathbf{e}_1 + \mathbf{e}_2 + \mathbf{e}_3$ bezüglich der orthonormierten Ortsvektorbasis.

7) Durch $(p,q) = \int_0^1 p(x)q(x)\,dx$ ist ein Skalarprodukt für integrierbare Funktionen erklärt. Zeigen Sie, dass die Polynome $p_1(x) = 1$, $p_2(x) = x$ und $p_3(x) = x^2$ eine Basis des Vektorraums über $\mathbb{R}$ der Polynome 2. Grades mit reellen Koeffizienten bilden. Orthonormieren Sie die Basis.

8) Berechnen Sie den kürzesten Abstand des Punktes $P' = (1,4,8)$ von der Geraden g, die durch die Gleichungen $x + y + 4z = 1$ und $2x + y + 6z = 2$ beschrieben wird. Berechnen Sie den kürzesten Abstand des Punktes P' von der Ebene E, die durch die Gleichung $x + y + z = 2$ beschrieben wird. Berechnen Sie schließlich den Durchstoßpunkt der Geraden g durch die Ebene E.

9) Ermitteln Sie die Parametergleichungen der Geraden g und der Ebene E aus Aufgabe 8.

10) Gegeben ist ein Dreieck $\triangle 0AB$ mit den Punkten $A = (1,4,2)$ und $B = (2,5,1)$. 0 ist der Ursprung im $\mathbb{R}^3$. Berechnen Sie mit den Mitteln der Vektorrechnung den Flächeninhalt des Dreiecks.

11) Ermitteln Sie das Volumen eines regelmäßigen Tetraeders, dessen Grundfläche durch die Ortsvektoren der Punkte $P_1 = (4,0,0)$ und $P_2 = (2,2\sqrt{3},0)$ aufgespannt wird, mit Mitteln der Vektorrechnung.

12) Untersuchen Sie das lineare Gleichungssystem $A_k\mathbf{x} = \mathbf{b}_k$ auf Lösbarkeit in Anhängigkeit der reellen Parameter α, β und ermitteln Sie gegebenenfalls alle Lösungen für

$$A_1 = \begin{pmatrix} 1 & 3 & 1 \\ 2 & 3 & 1 \\ 3 & 3 & \alpha \end{pmatrix}, \mathbf{b}_1 = \begin{pmatrix} 5 \\ 5 \\ 5 \end{pmatrix},$$

$$A_2 = \begin{pmatrix} 1 & 1 & -1 \\ 2 & 3 & \beta \\ 1 & \beta & 3 \end{pmatrix}, \quad \mathbf{b}_2 = \begin{pmatrix} 1 \\ 3 \\ 2 \end{pmatrix}.$$

13) Berechnen Sie die Koordinaten des Vektors $\mathbf{a} = (1,2,3)^T$ bezügl. der Basis, bestehend aus den Vektoren $\mathbf{b}_1 = (1,1,1)^T$, $\mathbf{b}_2 = (1,2,1)$, $\mathbf{b}_3 = (0,0,1)^T$.

14) Orthonormieren Sie die Basis $\{\mathbf{b}_1, \mathbf{b}_2, \mathbf{b}_3\}$ aus Aufgabe 13.

15) Berechnen Sie die Eigenwerte, Eigenvektoren und gegebenfalls Hauptvektoren der Matrizen

$$A = \begin{pmatrix} 0 & 1 & 0 \\ 0 & 0 & 1 \\ 1 & 3 & -3 \end{pmatrix}, B = \begin{pmatrix} 1 & 1 & 1 \\ 1 & 1 & 1 \\ 1 & 1 & 1 \end{pmatrix}, C = \begin{pmatrix} 1 & 0 & 0 & 0 \\ 0 & 1 & 0 & 0 \\ 0 & 0 & 1 & 0 \\ 0 & 0 & 0 & 1 \end{pmatrix}.$$

16) Untersuchen Sie die linearen Gleichungssysteme

$$\begin{pmatrix} 1 & 3 & 1 & 3 \\ 2 & 3 & 1 & 4 \\ 3 & 3 & 0 & 1 \end{pmatrix} \begin{pmatrix} x \\ y \\ z \\ w \end{pmatrix} = \begin{pmatrix} 5 \\ 1 \\ 2 \end{pmatrix}, \quad \begin{pmatrix} 2 & 3 & 0 & 1 & 0 & 0 \\ 0 & 2 & 5 & 0 & 1 & 0 \\ 3 & 2 & 4 & 0 & 0 & 1 \end{pmatrix} \begin{pmatrix} x \\ y \\ z \\ u \\ v \\ w \end{pmatrix} = \begin{pmatrix} 8 \\ 10 \\ 15 \end{pmatrix}$$

auf Lösbarkeit und ermitteln Sie gegebenenfalls alle Lösungen.

17) Bilden Sie für die Matrizen

$$A = \begin{pmatrix} 5 \\ 1 \\ 2 \\ 4 \end{pmatrix}, \ B = \begin{pmatrix} 2 & 1 \\ 3 & 0 \\ 2 & 4 \\ 1 & 5 \end{pmatrix}, \ C = \begin{pmatrix} 2 & 1 & 6 & 2 \\ 3 & 2 & 1 & 1 \end{pmatrix}, \ D = (1\ 3\ 5\ 1), \ F = \begin{pmatrix} 2 \\ a \end{pmatrix}, \ a \in \mathbb{R},$$

sämtliche möglichen Matrizen-Produkte.

18) Bestimmen Sie die QR-Zerlegungen der Matrizen

$$A = \begin{pmatrix} 2 & 1 & 0 \\ 1 & 0 & 0 \\ 2 & 4 & 1 \end{pmatrix}, \quad B = \begin{pmatrix} 1 & 2 \\ 2 & 0 \\ 1 & 6 \end{pmatrix}.$$

19) Orthonormieren Sie die Vektoren

$$\mathbf{c}_1 = \begin{pmatrix} i \\ 1 \\ 2 \end{pmatrix}, \quad \mathbf{c}_2 = \begin{pmatrix} 1 \\ 1+i \\ 0 \end{pmatrix}, \quad \mathbf{c}_3 = \begin{pmatrix} 2i \\ 1 \\ 1-i \end{pmatrix}$$

aus dem $\mathbb{C}^3$.

20) Bestimmen Sie die Eigenwerte und Eigenvektoren der Matrix

$$D = \begin{pmatrix} \cos\alpha & \sin\alpha \\ -\sin\alpha & \cos\alpha \end{pmatrix}$$

für beliebige Winkel $\alpha \in [0, 2\pi]$.

5 Analysis im $\mathbb{R}^n$

Der $\mathbb{R}^n$ ist uns als n–dimensionaler Vektorraum aus den vorangegangenen Kapiteln bekannt. Das vorliegende Kapitel befasst sich vorwiegend mit Eigenschaften von Abbildungen oder Funktionen, deren Definitionsbereich D eine Teilmenge des $\mathbb{R}^n$ ist, und deren Wertebereich W eine Teilmenge des $\mathbb{R}^m$ ist. Dabei ist der Fall $n = m = 1$ als Spezialfall eingeschlossen. I.Allg. ist jedoch mindestens eine der natürlichen Zahlen n und m größer als 1. Ein Beispiel für eine reell-wertige Funktion zweier Veränderlicher ist die Zustandsgleichung eines idealen Gases $p(V, T) = R \cdot T/V$, also ein Gesetz zur Berechnung des Druckes p in Abhängigkeit vom Volumen V und von der Temperatur T. R ist die universelle Gaskonstante. In diesem Fall ist $n = 2$ und $m = 1$. Neben der Beschreibung von naturwissenschaftlichen Gesetzmäßigkeiten werden Funktionen und Abbildungen mehrerer Veränderlicher benutzt, um nichtlineare algebraische Gleichungssysteme zu lösen sowie Extremalpunkte von Funktionen im $\mathbb{R}^n$ zu bestimmen. Dazu ist es erforderlich, Begriffe wie Stetigkeit und Differenzierbarkeit zu verallgemeinern. Damit wird es möglich, komplizierte nichtlineare Zusammenhänge, die von mehreren unabhängigen Variablen abhängen, durch lineare und quadratische Approximationen näherungsweise zu beschreiben.

Übersicht

5.1 Eigenschaften von Punktmengen aus dem $\mathbb{R}^n$

Bevor Abbildungen untersucht werden, ist es erforderlich, einige wichtige Eigenschaften von Mengen aus dem $\mathbb{R}^n$ zu behandeln. Aus dem $\mathbb{R}$ kennen wir die Begriffe absoluter Betrag $|x|$ oder $|x - y|$ als Abstand der reellen Zahlen x und y auf der reellen Zahlengeraden. Diese Begriffe sollen nun für Elemente des $\mathbb{R}^n$ erklärt werden. Dabei wird sich zeigen, dass die Verallgemeinerungen nichts weiter bedeuten als die Ersetzung von offenen und abgeschlossenen Intervallen aus $\mathbb{R}$ durch offene und abgeschlossene Umgebungen aus dem $\mathbb{R}^n$.
Zuerst verständigen wir uns darauf, dass wir wie in Abschnitt 4.5.1 ein Element $\mathbf{x} \in \mathbb{R}^n$ in der Koordinatenform

$$\mathbf{x} = \begin{pmatrix} x_1 \\ x_2 \\ \vdots \\ x_n \end{pmatrix} = x_1 \mathbf{e}_1 + x_2 \mathbf{e}_2 + \dots + x_n \mathbf{e}_n$$

darstellen, also als Spaltenvektor der **Koordinaten**, wobei $\{\mathbf{e}_1, ..., \mathbf{e}_n\}$ die orthonormierte natürliche oder Standardbasis des n-dimensionalen Vektorraumes $\mathbb{R}^n$ ist. $\mathbf{e}_k$ ist ein Spaltenvektor, der in der k-ten Zeile eine 1 als Eintrag und ansonsten nur Null-Einträge hat. Im $\mathbb{R}^3$ spannen die Vektoren $\mathbf{e}_1, \mathbf{e}_2$ und $\mathbf{e}_3$ ein Dreibein auf und zeigen in Richtung der x-, y- und z-Achse. Wir machen im Folgenden keinen Unterschied zwischen einem Punkt aus dem $\mathbb{R}^n$ mit den Koordinaten $x_1, x_2, \dots, x_n$ und dem Vektor $\mathbf{x} = (x_1, x_2, \dots, x_n)^T$, der auch als **Ortsvektor** des Punktes bezeichnet wird. Wir verwenden hier aus Platzgründen zur Bezeichnung des Vektors $\mathbf{x}$ den transponierten Zeilenvektor. Im Fall $n = 3$ benutzen wir anstelle von x_1, x_2, x_3 auch x, y, z.

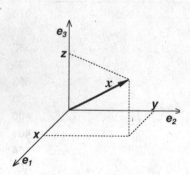

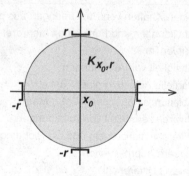

Abb. 5.1. Natürliche Basis des $\mathbb{R}^3$ und Ortsvektor $\mathbf{x}$

Abb. 5.2. Kreisscheibe als offene Kugelumgebung im $\mathbb{R}^2$

Definition 5.1. (Betrag, Abstand)
Sei $\mathbf{x} \in \mathbb{R}^n$, dann definieren wir den **Betrag** oder die **Länge** von $\mathbf{x}$ als

$$|\mathbf{x}| := \sqrt{x_1^2 + x_2^2 + \dots + x_n^2} \ . \tag{5.1}$$

Als **Abstand** d der Elemente $\mathbf{x}, \mathbf{y} \in \mathbb{R}^n$ bezeichnen wir

$$d = |\mathbf{x} - \mathbf{y}| \,,$$

also den Betrag des Differenzvektors. d ist der EUKLIDische Abstand und bedeutet im $\mathbb{R}^n$, $n \le 3$, die Länge der kürzesten Verbindung zwischen den Punkten $\mathbf{x}$ und $\mathbf{y}$.

In Abschnitt 4.5.1 hatten wir den Betrag eines Vektors $\mathbf{x}$ im $\mathbb{R}^n$ mit Hilfe des Skalarproduktes genauso definiert.

Definition 5.2. (Umgebungen)
Die Menge

$$K_{\mathbf{x}_0, r} := \{\mathbf{x}| \, |\mathbf{x} - \mathbf{x}_0| < r, \, r \in \mathbb{R}, r > 0\}$$

bezeichnen wir als **offene Kugelumgebung** des Punktes $\mathbf{x}_0$ mit dem Radius r.
Die Menge

$$\overline{K}_{\mathbf{x}_0, r} := \{\mathbf{x}| \, |\mathbf{x} - \mathbf{x}_0| \le r, \, r \in \mathbb{R}, r > 0\}$$

bezeichnen wir als **abgeschlossene Kugelumgebung** des Punktes $\mathbf{x}_0$ mit dem Radius r.

Spezialfälle:
Im $\mathbb{R}^1 = \mathbb{R}$ ist eine offene Kugelumgebung $K_{x_0, r}$ einer reellen Zahl x_0 das offene Intervall $]x_0 - r, x_0 + r[$,

im $\mathbb{R}^2$ ist eine offene Kugelumgebung eines Elements (Punktes) $\mathbf{x}_0 = \begin{pmatrix} x_0 \\ y_0 \end{pmatrix}$ die offene Kreisscheibe

$$K_{\mathbf{x}_0, r} = \{ \begin{pmatrix} x \\ y \end{pmatrix} |(x - x_0)^2 + (y - y_0)^2 < r^2\} \,.$$

Definition 5.3. (offene Menge, innerer Punkt)
Eine Menge $M \subset \mathbb{R}^n$ heißt **offen**, wenn zu jedem Element $\mathbf{x} \in M$ eine Umgebung $K_{\mathbf{x}, r}$ gefunden werden kann, die in der Menge M liegt, also $K_{\mathbf{x}, r} \subset M$.
Ein Punkt $\mathbf{x} \in M$ heißt **innerer Punkt** der Menge M, wenn eine Umgebung $K_{x, r}$ existiert, die ganz in der Menge M liegt. Die Menge aller inneren Punkte der Menge M bezeichnen wir mit $\dot{M}$.

Ein innerer Punkt von M gehört stets zu M. Eine offene Menge besteht nur aus inneren Punkten: für offene Mengen gilt $\dot{M} = M$.

Definition 5.4. (Häufungspunkt)
Ein Punkt $\mathbf{x}_0 \in \mathbb{R}^n$ heißt **Häufungspunkt** der Menge $M \subset \mathbb{R}^n$, wenn in jeder Umgebung des Punktes $\mathbf{x}_0$, also in $K_{\mathbf{x}_0, r}$, $r > 0$ beliebig, ein Punkt der Menge M liegt. Das bedeutet

$$M \cap K_{\mathbf{x}_0, r} \ne \emptyset \quad \text{für alle } r > 0.$$

Ein Häufungspunkt von M kann, muss aber nicht zu M gehören.

Definition 5.5. (Randpunkt)
Ein Punkt $\mathbf{x}$ heißt **Randpunkt** der Menge M, wenn in jeder Umgebung $K_{\mathbf{x},r}$ sowohl mindestens ein Punkt der Menge M als auch mindestens ein Punkt des $\mathbb{R}^n$, der nicht zu Menge M gehört, liegt. Die Menge aller Randpunkte einer Menge bezeichnet man mit ∂M.

Beispiel: Ein offenes Intervall $M =]a, b[= \{x \mid a < x < b\}$ ist eine offene Menge im $\mathbb{R}^1$.

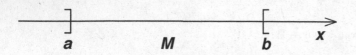

Abb. 5.3. Offenes Intervall $M =]a, b[$ als offene Menge im $\mathbb{R}^1$

Die Intervallendpunkte a und b (die nicht zu M gehören) sind Häufungspunkte und Randpunkte von M. Jeder Punkt aus M ist Häufungspunkt von M. Die Menge M enthält keine Randpunkte von M. Die offenen Mengen $M' := \{x \mid x < a\}$ und $M'' := \{x \mid b < x\}$ enthalten keine Randpunkte und keine Häufungspunkte von M. Zur Übung beweise man diese Aussagen anhand der Definitionen 5.3, 5.4 und 5.5.

Definition 5.6. (abgeschlossene Menge)
Eine Menge M heißt **abgeschlossen**, wenn sie alle ihre Randpunkte enthält.

Äquivalent dazu ist: Eine Menge M heißt abgeschlossen, wenn sie alle ihre Häufungspunkte enthält.

Definition 5.7. (beschränkte Menge, kompakte Menge)
Eine Menge $M \subset \mathbb{R}^n$ heißt **beschränkt**, wenn es eine Konstante $C > 0$ gibt, so dass

$$|\mathbf{x}| \leq C, \quad \text{für alle} \quad \mathbf{x} \in M$$

gilt. Eine Menge $M \subset \mathbb{R}^n$ heißt **kompakt**, wenn sie beschränkt und abgeschlossen ist.

Definition 5.8. (zusammenhängende Menge, konvexe Menge, Gebiet)
Die Verbindungsstrecke $[\mathbf{x}, \mathbf{y}]$ der Punkte $\mathbf{x}$ und $\mathbf{y}$ aus der Menge $M \subset \mathbb{R}^n$ ist durch

$$[\mathbf{x}, \mathbf{y}] := \{\mathbf{z} \mid \mathbf{z} = \mathbf{x} + s(\mathbf{y} - \mathbf{x}), \ s \in [0,1]\}$$

definiert. Mit

$$[\mathbf{x}_0, ..., \mathbf{x}_p] = \cup_{j=1}^{p}[\mathbf{x}_{j-1}, \mathbf{x}_j]$$

bezeichnet man einen Polygonzug, der die Punkte $x_0, ..., x_p$ jeweils durch Strecken verbindet. Eine Menge M heißt **zusammenhängend**, wenn zwei beliebige Punkte x und y durch einen Polygonzug verbunden werden können, so dass alle Punkte des Polygonzuges zur Menge M gehören. Eine Menge heißt **konvex**, wenn mit je zwei Punkten x und y aus M die Verbindungsstrecke $[x, y]$ ganz in M liegt. Eine offene und zusammenhängende Menge heißt **Gebiet**.

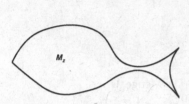

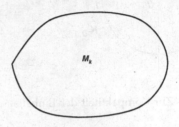

Abb. 5.4. Zusammenhängende, nicht konvexe Menge im $\mathbb{R}^2$

Abb. 5.5. Konvexe Menge im $\mathbb{R}^2$

Definition 5.9. (Folge im $\mathbb{R}^n$)
Sei $a : \mathbb{N} \to \mathbb{R}^n$ eine Zuordnungsvorschrift (Abbildung), die jeder natürlichen Zahl k genau ein Element $a_k \in \mathbb{R}^n$ zuordnet. Den Wertebereich dieser Abbildung nennen wir **Folge** im $\mathbb{R}^n$ und bezeichnen sie durch

$$(a_k)_{k\in\mathbb{N}} \quad \text{bzw. abkürzend durch} \quad (a_k).$$

Definition 5.10. (Grenzwert einer Folge im $\mathbb{R}^n$)
Sei (a_k), $k \in \mathbb{N}$, eine Folge im $\mathbb{R}^n$. $a_0 \in \mathbb{R}^n$ heißt **Grenzwert** oder **Limes** von (a_k) wenn für jede Zahl $\epsilon > 0$ ein Index $k_0 \in \mathbb{N}$ existiert, so dass

$$|a_k - a_0| < \epsilon \quad \text{für alle} \quad k \geq k_0$$

gilt. Wir schreiben dafür

$$a_0 = \lim_{k\to\infty} a_k \quad \text{oder} \quad a_k \to a_0 \text{ für } k \to \infty.$$

Dies ist eine Verallgemeinerung der Definition des Grenzwertes einer reellen Zahlenfolge im $\mathbb{R}^1$, vgl. Abschnitt 2.4.4.

Beispiele: 1) Im $\mathbb{R}^1$ ist jedes abgeschlossene Intervall $[a, b]$ eine kompakte Menge.
2) Die (abgeschlossene) Einheitskugel $\bar{K}_{0,1} := \{x \mid |x| \leq 1\}$ im $\mathbb{R}^2$ ist kompakt. Die Beschränktheit von $\bar{K}_{0,1}$ ist offensichtlich. Randpunkte im Sinne der Definition 5.5 sind die Punkte x_0 mit $|x_0| = 1$, wie man etwa folgendermaßen sieht: Jede offene Kugelumgebung $K_{x_0,r}$ eines solchen Punktes x_0 (mit beliebigem $r > 0$) enthält mit

$$x_1 = x_0\left(1 + \frac{r}{2}\right)$$

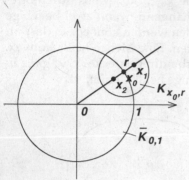

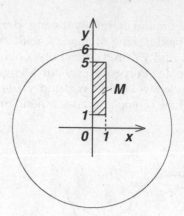

Abb. 5.6. Zur Kompaktheit der Einheits-   **Abb. 5.7.** Die Menge $M :=$
kugel $\{(x,y)^T \mid 0 \leq x \leq 1,\, 1 \leq y \leq 5\}$

einen Punkt, der (wegen $|\mathbf{x}_1| = 1 + \frac{r}{2}$) nicht zu $\bar{K}_{0,1}$ gehört (s. auch Abb. 5.6). Mit $\mathbf{x}_0$ selbst oder mit $\mathbf{x}_2 = \mathbf{x}_0(1 - \frac{r}{2})$ hat man Punkte aus $K_{\mathbf{x}_0,r}$, die zu $\bar{K}_{0,1}$ gehören. $\mathbf{x}_0$ ist somit Randpunkt. Man überlegt sich weiter, dass es darüberhinaus keine Randpunkte von $\bar{K}_{0,1}$ gibt. Also ist $\bar{K}_{0,1}$ im Sinne der Definition 5.6 abgeschlossen und nach Definition 5.7 kompakt. Für den Rand $\partial \bar{K}_{0,1}$ von $K_{0,1}$ gilt damit $\partial \bar{K}_{0,1} = \{\mathbf{x} \mid |\mathbf{x}| = 1\}$.

3) Die Menge $M = \left\{ \begin{pmatrix} x \\ y \end{pmatrix} \mid 0 \leq x \leq 1,\ 1 \leq y \leq 5 \right\}$ ist eine abgeschlossene Menge im $\mathbb{R}^2$. Außerdem stellt man fest, dass für alle Elemente von M

$$|\mathbf{x}| \leq \sqrt{26}$$

gilt. Damit ist M beschränkt und abgeschlossen, also **kompakt**.

4) Die Menge

$$M = \left\{ \begin{pmatrix} x \\ y \\ z \end{pmatrix} \mid (\frac{x}{a})^2 + (\frac{y}{b})^2 + (\frac{z}{c})^2 < 1,\ a,b,c \text{ positive reelle Zahlen} \right\}$$

ist eine offene Menge im $\mathbb{R}^3$. Sie ist außerdem beschränkt. Geben Sie als Übung eine Schranke C an.

5) Wir betrachten die Folge $(\mathbf{a}_k)$ mit $\mathbf{a}_k = \begin{pmatrix} \sqrt[k]{k} \\ \frac{k^2}{3k^2+5k} \end{pmatrix}$. Als Grenzwert errechnet man $\lim_{k \to \infty} \mathbf{a}_k = \begin{pmatrix} 1 \\ \frac{1}{3} \end{pmatrix}$. Bei dieser Berechnung nutzen wir eine Eigenschaft aus, die wir im folgenden Satz fixieren.

Satz 5.1. *(Grenzwert der Koordinatenfolgen)*
Der Grenzwert einer Folge im $\mathbb{R}^n$ existiert genau dann, wenn die Grenzwerte der Koor-

dinatenfolgen existieren. Für den Grenzwert a_0 *der Folge* (a_k) *gilt dann*

$$a_0 = \lim_{k \to \infty} a_k = \begin{pmatrix} \lim_{k \to \infty} a_{1k} \\ \lim_{k \to \infty} a_{2k} \\ \vdots \\ \lim_{k \to \infty} a_{nk} \end{pmatrix}.$$

5.2 Abbildungen und Funktionen mehrerer Veränderlicher

Im Kapitel 2 haben wir uns mit der Differential- und Integralrechnung von reell-wertigen Funktionen einer Veränderlichen befasst. Jetzt wollen wir den Funktionsbegriff verallgemeinern.

Definition 5.11. (Abbildung)
Unter einer **Abbildung**

$$\mathbf{f} : D \to \mathbb{R}^m, \ D \subset \mathbb{R}^n, \ n, m \in \mathbb{N},$$

verstehen wir eine Zuordnungsvorschrift, die jedem $\mathbf{x} \in D$ genau ein Element $\mathbf{y} \in \mathbb{R}^m$ zuordnet, wobei wir die Schreibweise $\mathbf{y} = \mathbf{f}(\mathbf{x})$ verwenden. D heißt **Definitionsbereich** der Abbildung $\mathbf{f}$.

$$W = \mathbf{f}(D) := \{\mathbf{y} \in \mathbb{R}^m | \text{es existiert ein } \mathbf{x} \in D \text{ mit } \mathbf{y} = \mathbf{f}(\mathbf{x})\}$$

heißt **Wertebereich** der Abbildung $\mathbf{f}$.
Wir verabreden, dass **vektorwertige Abbildungen** ($m > 1$) mit dem Schrifttyp "bold" (fett) und **reell-wertige Abbildungen** ($m = 1$) mit normalem Schrifttyp gekennzeichnet werden.

Beispiele:
1) $\mathbf{f} : \mathbb{R}^2 \to \mathbb{R}^3, \ \mathbf{f}(x_1, x_2) = \begin{pmatrix} f_1(x_1, x_2) \\ f_2(x_1, x_2) \\ f_3(x_1, x_2) \end{pmatrix} = \begin{pmatrix} x_1^2 \\ 2x_1 x_2 \\ x_2^2 \end{pmatrix}.$

2) $f : \mathbb{R}^2 \to \mathbb{R}^1, \ f(x_1, x_2) = x_1 + 2x_2.$

Spezialfälle von Abbildungen:
Sei $f : D \to \mathbb{R}^m, D \subset \mathbb{R}^n$, eine Abbildung.

a) Ist $m = 1$, bezeichnet man die Abbildung f auch als **Skalarfeld** oder Funktion.

b) Ist $m > 1$, bezeichnet man die Abbildung $\mathbf{f}$ auch als **Vektorfeld**.

c) Ist $n = 1$, bezeichnet man die Abbildung $\mathbf{f}$ auch als **Kurve**, wobei D ein abgeschlossenes Intervall aus dem $\mathbb{R} = \mathbb{R}^1$ sein soll. Die präzise Definition einer Kurve erfordert zusätzlich gewisse Differenzierbarkeitseigenschaften, die noch formuliert werden.

d) Abbildungen im $\mathbb{R}^2$ und $\mathbb{R}^3$

Eine Abbildung $f : D \to \mathbb{R}$, $D \subset \mathbb{R}^2$ ordnet jedem Punkt des Definitionsbereiches D in der $x - y$−Ebene einen Wert z zu, so dass der Graph

$$g(f) := \{(x, y, f(x, y)) | (x, y)^T \in D\}$$

der Funktion eine Fläche im $\mathbb{R}^3$ ergibt.

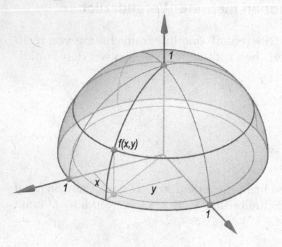

Abb. 5.8. Die Abbildung $z = f(x, y) = \sqrt{1 - x^2 - y^2}$, $D := \{(x, y)^T \mid x^2 + y^2 \leq 1\}$

5.3 Kurven im $\mathbb{R}^n$

Bei den oben angeführten Spezialfällen von Abbildungen wurde unter c) der Fall einer Abbildung $\mathbf{f} : D \to \mathbb{R}^n$, $D \subset \mathbb{R}$, $D = I$ abgeschlossenes Intervall, hervorgehoben und $\mathbf{f}$ als Kurve bezeichnet. Kurven kennen wir für $n = 2$ bereits aus dem Kapitel 2. Wir haben Begriffe wie Bogenlänge und Bogenelement schon für Kurven im $\mathbb{R}^2$ erklärt, so dass viele der folgenden Begriffe einfache Verallgemeinerungen darstellen werden. Wir wollen im Folgenden Abbildungen aus dem $\mathbb{R}^1$ in den $\mathbb{R}^n$ mit dem griechischen Buchstaben γ bezeichnen. Schwerpunkt wird der Fall $n = 3$ sein. Eine Abbildung $\gamma : I \to \mathbb{R}^n$ hat als Bild einen Vektor aus dem $\mathbb{R}^n$ und wir verwenden die Schreibweise

$$\gamma(t) = \begin{pmatrix} x_1(t) \\ x_2(t) \\ \vdots \\ x_n(t) \end{pmatrix}, \quad t \in I .$$

Dabei sei im $\mathbb{R}^n$ die kanonische Basis $\mathbf{e}_1, \mathbf{e}_2, \ldots, \mathbf{e}_n$ eingeführt.

Beispiel: Die Windgeschwindigkeit in einem festen Punkt, z.B. an der Spitze eines Mastes, ist ein zeitabhängiger Vektor $\mathbf{v}(t) = (u(t), v(t), w(t))^T$, wobei u, v, w die Geschwindigkeitskomponenten in Richtung der x_1-, x_2-, x_3-Achse bedeuten und $\gamma(t) = \mathbf{v}(t)$ gesetzt wurde. Beobachtet man die Windgeschwindigkeit im Zeitraum $t_a \leq t \leq t_e$, so hat man es mit einer Abbildung $\gamma : I \to \mathbb{R}^3$, $I := \{t \mid t_a \leq t \leq t_e\}$, zu tun, die man (bei Gültigkeit gewisser Differenzierbarkeitseigenschaften) als Kurve bezeichnen kann. Diese Bezeichnung für einen in einem festen Raumpunkt zeitlich veränderlichen Vektor wird plausibel, wenn man den Ort der Spitze des Vektorpfeils $\mathbf{v}(t)$ in Abhängigkeit von der Zeit verfolgt (s. Abb. 5.9).

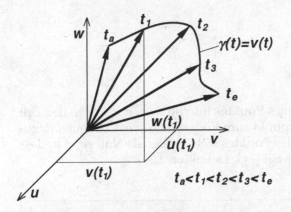

Abb. 5.9. Windgeschwindigkeit $\mathbf{v}(t)$ in einem festen Raumpunkt als Beispiel einer Kurve $\gamma(t) : [t_a, t_e] \to \mathbb{R}^3$

Wenn wir von der **Stetigkeit** oder **Differenzierbarkeit** einer Kurve bzw. einer Abbildung $\gamma : I \to \mathbb{R}^n$ sprechen, dann bedeutet dies, dass die Koeffizientenfunktionen $x_j(t)$, $j = 1, ..., n$, die entsprechenden Eigenschaften haben. Differenzierbarkeit auf einem abgeschlossenen Intervall bedeutet die Differenzierbarkeit im Intervallinneren und die links- bzw. rechtsseitige Differenzierbarkeit an den Intervallgrenzen.

Definition 5.12. (Kurve, Kurvenstück)
Eine stetig differenzierbare Abbildung $\gamma : I \to \mathbb{R}^n$ heißt **Kurvenstück**. Die reellen Zahlen $t \in I = [t_a, t_e]$ nennt man auch Kurvenparameter. Unter einer **Kurve** γ verstehen wir eine endliche Anzahl von Kurvenstücken $\gamma_j : [t_{j-1}, t_j] \to \mathbb{R}^n$, $j = 1, ..., k$, die miteinander verbunden sind, für die also

$$\gamma_{j+1}(t_j) = \gamma_j(t_j) \, , \; j = 1, ..., k-1,$$

gilt. Man verwendet auch die Bezeichnung

$$\gamma = [\gamma_1, \gamma_2, ..., \gamma_k] \, ,$$

und spricht bei $\gamma : [t_0, t_k] \to \mathbb{R}^n$ von einer stückweise glatten Kurve. D.h. an Nahtstellen der Kurvenstücke sind "Ecken" bzw. Nichtdifferenzierbarkeitsstellen erlaubt (vgl. Definition 2.30).

Definition 5.13. (reguläre Kurve)
Sei $\gamma : [t_a, t_e] \to \mathbb{R}^n$ eine Kurve. Unter $\dot{\gamma}(t)$ versteht man den Vektor der Ableitungen der Komponentenfunktionen von γ, also

$$\dot{\gamma}(t) := \begin{pmatrix} \dot{x}_1(t) \\ \dot{x}_2(t) \\ \vdots \\ \dot{x}_n(t) \end{pmatrix} .$$

γ heißt **reguläre Kurve**, wenn

$$|\dot{\gamma}(t)| > 0 \quad \text{für alle } t \in [t_a, t_e]$$

gilt. Wenn man γ als Bahnkurve eines Punktes interpretiert, der sich in der Zeit $t_e - t_a$ auf der Kurve vom Anfangspunkt zum Endpunkt bewegt, bedeutet Regularität, dass die Geschwindigkeit des Punktes stets größer als Null ist, d.h. dass der Punkt sich immer **vorwärts** bewegt (vgl. Definition 2.30).

Ableitungsregeln:

Seien $\gamma_1, \gamma_2 : I \to \mathbb{R}^n$ stetig differenzierbare Abbildungen und $\alpha, \beta \in \mathbb{R}$, dann gelten die Regeln

(i) Linearität

$$\frac{d}{dt}(\alpha\gamma_1(t) + \beta\gamma_2(t)) = \alpha\dot{\gamma}_1(t) + \beta\dot{\gamma}_2(t) ,$$

(ii) Produktregel für das Skalarprodukt

$$\frac{d}{dt}[\gamma_1(t) \cdot \gamma_2(t)] = \dot{\gamma}_1(t) \cdot \gamma_2(t) + \gamma_1(t) \cdot \dot{\gamma}_2(t) ,$$

(iii) Produktregel für das Vektorprodukt ($n = 3$)

$$\frac{d}{dt}[\gamma_1(t) \times \gamma_2(t)] = \dot{\gamma}_1(t) \times \gamma_2(t) + \gamma_1(t) \times \dot{\gamma}_2(t) ,$$

(iv) Produktregel für Multiplikation mit einer stetig differenzierbaren skalaren Funktion $\alpha(t)$

$$\frac{d}{dt}[\alpha(t)\gamma_1(t)] = \dot{\alpha}(t)\gamma_1(t) + \alpha(t)\dot{\gamma}_1(t) .$$

Als Beispiel einer Kurve im $\mathbb{R}^3$ soll die Schraubenlinie $\gamma : [0,2\pi] \to \mathbb{R}^3$

$$\gamma(t) = \begin{pmatrix} \cos t \\ \sin t \\ at \end{pmatrix}, \ t \in [0,2\pi], \ a \in \mathbb{R},$$

genannt werden.

Definition 5.14. (Bogenlänge)
Sei $\gamma : [t_a, t_e] \to \mathbb{R}^n$ eine reguläre Kurve.

$$s(t) := \int_{t_a}^{t} |\dot{\gamma}(t)| \, dt$$

bezeichnen wir als **Bogenlänge** des Kurvenstücks über $[t_a, t]$.

Es ergibt sich $\frac{ds}{dt} = \dot{s}(t) = |\dot{\gamma}(t)|$. Mit

$$ds := |\dot{\gamma}(t)| \, dt \tag{5.2}$$

bezeichnet man das (skalare) Bogenelement (vgl. Definition 2.31). Etwas anders als im Abschnitt 2.12.1 definieren wir hier den Tangentenvektor als Einheitsvektor. Diese Modifikation ist allerdings nicht wesentlich.

Definition 5.15. (Tangentenvektor)
Sei $\gamma : [t_a, t_e] \to \mathbb{R}^n$ eine reguläre Kurve. Mit

$$\mathbf{t}(t) = \frac{\dot{\gamma}(t)}{|\dot{\gamma}(t)|}$$

bezeichnet man den **Tangentenvektor** der Kurve γ für den Parameterwert $t \in [t_a, t_e]$. Die Gleichung der Kurventangente in $\gamma(t_0)$ lautet

$$\mathbf{x}(\lambda) = \gamma(t_0) + \lambda \mathbf{t}(t) \qquad (\lambda \in \mathbb{R}).$$

Die Ebene $E : [\mathbf{x} - \gamma(t)] \cdot \mathbf{t}(t) = 0$ ist die Ebene, die den Punkt $\gamma(t)$ enthält und $\mathbf{t}(t)$ als Normalenvektor hat. Während bei Kurven im $\mathbb{R}^2$ durch einen Kurvenpunkt nur eine im $\mathbb{R}^2$ liegende Normale geht, ist im $\mathbb{R}^3$ jede Gerade in der Ebene E, die durch den Punkt $\gamma(t)$ geht, eine Normale der Kurve γ (s. Abb. 5.11). Mit der folgenden Definition werden zwei spezielle Normalen, die Hauptnormale und die Binormale, ausgezeichnet:

Definition 5.16. (Hauptnormalenvektor, Binormalenvektor, Schmiegebene)
Ist die Kurve $\gamma : I \to \mathbb{R}^3$ zweimal (komponentenweise) stetig differenzierbar, regulär und gilt $\dot{\mathbf{t}}(t) \neq \mathbf{0}$, so nennt man

$$\mathbf{n}(t) \quad := \quad \frac{\dot{\mathbf{t}}(t)}{|\dot{\mathbf{t}}(t)|} \qquad \text{den **Hauptnormalenvektor** und} \tag{5.3}$$

$$\mathbf{b}(t) \quad := \quad \mathbf{t}(t) \times \mathbf{n}(t) \qquad \text{den **Binormalenvektor**} \tag{5.4}$$

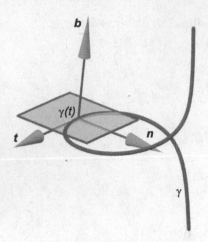

Abb. 5.10. Begleitendes Dreibein und Schmiegebene

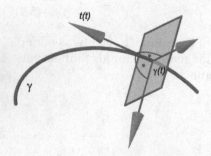

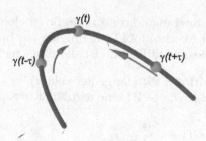

Abb. 5.11. Normalen der Kurve γ im Punkt $\gamma(t)$

Abb. 5.12. Zur Bestimmung der Schmiegebene

der Kurve γ für den Parameterwert t. $\mathbf{n}(t)$ und $\mathbf{b}(t)$ sind zu $\mathbf{t}(t)$ orthogonale Einheitsvektoren. Das Rechtssystem $(\mathbf{t}(t), \mathbf{n}(t), \mathbf{b}(t))$ heißt das **begleitende Dreibein** der Kurve an der Parameterstelle t. Wir erinnern daran, dass ein System dreier linear unabhängiger Vektoren $(\mathbf{a}, \mathbf{b}, \mathbf{c})$ **Rechtssystem** heißt, wenn für das Spatprodukt $\det(\mathbf{a}, \mathbf{b}, \mathbf{c}) > 0$ gilt. Die von $\mathbf{t}(t)$ und $\mathbf{n}(t)$ aufgespannte Ebene durch $\gamma(t)$

$$\mathbf{x}(\lambda, \mu) = \gamma(t) + \lambda \mathbf{t}(t) + \mu \mathbf{n}(t) \quad (\lambda, \mu \in \mathbb{R})$$

nennt man **Schmiegebene** der Kurve an der Stelle t (s. auch Abb. 5.10).

Die zum Kurvenpunkt $\gamma(t)$ gehörende Schmiegebene ist die Ebene, an die sich die Kurve in der Nähe von $\gamma(t)$ **am besten anschmiegt**: Es ist die Grenzlage einer Ebene, die durch 3 benachbarte Punkte $\gamma(t - \tau), \gamma(t), \gamma(t + \tau)$ geht, wenn τ gegen Null strebt (s. Abb. 5.12). Die Änderungsrate

$$\frac{\Delta \mathbf{t}}{\Delta s} := \frac{1}{s(t_1) - s(t)}[\mathbf{t}(t_1) - \mathbf{t}(t)],$$

also die Änderung des Tangentenvektors entlang eines Wegstückes, beschreibt anschaulich das mittlere Krümmungsverhalten der Kurve im Parameterintervall $[t, t_1]$. Mit der L'HOSPITAL-Regel erhält man die

Definition 5.17. (Krümmungsvektor, Krümmung)
Der Grenzwert

$$\lim_{t_1 \to t} \frac{\Delta \mathbf{t}}{\Delta s} = \lim_{t_1 \to t} \frac{\frac{\mathbf{t}(t_1) - \mathbf{t}(t)}{t_1 - t}}{\frac{s(t_1) - s(t)}{t_1 - t}} = \frac{\dot{\mathbf{t}}(t)}{\dot{s}(t)}$$

heißt **Krümmungsvektor**. Die Länge des Krümmungsvektors ergibt sich zu

$$\kappa(t) := \frac{1}{\dot{s}(t)} |\dot{\mathbf{t}}(t)| = \frac{|\dot{\mathbf{t}}(t)|}{|\dot{\gamma}(t)|} \tag{5.5}$$

und bezeichnet die **Krümmung** der Kurve an der Stelle t.

Bedeutet der Parameter t die physikalische Zeit, so kann man von Geschwindigkeit und Beschleunigung eines auf γ bewegten Punktes sprechen. **Geschwindigkeitsvektor** $\dot{\gamma}(t)$ und **Beschleunigungsvektor** $\ddot{\gamma}(t)$ lassen sich im begleitenden Dreibein $(\mathbf{t}(t), \mathbf{n}(t), \mathbf{b}(t))$ unter Nutzung der Definition von $\mathbf{t}$ (Definition 5.15), des Hauptnormalenvektors $\mathbf{n}$ und der Krümmung κ in der Form

$$\dot{\gamma}(t) = \dot{s}(t)\mathbf{t}(t) , \tag{5.6}$$
$$\ddot{\gamma}(t) = \ddot{s}(t)\mathbf{t}(t) + [\dot{s}(t)]^2 \kappa(t)\mathbf{n}(t) \tag{5.7}$$

darstellen. Der Beschleunigungsvektor $\ddot{\gamma}(t)$ liegt also stets in der vom Tangentenvektor $\mathbf{t}$ und dem Hauptnormalenvektor $\mathbf{n}$ aufgespannten Schmiegebene; insbesondere deshalb ist es gerechtfertigt, unter den unendlich vielen Normalen an die Kurve γ im Punkt $\gamma(t)$ insbesondere den in (5.3) definierten Vektor $\mathbf{n}$ als Hauptnormale auszuzeichnen. (5.7) zeigt im übrigen, dass die Komponente der Beschleunigung in Richtung der Hauptnormale umso größer ist, je größer die Krümmung der Bahnkurve γ ist.
Mit $\mathbf{t}(t) \times \mathbf{t}(t) = \mathbf{0}$ und $\mathbf{t}(t) \times \mathbf{n}(t) = \mathbf{b}(t)$ ergeben (5.6),(5.7)

$$\dot{\gamma}(t) \times \ddot{\gamma}(t) = [\dot{s}(t)]^3 \kappa(t)\mathbf{b}(t) .$$

Wegen $|\mathbf{b}(t)| = 1$ folgt $|\dot{\gamma}(t) \times \ddot{\gamma}(t)| = [\dot{s}(t)]^3 \kappa(t)$. Damit ergibt sich

$$\kappa(t) = \frac{|\dot{\gamma}(t) \times \ddot{\gamma}(t)|}{|\dot{\gamma}(t)|^3} , \tag{5.8}$$

$$\mathbf{b}(t) = \frac{\dot{\gamma}(t) \times \ddot{\gamma}(t)}{|\dot{\gamma}(t) \times \ddot{\gamma}(t)|} . \tag{5.9}$$

Das Herauswinden der Kurve aus der Schmiegebene wird durch die Änderungsrate des Binormalenvektors, bezogen auf die Bogenlänge, beschrieben. Daher formulieren wir die

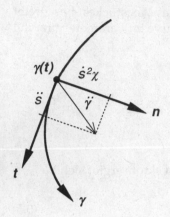

Abb. 5.13. Beschleunigungsvektor $\ddot{\gamma}(t)$ mit seinen Komponenten in der Schmiegebene

Definition 5.18. (Torsionsvektor)
Man nennt

$$\frac{1}{\dot{s}(t)}\dot{\mathbf{b}}(t) = \lim_{t_1 \to t} \frac{\Delta \mathbf{b}}{\Delta s}$$

den **Torsionsvektor** der dreimal stetig differenzierbaren Kurve γ an der Stelle $t \in \,]t_a, t_e[$.

Mit der Produktregel für das Skalarprodukt folgt aufgrund von $|\mathbf{b}(t)| = 1$

$$\dot{\mathbf{b}}(t) \cdot \mathbf{b}(t) = 0 \,, \quad \text{also} \quad \dot{\mathbf{b}}(t) \perp \mathbf{b}(t)$$

und wegen

$$\dot{\mathbf{b}}(t) = \frac{d}{dt}(\mathbf{t} \times \mathbf{n}) = \dot{\mathbf{t}} \times \mathbf{n} + \mathbf{t} \times \dot{\mathbf{n}} = \mathbf{t} \times \dot{\mathbf{n}}$$

ist $\dot{\mathbf{b}}(t)$ auch orthogonal zu $\mathbf{t}$, also parallel zu $\mathbf{n}$. D.h. es gibt eine skalare Funktion $\tau = \tau(t)$ mit

$$\frac{1}{\dot{s}(t)}\dot{\mathbf{b}}(t) = -\tau(t)\mathbf{n}(t) \,. \tag{5.10}$$

Definition 5.19. (Torsion)
Man nennt die in (5.10) definierte Funktion $\tau(t)$ die **Torsion** der dreimal stetig differenzierbaren Kurve γ an der Stelle $t \in \,]t_a, t_e[$.

Für die Torsion gilt

$$\tau(t) = \frac{\det(\dot{\gamma}(t), \ddot{\gamma}(t), \dddot{\gamma}(t))}{|\dot{\gamma}(t) \times \ddot{\gamma}(t)|^2} \,, \tag{5.11}$$

denn aus $\mathbf{b} \cdot \mathbf{n} = 0$ folgt $\dot{\mathbf{b}} \cdot \mathbf{n} + \mathbf{b} \cdot \dot{\mathbf{n}} = 0$ und deshalb führt (5.10) auf

$$\tau(t) = -\frac{1}{\dot{s}(t)} \dot{\mathbf{b}} \cdot \mathbf{n} = \frac{1}{\dot{s}(t)} \mathbf{b} \cdot \dot{\mathbf{n}} \, .$$

Auf der rechten Seite setzen wir b aus (5.9) und $\dot{\mathbf{n}}$ aus der nochmals differenzierten Gleichung (5.7) ein und erhalten nach kurzer Rechnung mit (5.8) die Beziehung (5.11). Ebene Kurven bleiben für alle Werte von t in ihrer Schmiegebene ($\dot{\mathbf{b}} = \mathbf{0}$), daher gilt in diesem Spezialfall nach (5.10) $\tau(t) = 0$. Die dargestellten Rechnungen und Formeln fassen wir nun zusammen.

Torsions- und Krümmungsberechnung:

Eine dreimal stetig differenzierbare reguläre Kurve $\gamma : [t_a, t_e] \to \mathbb{R}^3$ besitzt an jeder Parameterstelle t mit $\dot{\gamma}(t) \times \ddot{\gamma}(t) \neq \mathbf{0}$

a) den Tangentenvektor

$$\mathbf{t}(t) = \frac{\dot{\gamma}(t)}{|\dot{\gamma}(t)|} \, ,$$

b) den Binormalenvektor

$$\mathbf{b}(t) = \frac{\dot{\gamma}(t) \times \ddot{\gamma}(t)}{|\dot{\gamma}(t) \times \ddot{\gamma}(t)|} \, ,$$

c) den Hauptnormalenvektor

$$\mathbf{n}(t) = \mathbf{b}(t) \times \mathbf{t}(t) \, ,$$

d) die Krümmung

$$\kappa(t) = \frac{|\dot{\gamma}(t) \times \ddot{\gamma}(t)|}{|\dot{\gamma}(t)|^3} \, ,$$

e) die Torsion

$$\tau(t) = \frac{\det(\dot{\gamma}(t), \ddot{\gamma}(t), \dddot{\gamma}(t))}{|\dot{\gamma}(t) \times \ddot{\gamma}(t)|^2} \, .$$

Beispiel: Für die oben genannte Schraubenlinie (Spirale, Abb. 5.14) $\gamma(t) = (\cos t, \sin t, at)^T$, $t \in [0, 2\pi]$, $a \in \mathbb{R}$, ist

$$\dot{\gamma}(t) = \begin{pmatrix} -\sin t \\ \cos t \\ a \end{pmatrix} \qquad \ddot{\gamma}(t) = \begin{pmatrix} -\cos t \\ -\sin t \\ 0 \end{pmatrix} \qquad \dddot{\gamma}(t) = \begin{pmatrix} \sin t \\ -\cos t \\ 0 \end{pmatrix} \, .$$

Die Kurve ist regulär, weil $|\dot{\gamma}(t)| = \sqrt{1 + a^2} > 0$ ist. Es ist $|\dot{\gamma}(t) \times \ddot{\gamma}(t)|^2 = 1 + a^2 > 0$.

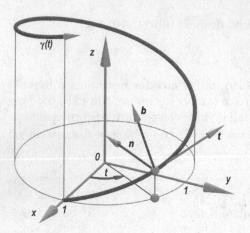

Abb. 5.14. Schraubenlinie $\gamma(t)$

Damit ergibt sich

$$
\mathbf{t}(t) = \frac{1}{\sqrt{1+a^2}} \begin{pmatrix} -\sin t \\ \cos t \\ a \end{pmatrix}, \qquad \mathbf{n}(t) = \begin{pmatrix} -\cos t \\ -\sin t \\ 0 \end{pmatrix},
$$

$$
\mathbf{b}(t) = \frac{1}{\sqrt{1+a^2}} \begin{pmatrix} a\sin t \\ -a\cos t \\ 1 \end{pmatrix}, \qquad \kappa(t) = \frac{1}{1+a^2}, \qquad \tau(t) = \frac{a}{1+a^2}.
$$

Für $a = 0$ entartet die Spirale $\gamma(t)$ zum Einheitskreis. Die Windung $\tau(t)$ ist konstant und positiv, wenn $a > 0$ (Rechtsschraube), sowie negativ, wenn $a < 0$ (Linksschraube). Für $a \to 0$, d.h. wenn die Spirale zum Kreis wird, gilt $\tau \to 0$. Die Krümmung $\kappa(t)$ der Spirale ($a \neq 0$) ist kleiner als die Krümmung des Einheitskreises. Die Normale $\mathbf{n}$ ist stets senkrecht auf $\mathbf{e}_3$, d.h. der z- bzw. Schraubenachse. Ein auf der Spirale gleichförmig bewegter Massenpunkt ($\ddot{s}(t) = 0$) erfährt gemäß (5.7) eine Beschleunigung $\ddot{\gamma}(t)$, die senkrecht zur Schraubenachse ($\mathbf{e}_3$) hin gerichtet ist. Die von $\mathbf{n}$ und $\mathbf{t}$ aufgespannte Schmiegebene durch den Punkt $\gamma(t)$ hat die Gleichung

$$
z = a(-x\sin t + y\cos t + t) \qquad (t \text{ fest}, \ t \in [0,2\pi]) .
$$

5.4 Stetigkeit von Abbildungen

Stetigkeit bedeutet bei einer Funktion f einer reellen Veränderlichen, dass die Konvergenz einer Folge (x_n) gegen x_0 die Konvergenz der Folge $(f(x_n))$ gegen $f(x_0)$ nach sich zieht. Da wir Folgenkonvergenz im $\mathbb{R}^n$ erklärt haben, kann man die Stetigkeitsdefinition auf Funktionen mehrerer Veränderlicher erweitern.

Definition 5.20. (Stetigkeit einer Funktion)
Sei $f : D \to \mathbb{R}$, $D \subset \mathbb{R}^n$.

a) f heißt **stetig** in $\mathbf{x}_0 \in D$, wenn für alle Folgen $(\mathbf{x}_k) \subset D$ $(k \in \mathbb{N})$ aus $\lim_{k \to \infty} \mathbf{x}_k = \mathbf{x}_0$ die Beziehung

$$\lim_{k \to \infty} f(\mathbf{x}_k) = f(\mathbf{x}_0)$$

folgt.

b) f heißt stetig auf $A \subset D$, wenn für alle $\mathbf{x} \in A$ gilt: f ist stetig in $\mathbf{x}$.

c) f heißt stetig, wenn f auf dem gesamten Definitionsbereich D stetig ist.

Definition 5.21. (Stetigkeit einer Abbildung aus dem $\mathbb{R}^n$ in den $\mathbb{R}^m$)

$$\text{Sei } \mathbf{f} : D \to \mathbb{R}^m, \ D \subset \mathbb{R}^n, \ \mathbf{f}(\mathbf{x}) = \begin{pmatrix} f_1(\mathbf{x}) \\ f_2(\mathbf{x}) \\ \vdots \\ f_m(\mathbf{x}) \end{pmatrix}.$$

$\mathbf{f}$ heißt **stetig** in $\mathbf{x}_0 \in D$, stetig auf $A \subset D$ bzw. stetig, wenn f_j stetig in $\mathbf{x}_0 \in D$, stetig auf $A \subset D$ bzw. stetig ist für alle $j = 1, 2, \ldots, m$.

Oft kann man Stetigkeitsnachweise ebenso wie bei Funktionen einer Veränderlichen auf den Stetigkeitsnachweis einiger weniger elementarer Funktionen zurückführen, aus denen man interessierende Funktionen oder Abbildungen komponieren kann. Schwieriger wird es mit dem Stetigkeitsnachweis im Fall von Funktionen, die zunächst an gewissen Punkten nicht definiert sind, und die man in diese Punkte fortsetzt, z.B.

$$f(x, y) = \begin{cases} \frac{xy}{x^2 + y^2} & \text{falls } x^2 + y^2 > 0 \\ \frac{1}{2} & \text{falls } x^2 + y^2 = 0 \end{cases}.$$

Für (x, y) mit $x^2 + y^2 > 0$ handelt es sich um eine aus stetigen Funktionen zusammengesetzte Funktion und die Stetigkeit ist offensichtlich. Für den Nachweis der Stetigkeit im Punkt $(x, y) = (0, 0)$ muss man nach der Definition für alle Folgen (x_n, y_n) mit $\lim_{n \to \infty}(x_n, y_n) = (0, 0)$ zeigen, dass $\lim_{n \to \infty} f(x_n, y_n) = f(0, 0) = \frac{1}{2}$ ist. Das war auch schon bei Funktionen einer Veränderlichen so. Allerdings bedeutete Konvergenz von (x_n) gegen x_0, dass man nur Folgenglieder x_n betrachtete, die auf einer Geraden, dem reellen Zahlenstrahl, lagen. Hier im $\mathbb{R}^2$ können sich bei Konvergenz gegen $(0, 0)$ die Folgenglieder (x_n, y_n) auf Geraden, Spiralen, also auf sehr verschlungenen Wegen dem Ursprung nähern. Das macht solche Stetigkeitsnachweise kompliziert. In dem Beispiel ist es allerdings doch recht einfach, denn die Funktion ist in $(0, 0)$ unstetig. Lässt man nämlich (x_n, y_n) etwa auf der Geraden $y = \alpha x$, $\alpha \in \mathbb{R}$, gegen $(0, 0)$ konvergieren, so erkennt man, dass man bei steigendem α einen im Intervall $[-\frac{1}{2}, \frac{1}{2}]$ beliebig vorgegebenen Grenzwert $\lim_{n \to \infty} f(x_n, y_n)$ erreichen kann: Für die Folge $(x_n, y_n) = (\frac{1}{n}, \frac{\alpha}{n})$ ist $\lim_{n \to \infty} f(x_n, y_n) = \frac{\alpha}{1 + \alpha^2}$ und man sieht leicht, dass $-\frac{1}{2} \leq \frac{\alpha}{1 + \alpha^2} \leq \frac{1}{2}$ ist. Unabhängig davon wie man $f(0, 0)$ erklärt, bleibt $f(x, y)$ in $(0, 0)$ unstetig (s. Abb. 5.15).

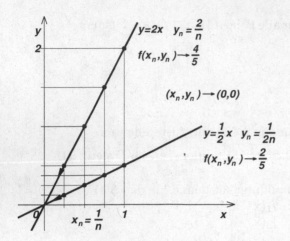

Abb. 5.15. Unstetigkeitsstelle $(0,0)$ der Funktion $f(x,y)$

Definition 5.22. (Maximum, Minimum)
M heißt **Maximum** der Funktion $f : D \to \mathbb{R}$, wenn

$$f(\mathbf{x}) \leq M \quad \text{für alle} \quad \mathbf{x} \in D$$

gilt und wenn es ein $\mathbf{x}_M \in D$ mit $f(\mathbf{x}_M) = M$ gibt. m heißt **Minimum** der Funktion $f : D \to \mathbb{R}$, wenn

$$f(\mathbf{x}) \geq m \quad \text{für alle} \quad \mathbf{x} \in D$$

gilt und wenn es ein $\mathbf{x}_m \in D$ mit $f(\mathbf{x}_m) = m$ gibt (vgl. auch Definition 2.19).

Satz 5.2. *(Maximum und Minimum auf kompakten Mengen)*
Sei $f : D \to \mathbb{R}$, $D \subset \mathbb{R}^n$ eine stetige Funktion und $D \subset \mathbb{R}^n$ eine kompakte Menge, dann nimmt f auf D Maximum und Minimum an.

Der Begriff **kompakte Menge** war in Definition 5.7 erklärt worden. Der Fall $n = m = 1$ und D als abgeschlossenes Intervall war Gegenstand des Satzes 2.9 (WEIERSTRASS).
Beispiele zur Stetigkeit von Funktionen mehrerer Veränderlicher:
1) Verkettungen von elementaren Funktionen, wie z.B.

$$f(x,y,z) = \sin(xy)e^z \quad \text{oder} \quad f(x,y) = \sqrt{x^2+1}\ln y, \quad y > 0,$$

sind stetig in Gebieten, wo die verketteten Funktionen sämtlich stetig sind.
2) Vorsicht ist bei Funktionen geboten, die bei Unbestimmtheiten irgendwie definiert werden. Z.B. ist die Funktion

$$f(x,y) = \begin{cases} \frac{xy}{x^2+y^2} & \text{für} \quad x^2+y^2 \neq 0 \\ \frac{1}{2} & \text{für} \quad x^2+y^2 = 0 \end{cases}$$

im Punkt $(x, y)^T = \mathbf{0}$ nicht stetig, wie wir oben gezeigt haben. Man überlegt sich, dass auch jede andere Festsetzung des Wertes von f an der Stelle $(x, y) = (0,0)$ nicht dazu führt, dass f stetig wird.

3) Hat man es mit rotationssymmetrischen Funktionen, z.B. bei Rotationssymmetrie bezüglich der z-Achse mit

$$f(x, y) = \frac{1}{\sqrt{x^2 + y^2}} \sin(\sqrt{x^2 + y^2})$$

zu tun, dann kann man mit der Substitution $r = \sqrt{x^2 + y^2}$ die Untersuchung der Stetigkeit von f im Punkt $(0,0)$ auf die Untersuchung der Stetigkeit der Funktion $\hat{f}(r) = \frac{1}{r} \sin(r)$ im Punkt $r = 0$ zurückführen und erkennt im vorliegenden Fall sofort die Stetigkeit.

5.5 Partielle Ableitung einer Funktion

Sei die Funktion $f : D \to \mathbb{R}$, $D \subset \mathbb{R}^n$, wobei D eine offene Menge ist, gegeben. Fixieren wir bis auf die Veränderliche x_j die anderen Veränderlichen durch die Beziehungen

$$x_1 = a_1, \ x_2 = a_2, ..., x_{j-1} = a_{j-1}, x_{j+1} = a_{j+1}, ..., x_n = a_n,$$

so ist durch

$$f^* : d \to \mathbb{R}, \ f^*(x_j) = f(a_1, a_2, ..., a_{j-1}, x_j, a_{j+1}, ..., a_n) \ , \ d \subset \mathbb{R},$$

eine "partielle" Funktion einer Veränderlichen definiert. Wenn von dieser partiellen Funktion die Ableitung an der Stelle $x_j = a_j$ existiert, so nennt man diese Ableitung **partielle** Ableitung der Funktion f nach x_j im Punkt $\mathbf{a} = (a_1, a_2, ..., a_n)^T$ und bezeichnet sie durch

$$\frac{\partial f(\mathbf{x})}{\partial x_j}\Big|_{\mathbf{x}=\mathbf{a}} \quad \text{bzw.} \quad \frac{\partial f}{\partial x_j}(\mathbf{a}) \ .$$

Betrachten wir beispielsweise die Funktion

$$f(x_1, x_2) = \frac{1}{x_1 x_2} \ ,$$

die bis auf die Punkte mit $x_1 \cdot x_2 = 0$ in der $x_1 - x_2$−Ebene definiert ist. Wir wollen die partielle Ableitung nach x_1 im Punkt $\mathbf{a} = (2,3)^T$ berechnen. Nach der obigen Überlegung betrachten wir dazu die "partielle" Funktion

$$f^*(x_1) = f(x_1, 3) = \frac{1}{3x_1} \ .$$

Die Ableitung dieser Funktion an der Stelle $x_1 = 2$ existiert, es ergibt sich $\frac{d f^*}{d x_1}(2) = -\frac{1}{3x_1^2}(2) = -\frac{1}{12}$, so dass wir die partielle Ableitung

$$\frac{\partial f(\mathbf{x})}{\partial x_1}(2,3) = -\frac{1}{12}$$

erhalten. Was bedeuten nun die obigen Überlegungen geometrisch oder anschaulich? Der Graph der Funktion $f(x_1, x_2)$ ist eine Fläche im $\mathbb{R}^3$. Wenn wir nun eine Variable, hier $x_2 = 3$ fixieren und damit eine partielle Funktion definieren, so bedeutet das, den Graphen bzw. die Fläche mit der Ebene $x_2 = 3$ zu schneiden. Als Ergebnis dieses Schnittes erhalten wir dann den Graphen der partiellen Funktion f^* einer Veränderlichen. Die Abbildungen 5.16 und 5.17 zeigen die Graphen der Funktion und der partiellen Funktion, wobei der Anstieg der in der Abb. 5.17 eingezeichneten Tangente gleich dem Wert der partiellen Ableitung nach x_1 im Punkt (2,3) ist.

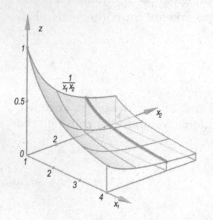

Abb. 5.16. Graph von $f(x_1, x_2) = \frac{1}{x_1 x_2}$

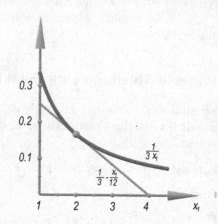

Abb. 5.17. Graph von $f^*(x_1) = \frac{1}{3x_1}$ einschließlich Tangente an f^*

Das Zeichen ∂ in der partiellen Ableitung soll den Unterschied zu einer Ableitung einer Funktion mit einer Veränderlichen deutlich machen. Die Erläuterungen zur partiellen Ableitung fassen wir in der folgenden Definition zusammen.

Definition 5.23. (partielle Ableitung)
Sei die Funktion $f : D \to \mathbb{R}$, $D \subset \mathbb{R}^n$, wobei D eine offene Menge ist, gegeben. Existiert der Grenzwert

$$\lim_{h \to 0} \frac{f(x_1, ..., x_{j-1}, x_j + h, x_{j+1}, ..., x_n) - f(x_1, ..., x_n)}{h} = \lim_{h \to 0} \frac{f(\mathbf{x} + h\mathbf{e}_j) - f(\mathbf{x})}{h},$$

dann ist die Funktion f an der Stelle $\mathbf{x}$ partiell differenzierbar nach x_j und durch den Grenzwert

$$\frac{\partial f(\mathbf{x})}{\partial x_j} := \lim_{h \to 0} \frac{f(\mathbf{x} + h\mathbf{e}_j) - f(\mathbf{x})}{h}$$

ist die **partielle Ableitung** nach x_j von f an der Stelle $\mathbf{x}$ definiert.

Definition 5.24. (partielle Differenzierbarkeit)

f ist auf $A \subset D$, A offen, **partiell differenzierbar** nach x_j, wenn f in allen Punkten $\mathbf{x} \in A$ partiell nach x_j differenzierbar ist.

f heißt partiell nach x_j differenzierbar, wenn f auf D partiell nach x_j differenzierbar ist. Für die partielle Ableitung nach x_j wird auch die Bezeichnung f_{x_j} verwendet. Sei die Funktion $f : D \to \mathbb{R}$, $D \subset \mathbb{R}^n$, wobei D eine offene Menge ist, gegeben. f heißt **partiell differenzierbar**, wenn auf D alle partiellen Ableitungen existieren.

Definition 5.25. (stetige partielle Differenzierbarkeit)

Sei die Funktion $f : D \to \mathbb{R}$, $D \subset \mathbb{R}^n$, wobei D eine offene Menge ist, gegeben. f ist in D **stetig partiell differenzierbar**, wenn in D alle partiellen Ableitungen existieren und zugleich stetig sind.

Es ist selbstverständlich möglich, partielle Ableitungen gemäß Definition über die Berechnung des entsprechenden Grenzwertes zu berechnen. Meistens geht es aber auch einfacher. Zur praktischen Berechnung der partiellen Ableitung einer Funktion f nach x_j werden die Veränderlichen x_i, $i = 1, ..., n, i \neq j$, also alle Veränderlichen außer x_j, als Parameter behandelt und die Ableitung nach x_j wird dann unter Anwendung der Differentiationsregeln für Funktionen einer reellen Veränderlichen gebildet.

Beispiele:

1) Gegeben ist die Funktion $f(x, y, z) = x \sin x \cos(yz)$. Für die partiellen Ableitungen nach x, y, z berechnen wir

$$\frac{\partial f(\mathbf{x})}{\partial x} = \sin x \cos(yz) + x \cos x \cos(yz),$$

$$\frac{\partial f(\mathbf{x})}{\partial y} = -x \sin x \sin(yz)z,$$

$$\frac{\partial f(\mathbf{x})}{\partial z} = -x \sin x \sin(yz)y .$$

2) $f(x, y, z) = x^2 \ln x + yz + yx$, $x > 0$.

$$\frac{\partial f(\mathbf{x})}{\partial x} = 2x \ln x + x + y, \qquad \frac{\partial f(\mathbf{x})}{\partial y} = z + x, \qquad \frac{\partial f(\mathbf{x})}{\partial z} = y .$$

Wenn alle partiellen Ableitungen einer Funktion f existieren, kann man den Gradienten der Funktion bilden. Er ist wie folgt definiert.

Gradient einer Funktion:

Sei $f : D \to \mathbb{R}$, $D \subset \mathbb{R}^n$, D offen, f partiell differenzierbar. Dann nennt man den Vektor

$$\operatorname{grad} f(\mathbf{x}) := \begin{pmatrix} \frac{\partial f}{\partial x_1}(\mathbf{x}) \\ \frac{\partial f}{\partial x_2}(\mathbf{x}) \\ \vdots \\ \frac{\partial f}{\partial x_n}(\mathbf{x}) \end{pmatrix} \in \mathbb{R}^n$$

den Gradienten der Funktion f.
Die Abbildung $\operatorname{grad} f : D \to \mathbb{R}^n$ ist eine vektorwertige Abbildung, d.h. jedem $\mathbf{x} \in D$ wird mit $\operatorname{grad} f(\mathbf{x})$ ein Vektor aus dem $\mathbb{R}^n$ zugeordnet.

Die partielle Ableitung einer Funktion f ist wiederum eine Funktion, und zwar

$$\frac{\partial f}{\partial x_j} : D \to \mathbb{R},$$

also kann man $g(\mathbf{x}) := \frac{\partial f}{\partial x_j}(\mathbf{x})$ eventuell wieder partiell differenzieren. Wenn g nach x_i partiell differenzierbar ist, dann existieren "höhere" partielle Ableitungen von f.

Definition 5.26. (höhere partielle Ableitungen)
Sei $f : D \to \mathbb{R}$, $D \subset \mathbb{R}^n$, D offen, f partiell differenzierbar. Falls die partielle Ableitung

$$\frac{\partial}{\partial x_i}\left(\frac{\partial f}{\partial x_j}\right)$$

existiert, nennt man

$$f_{x_i x_j}(\mathbf{x}) := \frac{\partial}{\partial x_i}\left(\frac{\partial f}{\partial x_j}\right)(\mathbf{x})$$

zweite partielle Ableitung von f nach x_j und x_i. Existieren alle zweiten Ableitungen, also $f_{x_i x_j}$ für $i, j = 1, 2, ..., n$, nennt man f zweimal partiell differenzierbar.
Höhere Ableitungen (k–te Ableitungen oder auch Ableitungen k-ter Ordnung) werden entsprechend rekursiv definiert.

Zur Vertauschbarkeit der Reihenfolge bei der Bildung höherer partieller Ableitungen gilt der folgende Satz.

Satz 5.3. *(Satz von SCHWARZ)*

Ist eine Funktion $f : D \to \mathbb{R}$, $D \subset \mathbb{R}^n$, p-mal stetig differenzierbar, so kann man in allen partiellen Ableitungen

$$\frac{\partial^k f}{\partial x_{i_1} \partial x_{i_2} ... \partial x_{i_k}} = f_{x_{i_1} x_{i_2} ... x_{i_k}}, \quad mit \quad 1 < k \leq p,$$

die Reihenfolge der $x_{i_1}, x_{i_2}, ..., x_{i_k}$ beliebig ändern, ohne dass sich die partiellen Ableitungen dabei ändern. Die Indizes $i_1, i_2, ..., i_k$ sind dabei beliebige Elemente der Menge $\{1, 2, ..., n\}$.

Ist f eine Funktion mit zwei Veränderlichen, dann gilt im Falle der zweifachen stetigen Differenzierbarkeit

$$\frac{\partial^2 f}{\partial x \partial y} = \frac{\partial^2 f}{\partial y \partial x},$$

d.h. es ist gleichgültig ob man erst nach y und dann nach x oder erst nach x und dann nach y partiell differenziert.

Ein Element der Menge $\{1, 2, ..., n\}$ kann unter $i_1, i_2, ..., i_k$ natürlich mehrfach auftreten. Z.B. hat man bei $k = 3$, $i_1 = i_2 = 1$, $i_3 = 2$ die Ableitung

$$\frac{\partial^3 f}{\partial x_1 \partial x_1 \partial x_2}(x_1, x_2, ..., x_n).$$

Für $\frac{\partial^3 f}{\partial x_1 \partial x_1 \partial x_2}$ schreibt man auch $\frac{\partial^3 f}{\partial^2 x_1 \partial x_2}$. Nach dem Satz von SCHWARZ ist, dreimalige stetige partielle Differenzierbarkeit vorausgesetzt,

$$\frac{\partial^3 f}{\partial^2 x_1 \partial x_2} = \frac{\partial^3 f}{\partial x_1 \partial x_2 \partial x_1} = \frac{\partial^3 f}{\partial x_2 \partial^2 x_1}.$$

Definition 5.27. (partielle Ableitung einer vektorwertigen Abbildung)

Sei $\mathbf{f} : D \to \mathbb{R}^m$, $D \subset \mathbb{R}^n$, D offene Menge, $\mathbf{f}(\mathbf{x}) = \begin{pmatrix} f_1(\mathbf{x}) \\ f_2(\mathbf{x}) \\ \vdots \\ f_m(\mathbf{x}) \end{pmatrix}$.

$\mathbf{f}$ ist **partiell differenzierbar** in $\mathbf{x}_0 \in D$, partiell differenzierbar auf $A \subset D$ bzw. partiell differenzierbar, wenn alle f_j $(j = 1, 2, ..., n)$ partiell differenzierbar in $\mathbf{x}_0 \in D$, partiell differenzierbar auf $A \subset D$ bzw. partiell differenzierbar sind.

5.6   Ableitungsmatrix und HESSE-Matrix

Durch

$$\mathbf{f}(\mathbf{x}) = \begin{pmatrix} f_1(x_1, x_2, ..., x_n) \\ f_2(x_1, x_2, ..., x_n) \\ \vdots \\ f_m(x_1, x_2, ..., x_n) \end{pmatrix}, \qquad \mathbf{x} = \begin{pmatrix} x_1 \\ x_2 \\ \vdots \\ x_n \end{pmatrix} \in D,$$

sei eine Abbildung $\mathbf{f} : D \to \mathbb{R}^m$, $D \subset \mathbb{R}^n$, beschrieben, die in $\mathbf{x}_0$ partiell differenzierbar ist. Damit existieren alle Ableitungen

$$\frac{\partial f_i}{\partial x_j}(\mathbf{x}_0), \quad i = 1, 2, ..., m, \ j = 1, 2, ..., n \,,$$

und man kann die Ableitungsmatrix wie folgt definieren.

Ableitungsmatrix:

Sei $\mathbf{f} : D \to \mathbb{R}^m$, $D \subset \mathbb{R}^n$, in $\mathbf{x}_0$ partiell differenzierbar, dann heißt die Matrix

$$\mathbf{f}'(\mathbf{x}_0) := \begin{pmatrix} \frac{\partial f_1}{\partial x_1}(\mathbf{x}_0) & \frac{\partial f_1}{\partial x_2}(\mathbf{x}_0) & \cdots & \frac{\partial f_1}{\partial x_n}(\mathbf{x}_0) \\ \frac{\partial f_2}{\partial x_1}(\mathbf{x}_0) & \frac{\partial f_2}{\partial x_2}(\mathbf{x}_0) & \cdots & \frac{\partial f_2}{\partial x_n}(\mathbf{x}_0) \\ \vdots & & & \\ \frac{\partial f_m}{\partial x_1}(\mathbf{x}_0) & \frac{\partial f_m}{\partial x_2}(\mathbf{x}_0) & \cdots & \frac{\partial f_m}{\partial x_n}(\mathbf{x}_0) \end{pmatrix} \tag{5.12}$$

Ableitungsmatrix oder die **Ableitung** von $\mathbf{f}$ in $\mathbf{x}_0$. Neben den Begriffen Ableitungsmatrix bzw. Ableitung der Abbildung $\mathbf{f}$ wird auch die Bezeichnung JACOBI-**Matrix** verwendet.

Die Zeilenzahl der Matrix $\mathbf{f}'(\mathbf{x}_0)$ entspricht der Dimension des Raumes $\mathbb{R}^m$, in dem der Wertebereich von $\mathbf{f}$ liegt; die Spaltenanzahl entspricht der Dimension des Raumes $\mathbb{R}^n$, in dem der Definitionsbereich von $\mathbf{f}$ liegt.

Beispiele:
1) Wir betrachten die Abbildung

$$\mathbf{f}(\mathbf{x}) = \begin{pmatrix} f_1(x_1, x_2, x_3) \\ f_2(x_1, x_2, x_3) \end{pmatrix} = \begin{pmatrix} x_1 \cos(x_2 x_3) \\ x_1^2 - x_2^2 + x_3^2 \end{pmatrix},$$

also eine Abbildung vom $\mathbb{R}^3$ in den $\mathbb{R}^2$. Die Ableitungsmatrix ergibt sich zu

$$\mathbf{f}'(\mathbf{x}) = \begin{pmatrix} \cos(x_2 x_3) & -x_1 x_3 \sin(x_2 x_3) & -x_1 x_2 \sin(x_2 x_3) \\ 2x_1 & -2x_2 & 2x_3 \end{pmatrix}.$$

2) Es soll die Ableitungsmatrix bzw. Ableitung der Funktion $f(x_1, x_2, x_3) = x_1 \sin(x_2 x_3)$, die auf dem $\mathbb{R}^3$ definiert ist, berechnet werden ($m = 1$, $n = 3$). Nach der Definition ergibt sich

$$f'(\mathbf{x}) = [\sin(x_2 x_3) \ \ x_1 \cos(x_2 x_3)x_3 \ \ x_1 \cos(x_2 x_3)x_2] \,.$$

Diese (1×3)-Matrix wird auch oft als Zeilenvektor in der Form

$$f'(\mathbf{x}) = (\sin(x_2 x_3), x_1 \cos(x_2 x_3) x_3, x_1 \cos(x_2 x_3) x_2)$$

aufgeschrieben, d.h. die Einträge werden durch Kommata getrennt. Verwendet man diese Bezeichnung im allgemeinen Fall, so gilt zwischen Gradient und Ableitung einer Funktion ($m = 1$) folgende Beziehung: Der Gradient ist gleich der transponierten Ableitung

$$\text{grad } f(\mathbf{x}) = f'(\mathbf{x})^T \quad \text{bzw.} \quad f'(\mathbf{x}) = \text{grad } f(\mathbf{x})^T .$$

Diese Beziehung zwischen Gradient und Ableitung ist speziell dann von Bedeutung, wenn Skalarprodukte mit dem Gradienten oder Matrixmultiplikationen mit Ableitungen ausgeführt werden müssen.

Betrachten wir nun eine Funktion $f : D \to \mathbb{R}$, $D \subset \mathbb{R}^n$, die in $\mathbf{x} \in D$ 2-mal partiell differenzierbar sein soll. Dann existieren die Ableitungen

$$\frac{\partial}{\partial x_i}\left(\frac{\partial f}{\partial x_j}\right) = \frac{\partial^2 f}{\partial x_i \partial x_j}, \quad i, j = 1, 2, ..., n .$$

Fasst man diese n^2 partiellen Ableitungen als Elemente einer Matrix auf, so ergibt sich die

---

HESSE-Matrix:

$$H_f(\mathbf{x}) := \begin{pmatrix} \frac{\partial^2 f}{\partial x_1 \partial x_1}(\mathbf{x}) & \frac{\partial^2 f}{\partial x_1 \partial x_2}(\mathbf{x}) & \cdots & \frac{\partial^2 f}{\partial x_1 \partial x_n}(\mathbf{x}) \\ \frac{\partial^2 f}{\partial x_2 \partial x_1}(\mathbf{x}) & \frac{\partial^2 f}{\partial x_2 \partial x_2}(\mathbf{x}) & \cdots & \frac{\partial^2 f}{\partial x_2 \partial x_n}(\mathbf{x}) \\ \vdots & & & \\ \frac{\partial^2 f}{\partial x_n \partial x_1}(\mathbf{x}) & \frac{\partial^2 f}{\partial x_n \partial x_2}(\mathbf{x}) & \cdots & \frac{\partial^2 f}{\partial x_n \partial x_n}(\mathbf{x}) \end{pmatrix} \tag{5.13}$$

der Funktion f.

Die j-te Spalte der HESSE-Matrix von $f(\mathbf{x})$ erhält man, indem man die Elemente des Spaltenvektors grad $f(\mathbf{x})$ partiell nach x_j differenziert. Man findet nun, dass die HESSE-Matrix einer Funktion $f : D \to \mathbb{R}$, $D \subset \mathbb{R}^n$, gleich der Ableitungsmatrix des Gradienten von f ist: Es gilt mit $\mathbf{g}(\mathbf{x}) = \text{grad } f(\mathbf{x})$

$$\mathbf{g}'(\mathbf{x}) = H_f(\mathbf{x}) .$$

Aus Satz 5.3 ergibt sich, dass die HESSE-Matrix einer zweimal stetig differenzierbaren Funktion symmetrisch ist.

Beispiel: Betrachten wir die Funktion

$$f(\mathbf{x}) = x_1 x_2 \cos x_3 .$$

Für die HESSE-Matrix errechnet man

$$H_f = \begin{pmatrix} 0 & \cos x_3 & -x_2 \sin x_3 \\ \cos x_3 & 0 & -x_1 \sin x_3 \\ -x_2 \sin x_3 & -x_1 \sin x_3 & -x_1 x_2 \cos x_3 \end{pmatrix}$$

5.7 Differenzierbarkeit von Abbildungen

Im Kapitel 2 haben wir zur Definition der Differenzierbarkeit einer Funktion $f(x)$ an der Stelle x_0 den Grenzwert

$$\lim_{x \to x_0} \frac{f(x) - f(x_0)}{x - x_0} \tag{5.14}$$

betrachtet. Wenn wir Differenzierbarkeit von Abbildungen $\mathbf{f} : D \to \mathbb{R}^m, D \subset \mathbb{R}^n$, erklären wollen, ist die Bildung eines Quotienten der Form (5.14) nicht möglich, da man im Falle $m > 1$ nicht durch Vektoren aus dem $\mathbb{R}^m$ dividieren kann. Deshalb definiert man Differenzierbarkeit von Abbildungen etwas allgemeiner:

Definition 5.28. (Differenzierbarkeit von Abbildungen)

Eine Abbildung $\mathbf{f} : D \to \mathbb{R}^m$, $D \subset \mathbb{R}^n$, heißt in einem inneren Punkt $\mathbf{x}_0$ von D **differenzierbar**, wenn sie in $\mathbf{x}_0$ partiell differenzierbar ist und in der Form

$$\mathbf{f}(\mathbf{x}) = \mathbf{f}(\mathbf{x}_0) + \mathbf{f}'(\mathbf{x}_0)(\mathbf{x} - \mathbf{x}_0) + \mathbf{k}(\mathbf{x}) \tag{5.15}$$

geschrieben werden kann, wobei $\mathbf{k} : D \to \mathbb{R}^m$ eine Abbildung ist, für die

$$\lim_{\mathbf{x} \to \mathbf{x}_0} \frac{|\mathbf{k}(\mathbf{x})|}{|\mathbf{x} - \mathbf{x}_0|} = 0 \tag{5.16}$$

gilt. $\mathbf{f}$ heißt differenzierbar in $A \subset D$, wenn $\mathbf{f}$ in jedem Punkt von A differenzierbar ist. Im Falle $A = D$ heißt $\mathbf{f}$ eine differenzierbare Abbildung.

Dabei ist $\mathbf{f}'(\mathbf{x}_0)(\mathbf{x} - \mathbf{x}_0)$ das Produkt aus der $(m \times n)$-Matrix $\mathbf{f}'(\mathbf{x}_0)$ und der $(n \times 1)$-Matrix $(\mathbf{x} - \mathbf{x}_0)$ (Spaltenvektor). Diese Definition schließt für $n = m = 1$ auch die im Kapitel 2 formulierte Differenzierbarkeit über den Grenzwert eines Differenzenquotienten ein. Ist f eine reell-wertige Funktion mit einer Variablen, kann man die Beziehung (5.15) umschreiben zu

$$\frac{f(x) - f(x_0)}{x - x_0} - f'(x_0) = \frac{k(x)}{x - x_0} .$$

Die Forderung, dass $\frac{k(x)}{x - x_0}$ für $x \to x_0$ gegen Null strebt, ist dann gleichbedeutend mit der Beziehung

$$\lim_{x \to x_0} \frac{f(x) - f(x_0)}{x - x_0} = f'(x_0),$$

also der Differenzierbarkeit von f an der Stelle $x_0 \in \mathbb{R}$. Damit $\frac{k(x)}{x - x_0}$ für $x \to x_0$ gegen Null strebt, reicht es nicht aus, wenn $k(x) = O(|x - x_0|)$ gilt, sondern es muss

$$k(x) = O(|x - x_0|^\nu) \quad \text{mit} \quad \nu > 1$$

gelten. $k(x)$ muss also überlinear für $x \to x_0$ gegen Null streben. Mit dem folgenden Satz hat man ein Kriterium, das in den meisten praktischen Fällen zur Überprüfung der Differenzierbarkeit von Abbildungen genutzt werden kann.

Satz 5.4. *(Differenzierbarkeit von Abbildungen)*
$\mathbf{f} : D \to \mathbb{R}^m$, $D \subset \mathbb{R}^n$, *ist in dem inneren Punkt* $\mathbf{x}_0$ *aus D differenzierbar, wenn alle partiellen Ableitungen 1. Ordnung von* $\mathbf{f}$ *in einer Umgebung von* $\mathbf{x}_0$ *existieren und in* $\mathbf{x}_0$ *stetig sind.*

Es sei an dieser Stelle darauf hingewiesen, dass die partielle Differenzierbarkeit einer Abbildung (Funktion) nach Def. 5.27 nicht die Differenzierbarkeit nach Def. 5.28 impliziert. Allerdings ist eine differenzierbare Abbildung in jedem Fall auch partiell differenzierbar.

5.8 Differentiationsregeln und die Richtungsableitung

Die folgenden Differenzierbarkeitsregeln ergeben sich wie im Fall einer Veränderlichen direkt aus der Definition.

Regeln für die Differentiation von Abbildungen:

(i) Linearität
Sind $\mathbf{f} : D \to \mathbb{R}^m$ und $\mathbf{g} : D \to \mathbb{R}^m$, $D \subset \mathbb{R}^n$, differenzierbar in $\mathbf{x}_0$, so ist auch $\lambda \mathbf{f} + \mu \mathbf{g}$ (λ und μ reell) in $\mathbf{x}_0$ differenzierbar und es gilt

$$(\lambda \mathbf{f} + \mu \mathbf{g})'(\mathbf{x}_0) = \lambda \mathbf{f}'(\mathbf{x}_0) + \mu \mathbf{g}'(\mathbf{x}_0) \, .$$

(ii) Kettenregel
Es sei $\mathbf{h} : C \to D$, (mit $C \subset \mathbb{R}^n$, $D \subset \mathbb{R}^p$) differenzierbar in $\mathbf{x}_0 \in C$ und $\mathbf{f} : D \to \mathbb{R}^m$ differenzierbar im Punkt $\mathbf{z}_0 = \mathbf{h}(\mathbf{x}_0)$.
Dann ist auch $\mathbf{f} \circ \mathbf{h} : C \to \mathbb{R}^m$ in $\mathbf{x}_0$ differenzierbar und es gilt

$$(\mathbf{f} \circ \mathbf{h})'(\mathbf{x}_0) = \mathbf{f}'(\mathbf{z}_0)\mathbf{h}'(\mathbf{x}_0) \, .$$

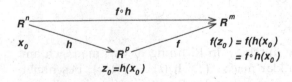

Abb. 5.18. Verkettete Abbildungen (Kettenregel)

Für den Fall $f : \mathbb{R}^n \to \mathbb{R}$ und $\mathbf{h} : \mathbb{R} \to \mathbb{R}^n$ ergibt sich für die Ableitung der

Verkettung

$$(f \circ \mathbf{h})'(t) = \operatorname{grad} f(\mathbf{h}(t)) \cdot \mathbf{h}'(t) = \sum_{k=1}^{n} \frac{\partial f}{\partial x_k}(\mathbf{h}(t)) \frac{d h_k}{d t}(t) \,.$$

Die Ableitung der Verkettung $(f \circ \mathbf{h})'(t)$ wird häufig auch durch

$$(f \circ \mathbf{h})'(t) = \sum \frac{\partial f}{\partial x_k} \frac{d h_k}{d t}(t)$$

abgekürzt.

Beispiel: Wir betrachten die Funktion $f : \mathbb{R}^2 \to \mathbb{R}$, $f(x_1, x_2) = x_1^2 \sin x_2$, und die Abbildung $\mathbf{h} : \mathbb{R} \to \mathbb{R}^2$, $\mathbf{h}(t) = \left(\begin{smallmatrix} \cos t \\ t^3 \end{smallmatrix}\right)$. Die Ableitung von

$$y = f \circ \mathbf{h}(t) = f(h_1(t), h_2(t)) = \cos^2 t \sin t^3$$

kann man nun nach der Kettenregel wie folgt berechnen. Für f' berechnen wir

$$f'(x_1, x_2) = [2x_1 \sin x_2, x_1^2 \cos x_2]$$

und für $\mathbf{h}'$

$$\mathbf{h}'(t) = \begin{pmatrix} -\sin t \\ 3t^2 \end{pmatrix} \,.$$

Nach der Kettenregel ergibt sich

$$y' = (f \circ \mathbf{h}(t))' = f'(h_1(t), h_2(t)) \mathbf{h}'(t)$$

$$= [2 \cos t \sin t^3, \cos^2 t \cos t^3] \begin{pmatrix} -\sin t \\ 3t^2 \end{pmatrix} = -2 \sin t \cos t \sin t^3 + 3t^2 \cos^2 t \cos t^3 \,.$$

Wenn wir nun eine im Punkt $\mathbf{x}_0$ differenzierbare Funktion $f : D \to \mathbb{R}$, $D \subset \mathbb{R}^n$, und eine Abbildung

$$\mathbf{h} : \mathbb{R} \to \mathbb{R}^n, \quad \mathbf{h}(t) = \mathbf{x}_0 + t\mathbf{a}, \ \mathbf{a} \in \mathbb{R}^n,$$

betrachten, dann errechnet man $\mathbf{h}'(t) = \mathbf{a}$ für alle $t \in \mathbb{R}$. Die Anwendung der Kettenregel ergibt für $f \circ \mathbf{h}$

$$(f \circ \mathbf{h})'(0) = f'(\mathbf{x}_0)\mathbf{a} \,.$$

$\mathbf{h}(t)$ beschreibt im $\mathbb{R}^n$ eine Gerade durch $\mathbf{x}_0$ in Richtung $\mathbf{a}$, was man sich am besten im $\mathbb{R}^2$ oder $\mathbb{R}^3$ anschaulich klar macht. $(f \circ \mathbf{h})(t) = f(\mathbf{h}(t))$ beschreibt die auf die Gerade $\mathbf{h}(t) = \mathbf{x}_0 + t\mathbf{a}$ eingeschränkte Funktion $f(\mathbf{x})$. Aus diesem Grunde nennt man das Skalarprodukt $f'(\mathbf{x}_0)\mathbf{a} = \operatorname{grad} f(\mathbf{x}_0) \cdot \mathbf{a}$ aus den Vektoren $\operatorname{grad} f(\mathbf{x}_0)$ und $\mathbf{a}$ auch **Richtungsableitung** von f in Richtung $\mathbf{a}$ im Punkt $\mathbf{x}_0$, wobei man $|\mathbf{a}| = 1$ fordert. Eine allgemeinere Definition der Richtungsableitung, die die Differenzierbarkeit von f nicht fordert, wird nun formuliert.

Definition 5.29. (Richtungsableitung)

Seien $f : D \to \mathbb{R}$, $D \subset R^n$ und ein Vektor $\mathbf{a} \in \mathbb{R}^n$ mit $|\mathbf{a}| = 1$ gegeben. Existiert der Grenzwert

$$\lim_{t \to 0} \frac{1}{t}[f(\mathbf{x}_0 + t\mathbf{a}) - f(\mathbf{x}_0)] \,,$$

dann nennt man

$$\frac{\partial f}{\partial \mathbf{a}}(\mathbf{x}_0) := \lim_{t \to 0} \frac{1}{t}[f(\mathbf{x}_0 + t\mathbf{a}) - f(\mathbf{x}_0)]$$

die **Richtungsableitung** der Funktion f an der Stelle $\mathbf{x}_0$ in Richtung $\mathbf{a}$.

Im Fall differenzierbaren Funktionen f stimmen beide Definitionen der Richtungsableitungen überein:

Satz 5.5. (*Formel der Richtungsableitung*)
Sind die partiellen Ableitungen von f in $\mathbf{x}_0$ stetig (woraus die Differenzierbarkeit von f in $\mathbf{x}_0$ folgt), dann gilt für die Richtungsableitung von f in Richtung $\mathbf{a}$

$$\frac{\partial f}{\partial \mathbf{a}}(\mathbf{x}_0) = grad\, f(\mathbf{x}_0) \cdot \mathbf{a} \,.$$

An dieser Stelle sei darauf hingewiesen, dass die partielle Ableitung einer Funktion f nach x_j genau die Richtungsableitung von f in Richtung $\mathbf{e}_j$ ist, denn es ist

$$\frac{\partial f}{\partial x_j}(\mathbf{x}_0) = \lim_{t \to 0} \frac{f(\mathbf{x}_0 + t\mathbf{e}_j) - f(\mathbf{x}_0)}{t} = \frac{\partial f}{\partial \mathbf{e}_j}(\mathbf{x}_0) \,.$$

Beispiele:
1) Zu bestimmen ist die Richtungsableitung der Funktion $f : \mathbb{R}^3 \to \mathbb{R}$, $f(\mathbf{x}) = x^2 \cos(xy)e^z$ im Punkt $(1,0,1)$ in Richtung $\mathbf{a} = \frac{1}{\sqrt{3}}(1,1,1)^T$. Da die Funktion stetig partiell differenzierbar ist, kann die Gradientenformel der Richtungsableitung angewendet werden. Es ergibt sich

$$grad\, f = (2x \cos(xy)e^z - x^2 y \sin(xy), -x^3 \sin(xy)e^z, x^2 \cos(xy)e^z)^T$$

und damit

$$\frac{\partial f}{\partial \mathbf{a}}(1,0,1) = (2e, 0, e)^T \cdot \frac{1}{\sqrt{3}}(1,1,1)^T = \frac{1}{\sqrt{3}}3e \,.$$

2) Gegeben ist eine Funktion $f(x,y) = 2x^2 + y^2$, die auf $D = \{(x,y) \,|\, x^2 + y^2 \leq 1\}$ definiert ist. Der Graph der Funktion beschreibt ein "Gebirge" und wir suchen im Punkt $(\frac{1}{2}, \frac{1}{2}, \frac{3}{4})^T$ eine Richtung $\mathbf{v} = (v_1, v_2)^T$, in der die Tangente an den Graphen den Anstieg $\frac{3}{\sqrt{2}}$ hat. Die Gradientenformel ergibt

$$\frac{\partial f}{\partial \mathbf{v}}(\frac{1}{2}, \frac{1}{2}) = \begin{pmatrix} 2 \\ 1 \end{pmatrix} \cdot \begin{pmatrix} v_1 \\ v_2 \end{pmatrix} = 2v_1 + v_2 \,.$$

Außerdem muss $\mathbf{v}$ die Länge 1 haben. Damit ergeben sich die Gleichungen $2v_1 + v_2 = \frac{3}{\sqrt{2}}$ und $v_1^2 + v_2^2 = 1$ zur Bestimmung der gesuchten Richtung. Man findet nach kurzer Rechnung und Lösung einer quadratischen Gleichung die Richtungen $\mathbf{v} = (\frac{1}{\sqrt{2}}, \frac{1}{\sqrt{2}})^T$ und $\mathbf{v} = (\frac{7}{5\sqrt{2}}, \frac{1}{5\sqrt{2}})^T$.

Mit der Gradientenformel und den Eigenschaften des Skalarproduktes findet man für die Richtungsableitung einer stetig partiell differenzierbaren Funktion

$$\frac{\partial f}{\partial \mathbf{a}}(\mathbf{x}_0) = \mathrm{grad}\, f(\mathbf{x}_0) \cdot \mathbf{a} = |\mathrm{grad}\, f(\mathbf{x}_0)|\, |\mathbf{a}| \cos \alpha\,,$$

wobei α der Winkel zwischen dem Gradientenvektor $\mathrm{grad}\, f(\mathbf{x}_0)$ und dem Richtungsvektor $\mathbf{a}$ ist. Das bedeutet, dass die Richtungsableitung am größten ist, wenn $\alpha = 0$ ist, also hat man den maximalen Anstieg bzw. den maximalen Wert der Richtungsableitung immer in Richtung des Gradienten, also im Fall $\mathbf{a} = \mathrm{grad}\, f(\mathbf{x}_0)$.

Bei den Geoingenieuren, Kartografen, aber auch bei Wanderern sind Höhen- oder Niveaulinien von Interesse.

Definition 5.30. (Niveau)
Sei die Funktion $f : D \to \mathbb{R}$, $D \subset \mathbb{R}^n$, gegeben. Unter einem **Niveau** a der Funktion f verstehen wir alle Punkte $\mathbf{x} \in D$ mit $f(\mathbf{x}) = a = \mathrm{const}$.. Diese Punktmenge bezeichnet man auch als Niveaumenge. Ist diese Menge eine Kurve, so nennt man sie **Niveau-** oder **Höhenlinie**.

Im Fall der Funktion $f(x, y) = 2x^2 + y^2$ und $D = \{(x, y) \,|\, 2x^2 + y^2 \le 1\}$ findet man z.B. für $a = \frac{1}{2}$ die Niveaumenge $N = \{(x, y) \,|\, x = \frac{1}{2}\cos t, y = \frac{1}{\sqrt{2}}\sin t, t \in [0, 2\pi]\}$. Das ist eine Ellipse mit den Halbachsen $\frac{1}{2}$ und $\frac{1}{\sqrt{2}}$ (siehe auch Abb. 5.19), also eine Kurve in der x-y-Ebene.
Wenn wir N nun als Kurve $\gamma(t) = (\frac{1}{2}\cos t, \frac{1}{\sqrt{2}}\sin t)^T$, $t \in [0, 2\pi]$ darstellen, gilt $(f \circ \gamma)(t) = f(\gamma(t)) = \frac{1}{2}$. Damit ergibt sich mit der Kettenregel

$$\frac{d\,f(\gamma(t))}{d\,t} = \mathrm{grad}\, f(\gamma(t)) \cdot \dot{\gamma}(t) = 0\,,$$

konkret ergibt sich

$$\mathrm{grad}\, f(\gamma(t)) \cdot \dot{\gamma}(t) = \begin{pmatrix} \frac{4}{2}\cos t \\ \frac{2}{\sqrt{2}}\sin t \end{pmatrix} \cdot \begin{pmatrix} -\frac{1}{2}\sin t \\ \frac{1}{\sqrt{2}}\cos t \end{pmatrix} = 0\,.$$

$\dot{\gamma}(t) = (-\frac{1}{2}\sin t, \frac{1}{\sqrt{2}}\cos t)^T$ ist ein Tangentenvektor an der Niveaulinie. Der Gradient $\mathrm{grad}\, f(\gamma(t)) = (\frac{4}{\sqrt{2}}\cos t, 2\sin t)^T$ steht damit senkrecht auf der Niveauline. Es gilt allgemein, dass der Gradient senkrecht auf Niveaulinien steht.

5.9 Lineare Approximation

Bei komplizierten nichtlinearen funktionalen Zusammenhängen interessiert die Frage, ob man die entsprechende Funktion zumindest in der lokalen Umgebung

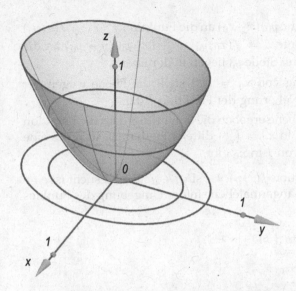

Abb. 5.19. Graph der Funktion und Niveaulinie

eines Punktes $\mathbf{x}_0$ des Definitionsbereiches durch eine recht einfache Approximation annähern kann.

Aus der Beziehung (5.15) wird ersichtlich, dass man eine differenzierbare Abbildung $\mathbf{f}$ in der Nähe des Punktes $\mathbf{x}_0$ durch die Abbildung $\mathbf{g} : D \to \mathbb{R}^m$, $D \subset \mathbb{R}^n$,

$$\mathbf{g}(\mathbf{x}) = \mathbf{f}(\mathbf{x}_0) + \mathbf{f}'(\mathbf{x}_0)(\mathbf{x} - \mathbf{x}_0) \tag{5.17}$$

ersetzen kann, ohne (wegen der "Kleinheit" von $|\mathbf{k}(\mathbf{x})|$) einen allzu großen Fehler zu machen. Die durch (5.17) definierte Abbildung $\mathbf{g}$ nennt man **Tangentenabbildung** oder **lineare Approximation** von $\mathbf{f}$ in $\mathbf{x}_0$.

Betrachten wir zur Veranschaulichung eine differenzierbare Funktion $f : D \to \mathbb{R}$, $D \subset \mathbb{R}^2$, dann ergibt sich in $\mathbf{x}_0 = \binom{x_0}{y_0}$ die Beziehung

$$
\begin{aligned}
f(x, y) &= f(x_0, y_0) + [f_x(x_0, y_0), f_y(x_0, y_0)] \binom{x - x_0}{y - y_0} + k(x, y) \tag{5.18} \\
&= f(x_0, y_0) + f_x(x_0, y_0)(x - x_0) + f_y(x_0, y_0)(y - y_0) + k(x, y)
\end{aligned}
$$

und die Tangentenabbildung

$$g(x, y) = f(x_0, y_0) + f_x(x_0, y_0)(x - x_0) + f_y(x_0, y_0)(y - y_0) \,.$$

Man überlegt sich nun, dass der Graph von g eine Ebene, die wir **Tangentialebene** nennen, mit den folgenden Eigenschaften ist:

a) die Ebene berührt im Punkt $P = (x_0, y_0, g(x_0, y_0))$ den Graphen der Funktion f, also ist

$$(x_0, y_0, g(x_0, y_0)) = (x_0, y_0, f(x_0, y_0)) \,,$$

und sie nähert sich wegen der Kleinheit von $k(x, y)$ dem Graphen von f,

b) die Tangente $z = f(x_0, y_0) + \frac{\partial f}{\partial x}(x_0, y_0)(x - x_0)$ an die Funktion $f^*(x) := f(x, y_0)$ an der Stelle x_0 und die Tangente $z = f(x_0, y_0) + \frac{\partial f}{\partial y}(x_0, y_0)(y - y_0)$ an die Funktion $f^{**}(y) := f(x_0, y)$ an der Stelle y_0 liegen in der Ebene,

c) in der unmittelbaren Umgebung von $\mathbf{x}_0 = \binom{x_0}{y_0}$ stellt die Ebene wegen der Kleinheit von $k(x, y)$ eine gute Näherung der Funktion f dar.

Die Überlegungen zur Tangentialebene ergeben die Folgerung, dass die Funktion $f : D \to \mathbb{R}$, $D \subset \mathbb{R}^2$, genau dann in $\mathbf{x}_0 = \binom{x_0}{y_0}$ differenzierbar ist, wenn es eine Tangentialebene an den Graphen von f in $\mathbf{x}_0$ gibt.

Beispiel: Betrachten wir die Funktion $f(x, y) = x \sin y + y \sin x$. Gesucht ist eine lineare Approximation durch die Tangentialebene in der Umgebung des Punktes $\mathbf{x}_0 = (\frac{\pi}{2}, 0)$. Mit

$$f'(\mathbf{x}) = [\sin y + y \cos x , \ x \cos y + \sin x]$$

erhält man

$$g(x, y) = 0 + [0, \frac{\pi}{2} + 1] \begin{pmatrix} x - \frac{\pi}{2} \\ y \end{pmatrix} = (\frac{\pi}{2} + 1)y \ .$$

Die Ebenengleichung in der parameterfreien Form ($z = g(x, y)$) lautet also

$$z = (\frac{\pi}{2} + 1)y \ .$$

5.10 Totales Differential

Ebenso wie im Fall der Funktionen einer reellen Veränderlichen ist für Funktionen mit mehreren Variablen eine Näherungsformel für die Differenz

$$\Delta z := f(\mathbf{x}) - f(\mathbf{x}_0)$$

interessant. Dabei sei $f(\mathbf{x})$ eine differenzierbare Funktion. Ausgehend von der Darstellung (vgl. Definition 5.28)

$$f(\mathbf{x}) = f(\mathbf{x}_0) + f'(\mathbf{x}_0)(\mathbf{x} - \mathbf{x}_0) + k(\mathbf{x})$$

ergibt sich für Δz

$$\Delta z = f'(\mathbf{x}_0)(\mathbf{x} - \mathbf{x}_0) + k(\mathbf{x}) \ .$$

Da $|k(\mathbf{x})|$ für kleine $|\mathbf{x} - \mathbf{x}_0|$ sehr kleine Werte hat, gibt $f'(\mathbf{x}_0)(\mathbf{x} - \mathbf{x}_0)$ in guter Näherung die Abweichung Δz des Wertes $f(\mathbf{x})$ von $f(\mathbf{x}_0)$ an, wenn $|\mathbf{x} - \mathbf{x}_0|$ nicht zu groß ist.

Wir wählen, wie in der Physik und Ingenieurwissenschaft üblich, die Bezeichnungen

$$d\mathbf{x} := \mathbf{x} - \mathbf{x}_0 \quad \text{und} \quad dz := f'(\mathbf{x}_0)d\mathbf{x} \ . \tag{5.19}$$

Mit der Komponentendarstellung

$$dx = x - x_0 = \begin{pmatrix} dx_1 \\ dx_2 \\ \vdots \\ dx_n \end{pmatrix}$$

kann man (5.19) ausführlicher schreiben.

Definition 5.31. (totales oder vollständiges Differential)
Die durch

$$dz = \sum_{j=1}^{n} \frac{\partial f}{\partial x_j}(x_0) dx_j \tag{5.20}$$

beschriebene lineare Funktion mit den Variablen $dx_1, dx_2, ..., dx_n$ heißt das **vollständige oder totale Differential** von f in x_0. Die Funktion wird auch durch $df : \mathbb{R}^n \to \mathbb{R}$ mit der Funktionsgleichung

$$df(dx_1, dx_2, ..., dx_n) := \sum_{j=1}^{n} \frac{\partial f}{\partial x_j}(x_0) dx_j \tag{5.21}$$

symbolisiert.

Mit der Verabredung

$$\frac{\partial z}{\partial x_j} := \frac{\partial f}{\partial x_j}(x_0)$$

wird das vollständige Differential auch durch die Gleichung

$$dz = \sum_{j=1}^{n} \frac{\partial z}{\partial x_j} dx_j \tag{5.22}$$

in einer Schreibweise angegeben, die in Physik und Technik sehr gebräuchlich ist.

Das vollständige Differential hat unter Anderem Bedeutung in der Abschätzung von Messfehlern. Betrachtet man z.B. eine Funktion $f(x, y)$ und möchte man etwas über den Fehler bei der Berechnung des Funktionswertes an der Stelle (x_0, y_0) wissen, wenn x_0 und y_0 mit den Fehlern $dx = x - x_0$ bzw. $dy = y - y_0$ behaftet sind, dann kann man das totale Differential nutzen. Dazu schreiben wir das vollständige Differential von f an der Stelle (x_0, y_0) auf und erhalten

$$dz = df(dx, dy) = \frac{\partial f}{\partial x}(x_0, y_0)\, dx + \frac{\partial f}{\partial y}(x_0, y_0)\, dy\,.$$

Damit kann man die Auswirkung der Fehler dx und dy auf den Fehler im Funktionswert abschätzen. Man erhält mit

$$|f(x, y) - f(x_0, y_0)| \equiv |dz| \leq |\frac{\partial f}{\partial x}(x_0, y_0)||dx| + |\frac{\partial f}{\partial y}(x_0, y_0)||dy|$$

eine näherungsweise Fehlerabschätzung. Wir bemerken, dass man bei Fehlerabschätzungen genau wie im Fall des totalen Differentials einer Funktion einer re-
ellen Veränderlichen zwischen relativen ($\frac{|dz|}{|z|}$) und absoluten Fehlern ($|dz|$) unter-
scheidet (vgl. auch Abschnitt 2.7.2).

Beispiel: Ein ähnliches Anwendungsbeispiel für das vollständige Differential ist
die näherungsweise Berechnung von Funktionswerten $f(x_0 + dx, y_0 + dy)$, wenn
man $f(x_0, y_0)$ kennt und dx, dy klein sind. Wir demonstrieren das am Beispiel
der Berechnung von $(2{,}02)^{3{,}01}$. Wir benutzen dazu die Funktion

$$f(x, y) = x^y \ , \ x, y > 0$$

ein und ermitteln $f(2{,}02\,, 3{,}01)$ näherungsweise durch $f(2{,}3) + df$, wobei

$$df = \frac{\partial f}{\partial x}(2{,}3)dx + \frac{\partial f}{\partial y}(2{,}3)dy$$

mit $dx = 0{,}02$ und $dy = 0{,}01$ ist. Die partiellen Ableitungen von f lauten

$$\frac{\partial f}{\partial x} = y\,x^{y-1} \quad \text{bzw.} \quad \frac{\partial f}{\partial y} = x^y \ln x \ ,$$

und man erhält

$$2{,}02^{3{,}01} = f(2{,}02\,,\ 3{,}01) \approx 2^3 + 3 \cdot 2^2 \cdot 0{,}02 + 2^3 \ln 2 \cdot 0{,}01 \approx 8{,}295 \ .$$

Auf dem Taschenrechner erhält man für $(2{,}02)^{3{,}01}$ das Ergebnis 8,3, wobei man
nicht genau weiß, wie der Taschenrechner zu dem Ergebnis gekommen ist.

5.11 TAYLOR-Formel und Mittelwertsatz

Setzt man in Def. 5.28 $m = 1$, so erhält man die Definition einer differenzierbaren
Funktion $f : D \to \mathbb{R}$, $D \subset \mathbb{R}^n$. Die lineare Approximation $g(\mathbf{x})$ von $f(\mathbf{x})$ (vgl.
(5.17)) hat für $m = 1$ (mit $\mathbf{x} = \mathbf{x}_0 + \mathbf{h}$) die Form

$$g(\mathbf{x}_0 + \mathbf{h}) = f(\mathbf{x}_0) + f'(\mathbf{x}_0) \cdot \mathbf{h} = f(\mathbf{x}_0) + \sum_{j=1}^{n} \frac{\partial f}{\partial x_j}(\mathbf{x}_0)\, h_j \ .$$

Nun soll untersucht werden, ob man bei schärferen Voraussetzungen an f bessere Approximationen, etwa durch Polynome höheren Grades in h_j ($1 \le j \le n$),
finden kann. Für $n = 1$ konnte das mittels der TAYLOR-Formel bejaht werden.

5.11.1 TAYLOR-Formel im $\mathbb{R}^n$

Wir benötigen zur Aufstellung der TAYLOR-Formel bei $n > 1$ einige Hilfsmittel.
Mit

$$\nabla := \begin{pmatrix} \frac{\partial}{\partial x_1} \\ \frac{\partial}{\partial x_2} \\ \vdots \\ \frac{\partial}{\partial x_n} \end{pmatrix}$$

führen wir den so genannten Nabla-Operator als symbolischen Vektor ein. Der Name Nabla-Operator rührt von einem hebräischen Saiteninstrument her, das in etwa die Form des Nabla-Zeichens hat. Wendet man ∇ auf eine Funktion $f(x_1, x_2, \ldots, x_n)$ an, so erhält man den Vektor grad $f(x_1, x_2, \ldots, x_n)$. Die formale skalare Multiplikation des Nabla-Operators mit einem Vektor $\mathbf{h} \in \mathbb{R}^n$

$$\mathbf{h} := \begin{pmatrix} h_1 \\ h_2 \\ \vdots \\ h_n \end{pmatrix}$$

ergibt mit

$$\mathbf{h} \cdot \nabla := h_1 \frac{\partial}{\partial x_1} + h_2 \frac{\partial}{\partial x_2} + \ldots + h_n \frac{\partial}{\partial x_n} = \sum_{j=1}^{n} h_j \frac{\partial}{\partial x_j}$$

einen Operator, den man auf die Funktion f anwenden kann. Man erhält

$$(\mathbf{h} \cdot \nabla)f(\mathbf{x}) := \sum_{j=1}^{n} h_j \frac{\partial f}{\partial x_j} \ .$$

Unter der k−ten Potenz von $\mathbf{h} \cdot \nabla$ wollen wir den Operator

$$(\mathbf{h} \cdot \nabla)^k := \sum_{i_1, i_2, \ldots, i_k = 1}^{n} h_{i_1} h_{i_2} \cdot \ldots \cdot h_{i_k} \frac{\partial^k}{\partial x_{i_1} \partial x_{i_2} \ldots \partial x_{i_k}}$$

verstehen. In der Summe wird über alle k−Tupel $(i_1, i_2, \ldots, i_k)$ mit $i_1, i_2, \ldots, i_k \in \{1, 2, \ldots, n\}$ summiert, so dass die Summe n^k Glieder hat. Für $k = 2$ und $n = 2$ erhalten wir zum Beispiel

$$(\mathbf{h} \cdot \nabla)^2 = \sum_{i,j=1}^{2} h_i h_j \frac{\partial^2}{\partial x_i \partial x_j}$$

$$= h_1 h_1 \frac{\partial^2}{\partial x_1 \partial x_1} + h_1 h_2 \frac{\partial^2}{\partial x_1 \partial x_2} + h_2 h_1 \frac{\partial^2}{\partial x_2 \partial x_1} + h_2 h_2 \frac{\partial^2}{\partial x_2 \partial x_2} \ ,$$

und angewandt auf die Funktion f erhalten wir

$$(\mathbf{h} \cdot \nabla)^2 f(\mathbf{x}) = h_1 h_1 \frac{\partial^2 f}{\partial x_1 \partial x_1} + h_1 h_2 \frac{\partial^2 f}{\partial x_1 \partial x_2} + h_2 h_1 \frac{\partial^2 f}{\partial x_2 \partial x_1} + h_2 h_2 \frac{\partial^2 f}{\partial x_2 \partial x_2} \ .$$

Die Anwendung von $(\mathbf{h} \cdot \nabla)^k$ auf f ergibt

$$(\mathbf{h} \cdot \nabla)^k f(\mathbf{x}) = \sum_{i_1, i_2, \ldots, i_k = 1}^{n} h_{i_1} h_{i_2} \cdot \ldots \cdot h_{i_k} \frac{\partial^k f}{\partial x_{i_1} \partial x_{i_2} \ldots \partial x_{i_k}} \ .$$

Sind die auftretenden partiellen Ableitungen sämtlich stetig, so kann man den Satz von SCHWARZ anwenden, um bestimmte Summanden zusammenzufassen. Es ist dann z.B. bei $n = 2$

$$(\mathbf{h} \cdot \nabla)^2 f(\mathbf{x}) = h_1^2 \frac{\partial^2 f}{\partial x_1^2} + 2 h_1 h_2 \frac{\partial^2 f}{\partial x_1 \partial x_2} + h_2^2 \frac{\partial^2 f}{\partial x_2^2} \quad \text{und}$$

$$(\mathbf{h} \cdot \nabla)^3 f(\mathbf{x}) \;=\; \sum_{i_1,i_2,i_3=1}^{2} h_{i_1} h_{i_2} h_{i_3} \frac{\partial^3 f}{\partial x_{i_1} \partial x_{i_2} \partial x_{i_3}}$$

$$=\; h_1^3 \frac{\partial^3 f}{\partial x_1^3} + 3h_1^2 h_2 \frac{\partial^3 f}{\partial x_1^2 \partial x_2} + 3h_1 h_2^2 \frac{\partial^3 f}{\partial x_1 \partial x_2^2} + h_2^3 \frac{\partial^3 f}{\partial x_2^3} \, .$$

Allgemein hat man nach formaler Anwendung des polynomischen Satzes

$$(\mathbf{h} \cdot \nabla)^k f(\mathbf{x}) \;=\; (h_1 \frac{\partial}{\partial x_1} + h_2 \frac{\partial}{\partial x_2} + \cdots + h_n \frac{\partial}{\partial x_n})^k f(\mathbf{x})$$

$$=\; \sum_{i_1+i_2+\cdots+i_n=k} h_1^{i_1} h_2^{i_2} \ldots h_n^{i_n} (\frac{\partial}{\partial x_1})^{i_1} (\frac{\partial}{\partial x_2})^{i_2} \ldots (\frac{\partial}{\partial x_n})^{i_n} f(\mathbf{x}) \, ,$$

wobei über alle voneinander verschiedenen n-Tupel $(i_1, i_2, \ldots, i_n)$ mit $i_j \in \mathbb{Z}$ und $0 \leq i_j \leq k$, die die Bedingung $\sum_{j=1}^{n} i_j = k$ erfüllen, summiert wird. Mit den eben definierten Begriffen kann nun der Satz von TAYLOR im $\mathbb{R}^n$ formuliert werden.

Satz 5.6. *(TAYLOR-Formel im $\mathbb{R}^n$)*
Die Funktion $f : D \to \mathbb{R}$, $D \subset \mathbb{R}^n$ sei $(p+1)$-mal stetig partiell differenzierbar, und die Verbindung $[\mathbf{a}, \mathbf{a} + \mathbf{h}]$ von $\mathbf{a}$ und $\mathbf{a} + \mathbf{h}$ sei eine im Inneren von D liegende Strecke. Dann gilt die TAYLOR-Formel

$$f(\mathbf{a} + \mathbf{h}) \;=\; f(\mathbf{a}) \tag{5.23}$$
$$+ \; \frac{1}{1!}(\mathbf{h} \cdot \nabla)f(\mathbf{a}) + \frac{1}{2!}(\mathbf{h} \cdot \nabla)^2 f(\mathbf{a}) + \ldots + \frac{1}{p!}(\mathbf{h} \cdot \nabla)^p f(\mathbf{a}) + R(\mathbf{a}, \mathbf{h})$$

mit dem Restglied

$$R(\mathbf{a}, \mathbf{h}) = \int_0^1 \frac{(1-s)^p}{p!} (\mathbf{h} \cdot \nabla)^{p+1} f(\mathbf{a} + s\mathbf{h}) \, ds \, . \tag{5.24}$$

Es gilt die Abschätzung

$$|R(\mathbf{a}, \mathbf{h})| \leq \frac{|\mathbf{h}|^{p+1}}{(p+1)!} \max_{0 \leq s \leq 1} \sqrt{\sum_{i_1,i_2,\ldots,i_{p+1}=1}^{n} |f_{x_{i_1} x_{i_2} \ldots x_{i_{p+1}}}(\mathbf{a} + s\mathbf{h})|^2} \, . \tag{5.25}$$

Definition 5.32. (TAYLOR-Polynom p-ten Grades)
Die Funktion $f : D \to \mathbb{R}$, $D \subset \mathbb{R}^n$ sei $(p+1)$-mal stetig partiell differenzierbar, und $[\mathbf{a}, \mathbf{a} + \mathbf{h}]$ sei eine im Inneren von D liegende Strecke. Dann heißt

$$T_p(\mathbf{a}, \mathbf{h}) := f(\mathbf{a}) + \frac{1}{1!}(\mathbf{h} \cdot \nabla)f(\mathbf{a}) + \ldots + \frac{1}{p!}(\mathbf{h} \cdot \nabla)^p f(\mathbf{a}) \tag{5.26}$$

TAYLOR-**Polynom** p-ten Grades der Funktion $f(\mathbf{x})$ an der Stelle $\mathbf{a}$.

Wenn wir $\mathbf{x} = \mathbf{a} + \mathbf{h}$ und $\mathbf{x}_0 = \mathbf{a}$ setzen, erhalten wir für das TAYLOR-Polynom p-ten Grades

$$T_p(\mathbf{x}) = f(\mathbf{x}_0) + (\mathbf{h} \cdot \nabla)f(\mathbf{x}_0) + \ldots + \frac{1}{p!}(\mathbf{h} \cdot \nabla)^p f(\mathbf{x}_0) \, , \tag{5.27}$$

wobei $\mathbf{h} = \mathbf{x} - \mathbf{x}_0$ ist. Für $p = 0$ folgt aus der TAYLOR-Formel der folgende Satz.

Satz 5.7. *(Mittelwertsatz)*

Ist $f : D \to \mathbb{R}$, $D \subset \mathbb{R}^n$ einmal stetig partiell differenzierbar, und ist $[\mathbf{a}, \mathbf{a} + \mathbf{h}]$ eine im Inneren von D liegende Strecke. Dann gibt es eine Zahl θ mit $0 < \theta < 1$, so dass

$$f(\mathbf{a}+\mathbf{h}) - f(\mathbf{a}) = h_1 f_{x_1}(\mathbf{a}+\theta\mathbf{h}) + h_2 f_{x_2}(\mathbf{a}+\theta\mathbf{h}) + \cdots + h_n f_{x_n}(\mathbf{a}+\theta\mathbf{h}) \quad (5.28)$$

gilt. Es gilt die Abschätzung

$$|f(\mathbf{a}+\mathbf{h}) - f(\mathbf{a})| \leq |\mathbf{h}| \max_{0 \leq s \leq 1} \sqrt{\sum_{i=1}^{n} |f_{x_i}(\mathbf{a}+s\mathbf{h})|^2} \,. \quad (5.29)$$

Beweis: Nach der TAYLOR-Formel mit $p = 0$ hat man

$$f(\mathbf{a}+\mathbf{h}) - f(\mathbf{a}) = \int_0^1 (\mathbf{h} \cdot \nabla) f(\mathbf{a}+s\mathbf{h}) \, ds \,.$$

Einfache Abschätzungen des Integrals mittels der CAUCHY-SCHWARZschen Ungleichung (1.8) liefern (5.29). Zum Beweis von (5.28) wendet man den Mittelwertsatz für Funktionen einer Veränderlichen (Satz 2.16) auf die Funktion $F(s) = f(\mathbf{a}+s\mathbf{h})$, $F : D \to \mathbb{R}$, $D \subset \mathbb{R}$ ($\mathbf{a}, \mathbf{h}$ fest) im Intervall $0 \leq s \leq 1$ an. □

Aus (5.29) folgt z.B., dass die Funktion $f(\mathbf{x})$ auf einem Kreis $\bar{K}_{\mathbf{a},r} \subset D$ (mit Mittelpunkt $\mathbf{a}$ und Radius r) konstant sein muss, wenn dort sämtliche partiellen Ableitungen 1. Ordnung verschwinden.

5.11.2 TAYLOR-Polynom 2. Grades

Der Formalismus beim TAYLOR-Polynom p–ten Grades ist recht aufwendig, wie die obigen Vorbereitungen und die mehrfache Summierung zeigen. Glücklicherweise benötigt man in der Regel nur TAYLOR-Polynome niedriger Grade. Zum TAYLOR-Polynom 1. Grades bleibt anzumerken, dass es gleich der Tangentenabbildung $g(\mathbf{x})$ ist, die wir im Zusammenhang mit der linearen Approximation behandelt haben. Es ergibt sich aus (5.17) und (5.27) mit $p = 1$

$$T_1(\mathbf{x}) = f(\mathbf{x}_0) + \text{grad}\, f(\mathbf{x}_0) \cdot (\mathbf{x} - \mathbf{x}_0) \,.$$

Für das TAYLOR-Polynom $T_2(\mathbf{x})$ gibt es ebenfalls eine recht einprägsame Darstellung.

Satz 5.8. *(TAYLOR-Polynom 2. Grades)*

Das TAYLOR-Polynom 2. Grades einer Funktion f an der Stelle $\mathbf{x}_0$ kann man in der Form

$$T_2(\mathbf{x}) = f(\mathbf{x}_0) + \text{grad}\, f(\mathbf{x}_0) \cdot (\mathbf{x} - \mathbf{x}_0) + \frac{1}{2}(\mathbf{x} - \mathbf{x}_0)^T H_f(\mathbf{x}_0)(\mathbf{x} - \mathbf{x}_0) \quad (5.30)$$

darstellen, wobei H_f die HESSE-Matrix der Funktion f ist.

Führt man die skalare Multiplikation grad $f(\mathbf{x}_0) \cdot (\mathbf{x} - \mathbf{x}_0)$ und die Matrixmultiplikation $(\mathbf{x} - \mathbf{x}_0)^T H_f(\mathbf{x}_0)(\mathbf{x} - \mathbf{x}_0)$ der Darstellung (5.30) aus, erhält man die Beziehung (5.27) für $p = 2$.

Beispiel: Betrachten wir wiederum die Funktion $f(x,y) = x \sin y + y \sin x$. Gesucht ist eine Approximation mit einem TAYLOR-Polynom 2. Grades. Als Entwicklungspunkt nehmen wir $\mathbf{x}_0 = (\frac{\pi}{2}, 0)$. Weiter oben haben wir

$$f'(\mathbf{x}) = [\sin y + y \cos x \,, \ x \cos y + \sin x] = [\text{grad } f(\mathbf{x})]^T$$

gefunden. Für die HESSE-Matrix erhalten wir die symmetrische Matrix

$$H_f = \begin{pmatrix} -y \sin x & \cos y + \cos x \\ \cos y + \cos x & -x \sin y \end{pmatrix}.$$

Damit können wir das TAYLOR-Polynom 2. Grades aufschreiben und erhalten

$$
\begin{aligned}
T_2(\mathbf{x}) &= f(\frac{\pi}{2}, 0) + \text{grad } f(\frac{\pi}{2}, 0) \cdot \begin{pmatrix} x - \frac{\pi}{2} \\ y \end{pmatrix} + \frac{1}{2}(x - \frac{\pi}{2}, y) H_f(\frac{\pi}{2}, 0) \begin{pmatrix} x - \frac{\pi}{2} \\ y \end{pmatrix} \\
&= (\frac{\pi}{2} + 1)y + \frac{1}{2}(x - \frac{\pi}{2}, y) \begin{pmatrix} 0 & 1 \\ 1 & 0 \end{pmatrix} \begin{pmatrix} x - \frac{\pi}{2} \\ y \end{pmatrix} \\
&= (\frac{\pi}{2} + 1)y + \frac{1}{2}[(x - \frac{\pi}{2})y + y(x - \frac{\pi}{2})] = y + xy.
\end{aligned}
$$

5.12 Satz über implizite Funktionen

Wir haben bisher an verschiedenen Stellen implizite funktionale Zusammenhänge der Form

$$f(x,y) = 0 \qquad \text{oder allgemein} \qquad f(\mathbf{x}) = 0, \ \mathbf{x} \in \mathbb{R}^n$$

benutzt. Beispiele impliziter Zusammenhänge sind $x^2 + y^2 = 1$ und $(\frac{x}{a})^2 + (\frac{y}{b})^2 + (\frac{z}{c})^2 = 1$. Es stellt sich dann die Frage, unter welchen Voraussetzungen man $f(x,y) = 0$ nach y eindeutig "auflösen" kann. Das muss keineswegs der Fall sein, denn möglicherweise gibt es überhaupt keine Lösung der Gleichung $f(x,y) = 0$, oder zu einem x existieren mehrere y–Werte, so dass $f(x,y) = 0$ ist. In $\mathbb{R}$ überhaupt nicht auflösbar ist z.B. die Gleichung

$$f(x,y) := x^2 + y^2 + 1 = 0,$$

und die Gleichung

$$f(x,y) := x^2 + y^2 - 1 = 0$$

hat z.B. für den x–Wert 0 die beiden y–Werte $y = 1$ und $y = -1$, so dass man aufgrund der Mehrdeutigkeit nicht von einer Funktion $y = y(x)$ sprechen kann. Antwort auf die gestellten Fragen gibt der Satz über implizite Funktionen.

Satz 5.9. *(Satz über implizite Funktionen, zweidimensionaler Fall)*
Es sei $f : D \to \mathbb{R}$, $D \subset \mathbb{R}^2$, *D offen, eine stetig partiell differenzierbare Funktion. Für einen Punkt $(x_0, y_0)^T \in D$ sei*

$$f(x_0, y_0) = 0 \quad und \quad \frac{\partial f}{\partial y}(x_0, y_0) \neq 0 \, . \tag{5.31}$$

Damit folgt

a) Es gibt ein Intervall U um x_0 und ein Intervall V um y_0 mit der Eigenschaft:
Zu jedem $x \in U$ existiert genau ein $y \in V$ mit

$$f(x, y) = 0 \, .$$

Jedem $x \in U$ ist auf diese Weise eindeutig ein $y \in V$ zugeordnet. Die dadurch definierte Abbildung $g : U \to V$, mit der Funktionsgleichung $y = g(x)$, erfüllt die Gleichung

$$f(x, g(x)) = 0 \quad für alle \quad x \in U \, .$$

b) g ist stetig differenzierbar, und es gilt für jedes $x \in U$:

$$g'(x) = -\frac{\frac{\partial f}{\partial x}(x, g(x))}{\frac{\partial f}{\partial y}(x, g(x))} \, . \tag{5.32}$$

Beweis: Die entscheidende Voraussetzung des Satzes ist $\frac{\partial f}{\partial y}(x_0, y_0) \neq 0$. Das wird auch deutlich, wenn wir uns die grobe Beweisidee ansehen. Wenn wir die verkettete Funktion

$$f(x, y) \quad mit \quad y = g(x)$$

nach x differenzieren, erhalten wir mit der Kettenregel (wegen $f(x, g(x)) = 0$ für $x \in U$)

$$0 = f'(x, y) = \frac{\partial f}{\partial x}\frac{dx}{dx} + \frac{\partial f}{\partial y}\frac{dy}{dx} = \frac{\partial f}{\partial x} + \frac{\partial f}{\partial y}\frac{dy}{dx} \, . \tag{5.33}$$

Unter der Voraussetzung $\frac{\partial f}{\partial y}(x, y) \neq 0$ können wir nun y' aus der Gleichung (5.33) bestimmen und erhalten

$$y' = g'(x) = -\frac{\frac{\partial f}{\partial x}(x, g(x))}{\frac{\partial f}{\partial y}(x, g(x))} \, .$$

Die Voraussetzung $\frac{\partial f}{\partial y}(x_0, y_0) \neq 0$ ist auch entscheidend für den Nachweis von Behauptung a). □

Beispiel: Betrachten wir die Gleichung

$$f(x, y) = x^2 - y^2 - 1 = 0, \quad x, y \in \mathbb{R}, \, x^2 - y^2 \geq 1 \, .$$

Für einen beliebigen x-Wert mit $|x| > 1$ erhält man immer zwei y−Werte und zwar $y = \sqrt{x^2 - 1}$ und $y = -\sqrt{x^2 - 1}$. Wendet man den Satz über implizite Funktionen an, stellt man

$$\frac{\partial f}{\partial y} = -2y$$

fest und damit die eindeutige Auflösbarkeit in einer Umgebung von Punkten (x_0, y_0) mit $y_0 \neq 0$, d.h. $|x_0| > 1$. Um solche x_0 gibt es nach Satz 5.9 ein Intervall U, in dem $x^2 - y^2 - 1 = 0$ eindeutig nach y auflösbar ist, wobei die y-Werte in einer Umgebung V von y_0 liegen. Je nachdem man $y_0 = \sqrt{x_0^2 - 1}$ oder $y_0 = -\sqrt{x_0^2 - 1}$ wählt, erhält man in U die Auflösung $y = g(x) = \sqrt{x^2 - 1}$ oder $y = g(x) = -\sqrt{x^2 - 1}$. Den beiden Punkten $|x_0| = 1$ der x-Achse, wo $\frac{\partial f}{\partial y} = 0$ ist, ist zwar ein eindeutiger Wert y_0, nämlich $y_0 = 0$, zugeordnet. Aber um diese Punkte $(1,0)$ und $(-1,0)$ gibt es offenbar (vgl. Abb. 5.20) kein Intervall U, in dem eine eindeutige Auflösbarkeit nach y möglich ist.

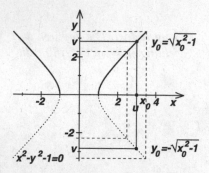

Abb. 5.20. Zur Auflösbarkeit der Gleichung $f(x,y) = x^2 - y^2 - 1 = 0$ nach y

Satz 5.10. *(Satz über implizite Funktionen, allgemeiner Fall)*
Durch $f(\mathbf{x}, y) = f(x_1, x_2, ..., x_n, y)$ *sei eine stetig partiell differenzierbare Funktion beschrieben, die eine offene Menge* $D \subset \mathbb{R}^{n+1}$ *in* $\mathbb{R}$ *abbildet. Für einen Punkt* $\binom{\mathbf{x}_0}{y_0} \in D$ *gelte* $f(\mathbf{x}_0, y_0) = 0$. *Weiterhin sei* $f_y(\mathbf{x}_0, y_0) \neq 0$.
Dann folgt:

a) Es gibt eine Umgebung $U \subset \mathbb{R}^n$ *um* $\mathbf{x}_0$ *und ein Intervall* $V \subset \mathbb{R}$ *um* y_0 *mit der Eigenschaft: Zu jedem* $\mathbf{x} \in U$ *existiert genau ein* $y \in V$ *mit*

$$f(\mathbf{x}, y) = 0 .$$

Jedem $\mathbf{x} \in U$ *ist auf diese Weise eindeutig ein* $y \in V$ *zugeordnet. Die dadurch definierte Abbildung* $g : U \to V$ *mit der Funktionsgleichung* $y = g(\mathbf{x})$ *erfüllt die Gleichung*

$$f(\mathbf{x}, g(\mathbf{x})) = 0 \qquad \text{für alle} \quad \mathbf{x} \in U ,$$

b) g ist stetig differenzierbar und es gilt für jedes $\mathbf{x} \in U$:

$$\frac{\partial g}{\partial x_k}(\mathbf{x}) = -\frac{\frac{\partial f}{\partial x_k}(\mathbf{x}, g(\mathbf{x}))}{\frac{\partial f}{\partial y}(\mathbf{x}, g(\mathbf{x}))} . \tag{5.34}$$

Beispiel: Betrachten wir die Gleichung $f(x, y, z) = z^3 + xz + y = 0$. Die Frage nach der Menge der (x, y), für die die Gleichung nach z eindeutig auflösbar ist, soll mit dem Satz über implizite Funktionen beantwortet werden. Es gilt

$$\frac{\partial f}{\partial z} = 3z^2 + x \,.$$

Damit folgt aus dem Satz über implizite Funktionen die eindeutige Auflösbarkeit von $f(x, y, z) = 0$ für (x, y, z) mit $3z^2 + x \neq 0$. Für die Ableitungen der Funktion $z = z(x, y)$ erhält man

$$\frac{\partial z}{\partial x} = -\frac{z(x, y)}{3z^2(x, y) + x} \quad \text{bzw.} \quad \frac{\partial z}{\partial y} = -\frac{1}{3z^2(x, y) + x} \,.$$

Will man hieraus die Ableitungen $\frac{\partial z}{\partial x}$ und $\frac{\partial z}{\partial y}$ wirklich ausrechnen, muss man vorher $z(x, y)$ bestimmen. Die Sätze über implizite Funktionen liefern zwar Aussagen über die Existenz, aber keine Methode zur Berechnung der implizit gegebenen Funktion.

5.13 Extremalaufgaben ohne Nebenbedingungen

Maxima und Minima von Funktionen mehrerer reeller Variabler lassen sich analog zum Fall der Funktion einer reellen Variablen mit Mitteln der Differentialrechnung im $\mathbb{R}^n$ gewinnen.

Definition 5.33. (lokale oder relative Extrema)
Es sei $f : D \to \mathbb{R}$, $D \subset \mathbb{R}^n$ gegeben. Ist $\mathbf{x}_0 \in D$ ein Punkt, zu dem es eine Umgebung U mit

$$f(\mathbf{x}) \leq f(\mathbf{x}_0) \qquad \text{für alle} \quad \mathbf{x} \in U \cap D, \ \mathbf{x} \neq \mathbf{x}_0,$$

gibt, so sagt man: f besitzt in $\mathbf{x}_0$ ein **lokales** oder **relatives Maximum**. Der Punkt $\mathbf{x}_0$ selbst heißt eine **lokale Maximalstelle** von f. Steht "$<$" statt "$\leq$", wird $\mathbf{x}_0$ als **echte** lokale Maximalstelle von f bezeichnet.

Analog zur Definition des Maximums und der Maximalstelle werden **Minimum** und Minimalstelle ("$\geq$" bzw. "$>$" statt "$\leq$" bzw. "$<$") definiert.
Maximal- und Minimalstellen nennen wir allgemein **Extremalstellen** oder -punkte.
Wir formulieren nun eine **notwendige** Bedingung für eine Extremalstelle.

Satz 5.11. (*notwendige Bedingung*)

Ist $\mathbf{x}_0 \in \dot{D}$ lokale Extremalstelle einer partiell differenzierbaren Funktion $f : D \to \mathbb{R}$, $D \subset \mathbb{R}^n$, so gilt

$$f'(\mathbf{x}_0) = \mathbf{0},$$

d.h. sämtliche partiellen Ableitungen von f verschwinden. (mit $\dot{D}$ werden die inneren Punkte von D bezeichnet).

Beweis: Es sei $\mathbf{x}_0 = (x_{10}, x_{20}, ..., x_{n0})^T$ lokale Extremalstelle von f. Wir definieren die Funktion

$$g(x_k) := f(x_{10}, ..., x_{k-1\,0}, x_k, x_{k+1\,0}, ..., x_{n0}) , \quad k \in \{1, 2, ..., n\},$$

als Funktion einer Veränderlichen. Die Funktion g hat in x_{k0} natürlich ein lokales Extremum, also folgt nach Satz 2.22

$$0 = g'(x_{k0}) = \frac{\partial f}{\partial x_k}(\mathbf{x}_0),$$

womit der Satz bewiesen ist. $\qquad\qquad\qquad\qquad\qquad\qquad\qquad\qquad\qquad\qquad\qquad\square$

Der Satz 5.11 besagt, dass die Lösungen $\mathbf{x}_0$ des Gleichungssystems

$$f_{x_j}(\mathbf{x}_0) = 0, \quad j = 1, 2, ..., n,$$

Kandidaten für Extremalstellen sind. Die Kandidaten für Extremalstellen nennt man auch **kritische** oder **stationäre Punkte**. Ob $\mathbf{x}_0$ tatsächlich Extremalstelle ist, kann man mit dem folgenden hinreichenden Kriterium überprüfen.

Satz 5.12. *(hinreichende Bedingung)*
Ist $f : D \to \mathbb{R}$, $D \subset \mathbb{R}^n$ zweimal stetig partiell differenzierbar, so folgt:
Ein Punkt $\mathbf{x}_0 \in \dot{D}$ mit $f'(\mathbf{x}_0) = \mathbf{0}$ ist eine

a) echte lokale Maximalstelle, falls $(\mathbf{z} \cdot \nabla)^2 f(\mathbf{x}_0) < 0$,

b) echte lokale Minimalstelle, falls $(\mathbf{z} \cdot \nabla)^2 f(\mathbf{x}_0) > 0$,

für alle $\mathbf{z} \in \mathbb{R}^n, \mathbf{z} \neq \mathbf{0}$.

Beweis: Wir nehmen $(\mathbf{z} \cdot \nabla)^2 f(\mathbf{x}_0) > 0$ für alle $\mathbf{z} \neq \mathbf{0}$ an. Nach der TAYLOR-Formel (Satz 5.6) gilt für alle $\mathbf{z}$, für die die Verbindungsgerade $[\mathbf{x}_0, \mathbf{x}_0 + \mathbf{z}]$ zu D gehört

$$f(\mathbf{x}_0 + \mathbf{z}) = f(\mathbf{x}_0) + f'(\mathbf{x}_0)\mathbf{z} + \frac{1}{2} \int_0^1 (1 - s)(\mathbf{z} \cdot \nabla)^2 f(\mathbf{x}_0 + s\mathbf{z}) \, ds,$$

und wegen $f'(\mathbf{x}_0) = \mathbf{0}$

$$f(\mathbf{x}_0 + \mathbf{z}) = f(\mathbf{x}_0) + \frac{1}{2} \int_0^1 (1 - s)(\mathbf{z} \cdot \nabla)^2 f(\mathbf{x}_0 + s\mathbf{z}) \, ds. \qquad (5.35)$$

Da $\mathbf{x}_0$ innerer Punkt von D ist und $(\mathbf{z} \cdot \nabla)^2 f(\mathbf{x}_0) > 0$ für alle $\mathbf{z} \neq \mathbf{0}$ gelten soll, gibt es eine Kugelumgebung $U \subset D$ von $\mathbf{x}_0$ mit

$$(\mathbf{z} \cdot \nabla)^2 f(\mathbf{x}_0 + s\mathbf{z}) > 0 \quad \text{für} \quad \mathbf{x}_0 + s\mathbf{z} \in U, \ \mathbf{z} \neq 0, \ 0 < s < 1.$$

Dabei wurde die Stetigkeit der zweiten partiellen Ableitungen benutzt. Wählt man $\mathbf{z}$ dabei fest, dann nimmt $(\mathbf{z} \cdot \nabla)^2 f(\mathbf{x}_0 + s\mathbf{z})$ für ein $s \in [0,1]$ sein Minimum c an (weil $(\mathbf{z} \cdot \nabla)^2 f(\mathbf{x}_0 + s\mathbf{z})$ eine stetige Funktion in s ist), also gilt

$$(\mathbf{z} \cdot \nabla)^2 f(\mathbf{x}_0 + s\mathbf{z}) \geq c > 0 \quad \text{für alle} \quad s \in [0,1].$$

Damit erhält man aus (5.35)

$$f(\mathbf{x}_0 + \mathbf{z}) - f(\mathbf{x}_0) \geq \frac{1}{2} \int_0^1 (1 - s)c \, ds = \frac{c}{4} > 0 ,$$

also $f(\mathbf{x}_0 + \mathbf{z}) > f(\mathbf{x}_0)$ für jedes $\mathbf{x}_0 + \mathbf{z} \in U$, $\mathbf{z} \neq \mathbf{0}$. $\mathbf{x}_0$ ist damit eine echte Minimalstelle. Durch den Übergang von f zu $-f$ erhält man die entsprechende Aussage für echte Maximalstellen. $\qquad\qquad\qquad\square$

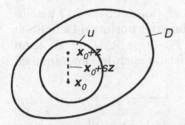

Abb. 5.21. Zum Beweis von Satz 5.12

Aus dem Satz von TAYLOR wissen wir, dass der Ausdruck $(\mathbf{z} \cdot \nabla)^2 f(\mathbf{x}_0)$ mit Hilfe der HESSE-Matrix in der Form

$$(\mathbf{z} \cdot \nabla)^2 f(\mathbf{x}_0) = \mathbf{z}^T H_f(\mathbf{x}_0)\mathbf{z} \tag{5.36}$$

aufgeschrieben werden kann. Damit kann man die hinreichende Bedingung auch anders formulieren.

Satz 5.13. *(hinreichende Bedingung)*
Ist $f : D \to \mathbb{R}$, $D \subset \mathbb{R}^n$ zweimal stetig partiell differenzierbar, so folgt:
Ein Punkt $\mathbf{x}_0 \in \dot{D}$ mit $f'(\mathbf{x}_0) = 0$ ist eine

a) echte lokale Maximalstelle, falls die Eigenwerte der HESSE-Matrix $H_f(\mathbf{x}_0)$ alle negativ sind,

b) echte lokale Minimalstelle, falls die Eigenwerte der HESSE-Matrix $H_f(\mathbf{x}_0)$ alle positiv sind.

Beweis: Da die HESSE-Matrix eine reelle symmetrische Matrix ist, existiert eine orthogonale Eigenvektorbasis $\mathbf{x}_1, \mathbf{x}_2, ..., \mathbf{x}_n$, so dass man jeden Vektor $\mathbf{z}$ durch $\mathbf{z} = \sum_{k=1}^{n} c_k \mathbf{x}_k$, $c_k \in \mathbb{R}$ darstellen kann. Für die Eigenwerte λ_k von $H_f(\mathbf{x}_0)$ gilt

$$H_f(\mathbf{x}_0)\mathbf{x}_k = \lambda_k \mathbf{x}_k \ , \ k = 1,2,\ldots,n \ .$$

Damit finden wir

$$H_f(\mathbf{x}_0)\mathbf{z} = H_f(\mathbf{x}_0) \sum_{k=1}^{n} c_k \mathbf{x}_k = \sum_{k=1}^{n} \lambda_k c_k \mathbf{x}_k \ .$$

Die skalare Multiplikation von links mit $\mathbf{z}^T$ ergibt

$$\mathbf{z}^T H_f(\mathbf{x}_0)\mathbf{z} = \sum_{j=1}^{n} c_j \mathbf{x}_j^T \sum_{k=1}^{n} \lambda_k c_k \mathbf{x}_k = \sum_{k=1}^{n} \lambda_k c_k^2 \alpha^2 \ , \tag{5.37}$$

da für die orthogonalen Eigenvektoren

$$\mathbf{x}_j^T \mathbf{x}_k = \begin{cases} 0 & \text{für } j \neq k \\ \alpha^2 \neq 0 & \text{für } j = k \end{cases}$$

gilt. Sind die Eigenwerte alle kleiner als Null, so folgt aus der Negativität der linken Seite von (5.37), dass eine Maximalstelle vorliegt (wegen (5.36) und Satz 5.12). Bei positiven Eigenwerten schlussfolgert man analog, dass eine Minimalstelle vorliegt. $\qquad\square$

Die Voraussetzung von positiven Eigenwerten von $H_f(\mathbf{x}_0)$ im Satz 5.13 bedeutet aufgrund des Kriteriums 4.36 gerade die Forderung der positiven Definitheit der HESSE-Matrix. Für eine reell-wertige Funktion $f : D \to \mathbb{R}$, $D \subset \mathbb{R}^2$ kann man die hinreichende Bedingung für eine Extremalstelle auch folgendermaßen formulieren.

Satz 5.14. *(hinreichende Extremalbedingung im $\mathbb{R}^2$)*
Ist die reell-wertige Funktion $f : D \to \mathbb{R}$, $D \subset \mathbb{R}^2$ zweimal stetig partiell differenzierbar auf $D \subset \mathbb{R}^2$, so folgt:
Ein Punkt $\mathbf{x}_0 = \begin{pmatrix} x_0 \\ y_0 \end{pmatrix} \in \dot{D}$ mit

$$\frac{\partial f}{\partial x}(x_0, y_0) = 0, \qquad \frac{\partial f}{\partial y}(x_0, y_0) = 0 \tag{5.38}$$

und

$$f_{xx} f_{yy} - f_{xy}^2 > 0 \quad in \quad \begin{pmatrix} x_0 \\ y_0 \end{pmatrix} \tag{5.39}$$

ist eine

a) echte lokale Maximalstelle, falls $f_{xx}(x_0, y_0) < 0$ gilt,

b) echte lokale Minimalstelle, falls $f_{xx}(x_0, y_0) > 0$ gilt.

Beweis: Wir zeigen, dass unter den Bedingungen des Satzes (insbesondere (5.39)) die hinreichenden Bedingungen des Satzes 5.13 erfüllt sind.
Der Beweis des Satzes 5.14 ergibt sich aus der Auswertung der Forderung, dass die Eigenwerte der HESSE-Matrix von f alle positiv oder negativ sein müssen. Zur Bestimmung der Eigenwerte der HESSE-Matrix sind die Nullstellen des charakteristischen Polynoms

$$\det \begin{pmatrix} f_{xx} - \lambda & f_{xy} \\ f_{xy} & f_{yy} - \lambda \end{pmatrix} = \lambda^2 - (f_{xx} + f_{yy})\lambda + f_{xx}f_{yy} - f_{xy}^2$$

zu bestimmen, und man erhält

$$\begin{aligned}
\lambda_{1,2} &= \frac{f_{xx} + f_{yy}}{2} \pm \sqrt{\frac{(f_{xx} + f_{yy})^2}{4} - f_{xx}f_{yy} + f_{xy}^2} \\
&= \frac{f_{xx} + f_{yy}}{2} \pm \sqrt{\frac{(f_{xx} - f_{yy})^2}{4} + f_{xy}^2} \; .
\end{aligned}$$

Man sieht, dass

$$\sqrt{\frac{(f_{xx} - f_{yy})^2}{4} + f_{xy}^2} \geq \left| \frac{f_{xx} - f_{yy}}{2} \right| \tag{5.40}$$

gilt. Wenn $f_{xx}(x_0, y_0) < 0$ ist, muss aufgrund von (5.39) auch $f_{yy}(x_0, y_0) < 0$ gelten und aus (5.40) folgt $\lambda_{1,2} < 0$.
Ist andererseits $f_{xx}(x_0, y_0) > 0$, muss aufgrund von (5.39) auch $f_{yy}(x_0, y_0) > 0$ gelten und damit ergibt sich mit (5.40) $\lambda_{1,2} > 0$. $\square$

Hat $H_f(\mathbf{x}_0)$ positive und negative Eigenwerte und gilt $f'(\mathbf{x}_0) = \mathbf{0}$, dann spricht man bei $\mathbf{x}_0$ von einem **Sattelpunkt**.

Beispiele:
1) Es sind die Extremalstellen der Funktion

$$f(x,y) = x^2 + y^2 + xy - 2x + 3y + 7, \quad \mathbf{x} = \begin{pmatrix} x \\ y \end{pmatrix} \in \mathbb{R}^2,$$

zu berechnen. Die notwendige Bedingung $f'(\mathbf{x}_0) = \mathbf{0}$ ergibt die Gleichungen

$$2x + y - 2 = 0$$
$$2y + x + 3 = 0$$

mit der eindeutigen Lösung $x = \frac{7}{3}$, $y = -\frac{8}{3}$. Zwecks Verifikation der hinreichenden Bedingung berechnen wir

$$f_{xx} = 2, \quad f_{yy} = 2, \quad f_{xy} = 1,$$

und damit folgt aus $D = f_{xx}f_{yy} - f_{xy}^2 = 3 > 0$, so dass der Punkt $\mathbf{x}_0 = \begin{pmatrix} \frac{7}{3} \\ -\frac{8}{3} \end{pmatrix}$ eine Minimalstelle ist.

2) Gesucht sind Extremalstellen der Funktion

$$z = f(x,y) = \frac{x^2}{a^2} - \frac{y^2}{b^2} \quad (a, b > 0).$$

Die Niveaulinien $z = z_0$ sind Hyperbeln $1 = \frac{x^2}{a^2 z_0} - \frac{y^2}{b^2 z_0}$. Die Parameterdarstellung der Niveaulinien lautet

$$z_0 > 0 : \begin{pmatrix} x(t) \\ y(t) \end{pmatrix} = \begin{pmatrix} \pm a\sqrt{z_0}\cosh t \\ b\sqrt{z_0}\sinh t \end{pmatrix}, \quad z_0 < 0 : \begin{pmatrix} x(t) \\ y(t) \end{pmatrix} = \begin{pmatrix} a\sqrt{-z_0}\sinh t \\ \pm b\sqrt{-z_0}\cosh t \end{pmatrix}.$$

Für $z_0 = 0$ ergeben sich die Geraden $y = \pm\frac{b}{a}x$, die Asymptoten der Hyperbeln. Aus der notwendigen Bedingung für die Extrema

$$\operatorname{grad} f = \begin{pmatrix} \frac{2x}{a^2} \\ -\frac{2y}{b^2} \end{pmatrix} = \mathbf{0}$$

folgt $x = y = 0$. Dort ist $f(0,0) = 0$. Die HESSE-Matrix $H_f(\mathbf{0})$ hat die Eigenwerte $\lambda_1 = \frac{2}{a^2}, \lambda_2 = -\frac{2}{b^2}$, mithin $\lambda_1 > 0, \lambda_2 < 0$. Tatsächlich liegt bei $\mathbf{x} = \mathbf{0}$ ein Sattelpunkt vor, wie man auch der folgenden Skizze 5.22 entnehmen kann.
In jeder Kugel-(Kreis-)Umgebung $K_{0,\delta}$ gibt es sowohl Punkte (x,y) mit $f(x,y) > f(0,0) = 0$ als auch Punkte mit $f(x,y) < f(0,0) = 0$.

Die angegebenen Sätze beziehen sich nur auf innere Punkte des Definitionsbereiches D. Wie Funktionen einer Veränderlichen, so können auch Funktionen mehrerer Veränderlicher $f : D \to \mathbb{R}$, $D \subset \mathbb{R}^n$ Extrema in Randpunkten ihres Definitionsbereiches haben. In solchen Extremalstellen müssen die notwendigen Bedingungen $f'(\mathbf{x}) = \mathbf{0}$ nicht erfüllt sein.

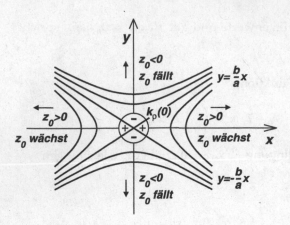

Abb. 5.22. Sattelpunkt $\mathbf{x} = 0$ der Fläche $z = \frac{x^2}{a^2} - \frac{y^2}{b^2}$

Beispiel: Wir betrachten die Funktion $z = f(x, y) = 1 - x^2 - y^2$ auf D mit $D = \{(x, y) \mid x^2 + y^2 \leq 1\}$. Offenbar ist $\min_{(x,y)\in D} f(x, y) = 0$, das Minimum wird für alle Punkte (x, y) des Randes $x^2 + y^2 = 1$ von D angenommen. Es ist

$$f_x = -2x, \quad f_y = -2y, \quad f_{xx} = -2, \quad f_{yy} = -2, \quad f_{xy} = 0 \,.$$

Die notwendige Bedingung $f'(\mathbf{x}) = 0$ ist nur für $x = y = 0$ erfüllt. Dort liegt ein Maximum vor: $f_{xx}f_{yy} - f_{xy} = 4 > 0$, $f_{xx} < 0$. Die Minima auf dem Rand sind nicht in der Lösungsmenge von $f'(\mathbf{x}) = 0$ enthalten.

5.14 Extremalaufgaben mit Nebenbedingungen

Oft ist nach Extremwerten einer Funktion f gefragt, wobei noch Nebenbedingungen der Art

$$\mathbf{h}(\mathbf{x}) = 0 \tag{5.41}$$

erfüllt sein müssen. Allgemein kann man diese Problemstellung wie folgt formulieren. Gegeben sind zwei stetig partiell differenzierbare Abbildungen $f : D \to \mathbb{R}$ und $\mathbf{h} : D \to \mathbb{R}^m$ auf einer offenen Menge $D \subset \mathbb{R}^n$, $n > m$.
Gesucht sind die Maximal- und Minimalstellen der Einschränkung $f|_M$ von f auf

$$M := \{\mathbf{x} \mid \mathbf{x} \in D, \ \mathbf{h}(\mathbf{x}) = 0\} \subset D \,. \tag{5.42}$$

Die Voraussetzung $n > m$ bewirkt, dass $\mathbf{h}(\mathbf{x}) = 0$ ein unterbestimmtes Gleichungssystem für $\mathbf{x}$ ist (Anzahl der Gleichungen kleiner als die Anzahl der Unbekannten). Die Menge M wird dann i. Allg. eine Mannigfaltigkeit mit $(n - m)$ freien Parametern sein. Die Suche nach Extremalstellen von f auf M ist sinnvoll. Bei $n \leq m$ würde M i. Allg. aus einem Punkt bestehen oder leer sein. Eine Suche nach Extremwerten von f auf einer solchen Menge wäre sinnlos.

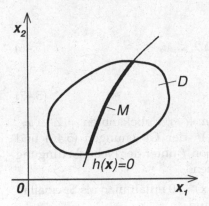

Abb. 5.23. Die Menge $M = \{\mathbf{x} \in D \,|\, \mathbf{h}(\mathbf{x}) = \mathbf{0}\}$ für $n = 2, m = 1$

Eine lokale **Maximalstelle** $\mathbf{x}_0$ von $f|_M$ ist dabei ein Punkt aus M, zu dem es eine Umgebung $U \subset D$ gibt mit

$$f(\mathbf{x}) \leq f(\mathbf{x}_0) \quad \text{für alle} \quad \mathbf{x} \in U \cap M \,.$$

Entsprechendes vereinbart man für lokale Minimalstellen.
Eine Methode bzw. Kriterien zur Ermittlung von Extremalstellen einer Funktion f unter Berücksichtigung von m Nebenbedingungen liefert der folgende Satz.

Satz 5.15. *(notwendige Extremalbedingung bei m Nebenbedingungen)*
Die Funktion $f : D \to \mathbb{R}$ und die Abbildung $\mathbf{h} : D \to \mathbb{R}^m$ seien stetig partiell differenzierbar auf einer offenen Menge $D \subset \mathbb{R}^n$, $n > m$, wobei die JACOBI-Matrix $\mathbf{h}'(\mathbf{x})$ für jedes $\mathbf{x} \in D$ den Rang m hat. Dann folgt:
Ist $\mathbf{x}_0 \in D$ eine lokale Extremalstelle von f unter der Nebenbedingung $\mathbf{h}(\mathbf{x}) = \mathbf{0}$, so existiert dazu eine $(1 \times m)$-Matrix (Zeilenvektor) $\mathbf{L} = (\lambda_1, \lambda_2, ..., \lambda_m)$ mit

$$f'(\mathbf{x}_0) + \mathbf{L}\,\mathbf{h}'(\mathbf{x}_0) = \mathbf{0} \,. \tag{5.43}$$

Die reellen Zahlen $\lambda_1, \lambda_2, ..., \lambda_m$ heißen LAGRANGEsche Multiplikatoren.

Bei dem Kriterium handelt es sich um ein notwendiges Kriterium, d.h. eine lokale Extremalstelle $\mathbf{x}_0$ von f unter der Nebenbedingung $\mathbf{h}(\mathbf{x}) = \mathbf{0}$ (aufgrund der Vektorwertigkeit von $\mathbf{h}$ handelt es sich um m skalare Nebenbedingungen) ist immer eine Lösung der Gleichungen

$$f'(\mathbf{x}_0) + \mathbf{L}\,\mathbf{h}'(\mathbf{x}_0) = \mathbf{0} \quad \text{und} \quad \mathbf{h}(\mathbf{x}_0) = \mathbf{0} \,. \tag{5.44}$$

Mit den Komponentendarstellungen

$$\mathbf{x} = \begin{pmatrix} x_1 \\ x_2 \\ \vdots \\ x_n \end{pmatrix}, \qquad \mathbf{h} = \begin{pmatrix} h_1 \\ h_2 \\ \vdots \\ h_m \end{pmatrix}, \qquad \mathbf{L} = (\lambda_1, \lambda_2, ..., \lambda_m) \tag{5.45}$$

erhalten die Gleichungen (5.44) die Form

$$\frac{\partial f}{\partial x_j}(\mathbf{x}) + \sum_{k=1}^{m} \lambda_k \frac{\partial h_k}{\partial x_j}(\mathbf{x}) = 0 \quad \text{für alle} \quad j = 1, 2, \dots, n, \tag{5.46}$$

und

$$h_k(\mathbf{x}) = 0 \quad \text{für alle} \quad k = 1, 2, \dots, m. \tag{5.47}$$

Es liegen damit $n + m$ Gleichungen für die $n + m$ Unbekannten $x_1, \dots, x_n$, $\lambda_1, \dots, \lambda_m$ vor. Lösungen $\mathbf{x} = (x_1, x_2, \dots, x_n)^T$ der Gleichungen (5.46) und (5.47) heißen **stationäre** oder **kritische Punkte** von f unter der Nebenbedingung $\mathbf{h}(\mathbf{x}) = \mathbf{0}$ und sind Kandidaten für Extremalstellen.

Für den Fall einer skalaren Nebenbedingung $g(\mathbf{x}) = 0$ erhält man als Spezialfall des Satzes 5.15 das folgende notwendige Kriterium.

Satz 5.16. *(notwendige Extremalbedingung bei einer Nebenbedingung)*

Durch $f : D \to \mathbb{R}$ und $g : D \to \mathbb{R}$ werden zwei stetig partiell differenzierbare Funktionen auf einer offenen Menge $D \subset \mathbb{R}^n$ beschrieben. Dabei sei $grad\, g(\mathbf{x}) \neq \mathbf{0}$ für alle $\mathbf{x} \in D$. Dann folgt:
Ist $\mathbf{x}_0 \in D$ eine lokale Extremalstelle von f unter der Nebenbedingung $g(\mathbf{x}) = 0$, so gilt

$$grad\, f(\mathbf{x}_0) + \lambda\, grad\, g(\mathbf{x}_0) = \mathbf{0} \tag{5.48}$$

mit einer reellen Zahl λ (LAGRANGE-Multiplikator).

Zur Begründung der Gültigkeit der Gleichung (5.48) stellen wir die folgende Überlegung an. Wir suchen die Extrema der Funktion $f(x, y) = x^2 y$ unter Berücksichtigung der Nebenbedingung $g(x, y) = \frac{x^2}{4} + \frac{y^2}{9} - 1 = 0$. Wir wissen, dass der Gradient $grad\, g$ von g senkrecht auf den Niveaus von g, also auch auf dem Niveau $g(x, y) = 0$ steht (siehe Abb. 5.25).
Hat f auf dem Niveau $g(x, y) = 0$ eine lokale Extremalstelle (x_0, y_0), ist f in erster Näherung konstant, wenn man sich von (x_0, y_0) aus in Richtung $\mathbf{t} = (x - x_0, y - y_0)^T$ der Niveaulinie bewegt, d.h. $f(x, y) \approx f(x_0, y_0)$ für kleine $x - x_0$ und $y - y_0$ und $g(x, y) = g(x_0, y_0) = 0$. Andererseits gilt nach dem Satz von TAYLOR näherungsweise

$$f(x, y) \approx f(x_0, y_0) + grad\, f(x_0, y_0) \cdot \mathbf{t} \,,$$

woraus folgt, dass $grad\, f(x_0, y_0) \cdot \mathbf{t} \approx 0$ ist. Das bedeutet, dass der Gradient von f an der Stelle (x_0, y_0) senkrecht auf dem Tangentenvektor der Niveaulinie $g(x, y) = 0$ steht. Da der Gradient von g ebenfalls senkrecht auf der Niveaulinie und damit auch auf dem Tangentenvektor $\mathbf{t}$ im Punkt (x_0, y_0) an der Niveaulinie $g(x, y) = 0$ steht, folgt die Existenz einer Zahl α, so dass für eine lokale Extremalstelle

$$grad\, f(x_0, y_0) = \alpha\, grad\, g(x_0, y_0)$$

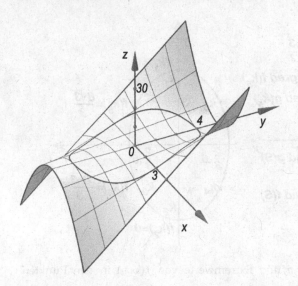

Abb. 5.24. Graph der Funktion $f(x, y) = x^2 y$ mit Einschränkung des Graphen auf die Nebenbedingungsmenge

gilt. Mit der Setzung $\lambda = -\alpha$ folgt die Gleichung (5.48) aus dem Satz 5.16.

Nun soll die Gleichung (5.48) zur Bestimmung der Kandidaten für lokale Extremalstellen der Funktion $f(x, y) = x^2 y$ mit der Nebenbedingung $g(x, y) = 0$ ausgewertet werden. Es ergibt sich

$$\left\{ \begin{array}{c} \text{grad}\, f(x, y) + \lambda \text{grad}\, g(x, y) = \mathbf{0} \\ g(x, y) = 0 \end{array} \right\} \iff \left(\begin{array}{c} 2xy + \lambda \frac{x}{2} \\ x^2 + \lambda \frac{2y}{9} \\ \frac{x^2}{4} + \frac{y^2}{9} - 1 \end{array} \right) = \left(\begin{array}{c} 0 \\ 0 \\ 0 \end{array} \right).$$

Eine Lösung findet man durch genaues Hinsehen mit $K_{1,2} = (x, y) = (0, \pm 3)$, wobei $\lambda = 0$ ist. Für $x \neq 0$ folgt aus der ersten Gleichung $y = -\frac{\lambda}{4}$ und damit aus der zweiten Gleichung $x = \pm \frac{\lambda}{\sqrt{18}}$. Aus der dritten Gleichung folgt schließlich $\lambda = \pm 4\sqrt{3}$, so dass wir weitere 4 Kandidaten

$$K_{3,4} = (x, y) = (\pm \frac{2\sqrt{6}}{3}, -\sqrt{3}), \quad K_{5,6} = (x, y) = (\pm \frac{2\sqrt{6}}{3}, \sqrt{3})$$

für Extremalstellen finden. Aus der Abbildung 5.25 erkennt man, dass f in den Punkten K_1, K_3, K_4 lokale Minima $f(K_1) = 0$, $f(K_3) = f(K_4) = -\frac{8\sqrt{3}}{3}$, und in den Punkten K_2, K_5, K_6 lokale Maxima $f(K_2) = 0$, $f(K_5) = f(K_6) = \frac{8\sqrt{3}}{3}$ annimmt.

Mit der Einführung der LAGRANGE-**Funktion**

$$L(\mathbf{x}, \lambda_1, \lambda_2, ..., \lambda_m) = f(\mathbf{x}) + \sum_{k=1}^{m} \lambda_k h_k(\mathbf{x}) \tag{5.49}$$

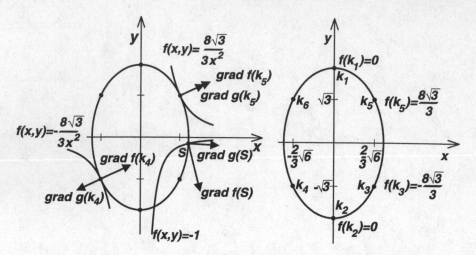

Abb. 5.25. Gradienten von f und g und Extremwerte von $f(x, y)$ in den Punkten $K_1, \ldots, K_6$ auf dem Niveau $g(x, y) = 0$

als Funktion mit $n + m$ Veränderlichen $x_1, \ldots, x_n, \lambda_1, \ldots, \lambda_m$ ergibt sich für die notwendige Bedingung (5.46),(5.47) zur Ermittlung stationärer Punkte die kompaktere Form

$$\operatorname{grad} L(\mathbf{x}, \lambda_1, \lambda_2, ..., \lambda_m) = \mathbf{0}, \ \mathbf{0} \in \mathbb{R}^{n+m} \, .$$

Beispiel: Gesucht sind die lokalen Extremalstellen der Funktion

$$f(x, y) = x^2 + 3y^2 + 4$$

unter der Nebenbedingung

$$g(x, y) = x^2 - y - 2 = 0 \, .$$

Mit $\operatorname{grad} f(x, y) = (2x, 6y)^T$ und $\operatorname{grad} g(x, y) = (2x, -1)^T$ erhält man mit

$$\operatorname{grad} f(\mathbf{x}) + \lambda \operatorname{grad} g(\mathbf{x}) = \mathbf{0} \quad \text{und} \quad g(\mathbf{x}) = 0$$

das Gleichungssystem

$$\begin{aligned}
2x + \lambda 2x &= 0 \\
6y - \lambda &= 0 \\
x^2 - y - 2 &= 0 \, .
\end{aligned}$$

Fordert man $x \neq 0$, so folgt aus der ersten Gleichung $\lambda = -1$. Aus der zweiten Gleichung ergibt sich dann $y = -\frac{1}{6}$ und für x rechnet man $x_{1,2} = \pm\sqrt{\frac{11}{6}}$ aus. Setzt man $x = 0$, so folgt aus der letzten Gleichung $y = -2$ und aus der zweiten Gleichung $\lambda = 12$. Damit hat man durch Auswertung der notwendigen Bedingungen die Kandidaten

$$P_1 = (\sqrt{\frac{11}{6}}, -\frac{1}{6}), \quad P_2 = (-\sqrt{\frac{11}{6}}, -\frac{1}{6}), \quad P_3 = (0, -2)$$

für Extremalstellen der Funktion f bei Berücksichtigung der Nebenbedingung $g(x,y) = x^2 - y - 2 = 0$ ermittelt.

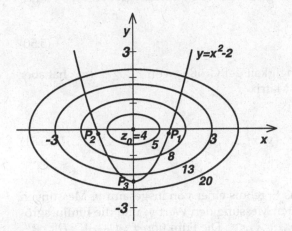

Abb. 5.26. Extremwerte von $f(x,y) = x^2 + 3y^2 + 4$ auf dem Niveau $x^2 - y - 2 = 0$

Man findet nun, dass P_3 eine lokale Maximalstelle ist und P_1, P_2 lokale Minimalstellen sind. Wir wollen den Sachverhalt geometrisch veranschaulichen. Dazu skizzieren wir einige Niveaulinien der Funktion $f(x,y)$. Für das Niveau $z = z_0$ ($z_0 > 4$) sind das Ellipsen mit den Halbachsen $\sqrt{z_0 - 4}$ und $\frac{\sqrt{3}}{3}\sqrt{z_0 - 4}$:

$$\left(\frac{x}{\sqrt{z_0 - 4}}\right)^2 + \left(\frac{y}{\frac{\sqrt{3}}{3}\sqrt{z_0 - 4}}\right)^2 = 1 .$$

Geht man auf der Nebenbedingungs-Kurve $y = x^2 - 2$ von P_3 nach P_1 oder P_2, so nimmt z_0 ab. Nach Durchlaufen von P_1 bzw. P_2 nimmt z_0 wieder zu. In P_3 wird also ein lokales Maximum von $f|_M$ vorliegen, in P_1 und P_2 je ein lokales Minimum.

In der Regel ist die Frage, ob stationäre Punkte lokale Extremalstellen sind, schwer zu beantworten. Hier hilft oft ingenieurmäßige Intuition oder numerische Rechnung. Eine Hilfe bei der Entscheidung liefert der Satz, dass jede stetige Funktion auf einer kompakten Menge ihr Maximum und Minimum annimmt. Bei kompakter Nebenbedingungsmenge

$$M = \{\mathbf{x} \in D \mid g(\mathbf{x}) = 0\}$$

hat man daher unter den Lösungen der LAGRANGE-Methode und den Randpunkten aus $M \cap \partial D$ diejenigen mit maximalem Funktionswert $f(\mathbf{x})$ herauszusuchen. Diese Punkte sind alle gesuchten Maximalstellen. Für Minimalstellen gilt Entsprechendes.

5.15 Ausgleichsrechnung

Es ist ein funktionaler Zusammenhang zwischen den Einflussgrößen $x_1, x_2, ..., x_n$ und einer Größe y in der Form

$$y = f(x_1, x_2, ..., x_n) \tag{5.50}$$

gesucht. Man weiß über die Abhängigkeit der Größe y von $x_1, x_2, ..., x_n$, hat aber z.B. durch Messreihen o.ä. nur die Matrix

$$\begin{pmatrix} y_1 & x_{11} & \cdots & x_{1n} \\ y_2 & x_{21} & \cdots & x_{2n} \\ \cdots & & & \\ y_m & x_{m1} & \cdots & x_{mn} \end{pmatrix} =: (\mathbf{y}, \mathbf{x}_1, ..., \mathbf{x}_) \tag{5.51}$$

gegeben, wobei eine Zeile etwa das Ergebnis einer von insgesamt m Messungen ist, also hat die Größe y bei der j–ten Messung den Wert y_j und die Einflussgrößen $x_1, x_2, ..., x_n$ haben die Werte $x_{j1}, ..., x_{jn}$. Die Funktion $f : D \to \mathbb{R}$, $D \subset \mathbb{R}^n$, kennt man in der Regel nicht. In vielen Fällen wird man über die allgemeine Form von f gewisse Vorkenntnisse oder Vermutungen haben, wodurch sich entsprechende Ansätze für f formulieren lassen. Macht man für f z.B. einen linearen Ansatz in der Form

$$f(x_1, x_2, ..., x_n) = r_0 + r_1 x_1 + ... + r_n x_n \,, \tag{5.52}$$

kann man die Frage stellen, für welche $r_0, r_1, ..., r_n$ der **quadratische Fehler**

$$\begin{aligned} F(r_0, r_1, ..., r_n) &= \sum_{k=1}^{m} (y_k - f(x_{k1}, x_{k2}, ..., x_{kn}))^2 \\ &= \sum_{k=1}^{m} (y_k - (r_0 + r_1 x_{k1} + ... + r_n x_{kn}))^2 \end{aligned} \tag{5.53}$$

minimal ist, um somit die "beste" lineare Näherung des funktionalen Zusammenhangs $y = f(x_1, x_2, ..., x_n)$ auf der Grundlage der Messreihe (5.51) zu erhalten. Die Methode geht auf GAUSS zurück und wird **Methode der kleinsten Quadrate** genannt. Bei der Aufgabe

$$F(r_0, r_1, ..., r_n) = \min! \tag{5.54}$$

handelt es sich um ein Extremalproblem ohne Nebenbedingungen.
Wenn man die Bezeichnungen $\mathbf{r} = (r_0 \, r_1 \ldots r_n)^T$, $\mathbf{y} = (y_1 \, y_2 \ldots y_m)^T$ und

$$M = \begin{pmatrix} 1 & x_{11} & x_{12} & \cdots & x_{1n} \\ 1 & x_{21} & x_{22} & \cdots & x_{2n} \\ \vdots & & & & \vdots \\ 1 & x_{m1} & x_{m2} & \cdots & x_{mn} \end{pmatrix}$$

einführt, dann kann man das Funktional F auch unter Nutzung der EUKLIDischen Norm auch in der Form

$$F(\mathbf{r}) = \|M\mathbf{r} - \mathbf{y}\|_2^2 = \langle M\mathbf{r} - \mathbf{y}, M\mathbf{r} - \mathbf{y} \rangle_2 \tag{5.55}$$

aufschreiben, wobei das Minimum $\min_{\mathbf{r} \in \mathbb{R}^{n+1}} \|M\mathbf{r} - \mathbf{y}\|_2^2$ gesucht wird.
Die notwendige Bedingung für Extremalpunkte lautet $\operatorname{grad} F = \mathbf{0}$. Die Berechnung der Ableitungen des Ansatzes (5.52) nach r_j für $j = 0, \ldots, n$ führt auf

$$\frac{\partial F}{\partial r_0} = 2 \sum_{k=1}^{m} (y_k - (r_0 + r_1 x_{k1} + \cdots + r_n x_{kn}))$$

$$\frac{\partial F}{\partial r_1} = 2 \sum_{k=1}^{m} (y_k - (r_0 + r_1 x_{k1} + \cdots + r_n x_{kn})) x_{k1}$$

$$\cdots$$

$$\frac{\partial F}{\partial r_n} = 2 \sum_{k=1}^{m} (y_k - (r_0 + r_1 x_{k1} + \cdots + r_n x_{kn})) x_{kn} \, .$$

Die Auswertung der notwendigen Bedingung $\operatorname{grad} F = \mathbf{0}$, d.h. $\frac{\partial F}{\partial r_j} = 0$ ($j = 0, \ldots, n$) ergibt nach kurzer Rechnung das lineares Gleichungssystem

$$A\mathbf{r} = \mathbf{b} \tag{5.56}$$

zur Bestimmung des Vektors $\mathbf{r} = (r_0, r_1, \ldots, r_n)^T$ mit der Koeffizientenmatrix bzw. der rechten Seite

$$A = \begin{pmatrix} \sum_{k=1}^{m} 1 & \sum_{k=1}^{m} x_{k1} & \sum_{k=1}^{m} x_{k2} & \cdots & \sum_{k=1}^{m} x_{kn} \\ \sum_{k=1}^{m} x_{k1} & \sum_{k=1}^{m} x_{k1}^2 & \sum_{k=1}^{m} x_{k2} x_{k1} & \cdots & \sum_{k=1}^{m} x_{k1} x_{kn} \\ \cdots & & & & \\ \sum_{k=1}^{m} x_{kn} & \sum_{k=1}^{m} x_{k1} x_{kn} & \sum_{k=1}^{m} x_{k2} x_{kn} & \cdots & \sum_{k=1}^{m} x_{kn}^2 \end{pmatrix} .$$

Das Gleichungssystem (5.56) nennt man GAUSS-**Normalgleichungssystem** des linearen Ausgleichsproblems (5.54). Man kann die Matrix $A = (a_{ij})_{(i,j=0,\ldots,n)}$ auch kurz durch ihre Elemente

$$a_{ij} = \sum_{k=1}^{m} x_{ki} x_{kj}$$

mit $x_{k0} = 1$ ($k = 1, \ldots, m$), beschreiben. Man erkennt, dass A symmetrisch ist. Für die Komponenten der rechten Seite $\mathbf{b}$ findet man $b_i = \sum_{k=1}^{m} y_k x_{ki}$ ($i = 1, \ldots, m$). Die eben beschriebene Methodik kann man im folgenden Satz zusammenfassen.

Satz 5.17. *(lineares Ausgleichsproblem)*

a) *Das lineare Ausgleichsproblem (5.54) ist immer lösbar.*

b) *Die Lösungen von (5.54) und (5.56) stimmen immer überein.*

c) *Ist der Rang der Matrix $(\mathbf{1}, \mathbf{x}_1, \ldots, \mathbf{x}_n)$ gleich $n + 1$ (mit $\mathbf{x}_j$ aus (5.51) und $\mathbf{1} = (1, \ldots, 1)^T \in \mathbb{R}^m$), so ist die Ausgleichslösung eindeutig.*

c) Ist die Zahl der Messungen m nicht größer als die Zahl der Einflussgrößen n, so ist die Matrix A immer singulär.

Eine alternative Methode zur Bestimmung des Minimums von F ist mit einer QR-Zerlegung (4.43) der Matrix M möglich. Damit erhält man erstmal

$$F(\mathbf{r}) = ||M\mathbf{r} - \mathbf{y}||_2^2 = ||QS\mathbf{r} - \mathbf{y}||_2^2 \,.$$

Da orthogonale Matrizen längenerhaltend sind, d.h. $||Q\mathbf{x}||_2 = ||\mathbf{x}||_2$ gilt, und da mit Q auch Q^T orthogonal ist, ergibt sich weiter

$$F(\mathbf{r}) = ||Q^T(QS\mathbf{r} - \mathbf{y})||_2^2 = ||S\mathbf{r} - Q^T\mathbf{y}||_2^2 \,.$$

Nun setzen wir

$$\mathbf{w} = Q^T\mathbf{y} \quad \text{und} \quad \mathbf{w} = \left(\begin{array}{c} \mathbf{w}_1 \\ \mathbf{w}_2 \end{array} \right),$$

wobei $\mathbf{w}_1$ aus den ersten n Komponenten von $\mathbf{w}$, und $\mathbf{w}_2$ aus den restlichen m-n Komponenten von $\mathbf{w}$ besteht. S besteht ja aus einem Block mit der oberen Dreiecksmatrix R und einer Nullmatrix N, so dass wir

$$F(\mathbf{r}) = ||S\mathbf{r} - Q^T\mathbf{y}||_2^2 = || \left[\begin{array}{c} R \\ N \end{array} \right] \mathbf{r} - \left(\begin{array}{c} \mathbf{w}_1 \\ \mathbf{w}_2 \end{array} \right) ||_2^2 = ||R\mathbf{r} - \mathbf{w}_1||_2^2 + ||\mathbf{w}_2||_2^2 \quad (5.57)$$

erhalten. Aus (5.57) erkennt man sofort, dass F für die Lösung $\mathbf{r}_m$ des linearen Gleichungssystems

$$R\mathbf{r} = \mathbf{w}_1$$

minimal wird, wobei wir für die eindeutige Lösbarkeit annehmen, dass M den maximalen Rang n hat. Für das Residuum gilt dann $F(\mathbf{r}_m) = ||\mathbf{w}_2||_2^2$.

Beispiel: Man hat die Messreihe

y	1,2	1,4	2	2,5	3,2	3,4	3,7	3,9	4,3	5
x	1	2	3	4	5	6	7	7,5	8	10

gegeben. Mit den beschriebenen Methoden findet man für die Messreihe die Ausgleichsgerade $y = F(x) = 0{,}73 + 0{,}436\,x$.
Wenn man statt dem Ansatz (5.52) mit einem Ansatz der Form

$$f(x_1, x_2, ..., x_n) = r_0 + r_1\phi_1(x_1) + ... + r_n\phi_n(x_n) \quad (5.58)$$

arbeitet, wobei ϕ_j, $j = 1,2,...,n$, gegebene differenzierbare Funktionen sind, ist die oben beschriebene Methodik dem Prinzip nach ebenso anwendbar. Der Ansatz (5.58) führt zum quadratischen Fehler

$$G(r_0, r_1, ..., r_n) = \sum_{k=1}^{m}(y_k - f(x_{k1}, x_{k2}, ..., x_{kn}))^2$$

$$= \sum_{k=1}^{m}(y_k - (r_0 + r_1\phi(x_{k1}) + ... + r_n\phi(x_{kn})))^2 \,, \quad (5.59)$$

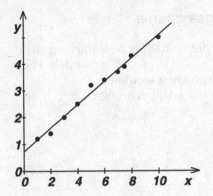

Abb. 5.27. Messreihe und Ausgleichskurve $y = F(x) = 0{,}73 + 0{,}436\,x$

und die Auswertung der notwendigen Bedingung

$$\operatorname{grad} G = \mathbf{0}$$

führt zu einer Modifizierung der Matrix A.

Macht man bei positiven Einflussgrößen für die funktionale Beziehung $y = f(x_1, ..., x_n)$ den Ansatz

$$f(x_1, x_2, ..., x_n) = r_0 \cdot x_1^{r_1} \cdot x_2^{r_2} \cdot ... \cdot x_n^{r_n} , \tag{5.60}$$

so spricht man von einem **logarithmisch linearen Ansatz**. Durch Logarithmieren erhält man aus (5.60) die lineare Beziehung

$$\ln f(x_1, x_2, ..., x_n) = \ln r_0 + r_1 \ln x_1 + r_2 \ln x_2 + ... + r_n \ln x_n$$

und kann die oben beschriebene Methode zur Berechnung der "besten" r_j verwenden. Denn man hat mit den Festlegungen $y' := \ln y$, $y'_k := \ln y_k$, $r'_0 := \ln r_0$ und $x'_j := \ln x_j$, $x'_{kj} := \ln x_{kj}$ für $k = 1, ..., m$, $j = 1, ...n$ statt (5.51) die Ausgangsmatrix

$$\begin{pmatrix} y'_1 & x'_{11} & \cdots & x'_{1n} \\ y'_2 & x'_{21} & \cdots & x'_{2n} \\ \cdots & & & \\ y'_m & x'_{m1} & \cdots & x'_{mn} \end{pmatrix} \tag{5.61}$$

Man kann dann auf dem oben beschriebenen Weg die "besten" $r'_0, r_1, ..., r_n$ zur Näherung des funktionalen Zusammenhangs

$$y' = r'_0 + r_1 x'_1 + r_2 x'_2 + ... + r_n x'_n$$

bestimmen. Mit $r_0 = e^{r'_0}$ findet man damit den "besten" Zusammenhang (5.60).

5.16 NEWTON-Verfahren für Gleichungssysteme

Im Kapitel 2 wurde das NEWTON-Verfahren für die Nullstellenbestimmung einer reell-wertigen Funktion einer Veränderlichen $f : I \to \mathbb{R}$, $I \subset \mathbb{R}$ behandelt. Hier soll nun kurz das NEWTON-Verfahren im $\mathbb{R}^n$ besprochen werden.

Es sei ein Gleichungssystem aus n Gleichungen mit n Unbekannten

$$
\begin{aligned}
f_1(x_1, x_2, ..., x_n) &= 0 \\
f_2(x_1, x_2, ..., x_n) &= 0 \\
&\vdots \\
f_n(x_1, x_2, ..., x_n) &= 0
\end{aligned}
\tag{5.62}
$$

zu lösen. Mit $\mathbf{x} = (x_1, x_2, ..., x_n)^T$ und $\mathbf{f} = (f_1, f_2, ..., f_n)^T$ kann man (5.62) kürzer in der Form

$$
\mathbf{f}(\mathbf{x}) = \mathbf{0}
\tag{5.63}
$$

aufschreiben. Dabei sei $D \subset \mathbb{R}^n$ der Definitionsbereich von $\mathbf{f}$, einer Abbildung von D in den $\mathbb{R}^n$. $\mathbf{f}$ wird als stetig differenzierbar vorausgesetzt. Es seien etwa alle Komponenten von $\mathbf{f}(\mathbf{x})$ in $\dot{D}$ stetig partiell differenzierbar (vgl. Satz 5.4). Gesucht sind Punkte $\mathbf{x} \in D$, die die Gleichung (5.63) erfüllen. Solche $\mathbf{x}$ nennen wir Lösung der Gleichung (5.63).

Liegt $\mathbf{x}_0 \in \dot{D}$ in der Nähe einer Lösung $\mathbf{x}$ von $\mathbf{f}(\mathbf{x}) = \mathbf{0}$, so bildet man die Tangentenabbildung

$$
\mathbf{g}(\mathbf{x}) = \mathbf{f}(\mathbf{x}_0) + \mathbf{f}'(\mathbf{x}_0)(\mathbf{x} - \mathbf{x}_0), \ \mathbf{x} \in D,
$$

von $\mathbf{f}$ in $\mathbf{x}_0$ und löst anstelle von $\mathbf{f}(\mathbf{x}) = \mathbf{0}$ die Gleichung $\mathbf{g}(\mathbf{x}) = \mathbf{0}$, d.h. man sucht eine Lösung $\mathbf{x}_1$ der Gleichung

$$
\mathbf{g}(\mathbf{x}_1) = \mathbf{f}(\mathbf{x}_0) + \mathbf{f}'(\mathbf{x}_0)(\mathbf{x}_1 - \mathbf{x}_0) = \mathbf{0} \, .
$$

Es handelt sich dabei um ein **lineares** Gleichungssystem für $\mathbf{x}_1$, für das uns Lösungsmethoden bekannt sind. Hat man $\mathbf{x}_1$ bestimmt, führt man ausgehend von $\mathbf{x}_1$ den gleichen Rechenschritt aus und sucht ein $\mathbf{x}_2$ als Lösung der Gleichung

$$
\mathbf{f}(\mathbf{x}_1) + \mathbf{f}'(\mathbf{x}_1)(\mathbf{x}_2 - \mathbf{x}_1) = \mathbf{0} \, .
$$

Allgemein kann man unter der Voraussetzung, dass $\mathbf{x}_k \in \dot{D}$ ist, $\mathbf{x}_{k+1}$ aus der Gleichung

$$
\mathbf{f}(\mathbf{x}_k) + \mathbf{f}'(\mathbf{x}_k)(\mathbf{x}_{k+1} - \mathbf{x}_k) = \mathbf{0}
$$

bestimmen und erhält nach Multiplikation der Gleichung mit $[\mathbf{f}'(\mathbf{x}_k)]^{-1}$ bei einem gegebenen $\mathbf{x}_0$ das NEWTON-Verfahren

$$
\begin{aligned}
\mathbf{x}_0 \quad & \text{gegeben,} \\
\mathbf{x}_{k+1} := \quad & \mathbf{x}_k - [\mathbf{f}'(\mathbf{x}_k)]^{-1}\mathbf{f}(\mathbf{x}_k) \quad \text{für} \quad k = 0,1,2, ...
\end{aligned}
\tag{5.64}
$$

Damit ist die vollständige Analogie zum NEWTON-Verfahren bei einer reellen Unbekannten gegeben (vgl. Abschnitt 2.11.2).

Wir fassen den Algorithmus des NEWTON-Verfahrens zusammen:
Es sei $\mathbf{f} : D \to \mathbb{R}^n$, $D \subset \mathbb{R}^n$, stetig differenzierbar gegeben. Zur Lösung der Gleichung $\mathbf{f}(\mathbf{x}) = \mathbf{0}$ führt man die folgenden Schritte durch.

NEWTON-Verfahren:

1) Man wählt einen Anfangswert $\mathbf{x}_0 \in \dot{D}$.

2) Man berechnet $\mathbf{x}_1, \mathbf{x}_2, \mathbf{x}_3, ..., \mathbf{x}_k, ...$, indem man nacheinander für $k = 0,1,2,...$ das Gleichungssystem

$$\mathbf{f}'(\mathbf{x}_k)\mathbf{z}_{k+1} = -\mathbf{f}(\mathbf{x}_k) \tag{5.65}$$

nach $\mathbf{z}_{k+1}$ auflöst und $\mathbf{x}_{k+1} := \mathbf{x}_k + \mathbf{z}_{k+1}$ bildet. Dabei wird $\mathbf{f}'(\mathbf{x}_k)$ als regulär und $\mathbf{x}_k \in \dot{D}$ für $k = 0,1,2,...$ vorausgesetzt.

3) Das Verfahren wird abgebrochen, wenn $|\mathbf{x}_{k+1} - \mathbf{x}_k|$ unterhalb einer vorgegebenen Genauigkeitsschranke liegt oder eine vorgegebene maximale Iterationszahl erreicht ist.

An dieser Stelle sei darauf hingewiesen, dass das NEWTON-Verfahren im Falle eines linearen Gleichungssystems $A \cdot \mathbf{x} = \mathbf{b}$ nur einen Iterationsschritt bis zur Lösung benötigt. Für $\mathbf{f}(\mathbf{x}) = A \cdot \mathbf{x} - \mathbf{b}$ ist die Ableitungsmatrix $\mathbf{f}'(\mathbf{x})$ gleich der Koeffizientenmatrix A des linearen Gleichungssystems und damit konstant. Der Schritt 2) der eben beschriebenen Methode bedeutet dann gerade die Lösung des linearen Gleichungssystems $A \cdot \mathbf{x} = \mathbf{b}$.

Satz 5.18. *(Konvergenzaussage zum NEWTON-Verfahren)*
$\mathbf{f} : D \to \mathbb{R}^n$, $D \subset \mathbb{R}^n$, *sei zweimal stetig differenzierbar und besitze eine Nullstelle* $\overline{\mathbf{x}} \in \dot{D}$. *Weiterhin sei* $\mathbf{f}'(\mathbf{x})$ *für jedes* $\mathbf{x} \in D$ *regulär. Dann folgt:*
Es gibt eine Umgebung U *von* $\overline{\mathbf{x}}$, *so dass die durch* (5.64) *definierte NEWTON-Folge* $\mathbf{x}_1, \mathbf{x}_2, \mathbf{x}_3, ..., \mathbf{x}_k, ...$ *von einem beliebigen* $\mathbf{x}_0 \in U$ *ausgehend gegen die Nullstelle* $\overline{\mathbf{x}}$ *konvergiert. Die Konvergenz ist quadratisch, d.h. es gibt eine Konstante* $C > 0$, *so dass für alle* $k = 1,2,3,...$

$$|\mathbf{x}_k - \overline{\mathbf{x}}| \leq C|\mathbf{x}_{k-1} - \overline{\mathbf{x}}|^2$$

gilt. Wenn $A = (a_{ij})$ *eine* $(n \times n)$-*Matrix ist, verabreden wir für die Norm der Matrix* $||A|| = \sqrt{\sum_{i,j=1}^{n} a_{ij}^2}$. *Eine einfache Fehlerabschätzung lautet*

$$|\mathbf{x}_k - \overline{\mathbf{x}}| \leq |\mathbf{f}(\mathbf{x}_k)| \sup_{\mathbf{x} \in \dot{D}} ||[\mathbf{f}'(\mathbf{x})]^{-1}|| \cdot$$

5.17 Aufgaben

1) Berechnen Sie die Ableitung der Verkettung $(\mathbf{f} \circ \mathbf{g})$ der Abbildungen

$$\mathbf{g}(x,y) = (\sin x, \cos y, e^{xy})^T \quad \text{und} \quad \mathbf{f}(x_1, x_2, x_3) = (x_1, x_1^2, x_2^2, x_3^2)^T .$$

2) Berechnen Sie die Ableitung und den Gradienten der Funktion

$$f(x_1, x_2, x_3, x_4) = x_1 \ln(x_2 x_3) + e^{x_2 + x_1 x_3} .$$

3) Approximieren Sie die Abbildung $\mathbf{f} : \mathbb{R}^3 \to \mathbb{R}^2$

$$\mathbf{f}(\mathbf{x}) = \begin{pmatrix} xy \sin z \\ x + y^3 z \end{pmatrix}$$

   durch eine lineare Abbildung um den Punkt $\mathbf{x}_0 = (0,0,0)^T$.

4) Berechnen Sie das TAYLOR-Polynom 2. Grades der Funktion $f(x,y,z) = xyz^3$ am Entwicklungspunkt $\mathbf{x}_0 = (1,1,1)^T$.

5) Bestimmen Sie die Richtungsableitung der Funktion $f(x,y) = \frac{x^2}{y^2}$ am Punkt $\mathbf{x} = (1,1)^T$ in Richtung von $\mathbf{a} = (1,2)^T$.

6) Bestimmen Sie das maximale Produkt der 3 nichtnegativen Zahlen x, y und z, deren Summe gleich 105 ist.

7) Formulieren Sie eine Extremwertaufgabe zur Bestimmung des kürzesten Abstandes des Punktes $\mathbf{x}_0 = (5, 7, 18)^T$ von der Oberfläche des Ellipsoids

$$E = \{(x,y,z)^T \mid 2x^2 + (\tfrac{y}{2})^2 + z^2 \le 1\} ,$$

   und stellen Sie ein Gleichungssystem zur Ermittlung der Kandidaten für Extremalstellen auf.

8) Berechnen Sie die Niveaus 1, $\frac{1}{2}$ und $\frac{1}{4}$ der Funktion

$$f : D \to \mathbb{R} , \quad D = \{(x,y)^T \mid 4x^2 + 9y^2 \le 1\}, \quad f(x,y) = \sqrt{1 - 4x^2 - 9y^2}.$$

9) Ermitteln Sie die maximale Krümmung und deren Ort für die Kurve

$$\gamma(t) = (3 \sin t, 4 \cos t, 2)^T , \quad t \in [0, 2\pi] ,$$

   und geben Sie den maximalen Krümmungsradius an.

10) Untersuchen Sie die auf $D = \{(x,y)^T \mid x^2 + y^2 \le 1\}$ definierte Funktion

$$f(x,y) = \begin{cases} \frac{\sin(\sqrt{x^2 + y^2})}{\sqrt{x^2 + y^2}} & \text{für} \quad x^2 + y^2 \ne 0 \\ 1 & \text{für} \quad x^2 + y^2 = 0 \end{cases}$$

   auf lokale und globale Extrema.

11) Gegeben sei die Funktion

$$f : \mathbb{R}^2 \to \mathbb{R}, \quad f(x,y) = \frac{x^2}{2} + xy + y^3 .$$

Berechnen Sie eine Richtung $\mathbf{v}$, in der die Funktion im Punkt $(1,1)$ den Anstieg 3 in Richtung $\mathbf{v}$ hat.

12) Gegeben sei die Funktion

$$f : \mathbb{R}^3 \setminus \{\mathbf{0}\} \to \mathbb{R}, \quad f(x,y,z) = \ln(|\mathbf{x}|) \ (\mathbf{x} = (x,y,z)).$$

Berechnen Sie den Gradienten sowie die Richtungsableitung in Richtung $\mathbf{v} = (1,0,1)^T$ im Punkt $P = (1,1,0)$ und außerdem

rot grad f .

13) Betrachten Sie die Funktion

$$f : \mathbb{R}^2 \to \mathbb{R}, \quad f(x,y) = x^2 + x + xy + y^3 .$$

(a) Bestimmen Sie alle lokalen und globalen Extrem- bzw. Sattelstellen der Funktion auf $\mathbb{R}^2$ und geben Sie die TAYLOR-Polynome 2. Grades von f an den gefundenen Stellen an.
(b) Charakterisieren Sie sämtliche lokalen wie globalen Extremalstellen von f auf der Menge $H = \{(x,y) \in \mathbb{R}^2 \mid 2x + y \le 0\}$.

14) Gegeben sei eine Funktion

$$f : \mathbb{R}^2 \to \mathbb{R} \quad \text{mit} \quad f'(x,y) = (\sin(x^2) \ y) ,$$

sowie die Abbildung

$$\mathbf{g} : \mathbb{R}^2 \to \mathbb{R}^2 \quad \text{mit} \quad \mathbf{g}(x,y) = (xy, x + 2y)^T) .$$

Ermitteln Sie für die Funktion

$$h : \mathbb{R}^2 \to \mathbb{R} \quad \text{mit} \quad h = f \circ \mathbf{g}$$

im Punkt $(1,0)$ die Richtung des stärksten Anstiegs.

15) Gegeben sind die Abbildungen

$$\mathbf{v} : \mathbb{R}^2 \to \mathbb{R}^3, \quad \mathbf{v}(x,y) = \begin{pmatrix} x + y^2 \\ \sin x \cos y \\ e^{x^2+y^2} \end{pmatrix}$$

und

$$\mathbf{w} : \mathbb{R}^3 \to \mathbb{R}^2, \quad \mathbf{w}(r,s,t) = \begin{pmatrix} r + st \\ \ln(1 + r^2 + s^2 + t^2) \end{pmatrix} .$$

(a) Berechnen Sie die Ableitungsmatrizen $\mathbf{v}'(x,y)$ und $\mathbf{w}'(r,s,t)$.
(b) Berechnen Sie sämtliche mögliche Verknüpfungen der beiden Abbildungen.

16) (a) Es ist die Funktion

$$f :]0,\infty[\times\mathbb{R}\times\mathbb{R}\to\mathbb{R}, \quad f(x,y,z) = x^y + \sin(xyz^2)$$

gegeben. Berechnen Sie den Gradienten von f und geben Sie für die Abbildung $\mathbf{g}(x,y,z) = \mathrm{grad}_{(x,y,z)} f$ den maximalen Definitionsbereich an.
(b) Berechnen Sie die Ableitungsmatrix der Abbildung $\mathbf{g}$.

17) (a) Gegeben ist die Matrix

$$M = \begin{pmatrix} 2 & 1 \\ 1 & 3 \\ 2 & 0 \end{pmatrix}, \text{ der Vektor } \mathbf{y} = \begin{pmatrix} 1 \\ 3 \\ 2 \end{pmatrix}$$

und die Funktion

$$F : \mathbb{R}^2 \to \mathbb{R};, \quad F(x,y) = \left\| M \begin{pmatrix} x \\ y \end{pmatrix} - \mathbf{y} \right\|_2^2 .$$

Berechnen Sie den Gradienten und die HESSE-Matrix von F.
(b) Bestimmen Sie sämtliche lokalen Extremalstellen und entscheiden Sie, ob es sich um Maxima oder Minima handelt.

18) Berechnen Sie für die Abbildung

$$\mathbf{k} : [0,1] \times [-\frac{\pi}{2}, \frac{\pi}{2}] \times [0,2\pi] \to \mathbb{R}^3, \quad \mathbf{k}(r,\theta,\phi) = \begin{pmatrix} r\cos\phi\cos\theta \\ r\sin\phi\cos\theta \\ r\sin\theta \end{pmatrix}$$

die Ableitungsmatrix $\mathbf{k}'(r,\theta,\phi)$ und deren Determinante.

6 Gewöhnliche Differentialgleichungen

In vielen Bereichen der Ingenieur- und Naturwissenschaften, aber auch in den Sozialwissenschaften und der Medizin erhält man im Ergebnis von mathematischen Modellierungen Gleichungen, in denen neben der gesuchten Funktion auch deren Ableitungen vorkommen. Beispiele für das Auftreten solcher Gleichungen sind Steuerung von Raketen und Satelliten in der Luft- und Raumfahrt, chemische Reaktionen in der Verfahrenstechnik, Steuerung der automatischen Produktion im Rahmen der Robotertechnik und in der Gerichtsmedizin die Bestimmung des Todeszeitpunktes bei Gewaltverbrechen. Interessiert man sich z.B. für den Luftdruck $p(x)$ in beliebiger Höhe x über der Erdoberfläche, so erhält man aufgrund physikalischer Gesetze die Gleichung $\frac{d\,p(x)}{dx} = -\frac{\rho_0}{p_0}\,g\,p(x)$; die Konstante $\frac{\rho_0}{p_0}g$ setzt sich zusammen aus Luftdichte ρ_0, Luftdruck p_0 auf der Erdoberfläche ($x = 0$) und Betrag der Erdbeschleunigung g. Die Gleichung enthält neben der gesuchten Funktion $p(x)$ auch deren Ableitung $\frac{d\,p(x)}{dx}$. Gleichungen, in denen sowohl die gesuchte Funktion als auch deren Ableitungen vorkommen, heißen Differentialgleichungen, und mit Gleichungen dieser Art wollen wir uns in diesem Kapitel befassen.

Übersicht

Wir beschränken uns auf Gleichungen für Funktionen, die nur von einer Veränderlichen abhängen. Solche Gleichungen heißen gewöhnliche Differentialgleichungen. Hängt die gesuchte Funktion von mehreren unabhängigen Variablen ab und enthält die Gleichung zu ihrer Bestimmung neben der Funktion auch deren partielle Ableitungen, spricht man von partiellen Differentialgleichungen. Solche Gleichungen sind Gegenstand des 9. Kapitels.

Die Theorie der gewöhnlichen Differentialgleichungen ist sehr umfangreich, so dass wir hier eine Auswahl treffen müssen. Wir werden insbesondere einige Typen von geschlossen lösbaren Differentialgleichungen behandeln, die Lösungsstruktur von linearen Differentialgleichungen aufzeigen und einige grundlegende Lösungstechniken diskutieren.

6.1 Einführung

Beispiel 1: Radioaktiver Zerfall. Wir wollen den zeitlichen Ablauf des Zerfalls von radioaktiven Stoffen beschreiben. Sei $m(t)$ die zum Zeitpunkt t vorhandene Menge eines radioaktiven Stoffes. Die Erfahrung zeigt

$$m(t+h) - m(t) \sim m(t)\,h\,,$$

wobei $h > 0$ ein kleiner Zeitabschnitt sein soll. Mit dem Proportionalitätsfaktor $k > 0$ hat man also

$$m(t+h) - m(t) = -k\,m(t)\,h\,.$$

Nach Division durch h und Grenzübergang $h \to 0$ erhält man schließlich

$$\frac{d\,m(t)}{d\,t} = -k\,m(t) \qquad \text{bzw.} \qquad m'(t) = -k\,m(t)\,. \tag{6.1}$$

Die Gleichung (6.1) stellt ein **mathematisches Modell** für den zeitlichen Ablauf des Zerfalls eines radioaktiven Stoffes mit der Zerfallskonstanten k dar.

Beispiel 2: Wärmeübergang. Die zeitliche Änderung der Temperatur $T(t)$ eines Körpers, der sich in einem großen, etwa mit Luft konstanter Temperatur T_u gefüllten Raum befindet ($T(t) - T_u > 0$, nicht zu groß), ist erfahrungsgemäß proportional zur Differenz $T(t) - T_u$ (NEWTONsches Abkühlungsgesetz). Als mathematisches Modell für den Temperaturverlauf erhält man analog zu Beispiel 1 die Differentialgleichung

$$\frac{d\,T}{d\,t} = k(T - T_u)\,, \tag{6.2}$$

wobei $k < 0$ eine z.B. von der Größe der Körperoberfläche und deren Beschaffenheit abhängige Konstante ist.

Die Gleichungen (6.1) und (6.2) stellen physikalische Sachverhalte in Form von mathematischen Modellen bzw. Differentialgleichungen dar. In beiden Fällen sind Funktionen $m(t)$ bzw. $T(t)$ gesucht, die die jeweiligen Gleichungen erfüllen. In der Regel gibt es mehrere Lösungen. Die Auswahl von physikalisch sinnvollen Lösungen erfolgt mit Fixierung von Forderungen an die Lösung zu einem bestimmten Zeitpunkt (Anfangsbedingungen) oder an einem bestimmten Ort (Randbedingungen). Es ist offensichtlich, dass es zur tatsächlichen Bestimmung irgendeiner Größe (z.B. $m(t)$, $T(t)$) zu einem festen Zeitpunkt t_1 nicht ausreichen wird, wenn man nur weiß, wie sich diese Größe in jedem Zeitpunkt $t < t_1$ zeitlich geändert hat. Kennt man aber zusätzlich den Wert der Größe zu einem Anfangszeitpunkt t_0, hat man sicher eine gute Chance, den Wert der Größe zur Zeit $t_1 > t_0$ zu finden. In der Sprache der Mathematik sind solche zusätzlichen Angaben Anfangsbedingungen. Die beiden Beispiele zeigen die typische Vorgehensweise bei der Lösung technischer Probleme durch Differentialgleichungen.

Anwendung von Differentialgleichungen auf technische Fragestellungen:

a) Mathematische Modellierung eines (technischen) Problems durch Aufstellen einer Differentialgleichung

b) Formulierung sinnvoller Anfangs- oder Randbedingungen

c) Lösen der Differentialgleichung unter Berücksichtigung der Anfangs- bzw. Randbedingungen

d) Rückübertragung der Lösung auf die ursprüngliche Fragestellung

---

In diesem Kapitel beschäftigen wir uns mit dem dritten Punkt, und dabei speziell mit dem Lösen von **gewöhnlichen** Differentialgleichungen, d.h. es tritt nur eine unabhängige Variable auf, in den beiden Beispielen war dies jeweils die Zeit t. Es kann aber auch um die Bestimmung ortsveränderlicher Größen mit der unabhängigen Ortsveränderlichen x gehen, wie bei dem in der Einleitung angegebenem Beispiel.

6.2 Allgemeine Begriffe

Definition 6.1. (gewöhnliche Differentialgleichung)
Eine **gewöhnliche Differentialgleichung n-ter Ordnung** für eine Funktion $y = y(x)$ ist eine Gleichung zwischen x, y und den Ableitungen von y bis einschließlich n-ter Ordnung:

$$F(x, y, y', y'', ..., y^{(n)}) = 0 \qquad \text{(implizite Form)}.$$

Liegt diese Gleichung aufgelöst nach der höchsten Ableitung von y vor, so spricht man von der expliziten Form:

$$y^{(n)} = f(x, y, y', y'', ..., y^{(n-1)}) \,.$$

Wir lassen im Folgenden in diesem Kapitel das Attribut "gewöhnlich" weg und sprechen nur von "Differentialgleichungen". Als **Lösung** oder **Integral** einer Differentialgleichung bezeichnet man jede Funktion, die die Differentialgleichung erfüllt (Einsetzen in die Differentialgleichung ergibt Identität).

Beispiele:

1) $\exp(y') + y'^2 + xy^2 = 0$ ist eine implizite Differentialgleichung erster Ordnung.
2) $y' = \sin x \cos y$ ist eine explizite Differentialgleichung erster Ordnung.
3) $y(x) = e^x$ ist eine Lösung der Differentialgleichung $y'(x) = y(x)$.
4) $y(x) = 2(1 + x^2)$ ist Lösung der Differentialgleichung $(1 + x^2)y' = 2xy$.

Eine Differentialgleichung hat i. Allg. unendlich viele Lösungen, z.B. hat $y' = \frac{x}{y}$ die Lösungen $y = \sqrt{\frac{x^2}{2} + C}$, wobei die Konstante C nicht näher bestimmt ist ($C \in \mathbb{R}$). In der Regel interessiert man sich nur für eine ganz spezielle Lösung, die bestimmten zusätzlichen Bedingungen genügt.

Sind die Bedingungen für genau einen Wert der unabhängigen Variablen vorgegeben, so nennt man sie **Anfangsbedingungen**, anderenfalls **Randbedingungen**. Das Problem, für eine Differentialgleichung eine Lösung zu bestimmen, die gegebenen Anfangsbedingungen genügt, bezeichnet man als **Anfangswertproblem**. Sucht man eine Lösung einer Differentialgleichung unter gegebenen Randbedingungen, so spricht man von einem **Randwertproblem**.

Beispiele:

a) Anfangswertproblem: Gesucht ist eine Funktion $y(x)$ für $x \geq 0$, die die Differentialgleichung $y' = x^2 y + \sin x$ und die Anfangsbedingung $y(0) = 0$ erfüllt.

b) Randwertproblem: Gesucht ist eine Funktion $y(x)$, definiert auf dem Intervall $[0,1]$, die die Differentialgleichung $y'' + (1 + \sin^2 x)y' - x^2 y = \cos x$ und die Randbedingungen $y(0) = 2$ und $y'(1) = 1$ erfüllt.

6.3   Allgemeines zu Differentialgleichungen erster Ordnung

Die Differentialgleichung sei in expliziter Form $y' = f(x,y)$ gegeben. Durch die Differentialgleichung wird für jeden Punkt $(x,y) \in D_f$ (Definitionsbereich von f) ein Anstieg y' der Lösungskurve vorgegeben. Eine kurze Strecke mit der Steigung y' an einem Punkt bezeichnet man auch als **Linienelement** der Lösungskurve. Die Gesamtheit aller Linienelemente nennt man das **Richtungsfeld**. Den Lösungen von $y' = f(x,y)$ entsprechen Kurven, die in das Richtungsfeld "passen".

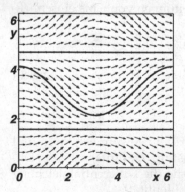

Abb. 6.1. Richtungsfeld der Differentialgleichung $y' = \sin x \cos y$

Beispiele:

1) Die Differentialgleichung $y' = f(x, y) = \sin x \cos y$ soll im Bereich $D_f = [0, 2\pi] \times [0, 2\pi]$ betrachtet werden. In den Punkten $\{(i\pi/10, j\pi/10) \mid i, j = 1, \ldots, 19\}$ definiert die Differentialgleichung das in der Abb. 6.1 dargestellte Richtungsfeld.

2) Für die oben genannte Differentialgleichung $y' = x^2 y + \sin x$ erhält man das Richtungsfeld z.B. dadurch, dass man feste diskrete Werte von x betrachtet und y' dann für diskrete Werte y bestimmt.

Im Folgenden sollen allgemeine Aussagen zur Lösbarkeit von Anfangswertproblemen bei Differentialgleichungen gemacht werden. $f(x, y)$ sei in einem Gebiet $D_f \subset \mathbb{R}^2$ definiert und es sei $(x_0, y_0) \in D_f$. Die Aufgabe, eine Lösung $y(x)$ der Differentialgleichung

$$y' = f(x, y) \quad \text{mit} \quad y(x_0) = y_0 \tag{6.3}$$

zu finden, heißt **Anfangswertproblem** für die Differentialgleichung $y' = f(x, y)$. Es gelten nun folgende Aussagen:

Satz 6.1. *(Existenz- und Eindeutigkeitssatz für das Anfangswertproblem)*

a) Sei $f(x, y)$ in D_f stetig. Dann gibt es in einem gewissen Intervall $I = \{x \mid x_0 - a < x < x_0 + b\}$ um x_0 (mit geeigneten $a > 0$, $b > 0$) mindestens eine Lösung $y(x)$ des Anfangswertproblems (6.3).

b) Sei die Funktion $f(x, y)$ zusammen mit ihrer partiellen Ableitung $\frac{\partial f}{\partial y}(x, y)$ in D_f stetig. Dann gibt es durch jeden Punkt $(x_0, y_0) \in D_f$ genau eine Lösung $y(x)$ des Anfangswertproblems (6.3), die in einem gewissen Intervall um x_0 existiert.

c) Jede Lösungskurve $y(x)$ des Anfangswertproblems (6.3) kann nach beiden Seiten (d.h. für $x < x_0$ und für $x > x_0$) soweit fortgesetzt werden, dass sie den Rand des Gebiets D_f trifft bzw. ihm beliebig nahe kommt.

Zu diesem Satz ist anzumerken, dass die Lösung $y : I \to \mathbb{R}$ des Anfangswertproblems in einem gewissen Sinne maximal ist: $y(x)$ läuft von Rand zu Rand in D_f (s. auch Abb. 6.2) und $y(x)$ lässt sich in D_f als stetig differenzierbare Kurve nicht fortsetzen. Man sagt in diesem Fall auch, dass unter den Voraussetzungen des Teils b) des Satzes genau eine **maximale** Lösung existiert und spricht bei I vom maximalen Definitionsintervall.

Die Stetigkeit von $f(x, y)$ allein reicht zwar für die Existenz einer Lösung, nicht aber für die eindeutige Lösbarkeit des Anfangswertproblems. Existenz und Eindeutigkeit gilt bei stetiger partieller Differenzierbarkeit.

Ist f auf D_f stetig partiell differenzierbar, bilden die nach Satz 6.1 existierenden Lösungen der Differentialgleichung $y' = f(x, y)$ eine Schar $y = \phi(x, C)$, wobei jeder Anfangsbedingung (aus D_f) genau ein Wert von C entspricht.

Beispiel: Die Differentialgleichung $y' = xy^2$ erfüllt die Voraussetzungen des Satzes 6.1 b): $f(x, y) = xy^2$ ist stetig partiell differenzierbar auf $D_f = \mathbb{R}^2$. Als Lösungsschar findet man, wie leicht nachzurechnen ist, $y = \frac{1}{C - x^2/2}$. Gibt man nun eine Anfangsbedingung $y(x_0) = y_0$ mit $(x_0, y_0) \in D_f$ vor, erhält man für $y_0 \neq 0$ die eindeutig bestimmte Konstante $C = \frac{1}{y_0} + \frac{x_0^2}{2}$. Für (x_0, y_0) mit $x_0 \in \mathbb{R}$, $y_0 > 0$ ist $C > 0$ und man findet das maximale Definitionsintervall $I =]-\sqrt{2C}, \sqrt{2C}[=$

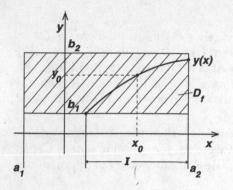

Abb. 6.2. Zum Existenz- und Eindeutigkeitssatz, $y'(x) = f(x, y(x))$ mit $y(x_0) = y_0$

$] - \sqrt{\frac{2}{y_0} + x_0^2}, \sqrt{\frac{2}{y_0} + x_0^2}[$ (s. Abb. 6.3). Für $y_0 = 0$ erhält man speziell die Lösung $y \equiv 0$ mit dem maximalen Definitionsintervall $I = \mathbb{R}$. Für $y_0 < 0$ und $x_0^2 + \frac{2}{y_0} < 0$ erhält man als maximales Definitionsintervall ebenfalls $I = \mathbb{R}$ (s. Abb. 6.4). Die Diskussion der anderen möglichen Fälle und die Ermittlung der jeweiligen maximalen Definitionsintervalle überlassen wir dem Leser. In allen Fällen lassen sich Lösungen bis an den Rand von $D_f = \mathbb{R}^2$ ($x^2 + y^2 \to \infty$) fortsetzen.

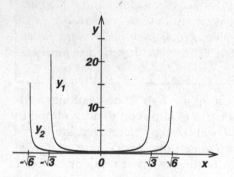

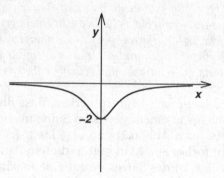

Abb. 6.3. Lösungen y_1 und y_2 von $y' = xy^2$ für $(x_0, y_0) = (1,1)$, d.h. $C = 1{,}5$, und $(x_0, y_0) = (2,1)$, d.h. $C = 3$

Abb. 6.4. Lösung y_3 des Anfangswertproblems $y' = xy^2$ mit $(x_0, y_0) = (-1, -1)$, d.h. $C = -\frac{1}{2}$

Die Funktion $y = \phi(x, C)$ heißt **allgemeine** Lösung der Differentialgleichung $y' = f(x, y)$. Ersetzt man C durch einen konkreten Wert $C = C_0$, so erhält man die **partikuläre** Lösung $y = \phi(x, C_0)$.

Beispiel: Fixiert man $C_0 = 3$, so ist $y = \frac{1}{3 - x^2/2}$ eine partikuläre Lösung der Differentialgleichung $y' = xy^2$, die z.B. die Bedingung $y(2) = 1$ erfüllt.

Hat eine Lösung $y = \Psi(x)$ die Eigenschaft, dass durch jeden ihrer Punkte mindestens eine weitere Lösung verläuft, so nennt man sie **singuläre** Lösung.

Beispiel: $y' = \sqrt{|y|}$ besitzt (a) die singuläre Lösung $y(x) = 0$, und (b) Lösungen $y(x) = \frac{1}{4}(x-c)^2$ für $x > c$ bzw. $y(x) = -\frac{1}{4}(x-c)^2$ für $x < c$ (bitte nachrechnen). Man kann nun mittels der Lösungen (a) und (b) durch jeden Punkt $(x_0, 0)$ unendlich viele Lösungen angeben.

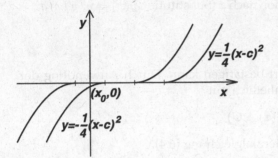

Abb. 6.5. $y'(x) = \sqrt{|y(x)|}$ mit singulärer Lösung $y(x) \equiv 0$

Offensichtlich kann in den Punkten $(x, \Psi(x))$ einer singulären Lösung die hinreichende Einzigkeitsbedingung (Satz 6.1 b)) nicht erfüllt sein. Tatsächlich stellt man fest, dass $f(x, y) = \sqrt{|y|}$ in den Punkten $(x_0, 0)$ nicht differenzierbar ist. Eine singuläre Lösung ist in der Regel nicht in der allgemeinen Lösung enthalten.

6.4 Differentialgleichungen erster Ordnung mit trennbaren Variablen

Eine Differentialgleichung, die sich in der Form

$$y' = \frac{g(x)}{h(y)} \tag{6.4}$$

schreiben lässt, heißt **Differentialgleichung mit trennbaren Variablen**.

Beispiel: Die Differentialgleichung $y' = \sin x \cos y$ ist eine solche Differentialgleichung mit trennbaren Variablen und mit Bezug auf Gleichung (6.4) ist $g(x) = \sin x$ und $h(y) = \frac{1}{\cos y}$.

Für $(x, y) \in D_f \subset \mathbb{R}^2$ seien $g(x)$ und $h(y)$ stetig und $h(y)$ sei frei von Nullstellen (damit existiert nach Satz 6.1 mindestens eine Lösung $y(x)$). Mit

$$G(x) = \int_a^x g(t)\, dt\,, \qquad H(y) = \int_b^y h(t)\, dt$$

seien die Stammfunktionen von g und h bezeichnet. Weiterhin sei H^{-1} die Umkehrfunktion von H, d.h. es gilt

$$H^{-1}(H(y)) = y\,.$$

H^{-1} existiert, weil $h = H'$ in D_f nirgends verschwindet. Wenn wir die Differentialgleichung in der Form

$$h(y)\, y'(x) = g(x)$$

schreiben, ergibt sich mittels Integration nach x (Substitution $y(x) = \eta$, $y'(x)\, dx = d\eta$)

$$H(y(x)) = G(x) + C\,,$$

was man durch Differentiation sofort bestätigen kann. Durch Anwendung der Umkehrfunktion H^{-1} erhält man schließlich mit

$$y(x) = H^{-1}[H(y(x))] = H^{-1}(G(x) + C)$$

die allgemeine Lösung unserer Differentialgleichung (6.4).

Für Differentialgleichungen mit getrennten Veränderlichen fassen wir das folgende Lösungsschema zusammen. Die Lösung eines Anfangswertproblems $y(x_0) = y_0$ mit $(x_0, y_0) \in D_f$ ist darin enthalten.

Lösung einer Differentialgleichung mit trennbaren Veränderlichen:

1) Man schreibe die Differentialgleichung $y' = \frac{g(x)}{h(y)}$ in der Form $h(y)\, y'(x) = g(x)$ bzw. $h(y)\, dy = g(x)\, dx$.

2) Man integriere die linke Seite bezüglich y und die rechte Seite bezüglich x.

3) Falls analytisch möglich, löse man die dadurch entstehende Gleichung

$$H(y) = G(x) + C$$

nach y auf. Ansonsten hat man die Lösung $y(x)$ in impliziter Form gegeben.

4) Für $C = C_0 := H(y_0) - G(x_0)$ ergibt sich die Lösung des Anfangswertproblems $y(x_0) = y_0$.

Beispiel: Wir betrachten die Differentialgleichung $y' = x\,y$, die wir für $y > 0$ bzw. $y < 0$ in der Form

$$\frac{dy}{y} = x\, dx$$

schreiben. Nun integrieren wir die linke Seite bezüglich y, die rechte bezüglich x und erhalten

$$\ln|y| = \frac{x^2}{2} + C_0\,, \quad \text{also} \quad |y| = e^{\frac{x^2}{2} + C_0} = e^{C_0}\, e^{\frac{x^2}{2}}\,.$$

Damit folgt $y = \pm e^{C_0}\, e^{\frac{x^2}{2}} = C e^{\frac{x^2}{2}}$ $(C \neq 0)$. Für $C = 0$ ergibt sich die zunächst ausgeschlossene "triviale" Lösung $y \equiv 0$.

Beispiel: Betrachten wir die Differentialgleichung $y' = \sin x \cos y$, deren Richtungsfeld wir in der Abb. 6.1 dargestellt haben. Um die Gleichung durch $\cos y$ dividieren zu können, müssen wir $\cos y \neq 0$ bzw. $y \neq (k+\frac{1}{2})\pi$, $k \in \mathbb{Z}$, fordern. Diese Forderung bedeutet, dass wir die konstanten Lösungen $y \equiv (k + \frac{1}{2})\pi$, $k \in \mathbb{Z}$, der Differentialgleichung nicht mit der Methode der Trennung der Veränderlichen bestimmen können, was ja auch nicht nötig ist. Wir erhalten nun

$$\frac{y'}{\cos y} = \sin x \quad \text{bzw.} \quad \int \frac{dy}{\cos y} = \int \sin x \, dx \, .$$

Die Integration ergibt $\ln |\tan(\frac{y}{2} + \frac{\pi}{4})| = -\cos x + C_0$ und damit

$$y(x) = 2\arctan(Ce^{-\cos x}) - \frac{\pi}{2} \qquad (C \in \mathbb{R}). \tag{6.5}$$

Betrachtet man nun noch einmal das Richtungsfeld in der Abb. 6.1, so sieht man die konstanten Lösungen $y_{c1} \equiv \frac{\pi}{2}$ und $y_{c2} \equiv \frac{3\pi}{2}$ und zwischen den Geraden y_{c1} und y_{c2} Lösungen, die durch die Formel (6.5) beschrieben werden (gezeichnet wurde die Lösung, die durch den Punkt $(x_0, y_0) = (0,5 ,4)$ geht).

Beispiel (chemische Reaktion): Eine chemische Reaktion erster Ordnung mit $y(t)$ als Konzentration eines reagierenden Stoffes, der Sättigungskonzentration c_0 und der Reaktionskonstanten $k > 0$ wird durch die Differentialgleichung

$$y' = k(c_0 - y)$$

beschrieben. Mit $g(t) = k = \text{const.}$ und $h(y) = \frac{1}{c_0 - y}$ ergibt sich nach dem obigen Schema

$$\frac{dy}{c_0 - y} = k \, dt \, .$$

Nach Integration erhält man

$$\int \frac{dy}{c_0 - y} = k \int dt + C \, , \quad \text{also} \quad -\ln |c_0 - y| = \ln \frac{1}{|c_0 - y|} = kt + C \, .$$

Die Auflösung nach y ergibt

$$\frac{1}{|c_0 - y|} = e^{kt+C} = e^C e^{kt} \quad \text{bzw.} \quad c_0 - y = \pm e^{-C} e^{-kt} = C_1 e^{-kt}$$

und damit die allgemeine Lösung.

$$y(t) = c_0 - C_1 e^{-kt} \, .$$

Die Konstante C_1 ergibt sich zu c_0, wenn die Konzentration zum Zeitpunkt $t = 0$ gleich 0 sein soll. Ansonsten gibt C_1 die Differenz zwischen der Sättigungskonzentration c_0 und der Anfangskonzentration $y(0)$ an: $C_1 = c_0 - y(0)$.

Beispiel: Die Differentialgleichung $y' = \sqrt{y}$ mit $y \geq 0$, $\sqrt{y} \geq 0$ hat die (singuläre) Lösung $y = 0$. Die Trennung der Variablen führt für $(x,y) \in D_f = \{(x,y) \,|\, x \in \mathbb{R}, y > 0\}$ auf

$$\frac{dy}{\sqrt{y}} = dx \, , \qquad \int \frac{dy}{\sqrt{y}} = x + C$$

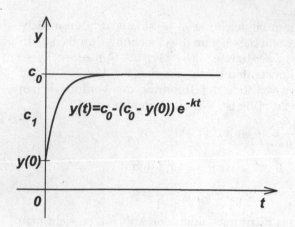

Abb. 6.6. Chemische Reaktion 1. Ordnung

und

$$2\sqrt{y} = x + C, \ x > -C,$$

also zur allgemeinen Lösung $y = \frac{1}{4}(x + C)^2$ in expliziter Form einer Parabel mit dem Scheitelpunkt $(-C,0)$. Wegen $x \geq -C$ sind nur die rechten Parabelbögen Lösungen. Die Vorgabe eines Anfangswertes, z.B. $y(0) = 2$, führt schließlich zur Lösung des Anfangswertproblems

$$y = \frac{1}{4}(x + 2\sqrt{2})^2 \,.$$

6.5   Lineare Differentialgleichungen erster Ordnung

Obwohl die linearen Differentialgleichungen erster Ordnung ein Spezialfall der noch zu behandelnden linearen Differentialgleichungen n-ter Ordnung sind, sollen sie hier kurz besprochen werden, weil die Herangehensweise typisch für lineare Differentialgleichungen ist. Wir betrachten Gleichungen der allgemeinen Form

$$a(x)y' + b(x)y = c(x) \,.$$

Linearität ist hier als Linearität bezüglich der Lösung $y(x)$ zu verstehen. Koeffizienten der Differentialgleichung $(a(x), b(x), c(x))$ können durchaus nichtlinear sein. Entscheidend ist, dass im Falle von homogenen Gleichungen $(c(x) = 0)$ die Linearkombination $\alpha y_1(x) + \beta y_2(x)$ zweier Lösungen y_1 und y_2 wiederum Lösung ist. Die Differentialgleichung

$$x^2 y' + y \ln x = \sqrt{x}, \ x > 0 \,,$$

mit in x nichtlinearen Koeffizienten $a(x) = x^2, b(x) = \ln x, c(x) = \sqrt{x}$ ist eine lineare Differentialgleichung. Wir setzen im Folgenden voraus, dass a, b, c stetig auf einem Intervall I sind und dass $a(x) \neq 0$ für $x \in I$ ist. Die Division durch a ergibt

$$y' + p(x)y = q(x) \,, \tag{6.6}$$

wobei $p(x) = \frac{b(x)}{a(x)}$, $q(x) = \frac{c(x)}{a(x)}$ auch auf I stetige Funktionen sind.

Die Voraussetzungen des Satzes 6.1 für die Existenz und Eindeutigkeit der Lösung von Anfangswertproblemen ($y(x_0) = y_0$ mit $x_0 \in I$, $y_0 \in \mathbb{R}$) sind immer erfüllt, es gibt keine singulären Lösungen. Die Lösungen existieren in jedem Intervall, wo $p(x), q(x)$ stetig sind. Die Differentialgleichung (6.6) heißt **homogen** linear, falls $q(x) = 0$ ist, anderenfalls **inhomogen** linear.

Die homogene lineare Differentialgleichung

$$y' + p(x)y = 0$$

ist ein Spezialfall einer Differentialgleichung mit trennbaren Veränderlichen, so dass sich für die beiden Halbebenen $y > 0$ und $y < 0$ aus

$$\frac{dy}{y} = -p(x)dx \quad \rightarrow \quad \ln|y| = -\int p(x)\,dx + C_0$$

mit

$$|y| = e^{C_0}e^{-P(x)} \quad \text{bzw.} \quad y = C\,e^{-P(x)} \quad (C \in \mathbb{R},\ C \neq 0)$$

die allgemeine Lösung der homogenen linearen Differentialgleichung ergibt, wobei $P(x)$ Stammfunktion von $p(x)$ ist, d.h. $P(x) = \int_{x_0}^{x} p(\xi)\,d\xi$, $x_0 \in I$. Für $C = 0$ ordnet sich nachträglich auch die triviale Lösung $y(x) \equiv 0$ in die allgemeine Lösung ein.

Die allgemeine Lösung der inhomogenen linearen Differentialgleichung erfolgt mit der Methode der **Variation der Konstanten**. Die Konstante C in der allgemeinen Lösung der homogenen Differentialgleichung wird variiert, d.h. als eine Funktion $C = C(x)$ betrachtet! Das Einsetzen des Ansatzes

$$y(x) = C(x)e^{-P(x)}$$

in die Gleichung (6.6) ergibt

$$C'(x)e^{-P(x)} - C(x)p(x)e^{-P(x)} + p(x)C(x)e^{-P(x)} = q(x) \,.$$

Daraus folgt

$$C'(x)e^{-P(x)} = q(x) \implies C'(x) = q(x)e^{P(x)} \implies C(x) = \int_{x_0}^{x} q(\xi)e^{P(\xi)}\,d\xi + C_1$$

($C_1 \in \mathbb{R}$ beliebige Konstante) und damit

$$
\begin{aligned}
y(x) &= e^{-P(x)}\left(C_1 + \int_{x_0}^{x} q(\xi)e^{P(\xi)}\,d\xi\right) \\
&= C_1 e^{-P(x)} + e^{-P(x)}\int_{x_0}^{x} q(\xi)e^{P(\xi)}\,d\xi \\
&= y_{hom}(x) + y_{inh}(x) \,.
\end{aligned}
\tag{6.7}
$$

Durch Differentiation bestätigt man leicht, dass $y_{inh}(x) = e^{-P(x)} \int_{x_0}^{x} q(\xi)e^{P(\xi)} \, d\xi$ eine spezielle Lösung der inhomogenen Gleichung (6.6) ist. Da $y_{hom}(x) = C_1 e^{-P(x)}$ allgemeine Lösung der homogenen Gleichung ist, erfüllt auch $y(x) = y_{hom}(x) + y_{inh}(x)$ für jedes $C_1 \in \mathbb{R}$ die inhomogene Gleichung. Wir wollen uns überlegen, dass $y(x)$ die allgemeine Lösung der inhomogenen Gleichung ist, d.h. dass jede beliebige Lösung $\tilde{y}(x)$ von (6.6) in der Lösungsmenge $\{y(x)\}$ (6.7) enthalten ist. Erfüllt $\tilde{y}(x)$ die Gleichung (6.6), so gilt neben $y'_{inh}(x) + p(x)y_{inh}(x) = q(x)$ auch $\tilde{y}'(x) + p(x)\tilde{y}(x) = q(x)$. Daraus folgt

$$[\tilde{y}(x) - y_{inh}(x)]' + p(x)[\tilde{y}(x) - y_{inh}(x)] = 0 \, .$$

Die Differenz $\tilde{y}(x) - y_{inh}(x)$ genügt damit der homogenen Gleichung. Es gibt also eine Konstante $\tilde{C}$ mit

$$\tilde{y}(x) = y_{inh}(x) + \tilde{C}e^{-P(x)} = e^{-P(x)}(\tilde{C} + \int_{x_0}^{x} q(\xi)e^{P(\xi)} \, d\xi) \, .$$

Die (beliebige) Lösung $\tilde{y}(x)$ von (6.6) ist also in der durch (6.7) gegebenen Lösungsmenge $\{y(x)\}$ (für $C_1 = \tilde{C}$) enthalten: $y(x)$ ist die allgemeine Lösung von (6.6).

Zusammenfassend stellen wir fest, dass sich die allgemeine Lösung der inhomogenen linearen Differentialgleichung als Summe aus der allgemeinen Lösung der homogenen und einer partikulären Lösung der inhomogenen linearen Differentialgleichung ergibt.

Für ein Anfangswertproblem mit der Bedingung $y(x_0) = y_0$ ergibt sich aus (6.7) die Lösung

$$y(x) = e^{-P(x)}(y_0 + \int_{x_0}^{x} q(\xi)e^{P(\xi)} d\xi) \, ,$$

da die Stammfunktion P so gewählt wurde, dass $P(x_0) = 0$ gilt.

Beispiel: Berechnung der Stromstärke in einem Stromkreis mit Selbstinduktion.

$$U = I\,R + L\frac{dI}{dt} \, ,$$

mit der zeitabhängigen Spannung U, der Stromstärke I, dem Koeffizienten der Selbstinduktion L, dem konstanten Widerstand R und der Zeit t. Mit der Anfangsbedingung $I(0) = I_0$ erhält man die Lösung

$$I(t) = e^{-\frac{R}{L}t}[I_0 + \frac{1}{L}\int_0^t U(\tau)e^{\frac{R}{L}\tau}d\tau] \, .$$

Für den Spezialfall $U = $ const. ergibt sich mit $\lim_{t\to\infty} I(t) = \frac{U}{R}$ das OHMsche Gesetz.

Beispiel: BERNOULLIsche Differentialgleichung

$$y' + p(x)y = q(x)y^n \, .$$

Ist $n \in \mathbb{R}$, so müssen wir $y > 0$ voraussetzen. Diese Voraussetzung ist nicht erforderlich, wenn n auf $\mathbb{N}$ eingeschränkt wird. $p(x), q(x)$ seien auf einem Intervall stetig. Die Gleichung lässt sich mit der Substitution $u(x) = y^{1-n}$ auf eine lineare Differentialgleichung zurückführen. Es ergibt sich

$$u' + (1 - n)p(x)u = q(x)(1 - n) \ .$$

Nach Lösung dieser Differentialgleichung erhält man durch Rücksubstitution die Lösung der BERNOULLIschen Differentialgleichung. Für $n = 0$ oder $n = 1$ ist der Aufwand nicht erforderlich, da die Differentialgleichung dann linear ist.

Das Beispiel

$$x\,y' - 4y = x^2\,\sqrt{y} \ , \ x \neq 0, y \geq 0$$

sei zur Übung empfohlen (Lösung: $y = x^4(C + \frac{1}{2}\ln|x|)^2$).

Bevor wir uns mit linearen Differentialgleichungssystemen erster Ordnung befassen, soll in einem Abschnitt auf Lösungstechniken für einige spezielle Typen von Differentialgleichungen eingegangen werden, die in die später folgende geschlossene Lösungstheorie nicht eingeordnet werden können.

6.6 Durch Transformationen lösbare Differentialgleichungen

In den folgenden Abschnitten werden bestimmte Typen von Differentialgleichungen erster und zweiter Ordnung besprochen, die man durch geeignete Substitutionen geschlossen lösen kann. Wir behandeln dabei nur eine kleine Auswahl, weil es im Rahmen dieses Buches unmöglich ist, die Vielzahl der Möglichkeiten darzulegen. Dabei stehen weniger die strengen mathematischen Voraussetzungen und mehr die praktischen Lösungstechniken im Vordergrund.

6.6.1 Die Differentialgleichung vom Typ $F(x, y', y'') = 0$

Hier liegt eine (i. Allg. nichtlineare) Differentialgleichung 2. Ordnung in impliziter Form vor, in der y nicht explizit auftritt. Mit der Substitution $v := y'$ ergibt sich mit

$$F(x, v, v') = 0 \qquad\qquad\qquad (6.8)$$

eine Differentialgleichung 1. Ordnung für die Funktion v. Ist $v = \Psi(x, C)$ die allgemeine Lösung der Differentialgleichung (6.8), so erhält man mit

$$y(x) = \int \Psi(x, C)\,dx + C_1, \qquad C, C_1 \in \mathbb{R} \qquad\qquad (6.9)$$

die allgemeine Lösung der ursprünglichen Differentialgleichung 2. Ordnung.

Beispiele:
1) $y'' = 5y'\ln x, \ x > 0$.

Für $v = y'$ erhält man die Differentialgleichung

$$v' = 5 \ln x \, v,$$

mit der Methode der Trennung der Veränderlichen folgt

$$\int \frac{dv}{v} = 5x \ln x - 5x + C$$

bzw.

$$\ln |v| = 5x \ln x - 5x + C \quad \text{und damit} \quad v = C_1 e^{5x \ln x - 5x} = C_1 x^{5x} e^{-5x} = C_1 \left(\frac{x}{e}\right)^{5x}.$$

Die Integration ergibt mit

$$y(x) = C_1 \int x^{5x} e^{-5x} \, dx + C_2$$

die allgemeine Lösung der Differentialgleichung 2. Ordnung.

2) Es soll die Differentialgleichung $y'' = a\sqrt{1 + y'^2}$ $(a \neq 0)$ mit der beschriebenen Methode gelöst werden. Für $v = y'$ erhält man die Differentialgleichung

$$\frac{v'}{\sqrt{1 + v^2}} = a \quad \text{bzw.} \quad \int \frac{1}{\sqrt{1 + v^2}} \, dv = \int a \, dx \, .$$

Die Integration ergibt

$$\text{arsinh}(v) = ax + C \quad \text{bzw.} \quad y' = v = \sinh(ax + C) \, .$$

Die nochmalige Integration ergibt mit

$$y = \frac{1}{a} \cosh(ax + C) + C_1$$

die Lösung.

6.6.2 Differentialgleichung vom Typ $F(y, y', y'') = 0$

Wir betrachten hier den Fall, dass die unabhängige Veränderliche x nicht explizit in der i. Allg. nichtlinearen impliziten Differentialgleichung 2. Ordnung auftritt. Wenn man y' als Funktion v von y betrachtet, also

$$v(y) := y'$$

setzt, folgt mittels der Kettenregel

$$y'' = \frac{d}{dx} v(y) = \frac{dv}{dy} \frac{dy}{dx} = v'(y)y' = v'(y)v(y).$$

Damit erhält man statt der ursprünglichen Differentialgleichung 2. Ordnung die Differentialgleichung 1. Ordnung

$$F(y, v, v'v) = 0 \tag{6.10}$$

für v. Ist $v = \Psi(y, C)$ die allgemeine Lösung der Differentialgleichung (6.10), so ergibt sich aufgrund des Ansatzes $v(y) = y'$ mit

$$y' = \Psi(y, C)$$

eine Differentialgleichung mit trennbaren Veränderlichen für y mit der allgemeinen **impliziten** Lösung

$$\int_{y_0}^{y} \frac{d\zeta}{\Psi(\zeta, C)} = x + C_1, \quad C, C_1 \in \mathbb{R}.$$

Beispiel:

$$y'' = -\frac{y'^2}{5y} \quad (y > 0).$$

Mit $v(y) = y'$ bzw. $y'' = v'v$ erhält man die Differentialgleichung 1. Ordnung

$$vv' = -\frac{v^2}{5y}$$

für v. Mit der Methode der Trennung der Veränderlichen erhalten wir

$$\int \frac{dv}{v} = -\frac{1}{5} \ln|y| + C \quad \text{bzw.} \quad v(y) = C_1 y^{-\frac{1}{5}}, \; C_1 \in \mathbb{R}.$$

Der Ansatz $y' = v(y)$ führt auf die Gleichung

$$y' = C_1 y^{-\frac{1}{5}},$$

für die man mit der Methode der Trennung der Veränderlichen

$$\int y^{\frac{1}{5}} \, dy = C_1 x + C_2 \quad \text{bzw.} \quad \frac{5}{6} y^{\frac{6}{5}} = C_1 x + C_2$$

und damit die Lösung

$$y(x) = [C_3 x + C_4]^{\frac{5}{6}}$$

erhält. Die Lösung existiert für alle x mit $C_3 x + C_4 > 0$.

Beispiel: Fall mit Luftwiderstand. Die Differentialgleichung zur Berechnung der Fallgeschwindigkeit eines Fallschirmspringers lautet:

$$\ddot{x} = g - k^2 \dot{x}^2$$

mit den Anfangswerten $x(0) = 0$, $\dot{x}(0) = 0$. $x(t)$ beschreibt hier den vom Springer zurückgelegten Weg. $\dot{x}$ bezeichnet die Zeitableitung des bewegten Punktes $x(t)$, d.h. die Geschwindigkeit. Der Luftwiderstand wird proportional dem Quadrat der Geschwindigkeit $\dot{x}(t)$ angesetzt. Die Differentialgleichung ist vom Typ $F(\dot{x}, \ddot{x}) = 0$, worin also außer der unabhängigen Veränderlichen t speziell auch die gesuchte Funktion $x(t)$ nicht als Argument auftritt. Mit der Substitution $\dot{x} = v(x)$ erhält man $\ddot{x} = v'v$ und die Differentialgleichung 1. Ordnung

$$v'v = g - k^2 v^2$$

für v. Mit der Methode der Trennung der Veränderlichen folgt

$$\int \frac{v\,dv}{g - k^2 v^2} = \int dx = x + C \quad \text{bzw.} \quad -\frac{1}{2k^2} \ln(g - v^2 k^2) = x + C\,,$$

wenn man $\ddot{x} = (g - k^2 v^2) > 0$ fordert. Auf der linken Seite wurde $[\ln(g - k^2 v^2)]' = \frac{-2k^2 v}{g - k^2 v^2}$ genutzt. Es ergibt sich nun

$$g - k^2 v^2 = e^{-2k^2(x+C)}$$

und für $t = 0$ erhält man $g = e^{-2k^2 C}$. Schließlich ergibt sich damit

$$g - k^2 v^2 = g e^{-2k^2 x} \quad \text{bzw.} \quad v^2 = \frac{1}{k^2} g(1 - e^{-2k^2 x})\,.$$

Für die Geschwindigkeit $\dot{x}$ in Abhängigkeit vom zurückgelegten Weg erhält man

$$\dot{x} = v = \frac{1}{k}\sqrt{g(1 - e^{-2k^2 x})}\,.$$

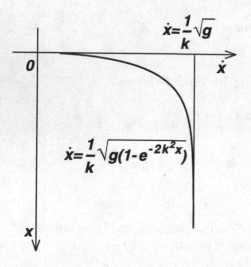

Abb. 6.7. Fallgeschwindigkeit $\dot{x}$ eines Fallschirmspringers in Abhängigkeit vom zurückgelegten Weg x

6.6.3 Ähnlichkeits-Differentialgleichungen

a) Differentialgleichungen der Form $y' = \phi(\frac{y}{x})$:

Diese explizite Differentialgleichung lässt sich über eine Substitution auf eine Differentialgleichung mit getrennten Variablen zurückführen. Dabei fordern wir von ϕ nur die Stetigkeit und setzen $x \neq 0$ voraus.

$$u = \frac{y}{x} \quad \rightarrow \quad y = x\,u \quad \rightarrow \quad y' = u + x\,u' = \phi(u)$$

$$x\,u' = \phi(u) - u \quad \rightarrow \quad u' = \frac{\phi(u) - u}{x}\,.$$

Damit hat man

$$\frac{du}{\phi(u) - u} = \frac{dx}{x} \quad \text{bzw.} \quad \int \frac{du}{\phi(u) - u} = \ln|x| + C\,.$$

Beispiel:

$$y' = \frac{xy}{x^2 - y^2} = \frac{y/x}{1 - (y/x)^2} = \phi(\frac{y}{x})\,, \qquad \phi(u) = \frac{u}{1 - u^2}\,.$$

Man findet nun

$$\int \frac{du}{\frac{u}{1-u^2} - u} = \ln|x| + C \quad \text{bzw.} \quad \int \frac{1 - u^2}{u - u(1 - u^2)}du = \ln|x| + C\,,$$

$$\int \frac{1 - u^2}{u^3}du = \ln|x| + C \quad \rightarrow \quad -\frac{1}{2u^2} - \ln|u| = \ln|x| + C\,.$$

Die Rücksubstitution ergibt schließlich mit

$$-\frac{x^2}{2y^2} = \ln|y| + C \quad \rightarrow \quad |y| = e^{-\frac{x^2}{2y^2} - C}\,,$$

bzw.

$$y = C_1 e^{-\frac{x^2}{2y^2}}$$

die allgemeine Lösung in impliziter Form.

b) Differentialgleichungen der Form $y' = \phi(ax + by + c)$, a, b, c const., $b \neq 0$:

Wenn ϕ wieder eine stetige Funktion ist, erhält man mit der Substitution $z = ax + by + c$ und $z' = a + by'$ die Gleichung

$$y' = \frac{z' - a}{b} = \phi(z)$$

und damit

$$z' = a + b\phi(z)\,,$$

also eine Differentialgleichung mit getrennten Variablen.

Beispiel: Die Differentialgleichung

$$y' = (2x + 3y)^2 =: \phi(ax + by + c) , \quad (a = 2, \, b = 3, \, c = 0)$$

kann man nach der Substitution $z = 2x + 3y$ als Differentialgleichung

$$z' = a + b\phi(z) = 2 + 3z^2$$

aufschreiben. Die Trennung der Variablen

$$\frac{dz}{2 + 3z^2} = dx$$

führt schließlich zu der Gleichung

$$\int \frac{dz}{2 + 3z^2} = \int dx + C = x + C \quad . \tag{6.11}$$

Für das Integral auf der linken Seite erhält man über die Substitution $t := \sqrt{\frac{3}{2}}\, z$ schließlich

$$\int \frac{dz}{2 + 3z^2} = \frac{1}{\sqrt{6}} \arctan(\sqrt{\frac{3}{2}}\, z) .$$

Damit folgt aus der Gleichung (6.11)

$$\arctan(\sqrt{\frac{3}{2}}\, z) = \sqrt{6}(x + C) .$$

Die Auflösung nach z ergibt

$$z(x) = \sqrt{\frac{2}{3}} \tan(\sqrt{6}(x + C)) ,$$

woraus sich nach der Rücksubstitution $z = 2x + 3y$ die Lösung

$$y(x) = \frac{1}{3}(z(x) - 2x) = \frac{1}{3}[\sqrt{\frac{2}{3}} \tan(\sqrt{6}(x + C)) - 2x]$$

ergibt.

6.6.4 EULERsche Differentialgleichungen

Differentialgleichungen der Form

$$\sum_{j=0}^{k} a_j x^j y^{(j)}(x) = f(x) , \quad a_j = \text{const.}, \, a_j \in \mathbb{R} \, (0 \le j \le k), \, a_k \ne 0, \, x > 0, \tag{6.12}$$

heißen EULERsche **Differentialgleichungen** der Ordnung k. Der Lösungsansatz $y(x) = x^r$ für die homogene Gleichung ($f(x) \equiv 0$) ergibt nach dem Einsetzen in die Differentialgleichung mit

$$\sum_{j=0}^{k} a_j r(r-1) \ldots (r-j+1) = 0 \tag{6.13}$$

eine Gleichung, deren Lösungen r die Nullstellen eines Polynoms k-ten Grades. Wir wollen uns auf den Fall $k = 2$ beschränken. Die Gleichung (6.13) hat im Fall $k = 2$ die Form

$$(a_0 + a_1 r + a_2 r(r-1)) = 0 \, . \tag{6.14}$$

Ist r Nullstelle des quadratischen Polynoms $a_0 + a_1 r + a_2 r(r-1)$, dann ist, wie man durch Differenzieren leicht bestätigt, $y = x^r$ eine Lösung der homogenen EULERschen Differentialgleichung. Sind r_1 und r_2 reelle Nullstellen ($r_1 \neq r_2$), dann erhält man mit $y_1 = x^{r_1}$ und $y_2 = x^{r_2}$ zwei Lösungen. Sind die Nullstellen komplex, dann wissen wir, dass mit $r_1 = a + ib$ auch $r_2 = \bar{r}_1 = a - ib$ Lösung der Gleichung (6.14) ist. Aufgrund des Lösungsansatzes $y = x^r$ ergibt sich nun die komplexe Lösung

$$x^{a+ib} = e^{\ln x^{a+ib}} = e^{(a+ib)\ln x} = e^{a\ln x}e^{ib\ln x} = x^a[\cos(b\ln x) + i\sin(b\ln x)] \, .$$

Wir werden später feststellen (Abschnitt 6.7.1), dass Realteil und Imaginärteil einer komplexen Lösung selbst Lösungen der Differentialgleichung sind. Damit findet man im Falle komplexer Lösungen der Gleichung (6.14) mit

$$y_1(x) = x^a \cos(b\ln x) \quad \text{und} \quad y_2(x) = x^a \sin(b\ln x)$$

zwei Lösungen der homogenen linearen Differentialgleichung (6.12) mit $k = 2$. Aufgrund der Linearität von (6.12) erhält man mit

$$y(x) = c_1 x^a \cos(b\ln x) + c_2 x^a \sin(b\ln x)$$

die allgemeine Lösung der homogenen EULERschen Differentialgleichung ($k = 2$). Die Lösung ist für positive x definiert. Die Lösung der Gleichung (6.12) mit $f(x) \neq 0$ kann man mit der Methode der Variation der Konstanten (s. Abschnitt 6.8.3) erhalten. Im Fall $r_1 = r_2$ erhält man mit dem Ansatz $y(x) = x^r$ nur eine Lösung. Wie man dann ausgehend von $y(x) = x^{r_1}$ noch eine zweite Lösung erhalten kann, werden wir im Abschnitt 6.8 im Zusammenhang mit der Reduktion der Ordnung einer Differentialgleichung noch behandeln.

Beispiel: Es ist die Lösung der Differentialgleichung $x^2 y'' + 4xy' + 2y = 0$ gesucht. Damit $y(x) = x^r$ Lösung der Differentialgleichung wird, muss r Nullstelle des Polynoms

$$2 + 4r + r(r-1) = r^2 + 3r + 2$$

sein. Man findet die Nullstellen $r_{1,2} = -\frac{3}{2} \pm \sqrt{\frac{9}{4} - 2} = -\frac{3}{2} \pm \frac{1}{2}$, also $r_1 = -1$ und $r_2 = -2$. Im Gebiet $x > 0$ erhält man damit die Lösungen

$$y(x) = c_1 \frac{1}{x} + c_2 \frac{1}{x^2} \, , \quad c_1, c_2 \in \mathbb{R} \, .$$

6.7   Lineare Differentialgleichungssysteme erster Ordnung

Bei Schwingungsproblemen oder der Beschreibung der Bewegung mehrerer Körper beeinflussen sich Massen gegenseitig, so dass wechselseitige Kopplungen auf
Differentialgleichungssysteme führen. Im Abschnitt 4.7 hatten wir als Beispiel
das Differentialgleichungssystem (4.45) zur Beschreibung eines Zwei-Massen-
Schwingers betrachtet. Differentialgleichungssysteme können also unmittelbar
als mathematische Modelle praktischer Problemstellungen entstehen. Lineare
Differentialgleichungssysteme 1. Ordnung sind darüberhinaus auch von "inner-
mathematischen" Interesse, weil sich jede lineare Differentialgleichung höherer
Ordnung als ein solches System auffassen lässt (s. Abschnitt 6.8). Deshalb wollen
wir uns im Folgenden mit den Eigenschaften und der Lösung von linearen Differentialgleichungssystemen 1. Ordnung befassen.

Unter einem **linearen Differentialgleichungssystem erster Ordnung** versteht
man eine Gleichung der Form

$$\mathbf{y}'(x) = A(x)\,\mathbf{y}(x) + \mathbf{g}(x)\,, \quad A(x) = [a_{ij}(x)]_{i,j=1,\ldots,n}\,, \mathbf{g}(x) = [g_i(x)]_{i=1,\ldots,n}\,,$$

$$(6.15)$$

wobei $a_{ij}(x)$ und $g_i(x)$ Funktionen von x sind. Dabei sind $\mathbf{y}$ und $\mathbf{g}$ Spaltenvektoren mit n von x abhängigen Komponenten. Als Beispiel eines Differentialgleichungssystems erster Ordnung betrachten wir

$$\begin{pmatrix} y_1' \\ y_2' \end{pmatrix} = \begin{pmatrix} -\frac{1}{x(1+x^2)} & \frac{1}{x^2(1+x^2)} \\ -\frac{x^2}{1+x^2} & \frac{1+2x^2}{x(1+x^2)} \end{pmatrix} \begin{pmatrix} y_1 \\ y_2 \end{pmatrix} + \begin{pmatrix} \frac{1}{x} \\ 1 \end{pmatrix}\,,$$

also die beiden gekoppelten linearen Differentialgleichungen

$$y_1' = -\frac{1}{x(1+x^2)}y_1 + \frac{1}{x^2(1+x^2)}y_2 + \frac{1}{x}\,,$$

$$y_2' = -\frac{x^2}{1+x^2}y_1 + \frac{1+2x^2}{x(1+x^2)}y_2 + 1\,. \tag{6.16}$$

Ist die "rechte Seite" $\mathbf{g} \equiv \mathbf{0}$, dann nennt man das Differentialgleichungssystem
(6.15) **homogen**, anderenfalls **inhomogen**.
Falls n gleich 1 ist, handelt es sich bei (6.15) um die in Abschnitt 6.5 behandelte Differentialgleichung erster Ordnung. Die Aussagen über die Existenz und
Eindeutigkeit von Lösungen linearer Differentialgleichungen lassen sich nun wie
folgt verallgemeinern.

Satz 6.2. *(Lösbarkeit linearer Differentialgleichungssysteme 1. Ordnung)*
Die Elemente der Matrix $A(x)$, also die Funktionen $a_{ij}(x)$, und die Komponenten von
$\mathbf{g}(x)$ seien stetig im Intervall $]a, b[$.
Seien $x_0 \in]a, b[$ und $\mathbf{y}_0 = (y_{01}, y_{02}, \ldots, y_{0n})^T$ beliebig vorgegeben. Dann hat das An-
fangswertproblem

$$\mathbf{y}' = A(x)\,\mathbf{y} + \mathbf{g}, \quad \mathbf{y}(x_0) = \mathbf{y}_0\,, \tag{6.17}$$

genau eine Lösung, die für $x \in]a, b[$ existiert.

Nachfolgend sollen die Methoden zur Lösung von linearen Differentialgleichungssystemen dargelegt werden, wobei wie im Fall der linearen Differentialgleichungen erster Ordnung zwischen homogenen und inhomogenen Aufgabenstellungen unterschieden wird.

6.7.1 Homogene Systeme erster Ordnung

Satz 6.3. *(Lösungen des homogenen Systems)*
Sind die Elemente der Matrix $A(x)$, also die Funktionen $a_{ij}(x)$, in $]a, b[$ stetig, dann besitzt das homogene System

$$\mathbf{y}' = A(x)\,\mathbf{y}$$

auf $]a, b[$ genau n linear unabhängige Lösungen.

Ein Funktionensystem von n linear unabhängigen Lösungen des homogenen Systems $\mathbf{y}' = A(x)\,\mathbf{y}$ heißt ein **Fundamentalsystem** oder eine **Basis** von Lösungen, und die Elemente der Basis heißen **Fundamentallösungen**.
Nach dem Satz 6.3 ist im Fall stetiger Funktionen $a_{ij}(x)$ gesichert, dass n Fundamentallösungen existieren. Hat man nun n Lösungen wie auch immer gefunden, so ist ein Kriterium gefragt, mit dem man entscheiden kann, ob die n Lösungen $\mathbf{y}_1, \mathbf{y}_2, \ldots \mathbf{y}_n$ ein Fundamentalsystem bilden. Wir schreiben die n Lösungen als Spalten der Matrix

$$Y(x) = [\mathbf{y}_1\,\mathbf{y}_2\,\cdots\,\mathbf{y}_n]$$

auf und nennen die Matrix $Y(x)$ **WRONSKI-Matrix**.

Definition 6.2. (WRONSKI-Determinante)
$W(x) := \det Y(x)$ heißt die WRONSKI-**Determinante** des Funktionensystems $\mathbf{y}_1$, $\mathbf{y}_2, \ldots, \mathbf{y}_n$ von Lösungen des Systems $\mathbf{y}' = A(x)\,\mathbf{y}$.

Mit der WRONSKI-Determinante kann man nun entscheiden, ob ein Funktionensystem Fundamentalsystem ist oder nicht. Das Entscheidungskriterium wird im folgenden Satz zusammengefasst.

Satz 6.4. *(WRONSKI-Test)*

Seien $\mathbf{y}_1, \mathbf{y}_2, \ldots \mathbf{y}_n$ Lösungen von $\mathbf{y}' = A(x)\,\mathbf{y}$ auf dem Intervall $]a, b[$. Dann gilt, falls die Elemente von $A(x)$ in $]a, b[$ stetig sind,

a) Für alle $x \in]a, b[$ ist entweder $W(x) \equiv 0$ oder $W(x) \neq 0$.

b) Die Lösungen $\mathbf{y}_1, \mathbf{y}_2, \ldots \mathbf{y}_n$ bilden ein Fundamentalsystem auf $]a, b[$ genau dann, wenn $W(x) \neq 0$ ist.

Punkt a) des Satzes bedeutet, dass es genügt, für ein $x_0 \in]a, b[$ das Nichtverschwinden der WRONSKI-Determinante, also $W(x_0) \neq 0$, zu zeigen, um den Nachweis eines Fundamentalsystems zu erbringen.
Ausgehend von einem vorhandenen Fundamentalsystem von Lösungen lassen sich **alle** Lösungen eines homogenen Differentialgleichungssystems erster Ordnung konstruieren. Es gilt der

Satz 6.5. *(Gesamtheit der Lösungen)*
Durch $\mathbf{y}_1, \mathbf{y}_2, \ldots \mathbf{y}_n$ *sei auf* $]a, b[$ *ein Fundamentalsystem von* $\mathbf{y}' = A(x)\,\mathbf{y}$ *gegeben. Dann lässt sich jede Lösung* $\mathbf{y}$ *auf* $]a, b[$ *in der Form*

$$\mathbf{y} = c_1\mathbf{y}_1 + c_2\mathbf{y}_2 + \cdots + c_n\mathbf{y}_n \tag{6.18}$$

darstellen, wobei $c_1, c_2, \ldots, c_n$ *Konstanten sind, die reell oder komplex sein können.* $\mathbf{y}$ *in der Form* (6.18) *heißt auch allgemeine Lösung des homogenen Differentialgleichungssystems* $\mathbf{y}' = A(x)\,\mathbf{y}$.

Die Linearkombinationen (6.18) sind offensichtlich Lösungen von $\mathbf{y}' = A(x)\,\mathbf{y}$, denn es gilt

$$\mathbf{y}' = \sum_{k=1}^{n} c_k\mathbf{y}_k{}' = \sum_{k=1}^{n} c_k A(x)\,\mathbf{y}_k = A(x)\sum_{k=1}^{n} c_k\mathbf{y}_k = A(x)\,\mathbf{y}\,.$$

Damit wird deutlich, dass die Lösungen eines homogenen Differentialgleichungssystems erster Ordnung einen Vektorraum über einem Zahlkörper, aus dem die Koeffizienten c_k gewählt werden, bilden. Da es n linear unabhängige Lösungen gibt, nämlich das Fundamentalsystem (oder die Basis), hat der Vektorraum der Lösungen die Dimension n. Im Spezialfall einer einzigen homogenen linearen Differentialgleichung war $y = C\,y_1 = C\,e^{-P(x)}$ die allgemeine Lösung (s. Abschnitt 6.7), der Vektorraum der Lösungen hat die Dimension 1.

Das Auffinden oder die Berechnung eines Fundamentalsystems ist die entscheidende Aufgabe bei der Lösung von homogenen Differentialgleichungssystemen erster Ordnung. Diese Aufgabe ist immer lösbar, wenn die Matrix $A(x)$ nur konstante Elemente enthält. Falls $A(x) \neq$ const. ist, findet man nur in Spezialfällen oder mit großem Glück Fundamentalsysteme. Falls man kein Fundamentalsystem bestimmen kann, bleibt nur die Möglichkeit der numerischen Lösung von $\mathbf{y}' = A(x)\,\mathbf{y}$, etwa bei Vorgabe einer Anfangsbedingung $\mathbf{y}(x_0) = \mathbf{y}_0$.

Bevor wir uns mit der konkreten Lösungsberechnung für den Fall einer Matrix A mit konstanten Elementen a_{ij} befassen, stellen wir die folgende Überlegung an. Wenn $\mathbf{v}$ ein zum Eigenwert λ einer derartigen Matrix A gehörender Eigenvektor ist, ist auch $\mathbf{y} = e^{\lambda x}\mathbf{v}$ ein Eigenvektor. Es gilt

$$\mathbf{y}' = \lambda e^{\lambda x}\mathbf{v} = \lambda\mathbf{y} = A\mathbf{y}\,.$$

Mit dieser einzeiligen Rechnung haben wir gezeigt, dass mit einem Eigenwert λ der Matrix A und dem dazugehörenden Eigenvektor $\mathbf{v}$ eine Lösung $\mathbf{y} = e^{\lambda x}\mathbf{v}$ des Differentialgleichungssystems $\mathbf{y}' = A\mathbf{y}$ konstruiert werden kann.

Beispiel: Es sollen sämtliche Lösungen des Differentialgleichungssystems

$$\begin{pmatrix} y_1' \\ y_2' \end{pmatrix} = \begin{pmatrix} 2 & -1 \\ -1 & 2 \end{pmatrix} \begin{pmatrix} y_1 \\ y_2 \end{pmatrix} \tag{6.19}$$

bestimmt werden. Für die Koeffizientenmatrix $A = \begin{pmatrix} 2 & -1 \\ -1 & 2 \end{pmatrix}$ findet man die Eigenwerte $\lambda_1 = 1$ und $\lambda_2 = 3$. Weiterhin findet man für λ_1 den Eigenvektor

$\mathbf{v}_1 = \binom{1}{1}$ und für λ_2 den Eigenvektor $\mathbf{v}_2 = \binom{1}{-1}$. Mit den obigen Überlegungen erhält man die Lösungen $\mathbf{y}_1 = e^{\lambda_1 x}\mathbf{v}_1$ und $\mathbf{y}_2 = e^{\lambda_2 x}\mathbf{v}_2$ von (6.19). Es bleibt zu zeigen, dass $\mathbf{y}_1$ und $\mathbf{y}_2$ ein Fundamentalsystem bilden. Dazu wird der WRONSKI-Test durchgeführt.

$$W(x) = \begin{vmatrix} e^x & e^{3x} \\ e^x & -e^{3x} \end{vmatrix} = -e^x e^{3x} - e^x e^{3x} = -2e^{4x} \neq 0$$

bedeutet, dass die Lösungen $\mathbf{y}_1$ und $\mathbf{y}_2$ ein Fundamentalsystem bilden, und damit ergeben die Linearkombinationen

$$\mathbf{y} = c_1\mathbf{y}_1 + c_2\mathbf{y}_2 = c_1 e^x \begin{pmatrix} 1 \\ 1 \end{pmatrix} + c_2 e^{3x} \begin{pmatrix} 1 \\ -1 \end{pmatrix}, \ c_1, c_2 \in \mathbb{R},$$

alle Lösungen des homogenen Differentialgleichungssystems erster Ordnung.

Die im Beispiel durchgeführten Betrachtungen lassen sich verallgemeinern, da bei den Betrachtungen nur davon ausgegangen wurde, dass λ_k ein Eigenwert der konstanten Matrix A mit dem zugehörigen Eigenvektor $\mathbf{v}_k$ war.

Satz 6.6. *(Lösung von Differentialgleichungssystemen mit konstanten Koeffizienten)*

Sei A eine konstante $(n \times n)$-Matrix mit reellen Elementen, λ ein Eigenwert von A und $\mathbf{v}$ ein zu λ gehörender Eigenvektor. Dann ist $\mathbf{y} = e^{\lambda x}\mathbf{v}$ eine Lösung des homogenen Differentialgleichungssystems erster Ordnung $\mathbf{y}' = A\mathbf{y}$.

Hat die Matrix A n voneinander verschiedene Eigenwerte $\lambda_1, \ldots, \lambda_n$ und die dazugehörigen Eigenvektoren $\mathbf{v}_1, \ldots, \mathbf{v}_n$, dann bilden die Lösungen $\mathbf{y}_1 = e^{\lambda_1 x}\mathbf{v}_1, \ldots, \mathbf{y}_n = e^{\lambda_n x}\mathbf{v}_n$ ein Fundamentalsystem, und durch die Linearkombinationen

$$\mathbf{y} = c_1 e^{\lambda_1 x}\mathbf{v}_1 + \cdots + c_n e^{\lambda_n x}\mathbf{v}_n$$

sind sämtliche Lösungen von $\mathbf{y}' = A\mathbf{y}$ gegeben.

Aus der linearen Algebra ist bekannt, dass Matrizen nicht in jedem Fall paarweise verschiedene Eigenwerte besitzen, d.h. es sind Eigenwerte möglich, die eine algebraische Vielfachheit größer als eins haben. In einem solchen Fall kann man mit Hilfe des obigen Satzes nur dann ein Fundamentalsystem aus Eigenwerten und Eigenvektoren konstruieren, wenn bei jedem Eigenwert von A algebraische und geometrische Vielfachheit übereinstimmen (Satz 4.28). Dann findet man zu einem Eigenwert λ_k mit der algebraischen Vielfachheit $\sigma_k \leq n$ genau σ_k linear unabhängige, zu λ_k gehörende Eigenvektoren $\mathbf{v}_{k1}, \ldots, \mathbf{v}_{k\sigma_k}$ und damit auch σ_k linear unabhängige Lösungen

$$\mathbf{y}_{k1} = e^{\lambda_k x}\mathbf{v}_{k1}, \ldots, \mathbf{y}_{k\sigma_k} = e^{\lambda_k x}\mathbf{v}_{k\sigma_k}.$$

Hat also A die Eigenwerte $\lambda_1, \ldots, \lambda_m$ mit den algebraischen Vielfachheiten $\sigma_1, \ldots, \sigma_m$ (die gleich den geometrischen Vielfachheiten sind), so hat man mit

$$\mathbf{y}_{k1} = e^{\lambda_k x}\mathbf{v}_{k1}, \ldots, \mathbf{y}_{k\sigma_k} = e^{\lambda_k x}\mathbf{v}_{k\sigma_k}, \ k = 1, \ldots, m,$$

ein System von n linear unabhängigen Lösungen von $\mathbf{y}' = A\mathbf{y}$ gegeben, denn es gilt $\sum_{k=1}^{m} \sigma_k = n$.

Im eben besprochenen Fall der Existenz von n Eigenvektoren der Systemmatrix A eines Differentialgleichungssystems erster Ordnung führt man in gewissem Sinne eine **Entkopplung** der Gleichungen durch. Das soll im Folgenden kurz besprochen werden. Betrachten wir dazu das lineare Differentialgleichungssystem

$$
\begin{array}{rcrrr}
y_1' & = & -2y_1 & -8y_2 & -12y_3 \\
y_2' & = & y_1 & +4y_2 & +4y_3 \\
y_3' & = & & & y_3
\end{array}
\qquad (6.20)
$$

Mit den Vereinbarungen

$$
\mathbf{y} = \begin{pmatrix} y_1 \\ y_2 \\ y_3 \end{pmatrix}, \quad
\mathbf{y}' = \begin{pmatrix} y_1' \\ y_2' \\ y_3' \end{pmatrix}, \quad
A = \begin{pmatrix} -2 & -8 & -12 \\ 1 & 4 & 4 \\ 0 & 0 & 1 \end{pmatrix}
$$

schreiben wir das System (6.20) in der Matrixform

$$
\mathbf{y}' = A\mathbf{y}
$$

auf. Das charakteristische Polynom von A lautet

$$
\chi_A(\lambda) = (1 - \lambda)(\lambda - 2)\lambda
$$

und hat damit die Nullstellen bzw. Eigenwerte

$$
\lambda_1 = 0 \qquad \lambda_2 = 1 \qquad \lambda_3 = 2 \; .
$$

Für die Eigenwerte λ_1, λ_2 und λ_3 findet man mit

$$
\mathbf{v}_1 = \begin{pmatrix} 4 \\ -1 \\ 0 \end{pmatrix}, \quad
\mathbf{v}_2 = \begin{pmatrix} 4 \\ 0 \\ -1 \end{pmatrix}, \quad
\mathbf{v}_3 = \begin{pmatrix} 2 \\ -1 \\ 0 \end{pmatrix}
$$

dazugehörende Eigenvektoren. Die Eigenvektoren sind linear unabhängig und damit ist die Matrix $B = (\mathbf{v}_1, \mathbf{v}_2, \mathbf{v}_3)$ regulär. Es ergibt sich

$$
AB = BD \quad \text{bzw.} \quad B^{-1}AB = \begin{pmatrix} 0 & 0 & 0 \\ 0 & 1 & 0 \\ 0 & 0 & 2 \end{pmatrix} =: D \; ,
$$

indem man die Spaltenvektoren $A\mathbf{v}_k$ und $\lambda_k \mathbf{v}_k$ für $k = 1,2,3$ jeweils zu der Matrix AB bzw. BD zusammenfasst, d.h. die Matrix A wurde mittels B auf Diagonalform transformiert. Wenn wir durch $\mathbf{y} = B\mathbf{z}$ einen Hilfsvektor $\mathbf{z}$ einführen, erhalten wir ausgehend von (6.20)

$$
\mathbf{y}' = AB\mathbf{z} \quad \text{bzw.} \quad B^{-1}\mathbf{y}' = \mathbf{z}' = B^{-1}AB\mathbf{z}
$$

und damit

$$z' = Dz \quad \text{oder} \quad z_1' = 0, \; z_2' = z_2, \; z_3' = 2z_3 \,,$$

d.h. ein **entkoppeltes** Differentialgleichungssystem erster Ordnung mit den Lösungen

$$z_1 = c_1 \quad z_2 = c_2 e^t \quad z_3 = c_3 e^{2t} \,.$$

Wir erinnern uns an die Gleichung $\mathbf{y} = B\mathbf{z}$ und erhalten schließlich mit

$$\mathbf{y} = B\mathbf{z} = \begin{pmatrix} 4 & 4 & 2 \\ -1 & 0 & -1 \\ 0 & -1 & 0 \end{pmatrix} \begin{pmatrix} c_1 \\ c_2 e^t \\ c_3 e^{2t} \end{pmatrix} = \begin{pmatrix} c_1 4 + c_2 4 e^t + c_3 2 e^{2t} \\ -c_1 - c_3 e^{2t} \\ -c_2 e^t \end{pmatrix}$$

die allgemeine homogene Lösung des Differentialgleichungssystems (6.20) mit den reellen Konstanten c_1, c_2, c_3.

Entscheidend für die Entkopplung war die Diagonalisierbarkeit der Matrix A, die hier nicht symmetrisch war. Bei symmetrischen Koeffizientenmatrizen A ist die Diagonalisierung und die verwendete Methodik immer möglich. Die Diagonalisierbarkeit von Koeffizientenmatrizen von Differentialgleichungssystemen ist immer dann möglich, wenn es keine Defizite bei Eigenwerten gibt.

Gibt es Defizite bei Eigenwerten, d.h. ist die algebraische Vielfachheit σ_k eines Eigenwertes λ_k der Koeffizientenmatrix A größer als dessen geometrische Vielfachheit γ_k, findet man zu λ_k bekanntermaßen nur $\gamma_k < \sigma_k$ linear unabhängige Eigenvektoren (vgl. Abschnitt 4.7).

Beispiel: Betrachten wir das Differentialgleichungssystem

$$\mathbf{y}' = A\mathbf{y} = \begin{pmatrix} 2 & -1 \\ 1 & 4 \end{pmatrix} \mathbf{y} \,, \tag{6.21}$$

so finden wir $\lambda = 3$ als doppelten Eigenwert von A. Für $\lambda = 3$ finden wir nur Eigenvektoren der Form $\mathbf{v} = (t, -t)^T$, z.B. $\mathbf{v}_1 = (1, -1)^T$, also hat der Eigenwert $\lambda = 3$ die algebraische Vielfachheit 2 und die geometrische Vielfachheit 1, es liegt also ein Defizit vor. Mit

$$\mathbf{y}_1 = e^{\lambda x} \mathbf{v}_1 = e^{3x} \begin{pmatrix} 1 \\ -1 \end{pmatrix}$$

hat man eine Lösung. Für ein Fundamentalsystem und damit die allgemeine Lösung des homogenen Systems (6.21) benötigen wir eine zweite, von $\mathbf{y}_1$ linear unabhängige Lösung $\mathbf{y}_2$. Da es keine solche zweite Lösung der Form $e^{\kappa x} \mathbf{v}$ geben kann, was man sofort durch den WRONSKI-Test herausfindet, sucht man nach Lösungen in etwas allgemeinerer Form. Ein Ansatz der Form $\mathbf{y}_2 = x e^{3x} \mathbf{w}$ mit einem konstanten Vektor $\mathbf{w}$ ergibt nach dem Einsetzen in die Gleichung (6.21)

$$3x e^{3x} \mathbf{w} + e^{3x} \mathbf{w} - A\, x e^{3x} \mathbf{w} = x e^{3x} (3\mathbf{w} - A\mathbf{w}) + e^{3x} \mathbf{w} = \mathbf{0} \,. \tag{6.22}$$

Die Gleichung (6.22) ist allerdings nur dann für alle x erfüllt, wenn $\mathbf{w} = \mathbf{0}$ ist. Damit gibt es keine nichttriviale Lösung der Form $\mathbf{y}_2 = xe^{3x}\mathbf{w}$. Verallgemeinern wir für die zweite Lösung den Ansatz zu

$$\mathbf{y}_2 = e^{3x}\mathbf{v} + xe^{3x}\mathbf{w} \,,$$

mit konstanten Vektoren $\mathbf{v}$ und $\mathbf{w}$, so erhält man nach dem Einsetzen des Ansatzes in die Gleichung (6.21)

$$3xe^{3x}\mathbf{w} + e^{3x}(\mathbf{w} + 3\mathbf{v}) = A\left(xe^{3x}\mathbf{w} + e^{3x}\mathbf{v}\right) \quad \text{bzw.}$$

$$\mathbf{0} = xe^{3x}(A - 3E)\mathbf{w} + e^{3x}[(A - 3E)\mathbf{v} - \mathbf{w}] \,. \tag{6.23}$$

Aus der Gleichung (6.23) folgen durch Koeffizientenvergleich die Bedingungen

$$(A - 3E)\mathbf{w} = \mathbf{0} \quad \text{und} \quad (A - 3E)\mathbf{v} = \mathbf{w} \,.$$

Der Eigenvektor $\mathbf{v}_1$ erfüllt die erste Bedingung und der Hauptvektor $\mathbf{v}_2 = (1, -2)^T$ als Lösung des linearen Gleichungssystems $(A - 3E)\mathbf{v} = \mathbf{v}_1$ die zweite Bedingung. Hier sei daran erinnert, dass $\mathbf{v}_1$ und $\mathbf{v}_2$ auch linear unabhängige Lösungen des Gleichungssystems $(A - 3E)^2\,\mathbf{v} = \mathbf{0}$ sind. Damit hat man mit

$$\mathbf{y}_2 = e^{3x}\mathbf{v}_2 + xe^{3x}\mathbf{v}_1$$

eine zweite Lösung von (6.21) gefunden. Durch den WRONSKI-Test

$$\begin{vmatrix} e^{3x} & e^{3x}(1 + x) \\ -e^{3x} & e^{3x}(-2 - x) \end{vmatrix} = e^{6x}(-2 - x) + e^{6x}(1 + x) = -e^{6x} \neq 0$$

ist der Nachweis erbracht, dass $\mathbf{y}_1$ und $\mathbf{y}_2$ ein Fundamentalsystem bilden und die allgemeine Lösung von (6.21) die Form

$$\mathbf{y}_h = c_1\mathbf{y}_1 + c_2\mathbf{y}_2 = \begin{pmatrix} c_1e^{3x} + c_2e^{3x}(1 + x) \\ -c_1e^{3x} - c_2e^{3x}(2 + x) \end{pmatrix}$$

hat.

Das Ergebnis dieser Beispielrechnung wird nun verallgemeinert. Betrachtet man sämtliche Eigenwerte λ_k, $k = 1, ..., m$, mit den algebraischen Vielfachheiten σ_k und den geometrischen Vielfachheiten γ_k, dann findet man insgesamt nur $\sum_{k=1}^{m} \gamma_k$ linear unabhängige Eigenvektoren. Gilt $\gamma_k < \sigma_k$ für mindestens ein $k \in \{1, ..., m\}$, dann ist $\sum_{k=1}^{m} \gamma_k < n$ und es "fehlen" $n - \sum_{k=1}^{m} \gamma_k$ Eigenvektoren, um mit dem Satz 6.6 ein Fundamentalsystem konstruieren zu können. In dem Abschnitt 4.7.6 wurde festgestellt, dass für einen Eigenwert λ_k mit der algebraischen Vielfachheit σ_k das Gleichungssystem

$$(A - \lambda_k E)^{\sigma_k}\,\mathbf{v} = \mathbf{0}$$

σ_k linear unabhängige Lösungen $\mathbf{v}_1, ..., \mathbf{v}_{\sigma_k}$ hat. Damit ist es nun möglich, das Defizit zu überwinden, und zwar gilt der folgende

Satz 6.7. *(Hauptvektorlösungen)*
Seien λ ein Eigenwert der $(n \times n)$-Matrix A mit der algebraischen Vielfachheit σ und $\mathbf{v}_1,...,\mathbf{v}_\sigma$ linear unabhängige Lösungen des linearen Gleichungssystems

$$(A - \lambda E)^\sigma \, \mathbf{v} = \mathbf{0} \,,$$

dann sind

$$\mathbf{y}_k = e^{\lambda x} \sum_{j=0}^{\sigma-1} \frac{x^j}{j!} (A - \lambda E)^j \, \mathbf{v}_k \,, \quad k = 1, \ldots, \sigma,$$

linear unabhängige Lösungen des Differentialgleichungssystems erster Ordnung $\mathbf{y}' = A\mathbf{y}$.
Alternative Formulierung: Sind die Lösungen $\mathbf{w}_1,...,\mathbf{w}_\sigma$ von $(A - \lambda E)^\sigma \, \mathbf{v} = \mathbf{0}$ sukzessiv bestimmte Hauptvektoren nullter bis $(\sigma - 1)$-ter Stufe, dann haben die zum Eigenwert λ gehörenden linear unabhängigen Lösungen des Differentialgleichungssystems erster Ordnung $\mathbf{y}' = A\mathbf{y}$ die Form

$$\mathbf{y}_k = e^{\lambda x} \sum_{j=0}^{k-1} \frac{x^j}{j!} \mathbf{w}_{k-j} \,, \; k = 1, \ldots, \sigma \,.$$

Damit ist es möglich, für jeden Eigenwert mit der algebraischen Vielfachheit σ, unabhängig von eventuell vorhandenen Defiziten, σ linear unabhängige Lösungen von $\mathbf{y}' = A\mathbf{y}$ zu konstruieren, also ausgehend von allen Eigenwerten von A ein Fundamentalsystem mit n linear unabhängigen Lösungen zu gewinnen.

Beispiel: Das lineare homogene Differentialgleichungssystem erster Ordnung

$$\mathbf{y}' := \begin{pmatrix} y_1' \\ y_2' \\ y_3' \end{pmatrix} = \begin{pmatrix} 0 & 1 & 0 \\ 0 & 0 & 1 \\ 1 & -3 & 3 \end{pmatrix} \begin{pmatrix} y_1 \\ y_2 \\ y_3 \end{pmatrix} =: A\mathbf{y} \tag{6.24}$$

ist zu lösen. Es gilt $\det(A - \lambda E) = (1 - \lambda)^3$ und damit hat die Matrix A den Eigenwert $\lambda = 1$ mit der algebraischen Vielfachheit 3. Für die zu $\lambda = 1$ gehörenden Eigenvektoren $\mathbf{v}$ findet man

$$\mathbf{v} = s \begin{pmatrix} 1 \\ 1 \\ 1 \end{pmatrix}, \quad s \neq 0 \,,$$

und damit hat der Eigenwert $\lambda = 1$ die geometrische Vielfachheit 1. Es gibt also ein Defizit von Eigenvektoren. Zur vollständigen Lösung der Gleichung $\mathbf{y}' = A\mathbf{y}$ sind die Hauptvektoren nullter bis zweiter Stufe zu bestimmen. Ein Hauptvektor nullter Stufe liegt mit dem Eigenvektor $\mathbf{w}_1 = (1 \; 1 \; 1)^T$ vor. Den zweiten Hauptvektor erhalten wir als Lösung der Gleichung $(A - \lambda E)\mathbf{w} = \mathbf{w}_1$, z.B.

$$\mathbf{w}_2 = \begin{pmatrix} -1 \\ 0 \\ 1 \end{pmatrix}.$$

Mit der Lösung von $(A - \lambda E)\mathbf{w} = \mathbf{w}_2$ ist $\mathbf{w}_3$ als noch fehlender Hauptvektor zweiter Stufe zu berechnen. Man findet z.B.

$$\mathbf{w}_3 = \begin{pmatrix} 2 \\ 1 \\ 1 \end{pmatrix}.$$

Mit den Hauptvektoren $\mathbf{w}_1$, $\mathbf{w}_2$, $\mathbf{w}_3$ kann man nun nach dem Satz 6.7 zu den Hauptvektorlösungen die Fundamentallösungen $\mathbf{y}_1 = e^x \mathbf{w}_1$, $\mathbf{y}_2 = e^x \mathbf{w}_2 + e^x \frac{x}{1!} \mathbf{w}_1$ und $\mathbf{y}_3 = e^x \mathbf{w}_3 + e^x \frac{x}{1!} \mathbf{w}_2 + e^x \frac{x^2}{2!} \mathbf{w}_1$, d.h.

$$\mathbf{y}_1 = e^x \begin{pmatrix} 1 \\ 1 \\ 1 \end{pmatrix} , \; \mathbf{y}_2 = e^x [\begin{pmatrix} -1 \\ 0 \\ 1 \end{pmatrix} + x \begin{pmatrix} 1 \\ 1 \\ 1 \end{pmatrix}] \; \text{und}$$

$$\mathbf{y}_3 = e^x [\begin{pmatrix} 2 \\ 1 \\ 1 \end{pmatrix} + x \begin{pmatrix} -1 \\ 0 \\ 1 \end{pmatrix} + \frac{x^2}{2} \begin{pmatrix} 1 \\ 1 \\ 1 \end{pmatrix}]$$

konstruieren und damit die allgemeine Lösung $\mathbf{y}_h$ von $\mathbf{y}' = A\mathbf{y}$

$$\mathbf{y}_h = c_1 \mathbf{y}_1 + c_2 \mathbf{y}_2 + c_3 \mathbf{y}_3$$

erhalten.

Bei den bisherigen Beispielen von Differentialgleichungssystemen mit konstanten reellen $(n \times n)$-Koeffizientenmatrizen A waren die Eigenwerte reell und die Eigenvektoren Elemente des $\mathbb{R}^n$. Aus der linearen Algebra ist aber bekannt, dass dies nur bei symmetrischen Matrizen sicher der Fall ist. Im Folgenden soll der Fall des Auftretens **komplexer Eigenwerte** und **komplexer Eigenvektoren** besprochen werden. Dazu betrachten wir das folgende

Beispiel: Es soll das Verhalten eines Zwei-Massen-Schwingers mit den Massen m_1 und m_2, die durch Federn mit den Konstanten k_1, k_2 und k_3 zwischen zwei festen Punkten schwingen, untersucht werden (s. auch Abschnitt 4.7, Gleichung (4.45)). Das Verhalten kann durch das Differentialgleichungssystem

$$\mathbf{y}' := \begin{pmatrix} y_1' \\ y_2' \\ y_3' \\ y_4' \end{pmatrix} = \begin{pmatrix} 0 & 1 & 0 & 0 \\ -\frac{k_1+k_2}{m_1} & 0 & \frac{k_2}{m_1} & 0 \\ 0 & 0 & 0 & 1 \\ \frac{k_2}{m_2} & 0 & -\frac{k_2+k_3}{m_2} & 0 \end{pmatrix} \begin{pmatrix} y_1 \\ y_2 \\ y_3 \\ y_4 \end{pmatrix} =: A\mathbf{y} \qquad (6.25)$$

beschrieben werden. Durch die Einführung der neuen Veränderlichen $y_1 = x_1$, $y_2 = y_1'$, $y_3 = x_2$, $y_4 = y_3'$ kann das Differentialgleichungssystem 2. Ordnung

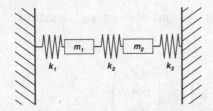

Abb. 6.8. Zwei-Massen-Schwinger

(4.45) in das äquivalente Differentialgleichungssystem 1. Ordnung (6.25) überführt werden (s. auch Abschnitt 6.8).

Wenn wir $m_1 = 1$, $m_2 = 2$, $k_1 = 1$, $k_2 = k_3 = 2$ vorgeben, ergibt sich aus (6.25) das System

$$\mathbf{y}' := \begin{pmatrix} y_1' \\ y_2' \\ y_3' \\ y_4' \end{pmatrix} = \begin{pmatrix} 0 & 1 & 0 & 0 \\ -3 & 0 & 2 & 0 \\ 0 & 0 & 0 & 1 \\ 1 & 0 & -2 & 0 \end{pmatrix} \begin{pmatrix} y_1 \\ y_2 \\ y_3 \\ y_4 \end{pmatrix} =: A\mathbf{y} \ .$$

Zur Berechnung der Eigenwerte von A betrachet man

$$\det(A - \lambda E) - \lambda^4 + 5\lambda^2 + 4 - (i - \lambda)(-i - \lambda)(2i - \lambda)(-2i - \lambda) = 0$$

und findet $\lambda_1 = i$, $\lambda_2 = -i$, $\lambda_3 = 2i$ und $\lambda_4 = -2i$ als Nullstellen. Für die 4 Eigenwerte errechnet man die Eigenvektoren

$$\mathbf{v}_1 = \begin{pmatrix} 1 \\ i \\ 1 \\ i \end{pmatrix} , \quad \mathbf{v}_2 = \begin{pmatrix} 1 \\ -i \\ 1 \\ -i \end{pmatrix} , \quad \mathbf{v}_3 = \begin{pmatrix} 2i \\ -4 \\ -i \\ 2 \end{pmatrix} , \quad \mathbf{v}_4 = \begin{pmatrix} -2i \\ -4 \\ i \\ 2 \end{pmatrix} .$$

Als linear unabhängige, aber komplexe Lösungen des homogenen Differentialgleichungssystems erhält man

$$\mathbf{y}_1 = e^{\lambda_1 x}\mathbf{v}_1 , \quad \mathbf{y}_2 = e^{\lambda_2 x}\mathbf{v}_2 , \quad \mathbf{y}_3 = e^{\lambda_3 x}\mathbf{v}_3 , \quad \mathbf{y}_4 = e^{\lambda_4 x}\mathbf{v}_4$$

und damit die allgemeine komplexe Lösung

$$\mathbf{y}_h = c_1 e^{\lambda_1 x}\mathbf{v}_1 + c_2 e^{\lambda_2 x}\mathbf{v}_2 + c_3 e^{\lambda_3 x}\mathbf{v}_3 + c_4 e^{\lambda_4 x}\mathbf{v}_4 , \tag{6.26}$$

wobei c_1, c_2, c_3, c_4 Konstanten aus $\mathbb{C}$ sind. Wir wollen nun reelle Lösungen ausgehend von der komplexen Lösung (6.26) konstruieren. Unter der Nutzung der EULERschen Formel $e^{i\phi} = \cos\phi + i\sin\phi$ erhält man

$$\mathbf{y}_1 = \cos x\, \mathbf{v}_1 + i\sin x\, \mathbf{v}_1 =$$

$$= \begin{pmatrix} \cos x \\ i\cos x \\ \cos x \\ i\cos x \end{pmatrix} + \begin{pmatrix} i\sin x \\ -\sin x \\ i\sin x \\ -\sin x \end{pmatrix} = \begin{pmatrix} \cos x \\ -\sin x \\ \cos x \\ -\sin x \end{pmatrix} + i \begin{pmatrix} \sin x \\ \cos x \\ \sin x \\ \cos x \end{pmatrix} = \mathbf{y}_{11} + i\,\mathbf{y}_{12} \ .$$

Mit dem zu λ_1 konjugiert komplexen Eigenwert λ_2 und dem zu $\mathbf{v}_1$ konjugiert komplexen Eigenvektor $\mathbf{v}_2$ erhält man für $\mathbf{y}_2$

$$\mathbf{y}_2 = \cos x\,\mathbf{v}_2 - i\sin x\,\mathbf{v}_2 =$$

$$= \begin{pmatrix} \cos x \\ -i\cos x \\ \cos x \\ -i\cos x \end{pmatrix} - \begin{pmatrix} i\sin x \\ \sin x \\ i\sin x \\ \sin x \end{pmatrix} = \begin{pmatrix} \cos x \\ -\sin x \\ \cos x \\ -\sin x \end{pmatrix} - i\begin{pmatrix} \sin x \\ \cos x \\ \sin x \\ \cos x \end{pmatrix} = \mathbf{y}_{11} - i\,\mathbf{y}_{12}\,,$$

wobei wir die Eigenschaften $\cos(-x) = \cos x$ und $\sin(-x) = -\sin x$ genutzt haben. $\mathbf{y}_2$ ist zu $\mathbf{y}_1$ konjugiert komplex. Die reellen Zahlen $\operatorname{Re} z$ und $\operatorname{Im} z$ sind Linearkombinationen der komplexen Zahl z und ihrer konjugiert komplexen Zahl $\bar{z}$:

$$\operatorname{Re} z = \frac{1}{2}z + \frac{1}{2}\bar{z}\,, \quad \operatorname{Im} z = \frac{1}{2i}z - \frac{1}{2i}\bar{z}\,.$$

Daher gilt auch

$$\mathbf{y}_{11} = \frac{1}{2}\mathbf{y}_1 + \frac{1}{2}\mathbf{y}_2 \quad \text{und} \quad \mathbf{y}_{12} = \frac{1}{2i}\mathbf{y}_1 - \frac{1}{2i}\mathbf{y}_2\,.$$

Damit sind auch $\mathbf{y}_{11}$ und $\mathbf{y}_{12}$ Lösungen des liniearen homogenen Differentialgleichungssystems (6.25), und zwar reelle Lösungen. Auf die gleiche Weise findet man für den Eigenwert $\lambda_3 = 2i$ und den dazugehörenden Eigenvektor $\mathbf{v}_3$

$$\mathbf{y}_3 = \cos 2x\,\mathbf{v}_3 + i\sin 2x\,\mathbf{v}_3 =$$

$$= \begin{pmatrix} 2i\cos 2x \\ -4\cos 2x \\ -i\cos 2x \\ 2\cos 2x \end{pmatrix} + \begin{pmatrix} -2\sin 2x \\ -4i\sin 2x \\ \sin 2x \\ 2i\sin 2x \end{pmatrix} = \begin{pmatrix} -2\sin 2x \\ -4\cos 2x \\ \sin 2x \\ 2\cos 2x \end{pmatrix} + i\begin{pmatrix} 2\cos 2x \\ -4\sin 2x \\ -\cos 2x \\ 2\sin 2x \end{pmatrix} =$$

$$= \mathbf{y}_{31} + i\,\mathbf{y}_{32}\,, \text{und}$$

$$\mathbf{y}_4 = \cos 2x\,\mathbf{v}_4 - i\sin 2x\,\mathbf{v}_4 = \begin{pmatrix} -2\sin 2x \\ -4\cos 2x \\ \sin 2x \\ 2\cos 2x \end{pmatrix} - i\begin{pmatrix} 2\cos 2x \\ -4\sin 2x \\ -\cos 2x \\ 2\sin 2x \end{pmatrix} = \mathbf{y}_{31} - i\,\mathbf{y}_{32}\,,$$

und damit mit

$$\mathbf{y}_{31} = \frac{1}{2}\mathbf{y}_3 + \frac{1}{2}\mathbf{y}_4 \quad \text{und} \quad \mathbf{y}_{32} = \frac{1}{2i}\mathbf{y}_3 - \frac{1}{2i}\mathbf{y}_4\,.$$

Damit hat man durch das Sortieren nach Real- und Imaginärteil mit $\mathbf{y}_{11}$, $\mathbf{y}_{12}$, $\mathbf{y}_{31}$, $\mathbf{y}_{32}$ vier reelle Lösungen gefunden. Wir überprüfen nun noch durch den WRONSKI-Test, ob $\mathbf{y}_{11}$, $\mathbf{y}_{12}$, $\mathbf{y}_{31}$, $\mathbf{y}_{32}$ ein reelles Fundamentalsystem ist. Für die WRONSKI-Determinante erhalten wir

$$W(x) = \begin{vmatrix} \cos x & -2\sin 2x & \sin x & 2\cos 2x \\ -\sin x & -4\cos 2x & \cos x & -4\sin 2x \\ \cos x & \sin 2x & \sin x & -\cos 2x \\ -\sin x & 2\cos 2x & \cos x & 2\sin 2x \end{vmatrix}\,,$$

und damit

$$W(\frac{\pi}{2}) = \begin{vmatrix} 0 & 0 & 1 & -2 \\ -1 & 4 & 0 & -4 \\ 0 & 0 & 1 & 0 \\ -1 & -2 & 0 & 0 \end{vmatrix} = \begin{vmatrix} 0 & 0 & -2 \\ -1 & 4 & -4 \\ -1 & -2 & 0 \end{vmatrix} = -12 \neq 0 \,.$$

Also ist $\mathbf{w}_k$, $k = 1,2,3,4$, ein reelles Fundamentalsystem. Damit ergibt sich die allgemeine Lösung des Schwingungsproblems zu

$$\mathbf{w}(x) = d_1\mathbf{y}_{11} + d_2\mathbf{y}_{12} + d_3\mathbf{y}_{31} + d_4\mathbf{y}_{32} \,, \ d_k \in \mathbb{R} \,.$$

Wie in dem eben besprochenen Beispiel ist es bei Differentialgleichungssystemen erster Ordnung mit konstanter reeller Koeffizientenmatrix A auch im Fall von komplexen Eigenwerten und -vektoren bzw. komplexen Hauptvektoren immer möglich, ausgehend von komplexen Fundamentallösungen bzw. Fundamental-systemen **reelle** Fundamentalsysteme zu bestimmen. Entscheidende Grundlage dafür ist immer die Tatsache, dass sowohl Realteil als auch Imaginärteil einer komplex-wertigen Lösung auch einzeln Lösung des homogenen Differentialglei-chungssystems ist. Die Berechnung der Lösung hat auch gezeigt, dass es im Falle von komplexen Eigenwerten, die immer als konjugiert komplexes Paar $\lambda, \bar{\lambda}$ auf-treten, ausreicht, nur für den Eigenwert λ den Eigenvektor $\mathbf{v}$ zu bestimmen. Die Betrachtung des Eigenwertes $\bar{\lambda}$ führt auf die gleichen reellen Lösungen, abge-sehen vom Vorzeichen, das in diesem Fall die Lösungseigenschaft nicht ändert. Man erhält mit Real- und Imaginärteil von $e^\lambda \mathbf{v}$ zwei reelle Fundamentallösun-gen.
Diese Überlegungen betreffen selbstverständlich auch den oben besprochenen Fall von Hauptvektorlösungen. Ist die Hauptvektorlösung $\mathbf{y} = e^{\lambda x}\mathbf{v}_2 + xe^{\lambda x}\mathbf{v}_1$ komplex, d.h. ist λ eine komplexe Zahl und $\mathbf{v}_1, \mathbf{v}_2 \in \mathbb{C}^n$, dann erhält man mit dem Realteil und Imaginärteil von $\mathbf{y}$ zwei reelle Fundamentallösungen.

6.7.2 Matrix-Exponentiallösungen

Will man die Lösung $y(x) = e^{ax}y(0)$ der Differentialgleichung $y' = ay$ auf Differentialgleichungssysteme $\mathbf{y}' = A\mathbf{y}$ übertragen und eine Lösung der Form $\mathbf{y}(x) = e^{xA}\mathbf{y}(0)$ angeben, muss man die **Matrix-Exponentialfunktion**

$$e^B = \sum_{k=0}^{\infty} \frac{1}{k!} B^k \tag{6.27}$$

verwenden. e^B ist eine $(n \times n)$-Matrix, wenn B eine $(n \times n)$-Matrix ist. Auf den Nachweis, dass die Reihe (6.27) konvergiert, verzichten wir. Mit $B = xA$ erhält man

$$e^{xA} = \sum_{k=0}^{\infty} \frac{x^k}{k!} A^k \tag{6.28}$$

und durch gliedweise Differentiation und eine Indexverschiebung

$$(e^{xA})' = \sum_{k=1}^{\infty} \frac{x^{k-1}}{(k-1)!} A^k = A \sum_{k=0}^{\infty} \frac{x^k}{k!} A^k = A e^{xA} \ .$$

Damit folgt, dass $\mathbf{y}(x) = e^{xA}\mathbf{y}(0)$ tatsächlich Lösung des Differentialgleichungssystems $\mathbf{y}' = A\mathbf{y}$ ist. Ist λ ein Eigenwert der Matrix A mit dem Eigenvektor $\mathbf{v}$, also $A\mathbf{v} = \lambda\mathbf{v}$, dann folgt

$$e^{xA}\mathbf{v} = \sum_{k=0}^{\infty} \frac{x^k}{k!} A^k \mathbf{v} = \sum_{k=0}^{\infty} \frac{x^k}{k!} \lambda^k \mathbf{v} = \sum_{k=0}^{\infty} \frac{(\lambda x)^k}{k!} \mathbf{v} = e^{\lambda x}\mathbf{v} \ ,$$

d.h. die Matrix-Exponentiallösung erhält man mit der Lösung des Eigenwertproblems für die Matrix A. Mit anderen Worten, man muss keine Matrixpotenzen berechnen, wenn man das Eigenwertproblem gelöst hat.

Berücksichtigt man

$$e^{\lambda x E} = \sum_{k=0}^{\infty} \frac{(\lambda x)^k}{k!} E^k = e^{\lambda x} E \ ,$$

dann folgt für beliebiges $\lambda \in \mathbb{C}$

$$e^{xA}\mathbf{v} = e^{\lambda x E + x(A - \lambda E)}\mathbf{v} = e^{\lambda x E} e^{x(A - \lambda E)}\mathbf{v} = e^{\lambda x} \sum_{j=0}^{\infty} \frac{x^j}{j!} (A - \lambda E)^j \mathbf{v} \ . \quad (6.29)$$

Wenn $\mathbf{v}$ ein Hauptvektor als Lösung von $(A - \lambda E)^k \mathbf{v} = \mathbf{0}$ ist, dann ergibt sich aus (6.29) die endliche Summe

$$e^{xA}\mathbf{v} = e^{\lambda x} \sum_{j=0}^{k-1} \frac{x^j}{j!} (A - \lambda E)^j \mathbf{v}$$

und man erkennt, dass $\mathbf{y} = e^{xA}\mathbf{v}$ eine Hauptvektorlösung ist (s. auch Satz 6.7).

Beispiel: Es soll nun ein einfaches Beispiel zur Berechnung von Matrix-Exponentiallösungen betrachtet werden: Es ist die Lösung von

$$\begin{pmatrix} x \\ y \end{pmatrix}' = \begin{pmatrix} 0 & 1 \\ -1 & 0 \end{pmatrix} \begin{pmatrix} x \\ y \end{pmatrix} =: A \begin{pmatrix} x \\ y \end{pmatrix}$$

mit $\mathbf{y}(0) = (0,1)^T$ gesucht. Für die Matrixpotenzen findet man

$$A^0 = E, \ A^1 = A, \quad A^2 = \begin{pmatrix} -1 & 0 \\ 0 & -1 \end{pmatrix}, \ A^3 = \begin{pmatrix} 0 & -1 \\ 1 & 0 \end{pmatrix}, \ A^4 = \begin{pmatrix} 1 & 0 \\ 0 & 1 \end{pmatrix},$$

$$A^5 = A, \ A^6 = A^2, \dots, \ A^{k+4} = A^k \ \text{für} \ k \geq 1 \ .$$

Damit ergibt sich die Matrix-Exponentiallösung

$$\begin{pmatrix} x(t) \\ y(t) \end{pmatrix} = [E + tA + \frac{t^2}{2}A^2 + \frac{t^3}{3!}A^3 + \cdots]\begin{pmatrix} 0 \\ 1 \end{pmatrix}$$

$$= \begin{pmatrix} 1 - \frac{t^2}{2} + \frac{t^4}{4!} - \cdots & t - \frac{t^3}{3!} + \frac{t^5}{5!} - \cdots \\ -t + \frac{t^3}{3!} - \frac{t^5}{5!} + \cdots & 1 - \frac{t^2}{2} + \frac{t^4}{4!} - \cdots \end{pmatrix} \begin{pmatrix} 0 \\ 1 \end{pmatrix}$$

$$= \begin{pmatrix} \cos t & \sin t \\ -\sin t & \cos t \end{pmatrix} \begin{pmatrix} 0 \\ 1 \end{pmatrix} = \begin{pmatrix} \sin t \\ \cos t \end{pmatrix}.$$

Das Beispiel zeigt, dass die Reihe (6.28) zwar unendlich viele Summanden hat, aber trotzdem ein sehr kompaktes Ergebnis ablesbar ist.

6.7.3 Inhomogene Differentialgleichungssysteme erster Ordnung

Die Lösung eines inhomogenen Differentialgleichungssystems erster Ordnung besteht in zwei Schritten, nämlich erstens in der allgemeinen Lösung des homogenen Systems, und zweitens in der Bestimmung einer partikulären (speziellen) Lösung des inhomogenen Systems.

Satz 6.8. *(Lösungsstruktur des inhomogenen Systems)*
Sei y_p *irgendeine Lösung des inhomogenen linearen Systems* $y' = A(x)y + g$ *und sei* $y_1, y_2, \ldots y_n$ *ein Fundamentalsystem und damit* $y_h = c_1y_1 + \cdots + c_ny_n$ *die allgemeine Lösung des homogenen linearen Differentialgleichungssystems* $y' = A(x)y$. *Dann hat jede Lösung des inhomogenen linearen Systems die Form*

$$y = y_p + c_1y_1 + c_2y_2 + \cdots + c_ny_n = y_p + y_h$$

mit Konstanten $c_1, c_2, \ldots, c_n$, *die reell oder komplex sein können.*

Obwohl wir die Beschäftigung mit Differentialgleichungssystemen erster Ordnung nicht übertreiben wollen, soll der Weg von einem vorhandenen Fundamentalsystem der homogenen Gleichung zu einer speziellen Lösung y_p der inhomogenen Gleichung aufgezeigt werden.

Satz 6.9. *(Variation der Konstanten bei Systemen)*
Durch $y_1, y_2, \ldots y_n$ *sei auf* $]a, b[$ *ein Fundamentalsystem von* $y' = A(x)y$ *gegeben. Weiterhin sei* $Y(x)$ *die Matrix* $[y_1 \ y_2 \ \ldots \ y_n]$ *aus den Spaltenvektoren* $y_1, y_2, \ldots, y_n$. *Sind die Komponenten von* g *stetig in* $]a, b[$, *so ist*

$$y_p(x) = Y(x) \cdot c(x) \tag{6.30}$$

eine partikuläre Lösung des inhomogenen Systems $y' = A(x)y + g$, *wobei* $c(x) = \int c'(x)\,dx$ *und* $c'(x) = (c_1'(x), \ldots, c_n'(x))^T$ *Lösung des Gleichungssystems*

$$Y(x) \cdot c'(x) = g(x) \tag{6.31}$$

ist.

Unter $\int \mathbf{c}'(x)\, dx$ wollen wir im Falle eines Vektors $\mathbf{c}'(x)$ die komponentenweise Integration verstehen, also $\int \mathbf{c}'(x)\, dx = \begin{pmatrix} \int c_1'(x)\, dx \\ \vdots \\ \int c_n'(x)\, dx \end{pmatrix}$.

Zum Beweis des Satzes 6.9 differenzieren wir $\mathbf{y}_p(x)$; es ergibt sich

$$
\begin{aligned}
\mathbf{y}_p'(x) &= (c_1(x)\mathbf{y}_1 + \cdots + c_n(x)\mathbf{y}_n)' = \\
&= c_1'(x)\mathbf{y}_1 + \cdots + c_n'(x)\mathbf{y}_n + c_1(x)\mathbf{y}_1' + \cdots + c_n(x)\mathbf{y}_n' = \\
&= Y(x) \cdot \mathbf{c}'(x) + c_1(x)A\mathbf{y}_1 + \cdots + c_n(x)A\mathbf{y}_n = \\
&= Y(x) \cdot \mathbf{c}'(x) + A(c_1(x)\mathbf{y}_1 + \cdots + c_n(x)\mathbf{y}_n) = \\
&= Y(x) \cdot \mathbf{c}'(x) + A\mathbf{y}_p(x) \, .
\end{aligned}
$$

Unter Berücksichtigung des Gleichungssystems (6.31) folgt $\mathbf{y}_p'(x) = A\mathbf{y}_p(x) + \mathbf{g}$ und damit die Aussage des Satzes.

Beispiel: Wir hatten weiter oben das Differentialgleichungssystem

$$
\begin{pmatrix} y_1' \\ y_2' \end{pmatrix} = \begin{pmatrix} -\frac{1}{x(1+x^2)} & \frac{1}{x^2(1+x^2)} \\ -\frac{x^2}{1+x^2} & \frac{1+2x^2}{x(1+x^2)} \end{pmatrix} \begin{pmatrix} y_1 \\ y_2 \end{pmatrix} + \begin{pmatrix} \frac{1}{x} \\ 1 \end{pmatrix}, \quad x > 0 \, ,
$$

als Beispiel eines linearen Differentialgleichungssystems erster Ordnung angegeben. Dieses System wollen wir nun exemplarisch lösen. Wir sind nach langem Suchen (Probieren) mit

$$
\mathbf{y}_1(x) = \begin{pmatrix} 1 \\ x \end{pmatrix}, \quad \mathbf{y}_2(x) = \begin{pmatrix} -\frac{1}{x} \\ x^2 \end{pmatrix},
$$

auf Lösungen des homogenen Systems gestoßen. Zur Überprüfung, ob es sich bei den Lösungen um ein Fundamentalsystem handelt, berechnen wir die WRONSKI-Determinante. Es ergibt sich

$$
W(x) = \det \begin{pmatrix} 1 & -\frac{1}{x} \\ x & x^2 \end{pmatrix} = x^2 + 1 \, .
$$

Damit ist der Nachweis erbracht, dass $\mathbf{y}_1, \mathbf{y}_2$ ein Fundamentalsystem bilden. Wir können also alle Lösungen des homogenen Systems in der Form

$$
\mathbf{y}_h(x) = c_1 \mathbf{y}_1(x) + c_2 \mathbf{y}_2(x)
$$

aufschreiben.

Zur Bestimmung einer partikulären Lösung $\mathbf{y}_p$ des inhomogenen Systems nutzen wir den Satz 6.9. Mit der Matrix

$$
Y(x) = \begin{pmatrix} 1 & -\frac{1}{x} \\ x & x^2 \end{pmatrix}
$$

erhalten wir das Gleichungssystem

$$
\begin{pmatrix} 1 & -\frac{1}{x} \\ x & x^2 \end{pmatrix} \begin{pmatrix} c_1'(x) \\ c_2'(x) \end{pmatrix} = \begin{pmatrix} \frac{1}{x} \\ 1 \end{pmatrix}
$$

mit der Lösung

$$
\mathbf{c}'(x) = \begin{pmatrix} \frac{1}{x} \\ 0 \end{pmatrix} .
$$

Die Integration ergibt mit reellen Konstanten k_1, k_2

$$
\mathbf{c}(x) = \int \mathbf{c}'(x)\, dx = \begin{pmatrix} \int \frac{dx}{x} \\ 0 \end{pmatrix} = \begin{pmatrix} \ln x + k_1 \\ k_2 \end{pmatrix} .
$$

Da wir zur Berechnung der allgemeinen Lösung des inhomogenen Systems neben der allgemeinen Lösung des homogenen Systems nur irgendeine partikuläre Lösung benötigen, können wir etwa $k_1 = k_2 = 0$ wählen und erhalten mit

$$
\mathbf{y}_p(x) = \begin{pmatrix} 1 & -\frac{1}{x} \\ x & x^2 \end{pmatrix} \begin{pmatrix} \ln x \\ 0 \end{pmatrix} = \begin{pmatrix} \ln x \\ x \ln x \end{pmatrix}
$$

eine partikuläre Lösung. Damit hat die allgemeine Lösung des inhomogenen Differentialgleichungssystems erster Ordnung die Form

$$
\mathbf{y}(x) = \begin{pmatrix} \ln x \\ x \ln x \end{pmatrix} + c_1 \begin{pmatrix} 1 \\ x \end{pmatrix} + c_2 \begin{pmatrix} -\frac{1}{x} \\ x^2 \end{pmatrix} .
$$

Gibt man nun z.B. Anfangsbedingungen $y_1(1) = 1$ und $y_2(1) = 2$ vor, dann erhält man zur Bestimmung der Koeffizienten c_1 und c_2 das Gleichungssystem

$$
Y(1) \begin{pmatrix} c_1 \\ c_2 \end{pmatrix} = \begin{pmatrix} 1 - \ln 1 \\ 2 - 1 \ln 1 \end{pmatrix} .
$$

Dieses Gleichungssystem ist eindeutig lösbar, da die Determinante von Y gerade die WRONSKI-Determinante $W(1) = 2 \neq 0$ ist. Für die Lösung ergibt sich aus

$$
Y(1) \begin{pmatrix} c_1 \\ c_2 \end{pmatrix} = \begin{pmatrix} 1 \\ 2 \end{pmatrix}
$$

schließlich

$$
\begin{pmatrix} c_1 \\ c_2 \end{pmatrix} = \begin{pmatrix} \frac{3}{2} \\ \frac{1}{2} \end{pmatrix} .
$$

Damit lautet die Lösung des Anfangswertproblems

$$
\begin{pmatrix} y_1 \\ y_2 \end{pmatrix} = \begin{pmatrix} \ln x + \frac{3}{2} - \frac{1}{2x} \\ x \ln x + \frac{3x}{2} + \frac{x^2}{2} \end{pmatrix} .
$$

6.8   Lineare Differentialgleichungen n-ter Ordnung

6.8.1   Differentialgleichungen mit veränderlichen Koeffizienten

Unter einer **linearen Differentialgleichung n-ter Ordnung** verstehen wir eine Gleichung der Form

$$y^{(n)} + a_{n-1}(x)y^{(n-1)} + \cdots + a_0(x)y = g(x) \ . \tag{6.32}$$

$a_0(x), \ldots, a_{n-1}(x), g(x)$ seien in einem Intervall $]a,b[$ definiert. Die Lösung einer linearen Differentialgleichung n-ter Ordnung wird durch die folgende Überlegung auf die Lösung eines Differentialgleichungssystems erster Ordnung zurückgeführt. Durch die Einführung der Funktionen

$$z_1 := y, \quad z_2 := y', \quad z_3 := y'', \quad \ldots \quad z_n := y^{(n-1)}$$

erhält man die Differentialgleichung n-ter Ordnung (6.32) als spezielles Differentialgleichungssystem

$$
\begin{aligned}
z_1' &= z_2 \\
z_2' &= z_3 \\
&\ \vdots \\
z_{n-1}' &= z_n \\
z_n' &= -a_0(x)z_1 - a_1(x)z_2 - \cdots - a_{n-1}(x)z_n + g(x) \ .
\end{aligned}
\tag{6.33}
$$

Damit hat man mit der Matrix

$$A(x) = \begin{pmatrix} 0 & 1 & 0 & \cdots & 0 \\ 0 & 0 & 1 & \cdots & 0 \\ \vdots & & & & \\ 0 & 0 & 0 & \cdots & 1 \\ -a_0(x) & -a_1(x) & -a_2(x) & \cdots & -a_{n-1}(x) \end{pmatrix}$$

und der rechten Seite $\mathbf{g}(x) = (0,0,\ldots,0,g(x))^T$ das zur linearen Differentialgleichung n-ter Ordnung (6.32) äquivalente System erster Ordnung

$$\mathbf{z}' = A(x)\,\mathbf{z} + \mathbf{g}(x) \ . \tag{6.34}$$

Betrachten wir nun zuerst den homogenen Fall $g(x) \equiv 0$. Aufgrund der Festlegung

$$z_1 := y, \quad z_2 := y', \quad z_3 := y'', \quad \ldots \quad z_n := y^{(n-1)}$$

ist $y(x)$ Lösung der homogenen Gleichung (6.32), wenn

$$\mathbf{z}(x) = \begin{pmatrix} y(x) \\ y'(x) \\ y''(x) \\ \vdots \\ y^{(n-1)}(x) \end{pmatrix} \tag{6.35}$$

Lösung des homogenen Systems (6.34) ist. Evtl. gegebene Anfangsbedingungen

$$y(\xi) = \eta_0, \ y'(\xi) = \eta_1, \ \ldots, y^{(n-1)}(\xi) = \eta_{n-1}$$

für die Lösung der Differentialgleichung n-ter Ordnung (6.32) ergeben die Anfangsbedingung $\mathbf{z}(\xi) = (\eta_0, \eta_1, \ldots, \eta_{n-1})^T$ für das Systems (6.34).

Definition 6.3. (Fundamentalsystem einer linearen Differentialgleichung)
Folgt für n auf $]a, b[$ definierte Lösungen $y_1, \ldots, y_n$ der homogenen Differentialgleichung n-ter Ordnung (6.32) und n reelle Koeffizienten $\alpha_1, \ldots, \alpha_n$ aus der für alle $x \in]a, b[$ gültigen Beziehung

$$\alpha_1 y_1(x) + \alpha_2 y_2(x) + \cdots + \alpha_n y_n(x) = 0 \tag{6.36}$$

das Verschwinden sämtlicher Koeffizienten, d.h. $\alpha_1 = \ldots = \alpha_n = 0$, so nennt man $y_1, y_2, \ldots, y_n$ **Fundamentalsystem** der homogenen Differentialgleichung n-ter Ordnung.

Differenziert man nun die Gleichung (6.36), so folgt für $k = 1, 2, \ldots, n - 1$

$$\alpha_1 y_1^{(k)}(x) + \alpha_2 y_2^{(k)}(x) + \cdots + \alpha_n y_n^{(k)}(x) = 0 \text{ auf }]a, b[,$$

und damit erhält man zur Bestimmung von $\alpha_1, \ldots, \alpha_n$ das lineare Gleichungssystem

$$\begin{pmatrix} y_1 & y_2 & \cdots & y_n \\ y_1' & y_2' & \cdots & y_n' \\ \vdots & & & \\ y_1^{(n-1)} & y_2^{(n-1)} & \cdots & y_n^{(n-1)} \end{pmatrix} \begin{pmatrix} \alpha_1 \\ \alpha_2 \\ \vdots \\ \alpha_n \end{pmatrix} = \mathbf{0} . \tag{6.37}$$

Das Gleichungssystem (6.37) besitzt genau dann nur die triviale Lösung $\alpha_1 = \ldots = \alpha_n = 0$, wenn die Determinante der Koeffizientenmatrix in $]a, b[$ nicht verschwindet. Das rechtfertigt die folgende Definition.

Definition 6.4. (WRONSKI-Determinante von n Lösungen einer linearen Differentialgleichung n-ter Ordnung)
Seien $y_1, y_2, \ldots, y_n$ in einem Intervall $]a, b[$ beliebige Lösungen einer homogenen linearen Differentialgleichung n-ter Ordnung, dann heißt

$$W(x) := \det \begin{pmatrix} y_1 & y_2 & \cdots & y_n \\ y_1' & y_2' & \cdots & y_n' \\ \vdots & & & \\ y_1^{(n-1)} & y_2^{(n-1)} & \cdots & y_n^{(n-1)} \end{pmatrix}$$

die **WRONSKI-Determinante** dieser n Lösungen.

Man kann beweisen: Es gilt $W(x) \neq 0$ für alle $x \in]a, b[$ genau dann, wenn es einen Punkt $x_0 \in]a, b[$ mit $W(x_0) \neq 0$ gibt.
Nun kann man die Lösbarkeitsaussagen eines Differentialgleichungssystems erster Ordnung auf lineare Differentialgleichungen n-ter Ordnung übertragen und den folgenden Satz formulieren.

Satz 6.10. *(Lösbarkeit einer linearen Differentialgleichung n-ter Ordnung)*
Die Funktionen $a_i(x)$, $i = 0, 1, \ldots n - 1$, und $g(x)$ seien stetig auf $]a, b[$. Dann gilt:

a) Es gibt ein auf $]a, b[$ definiertes Fundamentalsystem $y_1, \ldots, y_n$ von

$$y^{(n)} + a_{n-1}(x)y^{(n-1)} + \cdots + a_0(x)y = 0 \tag{6.38}$$

und jede Lösung $y_h(x)$ dieser homogenen Differentialgleichung besitzt die Form

$$y_h(x) = c_1 y_1(x) + \ldots + c_n y_n(x)$$

mit geeigneten reellen Koeffizienten $c_1, \ldots, c_n$.

b) Je n Lösungen der homogenen Differentialgleichung (6.38) bilden genau dann ein Fundamentalsystem, wenn ihre WRONSKI-Determinante $W(x)$ nirgends auf $]a, b[$ verschwindet.

c) Sei $y_p(x)$ für $x \in]a, b[$ eine partikuläre Lösung von

$$y^{(n)} + a_{n-1}(x)y^{(n-1)} + \cdots + a_0(x)y = g(x) \, . \tag{6.39}$$

Ist dann $y_1, \ldots, y_n$ ein Fundamentalsystem von (6.38), so sind durch

$$y(x) = y_p(x) + c_1 y_1(x) + \ldots + c_n y_n(x)$$

mit Konstanten $c_1, \ldots, c_n \in \mathbb{R}$ alle Lösungen der linearen inhomogenen Differentialgleichung n-ter Ordnung (6.39) erfasst.

d) Ist $\xi \in]a, b[$ und sind $\eta_0, \eta_1, \ldots, \eta_{n-1}$ beliebige reelle Zahlen, so gibt es genau eine Lösung $y(x)$ der Differentialgleichung (6.39), die die Anfangsbedingungen

$$y(\xi) = \eta_0, \ y'(\xi) = \eta_1, \ldots, \ y^{(n-1)}(\xi) = \eta_{n-1} \tag{6.40}$$

erfüllt. Die Lösung des Anfangswertproblems (6.39),(6.40) existiert im gesamten Intervall $]a, b[$.

Beispiel: Wir betrachten die lineare Differentialgleichung zweiter Ordnung

$$y'' - (1 + 2\tan^2 x)y = 0, \quad -\frac{\pi}{2} < x < \frac{\pi}{2}.$$

Mit den Festlegungen

$$z_1 := y \, , \qquad z_2 := y'$$

können wir das äquivalente Differentialgleichungssystem 1. Ordnung aufschreiben:

$$\begin{pmatrix} z_1' \\ z_2' \end{pmatrix} = \begin{pmatrix} 0 & 1 \\ 1 + 2\tan^2 x & 0 \end{pmatrix} \begin{pmatrix} z_1 \\ z_2 \end{pmatrix} .$$

Da die Koeffizientenfunktion $a_1(x) = 1 + 2\tan^2 x$ in dem betrachteten Intervall stetig ist, gibt es ein Fundamentalsystem von zwei Lösungen. Eine Lösung der Differentialgleichung haben wir mit etwas Glück durch Probieren mit

$$u(x) = \frac{1}{\cos x}$$

gefunden. Es soll nun versucht werden, ausgehend von der gefundenen Lösung eine weitere zu konstruieren. Wenn man unter Nutzung der Lösung $u(x)$ den Ansatz

$$y(x) = v(x)u(x)$$

macht, und den Ansatz in die Differentialgleichung einsetzt, erhält man

$$\begin{aligned} y'' - (1 + 2\tan^2 x)y &= v''u + 2v'u' + u''v - (1 + 2\tan^2 x)uv \qquad (6.41)\\ &= v''u + 2v'u' + v[u'' - (1 + 2\tan^2 x)u] = 0 \, . \end{aligned}$$

Da $u(x)$ Lösung ist, ergibt sich für v die Gleichung

$$v''u + 2v'u' = 0 \, .$$

Wenn wir nun durch $w := v'$ die Funktion w einführen, erhalten wir für w die Differentialgleichung

$$w'u + 2u'w = 0 \, ,$$

die man mit der Methode der Trennung der Veränderlichen lösen kann. Man erhält

$$\frac{w'}{w} = -2\frac{u'}{u} \quad \text{bzw.} \quad \ln|w| = -2\ln|u| + C_1,$$

und damit eine Lösung

$$w(x) = C\frac{1}{u^2} = \frac{1}{u^2} = \cos^2 x \quad (C = 1).$$

Wegen $v' = w$ integrieren wir und erhalten mit

$$v(x) = \int \cos^2 x \, dx = \frac{1}{2}(x + \sin x \cos x) + c_0$$

eine Stammfunktion von w. Wir werden gleich sehen, dass man die Integrationskonstante c_0 auch gleich Null setzen kann. Mit dem ursprünglichen Ansatz erhalten wir mit

$$y_1(x) = v(x)u(x) = \frac{1}{2}\left(\frac{x}{\cos x} + \sin x\right) + \frac{c_0}{\cos x}$$

neben $u(x) = \frac{1}{\cos x}$ eine zweite Lösung.

Wir stellen fest, dass bei der Kenntnis einer Lösung mit der eben durchgeführten Methode eine weitere Lösung der Differentialgleichung über die Lösung einer Differentialgleichung 1. Ordnung konstruiert werden konnte. Die Berechnung der WRONSKI-Determinante

$$W(x) = \det \begin{pmatrix} \frac{1}{\cos x} & \frac{1}{2}(\frac{x}{\cos x} + \sin x) + \frac{c_0}{\cos x} \\ \frac{\sin x}{\cos^2 x} & \frac{1}{2}[\frac{1}{\cos x} + \frac{x \sin x}{\cos^2 x} + \cos x] + \frac{c_0 \sin x}{\cos^2 x} \end{pmatrix}$$

ergibt für $x = 0$

$$W(0) = \begin{vmatrix} 1 & c_0 \\ 0 & 1 \end{vmatrix} = 1 \neq 0 \, .$$

Damit ist der Nachweis erbracht, dass $u(x), y_1(x)$ mit einer beliebigen Konstante c_0, also auch $c_0 = 0$, ein Fundamentalsystem bilden, und alle Lösungen der homogenen Differentialgleichung 2. Ordnung $y'' - (1 + 2\tan^2 x)y = 0$ die Form

$$y(x) = c_1 \frac{1}{\cos x} + c_2 \frac{1}{2}(\frac{x}{\cos x} + \sin x)$$

haben. Dabei sind c_1, c_2 beliebige reelle Konstanten.

Mit den eben gemachten Erfahrungen wollen wir zum Abschluss des Abschnittes das **Reduktionsprinzip** formulieren.

Reduktion der Ordnung einer Differentialgleichung:

Sei $u(x) \neq 0$ eine Lösung der linearen Differentialgleichung n-ter Ordnung

$$y^{(n)} + a_{n-1}(x)y^{(n-1)} + \cdots + a_0(x)y = 0 \, . \tag{6.42}$$

Dann führt der Produktansatz

$$y(x) = v(x)u(x)$$

auf eine homogene lineare Differentialgleichung der Ordnung $n - 1$ für $w := v'$

$$w^{(n-1)} + b_{n-1}(x)w^{(n-2)} + \ldots + b_1(x)w = 0 \, . \tag{6.43}$$

Ist $w_1, ..., w_{n-1}$ ein Fundamentalsystem der Differentialgleichung $(n - 1)$-ter Ordnung (6.43) und sind $v_1, ..., v_{n-1}$ Stammfunktionen von $w_1, ..., w_{n-1}$, so bilden

$$u, uv_1, ..., uv_{n-1}$$

ein Fundamentalsystem der Differentialgleichung (6.42).

Wir wollen hier noch einmal auf die Lösung der homogenen EULERschen Differentialgleichung 2. Ordnung $a_2 x^2 y'' + a_1 x y' + a_0 y = 0$, $x > 0$, eingehen. Wir hatten zu Beginn dieses Abschnitts Lösungen der Form $y(x) = x^r$ diskutiert. Dabei hatten wir festgestellt, dass r Nullstelle des Polynoms $a_2 r(r - 1) + a_1 r + a_0$

sein muss. Wir wollen den Fall einer doppelten Nullstelle (die reell sein muss) behandeln. Eine Lösung ist mit $y_1(x) = x^r$ gegeben. Eine zweite von y_1 linear unabhängige Lösung wollen wir mit der Reduktionsmethode konstruieren. Dazu betrachten wir die spezielle EULERsche Differentialgleichung

$$x^2 y'' - xy' + y = 0 \quad (x > 0).$$

Das Polynom zur Findung eines Exponenten r, der $y(x) = x^r$ zur Lösung macht, hat die Form

$$r(r-1) - r + 1 = r^2 - 2r + 1$$

mit der doppelten Nullstelle $r = 1$. Damit ist $y_1(x) = x^1 = x$ eine Lösung. Mit dem Produktansatz $y_2(x) = xv(x)$ ergibt sich

$$x^2[2v' + xv''] - x[v + xv'] + xv = 0 \quad \text{bzw.} \quad x^2 v' + x^3 v'' = 0 ,$$

und die Substitution $w = v'$ liefert

$$\frac{w'}{w} = -\frac{1}{x} \quad \text{bzw.} \quad w = \frac{c_1}{x} .$$

Die nochmalige Integration ergibt $v = c_1 \ln x + c_2$ und damit erhält man mit

$$y_2(x) = xv = c_1 x \ln x + c_2 x$$

eine zweite Lösung der EULERschen Differentialgleichung, wobei wir $c_2 = 0$ wählen können, da $y_1(x) = x$ ja bereits als Lösung vorliegt. c_1 können wir gleich 1 setzen. Die Berechnung der WRONSKI-Determinante ergibt

$$W(x) = \begin{vmatrix} x & x \ln x \\ 1 & \ln x + 1 \end{vmatrix} = x \ln x + x - x \ln x = x .$$

$W(x)$ ist also für $x > 0$ von Null verschieden. Damit sind $y_1(x) = x$ und $y_2(x) = x \ln x$ Fundamentallösungen der betrachteten EULERschen Differentialgleichung.

Bei der Lösung einer **inhomogenen** linearen Differentialgleichung n-ter Ordnung kann man etwa das nach (6.33) zugeordnete inhomogene System 1. Ordnung (6.34) aufschreiben, für das homogene System ein Fundamentalsystem ermitteln (eine i.Allg. nicht einfache Aufgabe), und daraus mittels Variation der Konstanten für Systeme (Satz 6.9) eine partikuläre Lösung des inhomogenen Systems bestimmen (vg. Satz 6.10, c)). Bezüglich einer "direkten" Methode, d.h. ohne über das System 1. Ordnung zu gehen, vgl. Abschnitt 6.8.3.

6.8.2 Differentialgleichungen n-ter Ordnung mit konstanten Koeffizienten

Unter einer **linearen Differentialgleichung** n-ter Ordnung mit konstanten Koeffizienten verstehen wir eine Gleichung der Form

$$y^{(n)} + a_{n-1}y^{(n-1)} + \cdots + a_0 y = g(x) \,, \tag{6.44}$$

wobei die Koeffizienten a_k reelle Konstanten sind.

Dies ist ein Spezialfall von (6.32). Im Gegensatz zu den homogenen linearen Differentialgleichungssystemen mit veränderlichen Koeffizienten gibt es bei den homogenen linearen Differentialgleichungen und Differentialgleichungssystemen mit konstanten Koeffizienten eine konstruktive Theorie zur Bestimmung eines Fundamentalsystems von Lösungen. Wenn wir den linearen **Differentialausdruck**

$$L[y] := y^{(n)} + a_{n-1}y^{(n-1)} + \cdots + a_0 y \tag{6.45}$$

einführen, kann man die Gleichung (6.44) auch durch $L[y] = g$ abkürzen. Im Folgenden konzentrieren wir uns auf die Konstruktion von Lösungen für Gleichungen des Typs (6.44) und sprechen, ohne "linear" und "mit konstanten Koeffizienten" jedes Mal dazuzusetzen, von einer **homogenen Differentialgleichung n-ter Ordnung**, wenn $g = 0$ ist, anderenfalls von einer **inhomogenen Differentialgleichung n-ter Ordnung**.

Wenn wir eine homogene Differentialgleichung n-ter Ordnung betrachten, können wir für die Lösung einen Ansatz der Form

$$y(x) = e^{\lambda x}$$

machen und erkennen aufgrund der Beziehungen

$$\frac{d^k}{dx^k}e^{\lambda x} = \lambda^k e^{\lambda x} \quad \text{und} \quad e^{\lambda x} \neq 0 \quad \text{für alle} \quad x \in \mathbb{R},$$

dass $y = e^{\lambda x}$ genau dann eine Lösung der Gleichung (6.44) bei $g = 0$ ist, wenn λ eine Nullstelle von

$$P(\lambda) = \lambda^n + a_{n-1}\lambda^{n-1} + \cdots + a_0 \tag{6.46}$$

ist, d.h. falls $P(\lambda) = 0$ ist.

Definition 6.5. (charakteristisches Polynom)
Das in (6.46) definierte Polynom $P(\lambda)$ heißt **charakteristisches Polynom** der homogenen Differentialgleichung (6.44) mit $g = 0$, und $P(\lambda) = 0$ heißt die zugehörige **charakteristische Gleichung**.

Die Untersuchung des Nullstellenverhaltens von $P(\lambda)$ führt uns zu folgenden Fällen:

a) $P(\lambda)$ besitzt n verschiedene reelle Nullstellen $\lambda_1, \ldots, \lambda_n$. Dann besitzt die homogene Differentialgleichung die n Lösungen

$$e^{\lambda_1 x}, \ldots, e^{\lambda_n x} \quad .$$

b) $P(\lambda)$ besitzt eine komplexe Nullstelle λ_k. Da $e^{\lambda x}$ auch für komplexe Zahlen λ sinnvoll ist und

$$\frac{d}{dx}e^{\lambda x} = \lambda e^{\lambda x} \,, \quad \lambda \in \mathbb{C},$$

gilt, folgt, dass $e^{\lambda_k x}$ die homogene Differentialgleichung auch für $\lambda_k \in \mathbb{C}$ löst. Wenn wir davon ausgehen, dass sämtliche Koeffizienten a_i, $(i = 0, \ldots, n-1)$ reell sind, kann man aus der komplex-wertigen Lösung $e^{\lambda_k x}$ ein Paar reeller Lösungen gewinnen. Das wollen wir jetzt erläutern.

Für $x \in \mathbb{R}$ seien $y_1(x), y_2(x)$ reell-wertige Funktionen und die komplex-wertige Funktion $y(x)$ sei durch $y(x) = y_1(x) + i\, y_2(x)$ erklärt. Dann hat man für die Ableitungen

$$y'(x) = y_1'(x) + i\, y_2'(x) \quad \text{bzw.} \quad y^{(l)}(x) = y_1^{(l)}(x) + i\, y_2^{(l)}(x),\ l \in \mathbb{N}.$$

Damit gilt für reelle Koeffizienten a_i

$$y^{(n)} + a_{n-1} y^{(n-1)} + \cdots + a_0 y = (y_1^{(n)} + a_{n-1} y_1^{(n-1)} + \cdots + a_0 y_1) +$$

$$i\,(y_2^{(n)} + a_{n-1} y_2^{(n-1)} + \cdots + a_0 y_2) = 0\,.$$

Diese Gleichung ist genau dann erfüllt, wenn sowohl Realteil als auch Imaginärteil verschwinden, also

$$y_1^{(n)} + a_{n-1} y_1^{(n-1)} + \cdots + a_0 y_1 = 0 \text{ und } y_2^{(n)} + a_{n-1} y_2^{(n-1)} + \cdots + a_0 y_2 = 0\,.$$

Damit gilt wie im Falle der Lösung von Differentialgleichungssystemen erster Ordnung, dass mit $y(x)$ auch $y_1(x) = \operatorname{Re} y(x)$ und $y_2(x) = \operatorname{Im} y(x)$ Lösungen der homogenen linearen Differentialgleichung $y^{(n)} + a_{n-1} y^{(n-1)} + \cdots + a_0 y = 0$ sind. Unter Verwendung der EULERschen Formel $e^{i\phi} = \cos\phi + i\,\sin\phi$, $\phi \in \mathbb{R}$, und des Additionstheorems der Exponentialfunktion $e^{(a+ib)} = e^a\, e^{ib}$, $a, b \in \mathbb{R}$, erhalten wir für $\lambda_k = \sigma_k + i\,\tau_k$

$$y_k(x) = e^{\lambda_k x} = e^{\sigma_k x}(\cos\tau_k x + i\,\sin\tau_k x),$$

woraus sich die beiden reellen Lösungen

$$e^{\sigma_k x}\cos\tau_k x \quad \text{und} \quad e^{\sigma_k x}\sin\tau_k x \qquad (6.47)$$

ergeben. Wir erinnern daran, dass mit einer komplexen Nullstelle λ_k auch $\overline{\lambda}_k$ Nullstelle eines Polynoms mit reellen Koeffizienten ist. Zu $\overline{\lambda}_k$ erhalten wir dann die beiden reellen Lösungen

$$e^{\sigma_k x}\cos(-\tau_k x) = e^{\sigma_k x}\cos\tau_k x \quad \text{und} \quad e^{\sigma_k x}\sin(-\tau_k x) = -e^{\sigma_k x}\sin\tau_k x\,,$$

also bis auf das Vorzeichen die selben Lösungen wie für λ_k.

c) $P(\lambda)$ besitzt eine (reelle oder komplexe) r-fache Nullstelle λ_1, wobei $r \geq 2$ ist. $y = e^{\lambda_1 x}$ ist dann Lösung. Die folgende Rechnung setzt die Gleichheit von $\frac{\partial^2 e^{\lambda x}}{\partial x \partial \lambda} = \frac{\partial^2 e^{\lambda x}}{\partial \lambda \partial x}$ voraus, die aufgrund der Stetigkeit der zweiten partiellen Ableitungen der Funktion $f(\lambda, x) = e^{\lambda x}$ nach dem Satz von SCHWARZ gesichert ist. Damit folgt für den in (6.45) definierten Differentialausdruck L

$$\frac{\partial L[e^{\lambda x}]}{\partial \lambda} = L\left[\frac{\partial e^{\lambda x}}{\partial \lambda}\right] = L[x e^{\lambda x}]\,.$$

Es gilt

$$L[e^{\lambda x}] = e^{\lambda x} P(\lambda) = e^{\lambda x}(\lambda-\lambda_1)^r(\lambda-\lambda_{r+1})\ldots(\lambda-\lambda_n) =: e^{\lambda x}(\lambda-\lambda_1)^r Q(\lambda) \; . \quad (6.48)$$

Differenziert man die Gleichung (6.48) nach λ und nutzt die Vertauschbarkeit der Reihenfolge von partiellen Ableitungen nach x und λ, so erhält man

$$L[xe^{\lambda x}] = e^{\lambda x}[x(\lambda - \lambda_1)^r Q(\lambda) + r(\lambda - \lambda_1)^{r-1} Q(\lambda) + (\lambda - \lambda_1)^r Q'(\lambda)] \; . \quad (6.49)$$

Da $r \geq 2$ ist, ist die rechte Seite der Gleichung (6.49) gleich Null für $\lambda = \lambda_1$, d.h. $y = xe^{\lambda_1 x}$ ist Lösung. Diesen Prozess kann man nun $r - 1$ Mal durchführen und letztendlich nachweisen, dass die r Funktionen

$$e^{\lambda_1 x}, \; xe^{\lambda_1 x}, \; x^2 e^{\lambda_1 x}, \; \ldots, x^{r-1} e^{\lambda_1 x} \tag{6.50}$$

Lösungen der homogenen Differentialgleichung sind.

Zusammenfassung:

Ist λ eine Nullstelle des charakteristischen Polynoms (6.46) der Differentialgleichung (6.44) mit $g = 0$, dann gilt:

a) Hat λ die algebraische Vielfachheit $r \geq 1$, dann sind

$$y_1(x) = e^{\lambda x}, \ldots, y_r(x) = x^{r-1} e^{\lambda x}$$

Fundamentallösungen der homogenen Gleichung (6.44).

b) Ist $\lambda = a + ib$ komplex mit der algebraischen Vielfachheit $r \geq 1$, dann sind neben $z_1(x) = e^{\lambda x}, \ldots, z_r(x) = x^{r-1} e^{\lambda x}$ auch $w_1(x) = e^{\bar{\lambda} x}, \ldots, w_r(x) = x^{r-1} e^{\bar{\lambda} x}$ komplexe Fundamentallösungen der homogenen Gleichung (6.44). Daraus folgt, dass in diesem Fall

$$\begin{aligned} y_1(x) &= e^{ax}\cos bx, \ldots, y_r(x) = x^{r-1} e^{ax} \cos bx, \\ y_{r+1}(x) &= e^{ax} \sin bx, \ldots, y_{2r}(x) = x^{r-1} e^{ax} \sin bx \end{aligned}$$

reelle Fundamentallösungen der homogenen Gleichung (6.44) sind.

Insgesamt stellen wir fest, dass man bei Berücksichtigung sämtlicher Nullstellen von (6.46) einschließlich ihrer Vielfachheiten stets n Lösungen der homogenen Differentialgleichung n-ter Ordnung mit konstanten Koeffizienten erhält, wobei sich keine dieser Lösungen $y_k(x)$, $k = 1, \ldots, n$, aus jeweils anderen linear kombinieren lässt (Nachweis als Übung). Das System dieser Lösungen ist ein **Fundamentalsystem** der homogenen Differentialgleichung.

Für Lösungen der Form $y_k(x) = c_k e^{\lambda_k x}$, $k = 1, \ldots, n$, λ_k einfache reelle Nullstellen des charakteristischen Polynoms (6.46) der Differentialgleichung (6.44), rechnet man leicht nach, dass die WRONSKI-Determinante (Def. 6.2) nicht verschwindet.

Beispiele:

1) Die Differentialgleichung

$$y'' - 4y = 0$$

hat das charakteristische Polynom

$$P(\lambda) = \lambda^2 - 4$$

mit den Nullstellen $\lambda_1 = 2$ und $\lambda_2 = -2$. Nach den obigen Darlegungen bilden die Lösungen e^{2x} und e^{-2x} ein Fundamentalsystem der Differentialgleichung. Damit kann man mit

$$y(x) = c_1 e^{2x} + c_2 e^{-2x}$$

die allgemeine Lösung der Differentialgleichung aufschreiben.

2) Die Differentialgleichung

$$u'' + 2u' + 4u = 0$$

hat das charakteristische Polynom

$$P(\lambda) = \lambda^2 + 2\lambda + 4$$

mit den Nullstellen $\lambda_1 = -1 + i\sqrt{3}$ und $\lambda_2 = -1 - i\sqrt{3}$. Nach den obigen Darlegungen bilden die Lösungen $e^{-x}\cos(\sqrt{3}x)$ und $e^{-x}\sin(\sqrt{3}x)$ ein Fundamentalsystem und die allgemeine Lösung lautet

$$u(x) = c_1 e^{-x}\cos(\sqrt{3}x) + c_2 e^{-x}\sin(\sqrt{3}x) \ .$$

Wenn man für $u(x)$ noch $u(0) = -1$ und $u'(0) = 2$ (Anfangswerte) fordert, kann man aus der allgemeinen Lösung die Koeffizienten zu $c_1 = -1$ und $c_2 = \frac{1}{\sqrt{3}}$ bestimmen und erhält mit

$$u(x) = e^{-x}(\frac{1}{\sqrt{3}}\sin(\sqrt{3}x) - \cos(\sqrt{3}x))$$

die Lösung des Anfangswertproblems.

3) Die Differentialgleichung

$$y^{(3)} - 3y'' + 3y' - y = 0$$

hat das charakteristische Polynom

$$P(\lambda) = \lambda^3 - 3\lambda^2 + 3\lambda - 1 = (\lambda - 1)^3$$

mit der dreifachen Nullstelle $\lambda_1 = 1$. Als Fundamentallösungen erhält man e^x, xe^x und $x^2 e^x$ und die allgemeine Lösung hat die Form

$$y(x) = c_1 e^x + c_2 x e^x + c_3 x^2 e^x \ .$$

6.8.3   Inhomogene Differentialgleichungen n-ter Ordnung

Ausgehend von Lösungen der homogenen Differentialgleichung n-ter Ordnung soll nun mit der Methode der **Variation der Konstanten** eine Lösung der inhomogenen linearen Differentialgleichung (6.32) mit $g(x) \neq 0$ konstruiert werden. Aus Gründen der Übersichtlichkeit soll diese Methode am Beispiel einer Differentialgleichung 2-ter Ordnung mit stetigen $a(x)$, $b(x)$, $g(x)$ der Form

$$y'' + a(x)\,y' + b(x)\,y = g(x) \qquad\qquad (6.51)$$

diskutiert werden. Wir wollen dies direkt tun, ohne die Differentialgleichung 2. Ordnung in ein äquivalentes System 1. Ordnung umzuschreiben. Seien $y_1(x)$ und $y_2(x)$ linear unabhängige Lösungen von (6.51) für den Fall $g(x) = 0$, d.h. es gilt

$$y_k'' + a(x)y_k' + b(x)y_k = 0\;,\; k = 1,2,$$

und

$$\begin{vmatrix} y_1(x) & y_2(x) \\ y_1'(x) & y_2'(x) \end{vmatrix} \neq 0 \quad .$$

Die Lösungen der homogenen Gleichung haben bekanntlich die Form

$$y(x) = C_1 y_1(x) + C_2 y_2(x)\,,$$

wobei C_1 und C_2 Konstanten sind, die im Falle der Vorgabe von Anfangsbedingungen zu spezifizieren sind. Für die Lösung der Gleichung (6.51) machen wir den Ansatz

$$y(x) = C_1(x)y_1(x) + C_2(x)y_2(x)\,, \qquad\qquad (6.52)$$

d.h. wir wollen durch die **Variation der Konstanten** C_1 und C_2 der Lösung der homogenen Differentialgleichung eine Lösung der inhomogenen Differentialgleichung gewinnen. Damit wird das für die lineare Differentialgleichung 1. Ordnung (6.6) beschriebene Verfahren verallgemeinert.
Aus dem Ansatz (6.52) folgt

$$y'(x) = C_1(x)y_1'(x) + C_2(x)y_2'(x) + C_1'(x)y_1(x) + C_2'(x)y_2(x) \qquad \text{bzw.}$$

$$y'(x) = C_1(x)y_1'(x) + C_2(x)y_2'(x)\,, \qquad\qquad (6.53)$$

wenn wir von den Funktionen C_1 und C_2

$$C_1'(x)y_1(x) + C_2'(x)y_2(x) = 0 \qquad\qquad (6.54)$$

fordern. Die Forderung (6.54) wollen wir vorerst damit rechtfertigen, dass die Berechnung der 2. Ableitung des Ansatzes für $y(x)$ nicht zu kompliziert wird. Durch weitere Differentiation von (6.53) erhält man

$$y''(x) = C_1(x)y_1''(x) + C_2(x)y_2''(x) + C_1'(x)y_1'(x) + C_2'(x)y_2'(x)\,. \qquad\qquad (6.55)$$

Nach dem Einsetzen der Beziehungen (6.53) und (6.55) in die Gleichung (6.51) und nach Umordnung der Glieder erhalten wir schließlich

$$C_1(x)[y_1''(x) + a(x)y_1'(x) + b(x)y_1(x)] + C_2(x)[y_2''(x) + a(x)y_2'(x) + b(x)y_2(x)]$$
$$+C_1'(x)y_1'(x) + C_2'(x)y_2'(x) = g(x) \quad .$$

Da y_1 und y_2 Lösungen der homogenen Differentialgleichung sind, verschwinden die Glieder in den eckigen Klammern, so dass die Gleichung

$$C_1'(x)y_1'(x) + C_2'(x)y_2'(x) = g(x) \tag{6.56}$$

übrig bleibt. Mit (6.54) und (6.56) hat man nun das Gleichungssystem

$$\begin{pmatrix} y_1(x) & y_2(x) \\ y_1'(x) & y_2'(x) \end{pmatrix} \begin{pmatrix} C_1'(x) \\ C_2'(x) \end{pmatrix} = \begin{pmatrix} 0 \\ g(x) \end{pmatrix} \tag{6.57}$$

zur Bestimmung von C_1' und C_2' zur Verfügung. Dieses Gleichungssystem (6.57) ist identisch mit dem Gleichungssystem (6.31) aus dem Satz 6.9, das man zur Bestimmung einer partikulären Lösung des Systems

$$\begin{pmatrix} y \\ z \end{pmatrix}' = \begin{pmatrix} 0 & 1 \\ -b(x) & -a(x) \end{pmatrix} \begin{pmatrix} y \\ z \end{pmatrix} + \begin{pmatrix} 0 \\ g(x) \end{pmatrix}, \tag{6.58}$$

also des zur Differentialgleichung 2. Ordnung (6.51) äquivalenten Systems 1. Ordnung ($z = y'$), erhält.

Da y_1, y_2 ein Fundamentalsystem ist ($W(x) = y_1(x)y_2'(x) - y_1'(x)y_2(x) \neq 0$), ist das Gleichungssystem eindeutig lösbar:

$$C_1'(x) = -\frac{y_2(x)g(x)}{W(x)} \,, \qquad C_2'(x) = \frac{y_1(x)g(x)}{W(x)} \; .$$

Daraus folgt mit C_3, C_4 als Integrationskonstanten

$$C_1(x) = -\int \frac{y_2(x)g(x)}{W(x)} dx + C_3 \,, \qquad C_2(x) = \int \frac{y_1(x)g(x)}{W(x)} dx + C_4 \,,$$

so dass man die

allgemeine Lösung der inhomogenen Differentialgleichung (6.51) in der Form

$$y(x) = [C_1 - \int \frac{y_2(x)g(x)}{W(x)} dx]\, y_1(x) + [C_2 + \int \frac{y_1(x)g(x)}{W(x)} dx]\, y_2(x) \tag{6.59}$$

aufschreiben kann. C_3 und C_4 konnten gleich Null gesetzt werden, da nur irgendeine spezielle Lösung der inhomogenen Gleichung benötigt wird. C_1 und C_2 sind dabei reelle Konstanten, die durch geeignete Anfangsbedingungen spezifiziert werden können.

Beispiel: Zu lösen ist das Anfangswertproblem

$$y'' + \frac{1}{x}y' - \frac{4}{x^2}y = 2x^4 \,, x > 0 \,, \; y(1) = 1, \; y'(1) = 0 \,.$$

Man findet mit $y_1 = x^2$ durch Probieren eine Lösung der homogenen Differentialgleichung $y'' + \frac{1}{x}y' - \frac{4}{x^2}y = 0$. Mit der Reduktionsmethode findet man über den Ansatz $y_2 = vy_1$ für v die Differentialgleichung

$$v''y_1 + 2v'y_1' + \frac{1}{x}v'y_1 = 0 \quad \text{bzw.} \quad \frac{v''}{v'} = -\frac{2y_1' + \frac{1}{x}y_1}{y_1} = -\frac{5}{x}.$$

Als Lösung findet man nach der Substitution $w = v'$

$$w = \frac{C}{x^5} \quad \text{bzw.} \quad v = \int w\,dx = -\frac{C}{4\,x^4} + C^*,$$

also $y_2 = -\frac{C}{4x^2} + C^*x^2$ und mit der möglichen Wahl von $C = -4$ und $C^* = 0$ schließlich $y_2 = \frac{1}{x^2}$. Die Berechnung der WRONSKI-Determinante ergibt

$$W(x) = \begin{vmatrix} x^2 & \frac{1}{x^2} \\ 2x & \frac{-2}{x^3} \end{vmatrix} = \frac{-2}{x} - \frac{2}{x} = -\frac{4}{x} \neq 0 \text{ für } x > 0.$$

Damit hat die allgemeine Lösung der homogenen Differentialgleichung die Form

$$y_h = c_1 x^2 + \frac{c_2}{x^2}.$$

Die Variation der Konstanten ergibt nach Formel (6.59) die allgemeine Lösung der inhomogenen Gleichung

$$\begin{aligned}
y(x) &= [C_1 - \int \frac{-x}{4x^2}2x^4\,dx]x^2 + [C_2 + \int \frac{-x^3}{4}2x^4\,dx]\frac{1}{x^2} \\
&= [C_1 + \frac{1}{8}x^4]x^2 + [C_2 - \frac{x^8}{16}]\frac{1}{x^2} \\
&= C_1 x^2 + \frac{x^6}{8} + \frac{C_2}{x^2} - \frac{x^6}{16} = C_1 x^2 + \frac{C_2}{x^2} + \frac{x^6}{16}.
\end{aligned} \tag{6.60}$$

Für $y'(x)$ rechnet man

$$y'(x) = C_1 2x - \frac{C_2 2}{x^3} + \frac{3}{8}x^5$$

aus und mit den Anfangsbedingungen erhält man für C_1 und C_2 das Gleichungssystem

$$\begin{pmatrix} 1 & 1 \\ 2 & -2 \end{pmatrix} \begin{pmatrix} C_1 \\ C_2 \end{pmatrix} = \begin{pmatrix} \frac{15}{16} \\ -\frac{6}{16} \end{pmatrix},$$

mit der Lösung $C_1 = \frac{3}{8}$ und $C_2 = \frac{9}{16}$. Damit haben wir als Lösung des Anfangswertproblems

$$y(x) = \frac{3}{8}x^2 + \frac{9}{16x^2} + \frac{x^6}{16}$$

erhalten.

Die Methode der **Variation der Konstanten** kann auf lineare Differentialgleichungen beliebiger Ordnung angewendet werden, wobei man bei jeder Berechnung der nächst höheren Ableitung Zusatzbedingungen der Art (6.54) einführen muss. So sind bei der Lösung einer Gleichung n-ter Ordnung, wobei die variierten Konstanten $C_1(x), C_2(x), ..., C_n(x)$ und das Fundamentalsystem der homogenen Differentialgleichung $y_1(x), y_2(x), ..., y_n(x)$ vorkommen, die Zusatzbedingungen

$$C_1' y_1^{(k)} + C_2' y_2^{(k)} + ... + C_n' y_n^{(k)} = 0 \ , \ k = 0, 1, ..., n - 2 \ ,$$

einzuführen, die zusammen mit der Gleichung

$$C_1' y_1^{(n-1)} + C_2' y_2^{(n-1)} + ... + C_n' y_n^{(n-1)} = g(x)$$

ein lösbares Gleichungssystem zur Bestimmung von $C_1', C_2', ..., C_n'$ bilden. Die Zusatzbedingungen der Art (6.54) hatten wir gestellt, damit die höheren Ableitungen des Lösungsansatzes nicht zu kompliziert werden. Die Forderungen sind aber nicht nur bequem, sondern mathematisch gerechtfertigt, denn das Gleichungssystem

$$\begin{pmatrix} y_1 & y_2 & \cdots & y_n \\ y_1' & y_2' & \cdots & y_n' \\ \vdots & \vdots & \cdots & \vdots \\ y_1^{(n-2)} & y_2^{(n-2)} & \cdots & y_n^{(n-2)} \\ y_1^{(n-1)} & y_2^{(n-1)} & \cdots & y_n^{(n-1)} \end{pmatrix} \begin{pmatrix} C_1' \\ C_2' \\ \vdots \\ C_{n-1}' \\ C_n' \end{pmatrix} = \begin{pmatrix} 0 \\ 0 \\ \vdots \\ 0 \\ g(x) \end{pmatrix} \tag{6.61}$$

ist eindeutig lösbar, da die Koeffizientenmatrix als WRONSKI-Matrix regulär ist. Das System (6.61) zur Bestimmung der Ableitungen der variierten Konstanten ist identisch dem Gleichungssystem (6.31) aus dem Satz 6.9, das man zur Variation der Konstanten des zur Differentialgleichung n-ter Ordnung äquivalenten Systems 1. Ordnung erhält. Wir stellen abschließend fest, dass es in der Tat mathematisch keinen Unterschied zwischen linearen Differentialgleichungen n-ter Ordnung und Systemen 1. Ordnung gibt.

Beispiel: Wir betrachten die Differentialgleichung

$$y'' + 5y' + 6y = x e^{-x} \ . \tag{6.62}$$

Mit den Nullstellen $\lambda_1 = -3$ und $\lambda_2 = -2$ des charakteristischen Polynoms $P(\lambda) = \lambda^2 + 5\lambda + 6$ erhält man mit

$$y_h(x) = C_1 e^{-3x} + C_2 e^{-2x}$$

die Lösung der homogenen Aufgabe. $y_1 = e^{-3x}$ und $y_2 = e^{-2x}$ bilden ein Fundamentalsystem und für $W(x)$ erhält man $W(x) = e^{-5x}$. Damit ergibt sich nach (6.59) mit

$$y(x) = [C_1 - \int x e^{2x} dx] e^{-3x} + [C_2 + \int x e^x dx] e^{-2x}$$

bzw. nach Auswertung der Integrale

$$y(x) = C_1 e^{-3x} + C_2 e^{-2x} + \frac{1}{2} x\,e^{-x} - \frac{3}{4} e^{-x}$$

die allgemeine Lösung der inhomogenen Differentialgleichung 2-ter Ordnung (6.62).

6.8.4 Differentialgleichungen n-ter Ordnung mit "einfachen" Inhomogenitäten

Die Methode der Variation der Konstanten führt bei bekanntem Fundamental-system in jedem Fall zu einer partikulären Lösung einer inhomogenen linearen Differentialgleichung n-ter Ordnung, sowohl bei konstanten, als auch bei nicht konstanten Koeffizienten.
Es gibt aber bei speziellen rechten Seiten von linearen Differentialgleichungen n-ter Ordnung mit konstanten Koeffizienten eine einfachere Methode zur Berech-nung von partikulären Lösungen. Wenn es sich um rechte Seiten der Form

$$R_m(x)\,, \quad R_m(x)e^{\alpha x}\,, \quad R_m(x)\sin(\beta x)\,, \quad R_m(x)\cos(\gamma x), \quad m \in \mathbb{N},\ \alpha,\beta,\gamma \in \mathbb{R},$$

oder Linearkombinationen dieser Funktionen handelt, kann man für die partiku-läre Lösung einen **Ansatz nach der Art der rechten Seite** machen. $R_m(x)$ steht hier für ein Polynom $m-$ten Grades.
Wenn wir das obige Beispiel

$$y'' + 5y' + 6y = x\,e^{-x}$$

betrachten, so kann man für die partikuläre Lösung den Ansatz nach der Art der rechten Seite machen und hoffen, die Konstanten a, b geeignet bestimmen zu können:

$$y_p(x) = ae^{-x} + bxe^{-x}\,.$$

Mit

$$y'_p = -ae^{-x} + be^{-x} - bxe^{-x}$$

$$y''_p = ae^{-x} - be^{-x} - be^{-x} + bxe^{-x} = ae^{-x} - 2be^{-x} + bxe^{-x}$$

erhält man durch Einsetzen in die Differentialgleichung

$$ae^{-x} - 2be^{-x} + bxe^{-x} - 5ae^{-x}$$

$$+5be^{-x} - 5bxe^{-x} + 6ae^{-x} + 6bxe^{-x} = x\,e^{-x}$$

bzw.

$$(2a + 3b)e^{-x} + 2bxe^{-x} = x\,e^{-x},$$

woraus

$$b = \frac{1}{2}, \quad a = -\frac{3}{4}$$

folgt. Als allgemeine Lösung ergibt sich daher

$$y(x) = c_1 e^{-3x} + c_2 e^{-2x} + \frac{1}{2} x e^{-x} - \frac{3}{4} e^{-x}.$$

Einige der möglichen Fälle von rechten Seiten sollen im Folgenden diskutiert werden.

Resonanzfall

Der Begriff "Resonanz" stammt von einem harmonischen, ungedämpften Schwingungsproblem der Form

$$y'' + \omega_0^2 y = K \sin(\omega t).$$

Die gesuchte Funktion $y(t)$ bedeutet dabei z.B. die Auslenkung eines Körpers aus seiner Gleichgewichtslage zur Zeit t. Hat die Schwingungsgleichung die Form $y'' + ry' + \omega_0 y = K \sin(\omega t)$, spricht man im Fall $r > 0$ von einem gedämpften System. Die Nullstellen des charakteristischen Polynoms $P(\lambda) = \lambda^2 + \omega_0^2$ für den Fall $r = 0$ (ungedämpftes System) sind

$$\lambda_{1,2} = \pm \omega_0 i.$$

Also ist $y_h(t) = C_1 \cos(\omega_0 t) + C_2 \sin(\omega_0 t)$ allgemeine Lösung der homogenen Differentialgleichung. Für den Fall $\omega \neq \omega_0$ führt der Ansatz

$$y_p(t) = A \cos(\omega t) + B \sin(\omega t)$$

durch Einsetzen in die Differentialgleichung zu der partikulären Lösung

$$y_p(t) = \frac{K}{\omega_0^2 - \omega^2} \sin(\omega t)$$

und damit zur allgemeinen Lösung der inhomogenen Differentialgleichung

$$y(t) = C_1 \cos(\omega_0 t) + C_2 \sin(\omega_0 t) + \frac{K}{\omega_0^2 - \omega^2} \sin(\omega t).$$

Im Fall $\omega = \omega_0$ ist der Ansatz $A \cos(\omega t) + B \sin(\omega t)$ eine Lösung der homogenen Gleichung und führt nicht zu einer partikulären Lösung. Allerdings ergibt der Ansatz

$$y_p(t) = At \cos(\omega t) + Bt \sin(\omega t)$$

nach Einsetzen in die Differentialgleichung die partikuläre Lösung

$$y_p(t) = -\frac{K}{2\omega_0} t \cos(\omega_0 t).$$

Man spricht hier vom "Resonanzfall", da die Amplitude von y_p im gleichen Maße wie t wächst. Die Frequenz ω der äußeren Kraft (rechte Seite) stimmt mit der Eigenfrequenz ω_0 des ungedämpften Systems überein.

Definition 6.6. (Resonanz)

In Verallgemeinerung des Resonanzfalles eines Schwingungsproblems wollen wir von **Resonanz** sprechen, wenn die rechte Seite oder ein Summand der rechten Seite der Differentialgleichung

$$y^{(n)} + a_{n-1}y^{(n-1)} + \cdots + a_0 y = g(x) \tag{6.63}$$

Fundamentallösung der homogenen Differentialgleichung

$$y^{(n)} + a_{n-1}y^{(n-1)} + \cdots + a_0 y = 0$$

ist. Das ist im obigen Schwingungsproblem für $\omega = \omega_0$ offensichtlich der Fall.

In der folgenden Tabelle werden für rechte Seiten der Art

$$R_m(x), \quad R_m(x)e^{\alpha x}, \quad R_m(x)\sin(\beta x), \quad R_m(x)\cos(\gamma x)$$

die Ansätze nach der Art der rechten Seite für eine partikuläre Lösung $y_p(x)$ angegeben. Mit $R_m(x), S_m(x), T_m(x)$ und $Q_m(x)$ bezeichnen wir Polynome m–ten Grades.

Ansätze für partikuläre Lösungen:		
$g(x)$	Ansatz für $y_p(x)$	Ansatz im Resonanzfall
$R_m(x)$	$T_m(x)$	Wenn ein Summand des Ansatzes
$R_m(x)e^{\alpha x}$	$T_m(x)e^{\alpha x}$	Lösung der homogenen Gleichung
$R_m(x)\sin(\beta x)$	$T_m(x)\sin(\beta x)$	ist, wird der Ansatz so oft mit
$R_m(x)\cos(\beta x)$	$+Q_m(x)\cos(\beta x)$	x multipliziert,
		bis kein Summand mehr Lösung
		der homogenen Gleichung ist.
Kombination dieser Funktionen	Kombination der Ansätze	Obige Regel ist nur auf den Teil des Ansatzes anzuwenden, der den Resonanzfall enthält.

Ist die rechte Seite eine Summe von zwei oder mehreren in der Tabelle aufgeführten möglichen Typen, z.B.

$$g(x) = g_1(x) + g_2(x),$$

so macht man einen Ansatz y_{p1} nach der Art von g_1 und einen Ansatz y_{p2} nach der Art von g_2, und erhält mit

$$y_p = y_{p1} + y_{p2}$$

die gesuchte partikuläre Lösung.

Da es schwer möglich ist, alle Fälle zu erfassen, sei darauf hingewiesen, dass man im Falle eines falschen Ansatzes für $y_p(x)$ spätestens beim Versuch der Bestimmung der Koeffizienten $a, b, \ldots$ scheitert, denn die Koeffizienten lassen sich **nur**

im Falle eines richtigen Ansatzes eindeutig bestimmen!

Zur Rechtfertigung der in der Tabelle angegebenen Ansätze sollen nun einige Typen von rechten Seiten $g(x)$ diskutiert werden.

a) $g(x) = A\,e^{\lambda x}$, $A, \lambda \in \mathbb{R}$.

Ansatz:

$$y_p(x) = B\,e^{\lambda x} \,. \tag{6.64}$$

Nach dem Einsetzen in die Differentialgleichung (6.63) mit dem charakteristischen Polynom P erhält man

$$B\,P(\lambda)\,e^{\lambda x} = A\,e^{\lambda x}$$

und damit unter der Voraussetzung $P(\lambda) \neq 0$ die partikuläre Lösung

$$y_p(x) = B\,e^{\lambda x} = \frac{A}{P(\lambda)}e^{\lambda x} \,.$$

Der Ansatz (6.64) ist also nur möglich, wenn λ **keine** Nullstelle des charakteristischen Polynoms ist. Sei nun λ k-fache Nullstelle von P. Ein Ansatz der Form

$$y_p(x) = B\,x^k\,e^{\lambda x} \tag{6.65}$$

führt durch Einsetzen in die Differentialgleichung (6.63) zu der partikulären Lösung

$$y_p(x) = B\,x^k\,e^{\lambda x} = \frac{A}{P^{(k)}(\lambda)}\,x^k\,e^{\lambda x} \,.$$

b) $g(x) = R_m(x)\,e^{\lambda x}$, $\lambda \in \mathbb{R}$, $R_m(x)$ Polynom m–ten Grades.

Ist $P(\lambda) \neq 0$, so führt der Ansatz

$$y_p(x) = T_m(x)\,e^{\lambda x} \tag{6.66}$$

mit einem Polynom $T_m(x)$ m–ten Grades zu einer partikulären Lösung, wobei die Koeffizienten von $T_m(x)$ nach Einsetzen des Ansatzes (6.66) in die Differentialgleichung (6.63) durch Koeffizientenvergleich zu bestimmen sind.

Ist λ eine k–fache Nullstelle des charakteristischen Polynoms, so führt der Ansatz

$$y_p(x) = T_m(x)\,x^k\,e^{\lambda x} \tag{6.67}$$

zu einer partikulären Lösung, wobei die Koeffizienten von $T_m(x)$ nach Einsetzen des Ansatzes (6.67) in die Differentialgleichung (6.63) durch Koeffizientenvergleich zu bestimmen sind.

c) $g(x) = R_m(x)e^{ax}\cos(bx + c)$ oder $g(x) = R_m(x)e^{ax}\sin(bx + c)$, $a, b, c \in \mathbb{R}$.

Ist $P(a + i\,b) \neq 0$, so führt der Ansatz

$$y_p(x) = T_m(x)\,e^{ax}\cos(bx) + S_m(x)\,e^{ax}\sin(bx) \tag{6.68}$$

zu einer partikulären Lösung, wobei die Koeffizienten von $T_m(x)$ und $S_m(x)$ nach Einsetzen des Ansatzes (6.68) in die Differentialgleichung (6.63) durch Koeffizientenvergleich zu bestimmen sind.

Ist $\lambda = a + ib$ eine $k-$fache Nullstelle des charakteristischen Polynoms, so führt der Ansatz

$$y_p(x) = x^k[T_m(x)\,e^{ax}\cos(bx) + S_m(x)\,e^{ax}\sin(bx)] \tag{6.69}$$

zu einer partikulären Lösung, wobei die Koeffizienten von $T_m(x)$ und $S_m(x)$ nach Einsetzen des Ansatzes (6.67) in die Differentialgleichung (6.63) wieder durch Koeffizientenvergleich zu ermitteln sind.

Ist $a = 0$, so liegt der oben beschriebene Resonanzfall vor, wenn $\lambda = ib$ Nullstelle des charakteristischen Polynoms ist.

Beispiele:

1) $u'' + 2u' + 2u = 3\sin(2x)$

Zur Lösung der homogenen Differentialgleichung bestimmen wir die Nullstellen des charakteristischen Polynoms aus

$$\lambda^2 + 2\lambda + 2 = 0$$

und erhalten

$$\lambda_{1,2} = -1 \pm \sqrt{1 - 2} = -1 \pm i\;.$$

Damit sind

$$z_1(x) = e^{(-1+i)x}, \qquad z_2(x) = e^{(-1-i)x}$$

komplexe Fundamentallösungen, und

$$y_1(x) = e^{-x}\cos x, \qquad y_2(x) = e^{-x}\sin x$$

reelle Fundamentallösungen (d.h. ein Fundamentalsystem) der homogenen Differentialgleichung $u'' + 2u' + 2u = 0$. Damit liegt kein Resonanzfall vor, und für $y_p(x)$ ist der Ansatz

$$y_p(x) = a\sin(2x) + b\cos(2x)$$

zu machen. Mit $y_p' = 2a\cos(2x) - 2b\sin(2x)$ und $y_p'' = -4a\sin(2x) - 4b\cos(2x)$ erhält man durch Einsetzen in die Differentialgleichung

$$-4a\sin(2x) - 4b\cos(2x) + 4a\cos(2x) - 4b\sin(2x)$$

$$+2a\sin(2x) + 2b\cos(2x) = 3\sin(2x)\;,$$

bzw.

$$[-2a - 4b]\sin(2x) + [-2b + 4a]\cos(2x) = 3\sin(2x)\;.$$

Zur Bestimmung von a und b ergibt sich beim Koeffizientenvergleich das Gleichungssystem

$$-2a - 4b = 3$$
$$4a - 2b = 0$$

mit der Lösung $a = -\frac{3}{10}$ und $b = -\frac{3}{5}$.
Als allgemeine Lösung folgt schließlich

$$y(x) = c_1 e^{-x} \cos x + c_2 e^{-x} \sin x - \frac{3}{10} \sin(2x) - \frac{3}{5} \cos(2x) \ .$$

2) $y'' - y = 4e^x$

Die Auswertung des charakteristischen Polynoms

$$\lambda^2 - 1 = 0$$

ergibt die Nullstellen $\lambda_{1,2} = \pm 1$ und damit die Fundamentallösungen

$$y_1(x) = e^x, \qquad y_2(x) = e^{-x} \ .$$

Da die rechte Seite Lösung der homogenen Differentialgleichung ist, liegt ein Resonanzfall vor. Weil die Nullstelle $\lambda = 1$ die Vielfachheit 1 hat, ergibt sich der Ansatz nach der Art der rechten Seite

$$y_p(x) = a\,x\,e^x \ .$$

Mit $y_p'(x) = a\,e^x + a\,x\,e^x$ und $y_p''(x) = a\,e^x + a\,e^x + a\,x\,e^x$ erhält man nach dem Einsetzen in die Differentialgleichung

$$2a\,e^x + a\,x\,e^x - a\,x\,e^x = 4\,e^x \ .$$

Daraus folgt $a = 2$ und es ergibt sich die allgemeine Lösung der Differentialgleichung zu

$$y(x) = c_1 e^x + c_2 e^{-x} + 2\,x\,e^x \ .$$

3) $y''' - 2y'' = 1 + 2x - (3 + x + 5x^2)e^{2x}$

Die Auswertung des charakteristischen Polynoms ergibt die Nullstellen

$$\lambda_{1,2} = 0 \ , \quad \lambda_3 = 2 \ ,$$

aufgrund der Vielfachheit 2 der Nullstelle $\lambda = 0$ ergibt sich das Fundamentalsystem

$$y_1(x) = e^{0\,x} = 1, \qquad y_2(x) = x\,e^{0\,x} = x, \qquad y_3(x) = e^{2x} \ .$$

Die rechte Seite hat die Form $g(x) = g_1(x) + g_2(x)$. Aufgrund der Resonanz und der Vielfachheit der Nullstelle $\lambda = 0$ ergibt sich für die partikuläre Lösung y_{p1} von $y''' - 2y'' = g_1(x) = 1 + 2x$ der Ansatz

$$y_{p1} = (a + b\,x)x^2 \ .$$

Setzt man

$$y'_{p1} = bx^2 + (a + bx)2x, \quad y''_{p1} = 4bx + (a + bx)2, \quad y'''_{p1} = 6b$$

in die Differentialgleichung

$$y'''_{p1} - 2y''_{p1} = 1 + 2x$$

ein, so erhält man

$$6b - 4a - 12bx = 1 + 2x \ .$$

Der Koeffizientenvergleich ergibt

$$b = -\frac{1}{6}, \quad a = -\frac{1}{2}, \quad \text{und damit} \quad y_{p1} = (-\frac{1}{2} - \frac{1}{6}x)x^2 \ .$$

Der Ansatz für y_{p2} lautet aufgrund der Resonanz

$$y_{p2} = (c + dx + kx^2)xe^{2x} \ , \ y'_{2p} = ce^{2x} + (2c + 2d)xe^{2x} + (2d + 3k)x^2e^{2x} + 2kx^3e^{2x} \ .$$

Mit

$$\begin{aligned} y''_{p2} &= (4c + 2d)e^{2x} + (4c + 8d + 6k)xe^{2x} \\ &\quad + (4d + 12k)x^2e^{2x} + 4kx^3e^{2x} \end{aligned}$$

und

$$\begin{aligned} y'''_{p2} &= (12c + 12d + 6k)e^{2x} + (8c + 24d + 36k)xe^{2x} \\ &\quad + (8d + 36k)x^2e^{2x} + 8kx^3e^{2x} \end{aligned}$$

ergibt sich nach dem Einsetzen in die Differentialgleichung

$$\begin{aligned} y'''_{p2} - 2y''_{p2} &= (12c + 12d + 6k)e^{2x} + (8c + 24d + 36k)xe^{2x} \\ &\quad + (8d + 36k)x^2e^{2x} + 8kx^3e^{2x} \\ &\quad - (8c + 4d)e^{2x} - (8c + 16d + 12k)xe^{2x} \\ &\quad - (8d + 24k)x^2e^{2x} - 8kx^3e^{2x} \\ &= -3e^{2x} - xe^{2x} - 5x^2e^{2x} \ . \end{aligned}$$

Der Koeffizientenvergleich liefert

$$4c + 8d + 6k = -3, \quad 8d + 24k = -1, \quad 12k = -5 \ ,$$

also

$$k = -\frac{5}{12}, \quad d = \frac{9}{8}, \quad c = -\frac{19}{8} \ .$$

Mit

$$y_p = y_{p1} + y_{p2} = (-\frac{1}{2} - \frac{1}{6}x)x^2 + (-\frac{19}{8} + \frac{9}{8}x - \frac{5}{12}x^2)xe^{2x}$$

hat man eine partikuläre Lösung bestimmt.

6.9 Anmerkungen zum "Rechnen" mit Differentialgleichungen

In den Ingenieur- und Naturwissenschaften haben Differentialgleichungen eine
große Bedeutung. In den vergangenen Abschnitten wurden einige grundlegende
Aussagen zur Lösungsstruktur von linearen gewöhnlichen Differentialgleichungen gemacht und Methoden zur geschlossenen Lösung behandelt.

Eine wichtige Eigenschaft einer homogenen linearen Differentialgleichung n-ter
Ordnung war, dass es genau n linear unabhängige Fundamentallösungen (diese
bilden ein Fundamentalsystem) gibt. Bei einer inhomogenen linearen Differentialgleichung n-ter Ordnung hat die allgemeine Lösung y_{allg} immer die Struktur

$$y_{allg}(x) = y_h(x) + y_p(x),$$

wobei $y_h(x)$ eine Linearkombination der n Fundamentallösungen und $y_p(x)$ irgendeine Lösung der inhomogenen Differentialgleichung ist.

Wir haben zwar in der Regel lineare Differentialgleichungen in der Form

$$a_n(x)y^{(n)} + a_{n-1}(x)y^{(n-1)} + \ldots + a_1(x)y' + a_0 y = f(x)$$

mit $a_n(x) = 1$ betrachtet, aber manchmal steht auch vor der höchsten Ableitung
mit $a_n(x) \neq$ const. ein veränderlicher Faktor. Das ist unproblematisch, solange
der Faktor $a_n(x)$ für alle interessierenden x von Null verschieden ist. Dann kann
man durch $a_n(x)$ dividieren und es gibt keine Änderungen der Lösungsstruktur.
Verschwindet $a_n(x)$, so liegt eine Singularität vor. Man kann dann nicht mehr
durch $a_n(x)$ dividieren, und an den Nullstellen von a_n ändert sich die Ordnung
der Differentialgleichung. D.h. die Lösungsstruktur ändert sich, man verliert eine
Fundamentallösung. Diese Problematik tritt bei wichtigen Differentialgleichungen mit polynomialen Koeffizienten auf und wird im Abschnitt 6.12 dieses Kapitels auch noch angesprochen. An dieser Stelle wollten wir nur auf das Problem
hinweisen.

Nun soll noch der entgegengesetzte Effekt besprochen werden. Es ist bekannt,
dass Ingenieure, Physiker und angewandte Mathematiker gern rechnen. Das ist
auch gut so, denn es ist ein wichtiger Teil ihrer Arbeit. Mit Blick auf die Differentialgleichungen soll hier aber auf ein Problem hingewiesen werden, dass manchmal im Eifer der Rechnerei übersehen wird. Wenn man z.B. eine Gleichung der
Form

$$y' + xy = x \tag{6.70}$$

vorzuliegen hat, dann ist das eine lineare Differentialgleichung erster Ordnung.
Wir können mit der Methode der Trennung der Veränderlichen die homogene Lösung $y_h(x) = ce^{-\frac{x^2}{2}}$ bestimmen, und finden mit $y_p(x) = 1$, z.B. mit der Methode
der Variation der Konstanten oder durch genaues Hinsehen, auch eine partikuläre Lösung, so dass die allgemeine Lösung die Form

$$y_{allg}(x) = ce^{-\frac{x^2}{2}} + 1, \quad c \in \mathbb{R},$$

hat. Die Gleichung (6.70) bleibt aber auch gültig wenn man sie differenziert, es ergibt sich

$$y'' + y + xy' = 1 \tag{6.71}$$

und die oben angegebene Lösung $y_{allg}(x)$ ist selbstverständlich auch Lösung der Gleichung (6.71). Hat man aber im Rahmen einer Modellierung irgendwann mal die eigentliche Grundgleichung (6.70) differenziert, ohne sich ausführlicher damit befasst zu haben, so dass am Ende im mathematischen Modell statt (6.70) die Gleichung (6.71) erscheint, erhält man Lösungen, die mit der ursprünglichen Aufgabe nichts zu tun haben. Dazu wollen wir die Differentialgleichung (6.71) lösen. Wir beginnen mit der homogenen Gleichung

$$y'' + xy' + y = 0 \, .$$

Mit $u(x) = e^{-\frac{x^2}{2}}$ kennen wir eine Lösung. Allerdings wissen wir, dass eine lineare homogene Differentialgleichung 2. Ordnung noch eine zweite Fundamentallösung $v(x)$ besitzt. Dass u und die noch zu bestimmende zweite Lösung v Fundamentallösungen sind, wird am Ende noch gezeigt. Mit der Methode der Reduktion der Ordnung (s. z.B (6.42)) machen wir für eine zweite Lösung den Ansatz $v(x) = w(x)u(x)$ mit der bekannten Lösung $u(x)$ und erhalten nach dem Einsetzen des Ansatzes für v in die homogene Differentialgleichung

$$w''u + 2w'u' + wu'' + xw'u + xwu' + wu = w''u + 2w'u' + xw'u + w(u'' + xu' + u) = 0.$$

Da u die homogene Gleichung löst, ergibt sich für w die Gleichung

$$w''u + (2u' + xu)w' = 0 \, ,$$

und mit der Substitution $\Omega = w'$ erhalten wir für Ω die Gleichung

$$\Omega'u + \Omega(2u' + xu) = 0 \quad \text{bzw.} \quad \frac{\Omega'}{\Omega} = -\frac{2u' + xu}{u} \, .$$

Wenn man $u(x) = e^{-x^2/2}$ auf der rechten Seite einsetzt, ergibt sich

$$\frac{\Omega'}{\Omega} = x \quad \text{mit der Lösung} \quad \Omega = c^* e^{\frac{x^2}{2}} \, .$$

Die Integration dieses Ergebnisses ergibt

$$w(x) = c^* \int_0^x e^{\frac{\xi^2}{2}} \, d\xi \, .$$

Damit erhalten wir für $v(x) = w(x)u(x)$ mit

$$v(x) = e^{-\frac{x^2}{2}} \left[\int_0^x e^{\frac{\xi^2}{2}} \, d\xi \right]$$

eine Lösung, die zwar nicht ganz so "schön" aussieht, aber anders ist es manchmal nicht zu haben. Dafür finden wir mit $y_p = 1$ allerdings wieder eine sehr einfache partikuläre Lösung von (6.71). Wir erhalten insgesamt mit

$$y_{allg}(x) = c_1 u(x) + c_2 v(x) + 1 \tag{6.72}$$

die allgemeine Lösung der Differentialgleichung (6.71). Es ist noch zu zeigen, dass $u(x)$ und $v(x)$ ein Fundamentalsystem bilden. Dazu rechnen wir die WRONSKI-Determinante aus, und erhalten

$$W(x) = \begin{vmatrix} u(x) & v(x) \\ u'(x) & v'(x) \end{vmatrix} = \begin{vmatrix} e^{-\frac{x^2}{2}} & e^{-\frac{x^2}{2}} \int_0^x e^{\frac{\xi^2}{2}} \, d\xi \\ -xe^{-\frac{x^2}{2}} & 1 - xe^{\frac{x^2}{2}} \int_0^x e^{\frac{\xi^2}{2}} \, d\xi \end{vmatrix} .$$

Für $x = 0$ ergibt sich $W(0) = 1 \neq 0$ und damit ist der Nachweis erbracht, dass $u(x)$ und $v(x)$ ein Fundamentalsystem bilden.

Man überprüft nun leicht, dass die Lösung (6.72) nur dann Lösung der ursprünglichen Gleichung (6.70) ist, wenn c_2 gleich Null ist. Da wir beide Probleme hintereinander gelöst haben, ist das nicht unbedingt überraschend, weil wir ja die Lösung von (6.70) kannten. Hat man sich allerdings nicht weiter mit dem ursprünglichen Problem befasst und betrachtet nur das "differenzierte" Problem, ergeben sich Lösungen, die in die Irre führen können.

Dieser kleine Exkurs sollte deutlich machen, dass bei Rechnungen und Umformungen von mathematischen Modellen immer darauf geachtet werden muss, dass man die Lösungsmenge nicht verkleinert oder vergrößert, um nicht zu falschen Ergebnissen zu gelangen. Das gilt nicht nur bei Modellen mit komplizierten partiellen Differentialgleichungen, sondern auch bei gewöhnlichen Differentialgleichungen.

6.10 Numerische Lösungsmethoden

Zahlreiche Problemstellungen der angewandten Mathematik, Physik und Ingenieurwissenschaften führen auf mehr oder weniger komplizierte Differentialgleichungen oder Systeme von Differentialgleichungen, die man sehr oft nicht analytisch lösen kann. Aufgrund der Kenntnisse über die Existenz und Eindeutigkeit von Lösungen in Abhängigkeit von den Eigenschaften der Differentialgleichung ist es aber möglicherweise lohnenswert, auf numerischem Weg nach der oder einer Lösung zu suchen. Einige numerische Lösungsmethoden sollen im Folgenden dargestellt werden.

6.10.1 Die Methode von EULER

Wir betrachten die Differentialgleichung 1. Ordnung

$$y'(x) = f(x, y(x)) \tag{6.73}$$

für die gesuchte Funktion $y(x)$, die der Anfangsbedingung

$$y(x_0) = y_0, \tag{6.74}$$

genügt, wobei x_0 und y_0 vorgegebene Werte sind. Da die Differentialgleichung (6.73) im Punkt (x_0, y_0) mit dem Wert $y'(x_0) = f(x_0, y_0)$ die Steigung der Tangente der gesuchten Funktion festlegt, besteht die einfachste numerische Methode zur numerischen Lösung des Anfangswertproblems (6.73),(6.74) darin, die Lösungskurve im Sinn einer Linearisierung durch die Tangente zu approximieren. Mit der Schrittweite h und den zugehörigen äquidistanten Stützstellen

$$x_k = x_0 + k\,h, \quad (k = 1,2,\dots)\,.$$

erhält man die Näherungen y_k für die exakten Lösungswerte $y(x_k)$ aufgrund der Rechenvorschrift

$$y_{k+1} = y_k + h\,f(x_k, y_k) \quad (k = 1,2,\dots)\,. \tag{6.75}$$

Die durch (6.75) definierte Methode nennt man **Integrationsmethode von** Euler. Sie benutzt in den einzelnen Näherungspunkten (x_k, y_k) die Steigung des durch die Differentialgleichung definierten Richtungsfeldes dazu, den nächstfolgenden Näherungswert y_{k+1} zu bestimmen. Wegen der anschaulich geometrischen Konstruktion der Näherungen bezeichnet man das Verfahren auch als **Polygonzugmethode**. Diese Methode ist recht grob und ergibt nur bei sehr kleinen Schrittweiten h gute Näherungswerte. Die Polygonzugmethode ist die einfachste explizite Einzelschrittmethode. Die Abb. 6.9 verdeutlicht die Methode graphisch.

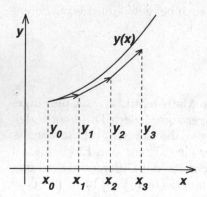

Abb. 6.9. Explizite Euler-Methode

6.10.2 Diskretisierungsfehler und Fehlerordnung

Es wurde schon darauf hingewiesen, dass es sich beim Euler-Verfahren um eine relativ grobe Methode handelt. Zur quantitativen Beurteilung der Genauigkeit von Einzelschrittverfahren betrachten wir in Verallgemeinerung der bisher betrachteten Methode eine implizite Rechenvorschrift der Art

$$y_{k+1} = y_k + h\,\Phi(x_k, y_k, y_{k+1}, h)\,,$$ (6.76)

aus der man bei gegebener Näherung (x_k, y_k) und der Schrittweite h den neuen Näherungswert y_{k+1} an der Stelle $x_{k+1} = x_k + h$ zu berechnen hat. Bei der expliziten EULER-Methode ist

$$\Phi(x_k, y_k, y_{k+1}, h) = f(x_k, y_k)$$

als explizite Methode unabhängig von y_{k+1}. Hängt Φ tatsächlich von y_{k+1} ab, bedeutet (6.76) in jedem Zeitschritt die Lösung einer i. Allg. nichtlinearen Gleichung zur Bestimmung von y_{k+1}.

Definition 6.7. (lokaler Diskretisierungsfehler)
Unter dem **lokalen Diskretisierungsfehler** an der Stelle x_{k+1} versteht man den Wert

$$d_{k+1} := y(x_{k+1}) - y(x_k) - h\Phi(x_k, y(x_k), y(x_{k+1}), h)\,.$$ (6.77)

Der lokale Diskretisierungsfehler d_{k+1} stellt die Abweichung dar, um die die exakte Lösungsfunktion $y(x)$ die Integrationsvorschrift in einem einzelnen Schritt nicht erfüllt. Im Fall der EULER-Methode besitzt d_{k+1} die Bedeutung der Differenz zwischen dem exakten Wert $y(x_{k+1})$ und dem berechneten Wert y_{k+1}, falls an der Stelle x_k vom exakten Wert $y(x_k)$ ausgegangen wird, d.h. $y_k = y(x_k)$ gesetzt wird. Der Wert d_{k+1} stellt dann den **lokalen** Fehler eines einzelnen Integrationsschrittes dar.
Für die praktische numerische Lösung der Differentialgleichung ist der Fehler wichtig, den die Näherung nach einer bestimmten Zahl von Integrationsschritten gegenüber der exakten Lösung aufweist.

Definition 6.8. (globaler Diskretisierungsfehler)
Unter dem **globalen Diskretisierungsfehler** g_k an der Stelle x_k versteht man den Wert

$$g_k := y(x_k) - y_k\,.$$ (6.78)

Es ist im Rahmen dieses Buches nicht möglich, ausführlich über die Hintergründe von numerischen Lösungsverfahren von Differentialgleichungen zu sprechen. Ein Eindruck und einige wichtige Aussagen sollen jedoch vermittelt werden. Um Fehler überhaupt abschätzen zu können, sind von Φ Bedingungen der Art

$$|\Phi(x, y, z, h) - \Phi(x, y^*, z, h)| \le L|y - y^*|$$ (6.79)

$$|\Phi(x, y, z, h) - \Phi(x, y, z^*, h)| \le L|z - z^*|$$ (6.80)

zu erfüllen. Dabei sind (x, y, z, h), (x, y^*, z, h) und (x, y, z^*, h) beliebige Punkte aus einem Bereich B, der für die numerisch zu lösende Differentialgleichung relevant ist; L ist eine Konstante $(0 < L < \infty)$. Bedingungen der Art (6.79),

(6.80) heißen IPSCHITZ-Bedingungen, L heißt LIPSCHITZ-Konstante. Fordert man, dass $\Phi(x,y,z,h)$ in B stetig ist, und stetige partielle Ableitungen Φ_y, Φ_z mit $|\Phi_y(x,y,z,h)| \le M, |\Phi_z(x,y,z,h)| \le M$ hat, dann folgt aus dem Mittelwertsatz, dass (6.79), (6.80) mit der LIPSCHITZ-Konstanten $L = M$ erfüllt sind. Wir werden diese Forderung an Φ stellen und außerdem von der Lösungsfunktion $y(x)$ verlangen, dass sie hinreichend oft differenzierbar ist.

Aus der Definition des lokalen Diskretisierungsfehlers errechnet man

$$y(x_{k+1}) = y(x_k) + h\Phi(x_k, y(x_k), y(x_{k+1}), h) + d_{k+1}$$

und durch Subtraktion von (6.76) erhält man nach Ergänzung einer "nahrhaften" Null

$$g_{k+1} = g_k + h[\Phi(x_k, y(x_k), y(x_{k+1}), h) - \Phi(x_k, y_k, y(x_{k+1}), h)+$$

$$+\Phi(x_k, y_k, y(x_{k+1}), h) - \Phi(x_k, y_k, y_{k+1}, h)] + d_{k+1} \ .$$

Wegen der LIPSCHITZ-Bedingungen folgt daraus im allgemeinen impliziten Fall

$$|g_{k+1}| \ \le \ |g_k| + h[L|y(x_k) - y_k| + L|y(x_{k+1}) - y_{k+1}|] + |d_{k+1}|$$

$$= \ (1+hL)|g_k| + hL|g_{k+1}| + |d_{k+1}| \ . \tag{6.81}$$

Unter der Voraussetzung $hL < 1$ ergibt sich weiter

$$|g_{k+1}| \le \frac{1+hL}{1-hL}|g_k| + \frac{|d_{k+1}|}{1-hL} \ . \tag{6.82}$$

Zu jedem $h > 0$ existiert eine Konstante $K > 0$, so dass in (6.82)

$$\frac{1+hL}{1-hL} = 1 + hK$$

gilt. Für ein explizites Einschrittverfahren entfällt in (6.81) das Glied $hL|g_{k+1}|$, so dass aus (6.81) die Ungleichung

$$|g_{k+1}| \le (1+hL)|g_k| + |d_{k+1}| \tag{6.83}$$

folgt. Der Betrag des lokalen Diskretisierungsfehlers soll durch

$$\max_k |d_k| \le D$$

abgeschätzt werden. Bei entsprechender Festsetzung der Konstanten a und b erfüllen die Beträge gemäß (6.82) und (6.83) eine Differenzenungleichung

$$|g_{k+1}| \le (1+a)|g_k| + b \quad (k = 0,1,2,\dots) \ . \tag{6.84}$$

Satz 6.11. *(1. Abschätzung des globalen Diskretisierungsfehlers)*
Erfüllen die Werte g_k die Ungleichung (6.84), dann gilt

$$|g_n| \le b\frac{(1+a)^n - 1}{a} + (1+a)^n|g_0| \le \frac{b}{a}[e^{na} - 1] + e^{na}|g_0| \ . \tag{6.85}$$

Der Beweis ergibt sich durch die wiederholte Anwendung der Ungleichung (6.84) bzw. der Eigenschaft der Exponentialfunktion $(1+t) \leq e^t$ für alle t. Aus dem Satz 6.11 ergibt sich der folgende wichtige Satz.

Satz 6.12. *(2. Abschätzung des globalen Diskretisierungsfehlers)*
Für den globalen Fehler g_n an der festen Stelle $x_n = x_0 + n\,h$ gilt für eine explizite Einschrittmethode

$$|g_n| \leq \frac{D}{hL}[e^{nhL} - 1] \leq \frac{D}{hL}e^{nhL}, \tag{6.86}$$

und für eine implizite Methode

$$|g_n| \leq \frac{D}{hK(1 - hL)}[e^{nhK} - 1] \leq \frac{D}{hK(1 - hL)}e^{nhK}. \tag{6.87}$$

Unter "normalen" Umständen (hier ist die zweifache stetige Differenzierbarkeit der Lösungsfunktion y der Differentialgleichung gemeint) kann man für die Konstante D zur Abschätzung des maximalen lokalen Diskretisierungsfehlers die Beziehung

$$D \leq \frac{1}{2}h^2 M \tag{6.88}$$

zeigen, wobei M eine obere Schranke des Betrages der 2. Ableitung von der Lösung y ist. Damit ergibt sich z.B. für das explizite EULER-Verfahren die Abschätzung

$$|g_n| \leq h\frac{M}{2L}e^{L(x_n - x_0)} := hC, \ C \in \mathbb{R}, \tag{6.89}$$

für den globalen Fehler. Wenn man die Stelle x_n festhält und die Schrittweite $h = \frac{x_n - x_0}{n}$ mit größer werdendem n abnimmt, dann bedeutet (6.89), dass die Fehlerschranke proportional zur Schrittweite abnimmt. Man sagt, dass die Methode von EULER die Fehlerordnung 1 besitzt.

Definition 6.9. (Fehlerordnung)
Ein Einschrittverfahren (6.76) besitzt die **Fehlerordnung** p, falls für seinen lokalen Diskretisierungsfehler d_k die Abschätzung .

$$\max_{1 \leq k \leq n} |d_k| \leq D = \text{const.} \cdot h^{p+1} = O(h^{p+1}) \tag{6.90}$$

gilt.

Es ergibt sich die Schlussfolgerung, dass der globale Fehler einer expliziten Methode mit der Fehlerordnung p wegen (6.86) beschränkt ist durch

$$|g_n| \leq \frac{\text{const.}}{L}e^{nhL} \cdot h^p = O(h^p). \tag{6.91}$$

6.10.3 Verbesserte Polygonzugmethode und Trapezmethode

Um zu einer Methode mit einer Fehlerordnung größer als 1 zu gelangen, nehmen wir an, mit der Polygonzugmethode (6.75) seien bis zu einer gegebenen Stelle x zwei Integrationen durchgeführt worden, zuerst mit der Schrittweite $h_1 = h$ und dann mit der Schrittweite $h_2 = \frac{h}{2}$. Für die erhaltenen Werte y_n und y_{2n} nach n, bzw. $2n$ Integrationsschritten gilt näherungsweise

$$y_n \approx y(x) + c_1 h + O(h^2)$$

$$y_{2n} \approx y(x) + c_1 \frac{h}{2} + O(h^2) \,.$$

Durch Linearkombination der beiden Beziehungen erhält man nach der so genannten RICHARDSON-Extrapolation den extrapolierten Wert

$$\tilde{y} = 2y_{2n} - y_n \approx y(x) + O(h^2) \,, \tag{6.92}$$

dessen Fehler gegenüber $y(x)$ von **zweiter** Ordnung in h ist. Anstatt eine Differentialgleichung nach der EULER-Methode zweimal mit unterschiedlichen Schrittweiten parallel zu integrieren, ist es besser, die Extrapolation direkt auf die Werte anzuwenden, die einmal von einem Integrationsschritt mit der Schrittweite h und andererseits von einem Doppelschritt mit halber Schrittweite stammen. In beiden Fällen startet man vom Näherungspunkt (x_k, y_k).
Der Normalschritt mit der EULER-Methode mit der Schrittweite h ergibt

$$y_{k+1}^{(1)} = y_k + h f(x_k, y_k) \,. \tag{6.93}$$

Ein Doppelschritt mit der Schrittweite $\frac{h}{2}$ ergibt sukzessive die Werte

$$y_{k+\frac{1}{2}}^{(2)} = y_k + \frac{h}{2} f(x_k, y_k) \,,$$

$$y_{k+1}^{(2)} = y_{k+\frac{1}{2}}^{(2)} + \frac{h}{2} f(x_k + \frac{h}{2}, y_{k+\frac{1}{2}}^{(2)}) \,. \tag{6.94}$$

Die RICHARDSON-Extrapolation angewandt auf $y_{k+1}^{(2)}$ und $y_{k+1}^{(1)}$ ergibt

$$
\begin{aligned}
y_{k+1} &= 2y_{k+1}^{(2)} - y_{k+1}^{(1)} \\
&= 2y_{k+\frac{1}{2}}^{(2)} + h f(x_k + \frac{h}{2}, y_{k+\frac{1}{2}}^{(2)}) - y_k - h f(x_k, y_k) \\
&= 2y_k + h f(x_k, y_k) + h f(x_k + \frac{h}{2}, y_{k+\frac{1}{2}}^{(2)}) - y_k - h f(x_k, y_k) \\
&= y_k + h f(x_k + \frac{h}{2}, y_k + \frac{h}{2} f(x_k, y_k)) \,.
\end{aligned}
\tag{6.95}
$$

Wir fassen das Ergebnis (6.95) algorithmisch zusammen

$$
\begin{aligned}
k_1 &= f(x_k, y_k) \\
k_2 &= f(x_k + \frac{h}{2}, y_k + \frac{h}{2} k_1) \\
y_{k+1} &= y_k + h\, k_2
\end{aligned}
\tag{6.96}
$$

und nennen die Rechenvorschrift (6.96) **verbesserte** Polygonzugmethode von EULER. Für die Funktion Φ ergibt sich im Falle der verbesserten Polygonzugmethode

$$\Phi(x_x, y_k, h) = f(x_k + \frac{h}{2}, y_k + \frac{h}{2} f(x_k, y_k)) \,.$$

k_1 stellt die Steigung des Richtungsfeldes im Punkt (x_k, y_k) dar, mit der der Hilfspunkt $(x_k + \frac{h}{2}, y_k + \frac{h}{2} k_1)$ und die dazugehörige Steigung k_2 berechnet wird. Schließlich wird y_{k+1} mit der Steigung k_2 berechnet. Die geometrische Interpretation eines Verfahrensschrittes ist in Abb. 6.10 dargestellt.

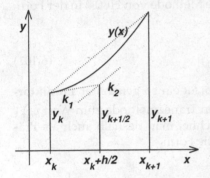

Abb. 6.10. Verbesserte Polygonzug-Methode

Eine genaue Untersuchung des lokalen Diskretisierungsfehlers d_{k+1}, die hier nicht angeführt werden soll, ergibt eine Fehlerordnung der verbesserten Polygonzugmethode von 2.

Wenn man die Differentialgleichung (6.73) integriert, erhält man mit

$$y(x_{k+1}) - y(x_k) = \int_{x_k}^{x_{k+1}} f(x, y(x)) \, dx \tag{6.97}$$

eine zur Differentialgleichung äquivalente Integralgleichung. Da für die rechte Seite i.d.R. keine Stammfunktion angegeben werden kann, wird das Integral mit einer Quadraturformel approximiert. Wenn man die Trapezregel anwendet (vgl. Abschnitt 2.17.1), wird (6.97) nur näherungsweise gelöst, so dass $y(x_{k+1})$ durch y_{k+1} und $y(x_k)$ durch y_k ersetzt werden, und man erhält mit

$$y_{k+1} = y_k + \frac{h}{2} [f(x_k, y_k) + f(x_{k+1}, y_{k+1})] \tag{6.98}$$

die **Trapezmethode** als **implizite** Integrationsmethode, weil in jedem Integrationsschritt eine Gleichung zur Bestimmung von y_{k+1} zu lösen ist.

Da diese Gleichung oft nichtlinear ist, wird zur Lösung eine Fixpunktiteration (siehe Kapitel 2) verwendet. Man startet mit

$$y_{k+1}^{(0)} = y_k + h f(x_k, y_k) \tag{6.99}$$

und die Wertefolge

$$y_{k+1}^{(s+1)} = y_k + \frac{h}{2}[f(x_k, y_k) + f(x_{k+1}, y_{k+1}^{(s)})] , \quad s = 0,1,2..., \tag{6.100}$$

konvergiert gegen den Fixpunkt y_{k+1}, falls $\Psi(x, y) := f(x, y)$ die Bedingung (6.79), d.h. $|f(x, y) - f(x, y^*)| \leq L|y - y^*|$, mit der Konstanten L erfüllt und $\frac{hL}{2} < 1$ ist, weil damit die Voraussetzungen des BANACHschen Fixpunktsatzes (vgl. Abschnitt 2.11.1) erfüllt sind.

Da der Wert y_{k+1}, wie er durch (6.98) definiert ist, nur eine Näherung für $y(x_{k+1})$ ist, beschränkt man sich in der Praxis darauf, in der Fixpunktiteration (6.100) nur einen Schritt auszuführen. Damit erhält man die Methode von HEUN in der Form

$$\begin{aligned} y_{k+1}^{(p)} &= y_k + hf(x_k, y_k) \\ y_{k+1} &= y_k + \frac{h}{2}[f(x_k, y_k) + f(x_{k+1}, y_{k+1}^{(p)})] . \end{aligned} \tag{6.101}$$

Dabei wird mit der expliziten Methode von EULER ein so genannter **Prädiktorwert** $y_{k+1}^{(p)}$ bestimmt, der dann mit der impliziten Trapezmethode zum Wert y_{k+1} korrigiert wird. Die Methode von HEUN bezeichnet man deshalb auch als **Prädiktor-Korrektor**-Methode, die algorithmisch die Form

$$\begin{aligned} k_1 &= f(x_k, y_k) \\ k_2 &= f(x_k + h, y_k + h\,k_1) \\ y_{k+1} &= y_k + \frac{h}{2}[k_1 + k_2] \end{aligned} \tag{6.102}$$

hat. Es werden also die Steigungen k_1 und k_2 zur Bestimmung von y_{k+1} gemittelt. Die Trapez-Methode und die Prädiktor-Korrektor-Methode haben ebenso wie die verbesserte Polygonzugmethode die Fehlerordnung 2.

6.10.4 RUNGE-KUTTA-Verfahren

Die verbesserte Polygonzugmethode und die Methode von HEUN sind Repräsentanten von expliziten zweistufigen RUNGE-KUTTA-**Verfahren** mit der Fehlerordnung 2. Nun soll die Herleitung von Einschrittmethoden höherer Fehlerordnung am Beispiel eines dreistufigen RUNGE-KUTTA-Verfahrens kurz dargelegt werden. Ausgangspunkt ist wiederum die zur Differentialgleichung äquivalente Integralgleichung

$$y(x_{k+1}) - y(x_k) = \int_{x_k}^{x_{k+1}} f(x, y(x))\, dx .$$

Der Wert des Integrals soll durch eine allgemeine Quadraturformel, die auf 3 Stützstellen im Intervall $[x_k, x_{k+1}]$ mit entsprechenden Gewichten beruht, beschrieben werden, so dass man den Ansatz

$$y_{k+1} = y_k + h[c_1 f(\xi_1, y(\xi_1)) + c_2 f(\xi_2, y(\xi_2)) + c_3 f(\xi_3, y(\xi_3))] \tag{6.103}$$

mit $c_1 + c_2 + c_3 = 1$ erhält. In (6.103) sind also einerseits die Interpolationsstellen ξ_i und die unbekannten Werte $y(\xi_i)$ festzulegen. Für die letzteren wird die Idee der Prädiktormethode verwendet, wobei die Methode explizit bleiben soll. Für die Interpolationsstellen setzt man

$$\xi_1 = x_k, \qquad \xi_2 = x_k + a_2 h, \qquad \xi_3 = x_k + a_3 h, \qquad 0 < a_2, a_3 \leq 1 \;, \quad (6.104)$$

an. Wegen $\xi_1 = x_k$ wird $y(\xi_1) = y_k$ gesetzt. Für die verbleibenden Werte werden die Prädiktoransätze

$$
\begin{aligned}
y(\xi_2): \qquad y_2^* &= y_k + h\, b_{21} f(x_k, y_k) \\
y(\xi_3): \qquad y_3^* &= y_k + h\, b_{31} f(x_k, y_k) + h\, b_{32} f(x_k + a_2 h, y_2^*)
\end{aligned} \qquad (6.105)
$$

mit den drei weiteren Parametern b_{21}, b_{31}, b_{32} gemacht. Der erste Prädiktorwert y_2^* hängt von der Steigung in (x_k, y_k) ab, und der zweite Wert y_3^* hängt darüberhinaus noch von der Steigung im Hilfspunkt (ξ_2, y_2^*) ab. Wenn man die Ansätze (6.104) und (6.105) in (6.103) einsetzt, ergibt sich der Algorithmus

$$
\begin{aligned}
k_1 &= f(x_k, y_k) \\
k_2 &= f(x_k + a_2 h, y_k + h\, b_{21} k_1) \\
k_3 &= f(x_k + a_3 h, y_k + h(b_{31} k_1 + b_{32} k_2)) \\
y_{k+1} &= y_k + h[c_1 k_1 + c_2 k_2 + c_3 k_3] \;.
\end{aligned} \qquad (6.106)
$$

Da beim Algorithmus (6.106) die Funktion $f(x, y)$ pro Integrationsschritt dreimal ausgewertet werden muss, spricht man von einem dreistufigen RUNGE-KUTTA-Verfahren.

Ziel bei der Bestimmung der 8 Parameter $a_2, a_3, b_{21}, b_{31}, b_{32}, c_1, c_2, c_3$ ist eine möglichst hohe Fehlerordnung des Verfahrens. Dies wird im Rahmen einer Analyse des lokalen Diskretisierungsfehlers angestrebt. Bevor man dies tut, wird von den Parametern

$$a_2 = b_{21} \qquad\qquad a_3 = b_{31} + b_{32} \qquad\qquad\qquad (6.107)$$

gefordert, mit dem Motiv, dass die Prädiktorwerte y_2^* und y_3^* für die spezielle Differentialgleichung $y' = 1$ exakt sein sollen.

Der lokale Diskretisierungsfehler des Verfahrens (6.106) ist gegeben durch

$$d_{k+1} = y(x_{k+1}) - y(x_k) - h[c_1 \overline{k}_1 + c_2 \overline{k}_2 + c_3 \overline{k}_3] \;, \qquad (6.108)$$

wobei $\overline{k}_i$ die Ausdrücke bedeuten, die aus k_i dadurch hervorgehen, dass y_k durch $y(x_k)$ ersetzt wird. Nach der Entwicklung von k_i in TAYLOR-Reihen an der Stelle x_k und längeren Herleitungen erhält man für den lokalen Diskretisierungsfehler

$$
\begin{aligned}
d_{k+1} &= hF_1[1 - c_1 - c_2 - c_3] + h^2 F_2[\tfrac{1}{2} - a_2 c_2 - a_3 c_3] + \\
&\quad + h^3 [F_{31}(\tfrac{1}{6} - a_2 c_3 b_{32}) + F_{32}(\tfrac{1}{6} - \tfrac{1}{2} a_2^2 c_2 - \tfrac{1}{2} a_3^2 c_3)] + O(h^4) \;, (6.109)
\end{aligned}
$$

wobei F_1, F_2, F_{31}, F_{32} Koeffizientenfunktionen sind, die im Ergebnis der TAYLOR-Reihenentwicklung entstehen und von den Ableitungen der Lösungsfunktion

$y(x)$ abhängen. Soll das Verfahren mindestens die Fehlerordnung 3 haben, ist das Gleichungssystem

$$
\begin{aligned}
c_1 + c_2 + c_3 &= 1 \\
a_2 c_3 + a_3 c_3 &= \frac{1}{2} \\
a_2 c_3 b_{32} &= \frac{1}{6} \\
a_2^2 c_2 + a_3^2 c_3 &= \frac{1}{3}
\end{aligned}
\tag{6.110}
$$

zu erfüllen, denn dann fallen in (6.109) alle Glieder außer $O(h^4)$ weg. Unter der Einschränkung $a_2 \neq a_3$ und $a_2 \neq \frac{2}{3}$ erhält man in Abhängigkeit von den freien Parametern a_2, a_3 die Lösung

$$
\begin{aligned}
c_2 &= \frac{3a_3 - 2}{6a_2(a_3 - a_2)}, \qquad c_3 = \frac{2 - 3a_2}{6a_3(a_3 - a_2)}, \\
c_1 &= \frac{6a_2 a_3 + 2 - 3(a_2 + a_3)}{6a_2 a_3}, \qquad b_{32} = \frac{a_3(a_3 - a_2)}{a_2(2 - 3a_2)}.
\end{aligned}
\tag{6.111}
$$

Ein RUNGE-KUTTA-Verfahren dritter Ordnung erhält man z.B. mit

$$
a_1 = \frac{1}{3}, \ a_3 = \frac{2}{3}, \ c_2 = 0, \ c_3 = \frac{3}{4}, \ c_1 = \frac{1}{4}, \ b_{32} = \frac{2}{3}, \ b_{31} = a_3 - b_{32} = 0.
$$

Man nennt das Verfahren auch Methode von HEUN dritter Ordnung, und der Algorithmus lautet

$$
\begin{aligned}
k_1 &= f(x_k, y_k) \\
k_2 &= f(x_k + \frac{1}{3}h, y_k + h\frac{1}{3}k_1) \\
k_3 &= f(x_k + \frac{2}{3}h, y_k + h\frac{2}{3}k_2) \\
y_{k+1} &= y_k + h[\frac{1}{4}k_1 + \frac{3}{4}k_3].
\end{aligned}
\tag{6.112}
$$

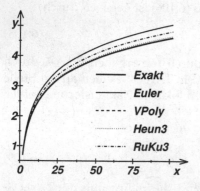

Abb. 6.11. Numerische Lösung mit der Schrittweite $h = 0{,}5$

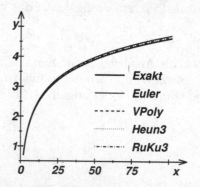

Abb. 6.12. Numerische Lösung mit der Schrittweite $h = 0{,}1$

Die Wahl der Parameter erfolgt auch so, dass man möglichst prägnante Koeffizienten und ein "einfaches" Verfahren erhält. Man sieht, dass durch die Existenz unendlich vieler Lösungen unendlich viele RUNGE-KUTTA-Verfahren existieren. Wir lassen es aber bei dem Verfahren (6.112) bewenden. Die Abbildungen 6.11 und 6.12 zeigen die Ergebnisse der Berechnung der Lösung des Anfangswertproblems

$$y' = \frac{1}{x \ln x} y \,, \qquad y(2) = \ln 2$$

mit der EULER-Methode, der verbesserten Polygonzugmethode, der Trapez-HEUN-Methode und der RUNGE-KUTTA-Methode dritter Ordnung im Vergleich mit der exakten Lösung $y = \ln x$ im Intervall [2,100]. Die Abbildungen zeigen, dass die Verwendung von Verfahren höherer Ordnung (hier Trapez-HEUN-Methode und RUNGE-KUTTA-Methode 3. Ordnung) speziell für größere Berechnungsintervalle $[0, x_1]$ erforderlich sind. Dass die Verkleinerung der Schrittweite von 0,5 auf 0,1 einen Genauigkeitsgewinn ergibt, ist offensichtlich.

6.11 Potenzreihen zur Lösung von Differentialgleichungen

In diesem Abschnitt soll zu Beginn an dem einfachen Beispiel der Lösung des Anfangswertproblems

$$y'' + y = \cos(2x) \,, \qquad y(0) = 0, \, y'(0) = 1,$$

die Anwendung von Potenzreihenansätzen zur Lösung von Differentialgleichungen demonstriert werden. Der aufmerksame Leser wird schnell feststellen, dass man die Lösung des Anfangswertproblems auch analytisch geschlossen durch die Lösung des homogenen Problems und einen Ansatz nach der Art der rechten Seite erhalten kann. Dies kann getan werden, um die Richtigkeit des Ergebnisses zu testen. Für die Lösung des Anfangswertproblems machen wir den Ansatz

$$y(x) = a_0 + a_1 x + a_2 x^2 + a_3 x^3 + \dots = \sum_{k=0}^{\infty} a_k x^k \,. \tag{6.113}$$

Da $y(0) = 0$ und $y'(0) = 1$ erfüllt sein muss, ergibt sich sofort $a_0 = 0$ und $a_1 = 1$. Für die erste und die zweite Ableitung des Ansatzes (6.113) erhalten wir

$$y'(x) = 1 + 2a_2 x + 3a_3 x^2 + 4a_4 x^3 + 5a_5 x^4 + \dots$$

bzw.

$$y''(x) = 2a_2 + 6a_3 x + 12a_4 x^2 + 20a_5 x^3 + \dots .$$

Für die "rechte" Seite $\cos(2x)$ verwenden wir die entsprechende Reihe

$$\cos(2x) = 1 - \frac{(2x)^2}{2!} + \frac{(2x)^4}{4!} - \frac{(2x)^6}{6!} + \dots .$$

Das Einsetzen der Reihen für $y(x)$, $y''(x)$ und $\cos(2x)$ in die Differentialgleichung ergibt

$$
\begin{aligned}
2a_2 + \quad & 6a_3x + \quad 12a_4x^2 + \quad 20a_5x^3 + \qquad \cdots \\
& x + \qquad a_2x^2 + \qquad a_3x^3 + \qquad \cdots \\
= \quad 1 - \qquad & \qquad\quad \tfrac{4}{2!}x^2 + \qquad\qquad\qquad \tfrac{16}{4!}x^4 - \tfrac{64}{6!}x^6 + \cdots .
\end{aligned}
$$

Der Koeffizientenvergleich führt zu den Beziehungen

$$
2a_2 = 1 \quad 6a_3 + 1 = 0 \,, \quad 12a_4 + a_2 = -\frac{4}{2!} \,, \quad 20a_5 + a_3 = 0 \quad \cdots
$$

und man erhält schließlich

$$
a_0 = 0 \,, \quad a_1 = 1 \,, \quad a_2 = \frac{1}{2} \,, \quad a_3 = -\frac{1}{6} \,, \quad a_4 = -\frac{5}{24} \,, \quad a_5 = \frac{1}{120} \,,
$$

so dass sich für die Lösung die folgenden ersten Reihenglieder ergeben:

$$
y(x) \;=\; x + \frac{1}{2}x^2 - \frac{x^3}{6} - \frac{5}{24}x^4 + \frac{x^5}{120} + \cdots .
$$

Der Koeffizientenvergleich liefert auch allgemein Beziehungen für die Koeffizienten ($j = 0,1,\ldots$):

$$
x^{2j} : \qquad a_{2j} + (2j+1)(2j+2)a_{2j+2} = (-1)^j \frac{2^{2j}}{(2j)!}
$$

$$
x^{2j+1} : \qquad a_{2j+1} + (2j+2)(2j+3)a_{2j+3} = 0 \,.
$$

Für die Koeffizienten mit ungeraden Indizes folgt $a_{2j+3} = -\frac{a_{2j+1}}{(2j+2)(2j+3)}$. Berücksichtigt man $a_1 = 1$, so ergibt sich die explizite Darstellung

$$
a_{2j+3} = \frac{(-1)^{j+1}}{(2j+3)!} \qquad (j = 0,1,\ldots) \,.
$$

Die aus den ungeraden x-Potenzen bestehende Teilreihe von (6.113) entpuppt sich so als die Potenzreihe von $\sin x$:

$$
a_1 x + a_3 x^3 + \cdots + a_{2j+1}x^{2j+1} + \cdots = \sum_{j=0}^{\infty} \frac{(-1)^{j+1}}{(2j+1)!} x^{2j+1} = \sin x \,.
$$

Es ist also $y(x) = \sin x + (\frac{1}{2}x^2 - \frac{5}{24}x^4 + \cdots)$. Man kann in ähnlicher Weise zeigen, dass die aus den geraden x-Potenzen gebildete Teilreihe die Potenzreihe für die Funktion $\frac{1}{3}(\cos x - \cos(2x))$ ist. Damit erhalten wir in diesem Fall die geschlossene Lösung

$$
y(x) = \sin x + \frac{1}{3}(\cos x - \cos(2x)) \,.
$$

Es sei aber darauf hingewiesen, dass in vielen Fällen der Übergang von einer Lösung in Form einer Potenzreihe zu einer geschlossenen Lösung nicht gelingt.

Das ist z.B. dann der Fall, wenn gar keine geschlossene Lösung der untersuchten Differentialgleichung existiert. Dann muss man sich mit der Potenzreihe, gegebenenfalls auch mit deren ersten Gliedern, begnügen.

Hat man nicht wie im besprochenen Beispiel Anfangswerte für $x_0 = 0$, sondern Anfangswerte der Art

$$y(x_0) = y_0\,, \qquad y'(x_0) = y_1, \quad x_0 \neq 0,$$

vorgegeben, so empfiehlt sich die Verwendung des Ansatzes

$$y(x) = a_0 + a_1(x - x_0) + a_2(x - x_0)^2 + a_3(x - x_0)^3 + ... = \sum_{k=0}^{\infty} a_k(x - x_0)^k \quad (6.114)$$

für die Lösung der Differentialgleichung. Ansonsten geht man genau wie oben vor, und bestimmt die Koeffizienten a_k letztendlich durch die Auswertung der Anfangsbedingungen und einen Koeffizientenvergleich.

Eine weitere Möglichkeit der Nutzung von Reihen zur näherungsweisen Lösung von Differentialgleichungen besteht in der Nutzung von TAYLOR-Polynomen. Wir erinnern uns an das TAYLOR-Polynom n−ten Grades einer Funktion $y(x)$

$$T_n(x) = y(x_0) + y'(x_0)(x - x_0) + \frac{y''(x_0)}{2!}(x - x_0)^2 + ... + \frac{y^{(n)}(x_0)}{n!}(x - x_0)^n\,.$$

Hat man nun ein Anfangswertproblem der Form

$$y' = f(x, y)\,, \quad y(x_0) = y_0$$

gegeben, kann man ausgehend von der Differentialgleichung und dem Anfangswert ein TAYLOR-Polynom aufstellen. Der Anfangswert $y(x_0) = y_0$ ergibt das absolute Glied des TAYLOR-Polynoms, also

$$y(x_0) = y_0\,.$$

Unter Nutzung der Differentialgleichung erhält man

$$y'(x_0) = f(x_0, y_0)\,.$$

Differenziert man nun die Differentialgleichung, erhält man

$$y'' = \frac{df}{dx}(x, y)$$

und damit eine Möglichkeit zur Berechnung von $y''(x_0)$:

$$y''(x_0) = \frac{\partial f}{\partial x}(x_0, y_0) + \frac{\partial f}{\partial y}(x_0, y_0)y'(x_0)\,.$$

Im Ergebnis dieses sukzessiven Prozesses erhält man mit dem so konstruierten TAYLOR-Polynom eine Näherung der Lösung des Anfangswertproblems in einer

Umgebung von x_0. Es muss hier allerdings angemerkt werden, dass eine Abschätzung der Genauigkeit einer solchen Näherungslösung in der Regel **nicht** möglich ist, da eine allgemeine Formel für $y^{(n)}(x_0)$ nicht bekannt ist.

Beispiel: Wir betrachten das Anfangswertproblem

$$y' = x + y^2 \, , \qquad y(0) = 1 \, ,$$

und wollen die Lösung durch ein TAYLOR-Polynom 4. Grades annähern. Wir müssen also $y'(0), y''(0), y'''(0)$ und $y^{(4)}(0)$ sukzessiv berechnen. Durch Einsetzen erhalten wir

$$y'(0) = 1 \, .$$

Durch Differentiation der Differentialgleichung ergibt sich

$$\begin{aligned} y'' &= 1 + 2yy' \, , \quad y''' = 2y'y' + 2yy'' \, , \\ y^{(4)} &= 2y''y' + 2y''y' + 2y'y'' + 2yy''' = 6y''y' + 2yy''' \, . \end{aligned}$$

Damit berechnet man

$$y''(0) = 3 \, , \quad y'''(0) = 8 \, , \quad y^{(4)}(0) = 18 + 16 = 34 \, ,$$

so dass sich das TAYLOR-Polynom 4. Grades

$$T_4(x) = 1 + x + \frac{3}{2}x^2 + \frac{4}{3}x^3 + \frac{34}{24}x^4$$

zur Näherung von $y(x)$ in einer Umgebung von $x = 0$ ergibt.

6.12   BESSELsche und LEGENDREsche Differentialgleichungen

Im vorangegangenen Abschnitt wurde das Grundprinzip der Lösung von Differentialgleichungen mit Potenzreihenansätzen dargestellt. Diese Methodik findet bei den unterschiedlichsten Aufgabenstellungen aus der Physik, z.B. in der Elektrotechnik und Mechanik, bei denen lineare Differentialgleichungen zweiter Ordnung mit polynomialen Koeffizienten auftreten, Anwendung. Die Lösungen dieser Differentialgleichungen werden **spezielle Funktionen** genannt. Im Folgenden sollen zwei gewöhnliche lineare Differentialgleichungen 2. Ordnung mit polynomialen Koeffizienten behandelt werden, die Grundlage für die Lösung komplizierterer partieller Differentialgleichungen sind, und deren Lösungen spezielle Funktionen, die so genannten Zylinder- bzw. Kugelfunktionen, sind.

6.12.1   BESSELsche Differentialgleichung

Die Ausbreitung von Wellen im Raum sowie das Schwingungsverhalten von elastischen Körpern werden durch eine lineare partielle Differentialgleichung zweiter Ordnung, die Wellengleichung, beschrieben. Bei der Untersuchung von Problemen, bei denen sich die Einführung von Zylinderkoordinaten anbietet, wie z.B.

bei Schwingungen einer kreisförmigen, am Außenrand fest eingespannten Membran, kommt man über die Wellengleichung als partieller Differentialgleichung zu der gewöhnlichen Differentialgleichung

$$x^2 y'' + xy' + (x^2 - n^2)y = 0 \,. \tag{6.115}$$

Die Gleichung (6.115) heißt **BESSELsche Differentialgleichung** der Ordnung n. n ist dabei eine nichtnegative reelle Zahl. Es sei $x > 0$. Ein Potenzreihenansatz der Form $y(x) = \sum_{k=0}^{\infty} a_k x^k$ führt nur für $n = 0,1,2,\ldots$ auf eine nichttriviale Lösung. Wenn man den allgemeineren Ansatz

$$y(x) = x^r \sum_{k=0}^{\infty} a_k x^k = \sum_{k=0}^{\infty} a_k x^{r+k} \tag{6.116}$$

mit $a_0 \neq 0$ und einem noch zu bestimmenden Exponenten $r \in \mathbb{R}$ macht, so erhält man nach Einsetzen in die Gleichung (6.115) und Vergleich der Koeffizienten der Potenzen x^r, x^{r+1} und x^{r+k} ($k = 2,3,\ldots$) die Bedingungen

$$
\begin{aligned}
(r^2 - n^2)a_0 &= 0 \\
[(r+1)^2 - n^2]a_1 &= 0 \\
(k+r+n)(k+r-n)a_k + a_{k-2} &= 0 \quad (k = 2,3,\ldots).
\end{aligned}
\tag{6.117}
$$

Wegen $a_0 \neq 0$ muss entweder

$$r = n \quad \text{oder} \quad r = -n \tag{6.118}$$

sein. $a_0 \neq 0$ ist dann beliebig wählbar.

Wir betrachten zunächst den Fall $r = n$. Aus (6.117) folgt $a_1 = 0$ sowie die Rekursionsformel

$$a_k = -\frac{a_{k-2}}{k(2n+k)}\,, \quad k = 2,3,4,\ldots \tag{6.119}$$

Wegen $a_1 = 0$ verschwinden alle Koeffizienten mit ungeradem Index, also $a_{2k-1} = 0$ für $k = 1,2,\ldots$. Aus (6.119) folgt

$$
a_2 = -\frac{a_0}{2^2(n+1)}, \quad a_4 = \frac{a_0}{2^4 2(n+1)(n+2)}, \cdots
$$

$$
a_{2k} = (-1)^k \frac{a_0}{2^{2k} k!(n+1)(n+2)\ldots(n+k)}, \quad (k = 1,2,\ldots).
$$

Als zunächst formale Lösung von (6.115) ergibt sich damit

$$y(x) = a_0 x^n \Big[1 - \frac{1}{1!(n+1)}\Big(\frac{x}{2}\Big)^2 + \frac{1}{2!(n+1)(n+2)}\Big(\frac{x}{2}\Big)^4 + \cdots +$$

$$(-1)^k \frac{1}{k!(n+1)(n+2)\ldots(n+k)}\Big(\frac{x}{2}\Big)^{2k} + \ldots \Big]\,. \tag{6.120}$$

Die in den eckigen Klammern stehende Reihe ist beständig, d.h. für alle $x \in \mathbb{R}$, konvergent. Denn mit $u = (\frac{x}{2})^2$ und $b_k = (-1)^k \frac{1}{k!(n+1)(n+2)\ldots(n+k)}$ erhält sie die Form $\sum_{k=0}^{\infty} b_k u^k$. Es ist dann

$$\frac{|b_k|}{|b_{k+1}|} = (k+1)(n+k+1) \quad \text{also} \quad \lim_{k\to\infty} \frac{|b_k|}{|b_{k+1}|} = \infty \,.$$

Nach Satz 3.24 ist der Konvergenzradius gleich ∞, die Reihe also für alle $u \in \mathbb{R}$ und damit auch für alle $x \in \mathbb{R}$ konvergent. Wir formen den Koeffizienten von $(\frac{x}{2})^{2k}$ in (6.120) mittels der Gamma-Funktion (2.67) um. Wegen $\Gamma(x+1) = x\Gamma(x)$ für $x > 0$ und $\Gamma(k+1) = k!$ für $k = 0,1,\ldots$ gilt

$$\frac{1}{k!(n+1)(n+2)\ldots(n+k)} = \frac{\Gamma(n+1)}{\Gamma(k+1)\Gamma(n+k+1)}.$$

Die Lösung $y(x)$ erhält damit die Form

$$
\begin{aligned}
y(x) &= a_0 x^n \sum_{k=0}^{\infty} \frac{(-1)^k}{k!(n+1)(n+2)\ldots(n+k)}\left(\frac{x}{2}\right)^{2k} \\
&= a_0 2^n \Gamma(n+1) \sum_{k=0}^{\infty} \frac{(-1)^k}{\Gamma(k+1)\Gamma(n+k+1)}\left(\frac{x}{2}\right)^{2k+n}.
\end{aligned}
\tag{6.121}
$$

Wählt man $a_0 = \frac{1}{2^n \Gamma(n+1)}$, so entsteht die BESSEL-**Funktion** n-**ter Ordnung erster Gattung** (oder auch erster Art)

$$J_n(x) = \sum_{k=0}^{\infty} \frac{(-1)^k}{\Gamma(k+1)\Gamma(n+k+1)}\left(\frac{x}{2}\right)^{2k+n} \tag{6.122}$$

als eine Lösung der BESSELschen Differentialgleichung (6.115), die dem Fall $r = n$ (vgl. (6.118)) entspricht.

Sei nun $r = -n$ ($n \geq 0$). Wir suchen also eine Lösung der Form

$$y(x) = x^{-n} \sum_{k=0}^{\infty} a_k x^k$$

mit $a_0 \neq 0$. Aus (6.117) folgen $a_1 = 0$ und die Rekursionsformel

$$a_k = -\frac{a_{k-2}}{k(k-2n)} \qquad (k = 2,3,\ldots), \tag{6.123}$$

wobei wir $n \neq 1, \frac{3}{2}, 2, \frac{5}{2}, \ldots$ voraussetzen müssen. (6.123) ergibt sich aus (6.119), indem man dort n durch $-n$ ersetzt. Daher entsteht eine Lösung von (6.115), die aus (6.122) durch Ersetzen von n durch $-n$ hervorgeht. Man bezeichnet sie mit $J_{-n}(x)$:

$$J_{-n}(x) = \sum_{k=0}^{\infty} \frac{(-1)^k}{\Gamma(k+1)\Gamma(-n+k+1)}\left(\frac{x}{2}\right)^{2k-n}. \tag{6.124}$$

Die gilt zunächst für $n \neq \frac{p}{2}$ mit $p = 2,3,\ldots$. Man kann zeigen, dass diese Formel auch für $n = \frac{2p+1}{2}$ ($p = 1,2,\ldots$) eine Lösung darstellt. Für $n \neq 0,1,2\ldots$ hat man also mit $J_n(x)$ und $J_{-n}(x)$ zwei Lösungen der BESSELschen Differentialgleichung (6.115), von denen man zeigen kann, dass sie ein Fundamentalsystem bilden. Für

$n \geq 0, n \neq 0,1,2,\ldots$ ist die allgemeine Lösung der BESSELschen Differentialgleichung daher durch

$$y(x) = c_1 J_n(x) + c_2 J_{-n}(x) \qquad (c_1, c_2 \in \mathbb{R}) \tag{6.125}$$

gegeben. Sucht man für $n \geq 0, n \neq 0,1,2,\ldots$ Lösungen, die für x gegen Null beschränkt bleiben, so muss $c_2 = 0$ sein, denn nach (6.124) ist $J_{-n}(x) = O(x^{-n})$ für $x \to 0$.

Es bleibt die Frage nach einem Fundamentalsystem in den Fällen $n = 0,1,2,\ldots$. Mit $J_n(x)$ nach (6.122) haben wir für diese n zunächst eine einzelne Lösung. Analog zur Herleitung von (6.124) kann man versuchen, für $n = 1,2,\ldots$ eine zweite Lösung dadurch zu gewinnen, dass man in (6.122) n durch $-n$ ersetzt. Dabei ist zu beachten, dass für $0 \leq k \leq n-1$ für die Gamma-Funktion $\Gamma(-n+k+1) = \infty$ gilt. Setzt man für diese k den Koeffizienten $\frac{(-1)^k}{\Gamma(k+1)\Gamma(-n+k+1)}$ gleich Null, so beginnt die Summation nicht bei $k = 0$, sondern mit $k = n$. Man erhält nach einer Indexverschiebung mit

$$
\begin{aligned}
J_{-n}(x) &= \sum_{k=n}^{\infty} \frac{(-1)^k}{\Gamma(k+1)\Gamma(-n+k+1)} \left(\frac{x}{2}\right)^{2k-n} \\
&= (-1)^n \sum_{k=0}^{\infty} \frac{(-1)^k}{\Gamma(k+1)\Gamma(n+k+1)} \left(\frac{x}{2}\right)^{2k+n} \\
&= (-1)^n J_n(x) \tag{6.126}
\end{aligned}
$$

tatsächlich eine Lösung, die aber von $J_n(x)$ linear abhängig ist. Damit konnte auf diesem Weg für $n = 0,1,2,\ldots$ kein Fundamentalsystem gefunden werden. Eine Lösung, die $J_n(x)$ für diese n-Werte zu einem Fundamentalsystem ergänzt, erhält man durch die **BESSEL-Funktion n-ter Ordnung zweiter Gattung** (oder zweiter Art, auch WEBER- oder NEUMANN-Funktion genannt) $Y_n(x)$, die sich aus folgendem Grenzprozess ergibt:

$$Y_n(x) = \lim_{\nu \to n} \frac{J_\nu(x)\cos(\nu\pi) - J_{-\nu}(x)}{\sin(\nu\pi)}. \tag{6.127}$$

Bei $\nu \to n$ streben der Zähler gegen $J_n(x)(-1)^n - J_{-n}(x) = 0$ (vgl. (6.126)) und der Nenner ebenfalls gegen Null. Der Grenzwert (6.127) existiert für $n = 0,1,2,\ldots$ und $x > 0$. Man kann beweisen, dass $J_n(x)$ und $Y_n(x)$ ein Fundamentalsystem bilden, so dass die allgemeine Lösung der BESSELschen Differentialgleichung (6.115) für $x > 0$ und $n = 0,1,2,\ldots$ durch

$$y(x) = c_1 J_n(x) + c_2 Y_n(x) \qquad (c_1, c_2 \in \mathbb{R}) \tag{6.128}$$

gegeben ist.

Man nennt die BESSEL-Funktionen auch **Zylinderfunktionen**, weil die BESSELsche Differentialgleichung und ihre Lösungen insbesondere dann auftreten, wenn man Probleme für die Wellengleichung in Zylinderkoordinaten lösen will.

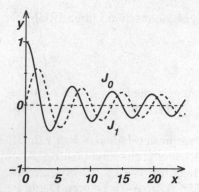

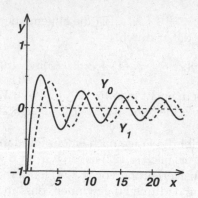

Abb. 6.13. Verlauf der BESSEL-Funktionen J_0 und J_1 (gestrichelt)

Abb. 6.14. Verlauf der BESSEL-Funktionen Y_0 und Y_1 (gestrichelt)

Beispiel: $n = \frac{1}{2}$. Aus (6.122) und (6.124) folgt

$$J_{\frac{1}{2}}(x) = \sum_{k=0}^{\infty} \frac{(-1)^k}{\Gamma(k+1)\Gamma(\frac{3}{2}+k)} \left(\frac{x}{2}\right)^{2k+\frac{1}{2}} , \ J_{-\frac{1}{2}}(x) = \sum_{k=0}^{\infty} \frac{(-1)^k}{\Gamma(k+1)\Gamma(\frac{1}{2}+k)} \left(\frac{x}{2}\right)^{2k-\frac{1}{2}} .$$

Diese BESSEL-Funktionen der Ordnungen $\frac{1}{2}$ und $-\frac{1}{2}$ lassen sich (wie auch alle der Ordnungen $p + \frac{1}{2}$ ($p \in \mathbb{N}$)) durch trigonometrische Funktionen ausdrücken. Um das für $J_{\frac{1}{2}}(x)$ zu zeigen, benutzen wir die Eigenschaften $\Gamma(x+1) = x\Gamma(x)$ und $\Gamma(\frac{1}{2}) = \sqrt{\pi}$ der Gamma-Funktion und finden

$$\Gamma(\frac{3}{2} + k) = (\frac{1}{2}+k)(\frac{1}{2}+k-1)\ldots\frac{3}{2}\frac{1}{2}\Gamma(\frac{1}{2}) = \frac{1}{2^{k+1}} 1 \cdot 3 \ldots (2k+1)\sqrt{\pi} .$$

Damit wird

$$J_{\frac{1}{2}}(x) = \sum_{k=0}^{\infty} \frac{(-1)^k 2^{k+1}}{k! 1 \cdot 3 \ldots (2k+1)\sqrt{\pi}} \left(\frac{x}{2}\right)^{2k+\frac{1}{2}} = \sqrt{\frac{2}{\pi x}} \sum_{k=0}^{\infty} \frac{(-1)^k}{k! 1 \cdot 3 \ldots (2k+1) 2^k} x^{2k+1}$$

$$= \sqrt{\frac{2}{\pi x}} \sum_{k=0}^{\infty} \frac{(-1)^k}{(2k+1)!} x^{2k+1} = \sqrt{\frac{2}{\pi x}} \sin x .$$

Analog erhält man $J_{-\frac{1}{2}}(x) = \sqrt{\frac{2}{\pi x}} \cos x$. Man bestätigt durch Differenzieren leicht, dass diese Funktionen Lösungen der BESSELschen Differentialgleichung der Ordnung $n = \frac{1}{2}$ sind. Für $x \to 0$ ist $J_{\frac{1}{2}}(x)$ beschränkt ($J_{\frac{1}{2}}(x) = O(x^{\frac{1}{2}})$) und $J_{-\frac{1}{2}}(x)$ unbeschränkt ($J_{-\frac{1}{2}}(x) = O(x^{-\frac{1}{2}})$). Aus $c_1 J_{\frac{1}{2}}(x) + c_2 J_{-\frac{1}{2}}(x) = \sqrt{\frac{2}{\pi x}}(c_1 \sin x + c_2 \cos x) = 0$ folgt $c_1 = c_2 = 0$; $J_{\frac{1}{2}}(x)$ und $J_{-\frac{1}{2}}(x)$ bilden also ein Fundamentalsystem für die Differentialgleichung $x^2 y'' + xy' + (x^2 - \frac{1}{4})y = 0$. Ein möglicher Anwendungshintergrund der eben besprochenen Differentialgleichung und ihrer Lösungsbasis ist die Bestimmung von kugelsymmetrischen Lösungen der HELMHOLTZschen Schwingungsgleichung $\Delta \hat{u} + \kappa^2 \hat{u} = 0$ im $\mathbb{R}^3$ (siehe dazu die Gleichung (9.11)). Sie hat für kugelsymmetrische Lösungen $u(r)$ die

Form

$$\frac{1}{r^2}\frac{\partial}{\partial r}(r^2\frac{\partial u}{\partial r})+\kappa^2 u = 0 \Longleftrightarrow u''+\frac{2}{r}u'+\kappa^2 u = 0 \,, \quad (r > 0; \kappa > 0 \text{ Parameter}), \quad (6.129)$$

lässt sich also auf eine gewöhnliche Differentialgleichung zurückführen (s. dazu Kapitel 9, LAPLACE-Operator in Kugelkoordinaten (9.56) unter Berücksichtigung von $\frac{\partial u}{\partial \phi} = \frac{\partial u}{\partial \theta} = 0$). Führt man nun durch

$$u(r) =: \frac{1}{\sqrt{r}}y(\kappa r) \quad \text{und} \quad \kappa r =: x \quad\quad\quad (6.130)$$

die Hilfsfunktion $y(x)$ ein, so ergibt sich für y die zu (6.129) äquivalente BESSELsche Differentialgleichung

$$x^2 y'' + xy' + (x^2 - \frac{1}{4})y = 0 \quad\quad\quad (6.131)$$

der Ordnung $n = \frac{1}{2}$. Mit (6.130) erhält man ausgehend von dem Fundamentalsystem $\{J_{\frac{1}{2}}(x), J_{-\frac{1}{2}}(x)\}$ für (6.131) mit

$$\{\frac{1}{\sqrt{r}}J_{\frac{1}{2}}(\kappa r)\,, \ \frac{1}{\sqrt{r}}J_{-\frac{1}{2}}(\kappa r)\} \quad \text{also} \ \cdot \ \{\frac{1}{r}\sin(\kappa r)\,, \ \frac{1}{r}\cos(\kappa r)\}$$

ein Fundamentalsystem für die Gleichung (6.129), und ihre allgemeine Lösung lautet

$$u(r) = c_1 \frac{1}{r}\sin(\kappa r) + c_2 \frac{1}{r}\cos(\kappa r) \quad\quad (c_1, c_2 \in \mathbb{R}, \, r > 0) \,.$$

6.12.2 LEGENDREsche Differentialgleichung

Zur Untersuchung der Ausbreitung von Wellen ausgehend von einer Punktquelle wird die **Wellengleichung** in Kugelkoordinaten betrachtet (s. auch Kapitel 9). Im Rahmen der Lösung der Wellengleichung in Kugelkoordinaten ist die gewöhnliche Differentialgleichung

$$(1 - x^2)y'' - 2xy' + \lambda y = 0 \,, \quad\quad\quad (6.132)$$

die LEGENDREsche **Differentialgleichung**, im Intervall $]-1,1[$ zu lösen. λ ist ein reeller Parameter. Macht man für eine Lösung $y(x)$ von (6.132) den Ansatz

$$y(x) = \sum_{k=0}^{\infty} a_k x^k \,, \quad\quad\quad (6.133)$$

so erhält man durch Einsetzen in die Gleichung (6.132) und Ordnen nach x-Potenzen

$$(2a_2 + \lambda a_0) + [6a_3 - (2 - \lambda)a_1]x \quad \cdot$$

$$+ \sum_{k=2}^{\infty}\{(k+1)(k+2)a_{k+2} - [k(k+1) - \lambda]a_k\}x^k = 0 \,. \quad\quad (6.134)$$

Der Koeffizientenvergleich liefert für die Koeffizienten a_k des Reihenansatzes die Rekursionsformel

$$a_{k+2} = \frac{k(k+1) - \lambda}{(k+2)(k+1)} a_k \,, \quad k = 0,1,2,\ldots \,. \tag{6.135}$$

Wir fragen nun nach Bedingungen dafür, dass der Reihenansatz (6.133) auf eine Lösung in Form eines Polynoms führt, d.h. dass die Rekursion (6.135) ab einem gewissen Index nur noch Nullen als Reihenkoeffizienten liefert. Schränkt man a_0, a_1 zunächst nicht ein, so ist für den Abbruch der Rekursion offenbar notwendig, dass mit einer nichtnegativen ganzen Zahl n

$$\lambda = n(n+1) \tag{6.136}$$

gilt. Wir nennen die zu diesem λ gehörenden Koeffizienten a_k^n (das hochgestellte n ist ein Index, kein Exponent):

$$a_{k+2}^n = \frac{k(k+1) - n(n+1)}{(k+2)(k+1)} a_k^n \,, \quad k = 0,1,2,\ldots \,. \tag{6.137}$$

Wählt man bei geradem $n\ (= 2m)$ für die Anfangsglieder der Rekursion $a_0^{2m} \neq 0$, $a_1^{2m} = 0$, dann gilt $a_1^{2m} = a_3^{2m} = \cdots = 0$ und $a_{2m+2}^{2m} = a_{2m+4}^{2m} = \cdots = 0$. Die Reihe (6.133) reduziert sich dann auf ein gerades Polynom vom Grad $n = 2m$:

$$P_{2m}(x) = \sum_{k=0}^{m} a_{2k}^{2m} x^{2k} \,.$$

Ist $n = 2m + 1$, so wählen wir $a_0^{2m+1} = 0$ und $a_1^{2m+1} \neq 0$. Dann gilt $a_0^{2m+1} = a_2^{2m+1} = \cdots = 0$ und $a_{2m+3}^{2m+1} = a_{2m+5}^{2m+1} = \cdots = 0$. Aus (6.133) wird ein ungerades Polynom vom Grad $2m + 1$:

$$P_{2m+1}(x) = \sum_{k=0}^{m} a_{2k+1}^{2m+1} x^{2k+1} \,.$$

Man kann die beiden Fälle ($n = 2m$ und $n = 2m + 1$) in einer Formel vereinigen. Wenn man die Reihenfolge der Summanden in $P_{2m}(x)$ und $P_{2m+1}(x)$ umkehrt, erhält man für $n = 0,1,2,\ldots$

$$P_n(x) = \sum_{k=0}^{[\frac{n}{2}]} a_{n-2k}^n x^{n-2k} \,, \tag{6.138}$$

wobei $[\frac{n}{2}] = \begin{cases} \frac{n}{2} & \text{für gerades } n \\ \frac{n-1}{2} & \text{für ungerades } n \end{cases}$ ist. Für die Rekursion (6.137) kann man für $n \in \mathbb{N}$ und $n \geq 2$ auch schreiben

$$a_{n-2k}^n = \frac{(n-2k-2)(n-2k-1) - n(n+1)}{(n-2k-1)(n-2k)} a_{n-2k-2}^n \,, \quad (k = 0,1,2,\ldots,[\tfrac{n}{2}]-1) \,.$$

$$(6.139)$$

$a_0^n \neq 0$ bzw. $a_1^n \neq 0$ sind noch beliebig wählbar, so dass die Polynome $P_n(x)$ bisher nur bis auf einen reellen Zahlenfaktor bestimmt sind. Die mit (6.138) und (6.139) definierten Polynome heißen LEGENDRE-**Polynome** oder **Kugelfunktionen** erster Art. Die ersten LEGENDRE-Polynome sind

$$P_0(x) = a_0^0$$
$$P_1(x) = a_1^1 x$$
$$P_2(x) = (-3x^2 + 1)a_0^2$$
$$P_3(x) = (-\frac{5}{3}x^3 + x)a_1^3$$
$$P_4(x) = (\frac{35}{3}x^4 - 10x^2 + 1)a_0^4$$
$$P_5(x) = (\frac{21}{5}x^5 - \frac{14}{3}x^3 + x)a_1^5 \;.$$

Meist legt man die Faktoren a_0^n (für gerades n) und a_1^n (für ungerades n) so fest, dass $P_n(1) = 1$ für $n = 0,1,2,\ldots$ wird (vgl. Abb. 6.15). Damit erhält man

$$P_0(x) = 1 \;, \quad P_2(x) = \tfrac{1}{2}(3x^2 - 1) \;, \quad P_4(x) = \frac{1}{8}(35x^4 - 30x^2 + 3) \;, \qquad (6.140)$$

$$P_1(x) = x \;, \quad P_3(x) = \tfrac{1}{2}(5x^3 - 3x) \;, \quad P_5(x) = \frac{1}{8}(63x^5 - 70x^4 + 15x) \;.$$

Allgemein gilt dann für $n = 0,1,2,\ldots$

$$P_n(x) = \frac{1}{2^n} \sum_{k=0}^{[\frac{n}{2}]} (-1)^k \binom{n}{k} \binom{2n - 2k}{n} x^{n-2k} \;. \qquad (6.141)$$

Man prüft leicht nach, dass mit den Koeffizienten

$$a_{n-2k}^n = \frac{1}{2^n}(-1)^k \binom{n}{k} \binom{2n - 2k}{n}$$

$(k = 0,1,2,\ldots [\frac{n}{2}])$ die Rekursionsformeln (6.139) erfüllt sind. Für die LEGENDRE-Polynome (6.141) gilt für $n \geq 1$ die Rekursionsformel

$$(n + 1)P_{n+1}(x) = (2n + 1)xP_n(x) - nP_{n-1}(x) \;. \qquad (6.142)$$

Der allgemeine Nachweis dieser Formel erfordert etwas Rechenaufwand und wird dem Leser als Übung für das Rechnen mit Binomialkoeffizienten empfohlen. Mit den in (6.140) angegebenen Polynomen kann man die Formel (6.142) anhand von Beispielen prüfen.

Die LEGENDRE-Polynome bilden bezüglich des (allgemein für integrierbare Funktionen f, g definierten) Skalarproduktes

$$\langle f, g \rangle = \int_{-1}^1 f(x)g(x)\, dx$$

ein orthogonales Funktionensystem. Man kann beweisen, dass

$$\langle P_m, P_n \rangle = \int_{-1}^{1} P_m(x) P_n(x)\, dx = \frac{2}{2n+1} \delta_{mn} \tag{6.143}$$

ist, wobei δ_{mn} das KRONECKER-Symbol bedeutet. Ist einer der Indizes m, n gerade, der andere ungerade, so ist $P_m(x) P_n(x)$ eine ungerade Funktion und es gilt offensichtlich $\int_{-1}^{1} P_m(x) P_n(x)\, dx = 0$, wie in (6.143) behauptet. Für die anderen Fälle geben wir nur 2 Beispiele ($m = 4, n = 2$ bzw. $m = n = 4$) an. Aus (6.140) entnimmt man P_2 und P_4 und hat damit

$$\begin{aligned}
\int_{-1}^{1} P_4(x) P_2(x)\, dx &= \frac{1}{2 \cdot 8} \int_{-1}^{1} (35x^4 - 30x^2 + 3)(3x^2 - 1)\, dx \\
&= \frac{1}{16} \Big[\frac{105}{7} x^7 - \frac{125}{5} x^5 + \frac{39}{3} x^3 - 3x \Big]_{-1}^{1} \\
&= \frac{1}{16} \Big[\frac{210}{7} - \frac{250}{5} + \frac{78}{3} - 6 \Big] = 0\,.
\end{aligned}$$

Für $n = m = 4$ erhält man nach sorgfältiger Rechenarbeit

$$\langle P_4, P_4 \rangle = \int_{-1}^{1} P_4(x) P_4(x)\, dx = \frac{1}{64} \int_{-1}^{1} (35x^4 - 30x^2 + 3)^2 dx = \frac{2}{9}\,,$$

wie auch aus (6.143) folgt. Die Integralnorm ergibt sich damit zu

$$\|P_4\| = \sqrt{\langle P_4, P_4 \rangle} = \sqrt{\frac{2}{9}}\,;$$

aus (6.143) erhält man allgemein $\|P_n\| = \sqrt{\frac{2}{2n+1}}$. Die Menge $\{\sqrt{\frac{2n+1}{2}} P_n(x)\}$ der normierten LEGENDRE-Polynome bildet folglich ein Orthonormalsystem. Abschließend bemerken wir, dass jedes Polynom $P_n(x)$ im Intervall $]-1,1[$ genau n einfache Nullstellen hat.

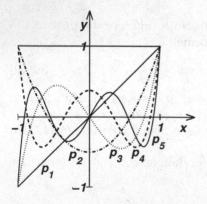

Abb. 6.15. LEGENDRE-Polynome $P_n(x)$ bis zum Grad 5

Um die allgemeine Lösung der LEGENDREschen Differentialgleichung (6.132) mit $\lambda = n(n+1)$ zu erhalten, benötigen wir zu einem LEGENDRE-Polynom noch eine zweite Fundamentallösung. Diese wollen wir nun für zwei Fälle konkret berechnen. Wir gehen davon aus, dass wir im Fall $n = 2$, d.h. $\lambda = n(n+1) = 6$, mit dem Polynom $p_2(x) = 2P_2(x) = 3x^2 - 1$ (vgl. (6.140)) schon eine Fundamentallösung gefunden haben. Wir nutzen die Reduktionsmethode (Abschnitt 6.8) und machen für die zweite Lösung den Ansatz

$$q_2(x) = w(x)p_2(x) .$$

Nach Einsetzen des Ansatzes in die Differentialgleichung erhalten wir für w die Gleichung

$$(1 - x^2)(w''p_2 + 2w'p_2') - 2xw'p_2 = 0 .$$

Für $\Omega = w'$ ergibt sich damit die Gleichung

$$(1 - x^2)(3x^2 - 1)\Omega' + [2(1 - x^2)6x - 2x(3x^2 - 1)]\Omega = 0 .$$

Die Trennung der Veränderlichen ergibt

$$\frac{\Omega'}{\Omega} = \frac{1}{3} \frac{18x^3 - 14x}{(x^2 - \frac{1}{3})(1 - x^2)} .$$

Die Partialbruchzerlegung der rechten Seite liefert

$$-\frac{1}{x - 1} - \frac{1}{x + 1} - \frac{2}{x - \frac{1}{\sqrt{3}}} - \frac{2}{x + \frac{1}{\sqrt{3}}} ,$$

und damit erhält man für Ω

$$\ln|\Omega| = -\ln|x - 1| - \ln|x + 1| - 2\ln|x - \frac{1}{\sqrt{3}}| - 2\ln|x + \frac{1}{\sqrt{3}}| + c_1 ,$$

bzw.

$$\Omega = c_2 \frac{1}{|x - 1|} \frac{1}{|x + 1|} \frac{1}{(x - \frac{1}{\sqrt{3}})^2} \frac{1}{(x + \frac{1}{\sqrt{3}})^2} .$$

Wenn wir uns auf $x \in]-1,1[$ beschränken, kann man die Beträge auflösen und erhält

$$\Omega = c_2 \frac{1}{(1 - x)(x + 1)(x - \frac{1}{\sqrt{3}})^2(x + \frac{1}{\sqrt{3}})^2} .$$

Für den Polynombruch auf der rechten Seite muss wiederum eine Partialbruchzerlegung durchgeführt werden, um von $w' = \Omega$ auf w zu schließen. Der Ansatz hat die Form

$$\frac{-1}{(x - 1)(x + 1)(x - \frac{1}{\sqrt{3}})^2(x + \frac{1}{\sqrt{3}})^2} =$$

$$\frac{A}{x-1} + \frac{B}{x+1} + \frac{C}{x-\frac{1}{\sqrt{3}}} + \frac{D}{(x-\frac{1}{\sqrt{3}})^2} + \frac{E}{x+\frac{1}{\sqrt{3}}} + \frac{F}{(x+\frac{1}{\sqrt{3}})^2}$$

und für die Koeffizienten erhält man

$$A = \frac{9}{8}, \ B = -\frac{9}{8}, \ C = 0 \ D = -\frac{9}{8}, \ E = 0, \ F = -\frac{9}{8} \ .$$

Damit ergibt die Integration

$$w(x) = c_2 \frac{9}{8}[\ln|x-1| - \ln|x+1| + \frac{1}{x-\frac{1}{\sqrt{3}}} + \frac{1}{x+\frac{1}{\sqrt{3}}}] + c_3 \ ,$$

so dass wir mit $c_2 = 1$ und $c_3 = 0$ als zweite Lösung

$$q_2(x) = w(x)p_2(x)$$

$$= (3x^2 - 1)\frac{9}{8}[(\ln|x-1| - \ln|x+1|) + \frac{1}{x-\frac{1}{\sqrt{3}}} + \frac{1}{x+\frac{1}{\sqrt{3}}}]$$

$$= \frac{9}{8}[(3x^2 - 1)\ln|\frac{x-1}{x+1}| + 6x]$$

erhalten. c_3 kann in $w(x)$ ohne Weiteres gleich Null gesetzt werden, da für $c_3 \neq 0$ die Fundamentallösung $q_2(x)$ nur zusätzlich den Summanden $c_3 p_2(x)$, d.h. das c_3-fache der anderen Fundamentallösung, enthielte. Die WRONSKI-Determinante ist für $-1 < x < 1$ von Null verschieden, wobei wir auf die konkrete Berechnung verzichten. Die allgemeine Lösung der LEGENDRE-Differentialgleichung mit $n = 2$ ergibt sich schließlich zu

$$y(x) = C_1 p_2(x) + C_2 q_2(x) \ , \ C_1, C_2 \in \mathbb{R} \ .$$

Zum Nachrechnen geben wir hier noch das Fundamentalsystem der LEGENDRE-schen Gleichung für $n = 1$, also für die Gleichung

$$(1 - x^2)y'' - 2xy' + 2y = 0$$

an. Das LEGENDRE-Polynom $p_1(x)$ ist gleich x und als zweite Fundamentallösung errechnet man auf die gleiche Art wie im Falle $n = 2$, aber auf wesentlich kürzerem Rechenweg,

$$q_1(x) = \frac{x}{2}[\ln|1+x| - \ln|1-x|] - 1 = \frac{x}{2}\ln|\frac{1+x}{1-x}| - 1 \ .$$

In diesem Fall ist die WRONSKI-Determinante etwas übersichtlicher als beim Fall $n = 2$. Man erhält $W(0) = 1$ und damit den Nachweis, dass es sich bei $p_1(x)$ und $q_1(x)$ um Fundamentallösungen handelt. Im Gegensatz zu den LEGENDRE-Polynomen $p_1(x)$, $p_2(x)$ sind die Fundamentallösungen $q_1(x)$, $q_2(x)$ nicht beschränkt, wenn man sich aus dem Inneren des Intervalls $|x| < 1$ den Randpunkten $x = \pm 1$ nähert. Sucht man also Lösungen der LEGENDREschen Differentialgleichung, die für $x \to 1$ oder $x \to -1$ beschränkt sind, kann es sich nur um LEGENDRE-Polynome handeln.

6.13 Rand- und Eigenwertprobleme

In diesem Abschnitt sollen einige Grundlagen zu Rand- und Eigenwertproblemen linearer Differentialgleichungen dargelegt werden. Dabei werden die Begriffe "Differentialoperator", "selbstadjungierte Operatoren" usw. benutzt, ohne die recht umfangreiche Theorie der Rand- und Eigenwertprobleme oder der linearen Differentialoperatoren in speziellen Funktionenräumen erschöpfend behandeln zu können. Die Auswahl der angesprochenen Schwerpunkte orientiert sich an den praktisch relevanten Aufgaben der Erzeugung orthogonaler Funktionensysteme und den Möglichkeiten der Entwicklung von Funktionen als Linearkombinationen von Eigenfunktionen bestimmter Rand-Eigenwertprobleme.

Auf einem abgeschlossenen Intervall $I \subset \mathbb{R}$ seien $a_0(x) \neq 0$, $a_1(x), a_2(x), r(x)$ vorgegebene stetige Funktionen. Wir definieren den Differentialausdruck

$$D[y] := a_0(x)y''(x) + a_1(x)y'(x) + a_2(x)y(x) , \qquad (6.144)$$

der auf I zweimal stetig differenzierbare Funktionen $y(x)$ in stetige Funktionen $D[y]$ überführt. Dazu betrachten wir die Differentialgleichung

$$D[y] = r(x) . \qquad (6.145)$$

Gibt man Anfangswerte vor, d.h. fordert man für einen inneren Punkt ξ aus I und vorgegebene reelle Zahlen η_a und γ_a

$$y(\xi) = \eta_a , \qquad y'(\xi) = \gamma_a , \qquad (6.146)$$

so existiert nach Satz 6.10 in I genau eine Lösung der Gleichung (6.145), die die Bedingungen (6.146) erfüllt.

Es gibt aber oft Aufgabenstellungen, wo man mit der Lösung y außer einer Bedingung an einer Stelle a bestimmte Bedingungen an einer anderen Stelle $b \in I$ erfüllen möchte. Als Beispiel sei hier die Beschreibung der Durchbiegung eines an 2 Punkten aufliegenden belasteten Trägers genannt. Es gelten die Differentialgleichung

$$y'' = -C(1 - (\frac{x}{l})^2)x , \quad 0 \leq x \leq l , \, C \neq 0 , \qquad (6.147)$$

wobei die rechte Seite die Belastung sowie das Biege- und Elastizitätsverhalten und die Randbedingungen

$$y(0) = y(l) = 0 \qquad (6.148)$$

die Lagerung des Trägers beschreiben. Als allgemeine Lösung erhält man durch Bestimmung der allgemeinen Lösung des homogenen Problems und einer speziellen Lösung (oder einfach durch zweimalige Integration) von (6.147)

$$y(x) = -C(\frac{x^3}{6} - \frac{x^5}{20\,l^2}) + c_1 x + c_2 , \quad c_1, c_2 \in \mathbb{R}. \qquad (6.149)$$

Die Auswertung der Randbedingungen (6.148) ergibt

$$0 = y(0) = c_2 \Longrightarrow c_2 = 0 \,,$$

$$0 = y(l) = -C(\frac{l^3}{6} - \frac{l^3}{20}) + c_1 l \Longrightarrow c_1 = C\frac{7}{60}l^2$$

und damit

$$y(x) = C[\frac{7\,l^2}{60}x - \frac{x^3}{6} + \frac{x^5}{20\,l^2}]$$

als Lösung des Randwertproblems (6.147),(6.148). Gibt man statt (6.148) die Randbedingungen

$$y'(0) = 0 \,, \quad y(l) = 0 \tag{6.150}$$

vor, erhält man als Lösung des Randwertproblems (6.147),(6.150)

$$y(x) = C[\frac{7\,l^3}{60} - \frac{x^3}{6} + \frac{x^5}{20\,l^2}] \,.$$

Die Randbedingungen (6.150) bedeuten praktisch, dass der Träger bei $x = l$ aufliegt und bei $x = 0$ in einem vertikal "frei beweglichen Schraubstock" horizontal eingespannt ist. Fordert man als Randbedingungen

$$y'(0) = y'(l) = 0 \,, \tag{6.151}$$

dann ergibt die Auswertung der Randbedingungen mit

$$y'(x) = -C(\frac{x^2}{2} - \frac{x^4}{4\,l^2}) + c_1$$

$$0 = y'(0) = c_1 \Longrightarrow c_1 = 0 \,,$$

$$0 = y'(l) = -C\frac{l^2}{4} \neq 0 \,,$$

also einen Widerspruch, d.h. es gibt keine Konstanten c_1, c_2, so dass (6.149) die Randbedingungen (6.151) erfüllt.

Abb. 6.16. Randbedingungen
$y(0) = y(l) = 0$

Abb. 6.17. Randbedingungen
$y'(0) = y(l) = 0$

Dieses Beispiel zeigt, dass Randwertprobleme im Unterschied zu Anfangswertproblemen (6.145),(6.146) nicht in jedem Fall lösbar sind. Die Lösbarkeit hängt

vom Problem ab, d.h. von den konkreten Randbedingungen und der Differentialgleichung. Stellt man fest, dass keine Lösung existiert, ist dies oft ein Hinweis
auf physikalisch nicht sinnvolle Randbedingungen.

Um die Lösbarkeit von Randwertproblemen etwas allgemeiner zu untersuchen,
definieren wir zunächst

$$R_1(y) := \alpha_1 y(a) + \beta_1 y'(a) , \quad R_2(y) := \alpha_2 y(b) + \beta_2 y'(b) \tag{6.152}$$

und fordern von der Lösung der Differentialgleichung (6.145) die Erfüllung der
STURMschen **Randbedingungen**

$$R_k(y) = \gamma_k , \quad k = 1,2, \tag{6.153}$$

wobei $\alpha_k, \beta_k, \gamma_k$ vorgegebene reelle Zahlen sind und $\alpha_k^2 + \beta_k^2 > 0$, $k = 1,2$, vorausgesetzt sei.

Es soll nun die Lösbarkeit des Randwertproblems (6.145),(6.153) untersucht werden. Die allgemeine Lösung von (6.145) hat bekanntlich die Form

$$y(x) = c_1 y_1(x) + c_2 y_2(x) + y_p(x) , \quad c_1, c_2 \in \mathbb{R}, \tag{6.154}$$

wobei $\{y_1, y_2\}$ Lösungsbasis (Fundamentalsystem) der homogenen Gleichung
$D[y] = 0$ ist, und y_p eine partikuläre Lösung der inhomogenen Gleichung $D[y] =
r(x)$ ist. Es stellt sich die Frage, ob es überhaupt Koeffizienten $c_1, c_2 \in \mathbb{R}$ gibt,
so dass (6.154) die Randbedingungen (6.153) erfüllt, und falls das der Fall ist, ob
c_1, c_2 eindeutig bestimmt sind oder ob das Randwertproblem mehrere Lösungen
haben kann. Setzt man (6.154) und

$$y'(x) = c_1 y_1'(x) + c_2 y_2'(x) + y_p'(x) \tag{6.155}$$

in (6.152),(6.153) ein, so erhält man das Gleichungssystem

$$\alpha_1[c_1 y_1(a) + c_2 y_2(a) + y_p(a)] + \beta_1[c_1 y_1'(a) + c_2 y_2'(a) + y_p'(a)] = \gamma_1$$
$$\alpha_2[c_1 y_1(b) + c_2 y_2(b) + y_p(b)] + \beta_2[c_1 y_1'(b) + c_2 y_2'(b) + y_p'(b)] = \gamma_2$$

bzw.

$$(\alpha_1 y_1(a) + \beta_1 y_1'(a))c_1 + (\alpha_1 y_2(a) + \beta_1 y_2'(a))c_2 = \gamma_1 - \alpha_1 y_p(a) - \beta_1 y_p'(a)$$
$$(\alpha_2 y_1(b) + \beta_2 y_1'(b))c_1 + (\alpha_2 y_2(b) + \beta_2 y_2'(b))c_2 = \gamma_2 - \alpha_2 y_p(b) - \beta_2 y_p'(b) .$$

Mit den Definitionen von R_1, R_2 und den Verabredungen

$$r_1 = \gamma_1 - \alpha_1 y_p(a) - \beta_1 y_p'(a) , \quad r_2 = \gamma_2 - \alpha_2 y_p(b) - \beta_2 y_p'(b)$$

erhält man schließlich

$$\begin{pmatrix} R_1(y_1) & R_1(y_2) \\ R_2(y_1) & R_2(y_2) \end{pmatrix} \begin{pmatrix} c_1 \\ c_2 \end{pmatrix} = \begin{pmatrix} r_1 \\ r_2 \end{pmatrix} . \tag{6.156}$$

Ist das lineare Gleichungssystem (6.156) lösbar, dann ist auch das Randwertproblem (6.145),(6.153) lösbar. Die eindeutige Lösbarkeit ist genau dann gegeben,
wenn

$$\det \begin{pmatrix} R_1(y_1) & R_1(y_2) \\ R_2(y_1) & R_2(y_2) \end{pmatrix} \neq 0 \tag{6.157}$$

gilt. Betrachten wir beispielsweise das konkrete Randwertproblem

$$y'' = e^{2x}, \quad y(0) = 1, \quad y(1) = 3 \tag{6.158}$$

mit der allgemeinen Lösung der Differentialgleichung

$$y(x) = c_1 x + c_2 + \frac{1}{4}e^{2x} =: c_1 y_1(x) + c_2 y_2(x) + y_p(x).$$

Mit $y_1(x) = x$ und $y_2(x) = 1$ folgt $R_1(y_1) = y_1(0) = 0$, $R_1(y_2) = y_2(0) = 1$, $R_2(y_1) = y_1(1) = 1$, $R_2(y_2) = y_2(1) = 1$ und $r_1 = 1 - y_p(0) = 1 - \frac{1}{4} = \frac{3}{4}$, $r_2 = 3 - y_p(1) = 3 - \frac{1}{4}e^2$. Damit erhält man das eindeutig lösbare Gleichungssystem

$$\begin{pmatrix} 0 & 1 \\ 1 & 1 \end{pmatrix} \begin{pmatrix} c_1 \\ c_2 \end{pmatrix} = \begin{pmatrix} \frac{3}{4} \\ 3 - \frac{1}{4}e^2 \end{pmatrix}$$

mit der Lösung $c_2 = \frac{3}{4}$ und $c_1 = \frac{1}{4}(9 - e^2)$. Als eindeutige Lösung des Randwertproblems (6.158) ergibt sich schließlich

$$y(x) = \frac{1}{4}(9 - e^2)x + \frac{3}{4} + \frac{1}{4}e^{2x}.$$

6.13.1 Selbstadjungierte Differentialausdrücke

Bevor wir eine spezielle Klasse von parameterabhängigen homogenen Randwertproblemen näher behandeln, wollen wir Differentialausdrücke $D : C^2([a,b], \mathbb{R}) \to W$ betrachten (D angewendet auf ein Element aus $C^2([a,b], \mathbb{R})$ ergibt ein Element aus W). $C^2([a,b], \mathbb{R})$ sei dabei die Menge der auf einem Intervall $I \doteq [a,b]$ zweimal stetig differenzierbaren Funktionen, und W sei eine Menge von stetigen Funktionen, der Bildbereich von D. Wir definieren etwas allgemeiner für $n \in \mathbb{N}$:

Definition 6.10. (adjungierter Differentialausdruck n-ter Ordnung)
Sei

$$D[y] := \sum_{\nu=0}^{n} a_\nu(x) y^{(n-\nu)} \tag{6.159}$$

ein linearer Differentialausdruck n-ter Ordnung, wobei die vorgegebenen Funktionen $a_\nu(x)$ auf einem Intervall I $(n - \nu)$-mal stetig differenzierbar seien ($\nu = 0, 1, \ldots, n$), $a_0(x) \neq 0$ auf I gelten soll, und $y(x)$ eine beliebige auf I n-mal stetig differenzierbare Funktion bedeutet. Den Differentialausdruck

$$D^*[y] = \sum_{\nu=0}^{n} (-1)^{n-\nu} (a_\nu(x) y(x))^{(n-\nu)} \tag{6.160}$$

nennt man den zu $D[y]$ **adjungierten Differentialausdruck**.

Die Begründung bzw. Rechtfertigung für diese Definition liefern wir auf Seite 523 nach. Für $n = 2$ hat man

$$D[y] = a_0(x)y'' + a_1(x)y' + a_2(x)y \tag{6.161}$$
$$D^*[y] = (a_0(x)y)'' - (a_1(x)y)' + a_2(x)y \tag{6.162}$$
$$= a_0(x)y'' + (2a_0'(x) - a_1(x))y' + (a_0''(x) - a_1'(x) + a_2(x))y \, .$$

Interessant sind insbesondere solche Differentialausdrücke, bei denen $D[y] = D^*[y]$ gilt:

Definition 6.11. (selbstadjungierter Differentialausdruck n-ter Ordnung)
Ein Differentialausdruck (6.159) heißt **selbstadjungiert**, wenn $D^*[y] = D[y]$ für alle auf einem Intervall I n-mal stetig differenzierbaren Funktion y gilt.

Wir betrachten künftig nur den Fall $n = 2$. Welche Bedingungen sind an die Koeffizientenfunktionen $a_0(x), a_1(x), a_2(x)$ zu stellen, damit der Differentialausdruck $D[y]$ selbstadjungiert ist? Aus (6.161) und (6.162) folgt

$$2a_0' - a_1 = a_1 \Longrightarrow a_0' = a_1 \tag{6.163}$$
$$a_0'' - a_1' + a_2 = a_2 \Longrightarrow a_0'' = a_1' \, . \tag{6.164}$$

(6.164) folgt aus (6.163). Mit $a_0' = a_1$ lässt sich der selbstadjungierte Differentialausdruck $D[y]$ gemäß (6.161) in der Form

$$D[y] = (a_0(x)y')' + a_2(x)y \tag{6.165}$$

aufschreiben. Offenbar genügt bei selbstadjungierten Differentialausdrücken (6.165) die stetige Differenzierbarkeit von $a_0(x)$ und die Stetigkeit von $a_2(x)$, wenn man für jede zweimal stetig differenzierbare Funktion $y(x)$ die Stetigkeit von $D[y]$ sichern möchte. Ein Differentialausdruck $D[y] = a_0y'' + a_1y' + a_2y$ mit konstanten Koeffizienten a_0, a_1, a_2 ist genau dann selbstadjungiert, wenn a_1 gleich Null ist.

Es soll nun die Frage geklärt werden, ob man zu einer beliebigen Differentialgleichung der Form

$$D[y] = r(x) \tag{6.166}$$

eine äquivalente Differentialgleichung mit einem selbstadjungierten Differentialausdruck L findet. Die Lösungsmenge der Differentialgleichung (6.166) ändert sich nicht, wenn man sie mit dem Faktor $e^{s(x)}$ multipliziert, wobei $s(x)$ eine beliebige differenzierbare Funktion sein kann. Es ergibt sich

$$e^{s(x)}(a_0y'' + a_1y' + a_2y) = (e^{s(x)}a_0y')' + e^{s(x)}(a_1 - a_0' - s'a_0)y' + e^{s(x)}a_2y = e^{s(x)}r(x) \, .$$

Wählt man nun s gerade so, dass der Faktor $(a_1 - a_0' - s'a_0)$ verschwindet, so erhält man mit

$$L[y] := (e^{s(x)}a_0(x)y')' + e^{s(x)}a_2(x)y \quad \text{und} \quad z(x) = e^{s(x)}r(x)$$

die zu (6.166) äquivalente Differentialgleichung

$$L[y] = z(x) \ . \tag{6.167}$$

Es gilt offensichtlich $a_1 - a_0' - s'a_0 = 0$, wenn man

$$s' = \frac{a_1 - a_0'}{a_0} \qquad \text{bzw.} \qquad s(x) = \int \frac{a_1 - a_0'}{a_0} dx$$

wählt. Setzt man $p(x) = e^{s(x)}a_0(x)$, $q(x) = e^{s(x)}a_2(x)$, so wird

$$L[y] = (p(x)y')' + q(x)y \ . \tag{6.168}$$

Wegen $a_0 \neq 0$ ist $p(x) \neq 0$ für $x \in I$, wir setzen o.B.d.A. $p(x) > 0$ voraus. Die Betrachtungen haben gezeigt, dass es durch die beschriebene Wahl der Funktion $s(x)$ immer möglich ist, eine zu (6.166) äquivalente Differentialgleichung der Form (6.167) mit einem selbstadjungierten Differentialausdruck L zu finden.

Definition 6.12. (STURM-LIOUVILLEscher Differentialausdruck)
$p(x)$ sei auf einem Intervall $[a, b]$ stetig differenzierbar und positiv, $q(x)$ und $z(x)$ seien für $x \in [a, b]$ stetig. Dann heißen

$$L[y] = (p(x)y')' + q(x)y$$

STURM-LIOUVILLEscher Differentialausdruck und

$$L[y] = z(x)$$

STURM-LIOUVILLEsche Differentialgleichung.

Beispiele:

1) Für $y'' + e^x y' + xy = 0$ erhält man $s(x) = \int \frac{e^x - 0}{1} dx = e^x$ und damit die selbstadjungierte Form

$$(e^{[e^x]}y')' - xe^{[e^x]}y = 0 \ .$$

2) Betrachtet man die BESSELsche Differentialgleichung

$$x^2 y'' + xy' + (x^2 - n^2)y = 0 \ , \quad x > 0 \ ,$$

so erhält man $s(x) = \int \frac{x - 2x}{x^2} dx = -\ln x$, also ist die Differentialgleichung mit $e^{s(x)} = \frac{1}{x}$ zu multiplizieren und man erhält die selbstadjungierte Form

$$xy'' + y' + (x - \frac{n^2}{x})y = (xy')' + (x - \frac{n^2}{x})y = 0 \ .$$

6.13.2   Rand-Eigenwertprobleme

Bevor wir von selbstadjungierten Differentialausdrücken zu selbstadjungierten Operatoren in Funktionenräumen übergehen, soll kurz gezeigt werden, wie ein Differentialausdruck D der Form (6.161) mit seinem adjungierten Ausdruck D^* über Integralbeziehungen zusammenhängt. Dazu benutzen wir mit

$$(f, g) = \int_a^b f(x)g(x)\, dx \tag{6.169}$$

ein Skalarprodukt für auf dem Intervall $I = [a, b]$ stetige reell-wertige Funktionen f, g. Nun ergibt sich durch zweimalige partielle Integration

$$
\begin{aligned}
(D[u], v) &= \int_a^b [a_0(x)u''(x) + a_1(x)u'(x) + a_2(x)u(x)]v(x)\, dx \\
&= \int_a^b u(x)[(a_0(x)v(x))'' - (a_1(x)v(x))' + a_2(x)v(x)]\, dx \\
&\quad + [u'(x)a_0(x)v(x)]_a^b + [u(x)a_1(x)v(x)]_a^b - [u(x)(a_0(x)v(x))']_a^b \\
&= (u, D^*[v]) + [u'(x)a_0(x)v(x)]_a^b + [u(x)a_1(x)v(x)]_a^b - [u(x)(a_0(x)v(x))']_a^b \; .
\end{aligned}
$$

Man erkennt, dass die aus der linearen Algebra bekannte Beziehung

$$(f(\mathbf{x}), \mathbf{y}) = (\mathbf{x}, f^*(\mathbf{y})) \tag{6.170}$$

für lineare Abbildungen $f : \mathbb{R}^n \to \mathbb{R}^m$ und ihre Adjungierten f^* mit dem EUKLID-ischen Skalarprodukt genau dann auf Differentialausdrücke D der betrachteten Art und das Skalarprodukt (6.169) übertragen werden kann, wenn

$$[u'(x)a_0(x)v(x)]_a^b + [u(x)a_1(x)v(x)]_a^b - [u(x)(a_0(x)v(x))']_a^b = 0$$

gilt, d.h. wenn u, v, a_1 oder a_0 bestimmte Randbedingungen erfüllen, z.B. $u(a) = u(b) = v(a) = v(b) = 0$. Dann ist analog zu (6.170)

$$(D[u], v) = (u, D^*[v]) \; . \tag{6.171}$$

Stellt man keine Randbedingungen an die Koeffizientenfunktionen a_0, a_1, so kann man die Beziehungen der linearen Algebra (6.170) offenbar nur dann in der Form (6.171) auf Differentialausdrücke übertragen, wenn deren Definitionsbereich aus Funktionen besteht, die gewisse Randbedingungen erfüllen.
Ist D ein selbstadjungierter Differentialausdruck L, so vereinfachen sich die für die Gültigkeit von (6.171) zu stellenden Bedingungen. Eine entsprechende Rechnung ergibt

$$(L[u], v) = \int_a^b [(p(x)u'(x))' + q(x)u(x)]v(x)\, dx$$

$$= \int_a^b (-u'(x)p(x)v'(x) + u(x)q(x)v(x))\, dx + [p(x)u'(x)v(x)]_a^b$$

$$= \int_a^b u(x)[(p(x)v'(x))' + u(x)q(x)v(x)]\, dx$$

$$+ [p(x)u'(x)v(x)]_a^b - [u(x)p(x)v'(x)]_a^b$$

$$= (u, L[v]) + [p(x)(u'(x)v(x) - u(x)v'(x))]_a^b\,,$$

d.h. die Beziehung $(L[u], v) = (u, L[v])$ gilt genau dann, wenn

$$[p(x)(u'(x)v(x) - u(x)v'(x))]_a^b = 0 \tag{6.172}$$

ist.

Wir betrachten nun Randwertprobleme für Differentialgleichungen zweiter Ordnung der Form $L[y] = z(x)$ bzw. $L[y] = 0$ mit dem selbstadjungierten Differentialausdruck $L : C^2([a, b], \mathbb{R}) \to W$. Gesucht ist eine auf dem Intervall $[a, b]$ zweimal stetig differenzierbare Funktion $y(x)$, die die Differentialgleichung erfüllt, wobei die 4 Randwerte $y(a), y'(a), y(b), y'(b)$ zwei Bedingungen, die Randbedingungen, erfüllen.

Speziell bei Schwingungsproblemen, aber auch bei Belastungsuntersuchungen sind parameterabhängige homogene Randwertprobleme der Form

$$-L[y] = \lambda w(x)y\,, \quad a \le x \le b\,, \tag{6.173}$$

$$R_1(y) = \alpha_1 y(a) + \beta_1 y'(a) = 0\,, \quad R_2(y) = \alpha_2 y(b) + \beta_2 y'(b) = 0 \tag{6.174}$$

zu lösen. Dabei sind L ein STURM-LIOUVILLEscher Differentialausdruck, $\lambda \in \mathbb{R}$ ein Parameter, α_k, β_k vorgegebene reelle Zahlen mit $\alpha_k^2 + \beta_k^2 > 0$ ($k = 1,2$) und $w(x)$ eine auf $[a, b]$ positive, stetige Funktion. Als Definitionsbereich von L bietet sich zunächst $C^2([a, b], \mathbb{R})$ an. Bei der Untersuchung von Randwertproblemen ist es naheliegend, den Definitionsbereich von vornherein so einzuschänken, dass er nur die Funktionen aus $C^2([a, b], \mathbb{R})$ enthält, die die gestellten Randbedingungen erfüllen. Die Elemente dieser Menge $M \subset C^2([a, b], \mathbb{R})$ nennt man **Testfunktionen** (oder Vergleichsfunktionen).

Definition 6.13. (selbstadjungierter Differentialoperator)

L sei ein auf dem Intervall $[a, b]$ definierter selbstadjungierter Differentialausdruck zweiter Ordnung. M sei die Menge aller Funktionen aus $C^2([a, b], \mathbb{R})$, die bestimmte, vorgegebene Randbedingungen an den Stellen $x = a$ und $x = b$ erfüllen (Testfunktionen). Gilt für alle Funktionen $u(x), v(x) \in M$

$$(L[u], v) = (u, L[v])\,, \tag{6.175}$$

so heißt L **selbstadjungierter Differentialoperator** auf M. Das entsprechende Randwertproblem nennt man dann ebenfalls selbstadjungiert.

Wir geben einige hinreichende Bedingungen dafür an, dass der STURM-LIOU-VILLEsche Differentialausdruck $L[y] := (p(x)y')' + q(x)y$ ein selbstadjungierter Differentialoperator auf einer geeigneten Menge $M \subset C^2([a,b], \mathbb{R})$ ist.

(a) M bestehe aus allen Funktionen, die die Randbedingungen (6.174) erfüllen. Dann ist L selbstadjungierter Operator auf M. Denn für $u, v \in M$ ist nach (6.174)

$$\begin{pmatrix} u(a) & u'(a) \\ v(a) & v'(a) \end{pmatrix} \begin{pmatrix} \alpha_1 \\ \beta_1 \end{pmatrix} = \begin{pmatrix} 0 \\ 0 \end{pmatrix} , \quad \begin{pmatrix} u(b) & u'(b) \\ v(b) & v'(b) \end{pmatrix} \begin{pmatrix} \alpha_2 \\ \beta_2 \end{pmatrix} = \begin{pmatrix} 0 \\ 0 \end{pmatrix} .$$

Wegen $\alpha_k^2 + \beta_k^2 > 0$ ($k = 1,2$) muss dann $u(a)v'(a) - u'(a)v(a) = 0$ und $u(b)v'(b) - u'(b)v(b) = 0$ sein. Damit gelten (6.172) und (6.175).

(b) Es sei $p(a) = p(b) > 0$. M sei die Menge der Funktionen $y(x)$, die periodische Randbedingungen $y(a) = y(b)$, $y'(a) = y'(b)$ erfüllen. Dann gilt für $u, v \in M$

$$[p(x)(u'(x)v(x) - u(x)v'(x))]_a^b = (p(b) - p(a))(u'(b)v(b) - u(b)v'(b)) = 0 .$$

Dann gilt (6.175) und L ist selbstadjungierter Differentialoperator.

(c) Ist $p(x) > 0$ für $x \in]a, b[$ und $p(a) = p(b) = 0$, dann gilt $(L[u], v) = u, L[v])$ für alle $u, v \in C^2([a, b], \mathbb{R})$, denn offenbar ist (6.172) erfüllt.

Mit (a) haben wir gezeigt, dass L auf der Menge $\{u \mid u \in C^2([a, b], \mathbb{R}), R_1(u) = R_2(u) = 0\}$ selbstadjungiert ist. Man überlegt sich leicht, dass deshalb das Randwertproblem (6.173),(6.174) für jedes $\lambda \in \mathbb{R}$ selbstadjungiert ist. $y(x) \equiv 0$ ist für jedes $\lambda \in \mathbb{R}$ Lösung dieses homogenen Randwertproblems. Man kann nun nach Werten λ fragen, für die auch nichttriviale Lösungen $y(x)$ des selbstadjungierten Randwertproblems existieren. Diese Fragestellung heißt STURM-LIOUVILLEsches Eigenwertproblem auf dem Intervall $[a, b]$. Ein aus einem selbstadjungierten, parameterabhängigen Randwertproblem abgeleitetes Eigenwertproblem nennt man selbstadjungiertes Eigenwertproblem. Die Werte des Parameters λ, zu denen nichttriviale Lösungen $y_\lambda(x)$ gehören, heißen Eigenwerte und die zu Eigenwerten λ gehörenden nichttrivialen Lösungen $y_\lambda(x)$ heißen Eigenfunktionen des STURM-LIOUVILLEschen Eigenwertproblems. Bedingungen der Form (6.174) sind so genannte quantitative Randbedingungen, im Gegensatz zu qualitativen Randbedingungen, wo man für Lösungen y von (6.173) nur die Beschränktheit von y und y' auf $]a, b[$ fordert. Die durchgeführten Betrachtungen fassen wir im folgenden Satz zusammen:

Satz 6.13. *(Selbstadjungiertheit des STURM-LIOUVILLEschen Eigenwertproblems)*
Seien $L[y] = (p(x)y')' + q(x)y$ der für $x \in [a, b]$ definierte STURM-LIOUVILLEsche Differentialausdruck mit stetig differenzierbarer, positiver Funktion $p(x)$ und stetiger Funktion $q(x)$, $w(x)$ eine auf $[a, b]$ stetige, positive Funktion, $\lambda \in \mathbb{R}$ ein Parameter und α_k, β_k vorgegebene reelle Zahlen mit $\alpha_k^2 + \beta_k^2 > 0$ ($k = 1,2$). Das damit gebildete STURM-LIOUVILLEsche Eigenwertproblem

$$L[y] + \lambda w(x)y = 0 , \quad \alpha_1 y(a) + \beta_1 y'(a) = 0, \ \alpha_2 y(b) + \beta_2 y'(b) = 0 ,$$

ist selbstadjungiert.

Mit

$$\langle u, v \rangle := \int_a^b u(x)v(x)w(x)dx \tag{6.176}$$

definieren wir ein **Skalarprodukt** auf dem Vektorraum $C^2([a,b], \mathbb{R})$ mit der stetigen, auf $]a,b[$ positiven **Gewichtsfunktion** w, die auf $[a,b]$ integrierbar sein soll. Wie im Vektorraum $\mathbb{R}^n$ heißen zwei Elemente $u, v \in C^2([a,b], \mathbb{R})$ **orthogonal**, wenn $\langle u, v \rangle = 0$ ist. Orthogonalität bzw. Orthonormalität von Basis-Vektoren ermöglicht eine sehr einfache Darstellung von Vektoren als Linearkombinationen von Basisvektoren. Ist $\{\vec{e}_1, \vec{e}_2, ..., \vec{e}_n\}$ eine Orthonormalbasis des $\mathbb{R}^n$, d.h. $(\vec{e}_i, \vec{e}_k) = \delta_{ij}$ für $1 \leq i,j \leq n$, dann kann man jeden Vektor $\vec{x} \in \mathbb{R}^n$ durch

$$\vec{x} = \sum_{k=1}^n c_k \vec{e}_k \tag{6.177}$$

darstellen, wobei für die Koeffizienten $c_j = (\vec{x}, \vec{e}_j)$, $j = 1,2,...,n$, gilt. Das ist leicht zu verifizieren, wenn man die Linearkombination (6.177) skalar mit $\vec{e}_j$ multipliziert (hier ist mit $(\cdot, \cdot)$ das im $\mathbb{R}^n$ definierte EUKLIDische Skalarprodukt gemeint). In Funktionenräumen ist die Orthogonalität ebenso hilfreich wie im $\mathbb{R}^n$.

Eine wichtige Eigenschaft selbstadjungierter Eigenwertprobleme ist die Orthogonalität von Lösungen, die zu unterschiedlichen Eigenwerten gehören. Eine diesbezügliche Aussage liefert der folgende Satz:

Satz 6.14. *(Orthogonalitätssatz zum STURM-LIOUVILLEschen-Eigenwertproblem)*
Die Koeffizientenfunktionen der homogenen STURM-LIOUVILLEschen Differentialgleichung

$$L[y] + \lambda wy = (p(x)y')' + q(x)y + \lambda wy = 0$$

sollen folgende Voraussetzungen erfüllen:
Für $x \in [a,b]$ seien $p(x)$ stetig differenzierbar, $q(x), w(x)$ stetig, für $x \in]a,b[$ sei $p(x) > 0$ und $w(x) > 0$; $\lambda \in \mathbb{R}$ ist ein Parameter. Dann gilt für zwei zu unterschiedlichen Parameterwerten $\lambda = \lambda_1$ und $\lambda = \lambda_2$ gehörende, nichttriviale Lösungen $y_1(x), y_2(x) \in C^2([a,b], \mathbb{R})$ der Differentialgleichung die Beziehung

$$\langle y_1, y_2 \rangle = \int_a^b y_1(x)y_2(x)w(x)\,dx = 0\,,$$

falls
(a) y_1 und y_2 die homogenen Randbedingungen (6.174) erfüllen, also λ_1, λ_2 Eigenwerte und y_1, y_2 Eigenfunktionen des STURM-LIOUVILLEschen-Eigenwertproblems sind, oder
(b) die Koeffizientenfunktion $p(x)$ die Bedingung $p(a) = p(b) = 0$ erfüllt.

Beweis: Für die Eigenwerte λ_1, λ_2 und die zugehörigen Eigenfunktionen y_1, y_2 gilt

$-L[y_1] = \lambda_1 w y_1$ bzw. $-L[y_2] = \lambda_2 w y_2$. Man erhält

$$(\lambda_1 - \lambda_2)(y_1, w y_2) = \lambda_1 (w y_1, y_2) - \lambda_2 (y_1, w y_2)$$
$$= (\lambda_1 w y_1, y_2) - (y_1, \lambda_2 w y_2) = -(L[y_1], y_2) + (y_1, L[y_2]) \,,$$

und aufgrund der Erfüllung der Randbedingungen (6.174) durch y_1, y_2 bzw. der Gültigkeit von $p(a) = p(b) = 0$ ist $(L[y_1], y_2) = (y_1, L[y_2])$. Damit folgt für $\lambda_1 \neq \lambda_2$ schließlich mit

$$\langle y_1, y_2 \rangle = (y_1, w y_2) = \int_a^b y_1(x) y_2(x) w(x) \, dx = 0$$

die Orthogonalität. □

Der Nutzen des Satzes 6.14 soll an zwei Beispielen demonstriert werden.

1) Das Eigenwertproblem

$$-y'' = \lambda y \,, \quad y(0) = y(l) = 0$$

ist ein STURM-LIOUVILLEsches Eigenwertproblem, wobei $L[y] = y''$ und $w = 1$ ist. Die allgemeine Lösung der Differentialgleichung ist $y(x) = c_1 e^{\sqrt{-\lambda}x} + c_2 e^{-\sqrt{-\lambda}x}$ für $\lambda \neq 0$ und $y(x) = c_1 + c_2 x$ für $\lambda = 0$ ($c_1, c_2 \in \mathbb{R}$). Aufgrund der Randbedingungen findet man für $\lambda \leq 0$ nur die triviale Lösung $y(x) = 0$. Ist $\lambda > 0$, so erhält man die reellen Fundamentallösungen $y_1(x) = \cos \sqrt{\lambda}x$ und $y_2(x) = \sin \sqrt{\lambda}x$ und damit die allgemeine reelle Lösung $y(x) = c_1 y_1(x) + c_2 y_2(x)$, $c_1, c_2 \in \mathbb{R}$. Von den beiden Möglichkeiten $+\sqrt{\lambda}$ und $-\sqrt{\lambda}$ können wir den positiven Wert nehmen, da sich anderenfalls nur das Vorzeichen der Fundamentallösung $y_2(x)$ umkehrt. Aus den Randbedingungen folgt

$$0 = y(0) = c_1 + c_2 \cdot 0 = c_1 \quad \text{und} \quad 0 = y(l) = c_2 \sin \sqrt{\lambda} l \,,$$

d.h. die Randbedingungen sind für $c_1 = 0$ und

$$c_2 = 0 \quad \text{oder} \quad \sin \sqrt{\lambda} l = 0 \Longleftrightarrow \sqrt{\lambda} l = k\pi, \, k \in \mathbb{N},$$

erfüllt. $c_2 = 0$ können wir ausschließen, da dann $y(x) \equiv 0$ wäre. Damit ergeben sich für die Eigenwerte $\lambda_k = \frac{k^2 \pi^2}{l^2}$, $k \in \mathbb{N}$, die nichttrivialen Eigenfunktionen $y_k(x) = \sin k\pi \frac{x}{l}$. Aufgrund des Satzes 6.14 ergibt sich nun für $\lambda_k \neq \lambda_j$ bzw. $k \neq j$ die Orthogonalitätsrelation

$$\langle y_k, y_j \rangle = \int_0^l \sin k\pi \frac{x}{l} \sin j\pi \frac{x}{l} \, dx = 0 \,,$$

die wir im Kapitel 3 schon auf anderem Wege nachgewiesen hatten.

2) Betrachtet man das STURM-LIOUVILLEsche Eigenwertproblem

$$-y'' = \lambda y \,, \quad y'(0) = y'(l) = 0 \,,$$

so findet man nach Berücksichtigung der Randbedingungen ebenfalls die Eigenwerte $\lambda_k = \frac{k^2\pi^2}{l^2}$, $k \in \mathbb{N}$, und die zugehörigen Eigenfunktionen $y_k(x) = \cos k\pi\frac{x}{l}$. Aus dem Satz 6.14 ergibt sich für $\lambda_k \neq \lambda_j$ bzw. $k \neq j$ die Orthogonalitätsrelation

$$\langle y_k, y_j \rangle = \int_0^l \cos k\pi\frac{x}{l} \cos j\pi\frac{x}{l}\, dx = 0 \;.$$

Das Beispiel 1 wird nun zur Untersuchung eines konkreten mechanischen Problems benutzt. Es soll die vertikale Belastung eines senkrecht stehenden Trägers untersucht werden. Kleine Auslenkungen des Trägers der Höhe h in Abhängigkeit von der Kraft P (Last) und der Biegesteifigkeit B können näherungsweise durch das Randwertproblem

$$-y'' = \lambda y \;, \quad y(0) = y(h) = 0 \;, \tag{6.178}$$

mit dem Parameter $\lambda = \frac{P}{B}$ beschrieben werden. Die Lösung dieses STURM-LIOUVILLEschen Eigenwertproblems wurde oben diskutiert, und es ergeben sich nur dann die Lösungen

$$y_k(x) = c\sin\sqrt{\frac{P}{B}}x \;,$$

wenn $\frac{P}{B} = \frac{k^2\pi^2}{h^2}$, $k \in \mathbb{N}$, ist, d.h. die Kraft P proportional zur Biegesteifigkeit B mit dem Proportionalitätsfaktor $\frac{k^2\pi^2}{h^2}$ ist. Für Kräfte $P < P_1 = B\frac{\pi^2}{h^2}$ passiert nichts, der Träger wird nicht ausgelenkt; es ist $\lambda = \frac{P}{B} < \frac{\pi^2}{h^2}$ und (6.178) hat nur die triviale Lösung. Erst für den ersten Eigenwert $\lambda_1 = \frac{\pi^2}{h^2}$ bzw. bei einer Kraft $P_1 = B\frac{\pi^2}{h^2}$ ergibt sich die nichttriviale Lösung $y_1(x) = c\sin\frac{\pi}{h}x$, also eine sinusförmige Auslenkung des Trägers. Den Wert P_1 nennt man auch EULERsche Knicklast.

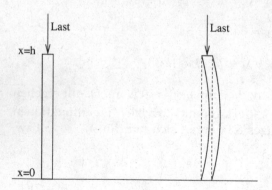

Abb. 6.18. $y = 0$ für $0 < P < P_1$ (links) und erste Eigenlösung $y_1(x) = c\sin\frac{\pi}{h}x$ für $P_1 = B\frac{\pi^2}{h^2}$ (rechts)

An dieser Stelle sei darauf hingewiesen, dass das eben behandelte Randwertproblem eine lineare Näherung der Belastungsbeschreibung darstellt. Das wird insbesondere klar, wenn man die Kraft

$$P = B\frac{3\pi^2}{h^2} > P_1 \quad \text{d.h.} \quad \frac{P}{B} \neq \frac{k^2\pi^2}{h^2}, \ k \in \mathbb{N} \ (\frac{P}{B} \text{ also kein Eigenwert})$$

betrachtet, denn dann hat das Randwertproblem (6.178) nur die triviale Lösung $y = 0$ (keine Trägerauslenkung), was nicht sehr realistisch ist.

6.13.3 Singuläre Eigenwertprobleme

Wir hatten oben die BESSELsche Differentialgleichung n-ter Ordnung in der selbstadjungierten Schreibweise

$$(xy')' + (x - \frac{n^2}{x})y = 0 \tag{6.179}$$

für $x > 0$ aufgeschrieben. n sei hier eine feste nichtnegative Zahl. Diese Gleichung spielt eine wichtige Rolle bei der Lösung von partiellen Differentialgleichungen zur Beschreibung von mechanischen und elektromagnetischen Schwingungsproblemen. Durch die Einführung der Funktion

$$v(x) := y(\mu x)$$

mit dem Parameter $\mu > 0$ erhält man ausgehend von (6.179) die Gleichung

$$(xv')' + (\mu^2 x - \frac{n^2}{x})v = 0 \iff -L[v] := -(xv')' + \frac{n^2}{x}v = \mu^2 xv . \tag{6.180}$$

Mit den Randbedingungen

$$v'(0) = 0 , \qquad v(1) = 0 \tag{6.181}$$

erhält man mit (6.180),(6.181) ein STURM-LIOUVILLEsches Eigenwertproblem

$$-L[v] = \lambda wv , \qquad v'(0) = 0, \ v(1) = 0 ,$$

mit dem Operator L aus (6.180), dem Parameter $\lambda = \mu^2$ und der Gewichtsfunktion $w(x) = x$. Als Lösungen der Gleichung (6.179) haben wir oben die BESSEL-Funktionen erster Gattung $J_n(x)$ der Ordnung n gefunden. Für $n = 0$ oder $n \geq 2$ ist $v(x) = J_n(\mu x)$ genau dann eine nichttriviale Lösung des Randwertproblems (6.180),(6.181), wenn $\mu > 0$ eine Nullstelle von J_n ist. D.h. $\lambda = (\mu_k^{(n)})^2$, also die Quadrate der Nullstellen $\mu_k^{(n)}$ ($k = 1,2,\ldots$) von J_n sind die Eigenwerte und die Funktionen $v(x) = J_n(\mu_k^{(n)}x)$ sind die zugehörigen Eigenfunktionen des STURM-LIOUVILLEschen Eigenwertproblems (6.180),(6.181).
Eigenwertprobleme, bei denen auf $[a,b]$ unbeschränkte Koeffizientenfunktionen bzw. Nullstellen von p und w auf $[a,b]$ auftreten, nennt man **singuläre** STURM-LIOUVILLEsche Eigenwertprobleme. Das Eigenwertproblem (6.180), (6.181) ist aufgrund des unbeschränkten Koeffizienten $q(x) = \frac{n^2}{x}$ und der Nullstelle der

Koeffizienten $p = w = x$ bei $x = 0$ singulär. Allerdings ändert die Singularität nichts an der Gültigkeit der Sätze 6.13 und 6.14, da Randbedingungen der Form (6.174) erfüllt werden müssen. Nach Satz 6.14 folgt für Eigenfunktionen v_k, v_j, die zu unterschiedlichen Eigenwerten $(\mu_k^{(n)})^2$, $(\mu_j^{(n)})^2$ gehören, die Orthogonalitätsrelation der BESSEL-Funktionen

$$\int_0^1 J_n(\mu_k^{(n)} x) J_n(\mu_j^{(n)} x)\, x\, dx = 0 \quad \text{für} \quad k \neq j\,. \tag{6.182}$$

Neben der BESSELschen Differentialgleichung führt auch die LEGENDREsche Differentialgleichung

$$(1 - x^2)y'' - 2xy' + \lambda y = 0 \iff -((1 - x^2)y')' = \lambda y\,, \tag{6.183}$$

für $x \in [-1,1]$ auf ein singuläres Eigenwertproblem $-L[y] = \lambda y$, wobei die Beschränktheit von y und y' auf $]-1,1[$ gefordert wird (qualitative Randbedingungen). Es ist $L[y] = ((1 - x^2)y')'$, d.h. $p(x) = 1 - x^2$, $q(x) = 0$, Gewichtsfunktion $w(x) \equiv 1$ und λ ist der Parameter. Die Singularität ergibt sich hier wegen der Nullstellen von $p(x) = 1 - x^2$ im Intervall $[-1,1]$. Oben hatten wir mit den LEGENDRE-Polynomen $P_n(x)$ nichttriviale Lösungen bzw. Eigenfunktionen zu den Eigenwerten $\lambda = n(n + 1)$ des Problems (6.183) gefunden. Obwohl wir keine Forderungen an die Lösungen der Differentialgleichung (6.183) an den Randpunkten des Intervalls $[a,b] = [-1,1]$ gestellt haben, folgt die Gültigkeit der Relation $(L[u],v) = (u,L[v])$ für $L[y] = ((1 - x^2)y')'$ wegen $p(-1) = p(1) = 0$. Damit folgt aus Satz 6.14 für die LEGENDRE-Polynome $P_n(x)$ die Orthogonalitätsrelation

$$\int_{-1}^1 P_n(x)P_m(x)\, dx = 0\,, \quad \text{für } n \neq m, \tag{6.184}$$

wodurch jetzt auch die Beziehung (6.143) für $n \neq m$ allgemein bewiesen ist.

6.13.4 Entwicklung nach Eigenfunktionen

Hat man ein STURM-LIOUVILLEsches Eigenwertproblem (6.173),(6.174) mit $p(x) > 0$ und $w(x) > 0$ auf $[a,b]$ gegeben, dann gelten die folgenden Sätze.

Satz 6.15. *(Folge der Eigenwerte und Oszillation der Eigenfunktionen)*
Die Eigenwerte des Eigenwertproblems (6.173),(6.174) mit $p(x) > 0$ und $w(x) > 0$ auf $[a,b]$ sind einfach und bilden eine unendliche Folge $\lambda_1 < \lambda_2 < \dots$ reeller Zahlen, die gegen ∞ strebt. Jede zu λ_n gehörende Eigenfunktion hat in $]a,b[$ genau n Nullstellen.

Als Beispiel hierfür betrachten wir die BESSELsche Differentialgleichung

$$-L[y] := -(\rho y')' + \frac{n^2}{\rho} y = \omega^2 \rho y$$

mit den Randbedingungen $y(a) = y(b) = 0$, die als Teilaufgabe bei der Berechnung des elektromagnetischen Schwingungsverhaltens eines Doppelzylinders oder einer am Rand eingespannten Membran mit dem inneren Radius a und dem äußeren Radius b $(0 < a < b)$ auftritt. Nach dem Satz 6.15 gibt es für jedes feste $n \in \mathbb{N}$

eine gegen unendlich strebende Folge $\omega_0^2 < \omega_1^2 < \ldots$ von Eigenwerten. Die ω_k sind gerade die Eigenfrequenzen der Membran und k ist die Zahl der Wellenmaxima in radialer Richtung.

Da es bei bestimmten physikalischen Vorgängen, z.B. bei allen Schwingungsvorgängen, dominierende Frequenzen gibt, möchte man dies auch darstellen, indem man die Vorgänge durch die Linearkombination von Eigenfunktionen, die für die problemimmanenten Frequenzen stehen, approximiert. Aufgrund der Orthogonalitätsrelationen für Eigenfunktionen nach Satz 6.14 kann man Funktionen, die auf $[a, b]$ stückweise stetig differenzierbar sind, und die die homogenen Randbedingungen (6.174) erfüllen, als Eigenfunktions-Reihen darstellen. Es gilt der

---

Satz 6.16. *(Entwicklungssatz)*
Ist $(y_n(x))$ eine Folge von normierten Eigenfunktionen, die zu den Eigenwerten λ_n des Eigenwertproblems (6.173), (6.174) mit $p(x) > 0$ und $w(x) > 0$ auf $[a, b]$ gehören (d.h. es gilt $\langle y_k, y_j \rangle = \delta_{kj}$), so lässt sich jede stetig differenzierbare Funktion f, die die Randbedingungen (6.174) erfüllt, als Funktionenreihe

$$f(x) = \sum_{n=1}^{\infty} \langle f, y_n \rangle y_n(x) \tag{6.185}$$

darstellen. Die Konvergenz der Reihe (6.185) ist in $[a, b]$ gleichmäßig und absolut.

Der Beweis des Satzes 6.16 ist sehr aufwendig und würde den Rahmen dieses Buches sprengen.

Beispiel:
Für das Schwingungsproblem $-y'' = \lambda y$, $y(0) = y(\pi) = 0$, haben wir (wenn wir oben $l = \pi$ setzen) die Eigenwerte $\lambda = k^2$, $k \in \mathbb{N}$, gefunden. Zugehörige Eigenfunktionen sind $y_k = c \sin kx$ mit $c \neq 0$. Für normierte Eigenfunktionen muss $\langle y_k, y_k \rangle = \int_0^{\pi} c \sin kx \, c \sin kx \, dx = 1$ gelten. Aufgrund der Beziehung $\int_0^{\pi} \sin^2 kx \, dx = \frac{\pi}{2}$ ergibt sich $c = \sqrt{\frac{2}{\pi}}$, und $y_k(x) = \sqrt{\frac{2}{\pi}} \sin kx$, $k \in \mathbb{N}$, bilden ein normiertes System von Eigenfunktionen. Nach Satz 6.16 gilt für alle auf $[0, \pi]$ stetig differenzierbaren Funktionen f mit $f(0) = f(\pi) = 0$ die Darstellung

$$f(x) = \sum_{k=0}^{\infty} b_k \sqrt{\frac{2}{\pi}} \sin kx$$

mit

$$b_k = \langle f, y_k \rangle = \int_0^{\pi} f(x) \sqrt{\frac{2}{\pi}} \sin kx \, dx = \sqrt{\frac{2}{\pi}} \int_0^{\pi} f(x) \sin kx \, dx \, ,$$

also

$$f(x) = \sum_{k=0}^{\infty} b_k' \sin kx \quad \text{mit} \quad b_k' = \frac{2}{\pi} \int_0^{\pi} f(x) \sin(kx) \, dx \, .$$

Das ist genau die FOURIER-Reihe der auf $[0, \pi]$ gegebenen, ungerade fortgesetzten Funktion f mit der Periode 2π (s. auch Kapitel 3).

6.14   Nichtlineare Differentialgleichungen

In den vorangegangenen Abschnitten wurden vorwiegend lineare Differentialgleichungen und ihre Lösung betrachtet. Aber schon bei recht einfachen mechanischen Problemstellungen werden die Gleichungen nichtlinear. So ist z.B. die Gleichung zur Beschreibung einer Pendelschwingung

$$\ddot{\varphi} + k \sin \varphi = 0 \tag{6.186}$$

nichtlinear. Allerdings kann man für kleine Pendelauslenkungen φ die Beziehung $\sin \varphi \approx \varphi$ nutzen und damit lässt sich die Pendelschwingung bei kleinen Auslenkungen durch die lineare Differentialgleichung

$$\ddot{\varphi} + k\varphi = 0$$

näherungsweise beschreiben. Wir wollen im Folgenden zeitabhängige, dynamische Prozesse durch Differentialgleichungssysteme beschreiben.

Definition 6.14. (dynamisches System)
Wir betrachten die Abbildungen

$$\mathbf{F} : \mathbb{R}^{n+1} \to \mathbb{R}^n \quad \text{und} \quad \mathbf{x} : \mathbb{R} \to \mathbb{R}^n \,,$$

wobei $\mathbf{x}$ differenzierbar sein soll. Das Differentialgleichungssystem

$$\dot{\mathbf{x}} = \mathbf{F}(\mathbf{x}, t), \tag{6.187}$$

mit $\mathbf{x}(t) = (x_1(t), x_2(t), \ldots, x_n(t))^T$ und

$$\mathbf{F}(\mathbf{x}, t) = (F_1(\mathbf{x}, t), F_2(\mathbf{x}, t), \ldots, F_n(\mathbf{x}, t))^T$$

heißt **dynamisches System**. Den Raum der Lösungskurven $\mathbf{x}(t)$ nennt man **Phasenraum** und die Lösungskurven auch **Phasenkurven**.

Wie weiter oben im linearen Fall beschrieben, kann man auch nichtlineare Differentialgleichungen n-ter Ordnung auf ein System erster Ordnung zurückführen. Hat man z.B. die Gleichung

$$y^{(n)} = f(y, y', \ldots, y^{(n-2)}, y^{(n-1)}, t) \tag{6.188}$$

gegeben, so kann man die Funktionen

$$x_1(t) = y(t) \,, \quad x_2(t) = y'(t) \,, \quad \ldots, \quad x_{n-1}(t) = y^{(n-2)}(t) \,, \quad x_n(t) = y^{(n-1)}(t)$$

einführen. Das dynamische System

$$\begin{pmatrix} \dot{x}_1 \\ \dot{x}_2 \\ \vdots \\ \dot{x}_{n-1} \\ \dot{x}_n \end{pmatrix} = \begin{pmatrix} x_2 \\ x_3 \\ \vdots \\ x_n \\ f(x_1, x_2, \ldots, x_n, t) \end{pmatrix} =: \mathbf{F}(x_1, x_2, \ldots, x_n, t) \,, \tag{6.189}$$

bzw. $\dot{\mathbf{x}} = \mathbf{F}(\mathbf{x}, t)$ ist äquivalent zur Differentialgleichung n-ter Ordnung (6.188).

Beispiel: Betrachten wir die Schwingungsgleichung (6.186) und führen $x_1 = \varphi$ und $x_2 = \dot{\varphi}$ ein, dann ist das System

$$\begin{pmatrix} \dot{x}_1 \\ \dot{x}_2 \end{pmatrix} = \begin{pmatrix} x_2 \\ -k \sin x_1 \end{pmatrix} =: \mathbf{F}(x_1, x_2, t) \tag{6.190}$$

äquivalent zur Gleichung (6.186).

Gibt man für das dynamische System (6.187) noch eine Anfangsbedingung $\mathbf{x}(t_0) = \mathbf{x}_0$ vor, so ergibt sich zusammen mit einem dynamischen System ein Anfangswertproblem. Der folgende Satz gibt Auskunft über Existenz und Eindeutigkeit einer Lösung.

Satz 6.17. *(Existenz und Eindeutigkeit der Lösung eines Anfangswertproblems)*
Seien die Funktionen $F_1, F_2, \ldots, F_n$ partiell differenzierbar nach $x_1, x_2, \ldots, x_n$ und seien die partiellen Ableitungen auf einem Rechteck-Gebiet $B \subset \mathbb{R}^{n+1}$ stetig, wobei der Punkt $(\mathbf{x}_0, t_0)$ im Inneren von B liegt. Dann gibt es ein Intervall $]t_0 - h, t_0 + h[$, auf dem eine eindeutige Lösung des dynamischen Systems (6.187) $\mathbf{x}(t)$ existiert, die die Anfangsbedingung $\mathbf{x}(t_0) = \mathbf{x}_0$ erfüllt.

Zur Sicherung der Existenz einer Lösung genügt die Forderung der Stetigkeit von F. Bei den folgenden Betrachtungen sind in der Regel die Voraussetzungen des Satzes 6.17 erfüllt, so dass wir uns vorwiegend mit den Eigenschaften dynamischer Systeme und deren Lösungen befassen werden. Die konkrete Berechnung von Lösungen ist oft nur numerisch möglich. Dabei sind die im Abschnitt zur numerischen Lösung von Differentialgleichungen besprochenen Methoden von EULER, HEUN, oder die RUNGE-KUTTA-Methoden anwendbar.

6.14.1 Autonome Systeme

Bei der Definition des dynamischen Systems haben wir eine Abhängigkeit der rechten Seite $\mathbf{F}$ von der Zeit t zugelassen. Bei vielen dynamischen Systemen, wie z.B. bei dem aus der Schwingungsgleichung resultierenden System, ist diese Abhängigkeit nicht vorhanden.

Definition 6.15. (autonomes System)
Hängt die Abbildung $\mathbf{F}$ des dynamischen Systems (6.187) nicht von t ab, d.h. gilt

$$\dot{\mathbf{x}} = \mathbf{F}(\mathbf{x}) \tag{6.191}$$

mit $\mathbf{F} : \mathbb{R}^n \to \mathbb{R}^n$, dann heißt das Differentialgleichungssystem (6.187) **autonomes System**.

In den folgenden Beispielen aus unterschiedlichen disziplinären Gebieten sollen die erstaunlichen Möglichkeiten, die die Analyse von autonomen Systemen bietet, dargestellt werden.

Beispiel: Räuber-Beute-Modell. Als Beispiel eines autonomen dynamischen Systems wollen wir ein einfaches Modell zur Beschreibung des Zusammenlebens von Räubern und Beutetieren besprechen. Sei x die Zahl der Beutetiere und y die Zahl der Räuber. Sind keine Räuber vorhanden, dann wächst die Zahl der Beutetiere exponentiell, wobei wir die Beutetiere als einzige Nahrungsquelle der Räuber betrachten. Im Folgenden sollen a, b, c, d, λ, μ positive Konstanten sein. Die Zahl der Beutetiere genügt damit der Differentialgleichung $\dot{x} = ax$ bzw. ist gleich $x_0 e^{ax}$. Sind y Räuber vorhanden, so ist die Zahl der für die Beutetiere tödlichen Begegnungen von Räubern und Beutetieren proportional zu xy. Damit wird das Wachstum der Beutetiere reduziert und für die zeitliche Änderung der Zahl der Beutetiere gilt die Gleichung ("Beutetiergleichung")

$$\dot{x} = ax - bxy \, . \tag{6.192}$$

Haben die Räuber nichts zu fressen, dann sterben sie aus und es gilt die Gleichung $\dot{y} = -dy$. Treffen sie allerdings Beutetiere, dann kann die Zahl der Räuber wachsen und das Wachstum genügt der Gleichung ("Räubergleichung")

$$\dot{y} = cxy - dy \, . \tag{6.193}$$

Gibt es keine zeitliche Änderung von Räubern und Beutetieren, gelten die Gleichungen

$$0 = ax - bxy \quad \text{und} \quad 0 = cxy - dy$$

mit den Lösungen

$$\bar{x} = \frac{d}{c} \quad \text{und} \quad \bar{y} = \frac{a}{b} \, .$$

$\bar{x}$ und $\bar{y}$ sind konstante Lösungen des Differentialgleichungssystems, d.h. dass sich mit einer Zahl von $\bar{x} = \frac{d}{c}$ Beutetieren und $\bar{y} = \frac{a}{b}$ Räubern das Räuber-Beute-System im Gleichgewicht befindet.

Um Informationen über die nichtkonstanten Lösungen des Räuber-Beute-Systems zu erhalten, wird die Beutetiergleichung mit $\frac{d}{x}$ und die Räubergleichung mit $\frac{a}{y}$ multipliziert; die Addition dieser Gleichungen ergibt

$$d\frac{\dot{x}}{x} + a\frac{\dot{y}}{y} = ad - bdy + acx - ad$$
$$= acx - cbxy + cbxy - bdy$$
$$= c(ax - byx) + b(cxy - dy) = c\dot{x} + b\dot{y} \, .$$

Die Integration ergibt

$$d\ln x + a\ln y - cx - by = \text{const.} \quad \text{bzw.} \quad \frac{d}{dt}(d\ln x + a\ln y - cx - by) = 0 \, .$$

Damit ist die Funktion

$$E(x, y) = d\ln x + a\ln y - cx - by$$

auf jeder Lösungskurve des Systems (6.192),(6.193) konstant. Solche Größen bezeichnet man als **Erhaltungsgrößen** oder **Integral** des Differentialgleichungssystems. Jede Lösung von (6.192), (6.193) verläuft auf einer Niveaulinie von E. Gibt man z.B. die positiven Konstanten $a = 1, b = c = d = 2$ vor, und errechnet mit einem numerischen Lösungsverfahren $x(t)$ und $y(t)$ (Anfangswert $(x_0, y_0) = (0{,}25\,,0{,}75)$), so ergibt sich die in der Abb. 6.19 dargestellte geschlossene Kurve, die mit der entsprechenden Niveaulinie $E(x, y) = E(0{,}25\,,0{,}75)$ übereinstimmt.

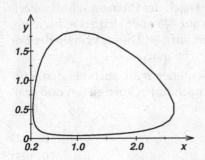

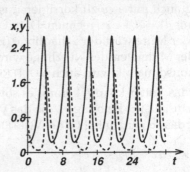

Abb. 6.19. Phasenkurve des Räuber-Beute-Systems (6.192), (6.193)

Abb. 6.20. Zeitliche Entwicklung der Populationen x und y als Lösung von (6.192), (6.193)

Die Bahnen $(x(t), y(t))^T$ verlaufen periodisch um den oben berechneten Gleichgewichtspunkt $(\bar{x}, \bar{y})^T = (\frac{d}{c}, \frac{a}{b})^T = (1, \frac{1}{2})^T$. In der Abb, 6.20 sind die zeitlich periodischen Verläufe der Räuber- und Beutetierpopulationen dargestellt. Die Integration der Funktion $\frac{\dot{x}}{x}$ ergibt

$$\frac{1}{T} \int_0^T \frac{\dot{x}}{x} \, dt = \frac{1}{T} [\ln x(T) - \ln x(0)] \,.$$

Wenn T die Periode der Bahn $(x(t), y(t))^T$ ist, folgt

$$\frac{1}{T} \int_0^T \frac{\dot{x}}{x} \, dt = 0 \,.$$

Berücksichtigt man die Beutetiergleichung, so findet man weiter

$$\frac{1}{T} \int_0^T \frac{\dot{x}}{x} \, dt = \frac{1}{T} \int_0^T [a - by(t)] \, dt = a - b \frac{1}{T} \int_0^T y(t) \, dt \,.$$

Aus den eben durchgeführten Rechnungen ergibt sich

$$\frac{1}{T} \int_0^T y(t) \, dt = \frac{a}{b} = \bar{y}$$

und unter Nutzung der Räubergleichung völlig analog

$$\frac{1}{T} \int_0^T x(t) \, dt = \frac{d}{c} = \bar{x} \,.$$

Das bedeutet, dass das zeitliche Mittel der Größen x und y immer gleich $\frac{d}{c}$ bzw. $\frac{a}{b}$ und damit unabhängig von der jeweiligen Lösung ist. Betrachtet man nun konkret als Beutetiere die schädlichen Blattläuse und als Räuber die nützlichen Marienkäfer, so ergeben die bisherigen Betrachtungen folgendes überraschende Resultat. Wendet man ein Pflanzenschutzmittel zur Bekämpfung der Blattläuse an, reduziert man die Blattläusepopulation, was zu einem Korrekturglied $-\epsilon x$ mit $\epsilon > 0$ auf der rechten Seite der Beutetiergleichung führt. Allerdings vernichten Pflanzenschutzmittel auch Nützlinge, so dass die rechte Seite der Räubergleichung auch mit $-\epsilon y$ zu korrigieren ist. Statt a ist also mit $a^* = a - \epsilon$ und statt d ist mit $d^* = d + \epsilon$ zu rechnen. Damit erhöht sich nach der Pflanzenschutzmittelgabe der Mittelwert der Schädlinge (Blattläuse) auf $\frac{d+\epsilon}{c}$ statt sich zu reduzieren, und der Mittelwert der Nützlinge wird verringert auf $\frac{a-\epsilon}{b}$. Dieses Prinzip der Populationsdynamik wird auch VOLTERRA-Prinzip genannt.

Wird das Futter knapp, kommt es sowohl bei Beutetieren als auch bei den Räubern zu sozialen Reibungen, die das Wachstum nach unten korrigieren und man erhält das so genannte LOTKA-VOLTERRA-Modell

$$\dot{x} = ax - bxy - \lambda x^2 \tag{6.194}$$
$$\dot{y} = cxy - dy - \mu y^2 \,. \tag{6.195}$$

Für die Gleichungen (6.194), (6.195) findet man den Gleichgewichtspunkt

$$\begin{pmatrix} \bar{x} \\ \bar{y} \end{pmatrix} = \begin{pmatrix} \frac{bd+a\mu}{bc+\lambda\mu} \\ \frac{ac-d\lambda}{bc+\lambda\mu} \end{pmatrix} \,.$$

Falls λ und μ von Null verschieden sind, findet man für das dynamische System (6.194), (6.195) im Unterschied zum System (6.192),(6.193) keine Erhaltungsgröße. Das Auffinden der Erhaltungsgröße $E(x,y)$ für das dynamische System (6.192), (6.193) ist zwar recht leicht nachzuvollziehen, aber es ist nicht zu erkennen, welche physikalische oder Populations-dynamische Bedeutung E hat, so dass man a priori Probleme hat, einen Ansatz für die Erhaltungsgröße zu finden. Im folgenden Beispiel ist das möglich.

Beispiel: Massenpunkt im Kraftfeld. Wir betrachten das NEWTONsche Gesetz

$$F(x) = m\ddot{x} \,,$$

also "Kraft ist gleich Masse mal Beschleunigung" und erhalten mit $p = m\dot{x}$ das dynamische System

$$\begin{pmatrix} \dot{x} \\ \dot{p} \end{pmatrix} = \begin{pmatrix} \frac{1}{m}p \\ F(x) \end{pmatrix} \,. \tag{6.196}$$

Wenn $U(x)$ eine Stammfunktion von $-F(x)$ ist, d.h. $\frac{\partial U}{\partial x} = -F(x)$, findet man mit

$$E(x,p) := U(x) + \frac{1}{2m}p^2 \tag{6.197}$$

eine Erhaltungsgröße des Systems (6.196), denn für eine Lösungskurve $(x(t), p(t))^T$ ergibt sich

$$\frac{d}{dt} E(x(t), p(t)) = \frac{\partial E}{\partial x} \dot{x}(t) + \frac{\partial E}{\partial p} \dot{p}(t)$$

$$= -F(x)\dot{x} + \frac{1}{m} p\dot{p} = -F(x)\dot{x} + \dot{x}F(x) = 0 .$$

Wenn wir bedenken, dass $\frac{p}{m} = \dot{x}$ die Geschwindigkeit ist, und U das Potential des Kraftfeldes ist, haben wir mit (6.197) gerade die Summe aus potentieller und kinetischer Energie gebildet. $E(x, p)$ ist auf Lösungskurven von (6.196) konstant und damit bedeutet $\frac{d}{dt} E(x(t), p(t)) = 0$ gerade die Energieerhaltung. Im Unterschied zum Räuber-Beute-System haben wir hier aufgrund physikalischer Überlegungen mit der Gesamtenergie eine Idee für eine Erhaltungsgröße erhalten.

Beispiel: Herleitung der KEPLERschen Gesetze. Wir weisen an dieser Stelle darauf hin, dass die folgende Herleitung der KEPLERschen Gesetze aus der NEWTONschen Bewegungsgleichung durch die qualitative Analyse von Erhaltungsgrößen auf Bahnkurven eine der herausragenden Leistungen in der Geschichte der Naturwissenschaften ist. Deshalb gibt es für die Leser dieses Buches, die die Herleitung nicht sofort verstehen, überhaupt keinen Grund an sich zu zweifeln, denn neben den komplizierten Rechnungen erfordert die disziplinäre Herangehensweise auch von erfahrenen Mathematikern und Naturwissenschaftlern viel physikalisches Verständnis.

Das NEWTONsche Bewegungsgesetz eines Massenpunktes mit der Masse m im Zentralkraftfeld eines Körpers mit der Masse M hat die Form (γ Gravitationskonstante)

$$m\ddot{\mathbf{x}} = -\gamma m M \frac{\mathbf{x}}{r^3}, \quad r = |\mathbf{x}| . \tag{6.198}$$

$\mathbf{x}(t)$ ist eine Kurve im $\mathbb{R}^3$; durch Einführung von $\mathbf{p} = m\dot{\mathbf{x}}$ ausgehend von (6.198) hat man das dynamische System

$$\begin{pmatrix} \dot{x}_1 \\ \dot{x}_2 \\ \dot{x}_3 \\ \dot{p}_1 \\ \dot{p}_2 \\ \dot{p}_3 \end{pmatrix} = \begin{pmatrix} \frac{1}{m} p_1 \\ \frac{1}{m} p_2 \\ \frac{1}{m} p_3 \\ -\frac{\gamma m M}{r^3} x_1 \\ -\frac{\gamma m M}{r^3} x_2 \\ -\frac{\gamma m M}{r^3} x_3 \end{pmatrix} \tag{6.199}$$

erhalten. (6.199) ist ein dynamisches System im 6-dimensionalen Phasenraum. Es gilt eine Erhaltungsgröße für das System (6.199) zu finden. Diese findet man motiviert durch Physik und Mechanik mit dem Drehimpuls

$$\mathbf{J}(\mathbf{x}, \mathbf{p}) := \mathbf{x} \times \mathbf{p} ,$$

also dem Vektorprodukt von Ortsvektor und der Geschwindigkeit. $\mathbf{J}$ steht sowohl auf $\mathbf{x}$, als auch auf $\mathbf{p}$ senkrecht. Man findet nun

$$\frac{d}{dt} \mathbf{J}(\mathbf{x}, \mathbf{p}) = \dot{\mathbf{x}} \times \mathbf{p} + \mathbf{x} \times \dot{\mathbf{p}} = \frac{1}{m} \mathbf{p} \times \mathbf{p} - \mathbf{x} \times \frac{\gamma m M}{r^3} \mathbf{x} = \mathbf{0} ,$$

da die Vektorprodukte $\mathbf{p} \times \mathbf{p}$ und $\mathbf{x} \times \mathbf{x}$ gleich dem Nullvektor sind. Damit ist der Drehimpuls $\mathbf{J}$ auf jeder Phasenkurve konstant. Wegen $\mathbf{J} \perp \mathbf{x}$ und der Konstanz von $\mathbf{J}$ liegt die Bahnkurve $\mathbf{x}$ in einer Ebene senkrecht zu $\mathbf{J}$, d.h. die Bahnkurven verlaufen in einer **Ebene**. Da

$$\frac{1}{2m}|\mathbf{J}| = \frac{1}{2m}|\mathbf{x} \times \mathbf{p}| = \frac{1}{2}|\mathbf{x} \times \dot{\mathbf{x}}|$$

gerade der Flächeninhalt des Dreiecks mit den Seiten $\mathbf{x}$ und $\dot{\mathbf{x}}$ ist, überstreicht der Fahrstrahl in gleichen Zeiten gleiche Flächen. Das kann man sich auch klar machen, wenn man die Bahnkurve in der $x_1 - x_2$-Ebene betrachtet. Dann ist $\mathbf{x} \times \dot{\mathbf{x}}$ gerade der Vektor $(0, 0, x_1 \dot{x}_2 - x_2 \dot{x}_1)^T$.

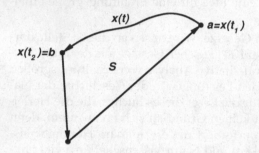

Abb. 6.21. Sektor bzw. überstrichener Fahrstrahl

Im Kapitel 8 wird aus dem Satz von GREEN die Sektorformel (8.5)

$$F(S) = \frac{1}{2} \int_{t_1}^{t_2} [x_1 \dot{x}_2 - x_2 \dot{x}_1]\, dt$$

für den durch den Fahrstrahl $\{\mathbf{x}(t) \mid t_1 \leq t \leq t_2\}$ überstrichenen Bereich (s. auch Abb. 6.21) abgeleitet. Diese wollen wir hier benutzen. Ist $x_1 \dot{x}_2 - x_2 \dot{x}_1 = $ const., so überstreicht der Fahrstrahl in gleichen Zeiten gleiche Flächen und die Bahnkurven sind **ebene** Kurven. Aufgrund der Sektorformel ist die vom Fahrstrahl in der Zeit $\Delta t = t_2 - t_1$ überstrichene Fläche F

$$F(S) = \frac{1}{2} \int_{t_1}^{t_2} [x_1 \dot{x}_2 - x_2 \dot{x}_1]\, dt = \frac{1}{2} \int_{t_1}^{t_2} \frac{1}{m}|\mathbf{J}|\, dt = \Delta t\, \frac{1}{2m}|\mathbf{J}|\ .$$

Das ist genau die Aussage des zweiten KEPLERschen Gesetzes.
Als Nächstes soll das erste KEPLERsche Gesetz als weitere Konsequenz des NEWTONschen Bewegungsgesetzes bzw. des dynamischen Systems (6.199) hergeleitet werden. Wir betrachten das Vektorfeld $\mathbf{J} \times \mathbf{p}$ und erhalten wegen $\dot{\mathbf{J}} = \mathbf{0}$

$$\frac{d}{dt}(\mathbf{J} \times \mathbf{p}) = \dot{\mathbf{J}} \times \mathbf{p} + \mathbf{J} \times \dot{\mathbf{p}} = \mathbf{J} \times \dot{\mathbf{p}} = (\mathbf{x} \times \mathbf{p}) \times \dot{\mathbf{p}} = (\mathbf{x} \cdot \dot{\mathbf{p}})\mathbf{p} - (\mathbf{p} \cdot \dot{\mathbf{p}})\mathbf{x}$$

$$= -\gamma m^2 M \left(\frac{\dot{\mathbf{x}}}{r} - \frac{(\dot{\mathbf{x}} \cdot \mathbf{x})}{r^3}\mathbf{x} \right) ,$$

wobei wir (6.199) und die Identität $(\mathbf{a} \times \mathbf{b}) \times \mathbf{c} = (\mathbf{a} \cdot \mathbf{c})\mathbf{b} - (\mathbf{b} \cdot \mathbf{c})\mathbf{a}$ genutzt haben. Berücksichtigt man nun, dass

$$\frac{d}{dt}\frac{\mathbf{x}}{r} = \frac{\dot{\mathbf{x}}}{r} - \frac{1}{r^2}\frac{dr}{dt}\mathbf{x} = \frac{\dot{\mathbf{x}}}{r} - \frac{(\dot{\mathbf{x}} \cdot \mathbf{x})}{r^3}\mathbf{x}$$

gilt, findet man mit

$$\mathbf{A}(\mathbf{x}, \mathbf{p}) := \frac{\mathbf{J} \times \mathbf{p}}{\gamma m^2 M} + \frac{\mathbf{x}}{r}$$

eine Erhaltungsgröße, denn die durchgeführten Rechnungen ergeben

$$\frac{d}{dt}\mathbf{A}(\mathbf{x}, \mathbf{p}) = 0$$

auf Bahnkurven $\mathbf{x}$, die dem NEWTONschen Bewegungsgesetz genügen. Wenn wir annehmen, dass $\mathbf{J}$ in Richtung der z-Achse zeigt, dann liegen $\mathbf{J} \times \mathbf{p}$ und $\mathbf{x}$ in der $x - y$-Ebene. Damit liegt auch $\mathbf{A}$ als Linearkombination von $\mathbf{J} \times \mathbf{p}$ und $\mathbf{x}$ in der $x - y$-Ebene. Wir ordnen unser Koordinatensystem nun so an, dass das auf einer Bahnkurve konstante Feld $\mathbf{A}$ in Richtung der positiven x-Achse zeigt. Wir betrachten $\mathbf{x} = r(\cos\phi, \sin\phi, 0)$ in Polarkoordinaten und erhalten mit $|\mathbf{A}| := \epsilon$

$$\mathbf{A} \cdot \mathbf{x} = \epsilon r \cos\phi \,.$$

Die Definition von $\mathbf{A}$ ergibt ($\eta = $ const.)

$$\mathbf{A} \cdot \mathbf{x} = \frac{(\mathbf{J} \times \mathbf{p}) \cdot \mathbf{x}}{\gamma m^2 M} + r = -\frac{\mathbf{J} \cdot (\mathbf{x} \times \mathbf{p})}{\gamma m^2 M} + r = -\frac{\mathbf{J} \cdot \mathbf{J}}{\gamma m^2 M} + r =: -\eta + r \,.$$

Aus beiden Darstellungen für $\mathbf{A} \cdot \mathbf{x}$ folgt

$$r(1 - \epsilon \cos\phi) = \eta \,. \tag{6.200}$$

Dieser Beziehung sieht man nicht sofort an, dass sie für $\epsilon < 1$ eine Ellipse beschreibt. Deshalb machen wir die folgende Betrachtung. Aus (6.200) ergibt sich

$$r - r\epsilon\cos\phi = r - \epsilon x = \eta \quad \text{bzw.} \quad r = \epsilon x + \eta$$

und das Quadrat der Gleichung führt auf

$$r^2 = x^2 + y^2 = \epsilon^2 x^2 + 2\epsilon\eta x + \eta^2 \quad \text{bzw.} \quad x^2(1 - \epsilon^2) - 2\epsilon\eta x + y^2 = \eta^2 \,.$$

Da $\epsilon < 1$ sein sollte, ergibt sich nach Division mit $1 - \epsilon^2$

$$x^2 - 2\epsilon\frac{\eta}{1 - \epsilon^2}x + \frac{y^2}{1 - \epsilon^2} = \eta\frac{\eta}{1 - \epsilon^2}$$

und mit $a = \frac{\eta}{1 - \epsilon^2}$ bzw. $\eta = a(1 - \epsilon^2)$ erhält man nach quadratischer Ergänzung

$$(x - \epsilon a)^2 + \frac{y^2}{1 - \epsilon^2} = \eta a + \epsilon^2 a^2 = a^2 \,.$$

Nach der Division mit a^2 erhält man schließlich mit

$$\frac{(x - \epsilon a)^2}{a^2} + \frac{y^2}{a^2(1 - \epsilon^2)} = 1$$

die Gleichung einer Ellipse mit dem Mittelpunkt $P_m = (\epsilon a, 0)^T$, den Halbachsen a und $b = a\sqrt{1 - \epsilon^2}$ und den Brennpunkten $(0,0)$ und $(2\epsilon a, 0)$. Damit ist der Nachweis erbracht, dass die Bahnkurven Ellipsen sind. Im Falle der Planetenbahnen sind es Ellipsen mit der Sonne in einem Brennpunkt. Damit ist das erste KEPLERsche Gesetz nachgewiesen.

Wir hatten vorhin festgestellt, dass in der Zeit Δt eine Fläche der Größe $\Delta t \frac{1}{2m} |\mathbf{J}|$ durch den Fahrstrahl überstrichen wird. Ist die Umlaufzeit für eine Ellipsenbahn gleich T, so ergibt sich für die Ellipse die Fläche $F(E) = \frac{T}{2m} |\mathbf{J}|$. Die Flächeninhaltsformel ergibt für die Randkurve $\mathbf{x}(t) = (a \cos t, b \sin t)^T, t \in [0, 2\pi]$ der Ellipse mit den Halbachsen a und b den Flächeninhalt $F(E) = \pi a b$. Damit erhält man

$$\frac{T^2}{4m^2} |\mathbf{J}|^2 = \pi^2 a^2 b^2 = \pi^2 a^4 (1 - \epsilon^2) = \pi^2 a^3 \eta = \pi^2 a^3 \frac{|\mathbf{J}|^2}{\gamma m^2 M} \, .$$

Die Multiplikation mit $\frac{4m^2}{|\mathbf{J}|^2}$ ergibt mit

$$T^2 = \frac{4\pi^2}{\gamma M} a^3 \tag{6.201}$$

das dritte KEPLERsche Gesetz. Wir fassen die Ergebnisse der Herleitung der KEPLERschen Gesetze allein durch die Behandlung von Erhaltungsgrößen eines auf der NEWTONschen Bewegungsgleichung basierenden dynamischen Systems noch einmal konzentriert zusammen.

KEPLERsche Gesetze der Planetenbewegung:

Für die Bahnen eines Planeten mit der Masse m im Zentralfeld der Sonne mit der Masse M gilt

1) Die Planetenbahnen sind Ellipsen, also Bahnen in einer Ebene, mit der Sonne im Brennpunkt.

2) Der Fahrstrahl überstreicht in gleichen Zeiten gleiche Flächen.

3) Die Quadrate der Umlaufzeiten verhalten sich wie die dritten Potenzen der großen Halbachsen.

6.14.2 Stabilität autonomer Systeme

Wir hatten bei autonomen Systemen $\dot{\mathbf{x}} = \mathbf{F}(\mathbf{x})$ Punkte $\mathbf{x}_0$ aus dem $\mathbb{R}^n$ mit der Eigenschaft

$$\mathbf{F}(\mathbf{x}_0) = \mathbf{0}$$

als **Gleichgewichtspunkte** oder **Gleichgewichtszustand** des Systems bezeichnet. Diese Punkte werden auch als kritische, stationäre oder singuläre Punkte bezeichnet. Offensichtlich ist $\mathbf{x}(t) = \mathbf{x}_0$ eine konstante, zeitunabhängige Lösung des autonomen Systems, für die das System **im Gleichgewicht ruht**. Bei vielen Aufgabenstellungen interessiert die Frage, ob das Gleichgewicht stabil ist. D.h. es ist zu klären, ob in der Nähe des Gleichgewichtszustandes $\mathbf{x}_0$ beginnende Phasenkurven in der Nähe von $\mathbf{x}_0$ bleiben, oder ob sich die Phasenkurve entfernt. Ist $\mathbf{F} = A$ eine lineare Abbildung, dann ist $\mathbf{x}_0 = \mathbf{0}$ ein Gleichgewichtspunkt. Hat A die n paarweise verschiedenen Eigenwerte λ_k, dann hat die allgemeine Lösung des autonomen Systems

$$\dot{\mathbf{x}} = A\mathbf{x}$$

die Form

$$\mathbf{x}(t) = c_1 e^{\lambda_1 t}\mathbf{e}_1 + c_2 e^{\lambda_2 t}\mathbf{e}_2 + \cdots + c_n e^{\lambda_n t}\mathbf{e}_n \, ,$$

wobei $\mathbf{e}_k$ die zu λ_k gehörenden Eigenvektoren sind. Betrachten wir zur Illustration den Fall $n = 2$. Ist A eine reelle 2×2 Matrix, dann sind folgende Eigenwertkonstellationen möglich:

a) Die Eigenwerte λ_1, λ_2 sind reell und verschieden mit den Eigenvektoren $\mathbf{e}_1$ und $\mathbf{e}_2$, dann hat die allgemeine Lösung die Form

$$\mathbf{x}(t) = c_1 e^{\lambda_1 t}\mathbf{e}_1 + c_2 e^{\lambda_2 t}\mathbf{e}_2 \, .$$

b) Der Eigenwert λ hat die algebraische Vielfachheit 2 und die geometrische Vielfachheit 2 mit den Eigenvektoren $\mathbf{e}_1$ und $\mathbf{e}_2$, dann hat die allgemeine Lösung die Form

$$\mathbf{x}(t) = c_1 e^{\lambda t}\mathbf{e}_1 + c_2 e^{\lambda t}\mathbf{e}_2 \, .$$

c) Der Eigenwert λ hat die algebraische Vielfachheit 2 und die geometrische Vielfachheit 1 mit dem Eigenvektor $\mathbf{e}_1$ und dem Hauptvektor $\mathbf{e}_2$, dann hat die allgemeine Lösung die Form

$$\mathbf{x}(t) = c_1 e^{\lambda t}\mathbf{e}_1 + c_2 t e^{\lambda t}\mathbf{e}_2 \, .$$

d) Die Eigenwerte $\lambda_1 = a + ib$ und λ_2 sind komplex und es gilt $\lambda_2 = \overline{\lambda}_1$ mit den Eigenvektoren $\mathbf{e}_1$ und $\mathbf{e}_2$, dann hat die allgemeine Lösung die Form

$$\mathbf{x}(t) = c_1 e^{at} e^{ibt}\mathbf{e}_1 + c_2 e^{at} e^{-ibt}\mathbf{e}_2 \, .$$

Bei den Konstellationen a) und b) ergibt die Abschätzung des Abstandes der Lösung vom Gleichgewichtspunkt $\mathbf{x}_0 = \mathbf{0}$

$$|\mathbf{x}(t) - \mathbf{x}_0|^2 = |c_1 e^{\lambda_1 t}\mathbf{e}_1 + c_2 e^{\lambda_2 t}\mathbf{e}_2|^2$$
$$= (e^{\lambda_1 t} c_1 e_{11} + e^{\lambda_2 t} c_2 e_{21})^2 + (e^{\lambda_1 t} c_1 e_{12} + e^{\lambda_2 t} c_2 e_{22})^2 \, ,$$

und damit strebt der Abstand für $t \to \infty$ gegen Null, falls die Eigenwerte negativ sind. Ist ein Eigenwert positiv, wird der Abstand unendlich groß, d.h. der Gleichgewichtspunkt ist instabil. Ähnlich sieht es bei der Eigenwertkonstellation c) aus. Man erhält

$$|\mathbf{x}(t) - \mathbf{x}_0|^2 = |c_1 e^{\lambda t}\mathbf{e}_1 + c_2 t e^{\lambda t}\mathbf{e}_2|^2$$
$$= (e^{\lambda t}c_1 e_{11} + t e^{\lambda t}c_2 e_{21})^2 + (e^{\lambda t}c_1 e_{12} + t e^{\lambda t}c_2 e_{22})^2 \,,$$

und falls λ negativ ist, streben $e^{\lambda t}$ und $t e^{\lambda t}$ für $t \to \infty$ gegen Null, und damit auch der Abstand der Lösung zum Gleichgewichtspunkt $\mathbf{x}_0$. Ist λ positiv, entfernt sich die Lösung für $t \to \infty$ vom Gleichgewichtspunkt. Ist $\lambda = 0$, wächst der Abstand ebenfalls für $t \to \infty$.

Hat man die Eigenwertkonstellation d), ergibt sich mit $|\binom{z_1}{z_2}|^2 = |z_1|^2 + |z_2|^2$ für komplexe Vektoren

$$|\mathbf{x}(t) - \mathbf{x}_0|^2 = |c_1 e^{at}e^{ibt}\mathbf{e}_1 + c_2 e^{at}e^{-ibt}\mathbf{e}_2|^2$$
$$= e^{2at}(c_1^2 e_{11}^2 + 2c_1 c_2 e_{11} e_{21}(\cos^2 bt - \sin^2 bt) + c_2^2 e_{21}^2)$$
$$+ e^{2at}(c_1^2 e_{12}^2 + 2c_1 c_2 e_{12} e_{22}(\cos^2 bt - \sin^2 bt) + c_2^2 e_{22}^2) \,,$$

wobei $e^{ibt} = \cos bt + i\sin bt$ benutzt wurde. Damit strebt der Abstand für $t \to \infty$ gegen Null, wenn der Realteil a der Eigenwerte negativ ist. Ist der Realteil a positiv, entfernt sich die Lösung für $t \to \infty$ vom Gleichgewichtspunkt. Ist der Realteil gleich Null, ist der Abstand beschränkt durch

$$|\mathbf{x}(t) - \mathbf{x}_0|^2 \le c_1^2 e_{11}^2 + 4|c_1 c_2 e_{11} e_{21}| + c_2^2 e_{21}^2 + c_1^2 e_{12}^2 + 4|c_1 c_2 e_{12} e_{22}| + c_2^2 e_{22}^2 \,.$$

In den Abbildungen 6.22 bis 6.25 sind die Phasenportraits, d.h. die möglichen Verläufe von Phasenkurven für unterschiedliche Eigenwertkonstellationen dargestellt.

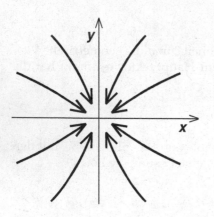

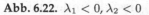

v_1, v_2 Eigenvektoren

Abb. 6.22. $\lambda_1 < 0, \lambda_2 < 0$ **Abb. 6.23.** $\lambda_1 > 0, \lambda_2 < 0$

Wenn Lösungen, die in der Nähe von Gleichgewichtspunkten starten, in den Gleichgewichtszustand münden, hat dieser Gleichgewichtspunkt eine gewisse Attraktivität. Laufen Lösungen nicht vom Gleichgewichtspunkt weg, ist der

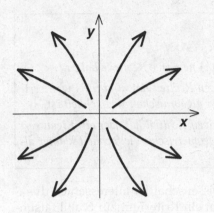

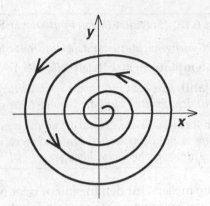

Abb. 6.24. $\lambda_1 > 0, \lambda_2 > 0$ **Abb. 6.25.** $\lambda = a + ib, a < 0$

Gleichgewichtspunkt stabil. Diese Überlegungen rechtfertigen die folgende Definition.

Definition 6.16. (Eigenschaften von Gleichgewichtspunkten)
Ein Gleichgewichtspunkt $\mathbf{x}_0$ eines autonomen Systems $\dot{\mathbf{x}} = \mathbf{F}(\mathbf{x})$ heißt

a) **attraktiv**, wenn Lösungen $\mathbf{x}(t)$, die in der Nähe von $\mathbf{x}_0$ starten, gegen den Gleichgewichtspunkt konvergieren, d.h. wenn es ein $\delta > 0$ gibt, so dass

$$\lim_{t \to \infty} \mathbf{x}(t) = \mathbf{x}_0$$

für jede Lösung $\mathbf{x}(t)$ mit $|\mathbf{x}(0) - \mathbf{x}_0| < \delta$,

b) **stabil**, wenn Lösungen $\mathbf{x}(t)$, die in der Nähe von $\mathbf{x}_0$ starten, in der Nähe von $\mathbf{x}_0$ bleiben, d.h. wenn es für alle $\epsilon > 0$ ein $\delta > 0$ gibt, so dass für Lösungen mit $|\mathbf{x}(0) - \mathbf{x}_0| < \delta$

$$|\mathbf{x}(t) - \mathbf{x}_0| < \epsilon \quad \text{für alle} \quad t > 0$$

folgt,

c) **asymptotisch stabil**, wenn er **attraktiv** und **stabil** ist, und

d) **instabil**, wenn es Lösungen gibt, die, obwohl in der Nähe von $\mathbf{x}_0$ gestartet, weglaufen, d.h. wenn es ein $\epsilon > 0$ und zu jedem $\delta > 0$ eine Lösung $\mathbf{x}(t)$ und ein $t_1 > 0$ gibt, so dass

$$|\mathbf{x}(0) - \mathbf{x}_0| < \delta \quad \text{und} \quad |\mathbf{x}(t) - \mathbf{x}_0| > \epsilon$$

für $t \geq t_1$ gelten.

Die oben diskutierten Fälle von Eigenwertkonstellationen ergeben für lineare Systeme den folgenden

---

Satz 6.18. *(Stabilität linearer autonomer Systeme)*

Der Gleichgewichtszustand des linearen Systems $\dot{\mathbf{x}} = \mathbf{A}\mathbf{x}$ *ist*

a) **asymptotisch stabil**, *falls alle Eigenwerte von A negative Realteile haben,*

b) **stabil**, *falls kein Eigenwert von A einen positiven Realteil hat, und für Eigenwerte mit dem Realteil Null die geometrische gleich der algebraischen Vielfachheit ist,*

c) **instabil**, *falls ein Eigenwert von A einen positiven Realteil hat oder ein Eigenwert von A mit dem Realteil Null existiert, dessen geometrische Vielfachheit kleiner als die algebraische Vielfachheit ist.*

Da die meisten für den Ingenieur oder Naturwissenschaftler interessanten dynamischen Systeme nichtlinear sind, braucht man ein Kriterium zur Stabilitätsuntersuchung für nichtlineare Systeme. Da es meist um das Verhalten in der unmittelbaren Umgebung von Gleichgewichtszuständen geht, bietet sich eine lineare Approximation von $\mathbf{F}$ im Gleichgewichtspunkt $\mathbf{x}_0$ an. Die lineare Approximation erhalten wir in der Form

$$\mathbf{L}\mathbf{x} = \mathbf{F}(\mathbf{x}_0) + \mathbf{F}'(\mathbf{x}_0)(\mathbf{x} - \mathbf{x}_0)\,,$$

wobei $\mathbf{F}'$ die Ableitungsmatrix von $\mathbf{F}$ ist. Unter der Voraussetzung ausreichender Glattheit (z.B. der zweimaligen stetigen partiellen Differenzierbarkeit) von $\mathbf{F}$ ist $\mathbf{L}\mathbf{x}$ in der Nähe von $\mathbf{x}_0$ eine gute Näherung von $\mathbf{F}(\mathbf{x})$, d.h.

$$\mathbf{F}(\mathbf{x}) \approx \mathbf{F}(\mathbf{x}_0) + \mathbf{F}'(\mathbf{x}_0)(\mathbf{x} - \mathbf{x}_0)\,. \tag{6.202}$$

Ist $\mathbf{x}_0$ ein Gleichgewichtspunkt, ergibt sich aus (6.202)

$$\mathbf{F}(\mathbf{x}) \approx \mathbf{F}'(\mathbf{x}_0)(\mathbf{x} - \mathbf{x}_0)\,. \tag{6.203}$$

Diese Überlegungen sind die Grundlage für ein Stabilitätskriterium für nichtlineare autonome Systeme.

Satz 6.19. *(Stabilität nichtlinearer autonomer Systeme)*

Der Gleichgewichtszustand $\mathbf{x}_0$ *des nichtlinearen autonomen Systems* $\dot{\mathbf{x}} = \mathbf{F}(\mathbf{x})$ *ist asymptotisch stabil, wenn alle Eigenwerte der Ableitungsmatrix* $\mathbf{F}'(\mathbf{x}_0)$ *einen negativen Realteil haben. Der Gleichgewichtspunkt* $\mathbf{x}_0$ *ist instabil, wenn mindestens ein Eigenwert von* $\mathbf{F}'(\mathbf{x}_0)$ *einen positiven Realteil hat.*

Beispiel: Betrachten wir das nichtlineare Räuber-Beute-System

$$\begin{pmatrix} \dot{x} \\ \dot{y} \end{pmatrix} = \begin{pmatrix} ax - bxy - \lambda x^2 \\ cxy - dy - \mu y^2 \end{pmatrix} =: \mathbf{F}(x,y)\,, \tag{6.204}$$

so ergibt sich für die Ableitungsmatrix im Gleichgewichtspunkt

$$\mathbf{F}'(\bar{x}, \bar{y}) = \begin{pmatrix} -\lambda\bar{x} & -b\bar{x} \\ c\bar{y} & -\mu\bar{y} \end{pmatrix}\,.$$

Für die Eigenwerte ζ ergibt sich

$$\det(\mathbf{F}'(\bar{x},\bar{y}) - \zeta E) = \zeta^2 + (\mu\bar{y} + \lambda\bar{x})\zeta + \bar{x}\bar{y}(\lambda\mu + bc) = 0 \,.$$

Falls keine sozialen Reibungen berücksichtigt werden, d.h. $\lambda = \mu = 0$ gesetzt wird, ergeben sich die Eigenwerte $\zeta_{1,2} = i\sqrt{\bar{x}\bar{y}bc}$, also rein imaginäre Eigenwerte. Damit ist aufgrund des Satzes 6.19 keine Aussage zur Stabilität möglich. Allerdings haben wir durch die konkrete numerische Lösungsberechnung festgestellt, dass der Gleichgewichtspunkt $(\bar{x},\bar{y})^T = (\frac{d}{c},\frac{a}{b})^T$ stabil ist, da die Lösungskurven geschlossen sind, und periodisch um den Gleichgewichtszustand laufen. Ist $\lambda > 0$ und $\mu > 0$, dann erhält man nach einer längeren Rechnung, die wir hier nicht durchführen, dass die Realteile der Eigenwerte $\zeta_{1,2}$ jeweils den Wert $-\frac{\mu\bar{y}+\lambda\bar{x}}{2}$ haben. Aus Satz 6.19 folgt damit, dass

$$\begin{pmatrix} \bar{x} \\ \bar{y} \end{pmatrix} = \begin{pmatrix} \frac{bd+a\mu}{bc+\lambda\mu} \\ \frac{ac-d\lambda}{bc+\lambda\mu} \end{pmatrix}$$

ein asymptotisch stabiler Gleichgewichtszustand des Räuber-Beute-Systems ist. In den Abbildungen 6.26 und 6.27 sind eine Phasenkurve und die zeitliche Entwicklung der Räuber- und Beutepopulationen bei der Berücksichtigung der sozialen Reibung dargestellt ($a = 1$, $b = 2$, $c = 2$, $d = 2$, $\lambda = 1$, $\mu = 2$). Bei Vorgabe des Anfangswertes $(x_0, y_0) = (1{,}2 ,0{,}5)$ mündet die Phasenkurve im stationären Punkt $(\bar{x},\bar{y}) = (0\,75 ,0{,}125)$ und die Lösungskurven werden schnell stationär.

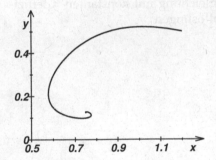

Abb. 6.26. Phasenkurve $(x(t), y(t))^T$

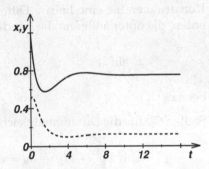

Abb. 6.27. Zeitlicher Verlauf der Populationen x und y

6.15 Aufgaben

1) Bestimmen Sie die Lösungen der Differentialgleichungen

(a) $(x^2 - 1)y' + 2xy^2 = 0$, (b) $xy' + y\ln y = 0$, (c) $y' = 2x\dfrac{\cos^2 y}{1 + x^2}$,

(d) $xy' = \sqrt{x}y^2$, (e) $y' = \dfrac{\sinh y}{x^2 + 1}$, (f) $y''\tan x = y' + 1$,

(g) $y'\sin x = y^2 - y$.

2) Lösen Sie die Anfangswertprobleme (Ähnlichkeitsdifferentialgleichung)

   (a) $(x - y)y - x^2 y' = 0$, $x > 0$, $y(1) = 1$,

   (b) $y' = \dfrac{3x^2 - y^2}{2xy}$, $x \neq 0$, $y(1) = 2$.

3) Bestimmen Sie die allgemeine Lösung der Differentialgleichungen
   (BERNOULLI-Typ)

   (a) $xy' + y = y^2 \ln x$, $x > 0$,   (b) $xy' + xy^2 = y$, $x \neq 0$.

4) Bestimmen Sie die allgemeine Lösung der Differentialgleichungen

   (a) $y'' + 2y' + 5y = -\dfrac{17}{2} \cos 2x$,   (b) $y'' - 6y' + 5y = 4e^x$.

5) Ermitteln Sie ein reelles Fundamentalsystem und geben Sie die allgemeine
   Lösung der Differentialgleichungen an

   (a) $y''' - 4y'' + 5y' = 0$,   (b) $y''' - 4y'' + 9y' - 10y = 0$.

6) Konstruieren Sie eine lineare Differentialgleichung mit konstanten Koeffizienten, die unter anderem die Fundamentallösungen

   e^{2x}, x, $\sin 2x$

   besitzt.

7) Stellen Sie für die Differentialgleichung

   $$y''' + \sin^2 x \, y'' + x^2 y' - 3y = \cos x$$

   ein äquivalentes Differentialgleichungssystem 1. Ordnung auf.

8) Berechnen Sie die allgemeine Lösung der Differentialgleichungssysteme

   (a) $\begin{pmatrix} y_1' \\ y_2' \\ y_3' \end{pmatrix} = \begin{pmatrix} -1 & 1 & 1 \\ 0 & -2 & 0 \\ 0 & 0 & -2 \end{pmatrix} \begin{pmatrix} y_1 \\ y_2 \\ y_3 \end{pmatrix}$,   (b) $\begin{pmatrix} y_1' \\ y_2' \end{pmatrix} = \begin{pmatrix} 0 & 1 \\ -1 & 2 \end{pmatrix} \begin{pmatrix} y_1 \\ y_2 \end{pmatrix} + \begin{pmatrix} e^{2x} \\ 0 \end{pmatrix}$.

9) Berechnen Sie die Lösung des Anfangswertproblems

   $$\begin{pmatrix} y_1' \\ y_2' \end{pmatrix} = \begin{pmatrix} 1 & 2 \\ 4 & 3 \end{pmatrix} \begin{pmatrix} y_1 \\ y_2 \end{pmatrix} + \begin{pmatrix} 2 \\ 0 \end{pmatrix} , \qquad \begin{pmatrix} y_1(0) \\ y_2(0) \end{pmatrix} = \begin{pmatrix} 1 \\ 0 \end{pmatrix} .$$

10) Berechnen Sie die Gleichgewichtspunkte des autonomen Systems (6.190) und untersuchen Sie die Punkte auf ihr Stabilitätsverhalten.

11) Untersuchen Sie das Randwertproblem

$$y'' + y' + y = x \,, \quad y(0) = 1 \,, \quad y(\frac{\pi}{\sqrt{3}}) - y'(\frac{\pi}{\sqrt{3}}) = -2 \,,$$

auf Lösbarkeit und bestimmen Sie gegebenenfalls alle Lösungen.

12) Bestimmen Sie alle Zahlen $\alpha \in \mathbb{R}$, so dass das Randwertproblem

$$y'' + 4y' + 4y = 0 \,, \quad y(0) + 2y'(0) = 1 \,, \quad y(1) - \alpha y'(1) = 2 \,,$$

eindeutig lösbar ist und berechnen Sie die Lösung.

13) Konstruieren Sie eine zur Differentialgleichung

$$y'' - 2xy + ky = 0$$

äquivalente Differentialgleichung $L[y] = 0$ mit einem selbstadjungierten Operator L.

14) Weisen Sie nach, dass die HERMITE-Polynome

$$H_k(x) = (-1)^k e^{x^2} \frac{d^k}{dx^k}(e^{-x^2}), \; k \in \mathbb{N}, \quad \text{z.B.} \; H_0(x) = 1, \, H_1(x) = 2x,$$

als Eigenfunktionen des Eigenwertproblems

$$-L[y] := -(e^{-x^2} y')' = \lambda e^{-x^2} y, \; -\infty < x < \infty,$$

zu den Eigenwerten $\lambda_k = 2k, \; k \in \mathbb{N}$, die Orthogonalitätsrelation

$$\int_{-\infty}^{\infty} H_k(x) H_j(x)\, e^{-x^2}\, dx = 0 \quad \text{für} \; k \neq j,$$

erfüllen.

15) Bestimmen Sie die stationären Punkte der dynamischen Systeme

$$\text{(a)} \quad \begin{pmatrix} \dot{x} \\ \dot{y} \end{pmatrix} = \begin{pmatrix} x\,y - 4 \\ x - y \end{pmatrix} \quad \text{und} \quad \text{(b)} \quad \begin{pmatrix} \dot{x} \\ \dot{y} \end{pmatrix} = \begin{pmatrix} x^2 - 25y \\ 5 - x\,y \end{pmatrix}$$

und untersuchen Sie deren Stabilitätsverhalten.

16) Bestimmen Sie alle Eigenwerte, zugehörige linear unabhängige Eigenvektoren und gegebenenfalls Hauptvektoren der folgender Matrizen.

$$A = \begin{pmatrix} -3 & 0 & 2 \\ 1 & -1 & 0 \\ -2 & -1 & 0 \end{pmatrix} \,, \quad B = \begin{pmatrix} 2 & 1 & -3 \\ 1 & 2 & -1 \\ 0 & 0 & 1 \end{pmatrix} \,.$$

Tipp: Eine Nullstelle des charakteristischen Polynoms zur Bestimmung der Eigenwerte von A ist -2.

17) Zeigen Sie, dass die folgenden Funktionen Lösung der Differentialgleichung sind. Hierbei sind A und B die Matrizen aus Aufgabe 16.

$$\dot{x} = A\,x\,, \quad x_1(t) = e^{-2t}\begin{pmatrix} 2 \\ -2 \\ 1 \end{pmatrix}\,, \quad x_2(t) = e^{2t}\begin{pmatrix} \sqrt{2}\cos(\sqrt{2}t) \\ \sin(\sqrt{2}t) \\ \sqrt{2}\cos(\sqrt{2}t) - \sin(\sqrt{2}t) \end{pmatrix}\,,$$

$$x_3(t) = e^{-t}\begin{pmatrix} \sqrt{2}\sin(\sqrt{2}t) \\ \cos(\sqrt{2}t) \\ \sqrt{2}\sin(\sqrt{2}t) - \cos(\sqrt{2}t) \end{pmatrix}\,, \quad t \in \mathbb{R}\,.$$

$$\dot{x} = B\,x\,, x_1(t) = e^{3t}\begin{pmatrix} 1 \\ 1 \\ 0 \end{pmatrix}\,, x_2(t) = e^{t}\begin{pmatrix} -1 \\ 1 \\ 0 \end{pmatrix}\,, x_3(t) = e^{t}\left(\begin{pmatrix} 1 \\ 1 \\ 1 \end{pmatrix} + t\begin{pmatrix} -1 \\ 1 \\ 0 \end{pmatrix}\right)\,,$$

$t \in \mathbb{R}$.

18) Cholesterin ist eine Kohlenstoffverbindung, die eine beherrschende Rolle beim Fettstoffwechsel und bei der Arterienverkalkung spielt. Um seinen Umsatz im menschlichen Körper zu studieren, fassen wir Blut und Organe zu einem Kompartiment K_1 zusammen und den Rest des Körpers zu einem Kompartiment K_2. K_3 sei die Außenwelt, in die hinein die Exkretion erfolgt. $u_1(t)$ bzw. $u_2(t)$ bedeute die Abweichung vom normalen Cholesterinniveau in K_1 bzw. K_2. Die Exkretion erfolge nur aus K_1. Mit Hilfe eines radioaktiven "Tracers" fand man, dass die tägliche Übergangsrate von K_1 nach K_2 etwa 0,036, von K_2 nach K_1 etwa 0,02 und von K_1 nach K_3 etwa 0,098 beträgt. Stellen Sie aus diesen Angaben ein Differentialgleichungssystem für u_1, u_2 auf und bestimmen Sie die allgemeine Lösung.

19) Zeigen Sie, dass die angegebenen Funktionen $I(x)$ jeweils Erhaltungsgrößen der Differentialgleichungen sind, und geben Sie die Lösungen mit Definitionsbereich an. Skizzieren Sie einige Lösungen.

$$x + yy' = 0 \quad I(x) = \frac{1}{2}(x^2 + y^2)\,.$$

$$1 + \frac{1}{y} - \frac{x}{y^2}y' = 0\,, \ x, y > 0, \quad I(x) = x + \frac{x}{y}\,.$$

7 Vektoranalysis und Kurvenintegrale

Wir bewegen uns im Schwerefeld der Erde. Im täglichen Leben haben wir durch die Nutzung elektrischer Geräte mit elektrischen Feldern und Magnetfeldern zu tun. Die Bewegung von Flüssigkeiten und Gasen wird durch Geschwindigkeitsfelder beschrieben. In den genannten Fällen kann man die Felder durch Abbildungen aus dem $\mathbb{R}^3$ (dem dreidimensionalen physikalischen Raum, wo z.B. die Flüssigkeit strömt) in den $\mathbb{R}^3$ (den Raum der Geschwindigkeitsvektoren) auffassen. Solche Abbildungen, die wir in Kapitel 5 als "vektorwertige Abbildungen" bezeichnet hatten, nennt man im Rahmen der Vektoranalysis auch **Vektorfelder**. Man beschränkt den Begriff Vektorfeld dabei nicht auf Abbildungen aus dem $\mathbb{R}^3$ in den $\mathbb{R}^3$, sondern bezieht an verschiedenen Stellen der Theorie Abbildungen $\mathbb{R}^n \to \mathbb{R}^m$ mit $m > 1$ ein, wenn dann auch mitunter die physikalische Entsprechung abhanden kommt. Abbildungen aus dem $\mathbb{R}^n$ in $\mathbb{R}$, die wir bisher reellwertige Abbildungen genannt haben, bezeichnet man im Kontext der Analysis auch als **Skalarfelder**. Ein Beispiel für ein Skalarfeld ist die Temperatur als Funktion der drei Ortskoordinaten und der Zeit (d.h. $n = 4$) in einem Hörsaal. Mit dem Begriff "Feld" wird zum Ausdruck gebracht, dass die betreffende Größe (Vektor oder Skalar) auf einer gewissen Menge $D \subset \mathbb{R}^n$, $n > 1$ definiert ist. Im Folgenden sollen die grundlegenden Operatoren und Elemente der Vektoranalysis dargestellt werden. Ein Ziel ist der sichere Umgang mit Vektorfeldern. Außerdem werden mit den Potentialfeldern und ihren Eigenschaften wichtige Spezialfälle von Vektorfeldern behandelt. Schließlich wird erklärt, wie man die Arbeit berechnen kann, die eine Kraft leistet, wenn man einen Massenpunkt auf einer vorgegebenen Bahnkurve bewegt.

Übersicht

7.1 Die grundlegenden Operatoren der Vektoranalysis

In vielen Bereichen der Ingenieurwissenschaften und der Physik treten Differentialgleichungen der Art

$$\operatorname{rot} \mathbf{E} + \frac{\partial}{\partial t}\mathbf{B} = 0 \tag{7.1}$$

$$\frac{\partial \mathbf{v}}{\partial t} + (\mathbf{v} \cdot \nabla)\mathbf{v} = -\operatorname{grad} p + \operatorname{div}(\nu \operatorname{grad} \mathbf{v}) \tag{7.2}$$

$$\operatorname{div} \mathbf{v} = 0 \tag{7.3}$$

$$-\Delta p = f \tag{7.4}$$

auf. Der disziplinäre Hintergrund der Gleichungen ist hier von untergeordneter Bedeutung. Es sei nur bemerkt, dass es sich um mathematische Formulierungen von physikalischen Erfahrungssätzen (z.B. das Induktionsgesetz der Theorie elektromagnetischer Felder (7.1)) oder von Erhaltungsätzen (Impuls- und Massenerhaltung bei Strömungen reibungsbehafteter inkompressibler Medien), letztendlich natürlich auch Erfahrungssätze, handelt. Die Formulierungen benutzen typische **Operatoren** der Vektoranalysis **rot**, **grad**, **div**, Δ und ∇, die auf die Vektorfelder **E** (elektrische Feldstärke), **B** (magnetische Induktion), **v** (Strömungsgeschwindigkeit) und das Skalarfeld p (statischer Druck, dividiert durch die konstante Dichte ρ) anzuwenden sind. Mit diesen Operatoren bezeichnet man bestimmte Kombinationen von partiellen Ableitungen nach den Ortskoordinaten, die im Folgenden erklärt werden. Wir bemerken am Rande, dass bei der Herleitung von Gleichungen wie (7.1) bis (7.3) aus den zugrundeliegenden physikalischen Vorgängen i. Allg. zunächst eine Formulierung mittels partieller Ableitungen entsteht. Vorteile der nachträglichen Einführung der angegebenen Operatoren bestehen zum einen in der Kompaktheit der Schreibweise, die man würdigen wird, wenn wir für die Gleichung (7.2) die NAVIER-STOKES-Gleichung, die Formulierung mittels partieller Ableitungen hergestellt haben werden. Zum anderen hat man mittels solcher Operatoren eine koordinatenunabhängige Schreibweise erreicht, die u.a. beim Übergang zu neuen Ortskoordinaten (z.B. von kartesischen zu Zylinder- oder Kugelkoordinaten) gewisse Vorteile bietet. Diese Operatoren erlauben auch eine kompakte, koordinatenunabhängige Formulierung der Integralsätze von GREEN, GAUSS und STOKES (s. Kapitel 8).
Wir wenden uns nun der Definition der grundlegenden Operatoren der Vektoranalysis mittels partieller Ableitungen von Skalar- oder Vektorfeldern nach den kartesischen Koordinaten zu. Dabei setzen wir der Einfachheit halber generell voraus, dass die dabei zu bildenden partiellen Ableitungen existieren und stetig sind. Wir betrachten im Folgenden Vektor- und Skalarfelder auf **Gebieten** $D \subset \mathbb{R}^n$, also auf offenen, zusammenhängenden Mengen. Nun sollen die Operatoren im Einzelnen definiert werden.

Definition 7.1. (Gradient eines Skalarfeldes)
Sei $\phi : D \to \mathbb{R}$, $D \subset \mathbb{R}^n$, ein stetig partiell differenzierbares Skalarfeld. Der Operator grad ordnet durch die Vorschrift

$$\operatorname{grad} \phi = \begin{pmatrix} \frac{\partial \phi}{\partial x_1} \\ \frac{\partial \phi}{\partial x_2} \\ \vdots \\ \frac{\partial \phi}{\partial x_n} \end{pmatrix}$$

dem Skalarfeld ϕ das Vektorfeld $\operatorname{grad} \phi : D \to \mathbb{R}^n$ zu. Der Vektor $\operatorname{grad} \phi$ heißt **Gradient** von ϕ.

Definition 7.2. (LAPLACE-Operator Δ)
Sei $\phi : D \to \mathbb{R}$, $D \subset \mathbb{R}^n$, ein 2-mal stetig partiell differenzierbares Skalarfeld. Der LAPLACE-**Operator** Δ ordnet durch die Vorschrift

$$\Delta \phi := \frac{\partial^2 \phi}{\partial x_1^2} + \frac{\partial^2 \phi}{\partial x_2^2} + \dots + \frac{\partial^2 \phi}{\partial x_n^2}$$

dem Skalarfeld ϕ das Skalarfeld $\Delta \phi : D \to \mathbb{R}$ zu.

Definition 7.3. (Divergenz eines Vektorfeldes)
Sei $\mathbf{v} : D \to \mathbb{R}^n$, $D \subset \mathbb{R}^n$, ein stetig partiell differenzierbares Vektorfeld. Der Operator div ordnet durch die Vorschrift

$$\operatorname{div} \mathbf{v} = \frac{\partial v_1}{\partial x_1} + \frac{\partial v_2}{\partial x_2} + \dots + \frac{\partial v_n}{\partial x_n}$$

dem Vektorfeld $\mathbf{v}$ das Skalarfeld $\operatorname{div} \mathbf{v} : D \to \mathbb{R}$ zu. $\operatorname{div} \mathbf{v}$ heißt **Divergenz** des Vektorfeldes $\mathbf{v}$.

Definition 7.4. (Rotation eines Vektorfeldes)
Sei $\mathbf{v} : D \to \mathbb{R}^3$, $D \subset \mathbb{R}^3$, ein stetig partiell differenzierbares Vektorfeld. Der Operator rot ordnet durch die Vorschrift

$$\operatorname{rot} \mathbf{v} = \begin{pmatrix} \frac{\partial v_3}{\partial x_2} - \frac{\partial v_2}{\partial x_3} \\ \frac{\partial v_1}{\partial x_3} - \frac{\partial v_3}{\partial x_1} \\ \frac{\partial v_2}{\partial x_1} - \frac{\partial v_1}{\partial x_2} \end{pmatrix}$$

dem Vektorfeld $\mathbf{v}$ das Vektorfeld $\operatorname{rot} \mathbf{v} : D \to \mathbb{R}^3$ zu. Der Vektor $\operatorname{rot} \mathbf{v}$ heißt **Rotation** des Vektors $\mathbf{v}$ bzw. zu $\mathbf{v}$ gehörendes Wirbelfeld in D.

Im Zusammenhang mit dem Satz von TAYLOR (vgl. Abschnitt 5.11.1) wurde der **Nabla-Operator** schon behandelt. Der Nabla-Operator ∇ kann als symbolischer Vektor aufgefasst werden. Im $\mathbb{R}^n$ hat man

$$\nabla := \left(\frac{\partial}{\partial x_1}, \frac{\partial}{\partial x_2}, \dots, \frac{\partial}{\partial x_n} \right)^T = \mathbf{e}_1 \frac{\partial}{\partial x_1} + \mathbf{e}_2 \frac{\partial}{\partial x_2} + \dots + \mathbf{e}_n \frac{\partial}{\partial x_n}$$

($\mathbf{e}_1, \dots, \mathbf{e}_n$ kanonische Basis des $\mathbb{R}^n$). Die Anwendung auf ein stetig partiell differenzierbares Skalarfeld ϕ bedeutet die symbolische Multiplikation von ∇ und ϕ:

$$\nabla \phi = \left(\mathbf{e}_1 \frac{\partial}{\partial x_1} + \mathbf{e}_2 \frac{\partial}{\partial x_2} + \dots + \mathbf{e}_n \frac{\partial}{\partial x_n} \right) \phi = \operatorname{grad} \phi \,.$$

Die Anwendung des Operators $\nabla\cdot$ auf ein stetig differenzierbares Vektorfeld $\mathbf{v}$ bedeutet die Bildung des (formalen) skalaren Produkts zwischen dem symbolischen Vektor ∇ und dem Vektor $\mathbf{v}$. Wegen $\mathbf{e}_i \cdot \mathbf{e}_j = \delta_{ij}$ erhält man

$$\nabla \cdot \mathbf{v} = (\mathbf{e}_1 \frac{\partial}{\partial x_1} + \mathbf{e}_2 \frac{\partial}{\partial x_2} + \cdots + \mathbf{e}_n \frac{\partial}{\partial x_n}) \cdot (v_1 \mathbf{e}_1 + v_2 \mathbf{e}_2 + \cdots + v_n \mathbf{e}_n)$$

$$= \frac{\partial v_1}{\partial x_1} + \frac{\partial v_2}{\partial x_2} + \cdots + \frac{\partial v_n}{\partial x_n} = \operatorname{div} \mathbf{v} \,.$$

Die Anwendung des Operators $\nabla\times$ auf ein stetig differenzierbares Vektorfeld $\mathbf{v} : \mathbb{R}^3 \to \mathbb{R}^3$ bedeutet die Bildung des (formalen) Vektorprodukts zwischen dem symbolischen Vektor ∇ und dem Vektor $\mathbf{v}$. Man erhält

$$\nabla \times \mathbf{v} = \begin{pmatrix} \frac{\partial}{\partial x_2} v_3 - \frac{\partial}{\partial x_3} v_2 \\ \frac{\partial}{\partial x_3} v_1 - \frac{\partial}{\partial x_1} v_3 \\ \frac{\partial}{\partial x_1} v_2 - \frac{\partial}{\partial x_2} v_1 \end{pmatrix} = \operatorname{rot} \mathbf{v} \,.$$

Eine weitere Möglichkeit zur Berechnung von $\operatorname{rot} \mathbf{v}$ erhält man mit der formalen Berechnung einer Determinante. Es ergibt sich durch Entwicklung nach der ersten Zeile

$$\begin{vmatrix} \mathbf{e}_1 & \mathbf{e}_2 & \mathbf{e}_3 \\ \frac{\partial}{\partial x_1} & \frac{\partial}{\partial x_2} & \frac{\partial}{\partial x_3} \\ v_1 & v_2 & v_3 \end{vmatrix}$$

$$= \mathbf{e}_1 \left(\frac{\partial}{\partial x_2} \mathbf{v}_3 - \frac{\partial}{\partial x_3} \mathbf{v}_2 \right) + \mathbf{e}_2 \left(\frac{\partial}{\partial x_3} \mathbf{v}_1 - \frac{\partial}{\partial x_1} \mathbf{v}_3 \right) + \mathbf{e}_3 \left(\frac{\partial}{\partial x_1} \mathbf{v}_2 - \frac{\partial}{\partial x_2} \mathbf{v}_1 \right)$$

$$= \operatorname{rot} \mathbf{v} \,.$$

Die Operatoren grad und Δ haben wir in den Definitionen auf Skalarfelder ϕ angewandt. Wir verabreden die Anwendung von Δ auf Vektorfelder wie folgt. Sei $\mathbf{v}$ ein stetig partiell differenzierbares Vektorfeld und $\mathbf{w}$ ein zweimal stetig partiell differenzierbares Vektorfeld. Dann definieren wir

$$\Delta \mathbf{w} = \begin{pmatrix} \Delta w_1 \\ \Delta w_2 \\ \vdots \\ \Delta w_n \end{pmatrix} ,$$

also $\Delta \mathbf{w}$ als die komponentenweise Anwendung von Δ.

Die Verabredung gilt z.B. auch für den Operator $\mathbf{w} \cdot \nabla$, den wir im Zusammenhang mit dem Satz von TAYLOR verwendet haben: Wir setzen

$$(\mathbf{w} \cdot \nabla)\mathbf{v} = \begin{pmatrix} (\mathbf{w} \cdot \nabla)v_1 \\ (\mathbf{w} \cdot \nabla)v_2 \\ \vdots \\ (\mathbf{w} \cdot \nabla)v_n \end{pmatrix} .$$

Beispiele:

1) Betrachten wir das Zentralkraftfeld

$$\mathbf{K}(\mathbf{x}) = \frac{k}{|\mathbf{x}|^3}\mathbf{x}, \quad k \neq 0, \, k \in \mathbb{R},$$

also mit $\mathbf{x} \in D = \mathbb{R}^3 \setminus \mathbf{0}$ ein Vektorfeld $\mathbf{K} : D \to \mathbb{R}^3$. Für $k < 0$ sind die Kraftvektoren $\mathbf{K}(\mathbf{x})$ überall nach dem Ursprung $\mathbf{x} = \mathbf{0}$ hin gerichtet, ihr Betrag ist auf Kugeln $|\mathbf{x}| = r$ konstant und nimmt mit r wie $\frac{1}{r^2}$ ab: $|\mathbf{K}(\mathbf{x})|_{|\mathbf{x}|=r} = \frac{|k|}{r^2}$. Offensichtlich geht es hier insbesondere um das Gravitationsgesetz, wobei in der Konstanten k die beiden sich anziehenden Massen, von denen eine um Punkt $\mathbf{x} = \mathbf{0}$ ruht, und die Gravitationskonstante zusammengefasst sind (vgl. (6.198)). Für die Divergenz und die Rotation errechnet man unter Beachtung der Bezie-

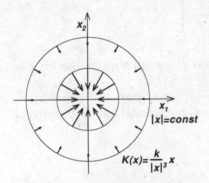

Abb. 7.1. Zentralkraftfeld $\mathbf{K}(\mathbf{x})$ für $k < 0$ in der Ebene $x_3 = 0$

hung $|\mathbf{x}| = \sqrt{x_1^2 + x_2^2 + x_3^2}$

$$\operatorname{div} \mathbf{K}(\dot{\mathbf{x}}) = \operatorname{div} \frac{k}{|\mathbf{x}|^3}\mathbf{x} = \operatorname{div}\left[\frac{k}{|\mathbf{x}|^3}\begin{pmatrix} x_1 \\ x_2 \\ x_3 \end{pmatrix}\right]$$

$$= \frac{\partial}{\partial x_1}\frac{k\,x_1}{|\mathbf{x}|^3} + \frac{\partial}{\partial x_2}\frac{k\,x_2}{|\mathbf{x}|^3} + \frac{\partial}{\partial x_3}\frac{k\,x_3}{|\mathbf{x}|^3}$$

$$= k\left[\frac{3}{|\mathbf{x}|^3} + x_1\frac{\partial}{\partial x_1}\frac{1}{|\mathbf{x}|^3} + x_2\frac{\partial}{\partial x_2}\frac{1}{|\mathbf{x}|^3} + x_3\frac{\partial}{\partial x_3}\frac{1}{|\mathbf{x}|^3}\right]$$

$$= k\left[\frac{3}{|\mathbf{x}|^3} - (3x_1^2 + 3x_2^2 + 3x_3^2)\frac{1}{|\mathbf{x}|^5}\right] = 0$$

und

$$\operatorname{rot} \mathbf{K}(\mathbf{x}) = \operatorname{rot}\frac{k}{|\mathbf{x}|^3}\mathbf{x} = \begin{pmatrix} \frac{\partial}{\partial x_2}\frac{k\,x_3}{|\mathbf{x}|^3} - \frac{\partial}{\partial x_3}\frac{k\,x_2}{|\mathbf{x}|^3} \\ \frac{\partial}{\partial x_3}\frac{k\,x_1}{|\mathbf{x}|^3} - \frac{\partial}{\partial x_1}\frac{k\,x_3}{|\mathbf{x}|^3} \\ \frac{\partial}{\partial x_1}\frac{k\,x_2}{|\mathbf{x}|^3} - \frac{\partial}{\partial x_2}\frac{k\,x_1}{|\mathbf{x}|^3} \end{pmatrix} = -\frac{1}{|\mathbf{x}|^5}\begin{pmatrix} 3x_2x_3 - 3x_3x_2 \\ 3x_1x_3 - 3x_3x_1 \\ 3x_2x_1 - 3x_1x_2 \end{pmatrix} = \mathbf{0}.$$

2) Wenn wir nun das Skalarfeld $\phi(\mathbf{x}) = -\frac{k}{|\mathbf{x}|}$ betrachten und den Gradienten berechnen, ergibt sich

$$\operatorname{grad}\phi(\mathbf{x}) = \operatorname{grad}\left(-k(x_1^2 + x_2^2 + x_3^2)^{-1/2}\right) = k\frac{1}{|\mathbf{x}|^3}\mathbf{x} = \mathbf{K}(\mathbf{x}).$$

Es gibt also ein Skalarfeld $\phi(\mathbf{x})$, aus dem man das Vektorfeld $\mathbf{K}(\mathbf{x})$ durch Gradientenbildung ableiten kann. Die einzelnen Rechnungen sollten zur Übung noch einmal genau nachvollzogen werden.

7.2 Rechenregeln und Eigenschaften der Operatoren der Vektoranalysis

Wenn $\phi : D \to \mathbb{R}, D \subset \mathbb{R}^3$, ein zweimal stetig differenzierbares Skalarfeld ist, so kann man vom Vektorfeld $\mathbf{v} = \operatorname{grad} \phi$ die JACOBI-Matrix $J_{\mathbf{v}}$ bilden, man erhält

$$J_{\mathbf{v}}(\mathbf{x}) = J_{\operatorname{grad}\phi}(\mathbf{x}) = \begin{pmatrix} \frac{\partial^2 \phi}{\partial x_1^2} & \frac{\partial^2 \phi}{\partial x_1 \partial x_2} & \frac{\partial^2 \phi}{\partial x_1 \partial x_3} \\ \frac{\partial^2 \phi}{\partial x_2 \partial x_1} & \frac{\partial^2 \phi}{\partial x_2^2} & \frac{\partial^2 \phi}{\partial x_2 \partial x_3} \\ \frac{\partial^2 \phi}{\partial x_3 \partial x_1} & \frac{\partial^2 \phi}{\partial x_3 \partial x_2} & \frac{\partial^2 \phi}{\partial x_3^2} \end{pmatrix} .$$

Dabei stellt man fest, dass die JACOBI-Matrix von $\mathbf{v} = \operatorname{grad} \phi$ gleich der HESSE-Matrix von ϕ ist.

Wenn wir den Begriff der Spur einer Matrix $A = (a_{ij})$ mit $\operatorname{Spur}(A) := a_{11} + a_{22} + a_{33}$ verwenden, kann man den LAPLACE-Operator angewendet auf ein Skalarfeld ϕ auch in der Form

$$\Delta \phi = \operatorname{Spur}(J_{\operatorname{grad}\phi}(\mathbf{x}))$$

schreiben.

Rechenregeln für Operatoren der Vektoranalysis:

Sei $\phi : D \to \mathbb{R}, D \subset \mathbb{R}^n$, ein zweimal stetig differenzierbares Skalarfeld und $\mathbf{v} : D \to \mathbb{R}^n, D \subset \mathbb{R}^n$, ein stetig differenzierbares Vektorfeld, so gelten die Regeln

(i) $\operatorname{rot}(\operatorname{grad}\phi) = \mathbf{0}$ (Satz von SCHWARZ)

(ii) $\operatorname{div}(\operatorname{rot}\mathbf{v}) = 0$

(iii) $\operatorname{div}(\operatorname{grad}\phi) = \Delta \phi$

(iv) $\operatorname{div}(\phi\mathbf{v}) = \operatorname{grad}\phi \cdot \mathbf{v} + \phi\operatorname{div}\mathbf{v}$

(v) $\operatorname{rot}(\phi\mathbf{v}) = \operatorname{grad}\phi \times \mathbf{v} + \phi(\operatorname{rot}\mathbf{v})$

(vi) $\operatorname{rot}(\operatorname{rot}(\mathbf{v})) = \operatorname{grad}(\operatorname{div}(\mathbf{v})) - \Delta \mathbf{v}$.

Die Regeln, in denen der Rotationsoperator vorkommt, gelten nur für $n = 3$.

Zum Beweis sei außer dem Hinweis auf eine umfängliche Rechnerei nur gesagt, dass die Vertauschbarkeit der Reihenfolge der Ableitungen benötigt wird.

Erinnern wir uns nun nochmal an die beiden Beispiele aus dem vorigen Abschnitt. Mit dem Skalarfeld

$$\psi(\mathbf{x}) = \frac{k}{|\mathbf{x}|^3}$$

können wir das Zentralkraftfeld $\mathbf{K}$ in der Form $\mathbf{K}(\mathbf{x}) = \psi(\mathbf{x})\mathbf{x}$ darstellen. Nach der Regel (iv) erhält man damit

$$\operatorname{div}(\psi\mathbf{x}) = \operatorname{grad}\psi \cdot \mathbf{x} + \psi \operatorname{div}\mathbf{x} = \operatorname{grad}\psi \cdot \mathbf{x} + 3\psi \,,$$

womit die Rechnung de facto auf die Berechnung der Gradienten von ψ reduziert wird. Dafür rechnet man aus

$$\operatorname{grad}\psi(\mathbf{x}) = -\frac{3k}{|\mathbf{x}|^5}\mathbf{x} \,. \tag{7.5}$$

Andererseits ist $\mathbf{K}(\mathbf{x}) = \psi(\mathbf{x})\mathbf{x} = \psi(\mathbf{x})\mathbf{E}\mathbf{x}$ mit der Einheitsmatrix $\mathbf{E}$. Nach der Kettenregel erhält man

$$\mathbf{K}'(\mathbf{x}) = \psi(\mathbf{x})\mathbf{E} + \mathbf{x}\psi'(\mathbf{x}) \,.$$

Man kann die JACOBI-Matrix in der Form

$$J_{\mathbf{K}}(\mathbf{x}) = \psi(\mathbf{x})\mathbf{E} + \mathbf{x} \cdot (\operatorname{grad}\psi(\mathbf{x}))^T$$

schreiben und erhält unter Berücksichtigung von (7.5)

$$J_{\mathbf{K}}(\mathbf{x}) = \frac{k}{|\mathbf{x}|^5}(|\mathbf{x}|^2\mathbf{E} - 3\mathbf{x}\mathbf{x}^T) \,.$$

Wenn man die in der Klammer stehende Matrix genau aufschreibt, erhält man die Diagonalelemente

$$-2x_1^2 + x_2^2 + x_3^2 \,, \qquad x_1^2 - 2x_2^2 + x_3^2 \,, \qquad x_1^2 + x_2^2 - 2x_3^2 \,,$$

so dass sich für die Spur der JACOBI-Matrix der Wert Null ergibt! Damit kann man für die Funktion ϕ aus dem Beispiel 2 des vorigen Abschnittes schlussfolgern, dass

$$\operatorname{div}\mathbf{K}(\mathbf{x}) = \operatorname{Spur}(J_{\operatorname{grad}\phi}(\mathbf{x})) = \operatorname{Spur}(J_{\mathbf{K}}(\mathbf{x})) = 0$$

ist.

Beispiel: Wir hatten zu Beginn des Abschnittes einige partielle Dfferentialgleichungen in Operatorform aufgeschrieben. Im Folgenden sollen die NAVIER-STOKES-Gleichungen

$$\frac{\partial \mathbf{v}}{\partial t} + (\mathbf{v} \cdot \nabla)\mathbf{v} = -\operatorname{grad}p + \operatorname{div}(\nu\operatorname{grad}\mathbf{v}) \,, \quad \operatorname{div}\mathbf{v} = 0 \tag{7.6}$$

mittels kartesischer Koordinaten einmal vollständig ausgeschrieben dargestellt werden. Wenn wir die obigen Definitionen der Operatoren für das zweimal stetig differenzierbare Vektorfeld $\mathbf{v} : \mathbb{R}^3 \to \mathbb{R}^3$ und das stetig differenzierbare Skalarfeld $p : \mathbb{R}^3 \to \mathbb{R}$ anwenden, erhalten wir für die erste Gleichung

$$\frac{\partial v_1}{\partial t} + v_1 \frac{\partial v_1}{\partial x_1} + v_2 \frac{\partial v_1}{\partial x_2} + v_3 \frac{\partial v_1}{\partial x_3} = \tag{7.7}$$

$$-\frac{\partial p}{\partial x_1} + \frac{\partial}{\partial x_1}(\nu \frac{\partial v_1}{\partial x_1}) + \frac{\partial}{\partial x_2}(\nu \frac{\partial v_1}{\partial x_2}) + \frac{\partial}{\partial x_3}(\nu \frac{\partial v_1}{\partial x_3})$$

$$\frac{\partial v_2}{\partial t} + v_1 \frac{\partial v_2}{\partial x_1} + v_2 \frac{\partial v_2}{\partial x_2} + v_3 \frac{\partial v_2}{\partial x_3} = \tag{7.8}$$

$$-\frac{\partial p}{\partial x_2} + \frac{\partial}{\partial x_1}(\nu \frac{\partial v_2}{\partial x_1}) + \frac{\partial}{\partial x_2}(\nu \frac{\partial v_2}{\partial x_2}) + \frac{\partial}{\partial x_3}(\nu \frac{\partial v_2}{\partial x_3})$$

$$\frac{\partial v_3}{\partial t} + v_1 \frac{\partial v_3}{\partial x_1} + v_2 \frac{\partial v_3}{\partial x_2} + v_3 \frac{\partial v_3}{\partial x_3} = \tag{7.9}$$

$$-\frac{\partial p}{\partial x_3} + \frac{\partial}{\partial x_1}(\nu \frac{\partial v_3}{\partial x_1}) + \frac{\partial}{\partial x_2}(\nu \frac{\partial v_3}{\partial x_2}) + \frac{\partial}{\partial x_3}(\nu \frac{\partial v_3}{\partial x_3}).$$

Für die Gleichung $\operatorname{div} \mathbf{v} = 0$ ergibt sich

$$\frac{\partial v_1}{\partial x_1} + \frac{\partial v_2}{\partial x_2} + \frac{\partial v_3}{\partial x_3} = 0 . \tag{7.10}$$

Insbesondere bei den Gleichungen (7.7), (7.8), (7.9) wird deutlich, welche Übersichtlichkeit mit der Verwendung der Operatoren der Vektoranalysis möglich wird.

7.3 Potential und Potentialfeld

Im obigen Beispiel 2 haben wir mit dem Skalarfeld ϕ ein Feld gefunden, dessen Gradientenfeld gleich einem vorgegebenen Vektorfeld $\mathbf{K}$ ist.
Aus einem gegebenen stetig differenzierbaren Skalarfeld kann man durch Gradientenbildung stets ein Vektorfeld (Gradientenfeld) $\mathbf{v}$ gewinnen. Ist umgekehrt ein Vektorfeld $\mathbf{v}$ gegeben, so ist die Existenz eines Skalarfeldes ϕ mit der Eigenschaft $\operatorname{grad} \phi = \mathbf{v}$ keineswegs immer gesichert. Wir formulieren die entsprechenden Begriffe in Definition 7.5.

Definition 7.5. (Potential, Potentialfeld, Gradientenfeld)

Sei $\mathbf{v}$ ein Vektorfeld. Ein differenzierbares Skalarfeld ϕ, das die Gleichung

$$\operatorname{grad} \phi = \mathbf{v}$$

erfüllt, nennt man ein **Potential** oder eine Stammfunktion von $\mathbf{v}$.
Wenn es zu einem Vektorfeld $\mathbf{v}$ ein Potential ϕ gibt, nennt man $\mathbf{v}$ **Potentialfeld** oder Gradientenfeld (auch der Begriff konservatives Feld wird verwendet).

In den nächsten Abschnitten werden wir feststellen, dass die Kenntnis von Potentialen viele Aufgabenstellungen, z.B. die Berechnung der Arbeit, stark vereinfacht. Deshalb werden wir Kriterien zur Überprüfung der Potentialfeldeigenschaft behandeln und Methoden zur Berechnung von Potentialen darlegen. Wir weisen darauf hin, dass im Folgenden mit t irgendein Kurvenparameter bezeichnet wird, der nicht notwendig die Bedeutung der Zeit hat, auch wenn wir Ableitungen $\frac{d}{dt}$ mit (˙) abkürzen (z.B. $\frac{dx}{dt} = \dot{x}$).

7.4 Skalare Kurvenintegrale

Ein praktischer Hintergrund der Kurvenintegrale besteht in der Berechnung der Länge von Kurven und der Summation (Integration) einer Belegungsfunktion entlang der Kurve. Ein einfaches Beispiel hierfür ist die Berechnung der Gesamtschneemasse auf einer Freileitung, wobei die Freileitung als Kurve im $\mathbb{R}^3$ betrachtet wird und die heterogen verteilte Schneemasse pro Kurvenabschnitt als Belegungsfunktion f vorgegeben ist. Die skalare Integration der Funktion entlang der Kurve ergibt dann die Gesamtmasse. Die Eigenmasse der Freileitung muss man natürlich noch hinzunehmen, will man die Gesamtmasse der Leitung plus Schneemasse bestimmen. Den Begriff der Kurve haben wir im Kapitel 5 definiert. Zur Erinnerung soll noch einmal das skalare Bogenelement ds einer Kurve $\gamma(t) = (x_1(t), x_2(t))^T$ im $\mathbb{R}^2$

$$ds = \sqrt{\dot{x}_1^2 + \dot{x}_2^2}\, dt = |\dot{\gamma}(t)|\, dt,$$

die Bogenlänge $s(t)$ des Stückes einer Kurve, das dem Parameterintervall $[t_a, t]$ entspricht,

$$s(t) = \int_{t_a}^{t} \sqrt{\dot{x}_1^2 + \dot{x}_2^2}\, dt = \int_{t_a}^{t} |\dot{\gamma}(t)|\, dt$$

und die Bogenlänge L der gesamten Kurve

$$L = \int_{\gamma} ds = \int_{t_a}^{t_e} \sqrt{\dot{x}_1^2 + \dot{x}_2^2}\, dt = \int_{t_a}^{t_e} |\dot{\gamma}(t)|\, dt$$

angegeben werden; dabei verwenden wir die Definitionen 2.31 und 5.14. Die Verallgemeinerung auf Kurven γ im $\mathbb{R}^n$ (vgl. Definitionen 5.12, 5.13, 5.14) fassen wir zusammen in

Definition 7.6. (Bogenelement, Bogenlänge einer Kurve im $\mathbb{R}^n$)
Sei $\gamma(t) = (x_1(t), x_2(t), \ldots, x_n(t))^T$, $t \in [t_a, t_e]$, eine Kurve im $\mathbb{R}^n$. Dann bezeichnen wir mit

$$ds = \sqrt{\dot{x}_1^2(t) + \dot{x}_2^2(t) + \cdots + \dot{x}_n^2(t)}\, dt =: |\dot{\gamma}(t)|\, dt$$

das **Bogenelement** der Kurve (an der Stelle $\gamma(t)$). Für die **Bogenlänge** $s(t)$ des Kurvenstücks, das dem Parameterintervall $[t_a, t]$ ($t \leq t_e$) entspricht, gilt

$$s(t) = \int_{t_a}^{t} \sqrt{\dot{x}_1^2(\tau) + \dot{x}_2^2(\tau) + \cdots + \dot{x}_n^2(\tau)}\, d\tau = \int_{t_a}^{t} |\dot{\gamma}(\tau)|\, d\tau\,.$$

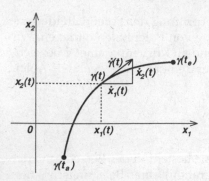

Abb. 7.2. Bezeichnungen bei Kurven γ im $\mathbb{R}^2$

Für die Gesamtlänge L der Kurve γ gilt

$$L = s(t_e) = \int_{t_a}^{t_e} \sqrt{\dot{x}_1^2(\tau) + \dot{x}_2^2(\tau) + \cdots + \dot{x}_n^2(\tau)}\, d\tau \ .$$

Wir werden im Zusammenhang mit Kurvenintegralen immer voraussetzen, dass es sich bei den betrachteten Kurven γ um **reguläre Kurven** im Sinne der Definition 5.13 handelt, d.h. für $\gamma(t) = (x_1(t), x_2(t), \ldots, x_n(t))^T$ wird

$$\dot{x}_1^2(t) + \dot{x}_2^2(t) + \cdots + \dot{x}_n^2(t) = |\dot{\gamma}(t)|^2 > 0$$

für $t \in \,]t_a, t_e[$ vorausgesetzt.

Definition 7.7. (skalares Kurvenintegral einer Funktion)

Eine Funktion $f : \mathbb{R}^n \supset \gamma([t_a, t_e]) \to \mathbb{R}$ sei auf allen Punkten einer Kurve $\gamma :$ $[t_a, t_e] \to \mathbb{R}^n$ stetig. Dann heißt

$$\int_\gamma f\, ds := \int_{t_a}^{t_e} f(\gamma(t))|\dot{\gamma}(t)|\, dt$$

das **skalare Kurvenintegral** der Funktion f.

Man nennt die skalaren Kurvenintegrale auch **Kurvenintegrale 1. Art**. Auch die Bezeichnung Linienintegrale 1. Art findet man manchmal.

Wir verstehen die Kurvenintegrale $\int_\gamma f(s)\, ds$ (wie die Integrale $\int_a^b f(x)\, dx$ über Intervalle der x-Achse) als Integrale im RIEMANNschen Sinn, d.h. als Grenzwert der RIEMANNschen Zwischensummen oder als gemeinsamen Grenzwert von Ober- und Untersummen bei immer feiner werdenden Zerlegungen des Intervalls $[t_a, t_e]$; vgl. dazu Abschnitt 2.13.4. Einer Zerlegung des Parameterintervalls $[t_a, t_e]$,

$$t_a = t_0 < t_1 < \cdots < t_{\nu-1} < t_\nu < \cdots < t_{n-1} < t_n = t_e \ ,$$

entspricht eine Zerlegung der Kurve in n Kurvenstücke durch die Teilpunkte

$$\gamma(t_0),\ \gamma(t_1), \ldots, \gamma(t_{\nu-1}),\ \gamma(t_\nu), \ldots, \gamma(t_{n-1}),\ \gamma(t_n) \ .$$

Wir wählen n Zwischenwerte t_ν^* mit $t_{\nu-1} \le t_\nu^* \le t_\nu$ $(\nu = 1, 2, \ldots, n)$ und haben damit auch n Punkte $\gamma(t_\nu^*)$ auf der Kurve gewählt. Mit $\Delta t_\nu = t_\nu - t_{\nu-1}$ ist

$$\Delta s_\nu = |\gamma(t_\nu) - \gamma(t_{\nu-1})| \approx |\dot\gamma(t_\nu^*)|\Delta t_\nu \; .$$

Die RIEMANNschen Zwischensummen für das skalare Kurvenintegral sind dann

$$Z_n = \sum_{\nu=1}^{n} f(\gamma(t_\nu^*))\Delta s_\nu \approx \sum_{\nu=1}^{n} f(\gamma(t_\nu^*))|\dot\gamma(t_\nu^*)|\Delta t_\nu \; .$$

Jeder einzelne Summand stellt im Fall $\gamma \in \mathbb{R}^2$ näherungsweise den Inhalt eines Flächenstücks $\Delta_\nu F$ dar. Diese anschauliche Deutung ist für Kurven γ im $\mathbb{R}^2$ möglich, weil man sich die zu integrierende Funktion f über der in der (x_1, x_2)-Ebene verlaufenden Kurve γ aufgetragen denken kann (s. Abb. 7.3); Für $\gamma : [t_a, t_e] \to \mathbb{R}^n$

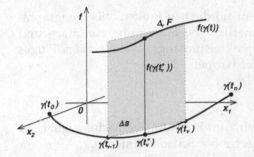

Abb. 7.3. Zur Definition des skalaren Kurvenintegrals für $\gamma : [t_a, t_e] \to \mathbb{R}^2$

mit $n > 2$ wird diese Veranschaulichung schwierig oder unmöglich.

Man kann zeigen, dass die RIEMANNschen Zwischensummen (gegen das skalare Kurvenintegral) konvergieren, wenn $f(\gamma(t))$ stetig ist. Handelt es sich bei der Kurve γ um eine aus k Kurvenstücken γ_j zusammengesetzte Kurve, so ergibt sich das Kurvenintegral in der Form

$$\int_\gamma f \, ds = \sum_{j=1}^{k} \int_{\gamma_j} f \, ds \; .$$

Das Kurvenintegral der Funktion $f \equiv 1$ ist gleich der Länge L der Kurve γ. Zur Veranschaulichung des Kurvenintegrals für $\gamma \in \mathbb{R}^3$ kann man sich etwa vorstellen, dass man entlang einer Kurve durch eine Funktion f eine Masseverteilung gegeben hat (Masse eines Drahts). Mit dem Kurvenintegral kann man dann die Gesamtmasse berechnen, wobei der in irgendeiner Weise befestigte Draht durch die Kurve γ beschrieben wird.

Beispiele:
1) Betrachten wir den Kreis mit beliebigem Radius r

$$\gamma(t) = r \begin{pmatrix} \cos t \\ \sin t \end{pmatrix} , \; t \in [0, 2\pi] ,$$

und die Belegungsfunktion $f(x, y) = x^2 - y^2$. Für $f(\gamma(t))$ errechnet man

$$f(\gamma(t)) = (\cos^2 t - \sin^2 t)r^2 = r^2 \cos 2t ,$$

und für $\dot{\gamma}(t)$ erhält man

$$\dot{\gamma}(t) = r \begin{pmatrix} -\sin t \\ \cos t \end{pmatrix} \quad \text{und damit} \quad |\dot{\gamma}(t)| = r .$$

Für das Kurvenintegral der Funktion f errechnet man schließlich

$$\int_\gamma f \, ds = \int_0^{2\pi} f(\gamma(t))|\dot{\gamma}(t)| \, dt = r^3 \int_0^{2\pi} \cos 2t \, dt$$

$$= r^3 \frac{1}{2} \sin 2t |_0^{2\pi} = 0 .$$

2) Eine Verkehrsmaschine fliegt auf einem nördlichen Breitenkreis (geographische Breite $\frac{\pi}{4}$) von Europa nach Nordamerika. Die Entfernung von Start- und Zielort ist gleich einem Viertel des Breitenkreisumfangs. Während des Fluges sondert das Flugzeug Schadstoffe nach der Formel

$$f(x, y, z) = c[1 + \cos(4 \arctan \frac{y}{x})]$$

ab. Die jeweilige Flughöhe ist im Vergleich zum Erdradius vernachlässigbar. Zu berechnen ist die während des Fluges abgegebene Schadstoffmenge.

Wenn wir die Erdoberfläche im $\mathbb{R}^3$ parametrisieren, erhält man unter Nutzung der Kugelkoordinaten

$$\gamma(\lambda) = \begin{pmatrix} x(\lambda) \\ y(\lambda) \\ z(\lambda) \end{pmatrix} = \begin{pmatrix} R \cos \phi \cos \lambda \\ R \cos \phi \sin \lambda \\ R \sin \phi \end{pmatrix} , \phi = \frac{\pi}{4} , \lambda \in [0, \frac{\pi}{2}] .$$

Hier ist $R \approx 6370$ km der Erdradius; die Flughöhe des Flugzeugs über der Erdoberfläche ist demgegenüber vernachlässigbar.

Für $f(\gamma(\lambda))$ errechnet man

$$f(\gamma(\lambda)) = c[1 + \cos(4 \arctan \frac{\sin \lambda}{\cos \lambda})] = c[1 + \cos(4\lambda)] .$$

Wegen $\dot{\gamma}(\lambda) = \frac{R}{\sqrt{2}}(-\sin \lambda, \cos \lambda, 0)^T$ ist

$$|\dot{\gamma}(\lambda)| = \frac{R}{\sqrt{2}} \sqrt{\sin^2 \lambda + \cos^2 \lambda} = \frac{R}{\sqrt{2}} .$$

Damit errechnet man die gesamte während des Fluges abgegebene Schadstoffmenge mit dem Kurvenintegral zu

$$M = \int_\gamma f \, ds = \int_0^{\frac{\pi}{2}} c[1 + \cos(4\lambda)] \frac{R}{\sqrt{2}} \, d\lambda = \frac{cR}{\sqrt{2}} \frac{\pi}{2} .$$

Schritte zur Berechnung des skalaren Kurvenintegrals einer Funktion:

1) Parametrisierung der Kurve $\gamma : [t_a, t_e] \to \mathbb{R}^n$

2) Berechnung der Funktionswerte $f(\gamma(t))$ der Belegungsfunktion

3) Berechnung von $|\dot{\gamma}(t)|$

4) Berechnung des Kurvenintegrals $\int_\gamma f \, ds = \int_{t_a}^{t_e} f(\gamma(t)) |\dot{\gamma}(t)| \, dt$.

Satz 7.1. *(Rechenregeln für Kurvenintegrale und Mittelwertsatz)*
Sei γ eine Kurve und $f, g : \mathbb{R}^n \supset \gamma([t_a, t_e]) \to \mathbb{R}$ stetige Funktionen und $\alpha \in \mathbb{R}$, dann gelten die Regeln

(i) $\int_\gamma (f + g) ds = \int_\gamma f \, ds + \int_\gamma g \, ds$ (Additivität des Integrals),

(ii) $\int_\gamma \alpha f \, ds = \alpha \int_\gamma f \, ds$ (Homogenität des Integrals),

(iii) $\int_\gamma f \, ds = f(\gamma(\tau)) \cdot L$ (Mittelwertsatz);

dabei ist L die Länge der Kurve und $\gamma(\tau)$ ein geeigneter Kurvenpunkt.

7.5 Vektorielles Kurvenintegral – Arbeitsintegral

Sei $\mathbf{k}$ ein auf einer vorgegebenen Kurve γ definiertes Vektorfeld $\mathbf{k} : \mathbb{R}^n \supset \gamma([t_a, t_e]) \to \mathbb{R}^n$. Zur Veranschaulichung setze man $n = 3$ und stelle sich $\mathbf{k}$ als Kraftfeld vor. Möchte man eine punktförmige Masse, d.h. die Idealisierung eines endlich ausgedehnten Objektes mit einer Masse m, dessen räumliche Ausdehnung gegenüber der Länge der Kurve vernachlässigbar ist (ein Beispiel wäre eine Rakete auf dem Weg zum Mond), oder eine Punkt-Ladung entlang der Kurve γ durch das Kraftfeld bzw. durch ein elektrisches Feld bewegen, muss Arbeit geleistet werden. Aus dem Physikunterricht wissen wir, dass sich die Arbeit als Produkt der Kraft und des Weges ergibt. Die Arbeit ΔA, die auf einem sehr kurzen Wegstück Δs bei der Bewegung der Masse durch das Kraftfeld $\mathbf{k}$ verrichtet wird, kann man als Produkt der Tangentialkomponente von $\mathbf{k}$, also der in Kurvenrichtung wirksamen Komponente des Kraftfeldes, mit dem Wegstück Δs

$$\Delta A = k_t \Delta s$$

verstehen. Die Tangentialkomponente k_t der Kraft in Richtung der Kurve ergibt sich durch das Skalarprodukt

$$k_t = \mathbf{k} \cdot \mathbf{t} \quad \text{mit} \quad \mathbf{t} = \frac{\dot{\gamma}(t)}{|\dot{\gamma}(t)|} .$$

In der Abb. 7.4 ist diese Situation skizziert. Auf der Bahnkurve $\gamma(t)$ eines im Kraftfeld $\mathbf{k}$ bewegten Objekts ist durch wachsende Werte des Parameters t eine Richtung definiert. In dieser Richtung wächst auch die Bogenlänge s; der Tangentenvektor $\dot{\gamma}(t)$ zeigt ebenfalls in diese Richtung. $\mathbf{k}$ habe im Kurvenpunkt $\gamma(t)$ eine in Richtung des Tangenteneinheitsvektors $\mathbf{t}$ positive Komponente k_t (d.h. $\mathbf{k} \cdot \mathbf{t} > 0$). Bei Bewegungen um ein Wegstück Δs in Richtung wachsender t bzw.

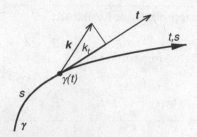

Abb. 7.4. Kraftvektor **k** und Tangentialkomponente k_t, Kurventangentenvektor **t**

s ist $\Delta s > 0$, also wird vom Kraftfeld die Arbeit $\Delta A = k_t \Delta s > 0$ geleistet. Ist dagegen $k_t < 0$ im Punkt $\gamma(t)$, so leistet das Kraftfeld Arbeit, wenn $\Delta s < 0$ ist, d.h. bei einer Bewegung in Richtung fallender t oder s: $\Delta A = k_t \Delta s > 0$. Will man auch in diesem Fall eine Bewegung in Richtung wachsender t oder s erreichen, so ist $\Delta A = k_t \Delta s < 0$, und für diese Bewegung muss gegen das Kraftfeld **k** Arbeit geleistet werden.

Man macht sich dies leicht klar am Beispiel des senkrechten Fallens oder Hebens eines Körpers (Masse m) im Erdschwerefeld. Unabhängig von der Orientierung der Kurve $\gamma(t)$ leistet das Erdschwerefeld Arbeit ($\Delta A > 0$), wenn der Körper fällt, wie es sein muss.

Für die Arbeit, die das Feld **k** an der Stelle $\gamma(t)$ bei Verschiebung eines Körpers um ein kleines Wegstück $\Delta s = |\dot{\gamma}(t)|\Delta t$ längs der Kurve γ leistet, gilt

$$\Delta A = k_t(\gamma(t))\Delta s = \mathbf{k}(\gamma(t)) \cdot \mathbf{t}(\gamma(t))\,\Delta s$$

$$= \mathbf{k}(\gamma(t)) \cdot \frac{\dot{\gamma}(t)}{|\dot{\gamma}(t)|}\,\Delta s \doteq \mathbf{k}(\gamma(t)) \cdot \dot{\gamma}(t)\,\Delta t\ .$$

Hieraus leitet man auf dem üblichen Weg (RIEMANNsche Summen, Folge immer feiner werdender Zerlegungen des Parameterintervalls $[t_a, t_e]$, Grenzübergang, vgl. die Betrachtungen beim skalaren Kurvenintegral) die Definition des vektoriellen Kurvenintegrals ab: Ist **k** ein Kraftfeld, so legen die obigen Überlegungen die Bezeichnung Arbeitsintegral nahe. Es sei aber darauf hingewiesen, dass diese Deutung keineswegs zwingend ist; bei **k** kann es sich z.B. auch um das Vektorfeld der Strömungsgeschwindigkeit eines Fluids handeln.

Definition 7.8. (Arbeitsintegral)
Sei $\gamma : [t_a, t_e] \to \mathbb{R}^n$ eine Kurve und **k** ein auf γ definiertes stetiges Vektorfeld $\mathbf{k} : \mathbb{R}^n \supset \gamma([t_a, t_e]) \to \mathbb{R}^n$. Dann wird das **Integral des Vektorfeldes** (vektorielles Kurvenintegral) entlang der Kurve γ, das auch **Arbeitsintegral** genannt wird, mit $\int_\gamma \mathbf{k} \cdot d\mathbf{s}$ bezeichnet und durch

$$\int_\gamma \mathbf{k} \cdot d\mathbf{s} := \int_{t_a}^{t_e} (\mathbf{k}(\gamma(t)) \cdot \dot{\gamma}(t))\, dt \tag{7.11}$$

definiert. $d\mathbf{s} = \dot{\gamma}(t)\,dt$ bezeichnet man als **vektorielles Bogenelement**. Besteht die Kurve γ aus den m Kurvenstücken $\gamma_1, ..., \gamma_m$, so definiert man

$$\int_\gamma \mathbf{k} \cdot \mathbf{ds} := \sum_{i=1}^{m} \int_{\gamma_i} \mathbf{k} \cdot \mathbf{ds} \, .$$

Wenn γ eine geschlossene Kurve ist, d.h. $\gamma(t_a) = \gamma(t_e)$ gilt, dann verwendet man statt der Bezeichnung $\int_\gamma \mathbf{k} \cdot \mathbf{ds}$ auch die Symbolik

$$\oint_\gamma \mathbf{k} \cdot \mathbf{ds} \, .$$

Man nennt das vektorielle Kurvenintegral auch **Kurven- oder Linienintegral 2. Art**. Für vektorielle Kurvenintegrale über Vektorfelder $\mathbf{k}$ und Kurven γ im $\mathbb{R}^2$ oder $\mathbb{R}^3$ ($\gamma([t_a, t_e]) \subset \mathbb{R}^2$ oder $\mathbb{R}^3$) findet man in der Literatur auch die Bezeichnung

$$\int_A^E (P \, dx + Q \, dy + R \, dz) \, . \tag{7.12}$$

Dabei ist

$$P(x, y, z)\mathbf{e}_1 + Q(x, y, z)\mathbf{e}_2 + R(x, y, z)\mathbf{e}_3 = \mathbf{k}(x, y, z) \, ,$$

und mit $\gamma(t) = (\gamma_1(t), \gamma_2(t), \gamma_3(t))^T$ gilt $dx = \dot\gamma_1(t) \, dt$, $dy = \dot\gamma_2(t) \, dt$, $dz = \dot\gamma_3(t) \, dt$. Es ist $\gamma(t_a) = A, \gamma(t_b) = E$. Damit ist (7.12) nur eine andere Bezeichnung für unser $\int_\gamma \mathbf{k} \cdot \mathbf{ds}$ aus Definition 7.8.

Satz 7.2. *(Rechenregeln für Kurvenintegrale 2. Art)*
Sei γ eine Kurve im $\mathbb{R}^n$ und seien $\mathbf{v}, \mathbf{v}_1, \mathbf{v}_2 : \mathbb{R}^n \supset \gamma([t_a, t_e]) \to \mathbb{R}^n$ stetige Vektorfelder und $\alpha \in \mathbb{R}$. Dann gelten die Regeln

(i) $\int_\gamma (\mathbf{v}_1 + \mathbf{v}_2) \cdot \mathbf{ds} = \int_\gamma \mathbf{v}_1 \cdot \mathbf{ds} + \int_\gamma \mathbf{v}_1 \cdot \mathbf{ds}$,

(ii) $\int_\gamma \alpha\mathbf{v} \cdot \mathbf{ds} = \alpha \int_\gamma \mathbf{v} \cdot \mathbf{ds}$.

(iii) Ist γ^* die Kurve, die aus γ durch Umkehrung des Durchlaufsinns entsteht, d.h.,
$\gamma^*(t) := \gamma(t_a + t_e - t), \, t \in [t_a, t_e]$, *so folgt*

$$\int_{\gamma^*} \mathbf{v} \cdot \mathbf{ds} = -\int_\gamma \mathbf{v} \cdot \mathbf{ds} \, .$$

Algorithmus zur Berechnung des Arbeitsintegrals:

1) Parametrisierung der Kurve $\gamma : [t_a, t_e] \to \mathbb{R}^n$

2) Berechnung der Werte $\mathbf{k}(\gamma(t))$ in den Kurvenpunkten

3) Berechnung des Tangentenvektors $\dot\gamma(t)$

4) Berechnung des Kurvenintegrals

$$\int_\gamma \mathbf{k} \cdot \mathbf{ds} = \int_{t_a}^{t_e} (\mathbf{k}(\gamma(t)) \cdot \dot\gamma(t)) \, dt \, .$$

Der eben beschriebene Algorithmus macht noch einmal deutlich, dass das Arbeitsintegral des Vektorfeldes $\mathbf{k}$ entlang der Kurve γ gleich dem skalaren Kurvenintegral der Tangentialkomponente des Vektorfeldes an der Kurve, nämlich $k_t = \mathbf{k} \cdot \dot{\gamma}(t)$ ist. Damit wird auch deutlich, dass das skalare Bogenelement ds gleich dem Betrag des vektoriellen Bogenelements $\mathbf{ds}$ ist.

Beispiele:

1) Ein Hausmann (80 kg Masse) muss seine Fenster putzen. Welche Arbeit leistet er, wenn er mit einem 10 kg schweren Wassereimer in 5 Sekunden auf die Leiter steigt, die 2 m hoch ist, und 1 m von der Hauswand entfernt steht (Leiter ist $\sqrt{5}$ m lang und bildet mit der Hauswand ein rechtwinkliges Dreieck mit den 2 und 1 m langen Katheten)?

Diese Aufgabe bedeutet die Berechnung eines Integrals eines Vektorfeldes entlang einer Kurve. Für die Kurve γ ergibt sich $\gamma(\alpha) = \binom{(\alpha-1)\mathrm{m}}{(2\alpha)\mathrm{m}}$, $\alpha \in [0,1]$. Das Kraftfeld, durch das sich der Hausmann mit seinem Eimer beim Aufstieg bewegt, ergibt sich nach NEWTON als Produkt der Masse $m = 90$ kg (Eigenmasse des Hausmanns plus Wassereimer) und der Erdbeschleunigung $\mathbf{g} = (0, -9{,}81 \frac{\mathrm{m}}{\mathrm{s}^2})^T$,

$$\mathbf{k} = m\mathbf{g} = \begin{pmatrix} 0 \\ -90 \cdot 9{,}81 \frac{\mathrm{kg\,m}}{\mathrm{s}^2} \end{pmatrix}.$$

Für den Tangentenvektor $\dot{\gamma}(\alpha)$ ergibt sich $\dot{\gamma}(\alpha) = \binom{1\mathrm{m}}{2\mathrm{m}}$. Damit ergibt sich für die vom Kraftfeld $\mathbf{k}$ geleistete Arbeit

$$A = \int_\gamma \mathbf{k} \cdot \mathbf{ds} = \int_0^1 \mathbf{k}(\gamma(\alpha)) \cdot \dot{\gamma}(\alpha) \, d\alpha$$

$$= \int_0^1 (-882{,}9) \frac{\mathrm{kg\,m}}{\mathrm{s}^2} 2\mathrm{m} \, d\alpha = -1765{,}8 \frac{\mathrm{kg\,m}}{\mathrm{s}^2} \mathrm{m} = -1765{,}8\,\mathrm{Nm} \,.$$

Der Hausmann muss daher die Arbeit 1765,8 Nm leisten, wenn er sich und den Eimer gegen das Schwerefeld auf die Leiter hieven will. Dabei ist es uninteressant, wie lange er dafür braucht, denn wir haben ja nach der Arbeit und nicht nach der Leistung gefragt.

2) Es ist die Arbeit zu berechnen, die ein Satellit auf einer Umrundung eines Planeten (kreisförmig über dem Äquator $z = 0$) mit dem Zentralkraftfeld $\mathbf{K}(\mathbf{x}) = \frac{k}{|\mathbf{x}|^3} \mathbf{x}$ leistet. Der Planet hat dabei den Radius R, und der Satellit fliegt in einer Höhe H über der Planetenoberfläche (in der Konstante $k < 0$ sind die Massen des Planeten und des Satelliten berücksichtigt). Für die Flugkurve erhalten wir $\gamma(\phi) = ((R + H)\cos\phi, (R + H)\sin\phi, 0)^T, \phi \in [0,2\pi]$. Für die Arbeit des Feldes $\mathbf{K}(\mathbf{x})$ ergibt sich

$$A = \int_0^{2\pi} \frac{k}{(R+H)^3} \begin{pmatrix} (R+H)\cos\phi \\ (R+H)\sin\phi \\ 0 \end{pmatrix} \cdot \begin{pmatrix} -(R+H)\sin\phi \\ (R+H)\cos\phi \\ 0 \end{pmatrix} d\phi$$

$$= \frac{k}{R+H} \int_0^{2\pi} [-\cos\phi\sin\phi + \sin\phi\cos\phi] \, d\phi = 0 \,,$$

d.h. es wird weder vom Kraftfeld $\mathbf{K}$ noch vom Satelliten Arbeit geleistet: Kraftvektor und Tangentenvektor der Flugkurve stehen senkrecht aufeinander.

7.6 Stammfunktion eines Gradientenfeldes

Wir hatten im Abschnitt 7.3 schon den Begriff der Stammfunktion oder des Potentials eines Gradientenfeldes eingeführt. f heißt Stammfunktion eines Vektorfeldes $\mathbf{v}$, wenn grad $f = \mathbf{v}$ gilt. Im Folgenden wird sich zeigen, dass die Kenntnis einer Stammfunktion die Berechnung von Arbeitsintegralen wesentlich erleichtert.

Satz 7.3. *(erster Hauptsatz für Potentialfelder)*

Sei $D \subset \mathbb{R}^n$ ein Gebiet und $\mathbf{v} : D \to \mathbb{R}^n$ ein Potentialfeld mit der Stammfunktion f. Dann gilt für jede in D verlaufende Kurve $\gamma : [t_a, t_e] \to \mathbb{R}^n$

$$\int_\gamma \mathbf{v} \cdot \mathbf{ds} = f(\gamma(t_e)) - f(\gamma(t_a)) \tag{7.13}$$

Beweis: Es gilt unter Nutzung der Kettenregel

$$\int_\gamma \mathbf{v} \cdot \mathbf{ds} = \int_{t_a}^{t_e} \mathbf{v}(\gamma(t)) \cdot \dot{\gamma}(t)\, dt = \int_{t_a}^{t_e} \operatorname{grad} f(\gamma(t)) \cdot \dot{\gamma}(t)\, dt$$

$$= \int_{t_a}^{t_e} \frac{d\, f(\gamma(t))}{d\, t}\, dt = f(\gamma(t_e)) - f(\gamma(t_a)) \quad .$$

$\square$

Der folgende Satz liefert äquivalente Aussagen zu Kurvenintegralen und Gradientenfeldern, die möglicherweise unnötige Arbeit ersparen.

Satz 7.4. *(Kurvenintegrale und Potentialfelder)*

Sei $D \subset \mathbb{R}^n$ ein Gebiet, $\gamma : [t_a, t_e] \to D$ eine Kurve in D und $\mathbf{v} : D \to \mathbb{R}^n$ ein stetiges Vektorfeld, dann sind die folgenden Aussagen äquivalent:

1) *Für alle Kurven γ hängt das Kurvenintegral $\int_\gamma \mathbf{v} \cdot \mathbf{ds}$ nur vom Anfangs- und Endpunkt der Kurve ab. Diese Eigenschaft heißt* **Wegunabhängigkeit** *des Kurvenintegrals.*

2) *Für alle geschlossenen Kurven γ, d.h. $\gamma(t_a) = \gamma(t_e)$, gilt $\oint_\gamma \mathbf{v} \cdot \mathbf{ds} = 0$.*

3) $\mathbf{v}$ *ist ein Potentialfeld.*

Beweis: Mit der Eigenschaft

$$\int_{\gamma^*} \mathbf{v} \cdot \mathbf{ds} = - \int_\gamma \mathbf{v} \cdot \mathbf{ds} \, .$$

für die Kurve γ^*, deren Endpunkt mit dem Anfangspunkt von γ und deren Anfangspunkt mit dem Endpunkt von γ übereinstimmt, erhält man sofort für die Kurve $\gamma^\# = \gamma \cup \gamma^*$

$$\oint_{\gamma^\#} \mathbf{v} \cdot \mathbf{ds} = \int_\gamma \mathbf{v} \cdot \mathbf{ds} + \int_{\gamma^*} \mathbf{v} \cdot \mathbf{ds} = \int_\gamma \mathbf{v} \cdot \mathbf{ds} - \int_\gamma \mathbf{v} \cdot \mathbf{ds} = 0 \, .$$

Damit ist 1) $\to$ 2) bewiesen. Betrachtet man nun γ^* als die Kurve, die aus γ durch Umkehrung des Durchlaufsinns entsteht, d.h. $\gamma^*(t) := \gamma(t_a + t_e - t)$, $t \in [t_a, t_e]$, so folgt aus 2) die Wegunabhängigkeit. Der Nachweis 3) $\to$ 2) ist offensichtlich. Der Nachweis 2) $\to$ 3) ist etwas komplizierter. Man betrachtet dazu ein $\mathbf{x}_0 \in D$ und kann in D ein $\mathbf{x}$ finden, so dass ein Polygonzug $\gamma_x = [[\mathbf{x}_0, \mathbf{x}_1], [\mathbf{x}_1, \mathbf{x}_2]...[\mathbf{x}_k, \mathbf{x}]]$ existiert, der vollständig im Gebiet D liegt. Da D offen ist, gibt es für jedes $\mathbf{x} \in D$ ein $r > 0$ mit $\mathbf{x} + \mathbf{z} \in D$ für alle $\mathbf{z} \in \mathbb{R}^n$ mit $|\mathbf{z}| < r$. Wenn wir mit $\mathbf{e}_j$ den j–ten Einheitsvektor bezeichnen, so ist für $h \in \mathbb{R}$ mit $h < r$ stets $\mathbf{x} + h\mathbf{e}_j \in D$. Aufgrund von 1) ist die Funktion

$$f(\mathbf{x}) := \int_{\gamma_x} \mathbf{v} \cdot d\mathbf{s} \quad \text{für} \quad \mathbf{x} \in D \tag{7.14}$$

unabhängig vom gewählten Polygonzug γ_x. Wenn wir die j-te Komponentenfunktion von $\mathbf{v}$ mit v_j bezeichnen, gilt $v_j = \mathbf{v} \cdot \mathbf{e}_j$. Wegen der Wegunabhängigkeit des Kurvenintegrals gilt

$$f(\mathbf{x} + h\mathbf{e}_j) = \int_{\gamma_x} \mathbf{v} \cdot d\mathbf{s} + \int_{[\mathbf{x}, \mathbf{x}+h\mathbf{e}_j]} \mathbf{v} \cdot d\mathbf{s},$$

und damit folgt

$$\frac{f(\mathbf{x} + h\mathbf{e}_j) - f(\mathbf{x})}{h} = \frac{1}{h} \int_{[\mathbf{x}, \mathbf{x}+h\mathbf{e}_j]} \mathbf{v} \cdot d\mathbf{s} = \frac{1}{h} \int_0^1 \mathbf{v}(\mathbf{x} + th\mathbf{e}_j) \cdot \mathbf{e}_j \, dt$$

$$= \frac{1}{h} \int_0^1 v_j(\mathbf{x} + th\mathbf{e}_j) \, dt = v_j(\mathbf{x} + \tau h\mathbf{e}_j)$$

aufgrund des Mittelwertsatzes mit einer geeigneten Zahl $\tau \in [0,1]$. Wegen der Stetigkeit der Komponentenfunktionen v_j ergibt sich nun

$$\lim_{h \to 0} \frac{f(\mathbf{x} + h\mathbf{e}_j) - f(\mathbf{x})}{h} = v_j(\mathbf{x}) \quad \text{und damit} \quad \operatorname{grad} f(\mathbf{x}) = \mathbf{v}(\mathbf{x}).$$

$\square$

Im Beweis des Satzes 7.4 wurde mit der Formel (7.14) eine Möglichkeit aufgezeigt, ausgehend von einem Potentialfeld $\mathbf{v}$ eine Stammfunktion f zu konstruieren. Bevor man allerdings mit dem Integrieren beginnen kann, muss man wissen, ob es sich überhaupt lohnt, d.h., man muss wissen, ob $\mathbf{v}$ ein Gradientenfeld ist. Im Folgenden sollen hinreichende Kriterien für Gradientenfelder besprochen werden. Dazu wird der Begriff der Doppelpunktfreiheit einer Kurve und die Eigenschaft eines Gebietes benötigt, einfach zusammenhängend zu sein.

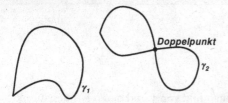

Abb. 7.5. Doppelpunkt freie Kurve γ_1 und Kurve mit Doppelpunkt γ_2

Definition 7.9. (Doppelpunktfreiheit)
Eine Kurve $\gamma : [t_a, t_e] \to \mathbb{R}^n$ heißt **doppelpunktfrei**, wenn

$$\gamma(t_1) \neq \gamma(t_2) \quad \text{für} \quad t_1 \neq t_2, \ t_1, t_2 \in (t_a, t_e)$$

und $\gamma(t_a) \neq \gamma(t)$ für $t \in (t_a, t_e)$ gilt.

Der Begriff des einfach zusammenhängenden Gebiets soll anschaulich erklärt werden, da hier auf komplizierte topologische Betrachtungen verzichtet werden soll. Der Begriff "Gebiet" enthielt bereits die Eigenschaft einer Menge, "zusammenhängend" zu sein. Wir spezialisieren nun auf "einfach zusammenhängend":

Definition 7.10. (einfach zusammenhängendes Gebiet)
Ein Gebiet $D \subset \mathbb{R}^n$ ($n \geq 2$) heißt **einfach zusammenhängend** oder **kontrahierbar**, wenn jede geschlossene, doppelpunktfreie Kurve in D stetig auf einen Punkt $\mathbf{x} \in D$ zusammengezogen werden kann.

Im $\mathbb{R}^2$ bedeutet "einfach zusammenhängend", dass das Gebiet keine Löcher haben darf. Ein Kreisring ist also nicht einfach zusammenhängend. Im $\mathbb{R}^3$ kann ein Gebiet ein Loch haben, z.B. ist eine Kugelschale einfach zusammenhängend. Andererseits ist ein Torus nicht einfach zusammenhängend.

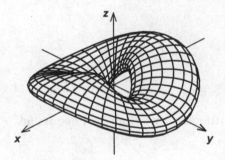

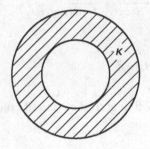

Abb. 7.6. Torus als nicht einfach zusammenhängendes Gebiet im $\mathbb{R}^3$

Abb. 7.7. Kreisring als nicht einfach zusammenhängendes Gebiet im $\mathbb{R}^2$

Es ist offensichtlich, dass jedes **konvexe** Gebiet **einfach zusammenhängend ist** (vgl. Definition 5.8).

Bevor wir ein weiteres Kriterium zur Entscheidung, ob ein Vektorfeld $\mathbf{v}$ ein Potentialfeld ist, formulieren, führen wir eine kurze Rechnung durch. Wenn Ψ ein differenzierbares Skalarfeld $\Psi : D \to \mathbb{R}$, $D \subset \mathbb{R}^3$ ist, dann stellt man die Identität

$$\text{rot} \, (\text{grad} \, \Psi) = \mathbf{0} \tag{7.15}$$

fest. D.h. wenn ein Vektorfeld die gewünschte Darstellung $\mathbf{v} = \text{grad} \, \Psi$ besitzt, dann gilt notwendigerweise die Beziehung (7.15). Mit dieser Erkenntnis wird nachfolgend ein Kriterium für Potentialfelder formuliert, das sogar notwendig und hinreichend ist.

Satz 7.5. *(Kriterium für die Existenz eines Potentials, zweiter Hauptsatz für Potentialfelder)*

Sei $D \subset \mathbb{R}^n$ ein einfach zusammenhängendes Gebiet ($n \geq 2$) und $\mathbf{v} : D \to \mathbb{R}^n$ ein stetig differenzierbares Vektorfeld. Dann ist $\mathbf{v}$ genau dann ein Potentialfeld, wenn die JACOBI-Matrix $J_{\mathbf{v}}(\mathbf{x})$ für alle $\mathbf{x} \in D$ symmetrisch ist, also

$$J_{\mathbf{v}}(\mathbf{x}) = J_{\mathbf{v}}(\mathbf{x})^T$$

*gilt. Die Forderung nach der Symmetrie der JACOBI-Matrix nennt man auch **Integrabilitätsbedingung**. Für den Fall $n = 3$ ist die Symmetrie der JACOBI-Matrix gleichbedeutend mit der Gleichung*

$$\operatorname{rot} \mathbf{v}(\mathbf{x}) = \mathbf{0} \quad .$$

Beweis: Es soll nur gezeigt werden, dass für ein Potentialfeld $\mathbf{v}$ die JACOBI-Matrix symmetrisch ist, denn der Beweis der anderen Richtung des Satzes wird analog zum Beweis des Satzes 7.4 geführt. Da $\mathbf{v}$ stetig differenzierbar ist, und ein f mit $\operatorname{grad} f = \mathbf{v}$ existiert, folgt die zweifache stetige Differenzierbarkeit von f. Damit gilt nach dem Satz von SCHWARZ

$$\frac{\partial v_i}{\partial x_j} = \frac{\partial^2 f}{\partial x_i \partial x_j} = \frac{\partial^2 f}{\partial x_j \partial x_i} = \frac{\partial v_j}{\partial x_i} \, ,$$

also

$$J_{\mathbf{v}}(\mathbf{x}) = J_{\mathbf{v}}(\mathbf{x})^T \quad . \qquad\qquad\qquad \square$$

Mit dem Satz 7.5 liegt nun ein leicht zu überprüfendes Kriterium für Potentialfelder vor.

Beispiele:
1) Betrachten wir das Vektorfeld

$$\mathbf{v}(x, y, z) = \begin{pmatrix} yz^2 \cos(xy) + 2xy \\ xz^2 \cos(xy) + x^2 + z \\ 2z \sin(xy) + y + 2z \end{pmatrix} \, ,$$

das auf ganz $\mathbb{R}^3$ und damit auf einem einfach zusammenhängenden Gebiet definiert ist. Nach dem Kriterium des Satzes 7.5 ist $\mathbf{v}$ ein Potentialfeld, wenn $\operatorname{rot} \mathbf{v}(\mathbf{x}) = \mathbf{0}$ gilt. Für die Rotation errechnet man

$$\begin{pmatrix} 2zx \cos(xy) + 1 - [x2z \cos(xy) + 1] \\ y2z \cos(xy) - 2zy \cos(xy) \\ z^2 \cos(xy) - xyz^2 \sin(xy) + 2x - [z^2 \cos(xy) - yz^2 x \sin(xy) + 2x] \end{pmatrix} = \mathbf{0} \, ,$$

und damit ist $\mathbf{v}$ ein Potentialfeld.

2) Wenn wir das Wirbelfeld $\mathbf{v}(x,y) = \frac{1}{x^2+y^2}\begin{pmatrix} -y \\ x \end{pmatrix}$ auf $D = \mathbb{R}^2 \setminus (0,0)$ betrachten, haben wir mit D ein Gebiet, das **nicht einfach zusammenhängend** ist. Wenn wir als Kurve γ den Einheitskreis betrachten ($\gamma(\phi) = (\cos\phi, \sin\phi)^T$, $\phi \in [0,2\pi]$), dann ergibt sich

$$\oint_\gamma \mathbf{v} \cdot \mathbf{ds} = 2\pi \neq 0 ,$$

womit $\mathbf{v}$ auf D nach Satz 7.4 kein Potentialfeld ist. Die Berechnung der JACOBI-Matrix ergibt mit

$$J_\mathbf{v}(x,y) = \begin{pmatrix} 2\frac{yx}{(x^2+y^2)^2} & -\frac{-y^2+x^2}{(x^2+y^2)^2} \\ -\frac{-y^2+x^2}{(x^2+y^2)^2} & -2\frac{yx}{(x^2+y^2)^2} \end{pmatrix}$$

eine **symmetrische Matrix**. Allerdings kann das Kriterium aus Satz 7.5 in $\mathbb{R}^2 \setminus \mathbf{0}$ nicht angewandt werden, da D nicht einfach zusammenhängend ist. Wenn $\mathbf{v}$ auf $\mathbb{R}^2 \setminus (0,0)$ eine Stammfunktion hätte, käme dafür nur $f(x,y) = \arctan\frac{y}{x} = \phi$ in Frage, wegen

$$f_x = \frac{-y}{x^2+y^2}, \qquad f_y = \frac{x}{x^2+y^2} .$$

Es liegt mit f aber kein Potential vor, weil $\arctan\frac{y}{x}$ in $\mathbb{R}^2 \setminus \mathbf{0}$ nicht eindeutig definiert werden kann.

Genauer: In einem Punkt P (o.B.d.A. im 1. Quadranten der (x,y)-Ebene) habe die Funktion $f(x,y)$ den Wert $f(P) = \phi$ mit $\tan\phi = \frac{y}{x}$. Lässt man P auf einer geschlossenen Kurve um $(0,0)$ herum laufen, so kommt P nach einer ϕ-Änderung um 2π mit sich selbst zur Deckung. Wird f dabei immer stetig fortgesetzt, so erhält man $f(P) = f(P) + 2\pi$ bzw. $\tan(\phi + 2\pi) = \tan\phi = \frac{y}{x}$. f ist also nicht eindeutig und kommt deshalb als Stammfunktion nicht in Frage. Aber in jedem einfach zusammenhängenden Gebiet D, das den Ursprung $\mathbf{0}$ nicht enthält, ist $\mathbf{v}$ Potentialfeld mit der Stammfunktion $f(x,y) = \arctan\frac{y}{x}(= \phi)$. In solchen Gebieten gibt es keine geschlossenen Kurven, auf denen sich ϕ um 2π ändern kann (Abb. 7.8).

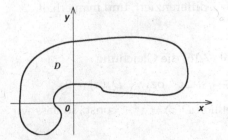

Abb. 7.8. Einfach zusammenhängendes Gebiet D mit $(0,0) \notin D$

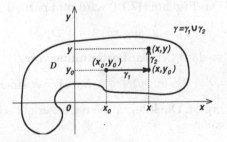

Abb. 7.9. Zur Methode mit dem Kurvenintegral

7.7   Berechnungsmethoden für Stammfunktionen

Wir haben weiter oben schon die Vorteile der Kenntnis einer Stammfunktion erkannt, wenn man z.B. an die Integration des Potentialfeldes entlang einer Kurve
denkt. Mit dem folgenden Algorithmus soll nun für das Potentialfeld aus Beispiel
1 eine Stammfunktion bestimmt werden. Man nennt die Methode auch **Ansatzmethode**. Wir gehen davon aus, dass

$$\operatorname{grad} f(x,y,z) = \begin{pmatrix} f_x \\ f_y \\ f_z \end{pmatrix} = \begin{pmatrix} yz^2\cos(xy) + 2xy \\ xz^2\cos(xy) + x^2 + z \\ 2z\sin(xy) + y + 2z \end{pmatrix} = \mathbf{v}(x,y,z) \qquad (7.16)$$

gelten muss.

1) Aus der Gleichung

$$f_x = yz^2\cos(xy) + 2xy$$

folgt mittels Integration nach x

$$f(x,y,z) = yz^2\frac{\sin(xy)}{y} + x^2y + C(y,z)\,, \qquad (7.17)$$

wobei $C(y,z)$ eine von x unabhängige Funktion sein soll.

2) Das Ergebnis (7.17) wird nun nach y partiell differenziert, man erhält dann

$$f_y = z^2x\cos(xy) + x^2 + C_y(y,z)\,,$$

so dass sich zur Bestimmung von $C(y,z)$ mit (7.16) die Gleichung

$$z^2x\cos(xy) + x^2 + C_y(y,z) = xz^2\cos(xy) + x^2 + z \quad \text{bzw.} \quad C_y(y,z) = z$$

ergibt. Die Integration nach y ergibt

$$C(y,z) = zy + D(z)\,,$$

wobei $D(z)$ nicht mehr von x und y, sondern nur noch von z abhängt. Aus
(7.17) erhält man damit

$$f(x,y,z) = z^2\sin(xy) + x^2y + zy + D(z) \qquad (7.18)$$

3) Das Ergebnis (7.18) wird nun partiell nach z differenziert, und man erhält

$$f_z = 2z\sin(xy) + y + D_z(z)\,,$$

so dass sich zur Bestimmung von $D(z)$ mit (7.16) die Gleichung

$$2z\sin(xy) + y + D_z(z) = 2z\sin(xy) + y + 2z \quad \text{bzw.} \quad D_z(z) = 2z$$

ergibt. Die Integration nach z ergibt schließlich $D(z) = z^2 + \text{const.}$, so dass wir
mit

$$f(x,y,z) = z^2\sin(xy) + x^2y + zy + z^2 + \text{const.}$$

eine Stammfunktion gefunden haben.

Die Punkte 1) bis 3) lassen sich in der beschriebenen Weise zur Berechnung einer Stammfunktion eines beliebigen vorgegebenen Potentialfeldes anwenden.

Im Beweis des Satzes 7.4 wurde mit

$$f(\mathbf{x}) := \int_{\gamma_x} \mathbf{v} \cdot d\mathbf{s} \quad \text{für} \quad \mathbf{x} \in D$$

eine Stammfunktion für ein vorgegebenes stetig differenzierbares Vektorfeld $\mathbf{v}$ definiert. Dabei war γ_x ein beliebiger in D liegender Polygonzug, der irgendeinen Punkt $\mathbf{x}_0 \in D$ mit dem Punkt $\mathbf{x} \in D$ verbindet. Will man die Stammfunktion f explizit bestimmen, muss man sich einen günstigen Punkt $\mathbf{x}_0 \in D$ und einen günstigen Polygonzug von $\mathbf{x}_0$ nach $\mathbf{x}$ in D suchen, für den sich das Kurvenintegral leicht berechnen lässt. Falls die Strecke

$$\gamma_x(t) = \mathbf{x}_0 + t(\mathbf{x} - \mathbf{x}_0) \quad t \in [0,1]$$

in D verläuft, hat man das Integral

$$f(\mathbf{x}) = \int_0^1 \mathbf{v}(\mathbf{x}_0 + t(\mathbf{x} - \mathbf{x}_0)) \cdot (\mathbf{x} - \mathbf{x}_0)\, dt$$

zu berechnen. Die beschriebene Methode zur Berechnung einer Stammfunktion nennt man **Methode mit dem Kurvenintegral**. Wir wollen diese Methode am Beispiel des Vektorfeldes $\mathbf{v}(x,y) = (\frac{-y}{x^2+y^2}, \frac{x}{x^2+y^2})^T$ auf einem einfach zusammenhängenden Gebiet D, das den Ursprung nicht enthält, erproben (Abb. 7.9).

$$\begin{aligned} f(x,y) &= \int_\gamma \mathbf{v} \cdot d\mathbf{s} = \int_{\gamma_1} \mathbf{v} \cdot d\mathbf{s} + \int_{\gamma_2} \mathbf{v} \cdot d\mathbf{s} \\ &= \int_{x_0}^x \frac{-y_0}{\xi^2 + y_0^2} d\xi + \int_{y_0}^y \frac{x}{x^2 + \eta^2} d\eta \\ &= \arctan \frac{y_0}{\xi}\Big|_{x_0}^x + \arctan \frac{\eta}{x}\Big|_{y_0}^y \\ &= \arctan \frac{y_0}{x} - \arctan \frac{y_0}{x_0} + \arctan \frac{y}{x} - \arctan \frac{y_0}{x} \\ &= \arctan \frac{y}{x} - \arctan \frac{y_0}{x_0} = \arctan \frac{y}{x} + c \,. \end{aligned}$$

7.8 Vektorpotentiale

Bei der Behandlung und Definition von Potentialfeldern und Potentialen hatten wir durch die Identität

$$\text{rot}\,(\text{grad}\ \Psi) = \mathbf{0}$$

für alle zweimal stetig differenzierbaren skalaren Funktionen Ψ ein Kriterium zur Überprüfung der Potentialfeldeigenschaft eines Vektorfeldes $\mathbf{v}$, d.h. die Forderung

$$\text{rot}\,\mathbf{v} = \mathbf{0} \,,$$

erhalten. Wenn man die Divergenz der Rotation eines Vektorfeldes **w**, also div (rot **w**), berechnet, stellt man

$$\operatorname{div}(\operatorname{rot} \mathbf{w}) = 0$$

fest. Gibt es für ein vorgegebenes Vektorfeld **v** ein Vektorfeld **w** mit

$$\mathbf{v} = \operatorname{rot} \mathbf{w} \,,$$

so muss notwendigerweise die Bedingung div **v** = 0 gelten. Diese Überlegungen führen auf den Begriff des Vektorpotentials.

Definition 7.11. (Vektorpotential)
Sei $\mathbf{v} : D \to \mathbb{R}^3$, $D \subset \mathbb{R}^3$, gegeben. Existiert ein differenzierbares Vektorfeld $\mathbf{w} : \mathbb{R}^3 \to \mathbb{R}^3$ mit

$$\mathbf{v} = \operatorname{rot} \mathbf{w} \,,$$

so heißt **w** **Vektorpotential** von **v**.

Die Vorüberlegungen zur Definition 7.11 führen auf das folgende Kriterium zur Entscheidung, ob ein vorgegebenes Vektorfeld **v** ein Vektorpotential besitzt.

Satz 7.6. *(Kriterium für die Existenz eines Vektorpotentials)*

Sei $\mathbf{v} : D \to \mathbb{R}^3$, $D \subset \mathbb{R}^3$, ein differenzierbares Vektorfeld. Ist D eine offene konvexe Menge, dann ist die Bedingung

$$div\, \mathbf{v} = 0$$

notwendig und hinreichend für die Existenz eines Vektorpotentials $\mathbf{w}$ mit $\mathbf{v} = rot\, \mathbf{w}$. Statt der Forderung der Konvexität von D reicht hier auch die schwächere Forderung, dass D einfach zusammenhängend ist.

Bei der Berechnung von Vektorpotentialen gibt es eine Analogie zur Berechnung von skalaren Potentialen. Bei skalaren Potentialen war die Berechnung bis auf eine additive Konstante durch die Ansatzmethode und die Kurvenintegral-Methode immer möglich. Hat man ein Vektorpotential $\mathbf{w}_0$ von **v** mit $\mathbf{v} = \operatorname{rot} \mathbf{w}_0$ gefunden, und ist $\mathbf{w}_1$ ein Potentialfeld, dann ist $\mathbf{w} = \mathbf{w}_0 + \mathbf{w}_1$ ebenfalls ein Vektorpotential von **v**, weil

$$\mathbf{v} = \operatorname{rot} \mathbf{w} = \operatorname{rot} \mathbf{w}_0 + \operatorname{rot} \mathbf{w}_1 = \operatorname{rot} \mathbf{w}_0$$

gilt, da rot $\mathbf{w}_1 = \mathbf{0}$ für das Potentialfeld $\mathbf{w}_1$ ist. Vektorpotentiale sind also nur bis auf Potentialfelder eindeutig. Potentialfelder spielen bei Vektorpotentialen eine ähnliche Rolle wie die Konstanten bei skalaren Potentialen.

Will man für ein vorgegebenes Vektorfeld ein Vektorpotential berechnen, muss man mit einem geeigneten Ansatz beginnen. Im folgenden Beispiel soll dies demonstriert werden.

Beispiel: Für das auf ganz $\mathbb{R}^3$ definierte Vektorfeld $\mathbf{v}(x, y, z) = (xy, xz, -zy)^T$ stellen wir $\operatorname{div} \mathbf{v} = 0$ fest und damit die Existenz eines Vektorpotentials $\mathbf{w} = (w_1, w_2, w_3)^T$. Da $\mathbf{v} = \operatorname{rot} \mathbf{w}$ gelten muss, stehen die Gleichungen

$$xy = \frac{\partial w_3}{\partial y} - \frac{\partial w_2}{\partial z} \tag{7.19}$$

$$xz = \frac{\partial w_1}{\partial z} - \frac{\partial w_3}{\partial x} \tag{7.20}$$

$$-zy = \frac{\partial w_2}{\partial x} - \frac{\partial w_1}{\partial y} \tag{7.21}$$

zur Berechnung von w_1, w_2 und w_3 zur Verfügung. Das ist nicht eindeutig möglich. Wir fixieren $w_3 = c_3 = \text{const}$. Damit erhält man nach Integration der Gleichung (7.19) nach z

$$w_2 = -xyz + C(x, y) .$$

Die Integration der Gleichung (7.20) ergibt

$$w_1 = x\frac{z^2}{2} + D(x, y) .$$

Man sieht nun, dass sich aus der dritten Gleichung (7.21) mit den bisherigen Ergebnissen für w_1 und w_2 die Beziehung

$$-zy = -zy + \frac{\partial C(x, y)}{\partial x} - \frac{\partial D(x, y)}{\partial y}$$

ergibt. Nun kann man $C(x, y)$ vorgeben und $D(x, y)$ durch

$$D(x, y) = \int \frac{\partial C(x, y)}{\partial x} \, dy$$

berechnen. Z.B. erhält man $D(x, y) = \sin y + c_1$ für $C(x, y) = x \cos y + c_2$. Für $C = \text{const.}$ folgt $D = \text{const.}$ Damit erhält man die Vektorpotentiale

$$\mathbf{u}(x, y, z) = \begin{pmatrix} x\frac{z^2}{2} + \sin y + c_1 \\ -xyz + x \cos y + c_2 \\ c_3 \end{pmatrix} \quad \text{bzw.} \quad \mathbf{w}(x, y, z) = \begin{pmatrix} x\frac{z^2}{2} + c_1 \\ -xyz + c_2 \\ c_3 \end{pmatrix}$$

mit reellen Konstanten c_1, c_2, c_3, und erkennt damit auch noch, dass $(\sin y, x \cos y, 0)^T$ ein Potentialfeld ist.

7.9 Aufgaben

1) Bilden Sie die Divergenz der NAVIER-STOKES-Gleichung (7.2) (bei $\nu = \text{const.}$) und vereinfachen Sie die Gleichung unter Nutzung der Gleichung (7.3), wobei eine entsprechende Glattheit des Vektorfeldes $\mathbf{v}$ und der skalaren Funktion p für die zu bildenden Ableitungen vorausgesetzt wird.

2) Berechnen Sie die Länge der Kurve

$$\gamma(t) = (t, e^t, 2)^T, \ t \in [0,4].$$

3) Berechnen Sie das skalare Kurvenintegral der Funktion $f(x, y, z) = \frac{x^2 - y}{z}$ entlang dem Nordpolarkreis (arctic circle, geographische Breite $\phi_n = 67{,}5^\circ$, wobei der Äquator und der Nordpol die geographische Breite 0° bzw. 90° haben). Dabei nehmen wir die Erde als Kugel mit dem Radius $r = 6400 \, km$ an.

4) Überprüfen Sie das Vektorfeld

$$\mathbf{w}(x, y, z) = \begin{pmatrix} yz\cos(xyz) + 2xz \\ xz\cos(xyz) + 2yz^2 \\ xy\cos(xyz) + x^2 + 2y^2z \end{pmatrix}$$

auf die Potentialfeldeigenschaft und berechnen Sie gegebenenfalls eine Stammfunktion.

5) Zeigen Sie, dass die folgenden Vektorfelder $\mathbf{v} : G \to \mathbb{R}^n$ eine symmetrische JACOBI-Matrix haben, aber keine Gradientenfelder in G sind. Woran liegt das?

(a) $\mathbf{v}(x, y, z) = \frac{c}{x^2 + y^2} \begin{pmatrix} -y \\ x \\ 0 \end{pmatrix}$, $\quad G = \{(x, y, z) \in \mathbb{R}^3 \mid (x, y) \neq (0,0)\}$

(b) $\quad \mathbf{w}(x, y) = \begin{pmatrix} \frac{y}{x^2 + y^2} + y \\ x - \frac{x}{x^2 + y^2} \end{pmatrix}$, $\quad G = \{(x, y) \in \mathbb{R}^2 \mid (x, y) \neq (0,0)\}$.

6) Berechnen Sie das Arbeitsintegral des Vektorfeldes $\mathbf{v} : \mathbb{R}^3 \to \mathbb{R}^3$, $\mathbf{v}(x, y, z) = (2xy + z^3, x^2, 3z^2x)^T$ längs des Kurvenstücks $\gamma(t) = (t, 1 - t, 1)^T$, $0 \le t \le 1$.

7) Berechnen Sie die Arbeit, die Sie verrichten müssen, um in einem fahrenden Zug, der in 10 Sekunden gleichmäßig von 0 auf 120 $\frac{km}{h}$ beschleunigt, in einer Zeit von maximal 10 Sekunden 10 m in Fahrtrichtung zu gehen. Dabei gehen wir davon aus, dass Sie eine Masse von 75 kg haben.
Hinweis: Egal ob Sie die 10 m in einer, fünf oder zehn Sekunden zurücklegen. Die verrichtete Arbeit ist gleich.

8) Berechnen Sie das vektorielle Kurvenintegral des Vektorfeldes

$$\mathbf{v}(x, y, z) = \begin{pmatrix} ye^{xy} \\ xe^{xy} \\ z^2 \end{pmatrix} \text{ entlang der Kurve } \ \gamma(t) = \begin{pmatrix} \cos t \\ \sin^2 t \\ t^2 \sin t \cos t \end{pmatrix}, \ t \in [0, 2\pi].$$

9) Überprüfen Sie, ob das Vektorfeld $\mathbf{v}(x, y, z) = (y, z, x)^T$ ein Vektorpotential besitzt und berechnen Sie gegebenenfalls ein Vektorpotential $\mathbf{w}$ von $\mathbf{v}$.

10) Berechnen Sie das Integral des Vektorfeldes $\mathbf{v}(x, y, z) = (-\frac{y}{x^2 + y^2}, \frac{x}{x^2 + y^2}, 2)^T$ entlang der Schraubenlinie

$$\gamma(t) = (\cos t, \sin t, t)^T, \ t \in [0, 2\pi].$$

8 Flächenintegrale, Volumenintegrale und Integralsätze

Nachdem wir im Kapitel 2 Integrale von Funktionen einer Veränderlichen betrachtet haben und im Kapitel 7 über Kurven integriert haben, ist ein Ziel des vorliegenden Kapitels die Berechnung von Integralen über Flächen und Volumina. Dabei ist die Berechnung von Flächeninhalten und die Volumenberechnung mit eingeschlossen. Neben der konkreten Berechnung von Flächen- und Volumenintegralen wird im Folgenden mit den Integralsätzen von STOKES, GAUSS und GREEN die Verbindung zwischen Kurven- und Flächenintegralen bzw. Flächen- und Volumenintegralen hergestellt. Diese Beziehungen bilden eine wesentliche Grundlage für die Herleitung kontinuumsmechanischer Bilanzen sowie die mathematische Modellierung in den Ingenieurwissenschaften und der Physik. Schon einfachste physikalische Aufgaben machen es erforderlich, Integrale über zwei- und dreidimensionale Bereiche zu definieren.

Übersicht

Um dies an einem Beispiel zu illustrieren, betrachten wir einen heterogenen Körper $K \subset \mathbb{R}^3$ und meinen mit heterogen, dass in jedem Punkt $\mathbf{x} \in K$ eine andere Dichte $\rho(\mathbf{x})$ vorliegt. Hat man einen Körper mit dem Volumen $20\,\mathrm{m}^3$, in dessen einer Hälfte K_1 wir eine Dichte von $\rho_1 = 1000\,\frac{\mathrm{g}}{\mathrm{m}^3}$ und in der anderen Hälfte K_2 die Dichte $\rho_2 = 3000\,\frac{\mathrm{g}}{\mathrm{m}^3}$ haben, so kann man die Masse von K elementar durch

$$M = 10\,\mathrm{m}^3 \times 1000\,\frac{\mathrm{g}}{\mathrm{m}^3} + 10\,\mathrm{m}^3 \times 3000\,\frac{\mathrm{g}}{\mathrm{m}^3} = 40000\,\mathrm{g}$$

berechnen. In diesem Beispiel war die Dichte durch die recht einfache Funktion

$$\rho(\mathbf{x}) = \begin{cases} 1000\,\frac{\mathrm{g}}{\mathrm{m}^3} \text{ für } \mathbf{x} \in K_1 \\ 3000\,\frac{\mathrm{g}}{\mathrm{m}^3} \text{ für } \mathbf{x} \in K_2 \end{cases}$$

gegeben. Ist nun ρ kontinuierlich veränderlich in K, dann ist die Massenberechnung nur durch ein Integral möglich.

8.1 Flächeninhalt ebener Bereiche

Ausgehend von der Erfahrung, dass man einem Rechteck R mit den Seiten a und b sinnvollerweise den Flächeninhalt $F = a \cdot b$ zuordnet, soll im Folgenden der Flächeninhalt von allgemeineren ebenen Objekten bzw. Mengen des $\mathbb{R}^2$ so definiert werden, dass er für ein Rechteck mit der angegebenen Flächeninhaltsdefinition übereinstimmt. Betrachten wir dazu eine Punktmenge M des $\mathbb{R}^2$, wie sie in Abb.

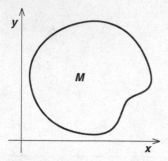

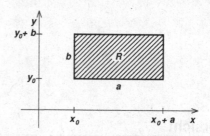

Abb. 8.1. Punktmenge $M \subset \mathbb{R}^2$ **Abb. 8.2.** Rechteck mit Seiten a, b

8.1 zu sehen ist. Zur Definition des Flächeninhalts von M überziehen wir den $\mathbb{R}^2$ mit Gittern der Maschenweite $h = \frac{h_0}{2^{k-1}}$ ($h_0 > 0$, fest; $k = 1, 2, \ldots$), d.h. mit wachsenden k werden die Gitter immer feinmaschiger. In den Abbildungen 8.3 und 8.4 ist dies skizziert. Den Flächeninhalt f_k der einzelnen quadratischen Gittermaschen kennen wir mit $f_1 = h_0^2$, $f_2 = \frac{h_0^2}{4}, \ldots$. Die einfache Idee der Bestimmung des Flächeninhalts von M besteht nun in der Näherung durch Gittermaschen, die vollständig in M liegen bzw. mindestens einen Punkt aus M enthalten. Mit $s_k(M)$ bezeichnen wir die Summe aller Flächeninhalte der Gittermaschen, die vollständig in M enthalten sind. $S_k(M)$ sei die Summe aller Flächeninhalte der

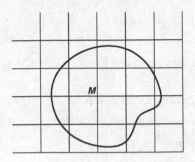 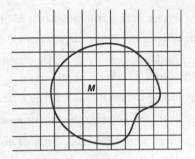

Abb. 8.3. Gitter der Maschenweite h **Abb. 8.4.** Gitter der Maschenweite $h/2$

Gittermaschen, die mindestens einen Punkt aus M enthalten (Abb. 8.3, Abb. 8.4). Jede Masche, die vollständig in M liegt, ist auch eine, die mindestens einen Punkt von M enthält. Man überlegt sich weiter, dass mit wachsendem k die Summen $s_k(M)$ nicht abnehmen und die Summen $S_k(M)$ nicht zunehmen können:

$$s_k(M) \leq s_{k+1}(M) \leq S_{k+1}(M) \leq S_k(M) \,. \tag{8.1}$$

Damit ist die Folge $(s_k(M))$ monoton wachsend und nach oben beschränkt und die Folge $(S_k(M))$ monoton fallend und nach unten beschränkt. Also existieren nach Satz 2.4 die Grenzwerte

$$F_i(M) := \lim_{k\to\infty} s_k(M) \quad \text{und} \quad F_o(M) := \lim_{k\to\infty} S_k(M) \,.$$

Definition 8.1. (Flächeninhalt, JORDAN-Inhalt)
$F_i(M)$ wird **innerer** Inhalt und $F_o(M)$ **äußerer** Inhalt von M genannt. Man sagt, die Menge M sei JORDAN-**messbar** oder hat einen Flächeninhalt, wenn

$$F_i(M) = F_o(M)$$

gilt, und in diesem Fall wird der JORDAN-**Inhalt** oder **Flächeninhalt** der Menge M durch

$$F(M) := F_i(M) = F_o(M)$$

erklärt. Für die leere Menge $\emptyset$ definieren wir $F(\emptyset) = 0$. Eine JORDAN-messbare Menge N mit $F(N) = 0$ wird eine JORDAN-**Nullmenge** genannt.

Ein beliebiges Rechteck R mit den Seiten a, b (Abb. 8.2) ist JORDAN-messbar: Man kann leicht $F_i(R) = F_o(R) = ab$, also $F(R) = ab$ zeigen; die Definition 8.1 verallgemeinert damit die für Rechtecke übliche Flächeninhaltsdefinition auf allgemeinere Mengen des $\mathbb{R}^2$. Im folgenden Satz werden recht offensichtliche Eigenschaften von messbaren Mengen (wir lassen der Einfachheit halber den Vorsatz "JORDAN" weg) zusammengefasst.

Satz 8.1. *(Eigenschaften von messbaren Mengen und JORDAN-Inhalt)*

a) Jede Teilmenge einer Nullmenge ist eine Nullmenge.

b) Die beschränkte Menge $M \subset \mathbb{R}^2$ ist genau dann messbar, wenn der Rand ∂M von M messbar ist und $F(\partial M) = 0$ gilt.

c) Jedes reguläre Kurvenstück des $\mathbb{R}^2$ ist eine Nullmenge (vgl. Definition 5.13).

d) Durchschnitt und Vereinigung zweier messbarer Mengen sind wieder messbar.

e) Wenn M und N messbar sind, dann ist auch $M \setminus N$ messbar.

*f) Wenn M und N messbar sind und $M \subset N$ gilt,
dann folgt $F(M) \leq F(N)$ (Monotonie des Inhalts).*

*g) Wenn M und N messbar sind und $M \cap N = \emptyset$ gilt,
dann folgt $F(M \cup N) = F(M) + F(N)$ (Additivität des Inhalts).*

Bis auf die Aussage b), deren Beweis recht aufwendig ist, sind die Aussagen relativ offensichtlich und folgen im Wesentlichen aus der Ungleichung (8.1). Da Nullmengen N definitionsgemäß messbar sind, bleiben Messbarkeit und Inhalt einer Menge M erhalten, wenn man eine Nullmenge aus M herausnimmt ($F(M \setminus N) = F(M)$) oder M mit einer Nullmenge vereinigt ($F(M \cup N) = F(M)$).

Definition 8.2. (regulärer Bereich)
Eine beschränkte Teilmenge $B \subset \mathbb{R}^2$ heißt **regulärer Bereich**, wenn

a) B abgeschlossen ist,

b) das Innere von B, also $B \setminus \partial B$, ein Gebiet ist und

c) der Rand ∂B von B aus endlich vielen regulären Kurven besteht.

Weil jedes reguläre Kurvenstück eine Nullmenge ist (Satz 8.1 c)) und der Rand ∂B nur aus regulären Kurven besteht, ist jeder reguläre Bereich eine messbare Menge (Satz 8.1 b)). Wenn nichts Anderes vermerkt ist, verwenden wir im Folgenden den Begriff Bereich für einen ebenen, regulären Bereich.

8.2 RIEMANNsches Flächenintegral

Bei der Integration von auf ebenen Bereichen definierten Funktionen werden analog zur Integration von Funktionen einer Veränderlichen RIEMANNsche Summen gebildet. Man benötigt deshalb Begriffe wie Zerlegung, Feinheit u.ä., die im Folgenden erklärt werden.

Definition 8.3. (Durchmesser einer Punktmenge)
Unter dem **Durchmesser** einer Punktmenge C wollen wir

$$\text{diam}(C) := \sup\{|\mathbf{x} - \mathbf{y}| \mid \mathbf{x}, \mathbf{y} \in C\}$$

verstehen.

Man sieht sofort, dass die Menge

$$M = \{(x,y)|0 \leq x \leq a,\ 0 \leq y \leq b,\ a,b > 0\}$$

und die Menge

$$N = \{(x,y)|0 < x < a,\ 0 < y < b,\ a,b > 0\}$$

denselben Durchmesser $\mathrm{diam}(M) = \mathrm{diam}(N) = \sqrt{a^2 + b^2}$ haben. Im Falle von abgeschlossenen Mengen ist das Supremum in der Definition 8.3 gleich dem Maximum.

Definition 8.4. (Zerlegung, zulässige Folge von Zerlegungen)
Unter einer **Zerlegung** Z eines regulären Bereiches B verstehen wir eine Familie $\{B_j|j = 1, ..., n\}$ von regulären Teilbereichen $B_j \subset B$ mit folgenden Eigenschaften:

a) $\cup_{j=1}^{n} B_j = B$,

b) für $i \neq j$ ist $B_i \cap B_j$ eine Nullmenge.

Dabei wird hier unter einer Familie eine endliche Menge von Mengen verstanden. Die **Feinheit** $\delta(Z)$ einer Zerlegung Z ist definiert durch

$$\delta(Z) := \max\{\mathrm{diam}(B_j)|j = 1, ..., n\}\ .$$

Eine Folge (Z_k) von Zerlegungen heißt **zulässig**, wenn $\lim_{k \to \infty} \delta(Z_k) = 0$ gilt.

Die in der Abb. 8.1 skizzierte Punktmenge M könnte man durch die Zerlegung $Z = \{B_1, B_2, B_3, ..., B_{18}\}$, die in der Abb. 8.5 skizziert ist, "zerlegen" (man muss hier auch die sehr, sehr kleinen Teilbereiche mitzählen). Die Feinheit wäre in diesem Fall $\delta(Z) = h\sqrt{2}$.

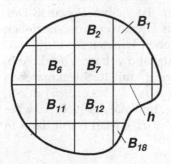

Abb. 8.5. Zerlegung eines Bereichs im $\mathbb{R}^2$

Definition 8.5. (RIEMANNsche Zwischensumme)

Sei $f : B \to \mathbb{R}$ eine beschränkte Funktion. Wenn $Z = \{B_j | j = 1, ..., n\}$ eine Zerlegung von B ist und $\mathbf{x}_j \in B_j$ beliebige Punkte sind (so genannte Zwischenpunkte), dann heißt der Ausdruck

$$S(f, Z) = \sum_{j=1}^{n} f(\mathbf{x}_j) F(B_j)$$

RIEMANNsche Zwischensumme der Funktion f bezüglich der Zerlegung Z und der Zwischenpunkte $\mathbf{x}_j$.

Satz 8.2. *(Konvergenz der Folge der RIEMANNschen Zwischensummen)*
Ist f auf einem regulären Bereich B beschränkt und (möglicherweise mit Ausnahme einer Nullmenge) stetig, so konvergiert die Folge der RIEMANNschen Zwischensummen $(S(f, Z_k))$ für jede zulässige Folge von Zerlegungen (Z_k) und jede Wahl der Zwischenpunkte $\mathbf{x}_j$. Der Grenzwert I ist unabhängig von der speziellen Wahl der zulässigen Folge von Zerlegungen (Z_k) und von der Wahl der Zwischenpunkte.

In Analogie zum RIEMANNschen Integral bei Funktionen einer Veränderlichen führt man bei Funktionen von zwei unabhängigen Veränderlichen den Begriff des RIEMANNschen Flächenintegrals ein durch die

Definition 8.6. (RIEMANNsches Flächenintegral)

f sei eine auf einem regulären Bereich $B \subset \mathbb{R}^2$ definierte, beschränkte Funktion. Man nennt f über B im RIEMANNschen Sinne integrierbar, wenn die Folge der RIEMANNschen Zwischensummen $(S(f, Z_k))$ für jede zulässige Folge von Zerlegungen (Z_k) und jede Wahl der Zwischenpunkte $\mathbf{x}_j$ gegen denselben Grenzwert I konvergiert. Dieser Grenzwert I heißt **RIEMANNsches Flächenintegral** der Funktion f über den Bereich B, und man verwendet die Schreibweisen

$$\int_B f \, dF = \int_B f(x, y) \, dF = \int_B f(x, y) \, dx dy := I \,.$$

Satz 8.2 gibt also hinreichende Bedingungen für die Integrierbarkeit an, wie Satz 2.35 für den Fall einer unabhängigen Veränderlichen. Ist f über B gemäß Def. 8.6 integrierbar, so kann man das Integral I auch als Grenzwert von speziellen "inneren Zwischensummen" erhalten. Dazu überziehen wir den $\mathbb{R}^2$ mit Parallelen zu den kartesischen Koordinatenachsen im Abstand h bzw. k (vgl. Abb. 8.3, 8.4). Aus der so entstandenen Überdeckung des $\mathbb{R}^2$ mit Rechteckmaschen R_j entnehmen wir die Familie $Z' = \{R_j | R_j \subset B \setminus \partial B; j = 1, 2, \dots, m\}$ der m Maschen R_j, die vollständig im Inneren von B liegen. Im Falle der Abb. 8.5 wäre $m = 4$ und etwa $R_1 = B_6$, $R_2 = B_7$, $R_3 = B_{11}$, $R_4 = B_{12}$. Man wählt dann m beliebige Zwischenpunkte $\mathbf{x}'_j$ mit $\mathbf{x}'_j \in R_j$ und setzt

$$S'(f, Z') = \sum_{j=1}^{m} f(\mathbf{x}'_j) F(R_j) = hk \sum_{j=1}^{m} f(\mathbf{x}'_j) \,.$$

Es lässt sich beweisen, dass diese "innere Zwischensumme" $S'(f, Z')$ bei jeder Wahl der $\mathbf{x}'_j \in R_j$ für $\delta = \sqrt{h^2 + k^2} \to 0$ gegen I streben: $I = \lim_{\delta \to 0} S'(f, Z')$. Ist f über B integrierbar, so kann man sich bei diesen Grenzprozessen also auf "innere Zwischensummen" mit rechteckigen Teilbereichen beschränken. Damit erübrigt sich dann die Betrachtung der oft kompliziert geformten Randelemente der Zerlegungen. Wir werden später daraus Nutzen ziehen.

Aus der Definition des RIEMANNschen Flächenintegrals ergibt sich der

Satz 8.3. *(Flächeninhalt und Volumen)*
a) Ist $B \subset \mathbb{R}^2$ ein regulärer Bereich, so gilt für den gemäß Definition 8.1 definierten Flächeninhalt $F(B) = \int_B 1 \, dF$.

b) Ist $f(x, y)$ für $(x, y)^T \in B$ nicht negativ und stetig, so beschreibt

$$K = \{(x, y, z)^T \,|\, (x, y)^T \in B,\ 0 \le z \le f(x, y)\}$$

eine Teilmenge des $\mathbb{R}^3$. Das Flächenintegral $\int_B f \, dF$ definiert dann das Volumen $V(K)$ dieser Teilmenge.

Seien B ein Bereich und f, g zwei auf B definierte, beschränkte Funktionen, die in allen Punkten von B (evtl. mit Ausnahme einer Nullmenge) stetig sind, sowie α eine reelle Zahl. Dann gelten für das RIEMANNsche Flächenintegral die folgenden Aussagen.

Eigenschaften des RIEMANNschen Flächenintegrals:

(i) $\int_B (f + g) \, dF = \int_B f \, dF + \int_B g \, dF$ (Additivität).

(ii) $\int_B \alpha f \, dF = \alpha \int_B f \, dF$ (Homogenität).

(iii) Aus $f \le g$ folgt $\int_B f \, dF \le \int_B g \, dF$ (Monotonie).

(iv) Wenn B_1 und B_2 zwei Bereiche mit $B_1 \cup B_2 = B$ und $F(B_1 \cap B_2) = 0$ sind, so gilt

$$\int_{B_1} f \, dF + \int_{B_2} f \, dF = \int_B f \, dF \quad \text{(Bereichsadditivität)}.$$

(v) Wenn B ein regulärer Bereich ist und $f : B \to \mathbb{R}$ stetig ist, so gibt es einen Punkt $\mathbf{x}^* \in B$ mit

$$\int_B f \, dF = f(\mathbf{x}^*) F(B) \quad \text{(Mittelwertsatz)}.$$

8.3 Flächenintegralberechnung durch Umwandlung in Doppelintegrale

Zur praktischen Berechnung des Inhalts von Bereichen bzw. von RIEMANNschen Flächenintegralen muss man die Bereiche mathematisch fassen. Die einfachste

Form eines Bereiches ist ein Rechteck

$$B = [a,b] \times [c,d] = \{(x,y)^T | a \le x \le b,\ c \le y \le d\}.$$

Allgemeinere Bereiche beschreibt man mit der

Definition 8.7. (Normalbereiche)
Ein Bereich $B_1 \subset \mathbb{R}^2$ heißt **Normalbereich vom Typ I**, wenn es ein abgeschlossenes Intervall $[a,b]$ und zwei stetig differenzierbare Funktionen $g,h : [a,b] \to \mathbb{R}$ gibt mit

$$g(x) \le h(x) \text{ für alle } x \in [a,b] \text{ und } B_1 = \{(x,y)^T | x \in [a,b],\ g(x) \le y \le h(x)\}.$$

Ein Bereich $B_2 \subset \mathbb{R}^2$ heißt **Normalbereich vom Typ II**, wenn es ein abgeschlossenes Intervall $[c,d]$ und zwei stetig differenzierbare Funktionen $g,h : [c,d] \to \mathbb{R}$ gibt mit

$$g(y) \le h(y) \text{ für alle } y \in [c,d] \text{ und } B_2 = \{(x,y)^T | y \in [c,d],\ g(y) \le x \le h(y)\}.$$

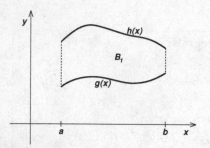 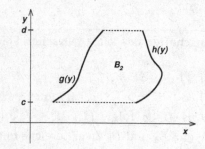

Abb. 8.6. Normalbereiche vom Typ I und II

Es ist offensichtlich, dass Rechteckbereiche Normalbereiche vom Typ I und vom Typ II sind.
Wir werden sogleich zeigen, wie man Flächenintegrale über Normalbereichen berechnen kann. I.Allg. hat man mehrere Möglichkeiten, einen vorgegebenen Bereich B als Normalbereich oder Vereinigung von Normalbereichen darzustellen. Daher ist es kaum eine Einschränkung, wenn wir uns auf die Berechnung von Flächenintegralen über Normalbereiche konzentrieren.

Beispiel: Wir betrachten eine Kreisscheibe vom Radius 1 mit Mittelpunkt $(1,0)^T$, von der durch die Parabel $y = x^2$ ein Teil abgeschnitten wurde.

1) Zerlegung in 2 Normalbereiche vom Typ II:

$$-1 \le y \le 0,\ 1 - \sqrt{1-y^2} \le x \le 1 + \sqrt{1-y^2};$$
$$0 \le y \le 1,\ \sqrt{y} \le x \le 1 + \sqrt{1-y^2}.$$

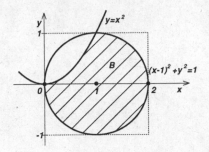

Abb. 8.7. Zur Zerlegung von B in Normalbereiche

2) Zerlegung in 3 Normalbereiche vom Typ I:

$$0 \leq x \leq 2 \,,\; -\sqrt{1-(x-1)^2} \leq y \leq 0 \,;$$
$$0 \leq x \leq 1 \,,\; 0 \leq y \leq x^2 \,;$$
$$1 \leq x \leq 2 \,,\; 0 \leq y \leq \sqrt{1-(x-1)^2} \,.$$

Die Definition 8.6 und der Satz 8.2 liefern i. Allg. keine praktikable Berechnungsmöglichkeit für Flächenintegrale. Solche Möglichkeiten ergeben sich für Flächenintegrale über Normalbereiche dadurch, dass sie sich in Doppelintegrale verwandeln lassen. Doppelintegrale werden berechnet, indem man zwei Integrationen über jeweils eine Veränderliche nacheinander ausführt. Wir wollen für einen
Rechteckbereich die Zurückführbarkeit eines Flächenintegrals auf ein Doppelintegral beweisen:

Satz 8.4. *(Flächenintegral über Rechteckbereiche)*

Wenn $B = [a,b] \times [c,d]$ ein Rechteck und $f : B \to \mathbb{R}$ eine stetige Funktion ist, so gilt

$$\int_B f\, dF = \int_a^b [\int_c^d f(x,y)\, dy]dx = \int_c^d [\int_a^b f(x,y)\, dx]dy \,.$$

Beweis: Wir gehen vom Doppelintegral $\int_a^b [\int_c^d f(x,y)\, dy]dx$ aus und zeigen, dass es mit
dem Flächenintegral $\int_B f(x,y)\, dF$ übereinstimmt. Dabei benutzen wir zunächst die Stetigkeit von f und den Mittelwertsatz der Integralrechnung. Das Intervall $[a,b]$ wird durch
Teilpunkte $x_1, \ldots, x_{n-1}$ in n Teilintervalle eingeteilt:

$$a = x_0 < x_1 < \cdots < x_{n-1} < x_n = b \,.$$

Satz 2.40 zeigt die Stetigkeit von $F(x) = \int_c^d f(x,y)\, dy$ als Funktion von x. Satz 2.36 liefert
die Existenz von Zahlen ξ_i mit $x_{i-1} < \xi_i < x_i$ $(i = 1, \ldots, n)$ und

$$\int_a^b [\int_c^d f(x,y)\, dy]dx = \sum_{i=1}^n \int_c^d f(\xi_i, y)\, dy(x_i - x_{i-1}) \,.$$

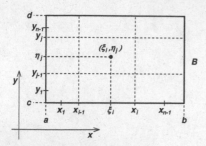

Abb. 8.8. Zum Beweis von Satz 8.4

Wir teilen nun auch die n Strecken $\{(x,y)^T | x = \xi_i, c \leq y \leq d\}$ durch Teilpunkte y_j in n Teilintervalle:

$$c = y_0 < y_1 < \cdots < y_{n-1} < y_n = d .$$

Dann hat man

$$\int_c^d f(\xi_i, y)\, dy = \sum_{j=1}^n \int_{y_{j-1}}^{y_j} f(\xi_i, y)\, dy = \sum_{j=1}^n f(\xi_i, \eta_j)(y_j - y_{j-1}) ,$$

wobei die Existenz der Zahlen $\eta_j \in]y_{j-1}, y_j[$ wieder aus dem Mittelwertsatz 2.36 folgt. Zusammenfassend gilt für das Doppelintegral die Summendarstellung

$$\int_a^b [\int_c^d f(x,y)\, dy] dx = \sum_{i=1}^n \sum_{j=1}^n f(\xi_i, \eta_j)(x_i - x_{i-1})(y_j - y_{j-1}) . \tag{8.2}$$

Das Rechteck B wurde dabei in n^2 Rechtecke $[x_{i-1}, x_i] \times [y_{j-1}, y_j]$ zerlegt und $(\xi_i, \eta_j) \in$ $]x_{i-1}, x_i[\times]y_{j-1}, y_j[$ sind Zwischenpunkte. Eine Folge solcher Zerlegungen mit

$$\delta = \sqrt{\delta_x^2 + \delta_y^2} \to 0 ,$$

wobei $\delta_x = \max_{1 \leq i \leq n}(x_i - x_{i-1})$ und $\delta_y = \max_{1 \leq j \leq n}(y_j - y_{j-1})$ ist, ist eine zulässige Folge von Zerlegungen des Rechtecks B. Da f nach Satz 8.2 und Definition 8.6 im RIEMANNschen Sinne integrierbar ist, muss auch die RIEMANNsche Zwischensumme aus (8.2) gegen das Flächenintegral $\int_B f\, dF$ konvergieren. Daher müssen Doppelintegral und Flächenintegral übereinstimmen. Nur am Rande sei bemerkt, dass die Zwischensumme in (8.2) aufgrund der speziellen Wahl der Zwischenpunkte (ξ_i, η_j) für alle δ denselben Wert, nämlich den des Doppelintegrals hat. Dass die Integrationsreihenfolge auch vertauscht werden kann, folgt aus einer einfachen Modifikation des Beweises. Damit ist der Beweis des Satzes erbracht. $\square$

Wird ein Doppelintegral ohne Klammern geschrieben, z.B. $\int_a^b \int_c^d f(x,y)\, dydx$, so sei verabredet, dass sich das zweite Integralzeichen ($\int_c^d$) auf das erste Inkrement (dy) und das erste Integralzeichen ($\int_a^b$) auf das zweite Inkrement (dx) bezieht; man arbeitet also die Integrationen von "innen nach außen" ab. Das Ergebnis des Satzes 8.4 kann man wie folgt auf Normalbereiche vom Typ I und II verallgemeinern:

Satz 8.5. *(Flächenintegral über Normalbereiche)*

a) Wenn B ein Normalbereich vom Typ I der Form

$$B = \{(x,y)^T | x \in [a,b],\ g(x) \le y \le h(x)\}$$

und $f : B \to \mathbb{R}$ eine stetige Funktion ist, dann gilt

$$\int_B f\,dF = \int_a^b [\int_{g(x)}^{h(x)} f(x,y)\,dy]\,dx = \int_a^b \int_{g(x)}^{h(x)} f(x,y)\,dy\,dx\ .$$

b) Wenn B ein Normalbereich vom Typ II der Form

$$B = \{(x,y)^T | y \in [c,d],\ g(y) \le x \le h(y)\}$$

und $f : B \to \mathbb{R}$ eine stetige Funktion ist, dann gilt

$$\int_B f\,dF = \int_c^d [\int_{g(y)}^{h(y)} f(x,y)\,dx]\,dy = \int_c^d \int_{g(y)}^{h(y)} f(x,y)\,dx\,dy\ .$$

Man hat also zunächst über die Variable mit den nicht-konstanten Grenzen zu integrieren, dann folgt die Integration über die Variable mit konstanten Grenzen.

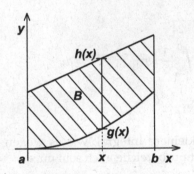
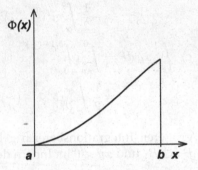

$$\Phi(x) = \int_{g(x)}^{h(x)} f(x,y)\,dy \qquad\qquad \int_B f\,dF = \int_a^b \Phi(x)\,dx$$

Abb. 8.9. Iterierte Integration über Normalbereiche

Beispiel: Wir wollen das Integral $\int_B xy\,dF$ für 3 Bereiche B berechnen ($a, b > 0$):

a) $B = B_1 = \{(x,y)|-a \le x \le 0,\ 0 \le y \le b\}$

b) $B = B_2 = \{(x,y)|0 \le y \le b,\ a(\frac{y}{b} - 1) \le x \le 0\}$

c) $B = B_3 = \{(x,y)|-a \le x \le 0,\ 0 \le y \le b[1 - (\frac{x}{a})^2]\}$

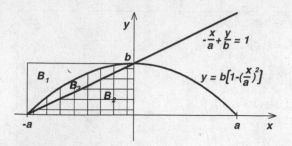

Abb. 8.10. Integrationsbereiche für das Beispiel $\int_{B_j} xy\, dF$

Ohne Rechnung erkennt man, dass die 3 Integrale negativ sein müssen, da $xy < 0$ in den Integrationsbereichen (mit Ausnahme der Nullmengen $\{(x,y)|x=0,\, 0 \leq y \leq b\}$ und $\{(x,y)|-a \leq x \leq 0,\, y = 0\}$) ist.

a)
$$\int_{B_1} xy\, dF = \int_{-a}^{0} \left[\int_{0}^{b} xy\, dy \right] dx = \int_{-a}^{0} \left[\frac{1}{2} xy^2 \right]_{y=0}^{y=b} dx$$

$$= \frac{b^2}{2} \int_{-a}^{0} x\, dx = -\frac{1}{4} a^2 b^2 \ .$$

b)
$$\int_{B_2} xy\, dF = \int_{0}^{b} \left[\int_{a(\frac{y}{b}-1)}^{0} xy\, dx \right] dy = \int_{0}^{b} \left[\frac{1}{2} x^2 y \right]_{x=a(\frac{y}{b}-1)}^{x=0} dy$$

$$= -\frac{1}{2} \int_{0}^{b} a^2 \left(\frac{y}{b} - 1 \right)^2 \cdot y\, dy = -\frac{1}{24} a^2 b^2 \ .$$

c)
$$\int_{B_3} xy\, dF = \int_{-a}^{0} \left[\int_{0}^{b[1-(\frac{x}{a})^2]} xy\, dy \right] dx = \int_{-a}^{0} \left[\frac{1}{2} xy^2 \right]_{y=0}^{y=b[1-(\frac{x}{a})^2]} dy$$

$$= \frac{1}{2} \int_{-a}^{0} xb^2 [1 - (\frac{x}{a})^2]^2\, dx = -\frac{1}{12} a^2 b^2 \ .$$

Zum größeren Integrationsbereich gehört das kleinere Integral, wie es wegen $B_2 \subset B_3 \subset B_1$ und $xy < 0$ im Innern der Integrationsbereiche auch sein muss.

Aus dem Satz 8.5 und der Bereichsadditivität des Flächenintegrals ergibt sich unmittelbar der

Satz 8.6. *(Integration über die Vereinigung von Normalbereichen)*
Sei B ein Bereich, der sich als eine endliche Vereinigung $B = \cup_{j=1}^{k} B_j$ von Normalbereichen B_j des Typs I oder II darstellen lässt, wobei für $i \neq j$ die Menge $B_i \cap B_j$ eine Nullmenge (z.B. eine Kurve) ist. Dann gilt für eine stetige Funktion $f : B \to \mathbb{R}$

$$\int_B f\, dF = \sum_{j=1}^{k} \int_{B_j} f\, dF \ .$$

Mit den Sätzen 8.4, 8.5 und 8.6 ist es nun möglich, mittels der Integralrechnung von Funktionen einer Veränderlichen auf dem Wege der "iterierten Integration" Flächenintegrale zu berechnen. Dabei kann man davon ausgehen, dass sämtliche praktisch interessanten, beschränkten Integrationsbereiche im $\mathbb{R}^2$ als Vereinigung von ebenen Normalbereichen darstellbar sind.

8.4 Satz von GREEN

Mit dem Satz von GREEN wird ein Zusammenhang zwischen einem Flächenintegral über einen Bereich und einem Kurvenintegral über die Randkurve des Bereichs hergestellt. Dazu wird der Begriff der Orientierung einer geschlossenen Kurve benötigt.

Definition 8.8. (Positive Orientierung)
Sei B, $B \subset \mathbb{R}^2$, ein Bereich mit dem Rand ∂B, der aus endlich vielen geschlossenen Kurven $\gamma_1, \gamma_2, ..., \gamma_k$ bestehe. Die Kurven seien parametrisiert, so dass für jede von ihnen eine Durchlaufrichtung definiert ist.
Der Rand von B heißt **positiv orientiert**, wenn beim Durchlaufen jeder einzelnen Randkurve γ_j der Bereich B zur Linken liegt. Eine positive Orientierung einer Kurve bedeutet also eine Umlaufrichtung entgegen dem Uhrzeigersinn.

Bei einer positiven Orientierung spricht man auch von mathematisch positivem Umlaufsinn. Entsprechend spricht man bei einem Umlauf in Uhrzeigerrichtung auch von negativer Orientierung und mathematisch negativem Umlaufsinn. Der Rand des Einheitskreises mit der Parameterdarstellung

$$\gamma(t) = \begin{pmatrix} \cos t \\ \sin t \end{pmatrix}, \ t \in [0,2\pi]$$

ist positiv orientiert.
Das Rechteck $R = [a,b] \times [c,d]$, $(a < b, c < d)$ hat die Randkurve $\gamma = [\gamma_1, \gamma_2, \gamma_3, \gamma_4]$, wobei die Parametrisierungen

$$\gamma_1(t) = \begin{pmatrix} t \\ c \end{pmatrix}, \ t \in [a,b], \qquad \gamma_2(t) = \begin{pmatrix} b \\ t \end{pmatrix}, \ t \in [c,d],$$

$$\gamma_3(t) = \begin{pmatrix} b+a-t \\ d \end{pmatrix}, \ t \in [a,b], \qquad \gamma_4(t) = \begin{pmatrix} a \\ c+d-t \end{pmatrix}, \ t \in [c,d],$$

eine positive Orientierung von $\gamma = \partial R$ ergeben.

Um den Satz von GREEN herzuleiten, betrachten wir ein auf dem Rechteck R definiertes, stetig differenzierbares Vektorfeld $\mathbf{v} : R \to \mathbb{R}^2$ mit den Komponentenfunktionen v_1, v_2. Wir stellen fest, dass $\dot{\gamma}_1 = (1,0)^T$, $\dot{\gamma}_2 = (0,1)^T$, $\dot{\gamma}_3 = (-1,0)^T$ und $\dot{\gamma}_4 = (0,-1)^T$ gilt. Damit erhält man für das Kurvenintegral $\int_\gamma \mathbf{v} \cdot \mathbf{dx}$

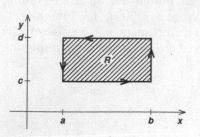

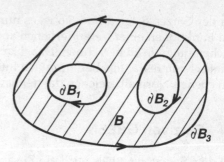

Abb. 8.11. Rechteck mit positiv orientiertem Rand

Abb. 8.12. Bereich B mit positiv orientiertem Rand $\partial B = \partial B_1 \cup \partial B_2 \cup \partial B_3$

$$
\int_\gamma \mathbf{v} \cdot d\mathbf{x} = \sum_{j=1}^{4} \int_{\gamma_j} \mathbf{v} \cdot d\mathbf{x}
$$

$$
= \int_a^b v_1(x,c)\,dx + \int_c^d v_2(b,y)\,dy - \int_a^b v_1(x,d)\,dx - \int_c^d v_2(a,y)\,dy
$$

$$
= \int_a^b [v_1(x,c) - v_1(x,d)]\,dx + \int_c^d [v_2(b,y) - v_2(a,y)]\,dy
$$

$$
= -\int_a^b [\int_c^d \frac{\partial v_1(x,y)}{\partial y}\,dy]\,dx + \int_c^d [\int_a^b \frac{\partial v_2(x,y)}{\partial x}\,dx]\,dy
$$

$$
= \int_R [\frac{\partial v_2(x,y)}{\partial x} - \frac{\partial v_1(x,y)}{\partial y}]\,dF \;,
$$

womit

$$
\int_{\partial R} \mathbf{v} \cdot d\mathbf{x} = \int_R [\frac{\partial v_2(x,y)}{\partial x} - \frac{\partial v_1(x,y)}{\partial y}]\,dF
$$

gezeigt wurde. Wenn man ein Gebiet durch achsenparallele Rechtecke approximiert, beweist man auf eine ähnliche Weise wie eben den

Satz 8.7. *(Satz von* GREEN*)*

Sei $D \subset \mathbb{R}^2$ ein Gebiet und $B \subset D$ ein Bereich mit positiv orientiertem Rand ∂B, der aus endlich vielen geschlossenen Kurven besteht, und sei $\mathbf{v} : D \to \mathbb{R}^2$ ein stetig differenzierbares Vektorfeld. Dann gilt

$$
\int_{\partial B} \mathbf{v} \cdot d\mathbf{x} = \int_B [\frac{\partial v_2(x,y)}{\partial x} - \frac{\partial v_1(x,y)}{\partial y}]\,dF \;. \tag{8.3}
$$

Den Integranden des Integrals der rechten Seite der Beziehung (8.3) erkennt man als dritte Komponente des Vektors rot $\mathbf{v}$ oder der Rotation eines ebenen Vektorfeldes $\mathbf{v} = (v_1(x,y), v_2(x,y), 0)^T$. Aus dem Satz von GREEN folgt insbesondere, dass in einem einfach zusammenhängenden Gebiet D das Arbeitsintegral eines rotationsfreien ebenen Vektorfeldes längs einer beliebigen in D verlaufenden geschlossenen Kurve verschwindet. Etwas anders formuliert sagt diese Folgerung, dass in einfach zusammenhängenden ebenen Gebieten aus der Rotationsfreiheit eines ebenen Vektorfeldes $\mathbf{v}$ die Wegunabhängigkeit des Arbeitsintegrals von $\mathbf{v}$ folgt. Diese Aussage ist auch in den Sätzen 7.4 und 7.5 enthalten. Der Satz von GREEN gilt aber darüberhinaus auch für nicht einfach zusammenhängende Gebiete D und für ebene Vektorfelder $\mathbf{v}$, deren Rotation nicht notwendig überall in D verschwindet. Er gestattet die Umwandlung eines Flächen- in ein Linienintegral (und umgekehrt) unter relativ geringen Voraussetzungen über das Vektorfeld $\mathbf{v}$ und das Gebiet D.

Beispiel: Betrachten wir das Vektorfeld $\mathbf{v}(x,y) = \begin{pmatrix} xy \\ x+y \end{pmatrix}$ und den Bereich $B = \{(x,y)^T \mid x^2 + y^2 \leq 1\}$. Zur Verifikation des Satzes von GREEN rechnen wir zuerst die linke Seite von (8.3) aus. Es ist $\partial B = \{\gamma(t) \mid \gamma(t) = (\cos t, \sin t)^T,\ t \in [0,2\pi]\}$ und damit

$$\int_{\partial B} \mathbf{v} \cdot d\mathbf{x} = \int_0^{2\pi} \mathbf{v}(\cos t, \sin t) \cdot \dot{\gamma}(t)\, dt = \int_0^{2\pi} \begin{pmatrix} \cos t \sin t \\ \cos t + \sin t \end{pmatrix} \cdot \begin{pmatrix} -\sin t \\ \cos t \end{pmatrix} dt$$

$$= \int_0^{2\pi} [-\cos t \sin^2 t + \cos^2 t + \sin t \cos t]\, dt$$

$$= \left[-\frac{1}{3}\sin^3 t + \frac{1}{2}\sin^2 t + \frac{1}{2}\cos t \sin t + \frac{1}{2}t \right]_0^{2\pi} = \pi\,.$$

Als Integrand der rechten Seite von (8.3) erhält man $1 - x$ und damit

$$\int_B (1-x)\, dF = \int_{-1}^1 \int_{-\sqrt{1-x^2}}^{\sqrt{1-x^2}} (1-x)\, dy\, dx = \int_{-1}^1 [y - xy]_{-\sqrt{1-x^2}}^{\sqrt{1-x^2}}\, dx$$

$$= \int_{-1}^1 [2\sqrt{1-x^2} - 2x\sqrt{1-x^2}]\, dx = 2\int_{-1}^1 \sqrt{1-x^2}\, dx$$

$$= 2\int_{-\frac{\pi}{2}}^{\frac{\pi}{2}} \sqrt{1 - \sin^2 t}\, \cos t\, dt = 2\int_{-\frac{\pi}{2}}^{\frac{\pi}{2}} \cos^2 t\, dt = \pi\,,$$

wobei wir genutzt haben, dass $x\sqrt{1-x^2}$ eine ungerade Funktion ist. Außerdem haben wir die Substitution $x = \sin t$, $dx = \cos t\, dt$ durchgeführt. Die etwas mühselige Berechnung kann man mit der etwas später folgenden Transformationsformel für Doppelintegrale und dem Übergang zu Polarkoordinaten vereinfachen.

Als Folgerung aus dem Satz von GREEN ergibt sich:

Sei $D \subset \mathbb{R}^2$ ein Gebiet und $B \subset D$ ein einfach zusammenhängender Bereich mit geschlossener, positiv orientierter Randkurve ∂B: $\gamma(t) = \begin{pmatrix} x(t) \\ y(t) \end{pmatrix}$, $t \in [t_a, t_e]$. $u : D \to \mathbb{R}$ sei eine zweimal stetig differenzierbare Funktion. Der nach außen gerichtete Normalenvektor $\mathbf{n}(t)$ an die Kurve ∂B ist durch

$$\mathbf{n}(t) = \frac{1}{|\dot{\gamma}(t)|} \begin{pmatrix} \dot{y}(t) \\ -\dot{x}(t) \end{pmatrix}, \quad t \in [t_a, t_e]$$

gegeben. Mit dieser Festlegung von $\mathbf{n}(t)$ gilt $\mathbf{n} \times \dot{\gamma} = |\dot{\gamma}|\mathbf{e}_3$. Das heißt $\mathbf{n}$, $\dot{\gamma}$ und $\mathbf{e}_3$ bilden ein Rechtssystem, wie es bei der nach außen gerichteten Normalen und der positiven Orientierung von ∂B sein muss.

Mittels der Funktion u bilden wir den Vektor $\mathbf{v} = \begin{pmatrix} -u_y \\ u_x \end{pmatrix}$, so dass $\frac{\partial v_2}{\partial x} - \frac{\partial v_1}{\partial y} = u_{xx} + u_{yy} = \Delta u$ gilt. Damit folgt aus dem GREENschen Satz

$$\int_B \Delta u \, dF = \int_{\partial B} \mathbf{v} \cdot \mathbf{dx} = \int_{t_a}^{t_e} \mathbf{v}(\gamma(t)) \cdot \dot{\gamma}(t) \, dt$$

$$= \int_{t_a}^{t_e} \operatorname{grad} u(\gamma(t)) \cdot \mathbf{n}(t) \, |\dot{\gamma}(t)| \, dt = \int_{t_a}^{t_e} \frac{\partial u}{\partial \mathbf{n}}(t) \, |\dot{\gamma}(t)| dt = \oint_{\partial B} \frac{\partial u}{\partial \mathbf{n}} ds .$$

Das Flächenintegral von Δu über den einfach zusammenhängenden Bereich B lässt sich folglich in das Kurvenintegral von $\frac{\partial u}{\partial \mathbf{n}}$ über den Rand ∂B von B verwandeln. Insbesondere muss das Kurvenintegral verschwinden, wenn u überall auf B die partielle Differentialgleichung $\Delta u = 0$ erfüllt.

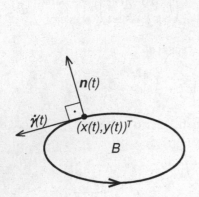

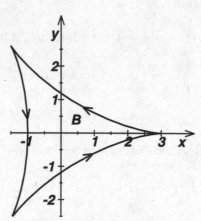

Abb. 8.13. Äußere Normale $\mathbf{n}(t)$ **Abb. 8.14.** Hypozykloide

Beispiel: Berechnung des Flächeninhalts des Bereiches B, der von einer **Hypozykloide** berandet wird. Die spezielle Hypozykloide ist durch die Parametrisierung

$$\gamma(t) = \begin{pmatrix} x(t) \\ y(t) \end{pmatrix} = \begin{pmatrix} 2\cos t + \cos(2t) \\ 2\sin t - \sin(2t) \end{pmatrix}, \quad t \in [0,2\pi]$$

positiv orientiert. Man führt nun mit $\mathbf{v}(x,y) = \frac{1}{2}\begin{pmatrix} -y \\ x \end{pmatrix}$ ein Vektorfeld ein, für das

$$\frac{\partial v_2(x,y)}{\partial x} - \frac{\partial v_1(x,y)}{\partial y} = 1$$

gilt. Für $\dot{\gamma}(t)$ ergibt sich

$$\dot{\gamma}(t) = \begin{pmatrix} -2(\sin t + \sin(2t)) \\ 2(\cos t - \cos(2t)) \end{pmatrix},$$

damit folgt aus dem GREENschen Satz

$$F(B) = \int_B dF = \int_{\partial B} \mathbf{v} \cdot \mathbf{dx} = \frac{1}{2} \int_0^{2\pi} [-y(t)\dot{x}(t) + x(t)\dot{y}(t)]\, dt$$

$$= \frac{1}{2} \int_0^{2\pi} [-(2\sin t - \sin(2t))(-2(\sin t + \sin(2t)))$$

$$+ (2\cos t + \cos(2t))(2(\cos t - \cos(2t)))]\, dt$$

$$= \frac{1}{2} \int_0^{2\pi} [-8\cos^3 t + 6\cos t + 2]\, dt = 2\pi.$$

Aus der Herleitung dieses Ergebnisses kann man die folgende allgemeinere Aussage schlussfolgern.

> **Satz 8.8.** *(Flächeninhaltsformel)*
>
> *Sei B ein Bereich, dessen Rand ∂B durch eine doppelpunktfreie geschlossene, positiv orientierte Kurve $\gamma = \partial B : [t_a, t_e] \to \mathbb{R}^2$, $\gamma(t) = (x(t), y(t))^T$, gegeben ist. Dann gilt für den Flächeninhalt $F(B)$ des Bereiches B die Formel*
>
> $$F(B) = \frac{1}{2} \int_{t_a}^{t_e} [-y(t)\dot{x}(t) + x(t)\dot{y}(t)]\, dt\,. \qquad (8.4)$$

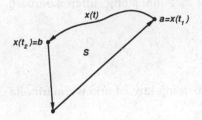

Abb. 8.15. Sektor S bzw. vom Bahnstrahl überstrichene Fläche

Ist der Flächeninhalt $F(S)$ einer von einem Bahnstrahl überstrichenen Fläche S, wie in Abb. 8.15 dargestellt, zu berechnen, ergibt sich aus dem GREENschen Satz mit dem oben benutzten Vektorfeld $\mathbf{v} = \frac{1}{2}(-y, x)^T$

$$F(S) = \int_S dF = \frac{1}{2} \int_{t_1}^{t_2} [-y(t)\dot{x}(t) + x(t)\dot{y}(t)]\, dt + \int_{\gamma_1} \mathbf{v} \cdot \mathbf{dx} + \int_{\gamma_2} \mathbf{v} \cdot \mathbf{dx}\,,$$

wobei γ_2 die Verbindungsgerade vom Punkt $\mathbf{b} = \mathbf{x}(t_2)$ zum Ursprung und γ_1 die Verbindungsgerade vom Ursprung zum Punkt $\mathbf{a} = \mathbf{x}(t_1)$ sind. Mit $t_1 < t_2$ und den Parametrisierungen

$$\gamma_2(t) = \begin{pmatrix} b_1(1-t) \\ b_2(1-t) \end{pmatrix} \quad \text{und} \quad \gamma_1(t) = \begin{pmatrix} a_1 t \\ a_2 t \end{pmatrix} \quad \text{mit } t \in [0,1]\,,$$

ist der Rand von S nach Abb. 8.15 positiv orientiert. Man erhält

$$\int_{\gamma_1} \mathbf{v} \cdot d\mathbf{s} = \int_0^1 \mathbf{v}(\gamma_1(t)) \cdot \dot{\gamma}_1(t)\, dt = \frac{1}{2} \int_0^1 \begin{pmatrix} -a_2 t \\ a_1 t \end{pmatrix} \cdot \begin{pmatrix} a_1 \\ a_2 \end{pmatrix} dt = 0 \ .$$

Die analoge Rechnung ergibt $\int_{\gamma_2} \mathbf{v} \cdot d\mathbf{x} = 0$, und damit erhält man die **Sektorformel**

$$F(S) = \int_S dF = \frac{1}{2} \int_{t_1}^{t_2} [-y(t)\dot{x}(t) + x(t)\dot{y}(t)]\, dt \ . \tag{8.5}$$

8.5 Transformationsformel für Flächenintegrale

Wenn wir uns an die Integration von Funktionen einer reellen Veränderlichen erinnern, dann hat die Substitutionsregel

$$\int_a^b f(x)\, dx = \int_{\phi^{-1}(a)}^{\phi^{-1}(b)} f(\phi(t)) \frac{d\phi(t)}{dt}\, dt \quad \text{mit} \quad x = \phi(t) \ , \ \phi \ \text{injektiv},$$

oft zur erfolgreichen Integralberechnung beigetragen. Diese Regel soll nun für Doppelintegrale verallgemeinert werden.

Definition 8.9. (Koordinatentransformation)
Seien D und D' zwei Gebiete aus dem $\mathbb{R}^2$. Eine zweimal stetig differenzierbare Funktion

$$\mathbf{x} : D \to D', \ \mathbf{x}(u,v) = \begin{pmatrix} x(u,v) \\ y(u,v) \end{pmatrix}$$

heißt **Koordinatentransformation**, wenn die Abb. $\mathbf{x}$ injektiv ist und wenn für alle $\begin{pmatrix} u \\ v \end{pmatrix} \in D$ die **Funktionaldeterminante**

$$\frac{\partial(x,y)}{\partial(u,v)} = \det(J_{\mathbf{x}}(u,v)) = \det \begin{pmatrix} x_u(u,v) & x_v(u,v) \\ y_u(u,v) & y_v(u,v) \end{pmatrix} \neq 0$$

ist.

Bei der Integration betrachten wir üblicherweise Bereiche im Unterschied zu Gebieten. Der Begriff des Gebietes wird hier nur erforderlich, weil wir Differenzierbarkeitseigenschaften sinnvollerweise auf offenen Mengen fordern, also auf Gebieten. Wir werden im Allgemeinen voraussetzen, dass die Integrationsbereiche in diesen Gebieten enthalten sind.

Man kann sich etwa vorstellen, dass u, v kartesische Koordinaten im $\mathbb{R}^2$ sind und durch die Abbildung $\mathbf{x}(u,v)$ die Geraden (u_0, v) und (u, v_0) mit $u_0, v_0 = const.$, $(u_0, v_0) \in D$, auf Kurven

$$\mathbf{x}(u, v_0) \quad \text{bzw.} \quad \mathbf{x}(u_0, v)$$

abgebildet werden. Diese Bildkurven stellen wir in einem kartesischen (x, y)-Koordinatensystem dar. Die Tangentenvektoren an die Kurven $\mathbf{x}(u, v_0)$ bzw. $\mathbf{x}(u_0, v)$ im Schnittpunkt $\mathbf{x}(u_0, v_0)$ sind $\begin{pmatrix} x_u(u_0, v_0) \\ y_u(u_0, v_0) \end{pmatrix}$ bzw. $\begin{pmatrix} x_v(u_0, v_0) \\ y_v(u_0, v_0) \end{pmatrix}$. Wegen

$$\det \begin{pmatrix} x_u(u, v) \; x_v(u, v) \\ y_u(u, v) \; y_v(u, v) \end{pmatrix} \neq 0 \text{ für } (u, v)^T \in D$$

sind diese beiden Vektoren linear unabhängig, d.h. weder parallel noch antiparallel. Die Kurven $\mathbf{x}(u, v_0)$ und $\mathbf{x}(u_0, v)$ werden **Koordinatenlinien** genannt.

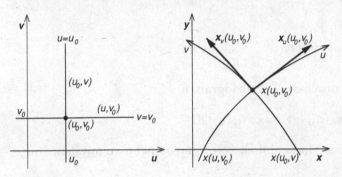

Abb. 8.16. Koordinatentransformation und Koordinatenlinien $\mathbf{x}(u, v_0), \mathbf{x}(u_0, v)$

Aufgrund der von $\mathbf{x}$ geforderten Eigenschaften folgt für einen regulären Bereich $B \subset D$, dass auch $B' = \mathbf{x}(B) \subset D'$ ein regulärer Bereich ist. Somit kann man z.B. aus einer Zerlegung

$$Z = \{B_1, B_2, ..., B_m\}$$

des regulären Bereichs B mit $\mathbf{x}(B_j) = B'_j$ eine Zerlegung

$$Z' = \{B'_1, B'_2, ..., B'_m\}$$

von B' erhalten. Z' wird die Bildzerlegung von Z unter $\mathbf{x}$ genannt. In der Abb. 8.17 ist der Übergang von B nach B' durch $\mathbf{x}$ skizziert. Aufgrund der Kompaktheit von B sowie der Beschränktheit der Ableitungen von $x(u, v)$ und $y(u, v)$ kann man folgern, dass im Falle der Zulässigkeit der Zerlegungsfolge (Z_n) auch die Folge der Bildzerlegungen (Z'_n) zulässig ist. Um die RIEMANNschen Zwischensummen bezüglich der Zerlegungen Z und Z' ineinander umrechnen zu können, benötigen wir das Verhältnis $\frac{F(B'_j)}{F(B_j)}$ der Flächeninhalte von durch $\mathbf{x}$ einander zugeordneten Teilbereiche B_j, B'_j, wobei wir uns auf hinreichend feine Zerlegungen beschränken können. O.B.d.A. sei B_j ein Rechteck der Form

$$B_j = \{ \begin{pmatrix} u_j + t \\ v_j + s \end{pmatrix} | 0 \leq t \leq h, \, 0 \leq s \leq k \},$$

wobei h und k die Seitenlängen des Rechtecks sind. Der Bildbereich

$$B'_j = \{\mathbf{x}(u_j + t, v_j + s) | 0 \leq t \leq h, \, 0 \leq s \leq k\}$$

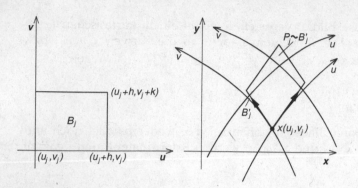

Abb. 8.17. Koordinatentransformation

kann in erster Näherung durch das Parallelogramm

$$P_j = \{\mathbf{x}(u_j, v_j) + t\mathbf{x}_u(u_j, v_j) + s\mathbf{x}_v(u_j, v_j) | 0 \le t \le h,\ 0 \le s \le k\}$$

dargestellt werden. Für den Flächeninhalt von P_j errechnet man mit dem Sinus-Satz

$$
\begin{aligned}
F(P_j) &= |h\mathbf{x}_u(u_j, v_j)| \cdot |k\mathbf{x}_v(u_j, v_j)| \cdot |\sin(\angle(\mathbf{x}_u, \mathbf{x}_v))| \\
&= hk\,|\mathbf{x}_u(u_j, v_j)| \cdot |\mathbf{x}_v(u_j, v_j)| \cdot |\sin(\angle(\mathbf{x}_u, \mathbf{x}_v))| \\
&= \sqrt{|\mathbf{x}_u|^2 \cdot |\mathbf{x}_v|^2 - (\mathbf{x}_u \cdot \mathbf{x}_v)^2}\, hk \\
&= \sqrt{x_u^2 x_v^2 + y_u^2 y_v^2 + x_u^2 y_v^2 + x_v^2 y_u^2 - x_u^2 x_v^2 - 2x_u x_v y_u y_v - y_u^2 y_v^2}\, hk \\
&= \sqrt{x_u^2 y_v^2 - 2x_u x_v y_u y_v + y_u^2 x_v^2}\, hk = \sqrt{(x_u y_v - y_u x_v)^2}\, hk \\
&= |\det(J_{\mathbf{x}}(u_j, v_j))| F(B_j) = \left| \frac{\partial(x, y)}{\partial(u, v)}(u_j, v_j) \right| \cdot F(B_j)\,.
\end{aligned}
$$

Dabei wurde $|\sin(\angle(\mathbf{x}_u, \mathbf{x}_v))|$ mittels der Beziehungen $|\sin\alpha| = \sqrt{1 - \cos^2\alpha}$, $\cos\alpha = \frac{\mathbf{x}_u \cdot \mathbf{x}_v}{|\mathbf{x}_u \cdot \mathbf{x}_v|}$ eliminiert. $F(B_j')$ ist also in erster Näherung gleich $|\det(J_{\mathbf{x}}(u_j, v_j))| F(B_j)$. Der Betrag der Funktionaldeterminante $\frac{\partial(x,y)}{\partial(u,v)}(u_j, v_j)$ liefert also das Verhältnis der Flächeninhalte infinitesimaler, sich bei der Transformation $\mathbf{x}(u, v)$ entsprechender Bereiche. Wenn nun $f : B' \to \mathbb{R}$ eine stetige Funktion ist, so definiert sie durch die Substitution

$$g(u, v) = f(\mathbf{x}(u, v))$$

eine stetige Funktion $g : B \to \mathbb{R}$. Für die Zwischenpunkte $\mathbf{u}_j = (u_j, v_j)^T$ der RIEMANNschen Zwischensummen in B erhält man die Zwischenpunkte $\mathbf{x}_j = \mathbf{x}(\mathbf{u}_j)$ in B'. Damit ergibt die Zerlegung $Z' = \{B_1', B_2', ..., B_m'\}$ die RIEMANNsche Summe

$$S(f, Z') = \sum_{j=1}^{m} f(\mathbf{x}_j) F(B_j')\,,$$

die bei hinreichend feinen Zerlegungen Z und Z' in erster Näherung gleich der RIEMANNschen Summe $\sum_{j=1}^{m} f(\mathbf{x}(\mathbf{u}_j))F(P_j)$ ist. Also erhalten wir

$$S(f, \dot{Z}') = \sum_{j=1}^{m} f(\mathbf{x}_j)F(B'_j) \approx \sum_{j=1}^{m} f(\mathbf{x}(\mathbf{u}_j))F(P_j) = \sum_{j=1}^{m} g(\mathbf{u}_j)|det(J_{\mathbf{x}}(\mathbf{u}_j))|F(B_j) \ .$$

$\sum_{j=1}^{m} g(\mathbf{u}_j)|det(J_{\mathbf{x}}(\mathbf{u}_j))|F(B_j)$ ist die RIEMANNsche Summe $S(g|det(J_{\mathbf{x}}|, Z)$ der Funktion $g(\mathbf{u})|det(J_{\mathbf{x}}(\mathbf{u})|$ bezügl. der Zerlegung Z und der Zwischenpunkte $\mathbf{u}_j$. $S(f, Z') = \sum_{j=1}^{m} f(\mathbf{x}_j)F(B'_j)$ ist die RIEMANNsche Summe der Funktion f bezügl. der Bildzerlegung Z' von Z unter $\mathbf{x}$ und der Zwischenpunkte $\mathbf{x}_j = \mathbf{x}(\mathbf{u}_j)$. Ist die Folge (Z_n) von Zerlegungen von B zulässig, so ist es auch die Folge (Z'_n) der Bildzerlegungen Z'_n von B' unter $\mathbf{x}$. Da sich $S(g|det(J_{\mathbf{x}}|, Z)$ und $S(f, Z')$ für hinreichend feine Zerlegungen Z und Z' um beliebig wenig unterscheiden, müssen die Grenzwerte für $n \to \infty$ übereinstimmen. Daraus ergibt sich der

Satz 8.9. *(Transformationsregel für Flächenintegrale)*
Sei $B \subset \mathbb{R}^2$ ein regulärer Bereich, und sei $\mathbf{x} : B \to B' \subset \mathbb{R}^2$ eine Koordinatentransformation. Dann gilt für jede auf B' stetige Funktion $f : B' \to \mathbb{R}$

$$\int_{\mathbf{x}(B)} f \, dF = \int_{B'} f(x, y) \, dxdy = \int_B f(x(u,v), y(u,v))|\frac{\partial(x,y)}{\partial(u,v)}| \, dudv \ . \quad (8.6)$$

Beispiele:
1) Kartesische und Polarkoordinaten. Mit

$$\mathbf{x}(\rho, \phi) = \begin{pmatrix} x(\rho, \phi) \\ y(\rho, \phi) \end{pmatrix} = \begin{pmatrix} \rho \cos \phi \\ \rho \sin \phi \end{pmatrix} \quad \rho > 0, 0 \leq \phi < 2\pi$$

führen wir eine Transformation vom (ρ, ϕ)- ins (x, y)-System aus (Abb. 8.18). Es gilt

$$\frac{\partial(x,y)}{\partial(\rho,\phi)} = \begin{vmatrix} \cos \phi & -\rho \sin \phi \\ \sin \phi & \rho \cos \phi \end{vmatrix} = \rho \ .$$

Der halbunendliche Streifen $B_\infty = \{(\rho, \phi)|\rho > 0, 0 \leq \phi < 2\pi\}$ wird umkehrbar eindeutig auf $B'_\infty = \mathbb{R}^2 \setminus \mathbf{0}$ abgebildet. Die Parallelen zur ρ-Achse gehen über in die Strahlen $\phi = $ const. aus dem Nullpunkt, die zur ϕ-Achse parallelen Strecken gehen in die Kreise $\rho = $ const. über. Ein Flächenintegral transformiert sich wie folgt

$$\int_{B'} f \, dF = \int_{B'} f(x, y) \, dxdy = \int_B f(\rho \cos \phi, \rho \sin \phi) \, \rho d\rho d\phi \ .$$

Der Bereich $B' \subset B'_\infty$ (in der (x, y)-Ebene) ist das Bild des Bereiches $B \subset B_\infty$ (in der (ρ, ϕ)-Ebene) bei der Abbildung $\mathbf{x}(\rho, \phi) = (\rho \cos \phi, \rho \sin \phi)^T$. Die Regel (8.6)

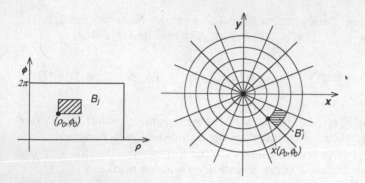

Abb. 8.18. Polarkoordinaten

ist auch dann erfüllt, wenn für endlich viele Punkte oder allgemeiner auf einer Nullmenge aus B die Bedingung $\frac{\partial(x,y)}{\partial(\rho,\phi)} \neq 0$ nicht erfüllt bzw. die Transformation x nicht injektiv ist. Wir hätten also auch $B_\infty = \{(\rho,\phi)|\rho \geq 0,\, 0 \leq \phi \leq 2\pi\}$ setzen können.

2) Es ist die Masse einer Kreisscheibe K mit dem Radius $r = 2$ zu berechnen, wobei für die Kreisscheibe eine Flächendichte von $d(x,y) = 8 - x^2 - y^2$ gegeben ist. Unterteilt man den Integrationsbereich in Normalbereiche, hat man mit

$$\int_K d(x,y)\,dxdy = \int_{-2}^{2}\int_0^{\sqrt{4-x^2}} (8-x^2-y^2)\,dydx + \int_{-2}^{2}\int_{-\sqrt{4-x^2}}^{0} (8-x^2-y^2)\,dydx$$

eine aufwendige Integrationsaufgabe zu lösen. Nutzt man die Rotationssymmetrie von K aus, kann man mit der Transformation

$$\begin{pmatrix} x(\rho,\phi) \\ y(\rho,\phi) \end{pmatrix} = \begin{pmatrix} \rho\cos\phi \\ \rho\sin\phi \end{pmatrix},\ \rho \in [0,2],\ \phi \in [0,2\pi]$$

die Transformationsformel für Flächenintegrale verwenden. Mit $\frac{\partial(x,y)}{\partial(\rho,\phi)} = \rho$ ergibt sich

$$\int_K d(x,y)\,dxdy = \int_0^2\int_0^{2\pi} (8 - \rho^2)\rho\,d\phi d\rho$$

$$= 2\pi \int_0^2 (8\rho - \rho^3)\,d\rho = 2\pi[4\rho^2 - \frac{\rho^4}{4}]_0^2 = 2\pi[16 - 4] = 24\pi\,.$$

3) Es soll das Integral $\int_{B'} xy\,dxdy$ berechnet werden, wobei B' der Bereich ist, der durch die Geraden

$$y = x - 1\,,\quad y = x + 1\,,\quad y = -x + 1\,,\quad y = -x - 1$$

begrenzt ist. Man kann nun B' in Normalbereiche unterteilen, und die Aufgabe lösen. Allerdings findet man mit der Einführung von Verschiebungsparametern u und v und den Gleichungen

$$y = -x + u\,,\quad u \in [-1,1]\,,\quad y = x + v\,,\quad v \in [-1,1]$$

eine Beschreibung des Integrationsgebietes B'. Die Auflösung nach x und y ergibt die Transformation. Man findet

$$\mathbf{x}(u,v) = \begin{pmatrix} x(u,v) \\ y(u,v) \end{pmatrix} = \begin{pmatrix} \frac{1}{2}(u-v) \\ \frac{1}{2}(u+v) \end{pmatrix} .$$

Mit $B = \{(u,v) | -1 \le u \le 1, -1 \le v \le 1\}$ ist $\mathbf{x}(B) = B'$ (s. Abb. 8.19). Für $\frac{\partial(x,y)}{\partial(u,v)}$ erhält man $\frac{1}{2}$. Die Transformationsformel für Flächenintegrale ergibt

$$\int_{B'} xy\, dxdy = \int_{-1}^{1} \int_{-1}^{1} \frac{1}{2}(u-v)\frac{1}{2}(u+v)\frac{1}{2}\, dudv$$

$$= \frac{1}{8} \int_{-1}^{1} \int_{-1}^{1} (u^2 - v^2)\, dudv = \frac{1}{8} \int_{-1}^{1} [\frac{1}{3}u^3 - v^2 u]_{u=-1}^{u=1}\, dv$$

$$= \frac{1}{8} \int_{-1}^{1} (\frac{2}{3} - 2v^2)\, dv = \frac{1}{8}[\frac{2}{3}v - \frac{2}{3}v^3]_{-1}^{1} = 0 .$$

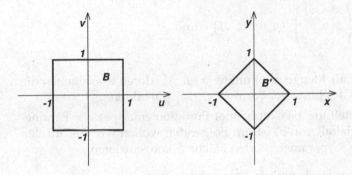

Abb. 8.19. Abbildung des Quadrats B auf das Quadrat B' mittels $\mathbf{x}$

8.6 Integration über Oberflächen

Im vorangegangenen Abschnitt haben wir ein Instrumentarium zur Bestimmung des Flächeninhalts ebener Bereiche bzw. zur Berechnung von RIEMANNschen Flächenintegralen erarbeitet. Nun soll das Problem der Berechnung des Flächeninhalts von Flächen im Raum ($\mathbb{R}^3$) behandelt werden. Als Mittel zur Berechnung des Inhalts von Oberflächen werden wir schließlich das Oberflächenintegral erklären. Darüberhinaus kann man mit diesem Hilfsmittel auch interessante physikalische Anwendungen behandeln. Z.B. lassen sich die räumlichen Kraftwirkungen von Massen oder elektrischen Ladungen ermitteln, die auf einer beliebigen Fläche verteilt sind. Ist ein Vektorfeld gegeben, z.B. das Geschwindigkeitsfeld eines strömenden Fluids, so kann mittels Oberflächenintegral der Fluss dieses Vektorfelds durch eine Fläche bestimmt werden; beim Geschwindigkeitsfeld eines inkompressiblen Fluids hat man damit die Masse, die pro Zeiteinheit durch die Fläche transportiert wird.

Bei den RIEMANNschen Flächenintegralen wird über ebene, reguläre Bereiche integriert; wir haben dabei insbesondere Normalbereiche betrachtet (Definition 8.7 und Satz 8.5). Soll nun allgemeiner ein Flächenstück $S \subset \mathbb{R}^3$ als Integrationsbereich für eine auf S definierte Funktion f betrachtet werden, müssen wir uns zunächst nach mathematischen Beschreibungsmöglichkeiten für S umsehen. Für die Beschreibung der Menge der Punkte $(x, y)^T$, die S ausmachen, geben wir folgende Möglichkeiten an.

a) Explizite Darstellung als Graph einer Funktion $f : B \to \mathbb{R}$, $B \subset \mathbb{R}^2$

$$S = \left\{ \begin{pmatrix} x \\ y \\ f(x,y) \end{pmatrix} \middle| (x,y)^T \in B \right\},$$

b) Parameterdarstellung (parametrisierte Darstellung) als Ergebnis der Abbildung $\mathbf{x} : B \to \mathbb{R}^3$, $B \subset \mathbb{R}^2$

$$S = \left\{ \mathbf{x}(u,v) = \begin{pmatrix} x(u,v) \\ y(u,v) \\ z(u,v) \end{pmatrix} \middle| (u,v)^T \in B \right\} \quad \text{und}$$

c) implizite Darstellung, als Menge der Punkte $(x, y, z)^T$, deren Koordinaten die Lösungsmenge einer Gleichung der Form $F(x, y, z) = 0$ bilden.

Man sieht, dass die Darstellung als Graph einer Funktion eine spezielle Parametrisierung, also ein Spezialfall von b) ist. Im Folgenden wollen wir uns auf den Fall einer durch $\mathbf{x} : D \to \mathbb{R}^3$ parametrisierten Fläche S konzentrieren.

Definition 8.10. (reguläres Flächenstück, Parametrisierung)
Es seien $D \subset \mathbb{R}^2$ ein Gebiet und $B \subset D$ ein regulärer Bereich. Sei $\mathbf{x} : D \to \mathbb{R}^3$ ein stetig differenzierbares Vektorfeld. Die Punktmenge

$$S := \{ \mathbf{x}(u,v) | (u,v)^T \in B \} = \mathbf{x}(B)$$

wird **reguläres Flächenstück** genannt, wenn

1) $\mathbf{x}$ auf $\dot{B} = B \setminus \partial B$ injektiv ist, und

2) $\mathbf{x}_u(u, v) \times \mathbf{x}_v(u, v) \neq \mathbf{0}$ für alle $(u, v)^T \in \dot{B}$ ist.

Die Abbildung $\mathbf{x}(u, v)$ mit $(u, v)^T \in B$ heißt **Parameterdarstellung** oder **Parametrisierung** des regulären Flächenstücks S. Die Teilmenge $\mathbf{x}(\dot{B}) \subset S$, d.h. die Menge der Bilder der inneren Punkte von B unter $\mathbf{x}$, bezeichnen wir mit $\dot{S}$.

Die Bedingung 2) besagt, dass die Tangentenvektoren $\mathbf{x}_u(u_0, v_0)$ bzw. $\mathbf{x}_v(u_0, v_0)$ an die Parameterlinien

$$\{ \mathbf{x}(u, v_0) | (u, v_0)^T \in \dot{B} \} \quad \text{bzw.} \quad \{ \mathbf{x}(u_0, v) | (u_0, v)^T \in \dot{B} \}$$

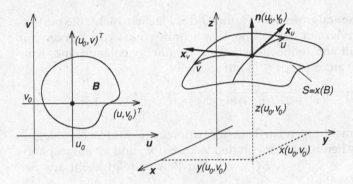

Abb. 8.20. Reguläres Flächenstück $S = \mathbf{x}(B)$

in jedem Punkt $\mathbf{x}(u_0, v_0)$ von $\dot{S}$ linear unabhängig sind. Diese Tangentenvektoren spannen im $\mathbb{R}^3$ eine den Punkt $\mathbf{x}(u_0, v_0)$ enthaltende Ebene

$$E = \{\mathbf{x} = \mathbf{x}(u_0, v_0) + \alpha \mathbf{x}_u(u_0, v_0) + \beta \mathbf{x}_v(u_0, v_0) | \alpha, \beta \in \mathbb{R}\}$$

auf, die die **Tangentialebene** an die Fläche S im Punkt $\mathbf{x}(u_0, v_0) \in \dot{S}$ darstellt. Unter $\mathbf{x}_u(u, v)$ bzw. $\mathbf{x}_v(u, v)$ sollen die Vektoren $(x_u(u, v), y_u(u, v), z_u(u, v))^T$ bzw. $(x_v(u, v), y_v(u, v), z_v(u, v))^T$, also die komponentenweise Ableitung des Vektors $\mathbf{x}(u, v)$ nach u bzw. v, verstanden werden. In jedem Punkt $\mathbf{x}(u, v) \in \dot{S}$ eines regulären Flächenstücks S ist mit dem Normalenvektor der Tangentialebene $\mathbf{n}(u, v) = \frac{\mathbf{x}_u(u,v) \times \mathbf{x}_v(u,v)}{|\mathbf{x}_u(u,v) \times \mathbf{x}_v(u,v)|}$ auch ein Flächennormalenvektor definiert. Wenn wir in $B \subset \mathbb{R}^2$ ein reguläres Kurvenstück $\mathbf{u} : [a, b] \to B$, $\mathbf{u}(t) = (u(t), v(t))^T$ betrachten, das durch $\mathbf{u}(t_0) = (u_0, v_0)$, $t_0 \in [a, b]$, verläuft, so ist durch

$$\gamma(t) = \mathbf{x}(\mathbf{u}(t)), \quad t \in [a, b]$$

ein Kurvenstück definiert, das ganz in der Fläche S liegt und durch den Punkt $\mathbf{x}_0 = \mathbf{x}(u_0, v_0)$ geht. Mit der Kettenregel errechnet man für den Tangentenvektor im Punkt $\mathbf{x}(\mathbf{u}(t))$

$$\dot{\gamma}(t) = \mathbf{x}_u(\mathbf{u}(t))\dot{u}(t) + \mathbf{x}_v(\mathbf{u}(t))\dot{v}(t) .$$

Für die Bogenlänge $s(t)$ der Kurve γ erhält man

$$s(t) = \int_a^t |\dot{\gamma}(\tau)| d\tau$$

$$= \int_a^t \sqrt{\mathbf{x}_u^2(\mathbf{u}(\tau))\dot{u}^2(\tau) + 2\mathbf{x}_u(\mathbf{u}(\tau)) \cdot \mathbf{x}_v(\mathbf{u}(\tau))\dot{u}(\tau)\dot{v}(\tau) + \mathbf{x}_v^2(\mathbf{u}(\tau))\dot{v}^2(\tau)} \, d\tau .$$

Wir definieren nun mit

$$E(u, v) = \mathbf{x}_u^2(u, v), \quad F(u, v) = \mathbf{x}_u(u, v) \cdot \mathbf{x}_v(u, v), \quad G(u, v) = \mathbf{x}_v^2(u, v)$$

die **metrischen Fundamentalgrößen** E, F und G des Flächenstücks. Sie bestimmen die Länge von Kurven auf der Fläche, den Schnittwinkel von Kurven auf der Fläche und den Inhalt von Teilflächenstücken. Für die Bogenlänge eines Kurvenstücks $\gamma(t) = \mathbf{x}(\mathbf{u}(t))$ auf S ($a \leq t \leq b$) gilt speziell

$$s(t) = \int_a^t \sqrt{E(\mathbf{u}(\tau))\dot{u}^2(\tau) + 2F(\mathbf{u}(\tau))\dot{u}(\tau)\dot{v}(\tau) + G(\mathbf{u}(\tau))\dot{v}^2(\tau)}\, d\tau \ .$$

Ähnlich wie bei den Betrachtungen zur Transformationsregel für Flächenintegrale ergibt sich für den Flächeninhalt des von den Vektoren $\mathbf{x}_u$ und $\mathbf{x}_v$ aufgespannten Parallelogramms $|\mathbf{x}_u \times \mathbf{x}_v| = \sqrt{EG - F^2}$. Der Beweis folgt leicht aus der LAGRANGEschen Identität (1.6).

Beispiel: Lässt man den Graphen der Funktion $f(x) = x^2$ mit $x \in [0,1]$ um die y−Achse rotieren, so entsteht eine Drehfläche, ein Rotationsparaboloid R. Eine mögliche Parametrisierung findet man mit

$$\mathbf{x}(u, \phi) = \begin{pmatrix} u\cos\phi \\ u^2 \\ u\sin\phi \end{pmatrix},\ (u, \phi) \in [0,1] \times [0,2\pi]\ .$$

Man prüft leicht nach, dass die Fläche R ein reguläres Flächenstück im Sinne der Definition 8.10 ist.

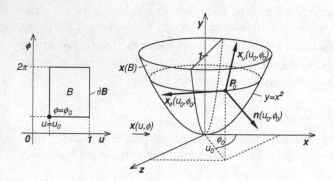

Abb. 8.21. Parametrisierung eines Rotationsparaboloids, $P_0 \sim \mathbf{x}(u_0, \phi_0) = (u_0\cos\phi_0, u_0^2, u_0\sin\phi_0)^T$

Bei der im Folgenden zu behandelnden Integration über reguläre Flächenstücke spielen die Eigenschaften der Abbildung $\mathbf{x}(u,v)$ in den Randpunkten ∂B des Parameterbereichs B keine Rolle, da es sich bei ∂B um eine Menge vom Maß Null handelt.

Definition 8.11. (stückweise reguläre Fläche)
Eine Teilmenge $S \subset \mathbb{R}^3$ heißt **stückweise reguläre Fläche**, wenn es endlich viele reguläre Flächenstücke $S_1, ..., S_p$ gibt, die höchstens endlich viele reguläre Kurvenstücke ihrer Ränder gemeinsam besitzen und für die $S = \cup_{j=1}^p S_j$ gilt.

Einfache Beispiele stückweise regulärer Flächen sind Tetraeder, Würfel, Oktaeder, Kreiszylinder mit Boden- und Deckfläche.

Flächeninhalt eines regulären Flächenstücks
Im Folgenden soll der Flächeninhalt regulärer Flächenstücke definiert werden. Dazu betrachten wir den regulären Bereich B und die für $(u,v) \in B$ definierte Parameterdarstellung $\mathbf{x}(u,v)$ eines regulären Flächenstücks $S \subset \mathbb{R}^3$. Wie im Fall

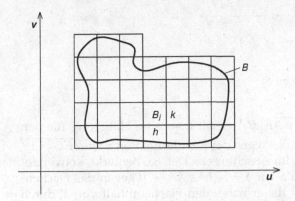

Abb. 8.22. Überdeckung des Bereichs B mit einem Rechteckgitter

der Definition des Flächeninhalts ebener Bereiche überdecken wir B mit einem Rechteckgitter, dessen Maschen die Seitenlänge h bzw. k haben. Das Rechteck B_j erklären wir durch

$$B_j = \{(u,v)^T \,|\, u \in [u_j, u_j + h],\ v \in [v_j, v_j + k]\}\,,$$

wobei wir jetzt nur die p Rechtecke B_j betrachten wollen, die vollständig in B liegen, d.h. $B_j \subset \dot{B}$ für $j = 1, 2, \ldots, p$. Für $(u,v)^T \in B_j$ gilt bei kleinen k,k die Näherungsaussage

$$\mathbf{x}(u,v) = \mathbf{x}(u_j, v_j) + \mathbf{x}_u(u_j, v_j)(u - u_j) + \mathbf{x}_v(u_j, v_j)(v - v_j) + O(h^2 + k^2)\,,$$

und damit kann man das Flächenstück $S_j = \mathbf{x}(B_j)$ (siehe auch Abb. 8.23) in erster Näherung durch das Parallelogramm

$$P_j = \{\mathbf{x}(u_j, v_j) + \mathbf{x}_u(u_j, v_j)s + \mathbf{x}_v(u_j, v_j)t \,|\, s \in [0,h],\ t \in [0,k]\}$$

beschreiben. Für den Flächeninhalt des Parallelogramms P_j berechnet man

$$\begin{aligned}
F(P_j) &= |\mathbf{x}_u(u_j, v_j) \times \mathbf{x}_v(u_j, v_j)| \cdot h \cdot k \\
&= |\mathbf{x}_u(u_j, v_j) \times \mathbf{x}_v(u_j, v_j)| \cdot F(B_j) \\
&= \sqrt{EG - F^2} \cdot F(B_j)\,.
\end{aligned}$$

P_j ist Teil der Tangentialebene an die Fläche S im Punkt $\mathbf{x}(u_j, v_j)$. Für kleine h, k kann man $F(P_j)$ als eine erste Näherung des Flächeninhalts von S_j ansehen. Nun betrachtet man das eingeführte Maschengitter $\{B_j, |\, j = 1, \ldots, p\}$. Jeder Masche B_j entspricht gemäß $\mathbf{x}(u,v)$ ein Flächenstück S_j mit dem Flächeninhalt $F(S_j) \approx F(P_j) = \sqrt{EG - F^2}\,F(B_j)$. Mit den "inneren Zwischensummen"

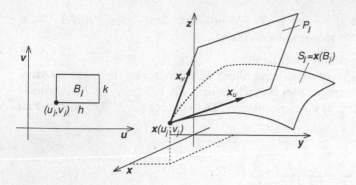

Abb. 8.23. Übergang von B_j mittels $\mathbf{x}$ zu S_j

$ZS = \sum_{j=1}^{p} \sqrt{E(\mathbf{u}_j)G(\mathbf{u}_j) - F^2(\mathbf{u}_j)}F(B_j)$ erhält man eine Näherung für den Flächeninhalt der Fläche $\cup_{j=1}^{p} S_j \subset S$. Wegen der Regularität von S ist $\sqrt{EG - F^2}$ auf B stetig, also integrierbar. Wie im Anschluss an Def. 8.6 bemerkt, konvergieren damit die Zwischensummen ZS für $\delta = \sqrt{h^2 + k^2} \to 0$ gegen das Flächenintegral $\int_B \sqrt{EG - F^2}dF$. Es liegt daher nahe, den Flächeninhalt von S durch dieses Flächenintegral zu definieren:

Definition 8.12. (Flächeninhalt eines regulären Flächenstücks)

Der **Flächeninhalt** $O(S)$ eines regulären Flächenstücks $S = \mathbf{x}(B)$, das durch die Parametrisierung $\mathbf{x} : B \to \mathbb{R}^3$ mit $B \subset \mathbb{R}^2$, B regulärer Bereich, gegeben ist, wird durch

$$O(S) = \int_B |\mathbf{x}_u(u,v) \times \mathbf{x}_v(u,v)|dF = \int_B \sqrt{E(u,v)G(u,v) - F^2(u,v)}dF \quad (8.7)$$

definiert.

Wir hatten die Flächen der Parallelogramme P_j als Ausgangspunkt für die Berechnung des Inhalts von gekrümmten Flächen S aus dem $\mathbb{R}^3$ betrachtet. In Analogie zum skalaren Bogenelement führen wir mit

$$dO = |\mathbf{x}_u(u,v) \times \mathbf{x}_v(u,v)|dF = \sqrt{E(u,v)G(u,v) - F^2(u,v)}dudv \quad (8.8)$$

das **skalare Oberflächenelement** dO ein. Damit können wir den Flächeninhalt von S auch kurz in der Form $O(S) = \int_S dO$ aufschreiben.

Ist die Fläche S als Funktionsgraph der Funktion f gegeben, so gilt die über einem regulären Bereich B definierte Parameterdarstellung $\mathbf{x}(u,v) = (u, v, f(u,v))^T$ und damit

$$\mathbf{x}_u(u,v) = \begin{pmatrix} 1 \\ 0 \\ f_u(u,v) \end{pmatrix} \quad \text{bzw.} \quad \mathbf{x}_v(u,v) = \begin{pmatrix} 0 \\ 1 \\ f_v(u,v) \end{pmatrix}.$$

Man berechnet $|\mathbf{x}_u \times \mathbf{x}_v| = \sqrt{1 + f_u^2 + f_v^2}$, und damit erhält man für den Flächeninhalt von S

$$O(S) = \int_S dO = \int_B |\mathbf{x}_u \times \mathbf{x}_v| dF = \int_B \sqrt{1 + f_u^2 + f_v^2}\, dF \,.$$

Beispiel: Es soll der Flächeninhalt $O(R)$ der in der Abb. 8.21 dargestellten Rotationsfläche R berechnet werden. Wir erhalten mit der oben angegebenen Parameterdarstellung $\mathbf{x}(u, \phi)$ für R

$$\mathbf{x}_u(u, \phi) = \begin{pmatrix} \cos \phi \\ 2u \\ \sin \phi \end{pmatrix} \quad \text{bzw.} \quad \mathbf{x}_\phi(u, \phi) = \begin{pmatrix} -u \sin \phi \\ 0 \\ u \cos \phi \end{pmatrix}$$

und

$$\mathbf{x}_u \times \mathbf{x}_\phi = \begin{pmatrix} 2u^2 \cos \phi \\ -u \\ 2u^2 \sin \phi \end{pmatrix} \quad \text{bzw.} \quad |\mathbf{x}_u \times \mathbf{x}_\phi| = \sqrt{4u^4 + u^2} \,.$$

Damit ist

$$O(R) = \int_B |\mathbf{x}_u \times \mathbf{x}_\phi| dF = \int_0^1 \int_0^{2\pi} \sqrt{4u^4 + u^2}\, d\phi\, du = 2\pi \int_0^1 u\sqrt{4u^2 + 1}\, du \,,$$

mit der Substitution $z = \sqrt{4u^2 + 1}$ erhält man schließlich

$$O(R) = 2\pi \int_1^{\sqrt{5}} \frac{z^2}{4}\, dz = \frac{\pi}{2} \frac{z^3}{3}\Big|_1^{\sqrt{5}} = \frac{\pi}{6}(5\sqrt{5} - 1) \,.$$

Oberflächenintegral einer Funktion

Eine mit Masse belegte dünne Schale im $\mathbb{R}^3$ kann man oft näherungsweise als eine Fläche S betrachten, auf der die Masse flächenhaft verteilt und in jedem Punkt $\mathbf{x} \in S$ eine Massendichte (Masse pro Flächeneinheit) $f(\mathbf{x})$ gegeben ist. Wenn wir dann nach der Gesamtmasse auf S fragen, werden wir auf den Begriff des Oberflächenintegrals geführt.

Wir betrachten dazu ein reguläres Flächenstück S, das durch die Parametrisierung $\mathbf{x} : B \to S$ als Bild $S = \mathbf{x}(B)$ eines regulären Bereichs B gegeben ist. Wie in Abb. 8.22 dargestellt, überdecken wir B mit einem Rechteckgitter. Mittels Approximation von B durch ein aus p Maschen B_j mit $B_j \subset \dot{B}$ bestehendes Gitter kommt man zu einer Approximation von S durch p Teilflächen $S_j = \mathbf{x}(B_j)$ mit $S \approx \cup_{j=1}^p S_j$. Eine Näherung der Gesamtmasse durch die Summe

$$\sum_{j=1}^p f(\mathbf{x}_j) O(S_j) = \sum_{j=1}^p f(\mathbf{x}_j) \int_{B_j} |\mathbf{x}_u \times \mathbf{x}_v|\, dF \tag{8.9}$$

liegt auf der Hand, wobei $\mathbf{x}_j$ ein beliebiger Punkt auf dem Flächenstück S_j sein soll. Fordert man von der Funktion f die Stetigkeit, so kann man die Konvergenz der Summen (8.9) bei $max\{h, k\} \to 0$ gegen das Integral

$$\int_B f(\mathbf{x}(u,v))|\mathbf{x}_u(u,v) \times \mathbf{x}_v(u,v)| \, dF \tag{8.10}$$

für jede zulässige Folge von Maschengittern der betrachteten Art zeigen. Es ist naheliegend, das Integral (8.10) als die auf der Fläche S vorhandene Gesamtmasse zu interpretieren. Die eben durchgeführte Betrachtung rechtfertigt die Definition 8.13 und den darauf folgenden Satz.

Definition 8.13. (Oberflächenintegral einer Funktion)

Seien $D \subset \mathbb{R}^2$ ein Gebiet, $B \subset D$ ein regulärer Bereich und $S \subset \mathbb{R}^3$ ein reguläres Flächenstück mit der Parameterdarstellung $\mathbf{x} : B \to S$, $\mathbf{x}(B) = S$. $f : S \to \mathbb{R}$ sei eine beschränkte Funktion. Wenn das RIEMANNsche Flächenintegral

$$\int_B f(\mathbf{x}(u,v))|\mathbf{x}_u(u,v) \times \mathbf{x}_v(u,v)| \, dF \tag{8.11}$$

existiert, heißt es **Oberlächenintegral** der Funktion f über das reguläre Flächenstück S und wird mit $\int_S f \, dO$ bezeichnet.

Satz 8.10. (*Existenz des Oberflächenintegrals*)
Ist unter den übrigen Bedingungen der Definition 8.13 die Funktion $f : S \to \mathbb{R}$ auf S beschränkt und (möglicherweise mit Ausnahme einer Nullmenge) stetig, so existiert das Oberflächenintegral $\int_S f \, dO$ von f über S.

Ist die zu betrachtende Fläche aus mehreren regulären Flächenstücken zusammengesetzt, kann man das Oberflächenintegral mit Hilfe des folgenden Satzes berechnen.

Satz 8.11. (*Oberflächenintegral bei zusammengesetzten Flächen*)
Wenn $S = \cup_{j=1}^k S_j$ eine stückweise reguläre Fläche im $\mathbb{R}^3$ ist, wobei die Schnittmengen $S_i \cap S_j$ für $i \neq j$ aus höchstens endlich vielen regulären Kurvenstücken bestehen, so definiert man für eine stetige Funktion $f : S \to \mathbb{R}$ das Oberflächenintegral $\int_S f \, dO$ durch

$$\int_S f \, dO = \sum_{j=1}^k \int_{S_j} f \, dO \, . \tag{8.12}$$

An dieser Stelle fassen wir die Schritte zur Berechnung eines Oberflächenintegrals noch einmal zusammen.

Schritte zur Berechnung des Oberflächenintegrals $\int_S f \, dO$ **einer Funktion** f **über ein reguläres Flächenstück** S

1) Parametrisierung des Flächenstücks S durch $\mathbf{x} : B \to \mathbb{R}^3$, $B \subset \mathbb{R}^2$ mit $\mathbf{x}(B) = S$;

2) Berechnung der Werte von f in Abhängigkeit von u, v mit $(u,v)^T \in B$: $f(\mathbf{x}(u,v))$;

3) Berechnung des Oberflächenelements

$$dO = |\mathbf{x}_u(u,v) \times \mathbf{x}_v(u,v)| du dv$$

auf der Basis der Tangentenvektoren $\mathbf{x}_u(u,v)$ und $\mathbf{x}_v(u,v)$;

4) Berechnung des Oberflächenintegrals als RIEMANNsches Flächenintegral über B:

$$\int_S f \, dO = \int_B f(\mathbf{x}(u,v))|\mathbf{x}_u(u,v) \times \mathbf{x}_v(u,v)| du dv .$$

Ist B ein Normalbereich, kann man zur Berechnung von $\int_S f \, dO$ die Sätze aus Abschnitt 8.3 benutzen.

Beispiel: Zu berechnen ist $I = \int_H (x + y + z) \, dO$, wobei H die Oberfläche der Halbkugel $x^2 + y^2 + z^2 \leq R^2$ vom Radius R mit $z \geq 0$ ist.
a) Eine mögliche Parametrisierung von H ist die durch Kugelkoordinaten, auf die in diesem Kapitel weiter unten nochmal eingegangen wird,

$$\mathbf{x} = (R\cos\phi\sin\theta, R\sin\phi\sin\theta, R\cos\theta)^T$$

mit $B = \{(\phi,\theta)^T | \phi \in [0,2\pi], \theta \in [0, \frac{\pi}{2}]\}$. Damit ist

$$x + y + z = R[\sin\theta(\cos\phi + \sin\phi) + \cos\theta] .$$

Durch Vollzug der weiteren angegebenen Schritte ergibt sich

$$\mathbf{x}_\phi = R(-\sin\phi\sin\theta, \cos\phi\sin\theta, 0)^T , \quad \mathbf{x}_\theta = R(\cos\phi\cos\theta, \sin\phi\cos\theta, -\sin\theta)^T,$$

$$\mathbf{x}_\phi \times \mathbf{x}_\theta = -R^2(\cos\phi\sin^2\theta, \sin\phi\sin^2\theta, \sin\theta\cos\theta)^T ,$$

$$|\mathbf{x}_\phi \times \mathbf{x}_\theta| = R^2\sin\theta , \quad dO = R^2\sin\theta \, d\phi d\theta,$$

und damit

$$I = \int_H (x + y + z) \, dO = R^3 \int_0^{\frac{\pi}{2}} \int_0^{2\pi} [\sin\theta(\cos\phi + \sin\phi) + \cos\theta] \sin\theta \, d\phi d\theta$$

$$= 2\pi R^3 \int_0^{\frac{\pi}{2}} \sin\theta\cos\theta \, d\theta = \pi R^3 .$$

b) Andere Parametrisierungen von H sind

$$\mathbf{x} = (u, v, \sqrt{R^2 - u^2 - v^2})^T \quad \text{mit } B = \{(u,v)^T | u^2 + v^2 \leq R^2\} \quad \text{und}$$

$$\mathbf{x} = (\rho\cos\phi, \rho\sin\phi, \sqrt{R^2 - \rho^2})^T \quad \text{mit } B = \{(\rho,\phi)^T | \rho \in [0, R], \phi \in [0,2\pi]\}.$$

Auch mit diesen Parametrisierungen erhält man das Ergebnis $I = \pi R^3$, was man auf dem angegebenen Weg nachprüfen kann.

Man kann allgemein zeigen, dass der Flächeninhalt eines regulären Flächenstücks S und das Oberflächenintegral einer Funktion f über S von der gewählten Parametrisierung unabhängig sind.

Ähnlich wie das Flächenintegral oder das Kurvenintegral hat das Oberflächenintegral folgende Eigenschaften.

Eigenschaften des Oberflächenintegrals

S sei ein reguläres Flächenstück oder eine stückweise reguläre Fläche, $f, g : S \to$ $\mathbb{R}$ seien stetige Funktionen und es sei $\alpha \in \mathbb{R}$, dann gilt für das Oberflächenintegral über S:

(i)   die Additivität: $\int_S (f + g)\, dO = \int_S f\, dO + \int_S g\, dO$;

(ii) die Homogenität: $\int_S \alpha f\, dO = \alpha \int_S f\, dO$;

(iii) die Monotonie: aus $f \le g$ folgt $\int_S f\, dO \le \int_S g\, dO$;

(iv) die Bereichsadditivität: sind S_j ($j = 1, \ldots, k$) reguläre Flächenstücke und ist $S = \bigcup_{j=1}^{k} S_j$ eine stückweise reguläre Fläche, so folgt

$$\int_S f\, dO = \sum_{j=1}^{k} \int_{S_j} f\, dO \; ;$$

(v)   der Mittelwertsatz:
      Es gibt einen Punkt $\mathbf{x}_0 \in S$ mit $\int_S f\, dO = f(\mathbf{x}_0)\, O(S)$.

Oberflächenintegral eines Vektorfeldes

Bei der Untersuchung von Strömungen in einem Gebiet $D \subset \mathbb{R}^3$ tritt die Frage auf, wieviel Masse des strömenden Mediums pro Zeiteinheit durch eine gegebene Fläche $S \subset D$ hindurchtritt. Bei S kann es sich z.B. um die Eintritts- oder Austrittsöffnung eines gekrümmten Rohres oder eines Reaktors handeln. Das Geschwindigkeitsfeld des Fluids sei durch das stetige Vektorfeld $\mathbf{v} : D \to \mathbb{R}^3$ beschrieben, die Dichte durch die stetige Funktion $\rho : D \to \mathbb{R}_{>0}$. Wir nehmen Unabhängigkeit von der Zeit, d.h. stationäre Strömung, an. $\Delta A \subset D$ sei ein (kleines) ebenes Flächenelement mit Flächeninhalt $F(\Delta A)$ und einem Normaleneinheitsvektor $\mathbf{n}$, den wir aus den beiden Möglichkeiten ($\pm\mathbf{n}$) ausgewählt haben. Ist $\mathbf{x}$ ein beliebiger Punkt auf der Fläche ΔA, so ist

$$\Delta m := \rho(\mathbf{x})\mathbf{v}(\mathbf{x}) \cdot \mathbf{n} F(\Delta A)\, \Delta t = \mathbf{j}(\mathbf{x}) \cdot \mathbf{n} F(\Delta A)\, \Delta t$$

sicher eine gute Näherung für die in der (kurzen) Zeit Δt durch ΔA in $\mathbf{n}$-Richtung hindurchtretende Fluidmasse. Den Vektor $\mathbf{j} = \rho\mathbf{v}$ nennt man in der Strömungsmechanik Vektor der Massenstromdichte. Pro Zeiteinheit fließt durch ΔA näherungsweise die Masse

$$\Delta \dot{m} = \mathbf{j}(\mathbf{x}) \cdot \mathbf{n}\, F(\Delta A) \tag{8.13}$$

in $\mathbf{n}$-Richtung hindurch (Abb. 8.24).

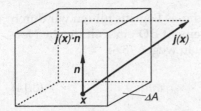

Abb. 8.24. Massenfluss $\Delta\dot{m}$ durch ein ebenes Flächenelement ΔA

Wir gehen jetzt vom Infinitesimalen zu den entsprechenden Begriffsbildungen "im Großen" über. $S \subset D$ sei ein reguläres Flächenstück mit der Parametrisierung $\mathbf{x} : B \to S$. Die Tangentenvektoren $\mathbf{x}_u(u,v)$ und $\mathbf{x}_v(u,v)$ sind dann jedenfalls für $(u,v)^T \in B \setminus \partial B$ linear unabhängig. Sie spannen die Tangentialebene von S im Punkt $\mathbf{x}(u,v)$ auf. Zur Festlegung der Normalen für die Tangentialebene (und damit auch für das Flächenstück S) im Punkt $\mathbf{x}(u,v)$ hat man die Möglichkeiten

$$\mathbf{n}(u,v) = \frac{\mathbf{x}_u(u,v) \times \mathbf{x}_v(u,v)}{|\mathbf{x}_u(u,v) \times \mathbf{x}_v(u,v)|} \quad \text{und} \quad \mathbf{n}'(u,v) = \frac{\mathbf{x}_v(u,v) \times \mathbf{x}_u(u,v)}{|\mathbf{x}_u(u,v) \times \mathbf{x}_v(u,v)|} \,,$$

wobei $\mathbf{n}'(u,v) = -\mathbf{n}(u,v)$ gilt. Wir entscheiden uns für eine dieser Möglichkeiten, indem wir als Normale für alle $\mathbf{x}(u,v) \in S$ mit $(u,v)^T \in \dot{B} = B \setminus \partial B$ etwa $\mathbf{n}(u,v)$ festsetzen. $\mathbf{n} : \dot{S} \to \mathbb{R}^3$ ist dann ein für $\mathbf{x} \in \dot{S}$ stetiges Feld von Einheitsvektoren. Ein reguläres Flächenstück, das mit einer für alle Flächenpunkte in derselben Weise eindeutig festgelegten Normalen versehen ist, erscheint als eine Fläche, bei der man "Unterseite" und "Oberseite" unterscheiden kann. Man spricht dann auch von **zweiseitigen Flächen**. Reguläre Flächenstücke können nach entsprechender Festlegung der Flächennormalen also als zweiseitige Flächen betrachtet werden. Von Unter- zu Oberseite gelangt man, indem man die Fläche an irgendeinem Punkt $\mathbf{x}(u,v)$ in positiver Normalenrichtung durchstößt oder, falls vorhanden, den Rand der Fläche überquert (von oben nach unten oder umgekehrt "klettert"). Wird eine solche Fläche von einem Fluid durchströmt, so kann man die oben für eine kleine ebene Fläche ΔA mit Normale $\mathbf{n}$ durchgeführte Betrachtung auf Oberflächenelemente dO an der Stelle $\mathbf{x} \in S$ mit der ausgewählten Normalen $\mathbf{n}(\mathbf{x})$ übertragen. Die Funktion $f(\mathbf{x}) = \mathbf{j}(\mathbf{x}) \cdot \mathbf{n}(\mathbf{x})$ ist für $\mathbf{x} \in S$ beschränkt und für $\mathbf{x} \in \dot{S}$ stetig, daher existiert das Oberflächenintegral

$$\dot{m} = \int_S f \, dO = \int_S [\mathbf{j}(\mathbf{x}) \cdot \mathbf{n}(\mathbf{x})] \, dO \,.$$

Offenbar bedeutet $\dot{m}$ die pro Zeiteinheit durch S in Richtung $\mathbf{n}$ hindurchfließende Fluidmasse. Ist das Fluid inkompressibel (z.B. Wasser unter Normalbedingungen), so ist $\rho(\mathbf{x}) = \rho = \text{const.}$ und $\frac{\dot{m}}{\rho} = \int_S [\mathbf{v}(\mathbf{x}) \cdot \mathbf{n}(\mathbf{x})] \, dO$ ist das durch S pro Zeiteinheit in $\mathbf{n}$-Richtung hindurchtretende Fluidvolumen. Mathematisch handelt es sich um den "Fluss des Vektorfeldes" $\mathbf{j}(\mathbf{x})$ (im inkompressiblen Fall um den Fluss des Vektorfeldes $\mathbf{v}(\mathbf{x})$) durch das reguläre Flächenstück S in Richtung $\mathbf{n}(\mathbf{x})$.

Zur Formulierung einer allgemeinen Definition dieses Begriffs führen wir durch $\mathrm{d}\mathbf{O} = \mathbf{n}\,dO$ noch das **vektorielle Oberflächenelement dO** ein. Gilt für die Normale von S die Festsetzung $\mathbf{n} = \frac{\mathbf{x}_u \times \mathbf{x}_v}{|\mathbf{x}_u \times \mathbf{x}_v|}$, so hat man wegen (8.8)

$$\mathbf{d\mathbf{O}} = \mathbf{n}\,dO = \frac{\mathbf{x}_u \times \mathbf{x}_v}{|\mathbf{x}_u \times \mathbf{x}_v|}\,|\mathbf{x}_u \times \mathbf{x}_v|\,dF = (\mathbf{x}_u \times \mathbf{x}_v)\,du\,dv\ . \tag{8.14}$$

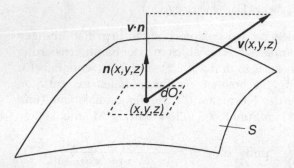

Abb. 8.25. Normalenvektor $\mathbf{n}$, Vektor $\mathbf{v}$, Normalkomponente $\mathbf{v} \cdot \mathbf{n}$ und Oberflächenelement dO auf einem Flächenstück S im Punkt $(x, y, z)^T$

Definition 8.14. (Fluss eines Vektorfeldes durch ein reguläres Flächenstück)

Seien $S \subset \mathbb{R}^3$ ein reguläres (zweiseitiges) Flächenstück mit der Parameterdarstellung $\mathbf{x} : B \to S$, $\mathbf{n}(\mathbf{x})$ das Feld der Normalen von S und $\mathbf{v} : S \to \mathbb{R}^3$ ein stetiges Vektorfeld, dann nennt man

$$\int_S \mathbf{v} \cdot \mathbf{d\mathbf{O}} = \int_S \mathbf{v}(\mathbf{x}) \cdot \mathbf{n}(\mathbf{x})\,dO \tag{8.15}$$

das **Oberflächenintegral** oder **Flussintegral** des stetigen Vektorfeldes $\mathbf{v}$ über S bzw. den **Fluss** des Vektorfeldes $\mathbf{v}$ durch S in Richtung $\mathbf{n}$.

Wir bemerken, dass $|\mathbf{d\mathbf{O}}| = dO$ ist. Interessiert man sich für den Fluss des Vektorfeldes $\mathbf{v}$ durch S in Richtung $\mathbf{n}' = -\mathbf{n}$, so hat man anstelle von (8.15)

$$\int_S \mathbf{v} \cdot \mathbf{d\mathbf{O}}' = -\int_S \mathbf{v}(\mathbf{x}) \cdot \mathbf{n}(\mathbf{x})\,dO\ .$$

Schritte zur Berechnung des Flusses eines Vektorfeldes v durch ein reguläres (zweiseitiges) Flächenstück S (Flussintegral)

1) Parametrisierung des Flächenstücks S durch $\mathbf{x} : B \to \mathbb{R}^3$, $B \subset \mathbb{R}^2$ mit $\mathbf{x}(B) = S$;

2) Berechnung der Werte des Vektorfeldes $\mathbf{v}(\mathbf{x}(u,v))$ auf S;

3) Berechnung des vektoriellen Oberflächenelements

$$\mathbf{dO} = (\mathbf{x}_u(u,v) \times \mathbf{x}_v(u,v))dudv \ ;$$

auf der Basis der Tangentenvektoren $\mathbf{x}_u(u,v)$ und $\mathbf{x}_v(u,v)$ und Festlegung einer Normalen gemäß

$$\mathbf{n}(u,v) = \frac{\mathbf{x}_u(u,v) \times \mathbf{x}_v(u,v)}{|\mathbf{x}_u(u,v) \times \mathbf{x}_v(u,v)|} \ ;$$

4) Berechnung des Flussintegrals (Fluss von $\mathbf{v}$ durch S in Richtung $\mathbf{n}$) als RIEMANNsches Flächenintegral über B:

$$\int_S \mathbf{v} \cdot \mathbf{dO} = \int_B \mathbf{v}(\mathbf{x}(u,v)) \cdot (\mathbf{x}_u(u,v) \times \mathbf{x}_v(u,v))dudv \ .$$

Beispiel: Gesucht ist der Fluss $F = \int_K \mathbf{v} \cdot \mathbf{dO}$ des Vektorfeldes $\mathbf{v} = (x^3, y^3, z^3)^T$ durch die Kugeloberfläche $K = \{(x,y,z)^T | x^2 + y^2 + z^2 = R^2 \ (R > 0)\}$ in Richtung der ins Äußere der Kugel gerichteten Normalen $\mathbf{n}$.

Vorbemerkung: Mitunter kann man durch einfache Überlegungen, ohne zu rechnen, über die Lösung einer Aufgabe Aussagen gewinnen, die z.B. als notwendige Bedingungen für die Richtigkeit der gewonnenen rechnerischen Lösung genutzt werden können. Im vorliegenden Fall haben die einzelnen Komponenten von $\mathbf{v}$ in jedem Punkt von K dasselbe Vorzeichen wie die entsprechenden Komponenten der äußeren Normalen $\mathbf{n} = \frac{1}{R}(x,y,z)^T$, so dass $\mathbf{v} \cdot \mathbf{n} > 0$ auf K ist. Daher muss $F > 0$ sein.

Bei der Lösung orientieren wir uns an der angegebenen Folge von Rechenschritten. Wir wählen als Parametrisierung von K die Darstellung durch Kugelkoordinaten (R, ϕ, θ):

$$\mathbf{x} = \mathbf{x}(\phi, \theta) = (R\cos\phi\sin\theta, R\sin\phi\sin\theta, R\cos\theta)^T, B = \left\{ \begin{pmatrix} \phi \\ \theta \end{pmatrix} | \phi \in [0, 2\pi], \theta \in [0, \pi] \right\} \ .$$

Bei Anwendung auf die Erdoberfläche wären R der Erdradius, ϕ die geographische Länge und θ der Polabstand ($(\frac{\pi}{2} - \theta)$ für $\theta \in [0, \frac{\pi}{2}]$ die nördliche geographische Breite). Es ist

$$\mathbf{v}(\mathbf{x}(\phi, \theta)) = R^3(\cos^3\phi\sin^3\theta, \sin^3\phi\sin^3\theta, \cos^3\theta)^T \ .$$

Für die Tangentenvektoren $\mathbf{x}_\phi$ bzw. $\mathbf{x}_\theta$ an die Breitenkreise $\theta = \text{const.}$ bzw. an die

Längenkreise $\phi = $ const. erhält man

$$\mathbf{x}_\phi = R(-\sin\phi\sin\theta, \cos\phi\sin\theta, 0)^T , \quad \mathbf{x}_\theta = R(\cos\phi\cos\theta, \sin\phi\cos\theta, -\sin\theta)^T .$$

Daraus folgt

$$\mathbf{x}_\phi \times \mathbf{x}_\theta = -R^2\sin\theta(\cos\phi\sin\theta, \sin\phi\sin\theta, \cos\theta)^T$$

und $|\mathbf{x}_\phi \times \mathbf{x}_\theta| = R^2\sin\theta$. Der damit definierte Normaleneinheitsvektor

$$\mathbf{m} = \frac{\mathbf{x}_\phi \times \mathbf{x}_\theta}{|\mathbf{x}_\phi \times \mathbf{x}_\theta|} = -(\cos\phi\sin\theta, \sin\phi\sin\theta, \cos\theta)^T$$

ist offenbar ins Innere der Kugel gerichtet. Der entsprechend Aufgabenstellung benötigte Normalenvektor ist also $\mathbf{n} = -\mathbf{m} = \frac{\mathbf{x}_\theta \times \mathbf{x}_\phi}{|\mathbf{x}_\phi \times \mathbf{x}_\theta|}$. Das vektorielle Oberflächenelement ergibt sich damit zu

$$\mathbf{dO} = (\mathbf{x}_\theta \times \mathbf{x}_\phi)\,d\theta d\phi = R^2\sin\theta(\cos\phi\sin\theta, \sin\phi\sin\theta, \cos\theta)^T\,d\theta d\phi .$$

Für das Flussintegral ergibt sich nun

$$F = \int_K \mathbf{v}\cdot\mathbf{dO} = R^5\int_B \sin\theta(\cos^4\theta\sin^4\theta + \sin^4\phi\sin^4\theta + \cos^4\theta)\,d\theta d\phi$$

$$= R^5[\int_0^{2\pi}\int_0^\pi \sin^5\theta(\cos^4\phi + \sin^4\phi)\,d\theta d\phi + \int_0^{2\pi}\int_0^\pi \cos^4\theta\sin\theta\,d\theta d\phi]$$

$$= R^5[\int_0^\pi \sin^5\theta d\theta \int_0^{2\pi}(\cos^4\phi + \sin^4\phi)d\phi + 2\pi\int_0^\pi \cos^4\theta\sin\theta d\theta] .$$

Die beiden Integrale über θ lassen sich mittels der Substitution $t = \cos\theta$ berechnen:

$$2\pi\int_0^\pi \cos^4\theta\sin\theta d\theta = \frac{4}{5}\pi , \quad \int_0^\pi \sin^5\theta d\theta = \frac{16}{15} .$$

Um das ϕ-Integral zu lösen, formen wir den Integranden zunächst mit Hilfe der DE MOIVREschen Formeln (1.3) um:

$$\cos^4\phi + \sin^4\phi = \frac{1}{4}\cos(4\phi) + \frac{3}{4} .$$

Damit ist die Integration in geschlossener Form ausführbar und man erhält

$$\int_0^{2\pi}(\cos^4\phi + \sin^4\phi)d\phi = \frac{3}{2}\pi .$$

Zusammenfassend ergibt sich für den Fluss von $\mathbf{v} = (x^3, y^3, z^3)^T$ durch K in Richtung der nach außen zeigenden Normalen $\mathbf{n}$

$$F = \int_K \mathbf{v}\cdot\mathbf{dO} = R^5(\frac{16}{15}\cdot\frac{3}{2}\pi + \frac{4}{5}\pi) = \frac{12}{5}\pi R^5 .$$

Reguläre Flächenstücke sind, wie bereits erwähnt, immer zweiseitig, denn auf der Basis einer Parametrisierung kann man durch die Richtung der Normalen $\mathbf{n} := \frac{\mathbf{x}_u(u,v) \times \mathbf{x}_v(u,v)}{|\mathbf{x}_u(u,v) \times \mathbf{x}_v(u,v)|}$ eine Seite der Fläche auszeichnen. Dass "vernünftige" Flächen (z.B. die Oberfläche einer Halbkugel oder eines Würfels) in dieser Weise orientierbar sind, erscheint fast selbstverständlich. Eine bekannte Fläche, bei der man nicht 2 Seiten unterscheiden kann, die also nicht orientierbar ist, ist das so genannte MÖBIUSsche Band mit der Parametrisierung

$$\mathbf{x}(u,v) = \begin{pmatrix} \cos(2\pi u) + v \cos(\pi u)\cos(2\pi u) \\ \sin(2\pi u) + v \cos(\pi u)\sin(2\pi u) \\ v\sin(\pi u) \end{pmatrix}, \ u \in [0,1], v \in \left[-\frac{1}{2},\frac{1}{2}\right].$$

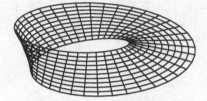 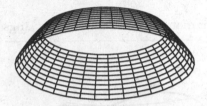

Abb. 8.26. MÖBIUSsches Band als einseitige Fläche

Abb. 8.27. Zweiseitige Fläche

Läuft man von irgendeinem Punkt des Bandes los, z.B. auf der Kurve

$$\gamma(u) = \mathbf{x}(u,0), \ u \in [0,1],$$

so gilt $\gamma(0) = \gamma(1)$, d.h. man landet wieder am gleichen Punkt der Fläche. Allerdings erhält man für $(u,v) = (0,0)$ den Normalenvektor $\mathbf{n} = (0,0,-1)$ und und für $(u,v) = (1,0)$ den Normalenvektor $\mathbf{n} = (0,0,1)$, d.h. das MÖBIUSsche Band ist keine zweiseitige Fläche. Eine Vorstellung vom MÖBIUSschen Band erhält man, wenn man einen schmalen rechteckigen Papierstreifen $ABCD$ ($\overline{AD} = \overline{BC} << \overline{AB} = \overline{DC}$) dadurch zu einer Fläche im $\mathbb{R}^3$ macht, dass man die schmalen Ränder verdreht miteinander verklebt, wobei also A auf C und D auf B fällt. Glücklicherweise sind die meisten Flächen, mit denen wir in der angewandten Mathematik zu tun haben, "von Natur aus" regulär und damit zweiseitig.

Zirkulation und Wirbelstärke

Wir betrachten eine ebene stationäre Strömung, deren Geschwindigkeit durch das Vektorfeld $\mathbf{v} = u_\phi(-\sin\phi, \cos\phi, 0)^T$ gegeben sei ($x = \rho\cos\phi, y = \rho\sin\phi, u_\phi(\rho)$ eine nur von ρ abhängige Funktion). Die Stromlinien in der Ebene $z = 0$ sind offenbar konzentrische Kreise C_ρ um den Punkt $x = y = 0$, die Fluidteilchen "zirkulieren" um diesen Punkt. Als Maß Z für die Stärke dieser Zirkulation verwendet man das Integral des Vektorfeldes $\mathbf{v}$ über C_ρ, also

$$Z = \oint_{C_\rho} \mathbf{v} \cdot d\mathbf{x} = \int_0^{2\pi} u_\phi(\rho)\rho\,d\phi = 2\pi\rho u_\phi(\rho).$$

Für $u_\phi(\rho) = \frac{k}{\rho}$ (k = const.) ergibt sich der so genannte Potentialwirbel, eine Näherung für die Luftgeschwindigkeit in Tornados und die Strömungsgeschwindigkeit in anderen Wirbelströmungen (z.B. Badewannenwirbel). Dann ist $Z = 2\pi k$ = const. und $u_\phi = \frac{Z}{2\pi\rho}$. Der Begriff Zirkulation wird auf beliebige Vektorfelder und beliebige geschlossene Kurven wie folgt verallgemeinert.

Definition 8.15. (Zirkulation)
Es sei $\mathbf{v} : M \to \mathbb{R}^3$ ein stetig differenzierbares Vektorfeld, $M \subset \mathbb{R}^3$, offen, und k eine geschlossene, reguläre, orientierte Kurve in M. Das Kurvenintegral

$$Z = \oint_k \mathbf{v} \cdot d\mathbf{x}$$

nennt man die **Zirkulation** von $\mathbf{v}$ längs der Kurve k.

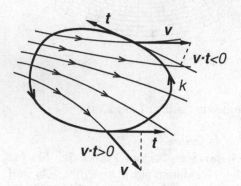

Abb. 8.28. Zur Definition der Zirkulation $Z = \oint_k \mathbf{v} \cdot d\mathbf{x} = \oint_k \mathbf{v} \cdot \mathbf{t} ds$

Die Zirkulation von $\mathbf{v}$ ist nichts anderes als das Arbeitsintegral über $\mathbf{v}$ längs geschlossener Kurven (vgl. Def. 7.8).
Wir wollen nun einen Zusammenhang zwischen der Zirkulation und dem Wirbelfeld eines Vektorfeldes $\mathbf{v}$ herstellen (vgl. Def. 7.4). Dabei benutzen wir den GREENschen Satz. Zunächst führen wir den Begriff der Zirkulation pro Flächeneinheit ein. Dies erfolgt durch einen geeigneten Grenzprozess gemäß

Definition 8.16. (Zirkulation pro Flächeneinheit)
Es sei $\mathbf{v} : M \to \mathbb{R}^3$, $M \subset \mathbb{R}^3$ offen, ein stetig differenzierbares Vektorfeld, $\mathbf{x}_0$ sei ein Punkt in M, $\mathbf{n}$ ein von $\mathbf{x}_0$ ausgehender Richtungsvektor ($|\mathbf{n}| = 1$). Der Grenzwert

$$W_\mathbf{n}(\mathbf{x}_0) := \lim_{|A| \to 0, \mathbf{x}_0 \in A} \frac{1}{F(A)} \oint_{\partial A} \mathbf{v} \cdot d\mathbf{x} \tag{8.16}$$

heißt **Zirkulation pro Flächeneinheit** des Vektorfeldes $\mathbf{v}$ bezüglich der Richtung $\mathbf{n}$ im Punkt $\mathbf{x}_0$.

Der Grenzprozess ist dabei wie folgt zu verstehen: $A \subset M$ sind ebene, einfach zusammenhängende und stückweise glatt berandete Flächenstücke, die den Punkt x_0 enthalten und sämtlich den Vektor $\mathbf{n}$ zur Normale haben. ∂A : $\gamma(t)$ $(a \le t \le b; \gamma(a) = \gamma(b))$ ist der im Sinne wachsender t-Werte orientierte Rand von A; der Tangentenvektor $\frac{\dot{\gamma}(t)}{|\dot{\gamma}(t)|}$ von ∂A, der ins Innere von A gerichtete Normalenvektor von ∂A und der Vektor $\mathbf{n}$ sollen in dieser Reihenfolge ein Rechtssystem bilden. Anders ausgedrückt: Die Richtung der Normalen $\mathbf{n}$ ergibt sich aus dem Umlaufsinn von ∂A durch eine Rechtsschraube (Abb. 8.29). $|A|$ symbolisiert den Durchmesser von A, $|A| = \sup_{\mathbf{x},\mathbf{y} \in A}\{|\mathbf{x} - \mathbf{y}|\}$.

Um einen Zusammenhang zwischen Zirkulation und Wirbelfeld von $\mathbf{v}$ herzustellen, wollen wir auf das in (8.16) stehende Kurvenintegral den GREENschen Satz anwenden. Dabei können wir o.B.d.A. annehmen, dass die Flächenstücke A in einer Ebene $z = z_0$, also parallel zur x-y-Ebene, liegen. Dann ist $\mathbf{n} = (0,0,\pm 1)^T$. Den Rand ∂A von A kann man in der Form

$$\partial A: \ \gamma(t) = \begin{pmatrix} x(t) \\ y(t) \\ z_0 \end{pmatrix}, \ a \le t \le b, \ \gamma(b) = \gamma(a),$$

aufschreiben. Ist ∂A damit positiv orientiert, so haben wir den Fall $\mathbf{n} = (0,0,1)^T$. Aus dem GREENschen Satz folgt wegen der stetigen Differenzierbarkeit von $\mathbf{v}$ (mit $\mathbf{x} = (x,y,z_0)^T$)

$$\oint_{\partial A} \mathbf{v} \cdot d\mathbf{x} = \int_A [v_{2,x}(\mathbf{x}) - v_{1,y}(\mathbf{x})]\, dF.$$

Der Mittelwertsatz der Integralrechnung liefert die Existenz eines Punktes $\mathbf{x}^* \in A$ mit

$$\int_A [v_{2,x}(\mathbf{x}) - v_{1,y}(\mathbf{x})]\, dF = F(A)[v_{2,x}(\mathbf{x}^*) - v_{1,y}(\mathbf{x}^*)].$$

Daraus folgt

$$\frac{1}{F(A)} \oint_{\partial A} \mathbf{v} \cdot d\mathbf{x} = [v_{2,x}(\mathbf{x}^*) - v_{1,y}(\mathbf{x}^*)].$$

Unter den in Def. 8.16 angegebenen Voraussetzungen über $\mathbf{v}$ folgt die Existenz des Grenzwerts der linken Seite, wenn A auf einen Punkt x_0 zusammen gezogen wird. Für $\mathbf{n} = (0,0,1)^T$ ist also

$$W_{\mathbf{n}}(x_0) = [v_{2,x}(x_0) - v_{1,y}(x_0)].$$

Für das Vektorfeld $\mathbf{v}$ stimmt also die Zirkulation pro Flächeneinheit im Punkt x_0 bezüglich der Richtung $\mathbf{n} = (0,0,1)^T$ mit der z-Komponente des Wirbelfeldes $\operatorname{rot}\mathbf{v}(x_0)$ überein. Ist ∂A bei wachsendem t negativ orientiert, so tritt $-\mathbf{n} = (0,0,-1)^T$ an die Stelle von $\mathbf{n} = (0,0,1)^T$ und es gilt dafür analog

$$W_{-\mathbf{n}}(x_0) = -[v_{2,x}(x_0) - v_{1,y}(x_0)].$$

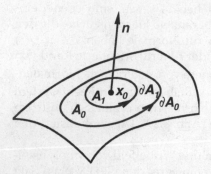

Abb. 8.29. Von der Zirkulation zur Wirbelstärke

Betrachtet man den allgemeineren Fall, wo **n** ein beliebiger Richtungsvektor ist, die ebenen Flächenstücke A bei dem Grenzprozess also schräg im Raum liegen, dann erhält man

Satz 8.12. *(Zirkulation und Wirbelfeld)*
Es sei $\mathbf{v} : M \to \mathbb{R}^3, M \subset \mathbb{R}^3$ *offen, ein stetig differenzierbares Vektorfeld,* $\mathbf{x}_0$ *sei ein Punkt aus* M, $\mathbf{n}$ *ein beliebiger Einheitsvektor. Die Zirkulation pro Flächeneinheit* $W_{\mathbf{n}}(\mathbf{x}_0)$ *von* $\mathbf{v}$ *bezügl. der Richtung* $\mathbf{n}$ *stimmt überein mit der* $\mathbf{n}$-*Komponente des Wirbelfeldes* rot $\mathbf{v}(\mathbf{x}_0)$

$$W_{\mathbf{n}}(\mathbf{x}_0) = \mathbf{n} \cdot \operatorname{rot} \mathbf{v}(\mathbf{x}_0) . \tag{8.17}$$

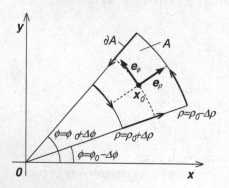

Abb. 8.30. Zur Verifikation von Satz 8.12 für Vektorfelder der Form $\mathbf{v} = v_\phi(\rho)\mathbf{e}_\phi$

Aufgrund dieses Zusammenhangs nennt man $W_{\mathbf{n}}(\mathbf{x}_0)$ auch **Wirbelstärke von v** bezüglich der Richtung **n** in $\mathbf{x}_0$. Sind **v**, **n** und $\mathbf{x}_0$ gegeben, so erhält man die (skalare) Zirkulation pro Flächeneinheit bzw. die (skalare) Wirbelstärke $W_{\mathbf{n}}(\mathbf{x}_0)$ von **v** bezüglich **n** aus dem (vektoriellen) Wirbelfeld rot $\mathbf{v}(\mathbf{x})$ mit Hilfe von (8.17).

Wir wollen Satz 8.12 an Beispielen verifizieren. Dazu benutzen wir den Beispielen angepasste Zylinderkoodinaten ρ, ϕ, z ($x = \rho \cos \phi, y = \rho \sin \phi, z = z$); mit den ortsabhängigen Einheitsvektoren e_ρ, e_ϕ, e_z in ρ-, ϕ-, z-Richtung hat man für ein Vektorfeld $\mathbf{v}$ die Darstellung $\mathbf{v} = v_\rho e_\rho + v_\phi e_\phi + v_z e_z$. Wir betrachten spezielle Vektorfelder der Form $\mathbf{v} = v_\phi(\rho)e_\phi$ und wählen $\mathbf{n} = e_z$. Sei $\mathbf{x}_0 = (\rho_0, \phi_0, z_0)^T$ mit $\rho_0 > 0$ ein fester Punkt in M und A das in Abb. 8.30) angegebene ebene Flächenstück. Zwecks Bestimmung der Zirkulation pro Flächeneinheit an der Stelle $\mathbf{x}_0$ bezüglich $\mathbf{n} = e_z$ erhält man mit geeigneten Werten ρ^*, ρ^{**} aus $[\rho_0 - \Delta\rho, \rho_0 + \Delta\rho]$ zunächst

$$\oint_{\partial A} \mathbf{v} \cdot d\mathbf{x} = 2\Delta\phi[(\rho_0 + \Delta\rho)v_\phi(\rho_0 + \Delta\rho) - (\rho_0 - \Delta\rho)v_\phi(\rho_0 - \Delta\rho)]$$

$$= [\frac{1}{\rho^*}v_\phi(\rho^*) + \frac{\partial v_\phi}{\partial \rho}(\rho^*)]4\rho^*\Delta\phi\Delta\rho ,$$

$$F(A) = 4\rho^{**}\Delta\phi\Delta\rho .$$

Daraus folgt

$$W_{e_z}(\mathbf{x}_0) = \lim_{\Delta\phi, \Delta\rho \to 0} \frac{1}{F(A)} \oint_{\partial A} \mathbf{v} \cdot d\mathbf{x} = \frac{1}{\rho_0}v_\phi(\rho_0) + \frac{\partial v_\phi}{\partial \rho}(\rho_0) = \frac{1}{\rho}\frac{\partial \rho v_\phi}{\partial \rho}|_{\rho=\rho_0} .$$

Für Vektorfelder $\mathbf{v}$ mit $\mathbf{v} = v_\phi(\rho)e_\phi$ gilt (vgl. Anhang A) $\mathrm{rot}\, \mathbf{v} = \frac{1}{\rho}\frac{\partial \rho v_\phi}{\partial \rho}e_z$ bzw.

$$e_z \cdot \mathrm{rot}\, \mathbf{v}|_{\mathbf{x}_0} = \frac{1}{\rho}\frac{\partial \rho v_\phi}{\partial \rho}|_{\rho=\rho_0} .$$

Damit ist der Satz 8.12 für Vektorfelder $\mathbf{v} = v_\phi(\rho)e_\phi$ und $\mathbf{n} = e_z$ verifiziert.

Im Fall des ebenen Potentialwirbels eines Fluids ist speziell $v_\phi(\rho) = \frac{Z}{2\pi\rho}$, wobei die Konstante Z die Zirkulation von $\mathbf{v}$ längs konzentrischer Kreise mit Mittelpunkt $\rho = 0$, d.h. längs Stromlinien, ist. Für $\rho_0 > 0$ hat man

$$W_{e_z}(\mathbf{x}_0) = e_z \cdot \mathrm{rot}\, \mathbf{v}(\mathbf{x}_0) = \frac{1}{\rho}\frac{\partial}{\partial \rho}(\frac{Z}{2\pi})|_{\rho=\rho_0} = 0 .$$

Daraus folgt, dass das Geschwindigkeitsfeld des Potentialwirbels in jedem einfach zusammenhängenden Gebiet, das keinen Punkt mit $\rho = 0$ enthält, ein Potentialfeld ist (vgl. Satz 7.5).

Im Fall der gleichförmigen Rotation eines Festkörpers um die e_z-Achse ist $v_\phi(\rho) = \Omega\rho$ mit der konstanten Winkelgeschwindigkeit Ω. Man erhält dann

$$W_{e_z}(\mathbf{x}_0) = e_z \cdot \mathrm{rot}\, \mathbf{v}(\mathbf{x}_0) = 2\Omega .$$

Die Zirkulation pro Flächeneinheit bzw. die e_z-Komponente des Wirbelfeldes $\mathrm{rot}\, \mathbf{v}$ ist in jedem Punkt $\mathbf{x}_0$ gleich der doppelten Winkelgeschwindigkeit.

Ist $\mathbf{v}$ ein in einem Gebiet M definiertes, stetig differenzierbares Vektorfeld, so nennt man $\mathbf{v}$ in M **wirbelfrei**, wenn $\mathrm{rot}\, \mathbf{v} = \mathbf{0}$ gilt. Damit ist auch der ebene Potentialwirbel $\mathbf{v}(\rho, \phi, z) = \frac{Z}{2\pi\rho}(-\sin\phi, \cos\phi, 0)^T$ in jedem Gebiet M, das keinen Punkt der z-Achse enthält, wirbelfrei. Ist dieses Gebiet M einfach zusammenhängend, so ist das Geschwindigkeitsfeld des ebenen Potentialwirbels in M ein Potentialfeld (Satz 7.5).

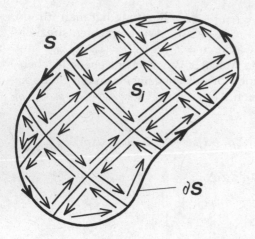

Abb. 8.31. Zerlegung eines Flächenstücks S in Teilflächen S_j

8.7 Satz von STOKES

Wir wollen jetzt den im Satz 8.12 für einen Punkt $\mathbf{x}_0$ formulierten Zusammenhang zwischen Zirkulation und Wirbelfeld auf reguläre (damit zweiseitige) Flächenstücke $S \subset \mathbb{R}^3$ übertragen. Der Rand ∂S von S sei eine reguläre, geschlossene Kurve im $\mathbb{R}^3$ mit einer Parametrisierung $\partial S : \gamma(t)$, $t \in [t_a, t_e]$, $\gamma(t_a) = \gamma(t_e)$, deren Orientierung durch wachsende t-Werte gegeben sei. Wir zerlegen S in endlich viele Maschen S_j mit $S = S_1 \cup ... \cup S_p$, wobei $S_i \cap S_j$, $i \neq j$, nur aus endlich vielen regulären Kurvenstücken bestehen soll. $\mathbf{v}$ sei ein auf $M \subset \mathbb{R}^3$ mit $S \subset M$ stetig differenzierbares Vektorfeld. Für die Zirkulation längs ∂S erhält man zunächst

$$\oint_{\partial S} \mathbf{v} \cdot \mathbf{dx} = \sum_{j=1}^{p} \oint_{\partial S_j} \mathbf{v} \cdot \mathbf{dx} , \qquad (8.18)$$

denn in der Summe heben sich alle Anteile an den Kurvenintegralen auf, bei denen die Integrationswege im Inneren von S liegen, d.h. nicht zu ∂S gehören. In der Abb. 8.31 ist die Zerlegung in Maschen S_j dargestellt. Sind die Maschen klein genug, ist nach Satz 8.12 und (8.16) jeder Summand der rechten Seite von (8.18) näherungsweise gleich $\mathbf{n}_j \cdot \mathrm{rot}\,\mathbf{v}(\mathbf{x}_j)F(S_j)$ mit einem $\mathbf{x}_j \in S_j$, dem Normalenvektor $\mathbf{n}_j$ von S_j in $\mathbf{x}_j$ und $F(S_j)$ als Flächeninhalt der Masche S_j. Die Orientierung von ∂S überträgt sich auf die Orientierung der Ränder ∂S_j der Maschen, wie in Abb. 8.31 dargestellt. Damit ist auch die Richtung von $\mathbf{n}_j$ festgelegt: Die Richtung von $\mathbf{n}_j$ ergibt sich aus der Orientierung von ∂S_j durch eine Rechtsschraube. Damit kann man

$$\oint_{\partial S} \mathbf{v} \cdot \mathbf{dx} \approx \sum_{j=1}^{p} \mathrm{rot}\,\mathbf{v}(\mathbf{x}_j) \cdot \mathbf{n}_j F(S_j) \qquad (8.19)$$

schreiben. Eine unbegrenzte Verfeinerung der Maschenzerlegung führt schließlich auf

$$\oint_{\partial S} \mathbf{v} \cdot d\mathbf{x} = \int_S \mathrm{rot}\,\mathbf{v} \cdot d\mathbf{O}\,.$$

Die eben durchgeführte Betrachtung hat als Ergebnis den

Satz 8.13. *(STOKESscher Integralsatz im $\mathbb{R}^3$)*

Es sei $\mathbf{v} : M \to \mathbb{R}^3$ ein stetig differenzierbares Vektorfeld, $M \subset \mathbb{R}^3$, offen, und S ein reguläres Flächenstück in M. S sei von einer geschlossenen regulären, orientierten Kurve ∂S berandet. Dann gilt

$$\oint_{\partial S} \mathbf{v} \cdot d\mathbf{x} = \int_S \mathrm{rot}\,\mathbf{v} \cdot d\mathbf{O}\,. \tag{8.20}$$

Die Richtung der in $d\mathbf{O} = \mathbf{n}\,dO$ enthaltenen Flächennormalen ergibt sich aus der Orientierung der Randkurve durch eine Rechtsschraube (vgl. Abb. 8.32).

Verbal bedeutet der STOKESsche Integralsatz, dass die Zirkulation entlang einer Kurve, die ein Flächenstück berandet, gleich dem Integral über die Normalkomponenten des Wirbelfeldes $\mathrm{rot}\,\mathbf{v}$, d.h. gleich dem Fluss von $\mathrm{rot}\,\mathbf{v}$ durch das Flächenstück ist.

Ist im STOKESschen Integralsatz S ein einfach zusammenhängendes, ebenes Flächenstück in der x-y-Ebene mit der Normalen $\mathbf{n} = (0,0,1)^T$ und positiv orientierter geschlossener Randkurve ∂S und betrachtet man ebene Vektorfelder $\mathbf{v} = (v_1(x,y), v_2(x,y), 0)^T$ für $(x,y,0)^T \in S$, so erhält man den Satz von GREEN für einfach zusammenhängende Gebiete.

Betrachtet man ein in M definiertes Vektorfeld $\mathbf{v}$ und zwei in M liegende Flächenstücke S_1, S_2 mit demselben orientierten Rand ∂S, so stimmen nach Satz 8.13 die Flussintegrale von $\mathrm{rot}\,\mathbf{v}$ über S_1 und S_2 überein. Solange die Randkurve ∂S in M unverändert bleibt, kann man S in M "beliebig" verformen, ohne den Fluss von $\mathrm{rot}\,\mathbf{v}$ durch S zu ändern. Damit gilt der

---

Satz 8.14. *(STOKESscher Satz für Flächen mit gleicher Randkurve)*
Es sei $\mathbf{v} : M \to \mathbb{R}^3$ ein stetig differenzierbares Vektorfeld, $M \subset \mathbb{R}^3$, offen, und S_1 und S_2 seien reguläre Flächenstücke in M, die die gleiche geschlossene reguläre und orientierte Kurve ∂S als Randkurve besitzen. Dann gilt

$$\oint_{\partial S} \mathbf{v} \cdot d\mathbf{x} = \int_{S_1} \mathrm{rot}\,\mathbf{v} \cdot d\mathbf{O} = \int_{S_2} \mathrm{rot}\,\mathbf{v} \cdot d\mathbf{O}\,. \tag{8.21}$$

Für die Orientierung der Normalen von S_1 und S_2 gilt das in Satz 8.13 Gesagte.

Beim STOKESschen Integralsatz ist der Zusammenhang zwischen der Orientierung der Randkurve ∂S und der Richtung des Normalenvektors $\mathbf{n}$ als Teil des vektoriellen Oberflächenelements $d\mathbf{O}$ wichtig.

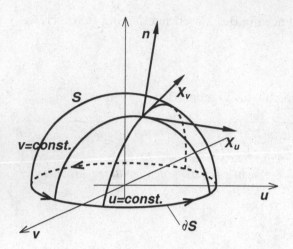

Abb. 8.32. Orientierung der Fläche beim Satz von STOKES

Sei z.B. ein reguläres Flächenstück S mit der Randkurve ∂S wie in Abb. 8.32 gegeben. Ist ∂S durch eine geeignete Parametrisierung $\gamma : [t_a, t_e] \to \mathbb{R}^3$ wie in Abb. 8.32 orientiert, dann ergeben sich durch die Rechtsschraube "nach oben" gerichtete Flächennormalen $\mathbf{n}$ von S. Liefert die Parametrisierung $\mathbf{x}(u, v) : B \to S$ mit $\mathbf{n} = \frac{1}{|\mathbf{x}_u \times \mathbf{x}_v|}(\mathbf{x}_u \times \mathbf{x}_v)$ solche Normalenvektoren, dann gilt nach dem Satz von STOKES

$$\int_{t_a}^{t_e} \mathbf{v}(\gamma(t)) \cdot \dot{\gamma}(t)\, dt = \int_B \mathrm{rot}\, \mathbf{v}(\mathbf{x}(u, v)) \cdot (\mathbf{x}_u(u, v) \times \mathbf{x}_v(u, v))\, du dv = \mathcal{F}\,,$$

wobei $\mathcal{F}$ den Fluss von $\mathrm{rot}\,\mathbf{v}$ durch S in Richtung $\mathbf{n}$ bezeichnen soll. Führt eine andere Parametrisierung $\mathbf{x}(u', v') : B' \to S$ dagegen auf Normalenvektoren

$$\mathbf{m} = \frac{\mathbf{x}_{u'} \times \mathbf{x}_{v'}}{|\mathbf{x}_{u'} \times \mathbf{x}_{v'}|} = -\mathbf{n}$$

(die sich aus der Orientierung von ∂S durch eine Linksschraube ergeben), so ist

$$\int_{t_a}^{t_e} \mathbf{v}(\gamma(t)) \cdot \dot{\gamma}(t)\, dt = -\int_{B'} \mathrm{rot}\, \mathbf{v}(\mathbf{x}(u', v')) \cdot (\mathbf{x}_{u'}(u', v') \times \mathbf{x}_{v'}(u', v'))\, du' dv' = -\mathcal{F}'\,,$$

mit $\mathcal{F}' = -\mathcal{F}$ als Fluss von $\mathrm{rot}\,\mathbf{v}$ durch S in Richtung $\mathbf{m} = -\mathbf{n}$. Als Orientierungshilfe im doppelten Sinn des Wortes sei daran erinnert, dass die Koordinatenrichtungen u und v mit dem Normalenvektor $\mathbf{n} = \frac{1}{|\mathbf{x}_u \times \mathbf{x}_v|}(\mathbf{x}_u \times \mathbf{x}_v)$ ein Rechtssystem bilden.

Beispiel: Es soll der Fluss $\mathcal{F}$ des Vektorfeldes $\mathbf{v}(x, y, z) = (xy, xz, -zy)^T$ durch die Fläche (Teil eines Rotationsparaboloids)

$$S = \{(x, y, z)^T \mid z = x^2 + y^2,\, x^2 + y^2 \leq 1\}$$

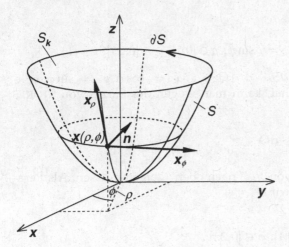

Abb. 8.33. Rotationsparaboloid S und Kreisfläche S_K

ins Innere berechnet werden. Wir werden 3 Möglichkeiten zur Flussberechnung darlegen.

1) Zuerst gehen wir den direkten Weg. Als Parametrisierung von S wählen wir

$$\mathbf{x}(\rho, \phi) = \begin{pmatrix} \rho \cos \phi \\ \rho \sin \phi \\ \rho^2 \end{pmatrix}, \rho \in [0,1], \phi \in [0,2\pi] .$$

Die Tangentenvektoren an die Parameterlinien im Punkt $\mathbf{x}(\rho, \phi)$ sind

$$\mathbf{x}_\rho = (\cos \phi, \sin \phi, 2\rho)^T \quad \text{und} \quad \mathbf{x}_\phi = (-\rho \sin \phi, \rho \cos \phi, 0)^T .$$

Als Vektorprodukt der Tangentenvektoren erhalten wir

$$\mathbf{x}_\rho \times \mathbf{x}_\phi = (-2\rho^2 \cos \phi, -2\rho^2 \sin \phi, \rho)^T .$$

Die durch $\mathbf{n} = \frac{\mathbf{x}_\rho \times \mathbf{x}_\phi}{|\mathbf{x}_\rho \times \mathbf{x}_\phi|}$ definierten Normalenvektoren auf S sind offenbar ins Innere von S gerichtet, so dass sich der ins Innere von S gerichtete Fluss $\mathcal{F}$ durch das Oberflächenintegral über $\mathbf{v} \cdot \mathbf{n}$ ergibt. Man erhält

$$\mathcal{F} = \int_S \mathbf{v} \cdot \mathbf{n}\, dO = \int_S \mathbf{v} \cdot \mathbf{dO} = \int_0^1 \int_0^{2\pi} \begin{pmatrix} \rho^2 \cos \phi \sin \phi \\ \rho^3 \cos \phi \\ -\rho^3 \sin \phi \end{pmatrix} \cdot \begin{pmatrix} -2\rho^2 \cos \phi \\ -2\rho^2 \sin \phi \\ \rho \end{pmatrix} d\phi d\rho$$

$$= \int_0^1 \int_0^{2\pi} [-2\rho^4 \cos^2 \phi \sin \phi - 2\rho^5 \cos \phi \sin \phi - \rho^4 \sin \phi]\, d\phi d\rho ,$$

und die Auswertung des Integrals ergibt $\mathcal{F} = 0$.

2) Wir erinnern uns daran, dass das Vektorfeld $\mathbf{v}$ ein Vektorpotential hat. Im vorangegangenen Kapitel hatten wir das Vektorfeld $\mathbf{w} = (x\frac{z^2}{2}, -xyz, 0)^T$ als Vektorpotential von $\mathbf{v}$ berechnet. Damit folgt aber

$$\mathcal{F} = \int_S \mathbf{v} \cdot \mathbf{dO} = \int_S \operatorname{rot} \mathbf{w} \cdot \mathbf{dO} ,$$

und da die Kreisfläche

$$S_K = \{(x,y,z) \mid x = \rho\cos\phi, \; y = \rho\sin\phi, \; \rho \in [0,1], \; \phi \in [0,2\pi], \; z = 1\}$$

den gleichen orientierten Rand $\partial S_k = \{(x,y,z)|x = \cos\phi, y = \sin\phi, \phi \in [0,2\pi], z = 1\}$ wie die Fläche S hat, kann man wegen des Satzes von STOKES den Fluss auch durch

$$\mathcal{F} = \int_{S_K} \operatorname{rot}\mathbf{w} \cdot d\mathbf{O} = \int_{S_K} \mathbf{v} \cdot d\mathbf{O}$$

berechnen, wobei die Normalen von S_K "nach oben" zeigen müssen. Als Parametrisierung von S_K verwenden wir

$$\mathbf{x}(\rho,\phi) = \begin{pmatrix} \rho\cos\phi \\ \rho\sin\phi \\ 1 \end{pmatrix}, \rho \in [0,1], \; \phi \in [0,2\pi] \, .$$

Die Tangentenvektoren an die Parameterlinien sind

$$\mathbf{x}_\rho = (\cos\phi, \sin\phi, 0)^T \quad \text{und} \quad \mathbf{x}_\phi = (-\rho\sin\phi, \rho\cos\phi, 0)^T \, .$$

Als äußeres Produkt der Tangentenvektoren erhalten wir $\mathbf{x}_\rho \times \mathbf{x}_\phi = (0,0,\rho)^T$, also nach oben gerichtete Normalen von S_K. Daraus folgt für die Flussberechnung

$$\mathcal{F} = \int_0^1 \int_0^{2\pi} \begin{pmatrix} \rho^2\cos\phi\sin\phi \\ \rho^3\cos\phi \\ -\rho^3\sin\phi \end{pmatrix} \cdot \begin{pmatrix} 0 \\ 0 \\ \rho \end{pmatrix} \, d\phi d\rho = -\int_0^1 \int_0^{2\pi} \rho^4\sin\phi \, d\phi d\rho = 0 \, .$$

Der Satz von STOKES und die Kenntnis eines Vektorpotentials haben die Berechnung etwas einfacher gemacht.

3) Da $\mathbf{v} = \operatorname{rot}\mathbf{w}$ gilt, kann man schließlich die Flussberechnung aufgrund des Satzes von STOKES auch über ein Kurvenintegral, nämlich

$$\mathcal{F} = \int_S \mathbf{v} \cdot d\mathbf{O} = \int_S \operatorname{rot}\mathbf{w} \cdot d\mathbf{O} = \int_{\partial S} \mathbf{w} \cdot d\mathbf{s}$$

mit dem Vektorfeld $\mathbf{w} = (x\frac{z^2}{2}, -xyz, 0)^T$ durchführen. In Anlehnung an die Parametrisierung von S_K wählen wir für $\partial S = \partial S_K$ die Parameterdarstellung

$$\gamma(\phi) = (\cos\phi, \sin\phi, 1)^T, \; \phi \in [0,2\pi] \, ,$$

die für wachsende ϕ die nach dem STOKESschen Satz erforderliche Orientierung liefert. Damit ergibt sich für den Fluss

$$\mathcal{F} = \int_0^{2\pi} \begin{pmatrix} \frac{1}{2}\cos\phi \\ -\cos\phi\sin\phi \\ 0 \end{pmatrix} \cdot \begin{pmatrix} -\sin\phi \\ \cos\phi \\ 0 \end{pmatrix} \, d\phi$$

$$= \int_0^{2\pi} [-\frac{1}{2}\cos\phi\sin\phi - \cos^2\phi\sin\phi] \, d\phi = 0 \, .$$

Wir haben diese Aufgabe der Flussberechnung gewählt, weil hier die Möglichkeiten des Satzes von STOKES sowie die Nützlichkeit der Kenntnis eines gegebenenfalls existierenden Vektorpotentials offensichtlich sind. Bei der zweiten Lösungsvariante reicht es übrigens aus zu wissen, dass v ein Vektorpotential besitzt, ohne es tatsächlich zu kennen. Dazu muss man nur die Divergenz von v ausrechnen.

8.8 Volumenintegrale

Die folgenden Überlegungen zur Volumenberechnung und zu Volumenintegralen sind eine direkte Verallgemeinerung der Berechnung von Flächeninhalten ebener Bereiche und der Flächenintegrale. So bilden statt Rechtecken hier Quader die Grundlage für die Volumenberechnung. Prinzipiell gibt es jedoch in den Darlegungen keine wesentlichen Unterschiede zur Flächenberechnung und den Flächenintegralen. Deshalb wollen wir hier auf eine Betrachtung von Ober- und Untersummen verzichten, und direkt zu den für die konkrete Integralberechnung und die Anwendung wichtigen Definitionen von Volumenintegralen kommen.
Zur praktischen Berechnung von Volumina bzw. Volumenintegralen muss man die Bereiche mathematisch fassen. Die einfachste Form eines Bereiches ist ein Quader der Art

$$B = [a, b] \times [c, d] \times [e, f] = \{(x, y, z)^T | a \le x \le b,\ c \le y \le d,\ e \le z \le f\}\,.$$

Allgemeinere Bereiche beschreibt man mit der

Definition 8.17. (Normalbereiche)
Ein Bereich $B_1 \subset \mathbb{R}^3$ heißt **Normalbereich vom Typ I**, wenn es einen regulären Bereich $B_1' \subset \mathbb{R}^2$ und ein Gebiet $D' \supset B_1'$ sowie zwei stetig differenzierbare Funktionen $g_I, h_I : D' \to \mathbb{R}$ gibt mit

$$B_1 = \{(x, y, z)^T \mid (x, y)^T \in B_1'\,,\ g_I(x, y) \le z \le h_I(x, y)\}\,.$$

Analog zu Normalbereichen vom Typ I definiert man mit Funktionen $g_{II}(y, z)$ und $h_{II}(y, z)$ bzw. $g_{III}(x, z)$ und $h_{III}(x, z)$ als obere und untere Begrenzungsfunktionen für x bzw. y **Normalbereiche vom Typ II** bzw. **III**. Es ist offensichtlich, dass Rechteckbereiche Normalbereiche vom Typ I, Typ II und Typ III sind. Einen Oktant einer Kugel V (1. Oktant, Radius R) kann man durch

$$V = \{(x, y, z)^T | (x, y)^T \in K,\ 0 \le z \le \sqrt{R^2 - x^2 - y^2}\}$$

als Normalbereich vom Typ I mit dem regulären Bereich

$$K = \{(x, y)^T | 0 \le y \le R,\ 0 \le x \le \sqrt{R^2 - y^2}\}$$

darstellen. Im Folgenden erklären wir Volumenintegrale iterativ, indem wir sie auf Flächenintegrale zurückführen.

Satz 8.15. *(Volumina von Normalbereichen)*
Sind B_1, B_2 bzw. B_3 Normalbereiche vom Typ I, II bzw. III entsprechend der Definition

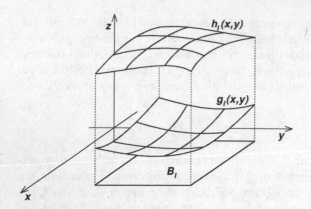

Abb. 8.34. Normalbereich vom Typ I im $\mathbb{R}^3$

8.17, so gelten für ihre Volumina $V(B_1)$, $V(B_2)$ bzw. $V(B_3)$ die Beziehungen

$$V(B_1) = \int_{B_1} dV = \int_{B_1'} (h_I - g_I)\, dF \tag{8.22}$$

$$V(B_2) = \int_{B_2} dV = \int_{B_2'} (h_{II} - g_{II})\, dF \tag{8.23}$$

$$V(B_3) = \int_{B_3} dV = \int_{B_3'} (h_{III} - g_{III})\, dF\ . \tag{8.24}$$

Im Falle des Normalbereichs vom Typ I bedeutet B_1 die Menge der Punkte, die im Innern des senkrecht auf der x-y-Ebene stehenden Zylinders mit der Grundfläche B_1' zwischen den Graphen der Funktionen g_I und h_I liegen.

Nun wollen wir definieren, was unter einem Volumenintegral einer Funktion über einem Quader verstanden werden soll. Wir fordern von der Funktion die Beschränktheit und stückweise Stetigkeit auf dem jeweiligen Integrationsbereich, um die Integrierbarkeit sicher zu stellen.

Satz 8.16. *(Volumenintegral über Quader)*
Wenn $B = [a, b] \times [c, d] \times [g, h]$ ein Quader und $f : B \to \mathbb{R}$ eine stetige Funktion sind, so gilt

$$\int_B f\, dV = \int_a^b [\int_c^d [\int_g^h f(x, y, z)\, dz] dy] dx = \int_a^b [\int_g^h [\int_c^d f(x, y, z)\, dy] dz] dx$$

$$= \int_c^d [\int_g^h [\int_a^b f(x, y, z)\, dx] dz] dy = \int_c^d [\int_a^b [\int_g^h f(x, y, z)\, dz] dx] dy$$

$$= \int_g^h [\int_a^b [\int_c^d f(x, y, z)\, dy] dx] dz = \int_g^h [\int_c^d [\int_a^b f(x, y, z)\, dx] dy] dz\ .$$

Der Beweis des Satzes wird über den Weg der RIEMANNschen Summen analog zum Beweis des Satzes 8.4 geführt. Satz 8.16 kann man wie folgt auf Normalbereiche vom Typ I, II und III verallgemeinern.

Satz 8.17. *(Volumenintegral über Normalbereiche)*

a) *Wenn B_1 ein Normalbereich vom Typ I der Form*

$$B_1 = \{(x,y,z)^T \mid (x,y)^T \in B_1' \ , \ g_I(x,y) \leq z \leq h_I(x,y)\}$$

ist und $f : B_1 \to \mathbb{R}$ eine stetige Funktion ist, dann gilt

$$\int_{B_1} f \, dV = \int_{B_1'} [\int_{g_I(x,y)}^{h_I(x,y)} f(x,y,z) \, dz] dx dy \ .$$

b) *Wenn B_2 ein Normalbereich vom Typ II der Form*

$$B_2 = \{(x,y,z)^T \mid (y,z)^T \in B_2' \ , \ g_{II}(y,z) \leq x \leq h_{II}(y,z)\}$$

ist und $f : B_2 \to \mathbb{R}$ eine stetige Funktion ist, dann gilt

$$\int_{B_2} f \, dV = \int_{B_2'} [\int_{g_{II}(y,z)}^{h_{II}(y,z)} f(x,y,z) \, dx] dy dz \ .$$

Für Normalbereiche vom Typ III gilt eine entsprechende Beziehung. In jedem Fall wird das Volumenintegral auf ein "eindimensionales" Integral und ein Flächenintegral zurückgeführt. Für Integrationsbereiche, die sich als Vereinigung mehrerer Normalbereiche darstellen lassen, gilt der folgende

Satz 8.18. *(Integral über Vereinigungen von Normalbereichen)*
Sei B ein Bereich, der sich als eine endliche Vereinigung $B = \cup_{j=1}^k B_j$ von Normalbereichen B_j darstellen lässt, die vom Typ I, II oder III sind, wobei für $i \neq j$ die Menge $B_i \cap B_j$ eine Nullmenge ist. Dann gilt für eine stetige Funktion $f : B \to \mathbb{R}$

$$\int_B f \, dV = \sum_{j=1}^k \int_{B_i} f \, dV \ .$$

Mit den Sätzen 8.16, 8.17 und 8.18 ist es nun möglich, mittels der Integralrechnung von Funktionen einer Veränderlichen und der Berechnung von Flächenintegralen auf dem Wege der "iterierten Integration" Volumenintegrale zu berechnen. Dabei kann man davon ausgehen, dass die weitaus meisten praktisch interessanten Integrationsbereiche als Vereinigung von Normalbereichen darstellbar sind.

Beispiel: Es soll das Trägheitsmoment θ des Ellipsoids (Massendichte konstant gleich 1)

$$E = \{(x,y,z)^T \mid \frac{x^2}{a^2} + \frac{y^2}{b^2} + \frac{z^2}{c^2} \leq 1\} \quad (a,b,c > 0)$$

bezüglich der z-Achse berechnet werden, also $\theta = \int_E (x^2 + y^2) \, dV$. Mit

$$g(x,y) = -c\sqrt{1 - \frac{x^2}{a^2} - \frac{y^2}{b^2}} \qquad h(x,y) = c\sqrt{1 - \frac{x^2}{a^2} - \frac{y^2}{b^2}}$$

kann man E als Normalbereich vom Typ I in der Form

$$E = \{(x, y, z)^T | (x, y)^T \in E', \; g(x, y) \leq z \leq h(x, y)\}$$

schreiben, wobei E' ein ebener Normalbereich vom Typ I der Form

$$E' = \{(x, y)^T | -a \leq x \leq a, \; -b\sqrt{1 - \frac{x^2}{a^2}} \leq y \leq b\sqrt{1 - \frac{x^2}{a^2}}\}$$

ist. Für die Berechnung von θ bedeutet das

$$
\begin{aligned}
\theta &= \int_{E'} \left[\int_{g(x,y)}^{h(x,y)} (x^2 + y^2)\, dz \right] dF \\
&= \int_{-a}^{a} \left[\int_{-b\sqrt{1-\frac{x^2}{a^2}}}^{b\sqrt{1-\frac{x^2}{a^2}}} \int_{-c\sqrt{1-\frac{x^2}{a^2}-\frac{y^2}{b^2}}}^{c\sqrt{1-\frac{x^2}{a^2}-\frac{y^2}{b^2}}} [(x^2 + y^2)\, dz]\, dy \right] dx \\
&= 2c \int_{-a}^{a} \left[\int_{-b\sqrt{1-\frac{x^2}{a^2}}}^{b\sqrt{1-\frac{x^2}{a^2}}} [(x^2 + y^2)\sqrt{1 - \frac{x^2}{a^2} - \frac{y^2}{b^2}}]\, dy \right] dx\;.
\end{aligned}
$$

Es gilt mit $M(x) = \sqrt{1 - \frac{x^2}{a^2}}$

$$
\begin{aligned}
&\int_{-b\sqrt{1-\frac{x^2}{a^2}}}^{b\sqrt{1-\frac{x^2}{a^2}}} [(x^2 + y^2)\sqrt{1 - \frac{x^2}{a^2} - \frac{y^2}{b^2}}]\, dy \\
&= x^2 \int_{-bM(x)}^{bM(x)} \sqrt{[M(x)]^2 - \frac{y^2}{b^2}}\, dy + \int_{-bM(x)}^{bM(x)} y^2 \sqrt{[M(x)]^2 - \frac{y^2}{b^2}}\, dy \\
&= x^2 M(x) \int_{-bM(x)}^{bM(x)} \sqrt{1 - (\frac{y}{bM(x)})^2}\, dy + M(x) \int_{-bM(x)}^{bM(x)} y^2 \sqrt{1 - (\frac{y}{bM(x)})^2}\, dy \\
&= x^2 b[M(x)]^2 \int_{-1}^{1} \sqrt{1 - t^2}\, dt + b^3 [M(x)]^4 \int_{-1}^{1} t^2 \sqrt{1 - t^2}\, dt \quad \text{mit } t = \frac{y}{bM(x)}.
\end{aligned}
$$

Wegen

$$\int t^2 \sqrt{1 - t^2}\, dt = -\frac{1}{4} t(\sqrt{1 - t^2})^3 + \frac{1}{8} t\sqrt{1 - t^2} + \frac{1}{8} \arcsin t$$

folgt $\quad \int_{-1}^{1} t^2 \sqrt{1 - t^2}\, dt = \frac{1}{8}\pi\;.$

Aus

$$\int \sqrt{1 - t^2}\, dt = \frac{1}{2} t\sqrt{1 - t^2} + \frac{1}{2} \arcsin t \quad \text{folgt} \int_{-1}^{1} \sqrt{1 - t^2}\, dt = \frac{1}{2}\pi\;.$$

Hieraus folgt

$$
\begin{aligned}
\int_{-b\sqrt{1-\frac{x^2}{a^2}}}^{b\sqrt{1-\frac{x^2}{a^2}}} [(x^2 + y^2)\sqrt{1 - \frac{x^2}{a^2} - \frac{y^2}{b^2}}]\, dy &= \pi(\frac{1}{2} x^2 b[M(x)]^2 + \frac{1}{8} b^3 [M(x)]^4) \\
&= \pi b(\frac{1}{2} x^2 (1 - \frac{x^2}{a^2}) + \frac{1}{8} b^2 (1 - \frac{x^2}{a^2})^2)\;,
\end{aligned}
$$

und damit schließlich

$$\theta = 2\pi bc \int_{-a}^{a} (\frac{1}{2}x^2(1 - \frac{x^2}{a^2}) + \frac{1}{8}b^2(1 - \frac{x^2}{a^2})^2) \, dx = \frac{4}{15}\pi abc(a^2 + b^2) \, .$$

Wir werden im nächsten Abschnitt noch einmal auf diese Aufgabe zurückkommen und sehen, dass es auch einfacher geht.

8.9 Transformationsformel für Volumenintegrale

Die Substitution $x = \phi(t)$, ϕ injektiv, hat mittels der Regel

$$\int_{a}^{b} f(x) \, dx = \int_{\phi^{-1}(a)}^{\phi^{-1}(b)} f(\phi(t)) \frac{d\phi(t)}{dt} \, dt$$

bei der Bestimmung einer Stammfunktion und der Berechnung bestimmter Integrale von Funktionen einer Veränderlichen oft gute Dienste geleistet. Die Substitutionsregel, die wir schon zur Motivation der Transformationsformel für Flächenintegrale betrachtet haben, soll nun für den Fall von Volumenintegralen verallgemeinert werden.

Definition 8.18. (Koordinatentransformation)
Seien D und D' zwei Gebiete aus dem $\mathbb{R}^3$. Eine zweimal stetig differenzierbare Funktion

$$\mathbf{x} : D \to D', \ \mathbf{x}(u, v, w) = \begin{pmatrix} x(u, v, w) \\ y(u, v, w) \\ z(u, v, w) \end{pmatrix}$$

heißt **Koordinatentransformation**, wenn die Abbildung $\mathbf{x}$ injektiv ist und wenn für alle $(u, v, w)^T \in D$ die Determinante der Ableitungsmatrix

$$\frac{\partial(x, y, z)}{\partial(u, v, w)} = \det(J_{\mathbf{x}}(u, v, w)) = \det \begin{pmatrix} x_u(u, v, w) & x_v(u, v, w) & x_w(u, v, w) \\ y_u(u, v, w) & y_v(u, v, w) & y_w(u, v, w) \\ z_u(u, v, w) & z_v(u, v, w) & z_w(u, v, w) \end{pmatrix} \neq 0$$

ist. Man nennt $\frac{\partial(x,y,z)}{\partial(u,v,w)}$ **Funktionaldeterminante** von $\mathbf{x}(u, v, w)$ (vgl. Def. 8.9).

Betrachten wir einen Quader

$$Q = \{ \begin{pmatrix} u + r \\ v + s \\ w + t \end{pmatrix} \mid 0 \leq r \leq h, \ 0 \leq s \leq k, \ 0 \leq t \leq l\} \subset D$$

mit den Kantenlängen k, h und l und dem Volumen $V(Q) = h \cdot k \cdot l$, dann bildet $\mathbf{x}$ den Quader Q auf $Q' = \mathbf{x}(Q)$ ab, und $\mathbf{x}(Q)$ ist in erster Näherung gleich dem Spat

$$S' = \{\mathbf{x}(u, v, w) + r\mathbf{x}_u(u, v, w) + s\mathbf{x}_v(u, v, w) + t\mathbf{x}_w(u, v, w) \mid$$
$$0 \leq r \leq h, \ 0 \leq s \leq k, \ 0 \leq t \leq l\} \, .$$

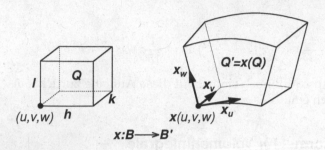

Abb. 8.35. Koordinatentransformation

Das Volumen von S' ergibt sich aus dem Betrag des Spatprodukts der wegen $\det(J_\mathbf{x}) \neq 0$ linear unabhängigen Vektoren $h\mathbf{x}_u$, $k\mathbf{x}_v$ und $l\mathbf{x}_w$ zu

$$V(S') = |[h\mathbf{x}_u, k\mathbf{x}_v, l\mathbf{x}_w]| = |det(J_\mathbf{x})| \cdot h \cdot k \cdot l \, .$$

Der Betrag der Funktionaldeterminante $|det(J_\mathbf{x})|$ ist somit das Verhältnis der Volumina infinitesimaler Gebiete, die durch $\mathbf{x}$ aufeinander abgebildet werden. Letztendlich führen die Überlegungen zum

---

Satz 8.19. *(Transformationsregel für Volumenintegrale)*

Seien B und B' zwei reguläre Bereiche im $\mathbb{R}^3$, D und D' zwei Gebiete mit $B \subset D$ und $B' \subset D'$ sowie $\mathbf{x} : D \to D'$ eine Koordinatentransformation von B auf B'. Ferner sei $f : B' \to \mathbb{R}$ eine stetige Funktion. Dann gilt

$$\int_{\mathbf{x}(B)} f \, dV = \int_{B'} f(x, y, z) \, dxdydz = \qquad (8.25)$$

$$\int_B f(x(u,v,w), y(u,v,w), z(u,v,w)) |\frac{\partial(x,y,z)}{\partial(u,v,w)}| \, dudvdw \, .$$

Unter einem **regulärem Bereich** im $\mathbb{R}^3$ wollen wir eine abgeschlossene, von einer stückweise regulären Fläche (vgl. Def. 8.11) berandete Punktmenge verstehen, deren Inneres ein einfach zusammenhängendes Gebiet ist.

Die Schreibweise macht es leicht, sich die Transformationsformel zu merken: "Kürzt" man im (u, v, w)-Integral $dudvdw$ gegen $\partial(u, v, w)$, so erhält man "fast" das (x, y, z)-Integral über B'. Die Regel (8.25) ist auch dann erfüllt, wenn für endlich viele Punkte oder allgemeinere Nullmengen aus B bzw. B' $\mathbf{x}$ nicht injektiv ist oder $\frac{\partial(x,y,z)}{\partial(u,v,w)} = 0$ gilt. Das ist besonders bei Transformationen von kartesischen in Zylinder- oder Kugelkoordinaten von Bedeutung. Für die durch

$$x = \rho \cos \phi \, , \quad y = \rho \sin \phi \, , \quad z = z$$

definierten **Zylinderkoordinaten** (ρ, ϕ, z) mit $B = \{(\rho, \phi, z) | \rho \geq 0, \ 0 \leq \phi \leq$

$2\pi,\ z \in \mathbb{R}\}$ und $\mathbf{x}(B) = B' = \{(x,y,z)|x,y,z \in \mathbb{R}\}$ ergibt sich

$$\frac{\partial(x,y,z)}{\partial(\rho,\phi,z)} = \begin{vmatrix} \cos\phi & -\rho\sin\phi & 0 \\ \sin\phi & \rho\cos\phi & 0 \\ 0 & 0 & 1 \end{vmatrix} = \rho\,.$$

Es ist also $\det(J_{\mathbf{x}}) = 0$ für alle Punkte der z-Achse. Außerdem werden die beiden Punkte $(\rho,0,z)$ und $(\rho,2\pi,z)$ $(\rho \geq 0, z \in \mathbb{R})$ aus B auf denselben Punkt $(x,y,z) = \mathbf{x}(\rho,0,z)$ in B' abgebildet; hier ist die Injektivität gestört.

Bei **Kugelkoordinaten** (r,θ,ϕ) mit

$$x = r\sin\theta\cos\phi\,, \quad y = r\sin\theta\sin\phi\,, \quad z = r\cos\theta$$

hat man für $B = \{(r,\theta,\phi)|r \geq 0, 0 \leq \theta \leq \pi, 0 \leq \phi \leq 2\pi\}$, $\mathbf{x}(B) = B' = \{(x,y,z)|x,y,z \in \mathbb{R}\}$. Es folgt

$$\frac{\partial(x,y,z)}{\partial(r,\theta,\phi)} = \begin{vmatrix} \sin\theta\cos\phi & r\cos\theta\cos\phi & -r\sin\theta\sin\phi \\ \sin\theta\sin\phi & r\cos\theta\sin\phi & r\sin\theta\cos\phi \\ \cos\theta & -r\sin\theta & 0 \end{vmatrix} = r^2\sin\theta\,.$$

Auch hier wird z.B. für alle Punkte mit $\theta = 0$, $\theta = \pi$ oder $r = 0$, d.h. die z-Achse in B', der Wert der Determinante gleich Null. Allerdings handelt es sich um Nullmengen im $\mathbb{R}^3$ und die Formel (8.25) bleibt anwendbar, auch wenn die Integrationsbereiche solche Ausnahmepunkte enthalten.

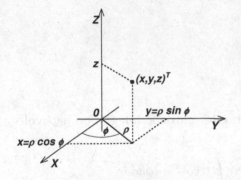

Abb. 8.36. Zylinderkoordinaten ρ, ϕ und z des Punktes $(x,y,z)^T$

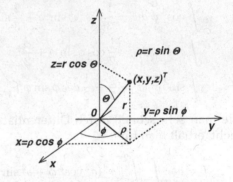

Abb. 8.37. Kugelkoordinaten r, θ, ϕ des Punktes $(x,y,z)^T$

Beispiel: Erinnern wir uns an die mühselige Berechnung des Trägheitsmoments θ des Ellipsoids $\{(x,y,z)^T|\frac{x^2}{a^2} + \frac{y^2}{b^2} + \frac{z^2}{c^2} \leq 1\}$ aus dem vorigen Abschnitt. Wir wollen diese Aufgabe mit Hilfe der Transformationsformel und einer Koordinatentransformation etwas weniger aufwendig lösen. Mit der Transformation auf die modifizierten Kugelkoordinaten r, ϕ, ψ

$$\mathbf{x} : B \to E, \quad \mathbf{x}(r,\phi,\psi) = \begin{pmatrix} ar\cos\phi\cos\psi \\ br\sin\phi\cos\psi \\ cr\sin\psi \end{pmatrix}, \ r \in [0,1],\ \phi \in [0,2\pi],\ \psi \in [-\frac{\pi}{2}, \frac{\pi}{2}]\,,$$

bildet man den Quader $B = [0,1] \times [0,2\pi] \times [-\frac{\pi}{2}, \frac{\pi}{2}]$ auf das Ellipsoid E ab. Für $det(J_{\mathbf{x}})$ errechnet man

$$det(J_{\mathbf{x}}) = \begin{vmatrix} x_r & x_\phi & x_\psi \\ y_r & y_\phi & y_\psi \\ z_r & z_\phi & z_\psi \end{vmatrix}$$

$$= \begin{vmatrix} a\cos\phi\cos\psi & -ar\sin\phi\cos\psi & -ar\cos\phi\sin\psi \\ b\sin\phi\cos\psi & br\cos\phi\cos\psi & -br\sin\phi\sin\psi \\ c\sin\psi & 0 & cr\cos\psi \end{vmatrix} = abcr^2\cos\psi .$$

Es ist $det(J_{\mathbf{x}}) = 0$ genau dann, wenn $\psi = \pm\frac{\pi}{2}$ oder $r = 0$ ist, d.h. für die Achse $\{(x,y,z)^T | x = y = 0, -c \le z \le c\}$ des Ellipsoids, also eine Nullmenge des $\mathbb{R}^3$. Damit ist die Transformationsformel (8.25) anwendbar. Es ergibt sich

$$\theta = \int_E (x^2 + y^2)\, dV$$

$$= \int_0^1 \int_0^{2\pi} \int_{-\frac{\pi}{2}}^{\frac{\pi}{2}} (r^2 a^2 \cos^2\psi\cos^2\phi + r^2 b^2 \cos^2\psi\sin^2\phi) abcr^2\cos\psi\, d\psi d\phi dr$$

$$= \int_0^1 \int_0^{2\pi} \int_{-\frac{\pi}{2}}^{\frac{\pi}{2}} r^4 abc\cos^3\psi(a^2\cos^2\phi + b^2\sin^2\phi)\, d\psi d\phi dr .$$

Unter Nutzung der Beziehungen

$$\int \cos^3\psi\, d\psi = \frac{1}{3}\cos^2\psi\sin\psi + \frac{2}{3}\sin\psi ,$$

$$\int \cos^2\phi\, d\phi = \frac{1}{2}\cos\phi\sin\phi + \frac{\phi}{2} ,$$

$$\int \sin^2\phi\, d\phi = \frac{\phi}{2} - \frac{1}{2}\cos\phi\sin\phi ,$$

die man sehr schnell durch Differentiation oder partielle Integration nachvollzieht, erhält man für θ

$$\theta = abc\int_0^1 \int_0^{2\pi} r^4(a^2\cos^2\phi + b^2\sin^2\phi) \int_{-\frac{\pi}{2}}^{\frac{\pi}{2}} \cos^3\psi\, d\psi d\phi dr$$

$$= abc\int_0^1 \int_0^{2\pi} r^4(a^2\cos^2\phi + b^2\sin^2\phi)(\frac{1}{3}\cos^2\psi\sin\psi + \frac{2}{3}\sin\psi)|_{-\frac{\pi}{2}}^{\frac{\pi}{2}}\, d\phi dr$$

$$= abc\int_0^1 \int_0^{2\pi} r^4(a^2\cos^2\phi + b^2\sin^2\phi)\frac{4}{3}\, d\phi dr$$

$$= \frac{4}{3}abc\int_0^1 r^4 \int_0^{2\pi} (a^2\cos^2\phi + b^2\sin^2\phi)\, d\phi dr$$

$$= \frac{4}{3}abc\int_0^1 r^4[a^2(\frac{1}{2}\cos\phi\sin\phi + \frac{\phi}{2})|_0^{2\pi} + b^2(\frac{\phi}{2} - \frac{1}{2}\cos\phi)|_0^{2\pi}]\, dr$$

$$= \frac{4}{3}abc\pi(a^2 + b^2)\int_0^1 r^4\, dr = \frac{4}{15}abc\pi(a^2 + b^2) .$$

Wenngleich diese Rechnung auch nicht unbedingt kurz war, ist sie jedoch wesentlich angenehmer als die oben durchgeführte Rechnung in kartesischen Koordinaten. Die Vereinfachungen ergeben sich dadurch, dass die Koordinaten r, ϕ, ψ dem Integrationsbereich E besser angepasst sind als die kartesischen Koordinaten x, y, z und man dadurch auf konstante Integrationsgrenzen kommt.

8.10 Satz von GAUSS

Der Satz von GAUSS stellt einen Zusammenhang zwischen dem Flussintegral über eine geschlossene Oberfläche und einem Integral über das eingeschlossene Volumen her. Neben der mathematischen Bedeutung des Satzes, dass man die mitunter komplizierte Berechnung eines Flussintegrals durch die Berechnung eines Volumenintegrals ablösen kann oder umgekehrt, hat der GAUSSsche Satz Bedeutung bei der Aufstellung von kontinuumsmechanischen Bilanzen. Bei der folgenden Herleitung des Satzes kann man deshalb das beteiligte Vektorfeld $\mathbf{v}$ als Strömungsgeschwindigkeit einer Flüssigkeit interpretieren. Als Volumenelement betrachten wir den Quader

$$Q = [a_1, b_1] \times [a_2, b_2] \times [a_3, b_3] \, .$$

Der Quader Q hat die Seiten

$$S_1 = \{(a_1, y, z)^T \,|\, a_2 \leq y \leq b_2, \; a_3 \leq z \leq b_3\} \text{ mit } \mathbf{n} = -\mathbf{e}_1,$$
$$S_2 = \{(b_1, y, z)^T \,|\, a_2 \leq y \leq b_2, \; a_3 \leq z \leq b_3\} \text{ mit } \mathbf{n} = \mathbf{e}_1,$$
$$S_3 = \{(x, a_2, z)^T \,|\, a_1 \leq x \leq b_1, \; a_3 \leq z \leq b_3\} \text{ mit } \mathbf{n} = -\mathbf{e}_2,$$
$$S_4 = \{(x, b_2, z)^T \,|\, a_1 \leq x \leq b_1, \; a_3 \leq z \leq b_3\} \text{ mit } \mathbf{n} = \mathbf{e}_2,$$
$$S_5 = \{(x, y, a_3)^T \,|\, a_1 \leq x \leq b_1, \; a_2 \leq y \leq b_2\} \text{ mit } \mathbf{n} = -\mathbf{e}_3,$$
$$S_6 = \{(x, y, b_3)^T \,|\, a_1 \leq x \leq b_1, \; a_2 \leq y \leq b_2\} \text{ mit } \mathbf{n} = \mathbf{e}_3,$$

wobei $\mathbf{e}_j$, $j = 1,2,3$, die kanonischen Einheitsvektoren des $\mathbb{R}^3$ sind. Wir haben dabei für jede Seitenfläche des Quaders Q die nach außen gerichtete Normale gewählt. Auch in den folgenden Flussintegralen über geschlossene Flächen ist das vektorielle Oberflächenelement $\mathbf{dO}$ mit der **äußeren Normalen** zu bilden. Sei nun $D \subset \mathbb{R}^3$ ein Gebiet mit $Q \subset D$ und $\mathbf{v} : D \to \mathbb{R}^3$ ein stetig differenzierbares Vektorfeld mit der Komponentendarstellung

$$\mathbf{v} = \begin{pmatrix} v_1 \\ v_2 \\ v_3 \end{pmatrix} = \begin{pmatrix} \mathbf{v} \cdot \mathbf{e}_1 \\ \mathbf{v} \cdot \mathbf{e}_2 \\ \mathbf{v} \cdot \mathbf{e}_3 \end{pmatrix} \, .$$

Nach dem Hauptsatz der Differential-Integralrechnung gilt

$$\int_{S_2} \mathbf{v} \cdot d\mathbf{O} + \int_{S_1} \mathbf{v} \cdot d\mathbf{O} = \int_{a_2}^{b_2} [\int_{a_3}^{b_3} (v_1(b_1, y, z) - v_1(a_1, y, z))\, dz]\, dy$$

$$= \int_{a_2}^{b_2} [\int_{a_3}^{b_3} \{ \int_{a_1}^{b_1} (\frac{\partial}{\partial x}(v_1(x, y, z)))\, dx \}\, dz]\, dy$$

$$= \int_Q \frac{\partial}{\partial x} v_1(x, y, z)\, dV\ . \tag{8.26}$$

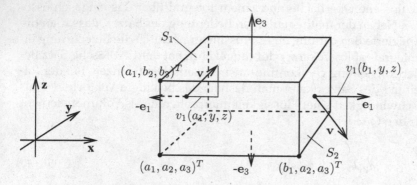

Abb. 8.38. Fluss des Vektors $\mathbf{v}$ durch die Begrenzungsflächen S_1, S_2 des Quaders Q

Zur Veranschaulichung betrachten wir in der Abb. 8.38 den Fluss des Vektors $\mathbf{v}$ in Richtung $\mathbf{e}_1$. Dazu tragen nur die Komponente v_1 und die Flächen S_1, S_2 bei. Durch eine völlig analoge Betrachtung des Flusses des Vektors $\mathbf{v}$ in die Richtungen $\mathbf{e}_2$ und $\mathbf{e}_3$ erhält man

$$\int_{S_4} \mathbf{v} \cdot d\mathbf{O} + \int_{S_3} \mathbf{v} \cdot d\mathbf{O} = \int_Q \frac{\partial}{\partial y} v_2(x, y, z)\, dV \tag{8.27}$$

und

$$\int_{S_6} \mathbf{v} \cdot d\mathbf{O} + \int_{S_5} \mathbf{v} \cdot d\mathbf{O} = \int_Q \frac{\partial}{\partial z} v_3(x, y, z)\, dV\ . \tag{8.28}$$

Die Summation der Gleichungen (8.26), (8.27) und (8.28) ergibt

$$\int_{\partial Q} \mathbf{v} \cdot d\mathbf{O} = \sum_{j=1}^{6} \int_{S_j} \mathbf{v} \cdot d\mathbf{O} \tag{8.29}$$

$$= \int_Q (\frac{\partial}{\partial x} v_1(x, y, z) + \frac{\partial}{\partial y} v_2(x, y, z) + \frac{\partial}{\partial z} v_3(x, y, z))\, dV$$

$$= \int_Q \operatorname{div} \mathbf{v}\, dV\ .$$

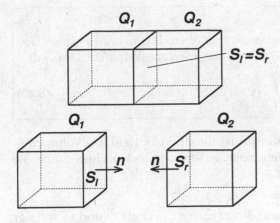

Abb. 8.39. $Q = Q_1 \cup Q_2$

Die Beziehung (8.29) ist der Satz von GAUSS für einen Quader Q. Betrachtet man nun zwei nebeneinander liegende Quader Q_1, Q_2 einer Zerlegung eines "größeren" Bereichs B, wie in Abb. 8.39 dargestellt, so erkennt man, dass aufgrund der Bereichsadditivität (Satz 8.18) die Beziehung

$$\int_{Q_1 \cup Q_2} \operatorname{div} \mathbf{v}\, dV = \int_{Q_1} \operatorname{div} \mathbf{v}\, dV + \int_{Q_2} \operatorname{div} \mathbf{v}\, dV$$

gilt. Die obige Rechnung ergibt des Weiteren

$$\int_{Q_1} \operatorname{div} \mathbf{v}\, dV + \int_{Q_2} \operatorname{div} \mathbf{v}\, dV = \int_{\partial Q_1} \mathbf{v} \cdot \mathbf{dO} + \int_{\partial Q_2} \mathbf{v} \cdot \mathbf{dO} .$$

Man überlegt nun, dass sich die Flussintegrale

$$\int_{S_l} \mathbf{v} \cdot \mathbf{dO} \quad \text{und} \quad \int_{S_r} \mathbf{v} \cdot \mathbf{dO}$$

gerade aufheben, da $\mathbf{v}$ auf $S_l = S_r$ selbstverständlich gleich ist, die äußeren Normalenvektoren jedoch gegensätzliche Richtungen haben. Die konsequente Weiterführung dieser Überlegung führt für $Q = Q_1 \cup Q_2$ auf die Beziehung

$$\int_Q \operatorname{div} \mathbf{v}\, dV = \int_{\partial Q} \mathbf{v} \cdot \mathbf{dO} .$$

Man kann diese Beziehung auf allgemeinere Bereiche verallgemeinern, z.B. auf reguläre Bereiche. Man hat dann

---

Satz 8.20. *(Satz von GAUSS)*

Sei B ein regulärer Bereich im $\mathbb{R}^3$ mit der äußeren Normale $\mathbf{n}$ in den Punkten seines Randes ∂B. $\mathbf{v}$ sei ein im Gebiet $D \supset B$ stetig differenzierbares Vektorfeld. Dann gilt

$$\int_B div\, \mathbf{v}\, dV = \int_{\partial B} \mathbf{v} \cdot d\mathbf{O} = \int_{\partial B} (\mathbf{v} \cdot \mathbf{n})\, dO\, . \tag{8.30}$$

Unter den angegebenen Voraussetzungen ist für ein Vektorfeld das Volumenintegral über die Divergenz gleich dem nach außen gerichteten Fluss durch die Oberfläche.

Beispiele:

1) Gegeben ist ein Vektorfeld $\mathbf{v}(x, y, z) = (x^2 yz, xy^2 z, -2xyz^2)^T$ und es soll der nach außen gerichtete Fluss des Vektorfeldes durch die Oberfläche einer Kugel $K = \{(x, y, z)^T \,|\, x^2 + y^2 + z^2 \leq 1\}$ berechnet werden, also

$$F = \int_{\partial K} \mathbf{v} \cdot d\mathbf{O}\, .$$

Mit dem Satz von GAUSS kann man F auch mit dem Volumenintegral

$$\int_K div\, \mathbf{v}\, dV$$

berechnen. Mit $div\, \mathbf{v} = 2xyz + 2xyz - 4xyz = 0$ ergibt sich

$$F = \int_{\partial K} \mathbf{v} \cdot d\mathbf{O} = \int_K div\, \mathbf{v}\, dV = 0\, .$$

2) Man hat einen Kegelstumpf $Z = \{(x, y, z)^T \,|\, x^2 + y^2 \leq (2 - z)^2, 0 \leq z \leq 1\}$ gegeben. $\mathbf{v}$ sei das Geschwindigkeitsfeld einer inkompressiblen Flüssigkeit (d.h. $div\, \mathbf{v} = 0$), die diese "Düse" in Richtung wachsender z durchströmt. Die Wand $Z_m = \{(x, y, z)^T \,|\, x^2 + y^2 = (2 - z)^2, 0 \leq z \leq 1\}$ sei für Flüssigkeiten undurchlässig. Der Fluss über die Eintrittsfläche $Z_0 = \{(x, y, 0)^T \,|\, x^2 + y^2 \leq 2^2\}$ mit der äußeren Normalen $-\mathbf{e}_3 = (0, 0, -1)^T$ sei mit $F = -8\pi$ bekannt, so dass sich bezogen auf die Eintrittsfläche in Richtung $-\mathbf{e}_3$ die mittlere Geschwindigkeit $v_{0m} = -2$ ergibt. Wie groß ist die mittlere Geschwindigkeit v_{1m} am Austritt $Z_1 = \{(x, y, 1)^T \,|\, x^2 + y^2 \leq 1\}$?

Aufgrund des Satzes von GAUSS gilt

$$\int_{Z_0} \mathbf{v} \cdot d\mathbf{O} + \int_{Z_1} \mathbf{v} \cdot d\mathbf{O} + \int_{Z_m} \mathbf{v} \cdot d\mathbf{O} = \int_Z div\, \mathbf{v}\, dV\, ,$$

und wegen der Inkompressibilität und der Undurchlässigkeit von Z_m folgt

$$\int_{Z_0} \mathbf{v} \cdot d\mathbf{O} + \int_{Z_1} \mathbf{v} \cdot d\mathbf{O} = 0 \Longleftrightarrow \int_{Z_1} \mathbf{v} \cdot d\mathbf{O} = -\int_{Z_0} \mathbf{v} \cdot d\mathbf{O} = 8\pi\, .$$

Da der äußere Normalenvektor am Austritt Z_1 gleich $\mathbf{e}_3 = (0,0,1)^T$ ist, ergibt sich für den Fluss durch Z_1

$$\int_{Z_1} \mathbf{v} \cdot d\mathbf{O} = \int_{Z_1} v_3 \, dF = v_{1m} \int_{Z_1} dF = v_{1m}\pi = 8\pi \ .$$

Damit ergibt sich an der Austrittsfläche in Richtung der äußeren Normalen $\mathbf{e}_3$ die mittlere Geschwindigkeit $v_{1m} = 8$: Die Querschnittsverengung von Z_0 auf Z_1 liefert eine Beschleunigung der Flüssigkeit.

Nun sollen einige Folgerungen aus dem Satz von GAUSS abgeleitet werden. Sei B wieder ein regulärer Bereich und sei $\mathbf{n}$ die äußere Normale auf ∂B. f, φ seien in einem Gebiet $D \supset B$ zweimal stetig differenzierbare Funktionen. Wendet man den GAUSSschen Satz auf das Vektorfeld $\mathbf{v} = \varphi \operatorname{grad} f$ an, so folgt wegen $\operatorname{div}(\varphi \operatorname{grad} f) = \varphi \Delta f + \operatorname{grad} \varphi \cdot \operatorname{grad} f$ die erste GREENsche Formel in der Gestalt

$$\int_{\partial B} \varphi \operatorname{grad} f \cdot d\mathbf{O} = \int_B [\varphi \Delta f + \operatorname{grad} \varphi \cdot \operatorname{grad} f] dV \ .$$

Verwendet man statt $\operatorname{grad} f \cdot \mathbf{n}$ die Bezeichnung $\frac{\partial f}{\partial \mathbf{n}}$ als Ableitung von f in Richtung der äußeren Normalen $\mathbf{n}$, so erhält man die

---

erste GREENsche Integralformel:

$$\int_{\partial B} \varphi \frac{\partial f}{\partial \mathbf{n}} \, dO = \int_B [\varphi \Delta f + \operatorname{grad} \varphi \cdot \operatorname{grad} f] dV \ . \tag{8.31}$$

Vertauscht man f und φ in (8.31) und subtrahiert die gewonnene Formel von (8.31), so erhält man die

---

zweite GREENsche Integralformel:

$$\int_{\partial B} [\varphi \frac{\partial f}{\partial \mathbf{n}} - f \frac{\partial \varphi}{\partial \mathbf{n}}] \, dO = \int_B [\varphi \Delta f - f \Delta \varphi] dV \ . \tag{8.32}$$

Die GREENschen Integralformeln sind Verallgemeinerungen der Formeln zur partiellen Integration bei Funktionen einer Veränderlichen: Für zweimal stetig differenzierbare Funktionen $\varphi, f : [a, b] \to \mathbb{R}$ gilt bekanntlich

$$\int_a^b \varphi f'' dx \doteq \varphi f'|_a^b - \int_a^b \varphi' f' dx \quad \text{bzw.} \quad \varphi f'|_a^b = \int_a^b (\varphi f'' + \varphi' f') dx \ ,$$

ganz analog zu (8.31). Die Formeln (8.31) und (8.32) finden in vielen Bereichen der Kontinuumsmechanik und Funktionalanalysis Anwendung. Wir werden diese Beziehungen im Kapitel 12 benötigen.

Fluss und Ergiebigkeit/Divergenz

Seien $D \subset \mathbb{R}^3$ ein Gebiet und $\mathbf{v} : D \to \mathbb{R}^3$ ein stetig differenzierbares Vektorfeld, das wir als Geschwindigkeitsfeld einer inkompressiblen Flüssigkeit verstehen wollen. Weiterhin sei für $\mathbf{x} \in D$ und $r > 0$ die Kugel $\overline{K}_{r,\mathbf{x}}$ (mit Mittelpunkt $\mathbf{x}$

und Radius r) in D enthalten. Wir verabreden $S_r = \partial \overline{K}_{r,\mathbf{x}}$. Wenn man den Fluss

$$\dot{U} = \int_{S_r} \mathbf{v} \cdot d\mathbf{O}$$

($d\mathbf{O} = \mathbf{n}\, dO$, $\mathbf{n}$ äußere Normale) betrachtet und sich daran erinnert, dass $\mathbf{v} \cdot \mathbf{n}\, dO$ das pro Zeiteinheit durch dO in $\mathbf{n}$-Richtung hindurchtretende Flüssigkeitsvolumen ist, so hat man mit U eine Bilanz des Volumens pro Zeiteinheit, also die Differenz zwischen dem pro Zeiteinheit aus $\overline{K}_{r,\mathbf{x}}$ herausfließenden Volumen und dem pro Zeiteinheit in $\overline{K}_{r,\mathbf{x}}$ hineinfließenden Volumen. Wenn in $\overline{K}_{r,\mathbf{x}}$ Quellen oder Senken für die Flüssigkeit vorhanden sind, wird i. Allg. $U \neq 0$ sein. Dividiert man den Fluss durch das Volumen des Bilanzgebietes $\overline{K}_{r,\mathbf{x}}$, erhält man mit

$$E_{\overline{K}_{r,\mathbf{x}}} := \frac{1}{V(\overline{K}_{r,\mathbf{x}})} \int_{S_r} \mathbf{v} \cdot d\mathbf{O}$$

die mittlere "Ergiebigkeit" bezüglich $\overline{K}_{r,\mathbf{x}}$. Wir wollen nun die Kugel auf den Punkt $\mathbf{x}$ zusammenziehen, um die Ergiebigkeit an einem Punkt zu erklären. Nach Anwendung des GAUSSschen Satzes liefert der Mittelwertsatz wegen der Stetigkeit von div $\mathbf{v}$ die Existenz eines Punktes $\mathbf{x}^* \in \overline{K}_{r,\mathbf{x}}$ mit

$$\int_{S_r} \mathbf{v} \cdot d\mathbf{O} = \int_{\overline{K}_{r,\mathbf{x}}} \operatorname{div} \mathbf{v}\, dV = \operatorname{div} \mathbf{v}(\mathbf{x}^*) V(\overline{K}_{r,\mathbf{x}}) \,.$$

Daraus folgt

$$\operatorname{div} \mathbf{v}(\mathbf{x}) = \lim_{r \to 0} \frac{1}{V(\overline{K}_{r,\mathbf{x}})} \int_{S_r} \mathbf{v} \cdot d\mathbf{O} \,.$$

Damit ist div $\mathbf{v}(\mathbf{x})$ als Grenzwert der mittleren Ergiebigkeit eines Bilanzvolumens um $\mathbf{x}$ die Ergiebigkeit oder ein Maß für die Produktion bzw. die Vernichtung von Flüssigkeitsvolumen, d.h. für die Stärke einer Quelle bzw. Senke von $\mathbf{v}$ im Punkte $\mathbf{x}$. Man bezeichnet die Divergenz eines Vektorfeldes auch als seine **Quellendichte**. Ist die Quellendichte eines Vektorfeldes $\mathbf{v}$ gleich Null (div $\mathbf{v} = 0$), dann nennt man $\mathbf{v}$ auch **quellenfrei**. Die Abbildungen 8.40, 8.41 zeigen Beispiele quellenfreier (und wirbelfreier) ebener Vektorfelder mit div $\mathbf{v} = 0$ für $|\mathbf{x}| = \sqrt{x^2 + y^2} > 0$.

Mit Bezug auf die Massenbilanz eines mit der Geschwindigkeit $\mathbf{v}(\mathbf{x})$ strömenden flüssigen Produkts, z.B. durch einen Reaktor B, bedeutet der Satz von der Erhaltung der Masse, dass die pro Zeiteinheit in den Reaktor einströmende Masse $\dot{m}_{in}$ plus der pro Zeiteinheit im Reaktor erzeugten Masse $\dot{m}_{vol} = \int_B f\, dV$ gleich sein muss der pro Zeiteinheit aus dem Reaktor austretenden Masse $\dot{m}_{out}$ des betrachteten Produkts. $f(\mathbf{x})$ ist die pro Volumen- und Zeiteinheit an der Stelle $\mathbf{x}$ im Reaktor erzeugte Masse; in Punkten $\mathbf{x}$ mit $f(\mathbf{x}) < 0$ wird Masse des betrachteten Produkts vernichtet, z.B. durch Umwandlung in andere Produkte. Wir setzen Unabhängigkeit von der Zeit voraus. Es gilt also

$$\dot{m}_{out} = \dot{m}_{in} + \dot{m}_{vol} \,,$$

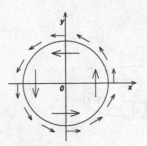

Abb. 8.40. Ebene Quellenströmung $\mathbf{v}(\mathbf{x}) = \frac{1}{|\mathbf{x}|^2}(x,y,0)^T$

Abb. 8.41. Ebener Potentialwirbel $\mathbf{v}(\mathbf{x}) = \frac{1}{|\mathbf{x}|^2}(-y,x,0)^T$

bzw. mit $\rho(\mathbf{x})$ als Massendichte

$$\int_{S_{out}} \rho\mathbf{v} \cdot d\mathbf{O} = -\int_{S_{in}} \rho\mathbf{v} \cdot d\mathbf{O} + \int_B f\,dV \,, \tag{8.33}$$

wobei B der Reaktorraum ist, $S = S_{in} \cup S_{out} \cup S_{wall} = \partial B$ die Randfläche mit nach außen gerichteten Normalen, unterteilt in den "Reaktoreinlass" S_{in}, den Auslass S_{out} und die undurchlässige Reaktorwand S_{wall}. ρ, $\mathbf{v}$ seien in B stetig differenzierbar, f dort stetig. Da für undurchlässige Wände zwangsläufig

$$\int_{S_{wall}} \rho\mathbf{v} \cdot d\mathbf{O} = 0$$

gilt, kann man die Massenerhaltung (8.33) unter Nutzung des GAUSSschen Satzes auch in der Form

$$\int_S \rho\mathbf{v} \cdot d\mathbf{O} = \int_B \mathrm{div}\,(\rho\mathbf{v})\,dV = \int_B f\,dV \text{ bzw. } \int_B [\mathrm{div}\,(\rho\mathbf{v}) - f]\,dV = 0$$

schreiben. Wendet man diese Schlussweise nicht auf den gesamten Reaktor B mit seinen z.T. festen Wänden, sondern auf ein beliebiges kontrahierbares Teilgebiet von $B \setminus \partial B$ an, so erkennt man, dass $\mathrm{div}\,(\rho\mathbf{v}) = f$ sogar punktweise, d.h. an jeder Stelle $\mathbf{x} \in \dot{B}$ gilt. Für $\rho = \mathrm{const.}$ und bei $f = 0$, erhält man mit $\mathrm{div}\,\mathbf{v} = 0$ die Kontinuitätsgleichung für ein inkompressibles Medium bei Quellen- und Senkenfreiheit.

Da es oft möglich ist, ingenieurphysikalische Aufgabenstellungen mit ebenen Vektorfeldern zu formulieren, soll der GAUSSsche Integralsatz für ein Vektorfeld

$$\mathbf{v}(x,y,z) = \begin{pmatrix} v_1(x,y) \\ v_2(x,y) \\ 0 \end{pmatrix} \quad \text{für } (x,y,z)^T \in D \times [0,1] \,,$$

betrachtet werden. $B = D \times [0,1]$, $D \subset \mathbb{R}^2$ ein einfach zusammenhängendes Gebiet, ist dabei ein Zylinder mit der Grundfläche D und der Höhe 1. Der geschlossene, stückweise reguläre Rand ∂D von D sei durch $\gamma(t)$, $t \in [a,b]$, parametrisiert und damit positiv orientiert. Nach dem GAUSSschen Integralsatz ist

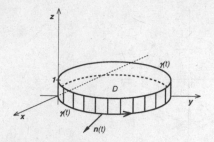

Abb. 8.42. Zylinder mit der Grundfläche D und der Höhe 1

$$\int_{\partial B} (\mathbf{v} \cdot \mathbf{n}) \, dO = \int_B \operatorname{div} \mathbf{v} \, dV \; . \tag{8.34}$$

Der Integrand des auf der linken Seite stehenden Oberflächenintegrals verschwindet auf Grund- und Deckfläche des Zylinders ($z = 0$ und $z = 1$), da $\mathbf{v} \cdot \mathbf{n} = (v_1, v_2, 0)^T \cdot (0,0, \mp 1)^T = 0$ ist. Wenn wir die Mantelfläche M des Zylinders durch $\mathbf{x}(t,z) = (\gamma_1(t), \gamma_2(t), z)^T$, $t \in [a,b]$, $z \in [0,1]$ darstellen und berücksichtigen, dass auf M der Einheitsvektor der äußeren Normalen durch

$$\mathbf{n}(t) = \frac{1}{\sqrt{\dot{\gamma}_1^2(t) + \dot{\gamma}_2^2(t)}} (\dot{\gamma}_2(t), -\dot{\gamma}_1(t), 0)^T$$

gegeben ist, dann erhält man für die linke Seite von (8.34)

$$\int_{\partial B} (\mathbf{v} \cdot \mathbf{n}) \, dO = \int_M (\mathbf{v} \cdot \mathbf{n}) \, dO$$

$$= \int_M (v_1(\gamma(t)), v_2(\gamma(t)), 0)^T \cdot (\dot{\gamma}_2(t), -\dot{\gamma}_1(t), 0)^T \frac{dO}{\sqrt{\dot{\gamma}_1^2(t) + \dot{\gamma}_2^2(t)}} \; . \tag{8.35}$$

Aus der Parameterdarstellung $\mathbf{x}(t,z)$ von M folgt für das skalare Oberflächenelement dO von M

$$dO = |\mathbf{x}_t \times \mathbf{x}_z| dt dz = \sqrt{\dot{\gamma}_1^2(t) + \dot{\gamma}_2^2(t)} \, dt dz = ds \, dz$$

mit dem Bogenelement ds der Kurve ∂D. Nach Ausführung der z-Integration erhält man, da $(\mathbf{v} \cdot \mathbf{n})$ von z unabhängig ist,

$$\int_M (\mathbf{v} \cdot \mathbf{n}) \, dO = \oint_{\partial D} (\mathbf{v} \cdot \mathbf{n}) ds = \int_a^b [v_1(\gamma(t)) \dot{\gamma}_2(t) - v_2(\gamma(t)) \dot{\gamma}_1(t)] \, dt \; . \tag{8.36}$$

Für das Volumenintegral $\int_B \operatorname{div} \mathbf{v} \, dV$ gilt

$$\int_B \operatorname{div} \mathbf{v} \, dV = \int_D (\int_0^1 \operatorname{div} \mathbf{v} \, dz) dF = \int_D \operatorname{div} \mathbf{v} \, dF \; , \tag{8.37}$$

da auch hier div $\mathbf{v}$ nicht von z abhängt. Aus (8.36) und (8.37) folgt der

---

Satz 8.21. (*GAUSSscher Integralsatz in der Ebene*)

Sei $D \subset \mathbb{R}^2$ ein regulärer Bereich mit geschlossener, stückweise glatter, positiv orientierter Randkurve ∂D, $\gamma : [a,b] \to \mathbb{R}^2$, und einfach zusammenhängendem Inneren $\dot{D} = D \setminus \partial D$. In einem Gebiet $D' \supset D, D' \subset \mathbb{R}^2$, sei ein stetig differenzierbares Vektorfeld $\mathbf{v} = (v_1, v_2)^T : D \to \mathbb{R}^2$ gegeben. Dann gilt

$$\oint_{\partial D} (\mathbf{v} \cdot \mathbf{n})\, ds = \int_a^b [v_1(\gamma(t))\dot{\gamma}_2(t) - v_2(\gamma(t))\dot{\gamma}_1(t)]\, dt = \int_D div\, \mathbf{v}\, dF \,. \quad (8.38)$$

$\mathbf{n}$ *ist die bezüglich D äußere Normale von ∂D. In Analogie zum Fluss eines Vektorfeldes durch eine Fläche (Def. 8.14) nennt man das Kurvenintegral $\oint_{\partial D}(\mathbf{v} \cdot \mathbf{n})\, ds$ den* **Fluss** *von $\mathbf{v}$ durch die Randkurve ∂D von D.*

Setzt man nun noch $w_1 = v_2$, $w_2 = -v_1$, $\mathbf{w} = \binom{w_1}{w_2}$, so folgt aus dem GAUSSschen Integralsatz in der Ebene nach Multiplikation mit (-1) der

---

STOKESsche Integralsatz in der Ebene:

$$\oint_{\partial D} \mathbf{w} \cdot \mathbf{dx} = \int_a^b [w_1(\gamma(t))\dot{\gamma}_1(t) + w_2(\gamma(t))\dot{\gamma}_2(t)]\, dt = \int_D (\frac{\partial w_2}{\partial x} - \frac{\partial w_1}{\partial y})\, dxdy \,. \quad (8.39)$$

Entsprechend der Def. 8.15 ist das Kurvenintegral auf der linken Seite die **Zirkulation** von $\mathbf{w}$ längs der Randkurve ∂D von D.

In ähnlicher Weise kann man die GREENsche Integralformel (8.31) auf den ebenen Fall spezialisieren. Man erhält mit

$$\oint_{\partial D} \varphi\, \frac{\partial f}{\partial \mathbf{n}}\, ds = \int_D [\varphi\, \Delta f + grad\, \varphi \cdot grad\, f]dF \quad (8.40)$$

die **erste GREENsche Integralformel in der Ebene**. Dabei ist ∂D die geschlossene, positiv orientierte Randkurve des regulären Bereichs $D \subset \mathbb{R}^2$, $\mathbf{n}$ die bezüglich D äußere Normale von ∂D.

Der folgenden Tabelle kann man entnehmen, wie man die Integralsätze bei der Berechnung von Arbeits- und Flussintegralen nutzen kann, wenn die Integranden bzw. Integrationswege oder -bereiche spezielle Voraussetzungen erfüllen.

	Spezieller Integrand $\mathbf{v}$	Spezielles Integrationsgebiet
$\int_C \mathbf{v} \cdot d\mathbf{r}$ Arbeitsintegral längs C (=Kurve von A nach B)	$\operatorname{rot} \mathbf{v} = 0$ (wirbelfrei) in kontrahierbarem Gebiet $\Rightarrow \mathbf{v} = \operatorname{grad} \phi$ $\int_C \mathbf{v} \cdot d\mathbf{r} =$ $\int_C \operatorname{grad} \phi \cdot d\mathbf{r} = \phi(B) - \phi(A)$ Hauptsatz	geschlossene Kurve C $\Rightarrow C = $ Rand einer Fläche O $C = \partial O$ $\int_C \mathbf{v} \cdot d\mathbf{r} = \int_O \operatorname{rot} \mathbf{v} \cdot d\mathbf{O}$ Satz von STOKES
$\int_O \mathbf{v} \cdot d\mathbf{O}$ Flussintegral	$\operatorname{div} \mathbf{v} = 0$ (quellenfrei) in kontrahierbarem Gebiet $\Rightarrow \mathbf{v} = \operatorname{rot} \mathbf{w}$ $\int_O \mathbf{v} \cdot d\mathbf{O} =$ $\int_O \operatorname{rot} \mathbf{w} \cdot d\mathbf{O} = \int_{\partial O} \mathbf{w} \cdot d\mathbf{r}$ Satz von STOKES	geschlossene Oberfläche O $\Rightarrow O = $ Rand eines Bereichs B $O = \partial B$ $\int_{\partial B} \mathbf{v} \cdot d\mathbf{O} = \int_B \operatorname{div} \mathbf{v} \, dV$ Satz von GAUSS

8.11 Aufgaben

1) Berechnen Sie den Flächeninhalt der Ellipse, die durch die Gleichung $x^2 + 6y^2 + 4xy = 1$ beschrieben wird.

2) Zeichnen Sie die Gebiete, deren Flächen durch die folgenden Integrale ausgedrückt werden, und berechnen Sie deren Flächeninhalt. Berechnen Sie den Flächeninhalt noch einmal, indem Sie die Reihenfolge der Integration ändern (d.h. schreiben Sie ein Doppelintegral über einen Normalbereich von Typ I bzw. Typ II in eine Summe von Doppelintegralen über Normalbereichen vom Typ II bzw. Typ I um).

$$(a) \quad \int_0^1 \int_x^{2-x^2} dy\,dx \qquad (b) \int_{-2}^0 \int_{y^2-4}^0 dx\,dy \qquad (c) \int_0^1 \int_{\sqrt{y}}^{\sqrt{2-y^2}} dx\,dy$$

3) Berechnen Sie die folgenden Doppelintegrale:

$$(a) \quad \int_0^2 \int_x^{\sqrt{8-x^2}} \frac{1}{5+x^2+y^2} \, dy\,dx \qquad (b) \int_{-3}^3 \int_0^{\sqrt{9-x^2}} \sqrt{x^2+y^2} \, dy\,dx \ .$$

4) Berechnen Sie die Fläche, die von der Kurve

$$\gamma(t) = \begin{pmatrix} \cos^3 t \\ \sin^3 t \end{pmatrix}, \quad 0 \le t \le 2\pi$$

berandet wird. Benutzen Sie den Satz von GREEN bzw. die Flächeninhaltsformel.

5) Überprüfen Sie den Satz von GREEN, indem Sie die folgenden Kurveninte-
grale $\int_\gamma \mathbf{v} \cdot \mathbf{dx}$ einmal direkt und einmal als Doppelintegral über den von der
Kurve γ eingeschlossenen Bereich berechnen:

(a) $\mathbf{v}(x,y) = \begin{pmatrix} x-y \\ xy \end{pmatrix}$, γ sei das Dreieck mit den Eckpunkten $(0,0), (1,0), (1,3)$

(b) $\mathbf{v}(x,y) = \begin{pmatrix} -y^2 \\ x^2 \end{pmatrix}$, γ sei der Kreis mit Radius 3 um den Ursprung

6) Berechnen Sie die folgenden Dreifachintegrale:

(a) $\displaystyle\int_0^{\pi/2} \int_0^{y^2} \int_0^y \cos\left(\frac{x}{y}\right) dz\,dx\,dy$ (b) $\displaystyle\int_0^1 \int_0^1 \int_0^{2-x^2-y^2} xye^z \, dz\,dx\,dy$.

7) Berechnen Sie die Volumina der durch die Graphen der folgenden Gleichungen berandeten Körper:

(a) $y = 0$, $y = 4$, $z = x^3$, $z = 8$, $x = 0$ (b) $x = y^2$, $4-x = y^2$, $z = 0$, $z = 3$.

8) Berechnen Sie das Integral $\int_B \frac{1}{x^3} \, dx\,dy$, wobei B der Bereich ist, der durch die
Geraden

$$y = 2x - 1, \quad y = x - 1, \quad y = 1 - x, \quad y = 1 - \frac{x}{2}$$

begrenzt ist.

Hinweis: Stellen Sie B als Ergebnis der Transformation eines Rechteckgebie-
tes dar, indem Sie als Parameter u und v Steigungen einführen, die die Geraden $y = x - 1$ und $y = 2x - 1$, bzw. $y = 1 - x$ und $y = 1 - \frac{x}{2}$ ineinander
überführen. Nutzen Sie die Transformationsformel für Doppelintegrale.

9) In einem würfelförmigen Tank der Kantenlänge L, dessen Boden in der
xy−Ebene liegt, befindet sich ein Gas, welches unter dem Einfluss der
Schwerkraft die Dichte $\rho(x,y,z) = a\,e^{-cz}$ hat (a und c sind hier dimensions-
behaftete Konstanten). Wo liegt der Schwerpunkt des Gases im Tank?

Hinweis: Die Koordinaten des Schwerpunktes S eines Körpers B mit der
Dichte $\rho(x,y,z)$ berechnen sich durch

$$S_x = \frac{1}{M} \int_B x\rho(x,y,z) \, dV, \; S_y = \frac{1}{M} \int_B y\rho(x,y,z) \, dV \quad \text{und}$$

$$S_z = \frac{1}{M} \int_B z\rho(x,y,z) \, dV,$$

wobei M die Masse ist, d.h. $M = \int_B \rho(x,y,z) \, dV$.

10) Die Kugel B mit Radius R sei "unter Wasser". Ist $\mathbf{n}$ die nach außen weisen-
de Normale von B, so ist die durch den Wasserdruck bedingte Kraft, die
senkrecht auf die Oberfläche ∂B von B wirkt, gegeben durch $f(x,y,z) = (0,0,z)^T \cdot \mathbf{n}(x,y,z)$. Hierbei ist $z \leq 0$ die Wassertiefe, ρ_w die Dichte des Was-
sers, g der Betrag der Erdbeschleunigung. Berechnen Sie den Auftrieb von B,
d.h.

$$\rho_w g \int_{\partial B} (0,0,z)^T \cdot \mathbf{dO} = \rho_w g \int_{\partial B} f(x,y,z) \, dO \; .$$

Wie groß ist der Auftrieb für einen beliebigen Körper?

11) Berechnen Sie mit Hilfe des Satzes von GAUSS das Flussintegral $\int_{\partial B} \mathbf{v} \cdot \mathbf{dO}$
    (a) für das Vektorfeld

$$\mathbf{v}(x,y,z) = \begin{pmatrix} y^2 \\ xz^3 \\ (z-1)^2 \end{pmatrix}$$

und den Bereich B, der vom Zylinder $z^2 + y^2 = 4$ und den Flächen $z = 1$ und $z = 5$ berandet wird, und

(b) für das Vektorfeld

$$\mathbf{v}(x,y,z) = \begin{pmatrix} x^2 \\ y^3 \\ z^3 \end{pmatrix}$$

und die Kugel B um den Ursprung mit dem Radius R.

12) Gegeben ist die Kugelkappe

$$S = \{(x,y,z) \mid x = \sqrt{2}\cos\varphi\sin\theta, y = \sqrt{2}\sin\varphi\sin\theta, z = \sqrt{2}\cos\theta,$$

$$\varphi \in [0,2\pi],\ \theta \in [0, \frac{\pi}{4}]\} \ .$$

$\mathbf{v}$ besitzt das Vektorpotential $\mathbf{w} = (xz, yx, zy)^T$. Berechnen Sie den Fluss von $\mathbf{v}$ durch S (hilft Ihnen hierbei ein möglicherweise Integralsatz?).

13) Der Bereich B aus dem 1. Quadranten ($x \geq 0,\ y \geq 0$) des $\mathbb{R}^2$ wird durch die Kurven

$$y = 3 - x^2, \quad y = x^2 + 1 \quad \text{und} \quad x = 0$$

begrenzt. Berechnen Sie das Integral

$$\int_B \frac{x}{\sqrt{y}}\, dF \ .$$

14) Der Bereich H aus dem $\mathbb{R}^3$ wird durch den halben Zylindermantel $\{(x,y,z) \mid x^2 + y^2 = 1, y \geq 0\}$, die x-z-Ebene, die x-y-Ebene und die Ebene $z = \frac{1}{2}y$ begrenzt.
    (a) Skizzieren Sie den Bereich H.
    (b) Berechnen Sie das Volumen von H mit einem Dreifachintegral auf 3 Wegen, indem Sie als äußeres Integrationsinterval und Integrationsvariable

$$\int_{-1}^{1} [\ldots] dx \ , \quad \int_0^1 [\ldots] dy \quad \text{bzw.} \quad \int_0^{\frac{1}{2}} [\ldots] dz$$

verwenden.

9 Partielle Differentialgleichungen

Im Gegensatz zu gewöhnlichen Differentialgleichungen hängen bei partiellen Differentialgleichungen die gesuchten Funktionen von mehreren unabhängigen Veränderlichen ab, üblicherweise von der Zeit und einer oder mehreren Ortsvariablen. Einige Beispiele von partiellen Differentialgleichungen haben wir im Zusammenhang mit der Behandlung der Operatoren der Vektoranalysis mit der NAVIER-STOKES-Gleichung und der Kontinuitätsgleichung schon angegeben.

Mit partiellen Differentialgleichungen ist es möglich, zahlreiche Phänomene der Technik und Naturwissenschaften zu beschreiben. Zu nennen sind hier beispielsweise das Schwingungsverhalten von Platten, die Stabilität von Flugzeugtragflügeln, die Bestimmung der Dichteverteilung bei Strömungen, die Beschreibung von Temperaturverteilungen oder von Wellenausbreitungsvorgängen in flüssigen oder gasförmigen Medien. Es ist im Rahmen dieses Buches nicht möglich, das ausgesprochen umfangreiche mathematische Gebiet der partiellen Differentialgleichungen näherungsweise oder gar vollständig abzuhandeln. Das ist auch deshalb nicht möglich, weil es im Unterschied zu den gewöhnlichen Differentialgleichungen keine geschlossene Theorie gibt. Es kann nur um die Vermittlung einiger Grundkenntnisse gehen. Lösungstechniken für gewöhnliche Differentialgleichungen werden an verschiedenen Stellen auch bei partiellen Differentialgleichungen nützlich sein.

Übersicht

9.1   Was ist eine partielle Differentialgleichung?

Gewöhnliche Differentialgleichungen, die im 6. Kapitel behandelt wurden, sind Beziehungen zwischen einer Funktion von einer unabhängigen Veränderlichen und ihren Ableitungen bis zu einer gewissen Ordnung. Unter einer partiellen Differentialgleichung versteht man eine Beziehung zwischen einer Funktion von mehreren unabhängigen Veränderlichen und ihren partiellen Ableitungen bis zu einer gewissen Ordnung. Wir nennen die unabhängigen Veränderlichen $x_1, x_2,...,$ x_n ($n = 2, 3, ...$), fassen sie zum Spaltenvektor $\mathbf{x}$ zusammen und stellen uns vor, dass $\mathbf{x}$ in einem räumlichen Gebiet $D \subset \mathbb{R}^n$ variiert. Bei der Untersuchung zeitabhängiger Vorgänge tritt auch die Zeit t als unabhängige Veränderliche auf. Die partielle Differentialgleichung enthält dann im Allg. auch partielle Ableitungen nach t, und bei n Ortsveränderlichen $x_1, x_2,...,x_n$ ($n \geq 1$) kann man den "Weltpunkt" $(\mathbf{x}, t) \in D \times [t_0, \infty[$ als Punkt des $\mathbb{R}^{n+1}$ betrachten. Man hätte dann in der folgenden Definition n durch $n + 1$ sowie $D \subset \mathbb{R}^n$ durch $D \times [t_0, \infty[\subset \mathbb{R}^{n+1}$ zu ersetzen und x_{n+1} mit t zu identifizieren. In der Regel wird die physikalische Bedeutung der Veränderlichen, wenn sie wichtig ist, aus dem Kontext bzw. aus der Bezeichnung hervorgehen; wir werden nie eine Ortsvariable mit t bezeichnen.

Definition 9.1. (partielle Differentialgleichung)

Unter einer partiellen Differentialgleichung der Ordnung k ($k \in \mathbb{N}$) für eine Funktion $u(\mathbf{x}) : D \to \mathbb{R}$, $D \subset \mathbb{R}^n$ versteht man eine Gleichung der Form

$$F[\mathbf{x}, u, \frac{\partial u}{\partial x_1}, \frac{\partial u}{\partial x_2},..., \frac{\partial u}{\partial x_n}, \frac{\partial^2 u}{\partial x_1^2}, \frac{\partial^2 u}{\partial x_1 \partial x_2},..., \frac{\partial^2 u}{\partial x_n^2},$$

$$..., \frac{\partial^l u}{\partial x_1^{j_1^{(l)}} \partial x_2^{j_2^{(l)}} ... \partial x_n^{j_n^{(l)}}},..., \frac{\partial^k u}{\partial x_1^{j_1^{(k)}} \partial x_2^{j_2^{(k)}} ... \partial x_n^{j_n^{(k)}}}] = 0 \qquad (9.1)$$

($\mathbf{x} = (x_1, x_2,..., x_n)^T \in D \subset \mathbb{R}^n$; $\sum_{i=1}^n j_i^{(l)} = l$ für $l = 1, 2,..., k$; $j_i^{(l)} \geq 0$, ganz). F ist eine reellwertige Funktion ihrer Argumente. Eine k-mal stetig partiell differenzierbare Funktion $u(\mathbf{x})$, die D in $\mathbb{R}$ abbildet, heißt **Lösung** oder **Integral** von (9.1) in D, wenn $u(\mathbf{x})$ die Gleichung (9.1) für alle $\mathbf{x} \in D$ erfüllt.

Beispiel: ($n = 2$, $k = 1$):

$$F[\mathbf{x}, u, \frac{\partial u}{\partial x_1}, \frac{\partial u}{\partial x_2}] = e^{\frac{\partial u}{\partial x_1}} - x_1 \frac{\partial u}{\partial x_2} - x_1 x_2 = 0 \, .$$

Eine Lösung im Gebiet $D = \{(x_1, x_2)^T | x_1 > 0, x_2 \in \mathbb{R}\}$ ist, wie man leicht nachrechnet,

$$u(x_1, x_2) = \int_1^{x_1} \ln \xi \, d\xi + \frac{1}{2} x_2(2 - x_2) \, .$$

Praktische Aufgaben erfordern meist, nicht irgendeine Lösung von (9.1) zu ermitteln, sondern eine, die außer der Differentialgleichung noch gewisse Zusatz-

bedingungen erfüllt. Das ist ganz analog zur Lösung gewöhnlicher Differentialgleichungen. Als solche Zusatzbedingungen kommen z.B. Vorgaben über $u(\mathbf{x})$ an
den Rändern des räumlichen Gebiets D (Randbedingungen) und/oder für einen
Anfangszeitpunkt (Anfangsbedingungen) in Frage. Man spricht von Randwertproblemen, Anfangswertproblemen bzw. Anfangs-Randwertproblemen. Im Zusammenhang mit der Bestimmung von Lösungen partieller Differentialgleichungen sind insbesonder folgende Fragen von Interesse:

1) Gibt es überhaupt Lösungen des Problems (Existenzproblem)?

2) Falls es Lösungen gibt, stellt sich die Frage der eindeutigen Bestimmtheit (Ein-
   deutigkeitsproblem).

3) Welchen Einfluss haben kleine Änderungen ("Messungenauigkeiten") in den
   Rand- und/oder Anfangsdaten auf die Lösung?

4) Welche analytischen und numerischen Methoden gibt es, um eine Lösung eines konkreten Problems zu gewinnen?

Wir werden diese Fragen allenfalls berühren können. Auf numerische Lösungsmethoden werden wir in diesem Kapitel nicht eingehen.

9.2 Partielle Differentialgleichungen 2. Ordnung

9.2.1 Grundbegriffe

In der mathematischen Physik spielen insbesondere partielle Differentialgleichungen 2. Ordnung eine Rolle. Wir setzen also in Def. 9.1 $k = 2$ und geben
mit

$$F = \sum_{1 \leq i,j \leq n} a_{ij} \frac{\partial^2 u}{\partial x_i \partial x_j} + b$$

eine Klasse von Funktionen F an, aus der sich durch Spezialisierung der Funktionen a_{ij} und b physikalisch interessante Gleichungstypen ergeben. Für $1 \leq i,j \leq n$
gilt dabei stets $a_{ij} = a_{ji}$.

(a) Der allgemeinste Typ, den wir hier angeben wollen, ist die **quasilineare** partielle Differentialgleichung 2. Ordnung

$$\sum_{1 \leq i,j \leq n} a_{ij}(\mathbf{x}, u, \frac{\partial u}{\partial x_1}, \ldots, \frac{\partial u}{\partial x_n}) \frac{\partial^2 u}{\partial x_i \partial x_j} + b(\mathbf{x}, u, \frac{\partial u}{\partial x_1}, \ldots, \frac{\partial u}{\partial x_n}) = 0 \, .$$

Als schon nicht mehr ganz einfaches Beispiel für eine quasilineare Differentialgleichung führen wir die Gleichung für das Geschwindigkeitspotential $\Phi(x, y)$
einer stationären, ebenen, wirbelfreien, isentropischen Strömung eines perfekten
Gases an:

$$[c^2 - (\frac{\partial \Phi}{\partial x})^2] \frac{\partial^2 \Phi}{\partial x^2} + [c^2 - (\frac{\partial \Phi}{\partial y})^2] \frac{\partial^2 \Phi}{\partial y^2} - 2 \frac{\partial \Phi}{\partial x} \frac{\partial \Phi}{\partial y} \frac{\partial^2 \Phi}{\partial x \partial y} = 0$$

mit $c^2 = c_0^2 - \frac{\kappa-1}{2}[(\frac{\partial \Phi}{\partial x})^2 + (\frac{\partial \Phi}{\partial y})^2]$. c ist die lokale Schallgeschwindigkeit, κ (Isentropenexponent) und c_0 (Ruheschallgeschwindigkeit) sind Konstanten; die Strömungsgeschwindigkeit $\mathbf{v}(x, y)$ erhält man aus $\Phi(x, y)$ durch $\mathbf{v} = \text{grad}\,\Phi$. Diese Gleichung findet z.B. bei der Berechnung von Unterschallströmungen um Tragflügelprofile Anwendung.

(b) Gleichungen der Form

$$\sum_{1 \leq i,j \leq n} a_{ij}(\mathbf{x}) \frac{\partial^2 u}{\partial x_i \partial x_j} + b(\mathbf{x}, u, \frac{\partial u}{\partial x_1}, \ldots, \frac{\partial u}{\partial x_n}) = 0$$

heißen **fastlinear** oder linear in den höchsten Ableitungen.

(c) Eine partielle Differentialgleichung 2. Ordnung heißt **linear**, wenn sie sich in der Form

$$\sum_{1 \leq i,j \leq n} a_{ij}(\mathbf{x}) \frac{\partial^2 u}{\partial x_i \partial x_j}(\mathbf{x}) + \sum_{j=1}^{n} b_j(\mathbf{x}) \frac{\partial u}{\partial x_j}(\mathbf{x}) + c(\mathbf{x})u(\mathbf{x}) + f(\mathbf{x}) = 0 \qquad (9.2)$$

aufschreiben lässt. Als Beispiel kann die Wärmeleitungsgleichung für inhomogene Körper mit inneren Wärmequellen dienen:

$$c_p \rho \frac{\partial u}{\partial t} = \frac{\partial}{\partial x_1}(\lambda(\mathbf{x})\frac{\partial u}{\partial x_1}) + \frac{\partial}{\partial x_2}(\lambda(\mathbf{x})\frac{\partial u}{\partial x_2}) + \frac{\partial}{\partial x_3}(\lambda(\mathbf{x})\frac{\partial u}{\partial x_3}) + \tilde{f}(\mathbf{x}, t)\,.$$

$u(\mathbf{x}, t)$ ist die Temperatur, $\lambda(\mathbf{x})$ die ortsabhängige Wärmeleitfähigkeit, c_p die spezifische Wärme, ρ die Dichte des Körpers und $\tilde{f}(\mathbf{x}, t)$ beschreibt die Intensität der Wärmequellen an der Stelle $\mathbf{x}$ zur Zeit t. Durch Ausdifferenzieren erhält die Gleichung die kanonische Form (9.2) einer linearen partiellen Differentialgleichung 2. Ordnung. Im Fall von konstanten c_p, ρ, λ vereinfacht sich die Gleichung zu

$$\frac{\partial u}{\partial t} = a^2 \Delta u + f(\mathbf{x}, t)$$

mit der konstanten Temperaturleitzahl $a^2 = \frac{\lambda}{c_p \rho}$ und $f = \frac{\tilde{f}}{c_p \rho}$.

(d) Sind die Funktionen a_{ij}, b_j, c in (9.2) reelle Konstanten, so hat man mit

$$\sum_{1 \leq i,j \leq n} a_{ij} \frac{\partial^2 u}{\partial x_i \partial x_j} + \sum_{j=1}^{n} b_j \frac{\partial u}{\partial x_j} + cu + f(\mathbf{x}) = 0 \qquad (9.3)$$

eine lineare **partielle Differentialgleichung mit konstanten Koeffizienten**. Für diesen Gleichungstyp geben wir unten noch Beispiele an.

Eine lineare Differentialgleichung (9.2) oder (9.3) heißt **homogen**, wenn $f(\mathbf{x}) \equiv 0$ ist, andernfalls heißt sie **inhomogen**. Für lineare homogene Gleichungen gilt das oft sehr nützliche **Superpositionsprinzip**: Sind u_1, u_2 zwei Lösungen derselben Gleichung (9.2) (oder (9.3)) mit $f(\mathbf{x}) \equiv 0$ und sind α, β reelle Zahlen, so ist auch $\alpha u_1 + \beta u_2$ eine Lösung dieser Gleichung.

9.2.2 Typeneinteilung

Lösungsmethoden und Eigenschaften hängen vom **Typ** der partiellen Differentialgleichung ab. Wir wollen diese Typeneinteilung jetzt für lineare Differentialgleichungen mit n unabhängigen Veränderlichen $x_1, x_2, \ldots, x_n$ vornehmen, deren physikalische Bedeutung hier keine Rolle spielt. Die folgenden Betrachtungen gelten für die Differentialgleichung der Form (9.2). Die Koeffizientenfunktionen a_{ij} ($a_{ij} = a_{ji}$), b_j, c, f seien in einem Gebiet $D \subset \mathbb{R}^n$ definiert. Wir betrachten die Gleichung (9.2) in einem festen Punkt $\mathbf{x} \in D$ und ordnen ihr dort die quadratische Form

$$\mathcal{S}(\mu; \mathbf{x}) = \sum_{1 \le i,j \le n} a_{ij}(\mathbf{x}) \mu_i \mu_j = \mu^T A(\mathbf{x}) \mu \qquad (9.4)$$

zu. Dabei ist $\mu = (\mu_1, \mu_2, \ldots, \mu_n)^T$ und $A(\mathbf{x}) = (a_{ij}(\mathbf{x}))$, wobei die symmetrische Matrix A natürlich nicht die Nullmatrix sein soll, d.h. zweite Ableitungen sollen in (9.2) wirklich vorkommen. Man nennt $\mathcal{S}(\mu; \mathbf{x})$ das **Symbol** der Differentialgleichung (9.2) im Punkt $\mathbf{x}$.

Die Hauptachsentransformation von S bzw. die Art der n reellen Eigenwerte von $A(\mathbf{x})$ bestimmen nun den Typ von (9.2):

Definition 9.2. (Typ einer linearen Differentialgleichung 2. Ordnung)
Die Gleichung (9.2) ist im Punkt $\mathbf{x} \in D$

a) **elliptisch**, wenn die n Eigenwerte von $A(\mathbf{x})$ alle positiv (oder alle negativ) sind,

b) **parabolisch**, wenn mindestens ein Eigenwert von $A(\mathbf{x})$ verschwindet,

c) **hyperbolisch**, wenn ein Eigenwert von $A(\mathbf{x})$ positiv (negativ) und die $(n-1)$ übrigen Eigenwerte negativ (positiv) sind, und

d) **ultrahyperbolisch**, wenn es ein m mit $1 < m < n - 1$ gibt, so dass $(n - m)$ Eigenwerte von $A(\mathbf{x})$ positiv und die übrigen negativ sind.

Dies ist bezüglich eines festen Punktes $\mathbf{x} \in D$ eine vollständige Klassifikation. Bei im Punkt $\mathbf{x}$ elliptischen Gleichungen ist $\mathcal{S}(\mu; \mathbf{x})$ eine definite quadratische Form. Für $n = 2$ gibt es nur die Typen a), b), c). Ist eine Gleichung nicht für alle $\mathbf{x} \in D$ vom gleichen Typ, so nennt man sie in D vom **gemischten Typ**. Bei linearen Gleichungen mit konstanten Koeffizienten hängen das Symbol **S** und der Typ nicht von $\mathbf{x}$ ab.

Beispiele:
1) Die Differentialgleichung

$$(1 - x^2 - y^2)\frac{\partial^2 u}{\partial x^2} + \frac{\partial^2 u}{\partial y^2} - (x^2 + y^2)u = 0$$

hat das Symbol

$$\mathcal{S}(\mu) = (1 - x^2 - y^2)\mu_1^2 + \mu_2^2 = (\mu_1, \mu_2)\begin{pmatrix} 1 - x^2 - y^2 & 0 \\ 0 & 1 \end{pmatrix}\begin{pmatrix} \mu_1 \\ \mu_2 \end{pmatrix} =: (\mu_1, \mu_2)A\begin{pmatrix} \mu_1 \\ \mu_2 \end{pmatrix}.$$

Die Matrix A hat die Eigenwerte $\lambda_1 = 1 - x^2 - y^2$, $\lambda_2 = 1$. Damit ist die Gleichung für $x^2 + y^2 < 1$ elliptisch, für $x^2 + y^2 = 1$ parabolisch und für $x^2 + y^2 > 1$ hyperbolisch. Im $\mathbb{R}^2$ ist die Gleichung also vom gemischten Typ.

2) Die Differentialgleichung $\frac{\partial^2 u}{\partial x^2} - 2\frac{\partial^2 u}{\partial x \partial y} + 4\frac{\partial^2 u}{\partial y^2} + 5u = sin(xy)$ hat das Symbol

$$S(\mu) = \mu_1^2 - 2\mu_1\mu_2 + 4\mu_2^2 = (\mu_1, \mu_2)\begin{pmatrix} 1 & -1 \\ -1 & 4 \end{pmatrix}\begin{pmatrix} \mu_1 \\ \mu_2 \end{pmatrix} =: (\mu_1, \mu_2)A\begin{pmatrix} \mu_1 \\ \mu_2 \end{pmatrix}.$$

$$= (\mu_1 - \mu_2)^2 + 3\mu_2^2 > 0.$$

Die Eigenwerte von A sind $\lambda_1 = \frac{5+\sqrt{13}}{2}$, $\lambda_2 = \frac{5-\sqrt{13}}{2} > 0$ und damit ist die Gleichung elliptisch, dem entspricht die positiv definite quadratische Form $S(\mu)$.

Wozu klassifiziert man Differentialgleichungen? Einmal sagt der Typ der Differentialgleichung etwas über das qualitative Verhalten des durch die Differentialgleichung beschriebenen Prozesses. So werden im Allg. stationäre Zustände durch elliptische Problemstellungen, Ausgleichsprozesse (z.B. Diffusion, Wärmeleitung) durch parabolische Probleme beschrieben. Hyperbolische Probleme treten z.B. auf bei Schwingungen und der Ausbreitung von Wellenfronten. Hinsichtlich der mathematischen, speziell der numerischen Lösung von Differentialgleichungen 2. Ordnung, ist der Typ deshalb von Interesse, weil davon abhängig unterschiedliche Lösungsmethoden Anwendung finden. Deshalb muss man vor der Wahl einer Lösungsmethode oder der Anwendung eines kommerziellen Differentialgleichungslösers den Typ seines zu lösenden Problems kennen.

9.3   Beispiele von partiellen Differentialgleichungen aus der Physik

Im Folgenden sollen einige wichtige Differentialgleichungen der mathematischen Physik und einige Zusammenhänge zwischen ihnen angegeben werden. Dabei werden die Operatoren der Vektoranalysis Δ, ∇, div, rot genutzt, die im 7. Kapitel eingeführt worden sind. Diese Operatoren sollen dabei nur auf die n Ortskoordinaten $x_1, x_2, ..., x_n$, nicht auf die Zeit t wirken. Auf Rand- und Anfangsbedingungen gehen wir hier nicht ein.

1) Die **Wellengleichung**

$$\frac{\partial^2 u(\mathbf{x}, t)}{\partial t^2} = c^2 \Delta u(\mathbf{x}, t) + f(\mathbf{x}, t), \quad \mathbf{x} \in D \subset \mathbb{R}^n, \quad t \in [0, \infty[\tag{9.5}$$

mit vorgegebener Funktion $f(\mathbf{x}, t)$ und einer Konstanten $c > 0$ ist eine lineare hyperbolische Differentialgleichung 2. Ordnung mit konstanten Koeffizienten für die gesuchte Funktion $u(\mathbf{x}, t)$. Die $(n + 1)$ Eigenwerte der aus den Koeffizienten der 2. Ableitungen gebildeten Matrix A sind $\lambda_1 = \lambda_2 = \cdots = \lambda_n = c^2$ und $\lambda_{n+1} = -1$. Die Wellengleichung (9.5) beschreibt (bei $n \leq 3$) Schwingungen und Wellenausbreitungsvorgänge in homogenen Festkörpern und Fluiden und spielt auch bei der Beschreibung elektromagnetischer Felder eine große Rolle. $u(\mathbf{x}, t)$ ist dabei die Abweichung der betrachteten physikalischen Größe von einem Bezugswert (z.B. Ruhezustand). c bedeutet die Phasengeschwindigkeit der Wellenausbreitung, $f(\mathbf{x}, t)$ beschreibt eine von außen aufgeprägte Anregung. (9.5) ist eine homogene Gleichung, wenn $f(\mathbf{x}, t) \equiv 0$ für $(\mathbf{x}, t) \in D \times [0, \infty[$, sonst eine inhomogene Gleichung.

2) Die **Wärmeleitungsgleichung**

$$\frac{\partial u(\mathbf{x}, t)}{\partial t} = a^2 \Delta u(\mathbf{x}, t) + f(\mathbf{x}, t), \ \mathbf{x} \in D \subset \mathbb{R}^n, \ t \in [0, \infty[\tag{9.6}$$

ist eine lineare partielle Differentialgleichung 2. Ordnung mit konstanten Koeffizienten vom parabolischen Typ für die gesuchte Funktion $u(\mathbf{x}, t)$; die Matrix A hat die Eigenwerte $\lambda_1 = \lambda_2 = \cdots = \lambda_n = a^2$ und $\lambda_{n+1} = 0$. Die Gleichung (9.6) beschreibt (bei $n \leq 3$) z.B. die Verteilung der Temperatur $u(\mathbf{x}, t)$ in einem homogenen Festkörper oder in einer ruhenden Flüssigkeit. Mit der vorgegebenen Funktion $f(\mathbf{x}, t)$ wird evtl. vorhandenen Wärmequellen Rechnung getragen. Die Wärmeleitungsgleichung beruht auf dem empirischen FOURIERschen Gesetz, wonach die Wärmestromdichte in Richtung $\mathbf{n}$ ($|\mathbf{n}| = 1$) proportional zu $-\frac{\partial u}{\partial \mathbf{n}} = (-\text{grad}\, u) \cdot \mathbf{n}$ ist. Einem analogen Gesetz genügt die Massenstromdichte eines in einem homogenen porösen Festkörper oder in einer ruhenden Flüssigkeit diffundierenden Stoffes. Folglich kann man (9.6) auch zur Beschreibung solcher Diffusionsprozesse nutzen, wenn man unter $u(\mathbf{x}, t)$ die Konzentration des diffundierenden Stoffes, unter a^2 den Diffusionskoeffizienten versteht und mit $f(\mathbf{x}, t)$ evtl. vorhandene Quellen oder Senken des diffundierenden Stoffes beschreibt. In diesem Zusammenhang heißt (9.6) **Diffusionsgleichung**.

3) Die LAPLACE- oder **Potentialgleichung**

$$\Delta u(\mathbf{x}) = 0, \ \mathbf{x} \in D \subset \mathbb{R}^n, \tag{9.7}$$

ist eine elliptische Differentialgleichung. Die zugehörige inhomogene Gleichung

$$\Delta u(\mathbf{x}) = f(\mathbf{x}), \ \mathbf{x} \in D \subset \mathbb{R}^n, \tag{9.8}$$

heißt POISSON-Gleichung. Z.B. genügt das Geschwindigkeitspotential einer stationären, wirbel- und quellenfreien Strömung eines inkompressiblen Fluids der LAPLACE-Gleichung. Das stationäre elektrische Feld ist wirbelfrei und folglich aus einem elektromagnetischen Potential u ableitbar. Dieses u genügt in D der POISSON-Gleichung oder der LAPLACE-Gleichung ($n \leq 3$), je nachdem, ob in D räumliche Ladungen (Quellen des elektrischen Feldes) vorhanden sind oder nicht. LAPLACE- oder POISSON-Gleichung kommen z.B. dann ins Spiel, wenn man sich für stationäre (zeitunabhängige) Lösungen der Wärmeleitungsgleichung interessiert (z.B. für Zustände bei $t \to \infty$).

4) Die Funktion $f(\mathbf{x}, t)$ in der inhomogenen Wellengleichung (9.5) sei zeitlich periodisch mit vorgegebener Kreisfrequenz ω, z.B. $f(\mathbf{x}, t) = f_0(\mathbf{x}) \cos(\omega t)$. In komplexer Schreibweise lautet die Wellengleichung dann

$$\frac{\partial^2 \tilde{u}(\mathbf{x}, t)}{\partial t^2} = c^2 \Delta \tilde{u}(\mathbf{x}, t) + f_0(\mathbf{x}) e^{i\,\omega t}. \tag{9.9}$$

$u(\mathbf{x}, t) = \text{Re}\, \tilde{u}(\mathbf{x}, t)$ ist die Lösung des reellen Problems. Fragt man nach Lösungen $\tilde{u}$ der Form $\tilde{u}(\mathbf{x}, t) = U(\mathbf{x}) e^{i\,\omega t}$ (erzwungene Schwingungen), so entsteht durch

Einsetzen des Ansatzes in (9.9)

$$-\omega^2 U(\mathbf{x}) = c^2 \Delta U(\mathbf{x}) + f_0(\mathbf{x}) \iff \Delta U(\mathbf{x}) + k^2 U(\mathbf{x}) = -f_0(\mathbf{x}) \quad (k^2 = \frac{\omega^2}{c^2}) \,. \quad (9.10)$$

Diese elliptische Differentialgleichung heißt HELMHOLTZ-**Gleichung** oder Schwingungsgleichung. Die homogene Form der HELMHOLTZ-Gleichung

$$\Delta U(\mathbf{x}) + k^2 U(\mathbf{x}) = 0 \qquad\qquad (9.11)$$

entsteht aus der homogenen Gleichung (9.5) z.B. dann, wenn die erzwungenen Schwingungen durch zeitlich periodische Randbedingungen erzeugt werden.
Unter gewissen Voraussetzungen hat auch die SCHROEDINGER-**Gleichung** der Quantenphysik die Form der homogenen HELMHOLTZ-Gleichung:

$$\Delta \Psi + \frac{2\mu E}{\hbar^2} \Psi = 0$$

(μ Masse, E Gesamtenergie des Teilchens, $h = 2\pi\hbar$ PLANCKsches Wirkungsquantum). Die Wellenfunktion $\Psi(\mathbf{x})$ bestimmt die Aufenthaltswahrscheinlichkeit für das Teilchen in der Volumeneinheit an der Stelle $\mathbf{x}$.
Für $k = 0$ gehen die homogene HELMHOLTZ-Gleichung (9.11) in die LAPLACE-Gleichung (9.7) und die inhomogene HELMHOLTZ-Gleichung (9.10) in die POISSON-Gleichung (9.8) über.
5) Die **Kontinuitätsgleichung**

$$\frac{\partial \rho(\mathbf{x}, t)}{\partial t} + \nabla \cdot (\rho(\mathbf{x}, t)\mathbf{v}(\mathbf{x}, t)) = 0, \ \mathbf{x} \in D \subset \mathbb{R}^n, \ t \in [0, \infty[\qquad (9.12)$$

mit einem gegebenen Vektorfeld $\mathbf{v}(\mathbf{x}, t)$ ist eine lineare partielle Differentialgleichung 1. Ordnung für die Funktion $\rho(\mathbf{x}, t)$. $\rho(\mathbf{x}, t)$ steht hier für das Dichtefeld eines mit der Geschwindigkeit $\mathbf{v}(\mathbf{x}, t)$ strömenden kompressiblen Mediums. In der mathematischen Physik sind nur die Fälle $n \leq 3$ von Interesse. Die Formulierungen für beliebiges $n \in \mathbb{N}$ sind dem Allgemeinheitsstreben des Mathematikers geschuldet.
6) Die Gleichungen des elektromagnetischen Feldes, die MAXWELL**schen Gleichungen**, lauten unter gewissen Voraussetzungen (z.B. homogenes, isotropes Medium, Ladungsfreiheit)

$$\text{div } \mathbf{H}(\mathbf{x}, t) = 0 \qquad\qquad (9.13)$$
$$\text{div } \mathbf{E}(\mathbf{x}, t) = 0 \qquad\qquad (9.14)$$
$$\text{rot } \mathbf{E}(\mathbf{x}, t) = -\mu \frac{\partial}{\partial t} \mathbf{H}(\mathbf{x}, t) \qquad\qquad (9.15)$$
$$\text{rot } \mathbf{H}(\mathbf{x}, t) = \epsilon \frac{\partial}{\partial t} \mathbf{E}(\mathbf{x}, t) + \sigma \mathbf{E}(\mathbf{x}, t) \qquad\qquad (9.16)$$

für $\mathbf{x} \in D \subset \mathbb{R}^3$, $t \in [0, \infty[$. Dabei sind $\mathbf{H}(\mathbf{x}, t)$ bzw. $\mathbf{E}(\mathbf{x}, t)$ die magnetische bzw. die elektrische Feldstärke, ϵ (Dielektrizitätskonstante), μ (Permeabilität) und σ (elektrische Leitfähigkeit) sind nichtnegative Konstanten. Die MAXWELLschen

Gleichungen stellen ein System von 8 linearen partiellen Differentialgleichungen erster Ordnung für je 3 Komponenten der Vektoren **E** und **H** dar. Wir zeigen, dass jede dieser 6 Komponenten ein und derselben linearen partiellen Differentialgleichung 2. Ordnung genügen muss. Aus (9.16) und (9.15) folgt

$$\operatorname{rot}\operatorname{rot}\mathbf{H} = \epsilon\frac{\partial}{\partial t}\operatorname{rot}\mathbf{E} + \sigma\operatorname{rot}\mathbf{E} = -\epsilon\mu\frac{\partial^2\mathbf{H}}{\partial t^2} - \sigma\mu\frac{\partial\mathbf{H}}{\partial t}.$$

Aus der allgemeinen Formel der Vektoranalysis $\operatorname{rot}\operatorname{rot}\mathbf{H} = \operatorname{grad}\operatorname{div}\mathbf{H} - \Delta\mathbf{H}$ erhält man mit (9.13) $\operatorname{rot}\operatorname{rot}\mathbf{H} = -\Delta\mathbf{H}$, und daher gilt

$$\epsilon\mu\frac{\partial^2\mathbf{H}}{\partial t^2} + \sigma\mu\frac{\partial\mathbf{H}}{\partial t} = \Delta\mathbf{H}. \tag{9.17}$$

Diese Gleichung gilt also für jede einzelne Komponente von **H**. Ganz analog folgt, dass auch jede Komponente von **E** diese Gleichung erfüllen muss. Eine Gleichung der Form

$$a\frac{\partial^2 u(\mathbf{x},t)}{\partial t^2} + b\frac{\partial u(\mathbf{x},t)}{\partial t} = \Delta u(\mathbf{x},t)$$

mit konstanten, nichtnegativen Koeffizienten a, b $(a^2 + b^2 > 0)$ nennt man **Telegrafengleichung**. Sie ist für $a > 0$ hyperbolisch, für $a = 0$ parabolisch. Für $\sigma \ll \epsilon$ (nichtleitendes Medium) genügen die Komponenten von **E** und **H** nach (9.17) näherungsweise einer Wellengleichung (9.5), für $\epsilon \ll \sigma$ (hohe Leitfähigkeit) einer Wärmeleitungsgleichung (9.6).

6) Die NAVIER-STOKES-**Gleichung**

Unter gewissen Voraussetzungen (z.B. NEWTONsches, viskoses Medium, konstante Viskosität) erhält man aus der Impuls-Bilanz einer inkompressiblen Flüssigkeit die NAVIER-STOKES-**Gleichung**

$$\rho[\frac{\partial\mathbf{v}}{\partial t} + (\mathbf{v}\cdot\nabla)\mathbf{v}] = -\nabla p + \eta\Delta\mathbf{v} + \mathbf{f}, \tag{9.18}$$

wobei **v** für das Geschwindigkeitsfeld steht, p den Druck bezeichnet und ρ die in diesem Fall konstante Dichte ist. **f** ist eine äußere Volumenkraft. η ist die dynamische Viskosität der Flüssigkeit. Für eine inkompressible Flüssigkeit folgt aus (9.12) die vereinfachte Gleichung

$$\nabla\cdot\mathbf{v} = 0. \tag{9.19}$$

Die Gleichungen (9.18) und (9.19) bilden die Grundlage für die Berechnung des Strömungs- und Druckfeldes einer inkompressiblen Füssigkeit, wobei am Rand des interessierenden Gebietes Randbedingungen für die Geschwindigkit erforderlich sind. Außerdem benötigt man in diesem instationären Fall ein Anfangs-Geschwindigkeitsfeld.

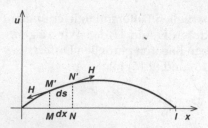

Abb. 9.1. Eingespannte Saite

9.4 Wellengleichung

Bei Aufgabenstellungen aus den physikalischen Ingenieurwissenschaften liegt mitunter noch kein fertiges mathematisches Modell vor, das eine Lösung der gestellten Aufgabe liefern könnte. Dann sind zunächst Modellierungen gefragt, die meist in sinnvollen Vereinfachungen des interessierenden physikalischen Vorgangs bestehen. Oft wird man so auf partielle Differentialgleichungen geführt, von deren Lösung man hoffen kann, dass sie den Vorgang mit guter Näherung beschreibt. Sämtliche im vergangenen Abschnitt angeführten Differentialgleichungen beruhen auf solchen, heute allgemein akzeptierten Modellierungen. Als Beispiel für die Aufstellung eines mathematischen Modells wollen wir die bekannte Modellierung der Transversalschwingungen einer Saite etwas ausführlicher darstellen. Sie führt auf die räumlich eindimensionale Wellengleichung ((9.5) mit $n = 1$).

9.4.1 Transversalschwingungen einer Saite

Unter einer Saite versteht man einen frei verbiegbaren gewichtslosen Faden. Eine solche Saite der Länge l sei an den Enden $x = 0$ und $x = l$ der x-Achse eingespannt und unter Einwirkung einer Spannung H längs der Achse im Gleichgewicht. In der Abb. 9.1 ist die Situation dargestellt. Wir stellen uns vor, im Zeitpunkt $t = 0$ sei die Saite aus der Gleichgewichtslage gebracht. Ihre Punkte mögen außerdem eine gewisse Geschwindigkeit in vertikaler Richtung besitzen. Dann beginnen die Punkte der Saite in einer vertikalen Ebene zu schwingen. Nimmt man an, jeder Punkt M der Saite mit der Abszisse x schwinge streng vertikal, so ist seine Auslenkung u aus der Gleichgewichtslage zur Zeit $t \geq 0$ eine Funktion der beiden Veränderlichen x und t, also $u = u(x, t)$. Um die Bestimmung dieser Funktion geht es im Folgenden. Zunächst suchen wir eine Gleichung für $u(x, t)$ Wir beschränken uns auf kleine Auslenkungen, bei denen u und $\frac{\partial u}{\partial x}$ klein sind (so dass sich die Saite nur wenig aus der Gleichgewichtslage entfernt und die Neigung der Tangente an die Saite klein bleibt). Diese Voraussetzung erlaubt die Vernachlässigung von Quadraten kleiner Größen, ohne wesentliche Fehler zu machen.

Wir betrachten nun das Element $ds = M'N'$ der Saite zum Zeitpunkt t. Seine Länge können wir aufgrund unserer Annahmen gleich seiner ursprünglichen Länge

$dx = MN$ im Anfangszeitpunkt ansehen, wegen

$$ds = \sqrt{1 + (\frac{\partial u}{\partial x})^2}\, dx \approx dx\,.$$

Da wir die Längenänderungen vernachlässigen, können wir auch die Spannung der Saite als unverändert ansehen.

Auf das herausgegriffene Saitenelement wirkt im Punkt M' die Spannung H tangential nach links, in N' dieselbe Spannung tangential nach rechts. Sind α bzw. $\overline{\alpha}$ die Neigungswinkel der Tangenten in M' bzw. N', so ist die Summe der vertikalen Komponenten (die horizontalen können vernachlässigt werden) dieser Kräfte gleich

$$H \cdot (\sin \overline{\alpha} - \sin \alpha) = H \left[\left(\frac{\partial u}{\partial x} \right)_{N'} - \left(\frac{\partial u}{\partial x} \right)_{M'} \right] = H \frac{\partial^2 u}{\partial x^2}\, dx\,.$$

Hier haben wir ebenfalls benutzt, dass Quadrate kleiner Größen vernachlässigt werden können, z.B. setzt man

$$\sin \alpha = \frac{\tan \alpha}{\sqrt{1 + \tan^2 \alpha}} \approx \tan \alpha = \frac{\partial u}{\partial x}\,.$$

Außerdem wurde der Zuwachs der Funktion $\frac{\partial u}{\partial x}$ durch ihr Differential $\frac{\partial^2 u}{\partial x^2}\, dx$ ersetzt. Ist ρ die Dichte der Saite (Masse pro Längeneinheit; Voraussetzung $\rho = $ const.), so ist die Masse des Saitenelements gleich $\rho ds \approx \rho dx$. Nach dem NEWTONschen Gesetz muss nun das Produkt aus der Masse ρdx und der Beschleunigung $\frac{\partial^2 u}{\partial t^2}$ gleich der Kraft sein, die auf das Element wirkt. Diese Bilanz bedeutet

$$\rho\, dx \cdot \frac{\partial^2 u}{\partial t^2} = H \frac{\partial^2 u}{\partial x^2}\, dx\,.$$

Wenn man nun $c^2 = \frac{H}{\rho}$ setzt, so ergibt sich schließlich die partielle Differentialgleichung

$$\frac{\partial^2 u}{\partial t^2} = c^2 \frac{\partial^2 u}{\partial x^2}\,, \tag{9.20}$$

der die Auslenkung der schwingenden Saite im Rahmen der beschriebenen Näherungen genügen muss. Die Differentialgleichung (9.20) ist eine (homogene) Wellengleichung vom Typ (9.5) im $\mathbb{R}^1$, also für $n = 1$; sie ist im Gebiet $[0, l] \times [0, \infty[$ zu lösen. Als Randbedingungen für $u = u(x, t)$ fordert man

$$u(0, t) = u(l, t) = 0\,, \tag{9.21}$$

wenn man wie hier den Fall behandelt, dass die Saite an den Enden eingespannt ist. Wenn weiterhin $f(x)$ und $g(x)$ für $0 \leq x \leq l$ die Auslenkung und die Geschwindigkeit der Punkte der Saite zum Zeitpunkt $t = 0$ beschreiben, so müssen die Anfangsbedingungen

$$u(x, 0) = f(x)\,, \qquad \frac{\partial u(x,0)}{\partial t} = g(x) \tag{9.22}$$

erfüllt sein. Dabei muss $f(0) = f(l) = g(0) = g(l) = 0$ gelten (Verträglichkeitsbedingungen).

9.4.2 Separation der Variablen

Bei der Lösung des Rand-Anfangswert-Problems (9.20)-(9.22) soll nun mit der Methode gearbeitet werden, die schon FOURIER benutzt hat und die deshalb auch FOURIERsche Methode der Trennung der Veränderlichen genannt wird. Für die Lösung der Gleichung (9.20) wird ein Produkt zweier Funktionen, von denen die eine nur von x und die andere nur von t abhängt, angesetzt:

$$u = X(x)T(t) \,. \tag{9.23}$$

Produktansätze dieser Art gehen auf EULER und BERNOULLI zurück und werden bei der Lösung unterschiedlicher partieller Differentialgleichungen benutzt. Wir werden diese Methode später u.a. auch bei der Untersuchung der Wellengleichung im $\mathbb{R}^2$ und $\mathbb{R}^3$ sowie der Wärmeleitungsgleichung und der Potentialgleichung verwenden. Aus der Differentialgleichung (9.20) ergibt sich mit dem Produktansatz (9.23)

$$XT'' = c^2 X''T \,,$$

wobei die Striche Ableitungen nach der Variablen bedeuten, von der die jeweilige Funktion abhängt. Nach einer Umstellung erhält man

$$\frac{T''}{T} = c^2 \frac{X''}{X} \,. \tag{9.24}$$

Da die linke Seite von (9.24) nicht von x, die rechte Seite nicht von t abhängt, kann der gemeinsame Wert nur eine Konstante sein, die wir mit $-\lambda c^2$ bezeichnen. Damit kann man die Beziehung (9.24) in zwei gewöhnliche Differentialgleichungen

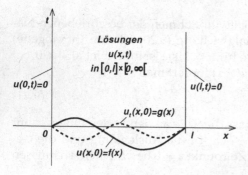

Abb. 9.2. Zum Anfangs-Randwert-Problem der Wellengleichung (beidseitig eingespannte Saite)

aufspalten:

$$(a) \quad T'' + \lambda c^2 T = 0 \qquad (b) \quad X'' + \lambda X = 0 \,. \tag{9.25}$$

Die Randbedingungen (9.21) bewirken wegen (9.23) $T(t)X(0) = T(t)X(l) = 0$, also

$$X(0) = X(l) = 0 \,. \tag{9.26}$$

$X(x)$ ergibt sich somit als Lösung des STURM-LIOUVILLEschen Eigenwertproblems (9.25b), (9.26), womit wir uns schon im Abschnitt 6.13.2 beschäftigt haben. Dort wurde gezeigt, dass für $\lambda \leq 0$ nur die Lösung $X(x) = 0$ vorhanden ist. Wir setzen daher $\lambda = \beta^2$ mit $\sqrt{\lambda} = \beta > 0$. Die allgemeine Lösung von (9.25b) ist dann mit beliebigen Konstanten $c_1, c_2 \in \mathbb{R}$

$$X(x) = c_1 \cos(\beta x) + c_2 \sin(\beta x) \,.$$

Die Randbedingungen (9.26) liefern

$$X(0) = c_1 = 0 \quad \text{und} \quad X(l) = c_2 \sin(\beta l) = 0 \,.$$

Da $c_1^2 + c_2^2 > 0$ sein muss, erhält man die Bedingung $\sin(\beta l) = 0$. Daraus folgt $\beta = \beta_n = n\frac{\pi}{l}$ $(n = 1, 2, \dots)$, also

$$\beta_1 = \frac{\pi}{l}, \ \beta_2 = 2\frac{\pi}{l}, \dots, \beta_n = n\frac{\pi}{l}, \dots \tag{9.27}$$

Die Eigenwerte der Aufgabe (9.25b), (9.26) sind

$$\lambda_n = \beta_n^2 = (\frac{n\pi}{l})^2 \qquad (n \in \mathbb{N});$$

zu λ_n gehören die Eigenfunktionen

$$X(x) = X_n(x) = c_{2n} \sin(\beta_n x) \,. \tag{9.28}$$

Aus (9.25a) folgt für $\lambda = \lambda_n$ mit zunächst beliebigen $A_n, B_n \in \mathbb{R}$

$$T(t) = T_n(t) = A_n \cos(c\beta_n t) + B_n \sin(c\beta_n t) \,.$$

Setzt man $A_n c_{2n} = a_n$, $B_n c_{2n} = b_n$, so gelangt man zu den unendlich vielen partikulären Lösungen $(n = 1, 2, \dots)$

$$u_n(x,t) = X_n(x)T_n(t) = [a_n \cos(c\beta_n t) + b_n \sin(c\beta_n t)] \sin(\beta_n x)$$

der Aufgabe (9.20), (9.21). Die Anfangsbedingungen (9.22) sind dabei noch nicht berücksichtigt.

Wegen der Linearität und der Homogenität der Gleichung (9.20) und der Randbedingungen (9.21) ist auch eine Summe aus beliebig vielen solcher partikulären Lösungen eine Lösung der Aufgabe. Daher ist es naheliegend, die aus allen $u_n(x,t)$ gebildete Reihe

$$u(x,t) = \sum_{n=1}^{\infty} [a_n \cos(c\beta_n t) + b_n \sin(c\beta_n t)] \sin(\beta_n x) \tag{9.29}$$

zu betrachten. Wir nehmen erstmal an, dass diese Reihe für $(x, t) \in [0, l] \times [0, \infty[$ konvergiert, die dargestellte Funktion $u(x, t)$ zweimal stetig differenzierbar ist und die Differentialgleichung (9.20) erfüllt; die Ableitungen bis zur 2. Ordnung sollen sich durch gliedweises Differenzieren der Reihe (9.29) bestimmen lassen. Wir wollen jetzt aus den Anfangsbedingungen (9.22) auf die Koeffizienten a_n, b_n schließen, d.h. notwendige Bedingungen für a_n, b_n gewinnen. Es ist dann

$$\frac{\partial u}{\partial t} = \sum_{n=1}^{\infty} [-c a_n \beta_n \sin(c \beta_n t) + c b_n \beta_n \cos(c \beta_n t)] \sin(\beta_n x) . \tag{9.30}$$

Für $t = 0$ erhält man aus (9.29), (9.30), (9.22)

$$\sum_{n=1}^{\infty} a_n \sin(\beta_n x) = f(x) , \qquad \sum_{n=1}^{\infty} c \beta_n b_n \sin(\beta_n x) = g(x) . \tag{9.31}$$

$f(x)$ und $g(x)$ erfüllen mit den Verträglichkeitsbedingungen $f(0) = f(l) = 0$, $g(0) = g(l) = 0$ die Randbedingungen (9.26) des STURM-LIOUVILLEschen Eigenwertproblems. Wir setzen noch voraus, dass $f(x), g(x)$ für $x \in [0, l]$ stetig differenzierbar sind. Der Entwicklungssatz (Satz 6.16) zeigt, dass sich $f(x)$ und $g(x)$ dann in für $x \in [0, l]$ gleichmäßig konvergente Funktionenreihen entwickeln lassen:

$$f(x) = \sum_{n=1}^{\infty} < f, \bar{X}_n > \bar{X}_n(x) , \qquad g(x) = \sum_{n=1}^{\infty} < g, \bar{X}_n > \bar{X}_n(x) . \tag{9.32}$$

Dabei ist $\bar{X}_n(x)$ die zum Eigenwert $\lambda_n = \beta_n^2$ ($n \in \mathbb{N}$) gehörende normierte Eigenfunktion (9.28), d.h.

$$\bar{X}_n(x) = \sqrt{\frac{2}{l}} \sin(\beta_n x) .$$

$< \cdot, \cdot >$ bedeutet das durch (6.176) definierte Skalarprodukt mit Gewichtsfunktion w, wobei im vorliegenden Fall $w \equiv 1$ zu setzen ist. Für die Koeffizienten der Reihen (9.32) ergibt sich

$$< f, \bar{X}_n >= \sqrt{\frac{2}{l}} \int_0^l f(\xi) \sin(\beta_n \xi) \, d\xi .$$

Damit ist

$$f(x) = \frac{2}{l} \sum_{n=1}^{\infty} \int_0^l f(\xi) \sin(\beta_n \xi) \, d\xi \, \sin(\beta_n x)$$

und analog

$$g(x) = \frac{2}{l} \sum_{n=1}^{\infty} \int_0^l g(\xi) \sin(\beta_n \xi) \, d\xi \, \sin(\beta_n x) .$$

Setzt man also in (9.31)

$$a_n = \frac{2}{l} \int_0^l f(\xi) \sin(\beta_n \xi)\, d\xi\,, \qquad c\beta_n b_n = \frac{2}{l} \int_0^l g(\xi) \sin(\beta_n \xi)\, d\xi\,, \qquad (9.33)$$

so erhält man in $[0, l]$ gleichmäßig konvergente Reihen. Es sind FOURIER-Reihen für die ungeraden, $2l$-periodischen Fortsetzungen der auf $[0, l]$ definierten Funktionen f und g. Diese Fortsetzungen sind für alle x stetig differenzierbar (wegen $f(0) = f(l) = 0$, $g(0) = g(l) = 0$ und der vorausgesetzten stetigen Differenzierbarkeit in $[0, l]$). Dann gilt für die FOURIER-Koeffizienten (9.33) $a_n = O(n^{-2})$ und $c\beta_n b_n = O(n^{-2})$ bzw. $b_n = O(n^{-3})$ für $n \to \infty$, was wir hier ohne Beweis aus der Theorie die FOURIER-Reihen übernehmen. Wegen $|a_n \cos(c\beta_n t) + b_n \sin(c\beta_n t)||\sin(\beta_n x)| \le |a_n| + |b_n|$ haben wir mit $\sum_{n=1}^{\infty}(|a_n| + |b_n|)$ eine konvergente, von x und t unabhängig Majorante für die Reihe (9.29). Für stetig differenzierbare Funktionen f, g ist die mit den durch (9.33) definierten Koeffizienten a_n, b_n gebildete Reihe (9.29) gleichmäßig konvergent und stellt somit eine in $[0, l] \times [0, \infty[$ stetige Funktion $u(x, t)$ dar (vgl. Sätze 3.18, 3.19). Für diese Funktion gilt offenbar $u(0, t) = u(l, t) = 0$ und $u(x, 0) = f(x)$. Um schließlich zu sichern, dass die in (9.29) definierte Funktion $u(x, t)$ (a) zweimal stetig differenzierbar ist, (b) dass die Ableitungen $\frac{\partial^2 u}{\partial t^2}$, $\frac{\partial^2 u}{\partial x^2}$ durch gliedweises Differenzieren erhalten werden können und (c), dass auch die Anfangsbedingung $\frac{\partial u}{\partial t}(x, 0) = g(x)$ sowie (d) die Differentialgleichung $\frac{\partial^2 u}{\partial t^2} = c^2 \frac{\partial^2 u}{\partial x^2}$ erfüllt sind, muss man etwas stärkere Differenzierbarkeitsvoraussetzungen an f, g stellen. Hinreichend für (a)-(d) ist:

- Die ungerade, $2l$-periodische Fortsetzung der auf $[0, l]$ gegebenen Funktion $f(x)$ ist überall zweimal stetig differenzierbar und die 3. Ableitung ist noch stückweise stetig.

- Die ungerade, $2l$-periodische Fortsetzung von $g(x)$ ist für alle x stetig differenzierbar und hat noch eine stückweise stetige zweite Ableitung.

Für die Koeffizienten (9.33) gilt dann sogar $a_n = O(n^{-4})$ und $c\beta_n b_n = O(n^{-3})$ bzw. $b_n = O(n^{-4})$ für $n \to \infty$. Die durch zweimaliges gliedweises Differenzieren von (9.29) nach x bzw. t erhaltenen Reihen haben die Form

$$\pm \sum_{n=1}^{\infty} [a_n \beta_n^2 \cos(c\beta_n t) + b_n \beta_n^2 \sin(c\beta_n t)] \sin(\beta_n x)\,. \qquad (9.34)$$

Wegen $\beta_n = n\frac{\pi}{l}$ ist $a_n \beta_n^2 = O(n^{-2})$, $b_n \beta_n^2 = O(n^{-2})$, so dass mit $\sum_{n=1}^{\infty}(|a_n| + |b_n|)\beta_n^2$ eine konvergente, von x und t unabhängige Majoranten für (9.34) vorliegen. Die Reihen der zweiten Ableitungen sind daher gleichmäßig konvergent; $u(x, t)$ hat also stetige Ableitungen $\frac{\partial^2 u}{\partial t^2}$ und $\frac{\partial^2 u}{\partial x^2}$, die durch gliedweise Differentiation der Reihe (9.29) gebildet werden können. Dass die Differentialgleichung $\frac{\partial^2 u}{\partial t^2} = c^2 \frac{\partial^2 u}{\partial x^2}$ erfüllt ist, folgt daraus, dass die einzelnen Summanden $u_n(x, t)$ Lösungen sind. Auch die Anfangsbedingung $\frac{\partial u}{\partial t}(x, 0) = g(x)$ ist erfüllt, denn die Reihe (9.30) ist unter den angegebenen Voraussetzungen ebenfalls gleichmäßig konvergent, stellt also $\frac{\partial u}{\partial t}(x, t)$ dar und für $t = 0$ hat sie die Summe $g(x)$.

Damit ist gezeigt: Bei hinreichend glatten Anfangsfunktionen f, g (9.22) führt die

FOURIERsche Methode der Trennung der Variablen zu einer Lösung $u(x,t)$ des Anfangswertproblems (9.20)-(9.22). $u(x,t)$ ist durch die Reihe (9.29) gegeben, wobei die Koeffizienten a_n, b_n durch (9.33) bestimmt sind. In der Praxis wird man nicht immer in der Lage sein, die an f und g zu stellenden Bedingungen zu prüfen. Man wird i. Allg. auch die Reihe (9.29) irgendwo abbrechen müssen. Dann wird man die ersten FOURIER-Koeffizienten gemäß (9.33) berechnen und die damit erhaltene Teilsumme in (9.29) als eine Näherung für $u(x,t)$ verwenden.

Beispiel:

$$\frac{\partial^2 u}{\partial t^2} = \frac{\partial^2 u}{\partial x^2}, \quad u(x,0) = f(x) = \sin(\frac{2\pi}{l}x), \quad \frac{\partial u}{\partial t}(x,0) = g(x) = \sin(\frac{4\pi}{l}x) . \quad (9.35)$$

f und g erfüllen die oben angegebenen Glattheitsforderungen und die Verträglichkeitsbedingungen. Man erhält aus (9.33), mit den Substitutionen $\eta = \frac{l}{\pi}\xi$ und unter Nutzung der Orthogonalitätsrelationen der trigonometrischen Funktionen

$$a_n = \frac{2}{l} \int_0^l \sin(\frac{2\pi}{l}\xi) \sin(\frac{n\pi}{l}\xi) \, d\xi = \frac{2}{l} \int_0^\pi \sin(2\eta) \sin(n\eta) \, d\eta = \delta_{n2}$$

$$c\frac{n\pi}{l} b_n = \frac{2}{l} \int_0^l \sin(\frac{4\pi}{l}\xi) \sin(\frac{n\pi}{l}\xi) \, d\xi = \frac{2}{l} \int_0^\pi \sin(4\eta) \sin(n\eta) \, d\eta = \delta_{n4} .$$

Es gilt also $a_2 = 1, b_4 = \frac{l}{4\pi c}$, alle anderen Koeffizienten verschwinden. Damit bricht die Reihe (9.29) ab und man erhält

$$u(x,t) = \sin(c\frac{2\pi}{l}t + \frac{\pi}{2}) \sin(\frac{2\pi}{l}x) + \frac{l}{4\pi l} \sin(c\frac{4\pi}{l}t) \sin(\frac{4\pi}{l}x) . \quad (9.36)$$

Man prüft nun leicht nach, dass $u(x,t)$ Lösung von (9.35) ist.

Wenn man in (9.29) die Glieder in der Klammer zusammenfasst, kann man mit Hilfe von (9.27) u in der Form

$$u = \sum_{n=1}^\infty A_n \sin(\frac{n\pi}{l}x) \sin\left(\frac{n\pi c}{l}t + \alpha_n\right)$$

schreiben. Daraus sieht man, dass sich die vollständige Schwingung der Saite aus den einzelnen Schwingungen

$$u_n = A_n \sin(\frac{n\pi}{l}x) \sin\left(\frac{n\pi c}{l}t + \alpha_n\right)$$

additiv zusammensetzt. Dabei ist $A_n = \sqrt{a_n^2 + b_n^2}$, $\sin\alpha_n = \frac{a_n}{A_n}$, $\cos\alpha_n = \frac{b_n}{A_n}$. Wenn die Saite nur eine einzelne solche Elementarschwingung $u_n(x,t)$ ausführt, bewegen sich alle Punkte der Saite mit derselben Frequenz bzw. Schwingungsdauer $T = \frac{2l}{nc}$, der jeweils eine bestimmte Tonhöhe entspricht. Die Schwingungsamplitude jedes Punktes hängt von seiner x-Koordinate ab und ist gleich

$$A_n| \sin(\frac{n\pi}{l}x)| .$$

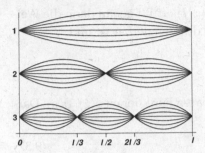

Abb. 9.3. Schwingungsmoden einer beidseitig fixierten Saite

Denkt man sich die ganze Saite in n gleiche Teile geteilt, so befinden sich die Punkte desselben Teilstücks stets in gleicher, die Punkte benachbarter Teilstücke jeweils in entgegengesetzter Phase. Die Abb. 9.3 zeigt die aufeinanderfolgenden Lagen der Saite für $n = 1,2,3$. Die Punkte, die ein Teilstück von dem nächsten trennen, befinden sich für alle Zeiten in Ruhe, es sind die so genannten Knoten. Die Mitten der Teilstücke (die Bäuche) schwingen mit der größten Amplitude. Diese Erscheinung wird stehende Welle genannt, weshalb die FOURIERsche Lösungsmethode auch Methode der stehenden Welle genannt wird.

Der Grundton wird durch u_1 mit der Kreisfrequenz $\omega_1 = \frac{\pi c}{l} = \frac{\pi}{l}\sqrt{\frac{H}{\rho}}$ und die Periode (Schwingungsdauer) $T_1 = 2l\sqrt{\frac{\rho}{H}}$ bestimmt. Eine Erhöhung der Spannung H erhöht also die Frequenz und damit entstehen höhere Grundtöne. Die übrigen Töne, die gleichzeitig mit dem Grundton von der Saite hervorgebracht werden, charakterisieren eine bestimmte "Färbung" (Timbre) des Tones. Drückt man einen Finger auf die Mitte der Saite, so ersterben sowohl der Grundton als auch die ungeraden Obertöne, für welche dort wie beim Grundton auch ein Bauch war. Die geraden Obertöne, für welche in der Mitte des Intervalls $[0, l]$ ein Knoten war, ertönen weiter.

9.4.3 Lösungen der Wellengleichung im unbegrenzten Raum

Wir bestimmen jetzt die Lösungen der Wellengleichung in einem unbegrenzten Raum und beginnen mit der allgemeinen Lösung der eindimensionalen Wellengleichung. Sei $u(x,t)$ irgendeine Lösung von $\frac{\partial^2 u}{\partial t^2} = c^2 \frac{\partial^2 u}{\partial x^2}$. Dann führen wir mit

$$\xi = x + ct\,, \qquad \eta = x - ct$$

neue Veränderliche ξ, η ein:

$$u(x,t) = u(\tfrac{1}{2}(\xi + \eta), \tfrac{1}{2}(\xi - \eta)) =: v(\xi, \eta)\,.$$

Man erhält

$$\frac{\partial^2 u}{\partial t^2} = c^2\left(\frac{\partial^2 v}{\partial \xi^2} - 2\frac{\partial^2 v}{\partial \xi \partial \eta} + \frac{\partial^2 v}{\partial \eta^2}\right), \qquad c^2\frac{\partial^2 u}{\partial x^2} = c^2\left(\frac{\partial^2 v}{\partial \xi^2} + 2\frac{\partial^2 v}{\partial \xi \partial \eta} + \frac{\partial^2 v}{\partial \eta^2}\right).$$

Eine zweimal stetig differenzierbare Funktion $u(x, t)$ erfüllt genau dann die Wellengleichung (9.20), wenn $v(\xi, \eta)$ zweimal stetig differenzierbar ist und $\frac{\partial^2 v}{\partial \xi \partial \eta} = 0$ gilt. Die allgemeine Lösung dieser Gleichung ist

$$v(\xi, \eta) = \phi(\xi) + \psi(\eta)$$

mit zwei beliebigen, zweimal stetig differenzierbaren Funktionen $\phi(\xi), \psi(\eta)$. Daraus folgt

$$u(x, t) = \phi(x + ct) + \psi(x - ct) \, . \tag{9.37}$$

Man erkennt durch Differenzieren, dass (9.20) erfüllt ist. Damit ist die allgemeine Lösung von $\frac{\partial^2 u}{\partial t^2} = c^2 \frac{\partial^2 u}{\partial x^2}$ gefunden. Traten bei den allgemeinen Integralen linearer gewöhnlicher Differentialgleichungen beliebige reelle Konstanten als Parameter auf, sind es bei der Wellengleichung im $\mathbb{R}^1$ zwei beliebige Funktionen. Jede Lösung lässt sich also als Überlagerung einer nach links (in Richtung fallender x-Werte) laufenden ebenen Welle $u_l(x, t) = \phi(x + ct)$ und einer nach rechts laufenden ebenen Welle $u_r(x, t) = \psi(x - ct)$ darstellen (das Attribut "eben" einer Welle wird weiter unten gerechtfertigt). Die Wellenprofile bleiben unverzerrt (ungedämpfte Wellen), die Geschwindigkeit ihrer Bewegung nach links bzw. rechts ist $-c$ bzw. c.

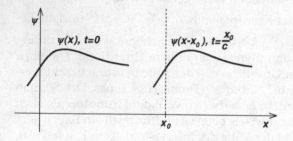

Abb. 9.4. Ebene Welle mit dem Profil ψ zu den Zeitpunkten $t = 0$ und $t = \frac{x_0}{c}$ ($\mathbf{a} = \mathbf{e}_1$)

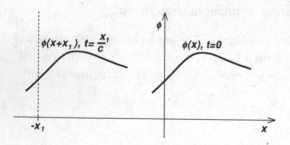

Abb. 9.5. Ebene Welle mit dem Profil ϕ zu den Zeitpunkten $t = 0$ und $t = \frac{x_1}{c}$ ($\mathbf{a} = -\mathbf{e}_1$)

Beispiele:
1) Die Überlagerung der rechts laufenden Welle $u_r(x, t) = \sin(x - ct)$ und der

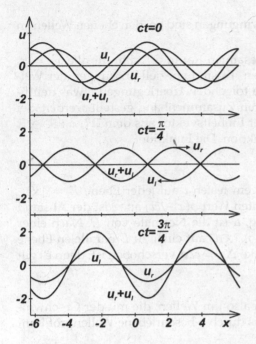

Abb. 9.6. Superposition $u = u_r + u_l$ einer rechts- und linkslaufenden ebenen Welle

linkslaufenden Welle $u_l(x,t) = \cos(x + ct)$ ergibt einen Schwingungsvorgang (stehende Welle, Abb. 9.6). Mittels trigonometrischem Additionstheorem erhält man

$$u(x,t) = u_r + u_l = 2\sin(x + \frac{\pi}{4})\cos(ct + \frac{\pi}{4}) .$$

Für $ct = \frac{\pi}{4}$ löschen sich die beiden Wellen gegenseitig aus ($u(x, \frac{\pi}{4c}) \equiv 0$, mittleres Bild), für $ct = \frac{3\pi}{4}$ verdoppeln sich die Amplituden ($u(x, \frac{3\pi}{4c}) = 2u_r = 2u_l$, unteres Bild).

2) Umgekehrt kann man vorgegebene stehende Wellen auch als Überlagerung fortschreitender Wellen darstellen. Z.B. gilt für die in (9.36) angegebene spezielle Lösung der Wellengleichung

$$u(x,t) = [\frac{1}{2}\cos(\frac{2\pi}{l}(x - ct)) - \frac{\pi}{2}) + \frac{l}{8\pi c}\cos(\frac{4\pi}{l}(x - ct))]$$
$$-[\frac{1}{2}\cos(\frac{2\pi}{l}(x + ct)) - \frac{\pi}{2}) + \frac{l}{8\pi c}\cos(\frac{4\pi}{l}(x + ct))] .$$

3) Ebene Wellen, bei denen an jeder festen Stelle x eine harmonische Schwingung stattfindet, nennt man harmonische Wellen. Eine nach rechts laufende harmonische Welle kann man in komplexer Schreibweise durch

$$u_r(x,t) = Ae^{-ik(x-ct)} = Ae^{i\omega(t-\frac{x}{c})}$$

darstellen ($A > 0$, $k \in \mathbb{R}$ Parameter, $\omega = kc$). Real- und Imaginärteil von u_r stellen dann reelle Lösungen der Wellengleichung in Form harmonischer Wellen dar.

Die Amplituden der harmonischen Schwingungen sind bei den ebenen Wellen an jedem Phasenpunkt gleich.

Man kann $u_r(x,t)$ und $u_l(x,t)$ als im gesamten Raum $\mathbb{R}^n$, d.h. für alle $x_1 = x$, $x_2, ...,x_n$, definierte Funktionen auffassen. Es sind spezielle Lösungen der Wellengleichung im $\mathbb{R}^n$. Das soll durch die folgenden Überlegungen etwas deutlicher gemacht und in einen allgemeineren Zusammenhang gestellt werden. Sei $\mathbf{a} = (a_1, a_2, \ldots, a_n)^T$ ein beliebiger, fester Einheitsvektor aus dem $\mathbb{R}^n$, $\phi : \mathbb{R} \to \mathbb{R}$ eine zweimal stetig differenzierbare Funktion. Die Funktion

$$u_r(\mathbf{x}, t) = \phi(\mathbf{a} \cdot \mathbf{x} - ct) \tag{9.38}$$

($\mathbf{a} \cdot \mathbf{x} = \sum_{k=1}^{n} a_k x_k$) nimmt bei beliebigem festen t auf jeder Ebene $E = \{\mathbf{x} \in \mathbb{R}^n | \mathbf{a} \cdot \mathbf{x} = x, \, x \in \mathbb{R}\}$ im $\mathbb{R}^n$ den konstanten Wert $\phi(x - ct)$ an. x ist der Abstand der Ebene E vom Koordinatenursprung, $\mathbf{a}$ ist die Normale von E. Nach einer Zeit Δt findet man dieselben Werte von $u_r(\mathbf{x}, t)$ auf einer zu E parallelen Ebene E', die von E in Richtung $\mathbf{a}$ um die Strecke $\Delta x = c\Delta t$ verschoben ist; denn es gilt

$$\phi(x + \Delta x - c(t + \Delta t)) = \phi(x - ct)$$

für $\Delta x = c\Delta t$. Bei (9.38) handelt es sich also um Wellen, die mit der Geschwindigkeit c in Richtung $\mathbf{a}$ laufen, wobei das durch ϕ beschriebene Wellenprofil unverändert bleibt. Analog beschreibt

$$u_l(\mathbf{x}, t) = \psi(\mathbf{a} \cdot \mathbf{x} + ct)$$

eine mit Geschwindigkeit c in Richtung $-\mathbf{a}$ laufende Welle, die in der gesamten Ebene $E = \{\mathbf{x} \in \mathbb{R}^n | \mathbf{a} \cdot \mathbf{x} = x, \, x \in \mathbb{R}\}$ im $\mathbb{R}^n$ den konstanten Wert $\psi(x + ct)$ hat. Aufgrund dieser Eigenschaft, dass ϕ und ψ in parallelen Ebenen mit der Normalen $\mathbf{a}$ jeweils immer nur einen Wert haben, nennt man die laufenden Wellen u_l, u_r und deren Linearkombinationen **ebene Wellen** (s. dazu Abbildungen 9.4, 9.5). Sowohl u_r als auch u_l sind mögliche Lösungen der Wellengleichung im $\mathbb{R}^n$. Für u_r sieht man das folgendermaßen:

$$\frac{\partial^2 u_r}{\partial t^2} - c^2 \sum_{k=1}^{n} \frac{\partial^2 u_r}{\partial x_k^2} = c^2 \phi''(\mathbf{a} \cdot \mathbf{x} - ct) - c^2 \phi''(\mathbf{a} \cdot \mathbf{x} - ct) \sum_{k=1}^{n} a_k^2$$

$$= c^2 (1 - \sum_{k=1}^{n} a_k^2) \phi''(\mathbf{a} \cdot \mathbf{x} - ct) = 0 \,,$$

da $|\mathbf{a}|^2 = \sum_{k=1}^{n} a_k^2 = 1$ gilt. Wählt man z.B. $\mathbf{a} = (1,0,\ldots,0)^T$, dann fallen die eben durchgeführten Betrachtungen zur Wellenausbreitung im $\mathbb{R}^n$ mit den oben durchgeführten Überlegungen im $\mathbb{R}^1$ (Lösung (9.37) der eindimensionalen Wellengleichung) zusammen. Relevant ist nur die Ausbreitung in x_1-Richtung. Bei der Beschreibung wellenförmiger Ausbreitungsvorgänge interessieren in der Physik insbesondere zeitlich periodische Lösungen der Wellengleichung. Solche erhält man in Form ebener Wellen, wenn man ϕ, ψ als periodische Funktionen wählt. Sei für $x \in \mathbb{R}$ etwa $\phi(x) = e^{-ikx}$ mit einer reellen Konstanten k. Dann ist nach (9.38)

$$u_r(\mathbf{x}, t) = e^{-ik(\mathbf{a} \cdot \mathbf{x} - ct)}$$

eine in Richtung a mit der Geschwindigkeit c fortschreitende ebene Welle. In der Physik bevorzugt man i. Allg. die Schreibweise

$$u_r(\mathbf{x}, t) = e^{i\omega(t - \frac{1}{c}\mathbf{a}\cdot\mathbf{x})} \tag{9.39}$$

mit $\omega = kc$ als Kreisfrequenz. Ist ω festgelegt, wie z.B. im Fall erzwungener Schwingungen, so ist mit

$$\lambda = \frac{2\pi}{k} = \frac{2\pi}{\omega}c \tag{9.40}$$

auch die Wellenlänge λ der ebenen Welle gegeben. Denn bei festem t wiederholen sich die Werte von $u_r(\mathbf{x}, t)$ auf parallelen Ebenen mit der Normalen a, wenn für den senkrechten Abstand λa zwischen ihnen

$$e^{i\omega(t - \frac{1}{c}\mathbf{a}\cdot\mathbf{x})} = e^{i\omega[t - \frac{1}{c}\mathbf{a}\cdot(\mathbf{x}+\lambda\mathbf{a})]},$$

also

$$i\omega(t - \frac{1}{c}\mathbf{a} \cdot \mathbf{x}) = i\omega[t - \frac{1}{c}\mathbf{a} \cdot (\mathbf{x} + \lambda\mathbf{a})] + 2m\pi i$$

gilt ($m \in \mathbb{Z}$). Das kleinste positive λ mit dieser Eigenschaft ist die Wellenlänge; man bestätigt damit leicht die angegebene Beziehung (9.40) zwischen Kreisfrequenz ω, Phasengeschwindigkeit c und Wellenlänge λ. Mit $\nu = \frac{\omega}{2\pi}$ als Frequenz nimmt (9.40) die bekannte Form

$$\lambda\nu = c$$

an. Diese wichtige Beziehung besagt: Das Produkt aus Wellenlänge und Frequenz ergibt die Ausbreitungsgeschwindigkeit der Phase. Die reellen Beschreibungen erhält man mit Re u_r und Im u_r.

Die Superposition ebener Wellen liefert aufgrund der Linearität der (homogenen) Wellengleichung weitere Lösungen. Damit lassen sich allgemeinere wellenförmige Ausbreitungsvorgänge beschreiben. Oben hatten wir speziell gezeigt, wie durch Superposition einer rechts- und linkslaufenden Welle eine stehende Welle entsteht.

9.4.4 Anfangswertproblem im $\mathbb{R}^1$

Die Lösung $u(x, t)$ des Anfangswertproblems (9.20)-(9.22), die wir mittels der FOURIERschen Methode in Form der unendlichen Reihe (9.29) gewonnen haben, ist nicht nur für $0 \leq x \leq l$, d.h. die schwingende Saite selbst, sondern für alle x (und für alle t) definiert. Die Anfangsfunktionen $f(x), g(x)$ waren dabei spezielle ($2l$-periodische) auf ganz $\mathbb{R}$ definierte, hinreichend glatte Funktionen. Die Funktion $u(x, t)$ löst daher auch ein Anfangswertproblem der folgenden Art.

Definition 9.3. (Anfangswertproblem für die Wellengleichung im $\mathbb{R}^1$)
$f(x)$ sei auf $\mathbb{R}$ zweimal, $g(x)$ auf $\mathbb{R}$ einmal stetig differenzierbar. Gesucht ist eine
für $(x,t) \in \mathbb{R}^2$ definierte Funktion $u(x,t)$, die für $(x,t) \in \mathbb{R}^2$ der Gleichung

$$\frac{\partial^2 u}{\partial t^2} = c^2 \frac{\partial^2 u}{\partial x^2} \tag{9.41}$$

genügt und die Anfangsbedingungen

$$u(x,0) = f(x) , \quad \frac{\partial u}{\partial t}(x,0) = g(x) \tag{9.42}$$

erfüllt.

Da wir mit (9.37) die allgemeine Lösung von (9.41) kennen, müssen wir zur Lösung des Anfangswertproblems ϕ, ψ nur so bestimmen, dass u die Bedingungen (9.42) erfüllt. Sei $u(x,t)$ eine Lösung des Anfangswertproblems (9.41), (9.42). Dann muss

$$u(x,0) = \phi(x) + \psi(x) = f(x)$$
$$\frac{\partial u}{\partial t}(x,0) = c[\phi'(x) - \psi'(x)] = g(x)$$

bzw. $\phi(x) - \psi(x) = \frac{1}{c} \int_{x_0}^{x} g(\xi)\, d\xi$ sein (x_0 beliebige Konstante). Hieraus folgt

$$\phi(x) = \frac{1}{2}[f(x) + \frac{1}{c} \int_{x_0}^{x} g(\xi)\, d\xi] , \quad \psi(x) = \frac{1}{2}[f(x) - \frac{1}{c} \int_{x_0}^{x} g(\xi)\, d\xi] .$$

Nach (9.37) muss die Lösung die Form

$$u(x,t) = \frac{1}{2}[f(x+ct) + f(x-ct) + \frac{1}{c} \int_{x-ct}^{x+ct} g(\xi)\, d\xi]$$

haben. u ist also eindeutig bestimmt. Wie man aufgrund der an f, g gestellten Differenzierbarkeitsbedingungen leicht feststellt, erfüllt dieses $u(x,t)$ auch die Differentialgleichung (9.41). Die durchgeführten Betrachtungen ergeben den

---

Satz 9.1. *(Existenz und Eindeutigkeit der Lösung des Anfangswertproblems)*
Das Anfangswertproblem entsprechend Def. 9.3 hat genau eine Lösung. Die Lösung hängt stetig von den Anfangsdaten ab. Sie ist für $(x,t) \in \mathbb{R} \times \mathbb{R} \,(= \mathbb{R}^2)$ definiert und durch

$$u(x,t) = \frac{1}{2}[f(x+ct) + f(x-ct) + \frac{1}{c} \int_{x-ct}^{x+ct} g(\xi)\, d\xi] \tag{9.43}$$

gegeben.

Zum Schluss soll noch auf die stetige Abhängigkeit der Lösung von den Anfangsdaten eingegangen werden. $\epsilon > 0$ sei beliebig vorgegeben. Für die gestörten Anfangsdaten $\tilde{f}, \tilde{g}$ und die exakten Anfangsdaten f, g auf einem x-Intervall I der
beliebigen (endlichen) Länge Δ soll jetzt

$$|\tilde{f}(x) - f(x)| < \frac{\epsilon}{1 + \Delta} \,, \quad |\tilde{g}(x) - g(x)| < 2c\frac{\epsilon}{1 + \Delta}$$

gelten und außerhalb von I sei $\tilde{f}(x) = f(x)$, $\tilde{g}(x) = g(x)$. $\tilde{f}, \tilde{g}$ sollen dieselben Differenzierbarkeitsvoraussetzungen wie f, g erfüllen. Wegen (9.43) gilt für die aus
den gestörten Anfangsdaten folgende gestörte Lösung $\tilde{u}(x, t)$ die Abschätzung

$$|\tilde{u}(x,t) - u(x,t)| \leq \frac{1}{2}\left[\frac{\epsilon}{1 + \Delta} + \frac{\epsilon}{1 + \Delta} + \frac{1}{c}2c|t|\frac{2c\epsilon}{1 + \Delta}\right].$$

Da $\tilde{g}(x) - g(x)$ höchstens auf einem Intervall der Länge Δ von Null verschie-
den ist, kann man die Länge $2c|t|$ des Integrationsintervalls durch Δ nach oben
abschätzen. Daher ist

$$|\tilde{u}(x,t) - u(x,t)| \leq \frac{1}{2}\frac{2\epsilon}{1 + \Delta} + \frac{1}{2}\Delta\frac{2\epsilon}{1 + \Delta} = \epsilon\,.$$

Dies zeigt, dass sich Lösungen u und $\tilde{u}$ beliebig wenig unterscheiden, wenn sich
die entsprechenden Anfangsdaten f, g bzw. $\tilde{f}, \tilde{g}$ hinreichend wenig unterscheiden; also ist die stetige Abhängigkeit der Lösung von den Anfangsdaten gezeigt.
Mit einer Stammfunktion $G(x)$ von $g(x)$, d.h. $G'(x) = g(x)$, kann man (9.43) in
der Form

$$u(x,t) = \frac{1}{2}[f(x + ct) + \frac{1}{c}G(x + ct)] + \frac{1}{2}[f(x - ct) - \frac{1}{c}G(x - ct)]$$

schreiben. Die Lösung des Anfangswertproblems ist damit in die allgemeine Lösung (9.37) eingeordnet.

9.4.5 Bestimmtheits- und Abhängigkeitsgebiete im $\mathbb{R}^1$

Um die Lösung $u(x, t)$ eines Anfangswertproblems in einem festen Punkt (x_0, t_0)
zu bestimmen, benötigt man die Anfangswerte $f(x), g(x)$ nicht für sämtliche $x \in$

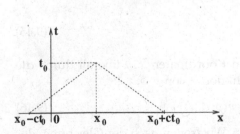

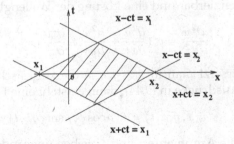

Abb. 9.7. Abhängigkeitsgebiet zum Punkt (x_0, t_0)

Abb. 9.8. Bestimmtheitsgebiet zum Inter-vall $[x_1, x_2]$

$\mathbb{R}$. Nach (9.43) genügt die Kenntnis der Anfangswerte für $x \in [x_0 - c|t_0|, x_0 + c|t_0|]$. Eine Änderung der Funktionen $f(x), g(x)$ außerhalb dieses Intervalls hat keinen Einfluss auf den Wert $u(x_0, t_0)$. Man nennt das Intervall $[x_0 - c|t_0|, x_0 + c|t_0|]$ das zum Weltpunkt (x_0, t_0) gehörende **Abhängigkeitsgebiet** (Abb. 9.7).

Umgekehrt kann man danach fragen, auf welchen Punktmengen der (x, t)-Ebene die Lösung des Anfangswertproblems bestimmt ist, wenn man die Anfangsdaten $f(x), g(x)$ auf einem Intervall $[x_1, x_2]$ kennt. Aus (9.37) ergibt sich dafür die Menge der Punkte (x, t) mit $x_1 \le x + ct \le x_2, x_1 \le x - ct \le x_2$. Geometrisch handelt es sich um das abgeschlossene Parallelogramm mit den Eckpunkten $(x_1, 0)$, $(\frac{1}{2}(x_1 + x_2), \frac{1}{2c}(x_1 - x_2))$, $(x_2, 0)$, $(\frac{1}{2}(x_1 + x_2), \frac{1}{2c}(x_2 - x_1))$. Diese Punktmenge heißt das zum Intervall $[x_1, x_2]$ gehörende **Bestimmheitsgebiet** (Abb. 9.8). Das Auftreten solcher beschränkten Bestimmtheits- und Abhängigkeitsgebiete ist typisch für hyperbolische Differentialgleichungen, auch in höherdimensionalen Räumen. Die Begrenzungen dieser Gebiete nennt man auch **Charakteristiken** oder charakteristische Mannigfaltigkeiten.

9.4.6 Wellengleichung in Zylinder- und Kugelkordinaten

Bisher haben wir die Wellengleichung in kartesischen Koordinaten x, y, z geschrieben und bestimmte Fragen für nur von x (und t) abhängige Lösungen behandelt. Z.B. haben wir ihre Darstellbarkeit als Überlagerung ebener Wellen bewiesen (Abschnitt 9.4.3). Diese einfachen Lösungen der Differentialgleichung sind im gesamten $\mathbb{R}^3$ (bzw. im $\mathbb{R}^n$) definiert. Interessiert man sich für Lösungen der Wellengleichung (9.5) in beschränkten zylindrischen bzw. kugelförmigen Gebieten oder für Lösungen mit Zylinder- oder Kugelsymmetrie im unbegrenzten $\mathbb{R}^3$, so bietet sich ein Übergang zu Zylinder- bzw. Kugelkoordinaten an. Wir bleiben dabei in der Anschauung zugänglichen Raumdimensionen ($n \le 3$).

Wir beginnen mit der Transformation der Wellengleichung von kartesischen auf Zylinderkoordinaten. Der Zusammenhang zwischen den kartesischen Koordinaten x, y, z und Zylinderkoordinaten ρ, ϕ, z war bereits in Abschnitt 8.9 angegeben worden:

$$x = \rho \cos \phi, \quad y = \rho \sin \phi, \quad z = z \tag{9.44}$$

($\rho \ge 0, 0 \le \phi \le 2\pi, -\infty < z < \infty$). $\hat{u}(x, y, z, t)$ sei zweimal stetig partiell differenzierbar und eine Lösung der Wellengleichung

$$\frac{\partial^2 \hat{u}}{\partial t^2} = c^2 \left(\frac{\partial^2 \hat{u}}{\partial x^2} + \frac{\partial^2 \hat{u}}{\partial y^2} + \frac{\partial^2 \hat{u}}{\partial z^2} \right). \tag{9.45}$$

Ersetzt man in $\hat{u}(x, y, z, t)$ die kartesischen Koordinaten x, y überall durch die Ausdrücke in (9.44), dann entsteht eine Funktion u von ρ, ϕ, z, t:

$$\hat{u}(x, y, z, t) = \hat{u}(\rho \cos \phi, \rho \sin \phi, z, t) =: u(\rho, \phi, z, t). \tag{9.46}$$

Die Argumente z und t bleiben ungeändert. Wir fragen nach der Gleichung, der $u(\rho, \phi, z, t)$ genügen muss, wenn $\hat{u}(x, y, z, t)$ der Gleichung (9.45) genügt. Zunächst bestimmen wir die Ableitungen $\frac{\partial \rho}{\partial x}, \frac{\partial \rho}{\partial y}, \frac{\partial \phi}{\partial x}, \frac{\partial \phi}{\partial y}$ als Funktionen von ρ, ϕ.

Dazu differenzieren wir $x = \rho \cos \phi$ und $y = \rho \sin \phi$ nach x bzw. y und erhalten zwei lineare Gleichungssysteme für $\frac{\partial \rho}{\partial x}$, $\frac{\partial \phi}{\partial x}$ bzw. $\frac{\partial \rho}{\partial y}$, $\frac{\partial \phi}{\partial y}$:

$$\cos \phi \frac{\partial \rho}{\partial x} - \rho \sin \phi \frac{\partial \phi}{\partial x} = 1$$

$$\sin \phi \frac{\partial \rho}{\partial x} + \rho \cos \phi \frac{\partial \phi}{\partial x} = 0 \qquad (9.47)$$

bzw.

$$\cos \phi \frac{\partial \rho}{\partial y} - \rho \sin \phi \frac{\partial \phi}{\partial y} = 0$$

$$\sin \phi \frac{\partial \rho}{\partial y} + \rho \cos \phi \frac{\partial \phi}{\partial y} = 1 \; . \qquad (9.48)$$

Als Lösungen der Systeme (9.47), (9.48) erhält man durch geeignete Linearkombinationen der Gleichungen

$$\frac{\partial \rho}{\partial x} = \cos \phi \; , \quad \frac{\partial \rho}{\partial y} = \sin \phi \; , \quad \frac{\partial \phi}{\partial x} = -\frac{1}{\rho} \sin \phi \; , \quad \frac{\partial \phi}{\partial y} = \frac{1}{\rho} \cos \phi \; . \qquad (9.49)$$

Dies wird benutzt, um $\frac{\partial^2 \hat{u}}{\partial x^2}$ und $\frac{\partial^2 \hat{u}}{\partial y^2}$ in Ableitungen von $u(\rho, \phi, z, t)$ nach ρ, ϕ umzurechnen. Wir unterdrücken dabei der Kürze wegen die Argumente in den Funktionen $\hat{u}(x, y, z, t)$ und $u(\rho, \phi, z, t)$. Die Kettenregel liefert zunächst

$$\frac{\partial \hat{u}}{\partial x} = \frac{\partial u}{\partial \rho} \frac{\partial \rho}{\partial x} + \frac{\partial u}{\partial \phi} \frac{\partial \phi}{\partial x}$$

$$\frac{\partial^2 \hat{u}}{\partial x^2} = \frac{\partial u}{\partial \rho} \frac{\partial^2 \rho}{\partial x^2} + \frac{\partial u}{\partial \phi} \frac{\partial^2 \phi}{\partial x^2} + \frac{\partial^2 u}{\partial \rho^2} (\frac{\partial \rho}{\partial x})^2 + 2 \frac{\partial^2 u}{\partial \rho \partial \phi} \frac{\partial \rho}{\partial x} \frac{\partial \phi}{\partial x} + \frac{\partial^2 u}{\partial \phi^2} (\frac{\partial \phi}{\partial x})^2$$

und analog

$$\frac{\partial \hat{u}}{\partial y} = \frac{\partial u}{\partial \rho} \frac{\partial \rho}{\partial y} + \frac{\partial u}{\partial \phi} \frac{\partial \phi}{\partial y}$$

$$\frac{\partial^2 \hat{u}}{\partial y^2} = \frac{\partial u}{\partial \rho} \frac{\partial^2 \rho}{\partial y^2} + \frac{\partial u}{\partial \phi} \frac{\partial^2 \phi}{\partial y^2} + \frac{\partial^2 u}{\partial \rho^2} (\frac{\partial \rho}{\partial y})^2 + 2 \frac{\partial^2 u}{\partial \rho \partial \phi} \frac{\partial \rho}{\partial y} \frac{\partial \phi}{\partial y} + \frac{\partial^2 u}{\partial \phi^2} (\frac{\partial \phi}{\partial y})^2 \; .$$

Daher gilt

$$\frac{\partial^2 \hat{u}}{\partial x^2} + \frac{\partial^2 \hat{u}}{\partial y^2} = \frac{\partial u}{\partial \rho} (\frac{\partial^2 \rho}{\partial x^2} + \frac{\partial^2 \rho}{\partial y^2}) + \frac{\partial u}{\partial \phi} (\frac{\partial^2 \phi}{\partial x^2} + \frac{\partial^2 \phi}{\partial y^2}) \qquad (9.50)$$

$$+ \frac{\partial^2 u}{\partial \rho^2} [(\frac{\partial \rho}{\partial x})^2 + (\frac{\partial \rho}{\partial y})^2] + 2 \frac{\partial^2 u}{\partial \rho \partial \phi} [\frac{\partial \rho}{\partial x} \frac{\partial \phi}{\partial x} + \frac{\partial \rho}{\partial y} \frac{\partial \phi}{\partial y}] + \frac{\partial^2 u}{\partial \phi^2} [(\frac{\partial \phi}{\partial x})^2 + (\frac{\partial \phi}{\partial y})^2] \; .$$

Nach (9.49) kann man die eckigen Klammern in Abhängigkeit von ρ, ϕ ausdrücken:

$$(\frac{\partial \rho}{\partial x})^2 + (\frac{\partial \rho}{\partial y})^2 = 1, \quad \frac{\partial \rho}{\partial x} \frac{\partial \phi}{\partial x} + \frac{\partial \rho}{\partial y} \frac{\partial \phi}{\partial y} = 0, \quad (\frac{\partial \phi}{\partial x})^2 + (\frac{\partial \phi}{\partial y})^2 = \frac{1}{\rho^2} \; . \qquad (9.51)$$

Zur Berechnung der zweiten Ableitungen von ρ und ϕ müssen wir noch kurz rechnen. Mittels (9.49) erhält man

$$\frac{\partial^2 \phi}{\partial x^2} = -\frac{\partial}{\partial x}(\frac{1}{\rho}\sin\phi) = -[\frac{1}{\rho}\cos\phi(-\frac{1}{\rho}\sin\phi) + \sin\phi(-\frac{1}{\rho^2})\cos\phi] = 2\frac{1}{\rho^2}\sin\phi\cos\phi \ .$$

Analog ergibt sich $\frac{\partial^2 \phi}{\partial y^2} = -2\frac{1}{\rho^2}\sin\phi\cos\phi$, und daher ist

$$\frac{\partial^2 \phi}{\partial x^2} + \frac{\partial^2 \phi}{\partial y^2} = 0 \ . \tag{9.52}$$

Weiter erhält man, wieder unter Verwendung von (9.49),

$$\frac{\partial^2 \rho}{\partial x^2} = \frac{\partial}{\partial x}(\cos\phi) = -\sin\phi(-\frac{1}{\rho}\sin\phi) = \frac{1}{\rho}\sin^2\phi \ , \quad \frac{\partial^2 \rho}{\partial y^2} = \frac{1}{\rho}\cos^2\phi \ .$$

Daraus folgt

$$\frac{\partial^2 \rho}{\partial x^2} + \frac{\partial^2 \rho}{\partial y^2} = \frac{1}{\rho} \ . \tag{9.53}$$

Aus (9.50), (9.51)-(9.53) ergibt sich

$$\frac{\partial^2 \hat{u}}{\partial x^2} + \frac{\partial^2 \hat{u}}{\partial y^2} = \frac{\partial^2 u}{\partial \rho^2} + \frac{1}{\rho}\frac{\partial u}{\partial \rho} + \frac{1}{\rho^2}\frac{\partial^2 u}{\partial \phi^2} \ .$$

Wegen $\frac{\partial^2 \hat{u}}{\partial t^2} = \frac{\partial^2 u}{\partial t^2}$ und $\frac{\partial^2 \hat{u}}{\partial z^2} = \frac{\partial^2 u}{\partial z^2}$ und da $\hat{u}$ die Wellengleichung (9.45) erfüllt, muss $u(\rho, \phi, z, t)$ der Gleichung

$$\frac{\partial^2 u}{\partial t^2} = c^2[\frac{\partial^2 u}{\partial \rho^2} + \frac{1}{\rho}\frac{\partial u}{\partial \rho} + \frac{1}{\rho^2}\frac{\partial^2 u}{\partial \phi^2} + \frac{\partial^2 u}{\partial z^2}] = c^2[\frac{1}{\rho}\frac{\partial}{\partial \rho}(\rho\frac{\partial u}{\partial \rho}) + \frac{1}{\rho^2}\frac{\partial^2 u}{\partial \phi^2} + \frac{\partial^2 u}{\partial z^2}] \tag{9.54}$$

genügen. Dies ist die **Wellengleichung in Zylinderkoordinaten**. Hat man umgekehrt eine Lösung $u(\rho, \phi, z, t)$ dieser Gleichung, so ist

$$\hat{u}(x, y, z, t) = u(\sqrt{x^2 + y^2}, \arctan\frac{y}{x}, z, t)$$

eine Lösung der Gleichung (9.45); dabei folgt

$$\rho = \sqrt{x^2 + y^2} \ , \quad \phi = \arctan\frac{y}{x} \ , \quad z = z$$

aus der Auflösung von (9.44) nach ρ, ϕ; die Vorzeichen von x und y bei gegebenem ϕ $(0 \leq \phi \leq 2\pi)$ ergeben sich aus $x = \rho\cos\phi, y = \rho\sin\phi$. In der Gleichung (9.54) erkennt man mit

$$\Delta = \frac{1}{\rho}\frac{\partial}{\partial \rho}(\rho\frac{\partial}{\partial \rho}) + \frac{1}{\rho^2}\frac{\partial^2}{\partial \phi^2} + \frac{\partial^2}{\partial z^2}$$

den LAPLACE-Operator in Zylinderkoordinaten.

Ganz analog kann man die Wellengleichung (9.45) auf Kugelkoordinaten transformieren. Die Kugelkoordinaten r, θ, ϕ hängen mit den kartesischen Koordinaten x, y, z über

$$x = r \sin\theta \cos\phi \,, \quad y = r \sin\theta \sin\phi \,, \quad z = r \cos\theta$$

zusammen (vgl. Abschnitt 8.9, Abb. 8.37); dabei ist $r \geq 0$, $\theta \in [0, \pi]$, $\phi \in [0, 2\pi]$. Man kann das oben für Zylinderkoordinaten angegebene Verfahren anwenden und erhält nach etwas Rechenarbeit

$$\frac{\partial^2 u}{\partial t^2} = c^2 \left[\frac{\partial^2 u}{\partial \rho^2} + \frac{2}{r}\frac{\partial u}{\partial \rho} + \frac{1}{r^2 \sin^2\theta}\frac{\partial^2 u}{\partial \phi^2} + \frac{1}{r^2}\frac{\partial^2 u}{\partial \theta^2} + \frac{1}{r^2 \tan\phi}\frac{\partial u}{\partial \theta} \right]$$

$$= c^2 \left[\frac{1}{r^2}\frac{\partial}{\partial r}\left(r^2 \frac{\partial u}{\partial r}\right) + \frac{1}{r^2 \sin^2\theta}\frac{\partial^2 u}{\partial \phi^2} + \frac{1}{r^2 \sin^2\theta}\frac{\partial}{\partial \theta}\left(\sin\theta \frac{\partial u}{\partial \theta}\right) \right] \,. \qquad (9.55)$$

Ist also $\hat{u}(x, y, z, t)$ eine Lösung von (9.45), so ist

$$u(r, \theta, \phi, t) = \hat{u}(r \sin\theta \cos\phi, r \sin\theta \sin\phi, r \cos\theta, t)$$

eine Lösung der Wellengleichung in Kugelkoordinaten. Hierin steckt der LAPLACE-Operator in Kugelkoordinaten

$$\Delta = \frac{1}{r^2}\frac{\partial}{\partial r}\left(r^2 \frac{\partial}{\partial r}\right) + \frac{1}{r^2 \sin^2\theta}\frac{\partial^2}{\partial \phi^2} + \frac{1}{r^2 \sin^2\theta}\frac{\partial}{\partial \theta}\left(\sin\theta \frac{\partial}{\partial \theta}\right) \,. \qquad (9.56)$$

Durch solche Koordinatentransformationen wird angestrebt, das System der Ortskoordinaten möglichst gut an den räumlichen Bereich K, in dem eine partielle Differentialgleichung gelöst werden soll, anzupassen. Hat etwa K im kartesischen Koordinatensystem Randflächen, die nicht mit Teilen der Koordinatenflächen $x = x_0, y = y_0$ bzw. $z = z_0$ zusammen fallen (d.h. K ist im (x, y, z)-System kein Quader), so sucht man das durch eine geeignete umkehrbar eindeutige Transformation $x = x(\xi, \eta, \zeta), y = y(\xi, \eta, \zeta), z = z(\xi, \eta, \zeta)$ im (ξ, η, ζ)-System zu erreichen. Wenn wir dann das (ξ, η, ζ)-System ebenfalls als orthogonales Koordinatensystem verstehen, dann wird K aus dem (x, y, z)-System umkehrbar eindeutig auf einen Quader B im (ξ, η, ζ)-System abbilden. Ist für $t \geq 0$

$$\hat{u}(x, y, z, t) = \hat{u}(x(\xi, \eta, \zeta), y(\xi, \eta, \zeta), z(\xi, \eta, \zeta), t) = u(\xi, \eta, \zeta, t) \,,$$

so hat man damit die Abbildungen

$$u : B \times [0, \infty[\to \mathbb{R} \qquad \text{bzw.} \qquad \hat{u} : K \times [0, \infty[\to \mathbb{R} \,.$$

Am Beispiel eines geraden Kreiszylinders (Radius der Grundfläche R, Höhe H) und der Transformation vom kartesischen (x, y, z)-System ins (ρ, ϕ, z)-System der Zylinderkoordinaten sieht das so aus:

$$K = \{(x, y, z)^T | x^2 + y^2 \leq R^2, 0 \leq z \leq H\}$$

wird durch die Transformation (9.44) auf den Quader

$$B = \{(\rho, \phi, z)^T | 0 \leq \rho \leq R, 0 \leq \phi \leq 2\pi, 0 \leq z \leq H\}$$

abgebildet. Dem Zylindermantel $\{(x, y, z)^T | x^2 + y^2 = R^2, 0 \leq z \leq H\}$, im (x, y, z)-System keine Koordinatenfläche, entspricht dabei im (ρ, ϕ, z)-System die Randfläche $\{(\rho, \phi, z)^T | \rho = R, 0 \leq \phi \leq 2\pi, 0 \leq z \leq H\}$ des Quaders B, also ein Rechteck auf der Koordinatenfläche $\rho = R$. Auf solchen Flächen lassen sich Randbedingungen einfacher formulieren. Ähnliche Gesichtspunkte sprechen auch für Transformationen von Flächen- und Volumenintegralen auf neue Veränderliche (Abschnitte 8.5, 8.9), wo man rechteck- oder quaderförmige Integrationsgebiete erreichen will.

Mit der Wellengleichung wurde oben auch der LAPLACE-Operator Δ in Zylinder- und Kugelkoordinaten dargestellt. Da $\Delta u = \operatorname{div} \mathbf{v}$ mit dem Vektorfeld $\mathbf{v} = \operatorname{grad} u$, also $\Delta u = \operatorname{div}(\operatorname{grad} u)$, gilt, sollen im Folgenden die Differentialoperatoren div und grad separat zumindest in Zylinderkoordinaten umgerechnet werden. Zuerst überlegt man, dass das Vektorfeld $\mathbf{v} = (v_1, v_2, v_3)^T$ mit den kartesischen Koordinaten v_1, v_2, v_3 bezüglich der kanonischen Basis $\mathbf{e}_1, \mathbf{e}_2, \mathbf{e}_3$ aufgrund der Beziehungen

$$\begin{aligned}
\mathbf{e}_1 &= \cos\phi\,\mathbf{e}_\rho - \sin\phi\,\mathbf{e}_\phi & \mathbf{e}_\rho &= \cos\phi\,\mathbf{e}_1 + \sin\phi\,\mathbf{e}_2 \\
\mathbf{e}_2 &= \sin\phi\,\mathbf{e}_\rho + \cos\phi\,\mathbf{e}_\phi \iff \mathbf{e}_\phi &= -\sin\phi\,\mathbf{e}_1 + \cos\phi\,\mathbf{e}_2 \\
\mathbf{e}_3 &= \mathbf{e}_z & \mathbf{e}_z &= \mathbf{e}_3
\end{aligned} \qquad (9.57)$$

die Darstellung

$$\mathbf{v} = v_1\mathbf{e}_1 + v_2\mathbf{e}_2 + v_3\mathbf{e}_3 = (v_1\cos\phi + v_2\sin\phi)\mathbf{e}_\rho + (v_1(-\sin\phi) + v_2\cos\phi)\mathbf{e}_\phi + v_3\mathbf{e}_z$$

hat, also die Zylinderkoordinaten $v_\rho = v_1\cos\phi + v_2\sin\phi$, $v_\phi = -v_1\sin\phi + v_2\cos\phi$, $v_z = v_3$. Umgekehrt ergibt sich

$$v_1 = v_\rho\cos\phi - v_\phi\sin\phi\,, \quad v_2 = v_\rho\sin\phi + v_\phi\cos\phi\,, \quad v_3 = v_z\,.$$

An dieser Stelle sei darauf hingewiesen, dass es sich bei der Basis $\mathbf{e}_\rho, \mathbf{e}_\phi, \mathbf{e}_z$ aus (9.57) nicht um die weiter unten durch (13.28) erzeugbare natürliche Basis handelt, bei der der zweite Basisvektor den Faktor ρ hat. Das hat zur Folge, dass die natürliche Basis im Unterschied zur vorliegenden Basis aus (9.57) keine Orthonormalbasis ist.

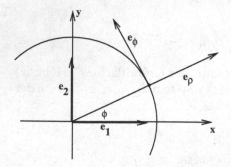

Abb. 9.9. Die Basisvektoren $\mathbf{e}_\rho$ und $\mathbf{e}_\phi$ bzw. $\mathbf{e}_1$ und $\mathbf{e}_2$

Grundlage für die folgende Berechnung der Divergenz von $\mathbf{v}(\rho, \phi, z)$ und des Gradienten von $p(\rho, \phi, z)$ ist die Kettenregel. Z.B. ergibt sich für die partielle Ableitung der Funktion p nach x

$$\frac{\partial p}{\partial x} = \frac{\partial p}{\partial \rho}\frac{\partial \rho}{\partial x} + \frac{\partial p}{\partial \phi}\frac{\partial \phi}{\partial x} + \frac{\partial p}{\partial z}\frac{\partial z}{\partial x} = \frac{\partial p}{\partial \rho}\frac{\partial \rho}{\partial x} + \frac{\partial p}{\partial \phi}\frac{\partial \phi}{\partial x} \; .$$

Für die Divergenz des Vektorfeldes $\mathbf{v}$ folgt nun

$$\operatorname{div} \mathbf{v} = \frac{\partial v_1}{\partial x} + \frac{\partial v_2}{\partial y} + \frac{\partial v_3}{\partial z}$$

$$= \frac{\partial}{\partial x}(v_\rho \cos\phi - v_\phi \sin\phi) + \frac{\partial}{\partial y}(v_\rho \sin\phi + v_\phi \cos\phi) + \frac{\partial v_z}{\partial z}$$

$$= [\frac{\partial \rho}{\partial x}\frac{\partial}{\partial \rho} + \frac{\partial \phi}{\partial x}\frac{\partial}{\partial \phi}](v_\rho \cos\phi - v_\phi \sin\phi)$$

$$+ [\frac{\partial \rho}{\partial y}\frac{\partial}{\partial \rho} + \frac{\partial \phi}{\partial y}\frac{\partial}{\partial \phi}](v_\rho \sin\phi + v_\phi \cos\phi) + \frac{\partial v_z}{\partial z}$$

$$= \cos\phi \frac{\partial v_\rho}{\partial \rho}\cos\phi - \cos\phi\frac{\partial v_\phi}{\partial \rho}\sin\phi$$

$$+ \frac{-\sin\phi}{\rho}(\frac{\partial v_\rho}{\partial \phi}\cos\phi - v_\rho \sin\phi - \frac{\partial v_\phi}{\partial \phi}\sin\phi - v_\phi \cos\phi)$$

$$+ \sin\phi\frac{\partial v_\rho}{\partial \rho}\sin\phi + \sin\phi\frac{\partial v_\phi}{\partial \rho}\cos\phi$$

$$+ \frac{\cos\phi}{\rho}(\frac{\partial v_\rho}{\partial \phi}\sin\phi + v_\rho \cos\phi + \frac{\partial v_\phi}{\partial \phi}\cos\phi - v_\phi \sin\phi) + \frac{\partial v_z}{\partial z}$$

$$= \frac{\partial v_\rho}{\partial \rho} + \frac{1}{\rho}v_\rho + \frac{1}{\rho}\frac{\partial v_\phi}{\partial \phi} + \frac{\partial v_z}{\partial z} = \frac{1}{\rho}\frac{\partial \rho v_\rho}{\partial \rho} + \frac{1}{\rho}\frac{\partial v_\phi}{\partial \phi} + \frac{\partial v_z}{\partial z} \; . \tag{9.58}$$

Für den Gradienten des Skalarfeldes p ergibt sich

$$\operatorname{grad} p = \frac{\partial p}{\partial x}\mathbf{e}_1 + \frac{\partial p}{\partial y}\mathbf{e}_2 + \frac{\partial p}{\partial z}\mathbf{e}_3$$

$$= (\frac{\partial p}{\partial \rho}\frac{\partial \rho}{\partial x} + \frac{\partial p}{\partial \phi}\frac{\partial \phi}{\partial x})\mathbf{e}_1 + (\frac{\partial p}{\partial \rho}\frac{\partial \rho}{\partial y} + \frac{\partial p}{\partial \phi}\frac{\partial \phi}{\partial y})\mathbf{e}_2 + \frac{\partial p}{\partial z}\mathbf{e}_3$$

$$= \frac{\partial p}{\partial \rho}(\cos\phi\,\mathbf{e}_1 + \sin\phi\,\mathbf{e}_2) + \frac{\partial p}{\partial \phi}(\frac{-\sin\phi}{\rho}\mathbf{e}_1 + \frac{\cos\phi}{\rho}\mathbf{e}_2) + \frac{\partial p}{\partial z}\mathbf{e}_3$$

$$= \frac{\partial p}{\partial \rho}\mathbf{e}_\rho + \frac{1}{\rho}\frac{\partial p}{\partial \phi}\mathbf{e}_\phi + \frac{\partial p}{\partial z}\mathbf{e}_z \; . \tag{9.59}$$

Mit der Hintereinanderausführung des Gradienten und der Divergenz, also $\Delta u = \operatorname{div}(\operatorname{grad} u)$ erhält man mit den Beziehungen (9.58) und (9.59) für das zweimal differenzierbare Skalarfeld u die Beziehung

$$\operatorname{div}(\operatorname{grad} u) = \frac{1}{\rho}\frac{\partial(\rho\frac{\partial u}{\partial \rho})}{\partial \rho} + \frac{1}{\rho}\frac{\partial(\frac{1}{\rho}\frac{\partial u}{\partial \phi})}{\partial \phi} + \frac{\partial(\frac{\partial u}{\partial z})}{\partial z} = \frac{1}{\rho}\frac{\partial}{\partial \rho}(\rho\frac{\partial u}{\partial \rho}) + \frac{1}{\rho^2}\frac{\partial^2 u}{\partial \phi^2} + \frac{\partial^2 u}{\partial z^2} \; . \tag{9.60}$$

Die Beziehung (9.60) ist identisch mit der obigen direkten Herleitung des LAPLACE-Operators in Zylinderkoordinaten als Term in der Gleichung (9.54).

An dieser Stelle sei darauf hingewiesen, dass man bei der Divergenz und beim
LAPLACE-Operator die Glieder

$$\frac{1}{\rho}\frac{\partial \rho v_\rho}{\partial \rho} \qquad \text{bzw.} \qquad \frac{1}{\rho}\frac{\partial}{\partial \rho}(\rho \frac{\partial u}{\partial \rho}) \tag{9.61}$$

oft nicht ausdifferenziert. Bei der Divergenz oder beim LAPLACE-Operator mit
den Termen in der Form (9.61) spricht man auch von der so genannten **konser-
vativen** Formulierung. Diese Formulierung bietet Vorteile bei der Umrechnung
mathematischer Modelle und bei der Konstruktion numerischer Lösungsmethoden für partielle Differentialgleichungen.
Mit analogen Rechnungen kann man auch die Rotation des Vektorfeldes **v** in
Zylinderkoordinaten bzw. die Differentialoperatoren div, grad, rot in Kugelkoordinaten transformieren. Auf eine wesentlich elegantere Methode zur Umrechnung sei mit der im Kapitel 13 besprochenen Tensoranalysis hingewiesen, wo
Differentialgleichungen bzw. Differentialoperatoren in allgemeinen krummlinigen Koordinatensystemen formuliert werden. Bei den im Anhang angegebenen
Differentialoperatoren im Kugelkoordinatensystem verwendet man die Basis

$$\mathbf{e}_r = \sin\theta\cos\phi\mathbf{e}_1 + \sin\theta\sin\phi\mathbf{e}_2 + \cos\theta\mathbf{e}_3$$
$$\mathbf{e}_\theta = \cos\theta\cos\phi\,\mathbf{e}_1 + \cos\theta\sin\phi\,\mathbf{e}_2 - \sin\theta\,\mathbf{e}_3 \tag{9.62}$$
$$\mathbf{e}_\phi = -\sin\phi\mathbf{e}_1 + \cos\phi\mathbf{e}_2\,,$$

wobei $\mathbf{e}_r$ in die radiale Richtung zeigt, und $\mathbf{e}_\theta$ bzw. $\mathbf{e}_\phi$ Tangentenvektoren an
Großkreisen bzw. Breitenkreisen sind. Im Anhang sind in einer Formelsamm-
lung die klassischen Differentialoperatoren in Zylinder- und Kugelkoordinaten
zusammengefasst.

9.4.7 Zylinderwellen und Kugelwellen

Wir suchen von z und ϕ unabhängige Lösungen $u(\rho, t)$ der Wellengleichung in
Zylinderkoordinaten (9.54), d.h.

$$\frac{\partial^2 u}{\partial t^2} = c^2\frac{1}{\rho}\frac{\partial}{\partial \rho}(\rho\frac{\partial u}{\partial \rho})\,. \tag{9.63}$$

Wir wenden die Methode der Trennung der Veränderlichen an (vgl. Abschnitt
9.4.2) und versuchen, mit dem Ansatz

$$u(\rho, t) = T(t)R(\rho)$$

spezielle Lösungen zu finden. Durch Einsetzen dieses Ansatzes in (9.63) ergibt
sich

$$\frac{T''(t)}{T(t)} = c^2\frac{R''(\rho) + \frac{1}{\rho}R'(\rho)}{R(\rho)} = -\lambda c^2\,,$$

wobei wir die Konstante λ positiv annehmen, da man sonst zeitlich unbeschränkt anwachsende Lösungen erhält. Hieraus folgen die beiden gewöhnlichen Differentialgleichungen

$$T'' + \lambda c^2 T = 0 \,, \qquad R'' + \frac{1}{\rho} R' + \lambda R = 0 \,. \tag{9.64}$$

Man erhält daraus

$$T(t) = C \sin(\sqrt{\lambda} ct + \alpha)$$

mit reellen Konstanten C, α. Die Gleichung für $R(\rho)$ transformieren wir durch Einführung der Funktion y gemäß

$$R(\rho) = y(\rho\sqrt{\lambda}) \,.$$

Damit entsteht wegen $R'(\rho) = \sqrt{\lambda} y'(\rho\sqrt{\lambda})$, $R''(\rho) = \lambda y''(\rho\sqrt{\lambda})$

$$y''(\rho\sqrt{\lambda}) + \frac{1}{\rho\sqrt{\lambda}} y'(\rho\sqrt{\lambda}) + y(\rho\sqrt{\lambda}) = 0 \,.$$

Setzt man $\rho\sqrt{\lambda} = x$, so erkennt man hierin die BESSELsche Differentialgleichung 0-ter Ordnung (vgl. (6.115))

$$x^2 y'' + xy' + x^2 y = 0 \,.$$

Nach (6.128) hat man mit

$$y(x) = a_1 J_0(x) + a_2 Y_0(x) \qquad (a_1, a_2 \in \mathbb{R})$$

die allgemeine Lösung. Daraus folgt

$$R(\rho) = a_1 J_0(\rho\sqrt{\lambda}) + a_2 Y_0(\rho\sqrt{\lambda}) \,.$$

Schließlich erhält man entsprechend dem Lösungsansatz

$$u(\rho, t) = T(t)R(\rho) = [a_1 J_0(\rho\sqrt{\lambda}) + a_2 Y_0(\rho\sqrt{\lambda})] \sin(\sqrt{\lambda} ct + \alpha) \,.$$

$u(\rho, t)$ ist jedenfalls für $\rho > 0$, $-\infty < t < \infty$ definiert und nimmt bei festem t auf jedem Zylinder $\rho = $ const. konstante Werte an. $\lambda > 0$ fungiert als Parameter. Für $a_2 = 0$ hat man speziell die Lösung $u(\rho, t) = J_0(\rho\sqrt{\lambda}) \sin(\sqrt{\lambda} ct + \alpha)$. Sie hat u.a. die folgenden Eigenschaften. Für alle t gilt $u(\rho_k, t) = 0$, wenn $\rho_k = \frac{1}{\sqrt{\lambda}} \mu_k^{(0)}$ ist mit $\mu_k^{(0)}$ als k-ter Nullstelle der BESSEL-Funktion J_0: $J_0(\mu_k^{(0)}) = 0$ ($k = 1, 2, \ldots$). Auf den Zylinderflächen $\rho = \rho_k$ herrscht also immer Ruhe (analog den Schwingungsknoten im eindimensionalen Fall). Mit wachsendem λ wird die (im gesamten Raum gleiche) Schwingungsfrequenz $\frac{1}{2\pi}\sqrt{\lambda} c$ höher und die räumliche Struktur wird "kurzwelliger": Die Abstände zwischen zwei benachbarten Zylindern $\rho = \rho_k$ und $\rho = \rho_{k+1}$, auf denen $u(\rho, t) = 0$ ist, wird wegen

$\rho_{k+1} - \rho_k = \frac{1}{\sqrt{\lambda}}(\mu_{k+1}^{(0)} - \mu_k^{(0)})$ kleiner. Die ermittelten zylindersymmetrischen Lösungen $u(\rho, t)$ der Wellengleichung nennt man **stehende Zylinderwellen**.

Wir wenden uns nun der Wellengleichung in Kugelkoordinaten (9.55) zu und fragen nach kugelsymmetrischen, d.h. von ϕ und θ unabhängigen Lösungen $u(r, t)$. Dann ist die Gleichung

$$\frac{\partial^2 u}{\partial t^2} = c^2 \left(\frac{\partial^2 u}{\partial r^2} + \frac{2}{r} \frac{\partial u}{\partial r} \right)$$

zu lösen. Multiplikation mit r ergibt

$$\frac{\partial^2 ru}{\partial t^2} = c^2 \left(r \frac{\partial^2 u}{\partial r^2} + 2 \frac{\partial u}{\partial r} \right) = c^2 \frac{\partial^2 ru}{\partial r^2} \ . \tag{9.65}$$

Die Funktion $ru(r, t)$ muss somit der Wellengleichung im $\mathbb{R}^1$ genügen, deren allgemeine Lösung wir mit (9.37) kennen. Mit zwei zweimal stetig differenzierbaren Funktionen ϕ und ψ muss also

$$u(r, t) = \frac{1}{r}[\phi(r + ct) + \psi(r - ct)]$$

sein. Für Wellen, die ihre Ursache im Punkt $r = 0$ haben und die sich in den unbegrenzten Raum hinein ausbreiten, kommt nur eine Lösung der Form

$$u(r, t) = \frac{1}{r}\psi(r - ct)$$

in Frage. Bewegt man sich mit der Phasengeschwindigkeit c in Richtung wachsender r, so bleibt $\psi(r - ct)$ fest und $u(r, t)$ nimmt wie $\frac{1}{r}$ ab.
Wählt man $\psi(x) = e^{-ikx}$, so entsteht die **harmonische Kugelwelle**

$$u(r, t) = \frac{1}{r}e^{i\omega(t - \frac{r}{c})}$$

($\omega = kc$ Kreisfrequenz). Auf jeder Kugelfläche $r = $ const. findet eine harmonische Schwingung statt, wobei die Amplituden mit wachsendem r kleiner werden.

9.4.8 Transversalschwingungen einer kreisförmigen Membran

Wir benutzen der Aufgabe angepasste Zylinderkoordinaten ρ, ϕ, z. Die kreisförmige Membran vom Radius ρ_0 sei an ihrem Rand $(\rho, \phi, z) = (\rho_0, \phi, 0)$, $\phi \in [0, 2\pi]$, fest eingespannt. Die Auslenkung eines inneren Punktes (ρ, ϕ) aus der Gleichgewichtslage $z = 0$ in Richtung der z-Achse zur Zeit t sei $u(\rho, \phi, t)$. Zu einem Anfangszeitpunkt $t = 0$ sollen diese Punkte eine vorgegebene Anfangsauslenkung $u(\rho, \phi, 0) = f(\rho, \phi)$ und eine vorgegebene Anfangsgeschwindigkeit $\frac{\partial u}{\partial t}(\rho, \phi, 0) = g(\rho, \phi)$ haben. Der für $t > 0$ stattfindende Schwingungsvorgang, d.h. die Funktion $u(\rho, \phi, t)$, soll der Wellengleichung genügen.
Gesucht ist dann eine Lösung des folgenden Anfangs-Randwertproblems für die

Wellengleichung in Zylinderkoordinaten (9.54), wobei wir die Unabhängigkeit der gesuchten Funktion $u(\rho, \phi, t)$ von z benutzen:

$$\frac{1}{\rho}\frac{\partial}{\partial \rho}(\rho\frac{\partial u}{\partial \rho}) + \frac{1}{\rho^2}\frac{\partial^2 u}{\partial \phi^2} = \frac{1}{c^2}\frac{\partial^2 u}{\partial t^2} \tag{9.66}$$

$$u(\rho, \phi, 0) = f(\rho, \phi)\,, \quad \frac{\partial u}{\partial t}(\rho, \phi, 0) = g(\rho, \phi) \tag{9.67}$$

$$u(\rho_0, \phi, t) = 0\,. \tag{9.68}$$

Wir setzen die Erfüllung der Verträglichkeitsbedingung

$$f(\rho_0, \phi) = g(\rho_0, \phi) = 0 \qquad (\phi \in [0, 2\pi])$$

voraus; f und g sowie die Lösung u sollen zweimal stetig differenzierbar und 2π-periodisch in ϕ sein. Analog zum Vorgehen bei der beidseitig eingespannten Saite (Abschnitt 9.4.2) werden Orts- und Zeitvariable getrennt durch den Ansatz

$$u(\rho, \phi, t) = w(\rho, \phi)T(t)\,. \tag{9.69}$$

Aus (9.66) folgt damit

$$\frac{1}{w}\frac{1}{\rho}\frac{\partial}{\partial \rho}(\rho\frac{\partial w}{\partial \rho}) + \frac{1}{w}\frac{1}{\rho^2}\frac{\partial^2 w}{\partial \phi^2} = \frac{1}{c^2}\frac{1}{T}\frac{d^2 T}{dt^2}\,.$$

Es muss daher eine Konstante λ geben, so dass

$$T''(t) + \lambda c^2 T(t) = 0 \tag{9.70}$$

ist. Wir fordern natürlich die Existenz einer Konstanten M mit $|u(\rho, \phi, t)| < M$ für alle t; dann muss $\lambda \geq 0$ sein. Wenn wir noch von t unabhängige Lösungen (d.h. den Fall $f \equiv 0$, $g \equiv 0$) ausschließen, bleibt $\lambda > 0$ und die allgemeine Lösung von (9.70) ist mit beliebigen reellen Konstanten A, B

$$T(t) = A\cos(\sqrt{\lambda}ct) + B\sin(\sqrt{\lambda}ct)\,. \tag{9.71}$$

Für $w(\rho, \phi)$ entsteht das Eigenwertproblem

$$\begin{aligned}
&\frac{1}{\rho}\frac{\partial}{\partial \rho}(\rho\frac{\partial w}{\partial \rho}) + \frac{1}{\rho^2}\frac{\partial^2 w}{\partial \phi^2} + \lambda w = 0 \quad (0 < \rho < \rho_0)\\
&w(\rho_0, \phi) = 0 \qquad (0 \leq \phi \leq 2\pi)\\
&w(\rho, \phi + 2k\pi) = w(\rho, \phi) \qquad (0 < \rho < \rho_0, \ 0 \leq \phi \leq 2\pi, \ k \in \mathbb{Z})\\
&|w(0, \phi)| < \infty \qquad (0 \leq \phi \leq 2\pi)\,.
\end{aligned} \tag{9.72}$$

Die Bedingung $|w(0, \phi)| < \infty$ ist eine qualitative Randbedingung, die der Singularität bei $\rho = 0$ Rechnung trägt. Mit dem Ansatz

$$w(\rho, \phi) = R(\rho)F(\phi) \tag{9.73}$$

sollen nun auch ρ und ϕ getrennt werden. Aus (9.72) folgt damit die Existenz einer Konstanten α, so dass

$$\frac{1}{R}\rho\frac{d}{d\rho}(\rho\frac{dR}{d\rho}) + \lambda\rho^2 = -\frac{1}{F}\frac{d^2F}{d\phi^2} = \alpha \tag{9.74}$$

gilt. F muss daher die Gleichung

$$F''(\phi) + \alpha F(\phi) = 0 \tag{9.75}$$

erfüllen. Wegen der Periodizitätsbedingung in (9.72) muss

$$F(\phi) = F(\phi + 2k\pi) \tag{9.76}$$

sein. Daher kommt nur $\alpha \geq 0$ in Frage, und aus der allgemeinen Lösung von (9.75) sieht man, dass

$$\alpha = n^2 \qquad \text{mit} \qquad n = 0,1,2,\ldots$$

sein muss. Dann gilt mit reellen Konstanten a, b

$$F(\phi) = a\cos(n\phi) + b\sin(n\phi) \ . \tag{9.77}$$

Man kann auch sagen: Das Problem (9.75), (9.76) hat die Eigenwerte $\alpha = n^2$ und zu jedem positiven Eigenwert ($n = 1,2,\ldots$) zwei linear unabhängige Eigenfunktionen $\cos(n\phi)$, $\sin(n\phi)$. Für $n = 0$ ist $F(\phi) = a = $ const., d.h. w und u hängen nicht von ϕ ab.
Zur Bestimmung der Ansatzfunktion $R(\rho)$ bedeutet das wegen (9.74) die Lösung des Eigenwertproblems (n fest)

$$\frac{1}{\rho}(\rho R')' + (\lambda - \frac{n^2}{\rho^2})R = 0 \ , \qquad R(\rho_0) = 0, \ |R(0)| < \infty \ . \tag{9.78}$$

Ähnlich wie bei (9.64) können wir uns von der Konstanten λ in der Differentialgleichung befreien, wenn wir die Transformation $x = \sqrt{\lambda}\rho$ durchführen und

$$R(\rho) = y(\sqrt{\lambda}\rho) = y(x)$$

setzen. Es ist $R'(\rho) = \sqrt{\lambda}y'(\sqrt{\lambda}\rho) = \sqrt{\lambda}y'(x)$ und $R''(\rho) = \lambda y''(\sqrt{\lambda}\rho) = \lambda y''(x)$. Aus (9.78) folgt

$$\frac{1}{x}\sqrt{\lambda}(\frac{x}{\sqrt{\lambda}}\lambda y''(x) + \sqrt{\lambda}y'(x)) + (\lambda - \frac{n^2}{x^2}\lambda)y(x) = \lambda(y''(x) + \frac{1}{x}y'(x) + (1 - \frac{n^2}{x^2})y(x)) = 0 \ .$$

Wegen $\lambda > 0$ gilt also

$$x^2y'' + xy' + (x^2 - n^2)y = 0 \tag{9.79}$$

mit den Randbedingungen

$$y(\sqrt{\lambda}\rho_0) = 0, \quad |y(0)| < \infty \ .$$

Die Gleichung (9.79) ist die BESSELsche Differentialgleichung n-ter Ordnung, mit der wir uns im Abschnitt 6.12.1 beschäftigt haben. Für die hier interessierenden Fälle $n = 0,1,2,\dots$ ist die allgemeine Lösung gemäß (6.128) durch

$$y(x) = cJ_n(x) + dY_n(x)$$

gegeben (c, d beliebige Konstanten). Dabei sind J_n bzw. Y_n die BESSEL-Funktionen n-ter Ordnung erster bzw. zweiter Gattung. Aus $|y(0)| < \infty$ folgt $d = 0$. Die Randbedingung $y(\sqrt{\lambda}\rho_0) = 0$ liefert

$$J_n(\sqrt{\lambda}\rho_0) = 0 \qquad (n = 0,1,2,\dots) . \tag{9.80}$$

n bedeutet nach (9.77), (9.73), (9.69) die Anzahl der Perioden der Lösung $u = R(\rho)F(\phi)T(t) = w(\rho,\phi)T(t)$ im Intervall $0 \leq \phi \leq 2\pi$. Zu jedem solchen n bestimmt die Bedingung (9.80) nun unendlich viele Eigenwerte λ des Randwertproblems (9.78) gemäß $\sqrt{\lambda}\rho_0 = \mu_m^{(n)}$, also

$$\lambda_{n,m} = \left(\frac{\mu_m^{(n)}}{\rho_0}\right)^2 \qquad (m = 1,2,\dots) .$$

Dabei ist $\mu_m^{(n)} > 0$ die m-te Nullstelle der BESSEL-Funktion $J_n(x)$. Die zu den Eigenwerten $\lambda_{n,m}$ gehörenden Eigenfunktionen sind

$$R(\rho) = y(\rho\sqrt{\lambda_{n,m}}) = J_n\left(\frac{\rho}{\rho_0}\mu_m^{(n)}\right) .$$

Entsprechend dem Ansatz (9.73) erhält man damit für das Eigenwertproblem (9.72) die zweifach unendliche Folge von Eigenwerten

$$\lambda_{n,m} = \left(\frac{\mu_m^{(n)}}{\rho_0}\right)^2 \qquad (n = 0,1,2,\dots; m = 1,2,\dots) \tag{9.81}$$

und zu jedem dieser Eigenwerte zwei linear unabhängige Eigenfunktionen

$$\tilde{w}_{n,m}(\rho,\phi) = J_n\left(\frac{\rho}{\rho_0}\mu_m^{(n)}\right)\cos(n\phi), \quad \tilde{\tilde{w}}_{n,m}(\rho,\phi) = J_n\left(\frac{\rho}{\rho_0}\mu_m^{(n)}\right)\sin(n\phi) \tag{9.82}$$

($n = 0,1,2,\dots; m = 1,2,\dots$). Es ist $\tilde{w}_{0,m}(\rho,\phi) = J_0\left(\frac{\rho}{\rho_0}\mu_m^{(0)}\right)$ von ϕ unabhängig und $\tilde{\tilde{w}}_{0,m}(\rho,\phi) = 0$. Mit $\lambda = \lambda_{n,m}$ nach (9.81) liegt gemäß (9.71),(9.69) auch die Frequenz der Zeitabhängigkeit der zu $\lambda_{n,m}$ gehörenden Lösung $u(\rho,\phi,t) = w(\rho,\phi)T(t)$ fest:

$$T(t) = T_{n,m}(t) = A_{n,m}\cos\left(\frac{ct}{\rho_0}\mu_m^{(n)}\right) + B_{n,m}\sin\left(\frac{ct}{\rho_0}\mu_m^{(n)}\right) .$$

$A_{n,m}, B_{n,m}$ sind beliebige Konstanten. Die Funktionen

$$\tilde{w}_{n,m}(\rho,\phi)\tilde{T}_{n,m}(t) = J_n\left(\frac{\rho}{\rho_0}\mu_m^{(n)}\right)\cos(n\phi)\left[A_{n,m}\cos\left(\frac{ct}{\rho_0}\mu_m^{(n)}\right) + B_{n,m}\sin\left(\frac{ct}{\rho_0}\mu_m^{(n)}\right)\right]$$

$$\tag{9.83}$$

$$\tilde{\tilde{w}}_{n,m}(\rho,\phi)\tilde{\tilde{T}}_{n,m}(t) = J_n\left(\frac{\rho}{\rho_0}\mu_m^{(n)}\right)\sin(n\phi)\left[C_{n,m}\cos\left(\frac{ct}{\rho_0}\mu_m^{(n)}\right) + D_{n,m}\sin\left(\frac{ct}{\rho_0}\mu_m^{(n)}\right)\right]$$

sind nach Festlegung der (zunächst noch beliebigen) Konstanten A, B, C, D für jedes Paar (n, m) mit $n = 0, 1, \ldots; m = 1, 2, \ldots$ zwei spezielle Lösungen der Differentialgleichung (9.66). Sie sind 2π-periodisch in ϕ und erfüllen die Randbedingung (9.68). $\tilde{T}_{n,m}(t)$ und $\tilde{\tilde{T}}_{n,m}(t)$ unterscheiden sich nur durch die Bezeichnung der Konstanten.

Bevor wir uns der Erfüllung der Anfangsbedingungen (9.67) zuwenden, wollen wir uns die speziellen Lösungen (9.83) der Wellengleichung etwas genauer ansehen. Für festes n betrachten wir die Nullstellen der BESSEL-Funktion $J_n(x)$: Es gilt

$$0 < \mu_1^{(n)} < \mu_2^{(n)} < \ldots$$

Für große m hat $J_n(\frac{\rho}{\rho_0}\mu_m^{(n)})$ auf der Membran, d.h. für $0 < \rho < \rho_0$, viele Nullstellen: Es ist

$$J_n(\frac{\rho}{\rho_0}\mu_m^{(n)}) = 0 \quad \text{für} \quad \rho = \rho_j = \rho_0\frac{\mu_j^{(n)}}{\mu_m^{(n)}} \quad \text{und} \quad j = 1, 2, \ldots, m - 1.$$

Für diese ρ_j gilt $\tilde{w}_{n,m}(\rho_j, \phi)T_{n,m}(t) = \tilde{\tilde{w}}_{n,m}(\rho_j, \phi)T_{n,m}(t) = 0$ für $0 \le \phi \le 2\pi$, $t \ge 0$. Die Kreise $\rho = \rho_j$ sind "Schwingungsknoten", analog zur Saitenschwingung. Liegen diese Kreise $\rho = \rho_j$ $(1 \le j \le m - 1)$ eng zusammen, d.h. ist m und damit $\mu_m^{(n)}$ groß, dann ist nach (9.83) die Kreisfrequenz $\frac{c}{\rho_0}\mu_m^{(n)}$ groß. Wir finden also wieder: Kurzen "Wellenlängen" entsprechen hohe Frequenzen. Dabei können wir hier den von den ebenen Wellen entlehnten Begriff der Wellenlänge nur näherungsweise anwenden.

In Verallgemeinerung des Vorgehens bei den Saitenschwingungen versuchen wir jetzt, die Anfangsbedingungen (9.67) dadurch zu erfüllen, dass wir einen Reihenansatz der Form

$$u(\rho, \phi, t) = \sum \tilde{w}_{n,m}(\rho, \phi)\tilde{T}_{n,m}(t) + \sum \tilde{\tilde{w}}_{n,m}(\rho, \phi)\tilde{\tilde{T}}_{n,m}(t) \tag{9.84}$$

$$= \sum_{n=0}^{\infty}\sum_{m=1}^{\infty} \tilde{w}_{n,m}(\rho, \phi)[A_{n,m}\cos(\frac{ct}{\rho_0}\mu_m^{(n)}) + B_{n,m}\sin(\frac{ct}{\rho_0}\mu_m^{(n)})] +$$

$$\sum_{n=0}^{\infty}\sum_{m=1}^{\infty} \tilde{\tilde{w}}_{n,m}(\rho, \phi)[C_{n,m}\cos(\frac{ct}{\rho_0}\mu_m^{(n)}) + D_{n,m}\sin(\frac{ct}{\rho_0}\mu_m^{(n)})]$$

machen und die Koeffizienten A, B, C, D geeignet bestimmen. Aus (9.67),(9.84) folgt als notwendige Bedingung für diese Koeffizienten

$$u(\rho, \phi, 0) = f(\rho, \phi) = \sum_{n=0}^{\infty}\sum_{m=1}^{\infty} [A_{n,m}\tilde{w}_{n,m}(\rho, \phi) + C_{n,m}\tilde{\tilde{w}}_{n,m}(\rho, \phi)] \tag{9.85}$$

$$\frac{\partial u}{\partial t}(\rho, \phi, 0) = g(\rho, \phi) = \sum_{n=0}^{\infty}\sum_{m=1}^{\infty} [\frac{c}{\rho_0}\mu_m^{(n)}B_{n,m}\tilde{w}_{n,m}(\rho, \phi) + \frac{c}{\rho_0}\mu_m^{(n)}D_{n,m}\tilde{\tilde{w}}_{n,m}(\rho, \phi)].$$

$$(9.86)$$

Die Bestimmung der $A_{n,m}, \ldots, D_{n,m}$ gelingt durch Nutzung der Orthogonalitätsrelationen der Eigenfunktionen $\tilde{w}_{n,m}(\rho, \phi)$ und $\tilde{\tilde{w}}_{n,m}(\rho, \phi)$ $(n = 0,1,\ldots; m = 1,2,\ldots)$. Die Orthogonalität zweier Funktionen $q(\rho, \phi)$, $r(\rho, \phi)$ wird dabei durch das Verschwinden des mit der Gewichtsfunktion ρ gebildeten Skalarprodukts

$$\int_0^{\rho_0} \int_0^{2\pi} q(\rho, \phi) r(\rho, \phi) \rho \, d\phi d\rho$$

definiert. Die Orthogonalitätsbeziehungen zwischen den Eigenfunktionen (9.82) beruhen auf den Orthogonalitätsrelationen zwischen den trigonometrischen Funktionen (3.52) und denen zwischen den BESSEL-Funktionen (6.182), die aus dem Satz 6.14 folgen. Man erhält

$$\int_0^{\rho_0} \int_0^{2\pi} \tilde{w}_{n_1,m_1}(\rho, \phi) \tilde{\tilde{w}}_{n_2,m_2}(\rho, \phi) \rho \, d\phi d\rho = 0 \quad \text{für alle } n_1, n_2, m_1, m_2 \,,$$

$$\int_0^{\rho_0} \int_0^{2\pi} \tilde{\tilde{w}}_{n_1,m_1}(\rho, \phi) \tilde{\tilde{w}}_{n_2,m_2}(\rho, \phi) \rho \, d\phi d\rho$$

$$= \begin{cases} \frac{\pi \rho_0^2}{2} [J_n'(\mu_m^{(n)})]^2 & \text{für } n_1 = n_2 = n \neq 0, m_1 = m_2 = m \\ 0 & \text{sonst} \end{cases},$$

$$\int_0^{\rho_0} \int_0^{2\pi} \tilde{w}_{n_1,m_1}(\rho, \phi) \tilde{w}_{n_2,m_2}(\rho, \phi) \rho \, d\phi d\rho \qquad (9.87)$$

$$= \begin{cases} \frac{\pi \rho_0^2}{2} [J_n'(\mu_m^{(n)})]^2 & \text{für } n_1 = n_2 = n \neq 0, m_1 = m_2 = m \\ \pi \rho_0^2 [J_0'(\mu_m^{(0)})]^2 & \text{für } n_1 = n_2 = 0, m_1 = m_2 = m \\ 0 & \text{sonst} \end{cases}.$$

Die für verschiedene Fälle angegebenen von Null verschiedenen Werte der Integrale folgen aus der Theorie der BESSEL-Funktionen und werden hier ohne Nachweis benutzt. Das Verschwinden der Skalarprodukte in den angegebenen Fällen lässt sich mittels (3.52) und (6.182) relativ leicht zeigen und wird als Übungsaufgabe empfohlen.

Multipliziert man nun die Reihe (9.85) mit $\tilde{w}_{n_1,m_1}(\rho, \phi)$, multipliziert mit ρ und integriert über $[0, \rho_0] \times [0, 2\pi]$, so folgt aus (9.87), wenn man n_1 in n und m_1 in m umbenennt und das KRONECKER-Symbol δ_{n0} benutzt,

$$A_{n,m} = \frac{\int_0^{\rho_0} \int_0^{2\pi} f(\rho, \phi) J_n(\frac{\rho}{\rho_0} \mu_m^{(n)}) \cos(n\phi) \rho \, d\phi d\rho}{\frac{\pi \rho_0^2}{2} [J_n'(\mu_m^{(n)})]^2 (1 + \delta_{n0})}. \qquad (9.88)$$

Multiplikation von (9.85) mit $\tilde{w}_{n_1,m_1}(\rho, \phi)$ liefert analog

$$C_{n,m} = \frac{\int_0^{\rho_0} \int_0^{2\pi} f(\rho, \phi) J_n(\frac{\rho}{\rho_0} \mu_m^{(n)}) \sin(n\phi) \rho \, d\phi d\rho}{\frac{\pi \rho_0^2}{2} [J_n'(\mu_m^{(n)})]^2}. \qquad (9.89)$$

Nach demselben Verfahren erhält man ausgehend von (9.86)

$$\frac{c}{\rho_0}\mu_m^{(n)}B_{n,m} = \frac{\int_0^{\rho_0}\int_0^{2\pi} g(\rho,\phi)J_n(\frac{\rho}{\rho_0}\mu_m^{(n)})\cos(n\phi)\rho\,d\phi d\rho}{\frac{\pi\rho_0^2}{2}[J_n'(\mu_m^{(n)})]^2(1+\delta_{n0})} \tag{9.90}$$

und

$$\frac{c}{\rho_0}\mu_m^{(n)}D_{n,m} = \frac{\int_0^{\rho_0}\int_0^{2\pi} g(\rho,\phi)J_n(\frac{\rho}{\rho_0}\mu_m^{(n)})\sin(n\phi)\rho\,d\phi d\rho}{\frac{\pi\rho_0^2}{2}[J_n'(\mu_m^{(n)})]^2}. \tag{9.91}$$

Die Formeln (9.88)-(9.91) gelten für $n = 0,1,2,\ldots; m = 1,2,\ldots$. Die mit diesen Koeffizienten $A,\ldots,D$ gebildeten Reihen (9.85), (9.86) konvergieren unter den für f und g gestellten Glattheitsforderungen absolut und gleichmäßig in $[0,\rho_0]\times[0,2\pi]$. Auf an f und g darüberhinaus zu stellende Glattheitsbedingungen, die für die Konvergenz der Reihe (9.84) und ihre gliedweise Differenzierbarkeit hinreichend sind, gehen wir hier nicht genau ein. Ohne den Beweis zu führen bemerken wir aber, dass die dreimalige stetige partielle Differenzierbarkeit von f und die zweimalige stetige partielle Differenzierbarkeit von g auf jeden Fall ausreichend sind. Wir haben also für geeignete f und g die Reihe (9.84) mit den Koeffizienten aus (9.88)-(9.91) und den in (9.82) definierten Funktionen $\tilde{w}_{n,m}$, $\tilde{\tilde{w}}_{n,m}$ als Lösung des Problems (9.66)-(9.68) erhalten.

Wir spezialisieren noch auf von ϕ unabhängige Anfangsbedingungen $u(\rho,\phi,0) = f(\rho)$, $\frac{\partial u}{\partial t}(\rho,\phi,0) = g(\rho)$. Dann reduziert sich die ϕ-Integration in den Formeln (9.88)-(9.91) auf Integrationen über trigonometrische Funktionen über ihr Periodizitätsintervall. Daraus folgt sofort

$$C_{m,n} = D_{m,n} = 0 \quad \text{für alle } n,m, \; A_{n,m} = B_{n,m} = 0 \quad \text{für alle } n,m \geq 1\,.$$

Es bleibt

$$A_{0,m} = 2\frac{\int_0^{\rho_0} f(\rho)J_0(\frac{\rho}{\rho_0}\mu_m^{(0)})\rho\,d\rho}{\rho_0^2[J_0'(\mu_m^{(0)})]^2}, \quad B_{0,m} = 2\frac{\int_0^{\rho_0} g(\rho)J_0(\frac{\rho}{\rho_0}\mu_m^{(0)})\rho\,d\rho}{\rho_0^2[J_0'(\mu_m^{(0)})]^2}\,. \tag{9.92}$$

Die Reihe (9.84) reduziert sich damit auf

$$u(\rho,t) = \sum_{m=1}^{\infty} A_{0,m}J_0(\frac{\rho}{\rho_0}\mu_m^{(0)})\cos(\frac{ct}{\rho_0}\mu_m^{(0)}) + \sum_{m=1}^{\infty} B_{0,m}J_0(\frac{\rho}{\rho_0}\mu_m^{(0)})\sin(\frac{ct}{\rho_0}\mu_m^{(0)})$$

bzw.

$$u(\rho,t) = \sum_{m=1}^{\infty} a_m J_0(\frac{\rho}{\rho_0}\mu_m^{(0)})\sin(\frac{ct}{\rho_0}\mu_m^{(0)} + \alpha_m)\,, \tag{9.93}$$

wobei

$$a_m = \sqrt{A_{0,m}^2 + B_{0,m}^2}\,, \quad \cos\alpha_m = \frac{B_{0,m}}{a_m}\,, \quad \sin\alpha_m = \frac{A_{0,m}}{a_m}$$

gesetzt wurden. Mit (9.93) ergibt sich die Lösung $u(r,t)$ als Superposition stehender Zylinderwellen (vgl. Abschnitt 9.4.7). In der Abb. 9.10 sind die ersten drei Summanden der Reihe (9.93) als Näherung von $u(\rho,t)$ für $0 \leq \rho \leq 0{,}5$ und $0 \leq t \leq 8$ aufgetragen (s. auch Tabelle der $\mu_m^{(0)}$-Werte am Ende des Abschnitts 9.5.3).

Analog zum Fall der Wellengleichung in Zylinderkoordinaten (Problem der

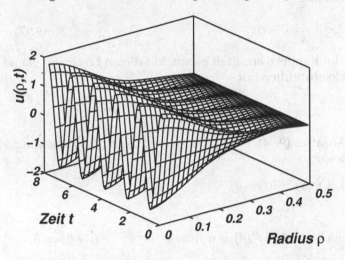

Abb. 9.10. $u(\rho,t)$ für $c = 2$, $a_1 = 1$, $a_2 = 0{,}5$, $a_3 = 0{,}25$, $\alpha_1 = \alpha_2 = \alpha_3 = \frac{\pi}{4}$.

kreisförmigen Membran) soll nun noch kurz auf die Lösung der Wellengleichung in Kugelkoordinaten (9.55) eingegangen werden. Für die gesuchte Lösung wird ein Separationsansatz der Form

$$u(r, \phi, \theta, t) = R(r)\Phi(\phi)\Theta(\theta)T(t) \tag{9.94}$$

gemacht. Das Differenzieren und Einsetzen in die Gleichung (9.55) führt durch die gleiche Schlussweise wie im Fall der Wellengleichung in Zylinderkoordinaten auf die gewöhnlichen Differentialgleichungen

$$T'' + \omega^2 T = 0$$
$$\Phi'' + m^2 \Phi = 0$$
$$r^2 R'' + 2rR' + \left(r^2 \frac{\omega^2}{c^2} - \nu^2\right)R = 0 \tag{9.95}$$
$$\Theta'' + \cot\theta\, \Theta' - \left(\frac{m^2}{\sin^2\theta} - \nu^2\right)\Theta = 0 \tag{9.96}$$

für die Lösungsfaktoren mit den Konstanten ω, ν und m. Weil $\Phi(\phi)$ als Funktion der Winkelkoordinaten ϕ eine 2π-periodische Funktion sein muss, kommt für m nur eine ganze Zahl in Frage. Betrachtet man mit $\omega = 0$ den stationären Fall $T(t) = \text{const.}$, so vereinfacht sich die Gleichung (9.95) zu

$$r^2 R'' + 2rR' - \nu^2 R = 0 \; .$$

Aufgrund der Polynomgrade der Koeffizienten liegt ein Lösungsansatz $R(r) = r^k$ auf der Hand, und durch Einsetzen findet man für $\nu^2 = k(k+1)$ eine Lösung. Im Fall $\omega \neq 0$ wird die Gleichung (9.95) mit den Substitutionen

$$x = \frac{\omega}{c}r \quad \text{und} \quad y(x) = \sqrt{x}R(r)$$

zu einer BESSELschen Gleichung

$$x^2 y'' + xy' + (x^2 - [\nu^2 + \frac{1}{4}])y = 0 \, , \tag{9.97}$$

deren Lösungen $y(x)$ wir im Kapitel 6 ermittelt haben. Mit diesen Lösungen $y(x)$ erhält man durch die Rücksubstitution mit

$$R(r) = y(\frac{\omega}{c}r)\sqrt{\frac{\omega}{c}r}$$

den radialen Anteil des Ansatzes (9.94). Es steht noch die Lösung der Gleichung (9.96) aus. Die Substitutionen

$$x = \cos\theta \, , \qquad \Theta(\theta) = w(x) = w(\cos\theta)$$

ergeben

$$\Theta'(\theta) = -w'(\cos\theta)\sin\theta \quad \text{und} \quad \Theta''(\theta) = w''(\cos\theta)\sin^2\theta - w'(\cos\theta)\cos\theta \, .$$

Das Einsetzen in die Differentialgleichung (9.96) ergibt für $y(x)$ die Differential-gleichung

$$(1 - x^2)w'' - 2xw' + [\frac{m^2}{x^2 - 1} + \nu^2]w = 0 \, , \tag{9.98}$$

die man **allgemeine LEGENDREsche Differentialgleichung** nennt. Im Kapitel 6 haben wir die Differentialgleichung (9.98) für den Fall $m = 0$ und $\nu^2 = k(k+1)$ gelöst. Dieser Fall entspricht in der vorliegenden Betrachtung dem Fall $\omega = 0$ und $m = 0$, d.h. dem stationären, ϕ-unabhängigen Fall. Die Lösung u hat dann die Gestalt

$$u(r, \theta) = r^k w(\cos\theta) \, ,$$

wobei $w(x)$ Lösung der LEGENDREschen Differentialgleichung

$$(1 - x^2)w'' - 2xw' + k(k+1)w = 0 \tag{9.99}$$

ist. Die Untersuchung des allgemeinen instationären Falls erfordert die Lösung der allgemeinen LEGENDREschen Gleichung (9.98). Mit den LEGENDRE- oder Ku-gelfunktionen $P_k(x)$ und $Q_k(x)$ kennt man ein Fundamentalsystem der Glei-chung (9.99). Daraus erhält man mit den Definitionen

$$P_k^{(m)}(x) = (-1)^m \sqrt{1 - x^2}\frac{d^m P_k(x)}{d\,x^m} \tag{9.100}$$

$$Q_k^{(m)}(x) = (-1)^m \sqrt{1 - x^2}\frac{d^m Q_k(x)}{d\,x^m} \tag{9.101}$$

Fundamental-Lösungen der allgemeinen LEGENDREschen Differentialgleichung (9.98). Aufgrund der Berechnungsmöglichkeit der Lösungen der allgemeinen LE-GENDREschen Gleichung aus den Lösungen der speziellen LEGENDREschen Gleichung (9.99) mit den Formeln (9.100),(9.101) ist keine gesonderte Lösungsbetrachtung für die Gleichung (9.98) erforderlich. Die Fähigkeit zur Lösung der speziellen LEGENDREschen Differentialgleichung ist damit auch für die Lösungsfindung der allgemeinen LEGENDREschen Gleichung ausreichend. An dieser Stelle wollen wir daran erinnern, dass der Aufwand zur im Kapitel 6 durchgeführten Bestimmung einer zweiten Fundamental-Lösung bei Vorgabe von $P_k(x)$ selbst für kleine k-Werte sehr aufwendig war. Man kann allerdings zeigen, dass für $Q_k(x)$ als zweite Fundamentallösung zu $P_k(x)$ die Berechnungsformel

$$Q_k(x) = \frac{1}{2} P_k(x) \ln \left| \frac{1+x}{1-x} \right| - \sum_{j=1}^{k} \frac{1}{j} P_{j-1}(x) P_{k-j}(x) \qquad (9.102)$$

für $x \in \mathbb{R}$, $|x| \neq 1$ gilt. Die Funktionen $Q_k(x)$ heißen LEGENDRE-**Funktionen** oder **Kugelfunktionen** 2. Art. Für $k = 1$ und $k = 2$ hatten wir im Kapitel 6 die Bestimmung von $q_1 = c_1 Q_1$, $q_2 = c_2 Q_2$ ($c_1, c_2 \in \mathbb{R}$ sind Proportionalitätsfaktoren aufgrund von Normierungen) konkret mit umfangreichen Rechnungen durchgeführt. Der Nachweis der Formel (9.102) ist ähnlich aufwendig, weshalb wir darauf ebenso wie auf den Nachweis, dass $P_k^{(m)}(x)$ und $Q_k^{(m)}(x)$ Fundamental-Lösungen von (9.98) sind, verzichten wollen.

Hat man mit $y_{\nu_k}(x)$ und $w_{m,k}(x)$ Lösungen der BESSELschen Gleichung (9.97) bzw. der allgemeinen LEGENDREschen Gleichung (9.98) gegeben, wobei $\nu_k^2 = k(k+1)$ bzw. $\nu_k = \sqrt{k(k+1)}$ gelten soll, ergibt sich für die Lösung der Wellengleichung in Kugelkoordinaten (9.55) schließlich (in der komplexen Form, Real- und Imaginärteil von u sind jeweils reelle Lösungen)

$$u(r, \phi, \theta, t) = y_{\nu_k}\left(\frac{\omega}{c} r\right) r \sqrt{\frac{\omega}{c}} w_{m,k}(\cos \theta) e^{i(m\phi + \omega t)}, \qquad (9.103)$$

und durch Superposition bzw. Linearkombination der Lösungen (9.103)

$$u(r, \phi, \theta, t) = \sum_{k,m=1}^{\infty} c_{k,m} y_{\nu_k}\left(\frac{\omega}{c} r\right) r \sqrt{\frac{\omega}{c}} w_{m,k}(\cos \theta) e^{i(m\phi + \omega t)}.$$

Die Bestimmung der bis hierher beliebigen Koeffizienten $c_{k,m}$ erfolgt wie im Fall der Lösung des Schwingungsproblems der kreisförmigen Membran durch die Vorgabe von Anfangswerten für u und $\frac{\partial u}{\partial t}$ über geeignete Skalarproduktbildungen und die Nutzung von Orthogonalitätseigenschaften der BESSEL- und LEGENDRE-Funktionen im Sinne des gewichteten Skalarproduktes des Orthogonalitätssatzes 6.14, was aber hier aus Platzgründen nicht ausgeführt werden kann.

9.5 Wärmeleitungsgleichung

Im Gegensatz zur hyperbolischen Wellengleichung enthält die parabolische Wärmeleitungsgleichung (9.6)

$$\frac{\partial u}{\partial t}(\mathbf{x},t) = a^2 \Delta u(\mathbf{x},t) + f(\mathbf{x},t) \tag{9.104}$$

nur die erste Ableitung der gesuchten Funktion nach der Zeit t. Die Gleichung (9.104) soll hier als Wärmeleitungsgleichung verstanden werden, obwohl sie auch die Konzentrationsverteilung diffundierender Stoffe beschreibt (s. Abschnitt 9.3). Also sollen $u(\mathbf{x},t)$ die Temperatur an der Stelle $\mathbf{x}$ zur Zeit t, a^2 der konstante Koeffizient der Temperaturleitfähigkeit und $f(\mathbf{x},t)$ die Intensität von Wärmequellen bedeuten. Wir wollen uns hier auf einige einfache Anfangs- und Randwertprobleme beschränken.

Zunächst betrachten wir die Gleichung

$$\frac{\partial u}{\partial t}(x,t) = a^2 \frac{\partial^2 u}{\partial x^2}(x,t) \,, \tag{9.105}$$

also die homogene Wärmeleitungsgleichung im $\mathbb{R}^1$. Ist $u(x,t)$ für einen Anfangszeitpunkt $t = t_0$ gegeben, so ist auch $\frac{\partial u}{\partial t}(x,t_0)$ gemäß (9.105) bekannt. Im Gegensatz zur Wellengleichung kann man also hier die zeitliche Ableitung $\frac{\partial u}{\partial t}(x,t_0)$ nicht beliebig vorgeben, wenn man für $t = t_0$ Anfangswerte $u(x,t_0)$ vorschreibt.

9.5.1 Temperaturverteilung auf der unendlichen Geraden

Interessiert man sich für die Temperaturverteilung im mittleren Teil eines sehr langen homogenen Stabes, so darf man annehmen, dass die genaue Gesamtlänge des Stabes sowie die Verhältnisse (Randbedingungen) an den Stabenden keine Rolle spielen; das gilt jedenfalls dann, wenn man nicht zu große Zeitintervalle $\Delta t = t - t_0 > 0$ betrachtet. Die Temperaturverteilung $u(x,t)$ in dem interessierenden (x,t)-Bereich wird dann wesentlich durch die Temperaturverteilung zum Anfangszeitpunkt $t = t_0$ bestimmt sein. Die entsprechende Abstraktion führt zum Anfangswertproblem für die Gleichung (9.105) auf der unendlichen Geraden:

Definition 9.4. (CAUCHY-Problem)
Vorgegeben ist eine für $x \in \mathbb{R}$ stückweise glatte Funktion $\varphi(x)$. Gesucht ist eine auf $\{(x,t)| -\infty < x < \infty, t \geq 0\}$ stetige Funktion $u(x,t)$, die in $\{(x,t)| -\infty < x < \infty, t > 0\}$ der Gleichung

$$\frac{\partial u}{\partial t}(x,t) = a^2 \frac{\partial^2 u}{\partial x^2}(x,t)$$

genügt, deren in der Gleichung vorkommenden Ableitungen stetig sind und für die $u(x,0) = \varphi(x)$ an allen Stetigkeitspunkten von $\varphi(x)$ gilt. Wir setzen hier und im Folgenden o.B.d.A. $t_0 = 0$.

Mittels FOURIER-Transformation haben wir in Abschnitt 11.5 die formale Lösung

$$u(x,t) = \frac{1}{\sqrt{\pi}\sqrt{4a^2t}} \int_{-\infty}^{\infty} e^{-\frac{(x-\xi)^2}{4a^2t}} \varphi(\xi)\,d\xi \tag{9.106}$$

gefunden, wobei

$$G(x,\xi,t) = \frac{1}{\sqrt{\pi}\sqrt{4a^2t}} e^{-\frac{(x-\xi)^2}{4a^2t}} \tag{9.107}$$

die GREENsche Funktion der unendlichen Geraden ist. Man kann zeigen, dass $u(x,t)$ nach (9.106) tatsächlich Lösung des CAUCHY-Problems ist, und zwar die einzige. Die Integraldarstellung (9.106) heißt POISSONsches Integral. Durch Differenzieren erkennt man leicht, dass $G(x,\xi,t)$ für jedes feste ξ im Gebiet $\{(x,t)|-\infty < x < \infty, t > 0\}$ eine Lösung von (9.105) ist. Denkt man sich das POISSON-Integral bei festem (x,t) durch eine RIEMANNsche Zwischensumme genähert, etwa (mit ξ_n als Zwischenpunkten)

$$u(x,t) = \int_{-\infty}^{\infty} G(x,\xi,t)\varphi(\xi)\,d\xi \approx \sum_n G(x,\xi_n,t)\varphi(\xi_n)\Delta\xi\,,$$

so kann man es für beliebiges festes (x,t) auffassen als Superposition von mit $\varphi(\xi_n)\Delta\xi$ gewichteten Lösungen der Wärmeleitungsgleichung. Bei festem t ist der Beitrag der Anfangsbedingung $\varphi(\xi)$ zu $u(x,t)$ umso geringer, je größer $|x-\xi|$ ist. Beschränkte Abhängigkeitsgebiete wie bei den hyperbolischen Gleichungen (s. Abschnitt 9.4.5) kann man bei den parabolischen Gleichungen wie der Wärmeleitungsgleichung aber nicht definieren.

9.5.2 Temperaturverteilung in Stäben endlicher Länge

Üben die Bedingungen an den Stabenden $x = 0$ und $x = l$ einen erkennbaren Einfluss auf die Temperaturverteilung im Inneren $0 < x < l$ des Stabes aus, so muss man dies bei der Modellierung berücksichtigen. Neben Anfangsbedingungen sind dann Randbedingungen für $x = 0$ und $x = l$ zu stellen. Einige Beispiele für physikalisch sinnvolle Randbedingungen:

a) Am Stabende ist der Temperaturverlauf vorgegeben, z.B. $u(0,t) = f(t)$ (DIRICHLETsche Randbedingung).

b) Am Stabende ist die Ortsableitung der Temperatur gegeben, z.B $\frac{\partial u}{\partial x}(l,t) = g(t)$ (NEUMANNsche Randbedingung). Das ist dann notwendig, wenn für $x = l$ die pro Zeiteinheit aus dem Stab austretende oder in den Stab eintretende Wärmemenge bekannt ist.

c) Ist dieser Wärmefluss am Stabende nicht als Funktion von t bekannt, sondern weiß man nur, dass er proportional der Differenz zwischen $u(l,t)$ und der bekannten Umgebungstemperatur $\theta(t)$ ist, so erhält man die Randbedingung

$$\frac{\partial u}{\partial x}(l,t) = -\lambda[u(l,t) - \theta(t)]$$

(Randbedingung 3. Art). Dabei ist $\lambda > 0$ der Wärmeaustauschkoeffizient.

Da die Randbedingungen an beiden Stabenden auch unterschiedlicher Natur sein können, gibt es eine Vielzahl sinnvoller Randbedingungen. Wir werden uns der so genannten **ersten Randwertaufgabe im** $\mathbb{R}^1$ zu, wobei wir den Fall der inhomogenen Wärmeleitungsgleichung mit einbeziehen wollen:

Problem I

Es seien $\varphi(x)$ für $0 \leq x \leq l$, $f_1(t)$, $f_2(t)$ für $0 \leq t \leq T$ vorgegebene stetige Funktionen, die die Verträglichkeitsbedingungen $\varphi(0) = f_1(0)$, $\varphi(l) = f_2(0)$ erfüllen. $f(x,t)$ sei im Gebiet $\{(x,t)|0 \leq x \leq l, 0 \leq t \leq T\}$ stetig. Gesucht ist eine Funktion $u(x,t)$, die

a) auf $\{(x,t)|0 \leq x \leq l, 0 \leq t \leq T\}$ stetig und in $\{(x,t)|0 < x < l, 0 < t < T\}$ zweimal stetig partiell differenzierbar ist,

b) der Anfangsbedingung

$$u(x,0) = \varphi(x) \tag{9.108}$$

und den Randbedingungen

$$u(0,t) = f_1(t), \quad u(l,t) = f_2(t) \tag{9.109}$$

genügt und

c) in $\{(x,t)|0 < x < l, 0 < t < T\}$ die Wärmeleitungsgleichung

$$\frac{\partial u}{\partial t} = a^2 \frac{\partial^2 u}{\partial x^2} + f(x,t) \tag{9.110}$$

erfüllt.

Diese Aufgabe lässt sich auf einfachere Aufgaben zurückführen. Dabei werden an manchen Stellen etwas stärkere Glattheitsvoraussetzungen über φ, f_1, f_2, f als die oben genannten benutzt. Die folgenden einfacheren Aufgaben sind auch von sich aus von Interesse.

Sei $u(x,t)$ eine Lösung der Aufgabe (9.108)-(9.110). Mit

$$\tilde{u}(x,t) = u(x,t) - [f_1(t) + \frac{x}{l}(f_2(t) - f_1(t))] \tag{9.111}$$

führen wir eine neue Funktion $\tilde{u}$ ein. Für sie gilt wegen (9.109)

$$\tilde{u}(0,t) = 0, \quad \tilde{u}(l,t) = 0. \tag{9.112}$$

Weiter hat man

$$\tilde{u}(x,0) = \varphi(x) - [f_1(0) + \frac{x}{l}(f_2(0) - f_1(0))] =: \tilde{\varphi}(x). \tag{9.113}$$

Offenbar folgt hieraus $\tilde{u}(0,0) = \tilde{u}(l,0) = 0$, so dass die Verträglichkeitsbedingungen für $\tilde{u}$ erfüllt sind. Aus (9.111) und (9.110) erhält man für $\tilde{u}$ die Differentialgleichung

$$\frac{\partial \tilde{u}}{\partial t} - a^2 \frac{\partial^2 \tilde{u}}{\partial x^2} = \frac{\partial u}{\partial t} - a^2 \frac{\partial^2 u}{\partial x^2} - [f_1'(t) + \frac{x}{l}(f_2'(t) - f_1'(t))], \text{ bzw.}$$

$$\frac{\partial \tilde{u}}{\partial t} = a^2 \frac{\partial^2 \tilde{u}}{\partial x^2} + f(x,t) - [f_1'(t) + \frac{x}{l}(f_2'(t) - f_1'(t))] =: a^2 \frac{\partial^2 \tilde{u}}{\partial x^2} + \tilde{f}(x,t) . \quad (9.114)$$

Dabei haben wir die stetige Differenzierbarkeit von f_1, f_2 angenommen. $\tilde{u}(x,t)$ muss also Lösung eines Randwertproblems für die inhomogene Wärmeleitungsgleichung (9.114) mit homogenen Randbedingungen (9.112) sein:

Problem II

$$\frac{\partial \tilde{u}}{\partial t} = a^2 \frac{\partial^2 \tilde{u}}{\partial x^2} + \tilde{f}(x,t)$$

$$\tilde{u}(x,0) = \tilde{\varphi}(x) , \quad \tilde{u}(0,t) = \tilde{u}(l,t) = 0 . \quad (9.115)$$

Wir setzen hier

$$\tilde{u} = v + w \quad (9.116)$$

und fordern, dass v, w Lösungen folgender Randwertprobleme sind:

Problem III

$$\frac{\partial v}{\partial t} = a^2 \frac{\partial^2 v}{\partial x^2} + \tilde{f}(x,t)$$

$$v(x,0) = 0 , \quad v(0,t) = v(l,t) = 0 . \quad (9.117)$$

Problem IV

$$\frac{\partial w}{\partial t} = a^2 \frac{\partial^2 w}{\partial x^2}$$

$$w(x,0) = \tilde{\varphi}(x) , \quad w(0,t) = w(l,t) = 0 . \quad (9.118)$$

Sind v bzw. w Lösungen von (9.117) bzw. (9.118), dann ist $\tilde{u} = v + w$ offenbar Lösung von (9.115) und die Lösung $u(x,t)$ des Ausgangsproblems I folgt aus (9.111).

Wir betrachten zunächst das Problem IV (9.118). Wir wenden die FOURIERsche Methode der Trennung der Veränderlichen an. Der Ansatz $w = X(x)T(t)$ führt auf das STURM-LIOUVILLEsche Eigenwertproblem für $X(x)$

$$X'' + \lambda X = 0 , \quad X(0) = X(l) = 0 , \quad (9.119)$$

das wir schon in Abschnitt 9.4.2 behandelt haben. Wir übernehmen von dort die Eigenwerte $\lambda = \lambda_n = (\frac{n\pi}{l})^2$ ($n \in \mathbb{N}$) und die normierten Eigenfunktionen

$$X(x) = X_n(x) = \sqrt{\frac{2}{l}} \sin(\frac{n\pi}{l}x) .$$

Im Unterschied zu den Schwingungsvorgängen bestimmt sich nun aber die Zeitabhängigkeit $T(t)$ nicht als periodische, sondern als Exponentialfunktion: Es ist $T' + \lambda a^2 T = 0$, also gilt für $\lambda = (\frac{n\pi}{l})^2$

$$T(t) = T_n(t) = d_n e^{-a^2(\frac{n\pi}{l})^2 t} \quad (d_n \in \mathbb{R},\ n \in \mathbb{N}) .$$

Daraus folgen die partikulären Lösungen

$$w_n(x,t) = c_n e^{-a^2(\frac{n\pi}{l})^2 t} \sin(\frac{n\pi}{l}x) , \quad (9.120)$$

die die Randbedingungen bei $x = 0$ und $x = l$ erfüllen. Die Anfangsbedingung $w(x,0) = \tilde{\varphi}(x)$ erfüllt man mit der Reihe

$$w(x,t) = \sum_{n=1}^{\infty} c_n e^{-a^2(\frac{n\pi}{l})^2 t} \sin(\frac{n\pi}{l}x) \,, \tag{9.121}$$

wenn man

$$c_n = \frac{2}{l} \int_0^l \tilde{\varphi}(\xi) \sin(\frac{n\pi}{l}\xi) \, d\xi \tag{9.122}$$

setzt und von $\tilde{\varphi}$ dreimal stetige Differenzierbarkeit fordert. Dann ist $c_n = O(n^{-4})$ für $n \to \infty$ und man darf (9.121) gliedweise differenzieren. Die durch (9.122), (9.121) definierte Funktion w erfüllt dann die homogene Wärmeleitungsgleichung, w ist also Lösung von (9.118).

Im Problem III wird die Temperaturverteilung $v(x,t)$ im Stab allein durch innere Wärmequellen oder -senken $\tilde{f}(x,t)$ verursacht. Mit dem Reihenansatz

$$v(x,t) = \sum_{n=1}^{\infty} A_n(t) \sin(\frac{n\pi}{l}x) \tag{9.123}$$

werden im Falle der Konvergenz die Randbedingungen bei $x = 0, l$ erfüllt. Wir nehmen zunächst an, dass $\tilde{f}(x,t)$ bei festem t eine stückweise glatte Funktion von x ist. Dann sichert Satz 3.29 die Konvergenz der FOURIER-Reihe

$$\tilde{f}(x,t) = \sum_{n=1}^{\infty} \tilde{f}_n(t) \sin(\frac{n\pi}{l}x) \,, \tag{9.124}$$

wobei

$$\tilde{f}_n(t) = \frac{2}{l} \int_0^l \tilde{f}(\xi,t) \sin(\frac{n\pi}{l}\xi) \, d\xi$$

ist. Setzt man (9.123), (9.124) in die Differentialgleichung (9.117) ein, erhält man

$$\sum_{n=1}^{\infty} [A_n'(t) + a^2(\frac{n\pi}{l})^2 A_n(t) - \tilde{f}_n(t)] \sin(\frac{n\pi}{l}x) = 0 \,. \tag{9.125}$$

Wenn die hierbei benutzten gliedweisen Differentiationen nach x, t in der Reihe (9.123) erlaubt waren, müssen die A_n Lösungen der linearen gewöhnlichen Differentialgleichungen 1. Ordnung

$$A_n'(t) = -a^2(\frac{n\pi}{l})^2 A_n(t) + \tilde{f}_n(t) \tag{9.126}$$

sein. Setzt man $A_n(0) = 0$, so erfüllt $v(x,t)$ nach (9.123) die Anfangsbedingung $v(x,0) = 0$. Mit den in Abschnitt 6.5 dargestellten Methoden erhält man

$$A_n(t) = \int_0^t e^{-a^2(\frac{n\pi}{l})^2(t-\tau)} \tilde{f}_n(\tau) \, d\tau$$

und die formale Lösung des Problems III

$$v(x,t) = \sum_{n=1}^{\infty} [\int_0^t e^{-a^2(\frac{n\pi}{l})^2(t-\tau)} \tilde{f}_n(\tau)\, d\tau] \sin(\frac{n\pi}{l}x)\,. \tag{9.127}$$

Wenn $\tilde{f}(x,t)$ bestimmte Glattheitsforderungen erfüllt (z.B. $\tilde{f}(x,t)$ stetig, $\tilde{f}$ dreimal stetig nach x differenzierbar), dann ist das gliedweise Differenzieren erlaubt und (9.127) ist Lösung von Problem III. Mit den Lösungen w und v der Probleme IV und III kann man nun mit den Beziehungen (9.116) und (9.111) $\tilde{u}$ und schließlich u als Lösung des Ausgangsproblems I leicht bestimmen.

9.5.3 Abkühlung eines Kreiszylinders

Wir betrachten einen unendlich langen Kreiszylinder mit der z-Achse als Zylinderachse und mit dem Radius ρ_0. Wir benutzen Zylinderkoordinaten ρ, ϕ, z (s. dazu (9.44)) und setzen Unabhängigkeit der Temperaturverteilung $u(\rho, \phi, z, t)$ von z und auch von ϕ (Rotationssymmetrie) voraus: $u(\rho, t)$. Der Zylindermantel soll für alle Zeiten die Temperatur 0 haben, anfangs sei die Temperatur im Inneren durch $u(\rho, 0) = \varphi(\rho)$ gegeben. Die Wärmeleitungsgleichung in Zylinderkoordinaten können wir aus der Wellengleichung (9.54) dadurch gewinnen, dass wir $\frac{\partial^2 u}{\partial t^2}$ durch $\frac{\partial u}{\partial t}$ und c^2 durch a^2 ersetzen. Nutzen wir noch $\frac{\partial u}{\partial \phi} = \frac{\partial u}{\partial z} = 0$, so entsteht

$$\frac{\partial u}{\partial t} = a^2(\frac{\partial^2 u}{\partial \rho^2} + \frac{1}{\rho}\frac{\partial u}{\partial \rho}) = a^2 \frac{1}{\rho}\frac{\partial}{\partial \rho}(\rho\frac{\partial u}{\partial \rho})\,. \tag{9.128}$$

Es treten die Anfangs- und Randbedingungen

$$u(\rho, 0) = \varphi(\rho) \quad (0 \le \rho \le \rho_0)\,, \qquad u(\rho_0, t) = 0 \quad (t \ge 0) \tag{9.129}$$

hinzu. Trennung der Veränderlichen mittels $u(\rho, t) = R(\rho)T(t)$ liefert mit einer Konstante λ

$$T'(t) + \lambda a^2 T(t) = 0 \tag{9.130}$$

und das Eigenwertproblem

$$R''(\rho) + \frac{1}{\rho}R'(\rho) + \lambda R(\rho) = 0\,, \qquad R(\rho_0) = 0, \quad |R(0)| < \infty \tag{9.131}$$

für die BESSELsche Differentialgleichung 0-ter Ordnung. Dieses Problem ist in allgemeiner Form in Abschnitt 9.4.8 behandelt worden. Wir setzen in (9.78) $n = 0$, erhalten aus (9.81) die Eigenwerte $\lambda_{0,m} = (\frac{\mu_m^{(0)}}{\rho_0})^2$ ($m \in \mathbb{N}$) und die zugehörigen Eigenfunktionen

$$R(\rho) = J_0(\frac{\rho}{\rho_0}\mu_m^{(0)})$$

mit $\mu_m^{(0)}$ als m-ter Nullstelle der BESSEL-Funktion 0-ter Ordnung: $J_0(\mu_m^{(0)}) = 0$. Aus (9.130) folgt mit $\lambda = \lambda_{0,m}$

$$T(t) = Ce^{-a^2(\frac{\mu_m^{(0)}}{\rho_0})^2 t} .$$

Um die Anfangsbedingung zu erfüllen, setzen wir

$$u(\rho, t) = \sum_{m=1}^{\infty} C_m J_0(\frac{\rho}{\rho_0}\mu_m^{(0)})e^{-a^2(\frac{\mu_m^{(0)}}{\rho_0})^2 t} \tag{9.132}$$

an. Aus der Anfangsbedingung $u(\rho, 0) = \varphi(\rho)$ und der Unabhängigkeit von ϕ folgt $C_m = A_{0,m}$ mit $A_{0,m}$ aus (9.92):

$$C_m = 2\frac{\int_0^{\rho_0} \varphi(\rho)J_0(\frac{\rho}{\rho_0}\mu_m^{(0)})\rho\,d\rho}{\rho_0^2[J_0'(\mu_m^{(0)})]^2} . \tag{9.133}$$

Sei speziell $\varphi(\rho) = U > 0$, d.h. der Zylinder sei anfangs auf konstanter Temperatur U. Um den Ausdruck für C_m in diesem Fall zu vereinfachen, benutzen wir (ohne Nachweis) einige bekannte Relationen zwischen BESSEL-Funktionen, z.B. $\frac{d}{dx}(x^n J_n(x)) = x^n J_{n-1}(x)$. Setzt man hier $n = 1$ und $x = \frac{\rho}{\rho_0}\mu_m^{(0)}$, so ergibt sich

$$\rho J_0(\frac{\rho}{\rho_0}\mu_m^{(0)}) = \frac{\rho_0}{\mu_m^{(0)}}\frac{d}{d\rho}(\rho J_1(\frac{\rho}{\rho_0}\mu_m^{(0)})) .$$

Damit kann das Integral in (9.133) ausgewertet werden:

$$C_m = \frac{2U\frac{\rho_0}{\mu_m^{(0)}}[\rho J_1(\frac{\rho}{\rho_0}\mu_m^{(0)})]_0^{\rho_0}}{\rho_0^2[J_1(\mu_m^{(0)})]^2} = \frac{2U J_1(\mu_m^{(0)})}{\mu_m^{(0)}[J_1(\mu_m^{(0)})]^2} . \tag{9.134}$$

Aus der Reihe (9.132) entsteht damit

$$\frac{u(\rho, t)}{U} = 2\sum_{m=1}^{\infty} \frac{1}{\mu_m^{(0)} J_1(\mu_m^{(0)})} J_0(\frac{\rho}{\rho_0}\mu_m^{(0)})e^{-a^2(\frac{\mu_m^{(0)}}{\rho_0})^2 t} . \tag{9.135}$$

Setzt man $\rho = 0$, d.h. betrachtet man den zeitlichen Temperaturverlauf auf der Zylinderachse, so ergibt sich wegen $J_0(0) = 1$

$$\frac{u(0, t)}{U} = 2\sum_{m=1}^{\infty} \frac{1}{\mu_m^{(0)} J_1(\mu_m^{(0)})} e^{-a^2(\frac{\mu_m^{(0)}}{\rho_0})^2 t} . \tag{9.136}$$

Mit $\frac{a^2}{\rho_0^2}t = \tau$ folgt

$$\frac{u(0, \frac{\rho_0^2}{a^2}\tau)}{U} = 2\sum_{m=1}^{\infty} \frac{1}{\mu_m^{(0)} J_1(\mu_m^{(0)})} e^{-(\mu_m^{(0)})^2 \tau} . \tag{9.137}$$

Die ersten drei Glieder dieser Reihe sind

$$\frac{u(0, \frac{\rho_0^2}{a^2}\tau)}{U} \approx \frac{2}{2,40 \cdot 0,52} e^{-5,76\tau} - \frac{2}{5,52 \cdot 0,34} e^{-30,47\tau} + \frac{2}{8,65 \cdot 0,27} e^{-74,82\tau},$$

wobei die Tabellenwerte

m	$\mu_m^{(0)}$	$J_1(\mu_m^{(0)})$
1	2,40	0,52
2	5,52	−0,34
3	8,65	0,27

benutzt wurden. Man sieht: Die Summanden werden für $\tau > 0$ sehr schnell klein. Schon der erste Summand allein gibt für nicht zu kleine τ eine sehr gute Näherung des Temperaturverlaufs.

9.6 Potentialgleichung

9.6.1 Randwertaufgaben

Bei Untersuchungen zeitunabhängiger Zustände, z.B. bei Wärmeausbreitungs-vorgängen, in der Elektrostatik, bei stationären Flüssigkeitsströmungen tritt häufig die Potential- oder LAPLACE-Gleichung

$$\Delta u(\mathbf{x}) = 0 \qquad (9.138)$$

oder ihre inhomogene Form, die POISSON-Gleichung

$$\Delta u(\mathbf{x}) = -f(\mathbf{x}), \qquad (9.139)$$

auf ($\mathbf{x} \in D \subset \mathbb{R}^3$ oder $\mathbf{x} \in D \subset \mathbb{R}^2$). $f(\mathbf{x})$ ist eine bekannte Funktion. Erfüllt $u(\mathbf{x})$ in D die Gleichung (9.138), so heißt $u(\mathbf{x})$ in D **harmonisch**. Wir hatten im Abschnitt 9.3 einige Anwendungsgebiete für (9.138),(9.139) angeführt.
Die Bezeichnung "Potentialgleichung" kann man damit erklären, dass einige physikalisch interessante stationäre Vektorfelder $\mathbf{v}$ wirbel- und quellenfrei sind, so dass sie aus einem Potential u ableitbar sind ($\mathbf{v} = \operatorname{grad} u$). Aus der Quellen-freiheit (div $\mathbf{v} = 0$) folgt dann div (grad u) $= \Delta u = 0$. Das trifft z.B. für das Geschwindigkeitsfeld stationärer wirbel- und quellenfreier Strömungen inkompressibler Fluide (s. dazu auch Abschnitt 10.9), für das elektrische Feld in der Elektrostatik bei Ladungsfreiheit und für das durch die Gravitation bedingte Kraftfeld zu. Sind die Quellen des Vektorfeldes bekannt, erhält man auf diesem Wege die POISSON-Gleichung, z.B. für die elektrische Feldstärke bei Vorhandensein von Ladungen (s. dazu auch Abschnitt 8.10). Man betrachtet für die Gleichung $\Delta u = 0$ u.a. folgende drei Randwertaufgaben. D sei ein (offenes) Gebiet mit geschlossener Randfläche ∂D. Gesucht ist dann eine Funktion $u(\mathbf{x})$, die in $D \cup \partial D$ stetig ist und stetige partielle Ableitungen hat, in D zweimal stetig differenzierbar ist und der Gleichung $\Delta u = 0$ genügt. Wir suchen also eine in D harmonische Funktion mit gewissen Glattheitseigenschaften in $D \cup \partial D$. $\mathbf{n}$ sei die bezüglich D äußere Normale von ∂D, die auf ∂D stetigen Funktionen $f_1(\mathbf{x})$, $f_2(\mathbf{x})$, $f_3(\mathbf{x})$, $f_4(\mathbf{x})$ seien vorgegeben.

1. Randwertaufgabe (DIRICHLETsches Problem)

$$u(\mathbf{x}) = f_1(\mathbf{x}) \quad \text{für} \quad \mathbf{x} \in \partial D \, . \tag{9.140}$$

2. Randwertaufgabe (NEUMANNsches Problem)

$$\frac{\partial u}{\partial \mathbf{n}}(\mathbf{x}) = f_2(\mathbf{x}) \quad \text{für} \quad \mathbf{x} \in \partial D \, . \tag{9.141}$$

3. Randwertaufgabe

$$\frac{\partial u}{\partial \mathbf{n}}(\mathbf{x}) + f_3(\mathbf{x})[u(\mathbf{x}) - f_4(\mathbf{x})] = 0 \quad \text{für} \quad \mathbf{x} \in \partial D \, . \tag{9.142}$$

Analoge Aufgaben werden auch für die POISSON-Gleichung betrachtet.
Die 2. Randwertaufgabe ist für die LAPLACE- und für die POISSON-Gleichung
nicht lösbar, wenn die Vorgaben nicht bestimmte notwendige Bedingungen erfüllen. Setzt man in der ersten GREENschen Formel (8.31) $\varphi = 1$, $f = u$, so hat
man

$$\int_{\partial D} \frac{\partial u}{\partial \mathbf{n}} \, dO = \int_{D} \Delta u \, dV \, . \tag{9.143}$$

Ist u Lösung des 2. Randwertproblems (9.141),(9.139), so muss daher

$$\int_{\partial D} f_2 \, dO = - \int_{D} f \, dV \tag{9.144}$$

sein.
Für jede Lösung u der Potentialgleichung ($f \equiv 0$) in D muss also nach (9.143) das
Oberflächenintegral über die Normalableitung auf dem Rand ∂D verschwinden:

$$\int_{\partial D} \frac{\partial u}{\partial \mathbf{n}} \, dO = 0 \, . \tag{9.145}$$

Bedeutet $u(\mathbf{x})$ die stationäre Temperaturverteilung in D, also eine zeitunabhängige Lösung von (9.104), so ist die physikalische Bedeutung von (9.144) verständlich: Die von allen Wärmequellen $f(\mathbf{x})\Delta V$ in D pro Zeiteinheit gelieferte Wärmemenge muss pro Zeiteinheit über den Rand ∂D nach außen abgeführt werden.
Dieser Wärmestrom erfordert gewisse Temperaturgradienten auf ∂D und ist im
Fall der 2. Randwertaufgabe durch (9.141) vorgegeben. Bei der Wärmeleitungs-
gleichung $\frac{\partial u}{\partial t} = a^2 \frac{\partial^2 u}{\partial x^2} + f$ im $\mathbb{R}^1$ (Abschnitt 9.5) gilt für stationäre Zustände

$$\frac{d^2 u}{dx^2} = -\frac{1}{a^2} f(x) \, ,$$

woraus

$$\frac{d\,u}{d\,x}(l) - \frac{d\,u}{d\,x}(0) = -\frac{1}{a^2} \int_0^l f(\xi) \, d\xi$$

folgt, d.h. bei gegebener Dichte $f(x)$ der Wärmequellen im Stab $0 \leq x \leq l$ können
die Ableitungen der Temperatur an beiden Stabenden nicht beliebig vorgegeben
werden. (9.144) ist Analogon hierzu im $\mathbb{R}^3$.

9.6.2 Spezielle Lösungen der Potentialgleichung

Gemäß (9.55) lautet die LAPLACE-Gleichung in Kugelkoordinaten r, ϕ, θ

$$\frac{1}{r^2}\frac{\partial}{\partial r}\left(r^2\frac{\partial u}{\partial r}\right) + \frac{1}{r^2\sin^2\theta}\frac{\partial^2 u}{\partial \phi^2} + \frac{1}{r^2\sin\theta}\frac{\partial}{\partial\theta}\left(\sin\theta\frac{\partial u}{\partial\theta}\right) = 0 \,.$$

Sucht man nur von r abhängige Lösungen, so findet man

$$u(r) = \frac{a}{r} + b$$

mit beliebigen Konstanten $a, b \in \mathbb{R}$. Die spezielle Lösung

$$u = u(r) = \frac{1}{r} = \frac{1}{\sqrt{x^2 + y^2 + z^2}} \tag{9.146}$$

wird auch **Fundamentallösung** der LAPLACE-Gleichung im $\mathbb{R}^3$ genannt. Sie hat eine Singularität bei $r = 0$. Ist $Q \sim (\xi, \eta, \zeta)$ ein beliebiger fester Punkt, so ist offenbar auch

$$u(\xi, \eta, \zeta; x, y, z) = \frac{1}{\sqrt{(x-\xi)^2 + (y-\eta)^2 + (z-\zeta)^2}} = \frac{1}{r_{QP}} \tag{9.147}$$

für alle von Q verschiedenen Punkte $P \sim (x, y, z)$ eine Lösung von $\Delta u = 0$. Für diese u ist

$$\operatorname{grad}_P u(Q, P) = -\frac{1}{\sqrt{(x-\xi)^2 + (y-\eta)^2 + (z-\zeta)^2}^3}\begin{pmatrix} x - \xi \\ y - \eta \\ z - \zeta \end{pmatrix} = -\frac{1}{r_{QP}^2}\frac{\mathbf{r}_{QP}}{r_{QP}}\,, \tag{9.148}$$

wobei $\mathbf{r}_{QP}$ den Vektor $\vec{QP}$ bezeichnet und $r_{QP} = |\mathbf{r}_{QP}|$ ist. Nach dem Gravitationsgesetz übt eine an der Stelle $Q \sim (\xi, \eta, \zeta)$ liegende Masse μ auf eine an der Stelle $P \sim (x, y, z)$ befindliche Masse m die Kraft

$$\mathbf{K} = -\gamma\frac{\mu m}{r_{QP}^2}\frac{\mathbf{r}_{QP}}{r_{QP}}$$

(γ Gravitationskonstante) aus, so dass die Fundamentallösung u nach (9.147) bis auf Konstanten das Potential dieser Kraft ist. Hat die Massenverteilung in einem Körper B die stetige Dichte $\rho(\xi, \eta, \zeta)$, so wird dadurch auf eine außerhalb des Körpers im Punkt $P \sim (x, y, z)$ befindliche Masse m die Kraft $\mathbf{K}(x, y, z)$ ausgeübt, die aus dem Potential

$$u(x, y, z) = \int_B \frac{\rho(\xi, \eta, \zeta)}{\sqrt{(x-\xi)^2 + (y-\eta)^2 + (z-\zeta)^2}}\, dV \tag{9.149}$$

durch $\mathbf{K}(x, y, z) = \gamma m\operatorname{grad} u$ ableitbar ist. Das wird verständlich, wenn man sich den Körper in Volumenelemente ΔV mit der Masse $\mu = \rho\Delta V$ zerlegt denkt, die Wirkung aller dieser Elemente auf die Masse m im Punkt P betrachtet und wie bei den RIEMANNschen Zwischensummen zur Grenze übergeht (z.B. Satz 8.2). Das Gravitationspotential eines Körpers an der Stelle $P \notin B$ ergibt sich also im Wesentlichen durch Summation/Integration über Fundamentallösungen der Potentialgleichung.

9.6.3   Einige Eigenschaften harmonischer Funktionen

(a) **Darstellung der Funktionswerte** $u(P)$ **im Innern eines Gebiets** $D \subset \mathbb{R}^3$ **in Abhängigkeit von Randwerten auf** ∂D

$P_0 \sim (x_0, y_0, z_0)$ sei ein beliebiger fester Punkt in D, $P \sim (x, y, z)$ variiere in $D \cup \partial D$. $\varphi(\mathbf{x})$ sei auf $D \cup \partial D$ zweimal stetig differenzierbar. Wir wollen die zweite GREENsche Integralformel (8.32)

$$\int_D [\varphi \, \Delta \, f - f \, \Delta \varphi] dV = \int_{\partial D} [\varphi \, \frac{\partial f}{\partial \mathbf{n}} - f \frac{\partial \varphi}{\partial \mathbf{n}}] \, dO$$

mit

$$f(\mathbf{x}) = u(x_0, y_0, z_0; x, y, z) = \frac{1}{\sqrt{(x - x_0)^2 + (y - y_0)^2 + (z - z_0)^2}} = \frac{1}{r}$$

anwenden. Wegen der Singularität von $f(\mathbf{x})$ müssen wir zunächst eine Umgebung des Punktes $\mathbf{x}_0 = (x_0, y_0, z_0)$ ausschließen. $K_{\mathbf{x}_0, \epsilon}$ sei eine Kugel mit dem Mittelpunkt $\mathbf{x}_0$ und dem Radius ϵ. Auf $D \setminus K_{\mathbf{x}_0, \epsilon}$ kann die GREENsche Formel angewendet werden:

$$\int_{D \setminus K_{\mathbf{x}_0, \epsilon}} [\varphi \Delta(\frac{1}{r}) - \frac{1}{r} \Delta \varphi] \, dV = \int_{\partial D} [\varphi \frac{\partial}{\partial \mathbf{n}}(\frac{1}{r}) - \frac{1}{r} \frac{\partial \varphi}{\partial \mathbf{n}}] \, dO$$

$$+ \int_{\partial K_{\mathbf{x}_0, \epsilon}} \varphi \frac{\partial}{\partial \mathbf{n}}(\frac{1}{r}) \, dO - \int_{\partial K_{\mathbf{x}_0, \epsilon}} \frac{1}{r} \frac{\partial \varphi}{\partial \mathbf{n}} \, dO \, . \tag{9.150}$$

$\mathbf{n}$ ist überall die bezüglich $D \setminus K_{\mathbf{x}_0, \epsilon}$ nach außen gerichtete Normale. Es interessiert der Grenzübergang $\epsilon \to 0$. Auf $\partial K_{\mathbf{x}_0, \epsilon}$ ist $\frac{\partial}{\partial \mathbf{n}}(\frac{1}{r})|_{r=\epsilon} = -\frac{\partial}{\partial r}(\frac{1}{r})|_{r=\epsilon} = \frac{1}{\epsilon^2}$ und nach dem Mittelwertsatz für Oberflächenintegrale (Abschnitt 8.6) gilt

$$\int_{\partial K_{\mathbf{x}_0, \epsilon}} \varphi \frac{\partial}{\partial \mathbf{n}}(\frac{1}{r}) \, dO = \frac{1}{\epsilon^2} 4 \pi \epsilon^2 \varphi^* = 4 \pi \varphi^*$$

mit φ^* als Mittelwert von φ auf $\partial K_{\mathbf{x}_0, \epsilon}$. Wegen der Stetigkeit von φ gilt $\varphi^* \to \varphi(\mathbf{x}_0)$ für $\epsilon \to 0$. Ebenfalls nach dem Mittelwertsatz ist

$$\int_{\partial K_{\mathbf{x}_0, \epsilon}} \frac{1}{r} \frac{\partial \varphi}{\partial \mathbf{n}} \, dO = \frac{1}{\epsilon} 4 \pi \epsilon^2 (\frac{\partial \varphi}{\partial \mathbf{n}})^* = 4 \pi \epsilon (\frac{\partial \varphi}{\partial \mathbf{n}})^* \to 0$$

für $\epsilon \to 0$. Im Volumenintegral über $D \setminus K_{\mathbf{x}_0, \epsilon}$ benutzen wir $\Delta(\frac{1}{r}) = 0$ und die Konvergenz von

$$\int_{D \setminus K_{\mathbf{x}_0, \epsilon}} \frac{1}{r} \Delta \varphi \, dV \qquad \text{gegen} \qquad \int_D \frac{1}{r} \Delta \varphi \, dV \, .$$

Dann folgt für $\epsilon \to 0$

$$4 \pi \varphi(P_0) = \int_{\partial D} [\frac{1}{r} \frac{\partial \varphi}{\partial \mathbf{n}} - \varphi \frac{\partial}{\partial \mathbf{n}}(\frac{1}{r})] \, dO - \int_D (\frac{1}{r} \Delta \varphi) \, dV \, . \tag{9.151}$$

Ist φ eine in D harmonische Funktion u, so gilt

$$u(P_0) = \frac{1}{4\pi} \int_{\partial D} [\frac{1}{r} \frac{\partial u}{\partial \mathbf{n}} - u \frac{\partial}{\partial \mathbf{n}}(\frac{1}{r})] \, dO \ . \tag{9.152}$$

Wenn u in D harmonisch ist und in $D \cup \partial D$ stetige Ableitungen hat, lässt sich $u(\mathbf{x}_0)$ für beliebiges $\mathbf{x}_0 \in D$ durch die Werte von u und $\frac{\partial u}{\partial \mathbf{n}}$ auf ∂D ausdrücken.

(b) Mittelwerteigenschaft

Ist u in D harmonisch, so ist der Funktionswert $u(P_0)$ in jedem Punkt $P_0 \in D$ gleich dem Mittelwert von u über eine Kugelfläche $\partial K_{\mathbf{x}_0, r_0} \subset D$ mit Mittelpunkt P_0 und beliebigem (nicht zu großem) Radius r_0:

$$u(P_0) = \frac{1}{4\pi r_0^2} \int_{\partial K_{\mathbf{x}_0, r_0}} u \, dO \ . \tag{9.153}$$

Zum Beweis wenden wir (9.152) auf $\partial D = \partial K_{\mathbf{x}_0, r_0}$ an: Es ist dann $\frac{1}{r} = \frac{1}{r_0}$ und $\frac{\partial}{\partial \mathbf{n}}(\frac{1}{r}) = \frac{\partial}{\partial r}(\frac{1}{r})|_{r=r_0} = -\frac{1}{r_0^2}$. Wegen (9.145) ist

$$\int_{\partial K_{\mathbf{x}_0, r_0}} \frac{1}{r} \frac{\partial u}{\partial \mathbf{n}} \, dO = \frac{1}{r_0} \int_{\partial K_{\mathbf{x}_0, r_0}} \frac{\partial u}{\partial \mathbf{n}} \, dO = 0 \ ,$$

und es bleibt (9.153).

(c) Maximumprinzip

Ist die Funktion u auf $D \cup \partial D$ stetig und in D harmonisch, so nimmt sie ihr Maximum und ihr Minimum auf dem Rand ∂D an.

Gibt es nämlich in D einen Punkt P_0 mit $u(P_0) = \max_{Q \in D \cup \partial D} u(Q)$, so nehmen wir ihn als Mittelpunkt einer Kugel $K_{\mathbf{x}_0, r_0} \subset D \cup \partial D$. Dabei soll r_0 so groß gewählt werden, dass die Kugeloberfläche $\partial K_{\mathbf{x}_0, r_0}$ mindestens einen Punkt Q_0 mit dem Rand ∂D gemeinsam hat. Aus der Mittelwerteigenschaft (9.153) folgt

$$u(P_0) = \frac{1}{4\pi r_0^2} \int_{\partial K_{\mathbf{x}_0, r_0}} u(Q) \, dO \ .$$

Da $u(P_0)$ Maximalwert in $D \cup \partial D$ ist, muss auf der Kugeloberfläche $\partial K_{\mathbf{x}_0, r_0}$ für u die Ungleichung $u(Q) \leq u(P_0)$ gelten. Wäre $u(Q) < u(P_0)$ irgendwo auf $\partial K_{\mathbf{x}_0, r_0}$, so wäre wegen der Stetigkeit von u

$$u(P_0) = \frac{1}{4\pi r_0^2} \int_{\partial K_{\mathbf{x}_0, r_0}} u(Q) \, dO < \frac{1}{4\pi r_0^2} 4\pi r_0^2 u(P_0) = u(P_0) \ ,$$

und es ergäbe sich ein Widerspruch. Es muss also überall auf der Kugeloberfläche $\partial K_{\mathbf{x}_0, r_0}$ die Gleichheit $u(Q) = u(P_0)$ gelten, also auch im Punkt $Q_0 \in \partial D$. Der Maximalwert wird also (auch) auf dem Rand ∂D angenommen. Man kann sich darüberhinaus überlegen, dass $u = \text{const.}$ sein muss, wenn u sein Maximum auch im Innern, d.h. in D, annimmt. Für das Minimum schließt man analog.

(d) Eindeutigkeitssatz für die erste Randwertaufgabe

Die erste Randwertaufgabe (9.140) für $\Delta u = 0$ hat für beschränkte Gebiete D höchstens eine Lösung.

Wir erinnern daran, dass wir von Lösungen der Randwertaufgabe die Stetigkeit auf $D \cup \partial D$ gefordert haben. Gäbe es zwei derartige Lösungen u_1, u_2, d.h. wäre

$$\Delta u_k = 0 \quad (\mathbf{x} \in D), \qquad u_k(\mathbf{x}) = f_1(\mathbf{x}) \quad (\mathbf{x} \in \partial D)$$

($k = 1,2$), dann wäre $u = u_1 - u_2$ auf $D \cup \partial D$ stetig, $\Delta u = 0$ in D und $u = 0$ auf ∂D. u nimmt wegen der Stetigkeit auf $D \cup \partial D$ in einem Punkt $P_0 \in D \cup \partial D$ sein Maximum an. Gilt $u(P_0) > 0$, kann nur $P_0 \in D$ sein, da u auf ∂D verschwindet. Das ist aber nach dem Maximumprinzip nicht möglich, da es dann auch auf dem Rand einen Punkt mit $u > 0$ geben müsste. Also ist $u \leq 0$ überall auf $D \cup \partial D$. Analog beweist man $u \geq 0$ auf $D \cup \partial D$ und damit die Eindeutigkeit.

9.6.4 DIRICHLETsches Problem für einen Kreis

Sei D eine Kreisfläche mit Mittelpunkt $r = 0$ und Radius ρ_0; ρ, ϕ, z seien Zylinderkoordinaten. Gesucht ist eine in $D = \{(\rho, \phi)^T | 0 \leq \rho < \rho_0, 0 \leq \phi \leq 2\pi\}$ harmonische Funktion u, die auf $D \cup \partial D$ stetig ist und auf der Kreislinie ∂D die vorgegebenen Randwerte $f_1(\phi)$ annimmt:

$$u(\rho_0, \phi) = f_1(\phi) \, . \tag{9.154}$$

f_1 sei 2π-periodisch, stetig und differenzierbar. Wir wollen zeigen, dass eine Lösung des Problems existiert.

In der LAPLACE-Gleichung in Zylinderkoordinaten

$$\frac{1}{\rho}\frac{\partial}{\partial \rho}\left(\rho\frac{\partial u}{\partial \rho}\right) + \frac{1}{\rho^2}\frac{\partial^2 u}{\partial \phi^2} = 0 \tag{9.155}$$

trennen wir die Variablen durch den Ansatz $u(\rho, \phi) = R(\rho)F(\phi)$. Das führt auf die beiden gewöhnlichen Differentialgleichungen

$$F''(\phi) + \lambda F(\phi) = 0 \tag{9.156}$$

$$\rho\frac{d}{d\rho}\left(\rho\frac{dR}{d\rho}\right) - \lambda R = 0 \tag{9.157}$$

($\lambda = $ const.). Aus der Periodizitätsbedingung für die Lösung $u(\rho, \phi)$ folgt die Periodizität von $F(\phi)$, damit ist nach (9.156) $\lambda = n^2$ und schließlich folgt

$$F(\phi) = F_n(\phi) = A\cos(n\phi) + B\sin(n\phi) \qquad (n = 0,1,2\ldots)$$

mit beliebigen Konstanten $A, B \in \mathbb{R}$. (9.157) ist eine homogene EULERsche Differentialgleichung

$$\rho R'' + \rho R' - n^2 R = 0 \, ,$$

für die wir in Abschnitt 6.6.4 mit dem Ansatz $R = \rho^\alpha$ Lösungen bestimmt haben. Man erhält $\alpha = \pm n$, also

$$R(\rho) = C\rho^n + K\rho^{-n} \qquad (C, K \text{ reelle Konstanten}).$$

Wir fordern von $u(\rho, \phi)$ Stetigkeit auf $D \cup \partial D$, also auch für $\rho = 0$. Daher ist $K = 0$ zu setzen. Als partikuläre Lösungen von (9.155) haben sich damit

$$u(\rho, \phi) = u_n(\rho, \phi) = \rho^n (A_n \cos(n\phi) + B_n \sin(n\phi))$$

ergeben ($n = 0,1,\dots$). Für $u(\rho, \phi)$ als Lösung der Randwertaufgabe setzen wir an:

$$u(\rho, \phi) = \sum_{n=0}^{\infty} \rho^n (A_n \cos(n\phi) + B_n \sin(n\phi)) . \qquad (9.158)$$

Notwendige Bedingungen für A_n, B_n ergeben sich aus (9.154):

$$\sum_{n=0}^{\infty} \rho_0^n (A_n \cos(n\phi) + B_n \sin(n\phi)) = f_1(\phi) .$$

Ist

$$\frac{a_0}{2} + \sum_{n=1}^{\infty} (a_n \cos(n\phi) + b_n \sin(n\phi))$$

die FOURIER-Reihe für $f_1(\phi)$, d.h. gilt

$$a_n = \frac{1}{\pi} \int_0^{2\pi} f_1(\phi) \cos(n\phi) \, d\phi , \quad b_n = \frac{1}{\pi} \int_0^{2\pi} f_1(\phi) \sin(n\phi) \, d\phi , \qquad (9.159)$$

so muss für die Koeffizienten in (9.158)

$$A_0 = \frac{1}{2} a_0 , \quad A_n = \rho_0^{-n} a_n , \quad B_n = \rho_0^{-n} b_n$$

sein. Damit erhält man

$$u(\rho, \phi) = \frac{1}{2} a_0 + \sum_{n=1}^{\infty} (\frac{\rho}{\rho_0})^n (a_n \cos(n\phi) + b_n \sin(n\phi)) . \qquad (9.160)$$

Man muss also nur die FOURIER-Reihe für die Randfunktion $f_1(\phi)$ aufstellen und deren Koeffizienten a_n, b_n mit $(\frac{\rho}{\rho_0})^n$ ($n = 0,1,\dots$) multiplizieren, um die Lösung (9.160) des Randwertproblems $\Delta u = 0$, $u(\rho_0, \phi) = f_1(\phi)$ auf dem Kreis $\{(\rho, \phi)^T | 0 \le \rho \le \rho_0, 0 \le \phi \le 2\pi\}$ zu erhalten. Ähnlich wie bei der schwingenden Saite (Abschnitt 9.4.2) lässt sich zeigen, dass (9.160) mit den Koeffizienten aus (9.159) eine Lösung der DIRICHLETschen Aufgabe für den Kreis ist. Setzt man die

Integrale (9.159) in (9.160), so führen einige Umformungen auf die Darstellung
von $u(\rho, \phi)$ als POISSONsches Integral

$$u(\rho, \phi) = \frac{1}{2\pi} \int_0^{2\pi} f_1(\varphi) \frac{\rho_0^2 - \rho^2}{\rho^2 - 2\rho_0\rho \cos(\phi - \varphi) + \rho_0^2} \, d\varphi \, . \tag{9.161}$$

Zum Schluss dieses Kapitels sollen noch einige Anmerkungen zur Bestimmung
von Lösungen der oben behandelten Anfangsrandwert- und Randwertprobleme
gemacht werden. Wir haben die analytischen bzw. formalen Lösungen für verschiedene Aufgaben hergeleitet. Oft ergaben sich Lösungen in Form unendlicher
Reihen. Allerdings sind bei der konkreten Auswertung vorgegebener Anfangs-
und Randdaten in der Regel Integrale zur Bestimmung von FOURIER-Koeffizienten oder zur Ermittlung von Grundlösungen bzw. GREENschen Funktionen zu
berechnen. Das ist in der Praxis nur in Ausnahmefällen analytisch möglich. Hier
muss numerisch integriert werden, so dass von der formalen Lösung zur konkreten Lösung eines Anfangsrandwertproblems oder eines Anfangswertproblems
noch Einiges an Arbeit zu tun bleibt. Zu den Reihendarstellungen der Lösungen
ist allerdings anzumerken, dass man aufgrund der meistens recht guten Konvergenzeigenschaften bei entsprechender Glattheit der Anfangs- bzw. Randdaten mit recht wenigen Reihengliedern oft schon eine ausreichende Näherung der
Lösungen erhält.

9.7   Entdimensionierung von partiellen Differentialgleichungen

Bisher haben wir uns bei der Behandlung und Darstellung konkreten partiellen
Differentialgleichungen nicht um die Maßeinheiten bzw. Dimensionen der vorkommenden echten physikalischen Größen, wie z.B. Geschwindigkeit, Temperatur, Zeit, konkrete räumlichen Abmessungen gekümmert. Allerdings empfiehlt
es sich, Größen geeignet zu skalieren oder auf charakteristische Größen zu beziehen, d.h. sie zu "entdimensionieren". Damit erreicht man auch, dass die dann
dimensionslosen Größen bei der evtl. erforderlichen numerischen Untersuchung
nicht sehr groß oder sehr klein werden, sondern in einem Bereich liegen, der z.B.
auf Computern gut abgebildet werden kann. Wir wollen dies am Beispiel der
NAVIER-STOKES-Gleichung (9.18) und der Wärmeleitungsgleichung demonstrieren. In der Gleichung

$$\rho[\frac{\partial \mathbf{v}}{\partial t} + (\mathbf{v} \cdot \nabla)\mathbf{v}] = -\nabla p + \eta \Delta \mathbf{v} + \mathbf{f} \, ,$$

bedeuten $\mathbf{v}$ eine dimensionsbehaftete Geschwindigkeit ($[\mathbf{v}] = \frac{m}{s}$), und t eine Zeit,
gemessen in Sekunden, ρ ist die Dichte ($[\rho] = \frac{kg}{m^3}$ und η ist die dynamische Viskosität ($[\eta] = \frac{kg}{m \cdot s}$). $\mathbf{f}$ ist eine äußere Volumenkraft, d.h. $[F] = \frac{kg}{m^2 \cdot s^2}$. Die räumlichen partiellen Ableitungen $\frac{\partial}{\partial x}$ beim Gradienten oder LAPLACE-Operator haben
die physikalische Dimension $\frac{1}{m}$ und die zeitliche partielle Ableitung $\frac{\partial}{\partial t}$ hat die
Dimension $\frac{1}{s}$. Entscheidend für die geeignete Dimensionierung oder Entdimensionierung sind charakteristische Größen des jeweiligen Problems, hier sind dies

eine charakteristische bzw. typische Geschwindigkeit mit dem Betrag v_c und eine charakteristische Länge l_c, z.B. $v_c = 20\frac{m}{s}$ bzw. $l_c = 2\,\mathrm{m}$. Wenn wir nun die dimensionslosen Geschwindigkeiten und Längen mit

$$\mathbf{V} = \frac{1}{v_c}\mathbf{v}\,, \quad X = \frac{x}{l_c}$$

und die mit v_c und l_c gebildete dimensionslose Zeit $\tau = t\frac{v_c}{l_c}$ einführen, dann ergibt sich aus (9.18) und mit dem Ausklammern der Dimensionskonstanten

$$\rho\frac{v_c^2}{l_c}[\frac{\partial\mathbf{V}}{\partial\tau} + (\mathbf{V}\cdot\nabla^*)\mathbf{V}] = -\frac{1}{l_c}\nabla^*p + \eta\frac{v_c}{l_c^2}\Delta^*\mathbf{V} + \mathbf{f}$$

und nach Division

$$\frac{\partial\mathbf{V}}{\partial\tau} + (\mathbf{V}\cdot\nabla^*)\mathbf{V} = -\frac{1}{\rho v_c^2}\nabla^*p + \frac{\eta}{\rho v_c l_c}\Delta^*\mathbf{V} + \frac{l_c}{\rho v_c^2}\mathbf{f}\,.$$

Wenn wir noch die Größen $P = \frac{1}{\rho v_c^2}p$ und $\mathbf{F} = \frac{l_c}{\rho v_c^2}\mathbf{f}$ als dimensionslosen Druck bzw. dimensionslose Volumenkraft fixieren, sowie mit

$$Re = \frac{\rho v_c l_c}{\eta} = \frac{v_c l_c}{\nu}$$

die Reynolds-Zahl als dimensionslose Kennzahl einführen ($\nu = \frac{\eta}{\rho}$ ist die kinematische Viskosität), dann erhält man schließlich die dimensionslose Navier-Stokes-Gleichung

$$\frac{\partial\mathbf{V}}{\partial\tau} + (\mathbf{V}\cdot\nabla^*)\mathbf{V} = -\nabla^*P + \frac{1}{Re}\Delta^*\mathbf{V} + \mathbf{F}\,. \tag{9.162}$$

Dabei bedeutet der Stern bei den Operatoren, dass es sich hier um dimensionslose Ableitungen handelt. Es gilt etwa

$$\nabla^* = l_c\nabla\,, \quad \Delta^* = l_c^2\Delta\,.$$

Die Reynolds-Zahl bestimmt das Verhältnis von den nichtlinearen Beschleunigungsgliedern zu den linearen viskosen Gliedern in der Impulsbilanz. Kurz gesagt bedeuten große Reynolds-Zahlen, dass es sich um turbulente Strömungen handelt, bei denen viskose Effekte einen geringen Einfluss haben, während kleine Reynolds-Zahlen bei laminaren Strömungen auftreten.

Die Temperatur eines mit der Geschwindigkeit $\mathbf{v}$ strömenden Mediums (Flüssigkeit oder Gas) wird durch die im Vergleich zu (9.6), d.h. der Wärmeleitungsgleichung für einen festen Körper, durch die Gleichung

$$c_p\rho[\frac{\partial u}{\partial t} + \nabla\cdot(u\mathbf{v})] = \lambda\Delta u + f \tag{9.163}$$

beschrieben, wobei u die Temperatur ($[u] = K$) ist, ρ die Dichte, λ die Wärmeleitfähigkeit ($[\lambda] = \frac{kg\,m}{K\,s^3}$), c_p die spezifische Wärme ($[c_p] = \frac{m^2}{K\,s^2}$) und f eine Wärmequelle beschribt. Mit einer charakteristischen Temperatur u_c, einer charakteristischen Länge l_c und einer charakteristischen Geschwindigkeit v_c kann man die

Wärmeleitungsgleichung entdimensionieren, und zwar definiert man mit

$$U = \frac{u}{u_c} \cdot \quad X = \frac{x}{l_c} , \quad \mathbf{V} = \frac{1}{v_c}\mathbf{v} , \quad \tau = \frac{tv_c}{l_c}$$

eine dimensionslose Temperatur U, Geschwindigkeit $\mathbf{V}$, Länge X und Zeit τ. Damit erhält man ausgehend von (9.163)

$$c_p\rho u_c \frac{l_c}{v_c}[\frac{\partial U}{\partial \tau} + \nabla^* \cdot (U\mathbf{V})] = u_c\frac{1}{l_c^2}\lambda\Delta^*U + f$$

bzw.

$$\frac{\partial U}{\partial \tau} + \nabla^* \cdot (U\mathbf{V}) = \frac{\lambda}{c_p\rho l_c v_c}\Delta^*U + \frac{l_c}{c_p\rho v_c u_c}f .$$

Und wenn wir die Temperaturleitzahl $a = \frac{\lambda}{c_p\rho}$, die Prandtl-Zahl

$$Pr = \frac{\nu}{a}$$

und die dimensionslose Wärmequelle $F = \frac{l_c}{c_p\rho v_c u_c}f$ einführen, dann erhält man am Ende die entdimensionierte Wärmeleitungsgleichung

$$\frac{\partial U}{\partial \tau} + \nabla^* \cdot (U\mathbf{V}) = \frac{1}{Pr\,Re}\Delta^*U + F ,$$

wobei für die Reynolds-Zahl $Re = \frac{v_c l_c}{\nu}$ galt (s. oben). Die Prandtl-Zahl als Verhältnis von kinematischer Viskosität und Temperaturleitfähigkeit kann man als ein Maß für das Verhältnis der Dicken von Strömungsgrenzschicht zu Temperaturgrenzschicht verstehen.

Neben der Transformation von konkreten Problemstellungen der mathematischen Physik durch eine Entdimensionierung auf handhabbare Größenordnungen (z.B. transformiert man ein rechteckiges Gebiet der Größe $4000\,\text{m} \times 8000\,\text{m}$ durch die Wahl einer charakteristischen Länge von $l_c = 4000\,\text{m}$ mit der Entdimensionierung auf ein dimensionsloses Gebiet $[0,1] \times [0,2]$), kann man bei unterschiedlichen Aufgaben, die nach einer Entdimensionierung gleiche Reynolds-Zahlen oder Prandtl-Zahlen haben, auf Ähnlichkeit schließen. Das ist auch die Grundlage für die Auslegung von experimentellen Versuchständen, um Aufgaben aus der realen Welt durch entsprechend dimensionierte Experimente zu untersuchen. Ein Beispiel hierfür ist die Nutzung von Windkanälen zur Untersuchung von strömungsmechanischen Phänomenen an Flugzeugen oder verfahrenstechnischen Anlagen. Deshalb werden Reynolds-Zahl und Prandtl-Zahl auch Ähnlichkeitskennzahlen genannt.

9.8   Aufgaben

1) Bestimmen Sie mit Hilfe des Separationsansatzes Lösungen $u(x,y)$ bzw. $u(x,t)$ für die partiellen Differentialgleichungen

$$(a) \quad u_{xx} = 4u_y , \; u(0,y) = u(\pi,y) = 0 , \qquad (b) \quad a^2 u_{xx} = u_{tt} , \; a > 0 .$$

2) Bestimmen Sie eine Lösung der partiellen Differentialgleichung

$$x\,u_x(x,t) + t\,u_t(x,t) = x\,u(x,t)\,, x > 0,\, t > 0, \quad u(x,1) = x^2 e^x$$

mit Hilfe des Separationsansatzes.

3) Transformieren Sie die Differentialgleichung

$$u_{xx} - u_{yy} = 0 \;\; \text{für } |x^2 - y^2| \le 1$$
$$u(x,y) = x^2 + y^2 \;\; \text{für } |x^2 - y^2| = 1$$

auf Hyperbelkoordinaten.

Hinweis: Hyperbelkoordinaten sind durch die Transformation

$$\mathbf{x}(\rho,\phi) = \begin{pmatrix} x(\rho,\phi) \\ y(r,\phi) \end{pmatrix} := \begin{pmatrix} \rho\cosh\phi \\ \rho\sinh\phi \end{pmatrix}$$

gegeben.

4) Stellen Sie die gewöhnlichen Differentialgleichungen für die Faktoren $R(\rho)$ und $\Phi(\phi)$ des Produktansatzes $v(\rho,\phi) = R(\rho)\Phi(\phi)$ zur Lösung des in Aufgabe 3 transformierten Randwertproblems auf.

5) Bestimmen Sie eine divergenzfreie Lösung $\mathbf{u}(x,y) = (u(x,y), v(x,y))$, d.h. $\operatorname{div}\mathbf{u} = 0$, des Differentialgleichungssystems

$$u\frac{\partial u}{\partial x} + v\frac{\partial u}{\partial y} = -\frac{\partial p}{\partial x} + \frac{1}{Re}\Delta\,u$$

$$u\frac{\partial v}{\partial x} + v\frac{\partial v}{\partial y} = -\frac{\partial p}{\partial y} + \frac{1}{Re}\Delta\,v$$

in einem Rechteckgebiet $\Omega = \{(x,y) \mid 0 < x < L,\, 0 < y < H\}$ wobei für u und v am Rand $\Gamma_h = \{(x,y) \mid 0 < x < L,\, y = 0 \wedge y = H\}$ die Haftbedingungen $u = v = 0$ erfüllt sein sollen, und der Druck p in x-Richtung linear und in y-Richtung konstant sein soll, also $p(x,y) = x(p_1 - p_0)\,,\; p_1 < p_0$, gelten soll. Es handelt sich hierbei um ein mathematisches Modell der Beschreibung einer ebenen laminaren Strömung in einem Kanal. Man gehe davon aus, dass eine zu den Kanalwänden $y = 0$ und $y = H$ parallele Strömung vorliegt.

6) Zeigen Sie, dass für ein 3-mal stetig differenzierbares divergenzfreies Geschwindigkeitsfeld $\mathbf{u} = (u,v)$ aus den instationären STOKES-Gleichungen

$$\frac{\partial\mathbf{u}}{\partial t} = -\operatorname{grad} p + \frac{1}{Re}\Delta\,\mathbf{u}$$

für den Druck die Gleichung $\Delta\,p = 0$ folgt.

7) Zeigen Sie, dass für eine zweimal stetig differenzierbare Lösung $u(x,y)$ des Randwertproblems

$$-\Delta\,u = f \;\; \text{in } \Omega\,, \qquad u = 0 \;\; \text{auf } \Gamma_d\,, \qquad \frac{\partial u}{\partial\mathbf{n}} = q \;\; \text{auf } \Gamma_n\,,$$

die Integralgleichung

$$\int_\Omega [\nabla u \cdot \nabla h - f\,h]\,dF - \int_{\Gamma_n} q\,h\,ds = 0$$

gilt, wobei f, q gegebene, integrierbare Funktionen sind und $\Gamma = \Gamma_d \cup \Gamma_n, \Gamma_d \cap \Gamma_n = \emptyset$, der Rand von Ω ist. h sei stetig differenzierbar und auf Γ_d gleich Null. $\frac{\partial}{\partial \mathbf{n}}$ bezeichnet die Ableitung in Richtung der äußeren Normalen auf dem Rand von Ω.

8) Der Transport eines Stoffes c (z.B. eines Schadstoffes) wird im Allg. mit der Konvektions-Diffusions-Gleichung

$$\frac{\partial c}{\partial t} + \nabla \cdot (\mathbf{v}c) = D\Delta c + f$$

beschrieben, wobei D der Diffusionskoeffizient, $\mathbf{v}$ ein gegebenes (oder auch zu berechnendes) Geschwindigkeistfeld ist, und f ein Quell-Senken-Glied ist. Die Konzentration c des Stoffes ist dimensionslos. Entdimensionieren Sie die Gleichung durch die Verwendung einer charakteristischen Länge l_c und dem Betrag v_c einer charakteristischen Geschwindigkeit. Verwenden Sie dabei die Reynolds-Zahl $Re = \frac{v_c l_c}{\nu}$ und die Schmidt-Zahl $Sc = \frac{\nu}{D}$, die das Verhältnis von diffusivem Impulstransport zu diffusivem Stofftransport beschreibt, als dimensionslose Kennzahlen in der entdimensionierten Gleichung.

10 Funktionentheorie

Komplexe Zahlen haben sich den vorangegangenen Kapiteln oft als wichtiges Hilfsmittel bei der Lösung von Differentialgleichungen, bei der Berechnung von Integralen und bei der Beschreibung von Sachverhalten der Elektrotechnik erwiesen. Im Folgenden sollen nun komplexwertige Funktionen komplexer Veränderlicher, also $f : \mathbb{C} \longrightarrow \mathbb{C}$ behandelt werden. Wir werden uns dabei auf die Kenntnisse über komplexe Zahlen stützen und feststellen, dass z.B. die Integration komplexer Funktionen in einem starken Bezug zu den Kurvenintegralen steht. Insbesondere die durch komplexe Funktionen realisierten Abbildungen finden in vielen Ingenieurdisziplinen Anwendung, wie z.B. bei den Gebietstransformationen und der Konstruktion von orthogonalen Diskretisierungen zur numerischen Lösung von Differentialgleichungen. Funktionentheoretische Methoden finden beim Lösen von elektrostatischen Problemen in der Ebene oder bei der Beschreibung von Strömungen Anwendung. Eine große Bedeutung haben Integrale von komplexen Funktionen bei den im nächsten Kapitel zu behandelnden Integraltransformationen. Außerdem zeigt sich, dass Integrale komplexer Funktionen auch für die Berechnung von uneigentlichen Integralen reeller Funktionen eingesetzt werden können.

Insgesamt ist es aber im Rahmen dieses Buches nur möglich, einige nach unserer Meinung für angewandt arbeitende Mathematiker, Ingenieure und Physiker interessante Elemente des umfassenden mathematischen Gebiets der Funktionentheorie anzusprechen.

Übersicht

10.1 Komplexe Funktionen

Wenn man komplexe Zahlen als Punkte in der GAUSSschen Zahlenebene betrachtet, sind sie durch den Realteil und Imaginärteil eindeutig bestimmt und man kann eine komplexe Zahl $z = x + iy$ eindeutig dem Punkt $(x, y) \in \mathbb{R}^2$ zuordnen und umgekehrt (vgl. Abschnitt 1.7). Man kann also $\mathbb{C}$ mit $\mathbb{R}^2$ identifizieren. Kurven im $\mathbb{R}^2$ kann man als komplexwertige Funktionen $z(t)$ eines reellen Parameters t auffassen. Z.B. entspricht die Kurve

$$\gamma(t) = \begin{pmatrix} \cos t \\ \sin t \end{pmatrix}, \ t \in [0, 2\pi], \quad \text{den Werten} \quad z(t) = \cos t + i \sin t, \ t \in [0, 2\pi].$$

Ebenso lassen sich Begriffe wie Folgenkonvergenz oder Offenheit, Abgeschlossenheit, Beschränktheit aus dem $\mathbb{R}^2$ direkt auf den Bereich der komplexen Zahlen übertragen. Wenn wir nun komplexe Funktionen betrachten, also Abbildungen der Form $f : D \longrightarrow \mathbb{C}$, $D \subset \mathbb{C}$, dann wird einer komplexen Zahl $z = x + iy \in D$ eine komplexe Zahl $f(z) = u(x, y) + iv(x, y)$ zugeordnet. $u(x, y)$ und $v(x, y)$ sind dann reellwertige Funktionen. Die komplexe Funktion f bedeutet also nichts anderes als eine Abbildung von $D \subset \mathbb{R}^2$ in den $\mathbb{R}^2$

$$\begin{pmatrix} x \\ y \end{pmatrix} \mapsto \begin{pmatrix} u(x, y) \\ v(x, y) \end{pmatrix}.$$

Somit kann man Stetigkeit oder Grenzwert einer komplexen Funktion über die Stetigkeit oder den Grenzwert der entsprechenden Abbildung aus $D \subset \mathbb{R}^2$ in den $\mathbb{R}^2$ erklären.

Beispiele komplexer Funktionen:

1) Hat man zum Beispiel die komplexe Funktion $f(z) = \frac{1}{z}$, die auf $\mathbb{C} \setminus \{0\}$ definiert ist, so errechnet man für den Funktionswert

$$f(z) = \frac{1}{z} = \frac{\overline{z}}{z\overline{z}} = \frac{x}{x^2 + y^2} - i\frac{y}{x^2 + y^2},$$

also haben u und v die Form $u(x, y) = \frac{x}{x^2+y^2}$ und $v(x, y) = -\frac{y}{x^2+y^2}$. Die Abbildung $w = f(z) = \frac{1}{z}$ lässt sich in der GAUSSschen Zahlenebene in einfacher Weise veranschaulichen. Benutzt man für die komplexen Zahlen Polarkoordinaten und die EULERsche Formel, so ist mit

$$z = r\,e^{i\phi} \qquad w = \rho e^{i\psi} = \frac{1}{r}e^{-i\phi} = \frac{1}{z},$$

also $\rho = \frac{1}{r}$ und $\psi = -\phi$. Die Abbildung $z \mapsto w$ kann man in zwei Schritten ausführen:

a) Bildung von $w' = \frac{1}{r}e^{i\phi}$

b) Übergang zur konjugiert-komplexen Zahl $w = \overline{w}' = \frac{1}{r}e^{-i\phi} = \frac{1}{z}$.

w' geht aus z durch Inversion am Einheitskreis hervor. Die Spiegelung von w' an der reellen Achse liefert das Bild w des Punktes z bei der Abbildung $w = \frac{1}{z}$. Die zugehörige geometrische Konstruktion ist in der Abbildung 10.1 skizziert. Durch die Abbildung $w = \frac{1}{z}$ wird das Innere des Einheitskreises in das Äußere überführt und umgekehrt. Eine Zahl z mit $|z| = 1$ geht in die konjugiert-komplexe Zahl $\bar{z}$ über, d.h. der Einheitskreis geht in sich über; $z = \pm 1$ sind Fixpunkte der Abbildung.

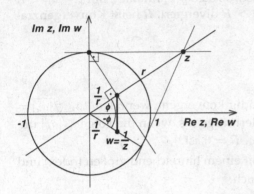

Abb. 10.1. Die Abbildung $w = f(z) = \frac{1}{z}$

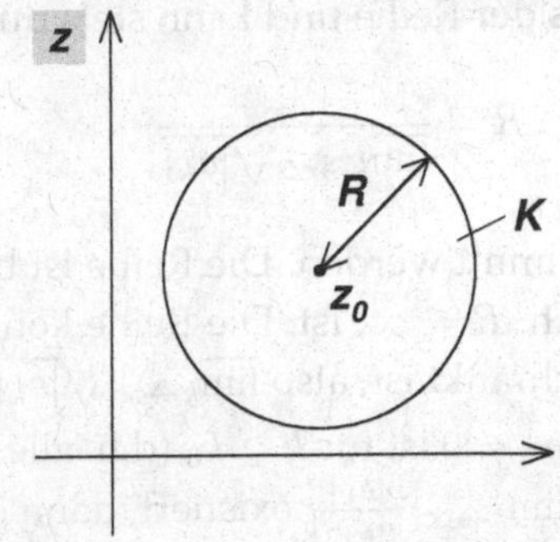

Abb. 10.2. Konvergenzgebiet K einer Potenzreihe $\sum_{k=0}^{\infty} a_k(z - z_0)^k$

2) Für $f(z) = z^3$ findet man

$$f(z) = (x + iy)^3 = x^3 + 3x^2iy + 3x(iy)^2 + (iy)^3 = (x^3 - 3xy^2) + i(3x^2y - y^3) \, .$$

3) Bei der Funktion $f(z) = e^z$ findet man

$$e^z = e^{x+iy} = e^x e^{iy} = e^x \cos y + ie^x \sin y \, .$$

Da wir definiert haben, dass die Folge komplexer Zahlen $(z_n) = (x_n + iy_n)$ genau dann gegen $z^* = x^* + iy^*$ konvergiert, wenn (x_n, y_n) als Folge aus dem $\mathbb{R}^2$ gegen (x^*, y^*) konvergiert, können wir uns auch komplexen Potenzreihen zuwenden (vgl. Abschnitt 3.6). Wir betrachten die Folge

$$(s_n) = \left(\sum_{k=0}^{n} a_k(z - z_0)^k \right)$$

bei gegebenen Koeffizienten $a_k \in \mathbb{C}$ sowie gegebenem $z_0 \in \mathbb{C}$, und fragen, für welche $z \in \mathbb{C}$ die Folge konvergiert. Wenn für $z = z_1$ Konvergenz der Folge (s_n) gegen $s' \in \mathbb{C}$ vorliegt, sagen wir, die Potenzreihe

$$p(z) = \sum_{k=0}^{\infty} a_k(z - z_0)^k$$

konvergiert für $z = z_1$ gegen s'. Die Reihe ist dann auch für alle z mit $|z - z_0| < |z_1 - z_0|$ konvergent, sogar absolut (Satz von ABEL). Konvergenzgebiete für Potenzreihen sind also in jedem Fall kreisförmig. Für das Konvergenzgebiet einer Potenzreihe $p(z)$ gibt es 3 Fälle:

a) $p(z)$ konvergiert nirgends (außer für $z = z_0$);

b) $p(z)$ konvergiert beständig, d.h. in der gesamten komplexen Ebene $\mathbb{C}$;

c) Es gibt eine reelle Zahl R mit $0 < R < \infty$, so dass $p(z)$ für alle z mit $|z - z_0| < R$ konvergiert, und für alle z mit $|z - z_0| > R$ divergiert. R heißt **Konvergenzradius** der Reihe und kann stets durch

$$R = \frac{1}{\overline{\lim}_{k \to \infty} \sqrt[k]{|a_k|}}$$

bestimmt werden. Die Reihe ist beständig konvergent, wenn $\overline{\lim}_{k \to \infty} \sqrt[k]{|a_k|} = 0$, d.h. $R = \infty$, ist. Die Reihe konvergiert nirgends, wenn die Folge $\sqrt[k]{|a_k|}$ unbeschränkt ist, also $\overline{\lim}_{k \to \infty} \sqrt[k]{|a_k|} = \infty$, $R = 0$, ist.

Wenn $a_k \neq 0$ ist für $k \geq k_0$ (d.h. alle a_k mit einem hinreichend großen Index) und wenn $\lim_{k \to \infty} \frac{|a_k|}{|a_{k+1}|}$ existiert, dann gilt auch

$$R = \lim_{k \to \infty} \frac{|a_k|}{|a_{k+1}|} \,,$$

womit R oft leichter zu ermitteln ist (vgl. Abschnitt 3.4). Ist die Folge $\frac{|a_k|}{|a_{k+1}|}$ unbeschränkt, so ist die Potenzreihe beständig konvergent, d.h. $R = \infty$. Die Menge

$$K = \{z \in \mathbb{C}, | \, |z - z_0| < R\}$$

heißt **Konvergenzkreis** der Reihe. Die Reihe definiert also eine komplexe Funktion $p : K \longrightarrow \mathbb{C}$. Eine Potenzreihe konvergiert in ihrem Konvergenzkreis absolut und gleichmäßig.

Beispiel: Die Reihe $\sum_{k=0}^{\infty} \frac{z^k}{k!}$ konvergiert beständig, da $R = \lim_{k \to \infty} \frac{|a_k|}{|a_{k+1}|} = \lim_{k \to \infty}(k + 1) = \infty$ gilt $(a_k = \frac{1}{k!})$.

10.2 Differentiation komplexer Funktionen

Die Differenzierbarkeit von Abbildungen $\mathbf{f}$ aus dem $\mathbb{R}^2$ in den $\mathbb{R}^2$ an der Stelle (x, y) bedeutet die Existenz einer Matrix (JACOBI-Matrix) $\mathbf{f}'(x, y) : \mathbb{R}^2 \to \mathbb{R}^2$, so dass

$$\mathbf{f}(x + \Delta x, y + \Delta y) = \mathbf{f}(x, y) + \mathbf{f}'(x, y)\begin{pmatrix}\Delta x \\ \Delta y\end{pmatrix} + \mathbf{r}(x, y) \,, \text{ mit}$$

$$\lim_{(\Delta x, \Delta y) \to (0,0)} \frac{|\mathbf{r}(x, y)|}{\sqrt{\Delta x^2 + \Delta y^2}} = 0$$

gilt (vgl. Abschnitt 5.7). Dann gilt für kleine Werte von $\sqrt{\Delta x^2 + \Delta y^2}$ die Näherungsbeziehung

$$\mathbf{f}(x + \Delta x, y + \Delta y) \approx \mathbf{f}(x, y) + \mathbf{f}'(x, y) \begin{pmatrix} \Delta x \\ \Delta y \end{pmatrix} .$$

Diese Definition der Differenzierbarkeit war erforderlich, weil wir nicht wie bei reellen Funktionen einer Veränderlichen den Grenzwert eines Differenzenquotienten betrachten konnten, denn durch Elemente aus dem $\mathbb{R}^2$ kann man nicht dividieren. Es sei daran erinnert, dass die Ableitungsmatrix bzw. JACOBI-Matrix $\mathbf{f}'(x, y)$ im Falle der Differenzierbarkeit von $\mathbf{f}(x, y) = (u(x, y), v(x, y))^T$ die Form

$$\mathbf{f}'(x, y) = \begin{pmatrix} \frac{\partial u(x,y)}{\partial x} & \frac{\partial u(x,y)}{\partial y} \\ \frac{\partial v(x,y)}{\partial x} & \frac{\partial v(x,y)}{\partial y} \end{pmatrix} \tag{10.1}$$

hat. Da man in $\mathbb{C}$ dividieren kann, ist es möglich, die **Ableitung** der komplexen Funktion $f(z)$ durch

$$f'(z) := \lim_{\Delta z \to 0} \frac{f(z + \Delta z) - f(z)}{\Delta z} \tag{10.2}$$

zu definieren, falls der Grenzwert existiert. f heißt **differenzierbar** in z, wenn die Ableitung existiert. Da wir eine Verwandtschaft zwischen Abbildungen aus dem $\mathbb{R}^2$ in den $\mathbb{R}^2$ und komplexen Funktionen festgestellt haben, soll untersucht werden, welchen Zusammenhang es zwischen der Ableitungsmatrix (10.1) und der durch (10.2) definierten Ableitung $f'(z) = \operatorname{Re} f' + i \operatorname{Im} f'$ einer komplexen Funktion gibt. Dazu schreiben wir (10.2) in der Form

$$f(z + \Delta z) = f(z) + f'(z)\Delta z + r(z)$$

auf, wobei der Betrag des Fehlers $r(z)$ schneller gegen Null geht als $|\Delta z|$ ($|r(z)| = o(|\Delta z|)$). Für $f'(z)\Delta z$ erhalten wir

$$(\operatorname{Re} f' + i\operatorname{Im} f')(\Delta x + i\Delta y) = \operatorname{Re} f'\Delta x - \operatorname{Im} f'\Delta y + i(\operatorname{Im} f'\Delta x + \operatorname{Re} f'\Delta y) ,$$

d.h. die Multiplikation $f'(z)\Delta z$ entspricht der Multiplikation

$$\begin{pmatrix} \operatorname{Re} f' & -\operatorname{Im} f' \\ \operatorname{Im} f' & \operatorname{Re} f' \end{pmatrix} \begin{pmatrix} \Delta x \\ \Delta y \end{pmatrix} , \tag{10.3}$$

wenn man in der oberen Zeile den Realteil und in der unteren Zeile den Imaginärteil des Produktes $f'(z)\Delta z$ anordnet. Wir werden nach einer kurzen Rechnung feststellen, dass die Matrix (10.1) mit der Matrix aus (10.3) im Falle der Differenzierbarkeit der komplexen Funktion f übereinstimmt. Differenzierbarkeit bedeutet die Existenz des Grenzwertes $\lim_{\Delta z \to 0} \frac{f(z+\Delta z)-f(z)}{\Delta z}$ für beliebige $\Delta z \in \mathbb{C}$ mit $\Delta z \to 0$, also auch für $\Delta z = \Delta x$ und $\Delta z = i\Delta y$ mit $\Delta x \to 0$ und $\Delta y \to 0$. Also muss

$$f'(z) = \lim_{\Delta x \to 0} \frac{f(z + \Delta x) - f(z)}{\Delta x} \tag{10.4}$$

$$= \lim_{\Delta x \to 0} \frac{[u(x + \Delta x, y) + iv(x + \Delta x, y)] - [u(x, y) + iv(x, y)]}{\Delta x}$$

$$= \lim_{\Delta x \to 0} \left[\frac{u(x + \Delta x, y) - u(x, y)}{\Delta x} + i \frac{v(x + \Delta x, y) - v(x, y)}{\Delta x} \right]$$

$$= u_x(x, y) + iv_x(x, y)$$

gelten. Auf die gleiche Weise findet man

$$f'(z) = \lim_{i\Delta y \to 0} \frac{f(z + i\Delta y) - f(z)}{i\Delta y} = v_y(x, y) - iu_y(x, y) . \tag{10.5}$$

Aus (10.4) und (10.5) folgen die Gleichungen

$$u_x(x, y) = v_y(x, y) \qquad \text{und} \qquad v_x(x, y) = -u_y(x, y) , \tag{10.6}$$

als **notwendige Bedingung** für die Differenzierbarkeit einer komplexen Funktion $f(z) = u + iv$ an der Stelle $z = x + iy$. Die Gleichungen (10.6) werden auch CAUCHY-RIEMANNsche Differentialgleichungen genannt. Damit stellt man fest, dass im Falle der komplexen Ableitung

$$\begin{pmatrix} \operatorname{Re} f' & -\operatorname{Im} f' \\ \operatorname{Im} f' & \operatorname{Re} f' \end{pmatrix} = \begin{pmatrix} \frac{\partial u(x,y)}{\partial x} & \frac{\partial u(x,y)}{\partial y} \\ \frac{\partial v(x,y)}{\partial x} & \frac{\partial v(x,y)}{\partial y} \end{pmatrix}$$

ist. Die eben durchgeführten Betrachtungen können wir wie folgt zusammenfassen.

Satz 10.1. *(Differenzierbarkeit einer komplexwertigen Funktion)*

Sei D ein Gebiet, also eine offene zusammenhängende Menge, in $\mathbb{C}$, $z = x + iy \in D$ und die Funktion $f(z) = u(x, y) + iv(x, y)$ differenzierbar in z. Dann besitzen die Funktionen u und v in (x, y) partielle Ableitungen u_x, u_y, v_x, v_y und es gelten die CAUCHY-RIEMANN**schen Differentialgleichungen**

$$u_x(x, y) = v_y(x, y) \qquad \text{und} \qquad v_x(x, y) = -u_y(x, y) . \tag{10.7}$$

Für die Ableitung f' in z gilt

$$f'(z) = u_x(x, y) + iv_x(x, y) \tag{10.8}$$

$$= v_y(x, y) - iu_y(x, y) .$$

Sind Realteil $u(x, y)$ und Imaginärteil $v(x, y)$ in D **stetig** *partiell differenzierbar und gilt (10.7), so ist $f = u + iv$ in D differenzierbar.*

Die letzte Aussage des Satzes ist eine **hinreichende** Bedingung für die Differenzierbarkeit einer komplexen Funktion. Es reicht also zum Nachweis der Differenzierbarkeit aus, für stetig partiell differenzierbare Real- und Imaginärteile u und v die Gültigkeit der CAUCHY-RIEMANNschen Differentialgleichungen zu zeigen. Die CAUCHY-RIEMANNschen Differentialgleichungen (10.7) wurden oben aus der Forderung abgeleitet, dass die Grenzwerte (10.2) für $\Delta z \to 0$ insbesondere für $\Delta z = \Delta x$ und $\Delta z = i\,\Delta y$ existieren und übereinstimmen. Es wurde also gefordert, dass man denselben Grenzwert (10.2) erhält, wenn sich der Punkt $z + \Delta z$ in 2 Richtungen dem Punkt z nähert. Sind nun umgekehrt die Bedingungen (10.7) erfüllt und $u(x,y) = \operatorname{Re} f(z)$, $v(x,y) = \operatorname{Im} f(z)$ stetig partiell differenzierbar, so erhält man stets denselben Grenzwert (10.2), in welcher Richtung sich der Punkt $z + \Delta z$ auch gegen z bewegt (s. Abb. 10.3). Wir wollen das jetzt beweisen. Sei $\Delta z = \Delta r\, e^{i\phi}$, ϕ fest, dann existieren nach dem Mittelwertsatz der Differentialrechnung (5.28) Zahlen $0 < \zeta, \eta < 1$ mit

$$
\begin{aligned}
\frac{f(z + \Delta r\, e^{i\phi}) - f(z)}{\Delta r\, e^{i\phi}} &= \frac{f(z + \Delta r\, e^{i\phi}) - f(z)}{\Delta r} e^{-i\phi} \\
&= \frac{1}{\Delta r}[u(x + \Delta r\,\cos\phi, y + \Delta r\,\sin\phi) + iv(x + \Delta r\,\cos\phi, y + \Delta r\,\sin\phi) \\
&\qquad - u(x,y) - iv(x,y)](\cos\phi - i\sin\phi) \\
&= \frac{1}{\Delta r}[u_x(x + \zeta\Delta r\,\cos\phi, y + \zeta\Delta r\,\sin\phi)\Delta r\,\cos\phi \\
&\qquad + u_y(x + \zeta\Delta r\,\cos\phi, y + \zeta\Delta r\,\sin\phi)\Delta r\,\sin\phi \\
&\qquad + iv_x(x + \eta\Delta r\,\cos\phi, y + \eta\Delta r\,\sin\phi)\Delta r\,\cos\phi \\
&\qquad + iv_y(x + \eta\Delta r\,\cos\phi, y + \eta\Delta r\,\sin\phi)\Delta r\,\sin\phi](\cos\phi - i\sin\phi) \,.
\end{aligned}
$$

Geht Δr gegen Null, so erhält man wegen der Stetigkeit der partiellen Ableitungen u_x, u_y, v_x, v_y :

$$
\begin{aligned}
\lim_{\Delta r \to 0} \frac{f(z + \Delta r\, e^{i\phi}) - f(z)}{\Delta r\, e^{i\phi}} &= u_x \cos^2\phi + (u_y + v_x)\sin\phi\cos\phi + v_y \sin^2\phi \\
&\quad + i[(-u_x + v_y)\sin\phi\cos\phi - u_y \sin^2\phi + v_x \cos^2\phi] \\
&= u_x(x,y) + iv_x(x,y) \,,
\end{aligned}
$$

letzteres wegen (10.7), d.h. $u_y = -v_x$, $v_y = u_x$. Damit ist die Richtungsunabhängigkeit des Grenzwertes (10.2) unter den genannten Bedingungen gezeigt. Man kann (und muss, wenn man die Differenzierbarkeit von $f(z)$ beweisen will) darüber hinaus gehend zeigen, dass diese Bedingungen hinreichend für die Existenz von (10.2) sind, wenn sich Δz in beliebiger Weise (nicht nur längs Geraden) auf z zubewegt. Das werden wir hier aber nicht tun.

Definition 10.1. (analytische Funktion)
Sei $D \subset \mathbb{C}$ ein Gebiet und $f : D \to \mathbb{C}$ eine komplexe Funktion. Ist f in jedem Punkt $z \in D$ differenzierbar, so nennt man f in D **analytisch** oder **holomorph**.

Mit dem Satz 10.1 hat man nun ein bequemes Kriterium zur Verfügung, um komplexe Funktionen auf Differenzierbarkeit zu untersuchen.

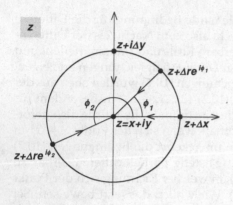

Abb. 10.3. Zur Differenzierbarkeit komplexer Funktionen

Beispiel: Die Funktion $g(z) = z\bar{z}$ hat den stetig partiell differenzierbaren Realteil $u(x,y) = x^2 + y^2$ und Imaginärteil $v(x,y) = 0$. Man sieht sofort, dass $u_x = 2x \neq 0 = v_y$ für alle $x \neq 0$ gilt, d.h. die CAUCHY-RIEMANNschen Differentialgleichungen sind nicht erfüllt und damit ist g **nicht** differenzierbar.
Für die Funktion $f(z) = z^2$ erhält man für $z = x + iy$ den Realteil $u(x,y) = x^2 - y^2$ und den Imaginärteil $v(x,y) = 2xy$. u und v sind stetig partiell differenzierbar und wir stellen mit $u_x = 2x$, $v_y = 2x$, $u_y = -2y$ und $v_x = 2y$ die Gültigkeit der CAUCHY-RIEMANNschen Differentialgleichungen und damit die Differenzierbarkeit von f fest. Für die Ableitung $f'(z)$ erhalten wir nach Satz 10.1

$$f'(z) = u_x + iv_x = 2x + i2y = 2(x + iy) = 2z \ .$$

Man kann wie im Falle reeller Funktionen für Potenzfunktionen, Polynome, rationale Funktionen die Gültigkeit von Produkt- und Kettenregel der Differentiation zeigen.

Es gilt also insbesondere

$$f'(z) = nz^{n-1} \quad \text{für} \quad f(z) = z^n \ ,$$

$$f'(z) = g'(z) + h'(z) \quad \text{für} \quad f(z) = g(z) + h(z) \ ,$$

$$f'(z) = g'(z)h(z) + g(z)h'(z) \quad \text{für} \quad f(z) = g(z)h(z) \ ,$$

$$f'(z) = \frac{g'(z)h(z) - g(z)h'(z)}{h^2(z)} \quad \text{für} \quad f(z) = \frac{g(z)}{h(z)} \ , \ h(z) \neq 0 \ ,$$

$$f'(z) = g'(h(z))h'(z) \quad \text{für} \quad f(z) = g(h(z)) \ .$$

Damit sind Summe, Produkt, Quotient und Verkettung analytischer Funktionen wieder analytisch.

10.3 Elementare komplexe Funktionen und Potenzreihen

Wir haben schon die komplexe Exponentialfunktion

$$f(z) = e^z = e^x \cos y + i e^x \sin y$$

erwähnt. Man rechnet durch

$$\frac{\partial(e^x \cos y)}{\partial x} = e^x \cos y = \frac{\partial(e^x \sin y)}{\partial y} \quad \text{bzw.} \quad \frac{\partial(e^x \cos y)}{\partial y} = -e^x \sin y = -\frac{\partial(e^x \sin y)}{\partial x},$$

nach, dass e^z analytisch ist. Andererseits kann man zeigen, dass die auf ganz $\mathbb{C}$ konvergente Potenzreihe $\sum_{k=0}^{\infty} \frac{z^k}{k!}$ eine Funktion definiert, nämlich die komplexe **Exponentialfunktion**, also gilt auch $e^z = \sum_{k=0}^{\infty} \frac{z^k}{k!}$.

Konvergente Potenzreihen sind sowohl im Reellen als auch im Komplexen im Konvergenzkreis gliedweise differenzierbar. Definiert man **Sinus** und **Kosinus** durch

$$\sin z = \sum_{k=0}^{\infty} \frac{(-1)^k}{(2k+1)!} z^{2k+1} \quad \text{und} \quad \cos z = \sum_{k=0}^{\infty} \frac{(-1)^k}{(2k)!} z^{2k},$$

also in Anlehnung und Verallgemeinerung der Potenzreihen von Sinus und Kosinus im Reellen, dann ist das zum einen durch die überall in $\mathbb{C}$ konvergenten Potenzreihen gerechtfertigt. Außerdem stellt man fest, dass

$$\cos z = \cos(-z), \ \sin(-z) = -\sin z, \ (\sin z)' = \cos z \ \text{und} \ (\cos z)' = -\sin z$$

gilt. Mit der Rechnung

$$e^{iz} + e^{-iz} = \sum_{k=0}^{\infty} \frac{(iz)^k}{k!} + \sum_{k=0}^{\infty} \frac{(-iz)^k}{k!} = \sum_{k=0}^{\infty} [i^k + (-i)^k] \frac{z^k}{k!} = 2 \sum_{k=0}^{\infty} \frac{(-1)^k}{(2k)!} z^{2k} = 2 \cos z$$

und durch die analoge Rechnung für $e^{iz} - e^{-iz}$ findet man die Beziehungen

$$\cos z = \frac{e^{iz} + e^{-iz}}{2} \quad \text{und} \quad \sin z = \frac{e^{iz} - e^{-iz}}{2i} \quad \text{für} \ z \in \mathbb{C}. \tag{10.9}$$

Aus diesen Beziehungen kann man nun Realteil und Imaginärteil der komplexen Kosinus- und Sinus-Funktion explizit berechnen. Es ergibt sich

$$\cos z = \frac{e^{iz} + e^{-iz}}{2} = \frac{e^{-y+ix} + e^{y-ix}}{2} = \frac{1}{2}[e^{-y}(\cos x + i \sin x) + e^y(\cos x - i \sin x)]$$

$$= \frac{e^y + e^{-y}}{2} \cos x - i \frac{e^y - e^{-y}}{2} \sin x = \cos x \cosh y - i \sin x \sinh y,$$

und auf analoge Weise für die Sinus-Funktion

$$\sin z = \sin x \cosh y + i \cos x \sinh y.$$

Durch Verwendung der Beziehungen (10.9) findet man ebenso wie im Reellen den Satz des PYTHAGORAS für die komplexen trigonometrischen Funktionen

$$\cos^2 z + \sin^2 z = 1 \quad \text{in ganz} \quad \mathbb{C},$$

obwohl die Funktionen $\cos z$ und $\sin z$ z.B. für $z = iy$ bei $|y| \to \infty$ **nicht** beschränkt sind.

Analog zum Vorgehen im Reellen definiert man die **Hyperbelfunktionen** für komplexe Argumente z, indem man in der Reihe für e^z die ungeraden und geraden Glieder jeweils für sich zusammenfasst, so dass $\sinh z$ und $\cosh z$ durch

$$\sinh z = z + \frac{z^3}{3!} + \frac{z^5}{5!} + \cdots = \frac{e^z - e^{-z}}{2} \tag{10.10}$$

$$\cosh z = 1 + \frac{z^2}{2!} + \frac{z^4}{4!} + \cdots = \frac{e^z + e^{-z}}{2} \tag{10.11}$$

definiert werden. Mit den Beziehungen $\sinh z = \frac{1}{i} \sin(zi)$ und $\cosh z = cos(zi)$ kann man aus den für $\sin z$ und $\cos z$ geltenden Beziehungen entsprechende für die komplexen Hyperbelfunktionen nachweisen (s. auch Aufgaben am Ende des Kapitels).

Durch die formale Rechnung für die komplexe Zahl $z = re^{\phi i}$, $\phi \in]-\pi, \pi]$ findet man

$$\log_k z = \ln re^{\phi i} = \ln re^{\phi i + 2k\pi i} = \ln r + i\phi + 2k\pi i, \quad (k \in \mathbb{Z})$$

und nennt $\log_k z$ den **k-ten Zweig des Logarithmus**. Da die Exponentialfunktion auf $\mathbb{C}$ wegen $e^z = e^x e^{iy + 2k\pi i} = e^z e^{2k\pi i}$ nicht mehr injektiv ist, ergibt sich mit

$$\log e^z = z + 2k\pi i \quad (k \in \mathbb{Z}), \quad e^{\log z} = z$$

die Beziehung zwischen der komplexen Exponentialfunktion und dem Logarithmus. Damit hat die Exponentialfunktion mit $\log_k$ unendlich viele Umkehrfunktionen. Für $k = 0$ erhält man den **Hauptzweig** des Logarithmus $\log z = \log_0 z$, der

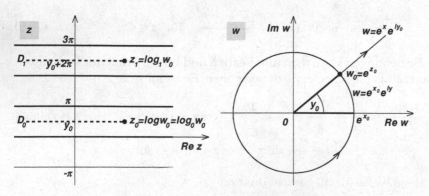

Abb. 10.4. Die Abbildung $w = e^z$

für reelle Zahlen z mit dem natürlichen Logarithmus übereinstimmt. Wir wollen diesen Sachverhalt verdeutlichen, indem wir die Abbildung $w = e^z$ etwas genauer betrachten. Es ist $w = e^z = e^x e^{iy}$. Man stellt fest, dass das Bild des Streifens $D_0 := \{(x, y) \mid -\infty < x < \infty, -\pi < y \leq \pi\}$ bereits die gesamte w-Ebene ausfüllt, den Punkt $w = 0$ ausgenommen. Die Geraden $y = y_0 = $ const. gehen dabei in die Halbstrahlen $w = e^x e^{iy_0}$ über, die mit der reellen Achse der w-Ebene den Winkel y_0 bilden. Die Geradenstücken $x = x_0 = $ const., $-\pi < y \leq \pi$ werden auf die Kreise $w = e^{x_0} e^{iy}$ (mit Radius e^{x_0} und Mittelpunkt $w = 0$) der w-Ebene abgebildet. Die Abbildung des Streifens D_0 auf die (bei 0 punktierte) w-Ebene ist injektiv. Die Umkehrfunktion ist der Hauptzweig des Logarithmus. Jeder andere Streifen $D_k = \{(x, y) \mid -\infty < x < \infty, -\pi + 2k\pi < y \leq \pi + 2k\pi, k \in \mathbb{Z}\}$ wird ebenfalls umkehrbar eindeutig auf die punktierte w-Ebene abgebildet. Die entsprechenden Umkehrfunktionen von $w = e^z$ sind die übrigen Zweige des Logarithmus.

10.4 Konforme Abbildungen

Bildet man durch analytische Funktionen Gebiete oder Kurven aufeinander ab, dann stellt man fest, dass Winkel zwischen Kurven im Urbildbereich und Bildbereich übereinstimmen.

Durch $w = f(z)$ werden Punkte der z-Ebene in die w-Ebene abgebildet. Wir werden die Wirkungsweise einer durch eine analytische Funktion vermittelten Abbildung $w = f(z)$ geometrisch veranschaulichen. Sei z_0 ein Punkt der z-Ebene mit $f'(z_0) \neq 0$ und sei $w_0 = f(z_0)$ das Bild von z_0. Der Kreis $K_\rho = \{z \mid z = z_0 + \rho e^{it}, 0 \leq t < 2\pi, \rho > 0 \text{ fest}\}$ wird auf die Kurve $w = f(z_0 + \rho e^{it})$ der w-Ebene abgebildet (Abb. 10.5). Betrachten wir einen beliebigen festen Punkt $z_1 = z_0 + \rho e^{it_1}$ (t_1 fest) auf dem Kreis. Der Bildpunkt ist $w_1 = f(z_0 + \rho e^{it_1})$. Wir fragen danach, was bei $\rho \to 0$ geschieht. Mit

$$\Delta z = z_1 - z_0 = \rho e^{it_1}, \quad \Delta w = w_1 - w_0 = f(z_0 + \rho e^{it_1}) - f(z_0)$$

erhält man wegen der Existenz von $f'(z_0)$

$$\frac{\Delta w}{\Delta z} = \frac{f(z_0 + \rho e^{it_1}) - f(z_0)}{\rho e^{it_1}} = f'(z_0) + r(z_0, \rho);$$

für $r(z_0, \rho) \in \mathbb{C}$ gilt $\lim_{\rho \to 0} r(z_0, \rho) = 0$. Es folgt

$$\left| \frac{\Delta w}{\Delta z} \right| = |f'(z_0) + r(z_0, \rho)|, \quad \arg\left(\frac{\Delta w}{\Delta z}\right) = \arg \Delta w - \arg \Delta z = \arg[f'(z_0) + r(z_0, \rho)].$$

$|\Delta z|$ ist der Abstand zwischen einem beliebigen Punkt z_1 auf dem Kreis K_ρ und dem Kreismittelpunkt z_0. $|\Delta w|$ ist der Abstand zwischen den entsprechenden Bildpunkten w_1 und w_0. Für $|\Delta z| = \rho \to 0$ erhält man $\lim_{|\Delta z| \to 0} \frac{|\Delta w|}{|\Delta z|} = |f'(z_0)|$. Der Betrag der Ableitung gibt das Verhältnis an, mit dem von z_0 ausgehende infinitesimale Strecken (Linienelemente) bei ihrer Abbildung in die w-Ebene gedehnt (bei $|f'(z_0)| > 1$, Dilatation) oder gestaucht (bei $|f'(z_0)| < 1$, Kontraktion) werden; bei $|f'(z_0)| = 1$ bleiben die Längen von z_0 ausgehender infinitesimaler Strecken ungeändert. Die Längenänderung ist unabhängig von der Richtung des von

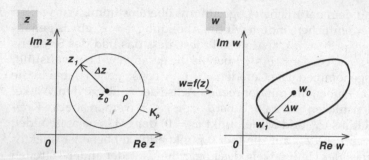

Abb. 10.5. Zur konformen Abbildung

z_0 ausgehenden Linienelements, denn z_1 war ein ganz beliebig gewählter Punkt auf K_ρ. Ein infinitesimaler Kreis K_ρ mit Mittelpunkt z_0 wird also unter $w = f(z)$ in der w-Ebene wieder ein Kreis k, dessen Radius sich zum Radius von K_ρ wie $|f'(z_0)|$ verhält. Man nennt solche Abbildungen (infinitesimal) maßstabstreu. Für die Argumente von Δw und Δz gilt bei $|\Delta z| = \rho \to 0$

$$\lim_{|\Delta z| \to 0} [\arg \Delta w - \arg \Delta z] = \arg [f'(z_0)] .$$

Das Argument der Ableitung $f'(z_0)$ gibt also an, um welchen Winkel eine von z_0 ausgehende (gerichtete) infinitesimale Strecke Δz gedreht werden muss, um die Richtung der infinitesimalen Bildstrecke Δw zu erhalten. Da z_1 beliebig war, ist dieser Drehwinkel unabhängig von der Richtung des von z_0 ausgehenden Linienelements. Betrachtet man zwei von z_0 ausgehende Linienelemente $z_1 - z_0, z_2 - z_0$, die irgendeinen Winkel β einschließen, so werden beide bei der Abbildung $w = f(z)$ um den Winkel $\arg[f'(z_0)]$ gedreht und bilden also nach der Abbildung ebenfalls den Winkel β (Abb. 10.7). Betrachtet man in der z-Ebene zwei sich in z_0 schneidende, stetig differenzierbare Kurven, so kann man die Richtungen der beiden Tangenten in z_0 mit den Richtungen der oben betrachteten

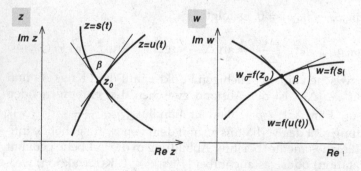

Abb. 10.6. Winkelerhaltung bei konformen Abbildungen

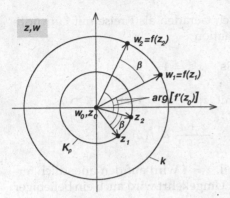

Abb. 10.7. Maßstabs- und winkeltreue Abbildung $w = f(z)$ mit $f'(z_0) \neq 0$

Linienelemente identifizieren. Die Winkel zwischen den Tangenten in z_0 bleiben genauso erhalten wie die Winkel zwischen den Linienelementen: $w = f(z)$ ist eine winkeltreue Abbildung. Eine winkeltreue und (infinitesimal) maßstabstreue Abbildung nennt man **konforme Abbildung**. Die Voraussetzung $f'(z_0) \neq 0$ verhindert, dass die Längen der von z_0 ausgehenden Linienelemente in der w-Ebene zu Null schrumpfen und sichert, dass mit $\arg[f'(z_0)]$ überhaupt ein eindeutiger Drehwinkel für die Abbildung von z_0 ausgehender Linienelemente definiert ist. Konforme Abbildungen haben z.B. Bedeutung bei der Gittergenerierung von numerischen Lösungsverfahren für strömungsmechanische Aufgaben oder auch bei bestimmten Aufgaben aus der Elektrotechnik.

Es ist oft nicht einfach, geeignete analytische Funktionen zu finden, die eine gewünschte Transformation leisten. Es gibt allerdings eine Klasse von analytischen Funktionen, die in vielen Fällen anwendbar ist, und zwar die **linearen Transformationen** oder MÖBIUS-Transformationen. Lineare Transformationen sind von der Form

$$f(z) = \frac{az + b}{cz + d}$$

mit Konstanten $a, b, c, d \in \mathbb{C}$ und $ad - bc \neq 0$; letzteres schließt den Trivialfall $f =$ const. aus. Der folgende Satz beinhaltet eine wichtige Eigenschaft von linearen Transformationen.

Satz 10.2. *(Eigenschaften linearer Transformationen)*
Lineare Transformationen bilden Kreise in Kreise ab. Sind drei verschiedene Punkte z_1, z_2, z_3 und drei verschiedene Punkte w_1, w_2, w_3 gegeben, so gibt es genau eine lineare Transformation F mit $f(z_k) = w_k$, $k = 1,2,3$. Für drei Punkte sind die Bildpunkte beliebig vorschreibbar. $w = f(z)$ erhält man durch die Auswertung der Gleichungen $f(z_k) = w_k, k = 1,2,3$ bzw. durch Auflösen der Beziehung

$$\frac{z - z_1}{z - z_3} \cdot \frac{z_2 - z_3}{z_2 - z_1} = \frac{w - w_1}{w - w_3} \cdot \frac{w_2 - w_3}{w_2 - w_1} . \tag{10.12}$$

Zu dem Satz ist anzumerken, dass man auch Geraden als Kreise mit "unendlichem Radius" zulässt. Die lineare Transformation

$$f(z) = \frac{z+i}{iz+1} \quad \text{bildet den Einheitskreis} \quad |z|^2 = 1$$

auf die reelle Achse ab, denn für alle $z \neq i$ mit $|z|^2 = z\overline{z} = 1$ ist

$$\overline{f(z)} = \frac{\overline{z}-i}{-i\overline{z}+1} = \frac{1-iz}{-i+z} = \frac{i(1-iz)}{i(-i+z)} = \frac{z+i}{iz+1} = f(z) \,.$$

$f(z)$ ist also für alle z mit $|z| = 1$ $(z \neq i)$ reell. $z = i$ wird auf den unendlich fernen Punkt der komplexen Ebene abgebildet. Umgekehrt wird auch ein beliebiger Punkt r der reellen Achse auf einen Punkt z mit $|z| = 1$ abgebildet:

$$\text{Aus} \quad \frac{z+i}{iz+1} = r \quad \text{folgt} \quad z = \frac{2r+i(r^2-1)}{1+r^2} \,,$$

eine komplexe Zahl mit $|z| = 1$. Ein weiteres Beispiel einer linearen Transformation ist die in Abschnitt 10.1 behandelte Abbildung $w = \frac{1}{z}$, die den Einheitskreis der z-Ebene in den Einheitskreis der w-Ebene überführt. Sollen Gebiete abgebildet werden, z.B. das Innere eines Kreises auf das Innere eines anderen Kreises, so muss man die Reihenfolge der Punkte z_1, z_2 und z_3 bzw. w_1, w_2, w_3 so wählen, dass die Punkte in mathematisch positiver Umlaufrichtung geordnet sind, d.h. das abzubildende bzw. abgebildete Gebiet muss immer "links" liegen.

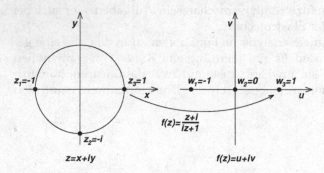

Abb. 10.8. Abbildung eines Kreises auf eine Gerade

Beispiele:

1) Es soll das Innere des Einheitskreises auf das Innere des Kreises $\{z| \, |z-2-i| = 1\}$ abgebildet werden. Wir wählen $z_1 = 1$, $z_2 = i$, $z_3 = -1$ und $w_1 = 2$, $w_2 = 2i$, $w_3 = 1 + i$ und finden mit der Formel (10.12)

$$\frac{z-1}{z+1}\frac{i+1}{i-1} = \frac{w-2}{w-1-i}\frac{2i-1-i}{2i-2} \iff w = f(z) = \frac{-2(1+i)z - 2(1-3i)}{-(3+i)z + 3i + 1} \,.$$

2) Es soll das Innere des Einheitskreises auf die untere Halbebene $\{z| \, z = x + iy, x < 0\}$ abgebildet werden. Wir wählen $z_1 = 1$, $z_2 = i$, $z_3 = -1$ und $w_1 = 1$,

$w_2 = 0$, $w_3 = -1$ (untere Halbebene als Kreis mit dem Radius ∞, beim Durchlauf der Punkte w_1, w_2, w_3 liegt das Innere des "Kreises" links). Es ergibt sich

$$\frac{z-1}{z+1}\frac{i+1}{i-1} = \frac{w-1}{w+1}\frac{0+1}{0-1} \iff w = f(z) = \frac{zi+1}{z+i} \ .$$

10.5 Integration komplexer Funktionen

Zu Beginn des Kapitels wurde schon darauf hingewiesen, dass Kurven in der GAUSSschen Zahlenebene Kurven im $\mathbb{R}^2$ entsprechen und komplexe Funktionen Vektorfeldern aus dem $\mathbb{R}^2$ in den $\mathbb{R}^2$. Diese Überlegungen bilden die Grundlage für die Integration komplexer Funktionen.

Sei $f(z) = u(x,y) + iv(x,y)$ eine stetige komplexe Funktion, die auf $D \subset \mathbb{C}$ definiert ist. Unter einer **Kurve** in der GAUSSschen Zahlenebene versteht man eine Punktmenge γ, die sich in der Form $z(t) = x(t) + iy(t)$ mit stetigen reellwertigen Funktionen $x(t)$, $y(t)$ darstellen lässt (Parameterdarstellung). z bildet ein Intervall $[a,b]$ in $\mathbb{C}$ ab. Die Kurve heißt stetig differenzierbar, wenn $x(t)$, $y(t)$ stetige Ableitungen haben. Es sei $\gamma \subset D$. Man unterteilt das Parameterintervall in k Teilintervalle $[a,t_1], [t_1,t_2], \ldots, [t_{k-1},b]$ durch die Punkte $a = t_0 < t_1 < \cdots < t_{k-1} < t_k = b$. Man nennt (t_n) eine Unterteilung von $[a,b]$. Den Punkten t_j ($0 \leq j \leq k$)

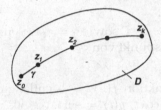

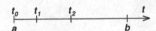

Abb. 10.9. Zur Definition des komplexen Kurvenintegrals $\int_\gamma f(z)\,dz$

entsprechen die Kurvenpunkte $z_j = z(t_j) = x(t_j) + iy(t_j)$. Betrachtet man nun Folgen von Unterteilungen, bei denen die Länge des größten Teilintervalls gegen Null strebt (für die also die Anzahl k der Teilintervalle unbegrenzt wächst), dann konvergieren bei in D stetigem f die Summen

$$\sum_{j=1}^{k} f(z_j)(z_j - z_{j-1}) \tag{10.13}$$

gegen eine komplexe Zahl, die das **komplexe Kurvenintegral** $\int_\gamma f(z)dz$ von f längs der Kurve γ heißt. Sehen wir uns die Summanden von (10.13) genauer an. Mit $f = u + iv$ und $z_j = x(t_j) + iy(t_j)$ finden wir

$$f(z_j)(z_j - z_{j-1}) = u(x_j,y_j)(x_j - x_{j-1}) - v(x_j,y_j)(y_j - y_{j-1})$$
$$+i[u(x_j,y_j)(y_j - y_{j-1}) + v(x_j,y_j)(x_j - x_{j-1})]$$

und damit unter Nutzung der Definition des Arbeitsintegrals eines Vektorfeldes längs einer Kurve (vgl. Abschnitt 7.5)

$$\int_\gamma f(z)dz = \int_\gamma \begin{pmatrix} u \\ -v \end{pmatrix} \cdot \begin{pmatrix} dx \\ dy \end{pmatrix} + i \int_\gamma \begin{pmatrix} v \\ u \end{pmatrix} \cdot \begin{pmatrix} dx \\ dy \end{pmatrix} \tag{10.14}$$

$$= \int_a^b (u\dot{x} - v\dot{y})\, dt + i \int_a^b (v\dot{x} + u\dot{y})\, dt \, .$$

Das komplexe Kurvenintegral wird damit durch zwei reelle Kurvenintegrale ausgedrückt. Da $\dot{z}(t) = \dot{x}(t) + i\dot{y}(t)$ ist, erhält man für das komplexe Kurvenintegral auch

$$\int_\gamma f(z)\, dz = \int_a^b f(z(t))\dot{z}(t)\, dt \, . \tag{10.15}$$

Für das komplexe Kurvenintegral gelten wie im Falle des Arbeitsintegrals die Regeln

$$\int_\gamma [c_1 f(z) + c_2 g(z)]\, dz = c_1 \int_\gamma f(z)\, dz + c_2 \int_\gamma g(z)\, dz \tag{10.16}$$

$$\int_\gamma f(z)\, dz = \int_{\gamma_1} f(z)\, dz + \int_{\gamma_2} f(z)\, dz \tag{10.17}$$

für stetige Funktionen f, g und c_1, $c_2 \in \mathbb{C}$ sowie $\gamma = \gamma_1 \cup \gamma_2$ und $\gamma_1 \cap \gamma_2 = \emptyset$ oder Endpunkt von γ_1 ist gleich Anfangspunkt von γ_2.

Beispiele:
1) Wir wollen das Integral der Funktion $f(z) = \frac{1}{z^2}$ entlang des Einheitskreises $\gamma = \{z(t) = x(t) + iy(t) \mid x(t) = \cos t, y(t) = \sin t, t \in [0,2\pi]\}$ berechnen. Wir erhalten

$$\frac{1}{z^2} = \frac{\bar{z}^2}{|z|^4} = \frac{x^2 - 2ixy - y^2}{(x^2 + y^2)^2} \quad \text{und} \quad \dot{z}(t) = -\sin t + i\cos t \, ,$$

und damit

$$\int_\gamma f(z)\, dz = \int_0^{2\pi} \frac{\cos^2 t - \sin^2 t - i2\cos t \sin t}{(\cos^2 t + \sin^2 t)^2} (-\sin t + i\cos t)\, dt$$

$$= \int_0^{2\pi} [\sin^3 t + \cos^2 t \sin t + i(\cos^3 t + \sin^2 t \cos t)]\, dt$$

$$= [-\cos t + \frac{\cos^3 t}{3} - \frac{\cos^3 t}{3}]|_{t=0}^{t=2\pi} + i[\sin t - \frac{\sin^3 t}{3} + \frac{\sin^3 t}{3}]|_{t=0}^{t=2\pi} = 0 \, .$$

2) Sei γ die Kurve $C = \{z \mid |z - z_0| = r\}$, also eine Kreislinie um den Punkt $z_0 = x_0 + iy_0$ mit dem Radius $r > 0$. Es soll das Integral der Funktion $f(z) = (z - z_0)^n$, $n \in \mathbb{Z}$ entlang der positiv orientierten Kreislinie C berechnet werden. Analog zum Beispiel 1 parametrisieren wir C durch

$$z(t) = z_0 + re^{it} = (x_0 + r\cos t) + i(y_0 + r\sin t), \; t \in [0,2\pi] \, .$$

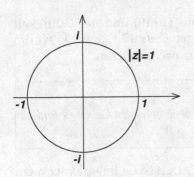

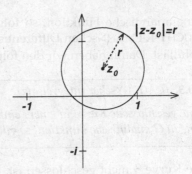

Abb. 10.10. Einheitskreis (Beispiel 1)

Abb. 10.11. Kreis mit Radius r um z_0 (Beispiel 2)

Es gilt dann

$$\dot{z}(t) = (-r\sin t) + i(r\cos t) = ir(\cos t + i\sin t) = ire^{it} \quad \text{und}$$

$$f(z(t)) = (z(t) - z_0)^n = (re^{it})^n = r^n e^{int}.$$

Die Integration ergibt nun

$$\int_C f(z)\,dz = \int_0^{2\pi} r^n e^{int} ire^{it}\,dt = ir^{n+1} \int_0^{2\pi} e^{i(n+1)t}\,dt$$

$$= ir^{n+1} \int_0^{2\pi} [\cos(n+1)t + i\sin(n+1)t]\,dt\,,$$

.woraus aufgrund der 2π-Periodizität von Sinus- und Kosinusfunktion die Beziehung

$$\int_C f(z)\,dz = \oint_{|z-z_0|=r} (z - z_0)^n\,dz = \begin{cases} 0 & \text{für } n \in \mathbb{Z},\ n \neq -1 \\ 2\pi i & \text{für } n = -1 \end{cases} \tag{10.18}$$

folgt.

Um zu einigen bequemen Regeln zur Integration komplexer Funktionen zu gelangen, erinnern wir an den Satz von STOKES. Für ein ebenes Vektorfeld $\mathbf{v} = (u, v)^T$ gilt für ein einfach zusammenhängendes Gebiet G mit der Randkurve $\gamma = \partial G$ entsprechend (8.39)

$$\int_\gamma \mathbf{v} \cdot \mathbf{dx} = \int_\gamma (u\,dx + v\,dy) = \int\int_G \left(\frac{\partial v}{\partial x} - \frac{\partial u}{\partial y}\right) dxdy\,.$$

Damit erhält man wegen (10.14)

$$\int_\gamma f(z)\,dz = -\int\int_G \left(\frac{\partial v}{\partial x} + \frac{\partial u}{\partial y}\right) dxdy + i\int\int_G \left(\frac{\partial u}{\partial x} - \frac{\partial v}{\partial y}\right) dxdy\,. \tag{10.19}$$

Ist f eine analytische Funktion, so folgt sofort aus (10.19) und der Gültigkeit der CAUCHY-RIEMANNschen Differentialgleichungen (Satz 10.1), dass $\int_\gamma f(z)\,dz$ gleich Null ist. Damit haben wir den folgenden Satz nachgewiesen.

Satz 10.3. *(CAUCHYscher Integralsatz)*

Ist γ eine geschlossene Kurve in einem einfach zusammenhängenden Gebiet G und ist $f(z)$ eine in G analytische Funktion, so gilt $\int_\gamma f(z)\,dz = 0$

Falls die Kurve γ nicht geschlossen ist, hilft der CAUCHYsche Integralsatz nicht bei der Integration. Wir können aber wie im Reellen den Begriff der **Stammfunktion** einführen, und zwar heißt die Funktion $F(z)$ Stammfunktion der analytischen Funktion $f(z)$, wenn $f(z) = \frac{dF(z)}{dz} = F'(z)$ gilt. Hat man eine Stammfunktion gegeben, ergibt sich für $\gamma = \{z(t)\mid t \in [a,b]\}$

$$\int_\gamma f(z)\,dz = \int_\gamma \frac{dF(z)}{dz}\,dz = F(z(b)) - F(z(a))\ ; \tag{10.20}$$

denn man kann jede Stammfunktion von f in der Form $F(z) = \int_{z_0}^z f(\zeta)\,d\zeta + c$ aufschreiben, wobei $\int_{z_0}^z f(\zeta)\,d\zeta$ als Integral längs einer Kurve von z_0 bis z zu verstehen ist (z_0 fest in D) und c eine beliebige Konstante ist. Damit kann man die Beziehung (10.20) zeigen.

Wir wollen uns noch überlegen, wie man in Anlehnung an die Bestimmung einer Stammfunktion eines Potentialfeldes die Stammfunktionen einer analytischen Funktion bestimmen kann. Betrachten wir dazu als Beispiel die analytische Funktion $f(z) = u(x,y) + iv(x,y) = x^2 - y^2 + i2xy$. Für die Ableitung der gesuchten Stammfunktion $F(z) = U(x,y) + iV(x,y)$, die notwendig analytisch sein muss, gilt nach Satz 10.1

$$F' = \frac{\partial V}{\partial y} - i\frac{\partial U}{\partial y} = \frac{\partial U}{\partial x} + i\frac{\partial V}{\partial x}\ .$$

Wenn $F'(z) = f(z)$ gelten soll, müssen die Gleichungen

a) $\dfrac{\partial V}{\partial y} = u$ und   b) $-\dfrac{\partial U}{\partial y} = v$ sowie

c) $\dfrac{\partial U}{\partial x} = u$ und   d) $\dfrac{\partial V}{\partial x} = v$

gelten. Da $f(z)$ analytisch ist, mithin die CAUCHY-RIEMANNschen Differentialgleichungen $u_x = v_y$, $v_x = -u_y$ gelten, sind U und V aus diesen Bedingungen bestimmbar. Integriert man die Gleichung a) so erhält man

$$V(x,y) = \int u\,dy = x^2y - \frac{y^3}{3} + C(x)\ .$$

Differenziert man dieses Ergebnis nach x und berücksichtigt die Gleichung d) so findet man

$$2xy + C'(x) = 2xy \quad \text{bzw.} \quad C(x) = c_0\ , \text{und damit} \quad V(x,y) = x^2y - \frac{y^3}{3} + c_0\ .$$

Integriert man die Gleichung b) so erhält man für U

$$U(x,y) = -\int v\,dy = -xy^2 + D(x)\,.$$

Differenziert man das Ergebnis nach x und benutzt die Gleichung c), so ergibt sich

$$-y^2 + D'(x) = x^2 - y^2 \text{ bzw. } D(x) = \frac{x^3}{3} + d_0, \text{ also } U(x,y) = \frac{x^3}{3} - xy^2 + d_0\,.$$

Insgesamt erhalten wir mit

$$F(z) = U(x,y) + iV(x,y) = \frac{x^3}{3} - xy^2 + i(x^2y - \frac{y^3}{3})$$

eine Stammfunktion von f, wobei wir die beteiligten Konstanten $c_0, d_0 \in \mathbb{C}$ gleich Null gesetzt haben. Voraussetzung für die durchgeführte Berechnung der Stammfunktion F war die Gültigkeit der CAUCHY-RIEMANNschen Differentialgleichungen, d.h. f musste analytisch sein. Die CAUCHY-RIEMANNschen Differentialgleichungen haben somit für f die gleiche Bedeutung wie für ein Vektorfeld $\mathbf{v}$ die Integrabilitätsbedingung als Kriterium dafür, dass $\mathbf{v}$ ein Potentialfeld ist.

Man sieht aber bei genauem Hinsehen auf dieses Beispiel auch, dass

$$f(z) = z^2 = (x+iy)^2 \quad \text{und} \quad F(z) = \frac{z^3}{3} = \frac{(x+iy)^3}{3}$$

gilt, und man findet für Polynome bzw. Potenzfunktionen, die Exponentialfunktion und die trigonometrischen Funktionen die gleichen Stammfunktionen wie im Reellen (s. auch Abschnitt 2.13.1). Die Betrachtungen zur Integration komplexer Funktionen fassen wir im folgenden Satz zusammen.

Satz 10.4. *(Eigenschaften komplexer Integrale)*
Ist F Stammfunktion der analytischen Funktion f, dann gilt:
i) Für eine Kurve $\gamma = \{z(t) \mid a \le t \le b\}$ ist

$$\int_\gamma f(z)\,dz = F(z(b)) - F(z(a))\,.$$

ii) Das Integral über $f(z)$ ist wegunabhängig, d.h. für $\gamma_1 = \{z_1(t) \mid a \le t \le b\}$ und $\gamma_2 = \{z_2(t) \mid a \le t \le b\}$ mit $z_1(a) = z_2(a)$ und $z_1(b) = z_2(b)$ gilt

$$\int_{\gamma_1} f(z)\,dz = \int_{\gamma_2} f(z)\,dz\,.$$

Ist das Integral $\int_\gamma f(z)\,dz$ wegunabhängig, dann gibt es immer eine Stammfunktion von f, und zwar

$$F(z) = \int_{z_0}^z f(\zeta)\,d\zeta\,.$$

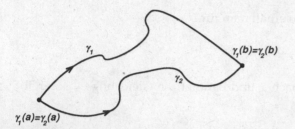

Abb. 10.12. Wegunabhängigkeit des Integrals analytischer Funktionen

Es sollen nun einige Folgerungen aus dem CAUCHYschen Integralsatz diskutiert werden. Es gibt Parallelen zu den vektoriellen Kurvenintegralen von Potentialfeldern. Unterteilt man eine geschlossene Kurve $\gamma(t)$ durch $\gamma(t) = \gamma_1(t) \cup \gamma_2^*(t)$, so ergibt sich aus

$$\int_\gamma f(z)\,dz = \int_{\gamma_1} f(z)\,dz + \int_{\gamma_2^*} f(z)\,dz$$

sofort

$$\int_{\gamma_1} f(z)\,dz = \int_{\gamma_2} f(z)\,dz \,,$$

d.h. die Wegunabhängigkeit des Integrals analytischer Funktionen in einfach zusammenhängenden Gebieten; dabei ist γ_2 die in entgegengesetzter Richtung durchlaufene Kurve γ_2^* (Schreibweise: $\gamma_2 = -\gamma_2^*$), s. auch Abb. 10.12. Wir wollen nun die Voraussetzung, dass das Gebiet, in dem die zu integrierende Funktion definiert und analytisch ist, einfach zusammenhängend ist, fallen lassen, und mehrfach zusammenhängende Gebiete betrachten. Dabei reicht es aus, den Fall des zweifach zusammenhängenden Gebiets zu untersuchen, da sich das Prinzip auf mehrfach zusammenhängende Gebiete übertragen lässt. Wir betrachten zwei geschlossene, positiv orientierte Kurven γ, γ_1, wobei γ_1 ganz von γ umschlossen wird. γ, γ_1 sollen sich nicht berühren (s. Abb. 10.13). Die Punkte, die im Innern von γ, aber außerhalb des von γ_1 umschlossenen Gebiets liegen, bilden ein zweifach zusammenhängendes Gebiet G. Wir setzen voraus, dass die Funktion $f(z)$

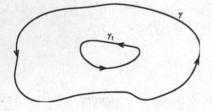

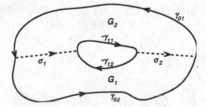

Abb. 10.13. Zweifach zusammenhängendes Gebiet

Abb. 10.14. Aufteilung eines zweifach zusammenhängenden Gebiets
$(\gamma = \gamma_{01} \cup \gamma_{02}, \gamma_1 = \gamma_{11} \cup \gamma_{12})$

in G einschließlich der Ränder γ, γ_1 (d.h. etwa in einem G und die Randkurven γ, γ_1 enthaltenden zweifach zusammenhängenden Gebiet D) analytisch ist. Wir wollen zeigen, dass

$$\int_\gamma f(z)\, dz = \int_{\gamma_1} f(z)\, dz$$

ist. Dazu unterteilen wir G durch die "Schnittlinien" σ_1, σ_2 in zwei einfach zusammenhängende Gebiete G_1, G_2: $G = G_1 \cup G_2$. Aufgrund des CAUCHYschen Integralsatzes gilt

$$\int_{\partial G_1} f(z)\, dz = \int_{\partial G_2} f(z)\, dz = 0, \tag{10.21}$$

da G_1, G_2 in einfach zusammenhängenden Teilmengen D' von D liegen. Für die Ränder $\partial G_1, \partial G_2$ von G_1, G_2 gilt (Abb. 10.14, $-\gamma_n$ bedeutet die in entgegengesetzter Richtung durchlaufene Kurve γ_n)

$$\partial G_1 = \gamma_{02} \cup (-\sigma_2) \cup (-\gamma_{12}) \cup (-\sigma_1)$$
$$\partial G_2 = \gamma_{01} \cup \sigma_1 \cup (-\gamma_{11}) \cup \sigma_2$$

und damit folgt wegen $\gamma = \gamma_{01} \cup \gamma_{02}$, $\gamma_1 = \gamma_{11} \cup \gamma_{12}$ (Abb. 10.13, 10.14).

$$0 = \int_{\gamma_{01}\cup\sigma_1\cup(-\gamma_{11})\cup\sigma_2} f(z)\, dz + \int_{\gamma_{02}\cup(-\sigma_2)\cup(-\gamma_{12})\cup(-\sigma_1)} f(z)\, dz$$

$$= \int_{\gamma_{01}\cup\gamma_{02}} f(z)\, dz + \int_{(-\gamma_{11})\cup(-\gamma_{12})} f(z)\, dz$$

also

$$\int_\gamma f(z)\, dz = \int_{\gamma_1} f(z)\, dz \; .$$

Die eben durchgeführte Betrachtung lässt sich verallgemeinern. Es folgt der

Satz 10.5. *(Integral über mehrfach zusammenhängende Gebiete)*
Seien $\gamma, \gamma_1, \ldots, \gamma_n$ geschlossene, doppelpunktfreie, stückweise glatte, positiv (d.h. entgegen dem Uhrzeigersinn) orientierte Kurven, wobei die Kurven $\gamma_1, \gamma_2, \ldots, \gamma_n$ im Innern von γ liegen und weder sich gegenseitig noch die Kurve γ berühren. Die Punkte, die im Innern von γ, aber außerhalb der von den Kurven $\gamma_1, \gamma_2, \ldots, \gamma_n$ umschlossenen Gebiete $G_1, G_2, \ldots, G_n$ liegen, bilden ein n-fach zusammenhängendes Gebiet G. $f(z)$ sei in G einschließlich der Ränder $\gamma, \gamma_1, \ldots, \gamma_n$ (d.h. etwa in einem G und die Randkurven $\gamma, \gamma_1, \ldots, \gamma_n$ enthaltenden, n-fach zusammenhängenden Gebiet D) analytisch. Dann gilt

$$\int_\gamma f(z)\, dz = \sum_{k=1}^{n} \int_{\gamma_k} f(z)\, dz \; . \tag{10.22}$$

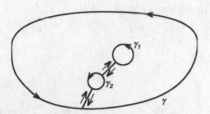

Abb. 10.15. Integrationswege im mehrfach zusammenhängenden Gebiet D

In der Abb. 10.15 sind die Voraussetzungen des Satzes 10.5 illustriert. Die eben durchgeführten Betrachtungen sind speziell für die Integration von Funktionen mit Singularitäten von Bedeutung.

Eine wichtige Folgerung aus dem CAUCHYschen Integralsatz ist die folgende Formel.

Satz 10.6. *(CAUCHYsche Integralformel)*

Ist f eine in einem Gebiet G analytische Funktion und z_0 ein innerer Punkt des Bereiches $B \subset G$, dann gilt

$$f(z_0) = \frac{1}{2\pi i} \int_{\partial B} \frac{f(z)}{z - z_0}\, dz\ . \tag{10.23}$$

Der Wert der Formel besteht in der Berechnungsmöglichkeit eines Funktionswertes in inneren Punkten eines Bereiches durch ein Integral, in dem nur Werte der Funktion auf dem Rand des Bereiches verwendet werden. Also ist es möglich vom Randverhalten einer Funktion auf ihre Eigenschaften im Inneren eines Bereiches zu schließen. Im Folgenden soll die CAUCHYsche Integralformel nachgewiesen werden. In der Abbildung 10.16 ist $\gamma = \partial B$ der Rand des Bereichs B. Um z_0 haben wir ein Kreisgebiet $K_\epsilon = \{z \in B \mid |z - z_0| < \epsilon\} \subset B$ mit dem Radius ϵ gelegt. Mit $\tilde{B}$ bezeichnen wir den Bereich $\tilde{B} = B \setminus K_\epsilon$. Der Quotient analytischer Funktionen ist analytisch, vorausgesetzt, dass der Nenner keine Nullstelle hat. Damit ist $\frac{f(z)}{z - z_0}$ auf $\tilde{B}$ analytisch und mit dem CAUCHYschen Integralsatz erhält

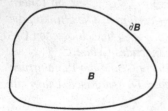
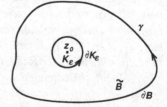

Abb. 10.16. Skizze zur CAUCHYschen Integralformel

man

$$
0 = \int_{\partial \tilde{B}} \frac{f(z)}{z - z_0} \, dz = \int_{\partial B} \frac{f(z)}{z - z_0} \, dz + \int_{-\partial K_\epsilon} \frac{f(z)}{z - z_0} \, dz
$$

$$
= \int_{\partial B} \frac{f(z)}{z - z_0} \, dz - \int_{\partial K_\epsilon} \frac{f(z)}{z - z_0} \, dz
$$

wobei $\int_{-\partial K_\epsilon}$ die Integration in mathematisch negativer Richtung (in Uhrzeiger-richtung) bedeutet. Die anderen bei der Integration zu durchlaufenden Kurven sind positiv orientiert. Es gilt damit

$$
\int_{\partial B} \frac{f(z)}{z - z_0} \, dz = \int_{\partial K_\epsilon} \frac{f(z)}{z - z_0} \, dz \, ,
$$

für jedes $\epsilon > 0$. Für das rechte Integral wird jetzt eine Grenzbetrachtung $\epsilon \to 0$ gemacht. Mit

$$
z(t) = z_0 + \epsilon \, e^{it}, \ \ 0 \le t \le 2\pi, \ \ \dot{z}(t) = \epsilon i e^{it} \, ,
$$

haben wir eine Parametrisierung des Randes von K_ϵ. Man findet nun für $\epsilon \to 0$

$$
\int_{\partial K_\epsilon} \frac{f(z)}{z - z_0} \, dz = \int_0^{2\pi} \frac{f(z_0 + \epsilon \, e^{it})}{\epsilon \, e^{it}} \epsilon \, i \, e^{it} \, dt = i \int_0^{2\pi} f(z_0 + \epsilon \, e^{it}) \, dt \to i \, f(z_0) 2\pi
$$

und damit ist die Formel (10.23) nachgewiesen.

Eine Verallgemeinerung der CAUCHYschen Integralformel ermöglicht die Berechnung der n-ten Ableitung einer analytischen Funktion im Inneren eines Bereiches allein durch die Kenntnis der Funktionswerte auf dem Rand des Bereiches. Es gilt der

Satz 10.7. *(CAUCHYsche Integralformel für die n-te Ableitung)*

Ist f eine in einem Gebiet G analytische Funktion und z_0 ein innerer Punkt des Bereiches $B \subset G$, dann gilt

$$
f^{(n)}(z_0) = \frac{n!}{2\pi i} \int_{\partial B} \frac{f(z)}{(z - z_0)^{n+1}} \, dz \, . \tag{10.24}
$$

Den Nachweis der Formel (10.24) kann man unter Nutzung der Formel (10.23) mit der vollständigen Induktion führen. Wir werden in den nächsten Abschnitten die Formel (10.24) als wichtiges Hilfsmittel zur Berechnung von Integralen benötigen.

Die Sätze 10.6 und 10.7 zeigen, dass eine komplexe Funktion $f(z)$ und ihre sämtlichen Ableitungen im Inneren eines Bereichs B festlegen, wenn ihre Werte auf dem Rand ∂B bekannt sind und man weiß, dass $f(z)$ in einem Gebiet $G \supset B$ analytisch ist.

10.6   Reihenentwicklungen komplexer Funktionen

Die CAUCHYsche Integralformel ist die Grundlage für den Nachweis, dass sich jede differenzierbare komplexe Funktion **überall** in eine konvergente TAYLOR-Reihe entwickeln lässt. Beide Seiten der CAUCHYschen Integralformel sind differenzierbar nach z_0, und man erhält

$$f'(z_0) = \frac{1}{2\pi i} \int_{\partial B} \frac{f(z)}{(z-z_0)^2}\, dz \quad \text{bzw.} \quad f^{(n)}(z_0) = \frac{n!}{2\pi i} \int_{\partial B} \frac{f(z)}{(z-z_0)^{n+1}}\, dz\,,$$

durch sukzessives Differenzieren. Betrachtet man nun eine offene Kreisscheibe $K_r = \{z \mid |z-z_0| < r\}$ um z_0, die in G liegt, und einen inneren Punkt z_1 aus K_r. $S_r = \{z \mid |z-z_0| = r\}$ ist der Rand von K_r (s. Abb. 10.17). Unter Verwendung der CAUCHYschen Integralformel erhält man

$$
\begin{aligned}
f(z_1) &= \frac{1}{2\pi i} \int_{S_r} \frac{f(z)}{z-z_1}\, dz = \frac{1}{2\pi i} \int_{S_r} \frac{f(z)}{(z-z_0)-(z_1-z_0)}\, dz \\
&= \frac{1}{2\pi i} \int_{S_r} \frac{f(z)}{z-z_0} \frac{1}{1-(z_1-z_0)/(z-z_0)}\, dz\,, \quad (\text{mit } |\frac{z_1-z_0}{z-z_0}| < 1) \\
&= \frac{1}{2\pi i} \int_{S_r} \frac{f(z)}{z-z_0} \sum_{k=0}^{\infty} \frac{(z_1-z_0)^k}{(z-z_0)^k}\, dz \qquad\qquad (10.25) \\
&= \sum_{k=0}^{\infty} \frac{1}{2\pi i} \int_{S_r} \frac{f(z)}{(z-z_0)^{k+1}} (z_1-z_0)^k\, dz \\
&= \sum_{k=0}^{\infty} \big(\frac{1}{2\pi i} \int_{S_r} \frac{f(z)}{(z-z_0)^{k+1}}\, dz\big)(z_1-z_0)^k = \sum_{k=0}^{\infty} \frac{f^{(k)}(z_0)}{k!}(z_1-z_0)^k\,.
\end{aligned}
$$

Zu dieser Rechnung ist anzumerken, dass die benutzte geometrische Reihe $\sum_{k=0}^{\infty} \frac{(z_1-z_0)^k}{(z-z_0)^k}$ wegen $|\frac{z_1-z_0}{z-z_0}| < 1$ gleichmäßig konvergent ist. Die durchgeführte gliedweise Integration der Reihe ist erlaubt. Die Betrachtung ergibt den

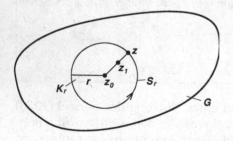

Abb. 10.17. Zur Herleitung der TAYLOR-Reihenentwicklung für analytische Funktionen

Satz 10.8. *(TAYLOR-Reihenentwicklung analytischer Funktionen)*
Ist $f(z)$ im Gebiet G analytisch und ist $z_0 \in G$, dann gilt für alle $z \in K_{z_0,r} = \{z \mid |z -$

$z_0| < r\}$, $K_{z_0,r} \subset G$,

$$f(z) = \sum_{k=0}^{\infty} a_k(z - z_0)^k \ , \ \textit{wobei} \ a_k = \frac{f^{(k)}(z_0)}{k!} = \frac{1}{2\pi i} \int_{S_r} \frac{f(z)}{(z - z_0)^{k+1}} \, dz$$

mit S_r als Randkurve von $K_{z_0,r}$. z_0 heißt Entwicklungspunkt der TAYLOR-Reihe.

Der Satz sagt aus, dass sich jede in einem Punkt z_0 differenzierbare komplexe Funktion in eine **konvergente** TAYLOR-Reihe entwickeln lässt, die in einem Kreis mit Mittelpunkt z_0 und Radius $r > 0$ konvergiert. Man kann diesen Radius r so weit vergrößern, bis man mit der Kreislinie an einen singulären Punkt von $f(z)$ stößt. Der z_0 am nächsten gelegene singuläre Punkt von $f(z)$ (Punkt, wo f nicht analytisch ist) bestimmt also den Konvergenzradius der TAYLOR-Reihe. Differenzierbare Funktionen sind, zufolge ihrer Entwickelbarkeit in Potenzreihen, im Konvergenzkreis beliebig oft differenzierbar. Diese Eigenschaft einer differenzierbaren Funktion rechtfertigt erst die Bezeichnung **analytisch**.

10.7 Behandlung von Singularitäten und der Residuensatz

Viele komplexe Funktionen sind zwar fast überall analytisch, haben allerdings Stellen, an denen sie nicht definiert sind. Z.B. sind die Funktionen $f(z) = \frac{1}{z}$ oder $g(z) = \frac{z}{1+z^2}$ an den Stellen $z = 0$ bzw. $z = \pm i$ nicht definiert. Man spricht hier von **Singularitäten** oder **Polstellen** der Funktionen. In der Potentialtheorie treten Singularitäten dort auf, wo Ladungen sitzen. Das Potential einer Ladung Q im Punkt a im $\mathbb{R}^3$ ist proportional zu $u(\mathbf{x}) = \frac{Q}{|\mathbf{x}-\mathbf{a}|}$. Im Punkt a sind sowohl das Potential, als auch das zugehörige elektrische Feld $\mathbf{E}(\mathbf{x}) = -\text{grad}\, u = \frac{Q}{|\mathbf{x}-\mathbf{a}|^3}(\mathbf{x} - \mathbf{a})$ nicht definiert. Wir betrachten jetzt Potentiale und Vektorfelder in der Ebene.

Das Potential einer im Punkt $a \in \mathbb{C}$ liegenden Ladung Q ist im Punkt z der komplexen Ebene durch $u(z) = -Q \log |z-a|$ gegeben, und das zugehörige elektrische Feld durch $E(z) = -\text{grad}\, u = \frac{Q}{|z-a|^2}(z - a)$, wobei komplexe Zahlen $z = x + iy$ und $a = a_1 + ia_2$ statt Vektoren des $\mathbb{R}^2$ verwendet wurden. $E(z) = \frac{Q}{|z-a|^2}(z - a)$ nennt man auch komplexes Potential und den Realteil von $E(z)$ bezeichnet man als Dipolpotential. Für das Dipolpotential bei $a = 0$ erhält man

$$v(x, y) = \text{Re}(\frac{Qz}{|z|^2}) = Q\frac{x}{x^2 + y^2} \ .$$

Sowohl das Dipolpotential v als auch das zugehörige komplexe Potential $\frac{Qz}{|z|^2}$ ist im Punkt 0 nicht definiert. Für viele Anwendungen in der Elektrotechnik oder der Strömungsmechanik ist aber gerade das Verhalten in der unmittelbaren Nähe von solchen Singularitäten interessant. In der Ebene sind die analytischen Funktionen für solche Probleme ein wichtiges Hilfsmittel.

Im Folgenden soll f eine komplexe Funktion sein, die in einem Gebiet G mit Ausnahme bestimmter Punkte $z \in \Sigma \subset G$ analytisch ist. In diesen Punkten (Singularitäten) muss die Funktion f nicht unbedingt definiert sein oder muss auch nicht differenzierbar sein. Allerdings gehen wir davon aus, dass die Punkte in Σ isoliert sind, d.h. in einer hinreichend kleinen Umgebung von einer Singularität liegen keine weiteren. Diese Singularitäten nennt man **isolierte Singularitäten**. Es gilt nun in Verallgemeinerung der TAYLOR-Reihenentwicklung der folgende Satz.

Satz 10.9. *(LAURENT-Reihenentwicklung)*
Sei f auf der offenen Menge G bis auf isolierte Singularitäten analytisch. Sei $z_0 \in G$ eine solche Singularität und $K_{z_0, r} = \{z \mid |z - z_0| < r\} \subset G$ eine Kreisscheibe, die außer z_0 keine weitere Singularität enthält. Dann gilt für alle $z \neq z_0$ aus $K_{z_0, r}$ die LAURENT-Reihenentwicklung

$$f(z) = \sum_{k=-\infty}^{\infty} a_k (z - z_0)^k, \quad \text{wobei für die Koeffizienten} \quad a_k = \frac{1}{2\pi i} \int_{S_r} \frac{f(z)}{(z - z_0)^{k+1}} \, dz$$

$$(10.26)$$

gilt mit S_r als Randkurve von $K_{z_0, r}$.

Der Nachweis der Gültigkeit der LAURENT-Reihe (10.26) wird wie bei der TAYLOR-Reihenentwicklung ausgehend von der CAUCHYschen Integralformel und der Nutzung einer geometrischen Reihe geführt. Zum Nachweis der Gültigkeit der Darstellung (10.26) betrachten wir die in der Abb. 10.18 dargestellten Kreise K_1, C_1, C_2, K_2 mit dem gemeinsamen Mittelpunkt z_0 und den Radien $r_1 > \rho_1 > \rho_2 > r_2$ und setzen voraus, dass f im Kreisring $K_{12} = \{z| \; r_2 < |z - z_0| < r_1\}$ analytisch ist. Wenn C der aus $C_1, c, (-C_2)$ und $(-c)$ zusammenge-

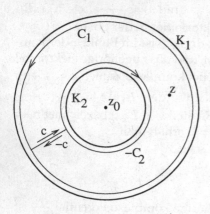

Abb. 10.18. Integrationswege zur LAURENT-Entwicklung

setzte Weg ist, dann ist f auf C und im Inneren von C analytisch und es gilt für z mit $\rho_1 > |z - z_0| = \rho > \rho_2$ die CAUCHYsche Integralformel

$$f(z) = \frac{1}{2\pi i} \int_C \frac{f(\zeta)}{\zeta - z} \, d\zeta \, ,$$

bzw. unter Nutzung der Wegadditivität

$$f(z) = \frac{1}{2\pi i} \int_{C_1} \frac{f(\zeta)}{\zeta - z}\, d\zeta - \frac{1}{2\pi i} \int_{C_2} \frac{f(\zeta)}{\zeta - z}\, d\zeta .\tag{10.27}$$

Für das erste Integral gilt für einen beliebigen Punkt ζ des Kreises C_1

$$\frac{1}{\zeta - z} = \frac{1}{(\zeta - z_0) - (z - z_0)} = \frac{1}{\zeta - z_0}\frac{1}{1 - \frac{z - z_0}{\zeta - z_0}}$$

$$= \frac{1}{\zeta - z_0} \sum_{n=0}^{\infty} \left(\frac{z - z_0}{\zeta - z_0}\right)^n = \sum_{n=0}^{\infty} \frac{(z - z_0)^n}{(\zeta - z_0)^{n+1}} ,$$

also eine Reihe, die wegen

$$\left|\frac{z - z_0}{\zeta - z_0}\right| = \frac{\rho}{\rho_1} < 1$$

auf C_1 gleichmäßig konvergiert. Für das zweite Integral gilt für ζ auf C_2

$$\frac{1}{\zeta - z} = -\frac{1}{(z - z_0) - (\zeta - z_0)} = -\frac{1}{z - z_0}\frac{1}{1 - \frac{\zeta - z_0}{z - z_0}}$$

$$= -\frac{1}{z - z_0} \sum_{n=0}^{\infty} \left(\frac{\zeta - z_0}{z - z_0}\right)^n = -\sum_{n=0}^{\infty} \frac{(\zeta - z_0)^n}{(z - z_0)^{n+1}} ,$$

also eine Reihe, die wegen

$$\left|\frac{\zeta - z_0}{z - z_0}\right| = \frac{\rho_2}{\rho} < 1$$

auf C_2 gleichmäßig konvergiert. Setzt man diese Entwicklungen von $\frac{1}{\zeta - z}$ in die Beziehung (10.27) ein, erhält man

$$f(z) = \sum_{n=0}^{\infty} \frac{1}{2\pi i} \int_{C_1} \frac{f(\zeta)}{(\zeta - z_0)^{n+1}}(z - z_0)^n\, d\zeta + \sum_{n=0}^{\infty} \frac{1}{2\pi i} \int_{C_2} \frac{f(\zeta)(\zeta - z_0)^n}{(z - z_0)^{n+1}}\, d\zeta .$$

Mit den Abkürzungen

$$a_n = \frac{1}{2\pi i} \int_{C_1} \frac{f(\zeta)}{(\zeta - z_0)^{n+1}}\, d\zeta \quad (n = 0,1,2,\dots) \quad \text{und}$$

$$a_{-n} = \frac{1}{2\pi i} \int_{C_2} f(\zeta)(\zeta - z_0)^{n-1}\, d\zeta = \frac{1}{2\pi i} \int_{C_2} \frac{f(\zeta)}{(\zeta - z_0)^{-n+1}}\, d\zeta \quad (n = 1,2,\dots)$$

ergibt sich

$$f(z) = \sum_{n=0}^{\infty} a_n(\zeta - z_0)^n + \sum_{n=1}^{\infty} a_{-n}(\zeta - z_0)^{-n}.$$

Da die Integranden in den Formeln für a_n und a_{-n} im Kreisring K_{12} analytisch sind, folgt daraus für $r \in\,]r_2, r_1[$ die Darstellung (10.26).

Gibt es keine Singularität in z_0, ist (10.26) gerade die TAYLOR-Reihe, denn dann ist $\frac{f(z)}{(z-z_0)^{k+1}}$ für negatives k analytisch und nach dem CAUCHYschen Integralsatz gilt $a_k = 0$ für $k < 0$. In der LAURENT-Formel (10.26) hat der Koeffizient a_{-1} eine besondere Bedeutung, denn er hängt nicht explizit von der Singularität ab und er heißt **Residuum** von f in z_0:

$$Res(f(z), z_0) = a_{-1} = \frac{1}{2\pi i} \int_{S_r} f(z)\, dz \, . \tag{10.28}$$

Bevor wir zur konkreten Betrachtung und Konstruktion von LAURENT-Reihen kommen, notieren wir den **Residuensatz** als wichtiges Hilfsmittel zur Berechnung von Integralen, die man ohne ihn nicht oder nur sehr schwer berechnen könnte.

Satz 10.10. *(Residuensatz)*

$f(z)$ sei eine in einem Gebiet G mit Ausnahme von endlich vielen isolierten Singularitäten $z_1, z_2, \ldots, z_n$ analytische Funktion. $B \subset G$ sei ein Bereich mit geschlossener, stückweise glatter Randkurve $K = \partial B$, in dessen Innern $B \setminus \partial B$ sämtliche Singularitäten $z_1, z_2, \ldots, z_n$ liegen. Dann gilt

$$\int_K f(z)\, dz = 2\pi i \sum_{k=1}^{n} Res(f(z), z_k) \, . \tag{10.29}$$

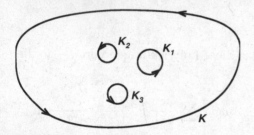

Abb. 10.19. Integrationswege für den Residuensatz

Beweis: Zu den Punkten z_j wählt man positiv orientierte Kreise K_j um z_j, $j = 1, 2, \ldots, n$, so dass $K_j \subset B$ und $B_j \cap B_m = \emptyset$ für $j \neq m$ gilt, wobei B_j jeweils der von K_j umschlossene Bereich ist (s. Abb. 10.19). Nach dem Satz 10.5 gilt

$$\int_{\partial B} f(z)\, dz = \sum_{k=1}^{n} \int_{K_j} f(z)\, dz \, .$$

Die Multiplikation der Gleichung mit $\frac{1}{2\pi i}$ ergibt unter Nutzung von (10.28) mit

$$\frac{1}{2\pi i} \int_{\partial B} f(z)\, dz = \sum_{k=1}^{n} \frac{1}{2\pi i} \int_{K_j} f(z)\, dz = \sum_{k=1}^{n} Res(f(z), z_k)$$

die Behauptung des Residuensatzes.   □

In vielen Fällen ist für die Aufstellung der LAURENT-Reihen die aufwendige Berechnung der Koeffizienten durch Linienintegrale gemäß Satz 10.9 nicht erforderlich. Man kann oft bekannte Resultate von TAYLOR-Reihenentwicklungen nutzen.

Beispiele zur Berechnung von Residuen:

1) Die Funktion $f(z) = e^{\frac{1}{z}}$ hat im Punkt $z_0 = 0$ eine Singularität, ansonsten ist sie analytisch. Die Nutzung der (für alle $z \neq 0$ konvergenten) TAYLOR-Reihe ergibt

$$e^{\frac{1}{z}} = \sum_{k=0}^{\infty} \frac{(\frac{1}{z})^k}{k!} = \sum_{k=-\infty}^{0} \frac{1}{(-k)!} z^k$$

für die LAURENT-Reihe mit dem Residuum $a_{-1} = Res(e^{\frac{1}{z}}, 0) = 1$.

2) Bei der LAURENT-Entwicklung der Funktion $f(z) = \frac{1}{e^z - 1}$ mit der einzigen Singularität $z_0 = 0$ wird eine oft praktikable Methode zur Bestimmung der Koeffizienten demonstriert. Unter Nutzung der TAYLOR-Reihe für e^z kann man die Funktion $f(z)$ in der Form

$$\frac{1}{e^z - 1} = \frac{1}{z + \frac{z^2}{2!} + \frac{z^3}{3!} + \cdots} = \frac{1}{z} \frac{1}{1 + \frac{z}{2!} + \frac{z^2}{3!} + \cdots} =: \frac{1}{z} \frac{1}{h(z)} \,,$$

mit der Funktion $h(z)$ darstellen, die als konvergente Potenzreihe analytisch ist. Da $h(0) \neq 0$ gilt, ist $\frac{1}{h(z)}$ in der Umgebung von 0 analytisch und kann in eine TAYLOR-Reihe entwickelt werden. Hat man die Darstellung

$$\frac{1}{h(z)} = b_0 + b_1 z + b_2 z^2 + \cdots$$

gefunden, erhält man durch Multiplikation mit $\frac{1}{z}$ die gesuchte LAURENT-Reihe. Konkret ergibt sich

$$1 = h(z)(b_0 + b_1 z + b_2 z^2 + \cdots)$$
$$= (1 + \frac{z}{2!} + \frac{z^2}{3!} + \cdots)(b_0 + b_1 z + b_2 z^2 + \cdots)$$
$$= b_0 + b_1 z + b_2 z^2 + b_3 z^3 + \cdots + \frac{b_0}{2!} z + \frac{b_1}{2!} z^2 + \cdots + \frac{b_0}{3!} z^2 + \frac{b_1}{3!} z^3 + \cdots$$
$$= b_0 + (b_1 + \frac{b_0}{2!}) z + (b_2 + \frac{b_1}{2!} + \frac{b_0}{3!}) z^2 + \cdots$$

Durch Koeffizientenvergleich erhält man $b_0 = 1$ und die rekursive Berechnungsvorschrift

$$b_1 = -\frac{b_0}{2!} = -\frac{1}{2} \,, \quad b_2 = -\frac{b_1}{2!} - \frac{b_0}{3!} = \frac{1}{12} \quad b_3 = -\frac{b_2}{2!} - \frac{b_1}{3!} - \frac{b_0}{4!} = 0 \,, \quad b_4 = -\frac{1}{720} \cdots$$

Damit ergibt sich die LAURENT-Reihe

$$\frac{1}{e^z - 1} = \frac{1}{z}(1 - \frac{1}{2}z + \frac{1}{12}z^2 - \frac{1}{720}z^4 \pm = \frac{1}{z} - \frac{1}{2} + \frac{1}{12}z - \frac{1}{720}z^3 \pm$$

mit den LAURENT-Koeffizienten

$$a_{-1} = 1 \;,\; a_0 = -\frac{1}{2} \;,\; a_1 = \frac{1}{12} \;,\; a_2 = 0 \;,\; a_3 = -\frac{1}{720} \dots$$

und damit dem Residuum $Res(\frac{1}{e^z-1}, 0) = 1$.

Bei den beiden durchgeführten LAURENT-Entwicklungen wurden zwei Eigenschaften der jeweiligen Funktion $f(z)$ genutzt:

1) Im ersten Fall konnte man die Funktion $f(z) := g(r(z))$, $r(z) = \frac{1}{z}$, $g(w) = e^w$, $z_0 = 0$, durch die Kenntnis der TAYLOR-Reihe von $g(w)$, da $g(w)$ für $w = \frac{1}{z}$ ($z \neq z_0$) analytisch war, in eine LAURENT-Reihe entwickeln.

2) Im zweiten Beispiel war $f(z)(z-z_0)^k =: \frac{1}{h(z)}$ und $h(z_0) \neq 0$, so dass $\frac{1}{h(z)}$ in eine TAYLOR-Reihe entwickelt werden konnte. Mit Kenntnis der TAYLOR-Reihe von $h(z)$ im Entwicklungspunkt $z_0 = 0$ konnte man aus dem CAUCHY-Produkt der Reihen von $h(z)$ und $\frac{1}{h(z)}$ durch Koeffizientenvergleich die Koeffizienten der TAYLOR-Reihe von $\frac{1}{h(z)}$ rekursiv bestimmen und erhält nach Multiplikation der TAYLOR-Reihe von $\frac{1}{h(z)}$ mit $(z - z_0)^k$ die LAURENT-Reihe von $f(z)$.

Allgemein kann man im Falle, dass $f(z)(z - z_0)^k =: g(z)$ analytisch ist und die TAYLOR-Reihe von $g(z)$ im Entwicklungspunkt z_0 bekannt oder bestimmbar ist, die LAURENT-Reihe von $f(z)$ durch Multiplikation der TAYLOR-Reihe von $g(z)$ mit $(z - z_0)^{-k}$ erhalten.

Nun soll noch eine Formel zur Residuenberechnung, die in vielen Fällen anwendbar ist, hergeleitet werden. Betrachtet man die Funktionen $g(z)$, $h(z)$, die analytisch in einer Umgebung von z_0 sein sollen und h soll die einfache Nullstelle z_0 haben, d.h. $h(z_0) = 0$ und $h'(z_0) \neq 0$. g und h haben TAYLOR-Entwicklungen der Form

$$g(z) = a_0 + a_1(z - z_0) + \dots \quad \text{und} \quad h(z) = b_1(z - z_0) + b_2(z - z_0)^2 + \dots,$$

wobei $a_0 = g(z_0)$ und $b_1 = h'(z_0)$ gilt. Die Quotientenfunktion $f(z) = \frac{g(z)}{h(z)}$ hat in z_0 eine isolierte Singularität und es gilt

$$f(z) = \frac{g(z)}{h(z)} = \frac{a_0 + a_1(z - z_0) + \dots}{b_1(z - z_0) + b_2(z - z_0)^2 + \dots} = \frac{1}{z - z_0} \frac{a_0 + a_1(z - z_0) + \dots}{b_1 + b_2(z - z_0) + \dots}.$$

Die Funktion $q(z) = \frac{1}{b_1 + b_2(z-z_0) + \dots}$ ist analytisch in einer Umgebung von z_0 und kann in eine TAYLOR-Reihe entwickelt werden. Mit dem oben praktizierten Algorithmus des Vergleichs der Koeffizienten eines CAUCHY-Produktes mit 1 erhält man für $q(z)$ die TAYLOR-Reihe $q(z) = \frac{1}{b_1} - \frac{b_2}{b_1^2}(z - z_0) + \dots$ und damit

$$f(z) = \frac{1}{z - z_0}(a_0 + a_1(z - z_0) + \dots)(\frac{1}{b_1} - \frac{b_2}{b_1^2}(z - z_0) + \dots)$$

$$= \frac{a_0}{b_1}(z - z_0)^{-1} + P(z - z_0) \;, \quad P \text{ ist Potenzreihe in } (z - z_0).$$

Für das Residuum von $f(z)$ gilt

$$Res(\frac{g(z)}{h(z)}, z_0) = \frac{g(z_0)}{h'(z_0)} .$$ (10.30)

Damit erhält man zum Beispiel für das Integral über den Kreis S_r vom Radius $r < \pi$ um 0

$$\frac{1}{2\pi i} \int_{S_r} \frac{\cos z}{\sin z} dz = \frac{\cos 0}{\cos 0} = 1 \quad \text{bzw.} \quad \int_{S_r} \frac{\cos z}{\sin z} dz = 2\pi i .$$

Ist die eben zur Berechnung des Residuums von $Res(\frac{q(z)}{h(z)}, z_0)$ benutzte Voraussetzung $h'(z_0) \neq 0$ nicht erfüllt, d.h. sind die Singularitäten z.B. Pole der Ordnung $m > 1$, z.B. $z_1 = i$ als Pol der Ordnung $m = 2$ bei

$$f(z) = \frac{q(z)}{h(z)} = \frac{1}{(1+z^2)^2} = \frac{1}{(z-i)^2(z+i)^2} ,$$

so kann man die Formel (10.30) nicht mehr anwenden, da $h'(z) = 4z(1+z^2)$ und damit $h'(i) = 0$ ist. In solchen Fällen kann man die allgemeine CAUCHYsche Integralformel (10.24) zur Residuenberechnung benutzen.

Satz 10.11. *(Residuum im Falle von Polstellen als Singularitäten)*
Die Funktion $q(z)$ sei analytisch in einer Umgebung von z_0 mit $q(z_0) \neq 0$. Die Funktion f sei durch

$$f(z) = \frac{q(z)}{(z - z_0)^m} \quad (m \in \mathbb{N})$$

erklärt, habe also für $z = z_0$ einen Pol m-ter Ordnung. Dann gilt

$$Res(f(z), z_0) = \frac{1}{(m-1)!} q^{(m-1)}(z_0) .$$ (10.31)

Beweis: Die Formel (10.24) für die $(m-1)$-te Ableitung von $q(z)$ ergibt

$$q^{(m-1)}(z_0) = \frac{(m-1)!}{2\pi i} \int_{K_{z_0,r}} \frac{q(\zeta)}{(\zeta - z_0)^m} d\zeta ,$$

wobei der positiv orientierte Kreis $K_{z_0,r}$ um z_0 so gewählt ist, dass q darin analytisch ist. Mit der Definition des Residuums (10.28) ergibt sich

$$Res(f(z), z_0) = Res(\frac{q(z)}{(z - z_0)^m}, z_0) = \frac{1}{2\pi i} \int_{K_{z_0,r}} \frac{q(\zeta)}{(\zeta - z_0)^m} d\zeta$$

$$= \frac{1}{(m-1)!} q^{(m-1)}(z_0)$$

die Formel (10.31). □

Mit der Formel (10.31) kann man nun das Residuum von $f(z) = \frac{1}{(1+z^2)^2}$ für die Polstelle $z_1 = i$ berechnen. Es gilt

$$f(z) = \frac{1}{(z-i)^2(z+i)^2} = \frac{q(z)}{(z-i)^2} \ .$$

Mit $q(z) = (z+i)^{-2}$ und $q'(z) = -2(z+i)^{-3}$ folgt aus der Formel (10.31) für $m = 2$

$$Res(\frac{1}{(z-i)^2(z+i)^2}, i) = -2(i+i)^{-3} = \frac{1}{4i} \ .$$

10.8   Berechnung von Integralen mit Hilfe des Residuensatzes

Die Entwicklung von Funktionen mit isolierten Singularitäten in LAURENT-Reihen ist die Grundlage für die Anwendung des Residuensatzes zur Integral-berechnung. Sehr hilfreich zur Berechnung von Residuen ist dabei die Formel (10.30) im Falle von rationalen Funktionen oder allgemeiner Quotienten geeigne-ter Funktionen.

Soll beispielsweise das Integral der Funktion $f(z) = \frac{1}{1+z^3}$ entlang eines Kreises um den Ursprung mit dem Radius 2 bestimmt werden, dann stellt man fest, dass f analytisch in ganz $\mathbb{C}$ ist mit Ausnahme der einfachen Nullstellen von $1 + z^3$, also -1, $\frac{1}{2} + i\frac{\sqrt{3}}{2}$ und $\frac{1}{2} - i\frac{\sqrt{3}}{2}$. Die Residuen sind nach der Formel (10.30)

$$Res(f(z), -1) = \frac{1}{3} \ , \quad Res(f(z), \frac{1}{2} \pm i\frac{\sqrt{3}}{2}) = \frac{1}{-\frac{3}{2} \pm i\frac{3\sqrt{3}}{2}} \ .$$

Als Gebiet G aus dem Residuensatz wählen wir ganz $\mathbb{C}$ und als Bereich $B \subset G$ wählen wir einen Kreis um den Ursprung mit einem Radius 2. Es folgt für das Integral nach dem Residuensatz

$$\int_{\partial B} \frac{dz}{1+z^3} = 2\pi i[\frac{1}{3} + \frac{1}{-\frac{3}{2} + i\frac{3\sqrt{3}}{2}} + \frac{1}{-\frac{3}{2} - i\frac{3\sqrt{3}}{2}}] = 0 \ .$$

Die Integration der Funktion $f(z) = \frac{1}{1+z^4}$ entlang des Randes eines Halbkrei-ses um den Ursprung mit einem Radius $R > 1$ ist auch für die reelle Integrati-on interessant. Beginnen wir aber mit der Bestimmung der Residuen von f. Mit der Formel (10.30) findet man für die Nullstellen des Nenners $\frac{1}{\sqrt{2}}(\pm 1 + i)$ und $\frac{1}{\sqrt{2}}(\pm 1 - i)$ mit

$$Res(f(z), \frac{1}{\sqrt{2}}(\pm 1 + i)) = \frac{1}{4(\frac{1}{\sqrt{2}}(\pm 1 + i))^3} = \frac{\sqrt{2}}{8}(\pm 1 - i)$$

die Residuen für die Singularitäten in der oberen Halbebene. Wir wählen wieder $G = \mathbb{C}$ und B den angesprochenen Halbkreis (siehe auch Abb. 10.20). Für das Integral über den Rand von B findet man mit dem Residuensatz

$$\int_{\partial B} \frac{dz}{1+z^4} = 2\pi i[\frac{\sqrt{2}}{8}(1-i) + \frac{\sqrt{2}}{8}(-1-i)] = 2\pi i(-\frac{\sqrt{2}}{4}i) = \frac{\pi}{\sqrt{2}} \ .$$

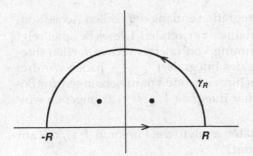

Abb. 10.20. Skizze zum Residuensatz

Es soll jetzt gezeigt werden, dass das Integral über den Halbkreisbogen γ_R für große Radien R sehr klein im Vergleich zum Integral $\int_{[-R,R]} \frac{dz}{1+z^4}$ ist. Es ergibt sich

$$\int_{\gamma_R} \frac{dz}{1+z^4} = \int_0^\pi \frac{1}{1+R^4 e^{i4\phi}} R\, e^{i\phi}\, d\phi \; .$$

Zur weiteren Abschätzung des Integrals über den Halbkreisbogen wird benutzt, dass sich das Integral einer stetigen Funktion längs einer Kurve C durch

$$|\int_C f(z)\, dz| \leq L(C) \cdot \max_{z \in C} |f(z)|$$

abschätzen lässt, wobei $L(C)$ die Länge der Kurve C ist, und damit erhält man

$$|\int_{\gamma_R} \frac{dz}{1+z^4}| \leq \pi R \max_{z \in \gamma_R} |\frac{1}{1+z^4}| \; .$$

Für den Betrag von $\frac{1}{1+z^4} = \frac{1}{1+R^4 e^{i4\phi}}$ ergibt sich

$$|\frac{1}{1+R^4 e^{i4\phi}}| = \frac{1}{\sqrt{1 + 2R^4 \cos(4\phi) + R^8 \cos^2(4\phi) + R^8 \sin^2(4\phi)}}$$

$$= \frac{1}{\sqrt{1 + 2R^4 \cos(4\phi) + R^8}}$$

$$\leq \frac{1}{\sqrt{1 - 2R^4 + R^8}} = \frac{1}{R^4 - 1} \; ,$$

da $\cos(4\phi)$ im Intervall $[0,\pi]$ für $\pi = \frac{\pi}{4}$ den minimalen Wert -1 annimmt. Damit erhält man

$$|\int_{\gamma_R} \frac{dz}{1+z^4}| \leq \pi R \frac{1}{R^4 - 1} \to 0 \quad \text{für} \quad R \to \infty \; .$$

Es gilt nun

$$\int_{-\infty}^\infty \frac{dz}{1+x^4} = \lim_{R \to \infty} \int_{[-R,R]} \frac{dx}{1+x^4} = \frac{\pi}{\sqrt{2}} \; ,$$

weil $\lim_{R \to \infty} \int_{\gamma_R} \frac{dz}{1+z^4} = 0$ gilt. Bei der Integration entlang der reellen Achse können wir anstelle von z die Integrationsvariable x verwenden. Dieses Beispiel zeigt den Wert des Residuensatzes zur Berechnung von uneigentlichen reellen Integralen exemplarisch. Bei der Berechnung des Integrals $\int_{-\infty}^{\infty} \frac{dx}{1+x^4}$ haben wir drei Voraussetzungen benutzt, die wir jetzt als hinreichende Voraussetzungen zur Berechnung allgemeiner reeller uneigentlicher Integrale $\int_{-\infty}^{\infty} f(x)\,dx$ angeben wollen.

a) Es gibt eine bis auf isolierte Singularitäten analytische Funktion $f(z)$, die auf der reellen Achse mit $f(x)$ übereinstimmt.

b) Es gibt für beliebig große R eine ganz im Definitionsbereich von $f(z)$ liegende geschlossene Kurve γ_R, die die reelle Achse von $-R$ bis R bis auf Singularitäten $z_0 = x_0$ von $f(z)$ enthält und vom Punkt R in einem Halbkreis mit dem Radius R zum Punkt $-R$ führt. Eventuelle Polstellen auf der reellen Achse werden durch Halbkreise mit dem Radius ρ ins Innere der Kurve γ_R einbezogen oder vom Inneren ausgeschlossen (siehe Abb. 10.21).

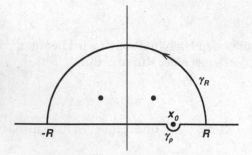

Abb. 10.21. Skizze zum Integrationsweg

c) Das Kurvenintegral der Funktion $f(z)$ über den Halbkreis mit dem Radius R hat für $R \to \infty$ den Grenzwert 0.

Die Möglichkeiten zur Berechnung reeller uneigentlicher Integrale unter Nutzung des Residuensatzes fassen wir in folgenden Sätzen zusammen.

Satz 10.12. *(Berechnung uneigentlicher Integrale mit dem Residuensatz (I))*

Sei $f(x) = \frac{p(x)}{q(x)}$ eine echt gebrochen rationale Funktion mit reellen Polynomen p und q, wobei das Nennerpolynom $q(x)$ keine reellen Nullstellen besitzt. Außerdem gelte für die Polynomgrade $\deg(q) \geq \deg(p) + 2$. Das Nennerpolynom $q(z)$ habe die isolierten Singularitäten $z_1, \ldots, z_m$ mit jeweils positivem Imaginärteil. Dann gilt die Berechnungsformel

$$\int_{-\infty}^{\infty} \frac{p(x)}{q(x)}\,dx = 2\pi i \sum_{k=1}^{m} Res(f(z), z_k)\,. \tag{10.32}$$

Der Nachweis der Formel (10.32) erfolgt völlig analog zur Berechnung des Integrals $\int_{-\infty}^{\infty} \frac{dx}{1+x^4}$ aus dem vorangegangenen Beispiel. Entscheidend für den Nachweis, dass das Integral $\int_{\gamma_R} \frac{p(z)}{q(z)}\, dz$ für $R \to \infty$ verschwindet, ist die Voraussetzung $grad(q) \geq grad(p) + 2$ über die Polynomgrade.

Beispiele:

1) Zu berechnen ist das Integral $\int_{-\infty}^{\infty} \frac{1}{(1+x^2)^n}\, dx$ für $n \in \mathbb{N}$, $n \geq 2$. Die Voraussetzungen des Satzes 10.12 über die Polynomgrade sind erfüllt. Für die Residuen der einzigen Singularität mit positivem Imaginärteil $z_1 = i$ findet man mit der Formel (10.31) wegen $\frac{1}{(1+z^2)^n} = \frac{(z+i)^{-n}}{(z-i)^n}$ für $m = n$

$$
\begin{aligned}
Res(\frac{1}{(1+z^2)^n}, i) &= \lim_{z \to i} \frac{1}{(n-1)!} \frac{d^{n-1}}{dz^{n-1}}(z+i)^{-n} \\
&= \frac{n(n+1)\dots(2n-2)}{(n-1)!}(-1)^{n-1}(2i)^{-2n+1} \\
&= -\frac{n(n+1)\dots(2n-2)}{(n-1)!}\frac{i}{2^{2n-1}}.
\end{aligned}
$$

Mit der Formel (10.32) findet man

$$
\begin{aligned}
\int_{-\infty}^{\infty} \frac{1}{(1+x^2)^n}\, dx &= -2\pi i \frac{n(n+1)\dots(2n-2)}{(n-1)!}\frac{i}{2^{2n-1}} \\
&= \pi \frac{n(n+1)\dots(2n-2)}{(n-1)!}\frac{1}{2^{2n-2}}.
\end{aligned}
$$

2) Zur Berechnung des Integrals $\int_{-\infty}^{\infty} \frac{x^2}{x^4+5x^2+4}\, dx$ findet man mit

$$
f(x) = \frac{x^2}{x^4 + 5x^2 + 4} = \frac{x^2}{(x^2+4)(x^2+1)}
$$

die Singularitäten $z_1 = i$ und $z_2 = 2i$ mit positiven Imaginärteilen. Für die Residuen erhält man durch Nutzung der Formel (10.30)

$$
Res(f(z), i) = \lim_{z \to i} \frac{z^2}{4z^3 + 10z} = \frac{-1}{-4i + 10i} = -\frac{1}{6i} \quad \text{bzw.}
$$

$$
Res(f(z), 2i) = \lim_{z \to 2i} \frac{z^2}{4z^3 + 10z} = \frac{-4}{-32i + 20i} = \frac{1}{3i}.
$$

Die Formel (10.32) ergibt für das Integral

$$
\int_{-\infty}^{\infty} \frac{x^2}{x^4 + 5x^2 + 4}\, dx = 2\pi i[\frac{1}{3i} - \frac{1}{6i}] = 2\pi \frac{1}{6} = \frac{\pi}{3}.
$$

Unter Nutzung der Beziehungen

$$\sin x = \operatorname{Im} e^{ix} \quad \text{und} \quad \cos x = \operatorname{Re} e^{ix}$$

weist man analog zum Satz 10.12 den folgenden Satz nach:

Satz 10.13. *(Berechnung uneigentlicher Integrale mit dem Residuensatz (II))*

Seien p und q Polynome mit reellen Koeffizienten, wobei $q(x)$ keine reellen Nullstellen besitzt. Für die Polynomgrade gelte $grad(q) \geq grad(p) + 1$. Das Polynom $q(z)$ habe die isolierten Singularitäten $z_1, \ldots, z_m$ mit positivem Imaginärteil. Setzt man

$$f(z) = e^{iz}\frac{p(z)}{q(z)}\,,$$

dann gelten die Berechnungsformeln

$$\int_{-\infty}^{\infty} \cos x \frac{p(x)}{q(x)} dx = Re[2\pi i \sum_{k=1}^{m} Res(f(z), z_k)] = -2\pi Im[\sum_{k=1}^{m} Res(f(z), z_k)]$$

$$\tag{10.33}$$

$$\int_{-\infty}^{\infty} \sin x \frac{p(x)}{q(x)} dx = Im[2\pi i \sum_{k=1}^{m} Res(f(z), z_k)] = 2\pi Re[\sum_{k=1}^{m} Res(f(z), z_k)].$$

$$\tag{10.34}$$

Zum Nachweis der Formeln (10.33),(10.34) betrachtet man das Kurvenintegral der Funktion f über die Kurve ∂B aus Abb. 10.20 und nutzt die Beziehungen

$$\sin x = \operatorname{Im} e^{ix} \qquad \cos x = \operatorname{Re} e^{ix}\,.$$

Unter den Voraussetzungen über die Polynomgrade zeigt man, dass das Integral über den Halbkreisbogen γ_R für $R \to \infty$ gegen Null geht und zeigt damit die Gültigkeit der Formeln (10.33),(10.34).

Beispiel: Es ist das Integral $\int_{-\infty}^{\infty} \frac{x\sin x}{x^4+1} dx$ zu berechnen. Die Nullstellen von x^4+1 sind $\frac{\sqrt{2}}{2}(1+i)$, $\frac{\sqrt{2}}{2}(1-i)$, $\frac{\sqrt{2}}{2}(-1+i)$, $\frac{\sqrt{2}}{2}(-1-i)$. Mit der Formel (10.34) erhält man

$$\int_{-\infty}^{\infty} \frac{x\sin x}{x^4+1} dx = 2\pi Re[Res(\frac{ze^{iz}}{z^4+1}, \frac{\sqrt{2}}{2}(1+i)) + Res(\frac{ze^{iz}}{z^4+1}, \frac{\sqrt{2}}{2}(-1+i))]$$

$$= 2\pi Re[\frac{e^{iz}}{4z^2}|_{z=\frac{\sqrt{2}}{2}(1+i)} + \frac{e^{iz}}{4z^2}|_{z=\frac{\sqrt{2}}{2}(-1+i)}]$$

$$= 2\pi Re[\frac{e^{-\sqrt{2}/2}}{4i}(\cos(\sqrt{2}/2) + i\sin(\sqrt{2}/2))$$

$$\qquad - \frac{e^{-\sqrt{2}/2}}{4i}(\cos(\sqrt{2}/2) - i\sin(\sqrt{2}/2)]$$

$$= 2\pi \frac{e^{-\sqrt{2}/2}}{2}\sin(\sqrt{2}/2) = \pi e^{-\frac{\sqrt{2}}{2}}\sin(\frac{\sqrt{2}}{2})\,.$$

Ist $R(\cos t, \sin t)$ eine gebrochen rationale Funktion in den Variablen $\sin t$ und $\cos t$, die keine Polstellen, d.h. einen Nenner ohne Nullstellen besitzt, dann erhält man mit der Substitution $z = e^{it}$, $dz = iz\, dt$ und den Beziehungen

$$\cos t = \frac{1}{2}(e^{it} + e^{-it}) = \frac{1}{2}(z + \frac{1}{z}) = \frac{z^2 + 1}{2z},$$

$$\sin t = \frac{1}{2i}(e^{it} - e^{-it}) = \frac{1}{2i}(z - \frac{1}{z}) = \frac{z^2 - 1}{2iz},$$

für das Integral $\int_0^{2\pi} R(\cos t, \sin t)\, dt$

$$\int_0^{2\pi} R(\cos t, \sin t)\, dt = \int_{|z|=1} R(\frac{z^2+1}{2z}, \frac{z^2-1}{2iz})\frac{1}{iz}\, dz.$$

Aus dem Residuensatz folgt für das Integral über den Einheitskreis $|z| = 1$

$$\int_0^{2\pi} R(\cos t, \sin t)\, dt = 2\pi \sum_{|z_k|<1} Res(\frac{1}{z}R(\frac{z^2+1}{2z}, \frac{z^2-1}{2iz}), z_k). \qquad (10.35)$$

z_k sind dabei isolierte Singularitäten von $\frac{1}{z}R(\frac{z^2+1}{2z}, \frac{z^2-1}{2iz})$, die innerhalb des Einheitskreises liegen. Die verwendete Substitution ähnelt der Substitution $t = \tan\frac{x}{2}$, die im Kapitel 2 zur Bestimmung von Stammfunktionen für Funktionen der Form $R(\cos x, \sin x)$ verwendet wurde.

Beispiel: Das bestimmte Integral $\int_0^{2\pi} \frac{1}{3+\sin t}\, dt$ ist zu berechnen. Mit der Formel (10.35) erhält man

$$\int_0^{2\pi} \frac{1}{3+\sin t}\, dt = 2\pi \sum_{|z_k|<1} Res(\frac{1}{z}\frac{1}{3 + \frac{z^2-1}{2iz}}, z_k) = 2\pi \sum_{|z_k|<1} Res(\frac{2i}{z^2 + 6iz - 1}, z_k).$$

Man findet die isolierten Singularitäten $z_1 = -3i + \sqrt{8}i, z_2 = -3i - \sqrt{8}i$, von denen z_1 im Einheitskreis liegt. Für das Residuum ergibt sich

$$Res(\frac{2i}{z^2 + 6iz - 1}, (-3 + \sqrt{8})i) = \frac{2i}{2z + 6i}\big|_{z=(-3+\sqrt{8})i} = \frac{2i}{\sqrt{8}i} = \frac{1}{\sqrt{2}},$$

und damit für das Integral

$$\int_0^{2\pi} \frac{1}{3 + \sin t}\, dt = 2\pi\frac{1}{\sqrt{2}} = \sqrt{2}\pi.$$

Mit den Berechnungsformeln (10.32)-(10.35) als Folgerung aus dem Residuensatz liegen nützliche Hilfsmittel zur Berechnung reeller bestimmter Integrale über beschränkte und unbeschränkte Intervalle vor. Entscheidende Grundlage zur Anwendung der Formeln ist die Ermittlung von Residuen komplexer Funktionen. Da die Formeln oft mehrere Rechenschritte erfordern, ist ein **reelles** Ergebnis der Integration einer reellen Funktion eine gewisse Kontrolle der Rechnung.

10.9 Harmonische Funktionen

Eine reelle Funktion $\Phi(x, y)$, die die partielle Differentialgleichung (LAPLACE-Gleichung)

$$\Delta \Phi = 0$$

erfüllt, heißt **harmonische** Funktion (vgl. dazu auch Abschnitt 9.6). Da $\Delta \Phi = \operatorname{div}(\operatorname{grad} \Phi)$ ist, sind harmonische Funktionen Potentiale von quellenfreien ebenen Vektorfeldern w. Denn Quellenfreiheit eines Vektorfeldes $\mathbf{w}(x, y) = \binom{w_1(x,y)}{w_2(x,y)}$ bedeutet $\operatorname{div} \mathbf{w} = 0$ und wenn Φ Potential von w ist, also $\mathbf{w} = \operatorname{grad} \Phi$ gilt, folgt $\Delta \Phi = 0$.

Hat man eine auf einem Gebiet $D \subset \mathbb{C}$ analytische Funktion $f(z) = \Phi(x, y) + i\Psi(x, y)$ gegeben, dann findet man unter der Voraussetzung, dass Φ und Ψ zweimal stetig partiell differenzierbar sind, mit dem Satz von SCHWARZ und den CAUCHY-RIEMANNschen Differentialgleichungen

$$\Delta \Phi = \frac{\partial^2 \Phi}{\partial x^2} + \frac{\partial^2 \Phi}{\partial y^2} = \frac{\partial \frac{\partial \Phi}{\partial x}}{\partial x} + \frac{\partial \frac{\partial \Phi}{\partial y}}{\partial y} = \frac{\partial \frac{\partial \Psi}{\partial y}}{\partial x} + \frac{\partial(-\frac{\partial \Psi}{\partial x})}{\partial y} = \frac{\partial^2 \Psi}{\partial y \partial x} - \frac{\partial^2 \Psi}{\partial x \partial y} = 0 \, .$$

Analog zeigt man $\Delta \Psi = 0$ für den Imaginärteil von f. Damit erhält man den folgenden Satz.

Satz 10.14. *(Eigenschaft analytischer Funktionen)*
Real- und Imaginärteil einer analytischen Funktion $f(z) = \Phi(x, y) + i\Psi(x, y)$ sind harmonische Funktionen.

Geht man davon aus, dass Φ eine harmonische Funktion ist, dann erfüllt das Vektorfeld

$$\mathbf{w}(x, y) = \begin{pmatrix} w_1(x, y) \\ w_2(x, y) \end{pmatrix} := \begin{pmatrix} -\frac{\partial \Phi}{\partial y} \\ \frac{\partial \Phi}{\partial x} \end{pmatrix} \tag{10.36}$$

die Integrabilitätsbedingung, denn aus $\Delta \Phi = 0$ folgt $\frac{\partial^2 \Phi}{\partial x^2} = -\frac{\partial^2 \Phi}{\partial y^2}$ und daraus folgt sofort

$$\frac{\partial w_2}{\partial x} = \frac{\partial w_1}{\partial y} \, .$$

Ist der Definitionsbereich von Φ einfach zusammenhängend, dann folgt aus der Integrabilitätsbedingung die Existenz eines Potentials $\Psi(x, y)$ von w,

$$\operatorname{grad} \Psi = \begin{pmatrix} \frac{\partial \Psi}{\partial x} \\ \frac{\partial \Psi}{\partial y} \end{pmatrix} = \begin{pmatrix} w_1(x, y) \\ w_2(x, y) \end{pmatrix} \, . \tag{10.37}$$

Daraus folgt sofort

$$\frac{\partial \Psi}{\partial x} = w_1 = -\frac{\partial \Phi}{\partial y} \quad , \quad \frac{\partial \Psi}{\partial y} = w_2 = \frac{\partial \Phi}{\partial x} \, ,$$

also die Erfüllung der CAUCHY-RIEMANNschen Differentialgleichungen für Φ und Ψ, d.h. $f(z) = \Phi(x, y) + i\Psi(x, y)$ ist eine analytische Funktion. Die durchgeführten Überlegungen fassen wir im folgenden Satz zusammen.

Satz 10.15. *(Beziehung zwischen Real- und Imaginärteil analytischer Funktionen) Eine auf einer einfach zusammenhängenden offenen Teilmenge des $\mathbb{R}^2$ harmonische Funktion Φ ist der Realteil einer analytischen Funktion f, deren Imaginärteil Ψ als Potential des Vektorfeldes*

$$\mathbf{w}(x, y) = \begin{pmatrix} -\frac{\partial \Phi}{\partial y} \\ \frac{\partial \Phi}{\partial x} \end{pmatrix}$$

bestimmt werden kann.

Die nach dem Satz 10.15 zu einer harmonischen Funktion Φ existierende Funktion Ψ als Imaginärteil der analytischen Funktion $f = \Psi + i\Psi$ nennt man zu Φ **konjugiert harmonische Funktion**.

Beispiel: $\Phi = x^2 - y^2$ ist eine harmonische Funktion. Man erhält nach (10.36) und (10.37) $\mathbf{w}(x, y) = (\Psi_x, \Psi_y)^T = (2y, 2x)^T$. Aus $\Psi_x = 2y$ folgt $\Psi = 2xy + g(y)$, aus $\Psi_y = 2x$ folgt $\Psi = 2xy + h(x)$. Daraus ergibt sich $g(y) = h(x) = $ const., wir setzen die Konstante gleich Null. Man erhält also $\Psi(x, y) = 2xy$ und $f(z) = \Phi(x, y) + i\Psi(x, y) = x^2 - y^2 + i\,2xy$. Man bestätigt sofort, dass die CAUCHY-RIEMANNschen Differentialgleichungen erfüllt sind, $f(z)$ also eine analytische Funktion ist.

Man kann keineswegs beliebige Paare harmonischer Funktionen als Real- und Imaginärteil einer analytischen Funktion nehmen: zum Beispiel ist $f(z) = (x^2 - y^2) + i(x^2 - y^2)$ nicht analytisch. Aus jeder analytischen Funktion erhält man harmonische Funktionen (Satz 10.14); aus jeder harmonischen Funktion kann man eine analytische Funktion gewinnen (Satz 10.15).

Wenn wir das ebene Vektorfeld $\mathbf{v}$ in komplexer Form, also durch

$$v(z) = v(x + iy) := v_1(x, y) + iv_2(x, y) \tag{10.38}$$

darstellen, dann bezeichnet man die durch

$$f(z) = f(x + iy) = \Phi(x, y) + i\Psi(x, y)$$

erklärte holomorphe Funktion als das **komplexe Potential** von $v(z)$, wenn grad $\Phi = (v_1, v_2)^T$ gilt. Wird durch $\mathbf{v}$ bzw. $v(z)$ ein ebenes Geschwindigkeitsfeld beschrieben, nennt man $f(z)$ das **komplexe Strömungspotential**. Den Realteil $\Phi(x, y)$ von $f(z)$ bezeichnet man als **Potential** oder Geschwindigkeitspotential, den Imaginärteil $\Psi(x, y)$ nennt man **Stromfunktion** des Strömungsfeldes $v(z) = v_1(x, y) + iv_2(x, y)$.

Welche Strömungen können damit beschrieben werden? Es geht hier jedenfalls um ebene, zeitunabhängige ("stationäre") Strömungen. Aus dem Geschwindigkeitspotential $\Phi(x, y)$ erhält man die Geschwindigkeitskomponenten v_1, v_2 durch Gradientenbildung. Wegen div $\begin{pmatrix} v_1 \\ v_2 \end{pmatrix} = $ div (grad Φ) $= \Delta\,\Phi = 0$ ist ein durch ein komplexes Strömungspotential beschriebenes Strömungsfeld in jedem Fall **quellenfrei**. Da die Kontinuitätsgleichung in der Form div $\binom{v_1}{v_2} = 0$ gilt, hat man es mit inkompressiblen Strömungen zu tun (Dichte des strömenden Mediums konstant). Wegen

$$\frac{\partial v_1}{\partial y} - \frac{\partial v_2}{\partial x} = \frac{\partial}{\partial y}\left(\frac{\partial \Phi}{\partial x}\right) - \frac{\partial}{\partial x}\left(\frac{\partial \Phi}{\partial y}\right) = \Delta\,\Psi = 0$$

ist das Geschwindigkeitsfeld auch notwendig **wirbelfrei**.

Für die Ableitung von $f(z)$ erhalten wir unter Nutzung der CAUCHY-RIEMANN-schen Differentialgleichungen

$$f'(z) = \Phi_x(x,y) + i\Psi_x(x,y) \,,$$

bzw.

$$f'(z) = \Phi_x(x,y) - i\Phi_y(x,y) = v_1(x,y) - iv_2(x,y) \,. \tag{10.39}$$

Damit kann man bei Vorgabe eines komplexen Strömungspotentials $f(z)$ die Geschwindigkeit durch die Beziehung

$$v(z) = \overline{f'(z)}$$

berechnen. Wenn wir mit K eine doppelpunktfreie, geschlossene, positiv orientierte Kurve, die durch $\gamma : [a,b] \to \mathbb{C}$ parametrisiert ist, betrachten, erhält man

$$\int_K f'(z)\,dz = \int_a^b [v_1(\gamma(t)) - iv_2(\gamma(t))](\dot\gamma_1(t) + i\dot\gamma_2(t))\,dt$$

$$= \int_a^b [v_1(\gamma(t))\dot\gamma_1(t) + v_2(\gamma(t))\dot\gamma_2(t)]\,dt + i\int_a^b [v_1(\gamma(t))\dot\gamma_2(t) - v_2(\gamma(t))\dot\gamma_1(t)]\,dt$$

$$= Z + iW \,.$$

Mit den Integralsätzen von GAUSS und STOKES in der Ebene (Beziehungen (8.38), (8.39)) finden wir als Realteil von $\int_K f'(z)\,dz$ die Zirkulation Z und als Imaginärteil den Fluss W in Richtung der äußeren Normalen von K. Wir fassen die Ergebnisse zum komplexen Strömungspotential im folgenden Satz zusammen.

Satz 10.16. *(komplexes Strömungspotential)*

Sind mit der analytischen Funktion $f(z)$ ein komplexes Strömungspotential und mit K eine doppelpunktfreie geschlossene positiv orientierte Kurve gegeben, so lassen sich aus f durch die Beziehungen

$$v(z) = \overline{f'(z)} \tag{10.40}$$

$$Z = \operatorname{Re}\int_K f'(z)\,dz \qquad W = \operatorname{Im}\int_K f'(z)\,dz \tag{10.41}$$

die Geschwindigkeit $v(z)$, die Zirkulation Z entlang der Kurve K und der Fluss W durch die Kurve K bestimmen.

Für eine konstante Parallelströmung $\mathbf{v} = (a,0)^T$ bzw. $v(z) = a = $ const., $a \in$ $\mathbb{R}$ ist das komplexe Strömungspotential mit $f(z) = az$ und $f'(z) = a$ trivial. Wir wollen nun die Umströmung eines Hindernisses, das durch die Kurve K (doppelpunktfrei, glatt, geschlossen, positiv orientiert) gegeben ist, betrachten. Die Endlichkeit des Hindernisses rechtfertigt die Annahme

$$\mathbf{v}(z) \to v_\infty \quad \text{für} \quad |z| \to \infty ,$$

wobei $v_\infty = a + ib$ die konstante (ungestörte) Geschwindigkeit in großer Entfernung vom Hindernis ist. Damit die Strömung im Unendlichen konstant wird, muss sich die Ableitung des komplexen Strömungspotentials als LAURENT-Reihe der Form

$$f'(z) = \overline{v}_\infty + \frac{a_{-1}}{z} + \frac{a_{-2}}{z^2} + \dots$$

schreiben lassen. Wir nehmen an, dass der Punkt $z = 0$ im Inneren der Kurve K liegt. Für f erhält man durch Integration

$$f(z) = \overline{v}_\infty z + a_0 + a_{-1} \log z - \frac{a_{-2}}{z} - \dots$$

mit einer beliebigen Konstanten a_0. Zur Bestimmung von a_{-1} benutzen wir die Beziehung

$$\int_K f'(z)\,dz = \int_{K^*} f'(z)\,dz = Z + iW ,$$

wobei K^* eine doppelpunktfreie, glatte, geschlossene, positiv orientierte Kurve ist, die das Hindernis K umschließt. Nach dem Residuensatz gilt

$$\int_{K^*} f'(z)\,dz = 2\pi i a_{-1} \quad \text{und damit} \quad a_{-1} = \frac{1}{2\pi i}(Z + iW) .$$

Für $K^* = K$ ist der Fluss W gleich Null, da nichts durch das von K berandete Hindernis fließen kann, und damit ist $a_{-1} = \frac{1}{2\pi i} Z$. Für das komplexe Strömungspotential folgt

$$f(z) = \overline{v}_\infty z + a_0 + \frac{Z}{2\pi i} \log z - \frac{a_{-2}}{z} - \dots . \tag{10.42}$$

Ist z.B. die Kurve K ein Kreis mit dem Radius 1, dann kann man mit funktionentheoretischen Mitteln, die den Rahmen dieses Buches sprengen würden, zeigen, dass für den zirkulationsfreien Fall $Z = 0$ das komplexe Strömungspotential

$$f(z) = \overline{v}_\infty z + \frac{R^2 v_\infty}{z}$$

die ebene Umströmung eines Kreiszylinders mit dem Radius R beschreibt. Gibt man $v_\infty = \overline{v}_\infty = 1$ und $R = 1$ vor, findet man mit

$$f'(z) = 1 - \frac{1}{z^2} = \frac{|z|^4 - \overline{z}\overline{z}}{|z|^4}$$

für die komplexe Geschwindigkeit

$$v(z) = \overline{f'(z)} = \frac{|z|^4 - x^2 - 2ixy + y^2}{|z|^4} = 1 - \frac{x^2 - y^2}{(x^2+y^2)^2} - i\frac{2xy}{(x^2+y^2)^2}$$

bzw. das ebene Geschwindigkeitsfeld (s. Abb. 10.24)

$$\mathbf{v}(x,y) = \begin{pmatrix} 1 - \frac{x^2-y^2}{(x^2+y^2)^2} \\ -\frac{2xy}{(x^2+y^2)^2} \end{pmatrix}. \tag{10.43}$$

Das eben erzielte Resultat kann man durch die folgenden Betrachtungen auch auf einem anderen Weg erhalten. Bei bestimmten Aufgabenstellungen der Kontinuumsmechanik oder Elektrotechnik werden harmonische Funktionen gesucht, die z.B. Lösungen von Randwertproblemen sind, also nicht nur die Potentialgleichung erfüllen sollen, sondern dazu auch noch bestimmte Werte am Rand von Gebieten haben sollen. Hat man eine analytische Funktion $f : G \to H$, $G, H \subset \mathbb{C}$, und eine harmonische Funktion $U : H \to \mathbb{R}$ gegeben, dann ist U nach Satz 10.15 der Realteil einer analytischen Funktion $g = U + iV$. Ist die Funktion $f : G \to H$, $G, H \subset \mathbb{C}$, analytisch, dann ist die Verkettung $g(f(z)) = U(f(z)) + iV(f(z))$ eine analytische Funktion und $\Psi(x,y) = U(f(x+iy))$ ist harmonisch. Die Überlegungen kann man zusammenfassen in

Satz 10.17. *(Eigenschaft analytischer Funktionen)*
Harmonische Funktionen von analytischen Funktionen sind harmonisch.

Der Satz soll nun zum Auffinden einer harmonischen Funktion, die im Gebiet G gewissen Randbedingungen genügen soll, angewendet werden. Dabei ist das Gebiet G möglicherweise geometrisch kompliziert, so dass eine harmonische Funktion, die die geforderte Randbedingungen erfüllt, nicht ohne weiteres zu finden ist. Das "komplizierte" Gebiet G wird durch eine analytische Funktion auf ein einfacheres Gebiet H abgebildet. Findet man nun in H eine harmonische Funktion U als Lösung eines einfacheren Randwertproblems, dann hat man mit $\Psi(x,y) = U(f(x+iy))$ die gesuchte Lösung des ursprünglichen Problems in G gefunden.
Konkret wollen wir diese Methode zur Berechnung der Strömung einer idealen Flüssigkeit um einen Zylinder anwenden. An der Zylinderoberfläche soll die gesuchte harmonische Funktion den Wert Null haben. Da wir eine symmetrische Strömung um ein zylinderförmiges Hindernis betrachten, schneiden wir die gesamte Ebene und den Zylinder auseinander, dann haben wir G gegeben als

$$G = \{x + iy | y \geq 0 \ \text{ und } \ x^2 + y^2 \geq 1\} = \{re^{i\phi} | r \geq 1 \ \text{ und } \ 0 \leq \phi \leq \pi\}.$$

Mit der analytischen Funktion $f(z) = z + \frac{1}{z}$, die in Polarkoordinaten die Form

$$f(re^{i\phi}) = (r + \frac{1}{r})\cos\phi + i(r - \frac{1}{r})\sin\phi$$

hat, wird der Bereich G auf den Bereich $H = \{x + iy \mid y \geq 0\}$ abgebildet, d.h. es gilt $f(G) = H$. H ist tatsächlich ein "einfacheres" Gebiet als G und der Rand

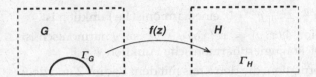

Abb. 10.22. Gebietstransformation durch f

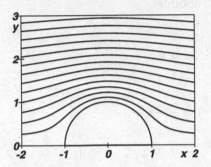

Abb. 10.23. Stromlinien in G **Abb. 10.24.** Vektorfeld in G

$\Gamma_G = \{x + iy \mid y \geq 0 \ , \ x^2 + y^2 = 1\}$ wird durch f auf den Rand $\Gamma_H = \{x + iy \mid y = 0 \ , \ -2 \leq x \leq 2\}$ abgebildet (siehe Abb. 10.22). Mit $U(x, y) = y$ findet man nun eine harmonische Funktion, die auf Γ_H verschwindet. Mit

$$\Psi(x, y) = U(f(x + iy)) = U(f(re^{i\phi})) = \left(r - \frac{1}{r}\right)\sin\phi = y - \frac{y}{x^2 + y^2} \quad (10.44)$$

haben wir eine harmonische Funktion auf G, die auf Γ_G verschwindet, konstruiert. Die Höhenlinien von Ψ sind nun gerade die Stromlinien und man kann die Geschwindigkeit $\mathbf{v}$ in G durch

$$\mathbf{v}(x, y) = \begin{pmatrix} v_1 \\ v_2 \end{pmatrix} = \begin{pmatrix} \frac{\partial \Psi}{\partial y} \\ -\frac{\partial \Psi}{\partial x} \end{pmatrix} = \begin{pmatrix} 1 - \frac{x^2 - y^2}{(x^2 + y^2)^2} \\ -\frac{2xy}{(x^2 + y^2)^2} \end{pmatrix} \quad (10.45)$$

berechnen. In den Abbildungen 10.24 und 10.23 sind das Vektorfeld $\mathbf{v}$ und die Stromlinien in G skizziert. Die Stromfunktion Ψ ist eine Lösung der Potentialgleichung $\Delta \Psi = 0$, die auf Γ_G den Randwert Null hat. Berechnet man $\mathbf{v}$ durch die Berechnung der partiellen Ableitungen von Ψ aus (10.44), erhält man das oben auf anderem Weg berechnete Geschwindigkeitsfeld (10.43).

10.10 Aufgaben

1) Zeigen Sie die Beziehungen
$$\cosh^2 z - \sinh^2 z = 1 \quad \sinh 2z = 2\sinh z \cosh z$$
$$\cosh(z + w) = \cosh z \cosh w + \sinh z \sinh w$$
für die komplexen Hyperbelfunktionen.

2) Zeigen Sie, dass $\phi = \arctan \frac{y}{x}$, $x^2 + y^2 \neq 0$, eine harmonische Funktion ist.

3) Zeigen Sie, dass die Funktion $\Phi(x,y) = xe^x \cos y - ye^x \sin y$ harmonisch ist und bestimmen Sie die zu Φ konjugiert harmonische Funktion Ψ.

4) Bestimmen Sie eine Transformation, die den Kreis mit dem Radius 2 und dem Mittelpunkt $z_0 = 1 + i$ auf den Einheitskreis abbildet.

5) Bestimmen Sie eine Transformation, die den Kreis, der durch die Punkte $z_1 = 1$, $z_2 = 3i$, $z_3 = -i$ geht, auf die Gerade $x = 2$ abbildet.

6) Weisen Sie nach, dass

$$F(z) = \log z = \ln \sqrt{x^2 + y^2} + i \arctan \frac{y}{x}, \; x \neq 0,$$

eine Stammfunktion von $f(z) = \frac{1}{z}$ ist.

7) Berechnen Sie die Residuen der Funktion $f(z) = \frac{\sin z}{z(z^2-1)}$.

8) Berechnen Sie das Integral

$$\int_K z\overline{z}\, dz, \quad K = \{z\,|\,|z-i| = 1\}.$$

9) Berechnen Sie das Integral $\int_K ze^z\, dz$, wobei K die Verbindungsgerade vom Punkt $z_1 = -1 - i$ zum Punkt $z_2 = 1 + i$ ist.

10) Berechnen Sie die Integrale

$$(a) \quad \int_{-\infty}^{\infty} \frac{x^2 - 1}{x^4 + 1}\, dx \qquad (b) \quad \int_0^{2\pi} \frac{1}{2 + \cos t}\, dt.$$

11) Berechnen Sie die Geschwindigkeit $v(z)$ einer durch einen Zylinder mit dem Radius 2 gestörten Strömung, die im Unendlichen den Wert $v_\infty = 1 + 2i$ hat.

11 Integraltransformationen

Mit diesem Kapitel soll eine mathematische Methodik behandelt werden, die es erlaubt, mathematische Aufgaben mit dem Ziel zu transformieren, die Problemlösung zu erleichtern. Z.B. sollen Transformationen besprochen werden, die eine partielle Differentialgleichung für eine gesuchte Funktion in eine gewöhnliche Differentialgleichung für die transformierte Funktion überführen. Nach der Lösung der gewöhnlichen Differentialgleichung kommt man durch eine Rücktransformation zur Lösung des ursprünglichen Problems (FOURIER-Transformation). Außerdem wird es möglich sein, Systeme von gewöhnlichen Differentialgleichungen durch eine Transformation in Systeme algebraischer Gleichungen zu überführen, die in der Regel leichter lösbar sind. Auch hier erhält man die Lösung des ursprünglichen Problems nach einer Rücktransformation (LAPLACE-Transformation).

Mit der LAPLACE-Transformation kann man z.B. unstetige Inhomogenitäten von Differentialgleichungen beschreiben. Dies ist für viele Aufgabenstellungen in den Ingenieurwissenschaften von Bedeutung, denn damit sind z.B. Einschaltvorgänge, kurzzeitige Impulse und ihre Auswirkungen auf Schwingungssysteme bzw. Schaltkreise behandelbar.

Übersicht

11.1   Definition von Integraltransformationen

Unter einer **Integraltransformation** T versteht man eine eindeutige Zuordnung $T : f \to T(f)$ der Form

$$[T(f)](x) := \int_D K(x,t)f(t)\,dt, \quad x \in M, \tag{11.1}$$

wobei D ein nicht notwendig beschränktes Intervall in $\mathbb{R}$ und $M \subset \mathbb{R}$ oder $M \subset \mathbb{C}$ der Definitionsbereich der Integraltransformierten ist. Statt $[T(f)](x)$ wird im Folgenden auch die Bezeichnung $T[f(t)]$ verwendet. Die Funktion $K(x,t)$ nennt man **Kern** der Integraltransformation.

Damit der Ausdruck (11.1) überhaupt sinnvoll ist, müssen die Funktion f und die Kernfunktion $K(x,t)$ geeignete Voraussetzungen erfüllen. Dann beschreibt (11.1) die Abbildung einer Funktion f von t auf eine Funktion $T[f(t)]$ von x. Das Integral der Formel (11.1) ist ein Parameterintegral (vgl. Abschnitt 2.15), wobei t die Integrationsvariable und x den Parameter bedeuten. Bei festgehaltener Funktion $f(t)$ wird durch (11.1) jedem Parameterwert x eine Zahl $[T(f)](x)$ zugeordnet. Die so entstehende Funktion $T[f(t)]$ von x ist i. Allg. eine andere, wenn man diese Zuordnung für unterschiedliche Funktionen $f(t)$ realisiert.

Im Folgenden sollen insbesondere zwei Integraltransformationen behandelt werden:

a) die FOURIER-Transformation

$$\mathcal{F}[f(t)] = \frac{1}{2\pi} \int_{-\infty}^{\infty} e^{-ist} f(t)\,dt, \quad s \in \mathbb{R}, \tag{11.2}$$

d.h.
$$D =]-\infty, \infty[, \qquad K(s,t) = \frac{1}{2\pi} e^{-ist}.$$

b) die LAPLACE-Transformation

$$\mathcal{L}[f(t)] = \int_0^{\infty} e^{-zt} f(t)\,dt, \quad z \in \mathbb{C}, \tag{11.3}$$

d.h.
$$D = [0, \infty[, \qquad K(z,t) = e^{-zt}.$$

Ist nichts anderes gesagt, werden die Funktionen $f(t)$, die diesen Transformationen unterworfen werden, als reellwertig vorausgesetzt. An dieser Stelle sei daran erinnert, dass wir im Abschnitt 2.16 uneigentliche Integrale der Art

$$\int_{-\infty}^{\infty} f(x,t)\,dt$$

bei festgehaltenem Parameter x durch den Grenzwert

$$\lim_{A,B \to \infty} \int_{-B}^{A} f(x,t)\,dt$$

erklärt haben. Dabei waren die Grenzübergänge $A \to \infty$ und $B \to \infty$ unabhängig voneinander durchzuführen. Wir haben gesagt, das uneigentliche Integral existiert oder konvergiert, wenn diese Grenzwerte unabhängig voneinander existieren. Im Zusammenhang mit den Integraltransformationen ist es manchmal zweckmäßig oder sogar erforderlich, einen allgemeineren Konvergenzbegriff zu nutzen. Dabei werden die beiden Grenzwerte für $A \to \infty$ und $B \to \infty$ nicht mehr als unabhängig voneinander betrachtet, sondern die beiden Grenzen des Integrals wandern gleichzeitig in Richtung ∞ bzw. $-\infty$. Man sagt, das Integral $\int_{-\infty}^{\infty} f(x,t)\,dt$ existiere als **CAUCHYscher Hauptwert** (C.H.), wenn der Grenzwert

$$\lim_{A \to \infty} \int_{-A}^{A} f(x,t)\,dt = \lim_{A \to \infty} \int_{a}^{A} [f(x,-t) + f(x,t)]\,dt + \int_{-a}^{a} f(x,t)\,dt$$

existiert ($a > 0$ beliebig). Man schreibt dann

$$C.H. \int_{-\infty}^{\infty} f(x,t)\,dt = \lim_{A \to \infty} \int_{-A}^{A} f(x,t)\,dt \,. \tag{11.4}$$

Es sei bemerkt, dass wir hier den Parameter x nur mitschleppen, um die Nähe zu den Integraltransformationen hervorzuheben. Dieselbe Definition des CAUCHYschen Hauptwerts gilt für parameterfreie Integrale. Offenbar folgt aus der Konvergenz (im üblichen Sinn) des uneigentlichen Integrals $\int_{-\infty}^{\infty} f(x,t)\,dt$ die Existenz des CAUCHYschen Hauptwerts: denn aus der Existenz von

$$\lim_{A,B \to \infty} \int_{-B}^{A} f(x,t)\,dt \quad \text{folgt die Existenz von} \quad \lim_{A \to \infty} \int_{-A}^{A} f(x,t)\,dt \,.$$

Die Umkehrung gilt nicht, d.h. es gibt Funktionen, deren zweiseitig uneigentliches Integral zwar als CAUCHYscher Hauptwert, nicht aber im üblichen Sinn existiert. Ein Beispiel ist die Funktion $f(t) = \sin t$, für die die Nichtexistenz des Integrals $\int_{-\infty}^{\infty} \sin t\,dt$ aus der Nichtexistenz von $\int_{0}^{\infty} \sin t\,dt$ folgt (vgl. Beispiel 1 in Abschnitt 2.16). Dagegen existiert der CAUCHYsche Hauptwert, und es gilt $C.H. \int_{-\infty}^{\infty} \sin t\,dt = 0$, wie man aus

$$\int_{-A}^{A} \sin t\,dt = -\cos t|_{-A}^{A} = -\cos A - (-\cos(-A)) = 0$$

erkennt. Im Übrigen existiert der CAUCHYsche Hauptwert für eine Funktion $f(t)$ immer dann, wenn es ein $a > 0$ gibt, so dass $f(-t) + f(t) = 0$ für alle $t > a$ ist, d.h. wenn $f(t)$ für alle hinreichend großen $|t|$ ($|t| > a$) ungerade ist.

Auf den CAUCHYschen Hauptwert kommen wir etwas später wieder zurück. Mit den Integraltransformationen wird ein Ausgangsproblem (im Originalbereich) auf ein äquivalentes Problem im Bildbereich abgebildet und dort gelöst. Anschließend erfolgt die Rücktransformation. Die Vorgehensweise wird anhand des folgenden Diagramms sichtbar:

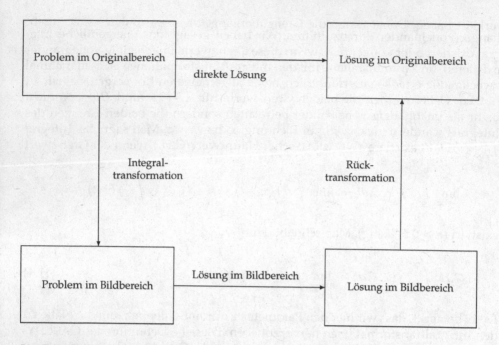

Im Diagramm wird deutlich, dass statt der direkten Lösung eines Originalproblems ein Umweg beschritten wird. Allerdings ist dieser Umweg über die Transformation, die Lösung des transformierten Problems und die Rücktransformation oft weniger aufwendig als die direkte Problemlösung und deshalb gerechtfertigt. Wegen der Notwendigkeit einer Rücktransformation aus dem Bild- in den Originalbereich ist es erforderlich, dass die bei dem Problem benutzte Integraltransformation umkehrbar (injektiv) ist. Man sollte also aus einer gegebenen Funktion $[T(f)](x)$ genau eine Funktion $f(t)$ so bestimmen können, dass die Beziehung (11.1) erfüllt ist. Darauf gehen wir später ein. Nun soll die FOURIER-Transformation genauer diskutiert werden.

11.2 FOURIER-Transformation

Ausgehend von den Überlegungen zur FOURIER-Reihenentwicklung periodischer Funktionen soll im Folgenden das Motiv für die FOURIER-Transformation dargelegt werden. Im Kapitel 3 wurde ausgeführt, dass sich eine 2π-periodische Funktion unter gewissen (relativ schwachen) Voraussetzungen in eine FOURIER-Reihe

$$f(x) = \sum_{k=-\infty}^{\infty} c_k e^{ikx}$$

entwickeln lässt, wobei c_k die komplexen FOURIER-Koeffizienten

$$c_k = \frac{1}{2\pi} \int_{-\pi}^{\pi} f(t)e^{-ikt}\, dt, \quad k \in \mathbb{Z},$$

sind. Wenn f die Periode $2\pi l$ hat, dann lauten die Formeln

$$f(x) = \sum_{k=-\infty}^{\infty} c_k e^{ik\frac{1}{l}x} \tag{11.5}$$

bzw.

$$c_k = \frac{1}{2\pi l} \int_{-l\pi}^{l\pi} f(t)e^{-ik\frac{1}{l}t}\, dt, \quad k \in \mathbb{Z}. \tag{11.6}$$

Wir erinnern daran, dass bei reellwertigen Funktionen $f(x)$ für die FOURIER-Koeffizienten die Beziehungen $\bar{c}_k = c_{-k}\,(k = 0,1,...)$ gelten. Man kann die Entwicklung einer Funktion in eine FOURIER-Reihe auch verstehen als die Abbildung der Funktion $f(x)$ auf die Folge komplexer Zahlen $\{...,c_{-2},c_{-1},c_0,c_1,c_2,...\}$. Die Umkehrabbildung ist dann die Bestimmung der Summe $f(x)$ einer FOURIER-Reihe mit gegebenen Koeffizienten c_k. Wir wollen uns nun von der Periodizitätsforderung an f lösen und untersuchen, welche Form die Formeln (11.5) bzw. (11.6) und die darin vorkommenden Ausdrücke dann haben. Dazu setzen wir (11.6) in (11.5) ein und erhalten

$$f(x) = \sum_{k=-\infty}^{\infty} \left(\frac{1}{2\pi l} \int_{-l\pi}^{l\pi} f(t)e^{-ik\frac{1}{l}t}\, dt \right) e^{ik\frac{1}{l}x} = \sum_{k=-\infty}^{\infty} \frac{1}{l}\frac{1}{2\pi} \int_{-l\pi}^{l\pi} f(t)e^{ik\frac{1}{l}(x-t)}\, dt\,.$$

Setzen wir $\frac{1}{l} =: \Delta s$ und beachten, dass wir einen Ausdruck der Form $\sum_{k=0}^{\infty} g(k\Delta s)\cdot \Delta s$ als RIEMANNsche Summe einer Funktion g bei äquidistanter Zerlegung $\frac{1}{l}, \frac{2}{l}, ...$ auffassen können, die für geeignete g in das uneigentliche Integral $\int_0^\infty g(s)\, ds$ übergeht, so erhält man beim Grenzübergang $l \to \infty$ bzw. $\Delta s \to 0$

$$f(x) = \sum_{k=-\infty}^{\infty} \left(\frac{1}{2\pi} \int_{-l\pi}^{l\pi} f(t)e^{ik\frac{1}{l}(x-t)}\, dt \right) \Delta s$$

$$\Longrightarrow \int_{-\infty}^{\infty} \left(\frac{1}{2\pi} \int_{-\infty}^{\infty} f(t)e^{i\,s(x-t)}\, dt \right) ds\,.$$

Damit ergeben sich formal (Gültigkeitsbedingungen geben wir später an) die Beziehungen

$$f(x) = \int_{-\infty}^{\infty} \left(\frac{1}{2\pi} \int_{-\infty}^{\infty} f(t)e^{i\,s(x-t)}\, dt \right) ds = \int_{-\infty}^{\infty} e^{ixs} \left(\frac{1}{2\pi} \int_{-\infty}^{\infty} f(t)e^{-ist}\, dt \right) ds\,, \tag{11.7}$$

oder kurz

$$f(x) = \int_{-\infty}^{\infty} \hat{f}(s)\, e^{ixs}\, ds\,, \tag{11.8}$$

wenn wir $\hat{f}$ durch

$$\hat{f}(s) = \frac{1}{2\pi} \int_{-\infty}^{\infty} f(t)\, e^{-i\,st}\, dt \tag{11.9}$$

erklären. Den Ausdrücken (11.8) und (11.9) entsprechen die Ausdrücke (11.5) und
(11.6) im periodischen Fall. Werden periodische Funktionen $f(t)$ durch (11.6) auf
eine Folge komplexer Zahlen $\{c_k\}$ abgebildet, so kann man im nichtperiodischen
Fall die Beziehung (11.9) als Abbildung (Transformation) einer Funktion $f(t)$ auf
eine andere Funktion $\hat{f}(s)$ verstehen. Für reellwertige Funktionen hat die Beziehung $\bar{c}_k = c_{-k}$ im nichtperiodischen Fall das Analogon $\bar{\hat{f}}(s) = \hat{f}(-s)$, was man
aus (11.9) sofort erkennt.

Die Formeln (11.6) bzw. (11.9) liefern das **Spektrum** der Funktion f. Im Fall periodischer Funktionen haben wir es stets mit einem diskreten Spektrum oder Li-
nienspektrum zu tun, da nur ganzzahlige Vielfache der Grundfrequenz $\omega = \frac{1}{l}$
auftreten können. Kontinuierliche Spektren $\hat{f}(s)$ treten im Fall von nichtperiodischen Vorgängen auf.

Für Funktionen f, für die die Formeln (11.5), (11.6) bzw. (11.8) und (11.9) gelten,
gilt: Ist das Spektrum von f bekannt, so ist damit f eindeutig festgelegt und umgekehrt.

Die Darstellungsformel (11.7) ermöglicht eine Zerlegung der nichtperiodischen
reellwertigen, in $]-\infty, \infty[$ definierten Funktion f in harmonische Schwingungen.
Mit Hilfe der EULERschen Formel und von Additionstheoremen der trigonometrischen Funktionen erhält man aus (11.7)

$$f(x) = \int_{-\infty}^{\infty} \{\frac{1}{2\pi} \int_{-\infty}^{\infty} f(t)[\cos(sx)\cos(st) + \sin(sx)\sin(st)$$
$$+ i(\sin(sx)\cos(st) - \cos(sx)\sin(st))]\, dt\}\, ds \ .$$

Setzt man (Konvergenz der Integrale vorausgesetzt)

$$a(s) := \frac{1}{\pi} \int_{-\infty}^{\infty} f(t)\cos(st)\, dt \ , \qquad b(s) := \frac{1}{\pi} \int_{-\infty}^{\infty} f(t)\sin(st)\, dt \ ,$$

so ist $a(s)$ eine gerade, $b(s)$ eine ungerade Funktion von s. Wir wollen annehmen,
dass $a(s) = o(s^{-1})$, $b(s) = o(s^{-1})$ für $s \to \infty$ ist. Dann gilt

$$f(x) = \frac{1}{2} \int_{-\infty}^{\infty} [a(s)\cos(sx) + b(s)\sin(sx)$$
$$+ i(a(s)\sin(sx) - b(s)\cos(sx))]\, ds$$
$$= \int_{0}^{\infty} [a(s)\cos(sx) + b(s)\sin(sx)]\, ds \ , \tag{11.10}$$

letzteres wegen der Geradheit bzw. Ungeradheit der Integranden. Dabei durchlaufen die Frequenzen s der harmonischen Schwingungen sämtliche Werte von 0
bis ∞. Die Formel (11.10) entspricht bei 2π-periodischen Funktionen der Formel

$$f(x) = \sum_{k=0}^{\infty} (a_k \cos(kx) + b_k \sin(kx))$$

mit den diskreten Frequenzen k.

Die bisherigen Überlegungen haben wir unter dem Gesichtspunkt der Verallgemeinerung von Ergebnissen der FOURIER-Analyse periodischer Funktionen auf eine analoge Darstellung für nicht notwendigerweise periodische Funktionen (man könnte auch sagen: Funktionen mit der Periode ∞) geführt. Im Folgenden soll diskutiert werden, unter welchen Bedingungen der Ausdruck

$$\int_{-\infty}^{\infty} f(t)e^{-i\,st}\,dt$$

existiert und damit die FOURIER-Transformation sinnvoll ist. An dieser Stelle sei an die Definition der stückweise glatten Funktionen (Def. 3.19) und an den Begriff der stückweisen Stetigkeit (vgl. Satz 2.35) erinnert. Außerdem soll der im 2. Kapitel eingeführte Begriff der absoluten Integrierbarkeit auf komplexwertige Funktionen verallgemeinert werden.

Definition 11.1. (absolute Integrierbarkeit)
Die Funktion $f : \mathbb{R} \to \mathbb{C}$ ist in $\mathbb{R}$ **absolut integrierbar**, wenn das uneigentliche Integral

$$\int_{-\infty}^{\infty} |f(t)|\,dt$$

existiert.

Satz 11.1. *(Kriterium für die absolute Integrierbarkeit)*
Ist $f : \mathbb{R} \to \mathbb{C}$ in $\mathbb{R}$ stückweise stetig, g in $\mathbb{R}$ absolut integrierbar und gilt

$$|f(x)| \le |g(x)| \quad \text{für} \quad x \in \mathbb{R}\,, \tag{11.11}$$

dann ist auch f in $\mathbb{R}$ absolut integrierbar.

Satz 11.2. *(Existenz des FOURIER-Integrals)*
Ist f in $\mathbb{R}$ stückweise stetig und absolut integrierbar, dann existiert das Integral

$$\int_{-\infty}^{\infty} f(t)\,e^{-i\,st}\,dt \tag{11.12}$$

für alle $s \in \mathbb{R}$.

Beweis: Wegen

$$\left| \int_{-\infty}^{\infty} f(t)e^{-i\,st}\,dt \right| \le \int_{-\infty}^{\infty} \left| f(t)e^{-i\,st} \right|\,dt$$

folgt aus der absoluten Integrierbarkeit von f in $\mathbb{R}$ und der Abschätzung

$$|f(t)\,e^{-i\,st}| \le |f(t)| \quad \text{für alle} \quad s \in \mathbb{R} \tag{11.13}$$

die Behauptung. $\qquad\qquad\qquad\qquad\qquad\qquad\qquad\qquad\qquad\qquad\qquad\qquad\Box$

Wegen der Abschätzung (11.13) ist (11.12) gleichmäßig konvergent und deshalb ist das Integral (11.12) eine stetige Funktion für $s \in \mathbb{R}$. Dies rechtfertigt nun die

---

Definition 11.2. (FOURIER-Transformation)

Sei f in $\mathbb{R}$ stückweise stetig und absolut integrierbar. Die für alle $s \in \mathbb{R}$ definierte Funktion

$$\hat{f}(s) = \frac{1}{2\pi} \int_{-\infty}^{\infty} f(t) e^{-i\,st}\, dt \qquad\qquad (11.14)$$

nennt man FOURIER-**Transformierte** oder Spektralfunktion von f. Die durch (11.14) definierte Abbildung von f auf $\hat{f}$ heißt FOURIER-Transformation. Mit der EULERschen Formel erhält man

$$\hat{f}(s) = \frac{1}{2\pi} \int_{-\infty}^{\infty} f(t) \cos(st)\, dt - i\frac{1}{2\pi} \int_{-\infty}^{\infty} f(t) \sin(st)\, dt =: \hat{f}_c(s) - i\hat{f}_s(s)\,.$$

$\hat{f}_c$ heißt **Kosinustransformierte**, $\hat{f}_s$ **Sinustransformierte** von f. Neben $\hat{f}(s), \hat{f}_c(s), \hat{f}_s(s)$ verwendet man auch die Schreibweisen $\mathcal{F}[f(t)]$, $\mathcal{F}_c[f(t)]$, $\mathcal{F}_s[f(t)]$.

In Definition 11.2 und in (11.8), (11.9) hatten wir das FOURIER-Integral und die FOURIER-Transformation in der Form

$$f(t) = c_1 \int_{-\infty}^{\infty} \hat{f}(s) e^{ist}\, ds\,, \qquad \hat{f}(s) = c_2 \int_{-\infty}^{\infty} f(t) e^{-i\,st}\, dt$$

mit $c_1 = 1$ und $c_2 = \frac{1}{2\pi}$ betrachtet. Es gibt in der Literatur allerdings keine einheitliche Konvention bezüglich der Faktoren $c_1, c_2 > 0$ vor den Integralen. Es gilt aber immer $c_1 c_2 = \frac{1}{2\pi}$. Die meist benutzten Festlegungen sind $c_1 = 1, c_2 = \frac{1}{2\pi}$, $c_1 = c_2 = \frac{1}{\sqrt{2\pi}}$ oder $c_1 = \frac{1}{2\pi}, c_2 = 1$. Auch wird manchmal anstelle von $e^{-i\,st}$ die konjugiert komplexe Funktion $e^{i\,st}$ als Kern der FOURIER-Transformation benutzt. Dann erhält man die zu $\hat{f}(s)$ konjugiert komplexe Funktion als FOURIER-Transformierte einer (reellwertigen) Funktion $f(t)$. Wenn man also in mathematischen Formelwerken nach FOURIER-Transformationen sucht, muss man immer nachschauen, welche Konvention in dem betreffenden Buch verwendet wird. Die Definition 11.2 erlaubt auch die Bestimmung von FOURIER-Transformierten über die Kenntnis der Kosinustransformierten und Sinustransformierten. Bei geraden Funktionen stimmt die FOURIER-Transformierte mit der Kosinustransformierten überein. Zur Beziehung zwischen FOURIER-Transformierter und Sinustransformierter für ungerade Funktionen $f(t)$ verweisen wir auf die Aufgabe 4 am Ende dieses Kapitels.

Beispiel: Es soll die FOURIER-Transformierte der Funktion $f(t) = e^{-|t|}$ berechnet werden. Aufgrund der Definition 11.2 erhält man für $s \in \mathbb{R}$

$$\hat{f}(s) = \frac{1}{2\pi} \int_{-\infty}^{\infty} e^{-|t|} e^{-i\,st}\,dt = \frac{1}{2\pi} \left(\int_{-\infty}^{0} e^{t} e^{-i\,st}\,dt + \int_{0}^{\infty} e^{-t} e^{-i\,st}\,dt \right)$$

$$= \lim_{A,B\to\infty} \frac{1}{2\pi} \left(\frac{e^{(1-i\,s)t}}{1-i\,s}\Big|_{t=-A}^{t=0} + \frac{e^{-(1+i\,s)t}}{-(1+i\,s)}\Big|_{t=0}^{t=B} \right)$$

$$= \frac{1}{2\pi} \left(\frac{1}{1-i\,s} + \frac{1}{1+i\,s} \right) = \frac{1}{\pi}\frac{1}{1+s^2}, \quad s \in \mathbb{R}.$$

Dabei wurde $|e^{-R} \cdot e^{\pm i\,sR}| = e^{-R} \to 0$ für $R \to \infty$ benutzt.

11.3 Umkehrung der FOURIER-Transformation

Nach der Definition der FOURIER-Transformierten einer Funktion ist jetzt die Frage zu klären, unter welchen Voraussetzungen die Darstellungsformel (11.8) für die Funktion f gilt. Diese Frage ist gleichbedeutend mit der Möglichkeit der Rückkehr aus dem Bildbereich in den Originalbereich.

Unter Nutzung des CAUCHYschen Hauptwertes kann man zur Beantwortung der Frage den folgenden Satz formulieren.

Satz 11.3. *(Umkehrung der FOURIER-Transformation)*

Sei f eine in $\mathbb{R}$ stückweise glatte Funktion. Ferner sei f in $\mathbb{R}$ absolut integrierbar. Für beliebige $x \in \mathbb{R}$ gilt dann

$$\frac{f(x+0)+f(x-0)}{2} = \lim_{A\to\infty} \int_{-A}^{A} \hat{f}(s)\,e^{i\,xs}\,ds \;\; (= C.H. \int_{-\infty}^{\infty} \hat{f}(s)\,e^{i\,xs}\,ds\,).$$

(11.15)

Insbesondere gilt in jedem Stetigkeitspunkt $x \in \mathbb{R}$ von f

$$f(x) = \lim_{A\to\infty} \int_{-A}^{A} \hat{f}(s)\,e^{i\,xs}\,ds \;\; (= C.H. \int_{-\infty}^{\infty} \hat{f}(s)\,e^{i\,xs}\,ds\,).$$

(11.16)

Es sei deutlich darauf hingewiesen, dass Satz 11.3 nur dann allgemein gilt, wenn auf der rechten Seite von (11.15) bzw. (11.16) der CAUCHYsche Hauptwert verwendet wird. Erinnert sei an Beispiele, wo zwar der CAUCHYsche Hauptwert, aber nicht das uneigentliche Integral existiert. Als Beispiel kann die Formel für die Funktion

$$f(x) = \begin{cases} 1\,\text{für} & |x| \le 1 \\ 0\,\text{für} & |x| > 1 \end{cases}$$

und deren FOURIER-Transformierte untersucht werden.

Satz 11.4. *(Eindeutigkeitssatz)*
Für die Funktionen f_1 und f_2 seien die Voraussetzungen des Satzes 11.3 erfüllt und es gelte

$$\hat{f}_1(s) = \hat{f}_2(s) \quad \text{für alle} \quad s \in \mathbb{R}.$$

Dann gilt in jedem Punkt x, in dem f_1 und f_2 stetig sind,

$$f_1(x) = f_2(x) \quad .$$

11.4 Eigenschaften der FOURIER-Transformation

Um, mit der FOURIER-Transformation arbeiten zu können, ist die Kenntnis einiger Eigenschaften der FOURIER-Transformierten von Nutzen. Im Folgenden sollen einige einfache Eigenschaften, die man leicht aus der Definition 11.2 erhält, angegeben werden.

Satz 11.5. *(Linearität)*
Sind f, f_1 und f_2 in $\mathbb{R}$ stückweise stetige und dort absolut integrierbare Funktionen, so folgt aus der Definition der FOURIER-Transformation

$$\mathcal{F}[f_1 + f_2] = \mathcal{F}[f_1] + \mathcal{F}[f_2] \tag{11.17}$$
$$\mathcal{F}[\alpha f] = \alpha \mathcal{F}[f], \quad \alpha \in \mathbb{R}. \tag{11.18}$$

Satz 11.6. *(Verschiebungssatz)*
Sei f in $\mathbb{R}$ stückweise stetig und dort absolut integrierbar. Dann gilt für beliebige $h \in \mathbb{R}$

$$\mathcal{F}[f(t \pm h)] = e^{\pm i\,sh} \mathcal{F}[f(t)], \quad s \in \mathbb{R} . \tag{11.19}$$

Diese beiden Sätze sind einfache Analoga zu den entsprechenden Eigenschaften von FOURIER-Reihen (vgl. Satz 3.36). Bei der Lösung von Problemen mit Hilfe der FOURIER-Transformation treten im Bildbereich in vielen Fällen Produkte der Form $\mathcal{F}[f_1] \cdot \mathcal{F}[f_2]$ auf. Unser Ziel ist es nun, Produkte dieser Art als **eine** FOURIER-Transformierte einer geeigneten Funktion f, die sich aus f_1 und f_2 bestimmen lässt, darzustellen. Dazu definieren wir das Faltungsprodukt.

Definition 11.3. (Faltung)
Unter dem **Faltungsprodukt** der Funktionen f_1 und f_2 versteht man den Ausdruck

$$(f_1 * f_2)(t) := \frac{1}{2\pi} \int_{-\infty}^{\infty} f_1(t-u) f_2(u) \, du . \tag{11.20}$$

Läuft die Integrationsvariable u von $-\infty$ nach ∞, so läuft das Argument u von f_2 ebenfalls von $-\infty$ nach ∞, das Argument $t-u$ von f_1 läuft in entgegengesetzter Richtung von $+\infty$ nach $-\infty$; bei $u = \frac{t}{2}$ "treffen" sich die Argumente, vgl. Abb. 11.1. Wenn f_1 und f_2 in $\mathbb{R}$ stetige Funktionen sind und eine der beiden Funktionen absolut integrierbar, die andere durch eine Konstante M beschränkt ist, dann

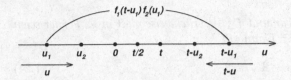

Abb. 11.1. Bewegung der Argumente von f_1, f_2 im Integral (11.20) $(u_1 < u_2)$

existiert das Integral auf der rechten Seite von (11.20) und die Faltungsdefinition ist sinnvoll. Es gilt die Kommutativität: Mit der Substitution $t - u = v$ erhält man

$$(f_1 * f_2)(t) = \frac{1}{2\pi} \int_{-\infty}^{\infty} f_1(t - u) f_2(u)\, du = -\frac{1}{2\pi} \int_{\infty}^{-\infty} f_1(v) f_2(t - v)\, dv$$

$$= \frac{1}{2\pi} \int_{-\infty}^{\infty} f_2(t - v) f_1(v)\, dv = (f_2 * f_1)(t)\,.$$

Satz 11.7. *(Faltungssatz)*
Seien f_1, f_2 in $\mathbb{R}$ beschränkte, stetige und absolut integrierbare Funktionen. Dann gilt

$$\mathcal{F}[f_1 * f_2] = \mathcal{F}[f_1] \cdot \mathcal{F}[f_2]\,. \tag{11.21}$$

Dem speziellen Integral (11.20) über das Produkt zweier Funktionen f_1, f_2 entspricht im Bildbereich das Produkt aus den beiden FOURIER-Integralen, d.h. den FOURIER-Transformierten der beiden Funktionen f_1, f_2.

Satz 11.8. *(Differentiation I)*
Sei f eine in $\mathbb{R}$ stetige, stückweise glatte Funktion. Ferner seien f und f' in $\mathbb{R}$ absolut integrierbar. Dann gilt

$$\mathcal{F}[f'(t)] = (i\,s)\mathcal{F}[f(t)], \quad s \in \mathbb{R}\,, \tag{11.22}$$

d.h. der Differentiation im Originalbereich entspricht die Multiplikation mit dem Faktor $(i\,s)$ im Bildbereich.

Für viele Anwendungen ist es erforderlich, die Stetigkeitsanforderungen abzuschwächen. Es gilt der

Satz 11.9. *(Differentiation II)*
Sei f eine in $\mathbb{R}$ stückweise glatte Funktion und seien f und f' in $\mathbb{R}$ absolut integrierbar. Ferner besitze f die n Sprungstellen $a_1, a_2, ..., a_n$. Dann gilt für $s \in \mathbb{R}$

$$\mathcal{F}[f'(t)] = (i\,s)\mathcal{F}[f(t)] - \frac{1}{2\pi} \sum_{k=1}^{n} [f(a_k + 0) - f(a_k - 0)] e^{-i\,s a_k}\,. \tag{11.23}$$

Antwort auf die Frage nach der FOURIER-Transformation höherer Ableitungen gibt der

Satz 11.10. *(Differentiation III)*
Sei f $(r-1)$-mal stetig differenzierbar und $f^{(r-1)}$ stückweise glatt in $\mathbb{R}$. Ferner seien $f, f', ..., f^{(r)}$ absolut integrierbar in $\mathbb{R}$. Dann gilt

$$\mathcal{F}[f^{(r)}(t)] = (i\,s)^r \mathcal{F}[f(t)], \quad s \in \mathbb{R}. \tag{11.24}$$

Beispiel: Es sei die Differentialgleichung

$$y''' - 4y'' + y' - y = r(x)$$

gegeben. Die FOURIER-Transformation ergibt

$$\mathcal{F}[y''' - 4y'' + y' - y] = \mathcal{F}[r],$$

und nach (11.24) erhält man im Bildraum

$$\mathcal{F}[y''' - 4y'' + y' - y] = (i\,s)^3 \mathcal{F}[y] - 4(i\,s)^2 \mathcal{F}[y] + (i\,s)\mathcal{F}[y] - \mathcal{F}[y]$$
$$= (-i\,s^3 + 4s^2 + i\,s - 1)\mathcal{F}[y] = \mathcal{F}[r].$$

Damit ergibt sich für die Lösung im Bildraum

$$\mathcal{F}[y] = \frac{1}{(-i\,s^3 + 4s^2 + i\,s - 1)} \mathcal{F}[r].$$

Zur Rücktransformation, d.h. zur Gewinnung von y aus $\mathcal{F}[y]$, müsste man nun Satz 11.3 mit $\hat{f}(s) = \mathcal{F}[y]$ anwenden.

11.5 Anwendung der FOURIER-Transformation auf partielle Differentialgleichungen

Die anfangs angesprochene Bedeutung der FOURIER-Transformation für die Lösung von partiellen Differentialgleichungen soll am Beispiel der Lösung der Wärmeleitungsgleichung für einen unendlich ausgedehnten Stab dargestellt werden. Gesucht ist die Temperatur $U(x,t)$ zur Zeit t an der Stelle x, die aufgrund physikalischer Gesetze der Wärmeleitungsgleichung

$$\frac{\partial U(x,t)}{\partial t} = \frac{\partial^2 U(x,t)}{\partial x^2}, \quad -\infty < x < \infty, t > 0, \tag{11.25}$$

genügt, sowie außerdem der Anfangsbedingung

$$\lim_{t \to 0+0} U(x,t) = f(x), \quad -\infty < x < \infty, \tag{11.26}$$

unterworfen sein soll. Zur Bestimmung einer formalen Lösung des Anfangswertproblems (11.25), (11.26) bilden wir die FOURIER-Transformation von $U(x,t)$ bezüglich x (d.h. wir halten t fest)

$$\hat{U}(s,t) = \frac{1}{2\pi} \int_{-\infty}^{\infty} U(x,t)e^{-i\,sx}\,dx. \tag{11.27}$$

Die Differentiation nach t und die anschließende Vertauschung der Reihenfolge von Differentiation und Integration auf der rechten Seite ergibt

$$\frac{\partial \hat{U}(s,t)}{\partial t} = \frac{1}{2\pi} \int_{-\infty}^{\infty} \frac{\partial U(x,t)}{\partial t} e^{-i\,sx}\,dx\,,$$

woraus wegen (11.25)

$$\frac{\partial \hat{U}(s,t)}{\partial t} = \frac{1}{2\pi} \int_{-\infty}^{\infty} \frac{\partial^2 U(x,t)}{\partial x^2} e^{-i\,sx}\,dx$$

folgt. Unter Beachtung von (11.24) erhalten wir hieraus die Gleichung

$$\frac{\partial \hat{U}(s,t)}{\partial t} = (i\,s)^2 \hat{U}(s,t), \quad t > 0\,.$$

Dies ist bei festem $s \in \mathbb{R}$ eine gewöhnliche Differentialgleichung für $\hat{U}(s,t)$ bezüglich t. Der Anfangsbedingung (11.26) entspricht im Bildbereich, wenn der Grenzübergang $t \to 0+0$ mit der Integration vertauscht wird, die Bedingung

$$\lim_{t\to 0+0} \hat{U}(s,t) = \frac{1}{2\pi} \int_{-\infty}^{\infty} e^{-i\,sx} \lim_{t\to 0+0} U(x,t)\,dx = \frac{1}{2\pi} \int_{-\infty}^{\infty} e^{-i\,sx} f(x)\,dx = \hat{f}(s)\,.$$

Insgesamt erhalten wir für $\hat{U}(s,t)$ bei festem $s \in \mathbb{R}$ das folgende Anfangswertproblem im Bildbereich

$$\frac{\partial \hat{U}(s,t)}{\partial t} = -s^2 \hat{U}(s,t), \quad t > 0; \quad \hat{U}(s,0) = \hat{f}(s)\,. \tag{11.28}$$

$\hat{f}$ ist vorgegeben. Damit können wir die Lösung des Problems (11.28) im Bildbereich sofort angeben und erhalten

$$\hat{U}(s,t) = \hat{f}(s) \cdot e^{-s^2 t},\ t > 0,\ s \in \mathbb{R}\,.$$

Bevor wir ausgehend von der FOURIER-Transformierten $\hat{U}(s,t)$ die Lösung des Originalproblems bestimmen, wollen wir im folgenden Beispiel eine FOURIER-Transformierte berechnen.

Beispiel: Um die FOURIER-Transformierte der Funktion

$$g_t(u) = \frac{1}{2\sqrt{\pi t}} e^{-\frac{u^2}{4t}}, \quad t > 0 \text{ fest,}$$

zu bestimmen, berechnen wir die FOURIER-Transformierte der Funktion $f(u) = e^{-\frac{u^2}{a^2}}$, $a > 0$. Man erhält

$$\mathcal{F}[f(u)] = \frac{1}{2\pi} \int_{-\infty}^{\infty} e^{-\frac{u^2}{a^2}} e^{-i\,su}\, du = \frac{1}{2\pi} \int_{-\infty}^{\infty} e^{-(\frac{u^2}{a^2}+i\,su)}\, du$$

$$= \frac{1}{2\pi} \int_{-\infty}^{\infty} e^{-(\frac{u}{a}+\frac{i\,sa}{2})^2 + \frac{i^2 s^2 a^2}{4}}\, du$$

$$= \frac{1}{2\pi} \int_{-\infty}^{\infty} e^{-(\frac{u}{a}+\frac{i\,sa}{2})^2} e^{\frac{i^2 s^2 a^2}{4}}\, du$$

$$= \frac{1}{2\pi} e^{-\frac{s^2 a^2}{4}} \int_{-\infty}^{\infty} a e^{-\sigma^2}\, d\sigma = \frac{a}{2\pi} e^{-\frac{s^2 a^2}{4}} \int_{-\infty}^{\infty} e^{-\sigma^2}\, d\sigma = \frac{a}{2\sqrt{\pi}} e^{-\frac{s^2 a^2}{4}}\,,$$

wobei die Substitution $\sigma = \frac{u}{a} + \frac{i s a}{2}$, $du = a\, d\sigma$ und das GAUSSsche Fehlerintegral $\int_{-\infty}^{\infty} e^{-w^2}\, dw = \sqrt{\pi}$ benutzt wurde. Mit $a = 2\sqrt{t}$ und nach Satz 11.5 wird daraus

$$\mathcal{F}[g_t(u)] = \frac{2\sqrt{t}}{2\sqrt{\pi}} \frac{1}{2\sqrt{\pi t}} e^{-s^2 t} = \frac{1}{2\pi} e^{-s^2 t} = \hat{g}_t(s)\,.$$

Mit dem Ergebnis der eben durchgeführten Beispielrechnung kann man $\hat{U}$ mittels Satz 11.7 in der Form

$$\hat{U}(s,t) = 2\pi \hat{f}(s) \cdot \hat{g}_t(s) = 2\pi \widehat{(f * g_t)}(t) \tag{11.29}$$

als Lösung im Bildbereich darstellen. Mit dem Eindeutigkeitssatz 11.4 für die FOURIER-Transformation erhalten wir damit

$$U(x,t) = 2\pi (f * g_t)(x) = 2\pi (g_t * f)(x) = 2\pi \frac{1}{2\pi} \int_{-\infty}^{\infty} g_t(x-u) f(u)\, du$$

bzw. nach dem Einsetzen von g_t

$$U(x,t) = \frac{1}{2\sqrt{\pi t}} \int_{-\infty}^{\infty} e^{-\frac{(x-u)^2}{4t}} f(u)\, du, \quad t > 0,\ x \in \mathbb{R}\,. \tag{11.30}$$

Man nennt $\frac{1}{2\sqrt{\pi t}} e^{-\frac{(x-u)^2}{4t}}$ ($t > 0$, $x \in \mathbb{R}$) die GREENsche Funktion für das beschriebene Anfangswertproblem. Sie beschreibt, wie sich die Anfangstemperatur an der Stelle u auf die Temperatur an der Stelle x zur Zeit t auswirkt. Die Lösung von Anfangswertproblemen der betrachteten Art mit unterschiedlichen Anfangsbedingungen lässt sich damit auf die Bestimmung eines uneigentlichen Integrals zurückführen. An dieser Stelle muss nochmal nachdrücklich darauf hingewiesen werden, dass die hergeleitete Lösung (11.30) eine **formale** Lösung des Wärmeleitproblems darstellt. Ein Nachweis, dass (11.30) tatsächlich das anfangs gestellte Originalproblem löst, erfordert Voraussetzungen an f, um die bei der formalen Herleitung benutzten Vertauschungsoperationen zu rechtfertigen.

11.6 LAPLACE-Transformation

Die FOURIER-Transformierte einer Funktion erfordert mit der absoluten Integrierbarkeit Voraussetzungen, die viele Funktionen nicht erfüllen. Als Beispiele solcher Funktionen seien die HEAVISIDE-Funktion

$$\theta(t) = \begin{cases} 0 \text{ für } -\infty \le t < 0 \\ 1 \text{ für } t \ge 0\,. \end{cases}$$

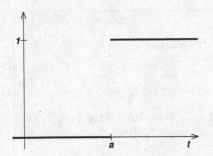

Abb. 11.2. Graph der HEAVISIDE-Funktion $\theta(t - a)$

und die Funktionen $e^{\alpha t}$, $\sin \omega t$, $\cos \omega t$ genannt, die in $\mathbb{R}$ nicht absolut integrierbar sind. Man kann auch schnell nachrechnen, dass die Funktionen keine FOURIER-Transformierte besitzen. Die genannten Funktionen sind aber bei vielen Vorgängen wichtig, häufig verbunden mit der zusätzlichen Eigenschaft

$$f(t) = 0 \quad \text{für} \quad t < 0 \,,$$

die nichts anderes bedeutet, als dass ein Vorgang erst ab einem bestimmten Zeitpunkt beginnt oder eingeschaltet wird. Dieser Zeitpunkt wird willkürlich auf $t = 0$ gesetzt.

Um nun auch solche Vorgänge transformieren zu können, führt man den **konvergenzerzeugenden Faktor**

$$e^{-\alpha t} \quad (\alpha > 0) \tag{11.31}$$

ein und betrachtet statt f die Funktion f^* mit

$$f^*(t) = \begin{cases} 0 & \text{für } t < 0 \\ e^{-\alpha t} f(t) & \text{für } t \geq 0 \,. \end{cases} \tag{11.32}$$

Bildet man nun formal die FOURIER-Transformierte von f^*, so erhält man

$$\mathcal{F}[f^*(t)] = \frac{1}{2\pi} \int_{-\infty}^{\infty} f^*(t) e^{-i\,st} \, dt = \frac{1}{2\pi} \int_{0}^{\infty} e^{-\alpha t} f(t) e^{-i\,st} \, dt$$

$$= \frac{1}{2\pi} \int_{0}^{\infty} e^{-(\alpha + i\,s)t} f(t) \, dt \,.$$

Hieraus ergibt sich mit $z = \alpha + i\,s$

$$\mathcal{F}[f^*(t)] = \frac{1}{2\pi} \int_{0}^{\infty} e^{-z\,t} f(t) \, dt \,. \tag{11.33}$$

Die einführenden Überlegungen führen auf die folgende

Definition 11.4. (LAPLACE-Transformation)

Sei $f : [0, \infty[\to \mathbb{R}$. Ordnet man f aufgrund der Beziehung

$$F(z) = \int_0^\infty e^{-zt} f(t)\, dt\,, \quad z \in \mathbb{C}\,, \tag{11.34}$$

die Funktion F zu, so nennt man F die LAPLACE-**Transformierte** von f. Die Abbildung von f auf F heißt LAPLACE-Transformation. Neben $F(z)$ verwendet man auch die Schreibweise $\mathcal{L}[f(t)]$.

Auf eine mögliche Verallgemeinerung auf Funktionen $f : [0, \infty[\to \mathbb{C}$ soll hier nicht weiter eingegangen werden.

Wie bei der FOURIER-Transformation ist nun die Frage zu klären, für welche Funktionen die Definition 11.4 sinnvoll ist bzw. das uneigentliche Integral (11.34) existiert. Mit der folgenden Definition wird nun eine Eigenschaft von Funktionen formuliert, die eine Existenz des uneigentlichen Integrals (11.34) sichert.

Definition 11.5. (exponentielle Ordnung)
Die Funktion $f : [0, \infty[\to \mathbb{R}$ ist von **exponentieller Ordnung** γ, falls es Konstanten $M > 0$ und $\gamma \in \mathbb{R}$ gibt, so dass für alle t mit $0 \leq t < \infty$ gilt

$$|f(t)| \leq M\, e^{\gamma t}\,. \tag{11.35}$$

Man überzeugt sich leicht davon, dass alle Polynome und Sinus- bzw. Kosinusfunktionen von exponentieller Ordnung sind. Z.B. erhält man unter Nutzung der TAYLOR-Reihe für die Exponentialfunktion für alle $t \geq 0$

$$|t^3| = t^3 \leq 6e^t = 6 + 6t + 3t^2 + t^3 + \dots$$

Satz 11.11. *(Existenz der LAPLACE-Transformierten)*
Sei f in $[0, \infty[$ stückweise stetig und von exponentieller Ordnung γ. Dann existiert die LAPLACE-Transformierte $F(z)$ für alle $z \in \mathbb{C}$ mit Re $z > \gamma$.

Das Integral (11.34) existiert dann also in einer rechten Halbebene der GAUSSschen Ebene; je schwächer die Funktion $f(t)$ für $t \to \infty$ wächst, umso weiter erstreckt sich das Konvergenzgebiet nach links.

Beweis: Der Beweis ergibt sich sofort aus der Voraussetzung $|f(t)| \leq M\, e^{\gamma t}$ (Definition 11.5) und der daraus folgenden Ungleichungskette

$$\begin{aligned}
|e^{-zt} f(t)| &\leq |e^{-\text{Re}\, z\, t}| \cdot |e^{-i\,\text{Im}\, z\, t}| \cdot |f(t)| \\
&\leq e^{-\text{Re}\, z\, t} \cdot 1 \cdot M\, e^{\gamma t} = M\, e^{-(\text{Re}\, z - \gamma)t}\,,
\end{aligned}$$

woraus für Re $z - \gamma > 0$ die Existenz der LAPLACE-Transformierten (11.34) folgt. $\square$

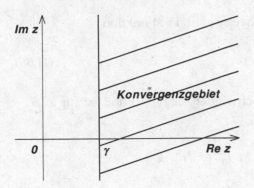

Abb. 11.3. Konvergenzhalbebene der LAPLACE-Transformation

Beispiele:

1) Für die HEAVISIDE-Funktion

$$h_a(t) := \theta(t-a) = \begin{cases} 0 \text{ für } -\infty \leq t < a \\ 1 \text{ für } t \geq a \end{cases}$$

berechnet man für Re $z > 0$

$$\mathcal{L}[h_a(t)] = \int_0^\infty e^{-zt} h_a(t)\, dt = \int_a^\infty e^{-zt} \cdot 1\, dt$$

$$= \lim_{A \to \infty} \frac{1}{z}(e^{-az} - e^{-Az}) = \begin{cases} \frac{e^{-az}}{z} \text{ für } a \neq 0 \\ \frac{1}{z} \quad \text{für } a = 0 \,. \end{cases}$$

2) Für die Exponentialfunktion e^{at} berechnet man für Re $z > a$

$$\mathcal{L}[e^{at}] = \int_0^\infty e^{-zt} e^{at}\, dt = \int_0^\infty e^{(a-z)t}\, dt = \lim_{A \to \infty} \left. \frac{e^{(a-z)t}}{a-z} \right|_{t=0}^{t=A} = \frac{1}{z-a} \,.$$

11.7 Inverse LAPLACE-Transformation

Bisher wurde die LAPLACE-Transformierte einer Funktion f definiert und es wurden Voraussetzungen an die Funktion f formuliert, die die Existenz des uneigentlichen Integrals (11.34) zur Folge haben.

Jetzt gilt es zu untersuchen, wann man ausgehend von einer LAPLACE-Transformierten einer Funktion ebendiese Funktion durch eine Rücktransformation erhalten kann. Wir erinnern uns daran, dass die LAPLACE-Transformation Spezialfall einer FOURIER-Transformation ist.

Sei nun f von exponentieller Ordnung γ mit der Konstanten M, also

$$|f(t)| \leq M e^{\gamma t} \,,$$

verschwinde für $t < 0$ und sei in $\mathbb{R}$ stückweise glatt. Die Funktion

$$f^*(t) := e^{-xt} f(t) \tag{11.36}$$

ist in $\mathbb{R}$ ebenfalls stückweise glatt, verschwindet für $t < 0$ und ist für $x > \gamma$ absolut integrierbar, denn es gilt

$$\int_{-\infty}^{\infty} |f^*(t)| \, dt = \int_0^{\infty} e^{-xt} |f(t)| \, dt \leq M \int_0^{\infty} e^{-xt} e^{\gamma t} \, dt$$
$$\leq M \int_0^{\infty} e^{-(x-\gamma)t} \, dt \,.$$

Damit sind die Voraussetzungen für die Existenz der FOURIER-Transformierten erfüllt und es existiert

$$\hat{f}^*(s) = \frac{1}{2\pi} \int_{-\infty}^{\infty} f^*(t) e^{-i\,st} \, dt = \frac{1}{2\pi} \int_0^{\infty} f(t) \, e^{-(x+i\,s)t} \, dt$$
$$= \frac{1}{2\pi} F(x + i\,s), \quad x > \gamma \,.$$

Die FOURIER-Transformierte $\hat{f}^*(s)$ der Funktion $e^{-xt} f(t)$ stimmt dann bis auf den Faktor 2π mit der LAPLACE-Transformierten $F(x+is)$ der Funktion $f(t)$ überein. Nach Satz 11.3 gilt für $x > \gamma$

$$\frac{f^*(t+0) + f^*(t-0)}{2} = \lim_{A \to \infty} \int_{-A}^{A} \hat{f}^*(s) e^{i\,st} \, ds = \frac{1}{2\pi} \lim_{A \to \infty} \int_{-A}^{A} F(x+i\,s) e^{i\,st} \, ds$$

bzw. wegen $f^*(t) = e^{-xt} f(t)$

$$\frac{f(t+0) + f(t-0)}{2} = \frac{e^{xt}}{2\pi} \lim_{A \to \infty} \int_{-A}^{A} F(x+i\,s) e^{i\,st} \, ds$$
$$= \frac{1}{2\pi} \lim_{A \to \infty} \int_{-A}^{A} F(x+i\,s) e^{(x+i\,s)t} \, ds \,.$$

Mit der Substitution $z := x + i\,s$ ergibt sich schließlich

$$\frac{f(t+0) + f(t-0)}{2} = \frac{1}{2\pi i} \lim_{A \to \infty} \int_{x-iA}^{x+iA} F(z) \, e^{z\,t} \, dz, \quad \operatorname{Re} z > \gamma.$$

Mit der eben durchgeführten Betrachtung ergibt sich der

Satz 11.12. *(Umkehrsatz für LAPLACE-Transformationen)*

Die Funktion f sei von exponentieller Ordnung γ, verschwinde für $t < 0$ und sei in $\mathbb{R}$ stückweise glatt. Dann gilt für alle $x = \mathrm{Re}\, z > \gamma$

$$\frac{1}{2\pi i} \lim_{A \to \infty} \int_{x-iA}^{x+iA} F(z)\, e^{zt}\, dz = \qquad (11.37)$$

$$\frac{1}{2\pi} \lim_{A \to \infty} \int_{-A}^{A} F(x+i\,s)e^{(x+i\,s)t}\, ds = \begin{cases} \frac{f(t+0)+f(t-0)}{2} & \text{für } t > 0, \\ \frac{f(0+0)}{2} & \text{für } t = 0, \\ 0 & \text{für } t < 0. \end{cases}$$

Insbesondere gilt in jedem Stetigkeitspunkt t von f

$$f(t) = \frac{1}{2\pi i} \lim_{A \to \infty} \int_{x-iA}^{x+iA} F(z)\, e^{zt}\, dz, \quad x > \gamma. \qquad (11.38)$$

$$= \frac{1}{2\pi} \lim_{A \to \infty} \int_{-A}^{A} F(x+i\,s)e^{(x+i\,s)t}\, ds.$$

In den Gleichungen (11.37) bzw. (11.38) treten Integrale mit komplexen Integrationsvariablen der Form

$$\int_C k(z)\, dz$$

auf, wobei C i. Allg. eine Kurve bzw. ein Weg in der komplexen Zahlenebene ist. Hier ist C z.B. die gerade Verbindung der komplexen Zahlen $x - iA$ und $x + iA$ in der GAUSSschen Zahlenebene. Wir wollen im Folgenden unter Nutzung des Residuensatzes die Berechnung der inversen LAPLACE-Transformation vornehmen. Zur Berechnung des Integrals

$$f(t) = \frac{1}{2\pi i} \lim_{A \to \infty} \int_{x-iA}^{x+iA} e^{zt}\, F(z)\, dz$$

wählen wir zwecks Anwendung des Residuensatzes den in Abbildung 11.4 angegebenen Integrationsweg. Für die Kurve $C_R = \{z \mid z = x + iy,\ y \in [-A, A]\} \cup S_R$ (S_R Kreislinienabschnitt von $x+iA$ in mathematisch positiver Richtung bis $x-iA$) erhält man aufgrund der Additivität des Kurvenintegrals aus (11.38)

$$\frac{1}{2\pi i} \lim_{A \to \infty} \int_{x-iA}^{x+iA} e^{zt}\, F(z)\, dz = \lim_{R \to \infty} \left[\frac{1}{2\pi i} \int_{C_R} e^{zt}\, F(z)\, dz - \frac{1}{2\pi i} \int_{S_R} e^{zt}\, F(z)\, dz\right].$$

Kann man $F(z)$ in der Form $|F(z)| < \frac{M}{R^\alpha}$ mit $z \in S_R$, $M > 0$ und $\alpha > 0$ beschränken, dann gilt

$$\int_{S_R} e^{zt}\, F(z)\, dz \to 0 \quad \text{für} \quad R \to \infty.$$

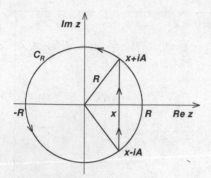

Abb. 11.4. Skizze zum Integrationsweg

Damit kann man für eine große Klasse von LAPLACE-Transformierten die Rück-transformation mit dem Residuensatz berechnen. Z.B. findet man für $F(z) = \frac{1}{z-1}$, dass mit $z = R\,e^{i\phi}$

$$|F(z)| = \frac{1}{|z-1|} \leq \frac{1}{|z|-1} = \frac{1}{R-1} < \frac{2}{R}$$

für große R gilt. Damit gilt

$$f(t) = \frac{1}{2\pi i} \lim_{A\to\infty} \int_{x-iA}^{x+iA} e^{zt}\frac{1}{z-1}\,dz = \lim_{R\to\infty}[\frac{1}{2\pi i}\int_{C_R} e^{zt}\frac{1}{z-1}\,dz],$$

und da $\frac{e^{zt}}{z-1}$ nur eine isolierte Singularität hat, erhält man mit dem Residuensatz

$$f(t) = Res(\frac{e^{zt}}{z-1},1) = e^t$$

als Urbild der LAPLACE-Transformierten $F(z) = \frac{1}{z-1}$.

Wir werden im Folgenden auf die einzelne Auswertung der komplexen Kurven-integrale weitestgehend verzichten können. Helfen wird uns dabei der folgende Satz

Satz 11.13. *(Eindeutigkeitssatz)*
Für die Funktionen f_1 und f_2 seien die Voraussetzungen von Satz 11.12 erfüllt. Ferner gelte $F_1(z) = F_2(z)$ für $Re\,z > \gamma$. Dann gilt in jedem Punkt, wo f_1 und f_2 stetig sind,

$$f_1(t) = f_2(t)\;.$$

Mit dem Eindeutigkeitssatz 11.13 ist es möglich, die Ergebnisse der Berechnung von LAPLACE-Tranformierten zu nutzen, um von einer LAPLACE-Transformierten $F(z)$ auf die eindeutig bestimmte Funktion $f(t)$ mit

$$\mathcal{L}[f(t)] = F(z)$$

zu schließen. Hat man z.B. im Bildraum der LAPLACE-Transformation als Lösung $F(z) = \frac{1}{z-4}$ erhalten, so ergibt sich $f(t) = e^{4t}$ als Lösung des Originalproblems, da es keine weitere Funktion $g(t) \neq f(t)$ mit $\mathcal{L}[g(t)] = \frac{1}{z-4}$ gibt.

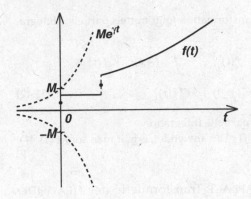

Abb. 11.5. Voraussetzungen der Sätze 11.12 und 11.13: $f(t)$ von exponentieller Ordnung, stückweise glatt, $f(t) \equiv 0$ für $t < 0$.

11.8 Rechenregeln der LAPLACE-Transformation

Im Folgenden sollen die wesentlichen Rechenregeln für die LAPLACE-Transformation zusammengestellt werden, die denen der FOURIER-Transformation ähneln, und dazu führen, dass eine etwas weiter unten aufgestellte Tabelle von "LAPLACE-Korrespondenzen" genutzt werden kann, um inverse LAPLACE-Transformationen durchführen zu können.

Satz 11.14. *(Linearität)*
Seien f und g in $[0, \infty[$ stückweise stetige Funktionen von exponentieller Ordnung. Dann gilt für beliebige reelle Koeffizienten a, b

$$\mathcal{L}[af(t) + bg(t)] = a\mathcal{L}[f(t)] + b\mathcal{L}[g(t)] \,.$$

Die Linearität folgt direkt aus der Linearität des uneigentlichen Integrals (11.34).

Satz 11.15. *(Transformation der Ableitung und des Integrals)*
a) Die Funktion f sei in $\mathbb{R}_{\geq 0}$ stetig, stückweise glatt und von exponentieller Ordnung γ, dann gilt für $\operatorname{Re} z > \gamma$

$$\mathcal{L}[f'(t)] = z\,\mathcal{L}[f(t)] - f(0) \,. \tag{11.39}$$

b) Die Funktion f sei in $\mathbb{R}_{\geq 0}$ $(k-1)$-mal stetig differenzierbar und $f^{(k-1)}$ stückweise glatt. Des Weiteren seien $f, f', ..., f^{(k-1)}$ von exponentieller Ordnung γ. Dann gilt für $\operatorname{Re} z > \gamma$

$$\mathcal{L}[f^{(k)}(t)] = z^k\,\mathcal{L}[f(t)] - z^{k-1}\,f(0) - ... - f^{(k-1)}(0) \,. \tag{11.40}$$

c) Die Funktion f sei in $\mathbb{R}_{\geq 0}$ stetig und von exponentieller Ordnung γ, dann gilt für $\operatorname{Re} z > \gamma$

$$\mathcal{L}\left[\int_0^t f(\tau)\, d\tau\right] = \frac{1}{z}\mathcal{L}[f(t)] \,. \tag{11.41}$$

Beweis: Aus der Definition der LAPLACE-Transformation folgt mittels partieller Integration

$$\mathcal{L}[f'(t)] = \int_0^\infty e^{-zt} f'(t)\,dt = \lim_{A\to\infty} e^{-zt} f(t)\big|_{t=0}^{t=A} - \int_0^\infty (-z)e^{-zt} f(t)\,dt$$

$$= -f(0) + z \int_0^\infty e^{-zt} f(t)\,dt = -f(0) + z\mathcal{L}[f(t)] \tag{11.42}$$

also (11.39). (11.40) zeigt man durch k-malige partielle Integration.
Wenn man (11.39) auf die Funktion $h(t) = \int_0^t f(\tau)\,d\tau$ anwendet, erhält man sofort (11.41).

$\square$

Beispiel: Wir haben weiter oben die LAPLACE-Transformierte der HEAVISIDE-Funktion ($\theta(t) = 1$ für $t \geq 0$ und $\theta(t) = 0$ für $t < 0$) ausgerechnet, es war

$$\mathcal{L}[\theta(t)] = \mathcal{L}[1] = \frac{1}{z}\,.$$

Mit der Formel (11.41) ist es nun leicht möglich die LAPLACE-Transformierten der Funktionen

$$f_1(t) = t, \quad f_2(t) = t^2, \quad f_3(t) = t^3, \quad ..., \quad f_n(t) = t^n, \quad n \in \mathbb{N}, t \geq 0,$$

zu berechnen. Man findet für $Re\,z > 0$

$$\mathcal{L}[t] = \mathcal{L}\left[\int_0^t 1\,du\right] = \frac{1}{z} \cdot \mathcal{L}[1] = \frac{1}{z^2}\,.$$

Ebenso zeigt man $\mathcal{L}[t^2] = \frac{2}{z^3}$. Mit der vollständigen Induktion zeigt man leicht

$$\mathcal{L}[t^n] = \frac{n!}{z^{n+1}}\,.$$

Satz 11.16. *(LAPLACE-Transformation der Ableitung einer unstetigen Funktion)*
$f(t)$ habe an der Stelle $t = a > 0$ eine Unstetigkeit in Form einer Sprungstelle. Ansonsten seien die Voraussetzungen des Satzes 11.15 a) erfüllt. Dann gilt

$$\mathcal{L}[f'(t)] = z\,\mathcal{L}[f(t)] - f(0) - [f(a+0) - f(a-0)]e^{-az}\,. \tag{11.43}$$

Beweis: Das erste Integral in (11.42) wird in der Form

$$\int_0^{a-0} ... + \int_{a+0}^\infty ...$$

aufgespalten. Der Rest des Beweises verläuft analog zum Beweis des Satzes 11.15. $\square$

Satz 11.17. *(Dämpfung-Verschiebung, Streckung)*
Sei $f : [0,\infty[\to \mathbb{R}$ eine Funktion von exponentieller Ordnung γ, $F(z) = \mathcal{L}[f(t)] = \int_0^\infty e^{-zt} f(t)\,dt$, $(Re\,z > \gamma)$.
a) Ein Dämpfungsfaktor e^{-at} im Originalbereich bewirkt eine Verschiebung im Bildbereich, d.h.,

$$\mathcal{L}[e^{-at}f(t)] = F(z+a) \quad \text{für} \quad Re\,z > \gamma - a\,.$$

b) Für a > 0 gilt

$$\mathcal{L}[f(at)] = \frac{1}{a}F(\frac{z}{a}), \quad \text{für} \quad \operatorname{Re} z > a \cdot \gamma .$$

Die Beweise der Beziehungen ergeben sich sofort nach dem Aufschreiben der Definition der LAPLACE-Transformierten der Funktionen $e^{-at}f(t)$ bzw. $f(at)$.

Definition 11.6. (Faltung)
Unter dem **Faltungsprodukt** der Funktionen f und g wollen wir allgemein

$$(f * g)(t) := \int_{-\infty}^{\infty} f(t-\tau)g(\tau)\,d\tau, \quad t \in \mathbb{R}$$

verstehen (vgl. Def. 11.3); dabei ist die Existenz des uneigentlichen Integrals vorausgesetzt.

Da im Zusammenhang mit der LAPLACE-Transformation $f(t) = g(t) = 0$ für $t < 0$ gelten sollte, folgt in diesem Fall

$$(f * g)(t) = \int_{-\infty}^{\infty} f(t-\tau)g(\tau)\,d\tau = \int_{0}^{t} f(t-\tau)g(\tau)\,d\tau .$$

Satz 11.18. *(Faltungsregel)*
Die Funktion f sei in $\mathbb{R}$ stetig, die Funktion g stückweise stetig. Beide seien von exponentieller Ordnung γ, und es gelte $f(t) = g(t) = 0$ für $t < 0$. Dann existiert die LAPLACE-Transformierte der Faltung $f * g$ für $\operatorname{Re} z > \gamma$ und es gilt

$$\mathcal{L}[(f * g)(t)] = \mathcal{L}[f(t)] \cdot \mathcal{L}[g(t)] ,$$

also ist die LAPLACE-Transformierte des Faltungsproduktes zweier Funktionen gleich dem Produkt der LAPLACE-Transformierten der Funktionen.

Beweis: Der Beweis soll nur skizziert werden. Mit der Substitution $t = u + \tau$ erhält man

$$\mathcal{L}[f(t)]\mathcal{L}[g(t)] = \int_{0}^{\infty} e^{-su}f(u)\,du \int_{0}^{\infty} e^{-s\tau}g(\tau)\,d\tau = \int_{0}^{\infty} \left(\int_{0}^{\infty} e^{-s(u+\tau)}g(\tau)\,d\tau \right) f(u)\,du$$

$$= \int_{0}^{\infty} \left(\int_{u}^{\infty} e^{-st}g(t-u)\,dt \right) f(u)\,du .$$

Da $\{(u,t) : 0 \le u < \infty, u \le t < \infty\} = \{(u,t)\,|\,0 \le u \le t, 0 \le t < \infty\}$ ist, ergibt die Änderung der Integrationsreihenfolge die Behauptung

$$\int_{0}^{\infty} \left(\int_{u}^{\infty} e^{-st}g(t-u)\,dt \right) f(u)\,du = \int_{0}^{\infty} e^{-st} \left(\int_{0}^{t} g(t-u)f(u)\,du \right) dt . \qquad \square$$

Da bei Anwendungen häufig periodische Vorgänge auftreten, ist der Fall der LAPLACE-Transformation für periodische Funktionen interessant. Sei also f eine T-periodische Funktion, d.h. es gelte $f(t + T) = f(t)$ für ein $T > 0$ und beliebige $t \ge 0$. Dann gilt der

Satz 11.19. *(LAPLACE-Transformation einer T-periodischen Funktion)*
Sei $f : [0, \infty[\to \mathbb{R}$ eine T-periodische, stückweise stetige und beschränkte Funktion.
Dann gilt für Re $z > 0$

$$\mathcal{L}[f(t)] = \frac{1}{1 - e^{-Tz}} \int_0^T e^{-zu} f(u)\, du\,. \tag{11.44}$$

Beweis: Aufgrund der Beschränktheit von f gilt für $\alpha \geq 0$

$$|f(t)| \leq M \leq M \cdot e^{\alpha t}, \quad t \geq 0\,,$$

d.h. f ist von exponentieller Ordnung 0, so dass $\mathcal{L}[f(t)]$ existiert für Re $z > 0$. Da f eine T-periodische Funktion ist, gilt

$$f(u + kT) = f(u), \quad k = 1, 2, 3, \ldots$$

und damit

$$\mathcal{L}[f(t)] = \sum_{k=0}^{\infty} \int_{kT}^{(k+1)T} e^{-zt} f(t)\, dt\,.$$

Mit den Substitutionen $t = u + kT$ $(k = 0, 1, \ldots)$ folgt weiter

$$\mathcal{L}[f(t)] = \sum_{k=0}^{\infty} \int_0^T e^{-z(u+kT)} f(u + kT)\, du$$

$$= \sum_{k=0}^{\infty} e^{-zkT} \int_0^T e^{-zu} f(u + kT)\, du$$

$$= \sum_{k=0}^{\infty} e^{-zkT} \int_0^T e^{-zu} f(u)\, du\,.$$

Mit $\sum_{k=0}^{\infty} \left(e^{-zT} \right)^k = \frac{1}{1 - e^{-Tz}}$ ergibt sich die Behauptung. $\qquad\qquad\square$

Beispiele:
1) Wir suchen die LAPLACE-Transformierte von $f(t) = \sin(\alpha t)$ mit $\alpha \neq 0$. Sei zunächst $\alpha = 1$. Mindestens zwei Wege führen zu dem gleichen Ergebnis:
a) Direkte Auswertung des LAPLACE-Integrals mittels zweimaliger partieller Integration (Voraussetzung: Re $z > 0$).

$$\mathcal{L}[\sin t] = \int_0^{\infty} e^{-zt} \sin t\, dt = -e^{-zt} \cos t \big|_0^{\infty} - z \int_0^{\infty} e^{-zt} \cos t\, dt$$

$$= 1 - z[e^{-zt} \sin t \big|_0^{\infty} + z \int_0^{\infty} e^{-zt} \sin t\, dt]$$

$$= 1 - z^2 \int_0^{\infty} e^{-zt} \sin t\, dt = 1 - z^2 \mathcal{L}[\sin t] \implies \mathcal{L}[\sin t] = \frac{1}{1 + z^2}\,.$$

b) Anwendung des Satzes 11.19.
Mit zweimaliger partieller Integration (analog zu (a)) erhält man

$$\int_0^{2\pi} e^{-zu} \sin u\, du = \frac{1 - e^{-2\pi z}}{1 + z^2}\,,$$

also nach (11.44) $\mathcal{L}[\sin t] = \frac{1}{1+z^2}$ (Re $z > 0$). Nach Satz 11.17 b) gilt im allgemeinen Fall $\alpha \neq 0$ (für Re $z > 0$, wegen $\gamma = 0$)

$$\mathcal{L}[\sin(\alpha t)] = \frac{1}{\alpha}\frac{1}{1 + (\frac{z}{\alpha})^2} = \frac{\alpha}{\alpha^2 + z^2} \; .$$

2) Bestimmung von $\mathcal{L}[\cos(\alpha t)]$.
Aus $\mathcal{L}[\sin(\alpha t)]$ lässt sich nach Satz 11.15 leicht

$$\mathcal{L}[\alpha \cos(\alpha t)] = z\frac{\alpha}{\alpha^2 + z^2} - 0 = \frac{z\alpha}{\alpha^2 + z^2}$$

folgern, woraus man mittels Satz 11.14 die LAPLACE-Transformierte von $\cos(\alpha t)$

$$\mathcal{L}[\cos(\alpha t)] = \frac{z}{\alpha^2 + z^2}$$

erhält.

3) Wir wollen für $f(t) = \sin(\alpha t)$ den Satz 11.15 b) für $k = 4$ verifizieren (Re $z > 0$). Es ist $f(0) = 0$, $f'(0) = \alpha$, $f''(0) = 0$, $f'''(0) = -\alpha^3$. Aus (11.40) folgt für $k = 4$

$$\mathcal{L}[f^{(4)}(t)] = z^4\frac{\alpha}{\alpha^2 + z^2} - z^3 \cdot 0 - z^2\alpha - z \cdot 0 + \alpha^3 = \frac{\alpha^5}{\alpha^2 + z^2} \; .$$

Andererseits ist mit $f^{(4)}(t) = \alpha^4 \sin(\alpha t)$ nach Satz 11.14

$$\mathcal{L}[\alpha^4 \sin(\alpha t)] = \alpha^4 \mathcal{L}[\sin(\alpha t)] = \frac{\alpha^5}{\alpha^2 + z^2} \; ,$$

womit Satz 11.15 b) an einem Beispiel verifiziert ist.

Eine Regel, die bei der Lösung von Differentialgleichungen mit variablen Koeffizienten hilfreich sein kann, soll abschließend mit dem folgenden Satz angegeben werden.

Satz 11.20. *(LAPLACE-Transformation eines Produktes mit einer Potenzfunktion)*
Sei $g(t) = (-1)^n t^n f(t)$ *und* f *LAPLACE-transformierbar sowie* $F(z) = \mathcal{L}[f(t)]$ *die LAPLACE-Transformierte von* f. *Dann gilt*

$$\mathcal{L}[(-1)^n t^n f(t)] = F^{(n)}(z) \; . \tag{11.45}$$

In der Physik oder im Ingenieurwesen hat man es oft mit punktuellen Effekten wie einem Hammerschlag oder kurzzeitigen Stromstößen zu einem Zeitpunkt t_0 in Form einer Impulsfunktion zu tun, wobei nur der Gesamtimpuls

$$I_0 = \int_{t_0}^{t_1} f(t)\, dt, \quad t_1 \; \text{"nahe bei"} \; t_0 \; ,$$

bekannt ist. Eine Impulsfunktion ist z.B. für kleines $\epsilon > 0$

$$\delta_\epsilon(t) = \begin{cases} 0 & \text{für } -\infty < t < 0 \\ \frac{1}{\epsilon} & \text{für } 0 < t < \epsilon \\ 0 & \text{für } \epsilon < t < \infty \end{cases} \quad \text{mit } \int_{-\infty}^{\infty} \delta_\epsilon(t)\, dt = 1 \; .$$

Man kann δ_ϵ leicht mit der HEAVISIDE-Funktion $\theta(t)$ in der Form

$$\delta_\epsilon(t) = \frac{1}{\epsilon}[\theta(t) - \theta(t - \epsilon)] \ .$$

darstellen. In der Praxis möchte man nun gern den Gesamtimpuls auf einen Zeitpunkt $t = t_0$ konzentrieren. Das könnte man etwa durch die DIRAC-**Deltafunktion**

$$\delta(t) := \lim_{\epsilon \to 0} \delta_\epsilon(t) = \begin{cases} 0 & \text{für } t \neq 0 \\ \infty & \text{für } t = 0 \end{cases}$$

tun, wobei

$$\int_{-\infty}^{\infty} \delta(t)\,dt = 1 \tag{11.46}$$

gelten sollte. Das ist allerdings nicht möglich, da ein Funktionswert ∞ nicht zulässig ist, und (11.46) als RIEMANN-Integral unmöglich ist.
Abhilfe schafft hier die Theorie der **verallgemeinerten Funktionen (Distributionen)**, deren Grundidee darin besteht, Gebilde wie etwa $\delta(t)$ nur als Faktoren von stetigen Funktionen in bestimmten Integralen zu betrachten. Wenn wir für stetiges $g(t)$

$$\int_{-\infty}^{\infty} g(t)\delta(t - t_0)\,dt := \lim_{\epsilon \to 0} \int_{-\infty}^{\infty} g(t)\delta_\epsilon(t - t_0)\,dt$$

definieren, dann ergibt sich durch die Rechnung

$$\lim_{\epsilon \to 0} \int_{-\infty}^{\infty} g(t)\delta_\epsilon(t - t_0)\,dt = \lim_{\epsilon \to 0} \int_{t_0}^{t_0+\epsilon} g(t)\frac{1}{\epsilon}\,dt = \lim_{\epsilon \to 0} g(t_0 + \zeta\epsilon) = g(t_0)$$

unter Nutzung des Mittelwertsatzes der Integralrechnung die **Fundamentalformel der Delta-Funktion**

$$\int_{-\infty}^{\infty} g(t)\delta(t - t_0)\,dt = g(t_0) \ \text{ bzw. } \int_{-\infty}^{\infty} g(t)\delta(t_0 - t)\,dt = g(t_0) \ . \tag{11.47}$$

Wenn wir $g(t) = 0$ für $t < 0$ setzen, erhält man aus (11.47)

$$\int_{0}^{\infty} g(t_0)\delta(t - t_0)\,dt_0 = g(t) \ . \tag{11.48}$$

Aus der Formel (11.47) ergibt sich für $g(t) = \begin{cases} e^{-zt} & (t \geq 0) \\ 0 & (t < 0) \end{cases}$ mit
$\int_0^\infty \delta(t)e^{-zt}\,dt = e^{-z \cdot 0} = 1$ die LAPLACE-Transformierte von $\delta(t)$. Man erhält

$$\mathcal{L}[\delta(t)] = 1 \ , \tag{11.49}$$
$$\mathcal{L}[\delta(t - a)] = e^{-az} \tag{11.50}$$

und mit dem Integral

$$\int_{-\infty}^{t} \delta(\tau)\, d\tau =: \theta(t), \quad t \neq 0, \tag{11.51}$$

die Heaviside-Funktion $\theta(t)$ bzw. **Einheitssprungfunktion**. Die Beziehung (11.47) bedeutet, dass die Faltung einer stetigen Funktion $g(t)$ mit der Delta-Funktion $\delta(t)$ gleich der Funktion $g(t)$ ist, also

$$\delta * g = g\,.$$

Zur Behandlung von Einschaltvorgängen, d.h. der plötzlichen Aktivierung einer Störung $g(t)$ zu einem Zeitpunkt $t = a$, benötigt man die LAPLACE-Transformation der Funktion $s(t) = \theta(t-a)g(t-a)$. Es gilt der

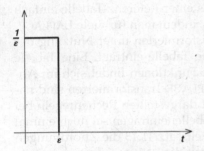

Abb. 11.6. Graph der Funktion $\delta_\epsilon(t)$ **Abb. 11.7.** Aktivierung einer Störung $g(t-a)$ zum Zeitpunkt $t = a$

Satz 11.21. (*Verschiebungssatz, Transformation eines plötzlichen Einschaltvorgangs*) *Sei $g(t)$ eine stückweise stetige Funktion und a eine positive Zahl. Dann gilt*

$$\mathcal{L}[\theta(t-a)g(t-a)] = e^{-az}\mathcal{L}[g(t)]\,. \tag{11.52}$$

Beweis: Aufgrund der Definition der LAPLACE-Transformation gilt

$$\mathcal{L}[\theta(t-a)g(t-a)] = \int_{0}^{\infty} \theta(t-a)g(t-a)e^{-zt}\, dt = \int_{a}^{\infty} g(t-a)e^{-zt}\, dt\,.$$

Mit der Substitution $\tau = t - a$ ergibt sich

$$\mathcal{L}[\theta(t-a)g(t-a)] = \int_{0}^{\infty} g(\tau)e^{-z\tau - za}\, d\tau = e^{-az} \int_{0}^{\infty} g(\tau)e^{-z\tau}\, d\tau$$

und damit die Aussage des Satzes. $\qquad\qquad\square$

Die Beziehung (11.52) ist sowohl für die Transformation als auch für die Rücktransformation von Bedeutung. Hat man zum Beispiel im Bildbereich eine LA-PLACE-Transformierte $\frac{e^{-3z}}{z^2+4}$, so ergibt der Verschiebungssatz 11.21 und das Beispiel b) zu Satz 11.19

$$\frac{e^{-3z}}{z^2+4} = \frac{1}{2}e^{-3z}\mathcal{L}[\sin(2t)] = \frac{1}{2}\mathcal{L}[\theta(t-3)\sin(2(t-3))]\,,$$

also mit dem Eindeutigkeitssatz $\frac{1}{2}\theta(t-3)\sin(2(t-3))$ als Urbild der LAPLACE-Transformierten $\frac{e^{-3z}}{z^2+4}$.

Beispiele zur Nutzung der nachgewiesenen Regeln werden im nachfolgenden Abschnitt behandelt.

11.9 Praktische Arbeit mit der LAPLACE-Transformation und der Rücktransformation

Die Berechnung der inversen LAPLACE-Transformation nach den Formeln (11.37) bzw. (11.38) ist ohne den Residuensatz nicht durchführbar und deshalb recht kompliziert. Des Weiteren haben wir schon angemerkt, dass mit dem Eindeutigkeitssatz 11.13 die Rücktransformation für die in der Praxis am häufigsten vorkommenden LAPLACE-Transformierten auch aus einer Referenz-Tabelle einfach abgelesen werden kann. Die Tabelle erstellt man, indem man für viele LAPLACE-transformierbare Funktionen die LAPLACE-Transformierten unter Nutzung der oben diskutierten Regeln ausrechnet und in die Tabelle einträgt. Eine Tabelle der LAPLACE-Transformationen der wichtigsten Funktionen findet sich im Anhang. Neben der Nutzung von Tabellen mit LAPLACE-Transformierten sind natürlich auch die im vorangegangenen Abschnitt dargestellten Rechenregeln bei der praktischen Arbeit sehr nützlich. Bei den Tabelleneinträgen sei noch einmal darauf hingewiesen, dass durch den Eindeutigkeitssatz 11.13 die Zuordnungen $f(t) \leftrightarrow F(z)$ eineindeutig sind, so dass z.B $\frac{2}{z^2+4}$ nur die LAPLACE-Transformierte der Funktion $f(t) = \sin(2t)$ und keiner anderen Funktion ist.

Bevor konkrete Aufgaben mit der LAPLACE-Transformation gelöst werden, soll kurz auf das Anfangswertproblem

$$y^{(n)} + a_n y^{(n-1)} + \cdots + a_1 y = r(t)\,, \quad y(0) = y'(0) = \cdots = y^{(n-1)}(0) = 0 \quad (11.53)$$

für eine gewöhnliche Differentialgleichung n-ter Ordnung mit konstanten Koeffizienten und einer stückweise stetigen Funktion r von exponentieller Ordnung (d.h. LAPLACE-transformierbar) eingegangen werden. Mit $Y(z) = \mathcal{L}[y(t)]$ und $R(z) = \mathcal{L}[r(t)]$ ergibt die LAPLACE-Transformation des Anfangswertproblems nach Satz 11.15 b) $(z^n + a_n z^{n-1} + \cdots + a_1)Y(z) = R(z)$ bzw.

$$Y(z) = (z^n + a_n z^{n-1} + \cdots + a_1)^{-1} R(z) =: G(z)R(z)\,.$$

Findet man nun eine Funktion $g(t)$ mit $\mathcal{L}[g(t)] = G(z)$, so folgt aus dem Faltungssatz 11.18

$$\mathcal{L}[y(t)] = Y(z) = G(z)R(z) = \mathcal{L}[g(t)]\mathcal{L}[r(t)] = \mathcal{L}[(g*r)(t)]$$

und damit die Lösung

$$y(t) = (g*r)(t) = \int_0^t g(t-\tau)r(\tau)\,d\tau$$

des Problems (11.53). Die Funktion $K(t,\tau) := g(t-\tau)$ heißt **GREENsche Funktion** für das Anfangswertproblem (11.53). Hat man die GREENsche Funktion gefunden, ist die Lösung des Anfangswertproblems für unterschiedliche rechte Seiten $r(t)$ auf die Berechnung eines Integrals reduziert.

Mit den folgenden Beispielen soll nun die praktische Arbeit mit der LAPLACE-Transformation demonstriert werden.

Beispiele:

1) Zu lösen ist das Zwei-Punkt-Randwertproblem

$$y'' + 9y = \cos(2x), \quad y(0) = 1, \quad y(\tfrac{\pi}{2}) = -1 .$$

Die Anwendung der LAPLACE-Transformation auf die Differentialgleichung ergibt

$$\mathcal{L}[y'' + 9y] = \mathcal{L}[y''] + 9\mathcal{L}[y] = \mathcal{L}[\cos(2x)]$$

bzw. nach Nutzung der Regeln und der Tabelle

$$z^2 \mathcal{L}[y] - zy(0) - y'(0) + 9\mathcal{L}[y] = \frac{z}{z^2 + 4} .$$

Mit $y(0) = 1$ erhält man

$$(z^2 + 9)\mathcal{L}[y] - z - y'(0) = \frac{z}{z^2 + 4} \quad \text{und somit}$$

$$\mathcal{L}[y] = \frac{z + y'(0)}{z^2 + 9} + \frac{z}{(z^2 + 9)(z^2 + 4)} = \frac{4}{5}\frac{z}{z^2 + 9} + \frac{y'(0)}{z^2 + 9} + \frac{z}{5(z^2 + 4)} .$$

Aus der Tabelle kann man nun

$$\mathcal{L}[y] = \tfrac{4}{5}\mathcal{L}[\cos(3x)] + \frac{y'(0)}{3}\mathcal{L}[\sin(3x)] + \tfrac{1}{5}\mathcal{L}[\cos(2x)]$$

$$= \mathcal{L}[\tfrac{4}{5}\cos(3x) + \frac{y'(0)}{3}\sin(3x) + \tfrac{1}{5}\cos(2x)]$$

ablesen. Mit dem Eindeutigkeitssatz folgt

$$y(x) = \frac{4}{5}\cos(3x) + \frac{y'(0)}{3}\sin(3x) + \frac{1}{5}\cos(2x) .$$

Zur Bestimmung von $y'(0)$ benutzen wir die zweite Randbedingung $y(\tfrac{\pi}{2}) = -1$ und erhalten

$$-1 = -\frac{y'(0)}{3} - \frac{1}{5} \quad \text{bzw.} \quad y'(0) = \frac{12}{5} ,$$

woraus man die Lösung

$$y(x) = \frac{4}{5}\cos(3x) + \frac{4}{5}\sin(3x) + \frac{1}{5}\cos(2x)$$

erhält (vgl. Abb. 11.8).

2) Wir betrachten das Differentialgleichungssystem

$$u' = u + 5v , \qquad v' = -(u + 3v) ,$$

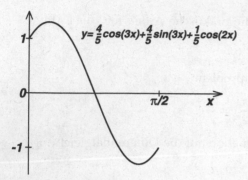

Abb. 11.8. Lösung des Randwertproblems $y'' + 9y = \cos(2x)$, $y(0) = 1$, $y(\frac{\pi}{2}) = -1$

wobei als Anfangswerte $u(0) = 1$ und $v(0) = 0$ vorgegeben sind. Die LAPLACE-Transformation der Differentialgleichungen ergibt

$$-u(0) + z\mathcal{L}[u] = \quad \mathcal{L}[u] + 5\mathcal{L}[v]$$
$$-v(0) + z\mathcal{L}[v] = -\mathcal{L}[u] - 3\mathcal{L}[v] \,.$$

Das Einsetzen der Anfangsbedingungen führt auf das lineare Gleichungssystem

$$(z - 1)\mathcal{L}[u] - 5\mathcal{L}[v] = 1$$
$$\mathcal{L}[u] + (z + 3)\mathcal{L}[v] \ = 0$$

für die LAPLACE-Transformierten von u und v mit den Lösungen

$$\mathcal{L}[u] = \frac{z + 3}{z^2 + 2z + 2}, \quad \mathcal{L}[v] = \frac{-1}{z^2 + 2z + 2} \,.$$

Eine quadratische Ergänzung des Nennerpolynoms führt auf die Darstellung

$$\mathcal{L}[u] = \frac{(z + 1)}{(z + 1)^2 + 1} + \frac{2}{(z + 1)^2 + 1} \quad \text{und} \quad \mathcal{L}[v] = \frac{-1}{(z + 1)^2 + 1} \,,$$

und damit kann man aus der Tabelle

$$\mathcal{L}[u] = \mathcal{L}[e^{-x}\cos x + 2e^{-x}\sin x] \quad \text{bzw.} \quad \mathcal{L}[v] = \mathcal{L}[-e^{-x}\sin x]$$

ablesen. Der Eindeutigkeitssatz ergibt die Lösungen des ursprünglichen gekoppelten Differentialgleichungssystems

$$u(x) = e^{-x}(\cos x + 2\sin x) \quad \text{und} \quad v(x) = -e^{-x}\sin x \,.$$

Es muss an dieser Stelle nachdrücklich darauf hingewiesen werden, dass die LAPLACE-Transformation eine elegante Methode zur Lösung von linearen Differentialgleichungen ist, wie die Beispiele 1 und 2 zeigen. Diese Tatsache sollte aber nicht dazu führen, die Grundlagen der Lösungstheorie für lineare Differentialgleichungen (Kapitel 6) zu vergessen. Denn allein mit der LAPLACE-Transformation erkennt man z.B. nicht, dass sich die allgemeine Lösung einer linearen Differentialgleichung als Summe der allgemeinen Lösung der homogenen und einer speziellen Lösung der inhomogenen Differentialgleichung ergibt.

3) Im Ergebnis mathematischer Modellierungen von physikalischen oder technischen Problemen erhält man in bestimmten Fällen Gleichungen der Form

$$y(t) + \int_0^t k(t - \tau)y(\tau)\, d\tau = f(t) , \quad t > 0 .$$

Gleichungen dieser Art bezeichnet man als Integralgleichungen vom VOLTERRA-Typ. Gegeben sind k und f, gesucht ist y. Sind y, k, f LAPLACE-transformierbar, so führt die LAPLACE-Transformation der Gleichung zu

$$\mathcal{L}[y(t)] + \mathcal{L}[k(t)] \cdot \mathcal{L}[y(t)] = \mathcal{L}[f(t)] ,$$

und man erhält die Lösung

$$\mathcal{L}[y(t)] = \frac{\mathcal{L}[f(t)]}{1 + \mathcal{L}[k(t)]}$$

im Bildraum unter Nutzung des Faltungssatzes. Die Rücktransformation liefert die Lösung des ursprünglichen Problems $y(t)$.
Wir wollen nun k und f konkretisieren und die Gleichung

$$y(t) + \int_0^t \sin(t - \tau)y(\tau)\, d\tau = 1$$

lösen. Die LAPLACE-Transformation der Integralgleichung führt unter Benutzung der Faltungsregel und der Kenntnis der LAPLACE-Transformierten der Sinusfunktion auf

$$\mathcal{L}[y(t)] + \frac{1}{1 + z^2}\mathcal{L}[y(t)] = \frac{1}{z} \quad \text{bzw.} \quad \mathcal{L}[y(t)] = \frac{1 + z^2}{z(2 + z^2)} .$$

Eine Partialbruchzerlegung liefert die Darstellung

$$\mathcal{L}[y(t)] = \frac{1}{2} \left(\frac{1}{z} + \frac{z}{z^2 + 2} \right)$$

und aus der Tabelle findet man

$$\mathcal{L}[y(t)] = \mathcal{L}[\frac{1}{2}(1 + \cos(\sqrt{2}t))] .$$

Der Eindeutigkeitssatz führt schließlich auf die Lösung

$$y(t) = \frac{1}{2}[1 + \cos(\sqrt{2}t)] .$$

4) Es soll die BESSELsche Differentialgleichung

$$xy'' + y' + 2xy = 0,$$

mit den Anfangsbedingungen $y(0) = 1$ und $y'(0) = 0$ gelöst werden. Durch Anwendung der Sätze 11.15 und 11.20, also

$$\mathcal{L}[t^n f(t)] = (-1)^n \frac{d^n}{dz^n} \mathcal{L}[f(t)] \quad \text{und} \quad \mathcal{L}[f^{(2)}(t)] = z^2 \mathcal{L}[f(t)] - z f(0) - f'(0) \, ,$$

kann die BESSELsche Differentialgleichung auf eine gewöhnliche Dfferentialgleichung erster Ordnung für die Funktion $Y(z) = \mathcal{L}[y]$ zurückgeführt werden. Man erhält unter Nutzung der Anfangsbedingungen (mit der Bezeichnung $Y_z(z) = \frac{dY}{dz}(z)$)

$$\mathcal{L}[xy''] = (-1)^1 \frac{d}{dz} \mathcal{L}[y''] = -\frac{d}{dz}[z^2 Y(z) - z] = -2zY(z) - z^2 Y_z(z) + 1$$

und

$$\mathcal{L}[y'] = zY(z) - 1 \, , \qquad \mathcal{L}[xy] = -Y_z(z) \, ,$$

und damit für $Y(z)$ die Differentialgleichung 1. Ordnung

$$-(z^2 + 1)Y_z = zY \quad \text{bzw.} \quad \frac{Y_z}{Y} = -\frac{z}{z^2 + 1} \, .$$

Diese Differentialgleichung kann durch Trennung der Variablen gelöst werden kann. Man erhält als Lösung

$$\ln Y(z) = -\frac{1}{2} \ln(z^2 + 1) + C^* \quad \text{bzw.} \quad Y(z) = C \frac{1}{\sqrt{z^2 + 1}} \, .$$

Die Rücktransformation $y(t) = \mathcal{L}^{-1}[Y(z)]$ ergibt dann die Lösung $J_0(x)$, die BESSEL-Funktion 0-ter Ordnung der obigen BESSELschen Differentialgleichung (vgl. dazu Abschnitt 6.12.1).

Nun sollen noch zwei Beispiele von Differentialgleichungen mit unstetigen bzw. impulsförmigen rechten Seiten behandelt werden.

5) Betrachten wir die Differentialgleichung

$$\ddot{x} + \dot{x} + 4x = s(t) \, ,$$

wobei $s(t)$ die Aktivierung einer kosinusförmigen Störung ab $t = 3$, d.h. $s(t) = \theta(t-3) \cos(t-3)$ bedeutet. Als Anfangswerte sind $x(0) = 0$ und $\dot{x}(0) = 0$ gegeben. Wenn wir die LAPLACE-Transformierte von $x(t)$ mit $X(z)$ bezeichnen, ergibt die Transformation der Differentialgleichung unter Nutzung von (11.52)

$$z^2 X(z) - zx(0) - \dot{x}(0) + zX(z) - x(0) + 4X(z) = e^{-3z} \frac{z}{z^2 + 1}$$

bzw.

$$e^{3z} X(z) = \frac{z}{(z^2 + 1)(z^2 + z + 4)} \, .$$

Eine Partialbruchzerlegung ergibt weiter

$$e^{3z} X(z) = \frac{\frac{3}{10}z + \frac{1}{10}}{z^2 + 1} - \frac{\frac{3}{10}z + \frac{4}{10}}{z^2 + z + 4}$$

$$= \frac{3}{10}\frac{z}{z^2 + 1} + \frac{1}{10}\frac{1}{z^2 + 1} - \frac{3}{10}\frac{z + \frac{1}{2}}{(z + \frac{1}{2})^2 + \frac{15}{4}} - \frac{5}{20}\frac{2}{\sqrt{15}}\frac{\frac{\sqrt{15}}{2}}{(z + \frac{1}{2})^2 + \frac{15}{4}} .$$

Unter Nutzung der Beziehung (11.52) und der Tabelle erhält man

$$X(z) = \mathcal{L}[\theta(t-3)[\frac{3}{10}\cos t + \frac{1}{10}\sin t - \frac{3}{10}e^{-t/2}\cos(\frac{\sqrt{15}}{2}t) - \frac{1}{2\sqrt{15}}e^{-t/2}\sin(\frac{\sqrt{15}}{2}t)]] ,$$

und damit aufgrund des Eindeutigkeitssatzes als Lösung

$$x(t) = \theta(t-3)[\frac{3}{10}\cos t + \frac{1}{10}\sin t - \frac{3}{10}e^{-t/2}\cos(\frac{\sqrt{15}}{2}t) - \frac{1}{2\sqrt{15}}e^{-t/2}\sin(\frac{\sqrt{15}}{2}t)] .$$

Die Lösungsschritte von

$$\frac{\frac{3}{10}z + \frac{4}{10}}{z^2 + z + 4} \quad \text{zu} \quad \frac{\frac{3}{10}z + \frac{4}{10}}{(z + \frac{1}{2})^2 + \frac{15}{4}} = \frac{3}{10}\frac{z + \frac{1}{2}}{(z + \frac{1}{2})^2 + \frac{15}{4}} + \frac{5}{20}\frac{2}{\sqrt{15}}\frac{\frac{\sqrt{15}}{2}}{(z + \frac{1}{2})^2 + \frac{15}{4}} ,$$

d.h. eine quadratische Ergänzung und die Aufteilung des Terms waren erforderlich, um die Tabelle zur Rücktransformation nutzen zu können.

6) Es soll das Anfangswertproblem

$$y'' + y = \delta(t - 2) , \quad y(0) = y'(0) = 0 ,$$

gelöst werden. Die LAPLACE-Transformation ergibt

$$z^2 Y(z) + Y(z) = e^{-2z} \quad \text{bzw.} \quad Y(z) = e^{-2z}\frac{1}{z^2 + 1} = e^{-2z}\mathcal{L}[\sin t] .$$

Damit erhält man unter Nutzung des Verschiebungssatzes 11.21

$$Y(z) = \mathcal{L}[\theta(t - 2)\sin(t - 2)] ,$$

und mit dem Eindeutigkeitssatz 11.13 ergibt sich $y(t) = \theta(t - 2)\sin(t - 2)$ als Lösung des Anfangswertproblems.

Zum Abschluss dieses Kapitels soll die LAPLACE-Transformation für die Lösung einer partiellen Differentialgleichung genutzt werden. Gelöst werden soll das Problem (vgl. dazu auch Abschnitt 9.5.2)

$$u_t = k u_{xx}, \ 0 < x < l, \ t \in \mathbb{R}, \ t > 0, \quad u_x(0,t) = u_x(l,t) = 0, u(x,0) = 1 + \cos\frac{2\pi x}{l} .$$

Zur Lösung betrachten wir die LAPLACE-Transformierte von $u(x,t)$ bezüglich der Zeit, also

$$U(x,z) = \int_0^\infty u(x,t)e^{-zt}\, dt ,$$

und erhalten die transformierte Differentialgleichung

$$zU(x,z) - 1 - \cos\frac{2\pi x}{l} = kU_{xx} \,,$$

wobei wir z als festen Parameter betrachten, und die Vertauschbarkeit von Integral und Ableitung, d.h. $\int_0^\infty u_x(x,t)e^{-zt}\,dt = \frac{d}{dx}\int_0^\infty u(x,t)e^{-zt}\,dt$ benutzt haben. Zu lösen ist mit

$$U_{xx} - \frac{z}{k}U = -\frac{1}{k} - \frac{1}{k}\cos\frac{2\pi x}{l} \tag{11.54}$$

eine gewöhnliche Differentialgleichung für die LAPLACE-Transformierte U. Als homogene Lösung erhält man $U_h(x,z) = c_1(z)e^{\sqrt{\frac{z}{k}}x} + c_2(z)e^{-\sqrt{\frac{z}{k}}x}$. Ein Ansatz vom Typ der rechten Seite liefert für eine partikuläre Lösung nach Einsetzen in die Differentialgleichung (11.54)

$$U_p(x,z) = \frac{1}{z} + \frac{l^2}{4\pi^2 k + l^2 z}\cos\frac{2\pi x}{l} \,,$$

und damit

$$U(x,z) = c_1(z)e^{\sqrt{\frac{z}{k}}x} + c_2(z)e^{-\sqrt{\frac{z}{k}}x} + \frac{1}{z} + \frac{l^2}{4\pi^2 k + l^2 z}\cos\frac{2\pi x}{l} \,.$$

Die Ableitung nach x ergibt

$$U_x(x,z) = \sqrt{\frac{z}{k}}c_1(z)e^{\sqrt{\frac{z}{k}}x} - \sqrt{\frac{z}{k}}c_2(z)e^{-\sqrt{\frac{z}{k}}x} - \frac{l^2}{4\pi^2 k + l^2 z}\frac{2\pi}{l}\sin\frac{2\pi x}{l} \,.$$

Die transfomierte Randbedingung $U_x(0,z) = 0$ ergibt $c_1(z) = c_2(z)$. Aus der Bedingung $U_x(l,z) = 0$ folgt aus

$$U_x(l,z) = \sqrt{\frac{z}{k}}c_1(z)(e^{\sqrt{\frac{z}{k}}l} - e^{-\sqrt{\frac{z}{k}}l}) = 0$$

$c_1(z) = 0$, da $e^{\sqrt{\frac{z}{k}}l} - e^{-\sqrt{\frac{z}{k}}l}$ für von Null verschiedene z nicht verschwindet. Damit ergibt sich

$$U(x,z) = U_p(x,z) = \frac{1}{z} + \frac{1}{\frac{4\pi^2 k}{l^2} + z}\cos\frac{2\pi x}{l} = \mathcal{L}[1 + e^{-\frac{4\pi^2 k}{l^2}t}\cos\frac{2\pi x}{l}](z) \,,$$

also die Lösung $u(x,t) = 1 + e^{-\frac{4\pi^2 k}{l^2}t}\cos\frac{2\pi x}{l}$.

11.10 Aufgaben

1) Untersuchen Sie das uneigentliche Integral $\int_{-\infty}^{\infty} x^3\,dx$ auf Konvergenz und berechnen Sie den CAUCHYschen Hauptwert.

2) Berechnen Sie die FOURIER-Transformierte der Funktion $f(t) = \frac{1}{a^2+t^2}$, $a > 0$.

3) Berechnen Sie das Faltungsprodukt $(f * g)(t) = \int_{-\infty}^{\infty} f(t-\tau)g(\tau)\,d\tau$ für $f(t) = e^{-c|t|}$ und $g(t) = \cos(\omega t)$, wobei $c > 0$ gilt.

4) Zeigen Sie für eine ungerade Funktion $f(t)$ die Beziehung

$$\mathcal{F}[f](\omega) = \frac{1}{2\pi}\int_{-\infty}^{\infty} f(t)e^{-i\omega t}\,dt = -\frac{i}{\pi}\int_{0}^{\infty} f(t)\sin(\omega t)\,dt\,.$$

5) Berechnen Sie die FOURIER-Transformierte der Lösung der Differentialgleichung

$$y'' + 2y' - 6y = e^{-t^2},\ t \in \mathbb{R}\,.$$

6) Berechnen Sie die LAPLACE-Transformierten der Funktionen

   (a) $f(t) = e^{bt}\cos(at)$,   (b) $g(t) = e^{bt}\sinh(at)$,

   und weisen damit die Gültigkeit der entsprechenden Einträge in der Tabelle der LAPLACE-Transformierten nach.

7) Bestimmen Sie die Partialbruchzerlegung von

   (a) $F(z) = \dfrac{3z - 5}{z^2 - 4z + 3}$,   (b) $G(z) = \dfrac{2}{z(z^2+4)}$

   und daraus mit Hilfe der Tabelle der LAPLACE-Transformierten diejenigen Funktionen, deren LAPLACE-Transformierten $F(z)$ bzw. $G(z)$ sind.

8) Lösen Sie mit Hilfe der LAPLACE-Transformation das Anfangswertproblem

$$y''(x) + 4y'(x) + 6y(x) = 1 + e^{-x}\,,\quad y(0) = 0,\ y'(0) = 0\,.$$

9) Lösen Sie mit Hilfe der LAPLACE-Transformation das Anfangswertproblem

$$u'(t) = u(t) + 4v(t) + e^t$$
$$v'(t) = u(t) + v(t) + e^t$$
$$u(0) = -\frac{1}{2},\ v(0) = 1\,.$$

10) Lösen Sie die Integralgleichung

$$\int_{0}^{t} \cos(t - \tau)f(\tau)\,d\tau = t\sin t$$

   unter Nutzung der Rechenregeln für Faltung von Funktionen und deren LAPLACE-Transformierten.

11) Lösen Sie mit Hilfe der LAPLACE-Transformation das Anfangswertproblem

$$y''(x) - 2y'(x) + y(x) = \sin(2x) + \cos x, \quad y(\pi) = 1, \; y'(\pi) = 0 \; .$$

Hinweis: Führen Sie durch $v(r) := y(r + \pi)$ eine neue gesuchte Funktion ein, die die Anfangsbedingungen $v(0) = 1$, $v'(0) = 0$ erfüllt.

12) Berechnen Sie die GREENsche Funktion des Anfangswertproblems

$$y''' - 3y'' + 3y' - y = e^t \; , \quad y''(0) = y'(0) = y(0) = 0$$

und berechnen Sie die Lösung.

13) Lösen Sie das Rand-Anfangswert-Problem

$$u_t + x u_x = xt, \; x,t \in \mathbb{R}, \; x > 0, t > 0, \; u_x(x,0) = \lim_{x \to 0} u(x,t) = 0 \; ,$$

mit einer LAPLACE-Transformation in der Zeit t.

14) Berechnen Sie die FOURIER-Transformierten $F = \mathcal{F}[f]$ und $G = \mathcal{F}[g]$, wobei

$$f(t) = \chi_{[-1,1]}(t)(1 - t^2) = \begin{cases} (1 - t^2) & \text{falls} -1 \le t \le 1, \\ 0 & \text{sonst,} \end{cases}$$

und[1]

$$g(t) = \chi_{[-3,-1]}(t) + \chi_{[1,3]}(t) = \begin{cases} 1 & \text{falls} -3 \le t \le -1 \text{ oder } 1 \le t \le 3, \\ 0 & \text{sonst.} \end{cases}$$

Nutzen Sie die Ergebnisse zur Bestimmung der FOURIER-Transformierten von $H(x) = \frac{\sin x \cos 2x}{x}$.

15) Sei $U : \mathbb{R} \times [0, \infty[\to \mathbb{R}$ die Lösung des Anfangswertproblems
$$\frac{\partial U}{\partial t}(x,t) = 4 \frac{\partial^2 U}{\partial x^2}(x,t)$$
$$\lim_{x \to \pm\infty} U(x,t) = \lim_{x \to \pm\infty} \frac{\partial U}{\partial x}(x,t) = 0, \; \text{f.a. } t > 0$$
$$U(x,0) = \frac{1}{x^2+9}, \; \text{f.a. } x \in \mathbb{R} \; .$$

Verwenden Sie die FOURIER-Transformierte bezüglich x, um $U(x,t)$ zu berechnen.

---

[1]$\chi_A(x) = \begin{cases} 1 \text{ falls } x \in A \\ 0 \text{ sonst.} \end{cases}$ wird auch charakteristische Funktion genannt.

12 Variationsrechnung und Optimierung

Die Ursprünge der Variationsrechnung gehen auf Johann BERNOULLI im Jahr 1696 zurück. Er stellte die Frage nach der Bahnkurve, auf der ein Massenpunkt M in einer vertikalen Ebene vom Punkt A zum Punkt B unter dem Einfluss der Schwerkraft in minimaler Zeit gleitet. Diese Aufgabe wurde **Brachistochrone**-Problem genannt (griechisch steht **brachys** für kurz und **chronos** für die Zeit). Die Beantwortung der Frage von BERNOULLI ist mit der klassischen Variationsrechnung möglich.

Die Variationsrechnung befasst sich mit der Bestimmung von Extremwerten von Funktionalen. Funktionale können als Verallgemeinerung der Funktionen aufgefasst werden. Sie bilden Elemente einer Klasse von Funktionen auf die Menge der reellen Zahlen ab. Oft kann man die Klasse von Funktionen, d.h. den Definitionsbereich eines Funktionals, als BANACH-Raum auffassen. In der Variationsrechnung wird dann die Funktion der betrachteten Klasse bzw. das Element eines BANACH-Raumes gesucht, die bzw. das von dem Funktional auf ein (relatives) Extremum (Optimum) im Wertebereich $\mathbb{R}$ abgebildet wird.

Übersicht

Heute wird die Variationsrechnung auch als Teilgebiet der Optimierung betrachtet. Um in die Anfangsgründe der modernen abstrakteren Begriffsbildungen einzuführen, sollen im Folgenden erst die allgemeineren Begriffe wie die Ableitung eines auf einem abstrakten Raum definierten Funktionals erklärt werden, ehe man mit diesem Instrumentarium nach Funktionen sucht, die ein Funktional minimal machen, also klassische Variationsrechnung betreibt. Die allgemeinere Thematik von Extremalproblemen für Funktionale auf BANACH-Räumen wird auch deshalb kurz dargestellt, weil man mit diesem Kalkül eine Möglichkeit hat, die Optimierung komplizierter Modelle technischer Prozesse mathematisch zu fassen und Kriterien zur Bestimmung von Extrema erhält.

12.1   Einige mathematische Grundlagen

Im Kapitel 4 haben wir den Begriff des Vektorraumes kennengelernt. Sei V im Folgenden ein Vektorraum oder linearer Raum über dem Körper der reellen Zahlen $\mathbb{R}$ (im Allgemeinen über einem Körper K).
Hat man eine **Norm** zur Verfügung, d.h. eine Abbildung $|| \cdot || : V \to [0, \infty[$, die jedem Element aus V eine nichtnegative reelle Zahl zuordnet und dabei bestimmte Bedingungen erfüllt, so kann man den Begriff des **normierten** Raumes einführen. Ein einfaches Beispiel solcher Abbildungen $V \to [0, \infty[$ ist der Betrag (EUKLIDische Norm) der Vektoren im $\mathbb{R}^n$ oder im EUKLIDischen Raum $\mathbb{E}^n$ (vgl. Definitionen 4.31, 4.32).

Definition 12.1. (Norm)
Sei V ein Vektorraum, $\mathbf{x}, \mathbf{y} \in V$, $\lambda \in \mathbb{R}$. Die Abbildung $|| \cdot || : V \to [0, \infty[$ mit den Eigenschaften

1) $||\mathbf{x}|| \geq 0$; $||\mathbf{x}|| = 0$ genau dann, wenn $\mathbf{x} = \mathbf{0}$ ist,

2) $||\lambda\mathbf{x}|| = |\lambda| ||\mathbf{x}||$,

3) $||\mathbf{x} + \mathbf{y}|| \leq ||\mathbf{x}|| + ||\mathbf{y}||$,

heißt **Norm** auf dem Vektorraum V.

Definition 12.2. (normierter Raum)
Ein Vektorraum V, auf dem eine Norm $|| \cdot ||$ erklärt ist, heißt **normierter Raum** und wird auch mit $(V, || \cdot ||)$ bezeichnet.

Die Verwendung der Bezeichnungsweise $(V, || \cdot ||)$ mit der Angabe der Norm ist sinnvoll, da es durchaus möglich ist, auf Vektorräumen unterschiedliche Normen zu betrachten. Nehmen wir $V = \mathbb{R}^n$, $\mathbf{x} = (x_1, x_2, ..., x_n)^T \in \mathbb{R}^n$, dann ist sowohl

$$||\mathbf{x}|| = \sqrt{x_1^2 + x_2^2 + ... + x_n^2} \quad \text{als auch} \quad ||\mathbf{x}|| = \max_{1 \leq i \leq n} |x_i|$$

eine **Norm** auf dem $\mathbb{R}^n$. Man kann also Vektorräume mitunter unterschiedlich **normieren**, so dass die Angabe der zur Normierung verwendeten Norm bei der Bezeichnung des Raumes notwendig sein kann. Zumindest muss man sich im Zusammenhang mit normierten Räumen immer klar machen, welche Norm verwendet wird.

In normierten Räumen kann man nun Begriffe wie **offene Kugel**, **Beschränkt-heit**, **Konvergenz** und CAUCHY-**Folge** analog zu den entsprechenden Begriffen im $\mathbb{R}^n$ definieren. Überall wo wir Abstände zwischen zwei Elementen eines linearen Raumes messen, wird im normierten Raum die Norm der Differenz der Elemente verwendet. Dies verallgemeinert den Betrag der Differenz zweier Zahlen im $\mathbb{R}^1$ bzw. den EUKLIDischen Abstand zweier Vektoren im $\mathbb{R}^n$ bzw. $\mathbb{E}^n$. Die wichtigsten topologischen Begriffe werden im Folgenden nochmal für einen normierten Raum erklärt.

Sei $(V, \| \cdot \|)$ ein normierter Raum; $\mathbf{x}, \mathbf{x}_n, \mathbf{x}_0 \in V$ und $\epsilon, r, K \in]0, \infty[$.

a) $K_{\mathbf{x}_0, r} := \{\mathbf{x} \in V \mid \|\mathbf{x} - \mathbf{x}_0\| < r\}$ heißt **offene Kugel** um $\mathbf{x}_0$ mit dem Radius r.

b) Ein Punkt $\mathbf{x}_0 \in D \subset V$ heißt **innerer** Punkt von D, falls es ein $r > 0$ gibt, so dass $K_{\mathbf{x}_0, r} \subset D$ ist. Die Gesamtheit der inneren Punkte von D bezeichnen wir mit $\dot{D}$.

c) Die Folge $(\mathbf{x}_n) \subset V$ heißt beschränkt, falls es ein $K > 0$ mit $\|\mathbf{x}_n\| < K$ für alle $n \in \mathbb{N}$ gibt.

d) Eine Folge $(\mathbf{x}_n) \subset V$ **konvergiert** gegen $\mathbf{x}_0 \in V$, wenn es zu jedem $\epsilon > 0$ eine natürliche Zahl $n_0 = n_0(\epsilon)$ gibt, so dass

$$\|\mathbf{x}_n - \mathbf{x}_0\| < \epsilon \quad \text{für alle} \quad n \geq n_0$$

gilt. Man schreibt dann wie im $\mathbb{R}^1$ $\lim_{n \to \infty} \mathbf{x}_n = \mathbf{x}_0$.

e) Eine Folge $(\mathbf{x}_n) \subset V$ heißt CAUCHY-**Folge** in V, wenn es zu jedem $\epsilon > 0$ eine natürliche Zahl $n_0 = n_0(\epsilon)$ gibt, so dass

$$\|\mathbf{x}_n - \mathbf{x}_m\| < \epsilon \quad \text{für alle} \quad n, m \geq n_0$$

erfüllt ist.

Diese Begriffe hatten wir früher bereits für die speziellen normierten Räume $\mathbb{R}^n$ (mit der EUKLIDischen Norm) bzw. $\mathbb{R}^1$ (mit dem Betrag der reellen Zahlen als Norm) benutzt; vgl. dazu die Definitionen 5.2, 5.7, 2.16, 5.10, 2.14, 2.15. Nun kann man den Begriff des **vollständigen** normierten Raumes definieren.

Definition 12.3. (vollständiger normierter Raum)
Sei $(V, \| \cdot \|)$ ein linearer normierter Raum. Konvergiert jede CAUCHY-Folge $(\mathbf{x}_n) \subset V$ gegen ein Element aus V, so nennt man V einen **vollständigen** normierten Raum. Ein vollständiger normierter Raum heißt BANACH-**Raum**.

Die rationalen Zahlen $\mathbb{Q}$ lassen sich mit dem üblichen Betrag $| \cdot |$ als Norm zu einem normierten Raum machen. Man kann sich nun leicht CAUCHY-Folgen rationaler Zahlen konstruieren, die keinen rationalen Grenzwert haben (z.B. eine Folge, die gegen $\sqrt{2}$ oder gegen e strebt). Damit ist $(\mathbb{Q}, | \cdot |)$ kein vollständiger Raum.

Ergänzt man die rationalen Zahlen durch die Grenzwerte aller CAUCHY-Folgen rationaler Zahlen, so **vervollständigt** man den normierten Raum $(\mathbb{Q}, | \cdot |)$ und erhält mit $(\mathbb{R}, | \cdot |)$ einen vollständigen normierten Raum, also einen BANACH-Raum.

Beispiele (auf die Nachweise kann hier nicht eingegangen werden):

1) Der $\mathbb{R}^n$ bzw. der $\mathbb{C}^n$ ist sowohl mit der EUKLIDischen Norm

$$||\mathbf{x}|| = \sqrt{|x_1|^2 + |x_2|^2 + ... + |x_n|^2},$$

als auch mit der Betragsnorm $||\mathbf{x}|| = \sum_{k=1}^{n} |x_k|$ sowie auch mit der Maximum-norm $||\mathbf{x}|| = \max_{1 \leq k \leq n} |x_k|$ ein BANACH-Raum.

2) Der Raum der auf dem Intervall $[a, b]$ stetigen Funktionen $C[a, b]$ mit der Norm $||x|| = \max_{a \leq t \leq b} |x(t)|$ ist ein BANACH-Raum.

3) Der Raum der auf $[a, b]$ k-mal stetig differenzierbaren Funktionen $C^k[a, b]$ ist mit der Norm

$$||x|| = \max_{a \leq t \leq b} |x(t)| + \max_{a \leq t \leq b} |x'(t)| + ... + \max_{a \leq t \leq b} |x^{(k)}(t)|$$

ein BANACH-Raum.

4) Die Menge aller stetigen und linearen Abbildungen $L : X \to Y$, wobei X und Y BANACH-Räume sind, wird mit der Norm $||L|| = \max_{x \in X, ||x||_X = 1} ||L[x]||_Y$ zu einem normierten Raum. $|| \cdot ||_X$ ist die Norm im BANACH-Raum X, $|| \cdot ||_Y$ die im BANACH-Raum Y. Um für eine lineare Abbildung L eine Norm $||L||$ zu definieren, betrachtet man also die Bilder sämtlicher $x \in X$ mit $||x||_X = 1$, d.h. die Bilder der Punkte auf der Einheitskugel in X. Die Normen dieser Bilder in Y bilden eine Menge nichtnegativer reeller Zahlen, von der man die Existenz eines Maximums beweisen kann. Dieses Maximum ist, wie man weiter zeigen kann, eine Norm im Sinne der Definition 12.1.

5) Normiert man den Raum der auf dem Intervall $[a, b]$ stetigen Funktionen $C[a, b]$ mit

$$||x|| = \left(\int_a^b |x(t)|^p dt \right)^{\frac{1}{p}} \quad (1 \leq p < \infty),$$

so ist der Raum nicht vollständig, also kein BANACH-Raum. Durch Vergleich mit Beispiel 2) wird hier deutlich, dass eine geschickte Wahl einer Norm zur Vollständigkeit führt.

Beim Beispiel 1 handelt es sich mit dem $\mathbb{R}^n$ bzw. $\mathbb{C}^n$ um einen **endlichdimensionalen** normierten Raum, während in den Beispielen 2 bis 4 unendlichdimensionale Räume diskutiert werden.

Definition 12.4. (Normäquivalenz)
Zwei in einem Vektorraum V definierte Normen $|| \cdot ||_1$ und $|| \cdot ||_2$ heißen **äquivalent**, wenn es zwei positive Konstanten a, A gibt, so dass für alle $\mathbf{x} \in V$

$$a||\mathbf{x}||_1 \leq ||\mathbf{x}||_2 \leq A||\mathbf{x}||_1$$

gilt. Jede bezüglich der Norm $|| \cdot ||_1$ konvergente Folge konvergiert auch bezüglich der Norm $|| \cdot ||_2$ und umgekehrt.

Für einen endlichdimensionalen Raum V kann man zeigen, dass alle Normen in V **äquivalent** sind. Damit ist es möglich, Normabschätzungen mit einer beliebigen Norm durchzuführen und diese Abschätzungen auf andere Normen zu übertragen. Diese Eigenschaft endlichdimensionaler Räume führt zu folgendem

Satz 12.1. (*Vollständigkeit endlichdimensionaler normierter Räume*)
Jeder endlichdimensionale normierte Vektorraum V ist vollständig, also ein BANACH-Raum.

Statt des Beweises des Satzes wollen wir den Raum $C[0,2]$ der stetigen Funktionen des Beispiels 5) als unendlichdimensionalen Raum betrachten, der mit der Norm $||x|| = (\int_0^2 |x(t)|^2 \, dt)^{1/2}$ nicht vollständig ist. Um die Nicht-Vollständigkeit zu zeigen, betrachten wir die Folge der stetigen Funktionen

$$x_n(t) = \begin{cases} 0 & \text{für } 0 \le t \le 1 \\ n(t-1) & \text{für } 1 \le t \le 1 + \frac{1}{n} \\ 1 & \text{für } 1 + \frac{1}{n} < t \le 2 \end{cases} .$$

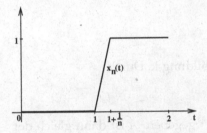

Abb. 12.1. Folge stetiger Funktionen $x_n(t)$ aus $C[0,2]$

Man erhält als Grenzfunktion $x_0(t) = \begin{cases} 0 \text{ für } 0 \le t \le 1 \\ 1 \text{ für } 1 < t \le 2 \end{cases}$, denn es ist

$$||x_n(t) - x_0(t)||^2 = \int_1^{1+1/n} (n(t-1) - 1)^2 \, dt = \frac{1}{3n} \to 0 \text{ für } n \to \infty .$$

Damit ist der Grenzwert der Folge bezüglich der gewählten Norm keine stetige Funktion und der Raum $C[0,2]$ ist nicht vollständig. Die Voraussetzung "endlich dimensional" ist also für Satz 12.1 wesentlich. Man könnte nun noch eine Reihe weiterer Räume erklären, so z.B. Räume, in denen die Norm aus einem Skalarprodukt abgeleitet werden kann (HILBERT-Räume), aber es sollten ja nur die wichtigsten Grundlagen für die Variationsrechnung skizziert werden.

12.2 Funktionale auf BANACH-Räumen

Im Folgenden betrachten wir Abbildungen $f : D \to \mathbb{R}$, $D \subset X$, wobei X ein BANACH-Raum ist. Da die Werte der Abbildungen reell sind, spricht man von

Funktionalen auf BANACH-Räumen. Allgemein ist ein Funktional eine Abbildung irgendeiner Menge in die Menge der reellen oder komplexen Zahlen. Ein einfaches Beispiel ist das bestimmte Integral $I = \int_a^b x(t)\,dt$, ein Funktional, das jedes Element $x(t)$ aus der Menge der reellwertigen, auf $[a,b]$ beschränkten und RIEMANN-integrierbaren Funktionen auf ein Element aus der Menge $\mathbb{R}$ abbildet. Beschränkt man sich bei $x(t)$ auf die Elemente der Menge $C[a,b]$ mit der Norm $||x|| = \max_{a \leq t \leq b} |x(t)|$, so ist das Integral I ein Funktional auf einem BANACH-Raum.

Es soll der Begriff der Ableitung eines Funktionals f erklärt werden. Wir knüpfen hier an den Begriff der Differenzierbarkeit von Abbildungen aus dem $\mathbb{R}^n$ in den $\mathbb{R}^m$ an (vgl. Def. 5.28). Eine Abbildung $\mathbf{f} : D \to \mathbb{R}^m$, $D \subset \mathbb{R}^n$ ist danach differenzierbar in $\mathbf{x}_0 \in \dot{D}$, falls sich $\mathbf{f}(\mathbf{x})$ in einer Umgebung von $\mathbf{x}_0$ in der Form

$$\mathbf{f}(\mathbf{x}) = \mathbf{f}(\mathbf{x}_0) + A(\mathbf{x} - \mathbf{x}_0) + \mathbf{k}(\mathbf{x})$$

darstellen lässt (das ist immer der Fall, wenn $\mathbf{f}(\mathbf{x})$ in $\mathbf{x}_0$ stetig partiell differenzierbar ist), wobei A eine reelle $m \times n$-Matrix ist und $\mathbf{k} : D \to \mathbb{R}^m$ eine Abbildung mit der Eigenschaft

$$\lim_{\mathbf{x} \to \mathbf{x}_0} \frac{|\mathbf{k}(\mathbf{x})|}{|\mathbf{x} - \mathbf{x}_0|} = 0 \,.$$

Die Matrix A hängt von $\mathbf{x}_0$ ab, wie auch die Abbildung $\mathbf{k}$. Durch

$$A\mathbf{h} =: L(\mathbf{h}) \quad (\mathbf{h} = \mathbf{x} - \mathbf{x}_0 \in \mathbb{R}^n)$$

ist eine stetige lineare Abbildung $L : \mathbb{R}^n \to \mathbb{R}^m$ gegeben. A ist dann gleich der Ableitungsmatrix in $\mathbf{x}_0$, also

$$A = \mathbf{f}'(\mathbf{x}_0) = \left(\frac{\partial f_i}{\partial x_k}(\mathbf{x}_0) \right)_{\substack{i=1,\ldots,m \\ k=1,\ldots,n}} \,.$$

12.2.1 FRÉCHET-Ableitung

Der Begriff der Differenzierbarkeit kann nun auf Funktionale $f : D \to \mathbb{R}$, $D \subset X$, wobei X ein BANACH-Raum ist, verallgemeinert werden. Bevor wir zur Differenzierbarkeit kommen, wollen wir verabreden, was man unter einem stetigen Funktional versteht.

Definition 12.5. (Stetigkeit eines Funktionals auf einem BANACH-Raum)
Sei X ein BANACH-Raum, $D \subset X$ und $\mathbf{f} : D \to \mathbb{R}$ ein Funktional. f heißt **stetig** im Punkt $x_0 \in D$, wenn für alle Folgen $(x_n) \subset D$ mit $\lim_{n \to \infty} x_n = x_0$ die Folge $(f(x_n))_{n \in \mathbb{N}}$ gegen $f(x_0) \in \mathbb{R}$ konvergiert, d.h.

$$\lim_{n \to \infty} f(x_n) = f(x_0)$$

gilt. f heißt stetig auf $A \subset D$, wenn f stetig in allen Punkten $x \in A$ ist.

Rein äußerlich unterscheidet sich diese Definition nicht von der Stetigkeitsdefinition im Kapitel 2. Für $X = \mathbb{R}$ mit dem Betrag als Norm ergibt sich aus der Definition die Stetigkeitsdefinition einer Funktion einer reellen Veränderlichen. Entscheidend ist jedoch, dass Folgenkonvergenz immer mit der konkreten Norm des jeweiligen BANACH-Raumes erklärt ist. Ist X z.B. der BANACH-Raum der stetigen Funktionen auf dem Intervall $[a, b]$ mit der Norm $||f|| = \max_{x \in [a,b]} |f(x)|$, dann bedeutet die Konvergenz der Folge $(f_n) \subset C([a,b])$ gegen f_0

$$\lim_{n \to \infty} ||f_n - f_0|| = \lim_{n \to \infty} \max_{x \in [a,b]} |f_n(x) - f_0(x)| = 0 \,.$$

Es handelt sich also um die gleichmäßige Konvergenz auf $[a, b]$ (vgl. Definition 3.7).

Definition 12.6. (FRÉCHET-Differenzierbarkeit)

Sei X ein normierter linearer Raum $(X, || \cdot ||)$. $f : D \to \mathbb{R}$ sei ein in $D \subset X$ definiertes Funktional. Man nennt f in $x_0 \in D$ FRÉCHET-**differenzierbar**, wenn es ein stetiges lineares Funktional $L[x_0] : X \to \mathbb{R}$ gibt, so dass für $x \in \dot{D}$ gilt

$$\lim_{x \to x_0} \frac{f(x) - f(x_0) - L[x_0](x - x_0)}{||x - x_0||} = 0 \,.$$

Gleichbedeutend damit ist, dass f in einer Umgebung von x_0 in der Form

$$f(x) = f(x_0) + L[x_0](x - x_0) + k(x, x_0) \tag{12.1}$$

dargestellt werden kann.

Für festes x_0 ist $k(x, x_0)$ ein für $x \in \dot{D}$ definiertes Funktional mit der Eigenschaft

$$\lim_{x \to x_0} \frac{|k(x, x_0)|}{||x - x_0||} = 0 \,.$$

Für die Abbildung $L[x_0]$ schreibt man dann

$$L[x_0] =: f'[x_0] \tag{12.2}$$

und nennt sie FRÉCHET-**Ableitung** von f in x_0. $f : D \to \mathbb{R}$ heißt FRÉCHET-**differenzierbar** in D, wenn f in jedem Punkt $x \in D$ FRÉCHET-differenzierbar ist.

Jedem Punkt $x \in D$ ist im Falle der FRÉCHET-Differenzierbarkeit ein stetiges lineares Funktional $f'[x] : X \to \mathbb{R}$ zugeordnet. Durch

$$v = f'[x](h)$$

wird (bei festem x) jedem $h \in X$ eine reelle Zahl v zugeordnet. $f'[x]$ ist das Funktionssymbol, h die unabhängige Variable und v die abhängige Variable. Dabei wurde im Vergleich zur Definition 12.6 x_0 durch x und $x - x_0$ durch h ersetzt. Es ist $h \in X$, $v \in Y$. Die Differenzierbarkeit von Abbildungen $\mathbb{R}^n \to \mathbb{R}^m$ als Spezialfall der FRÉCHET-Differenzierbarkeit ist offensichtlich; in diesem Fall ist $L[x_0]$ die an der Stelle x_0 genommene JACOBI-Matrix (5.12).

Beispiel: Wir betrachten das Integral

$$f(u) := \frac{1}{2} \int_B u^2(x, y)\, dxdy$$

auf einem kompakten, JORDAN-messbaren Bereich B in $\mathbb{R}^2$. Man kann f auffassen als eine Abbildung

$$f : C(B) \to \mathbb{R},$$

also vom BANACH-Raum aller auf B stetigen Funktionen in den Raum der reellen Zahlen. Als Norm in $C(B)$ verwenden wir

$$\|u\| = \max_{(x,y) \in B} |u(x, y)|,$$

womit $C(B)$ zum BANACH-Raum wird. Für eine festgewählte Funktion $u_0 \in C(B)$ soll die FRÉCHET-Ableitung von f berechnet werden. Dazu rechnen wir $f(u) - f(u_0)$ explizit aus, wobei $u = u_0 + h$ gesetzt wird, mit beliebigem $h \neq 0$ ($h \in C(B)$):

$$f(u_0 + h) - f(u_0) = \frac{1}{2} \int_B (u_0 + h)^2 dxdy - \frac{1}{2} \int_B u_0^2 dxdy \qquad (12.3)$$

$$= \frac{1}{2} \int_B [(u_0 + h)^2 - u_0^2] dxdy = \frac{1}{2} \int_B [u_0^2 + 2u_0 h + h^2 - u_0^2] dxdy$$

$$= \frac{1}{2} \int_B [2u_0 h + h^2] dxdy.$$

Man erhält also

$$f(u_0 + h) = f(u_0) + \int_B u_0 h\, dxdy + \underbrace{\frac{1}{2} \int_B h^2\, dxdy}_{=:k(u_0+h,u_0)}. \qquad (12.4)$$

Für das letzte Integral gilt

$$\frac{1}{\|h\|} k(u_0 + h, u_0) \to 0 \quad \text{für} \quad \|h\| \to 0,$$

denn man kann wie folgt abschätzen:

$$\frac{|k(u_0 + h, u_0)|}{\|h\|} = \frac{1}{2\|h\|} \left| \int_B h^2\, dxdy \right| \leq \frac{1}{2\|h\|} \int_B \|h\|^2\, dxdy$$

$$= \frac{1}{2} \|h\| \int_B dxdy \to 0 \quad \text{für} \quad \|h\| \to 0.$$

Man erkennt weiterhin, dass das erste Integral in (12.4) linear und stetig von h abhängt. Demzufolge hat man mit

$$f'[u_0](h) = \int_B u_0 h \, dx dy \,, \quad h \in C(B) \tag{12.5}$$

die FRÉCHET-Ableitung von f berechnet (und mit diesen Ausführungen auch die FRÉCHET-Differenzierbarkeit von f bewiesen). Wir haben oben die FRÉCHET-Differenzierbarkeit für Abbildungen definiert, die Elemente eines normierten linearen Raums X in den Raum $\mathbb{R}$ überführen. Im Folgenden soll der Definitionsbereich D der Funktionale in einem linearen, normierten und vollständigen Raum liegen, d.h. X soll ein BANACH-Raum sein.

Satz 12.2. *(notwendige Extremalbedingung)*

Ist **f** *: $D \to \mathbb{R}$ ein FRÉCHET-differenzierbares Funktional auf einer Teilmenge D eines BANACH-Raumes X über $\mathbb{R}$, und ist $u_0 \in \dot{D}$ eine (lokale) Extremalstelle von f, so gilt*

$$f'[u_0](h) = 0 \quad \text{für alle} \quad h \in X.$$

Beweis: Wir nehmen o.B.d.A. an, dass u_0 eine lokale Minimalstelle von f ist (wäre es eine Maximalstelle, so würden wir statt f einfach $-f$ betrachten). In einer Umgebung U von u_0 gilt also

$$f(u) \geq f(u_0) \quad \text{für alle} \quad u \in U \,. \tag{12.6}$$

Wir schreiben u in der Form $u = u_0 + th$ mit $t > 0$ und $||h|| = 1$. Wegen der FRÉCHET-Differenzierbarkeit können wir $f(u)$ darstellen als

$$f(u_0 + th) = f(u_0) + f'[u_0](th) + k(u_0 + th, u_0)$$

mit

$$\frac{k(u_0 + th, u_0)}{||th||} \to 0 \quad \text{für} \quad t \to 0 \,.$$

Umstellung und Division durch $t > 0$ liefert

$$\frac{f(u_0 + th) - f(u_0)}{t} = f'[u_0](h) + \frac{k(u_0 + th, u_0)}{t} \,. \tag{12.7}$$

Der Quotient auf der linken Seite ist ≥ 0 wegen (12.6). Der Summand $\frac{k(u_0+th,u_0)}{t}$ auf der rechten Seite strebt mit $t \to 0$ gegen Null (wegen $t = ||th||$), also folgt

$$0 \leq f'[u_0](h) \quad \text{für alle} \quad h \in X \quad \text{mit} \quad ||h|| = 1 \,. \tag{12.8}$$

Setzen wir hier $-h$ statt h ein, so erhalten wir wegen $|| -h|| = 1$ auch

$$0 \leq f'[u_0](-h) = -f'[u_0](h)$$

und somit

$$f'[u_0](h) = 0 \quad \text{für alle} \quad h \in X \quad \text{mit} \quad ||h|| = 1 \,. \tag{12.9}$$

Damit gilt (12.9) für alle $h \in X$, da man diese durch Multiplikation mit geeigneten $\lambda \in \mathbb{R}$ aus den Elementen mit Einheitsnorm gewinnt. $\qquad\square$

Unter den u_0 mit $f'[u_0](h) = 0$ für alle $h \in X$ sind alle Extremalstellen von f enthalten. (12.9) ist damit eine notwendige Bedingung zur Ermittlung von Kandidaten für Extremalstellen von f. Kandidaten $u_0 \in \dot{D} \subset X$ für Extremalstellen von f nennt man auch **stationäre** oder **kritische Punkte** von f.

Ist das Funktional f auf einem BANACH-Raum $W = X \times Y$ definiert, der das Produkt der BANACH-Räume X und Y ist, dann gilt für die FRÉCHET-Ableitung an der Stelle $w_0 = (x_0, y_0)^T$ für $h = (h_1, h_2)^T \in W$

$$f'[w_0](h) = \begin{pmatrix} f_x[x_0, y_0](h_1) \\ f_y[x_0, y_0](h_2) \end{pmatrix} ,$$

wobei $f_x[x_0, y_0]$ die FRÉCHET-Ableitung von f bei festgehaltenem y und $f_y[x_0, y_0]$ die FRÉCHET-Ableitung von f bei festgehaltenem x ist. Die notwendige Extremalbedingung (12.9) hat dann die Form

$$f'[w_0](h) = \begin{pmatrix} f_x[x_0, y_0](h_1) \\ f_y[x_0, y_0](h_2) \end{pmatrix} = \begin{pmatrix} 0 \\ 0 \end{pmatrix} ,$$

d.h. man erhält statt einer Gleichung ein Gleichungssystem zur Berechnung von stationären Punkten. Ist W das kartesische Produkt von n BANACH-Räumen und f ein auf W definiertes Funktional, so ist die FRÉCHET-Ableitung ein Vektor mit n Komponenten und die notwendige Extremalbedingung führt auf ein System von n Gleichungen. Die Unbekannten in diesen Gleichungssystemen sind Elemente der BANACH-Räume, denen die Argumente des betrachteten Funktionals angehören.

Definition 12.7. (Variationsproblem auf einem BANACH-Raum)
Ist $f : D \to \mathbb{R}$ ($D \subset X$) ein FRÉCHET-differenzierbares Funktional, wobei X ein BANACH-Raum über $\mathbb{R}$ sei, so sind die Punkte $u_0 \in \dot{D}$ gesucht, welche für alle $h \in X$ dei Bedingung

$$f'[u_0](h) = 0$$

erfüllen.

Beispiele:
1) Auf dem $\mathbb{R}^n$ ($\mathbb{R}^n$ mit der EUKLIDischen Vektornorm ist bekanntlich ein BANACH-Raum) sei das Funktional

$$f(\mathbf{x}) = \frac{1}{2}(A\mathbf{x}, \mathbf{x}) + (\mathbf{b}, \mathbf{x}) + c, \qquad \mathbf{x} \in \mathbb{R}^n,$$

definiert, wobei A eine reelle symmetrische $n \times n$-Matrix sei und $(\mathbf{x}, \mathbf{y})$ das EUKLIDische Skalarprodukt zweier Elemente aus dem $\mathbb{R}^n$ bezeichne. b sei aus $\mathbb{R}^n$ und $c \in \mathbb{R}$. Es ist $D = \mathbb{R}^n$. Die FRÉCHET-Ableitung berechnen wir für $\mathbf{x}, \mathbf{h} \in \mathbb{R}^n$

wie folgt:

$$f(\mathbf{x}+\mathbf{h}) - f(\mathbf{x}) = \tfrac{1}{2}(A(\mathbf{x}+\mathbf{h}), \mathbf{x}+\mathbf{h}) + (\mathbf{b}, \mathbf{x}+\mathbf{h}) + c$$
$$-\tfrac{1}{2}(A\mathbf{x}, \mathbf{x}) - (\mathbf{b}, \mathbf{x}) - c$$
$$= \tfrac{1}{2}[(A\mathbf{x}, \mathbf{x}) + (A\mathbf{x}, \mathbf{h}) + (A\mathbf{h}, \mathbf{x}) + (A\mathbf{h}, \mathbf{h})]$$
$$+(\mathbf{b}, \mathbf{x}) + (\mathbf{b}, \mathbf{h}) - \tfrac{1}{2}(A\mathbf{x}, \mathbf{x}) - (\mathbf{b}, \mathbf{x})$$
$$= \tfrac{1}{2}[(A\mathbf{x}, \mathbf{h}) + (A\mathbf{h}, \mathbf{x})] + (\mathbf{b}, \mathbf{h}) + \tfrac{1}{2}(A\mathbf{h}, \mathbf{h}) .$$

Da A symmetrisch ist, gilt $(A\mathbf{h}, \mathbf{x}) = (A\mathbf{x}, \mathbf{h})$ und deshalb

$$f(\mathbf{x}+\mathbf{h}) - f(\mathbf{x}) = (A\mathbf{x}, \mathbf{h}) + (\mathbf{b}, \mathbf{h}) + \frac{1}{2}(A\mathbf{h}, \mathbf{h}) = (A\mathbf{x}+\mathbf{b}, \mathbf{h}) + \frac{1}{2}(A\mathbf{h}, \mathbf{h}) .$$

Es gilt

$$\frac{|(A\mathbf{h}, \mathbf{h})|}{|\mathbf{h}|} \leq \frac{||A|| \cdot |\mathbf{h}|^2}{|\mathbf{h}|} \to 0 \quad \text{für} \quad |\mathbf{h}| \to 0 , \tag{12.10}$$

wobei $|\mathbf{h}| = \sqrt{h_1^2 + \cdots + h_n^2}$ die EUKLIDische Vektornorm von h ist und $||A||$ eine Matrixnorm bedeutet. $||A||$ ist eine nichtnegative reelle Zahl, mit der $|A\mathbf{h}| \leq ||A||\,|\mathbf{h}|$ für alle $\mathbf{h} \in \mathbb{R}^n$ gilt. Eine solche Matrixnorm $||A||$ erhält man z.B. entsprechend dem Beispiel 4) aus Abschnitt 12.1 aus

$$||A|| = \max_{\mathbf{x} \in \mathbb{R}^n, ||\mathbf{x}||=1} |A\mathbf{x}| ;$$

denn es ist dann für $\mathbf{h} \neq \mathbf{0}$

$$|A\frac{\mathbf{h}}{|\mathbf{h}|}| = \frac{1}{|\mathbf{h}|}|A\mathbf{h}| \leq ||A|| ,$$

also $|A\mathbf{h}| \leq ||A||\,|\mathbf{h}|$ für alle $\mathbf{h} \in \mathbb{R}^n$. Es folgt $|(A\mathbf{h}, \mathbf{h})| \leq |A\mathbf{h}| \cdot |\mathbf{h}| \leq ||A||\,|\mathbf{h}|^2$, also die für den Grenzübergang $|\mathbf{h}| \to 0$ verwendete Beziehung. Zur Konkretisierung sei (ohne Beweis) gesagt, dass man (bei Verwendung der EUKLIDischen Vektornorm) $||A|| = \max_j |\lambda_j|$ (Spektralnorm) setzen kann, wobei λ_j die verschiedenen Eigenwerte der symmetrischen Matrix A bedeuten (vgl. auch Satz 4.33). Man erhält nach Definition 12.6

$$f'[\mathbf{x}](\mathbf{h}) = (A\mathbf{x}+\mathbf{b}, \mathbf{h}) ,$$

und die stationären Punkte x von f mit $f'[\mathbf{x}](\mathbf{h}) = 0$ für alle $\mathbf{h} \in \mathbb{R}^n$ sind die Lösungen des Gleichungssystems

$$A\mathbf{x} = -\mathbf{b} .$$

2) Betrachten wir als BANACH-Raum den Raum H der Funktionen $x : [0,2\pi] \to \mathbb{R}$, mit $x(0) = x(2\pi) = 0$, deren Ableitungen quadratisch integrierbar sind, d.h.

$$H = \{x \,|\, \int_0^{2\pi} [x'(t)]^2 \, dt < \infty , \; x(0) = x(2\pi) = 0\} ,$$

und statten ihn mit der Norm $||x||_H = \sqrt{\int_0^{2\pi} [x'(t)]^2 \, dt}$ aus. Man kann beweisen, dass $|| \cdot ||_H$ eine Norm entsprechend Definition 12.1 ist; insbesondere folgt wegen $x(0) = x(2\pi) = 0$ aus $||x||_H = 0$ auch $x = 0$. Auf H definieren wir das Funktional

$$f(x) = \frac{1}{2}||x||_H^2 - \int_0^{2\pi} q(t)x(t) \, dt \, ,$$

wobei q irgendeine auf $[0,2\pi]$ integrierbare Funktion sei. Zur Berechnung der FRÉCHET-Ableitung erhalten wir für $x, h \in H$

$$f(x + h) - f(x) = \frac{1}{2} \int_0^{2\pi} [x'(t) + h'(t)]^2 \, dt - \frac{1}{2} \int_0^{2\pi} [x'(t)]^2 \, dt - \int_0^{2\pi} q(t)h(t) \, dt$$

$$= \int_0^{2\pi} x'(t)h'(t) \, dt + \frac{1}{2} \int_0^{2\pi} [h'(t)]^2 \, dt - \int_0^{2\pi} q(t)h(t) \, dt \, .$$

Wegen $||h||_H^2 = \int_0^{2\pi} [h'(t)]^2 \, dt$ folgt damit

$$[f(x + h) - f(x) - \int_0^{2\pi} x'(t)h'(t) \, dt + \int_0^{2\pi} q(t)h(t) \, dt] = \frac{1}{2}||h||_H^2$$

und damit folgt

$$\lim_{||h||_H \to 0} \frac{1}{||h||_H}[f(x + h) - f(x) - \int_0^{2\pi} x'(t)h'(t) \, dt + \int_0^{2\pi} q(t)h(t) \, dt] = 0 \, ,$$

und damit für f die FRÉCHET-Ableitung

$$f'[x]h = \int_0^{2\pi} x'(t)h'(t) \, dt - \int_0^{2\pi} q(t)h(t) \, dt \, .$$

Ist x zweimal differenzierbar, so bedeutet die Bedingung $f'[x](h) = 0$ für alle $h \in H$ gerade

$$\int_0^{2\pi} [-x''(t)h(t) - q(t)h(t)] \, dt = 0 \, ,$$

wie man mittels partieller Integration und der Randbedingungen $h(0) = h(2\pi) = 0$ leicht zeigen kann. Lösungen der Differentialgleichung $-x''(t) - q(t) = 0$ sind somit stationäre Punkte des Funktionals $f(x)$. Ist z.B. $q(t) = t(2\pi - t)$, so findet man mit $x(t) = \frac{1}{12}t^4 - \frac{1}{3}\pi t^3 + \frac{2}{3}\pi^3 t$ einen stationären Punkt von $f(x)$.

3) Betrachten wir als BANACH-Raum den Raum der auf dem Rand Γ von Ω verschwindenden Funktionen $u : \Omega \to \mathbb{R}$, $\Omega \subset \mathbb{R}^3$, mit quadratisch integrierbarer Ableitung

$$H_0^1(\Omega) = \{u \mid \int_\Omega \nabla u \cdot \nabla u \, dV < \infty, \; u|_\Gamma = 0\} \, ,$$

und statten ihn mit der Norm

$$||u||_{H_0^1} = \sqrt{\int_\Omega \nabla u \cdot \nabla u \, dV}$$

aus. $||\cdot||_{H_0^1}$ ist eine Norm entsprechend Definition 12.1, denn insbesondere folgt wegen $u|_\Gamma = 0$ aus $||u||_{H_0^1} = 0$ auch $u = 0$. Auf $H_0^1(\Omega)$ definieren wir das Funktional

$$f(u) = \frac{1}{2} \int_\Omega \nabla u \cdot \nabla u \, dV - \int_\Omega qu \, dV \ .$$

q ist hier eine reellwertige, auf Ω definierte und integrierbare Funktion, die auf Ω definiert ist. Zur Berechnung der FRÉCHET-Ableitung von f erhalten wir für $u, h \in H_0^1(\Omega)$

$$f(u+h) - f(u) = \frac{1}{2} \int_\Omega \nabla(u+h) \cdot \nabla(u+h) \, dV$$
$$- \int_\Omega q(u+h) \, dV - \frac{1}{2} \int_\Omega \nabla u \cdot \nabla u \, dV + \int_\Omega qu \, dV$$
$$= \frac{1}{2} \int_\Omega \nabla h \cdot \nabla u \, dV + \frac{1}{2} \int_\Omega \nabla u \cdot \nabla h \, dV - \int_\Omega qh \, dV + \frac{1}{2} \int_\Omega \nabla h \cdot \nabla h \, dV \ .$$

Damit gilt

$$f(u+h) - f(u) = \int_\Omega \nabla u \cdot \nabla h \, dV - \int_\Omega qh \, dV + \frac{1}{2} \int_\Omega \nabla h \cdot \nabla h \, dV \ ,$$

und wegen $\int_\Omega \nabla h \cdot \nabla h \, dV = ||h||_{H_0^1}^2$ folgt

$$\lim_{||h||_{H_0^1} \to 0} \frac{1}{||h||_{H_0^1}} [f(u+h) - f(u) - \int_\Omega (\nabla u \cdot \nabla h - qh) \, dV] = 0.$$

Mithin gilt für die FRÉCHET-Ableitung $f'[u]$ an der Stelle $u \in H_0^1(\Omega)$

$$f'[u](h) = \int_\Omega (\nabla u \cdot \nabla h - qh) \, dV \ .$$

für die FRÉCHET-Ableitung von f. Die Ableitung $f'[u]$ vermittelt also bei festem u die lineare Abbildung $f'[u](h)$ beliebiger Elemente $h \in H_0^1(\Omega)$ in den $\mathbb{R}^1$. Sucht man nach stationären Punkten des Funktionals f, muss man Funktionen u aus $H_0^1(\Omega)$ suchen, die für alle $h \in H_0^1(\Omega)$ die notwendige Bedingung $f'[u](h) = 0$ erfüllen. Wir zeigen jetzt, dass eine zweimal stetig differenzierbare Lösung des Randwertproblems

$$-\Delta u = q \quad \text{in} \quad \Omega, \qquad u = 0 \quad \text{auf} \quad \Gamma \tag{12.11}$$

ein stationärer Punkt des Funktionals $f(u)$ ist. Randwertprobleme für elliptische Differentialgleichungen (wie $-\Delta u = q$ in Ω), bei denen die Funktion u selbst

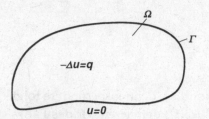

Abb. 12.2. Zum Randwertproblem $-\Delta u = q$ in Ω, $u = 0$ auf Γ

auf dem Rand Γ von Ω vorgegeben ist, nennt man DIRICHLETsche Randwertprobleme, die genannte Randbedingung heißt DIRICHLETsche Randbedingung. Aus (12.11) folgt zunächst nach Multiplikation mit h und Integration über Ω

$$\int_\Omega (-\Delta u\, h - q\, h)\, dV = 0 \ .$$ (12.12)

Die Anwendung der ersten GREENschen Integralformel (8.31) liefert

$$\int_\Omega \Delta u\, h\, dV = -\int_\Omega \nabla u \cdot \nabla h\, dV + \int_\Gamma \frac{\partial u}{\partial \mathbf{n}} h\, dF \ ,$$

so dass man aus (12.12)

$$\int_\Omega (\nabla u \cdot \nabla h - q\, h)\, dV - \int_\Gamma \frac{\partial u}{\partial \mathbf{n}} h\, dF = 0$$

erhält. Die Forderung, dass h auf Γ verschwindet ($h \in H_0^1(\Omega)$), ergibt mit

$$\int_\Omega (\nabla u \cdot \nabla h - q\, h)\, dV = 0$$

die notwendige Bedingung $f'[u](h) = 0$ für die Lösung u des Problems (12.12). Auf den Nachweis, dass aus der Erfüllung der Bedingung $f'[u](h) = 0$ für alle $h \in H_0^1(\Omega)$ folgt, dass u eine Lösung des Randwertproblems (12.11) ist, verzichten wir, da dies einen größeren funktionalanalytischen Aufwand erfordert.

Die Suche nach Funktionen u mit $f'[u](h) = 0$ für $h \in H_0^1(\Omega)$ erfolgt in der Regel numerisch. Beim **G**ALERKIN-**Verfahren** oder bei der Finiten-Element-Methode geht man von vorgegebenen Funktionensystemen $\{\varphi_1(x), \dots, \varphi_n(x)\} \subset H_0^1(\Omega)$ aus und macht für die gesuchte Lösung den Ansatz

$$u(x) = \sum_{k=1}^n c_k \varphi_k(x) \ .$$

Fordert man nun $f'[u](h) = 0$ für $h = \varphi_j$, $j = 1,2,\dots,n$, erhält man mit

$$f'[u](\varphi_j) = 0, \ j = 1,2,\dots,n,$$

ein Gleichungssystem mit n Gleichungen zur Bestimmung der n Koeffizienten c_k, und zwar

$$\sum_{k=1}^{n} c_k \left[\int_\Omega (\nabla \varphi_k(x) \cdot \nabla \varphi_j(x)\, dV] = \int_\Omega q\varphi_j(x)\, dV \right., \quad j = 1,2,\ldots,n. \tag{12.13}$$

Die eben beschriebene Methode zur Bestimmung von Näherungslösungen, also die Auswertung einer notwendigen Extremalbedingung, ist die Grundlage für die numerische Lösung von Randwertproblemen der Art (12.11). Abhängig von der konkreten Wahl der Funktionen φ_k handelt es sich bei der Methode (12.13) um ein GALERKIN-Verfahren (z.B. trigonometrische Funktionen φ_k, die auf dem Rand von Ω verschwinden) oder um eine Finite-Element-Methode (z.B. Hütchenfunktionen auf finiten Elementen von Ω).

Wenn man z.B. u als Temperatur und $-\nabla u$ als Wärmestromvektor versteht, wird durch das Funktional f

$$f(u) = \frac{1}{2} \int_\Omega [\nabla u \cdot \nabla u - 2qu]\, dV$$

eine zur Energie proportionale Größe beschrieben. q ist dabei ein Wärmequellen- bzw. -senkenfeld. Damit findet man die minimale Energie f, wenn man das Randwertproblem (12.11) löst. An dieser Stelle sei darauf hingewiesen, dass man auch Randwertprobleme mit komplizierteren als den homogenen DIRICHLET-Bedingungen als Extremalprobleme formulieren kann. Man muss dann das Funktional f so modifizieren, dass man aus den Integralen der FRÉCHET-Ableitung sowohl die Differentialgleichung als auch die Randbedingungen ablesen kann.

12.2.2 Zweite FRÉCHET-Ableitung

Wir hatten die FRÉCHET-Ableitung eines auf einem BANACH-Raum X definierten Funktionals $f : X \to \mathbb{R}$ an der Stelle y als linearen stetigen Operator $f'[y]$ erklärt, d.h. jedem $y \in X$ wird durch f' eine lineare Abbildung $f'[y] : X \to \mathbb{R}$ zugeordnet. Bezeichnet man sämtliche stetigen linearen Abbildungen $L : X \to \mathbb{R}$ durch $\mathcal{L}(X, \mathbb{R})$, so kann man die FRÉCHET-Ableitung f' auch als Abbildung

$$f' : X \to \mathcal{L}(X, \mathbb{R})$$

schreiben. Den Raum der linearen Abbildungen $\mathcal{L}(X, \mathbb{R})$ kann man durch die Norm

$$\|A\|_\mathcal{L} = \sup_{h \in X, \|h\|_X = 1} |A(h)|$$

zu einem BANACH-Raum machen (vgl. Beispiel 4 in Abschnitt 12.1). Man definiert nun als **zweite FRÉCHET-Ableitung** von f den linearen Operator

$$f'' : X \to \mathcal{L}(X, \mathcal{L}(X, \mathbb{R})),$$

für den

$$\frac{\|f'[y+k] - f'[y] - f''[y,k]\|_\mathcal{L}}{\|k\|_X} \to 0 \quad \text{für} \quad \|k\|_X \to 0$$

bzw.

$$\frac{1}{||k||_X} \sup_{h \in X, ||h||_X = 1} |f'[y+k](h) - f'[y](h) - f''[y,k](h)| \to 0 \quad \text{für} \quad ||k||_X \to 0$$

gilt. Die Indizes an den Normen sollen hier anzeigen, aus welchen Räumen die Elemente sind, von denen die Norm gebildet wird. f'' ordnet damit einem $y \in X$ einen linearen Operator $f''[y]$ zu, der wiederum einem $k \in X$ einen linearen Operator $f''[y,k]$ zuordnet. Man kann f'' auch als Abbildung verstehen, die einem $y \in X$ einen bilinearen Operator $f''[y] : X \times X \to \mathbb{R}$ zuordnet, für den

$$f''[y](\alpha k_1 + \beta k_2, h) = \alpha f''[y](k_1, h) + \beta f''[y](k_2, h) \quad \text{bzw.}$$
$$f''[y](k, \gamma h_1 + \delta h_2) = \gamma f''[y](k, h_1) + \delta f''[y](k, h_2)$$

für $\alpha, \beta, \gamma, \delta \in \mathbb{R}$ und $h, k, h_1, h_2, k_1, k_2 \in X$ gilt. Handelt es sich bei dem BANACH-Raum X um den $\mathbb{R}^n$, dann ist $f''[y]$ gerade die HESSE-Matrix von f an der Stelle y. $f''[y,k]$ angewandt auf $h \in X$ ergibt schließlich eine reelle Zahl

$$r = f''[y,k](h) = f''[y](k,h) .$$

Betrachten wir konkret das Funktional $f(u) = \frac{1}{2} \int_B u^2(x,y)\, dx dy$ aus dem obigen Beispiel mit der FRÉCHET-Ableitung $f'[u](h) = \int_B uh\, dx dy$. Durch die Rechnung

$$f'[u+k](h) - f'[u](h) = \int_B kh\, dx dy$$

erhält man für die zweite FRÉCHET-Ableitung von f

$$f''[u](k,h) = \int_B hk\, dx dy .$$

Wie die erste FRÉCHET-Ableitung ist auch die zweite Ableitung in der Regel nicht explizit, sondern durch eine Funktionsgleichung

$$r = f''[u](k,h)$$

darstellbar, wobei r die abhängige und h, k die unabhängigen Variablen sind. Zweite oder gar höhere FRÉCHET-Ableitungen bieten die Möglichkeit, wie im Fall von Funktionen reeller Veränderlicher hinreichende Extremalbedingungen zu formulieren. Es gilt nämlich der

---

Satz 12.3. *(hinreichende Extremalbedingung)*

Ist $f : D \to \mathbb{R}$ ein zweimal FRÉCHET-differenzierbares Funktional auf einer Teilmenge D eines BANACH-Raumes X über $\mathbb{R}$, und gilt für $u_0 \in \dot{D}$ und alle $h \in X$, $h \neq 0$

$$f'[u_0](h) = 0 \quad und$$
$$f''[u_0](h,h) > \sigma ||h||_X^2$$

mit einem $\sigma > 0$, dann hat das Funktional f in u_0 ein echtes (striktes) lokales Minimum, d.h. es gibt ein $\delta > 0$, so dass $f(u_0) < f(u)$ für $||u - u_0||_X < \delta$ gilt.

Für endlichdimensionale BANACH-Räume X kann die hinreichende Extremalbedingung $f''[u_0](h, h) > \delta ||h||^2_X$ des Satzes 12.3 abgeschwächt werden zu $f''[u_0](h, h) > 0$.

Beispiele:

1) Im Falle des Funktionals $f(u) = \frac{1}{2} \int_B u^2(x, y)\, dx dy$ erhalten wir für $u_0 \equiv 0$

$$f'[u_0](h) = \int_B 0 \cdot h\, dx dy = 0 \quad \text{und} \quad f''[u_0](h, h) = \int_B h^2\, dx dy\,,$$

und damit folgt aus Satz 12.3, dass das Funktional f für $u_0 \equiv 0$ ein echtes lokales Minimum annimmt. Ein Resultat, dass zugegebenermaßen nicht überraschend ist. Hat man es mit komplizierteren Funktionalen zu tun, ist das hinreichende Kriterium 12.3 allerdings sehr hilfreich.

2) Ist f eine Funktion $f : D \to \mathbb{R}$, $D \subset \mathbb{R}^n$, und ist f zweimal stetig partiell differenzierbar, erhält man für die zweite FRÉCHET-Ableitung an der Stelle $x_0 \in D$ unter Nutzung der HESSE-Matrix H_f von f die Darstellung

$$f''[\mathbf{x}_0](\mathbf{k}, \mathbf{h}) = \mathbf{k}^T H_f(\mathbf{x}_0)\mathbf{h}\,,$$

wobei $\mathbf{k}, \mathbf{h}$ Spaltenvektoren aus dem $\mathbb{R}^n$ sind. Die hinreichende Bedingung

$$f''[\mathbf{x}_0](\mathbf{h}, \mathbf{h}) > 0 \quad \text{für } \mathbf{h} \neq \mathbf{0}$$

ist gleichbedeutend mit der Forderung, dass die Eigenwerte der HESSE-Matrix $H_f(\mathbf{x}_0)$ sämtlich positiv sind. Man sieht auch, dass die notwendige und hinreichende Bedingung für Extremalpunkte von Funktionen mehrerer reeller Veränderlicher aus dem Kapitel 5 ein Spezialfall des Satzes 12.3 für $X = \mathbb{R}^n$ ist.

3) Wir betrachten das Funktional (5.55) aus dem Abschnitt 5.15, also das Funktional $F : \mathbb{R}^{n+1} \to \mathbb{R}$

$$F(\mathbf{r}) = ||M\mathbf{r} - \mathbf{y}||^2_2 = \langle M\mathbf{r} - \mathbf{y}, M\mathbf{r} - \mathbf{y}\rangle_2$$

minimieren wollen. Wir wollen die FRÉCHET-Ableitung an der Stelle $\mathbf{r}$ ausrechnen. Es gilt

$$\begin{aligned} F(\mathbf{r} + \mathbf{h}) - F(\mathbf{r}) &= \langle M(\mathbf{r} + \mathbf{h}) - \mathbf{y}, M(\mathbf{r} + \mathbf{h}) - \mathbf{y}\rangle_2 - \langle M\mathbf{r} - \mathbf{y}, M\mathbf{r} - \mathbf{y}\rangle_2 \\ &= 2\langle M\mathbf{r} - \mathbf{y}, M\mathbf{h}\rangle_2 + \langle M\mathbf{h}, M\mathbf{h}\rangle_2 \\ &= 2\langle M^T M\mathbf{r} - M^T\mathbf{y}, \mathbf{h}\rangle_2 + \langle M\mathbf{h}, M\mathbf{h}\rangle_2\,. \end{aligned}$$

Es gilt analog zur Betrachtung (12.10)

$$\frac{1}{||\mathbf{h}||_2}|\langle M\mathbf{h}, M\mathbf{h}\rangle_2| = \frac{1}{||\mathbf{h}||_2}|\langle M^T M\mathbf{h}, \mathbf{h}\rangle_2| \leq \frac{1}{||\mathbf{h}||_2}|||M^T M||| \, ||\mathbf{h}||^2_2 \to 0 \text{ für } ||\mathbf{h}||_2 \to 0\,,$$

woraus für die FRÉCHET-Ableitung von F

$$F'[\mathbf{r}](\mathbf{h}) = 2\langle M^T M\mathbf{r} - M^T\mathbf{y}, \mathbf{h}\rangle_2 \tag{12.14}$$

folgt. Bei der Berechnung von F' haben wir die Beziehung (4.39) für reelle Matrizen und die Skalarprodukteigenschaften (Linearität in den Argumenten) benutzt. Zur Berechnung der zweiten FRÉCHET-Ableitung von F betrachten wir

$$
\begin{aligned}
F'[\mathbf{r} + \mathbf{k}](\mathbf{h}) - F'[\mathbf{r}](\mathbf{h}) &= 2\langle M^T M(\mathbf{r} + \mathbf{k}) - M^T \mathbf{y}, \mathbf{h}\rangle_2 - 2\langle M^T M\mathbf{r} - M^T \mathbf{y}, \mathbf{h}\rangle_2 \\
&= 2\langle M^T M\mathbf{k}, \mathbf{h}\rangle_2 \,,
\end{aligned}
$$

so dass für die zweite FRÉCHET-Ableitung

$$
F''[\mathbf{r}](\mathbf{k}, \mathbf{h}) = 2\langle M^T M\mathbf{k}, \mathbf{h}\rangle_2 = 2\mathbf{h}^T M^T M\mathbf{k} \tag{12.15}
$$

gilt. Die notwendige Extremal-Bedingung $F'[\mathbf{r}](\mathbf{h}) = 0$ wird für die Lösung $\mathbf{r}_m$ des linearen Gleichungssystems

$$
M^T M\mathbf{r} = M^T \mathbf{y}
$$

erfüllt, wobei wir für die eindeutige Lösbarkeit voraussetzen, dass M den vollen Rang besitzt, also die Matrixspalten linear unabhängig sind. Damit folgt für die symmetrische Matrix $M^T M$ auch die positive Definitheit, d.h. es gilt

$$
F''[\mathbf{r}_m](\mathbf{h}, \mathbf{h}) = 2\mathbf{h}^T M^T M\mathbf{h} > 0 \quad \text{für alle} \quad \mathbf{h} \neq \mathbf{0} \,,
$$

und damit ergibt die hinreichende Bedingung, dass F in $\mathbf{r}_m$ ein lokales Minimun annimmt[1].

Es sei hier noch darauf hingewiesen, dass man durch den Übergang von f zu $-f$ aus dem Satz 12.3 mit der Bedingung

$$
f''[u_0](h, h) \leq -\sigma \|h\|_X^2 \text{ für alle } h \in X \text{ und } f''[u_0](h, h) < -\sigma \|h\|_X^2, \text{ falls } h \neq \mathbf{0},
$$

auch eine hinreichende Bedingung für ein echtes lokales Maximum an der Stelle u_0 erhält.

12.3 Variationsprobleme auf linearen Mannigfaltigkeiten

Sucht man z.B. nach stetigen Funktionen $y : [a, b] \to \mathbb{R}$, die ein Funktional $I(y)$ extremal machen sollen, und die die Bedingungen $y(a) = y_0$ und $y(b) = y_1$ erfüllen sollen, so sucht man nach Funktionen aus der Menge

$$
M = \{y \in C[a, b] \mid y(a) = y_0 \,, \; y(b) = y_1\} \,.
$$

Man stellt nun leicht fest, dass die Summe zweier Funktionen aus M i. Allg. nicht in M liegt (es sei denn, es gilt $y_0 = y_1 = 0$). Für diese Art von Variationsproblemen mit speziellen **Nebenbedingungen** (z.B. Erfüllung von Randbedingungen durch die gesuchte Funktion) erweist sich die Verwendung des Begriffs der **linearen Mannigfaltigkeit** als sinnvoll.

---

[1]In der Literatur wird in ähnlichen Fällen oft ein Faktor $\frac{1}{2}$ eingeführt, also $\frac{1}{2}\|M\mathbf{r} - \mathbf{y}\|_2^2$ als Funktional betrachtet, um am Ende den Faktor 2 in (12.14) und in (12.15) zu beseitigen, was aber keinen Einfluss auf die Lösung des Minimumproblems hat.

Definition 12.8. (lineare Mannigfaltigkeit)
Sei X ein BANACH-Raum über $\mathbb{R}$, V ein Unterraum von X und u^* ein beliebiges festes Element aus X. Durch

$$M = u^* + V := \{u^* + v \mid v \in V\}$$

wird eine **lineare Mannigfaltigkeit** erklärt.

Jede Gerade oder Ebene ist eine lineare Mannigfaltigkeit. Z.B. ist die Ebene

$$\begin{aligned} E \;=\; & \{(x,y,z)^T \in \mathbb{R}^3 \mid (x,y,z)^T = \mathbf{a} + t\mathbf{b} + s\mathbf{c}, \; t,s \in \mathbb{R} \\ & \text{und} \quad \mathbf{a}, \mathbf{b}, \mathbf{c} \in \mathbb{R}^3, \; \mathbf{b}, \mathbf{c} \text{ linear unabhängig}\} \end{aligned}$$

darstellbar als

$$E = \mathbf{a} + E_0$$

wobei E_0 die zu E parallele Ebene ist, die durch den Ursprung geht (also den Nullvektor enthält). E_0 ist ein Unterraum des $\mathbb{R}^3$, denn die Summe zweier Vektoren $t_1\mathbf{b} + s_1\mathbf{c}$ und $t_2\mathbf{b} + s_2\mathbf{c}$ ist wieder ein Vektor in E_0 (vgl. Definitionen 4.29 und 4.24).
Es gilt nun für Variationsprobleme mit Nebenbedingungen der

Satz 12.4. *(notwendige Extremalbedingung)*

Es seien $f : X \to \mathbb{R}$, V Unterraum von X und $M = u^* + V$ lineare Mannigfaltigkeit. f sei FRÉCHET-differenzierbar auf X. Hat die Einschränkung $f|_M$ in $u_0 \in M$ ein Extremum, so gilt für alle $h \in V$

$$f'[u_0](h) = 0 \,. \tag{12.16}$$

Beweis: Wir definieren $\hat{f}(v) := f(u^* + v)$ für alle $v \in V$. Damit ist $\hat{f} : V \to \mathbb{R}$ auf dem Unterraum V definiert. Es folgt für $v, h \in V$ über die FRÉCHET-Differenzierbarkeit von f

$$\hat{f}(v + h) = f(u^* + v + h) = f(u^* + v) + f'[u^* + v](h) + k(u^* + v + h, u^* + v)$$

mit der Eigenschaft

$$\frac{k(u^* + v + h, u^* + v)}{\|h\|} \to 0 \quad \text{für} \quad \|h\| \to 0 \,.$$

Mit $\hat{k}(v + h, v) := k(u^* + v + h, u^* + v)$ hat man

$$\hat{f}(v + h) = \hat{f}(v) + f'[u^* + v](h) + \hat{k}(v + h, v), \quad h \in V \,.$$

Daraus folgt, dass $f'[u^* + v](h) = \hat{f}'[v](h)$ zu setzen ist. Nach Satz 12.2 gilt aber für jede Extremalstelle $v_0 \in V$ von $\hat{f}$ die Gleichung $\hat{f}'[v_0](h) = 0$ für alle $h \in V$. Mit $u_0 := u^* + v_0$ ist dies gerade die Behauptung (12.16). □

Im Falle der zweimaligen FRÉCHET-Differenzierbarkeit von f lassen sich die hin-reichenden Extremalbedingungen des Satzes 12.3 auch auf die Suche von Minima und Maxima auf linearen Mannigfaltigkeiten übertragen.

Definition 12.9. (Variationsproblem auf einer linearen Mannigfaltigkeit)
Es sei $f : X \to \mathbb{R}$ FRÉCHET-differenzierbar auf dem BANACH-Raum X über $\mathbb{R}$ und es sei $M = u^* + V$ eine lineare Mannigfaltigkeit in X ($V \subset X$ Unterraum, $u^* \in X$). Die Elemente $u_0 \in M$ mit

$$f'[u_0](h) = 0 \quad \text{für alle} \quad h \in V \tag{12.17}$$

heißen **stationäre Punkte** von f mit der Nebenbedingung $u_0 \in M$.

Variationsprobleme gehen oft von einem Integral der Form

$$I(u) = \int_a^b F(x, u(x), u'(x))\, dx \tag{12.18}$$

aus, wobei $w = F(x, y, z)$ eine zweimal stetig differenzierbare Funktion auf $[a, b] \times \mathbb{R} \times \mathbb{R}$ ist und $u(a) = u_a$ und $u(b) = u_b$ vorgegeben sind. Es ist eine stetig differenzierbare Funktion $u : [a, b] \to \mathbb{R}$ gesucht, die $I(u)$ stationär (extrem) macht, also $I'[u](h) = 0$ für alle h mit $h(a) = h(b) = 0$ erfüllt. Diese Aufgabe ist eine Grundaufgabe der (klassischen) Variationsrechnung. Als BANACH-Raum X haben wir hier die Menge $C^1[a, b]$ der auf $[a, b]$ stetig differenzierbaren Funktio-nen und als lineare Mannigfaltigkeit M die Elemente $u \in C^1[a, b]$ mit $u(a) = u_a$ und $u(b) = u_b$. Der Unterraum V besteht aus den Elementen $h \in C^1[a, b]$ mit $h(a) = h(b) = 0$ (damit ist für $v \in M$ die Funktion $v + h$ ebenfalls ein Element von M), als u^* (vgl. Definition 12.8) kann z.B. die Funktion $u^* = (u_b - u_a)\frac{x-a}{b-a} + u_a$ dienen. Als Norm in X, M und V verwenden wir

$$||u|| := \max_{x \in [a,b]} |u(x)| + \max_{x \in [a,b]} |u'(x)| .$$

Wir berechnen $I'[u]$ aus der Differenz $I(u+h) - I(u)$ mit $h(a) = h(b) = 0$.

$$
\begin{aligned}
I(u+h) - I(u) &= \int_a^b [F(x, u+h, u'+h') - F(x, u, u')] dx \\
&= \int_a^b [F_y(x, u, u')h + F_z(x, u, u')h'] dx + \int_a^b k(x, h, h')\, dx\, ,
\end{aligned}
$$

wobei $\frac{|k(x,h,h')|}{||h||} \to 0$ für $||h|| \to 0$. Die Konvergenz ist gleichmäßig. Damit gilt für das zweite Integral

$$\frac{1}{||h||} \int_a^b k(x, h, h')\, dx \to 0 \quad \text{für} \quad ||h|| \to 0 .$$

Das erste Integral ist bezüglich h linear und stetig, damit folgt

$$I'[u](h) = \int_a^b [F_y(x, u, u')h + F_z(x, u, u')h'] dx .$$

Zur Vereinfachung der Gleichung $I'[u](h) = 0$ wird der zweite Teil mit partieller Integration umgeformt: es ergibt sich

$$\int_a^b F_z h' \, dx = h(b) F_z(b, h(b), h'(b)) - h(a) F_z(a, h(a), h'(a))$$

$$- \int_a^b \frac{d}{dx} F_z(x, u(x), u'(x)) h(x) \, dx \, .$$

Wegen $h(a) = h(b) = 0$ erhält man

$$I'[u](h) = \int_a^b [F_y(x, u, u') - \frac{d}{dx} F_z(x, u, u')] h \, dx \, . \tag{12.19}$$

Dieses Integral verschwindet für alle $h \in V$ genau dann, wenn gilt:

$$F_y(x, u, u') - \frac{d}{dx} F_z(x, u, u') = 0 \iff F_u - \frac{d}{dx} F_{u'} = 0 \, . \tag{12.20}$$

Die Gleichung (12.20) heißt EULER-LAGRANGE-Differentialgleichung zum Variationsproblem für das in (12.18) definierte Funktional $I(u)$. (12.20) ist eine gewöhnliche Differentialgleichung 2. Ordnung für die Funktion $u(x)$. Die Lösungen unter der Nebenbedingung $u(a) = u_a$, $u(b) = u_b$ sind die gesuchten stationären Punkte.

Führt man die Differentiation nach x in der Gleichung (12.20) mit der Kettenregel aus, erhält man die EULER-LAGRANGE-Differentialgleichung in der Form

$$F_{zz} u'' + F_{yz} u' + F_{zx} - F_y = 0 \iff F_{u'u'} u'' + F_{uu'} u' + F_{xu'} - F_u = 0 \, . \tag{12.21}$$

Beispiele:

1) Wir betrachten das Funktional $J(x) = \int_0^T (x^2 + \dot{x}^2) \, dt$, wobei $x = x(t)$ und $\dot{x}(t)$ quadratisch integrierbare Funktionen auf dem Intervall $[0, T]$ sein sollen, und $x(t)$ die Bedingungen $x(0) = 0$ und $x(T) = b$ erfüllt. Mit $F(t, x, \dot{x}) = x^2 + \dot{x}^2$ (d.h. F hängt nicht von t, sondern nur von $y = x$ und $z = \dot{x}$ ab) ergibt sich die EULER-LAGRANGE-Differentialgleichung

$$2x - 2\ddot{x} = 0 \iff \ddot{x} - x = 0 \, ,$$

mit der allgemeinen Lösung $x(t) = c_1 e^t + c_2 e^{-t}$. Aufgrund der Randbedingungen hat man $c_1 = -c_2$ und $c_1 = \frac{b}{e^T - e^{-T}}$, so dass sich die Lösung (stationärer Punkt)

$$x(t) = b \frac{e^t - e^{-t}}{e^T - e^{-T}} = b \frac{\sinh t}{\sinh T}$$

ergibt.

2) Brachistochrone-Problem

Unter dem Einfluss der Schwerkraft soll ein Massenpunkt M (Masse m) in einer vertikalen Ebene von einem Punkt A zu einem Punkt B gelangen. Zur Zeit $t = 0$

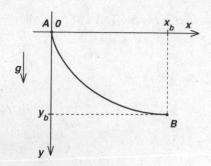

Abb. 12.3. Zum Brachistochrone-Problem

soll sich M im Punkt A in Ruhe befinden. Wir benutzen ein kartesisches Koordinatensystem mit in Richtung der Erdbeschleunigung zeigender y-Achse und dem Ursprung in A; es gilt $y_b > 0$. Auf welcher Kurve $y(x)$ muss sich der Massenpunkt M bewegen, wenn er sein Ziel B in möglichst kurzer Zeit erreichen soll?

Nach den Gesetzen der Mechanik ist die Summe aus potentieller und kinetischer Energie des Massenpunkts M bei seiner Bewegung von A nach B konstant:

$$-mgy + \frac{1}{2}mv^2 = \text{const.} \ .$$

v ist der Betrag der Geschwindigkeit von M, g der Betrag der Erdbeschleunigung. Wegen $v = 0$ für $y = 0$ ist $v = \sqrt{2gy}$. Bewegt sich M auf der Kurve $y(x)$, so ist $v = v(x) = \sqrt{2gy(x)}$. Andererseits ist auch $v = \frac{ds}{dt} = \frac{\sqrt{1+y'^2(x)}\,dx}{dt}$. Für die auf der Kurve $y(x)$ von A nach B benötigte Zeit hat man damit

$$T = T(y) = \frac{1}{\sqrt{2g}} \int_0^{x_b} \frac{\sqrt{1+y'^2(x)}\,dx}{\sqrt{y(x)}} \ .$$

Wir suchen eine Funktion $y(x)$, die das Funktional $T(y)$ minimiert und durch die Punkte A und B geht: $y(0) = 0$, $y(x_b) = y_b$. Es geht also um ein Variationsproblem (12.18) mit

$$F(x, u, u') = F(u, u') = \frac{\sqrt{1+u'^2}}{\sqrt{u}} \ .$$

Für Funktionen F, die nicht von x abhängen, erhält man aus der EULER-LAGRANGE-Differentialgleichung (12.17) das "erste Integral" (vgl. auch Satz 12.7) $F(u, u') - u'F_{u'}(u, u') = c = \text{const.}$, also (mit $u = y$)

$$\frac{\sqrt{1+y'^2(x)}}{\sqrt{y(x)}} - y'(x)\frac{y'(x)}{\sqrt{y(x)}\sqrt{1+y'^2(x)}} = c \ .$$

Dies vereinfacht man zu

$$y(1 + y'^2) = \frac{1}{c^2} \ .$$

Die geschlossene Lösung dieser nichtlinearen Differentialgleichung 1. Ordnung ist möglich, aber nicht ganz einfach. Man erhält für die durch $y(0) = 0$ gehende Lösungskurve $y(x)$ die Parameterdarstellung ($\alpha \in \mathbb{R}$)

$$x = \frac{1}{2c^2}(\alpha - \sin\alpha)\,,\ y = \frac{1}{2c^2}(1 - \cos\alpha)\,.$$

Man prüft unter Nutzung der Beziehung $\frac{dy}{d\alpha} = y'\frac{dx}{d\alpha}$ leicht nach, dass die Differentialgleichung erfüllt ist. c muss noch so bestimmt werden, dass die Kurve durch B geht ($y(x_b) = y_b$). Wir gehen darauf nicht ein, bemerken nur noch, dass es sich bei den Lösungskurven dieses Brachistochrone-Problems um **Zykloiden** handelt.

12.4 Klassische Variationsrechnung

Als sich EULER und BERNOULLI mit Variationsproblemen befasst haben, gab es weder den Begriff des BANACH-Raumes noch den der FRÉCHET-Ableitung in der eben beschriebenen Form. Trotzdem haben sie Extremalaufgaben gelöst und die Grundlagen der Variationsrechnung geschaffen. Im Folgenden soll die Verbindung zwischen den abstrakten Ableitungen in BANACH-Räumen und der klassischen Variationsrechnung dargelegt werden.

Beim Beweis des Satzes 12.2 haben wir zur Berechnung der FRÉCHET-Ableitung u in der Form $u = u_0 + th$ mit $||h|| = 1$ und $t > 0$ aufgeschrieben, und $f'[u_0](h)$ im Ergebnis eines Grenzprozesses für $t \to 0$ erhalten. Es galt

$$\lim_{t\to 0}\frac{1}{t}[f(u_0 + th) - f(u_0)] = f'[u_0](h)\,.$$

Die folgende Definition der GATEAUX-Ableitung oder Variation eines Funktionals bildet die Grundlage für die Suche nach Extrema von Funktionalen über reellen Vektorräumen.

Definition 12.10. (GATEAUX-Ableitung - Variation eines Funktionals)

Sei $f : D \to \mathbb{R}$, $D \subset V$, ein Funktional und V ein Vektorraum über dem Körper $\mathbb{R}$, $y \in D$ und $v \in V$ mit $y + \epsilon v \in D$ für betragsmäßig hinreichend kleine ϵ. Dann heißt

$$\delta f(y; v) := \lim_{\epsilon\to 0}\frac{1}{\epsilon}[f(y + \epsilon v) - f(y)] = \frac{d}{d\epsilon}f(y + \epsilon v)\,|_{\epsilon=0}\,.$$

erste Variation oder GATEAUX-**Ableitung** von f an der Stelle y in Richtung v, sofern der Grenzwert existiert und $\delta f(y; v)$ linear in v ist. Als **zweite Variation** von f bezeichnet man

$$\delta^2 f(y; v) := \frac{d^2}{d\epsilon^2}f(y + \epsilon v)\,|_{\epsilon=0}\,.$$

Die Änderungsfunktion $\delta y = \epsilon v$ nennt man **Variation** der Funktion $y(x)$.

Wir wollen zeigen, dass aus der FRÉCHET-Differenzierbarkeit die GATEAUX-Differenzierbarkeit folgt. Man findet durch die Rechnung $f(y+h) = f(y)+f'[y](h)+ k(y+h,y)$ mit $h = \epsilon v$ und wegen

$$\frac{k(y+h,y)}{||h||} = \frac{k(y+h,y)}{\epsilon ||v||} \to 0 \quad \text{für} \quad \epsilon \to 0$$

im Falle der FRÉCHET-Differenzierbarkeit von f

$$\lim_{\epsilon \to 0} \frac{f(y+\epsilon v) - f(y)}{\epsilon} = f'[y](v) .$$

Damit stimmt die FRÉCHET-Ableitung an der Stelle y, angewandt auf ein Element v, mit

$$\delta f(y;v) := \lim_{\epsilon \to 0} \frac{1}{\epsilon}[f(y+\epsilon v) - f(y)] = \frac{d}{d\epsilon} f(y+\epsilon v)|_{\epsilon=0} ,$$

d.h. der GATEAUX-Ableitung an der Stelle y in Richtung v, überein. Die Umkehrung gilt im Allgemeinen nicht, dass heißt aus der GATEAUX-Differenzierbarkeit folgt nicht unbedingt die FRÉCHET-Differenzierbarkeit. Es gilt der folgende Satz.

Satz 12.5. *(FRÉCHET-differenzierbar $\Longrightarrow$ GATEAUX-differenzierbar)*
Ist $f : V \to \mathbb{R}$ ein auf dem BANACH-Raum V definiertes Funktional, und existiert die FRÉCHET-Ableitung $f'[y]$ an der Stelle y, dann ist f an der Stelle y GATEAUX-differenzierbar und es gilt

$$f'[y](h) = \delta f(y;h) .$$

Existiert umgekehrt die GATEAUX-Ableitung $\delta f(y;h)$ für alle $h \in V$ und festes $y \in V$, ist die Abbildung

$$h \mapsto \delta f(y;h)$$

linear und stetig für alle y aus einer Umgebung $\mathcal{V}(y_0)$ und ist die Abbildung

$$y \mapsto \delta f(y;h)$$

für alle $h \in V$ eine stetige Abbildung von $\mathcal{V}(y_0)$ in $\mathbb{R}$, dann ist f FRÉCHET-differenzierbar und die FRÉCHET-Ableitung stimmt mit der GATEAUX-Ableitung überein, wie in Satz 12.5 angegeben. Existiert die zweite FRÉCHET-Ableitung von f, so gilt

$$f''[y](h,h) = \delta^2 f(y;h) .$$

Die Aussage des Satzes, dass aus der Stetigkeit der GATEAUX-Ableitung die FRÉCHET-Differenzierbarkeit folgt, ist vergleichbar mit der Aussage, dass aus der stetigen partiellen Differenzierbarkeit einer auf $V \subset \mathbb{R}^n$ definierten Funktion die totale Differenzierbarkeit von f folgt.
Ist V gerade der $\mathbb{R}^n$, dann gilt im Falle der stetigen partiellen Differenzierbarkeit von f nach Anwendung der Kettenregel

$$\delta f(y;v) = \frac{d}{d\epsilon} f(y+\epsilon v)|_{\epsilon=0} = \operatorname{grad} f(y) \cdot v ,$$

d.h. die erste Variation ist gleich der Richtungsableitung von f in Richtung v an der Stelle y, wenn wir Richtungen v mit $|v| = 1$ betrachten. Die se Forderung war dafür erforderlich, dass z.B. im Fall $n = 2$ die Ableitung in Richtung $v = (0,1)^T$ mit der partiellen Ableitung nach x_2 übereinstimmt. Es gilt natürlich auch

$$\delta f(y; v) = \operatorname{grad} f(y) \cdot v = f'[y](v),$$

wobei die FRÉCHET-Ableitung $f'[y]$ gleich der Ableitungsmatrix von f ist.

Beispiele:
1) Gegeben ist $f(x, y, z) = e^{yz} \sin x$. Für die erste Variation ergibt sich mit $\mathbf{y} = (x, y, z)^T$ und $\mathbf{v} = (v_1, v_2, v_3)^T$ nach Definition

$$
\begin{aligned}
\delta f(\mathbf{y}; \mathbf{v}) &= \frac{d}{d\epsilon}[e^{(y+\epsilon v_2)(z+\epsilon v_3)} \sin(x + \epsilon v_1)]|_{\epsilon=0} \qquad (12.22)\\
&= (e^{yz} \cos x) v_1 + (z e^{yz} \sin x) v_2 + (y e^{yz} \sin x) v_3 \,.
\end{aligned}
$$

Mit der Funktionalmatrix

$$f'(x, y, z) = (e^{yz} \cos x, z e^{yz} \sin x, y e^{yz} \sin x)$$

und dem Richtungsvektor $\mathbf{v}$ erhält man mit

$$
\begin{aligned}
f'(\mathbf{y})\mathbf{v} &= (e^{yz} \cos x, z e^{yz} \sin x, y e^{yz} \sin x)
\begin{pmatrix} v_1 \\ v_2 \\ v_3 \end{pmatrix} \\
&= (e^{yz} \cos x) v_1 + (z e^{yz} \sin x) v_2 + (y e^{yz} \sin x) v_3
\end{aligned}
$$

das gleiche Resultat wie bei der Berechnung der Variation (12.22).

2) Wir hatten für das Funktional $f(u) = \frac{1}{2} \int_B u^2(x, y)\, dxdy$ die FRÉCHET-Ableitungen

$$f'[u](h) = \int_B uh\, dxdy \quad \text{bzw.} \quad f''[u](h, k) = \int_B hk\, dxdy$$

berechnet. Für die erste und die zweite Variation finden wir

$$\delta f(u; h) = \frac{d}{d\epsilon} f(u + \epsilon h)|_{\epsilon=0} = \frac{1}{2} \int_B 2(u + \epsilon h)h\, dxdy|_{\epsilon=0} = \int_B uh\, dxdy\,,$$

$$\delta^2 f(u; h) = \frac{d^2}{d\epsilon^2} f(u + \epsilon h)|_{\epsilon=0} = \frac{d}{d\epsilon} \int_B (u + \epsilon h)h\, dxdy|_{\epsilon=0} = \int_B hh\, dxdy\,,$$

also stimmen die Variationen von f mit den FRÉCHET-Ableitungen überein.

Nun werden notwendige Bedingungen für Extrema von Funktionalen $I(y)$ formuliert. Dabei werden die notwendigen Bedingungen für auf BANACH-Räumen definierte Funktionale auf Funktionale über reellen Vektorräumen übertragen.

Satz 12.6. *(notwendige Bedingung für ein Extremum)*

Sei $D \subset V$ und V ein Vektorraum über $\mathbb{R}$. Für eine Lösung y^* des Variationsproblems

$$I(y) = Extr.! \qquad y \in D$$

ist notwendig, dass für alle v mit $y^* + \epsilon v \in D$ (zulässige v)

$$\delta I(y^*; v) = 0 \tag{12.23}$$

ist, sofern die GATEAUX-Ableitung existiert. Für die zweite Variation von I muss im Falle eines Minimums $I(y) = Min!$ (bzw. Maximums)

$$\delta^2 I(y^*; v) \geq 0 \quad (bzw. \ \delta^2 I(y^*; v) \leq 0) \tag{12.24}$$

gelten.

Beweis: Wir nehmen an, dass für y^* ein lokales Extremum vorliegt. Der Beweis der notwendigen Bedingung (12.23) ergibt sich direkt aus dem Satz 12.2. Die Notwendigkeit der Bedingung (12.24) erhält man über den Satz von TAYLOR für die Funktion $g(\epsilon) := I(y^* + \epsilon v)$ mit der Entwicklungsstelle $\epsilon_0 = 0$. Es gilt

$$g(\epsilon) = g(0) + \delta I(y^*; v)\epsilon + \frac{1}{2}\delta^2 I(y^*; \frac{\xi}{\epsilon}v)\epsilon^2 = g(0) + \frac{1}{2}\delta^2 I(y^*; \frac{\xi}{\epsilon}v)\epsilon^2 \ ,$$

wobei $\xi \in]0, \epsilon[$ liegt. Nimmt man an, dass für ein Minimum die Bedingung (12.24) für ein spezielles $v \in V$ verletzt ist, findet man in der Richtung v

$$g(\epsilon) < g(0) \quad bzw. \quad I(y^* + \epsilon v) < I(y^*) \ ,$$

und damit ist y^* keine Minimalstelle, was der Voraussetzung widerspricht. Diese Argumentation gilt zwar für alle Richtungen, sie reicht aber nicht aus, um zu zeigen, dass (12.24) auch eine hinreichende Bedingung ist. $\qquad\Box$

In den Kapiteln 2 und 5 konnten wir neben notwendigen Extremalbedingungen auch hinreichende Bedingungen formulieren. Dabei spielten die zweiten Ableitungen eine wichtige Rolle. Bei der Lösung von Variationsaufgaben ist die Bewertung von stationären Punkten etwas komplizierter. Man benötigt für hinreichende Extremalkriterien die zweiten FRÉCHET-Ableitungen, deren Berechnung bei komplizierteren Funktionalen über Funktionenräumen recht aufwendig ist. Es ist aber wie bei den Extremalaufgaben mit Nebenbedingungen für Funktionen mehrerer reeller Veränderlicher oft möglich, durch eine Betrachtung des ingenieur-physikalischen Kontextes zu entscheiden, ob es sich bei einem stationären Punkt um eine Extremalstelle handelt oder nicht.

12.5 Einige Variationsaufgaben

Die Behandlung der folgenden Variationsaufgaben dient der Illustration der Methodik zur Berechnung von Extrema. Neben zwei klassischen Aufgabenstellungen wird mit einer Variationsaufgabe aus der Mechanik eine Methode zur Herleitung der Spline-Interpolation besprochen. Bevor die Aufgaben behandelt werden, soll noch der häufig auftretende Fall, dass die Funktion $F(x, u, u')$ nicht von x abhängt, betrachtet werden. Es ergibt sich der folgende

Satz 12.7. *(Spezialfälle der EULER-LAGRANGE-Differentialgleichung)*
Gegeben ist das Funktional $J(u) = \int_a^b F(x, u, u')\, dx$ mit einer zweimal stetig partiell differenzierbaren Funktion F.

a) *Hängt die Funktion $F(x, u, u')$ nicht explizit von x ab, dann ist die EULER-LA-GRANGE-Differentialgleichung (12.17) äquivalent zu*

$$F_{u'}u' - F = const. \,.$$

b) *Hängt die Funktion $F(x, u, u')$ nicht explizit von u ab, dann ist die EULER-LA-GRANGE-Differentialgleichung äquivalent zu*

$$-\frac{d}{dx}F_{u'} = 0 \,.$$

Beweis: Der Fall b) ergibt sich unmittelbar aus der EULER-LAGRANGE-Differentialgleichung. Wegen $F_x = 0$ erhält man im Fall a)

$$
\begin{aligned}
\frac{d}{dx}(F_{u'}u' - F) &= F_{u'u}u'^2 + F_{u'u'}u''u' + F_{u'}u'' - F_u u' - F_{u'}u'' \\
&= u'(F_{u'u}u' + F_{u'u'}u'' - F_u) \\
&= u'(F_{u'u}u' + F_{u'u'}u'' + F_{xu'} - F_u) = 0 \,,
\end{aligned}
$$

da die EULER-LAGRANGE-Differentialgleichung (12.18) den Klammerausdruck zu Null macht. Damit ist $F_{u'}u' - F = const.$. $\qquad\Box$

12.5.1 Die kürzeste Verbindung zwischen zwei Punkten

Gesucht ist eine Funktion $y \in C^1[a, b]$ mit $y(a) = y_0$ und $y(b) = y_1$, also eine Funktion, deren Graph die Punkte (a, y_0) und (b, y_1) miteinander verbindet. Die Suche nach der kürzesten Verbindung bedeutet nun die Minimierung des Funktionals (vgl. Abschnitt 2.12)

$$f(y) := \int_a^b \sqrt{1 + [y'(x)]^2}\, dx \,.$$

Durch die Forderung $y(a) = y_0$ und $y(b) = y_1$ handelt es sich um eine Variationsaufgabe auf der linearen Mannigfaltigkeit

$$M = \{y^* + v \mid v \in C^1[a, b],\ v(a) = v(b) = 0\} \,,$$

wobei y^* ein Element aus $C^1[a, b]$, mit $y^*(a) = y_0$ und $y^*(b) = y_1$ ist. Für die Funktion F aus (12.18) ergibt sich

$$F(x, y, y') = \sqrt{1 + y'^2} \,,$$

d.h. F hängt nur von $z = y'$ ab. Damit lautet die EULER-LAGRANGE-Differentialgleichung zur Ermittlung stationärer Punkte

$$\frac{d}{dx}\left(\frac{y'(x)}{\sqrt{1 + [y'(x)]^2}}\right) = 0 \iff \frac{y'(x)}{\sqrt{1 + [y'(x)]^2}} = c = \text{const.} ,$$

und es folgt

$$y'(x) = \alpha := \pm\sqrt{\frac{c^2}{1 - c^2}} \quad \text{bzw.} \quad y(x) = \alpha x + \beta .$$

Die Berücksichtigung von $y(a) = y_0$ und $y(b) = y_1$ ergibt schließlich

$$y(x) = \alpha x + \beta = y_0 + \frac{y_1 - y_0}{b - a}(x - a) ,$$

also die Gerade, die die Punkte verbindet. Für die zweite Variation bzw. die zweite FRÉCHET-Ableitung ergibt sich mit $s \in C^1[a, b]$, $s(a) = s(b) = 0$,

$$\delta^2 f(y; s) = \frac{d^2}{d\epsilon^2} f(y + \epsilon s)|_{\epsilon=0} = \int_a^b \frac{(s')^2}{(1 + y'^2)^{3/2}}\, dx ,$$

und damit für den stationären Punkt $y^* = y(x) = y_0 + \frac{y_1 - y_0}{b - a}(x - a)$

$$f''[y^*](s, s) = \delta^2 f(y^*; s) = \frac{1}{(1 + (\frac{y_1 - y_0}{b - a})^2)^{3/2}} \int_a^b (s')^2\, dx > 0 .$$

Im Punkt y^* nimmt das Funktional f damit gemäß Satz 12.3 ein striktes lokales
Minimum an.

12.5.2 Das FERMAT-Prinzip

Das FERMAT-**Prinzip** der Optik besagt, dass ein Lichtstrahl zwischen zwei Punkten denjenigen Weg sucht, den er in kürzester Zeit zurücklegen kann. Wir betrachten einen Lichtstrahl, der in einem optisch inhomogenen Medium (d.h. ei-
nem Medium mit ortsabhängiger Lichtgeschwindigkeit) von einem Punkt $P_0 = (x_0, y_0)$ zu einem Punkt $P_1 = (x_1, y_1)$ verläuft. Zur Vereinfachung setzen wir voraus, dass die Lichtgeschwindigkeit w nur von den Ortskoordinaten x, y abhängt
und der Lichtstrahl dieser (x, y)-Ebene angehört: $w = w(x, y)$. Die Zeit T, die das
Licht auf seinem Weg $y(x)$ von P_0 nach P_1 benötigt, ist ein Funktional:

$$T(y) = \int_0^T dt = \int_0^L \frac{ds}{w(x(s), y(s))} = \int_{x_0}^{x_1} \frac{\sqrt{1 + [y'(x)]^2}}{w(x, y(x))}\, dx .$$

Mit dem Brechungsindex $n(x, y) = \frac{c_0}{w(x,y)}$ (c_0 Lichtgeschwindigkeit im Vakuum)
ergibt sich das Funktional

$$T(y) = \frac{1}{c_0} \int_{x_0}^{x_1} n(x, y(x)) \sqrt{1 + [y'(x)]^2}\, dx . \tag{12.25}$$

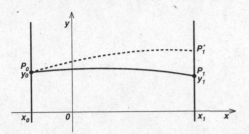

Abb. 12.4. Zum FERMAT-Prinzip

Nach dem FERMAT-Prinzip muss $y(x)$ so beschaffen sein, dass $T(y)$ ein Minimum annimmt. Die EULER-LAGRANGE-Differentialgleichung soll nur für den Fall $n(x,y) = n(y)$, also den Fall, dass der Brechungsindex nur von der Höhe y in der vertikalen (x, y)-Ebene abhängt, betrachtet werden. Mit $F(y, y') = n(y)\sqrt{1 + y'^2}$ ergibt sich die EULER-LAGRANGE-Differentialgleichung zu

$$y'' = \frac{1}{n(y)} n'(y)(1 + y'^2) \,. \tag{12.26}$$

Nun kann man abhängig vom konkreten Brechungsindex die Gleichung (12.26) lösen. Dabei sind die entsprechenden Randbedingungen zu beachten, im eingangs beschriebenen Fall $y(x_0) = y_0$, $y(x_1) = y_1$. Bei homogenem Medium ($n = \text{const.}$) entsteht $y'' = 0$ mit Geraden als Lösungen. Für $n(y) = \frac{1}{\sqrt{y}}$ erhält man als Lichtweg eine Zykloide (Brachistochrone, vgl. Abschnitt 12.3). Mit $n(y) = \frac{1}{y}$ wird (12.26) zu

$$yy'' = -1 - y'^2 \implies 0 = yy'' + y'^2 + 1 = (yy')' + 1 \implies y^2 + x^2 = cx + d \,,$$

mit Kreisbogen $y^2 + x^2 = cx + d$ als Lösung; geeignete Wahl der Konstanten c, d sichert die Erfüllung der Randbedingungen.

Aus (12.26) kann man unter Nutzung der Krümmungsformeln (siehe Kapitel 2) die Krümmung des Lichtstrahls mit

$$\kappa = \frac{n'(y)}{n(y)\sqrt{1 + y'^2}}$$

aufschreiben. In der Atmosphäre nimmt der Brechungsindex mit der Höhe ab und damit wird $n'(y) < 0$. Dann ist auch $\kappa < 0$ und die Lichtstrahlen sind konkav, d.h. man sieht die Sonne noch, obwohl sie schon untergegangen ist (atmosphärische Strahlbrechung, siehe Abb. 12.5).

12.5.3 Kubische Splines als Ergebnis einer Variationsaufgabe

Gegeben seien $(n + 1)$ paarweise verschiedene Stützstellen $x_0 < x_1 < \dots < x_n$, die im Sinn wachsender Abszissen nummeriert seien, und zugehörige Stütz- oder

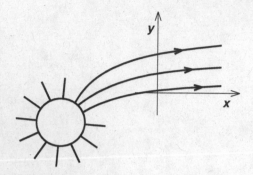

Abb. 12.5. Untergegangene Sonne bleibt sichtbar

Funktionswerte $y_0, y_1, ..., y_n$. Gesucht wird eine mindestens einmal stetig differenzierbare Interpolationsfunktion $s(x)$ mit $s(x_i) = y_i$ für $i = 0,1, ..., n$. Wir gehen nun vom Modell aus, wonach durch die gegebenen Stützpunkte eine dünne, homogene Latte gelegt sei, die in den Stützpunkten gelenkig gelagert sei und dort keinen äußeren Kräften unterliege. Dann soll die Biegelinie der Latte die Lösung $s(x)$ der Interpolationsaufgabe sein (siehe Abb. 12.6). Nach Extremalprinzipien

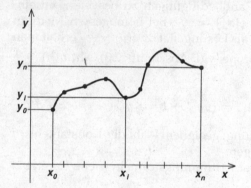

Abb. 12.6. Stützstellen und Biegelinie

wird die Deformationsenergie der Latte durch ihre angenommene Form minimiert. Sie ist für eine dünne, homogene Latte unter vereinfachenden Annahmen (und abgesehen von physikalischen und geometrischen Konstanten) durch den Integralausdruck bzw. das Funktional

$$E(s) = \frac{1}{2} \int_{x_0}^{x_n} [s''(x)]^2 \, dx$$

gegeben. Im Abschnitt 2.12.2 hatten wir die Krümmung $\kappa = \frac{s''}{(1+s'^2)^{3/2}}$ einer Kurve betrachtet. Wenn man s' als klein annimmt, ist $\kappa \approx s''$ und das Funktional $E(s)$ ist ein integrales Maß für die Krümmung; die Suche nach einem Minimum bedeutet die Suche nach Krümmungsminimalität. Die gesuchte interpolierende Spline-Funktion $s(x)$ definieren wir als Lösung folgender Variationsaufgabe d) unter den Nebenbedingungen a), b), c):

a) Die Funktion $s(x)$ erfülle die Interpolationseigenschaft $s(x_i) = y_i$ für $i = 0,1,\ldots,n$.

b) Die Funktion $s(x)$ sei an allen inneren Stützstellen x_i, $i = 1,2,\ldots,n-1$ mindestens einmal stetig differenzierbar.

c) Zwischen den Stützstellen sei $s(x)$ viermal stetig differenzierbar.

d) $s(x)$ minimiere das Funktional

$$E(s) = \frac{1}{2} \int_{x_0}^{x_n} [s''(x)]^2 \, dx \, . \tag{12.27}$$

Die viermalige stetige Differenzierbarkeit (Bedingung c)) benötigen wir nur, weil im Folgenden zwischen den Stützstellen über $s^{(4)}$ integriert werden muss, d.h. die schwächere Forderung der Integrierbarkeit von $s^{(4)}$ wäre auch ausreichend. Das Funktional $E(s)$ ordnet den auf $[x_0, x_n]$ definierten Funktionen $s(x)$ mit den Eigenschaften a), b), c) reelle Zahlen zu. Die Menge $\{s(x)\}$ dieser Funktionen kann mit der Menge D des Satzes 12.6 identifiziert werden. Erfüllt $s^*(x) \in D$ die Bedingung d), dann muss

$$\delta E(s^*(x); v(x)) = 0$$

sein für alle zulässigen $v(x)$. Die Menge der zulässigen $v(x)$ ist nach Satz 12.6 die Menge der Funktionen, für die $s^*(x) + \epsilon v(x) \in D$ ($\epsilon > 0$, hinreichend klein) ist. Das ist für die $v(x)$ der Fall, die die Bedingungen

a') $v(x_i) = 0$ für $i = 0,1,\ldots,n$,

b') $v(x)$ für $x = x_i$ ($i = 1,2,\ldots,n-1$) mindestens einmal stetig differenzierbar,

c') $v(x)$ ist in den Intervallen $]x_{i-1}, x_i[$ ($i = 1,2,\ldots,n$) viermal stetig differenzierbar.

Wir berechnen nun die erste Variation $\delta E(s^*; v)$ nach Definition 12.10. Dabei setzen wir zur Vereinfachung $s^*(x) = s(x)$, behalten aber im Gedächtnis, dass $s(x)$ nun eine Lösung des Problems a), b), c), d) ist.

$$
\begin{aligned}
\delta E(s; v) &= \lim_{\epsilon \to 0} \frac{1}{\epsilon} \left[\frac{1}{2} \int_{x_0}^{x_n} (s''(x) + \epsilon v''(x))^2 \, dx - \frac{1}{2} \int_{x_0}^{x_n} [s''(x)]^2 \, dx \right] \\
&= \frac{1}{2} \lim_{\epsilon \to 0} \frac{1}{\epsilon} \int_{x_0}^{x_n} (s''(x)^2 + 2\epsilon s''(x)v''(x) + \epsilon^2 v''(x)^2 - s''(x)^2) \, dx \\
&= \int_{x_0}^{x_n} s''(x)v''(x) \, dx \, .
\end{aligned}
$$

Durch zweimalige partielle Integration erhält man als notwendige Bedingung, dass

$$\int_{x_0}^{x_n} s''(x)v''(x)\,dx = \sum_{i=1}^{n} \int_{x_{i-1}}^{x_i} s''(x)v''(x)\,dx \tag{12.28}$$

$$= \sum_{i=1}^{n} \left\{ s''(x)v'(x)\big|_{x_{i-1}}^{x_i} - s'''(x)v(x)\big|_{x_{i-1}}^{x_i} + \int_{x_{i-1}}^{x_i} s^{(4)}(x)v(x)\,dx \right\} = 0$$

für alle zulässigen $v(x)$ gelten muss. Wegen a') entfallen die ausintegrierten Terme, die $v(x)$ enthalten. Wegen b') ist $v'(x_i - 0) = v'(x_i + 0) = v'(x_i)$ für $i = 1,2,\ldots,n-1$; wir setzen noch $v'(x_0 + 0) = v'(x_0)$, $v'(x_n - 0) = v'(x_n)$. Dann gilt

$$\sum_{i=1}^{n} s''(x)v'(x)\big|_{x_{i-1}}^{x_i} = \sum_{i=1}^{n} [s''(x_i - 0)v'(x_i) - s''(x_{i-1} + 0)v'(x_{i-1})]$$

$$= s''(x_n - 0)v'(x_n) - s''(x_0 + 0)v'(x_0) - \sum_{i=1}^{n-1} [s''(x_i + 0) - s''(x_i - 0)]v'(x_i) \ .$$

Fordert man nun von $s(x)$ zusätzlich zu den Bedingungen a), b), c)

$$s^{(4)}(x) = 0 \quad \text{für alle} \quad x \neq x_0, x_1, \ldots, x_n \tag{12.29}$$

$$s''(x_i + 0) = s''(x_i - 0) \quad \text{für} \quad i = 1,2,\ldots,n-1 \tag{12.30}$$

$$s''(x_0) = s''(x_n) = 0 \ , \tag{12.31}$$

dann ist die notwendige Bedingung $\delta E(s; v) = 0$ für alle zulässigen $v(x)$ erfüllt. Mit den Bedingungen a) und b) aus der gestellten Variationsaufgabe und den Forderungen (12.29), (12.30) und (12.31) hat man nun die Grundlage für die Berechnung der Splines. Für die zweite Variation von E errechnet man

$$\delta^2 E(s; v) = \int_{x_0}^{x_n} [v''(x)]^2\,dx$$

und sieht damit sofort, dass $\delta^2 E(s; v) \geq 0$ ist. Damit ist die notwendige Bedingung für ein Minimum von E an der Stelle $s^* = s$ erfüllt (nach Satz 12.6). Wegen der Bedingung (12.29) ist die gesuchte interpolierende Spline-Funktion $s(x)$ in jedem Teilintervall (x_i, x_{i+1}) ein kubisches Polynom

$$s_i(x) = \alpha_i + \beta_i(x - x_i) + \gamma_i(x - x_i)^2 + \delta_i(x - x_i)^3 \ , \quad i = 0,1,\ldots,n-1 \ . \tag{12.32}$$

Wegen (12.30) ist nicht nur die erste, sondern auch die zweite Ableitung von $s(x)$ an den inneren Stützstellen stetig. Die zweite Ableitung verschwindet an den Stützstellen x_0 und x_n. Zur Bestimmung der Koeffizienten $\alpha_i, \beta_i, \gamma_i, \delta_i$ sei auf das Kapitel 2 verwiesen (Abschnitt 2.18.3).

12.6 Natürliche Randbedingungen und Transversalität

Bisher haben wir Variationsprobleme besprochen, bei denen z.B. eine Kurve durch einen Anfangs- und einen Endpunkt führen soll (etwa $y(a) = y_0$ und $y(b) = y_1$). Wir betrachten als Beispiel das Problem der Suche nach denjenigen Funktionen aus $C^2[a, b]$, deren Graph die Punkte (a, y_0) und (b, y_1) miteinander verbindet, und die bei Rotation um die x-Achse eine Fläche mit kleinstmöglichen Flächeninhalt erzeugt. Im Kapitel 2 haben wir für die Berechnung der Mantelfläche eines Rotationskörpers die Berechnungsformel

$$S(y) = 2\pi \int_a^b y(x)\sqrt{1 + [y'(x)]^2}\, dx \tag{12.33}$$

gefunden. Da der Integrand nicht explizit von x abhängt, folgt aus der EULER-LAGRANGE-Differentialgleichung gemäß Satz 12.7

$$y\frac{y'^2}{\sqrt{1 + y'^2}} - y\sqrt{1 + y'^2} = \gamma = \text{const.} \iff -y = \gamma\sqrt{1 + y'^2}\,.$$

Als Lösung dieser Differentialgleichung findet man

$$y(x) = \gamma \cosh \frac{x + \alpha}{\gamma}\,,$$

also Kettenlinien. Die Konstanten α und γ sind so zu bestimmen, dass $y(a) = y_0$ und $y(b) = y_1$ gilt.

Verzichtet man nun auf die Fixierung der Kurve im Punkt (b, y_1) und sucht die Kurve, die durch (a, y_0) läuft und (12.33) minimal macht, erhält man am Rand $x = b$ im Ergebnis der Variationsaufgabe eine **natürliche Randbedingung**.

Das Variationsproblem

$$f(y) = \int_a^b F(x, y, y')\, dx = Extr.$$

besteht nun in der Suche einer Funktion $y \in C^2[a, b]$ mit $y(a) = y_0$. Die Auswertung der notwendigen Bedingung $\delta f(y; v) = 0$ führt auf die Gleichung

$$vF_{y'}\big|_a^b + \int_a^b \left(F_y - \frac{d}{dx}F_{y'}\right) v\, dx = 0 \tag{12.34}$$

für alle zulässigen v mit $v \in C^2[a, b]$, $v(a) = 0$. Da v mit $v(a) = v(b) = 0$ eine zulässige Variation ist, folgt aus (12.34) wie gehabt die EULER-LAGRANGE-Differentialgleichung

$$F_y - \frac{d}{dx}F_{y'} = 0\,.$$

Als weitere Bedingung muss auch $vF_{y'}\big|_a^b$ gleich Null sein, wenn für ein zulässiges v nun $v(b) \neq 0$ gilt. Daher muss zur Erfüllung von $vF_{y'}\big|_a^b = 0$ die **natürliche** oder **freie** Randbedingung

$$F_{y'}(b, y(b), y'(b)) = 0 \tag{12.35}$$

gelten. Kehren wir noch einmal zu dem oben behandelten Problem der Minimal-
fäche eines Rotationskörpers zurück und lassen die Bedingung $y(b) = y_1$ fallen.
Die natürliche Randbedingung (12.35) lautet für $F(x, y, y') = y\sqrt{1 + y'^2}$

$$y(b)y'(b) = 0 .$$

Unter den Kettenlinien $y(x)$, die eine Lösung der EULER-LAGRANGE-Differentialgleichung mit der Randbedingung $y(a) = y_0$ darstellen, erzeugt also diejenige bei
Rotation um die x-Achse die kleinste Mantelfläche, die senkrecht auf die Gerade
$x = b$ trifft (siehe Abb. 12.7).

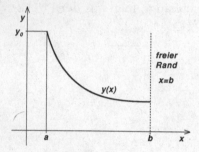

Abb. 12.7. Kettenlinie   **Abb. 12.8.** Transversalitätsbedingung

Nun soll noch kurz auf die Transversalitätsbedingung hingewiesen werden, die
eine Verallgemeinerung der natürlichen Randbedingung darstellt. Im Gegensatz
zu dem eben besprochenen Fall der natürlichen Randbedingung lässt man den
Randwert $y(b)$ nicht auf einer Geraden $x = b$ frei, sondern man sagt, dass er auf
einer vorgegebenen Kurve $y = r(x)$ liegen soll. Die Intervallgrenze b liegt also
nicht a priori fest, sondern ist ein Ergebnis der Lösung der Variationsaufgabe

$$\int_a^b F(x, y(x), y'(x)) \, dx = Extr! \qquad y(a) = y_0, \quad y(b) = r(b) . \tag{12.36}$$

Neben $y(x)$ ist noch b zu bestimmen. Man nimmt b und $y(x)$ als Lösung an. Die
Vergleichsfunktion $y_\epsilon(x) = y(x) + \epsilon v(x)$ mit $v(a) = 0$ treffe bei $b(\epsilon)$ auf die Kurve
$y = r(x)$. In diesem Fall hängt die obere Grenze in

$$h(\epsilon) := \int_a^{b(\epsilon)} F(x, y_\epsilon(x), y'_\epsilon(x)) \, dx \tag{12.37}$$

von ϵ ab. Die Anwendung der LEIBNIZ-Regel für Differentiation von Parameterintegralen ergibt

$$0 = \dot{h}(0) = \int_a^b [F_y(x, y, y')v + F_{y'}(x, y, y')v'] \, dx + F(b, y(b), y'(b)) \cdot \dot{b}(0) .$$

Aus der Bedingung $y_\epsilon(b(\epsilon)) = r(b(\epsilon))$ für die variierte Funktion errechnet man durch Differentiation nach ϵ

$$\dot{b}(0) = \frac{v(b)}{r'(b) - y'(b)} \ .$$

Dies setzt man in die obige Gleichung ein und führt wie zur Herleitung der EULER-LAGRANGE-Differentialgleichung eine partielle Integration durch: es ergibt sich .

$$0 = \int_a^b [F_y - \frac{d}{dx} F_{y'}] v(x) \, dx + [F_{y'} + \frac{F}{r' - y'}] v \,|_{x=b} \ .$$

Hieraus folgt für ein v mit $v(b) = 0$ zum einen die EULER-LAGRANGE-Differentialgleichung und aus dem zweiten Summanden auf der rechten Seite folgt mit

$$F_{y'} + \frac{F}{r' - y'} = 0 \Longleftrightarrow F_{y'} r' + [F - F_{y'} y'] = 0 \quad \text{im Punkt} \quad x = b \qquad (12.38)$$

die **Transversalitätsbedingung** zum Variationsproblem (12.36). Soll der Endpunkt der Lösungskurve $y(b)$ nicht auf dem Graphen der Funktion $r(x)$ liegen, sondern allgemeiner ein Punkt einer in Parameterform dargestellten Kurve $\gamma(\tau) = \binom{X(\tau)}{Y(\tau)}$ sein, erhält man durch eine analoge Überlegung die verallgemeinerte Transversalitätsbedingung

$$F_{y'} Y'(\tau) + [F - F_{y'} y'] X'(\tau) = 0 \quad \text{im Punkt} \quad x = b = X(\tau) \ . \qquad (12.39)$$

Ist γ der Graph einer Funktion $r(x)$, dann erhält man (12.38) als Spezialfall von (12.39).

Beispiele:
1) Gesucht ist eine Funktion, die das Funktional

$$J(y) = \int_0^{\frac{\pi}{4}} F(x, y, y') \, dx := \int_0^{\frac{\pi}{4}} (y^2 - y'^2) \, dx$$

extremal macht, wobei $y(0) = 0$ gilt, und die Funktion am anderen Endpunkt auf der Geraden $x = \frac{\pi}{4}$ beweglich ist. Es ergibt sich die EULER-LAGRANGE-Differentialgleichung $y'' + y = 0$ mit der Lösung $y(x) = c_1 \cos x + c_2 \sin x$. Die Forderung $y(0) = 0$ ergibt $c_1 = 0$. Die natürliche Randbedingung lautet $F_{y'}(b, y(b), y'(b)) = 2y'(b) = 0$. Daraus folgt $c_2 = 0$, so dass $y(x) = 0$ eine gesuchte Funktion ist.

2) Es ist eine Funktion gesucht, die das Funktional

$$J(y) = \int_0^b F(x, y, y') \, dx := \int_0^b y'^2 \, dx \ , \quad y(0) = 0 \ ,$$

minimiert, wobei am Randpunkt $b > 0$ die Bedingung $y(b) = r(b) = \frac{1}{b^2}$ erfüllt werden soll. Die EULER-LAGRANGE-Differentialgleichung ist in diesem Fall $2y'' = 0$ mit der Lösung $y(x) = c_1 x + c_2$. Aus der Randbedingung $y(0) = 0$ folgt $c_2 = 0$.

Aufgrund der Forderung $y(b) = r(b)$ (Schnittpunkt) erhält man $c_1 = \frac{1}{b^3}$. Als Transversalitätsbedingung erhält man am Punkt $x = b$

$$F_{y'} + \frac{F}{r' - y'} = 0 \Longrightarrow 2y'r' + y'^2 - 2y'^2 = 0 \Longrightarrow r'(b) = \frac{y'(b)}{2} \,.$$

Mit $r'(b) = -\frac{2}{b^3}$ und $y'(b) = \frac{1}{b^3}$ folgt aus der Transversalitätsbedingung für $0 < b < \infty$ die Forderung $4 = -1$, die nicht erfüllbar ist, also ist das Extremalproblem nicht lösbar.

3) Gesucht ist eine Funktion, die das Funktional

$$J(y) = \int_0^b F(x, y, y') \, dx := \int_0^b \frac{\sqrt{1 + y'^2}}{y} \, dx, \ y(0) = 0,$$

extremal macht, wobei $y(b)$ auf einem Kreis mit dem Radius 3 und dem Mittelpunkt $(9,0)$ liegen soll. Der Kreis hat die Parametrisierung $\gamma(\tau) = \left(\begin{smallmatrix} 3\cos\tau + 9 \\ 3\sin\tau \end{smallmatrix} \right)$, $\tau \in [0, 2\pi]$. Bei der Betrachtung des FERMAT-Prinzips haben wir mit dem Brechungsindex $n(y) = \frac{1}{y}$ bereits die Lösungen der EULER-LAGRANGE-Differentialgleichung angegeben, und zwar Kreise $y^2 + x^2 = cx + d$ bzw. die Kreisbögen $y(x) = \pm\sqrt{cx + d - x^2}$. Aus der Randbedingung $y(0) = 0$ folgt $d = 0$. Zur Bestimmung von c betrachten wir die verallgemeinerte Transversalitätsbedingung (12.39) und erhalten

$$\frac{y'}{y\sqrt{1 + y'^2}} 3\cos\tau + \left[\frac{\sqrt{1 + y'^2}}{y} - \frac{y'}{y\sqrt{1 + y'^2}} y' \right] (-3\sin\tau) = 0 \Longrightarrow y' = \frac{\sin\tau}{\cos\tau} = \tan\tau.$$

Für y' gilt

$$y' = \frac{\frac{c}{2} - x}{\sqrt{cx - x^2}} \quad \text{bzw.} \quad y'(b) = \frac{\sqrt{9 - (b - 9)^2}}{b - 9}$$

und zusammen mit der Bedingung $\sqrt{cb - b^2} = \sqrt{9 - (b - 9)^2}$ (y-Koordinate des Schnittpunktes der Lösungskurve y mit der Kreislinie γ) erhält man

$$y'(b) = \frac{\frac{c}{2} - b}{\sqrt{cb - b^2}} = \frac{\sqrt{cb - b^2}}{b - 9} = \tan\tau \Longrightarrow (18 - c)b = 9c \,.$$

Aus $\sqrt{cb - b^2} = \sqrt{9 - (b - 9)^2}$ folgt außerdem $18 - c = \frac{72}{b}$, und daraus ergibt sich $c = 8$ bzw. $b = \frac{36}{5}$, d.h als Lösung erhält man die Kreisbögen $y(x) = \pm\sqrt{8x - x^2}$ (s. Abb. 12.9).

12.7 Isoperimetrische Variationsprobleme

Am Beispiel der Aufgabe der Bestimmung des maximalen Flächeninhalts unter einer Kurve bei der Vorgabe der Länge der Kurve soll ein Variationsproblem mit einer Nebenbedingung dargestellt werden. Als Kurve nehmen wir den Graphen

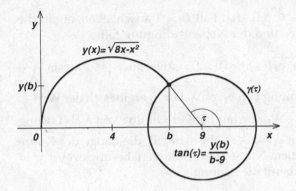

Abb. 12.9. Variationsproblem mit Transversalitätsbedingung (Aufgabe 3)

einer Funktion $y(x)$, die an den Randpunkten des Intervalls $[a, b] = [0,1]$ die Werte $y(0) = y(1) = 0$ haben soll. Für den Flächeninhalt und damit für das Funktional ergibt sich $J(y) = \int_0^1 y \, dx$. Für die Länge der Kurve $L > b - a = 1$, gilt $L = \int_0^1 \sqrt{1 + y'^2} \, dx$. Man hat damit für $y(x)$ ein Extremalproblem der Form

$$J(y) = \int_a^b F(x, y, y') \, dx = \max \text{ mit der Nebenbedingung } \int_a^b G(x, y, y') \, dx = k \,,$$

zu lösen, wobei in unserem Beispiel $F(x, y, y') = y$, $G(x, y, y') = \sqrt{1 + y'^2}$, $a = 0$, $b = 1$ und $k = L$ ist. Es handelt sich um ein Variationsproblem mit einer integralen Nebenbedingung, auch **isoperimetrisches Problem** genannt. Zur Lösung erklärt man ähnlich wie im Kapitel 5 eine LAGRANGE-Funktion

$$H(x, y, y') = F(x, y, y') + \lambda(G(x, y, y') - k) \,, \tag{12.40}$$

wobei λ ein LAGRANGE-Multiplikator ist. Mit der LAGRANGE-Funktion $H(x, y, y')$ sucht man nun nach Extrema des Funktionals

$$I(y) = \int_a^b H(x, y, y') \, dx \,.$$

Bei Erfüllung der Nebenbedingung haben die Funktionale I und J die gleichen stationären Punkte. Man erhält für die Funktion H die EULER-LAGRANGE-Differentialgleichung $H_y - \frac{d}{dx} H_{y'} = 0$. Konkret ergibt sich für unser Beispiel

$$y + \lambda \sqrt{1 + y'^2} - \frac{\lambda y'^2}{\sqrt{1 + y'^2}} = c_1 \implies y\sqrt{1 + y'^2} + \lambda = c_1 \sqrt{1 + y'^2} \,,$$

also die Differentialgleichung für y

$$y' = \mp \frac{\sqrt{\lambda^2 - (y - c_1)^2}}{y - c_1} \text{ mit der Lösung } y(x) = \pm\sqrt{\lambda^2 - (x - c_2)^2} + c_1 \,.$$

Wenn wir die triviale Lösung $y \equiv 0$, d.h. den Fall $L = 1$ ausschließen, ergibt die Auswertung der Randbedingungen und der Nebenbedingung mit

$$\pm\sqrt{\lambda^2 - c_2^2} + c_1 = 0 , \quad \pm\sqrt{\lambda^2 - (1 - c_2)^2} + c_1 = 0 , \quad L = \lambda[\arcsin\frac{1 - c_2}{\lambda} - \arcsin\frac{-c_2}{\lambda}]$$

ein Gleichungssystem zur Bestimmung von c_1, c_2, λ. Für c_2 ergibt sich der Wert $\frac{1}{2}$. Die Bestimmung von $c_1 = \mp\sqrt{\lambda^2 - \frac{1}{4}}$ erfordert die Berechnung von λ als Lösung der nichtlinearen Gleichung $\arcsin\frac{1}{2\lambda} = \frac{L}{2\lambda}$. Gibt man z.B. die Länge der Kurve mit $L = 1{,}5$ vor, erhält man mit einem NEWTON-Verfahren näherungsweise $\lambda^2 = 0\ 15141$ und $c_1 = \mp 0{,}037578$ und damit die Lösung

$$y(x) = \sqrt{0\ 15141 - (x - 0{,}5)^2} - 0{,}037578 .$$

Gibt man $L = \frac{\pi}{2}$ vor, erhält man mit $y(x) = \sqrt{\frac{1}{4} - (x - \frac{1}{2})^2}$ den Halbkreisbogen mit dem Radius $\frac{1}{2}$ als Lösung.

12.8 Funktionale mit mehreren Veränderlichen

Als Abschluss der Behandlung von klassischen Variationsproblemen sollen Funktionale der Form

a) $J(z) = \int_B F(x, y, z, z_x, z_y)\, dx dy$, wobei eine Funktion $z(x, y)$ gesucht ist, die J extremal macht, und

b) $I(y, z) = \int_a^b G(x, y, y', z, z')\, dx$, wobei Funktionen $y(x)$ und $z(x)$ gesucht werden, die I extremal machen,

betrachtet werden. Im Fall a) erhält man aus der notwendigen Extremalbedingung $\delta J(z, v) = 0$ für alle zulässigen Variationen v die EULER-LAGRANGE-Differentialgleichung

$$F_z - \frac{\partial}{\partial x}F_{z_x} - \frac{\partial}{\partial y}F_{z_y} = 0 , \tag{12.41}$$

also eine partielle Differentialgleichung zur Bestimmung von stationären Punkten $z(x, y)$. Im Fall b) erhält man aus den notwendigen Extremalbedinungen

$$\frac{d}{d\epsilon}I(y + \epsilon v, z)|_{\epsilon=0} = 0 \qquad \frac{d}{d\epsilon}I(y, z + \epsilon w)|_{\epsilon=0} = 0$$

mit

$$G_y - \frac{d}{dx}G_{y'} = 0 \qquad\qquad G_z - \frac{d}{dx}G_{z'} = 0$$

ein System von gewöhnlichen EULER-LAGRANGE-Differentialgleichungen zur Bestimmung von stationären Punkten $y(x)$ und $z(x)$ des Funktionals I.

Beispiel: Für den Fall a) soll das Funktional

$$J(z) = \int_B \sqrt{1 + z_x^2 + z_y^2}\, dx dy$$

minimiert werden. Der Rand ∂B von B sei durch $\gamma(t) = (x(t), y(t))^T$, $t \in [t_a, t_e]$ parametrisiert. Auf ∂B sei die gesuchte Funktion $z(x, y)$ durch $z(x(t), y(t)) = z_r(t)$ vorgegeben, wobei die Raumkurve $\gamma_r(t) = (x(t), y(t), z_r(t)^T$ regulär sein soll. Es geht um die Berechnung einer Funktion $z(x, y)$, so dass der Flächeninhalt von $S = \{(x, y, z) \,|\, z = z(x, y), (x, y)^T \in B\}$, also das Funktional J, minimal wird. Offenbar bedeutet J die Oberfläche von S (s. Abschnitt 8.6). Die EULER-LAGRANGE-Differentialgleichung (12.41) lautet

$$\frac{z_{xx}(1 + z_y^2) - 2z_x z_y z_{xy} + z_{yy}(1 + z_x^2)}{(1 + z_x^2 + z_y^2)^{\frac{3}{2}}} = 0 \,.$$

Die Differentialgleichung, die gleichbedeutend mit der Forderung ist, dass die mittlere Krümmung der Fläche S gleich Null ist, definiert zusammen mit der Randbedingung eine von der Raumkurve γ_r berandete **Minimalfläche**.

12.9 Aufgaben

1) Berechnen Sie die FRÉCHET-Ableitung des Funktionals

$$f(u) = \int_0^{\frac{\pi}{2}} \cos u(\phi) \, d\phi \,,$$

wobei f auf dem BANACH-Raum der stetigen Funktionen $u(\phi)$ über dem Intervall $[0, \frac{\pi}{2}]$ mit der Maximum-Norm definiert ist.

2) Bestimmen Sie stationäre Punkte $x(t)$ des Funktionals

$$J(x) = \int_0^4 \sqrt{x(1 + \dot{x}^2)} \, dt \,.$$

3) Bestimmen Sie stationäre Punkte $x(t)$ mit $x(0) = 1$ und $x(2) = 2$ des Funktionals

$$J(x) = \int_0^2 [\frac{1}{2}\dot{x}^2 + x\dot{x} + \dot{x}] \, dt \,.$$

4) Bestimmen Sie stationäre Punkte $x(t)$ des Funktionals

$$J(x) = \int_0^T \sqrt{1 + \dot{x}^2} \, dt \,,$$

wobei $x(0) = 0$ und für das Intervallende T die Bedingung $x(T) = r(T) = \frac{1}{T^2}$ gelten sollen.

5) Sei F eine Abbildung vom Raum der auf $[a, b]$ stetigen reellwertigen Funktionen $C([a, b])$ (ausgestattet mit der Maximum-Norm) nach $\mathbb{R}$ gegeben durch

$$y \mapsto Fy, \quad Fy = \int_a^b y(x) \, dx \,.$$

Zeigen Sie, dass F FRÉCHET-differenzierbar ist und berechnen Sie die FRÉCHET-Ableitung.

6) Sei F eine Abbildung von $C([a,b])$ nach $C([a,b])$ und zwar konkret definiert durch

$$x \mapsto Fx, \quad (Fx)(t) = \int_a^b k(t,s)f(s,x(s))\,ds\,,$$

wobei $k : [a,b] \times [a,b] \to \mathbb{R}$ stetig sein soll, und $f : [a,b] \times \mathbb{R} \to \mathbb{R}$ ebenfalls stetig ist und im zweiten Argument stetig differenzierbar sein soll.

Zeigen Sie unter Nutzung des Mittelwertsatzes der Differentialrechnung, dass F FRÉCHET-differenzierbar mit der FRÉCHET-Ableitung

$$(F'(x)h)(t) = \int_a^b k(t,s)\frac{\partial f}{\partial x}(s,x(s))h(s)\,ds$$

ist.

13 Elemente der Tensorrechnung

Betrachtet man eine vektorielle Größe, z.B. eine Kraft, die durch eine Richtung und einen Betrag (Länge) gegeben ist, dann hat die Kraft eine vom jeweiligen Koordinatensystem oder Bezugssystem unabhängige Bedeutung. Sie ist **invariant** beim Wechsel von einem Koordinatensystem zu einem anderen Koordinatensystem bzw. Bezugssystem. Die Tensoralgebra und im Besonderen die Tensoranalysis untersucht das Transformationsverhalten von (in der Regel physikalischen) Größen und Gleichungen mit dem Ziel, sie so aufzuschreiben, dass sie in jedem Koordinatensystem gültig sind.

Da im Folgenden in vielen Formeln über doppelt vorkommende Indizes summiert wird, soll dem Vorschlag von EINSTEIN gefolgt werden, in solchen Fällen das Summenzeichen wegzulassen und Folgendes zu verabreden:

> EINSTEINsche Summenkonvention
> Wenn in einem Term derselbe Index zweimal auftritt, soll, wenn nichts anderes gesagt wird, über diesen Index summiert werden.

Dabei ist der Indexbereich in der Regel aus dem Kontext zu erkennen. Für alle folgenden Betrachtungen im Zusammenhang mit der Tensorrechnung bedeuten j bzw. 2 bei der Schreibweise x^j bzw. a^2 keine Potenzen, sondern obere Indizes, wenn nicht ausdrücklich auf Potenzen hingewiesen wird.

Der EINSTEINschen Summenkonvention folgend kann man die Summe $\sum_{j=1}^{n} a_{ij}x^j$ durch $a_{ij}x^j$ beschreiben.

Der Tensorkalkül ist sehr umfangreich und es ist im Rahmen dieses Buches unmöglich, auf die algebraischen Grundlagen, wie z.B. Multilinearformen oder duale Räume, einzugehen. Es sollen aber zumindest die wichtigsten Begriffe des Kalküls und das Verhalten der Komponenten (indizierte Größen) beim Wechsel von Bezugssystemen vermittelt werden, die für das Verstehen von Formeln und viele ingenieurphysikalische Rechnungen hilfreich sind.

Übersicht

13.1 Tensoralgebra

Der Nutzen des Tensorkalküls besteht zum einen in der Beherrschung von bezüglich des Koordinatensystems unabhängigen physikalischen und geometrischen Größen sowie in dem effizienten Umgang mit indizierten Größen. Letzteres ist ein Gegenstand der Tensoralgebra. Des Weiteren werden in der Tensoralgebra nur Koordinatensysteme betrachtet, bei denen die Basisvektoren unabhängig vom jeweils betrachtetem Ort sind, während in der Tensoranalysis auch Koordinatensysteme mit ortsabhängigen Basisvektoren (z.B. Polar- oder Kugelkoordinatensysteme) behandelt werden.

13.1.1 Kontravariante und kovariante Vektorkomponenten

Sei $\mathbb{E}^n$ ein EUKLIDischer Raum mit der Basis $B = (\mathbf{e}_1, \mathbf{e}_2, \ldots, \mathbf{e}_n)$. Wir haben oben gesehen, dass die k-te Komponente eines Vektors $\mathbf{x}$ im Falle einer Orthonormalbasis B gleich dem Skalarprodukt $\mathbf{x} \cdot \mathbf{e}_k$ ist (ist B keine Orthonormalbasis, gilt dies nicht). Wir wollen nun den allgemeineren Fall diskutieren, d.h. wir fordern nur, dass es sich bei B um eine Basis von $\mathbb{E}^n$ handelt.

Definition 13.1. (kontravariante und kovariante Vektorkomponenten)
Sei $B = (\mathbf{e}_1, \mathbf{e}_2, \ldots, \mathbf{e}_n)$ Basis des EUKLIDischen Raumes $\mathbb{E}^n$. Dann heißen die Zahlen x^j $(j = 1, \ldots, n)$, für die

$$\mathbf{x} = x^j \mathbf{e}_j \qquad \left(= \sum_{j=1}^n x^j \mathbf{e}_j\right) \tag{13.1}$$

gilt, **kontravariante Komponenten** eines Vektors $\mathbf{x}$ bezüglich der Basis B, die man auch als **kovariante Basis** bezeichnet. Als **kovariante Komponenten** eines Vektors $\mathbf{x}$ bezüglich der Basis B bezeichnet man die Zahlen x_i, die durch die Skalarprodukte

$$x_i = \mathbf{x} \cdot \mathbf{e}_i \quad (i = 1, \ldots, n), \tag{13.2}$$

bestimmt werden. Kontravariante Komponenten werden im Folgenden stets durch obere Indizes (kontravariante Indizes) und kovariante Komponenten stets durch untere Indizes (kovariante Indizes) gekennzeichnet.

Für Orthonormalbasen stellt man mit der Rechnung

$$x_j = \mathbf{x} \cdot \mathbf{e}_j = x^i \mathbf{e}_i \cdot \mathbf{e}_j = x^j$$

fest, dass in diesem Fall aufgrund von $\mathbf{e}_i \cdot \mathbf{e}_j = \delta_{ij}$ ko- und kontravariante Komponenten übereinstimmen. Für die im Folgenden in unterschiedlicher Form vorkommenden KRONECKERsymbole gilt

$$\delta_{ij} = \delta^{ij} = \delta_i{}^j = \delta^j{}_i = \begin{cases} 1 & \text{für } i = j \\ 0 & \text{für } i \neq j \end{cases}.$$

Die kontravarianten Komponenten kann man leicht aus den kovarianten erhalten. Die skalare Multiplikation der Beziehung (13.1) mit $\mathbf{e}_i$ ergibt $x_i = \mathbf{e}_i \cdot \mathbf{e}_j x^j$ und wenn man mit

$$g_{ij} = \mathbf{e}_i \cdot \mathbf{e}_j \tag{13.3}$$

die **Metrikkoeffizienten** bzw. **Metrik** einführt, erhält man die Formeln

$$x_i = g_{ij} x^j \quad (i = 1,2,\ldots,n). \tag{13.4}$$

Zur Berechnung der kontravarianten Komponenten aus den kovarianten ist das lineare Gleichungssystem (13.4) zu lösen. Wenn wir mit $(g^{ij}) = (g_{ij})^{-1}$ die Inverse der Matrix (g_{ij}) einführen, dann gilt

$$x^i = g^{ij} x_j \quad (i = 1,2,\ldots,n). \tag{13.5}$$

Mit der Einführung der **kontravarianten Basis** (auch duale Basis genannt) $\{\mathbf{e}^j, j = 1,\ldots,n\}$, die durch die Beziehung

$$\mathbf{e}^j \cdot \mathbf{e}_i = \delta_i^j = \begin{cases} 1 & i = j \\ 0 & i \neq j \end{cases}$$

mit Hilfe der kovarianten Basis definiert ist, kann man einen Vektor $\mathbf{x}$ mit seinen ko- und kontravarianten Komponenten durch $\mathbf{x} = x^i \mathbf{e}_i = x_j \mathbf{e}^j$ darstellen. Für das Skalarprodukt zweier Vektoren bzw. die Norm eines Vektors aus $\mathbb{E}^n$ findet man mit der Beziehung (13.1) und (13.3) $\mathbf{x} \cdot \mathbf{y} = g_{ij} x^i y^j$ und mit (13.4)

$$\mathbf{x} \cdot \mathbf{y} = x_i y^j = x^i y_j, \qquad |\mathbf{x}|^2 = x^i x_i = g_{ij} x^i x^j. \tag{13.6}$$

Für die Skalarprodukt- und Normberechnung mit den kovarianten Komponenten findet man analog $\mathbf{x} \cdot \mathbf{y} = g^{ij} x_i y_j$ und $|\mathbf{x}|^2 = g^{ij} x_i x_j$. An dieser Stelle sei nochmal daran erinnert, dass aufgrund der EINSTEINschen Summenkonvention

$$g^{ij} x_i x_j = \sum_{i=1}^{n} \sum_{j=1}^{n} g^{ij} x_i x_j \quad \text{ist.}$$

Beispiel: Es sollen die ko- und die kontravarianten Komponenten des Vektors $\mathbf{x} = (5,3,2)^T$ bezüglich der Basis $\mathbf{e}_1 = (3,2,1)^T$, $\mathbf{e}_2 = (1,1,1)^T$, $\mathbf{e}_3 = (0,0,1)^T$ (Basis D) bestimmt werden. Zur Bestimmung der kontravarianten Komponenten ist das Gleichungssystem $x^i \mathbf{e}_i = \mathbf{x}$, d.h.

$$\begin{pmatrix} 3 & 1 & 0 \\ 2 & 1 & 0 \\ 1 & 1 & 1 \end{pmatrix} \begin{pmatrix} x^1 \\ x^2 \\ x^3 \end{pmatrix} = \begin{pmatrix} 5 \\ 3 \\ 2 \end{pmatrix}$$

zu lösen. Als Lösung ergeben sich die kontravarianten Komponenten $x^1 = 2, x^2 = -1, x^3 = 1$. Die kovarianten Komponenten erhält man durch die Skalarprodukte $x_i = \mathbf{x} \cdot \mathbf{e}_i$. Es ergeben sich $x_1 = 23, x_2 = 10, x_3 = 2$. Für einen Vektor

$\mathbf{y} = (1,3,1)^T$ erhält man die kovarianten Komponenten $y_1 = 11, y_2 = 5, y_3 = 1$
bezüglich der Basis D. Für das Quadrat der Norm von $\mathbf{x}$ und das Skalarprodukt
$\mathbf{x} \cdot \mathbf{y}$ ergibt sich unter Nutzung der ko- und kontravarianten Komponenten

$$|\mathbf{x}|^2 = x_i x^i = 46 - 10 + 2 = 38 , \qquad \mathbf{x} \cdot \mathbf{y} = x^i y_i = 22 - 5 + 1 = 18 .$$

Es soll nun untersucht werden, wie sich ko- und kontravariante Komponenten eines Vektors beim Übergang von einer Basis B zu einer Basis $B' =$
$(\mathbf{e}_{1'}, \mathbf{e}_{2'}, \ldots, \mathbf{e}_{n'})$ transformieren. B und B' werden durch die Beziehungen

$$\begin{aligned}
\mathbf{e}_{1'} &= a_{1'}^1 \mathbf{e}_1 + a_{1'}^2 \mathbf{e}_2 + \cdots + a_{1'}^n \mathbf{e}_n \\
\mathbf{e}_{2'} &= a_{2'}^1 \mathbf{e}_1 + a_{2'}^2 \mathbf{e}_2 + \cdots + a_{2'}^n \mathbf{e}_n \\
&\cdots \\
\mathbf{e}_{n'} &= a_{n'}^1 \mathbf{e}_1 + a_{n'}^2 \mathbf{e}_2 + \cdots + a_{n'}^n \mathbf{e}_n ,
\end{aligned} \tag{13.7}$$

d.h. durch

$$\mathbf{e}_{i'} = a_{i'}^j \mathbf{e}_j \quad (i = 1, \ldots, n) \tag{13.8}$$

transformiert. Umgekehrt sei die Transformation

$$\mathbf{e}_i = a_i^{j'} \mathbf{e}_{j'} \quad (i = 1, \ldots, n) \tag{13.9}$$

gegeben. Setzt man die Beziehung (13.8) in die Gleichung $x_{i'} = \mathbf{x} \cdot \mathbf{e}_{i'}$ ein, erhält
man mit

$$(a) \quad x_{i'} = \mathbf{x} \cdot a_{i'}^i \mathbf{e}_i = a_{i'}^i x_i , \quad (b) \quad x_i = a_i^{i'} x_{i'} \tag{13.10}$$

das Transformationsgesetz für die kovarianten Komponenten eines Vektors bei
einem Basiswechsel. Analog findet man mit

$$(a) \quad x^{i'} = a_i^{i'} x^i , \quad (b) \quad x^i = a_{i'}^i x^{i'} \tag{13.11}$$

das Transformationsgesetz für kontravariante Komponenten eines Vektors $\mathbf{x}$
beim Wechsel von der Basis B zur Basis B'. An den Transformationsgestzen
(13.10) und (13.8), (13.9) sieht man, dass sich die Komponenten wie die Basen
transformieren. Diese Eigenschaft rechtfertigt die Bezeichnung **kovariant**. Andererseits verhält sich der Übergang von x^i zu $x^{i'}$ wie der Übergang von B' zu B
(s. Formeln (13.11)), also konträr, was die Bezeichnung **kontravariant** erklärt.

13.1.2 Tensordefinition

Grundsätzlich versteht man unter Tensoren physikalische oder geometrische
Größen, die invariant beim Wechsel von Koordinatensystemen sind. Man unterscheidet Tensoren unterschiedlicher Stufe. Tensoren 0. Stufe und erster Stufe haben wir als skalare Größen und Vektoren schon kennengelernt. Die durchgeführten Betrachtungen zu ko- und kontravarianten Komponenten und ihrem
Tranformationsverhalten sind die Grundlage für die

Man überprüft nun leicht, dass

$$\mathbf{X} = x^i \mathbf{e}_i = x^{i'} \mathbf{e}_{i'} = x_j \mathbf{e}^j = x_{j'} \mathbf{e}^{j'} \, ,$$

und damit die Invarianzeigenschaft beim Wechsel des Bezugssystems gilt. An dieser Stelle sei darauf hingewiesen, dass in vielen angewandten Lehrbüchern Tensoren und ihre Komponenten synonym verwendet werden, d.h. Tensoren werden mit ihren Komponenten identifiziert. Dieses Vorgehen ist dann vertretbar, wenn die Basis bzw. das Koordinatensystem (z.B. ein kartesisches Koordinatensystem mit der kanonischen Orthonormalbasis) fest verabredet wurde. Tensoren der Stufe p $(p \geq 2)$ werden ausgehend von Tensoren erster Stufe (Vektoren) durch eine spezielle Produktbildung erklärt:

Da der Tensor zweiter Stufe als tensorielles Produkt zweier Tensoren erster Stufe erklärt ist, folgt aus der Invarianz der Tensoren erster Stufe bei einem Wechsel des Bezugssystems auch die Invarianz des Produkttensors zweiter Stufe. Das dyadische Produkt zwischen zwei Tensoren wird i.d.R. dadurch gekennzeichnet, dass die Tensoren ohne ein Verknüpfungszeichen nebeneinander angeordnet werden. Entscheidend ist dabei allerdings die Reihenfolge, denn das dyadische Produkt ist nicht kommutativ.

Beispiel: Für zwei Vektoren $\mathbf{X}, \mathbf{Y}$ aus dem $\mathbb{R}^3$ ergibt sich als dyadisches Produkt

$$\begin{aligned}
\mathbf{Z} = \mathbf{XY} \;=\; & (x^1 \mathbf{e}_1 + x^2 \mathbf{e}_2 + x^3 \mathbf{e}_3)(y^1 \mathbf{e}_1 + y^2 \mathbf{e}_2 + y^3 \mathbf{e}_3) \\
=\; & x^1 y^1 \mathbf{e}_1 \mathbf{e}_1 + x^1 y^2 \mathbf{e}_1 \mathbf{e}_2 + x^1 y^3 \mathbf{e}_1 \mathbf{e}_3 \\
+\; & x^2 y^1 \mathbf{e}_2 \mathbf{e}_1 + x^2 y^2 \mathbf{e}_2 \mathbf{e}_2 + x^2 y^3 \mathbf{e}_2 \mathbf{e}_3 \\
+\; & x^3 y^1 \mathbf{e}_3 \mathbf{e}_1 + x^3 y^2 \mathbf{e}_3 \mathbf{e}_2 + x^3 y^3 \mathbf{e}_3 \mathbf{e}_3.
\end{aligned}$$

Die Berechnung des dyadischen Produkts $\mathbf{Y}\mathbf{X}$ ergibt

$$
\begin{aligned}
\mathbf{Y}\mathbf{X} &= (y^1\mathbf{e}_1 + y^2\mathbf{e}_2 + y^3\mathbf{e}_3)(x^1\mathbf{e}_1 + x^2\mathbf{e}_2 + x^3\mathbf{e}_3) \\
&= y^1 x^1 \mathbf{e}_1\mathbf{e}_1 + y^1 x^2 \mathbf{e}_1\mathbf{e}_2 + y^1 x^3 \mathbf{e}_1\mathbf{e}_3 \\
&+ \ y^2 x^1 \mathbf{e}_2\mathbf{e}_1 + y^2 x^2 \mathbf{e}_2\mathbf{e}_2 + y^2 x^3 \mathbf{e}_2\mathbf{e}_3 \\
&+ \ y^3 x^1 \mathbf{e}_3\mathbf{e}_1 + y^3 x^2 \mathbf{e}_3\mathbf{e}_2 + y^3 x^3 \mathbf{e}_3\mathbf{e}_3 \,,
\end{aligned}
$$

woraus ersichtlich wird, dass das dyadische Produkt i.d.R. **nicht kommutativ** ist. Kommutativität liegt nur dann vor, wenn $\mathbf{e}_i\mathbf{e}_j = \mathbf{e}_j\mathbf{e}_i$ für alle i, j gilt (in diesem Fall spricht man von einem symmetrischen Tensor). Die Komponenten $z^{ij} = x^i y^j$ kann man auch durch das Matrixprodukt

$$
(z^{ij}) = \begin{pmatrix} x^1 \\ x^2 \\ x^3 \end{pmatrix} (y^1, y^2, y^3) = \begin{pmatrix} x^1 y^1 & x^1 y^2 & x^1 y^3 \\ x^2 y^1 & x^2 y^2 & x^2 y^3 \\ x^3 y^1 & x^3 y^2 & x^3 y^3 \end{pmatrix}
$$

darstellen. Der Tensor $\mathbf{Z}$ hat 9 Komponenten. Allgemein hat ein Tensor zweiter Stufe n^2 Komponenten. Für die oben eingeführten Metrikkoeffizienten g_{ij} kann man zeigen, dass sie die kovarianten Komponenten eines Tensors 2. Stufe $\mathbf{G} = g_{ij}\,\mathbf{e}^i\mathbf{e}^j = g^{ij}\,\mathbf{e}_i\mathbf{e}_j$ sind, und man bezeichnet diesen Tensor $\mathbf{G}$ auch als den **metrischen Tensor**.

In der Definition 13.3 haben wir den Tensor $\mathbf{Z}$ als Produkt der Tensoren $\mathbf{X}$ und $\mathbf{Y}$ mit kontravarianten Komponenten und der kovarianten Basis dargestellt. Stellt man $\mathbf{X}, \mathbf{Y}$ anders dar, dann erhält man für den Tensor zweiter Stufe die vier Darstellungsmöglichkeiten

$$
\begin{aligned}
\mathbf{Z} &= z^{ij}\,\mathbf{e}_i\mathbf{e}_j = (x^i\mathbf{e}_i)(y^j\mathbf{e}_j) \quad \text{(im kovarianten Basissystem)}, \\
\mathbf{Z} &= z_{ij}\,\mathbf{e}^i\mathbf{e}^j = (x_i\mathbf{e}^i)(y_j\mathbf{e}^j) \quad \text{(im kontravarianten Basissystem)}, \\
\mathbf{Z} &= z_i{}^j\,\mathbf{e}^i\mathbf{e}_j = (x_i\mathbf{e}^i)(y^j\mathbf{e}_j) \quad \text{(im gemischten Basissystem)}, \\
\mathbf{Z} &= z^i{}_j\,\mathbf{e}_i\mathbf{e}^j = (x^i\mathbf{e}_i)(y_j\mathbf{e}^j) \quad \text{(im gemischten Basissystem)}.
\end{aligned}
$$

An dieser Stelle soll darauf hingewiesen werden, dass die Tensoren $z^{ij}\,\mathbf{e}_i\mathbf{e}_j$ und $z_{ij}\,\mathbf{e}^i\mathbf{e}^j$ eigentlich aus zueinander dualen Tensorräumen mit den zueinander dualen Basen $\{\mathbf{e}_i\mathbf{e}_j\}$ und $\{\mathbf{e}^i\mathbf{e}^j\}$ stammen, aber die gleiche Größe $\mathbf{Z}$ beschreiben. Ebenso sind $z_i{}^j\,\mathbf{e}^i\mathbf{e}_j$ und $z^i{}_j\,\mathbf{e}_i\mathbf{e}^j$ zueinander dual, beschreiben aber ebenfalls die Größe $\mathbf{Z}$. Wir werden aus sehr praktischen Gründen im Folgenden immer die Darstellungsform verwenden, die in der konkreten Situation sinnvoll ist und möglichst einfache Berechnungen erlaubt. Bei der Verwendung gemischter Basissysteme ist durch die Positionierung der oberen und unteren Indizes der Komponenten die Reihenfolge der Faktoren des dyadischen oder tensoriellen Produktes zu kennzeichnen. Das ist besonders dann unverzichtbar, wenn nur über Komponenten gesprochen wird, ohne den jeweiligen Tensor mit Komponenten und Basis mit anzugeben. Die Darstellung $\mathbf{T} = t_i{}^j\mathbf{e}_i\mathbf{e}_j$ ist akzeptabel, weil die Basis $\mathbf{e}_i\mathbf{e}_j$ mit angegeben wurde, aber bei der alleinigen Behandlung der Komponenten von $\mathbf{T}$ muss man durch die Schreibweise $t_i{}^j$ (bzw. $t^j{}_i$) die Reihenfolge des dyadischen Produktes in jedem Fall kennzeichnen.

Die Berechnung der Komponenten ausgehend vom Tensor erfolgt wie bei der Bestimmung der kovarianten Komponenten eines Vektors in (13.2) durch geeignete skalare Multiplikationen. So erhält man die Komponenten des Tensors $\mathbf{Z} = z_{ij}\,\mathbf{e}^i\mathbf{e}^j$ durch

$$\mathbf{Z} \cdot \mathbf{e}_k = z_{ij}\,\mathbf{e}^i\mathbf{e}^j \cdot \mathbf{e}_k = z_{ij}\delta_j^k\,\mathbf{e}^i = z_{ik}\,\mathbf{e}^i$$

und

$$\mathbf{e}_m \cdot \mathbf{Z} \cdot \mathbf{e}_k = \mathbf{e}_m \cdot z_{ik}\,\mathbf{e}^i = z_{ik}\delta_m^i = z_{mk}\,,$$

so dass sich insgesamt $z_{mk} = \mathbf{e}_m \cdot \mathbf{Z} \cdot \mathbf{e}_k$ ergibt.

In Verallgemeinerung der Definition 13.3 soll nun ein Tensor k-ter Stufe definiert werden:

Definition 13.4. (Tensor k-ter Stufe)
Das dyadische oder tensorielle Produkt von k Tensoren erster Stufe ergibt einen Tensor k-ter Stufe

$$\mathbf{T} = \mathbf{T}^{(k)} = t^{i_1 i_2 \dots i_k}\,\mathbf{e}_{i_1}\mathbf{e}_{i_2}\dots\mathbf{e}_{i_k}\,, \tag{13.13}$$

wobei die Indizes i_j, $j = 1,\dots,k$, unabhängig die Werte $1,2,\dots,n$ durchlaufen.

Die Invarianz des eben definierten Tensors k-ter Stufe bei einem Wechsel des Bezugssystems ist durch die entsprechende Invarianz der Tensoren erster Stufe als Faktoren des tensoriellen Produktes gesichert. Für $k = 3$ erhält man zum Beispiel den Tensor 3. Stufe

$$\mathbf{T} = t^{ijl}\,\mathbf{e}_i\mathbf{e}_j\mathbf{e}_l = \mathbf{XYW}$$

als tensorielles Produkt der 3 Tensoren

$$\mathbf{X} = x^i\,\mathbf{e}_i\,, \quad \mathbf{Y} = y^j\,\mathbf{e}_j\,, \quad \mathbf{W} = w^l\,\mathbf{e}_l$$

mit den Komponenten $t^{ijl} = x^i y^j w^l$. Ein Tensor k-ter Stufe besitzt im $\mathbb{E}^n$ insgesamt n^k Komponenten und 2^k verschiedene Darstellungen (in kovarianten, kontravarianten und gemischten Basissystemen). Die Tensordefinitionen (13.2) und (13.4) werden im Abschnitt 13.2 für Größen, die beim Wechsel von i. Allg. krummlinigen Bezugssystemen invariant sind, verallgemeinert.

Aus (13.12) wird auch deutlich, dass für das tensorielle Produkt die Gesetze einer Multilinearform gelten, d.h. für Tensoren $\mathbf{X} = x^i\mathbf{e}_i$, $\mathbf{Y} = y^j\mathbf{e}_j$ und $\mathbf{W} = w^k\mathbf{e}_k$ gelten die Rechenregeln ($c \in \mathbb{R}$)

$$
\begin{aligned}
\mathbf{XY} &= x^i\,\mathbf{e}_i\,y^j\,\mathbf{e}_j = x^i y^j\,\mathbf{e}_i\mathbf{e}_j\ , \\
\mathbf{X}+\mathbf{Y} &= x^i\,\mathbf{e}_i + y^i\,\mathbf{e}_i = (x^i + y^i)\,\mathbf{e}_i = (y^i + x^i)\,\mathbf{e}_i = \mathbf{Y}+\mathbf{X}\ , \\
\mathbf{X}(\mathbf{Y}+\mathbf{W}) &= x^i\,\mathbf{e}_i\,(y^j + w^j)\,\mathbf{e}_j = x^i(y^j + w^j)\,\mathbf{e}_i\mathbf{e}_j = x^i y^j\,\mathbf{e}_i\mathbf{e}_j + x^i w^j\,\mathbf{e}_i\mathbf{e}_j \\
&= \mathbf{XY}+\mathbf{XW}\ , \\
(\mathbf{X}+\mathbf{Y})\mathbf{W} &= (x^i + y^i)\,\mathbf{e}_i\,w^j\,\mathbf{e}_j = (x^i + y^i)w^j\,\mathbf{e}_i\mathbf{e}_j = x^i w^j\,\mathbf{e}_i\mathbf{e}_j + y^i w^j\,\mathbf{e}_i\mathbf{e}_j \\
&= \mathbf{XW}+\mathbf{YW}\ , \\
\mathbf{X}(\mathbf{YW}) &= x^i y^j w^k\,\mathbf{e}_i\mathbf{e}_j\mathbf{e}_k = (\mathbf{XY})\mathbf{W} = \mathbf{XYW}\ , \\
\mathbf{X}(c\mathbf{Y}) &= x^i\,\mathbf{e}_i\,c\,y^j\,\mathbf{e}_j = c\,x^i y^j\,\mathbf{e}_i\mathbf{e}_j = c\,\mathbf{XY} = (c\mathbf{X})\mathbf{Y}\ ,
\end{aligned}
$$

also Multilinearität, Distributivität, Assoziativität und Kommutativität bezüglich der Tensoraddition. Die Gesetze gelten natürlich auch für Tensoren höherer Stufe.

Beispiele:

1) Der **Trägheitstensor** der Mechanik $\mathbf{J} = J_{il}\,\mathbf{e}^i\mathbf{e}^l$, mit dessen Hilfe der Drehimpuls eines starren Körpers berechnet werden kann. Die Komponenten J_{il} ergeben sich als Ergebnis eines tensoriellen Produktes und können in der Matrixform Form

$$
(J_{il}) = \begin{pmatrix} J_{11} & J_{12} & J_{13} \\ J_{21} & J_{22} & J_{23} \\ J_{31} & J_{32} & J_{33} \end{pmatrix}
$$

dargestellt werden. $\mathbf{J}$ ist ein Tensor 2. Stufe, der mit seinen kovarianten Komponenten J_{il} im kontravarianten Basissystem dargestellt wurde (eine detaillierte Behandlung des Trägheitstensors erfolgt weiter unten).

2) Ist jedem Punkt eine Zahl a zugeordnet, die sich bei einem Koordinatenwechsel nicht ändert, dann heißt a ein **skalares Feld** oder einfach Skalar bzw. Tensor 0. Stufe. Zum Beispiel ist das Temperaturfeld $\theta = \theta(x, y, z)$ in einem Raum $\Omega \subset \mathbb{R}^3$ ein Skalarfeld.

3) Das Geschwindigkeitsfeld $\mathbf{v}$ (z.B. die Windgeschwindigkeit) ist ein Tensor 1. Stufe.

Bei den Beispielen ist auch offensichtlich, dass die physikalischen Größen Trägheit, Temperatur oder Geschwindigkeit gegenüber Koordinatentransformationen invariant sind, also die oben definierte charakteristische Tensoreigenschaft besitzen.

Beim Wechsel des Bezugssystems eines Tensors ist das Transformationsgesetz für die Basiselemente die Grundlage für die Berechnung der neuen Komponenten. Zur Illustration betrachten wir die zwei Bezugssysteme $\{\mathbf{e}_l,\ l = 1, \ldots, n\}$ und $\{\mathbf{d}_k,\ k = 1, \ldots, n\}$, die sich durch die Beziehungen

$$\mathbf{d}_k = d_k^l \mathbf{e}_l \iff \begin{pmatrix} \mathbf{d}_1 \\ \mathbf{d}_2 \\ \vdots \\ \mathbf{d}_n \end{pmatrix} = \begin{pmatrix} d_1^1 & d_1^2 & \cdots & d_1^n \\ d_2^1 & d_2^2 & \cdots & d_2^n \\ \cdots & & & \\ d_n^1 & d_n^2 & \cdots & d_n^n \end{pmatrix} \begin{pmatrix} \mathbf{e}_1 \\ \mathbf{e}_2 \\ \vdots \\ \mathbf{e}_n \end{pmatrix}$$

transformieren. Bezeichnen wir die inverse Matrix von (d_k^l) durch (e_l^k), dann lautet die Umkehrbeziehung $\mathbf{e}_l = e_l^k \mathbf{d}_k$. Hat man für einen Tensor 1. Stufe $\mathbf{A} = a^k \mathbf{e}_k$ die Komponenten a^k bezüglich der Basis $\{\mathbf{e}_k, k = 1, \dots, n\}$ gegeben, dann ergeben sich durch die kurze Rechnung

$$\mathbf{A} = a^l \mathbf{e}_l = a^l e_l^k \mathbf{d}_k$$

mit $\bar{a}^k = e_l^k a^l$ die Komponenten von $\mathbf{A}$ bezüglich der Basis $\{\mathbf{d}_k, k = 1, \dots, n\}$. Bezeichnet man mit (a^k) den Spaltenvektor der Komponenten a^k und mit (e_l^k) die Matrix der e_l^k mit dem Zeilenindex l und dem Spaltenindex k, dann kann man die Berechnung der neuen Komponenten $\bar{a}^k$ auch durch die Matrix-Vektor-Multiplikation

$$(\bar{a}^k) = (e_l^k)(a^l)$$

beschreiben. Will man den Tensor 2. Stufe $\mathbf{T} = t^{lm} \mathbf{e}_l \mathbf{e}_m$ in der neuen Basis $\{\mathbf{d}_l \mathbf{d}_m, l, m = 1, \dots, n\}$ darstellen, dann erhält man mit der Transformationsbeziehung $\mathbf{e}_l = e_l^k \mathbf{d}_k$

$$\mathbf{T} = t^{lm} \mathbf{e}_l \mathbf{e}_m = t^{lm} e_l^k e_m^h \mathbf{d}_k \mathbf{d}_h$$

und damit die neuen Komponenten $\bar{t}^{kh} = t^{lm} e_l^k e_m^h$. Betrachtet man den unteren Index von e_m^h und den ersten oberen Index von t^{lm} als Zeilenindizes, dann kann man die neuen Komponenten $\bar{t}^{kh}$ auch durch die Matrix-Multiplikation

$$(\bar{t}^{kh}) = (e_l^k)^T (t^{lm})(e_m^h)$$

erhalten.

Beispiel: Als Beispiel betrachten wir den Spannungstensor

$$\mathbf{S} = \sigma^{ij} \mathbf{e}_i \mathbf{e}_j \quad \text{mit} \quad (\sigma^{ij}) = \begin{pmatrix} 9 & -3 & 1 \\ -3 & 9 & 1 \\ 1 & 1 & 3 \end{pmatrix}$$

bezüglich irgendeiner Basis $\{\mathbf{e}_i \mathbf{e}_j, i, j = 1,2,3\}$. Für die Berechnung der Komponenten von $\mathbf{S}$ bezüglich der Basis $\{\mathbf{d}_k \mathbf{d}_l, k, l = 1,2,3\}$ mit

$$\begin{pmatrix} \mathbf{d}_1 \\ \mathbf{d}_2 \\ \mathbf{d}_3 \end{pmatrix} = \begin{pmatrix} 1 & -1 & 0 \\ 1 & 1 & 0 \\ 1 & 1 & 1 \end{pmatrix} \begin{pmatrix} \mathbf{e}_1 \\ \mathbf{e}_2 \\ \mathbf{e}_3 \end{pmatrix} =: (d_k^l)(\mathbf{e}_l)$$

und

$$(e_l^k) := (d_k^l)^{-1} = \frac{1}{2} \begin{pmatrix} 1 & 1 & 0 \\ -1 & 1 & 0 \\ 0 & -2 & 2 \end{pmatrix}$$

erhält man schließlich die Komponenten $\bar{\sigma}^{kh}$ des Tensors $\mathbf{S}$ bezüglich der Basis $\{\mathbf{d}_k \mathbf{d}_l, \ k, l = 1,2,3\}$ durch die Rechnung

$$(\bar{\sigma}^{kh}) = (e_l^k)^T (\sigma^{lm})(e_m^h)$$

$$= \frac{1}{2} \begin{pmatrix} 1 & -1 & 0 \\ 1 & 1 & -2 \\ 0 & 0 & 2 \end{pmatrix} \begin{pmatrix} 9 & -3 & 1 \\ -3 & 9 & 1 \\ 1 & 1 & 3 \end{pmatrix} \frac{1}{2} \begin{pmatrix} 1 & 1 & 0 \\ -1 & 1 & 0 \\ 0 & -2 & 2 \end{pmatrix} = \begin{pmatrix} 6 & 0 & 0 \\ 0 & 4 & -2 \\ 0 & -2 & 3 \end{pmatrix}.$$

13.1.3 Operationen mit Tensoren

Tensoren gleicher Stufe können, wie weiter oben schon besprochen, addiert und subtrahiert werden, und zwar geschieht das wie bei der Vektor- oder Matrix-Addition bzw. -Subtraktion komponentenweise. Z.B. ergibt die Summe der zweistufigen Tensoren $\mathbf{T} = t^i_{\ j}\,\mathbf{e}_i \mathbf{e}^j$ und $\mathbf{R} = r^i_{\ j}\,\mathbf{e}_i \mathbf{e}^j$ zu

$$\mathbf{S} = \mathbf{T} + \mathbf{R} = (t^i_{\ j} + r^i_{\ j})\,\mathbf{e}_i \mathbf{e}^j$$

mit $\mathbf{S} = s^i_{\ j}\,\mathbf{e}_i \mathbf{e}^j := (t^i_{\ j} + r^i_{\ j})\,\mathbf{e}_i \mathbf{e}^j$ wieder einen zweistufigen Tensor. Die **tensorielle Multiplikation** eines Tensors k-ter Stufe, z.B. dem zweistufigen Tensor $\mathbf{T} = t_{ij}\,\mathbf{e}^i \mathbf{e}^j$, mit einem Tensor m-ter Stufe, z.B. dem einstufigen Tensor $\mathbf{R} = r^h \mathbf{e}_h$, ergibt einen $(k+m)$-stufigen Tensor, z.B.

$$\mathbf{P} = \mathbf{T} \otimes \mathbf{R} = \mathbf{TR} = t_{ij} r^h\,\mathbf{e}^i \mathbf{e}^j \mathbf{e}_h$$

mit den Komponenten $p_{ij}^{\ \ h} = t_{ij} r^h$. Die Multiplikation eines Tensors mit einem Skalar ist als Spezialfall (Skalar als Tensor 0. Stufe) enthalten. Allgemein erhält man als Produkt der Tensoren mit den Komponenten $a^{j_1 \ldots j_s}_{i_1 \ldots i_m}$ und $b^{q_1 \ldots q_l}_{p_1 \ldots p_k}$ einen Tensor $(m + k + s + l)$-ter Stufe mit den Komponenten

$$c^{j_1 \ldots j_s\, q_1 \ldots q_l}_{i_1 \ldots i_m\, p_1 \ldots p_k} = a^{j_1 \ldots j_s}_{i_1 \ldots i_m}\, b^{q_1 \ldots q_l}_{p_1 \ldots p_k}.$$

Von **Verjüngung** eines Tensors m-ter Stufe ($m \geq 2$) spricht man, wenn man das tensorielle Produkt zweier Basisvektoren durch deren Skalarprodukt ersetzt, also z.B.

$$\mathbf{T} = t^{ij}_{\ \ l}\,\mathbf{e}_i \mathbf{e}_j \mathbf{e}^l \quad \text{durch} \quad \mathbf{S} = t^{ij}_{\ \ l}\,\mathbf{e}_i \cdot \mathbf{e}_j \mathbf{e}^l$$

ersetzt. $\mathbf{S}$ ist die Verjüngung des Tensors $\mathbf{T}$ und es ergibt sich mit $g_{ij} = \mathbf{e}_i \cdot \mathbf{e}_j$

$$\mathbf{S} = t^{ij}_{\ \ l} g_{ij} \mathbf{e}^l$$

ein Tensor 1. Stufe mit den Komponenten $s_l = t^{ij}{}_l g_{ij}$. Als Ergebnis der Verjüngung eines Tensors m-ter Stufe erhält man einen Tensor $(m\text{-}2)$-ter Stufe. Die Verjüngung des Tensors $\mathbf{J} = J_{ij}\,\mathbf{e}^i\mathbf{e}^j$ ergibt unter Nutzung von $\mathbf{e}^i \cdot \mathbf{e}^j = g^{ij}$ mit

$$\mathrm{Sp}(\mathbf{J}) = J_{ij}g^{ij} = J_i^j\delta_j^i = J_i^i = J_1^1 + J_2^2 + \cdots + J_n^n$$

gerade die Spur $\mathrm{Sp}(\mathbf{J})$ des Tensors $\mathbf{J}$ (es wurde dabei $\mathbf{e}^i \cdot \mathbf{e}_j = \delta^i{}_j$ benutzt). Offensichtlich ist die Spur eines Tensors zweiter Stufe ein Skalar, also ein Tensor 0. Stufe. An dieser Stelle sei darauf hingewiesen, dass die Spur eines Tensors 2. Stufe nur dann gleich der Summe der Hauptdiagonalelemente der Matrix der Komponenten ist, wenn die gemischten Komponenten betrachtet werden, oder wenn es sich bei $\mathbf{e}_k$ um eine Orthonormalbasis handelt. Die Verjüngung des Tensors $\mathbf{T} = t_{ijk}{}^l\mathbf{e}^i\mathbf{e}^j\mathbf{e}^k\mathbf{e}_l$ ist auf $\binom{4}{2} = 6$ verschiedenen Wegen möglich. Allgemein gibt es für einen Tensor k-ter Stufe $\binom{k}{2}$ verschiedene Verjüngungsmöglichkeiten. Verjüngt man das tensorielle Produkt zweier Tensoren, so nennt man diese Operation **Überschiebung** der Tensoren. Zur Demonstration sollen die Tensoren $\mathbf{T} = t_{ij}\,\mathbf{e}^i\mathbf{e}^j$ und $\mathbf{S} = s^k\mathbf{e}_k$ überschoben werden. Eine Möglichkeit der Verjüngung des Produktes

$$\mathbf{TS} = t_{ij}s^k\,\mathbf{e}^i\mathbf{e}^j\mathbf{e}_k$$

ergibt mit

$$\mathbf{U} = t_{ij}s^k\,\mathbf{e}^i\mathbf{e}^j \cdot \mathbf{e}_k = t_{ij}s^k\delta^j{}_k\mathbf{e}^i = t_{ij}s^j\mathbf{e}^i = u_i\mathbf{e}^i$$

einen Tensor 1. Stufe mit den Komponenten $u_i = t_{ij}s^j$ als Ergebnis der Überschiebung. Überschiebt man die Tensoren $\mathbf{X} = x_i\mathbf{e}^i$ und $\mathbf{Y} = y^j\mathbf{e}_j$, erhält man mit

$$x_iy^j\mathbf{e}^i \cdot \mathbf{e}_j = x_iy^j\delta^i{}_j = x_iy^i = \mathbf{X} \cdot \mathbf{Y}$$

das Skalarprodukt der Vektoren (Tensoren 1. Stufe) $\mathbf{X}$ und $\mathbf{Y}$. Mitunter hat man die kovarianten Komponenten a_i eines Tensors zur Verfügung und benötigt die kontravarianten a^j oder umgekehrt. In dieser Situation muss man Indizes **heben** oder **senken**. Das lässt sich durch die Beziehungen (13.4) bzw. (13.5) realisieren, also

$$a^i = g^{ij}a_j\,, \qquad a_i = g_{ij}a^j \qquad (i = 1,\dots,n)\,.$$

Ähnlich wie bei den Matrizen kennt man auch bei Tensoren Begriffe wie Symmetrie und Antisymmetrie (auch Schiefsymmetrie genannt). Man sagt der Tensor $\mathbf{T} = t_{ij}{}^k\mathbf{e}^i\mathbf{e}^j\mathbf{e}_k$ ist symmetrisch bezüglich der Indizes i,k, wenn $t_{ij}{}^k = t_{kj}{}^i$ gilt. $\mathbf{T} = t_{ij}{}^k\mathbf{e}^i\mathbf{e}^j\mathbf{e}_k$ ist symmetrisch bezüglich j,k, wenn $t_{ij}{}^k = t_{ik}{}^j$ gilt und symmetrisch bezüglich i,j, wenn $t_{ij}{}^k = t_{ji}{}^k$ gilt. Antisymmetrie bezüglich j,k liegt vor, wenn $t_{ij}{}^k = -t_{ik}{}^j$ gilt. Man überlegt sich auch, dass man jeden Tensor der Stufe $k \geq 2$ als Summe eines symmetrischen und eines antisymmetrischen Tensors darstellen kann. Für die Komponenten des Tensors $\mathbf{T} = t_{ijk}{}^l\mathbf{e}^i\mathbf{e}^j\mathbf{e}^k\mathbf{e}_l$ gilt z.B

$$t_{ijk}{}^l = \frac{1}{2}(t_{ijk}{}^l + t_{ijl}{}^k) + \frac{1}{2}(t_{ijk}{}^l - t_{ijl}{}^k)\,,$$

so dass man $\mathbf{T}$ als Summe der bezüglich k, l symmetrischen bzw. antisymmetrischen Tensoren

$$\mathbf{T}_s = \frac{1}{2}(t_{ijk}{}^l + t_{ijl}{}^k)\,\mathbf{e}^i\mathbf{e}^j\mathbf{e}^k\mathbf{e}_l\;, \quad \mathbf{T}_a = \frac{1}{2}(t_{ijk}{}^l - t_{ijl}{}^k)\,\mathbf{e}^i\mathbf{e}^j\mathbf{e}^k\mathbf{e}_l$$

darstellen kann.

13.1.4 Total schiefsymmetrische Tensoren

Für die Berechnung des Vektorproduktes und die Rotation eines Vektorfeldes, sowie die Berechnung des Spatproduktes haben die Komponenten eines speziellen Tensors 3. Stufe Bedeutung. Vektor- und Spatprodukt und ihre geometrische Bedeutung haben wir im Abschnitt 4.8.2 für Vektoren im kartesischen Koordinatensystem behandelt. Nun sollen Formeln zur Berechnung von Vektor- und Spatprodukt für Vektoren, die in allgemeinen ko- oder kontravariante Basen dargestellt sind, hergeleitet werden. Und zwar betrachten wir den total schiefsymmetrischen Tensor (anti- oder schiefsymmetrisch bezüglich aller Indexpaare)

$$\mathbf{T} = \epsilon_{klm}\,\mathbf{e}^k\mathbf{e}^l\mathbf{e}^m = \epsilon^{klm}\,\mathbf{e}_k\mathbf{e}_l\mathbf{e}_m\;,$$

wobei wir uns mit Blick auf das Vektorprodukt und die Rotation auf den $\mathbb{R}^3$ beschränken, so dass die Indizes k, l, m die Werte von 1 bis 3 annehmen können und der Tensor $3^3 = 27$ Komponenten besitzt. Die Koeffizienten sind durch

$$\epsilon_{klm} = \begin{cases} \sqrt{|g|}(-1)^{I(k,l,m)} & \text{falls } k, l, m \text{ paarweise verschieden} \\ 0 & \text{falls } k = l,\, k = m \text{ oder } l = m \end{cases},$$

definiert, wobei g die Determinante der Matrix (g_{ij}) der kovarianten Metrikkoeffizienten g_{ij} ist, und $I(k, l, m)$ die Anzahl der in der Permutation (k, l, m) der Zahlen 1,2,3 vorkommenden Inversionen ist (auch Vorzeichen der Permutation (k, l, m) genannt, s. dazu die Abschnitte 4.1.1 und die entsprechene Wertetabelle in 4.1.3). Z.B. ist $I(1,2,3) = 0$, $I(1,3,2) = 1$, $I(3,1,2) = 2$ und $I(3,2,1) = 3$. Man überlegt sich auch, dass der Wert von $(-1)^{I(k,l,m)}$ gleich 1 ist, wenn die Indizes zyklisch, und gleich -1 ist, wenn sie antizyklisch angeordnet sind, also

$$(-1)^{I(k,l,m)} = \begin{cases} 1 & \text{für } (i,j,k) = (1,2,3),(2,3,1),(3,1,2),\ \text{zyklisch,} \\ -1 & \text{für } (i,j,k) = (3,2,1),(2,1,3),(1,3,2),\ \text{antizyklisch} \end{cases}$$

$$(13.14)$$

Für die kontravarianten Koeffizienten ϵ^{klm} gilt

$$\epsilon^{klm} = \begin{cases} \dfrac{1}{\sqrt{|g|}}(-1)^{I(k,l,m)} & \text{falls } k, l, m \text{ paarweise verschieden} \\ 0 & \text{falls } k = l,\, k = m \text{ oder } l = m \end{cases}$$

Aufgrund von (13.14) folgen auch die für viele Rechnungen wichtige Beziehungen

$$\epsilon^{klm} = \epsilon^{lmk}\;, \quad \epsilon^{klm} = -\epsilon^{lkm}\;, \quad \epsilon^{klm} = -\epsilon^{kml}\;,$$

$$(13.15)$$

d.h. eine zyklische Indexvertauschung ändert im Unterschied zu einer antizyklischen Vertauschung das Vorzeichen nicht.

Mit der kanonischen Orthonormalbasis $\mathbf{g}_1 = \mathbf{e}_x$, $\mathbf{g}_2 = \mathbf{e}_y$, $\mathbf{g}_3 = \mathbf{e}_z$ des E_3 ergibt sich das Vektorprodukt von $\mathbf{A} = a^i \mathbf{g}_i$ und $\mathbf{B} = b^j \mathbf{g}_j$ zu

$$\mathbf{A} \times \mathbf{B} = a^i b^j \, \mathbf{g}_i \times \mathbf{g}_j \, , \quad i,j = 1,2,3 \, .$$

Mit Hilfe der Tensorkomponenten ϵ_{klm} kann man die Vektorprodukte $\mathbf{g}_i \times \mathbf{g}_j$ in der Form

$$\mathbf{g}_i \times \mathbf{g}_j = \epsilon_{ijk} \mathbf{g}^k \qquad (13.16)$$

aufschreiben (die Beziehung (13.16) erhält man ebenso wie die weiter unten verwendete Beziehung (13.17) aufgrund der Relation $\mathbf{e}_i \cdot \mathbf{e}^k = \delta_i{}^k$ für ko- und kontravariante Basisvektoren), wobei im Falle der kanonischen Basis $\mathbf{g}^k = \mathbf{g}_k$ gilt (kovariante und kontravariante Basis stimmen überein). Damit ergibt sich für das Vektorprodukt die bekannte Darstellung

$$
\begin{aligned}
\mathbf{A} \times \mathbf{B} = a^i b^j \epsilon_{ijk} \mathbf{g}^k &= (a^2 b^3 - a^3 b^2) \mathbf{g}_1 + (a^3 b^1 - a^1 b^3) \mathbf{g}_2 + (a^1 b^2 - a^2 b^1) \mathbf{g}_3 \\
&= \begin{pmatrix} a^2 b^3 - a^3 b^2 \\ a^3 b^1 - a^1 b^3 \\ a^1 b^2 - a^2 b^1 \end{pmatrix} \, ,
\end{aligned}
$$

wobei $g = 1$ berücksichtigt wurde. Bevor wir nun das Vektorprodukt zweier Vektoren mit den Zerlegungen $\mathbf{A} = a^i \mathbf{e}_i$ und $\mathbf{B} = b^j \mathbf{e}_j$ mit kontravarianten Komponenten a^i, b^j und der kovarianten Basis $\mathbf{e}_k$, $k = 1,2,3$, bestimmen, wollen wir uns einen Überblick über die Beziehungen zwischen kovarianter und kontravarianter Basis verschaffen. Dazu benötigen wir zunächst das Spatprodukt $[\mathbf{A}, \mathbf{B}, \mathbf{C}]$ der drei Vektoren $\mathbf{A}$, $\mathbf{B}$, $\mathbf{C}$. Mit der GRAMschen Determinante gilt für das Spatprodukt die Beziehung

$$
[\mathbf{A}, \mathbf{B}, \mathbf{C}]^2 = \begin{vmatrix} \mathbf{A} \cdot \mathbf{A} & \mathbf{A} \cdot \mathbf{B} & \mathbf{A} \cdot \mathbf{C} \\ \mathbf{B} \cdot \mathbf{A} & \mathbf{B} \cdot \mathbf{B} & \mathbf{B} \cdot \mathbf{C} \\ \mathbf{C} \cdot \mathbf{A} & \mathbf{C} \cdot \mathbf{B} & \mathbf{C} \cdot \mathbf{C} \end{vmatrix} \, ,
$$

und für $\mathbf{A} = \mathbf{e}_1$, $\mathbf{B} = \mathbf{e}_2$, $\mathbf{C} = \mathbf{e}_3$ gilt speziell $[\mathbf{e}_1, \mathbf{e}_2, \mathbf{e}_3]^2 = g$, denn die Einträge der GRAMschen Determinante sind gerade $g_{ij} = \mathbf{e}_i \cdot \mathbf{e}_j$, also die kovarianten Metrikkoeffizienten. Es gilt damit $[\mathbf{e}_1, \mathbf{e}_2, \mathbf{e}_3] = \sqrt{|g|}$. Aufgrund der Beziehung $\mathbf{e}_i \cdot \mathbf{e}^j = \delta_i{}^j$ zwischen kovarianter und kontravarianter Basis ergibt sich

$$[\mathbf{e}_1, \mathbf{e}_2, \mathbf{e}_3][\mathbf{e}^1, \mathbf{e}^2, \mathbf{e}^3] = 1 \quad \text{also} \quad [\mathbf{e}^1, \mathbf{e}^2, \mathbf{e}^3] = \frac{1}{\sqrt{|g|}} \, .$$

Mit den Beziehungen

$$\epsilon_{klm} \mathbf{e}^k = \mathbf{e}_l \times \mathbf{e}_m \, , \qquad (13.17)$$

also durch

$$\mathbf{e}^1 = \frac{\mathbf{e}_2 \times \mathbf{e}_3}{[\mathbf{e}_1, \mathbf{e}_2, \mathbf{e}_3]} \, , \quad \mathbf{e}^2 = \frac{\mathbf{e}_3 \times \mathbf{e}_1}{[\mathbf{e}_1, \mathbf{e}_2, \mathbf{e}_3]} \, , \quad \mathbf{e}^3 = \frac{\mathbf{e}_1 \times \mathbf{e}_3}{[\mathbf{e}_1, \mathbf{e}_2, \mathbf{e}_3]}$$

können die kontravarianten Basisvektoren durch die kovarianten berechnet werden. Für das Vektorprodukt von $\mathbf{A} = a^i \mathbf{e}_i = a_i \mathbf{e}^i$ und $\mathbf{B} = b^j \mathbf{e}_j = b_j \mathbf{e}^j$ ergibt sich unter Nutzung der Beziehung (13.17)

$$\mathbf{A} \times \mathbf{B} = a^i b^j \, \mathbf{e}_i \times \mathbf{e}_j = a^i b^j \epsilon_{kij} \, \mathbf{e}^k =: c_k \mathbf{e}^k \tag{13.18}$$

mit $c_k = \epsilon_{kij} a^i b^j$. Auf der Basis der zu (13.17) analogen Beziehung $\epsilon^{klm} \mathbf{e}_k = \mathbf{e}^l \times \mathbf{e}^m$ erhält man

$$\mathbf{A} \times \mathbf{B} = a_i b_j \, \mathbf{e}^i \times \mathbf{e}^j = a_i b_j \epsilon^{kij} \, \mathbf{e}_k =: d^k \mathbf{e}_k \tag{13.19}$$

mit $d^k = \epsilon^{kij} a_i b_j$. Mit den Beziehungen (13.18) und (13.19) liegen nun zum einen Berechnungsformeln zur Bestimmung des Vektorproduktes für allgemeine Zerlegungen in ko- und kontravariante Basisvektoren vor, und zweitens erkennt man auch die Invarianz des Vektorproduktes gegenüber einem Basiswechsel.

Beispiel: Als Rechenübung zum Vektorprodukt wollen wir die Antisymmetrie

$$\mathbf{A} \times \mathbf{B} = -\mathbf{B} \times \mathbf{A}$$

nachweisen. Nach (13.18) gilt für $\mathbf{A}$ und $\mathbf{B}$, zerlegt in der kontravarianten Basis $\{\mathbf{e}^k, \ k = 1,2,3\}$,

$$\mathbf{A} \times \mathbf{B} = a_i b_j \epsilon^{kij} \, \mathbf{e}_k \quad \text{und} \quad \mathbf{B} \times \mathbf{A} = b_l a_m \epsilon^{klm} \, \mathbf{e}_k \,. \tag{13.20}$$

Setzt man in (13.20) $l = j$ und $m = i$ und berücksichtigt $\epsilon^{kij} = -\epsilon^{kji}$, dann folgt die Antisymmetrie des Vektorproduktes.

Aus (13.18) erhält man durch skalare Multiplikation mit dem Vektor $\mathbf{P} = p^l \mathbf{e}_l$ für das Spatprodukt die Darstellung

$$[\mathbf{A}, \mathbf{B}, \mathbf{P}] = (\mathbf{A} \times \mathbf{B}) \cdot \mathbf{P} = a^i b^j \epsilon_{kij} \, \mathbf{e}^k \cdot p^l \mathbf{e}_l = a^i b^j p^l \epsilon_{kij} \delta^k_l = a^i b^j p^l \epsilon_{lij} \,.$$

13.1.5 Einige Tensoren 2. Stufe der Kontinuumsmechanik

Oben wurde schon auf den Trägheitstensor hingewiesen. Hier soll nun etwas mehr zum kontinuumsmechanischen Hintergrund dargelegt werden. Dazu betrachten wir ein räumliche Strömung (im E_3) mit dem Geschwindigkeitsfeld $\mathbf{v}$ im kartesischen Koordinatensystem. Mit der linearen Approximation von $\mathbf{v}$

$$\mathbf{v}(\mathbf{x}_0 + \Delta\mathbf{x}) \approx \mathbf{v}(\mathbf{x}_0) + \mathbf{v}'(\mathbf{x}_0)\Delta\mathbf{x} \tag{13.21}$$

kann man das Geschwindigkeitsfeld in einer Umgebung des Punktes $\mathbf{x}_0$ näherungsweise beschreiben, d.h. lokal approximieren. $\mathbf{v}'(\mathbf{x}_0)$ ist dabei Ableitungsmatrix (JACOBI-Matrix) von $\mathbf{v}$ und hat die Gestalt

$$\mathbf{v}' = \left(\frac{\partial v_i}{\partial x_j}\right) =: (V_{ij}) \,,$$

wobei wir das Argument "x_0" der Übersichtlichkeit halber weglassen. (V_{ij}) ist die Komponentenmatrix des **Strömungstensors** 2. Stufe **V** (Geschwindigkeitsgradient). Kontinuumsmechanische Überlegungen zur Verformung eines Fluidelements ergeben eine Unterteilung in Drehung und Verzerrung (die Verzerrung wird noch in Dehnung und Scherung unterteilt). Da die Drehung keinen Anteil an der Verzerrung hat, kann man sie abspalten, und zwar durch eine Zerlegung des Strömungstensors in einen antisymmetrischen Teil **R**, den Rotationstensor, und einen symmetrischen Anteil **D**, den Deformationstensor. Im Einzelnen erhält man

$$\mathbf{V} = \mathbf{D} + \mathbf{R} \quad \text{bzw.} \quad (V_{ij}) = (D_{ij}) + (R_{ij}) \, .$$

Für den symmetrischen und antisymmetrischen Anteil ergeben sich die Komponenten

$$D_{ij} = \frac{1}{2}\left(\frac{\partial v_i}{\partial x_j} + \frac{\partial v_j}{\partial x_i}\right) \quad \text{und} \quad R_{ij} = \frac{1}{2}\left(\frac{\partial v_i}{\partial x_j} - \frac{\partial v_j}{\partial x_i}\right) \, .$$

Dem Rotationstensor **R** kann man nun den durch

$$\Omega = (\omega_k) \quad \text{mit} \quad \omega_k = \frac{1}{2}\epsilon_{kij}\frac{\partial v_i}{\partial x_j}, \ k, i, j \text{ paarweise verschieden,}$$

definierten Winkelgeschwindigkeitsvektor eindeutig zuordnen und umgekehrt, denn **R** hat nur 3 signifikante Komponenten:

$$(R_{ij}) = \begin{pmatrix} 0 & -\omega_3 & \omega_2 \\ \omega_3 & 0 & -\omega_1 \\ -\omega_2 & \omega_1 & 0 \end{pmatrix} \Longleftrightarrow \Omega = \begin{pmatrix} \omega_1 \\ \omega_2 \\ \omega_3 \end{pmatrix} = \frac{1}{2}\begin{pmatrix} \frac{\partial v_2}{\partial x_3} - \frac{\partial v_3}{\partial x_2} \\ \frac{\partial v_3}{\partial x_1} - \frac{\partial v_1}{\partial x_3} \\ \frac{\partial v_1}{\partial x_2} - \frac{\partial v_2}{\partial x_1} \end{pmatrix} \, .$$

Es gilt

$$\frac{1}{2}(\mathbf{v}'(\mathbf{x}) - (\mathbf{v}'(\mathbf{x}))^T) = (R_{ij}) \quad \text{und} \quad \frac{1}{2}(\mathbf{v}'(\mathbf{x}) + (\mathbf{v}'(\mathbf{x}))^T) = (D_{ij}) \, .$$

Für die lokale Approximation (13.21) des Geschwindigkeitsfeldes ergibt sich nun die Zerlegung

$$
\begin{aligned}
\mathbf{v}(\mathbf{x}_0 + \mathbf{\Delta x}) &\approx \mathbf{v}(\mathbf{x}_0) + \frac{1}{2}[\mathbf{v}'(\mathbf{x}_0) - (\mathbf{v}'(\mathbf{x}_0))^T]\mathbf{\Delta x} + \frac{1}{2}[\mathbf{v}'(\mathbf{x}_0) + (\mathbf{v}'(\mathbf{x}_0))^T]\mathbf{\Delta x} \\
&= \mathbf{v}(\mathbf{x}_0) + (R_{ij})(\Delta x_j) + (D_{ij})(\Delta x_j) \\
&= \underbrace{\mathbf{v}(\mathbf{x}_0)}_{homogen} + \underbrace{\Omega \times \mathbf{\Delta x}}_{Rotationsanteil} + \underbrace{(D_{ij})(\Delta x_j)}_{drehungsfreier\,Anteil}
\end{aligned}
\tag{13.22}
$$

in einen homogenen Anteil $\mathbf{v}(\mathbf{x}_0)$, da $\mathbf{x}_0$ ein fester Punkt ist und $\mathbf{v}(\mathbf{x}_0)$ damit eine homogene stationäre Strömung, einen Rotationsanteil $\Omega \times \mathbf{\Delta x}$, der die Drehung des Fluidelements beschreibt, und einen drehungsfreien Anteil $(D_{ij})(\Delta x_j)$, der für die Deformation (Dehnung und Scherung) des Fluidelements steht. Zwischen der im Kapitel 7 behandelten Rotation eines Geschwindigkeitsvektors rot $\mathbf{v}$ und dem Winkelgeschwindigkeitsvektor Ω gilt, wie sofort zu sehen ist, die Beziehung rot $\mathbf{v} = 2\Omega$. Betrachten wir nun eine Drehung mit konstanter Geschwindigkeit um eine Achse, dann lässt sich das Geschwindigkeitsfeld in der Form

$$\mathbf{v}(\mathbf{x}) = \mathbf{a} \times \mathbf{x}$$

schreiben, wobei $\mathbf{a}$ in die Richtung der Achse zeigt und und $|\mathbf{a}|$ die Winkelgeschwindigkeit ist. Für dieses Drehungsfeld $\mathbf{v}(\mathbf{x})$ ergibt sich in jedem Punkt $\mathbf{x}$ der Winkelgeschwindigkeitsvektor $\Omega = \mathbf{a}$ und $D_{ij} = 0$, $i, j = 1,2,3$, und damit die lokale Approximation

$$\mathbf{v}(\mathbf{x}_0 + \mathbf{\Delta x}) \approx \mathbf{v}(\mathbf{x}_0) + (R_{ij})\mathbf{\Delta x} = \mathbf{a} \times \mathbf{x}_0 + \mathbf{a} \times \mathbf{\Delta x} = \mathbf{a} \times (\mathbf{x}_0 + \mathbf{\Delta x})$$

ohne Deformationsanteil. Dabei können wir das Zeichen $\approx$ auch durch ein Gleichheitszeichen ersetzen, da $\mathbf{v}$ bezügl. $\mathbf{x}$ linear ist. Ist der Drehungsanteil gleich Null, d.h. rot $\mathbf{v} = 2\Omega = \mathbf{0}$, dann nennt man das Geschwindigkeitsfeld drehungs- oder **wirbelfrei**, so dass in der Zerlegung (13.22) außer dem homogenen Anteil nur der drehungsfreie Anteil vorkommt.

Um den Trägheitstensor etwas genauer zu erläutern, betrachten wir die Drehung einer punktförmigen Masse m um eine Achse Ω mit der Winkelgeschwindigkeit $|\Omega|$. Wir führen die Untersuchungen im kartesischen Koordinatensystem mit der kanonischen Basis $\mathbf{g}_1 = \mathbf{g}^1 = \mathbf{e}_x$, $\mathbf{g}_2 = \mathbf{g}^2 = \mathbf{e}_y$, $\mathbf{g}_3 = \mathbf{g}^3 = \mathbf{e}_z$ durch, so dass $\Omega = \omega_i \mathbf{g}^i$ und $\mathbf{x} = x_i \mathbf{g}^i$ für den Winkelgeschwindigkeitsvektor und den Ortsvektor des Punktes $\mathbf{x}$ gilt. Für das Geschwindigkeitsfeld ergibt sich gemäß der obigen Betrachtungen $\mathbf{v} = \Omega \times \mathbf{x}$. Die drehende punktförmige Masse besitzt die kinetische Energie

$$E_{kin} = \frac{m}{2}|\mathbf{v}|^2 = \frac{m}{2}|\Omega \times \mathbf{x}|^2 \; .$$

Mit der Identität $|\Omega \times \mathbf{x}|^2 = |\Omega|^2|\mathbf{x}|^2 - (\Omega \cdot \mathbf{x})^2$ (Quadrat des Flächeninhalts eines von den Vektoren Ω und $\mathbf{x}$ aufgespannten Parallelogramms) und den Umformungen

$$|\Omega|^2 = \omega_i\omega_i = \omega_i\omega_j\delta_{ij} \quad \text{und} \quad (\Omega \cdot \mathbf{x})^2 = \omega_i\omega_j x_i x_j$$

ergibt sich

$$|\Omega \times \mathbf{x}|^2 = |\mathbf{x}|^2\omega_i\omega_j\delta_{ij} - \omega_i\omega_j x_i x_j = (|\mathbf{x}|^2\delta_{ij} - x_i x_j)\omega_i\omega_j$$

und damit die quadratische Form

$$E_{kin} = \frac{m}{2}(|\mathbf{x}|^2\delta_{ij} - x_i x_j)\omega_i\omega_j =: J_{ij}\omega_i\omega_j \tag{13.23}$$

in den Komponenten ω_i des Winkelgeschwindigkeitsvektors Ω. Da die kinetische Energie der Masse m unabhängig vom jeweiligen Bezugssystem ist, und Ω ein Tensor 1. Stufe ist, müssen J_{ij} die Komponenten eines Tensors $\mathbf{J}$ 2. Stufe sein:

$$\mathbf{J} = J_{ij}\, \mathbf{g}^i\mathbf{g}^j = \frac{m}{2}(|\mathbf{x}|^2\delta_{ij} - x_i x_j)\mathbf{g}^i\mathbf{g}^j = \frac{m}{2}(|\mathbf{x}|^2\mathbf{E} - \mathbf{x}\mathbf{x})$$

und

$$J_{ij} = \frac{m}{2}(|\mathbf{x}|^2 \delta_{ij} - x_i x_j) = J^{ij} ,$$

wobei wir mit $\mathbf{E}$ den **Einheitstensor** $\mathbf{E} = \delta_{ij}\, \mathbf{g}^i \mathbf{g}^j$ mit den kovarianten Komponenten δ_{ij} bezüglich der Basis $\{\mathbf{g}^i \mathbf{g}^j,\ i,j = 1,2,3\}$ bezeichnen. Man erkennt, dass der Tensor $\mathbf{J}$ symmetrisch ist, und bezeichnet ihn als Tensor der Trägheitsmomente des betrachteten Einmassensystems, kurz **Trägheitstensor**. Der Trägheitstensor erzeugt die quadratische Form (13.23)

$$Q(\Omega) = \Omega \cdot \mathbf{J} \cdot \Omega = (\omega_i)^T (J_{ij})(\omega_j)$$

und die Komponenten

$$J_{11} = \frac{m}{2}(x_2^2 + x_3^2), \quad J_{22} = \frac{m}{2}(x_1^2 + x_3^2), \quad J_{33} = \frac{m}{2}(x_1^2 + x_2^2)$$

sind die Hauptträgheitsmomente, und die $J_{ij} = -\frac{m}{2}x_i x_j$ für $i \neq j$ sind die Deviationsmomente.

13.2 Tensoranalysis

In Verallgemeinerung zum Abschnitt 13.1 soll nun das Transformationsverhalten von physikalischen und geometrischen Größen beim Wechsel von im Allg. krummlinigen Koordinatensystemen betrachtet werden. Sind die Größen ortsveränderlich, d.h. hängen sie vom Ort P ab, dann spricht man von Feldern. Also z.B. von einem Skalarfeld im Falle eines ortsveränderlichen Temperaturfeldes, von einem Vektorfeld im Falle eines ortsveränderlichen Geschwindigkeitsfeldes und allgemein von Tensorfeldern. Wir fassen dazu $\mathbf{x} = (x^1, x^2, \ldots, x^n)^T$ und $\mathbf{x}' = (x^{1'}, x^{2'}, \ldots, x^{n'})^T$ als unterschiedliche Koordinaten des gleichen Punktes P auf. Das Transformationsgesetz für die Koordinaten sei durch

$$x^{i'} = x^{i'}(x^1, x^2, \ldots, x^n) \qquad (i = 1, \ldots, n) \tag{13.24}$$

mit der Umkehrtransformation

$$x^i = x^i(x^{1'}, x^{2'}, \ldots, x^{n'}) \qquad (i = 1, \ldots, n) , \tag{13.25}$$

deren Existenz durch die Forderung der Injektivität von (13.24) gesichert sei, gegeben. Wir setzen nun

$$A_i^{i'}(P) = \frac{\partial x^{i'}}{\partial x^i}(P) , \qquad A_{i'}^i(P) = \frac{\partial x^i}{\partial x^{i'}}(P)$$

und verallgemeinern die Definitionen 13.2 und 13.4 aus dem Abschnitt 13.1.

Definition 13.5. (Tensorfeld erster Stufe)
Das Tensorfeld erster Stufe ist ein Vektorfeld $\mathbf{v}(P)$, dessen **kontravarianten Komponenten** $a^i(P)$ sich bei einem Koordinatenwechsel (13.24) durch

$$a^{i'}(P) = A_i^{i'}(P)\, a^i(P) \qquad\qquad (13.26)$$

transformieren, und dessen **kovariante Komponenten** $a_i(P)$ sich bei einem Koordinatenwechsel (13.24) durch

$$a_{i'}(P) = A_{i'}^{i}(P)\, a_i(P) \qquad\qquad (13.27)$$

transformieren.

Wir verwenden statt dem Begriff Tensorfeld kurz den Begriff Tensor. Statt der Schreibweise $a^i(P)$ oder $A_i^{i'}(P)$ mit dem Punkt P als Argument, wird abkürzend a^i bzw. $A_i^{i'}$ verwendet, d.h. wir lassen bei Tensoren das Argument "P" in der Regel weg.
Mit dem tensoriellen Produkt von Tensoren erster Stufe kann man analog den Definitionen 13.3 bzw. 13.4 Tensoren zweiter bzw. k-ter Stufe erklären.

13.2.1 Tensoren und Koordinatensysteme

Im Folgenden sollen einige Größen behandelt werden, die im Zusammenhang mit dem Übergang zu anderen Koordinatensystemen eine Rolle spielen. Einem Punkt P mit dem Orts- oder Radiusvektor $\mathbf{r}$ ordnen wir Koordinaten $(x^1, \ldots, x^n)$ (das können beliebige krummlinige sein, z.B. Kugel- oder Polarkoordinaten) zu. Variiert man x^j und hält die übrigen x^i fest, dann ergibt sich die x^j-Koordinatenlinie durch den Punkt P und mit

$$\mathbf{e}_j = \frac{\partial \mathbf{r}(P)}{\partial x^j} \qquad\qquad (13.28)$$

erhält man einen Tangentenvektor an die x^j-Koordinatenlinie durch den Punkt P. Das so entstehende System $(\mathbf{e}_1,\ldots,\mathbf{e}_n)$ heißt **natürliche Basis**. Bezeichnet man die natürliche Basis bezüglich eines $x^{i'}$-Koordinatensystems mit $(\mathbf{e}_1',\ldots,\mathbf{e}_n')$, dann

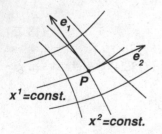

Abb. 13.1. Koordinatenlinien und Tangentenvektoren $\mathbf{e}_1 = \frac{\partial \mathbf{r}(P)}{\partial x^1}$, $\mathbf{e}_2 = \frac{\partial \mathbf{r}(P)}{\partial x^2}$

gilt die Transformationsformel

$$\mathbf{e}_{j'} = \frac{\partial x^j}{\partial x^{j'}}\mathbf{e}_j \,, \tag{13.29}$$

d.h. die natürliche Basis transformiert sich wie die kovarianten Komponenten eines Tensors erster Stufe. Zur natürlichen Basis ist anzumerken, dass die Basisvektoren i. Allg. nicht normiert sind, d.h. nicht die Länge 1 haben. Das wird bei den weiter unter diskutierten Beispielen (Zylinderkoordinaten, Kugelkoordinaten) deutlich. Rechnungen mit normierten Basen im Zylinder- oder Kugelkoordinatensystem werden oft deutlich aufwendiger als das bei der Verwendung natürlicher Basen der Fall ist. Man ist deshalb häufig sehr gut beraten, in der natürlichen Basis, also einer i. Allg. unnormierten Basis, zu rechnen.

Mit der transformierten natürlichen Basis (13.29) kann man mit den Beziehungen (13.26) und (13.27) die Tensoreigenschaft der Invarianz beim Wechsel des Bezugssystems nachrechnen: es gilt

$$\mathbf{v}(P) = a^i(P)\mathbf{e}_i(P) = a^{i'}(P)\mathbf{e}_{i'}(P) \,.$$

Betrachten wir ein kartesisches (x, y, z)-Koordinatensystem mit der kanonischen Orthonormalbasis $\mathbf{e}_x$, $\mathbf{e}_y$, $\mathbf{e}_z$, die auch die natürliche Basis ist, da alle Koordinatenlinien Geraden sind. Der Zusammenhang zwischen Zylinderkoordinaten $x^1 = \rho$, $x^2 = \phi$, $x^3 = z$ und den kartesischen Koordinaten $x = x^1, y = x^2, z = x^3$ ist durch $x(\rho, \phi, z) = \rho\cos\phi$, $y(\rho, \phi, z) = \rho\sin\phi$, $z(\rho, \phi, z) = z$ gegeben. Für den Übergang von kartesischen zu Zylinderkoordinaten und umgekehrt erhält man gemäß (13.24) bzw. (13.25)

$$A^i_{i'} = \left(\frac{\partial x^i}{\partial x^{i'}}\right) = \begin{pmatrix} \cos\phi & \sin\phi & 0 \\ -\rho\sin\phi & \rho\cos\phi & 0 \\ 0 & 0 & 1 \end{pmatrix},$$

$$A^{i'}_i = \left(\frac{\partial x^{i'}}{\partial x^i}\right) = \begin{pmatrix} \cos\phi & -\frac{1}{\rho}\sin\phi & 0 \\ \sin\phi & \frac{1}{\rho}\cos\phi & 0 \\ 0 & 0 & 1 \end{pmatrix}, \tag{13.30}$$

wobei der obere Index von $A^{i'}_i$ bzw. $A^i_{i'}$ als Spaltenindex in der Matrixdarstellung verwendet wurde. Mit der Formel (13.29) erhält man ausgehend von der natürlichen Basis des kartesischen Koordinatensystems mit

$$\mathbf{e}_\rho = \cos\phi\,\mathbf{e}_x + \sin\phi\,\mathbf{e}_y, \quad \mathbf{e}_\phi = -\rho\sin\phi\,\mathbf{e}_x + \rho\cos\phi\,\mathbf{e}_y, \quad \mathbf{e}_z = \mathbf{e}_z \tag{13.31}$$

die natürliche Basis im krummlinigen Zylinderkoordinatensystem. Die Basis (13.31) kann man auch erhalten, wenn man gemäß (13.28) den Radius- oder Ortsvektor eines Punktes P

$$\mathbf{r} = x\,\mathbf{e}_x + y\,\mathbf{e}_y + z\,\mathbf{e}_z = \rho\cos\phi\,\mathbf{e}_x + \rho\sin\phi\,\mathbf{e}_y + z\,\mathbf{e}_z$$

nach ρ, ϕ und z differenziert, also $\mathbf{e}_\rho = \frac{\partial\mathbf{r}}{\partial\rho}, \mathbf{e}_\phi = \frac{\partial\mathbf{r}}{\partial\phi}, \mathbf{e}_z = \frac{\partial\mathbf{r}}{\partial z}$ bildet (man bestimmt die natürliche Basis, indem man Tangentenvektoren an die ρ-Koordinatenlinien, ϕ-Koordinatenlinien, z-Koordinatenlinien legt).

Hat man ein Geschwindigkeitsfeld $\mathbf{v}(P)$ gegeben, dann hat es im kartesischen Koordinatensystem mit der natürlichen Basis $\mathbf{e}_1 = \mathbf{e}_x$, $\mathbf{e}_2 = \mathbf{e}_y$, $\mathbf{e}_3 = \mathbf{e}_z$ die Darstellung $\mathbf{v}(P) = v^i \mathbf{e}_i$. Beim Übergang zum Zylinderkoordinatensystem ergibt sich

$$\mathbf{v}(P) = v^i \mathbf{e}_i = v^i \frac{\partial x^{i'}}{\partial x^i} \mathbf{e}_{i'} = v^{i'} \mathbf{e}_{i'} \ ,$$

d.h. für die Komponenten $v^{i'}$ gilt die Beziehung

$$v^{i'}(P) = v^i \frac{\partial x^{i'}}{\partial x^i} = \frac{\partial x^{i'}}{\partial x^i} v^i$$

und damit sind v^i die kontravarianten Komponenten eines Tensors erster Stufe. Unter Nutzung der Beziehungen (13.30) findet man die Zerlegung des Vektors $\mathbf{v}(P)$

$$\mathbf{v}(P) = v^{i'} \mathbf{e}_{i'} = (v^1 \cos\phi + v^2 \sin\phi)\mathbf{e}_\rho + (-v^1 \frac{\sin\phi}{\rho} + v^2 \frac{\cos\phi}{\rho})\mathbf{e}_\phi + v^3 \mathbf{e}_z \ .$$

Die Beschreibung der Bogenlänge einer Kurve C in einer offenen Menge des $\mathbb{R}^n$ kann mit den Metrikkoeffizienten vorgenommen werden. Wir ordnen dazu den i. Allg. krummlinigen Koordinaten $x^1(t), \ldots, x^n(t)$ des Punktes $P(t)$ den Ortsvektor

$$\mathbf{r} = \mathbf{r}(x^1(t), \ldots, x^n(t))$$

des Punktes zu. Damit sei die Kurve C mit dem Kurvenparameter t beschrieben. Mit der Kettenregel erhält man

$$\frac{d\mathbf{r}}{dt} = \frac{\partial \mathbf{r}}{\partial x^j} \frac{dx^j}{dt} =: \mathbf{e}_j \dot{x}^j \ ,$$

wobei $\mathbf{e}_j$ die natürlichen Basisvektoren und $\dot{x}^j$ die Zeitableitungen $\frac{dx^j}{dt}$ bedeuten. Für die Bogenlänge s bzw. das Bogenelement ds der Kurve C gilt

$$(\frac{ds}{dt})^2 = (\frac{d\mathbf{r}}{dt})^2 = g_{ij} \dot{x}^i \dot{x}^j \quad \text{mit} \quad g_{ij} = \mathbf{e}_i \cdot \mathbf{e}_j \tag{13.32}$$

(für den Fall einer Orthonormalbasis erhält man die bekannte Beziehung $\frac{ds}{dt} = \sqrt{\dot{x}^i \dot{x}^i}$). Für (13.32) schreibt man auch kürzer mit ds als dem Differential der Bogenlänge

$$ds^2 = g_{ij} dx^i dx^j \ . \tag{13.33}$$

Bezüglich eines $x^{j'}$-Koordinatensystems erhält man

$$ds^2 = g_{i'j'} dx^{i'} dx^{j'}$$

(oberer Index 2 kennzeichnet hier das Quadrat) und erkennt beim Übergang vom x^i-Koordinatensystem zum $x^{j'}$-Koordinatensystem, dass g_{ij} die kovarianten Komponenten eines Tensorfeldes zweiter Stufe sind. Die Metrikkoeffizienten sind aufgrund von $g_{ij} = g_{ji}$ symmetrisch. Im Unterschied zum Abschnitt 13.1 ist g_{ij} hier i.d.Regel nicht konstant. Mit (g^{ij}) soll die zu (g_{ij}) inverse Matrix bezeichnet werden. Durch g wird die Determinante von g_{ij} bezeichnet, und mit der Funktionaldeterminante im Punkt P

$$\Delta(P) := \frac{\partial(x^1, \ldots, x^n)}{\partial(x^{1'}, \ldots, x^{n'})}$$

ergibt sich für die Determinante g' von $g_{i'j'}$ im Punkt P

$$g' = \Delta\Delta g = \Delta^2 g \, .$$

Beispiel: Für die Polarkoordinaten $x = \rho \cos\phi, y = \rho \sin\phi$ erhält man die natürliche Basis

$$\mathbf{e}_1 = \mathbf{e}_\rho = \cos\phi\,\mathbf{e}_x + \sin\phi\,\mathbf{e}_y \, , \quad \mathbf{e}_2 = \mathbf{e}_\phi = -\rho\sin\phi\,\mathbf{e}_x + \rho\cos\phi\,\mathbf{e}_y \, .$$

Für das Differential der Bogenlänge erhält man

$$ds^2 = g_{ij}dx^i dx^j = g_{11}d\rho d\rho + 2g_{12}d\rho d\phi + g_{22}d\phi d\phi$$

und mit $g_{11} = \mathbf{e}_\rho \cdot \mathbf{e}_\rho = 1$, $g_{12} = \mathbf{e}_\rho \cdot \mathbf{e}_\phi = 0$, $g_{22} = \mathbf{e}_\phi \cdot \mathbf{e}_\phi = \rho^2$ schließlich $ds^2 = d\rho^2 + \rho^2 d\phi^2$. Aus

$$(g_{ij}) = \begin{pmatrix} 1 & 0 \\ 0 & \rho^2 \end{pmatrix} \quad \text{folgt} \quad (g^{ij}) = (g_{ij})^{-1} = \begin{pmatrix} 1 & 0 \\ 0 & \rho^{-2} \end{pmatrix} \, .$$

Für g ergibt sich sofort $g = \rho^2$. Im kartesischen Koordinatensystem ist $g = 1$. Geht man über zu Polarkoordinaten, dann ist

$$\Delta(P) = \frac{\partial(x,y)}{\partial(\rho,\phi)} = \det \begin{pmatrix} \cos\phi & -\rho\sin\phi \\ \sin\phi & \rho\cos\phi \end{pmatrix} = \rho$$

und damit erhält man für die Determinante g' der Matrix der Metrikkoeffizienten im Polarkoordinatensystem $g' = \Delta^2 g = \rho^2 \cdot 1 = \rho^2$.

13.2.2 Ableitung von Tensoren und CHRISTOFFEL-Symbole

Das Grundproblem bei der Berechnung von Ableitungen von Tensoren in krummlinigen Koordinatensystemen besteht darin, dass Tensoren in unterschiedlichen Punkten auf unterschiedliche n-Beine von Basisvektoren bezogen werden. Um die räumliche Änderung von Tensoren beschreiben zu können muss man wissen, wie sich das n-Bein der natürlichen Basis von einem Punkt zu einem benachbarten Punkt ändert. In diesem Buch ist es nicht möglich, die letztendlich entstehenden Beziehungen und Formeln für die Ableitung von Tensoren

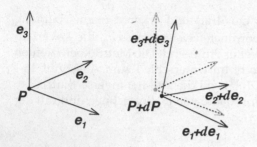

Abb. 13.2. Veränderung eines Dreibeins $(P, \mathbf{e}_i)$

herzuleiten. Für den interessierten Leser sei hier die Lektüre von Spezialliteratur, z.B. die in der Literaturübersicht angegebenen Bücher zur "Tensoranalysis" empfohlen. Es sollen aber zumindest die Formeln für die Ableitung von Tensoren 0. Stufe (Skalarfelder) und Tensoren erster Stufe angegeben und ihre Verwendung besprochen werden. Seien die krummlinigen Koordinaten $(x^1, \ldots, x^n)$ (z.B. Polarkoordinaten ρ, ϕ) mit der natürlichen Basis $\mathbf{e}_i$, $i = 1, \ldots, n$) gegeben. Ausgehend von den Metrikkoeffizienten $g_{ij} = \mathbf{e}_i \cdot \mathbf{e}_j$ erhält man durch das Studium der Veränderung des natürlichen n-Beins $(P, \mathbf{e}_i)$ (die vom Punkt abhängigen Basisvektoren $\mathbf{e}_i$ mit dem Punkt P als Ursprung) zum "benachbarten" natürlichen n-Bein $(P+dP, \mathbf{e}_i + d\mathbf{e}_i)$ das erforderliche Instrumentarium zur Ableitungsberechnung von Tensoren. Für Skalarfelder $\psi(x^1, \ldots, x^n)$ definiert man die **kovariante Ableitung** durch

$$\nabla_i \psi := \frac{\partial \psi}{\partial x^i} = \partial_i \psi$$

und erzeugt damit die kovarianten Komponenten $\nabla_i \psi$ eines Tensors erster Stufe, des Gradienten von ψ. Betrachten wir nun den ortsveränderlichen Vektor $\mathbf{A} = a^k \mathbf{e}_k$, wobei $\{\mathbf{e}_k, k = 1, \ldots, n\}$ auch abhängig von i. Allg. krummlinigen Koordinaten sein kann. Für die Ableitung des Vektors nach x^l erhält man mit der Produktregel

$$\frac{\partial \mathbf{A}}{\partial x^l} = \frac{\partial a^k}{\partial x^l} \mathbf{e}_k + a^k \frac{\partial \mathbf{e}_k}{\partial x^l} =: a^k_{,l} \mathbf{e}_k + a^k \mathbf{e}_{k,l} \ .$$

Im ortsunabhängigen Koordinatensystem ist $\mathbf{e}_{k,l} = \mathbf{0}$, und im ortsveränderlichen System muss man für die Ableitung von Vektoren (und im Allgeinen Tensoren) $\frac{\partial \mathbf{e}_k}{\partial x^l} = \mathbf{e}_{k,l}$ kennen. Mit der folgenden Definition führen wir die CHRISTOFFEL-Symbole ein.

Definition 13.6. (CHRISTOFFEL-Symbole)
Die Komponenten der Ableitung $\frac{\partial \mathbf{e}_k}{\partial x^l}$ der kovarianten (natürlichen) Basisvektoren bezeichnet man als CHRISTOFFEL-Symbole Γ^m_{kl}, d.h. es ist

$$\frac{\partial \mathbf{e}_k}{\partial x^l} = \mathbf{e}_{k,l} = \Gamma^m_{kl} \mathbf{e}_m \ .$$

Beispiel: Wir wollen die CHRISTOFFEL-Symbole Γ_{11}^1, Γ_{11}^2, Γ_{12}^1 und Γ_{12}^2 im Polarkoordinatensystem berechnen. Dazu betrachten wir das Vektorfeld $\mathbf{v} = v^1(\rho, \phi)\mathbf{e}_1 + v^2(\rho, \phi)\mathbf{e}_2$ bezüglich der kovarianten (natürlichen) Basis

$$\mathbf{e}_1 = \mathbf{e}_\rho = \cos\phi\,\mathbf{e}_x + \sin\phi\,\mathbf{e}_y, \mathbf{e}_2 = \mathbf{e}_\phi = -\rho\sin\phi\,\mathbf{e}_x + \rho\cos\phi\,\mathbf{e}_y .$$

Die Basisvektoren hängen hier von den krummlinigen Koordinaten $x^1 = \rho$ und $x^2 = \phi$ ab. Für die Ableitung von $\mathbf{e}_1$ nach $x_1 = \rho$ ergibt sich nun unter Nutzung der Def. 13.6

$$\frac{\partial\mathbf{e}_1}{\partial x^1} = 0 = \Gamma_{11}^m\mathbf{e}_m = \Gamma_{11}^1\mathbf{e}_1 + \Gamma_{11}^2\mathbf{e}_2 ,$$

woraus aufgrund der linearen Unabhängigkeit der Basisvektoren $\Gamma_{11}^1 = \Gamma_{11}^2 = 0$ folgt. Die Ableitung von $\mathbf{e}_1$ nach $x_2 = \phi$ ergibt

$$\frac{\partial\mathbf{e}_1}{\partial x^2} = -\sin\phi\mathbf{e}_x + \cos\phi\mathbf{e}_y = \frac{1}{\rho}\mathbf{e}_2 .$$

Damit gilt für die CHRISTOFFEL-Symbole Γ_{12}^1 und Γ_{12}^2

$$\frac{1}{\rho}\mathbf{e}_2 = \Gamma_{12}^m\mathbf{e}_m = \Gamma_{12}^1\mathbf{e}_1 + \Gamma_{12}^2\mathbf{e}_2$$

und es ist deshalb $\Gamma_{12}^1 = 0$ und $\Gamma_{12}^2 = \frac{1}{\rho}$.

Für die CHRISTOFFEL-Symbole kann man die folgende Berechnungsformel in Abhängigkeit von den Metrikkoeffizienten nachweisen:

Satz 13.1. *(Formeln zur Berechnung der CHRISTOFFEL-Symbole)*
Für die krummlinigen Koordinaten $(x^1, \ldots, x^n)$ *kann man die CHRISTOFFEL-Symbole mit der Formel*

$$\Gamma_{ij}^k = g^{kh}\Gamma_{ij,h} \quad mit \quad \Gamma_{ij,h} = \frac{1}{2}(\partial_j g_{ih} + \partial_i g_{jh} - \partial_h g_{ij}) \tag{13.34}$$

berechnen, wobei $\partial_k\psi = \frac{\partial\psi}{\partial x^k}$ *bedeutet und* (g^{ij}) *die inverse Matrix von* (g_{ij}) *ist.*

Mit diesen zweifellos etwas kompliziert ausschauenden Gebilden ist es nun möglich, Ableitungen von Tensoren zu berechnen. Sei der Vektor $\mathbf{v}$ in jedem Punkt durch $\mathbf{v} = v^i\mathbf{e}_i$ (v^i als kontravariante Komponenten und $\mathbf{e}_i$ als natürliche Basisvektoren) gegeben. Außerdem seien v_i die kovarianten Komponenten von $\mathbf{v}$.

Definition 13.7. (kovariante Ableitung eines Vektors)

$$\nabla_k v^i = \partial_k v^i + \Gamma_{kh}^i v^h \tag{13.35}$$

nennt man gemischte ko- und kontravariante Komponenten der **kovarianten Ableitung** des Vektors $\mathbf{v}$. Die Komponenten

$$\nabla_k v_i = \partial_k v_i - \Gamma_{kh}^i v_h \tag{13.36}$$

heißen kovariante Komponenten der kovarianten Ableitung des Vektors $\mathbf{v}$.

Bevor einige Beispiele behandelt werden, sei angemerkt, dass die CHRISTOFFEL-Symbole in "geradlinigen" Koordinatensystemen (g_{ij} ist konstant) verschwinden, und damit die kovariante Ableitung gleich der üblichen partiellen Ableitung wird. Außdem vereinfachen sich viele Rechnungen für orthogonale Koordinatensysteme, weil dann $g_{ij} = \mathbf{e}_i \cdot \mathbf{e}_j = 0$ für $i \neq j$ gilt.

Satz 13.2. *(CHRISTOFFEL-Symbole bei orthogonaler natürlicher Basis)*
Ist die natürliche Basis $\mathbf{e}_i$ eines krummlinigen Koordinatensystems orthogonal, dann gelten für die CHRISTOFFEL-Symbole die Beziehungen

$$
\begin{aligned}
\Gamma_{ij,k} &= \Gamma_{ij}^k = 0 \qquad (i \neq j,\ j \neq k,\ k \neq i), \\[2mm]
\Gamma_{ii,k} &= -\frac{1}{2}\partial_k g_{ii} \qquad (i \neq k), \\[2mm]
\Gamma_{ij,i} &= \Gamma_{ji,i} = \frac{1}{2}\partial_j g_{ii}\ , \\[2mm]
\Gamma_{ii}^k &= -\frac{1}{2g_{kk}}\partial_k g_{ii} \qquad (i \neq k), \\[2mm]
\Gamma_{ik}^k &= \Gamma_{ki}^k = \frac{1}{2g_{kk}}\partial_i g_{kk} = \frac{1}{2}\partial_i \ln g_{kk}\ .
\end{aligned}
\tag{13.37}
$$

Zu den Formeln (13.37) ist anzumerken, dass über doppelt auftretende Indizes nicht zu summieren ist. Der Nachweis der Beziehungen (13.37) ist nicht allzu kompliziert und ergibt sich direkt aus dem Satz 13.1 zur Berechnung der CHRISTOFFEL-Symbole und der Orthogonalität der Basen.

Der Satz 13.2 mit den Beziehungen (13.37) vereinfacht die Berechnung von Ableitungen im Falle von den orthogonalen natürlichen Basen der Polar-, Zylinder- oder Kugelkoordinatensysteme, die allesamt orthogonal sind.

Beispiel: Mit $v^1(\rho, \phi)$ und $v^2(\rho, \phi)$ seien die kontravarianten Komponenten des Vektorfeldes $\mathbf{v}$ bezüglich der natürlichen Basis des Polarkoordinatensystems

$$
\mathbf{e}_\rho = \cos\phi\,\mathbf{e}_x + \sin\phi\,\mathbf{e}_y,\ \mathbf{e}_\phi = -\rho\sin\phi\,\mathbf{e}_x + \rho\cos\phi\,\mathbf{e}_y
$$

gegeben (s. auch (13.31)). Für die Metrikkoeffizienten gilt $g_{11} = 1, g_{22} = \rho^2, g^{11} = 1, g^{22} = \rho^{-2}$ und $g_{12} = g_{21} = g^{12} = g^{21} = 0$. Damit errechnet man für die Komponente $\nabla_1 v^1$ der kovarianten Ableitung von $\mathbf{v}$ z.B.

$$
\begin{aligned}
\nabla_1 v^1 &= \frac{\partial v^1}{\partial\rho} + \Gamma_{1k}^1 v^k = \frac{\partial v^1}{\partial\rho} + g^{11}\Gamma_{11,1}v^1 + g^{12}\Gamma_{11,2}v^1 + g^{11}\Gamma_{12,1}v^2 + g^{12}\Gamma_{12,2}v^2 \\[2mm]
&= \frac{\partial v^1}{\partial\rho} + \frac{g^{11}}{2}\frac{\partial g_{11}}{\partial\rho}v^1 + \frac{g^{11}}{2}\frac{\partial g_{11}}{\partial\phi}v^2 = \frac{\partial v^1}{\partial\rho}
\end{aligned}
$$

und für $\nabla_2 v^1$

$$
\begin{aligned}
\nabla_2 v^1 &= \frac{\partial v^1}{\partial\phi} + \Gamma_{2k}^1 v^k = \frac{\partial v^1}{\partial\phi} + g^{11}\Gamma_{21,1}v^1 + g^{12}\Gamma_{21,2}v^1 + g^{11}\Gamma_{22,1}v^2 + g^{12}\Gamma_{22,2}v^2 \\[2mm]
&= \frac{\partial v^1}{\partial\phi} + \frac{g^{11}}{2}\frac{\partial g_{11}}{\partial\phi}v^1 - \frac{g^{11}}{2}\frac{\partial g_{22}}{\partial\rho}v^2 = \frac{\partial v^1}{\partial\phi} - \rho v^2\ .
\end{aligned}
$$

13.2.3 Operatoren und Gleichungen in krummlinigen Koordinaten

Mit dem Begriff der kovarianten Ableitung von Skalaren und Vektoren sollen nun die Operatoren grad, div etc. in krummlinigen Koordinaten gebildet werden. Ausgehend von der kovarianten Ableitung eines Skalarfeldes ψ und der kontravarianten Basis $\mathbf{e}^i$ wird durch

$$\operatorname{grad}\psi := (\nabla_i\psi)\mathbf{e}^i \qquad (= g^{ij}(\nabla_i\psi)\mathbf{e}_j) \tag{13.38}$$

der **Gradient** von ψ in krummlinigen Koordinaten berechnet. In Zylinderkoordinaten erhält man mit der natürlichen Basis (13.31) für das Skalarfeld $\psi(\rho,\phi,z)$ den Gradienten

$$\operatorname{grad}\psi = \frac{\partial\psi}{\partial\rho}\mathbf{e}_\rho + \frac{1}{\rho^2}\frac{\partial\psi}{\partial\phi}\mathbf{e}_\phi + \frac{\partial\psi}{\partial z}\mathbf{e}_z\;.$$

Sei das Vektorfeld $\mathbf{v}$ durch seine kontravarianten Komponenten v^i gegeben. Das Skalarfeld

$$\operatorname{div}\mathbf{v} = \nabla_i v^i$$

bedeutet gerade die **Divergenz** des Vektorfeldes $\mathbf{v}$. Mit der kovarianten Ableitung eines Vektorfeldes (13.35) erhält man für die Divergenz

$$\operatorname{div}\mathbf{v} = \partial_i v^i + \Gamma^i_{ih}v^h\;.$$

Wenn man die Darstellungsmöglichkeit

$$\Gamma^i_{ih} = \frac{1}{2g}\frac{\partial g}{\partial x^h} = \frac{1}{\sqrt{|g|}}\frac{\partial\sqrt{|g|}}{\partial x^h}$$

für das spezielle CHRISTOFFEL-Symbol Γ^i_{ih} benutzt (g ist hier die Determinante von (g_{ij}), s. auch Aufgabe 8), dann kann man die Divergenz eines Vektorfeldes $\mathbf{v}$ in krummlinigen Koordinaten schließlich in der Form

$$\operatorname{div}\mathbf{v} = \frac{1}{\sqrt{|g|}}\partial_i[\sqrt{|g|}v^i] = \frac{1}{\sqrt{|g|}}\frac{\partial\sqrt{|g|}v^i}{\partial x^i} \tag{13.39}$$

aufschreiben. Wendet man den Divergenz-Operator auf den Gradienten eines Skalarfeldes an, dann ergibt sich mit den kontravarianten Komponenten $g^{ij}(\partial_i\psi) = g^{ij}\nabla_i\psi$ des Vektors $\operatorname{grad}\psi$ für den LAPLACE-Operator $\Delta\psi = \operatorname{div}(\operatorname{grad}\psi)$ des Skalarfeldes ψ in krummlinigen Koordinaten

$$\Delta\psi = \operatorname{div}(\operatorname{grad}\psi) = \frac{1}{\sqrt{|g|}}\partial_j[\sqrt{|g|}g^{ij}(\partial_i\psi)] = \frac{1}{\sqrt{|g|}}\frac{\partial}{\partial x^j}[\sqrt{|g|}g^{ij}\frac{\partial\psi}{\partial x^i}]\;. \tag{13.40}$$

Eine andere mögliche Schreibweise für den LAPLACE-Operator erhält man durch die Divergenzbildung des Gradientenvektors mit den kontravarianten Komponenten $g^{ij}\nabla_i\psi =: \nabla^j\psi$

$$\Delta\psi = g^{ij}\nabla_j\nabla_i\psi \qquad (= \nabla_j\nabla^j\psi)\;,$$

so dass die POISSON-Gleichung $-\Delta U = f$ in krummlinigen Koordinaten die Form

$$-g^{ij}\nabla_j\nabla_i U = f \qquad (\text{bzw.} \quad -\nabla_j\nabla^j U = f)$$

hat. Für den LAPLACE-Operator des Skalarfeldes ψ in Zylinderkoordinaten findet man mit $g_{11} = 1$, $g_{22} = \rho^2$, $g_{33} = 1$, $g_{ij} = 0$ für $i \neq j$ mit der Determinate $g = \rho^2$ und $(g^{ij}) = (g_{ij})^{-1}$

$$\Delta\psi = \frac{1}{\rho}[\frac{\partial}{\partial\rho}(\rho\frac{\partial\psi}{\partial\rho}) + \frac{\partial}{\partial\phi}(\frac{1}{\rho}\frac{\partial\psi}{\partial\phi}) + \frac{\partial}{\partial z}(\rho\frac{\partial\psi}{\partial z})] = \frac{1}{\rho}\frac{\partial}{\partial\rho}(\rho\frac{\partial\psi}{\partial\rho}) + \frac{1}{\rho^2}\frac{\partial^2\psi}{\partial\phi^2} + \frac{\partial^2\psi}{\partial z^2}.$$

Da die Γ^k_{ij} in den unteren Indizes symmetrisch sind, ergeben sich für die kovarianten Komponenten $\nabla_i v_j$ der kovarianten Ableitung eines Vektors mit

$$\nabla_i v_j - \nabla_j v_i = \partial_i v_j - \partial_j v_i$$

die kovarianten Komponenten eines antisymmetrischen Tensors zweiter Stufe. Diesen zweistufigen Tensor nennt man **Rotation** des Vektors $\mathbf{v}$ (mit den kovarianten Komponenten v_i). Damit erhält man für den im Abschnitt 7 im kartesischen Koordinatensystem betrachteten Rotationsoperator rot im allgemeinen krummlinigen Koordinatensystem

$$\mathrm{rot}\,\mathbf{v} = \epsilon^{klm}\partial_l v_m \mathbf{e}_k = \frac{1}{\sqrt{|g|}}\begin{vmatrix} \mathbf{e}_1 & \mathbf{e}_2 & \mathbf{e}_3 \\ \partial_1 & \partial_2 & \partial_3 \\ v_1 & v_2 & v_3 \end{vmatrix}, \tag{13.41}$$

wobei hier v_i die kovarianten Komponenten des Vektors $\mathbf{v}$ sind. Die dabei verwendete kontravariante Basis erhält man ausgehend von der kovarianten Basis durch $\mathbf{e}^i = g^{ij}\mathbf{e}_j$ $(i = 1, \ldots, n)$, womit sich die Zerlegung $\mathbf{v}(P) = v_j\mathbf{e}^j$ mit der kontravarianten Basis $\mathbf{e}^i$ und den kovarianten Komponenten v_j ergibt.

Beispiel: Als Rechenübung zur Rotation wollen wir die Beziehung

$$\mathrm{rot}\,(\phi\mathbf{w}) = \nabla\phi \times \mathbf{w} + \phi\,\mathrm{rot}\,\mathbf{w}$$

für das Skalarfeld ϕ und das Vektorfeld $\mathbf{w}$ zeigen. Es ist nach (13.41) $\mathrm{rot}\,(\phi\mathbf{w}) = \epsilon^{klm}\partial_l(\phi w_m)\mathbf{e}_k$ und mit der Produktregel ergibt sich

$$\begin{aligned} \epsilon^{klm}\partial_l(\phi w_m)\mathbf{e}_k &= \epsilon^{klm}[(\partial_l\phi)w_m + \phi\partial_l w_m]\mathbf{e}_k \\ &= \epsilon^{klm}(\partial_l\phi)w_m\mathbf{e}_k + \phi\,\epsilon^{klm}\partial_l w_m\mathbf{e}_k \\ &= (\partial_l\phi)w_m\,\mathbf{e}^l \times \mathbf{e}^m + \phi\,\mathrm{rot}\,\mathbf{w} \\ &= (\partial_l\phi\,\mathbf{e}^l) \times (w_m\,\mathbf{e}^m) + \phi\,\mathrm{rot}\,\mathbf{w} = \nabla\phi \times \mathbf{w} + \phi\,\mathrm{rot}\,\mathbf{w}, \end{aligned}$$

da $\partial_l\phi$ die kovarianten Komponenten des Vektors $\nabla\phi = \partial_l\phi\,\mathbf{e}^l$ (Gradient von ϕ) sind und $\epsilon^{klm}\mathbf{e}_k = \mathbf{e}^l \times \mathbf{e}^m$ ist.

Bei der obigen Betrachtung der POISSON-Gleichung in krummlinigen Koordinaten haben wir bereits den LAPLACE-Operator allgemein formuliert. Dieses Resultat können wir nutzen, um die im Kapitel 7 bereits betrachtete NAVIER-STOKES-Gleichungen in krummlinigen Koordinaten zu formulieren. Die Gleichungen

(7.6) für die Geschwindigkeit **v** und den Druck p haben für ein inkompressibles Medium mit konstanter Viskosität und einer äußeren Kraftdichte **K** in kartesischen Koordinaten die Form

$$\frac{\partial \mathbf{v}}{\partial t} + (\mathbf{v} \cdot \nabla)\mathbf{v} - \nu \Delta \mathbf{v} = \mathbf{K} - \operatorname{grad} p , \quad \operatorname{div} \mathbf{v} = 0$$

und mit den Verabredungen $\mathbf{v} = v^j \mathbf{e}_j$ und $\mathbf{K} = K^j \mathbf{e}_j$ gelten für die Komponenten v^j und p die Gleichungen

$$\frac{\partial v^j}{\partial t} + v^k \partial_k v^j - \nu \Delta v^j = K^j - \partial_j p , \quad \partial_k v^k = 0 \quad (j = 1,2,3) .$$

Für den Druckgradienten ergibt sich in krummlinigen Koordinaten

$$\operatorname{grad} p = (\nabla_i p)\mathbf{e}^i = g^{ij}(\nabla_i p)\mathbf{e}_j$$

und mit $\nabla^j = g^{jk}\nabla_k$ erhält man $g^{ij}(\nabla_i p) = \nabla^j p$, d.h. die kontravarianten Komponenten des Druckgradienten. Insgesamt erhält man mit den oben definierten kovarianten Ableitungen der Geschwindigkeit für die kontravarianten Geschwindigkeitskomponenten in krummlinigen Koordinaten die Gleichungen

$$\frac{\partial v^j}{\partial t} + v^k \nabla_k v^j - \nu \nabla_k \nabla^k v^j = K^j - \nabla^j p , \quad \nabla_k v^k = 0 . \tag{13.42}$$

Die NAVIER-STOKES-Gleichungen (13.42) sind in beliebigen krummlinigen Koordinatensystemen gültig.

Abschließend soll die Grundgleichung der Elastodynamik, die in kartesischen Koordinaten die Form

$$\rho \frac{\partial^2 \mathbf{u}}{\partial t^2} + \operatorname{div} \tau = \mathbf{K}$$

für den Verschiebungsvektor **u**, den Spannungstensor τ, die äußere Kraftdichte **K** und die Dichte ρ hat, in krummlinigen Koordinaten aufgeschrieben werden. Setzt man $\mathbf{u} = u^j \mathbf{e}_j$ und $\mathbf{K} = K^j \mathbf{e}_j$ sowie $\tau = \tau^{ij} \mathbf{e}_i \mathbf{e}_j$ gilt für die Komponenten von **u**

$$\rho \frac{\partial^2 u^j}{\partial t^2} + \partial_i \tau^{ij} = K^j .$$

Die allgemeine Gleichung in beliebigen krummlinigen Koordinaten lautet dann unter Nutzung der kovarianten Ableitung ∇_i

$$\rho \frac{\partial^2 u^j}{\partial t^2} + \nabla_i \tau^{ij} = K^j . \tag{13.43}$$

Die Formulierung der Gleichungen (13.40), (13.42) und (13.43) zeigt die Eleganz des Tensorkalküls für die Behandlung von invarianten physikalischen und geometrischen Größen in allgemeinen Koordinatensystemen. Allerdings hat man mit den genannten Gleichungen noch nicht "gewonnen", denn speziell für numerische Lösungen muss man konkreter werden und die vorkommenden kovarianten Ableitungen ausrechnen, d.h. man muss die CHRISTOFFEL-Symbole auf der

Basis der jeweiligen Metrik g_{ij} des vorliegenden krummlinigen Koordinatensystems berechnen.

Zum Schluss sei noch auf ein paar wichtige Prinzipien bei der Arbeit mit Tensoren oder Tensorgleichungen hingewiesen. Wenn man gelernt hat, "Indexbilder" von Tensoren oder Tensorgleichungen zu lesen und zu interpretieren, dann kann man oft schon grobe Fehler in Rechnungen mit Tensoren vermeiden. Außerdem können in einer Tensorgleichung nur Tensoren gleicher Stufe als Terme (Summanden) vorkommen, d.h. man kann z.B. zu kovarianten keine kontravarianten Termen addieren. Braucht man kontravariante Komponenten v^j, hat aber nur die kovarianten Komponenten v_i zur Verfügung oder umgekehrt, dann kann man Indizes bekanntlich mit den Beziehungen $v^j = g^{ij} v_i$ bzw. $v_i = g_{ij} v^j$ heben und senken, so dass die Indexbilder wieder stimmig werden.

13.3 Aufgaben

1) Berechnen Sie die ko- und kontravarianten Komponenten des Ortsvektors $\mathbf{x}$ des Punktes $P = (2,4,1)$ bezüglich der Basis $\mathbf{e}_1 = (2,1,1)^T$, $\mathbf{e}_2 = (3,1,1)^T$, $\mathbf{e}_3 = (4,1,2)^T$.

2) Berechnen Sie alle möglichen Tensoren als Ergebnis der Verjüngung des Tensors $\mathbf{T} = t^i_{jkl} \mathbf{e}_i \mathbf{e}^j \mathbf{e}^k \mathbf{e}^l$.

3) Berechnen Sie alle möglichen Tensoren als Ergebnis der Überschiebung der Tensoren $\mathbf{T} = t_{ij} \mathbf{e}^i \mathbf{e}^j$ und $\mathbf{R} = r_k^l \mathbf{e}^k \mathbf{e}_l$.

4) Zeigen Sie, dass für den Fall von Orthogonalbasen $\mathbf{e}_i$ und $\mathbf{e}_{i'}$ für die Transformationsmatrizen $C = (a^j_{i'})$ und $D = (a^{j'}_i)$ aus (13.8) bzw. (13.9) die Beziehung $D = C^T = C^{-1}$ gilt.

5) Berechnen Sie die natürliche Basis und die Metrikkoeffizienten für das Kugelkoordinatensystem $x = r\cos\phi\sin\theta$, $y = r\sin\phi\sin\theta$, $z = r\cos\theta$ mit den krummlinigen Koordinaten r, ϕ, θ.

6) Bestimmen Sie den Gradienten der Funktion $\Psi(\rho, \phi, z) = \rho^2 \cos\phi + z$ im Zylinderkoordinatensystem.

7) Berechnen Sie für den Vektor $\mathbf{v} = (v_x, v_y, v_z)^T$ die ko- und kontravarianten Komponenten bezüglich der natürlichen Basis im Kugelkoordinatensystem.

8) Zeigen Sie für das spezielle CHRISTOFFEL-Symbol $\Gamma^i_{ih} = \frac{1}{2} g^{ij} \partial_h g_{ij}$ (ergibt sich direkt aus (13.34)) die Identität

$$\Gamma^i_{ih} = \frac{1}{2g} \frac{\partial g}{\partial x^h} \, ,$$

wobei g die Determinante von (g_{ij}) und (g^{ij}) die Inverse von (g_{ij}) ist (Γ^i_{ih} ist hier als Summe über i gemäß EINSTEINscher Summenkonvention zu verstehen).

9) Zeigen Sie für Bezugssysteme mit $g_{ij} = $ const. die Identität

$$\operatorname{div}(\mathbf{v} \times \mathbf{w}) = (\operatorname{rot}\mathbf{v}) \cdot \mathbf{w} - \mathbf{v} \cdot (\operatorname{rot}\mathbf{w}) \, .$$

14
Wahrscheinlichkeitsrechnung

In Natur, Technik, Ökonomie und vielen anderen Bereichen gibt es immer wieder
Vorgänge, wo unter definierten Bedingungen ein bestimmtes Ereignis eintreten
kann, aber nicht eintreten muss. Es ist zum Beispiel nicht vorhersagbar, ob ein
in üblicher Weise geworfener Würfel eine gerade oder eine ungerade Augenzahl
liefert. Vielfältige Erfahrung zeigt, dass man trotz solcher offensichtlichen Zufäl-
ligkeit zu quantitativen Aussagen kommen kann. Die Grundidee dabei ist, die
definierten Bedingungen oft zu realisieren und immer zu fragen, ob das interessierende Ereignis eingetreten ist.

Die Wahrscheinlichkeitsrechnung befasst sich mit mathematischen Methoden zur
quantitativen Beschreibung zufälliger Ereignisse. Wenn es auch vereinzelt noch
ältere Quellen gibt, begann die moderne Wahrscheinlichkeitsrechnung im 17.
Jahrhundert. Ihre Entstehung ist insbesondere mit FERMAT (1601-1665), PASCAL
(1623-1662) und JAKOB BERNOULLI (1654-1705) verbunden. Später haben GAUSS
(1777-1855), TSCHEBYSCHEW (1821-1894) und in neuerer Zeit KOLMOGOROV
(1903-1987) wichtige Beiträge geleistet.

Übersicht

14.1 Zufällige Ereignisse

Wenn ein Ereignis unter bestimmten Bedingungen eintreten kann, aber nicht notwendig eintreten muss, spricht man von einem zufälligen Ereignis. Z.B. wird man das Ereignis, dass eine aus einem größeren Bestand "auf gut Glück" ausgewählte Weizenähre mehr als 30 und weniger als 33 Körner aufweist, als zufällig bezeichnen können. Dass ein Neutron bestimmter Energie, das senkrecht auf eine homogene feste ebene Platte auftrifft, diese Platte nach vielen Wechselwirkungen mit den Festkörperatomen durchquert, ist ein zufälliges Ereignis; das Neutron könnte ja letztlich auch reflektiert oder absorbiert werden.

Der Begriff des zufälligen Ereignisses ist ein Grundbegriff der Wahrscheinlichkeitsrechnung. Wir wollen uns zunächst damit befassen, wie man zufällige Ereignisse definiert und mit ihnen operiert.

14.1.1 Zufällige Experimente und Elementarereignisse

Man spricht von einem **zufälligen Experiment**, wenn bei Wiederholungen des Vorgangs (Experiments) unter denselben Versuchsbedingungen unterschiedliche Versuchsergebnisse möglich sind. Dabei ist vorausgesetzt, dass die Wiederholungen voneinander unabhängig sind. Ein mögliches Ergebnis e eines zufälligen Experiments heißt **Elementarereignis**. Unterschiedliche Elementarereignisse sollen sich in dem Sinn gegenseitig ausschließen, dass als Ergebnis eines Zufallsexperiments immer genau ein Elementarereignis auftritt. Der einfachste und übersichtlichste Fall ist der, wo die Menge E der Elementarereignisse von vornherein bekannt und endlich ist. Das sei zunächst vorausgesetzt.

Beispiele:

1) Beim Werfen eines Würfels (unter den üblichen Bedingungen des korrekten Würfelspiels) gibt es 6 Elementarereignisse e_k: "Es erscheint die Zahl k" ($k = 1, 2, \ldots, 6$). E besteht genau aus diesen 6 unvereinbaren Elementarereignissen.

2) Lotto "6 aus 49"
Das Ziehen einer Kombination aus 6 verschiedenen Zahlen $1, 2, \ldots, 49$ (nach dem bekannten Verfahren) soll als zufälliges Experiment definiert werden. Die zugehörigen Elementarereignisse sind die gezogenen Zahlenkombinationen. Aus wievielen solcher Elementarereignisse besteht E?

Wir erinnern hier an einige Tatsachen aus der Kombinatorik. Die Anzahl der unterschiedlichen Anordnungen (Permutationen) von n verschiedenen Elementen ist gleich $n(n - 1) \ldots 3 \cdot 2 \cdot 1 = n!$. Aus n Elementen kann man

$$V_n^k = n \cdot (n - 1) \ldots (n - k + 1) = \frac{n!}{(n - k)!} \qquad (14.1)$$

Kombinationen zur k-ten Klasse ($k \leq n$) ohne Wiederholung mit Berücksichtigung der Anordnung (Variationen) bilden. Zwei solcher Kombinationen, die sich nur durch die Anordnung der k Elemente unterscheiden, werden als verschieden betrachtet (die Anordnung wird eben berücksichtigt). Bei $n = 49$, $k = 6$ gilt also z.B.

$$(5,17,30,16,2,48) \neq (2,5,16,17,30,48) \; .$$

"Ohne Wiederholung" heißt, dass nur unterschiedliche Elemente in die Kombination aufgenommen werden. Zum Beweis der Formel (14.1) überlegt man sich, dass man das erste Element der Variation aus n Elementen, das zweite aus $(n-1)$ Elementen,..., das k-te aus $(n - k + 1)$ Elementen auswählen kann.

Beim Lotto spielt die Anordnung der 6 Zahlen keine Rolle. Es interessiert die Anzahl C_n^k der Kombinationen aus n (hier 49) verschiedenen Elementen zur k-ten Klasse (hier zur 6.) ohne Berücksichtigung der Anordnung. Je $k!$ der V_n^k Variationen unterscheiden sich nur durch die Anordnung ihrer Elemente, gehen durch Permutation auseinander hervor. Jeweils $k!$ Variationen fallen also in eine Kombination zusammen, wenn man die Anordnung der Elemente nicht berücksichtigt. Also ist

$$C_n^k = \frac{1}{k!} V_n^k = \frac{n \cdot (n-1) \ldots (n - k + 1)}{k!} = \frac{n!}{(n-k)!k!} = \binom{n}{k} \; . \qquad (14.2)$$

Beim Spiel "6 aus 49" besteht die Menge E der (wie oben definierten) Elementarereignisse aus $\binom{49}{6} = 13983816$ Elementen. Wer so viele Scheine mit unterschiedlichen Tipps abgibt, hat totsicher einen Sechser.

An den folgenden Fragestellungen sieht man, dass nicht nur die einzelnen Elementarereignisse, sondern auch "zusammengesetzte" Ereignisse interessant sind. Wieviele Tipps mit genau 5, wieviel Tipps mit genau 4 Richtigen sind in E enthalten? Aus den 6 gezogenen Zahlen lassen sich $\binom{6}{5}$ Kombinationen zur 5. Klasse bilden. Um in jeder dieser Kombinationen die 5 Richtigen zu einem aus 6 Zahlen bestehenden Fünfer (der kein Sechser ist) zu ergänzen, muss man aus den 43 nichtgezogenen Zahlen eine auswählen. Dafür hat man $\binom{43}{1} = 43$ Möglichkeiten. Es gibt daher $\binom{6}{5} \binom{43}{1} = 6 \cdot 43 = 258$ echte Fünfer. Analog findet man, dass es $\binom{6}{4} \binom{43}{2} = 13545$ Vierer in E gibt. Das Ereignis "Mein Tipp ist ein Fünfer" tritt genau bei 258 Elementarereignissen des Zufallsexperiments "Ziehung der Lottozahlen" ein.

Man sieht daran, dass Ereignisse interessieren, die dann eintreten, wenn ein Elementarereignis aus einer gewissen Teilmenge $A \subseteq E$ eintritt. Die Menge A von Elementarereignissen, die einen Fünfer nach sich ziehen, besteht aus 258 Elementen, die aus den 13983816 Kombinationen von 49 Zahlen zur 6. Klasse auszuwählen sind. Man kann das zufällige Ereignis "Fünfer" mit dieser Teilmenge A aus 258 Elementen identifizieren.

Hat E N Elemente, so gibt es $\binom{N}{k}$ k-elementige Teilmengen oder Ereignisse ($k = 1, 2, \ldots, N$), insgesamt also

$$1 + \binom{N}{1} + \cdots + \binom{N}{N-1} + \binom{N}{N} = 2^N$$

Teilmengen bzw. zufällige Ereignisse; dabei versteht man unter der nullelementigen Teilmenge das unmögliche Ereignis $\emptyset$ und unter der N-elementigen (d.h. unter E selbst) das sichere Ereignis.

14.1.2   Operationen mit zufälligen Ereignisse

Definition 14.1. (zufälliges Ereignis)
Die Menge E der Elementarereignisse sei endlich oder abzählbar unendlich. Jede Teilmenge $A \subseteq E$ heißt **zufälliges Ereignis**. A tritt genau dann ein, wenn eins der Elementarereignisse e mit $e \in A$ eintritt.

Die Menge der zufälligen Ereignisse, die zu einer Menge E von Elementarereignissen gehören, bezeichnen wir mit Z. Die Menge Z der zufälligen Ereignisse stimmt dann bei endlichen oder abzählbaren Mengen mit der Potenzmenge $\mathcal{P}(E)$ überein (vgl. Abschnitt 1.2.2).

Bemerkung zur Charakterisierung von Mengen nach ihrer Größe: Zwei Mengen M und N heißen äquivalent, wenn sich ihre Elemente umkehrbar eindeutig einander zuordnen lassen. Man sagt dann, M und N haben die gleiche Mächtigkeit. M hat eine höhere Mächtigkeit als N, wenn eine Teilmenge von M äquivalent zu N ist, nicht aber M selbst. Alle Mengen mit der gleichen endlichen Anzahl von Elementen haben dieselbe Mächtigkeit. Unendliche Mengen, die der Menge der natürlichen Zahlen $\mathbb{N}$ äquivalent sind, heißen abzählbar unendlich. Die Menge $\mathbb{Q}$ der rationalen Zahlen ist ein Beispiel dafür. Unendliche Mengen, deren Mächtigkeit höher als die von $\mathbb{N}$ ist, heißen überabzählbar unendlich. Die Menge $\mathbb{R}$ der reellen Zahlen ist eine solche Menge. Von der Menge $\mathbb{R}$ sagt man, sie habe die Mächtigkeit des Kontinuums.
Ist die Menge E von der Mächtigkeit des Kontinuums (d.h. nicht mehr abzählbar), so nimmt man i. Allg. nicht mehr sämtliche Teilmengen von E als zufällige Ereignisse in die Menge Z auf. Ist zum Beispiel E ein Intervall I der reellen Achse (z.B. bei Messung einer skalaren physikalischen Größe wie Temperatur, Masse o.ä.), so ist ein bestimmtes Elementarereignis $e = r$ mit vorgegebener reeller Zahl $r \in I$ in der Regel völlig uninteressant. Erstens geht es in dem Kontinuum völlig unter: es gibt kontinuum-viele andere Möglichkeiten für das Ergebnis des Zufallsexperiments, die das Einzelereignis $e = r$ faktisch zum unmöglichen Ereignis degradieren. Zweitens kann man wegen immer vorhandener Messfehler i. Allg. auch gar nicht unterscheiden, ob es eingetreten ist oder nicht. Dasselbe trifft dann auf beliebige endliche Teilmengen von Elementarereignissen aus E zu. Man wird sinnvoll nur umfassendere Teilmengen aus E als Zufallsereignisse betrachten, wenn E die Mächtigkeit des Kontinuums hat. Ist E ein Intervall I, so kommen als zufällige Ereignisse z.B. Teilintervalle von I in Betracht.
Ein solches System Z von Teilmengen aus E, die bei einem Zufallsexperiment die zufälligen Ereignisse darstellen, muss bestimmten Bedingungen genügen. Man nennt Z dann **Ereignisfeld** oder **BOREL**schen **Mengenkörper**. Wir bereiten die Definition des Ereignisfeldes vor durch folgende Definitionen von Operationen mit zufälligen Ereignissen. Dabei verstehen wir unter einem zufälligen Ereignis zunächst eine beliebige Teilmenge aus der Menge E der Elementarereignisse, auch wenn E nicht mehr endlich oder abzählbar ist. Sinnvolle Einschränkungen werden dann mittels des Begriffs "Ereignisfeld" möglich. Es bestehen enge Analogien zur elementaren Mengenlehre, was auch durch die Symbolik unterstrichen wird ($\cup, \cap, \ldots$).

Definition 14.2. (Summe, Produkt, Differenz, Komplement zufälliger Ereignisse) A, B seien zufällige Ereignisse, die im Ergebnis eines Zufallsexperiments auftreten können bzw. Teilmengen der Menge E; E sei das sichere Ereignis bzw. die Menge aller Elementarereignisse. Unter der **Summe** (Vereinigung) $A \cup B$ von A und B versteht man das Ereignis, das genau dann eintritt, wenn mindestens eins der Ereignisse A, B eintritt. Das **Produkt** (Durchschnitt) $A \cap B$ von A und B ist das Ereignis, das genau dann eintritt, wenn sowohl A als auch B eintreten. Als **Differenz** $A \setminus B$ der Ereignisse A, B bezeichnet man das Ereignis, das genau dann eintritt, wenn A eintritt und B nicht eintritt. Das Ereignis $\bar{A} = E \setminus A$ nennt man das zu A **komplementäre Ereignis** oder **Komplement** von A.

Verallgemeinerung

Die Definition von Summe und Produkt kann man auf endlich oder abzählbar viele zufällige Ereignisse verallgemeinern. Seien $A_1, A_2, \dots$ zufällige Ereignisse bzw. Teilmengen von E. Dann ist $\bigcup_k A_k$ das Ereignis, das genau dann eintritt, wenn mindestens eins der Ereignisse $A_1, A_2, \dots$ eintritt. Es ist $\bigcap_k A_k$ das Ereignis, das genau dann eintritt, wenn sämtliche Ereignisse $A_1, A_2, \dots$ eintreten.

Beispiele:

1) Bei der Messung der Höhe h der Bäume in einem Waldstück interessieren etwa folgende zufälligen Ereignisse bzw. Teilmengen $A_k \subseteq E$ $(0 < h_1 < h_2; h_1, h_2$ fest):

$$A_1 : 0 \le h < h_1, \qquad A_2 : h_1 \le h < h_2, \qquad A_3 : h \ge h_2.$$

Dann ist $A_1 \cup A_2 \cup A_3 = E$, $A_1 \cup A_2 : h \in [0, h_2[$, $A_2 \cup A_3 : h \in [h_1, \infty[$, $A_1 \cap A_2 \cap A_3 = \emptyset$, $\bar{A}_1 = A_2 \cup A_3$.

2) Es sei A_n das Ereignis, dass für das Ergebnis X eines Zufallsexperiments $0 < X \le \frac{1}{n}$ gilt $(n = 1, 2, \dots)$. Dann ist offenbar

$$\bigcup_{n=1}^{\infty} A_n = \,]0, 1], \qquad \bigcap_{n=1}^{\infty} A_n = \emptyset.$$

Die Analogien zur intuitiven Mengenlehre sind offensichtlich. Die in Abschnitt 1.2.3 angegebenen Verknüpfungsregeln lassen sich auf zufällige Ereignisse übertragen. Wir beschränken uns auf ein Beispiel zur Verifizierung der DE' MORGAN-schen Regeln

$$\overline{A \cup B} = \bar{A} \cap \bar{B}, \qquad \overline{A \cap B} = \bar{A} \cup \bar{B}.$$

In Worten: Das Komplement der Summe zweier Ereignisse ist gleich dem Produkt der komplementären Ereignisse. Das Komplement des Produkts zweier Ereignisse ist gleich der Summe der Komplemente.

Beispiel: $E = [0, \infty[$, $A = [1, 3[$, $B = [5, 7[$. Daraus folgt

$$\bar{A} = [0, 1[\cup [3, \infty[, \quad \bar{B} = [0, 5[\cup [7, \infty[, \quad \overline{A \cup B} = [0, 1[\cup [3, 5[\cup [7, \infty[= \bar{A} \cap \bar{B};$$
$$\overline{A \cap B} = \bar{\emptyset} = E, \quad \bar{A} \cup \bar{B} = [0, 1[\cup [3, \infty[\cup [0, 5[\cup [7, \infty[= E.$$

Die mengentheoretische Relation $A \subseteq B$ (Teilmenge) hat ihr Analogon bei den zufälligen Ereignissen in folgender Definition.

Definition 14.3. (Teilereignis, gleichwertige Ereignisse)

Sind A, B zufällige Ereignisse und folgt aus dem Eintreten von A stets das Eintreten von B, so sagt man, A sei ein **Teilereignis** von B oder A **ziehe** B **nach sich**. Man bezeichnet diese Relation zwischen den Ereignissen mit $A \subseteq B$. Gilt sowohl $A \subseteq B$ als auch $B \subseteq A$, so nennt man A und B **gleichwertig** und schreibt dafür $A = B$.

Definition 14.4. (Ereignisfeld, zufälliges Ereignis)

Eine Menge Z von Teilmengen einer Menge E von Elementarereignissen heißt **Ereignisfeld** (oder BORELscher Mengenkörper), wenn gilt:

a) Das sichere Ereignis E und das unmögliche Ereignis $\emptyset$ gehören zu Z: $E \in Z, \emptyset \in Z$.

b) Gehören die Ereignisse A, B zu Z, dann ist auch die Differenz $A \setminus B$ ein Element von Z.

c) Wenn endlich oder abzählbar viele Ereignisse $A_1, A_2, \ldots$ zu Z gehören, dann gehören sowohl ihre Summe $\bigcup_k A_k$ als auch ihr Produkt $\bigcap_k A_k$ zu Z.

Die Elemente von Z heißen **zufällige Ereignisse**.

Bei endlichem E hatten wir die Potenzmenge $\mathcal{P}(E)$ als die Menge Z der zufälligen Ereignisse erkannt. Man sieht, dass $\mathcal{P}(E)$ auch ein Ereignisfeld im Sinne der Definition 14.4 ist.

Im Vergleich dazu wird Z für unendliches E i. Allg. nicht sämtliche Teilmengen von E enthalten (vgl. die Bemerkungen im Anschluss an Definition 14.1). Es sei noch einmal daran erinnert, dass sich die Begriffe Elementarereignis, Menge E aller Elementarereignisse, zufälliges Ereignis sowie Ereignisfeld stets auf ein bestimmtes Zufallsexperiment beziehen. Der Begriff des Ereignisfelds ist deshalb wichtig, weil für seine Elemente (Teilmengen von E bzw. zufällige Ereignisse) im Rahmen der KOLMOGOROVschen Axiomatik die Wahrscheinlichkeit definiert wird.

14.1.3 Unvereinbare Ereignisse

Ein weiterer wichtiger Begriff in der Wahrscheinlichkeitsrechnung ist die Unvereinbarkeit von Ereignissen.

Definition 14.5. (Unvereinbarkeit)

Gilt $\bigcap_k A_k = \emptyset$ für endlich oder abzählbar viele zufällige Ereignisse $A_1, A_2, \ldots$, so nennt man $A_1, A_2, \ldots$ **insgesamt unvereinbare** Ereignisse oder **insgesamt disjunkte** Ereignisse. Die Ereignisse heißen **paarweise unvereinbar** oder **paarweise disjunkt**, wenn $A_i \cap A_j = \emptyset$ für alle i, j mit $i \neq j$ gilt.

Bei $n > 2$ müssen n insgesamt unvereinbare Ereignisse nicht paarweise unvereinbar sein. Die drei Würfelereignisse

A_1 :   Augenanzahl gerade

A_2 :   Augenanzahl ungerade

A_3 :   Augenanzahl gleich 3

sind insgesamt unvereinbar, aber es ist $A_2 \cap A_3 \neq \emptyset$ (vgl. auch Abb. 14.1). Andererseits sind paarweise unvereinbare Ereignisse immer auch insgesamt unvereinbar. Unvereinbare Ereignisse haben kein Elementarereignis gemeinsam. Zum Beispiel sind Ereignis A und komplementäres Ereignis $\bar{A}$ unvereinbar.

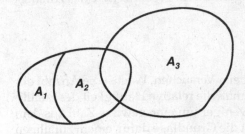

Abb. 14.1. 3 insgesamt unvereinbare, aber nicht paarweise unvereinbare Ereignisse

Definition 14.6. (vollständiges System paarweise unvereinbarer Ereignisse)
Sind $A_1, A_2, \ldots, A_n$ zufällige Ereignisse ($A_k \subseteq E$), für die gilt

a) $A_i \cap A_j = \emptyset$ für $i, j = 1, 2, \ldots, n$, $i \neq j$

b) $\bigcup_{k=1}^{n} A_k = E$ (sicheres Ereignis),

dann nennt man $(A_1, A_2, \ldots, A_n)$ ein **vollständiges System paarweise unvereinbarer Ereignisse**.

Solche Systeme $(A_1, A_2, \ldots, A_n)$ sind etwa vergleichbar mit den Elementarereignissen im Fall endlicher Mengen E: Im Ergebnis eines Zufallsexperiments tritt ein und nur ein Ereignis aus einer endlichen Menge, hier aus dem System $(A_1, A_2, \ldots, A_n)$, auf.

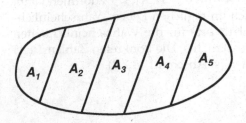

Abb. 14.2. Vollständiges System paarweise unvereinbarer Ereignisse
A_1, A_2, A_3, A_4, A_5

Beispiel: Bei der Messung der Lufttemperatur T bilden die Ereignisse

$$A_1 = \{T < -10^\circ\,C\}, \; A_2 = \{-10^\circ\,C \leq T < 10^\circ\,C\}, \; A_3 = \{10^\circ\,C \leq T < 30^\circ\,C\},$$
$$A_4 = \{30^\circ\,C \leq T < 50^\circ\,C\}, \; A_5 = \{T \geq 50^\circ\,C\}$$

ein vollständiges System paarweise unvereinbarer Ereignisse.

14.2 Wahrscheinlichkeit zufälliger Ereignisse

Wir befassen uns jetzt mit dem wichtigsten quantitativen Merkmal zufälliger Ereignisse, ihrer Wahrscheinlichkeit.

Ein Zufallsexperiment werde n-mal durchgeführt. Im Ergebnis trete das zufällige Ereignis A m-mal auf. Den Quotienten

$$H_n(A) = \frac{m}{n}$$

nennt man die **relative Häufigkeit** von A bei n Versuchen. Wächst die Anzahl der Versuche, so stabilisiert sich erfahrungsgemäß die relative Häufigkeit des zufälligen Ereignisses A und schwankt immer weniger um eine gewisse Zahl aus dem Intervall $[0,1]$. Diese Erfahrungstatsache ist die Grundlage dafür, einem zufälligen Ereignis A (unter den Bedingungen eines bestimmten zufälligen Experiments) eine Zahl

$$P(A) \quad \text{mit} \quad 0 \leq P(A) \leq 1$$

zuzuordnen. $P(A)$ sollte sich praktisch als Grenzwert der relativen Häufigkeit $H_n(A)$ für $n \to \infty$ ergeben. $P(A)$ nennt man die Wahrscheinlichkeit von A (unter den Bedingungen eines bestimmten Zufallsexperiments). Die Konvergenz (im üblichen Sinn) von $H_n(A)$ gegen eine Zahl $P(A)$ kann man nicht streng beweisen. Ihre Existenz ist ein Produkt der Extrapolation von Erfahrung.

14.2.1 Axiome von Kolmogorov

Im Anschluss an KOLMOGOROV führt man die Wahrscheinlichkeit $P(A)$ axiomatisch ein. Dabei wird postuliert, dass man allen zufälligen Ereignissen A eines Ereignisfeldes Z widerspruchsfrei Zahlen $P(A)$ mit $0 \leq P(A) \leq 1$ zuordnen kann, und zwar mit Eigenschaften, die man auch im täglichen Leben Wahrscheinlichkeiten zuschreiben würde. Über die Zahlenwerte für die Wahrscheinlichkeiten sagen die KOLMOGOROVschen Axiome (fast) nichts. Die konkreten Zahlen $P(A)$ muss man sich auf anderem Weg beschaffen (s. Abschnitt 14.2.2).

Axiome von KOLMOGOROV:

Z sei ein Ereignisfeld. Jedem zufälligen Ereignis $A \in Z$ lässt sich eine reelle Zahl $P(A)$ so zuordnen, dass die folgenden Bedingungen erfüllt sind:

a) Für jedes $A \in Z$ ist

$$0 \leq P(A) \leq 1. \tag{14.3}$$

b) Dem sicheren Ereignis E ist die Zahl 1 zugeordnet:

$$P(E) = 1. \tag{14.4}$$

c) Es gilt das **Additionsaxiom**: Sind $A_1, A_2, \ldots$ paarweise unvereinbare Ereignisse aus Z, so gilt

$$P(\bigcup_k A_k) = \sum_k P(A_k). \tag{14.5}$$

Die Zahl $P(A)$ heißt **Wahrscheinlichkeit** des zufälligen Ereignisses A.

Die Begriffe "Ereignisfeld" und "paarweise unvereinbare Ereignisse" sind in den Definitionen 14.4 und 14.5 erklärt.

Ohne Beweis sei angegeben, dass das Additionsaxiom (14.5) dem so genannten **Stetigkeitsaxiom** äquivalent ist:

Gilt für eine Folge $A_1, A_2, \ldots$ von zufälligen Ereignissen, dass jedes Ereignis Teilereignis des vorangegangenen Ereignisses ist, d.h. $A_{i+1} \subseteq A_i$ ($i = 1, 2, \ldots$), und ist $\bigcap_{i=1}^{\infty} A_i = \emptyset$, dann gilt

$$\lim_{n \to \infty} P(A_n) = 0. \tag{14.6}$$

Beispiel zu (14.5): Beim Würfeln sind die Ereignisse

$$A_1 : \qquad \text{Augenanzahl} = 2 \qquad (P(A_1) = \frac{1}{6})$$

$$A_2 : \qquad \text{Augenanzahl} = 4 \qquad (P(A_2) = \frac{1}{6})$$

$$A_3 : \quad \text{Augenanzahl ungerade} \quad (P(A_3) = \frac{1}{2})$$

paarweise disjunkt. Die angegebenen Wahrscheinlichkeiten sind sicher unmittelbar plausibel. $A_1 \cup A_2 \cup A_3$ tritt genau dann ein, wenn keine 6 gewürfelt wird, es sollte also $P(A_1 \cup A_2 \cup A_3) = \frac{5}{6}$ sein. Nach (14.5) ist tatsächlich

$$P(A_1 \cup A_2 \cup A_3) = P(A_1) + P(A_2) + P(A_3) = \frac{1}{6} + \frac{1}{6} + \frac{1}{2} = \frac{5}{6}.$$

Ersetzt man A_3 durch

$$A_3' : \text{Augenanzahl gerade} \ (P(A_3') = \frac{1}{2}),$$

so tritt $A_1 \cup A_2 \cup A_3'$ genau dann ein, wenn A_3' eintritt, also $P(A_1 \cup A_2 \cup A_3') = \frac{1}{2}$. (14.5) gilt nicht; die Voraussetzung (paarweise disjunkt) ist auch nicht erfüllt. Es ist $P(A_1 \cup A_2 \cup A_3') = \frac{1}{2} < \frac{5}{6} = P(A_1) + P(A_2) + P(A_3')$ (vgl. (14.10).

Einige einfache Folgerungen, die belegen sollen, dass eine den KOLMOGOROV-schen Axiomen genügende Funktion $P(A)$ etwas beschreibt, was man auch im Alltag von Wahrscheinlichkeiten erwartet:

a) Wahrscheinlichkeit des unmöglichen Ereignisses:

$$P(\emptyset) = 0. \tag{14.7}$$

Beweis: Wegen $E = E \cup \emptyset$, $E \cap \emptyset = \emptyset$ und (14.4) ist $1 = P(E) = P(E \cup \emptyset) = P(E) + P(\emptyset)$.

b) Wahrscheinlichkeit eines Teilereignisses:
Aus $A \subseteq B$ (vgl. Definition 14.3) folgt

$$P(A) \leq P(B). \tag{14.8}$$

Beweis: Aus $A \subseteq B$ folgt $B = A \cup (\bar{A} \cap B)$, wegen $A \cap (\bar{A} \cap B) = \emptyset$ ist (14.5) anwendbar: $P(B) = P(A) + P(\bar{A} \cap B)$; aus (14.3) folgt (14.8).

c) Wahrscheinlichkeit der Summe nicht unvereinbarer Ereignisse:
Sind A und B nicht unvereinbar, dann gilt

$$P(A \cup B) \leq P(A) + P(B). \tag{14.9}$$

Beweis: Es ist $A \cup B = A \cup (B \setminus (A \cap B))$ mit $A \cap (B \setminus (A \cap B)) = \emptyset$ (Abb. 14.3). Nach (14.5) hat man daher $P(A \cup B) = P(A) + P(B \setminus (A \cap B))$. Nach (14.8) ist $P(B \setminus (A \cap B)) \leq P(B)$, womit (14.9) bewiesen ist. Die für beliebiges $n \in \mathbb{N}$ und beliebige Ereignisse $A_k \in Z$ ($k = 1, 2, \ldots, n$) gültige Ungleichung

$$P(\bigcup_{k=1}^{n} A_k) \leq \sum_{k=1}^{n} P(A_k) \tag{14.10}$$

beweist man leicht durch vollständige Induktion.

d) Wahrscheinlichkeit des Komplements:
Wegen $A \cup \bar{A} = E$ und $A \cap \bar{A} = \emptyset$ gilt nach (14.4),(14.5)

$$P(\bar{A}) = 1 - P(A). \tag{14.11}$$

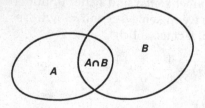

Abb. 14.3. Zur Wahrscheinlichkeit für die Summe nicht unvereinbarer Ereignisse

14.2.2 Zur Festlegung konkreter Zahlen $P(A)$

Außer $P(\emptyset) = 0$ und $P(E) = 1$ liefern die Axiome keine Werte $P(A)$. Wie kann man nun die Wahrscheinlichkeiten $P(A)$ zufälliger Ereignisse $A \in Z$ zahlenmäßig konkret festlegen? Man hat im Wesentlichen 3 Möglichkeiten.

a) **Statistische Definition der Wahrscheinlichkeit**
Die Zahl $P(A)$ wird durch die relative Häufigkeit $H_n(A)$ bei einer möglichst großen Anzahl n von Realisierungen eines Zufallsexperiments geschätzt. So wird man die Wahrscheinlichkeit dafür, dass ein Raucher an Lungenkrebs erkrankt, durch die relative Häufigkeit von Lungenkrebs in einer (möglichst großen) Gruppe von Rauchern schätzen.

b) **Klassische Definition der Wahrscheinlichkeit**
Ist bei einem Zufallsexperiment die Menge E der (paarweise unvereinbaren) Elementarereignisse e_k endlich und kann man voraussetzen, dass allen e_k dieselbe Wahrscheinlichkeit $P(e_k)$ zukommt, spricht man von einem LAPLACEschen **Zufallsexperiment**. Die Wahrscheinlichkeit für ein beliebiges zufälliges Ereignis A (vgl. Definition 14.1) wird gemäß (14.5) festgelegt als die Summe der Wahrscheinlichkeiten aller der Elementarereignisse e_k, die das Eintreten von A zur Folge haben ($e_k \subseteq A$). Das ist gleichbedeutend mit der bekannten klassischen Definition der Wahrscheinlichkeit

$$P(A) = \frac{\text{Anzahl der für } A \text{ günstigen Elementarereignisse}}{\text{Anzahl aller Elementarereignisse}} \qquad (14.12)$$

Diese Wahrscheinlichkeitsdefinition benutzt man z.B. bei Würfel- und Kartenspielen; Glücksspieler, insbesondere Würfelspieler, gaben wichtige Impulse zur Entstehung der Wahrscheinlichkeitsrechnung. Bedeutet z.B. A beim Spiel "6 aus 49" das Ereignis "Mein Tipp hat (mindestens) 5 Richtige", so gilt nach (14.12) (vgl. Abschnitt 14.1 bezüglich der Zahlen)

$$P(A) = \frac{1 + 258}{13983816} = 0{,}0000185 \ .$$

Beim Werfen einer Münze wird man nach (14.12) "vernünftigerweise" jedem der beiden Elementarereignisse A (Wappen) und $\bar{A}$ (Zahl) die Wahrscheinlichkeit $\frac{1}{2}$ zuordnen. Selbst ausgewiesene Wissenschaftler auf dem Gebiet der Wahrscheinlichkeitsrechnung waren sich nicht zu schade, eine Münze sehr oft zu werfen, um statistische und klassische Wahrscheinlichkeitsdefinition zu vergleichen. BUFFON warf eine Münze 4040 mal und erhielt die relative Häufigkeit $H_{4040}(A) = 0{,}5080$. K. PEARSON erhielt $H_{24000}(A) = 0{,}5005$.

c) **Geometrische Definition der Wahrscheinlichkeit**
Hat die Menge E der Elementarereignisse e die Mächtigkeit des Kontinuums (d.h. sie ist nicht mehr abzählbar), so kann man versuchen, jedes $e \in E$ umkehrbar eindeutig auf einen Punkt e' der reellen Achse, der Ebene oder des Raumes abzubilden. Jedem zufälligen Ereignis A entspricht dann umkehrbar eindeutig eine Punktmenge A'. E soll dabei auf eine beschränkte Menge E' abgebildet werden.

Jedes e und damit jeder geometrische Bildpunkt e' soll dieselbe Chance haben, als Ergebnis des Zufallsexperiments aufzutreten.

Ist m ein Maß für den Inhalt (z.B. Länge, Flächeninhalt, Volumen) von A', dann definiert man

$$P(A) = \frac{m(A')}{m(E')} \,. \tag{14.13}$$

Man kann zeigen, dass damit die KOLMOGOROVschen Axiome erfüllt sind. Die Gültigkeit von (14.3) und (14.4) ist offensichtlich. Bei (14.5) beschränken wir uns auf eine endliche Menge paarweise unvereinbarer Ereignisse $A_1, A_2, \ldots, A_n$. Da die Mengen $A'_1, A'_2, \ldots, A'_n$ dann paarweise disjunkt sind, gilt $m(\bigcup_{k=1}^n A'_k) = \sum_{k=1}^n m(A'_k)$ und wegen (14.13)

$$P(\bigcup_{k=1}^n A_k) = \frac{m(\cup_{k=1}^n A'_k)}{m(E')} = \sum_{k=1}^n \frac{m(A'_k)}{m(E')} = \sum_{k=1}^n P(A_k) \,.$$

Jedes einzelne Elementarereignis e hat dabei die Wahrscheinlichkeit Null, denn für jedes "vernünftige" Inhaltsmaß m ist $m(e') = 0$. Positive Wahrscheinlichkeiten kommen nur umfassenderen Ereignissen A zu.

Beispiel: BUFFONsches Nadelproblem

Auf eine große Tischplatte wird "auf gut Glück" eine Nadel der Länge l geworfen. Auf dem Tisch sind parallele Geraden im Abstand a voneinander gezeichnet. Die Nadel sei kürzer als dieser Abstand ($l < a$). Wie groß ist die Wahrscheinlichkeit für das Eintreten des Ereignisses A, das darin besteht, dass die Nadel eine der Geraden schneidet?

Aus Periodizitätsgründen (a-Periodizität in y-Richtung) greifen wir eine beliebige der Parallelen heraus; ihre Gleichung sei $y = a$. Wir können uns weiter auf die Fälle beschränken, wo die Nadel die Gerade $y = 0$ nicht schneidet und mindestens einer der Nadel-Endpunkte zwischen $y = 0$ und $y = a$ liegt. Jedes andere Wurfergebnis kann man durch Parallelverschiebung in y-Richtung um geeignete Vielfache von a in diese spezielle Lage überführen. Damit ist die Wahrscheinlichkeit für das Eintreten von A gleich der Wahrscheinlichkeit dafür, dass eine in diese spezielle Lage geworfene Nadel die Gerade $y = a$ schneidet.

Sei Q der Nadel-Endpunkt zwischen $y = 0$ und $y = a$ mit dem größten Abstand von $y = a$ (Abb. 14.4). Dieser Abstand μ ($0 \leq \mu \leq a$) und der Winkel ϕ ($0 \leq \phi \leq \pi$) legen die Lage der Nadel fest. Ein Elementarereignis e ist eine bestimmte Lage der Nadel. e kann umkehrbar eindeutig auf einen Punkt $e' \sim (\phi, \mu)$ mit $0 \leq \mu \leq a$, $0 \leq \phi \leq \pi$ abgebildet werden. Beim Werfen "auf gut Glück" sollten alle diese Punkte gleichberechtigt sein. E' ist also das Rechteck $[0, \pi] \times [0, a]$ in der (ϕ, μ)-Ebene. A tritt genau dann ein, wenn

$$\mu \leq l \sin \phi$$

ist. A' ist daher die in der Abb. 14.4 schraffierte Fläche zwischen der ϕ-Achse und der Kurve $\mu = l \sin \phi$. Es ist $m(E') = a\pi$ und

$$m(A') = \int_0^\pi l \sin \phi \, d\phi = 2l \,,$$

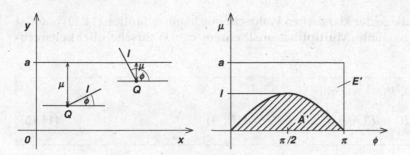

Abb. 14.4. BUFFONsches Nadelexperiment

also nach (14.13)

$$P(A) = \frac{2l}{a\pi} \ . \tag{14.14}$$

Man kann also durch häufiges Werfen einer Nadel und der damit möglichen Schätzung von $P(A)$ durch $\pi = \frac{2l}{aP(A)}$ eine Schätzung für die Zahl π erhalten!

14.2.3 Bedingte Wahrscheinlichkeit

Die bisher eingeführten Wahrscheinlichkeiten $P(A)$ sind bestimmt, wenn die Bedingungen des Zufallsexperiments eingehalten werden. Sonst hängen sie von nichts ab. Man nennt sie deshalb auch **unbedingte Wahrscheinlichkeiten**.
Es wird häufig so sein, dass die Wahrscheinlichkeit eines Ereignisses unter der Voraussetzung zu bestimmen ist, dass ein anderes Ereignis vorher eingetreten ist.

Definition 14.7. (bedingte Wahrscheinlichkeit)

Die Wahrscheinlichkeit eines Ereignisses B unter der Bedingung, dass ein Ereignis A mit $P(A) > 0$ bereits eingetreten ist, heißt **bedingte Wahrscheinlichkeit** des Ereignisses B unter der Bedingung A und wird mit $P(B|A)$ bezeichnet.

Beispiel: Man hat drei Urnen U_1, U_2, U_3 mit folgenden Inhalten:

U_1 :   2 weiße, 3 schwarze Kugeln ,

U_2 :   2 weiße, 6 schwarze Kugeln ,

U_3 :   10 schwarze Kugeln .

Aus einer "auf gut Glück" gewählten Urne wird eine Kugel gezogen. B sei das Ereignis "Die gezogene Kugel ist weiß", A_k bezeichnet das Ereignis "Die Ziehung erfolgt aus Urne U_k" ($k = 1,2,3$). Dann ist offenbar

$$P(B|A_1) = \frac{2}{5} \ , \qquad P(B|A_2) = \frac{1}{4} \ , \qquad P(B|A_3) = 0 \ .$$

Auf der Grundlage der klassischen Wahrscheinlichkeitsdefinition (14.12) beweist man das so genannte **Multiplikationstheorem der Wahrscheinlichkeitsrechnung**:

Für $P(A) > 0$, $P(B) > 0$ gilt

$$P(A \cap B) = P(A|B)P(B) = P(B|A)P(A) \, . \tag{14.15}$$

In Worten: Die Wahrscheinlichkeit für das Produkt zweier Ereignisse ist gleich der Wahrscheinlichkeit für das eine Ereignis multipliziert mit der bedingten Wahrscheinlichkeit des anderen Ereignisses unter der Bedingung, dass das erste eingetreten ist.

Zum Beweis: Es gebe n gleichwahrscheinliche (paarweise unvereinbare) Elementarereignisse. Davon seien

n_A für A, n_B für B, n_{AB} für $A \cap B$

günstig ($n_A \geq n_{AB}$, $n_B \geq n_{AB}$). Ist B eingetreten, ist genau eins der n_B für B günstigen Elementarereignisse eingetreten. Diese n_B Elementarereignisse übernehmen für das (bedingte) Ereignis $A|B$ die Rolle der n Elementarereignisse für die (unbedingten) Ereignisse A, B. Soll nun auch noch A eintreten, so muss eins der n_{AB} für $A \cap B$ günstigen Elementarereignisse eintreten. Also gilt (14.15):

$$P(A|B) = \frac{n_{AB}}{n_B} = \frac{\frac{n_{AB}}{n}}{\frac{n_B}{n}} = \frac{P(A \cap B)}{P(B)} \, .$$

14.2.4 Unabhängigkeit von Ereignissen

Es gibt Ereignisse, die offensichtlich voneinander abhängen, wie z.B. ein Tor beim Fußball nach einem groben Abwehrfehler. Andere Ereignisse sind voneinander völlig unabhängig, z.B. hängen die Augenzahlen zweier aufeinanderfolgender Würfe mit je einem Würfel nicht voneinander ab.

Definition 14.8. (Unabhängigkeit zweier Ereignisse)

A, B seien zwei zufällige Ereignisse mit $P(A) > 0$, $P(B) > 0$. Das Ereignis A heißt vom Ereignis B **unabhängig**, wenn die Wahrscheinlichkeit für das Eintreten von A unabhängig davon ist, ob B eingetreten ist oder nicht, d.h.

$$P(A|B) = P(A) \, . \tag{14.16}$$

Folgerungen:

a) Aus (14.15) folgt damit

$$P(A \cap B) = P(A)P(B) = P(B|A)P(A) \, , \text{ also } P(B|A) = P(B) \, .$$

Das heißt: Ist A von B unabhängig, so auch B von A. Man kann also schlechthin von unabhängigen Ereignissen A, B sprechen. Das Multiplikationstheorem (14.15) nimmt damit für unabhängige Ereignisse die einfache Form

$$P(A \cap B) = P(A)P(B)$$

an; umgekehrt folgt hieraus auch die Unabhängigkeit von A und B.

b) Sind A, B unabhängig, so sind auch $(A, \bar{B})$, $(\bar{A}, B)$ und $(\bar{A}, \bar{B})$ Paare unabhängiger Ereignisse.

Beweis: $(B|A) \cap (\bar{B}|A) = \emptyset$, $(B|A) \cup (\bar{B}|A) = E$. Aus (14.5) und wegen $P(B|A) = P(B)$ folgt $1 = P(B|A) + P(\bar{B}|A) = P(B) + P(\bar{B}|A)$; wegen (14.11) ist $P(\bar{B}|A) = 1 - P(B) = P(\bar{B})$; also sind A und $\bar{B}$ unabhängig (vgl. a)). Analog zeigt man die Unabhängigkeit von $\bar{A}$ und B sowie von $\bar{A}$ und $\bar{B}$.

Bei mehr als 2 Ereignissen benutzt man folgende Begriffe der Unabhängigkeit.

Definition 14.9. (Unabhängigkeit von $n > 2$ Ereignissen)
Die n zufälligen Ereignisse $A_1, A_2, \ldots, A_n$ heißen **insgesamt unabhängig**, wenn für jedes m-Tupel $(i_1, i_2, \ldots, i_m)$ von natürlichen Zahlen mit $1 \le i_1 < i_2 < \cdots < i_m \le n$ gilt:

$$P(A_{i_1} \cap A_{i_2} \cap \cdots \cap A_{i_m}) = P(A_{i_1})P(A_{i_2})\ldots P(A_{i_m}) . \tag{14.17}$$

Sie heißen **paarweise unabhängig**, wenn für jedes Indexpaar (i, j) mit $1 \le i, j \le n$, $i \ne j$ die Ereignisse A_i und A_j unabhängig sind, also

$$P(A_i \cap A_j) = P(A_i)P(A_j) \tag{14.18}$$

gilt.

n ($n > 2$) insgesamt unabhängige Ereignisse $A_1, A_2, \ldots, A_n$ sind auch paarweise unabhängig (die Umkehrung gilt allgemein nicht). Nach (14.17) gilt für sie

$$P\left(\bigcap_{k=1}^{n} A_k\right) = \prod_{k=1}^{n} P(A_k) . \tag{14.19}$$

Vergleich Unabhängigkeit/Unvereinbarkeit: n nach Definition 14.5 insgesamt unvereinbare Ereignisse sind nicht notwendig paarweise unvereinbar. Für n paarweise unvereinbare Ereignisse $A_1, A_2, \ldots, A_n$ gilt nach (14.5)

$$P\left(\bigcup_{k=1}^{n} A_k\right) = \sum_{k=1}^{n} P(A_k) . \tag{14.20}$$

14.2.5 Formel der totalen Wahrscheinlichkeit

Es sei $(A_1, A_2, \ldots, A_n)$ ein vollständiges System paarweise unvereinbarer Ereignisse (vgl. Definition 14.6) mit $P(A_k) > 0$ für $1 \le k \le n$. Dann gilt für ein beliebiges Ereignis B

$$B = \bigcup_{k=1}^{n} (B \cap A_k) .$$

Die n Ereignisse $B \cap A_k$ sind paarweise unvereinbar. Nach dem Additionsaxiom (14.5) gilt daher

$$P(B) = \sum_{k=1}^{n} P(B \cap A_k)$$

und nach (14.15) hat man

$$P(B) = \sum_{k=1}^{n} P(B|A_k)P(A_k) \,. \tag{14.21}$$

Das ist die Formel der **totalen Wahrscheinlichkeit**.
Bei dem oben genannten Urnenbeispiel (U_1 : 2 weiße, 3 schwarze, U_2 : 2 weiße, 6 schwarze, U_3 : 10 schwarze Kugeln) ist die Wahrscheinlichkeit für das Ereignis B, eine weiße Kugel zu ziehen, nach (14.21) gleich

$$P(B) = \frac{2}{5} \cdot \frac{1}{3} + \frac{2}{8} \cdot \frac{1}{3} + 0 \cdot \frac{1}{3} = \frac{13}{60} \,.$$

Dabei wurde jedem Ereignis A_k "die Ziehung erfolgt aus Urne U_k" die Wahrscheinlichkeit $\frac{1}{3}$ zugeordnet. Die Wahrscheinlichkeit für das Ereignis $\bar{B}$, eine schwarze Kugel zu ziehen, ist nach (14.21)

$$P(\bar{B}) = \frac{3}{5} \cdot \frac{1}{3} + \frac{6}{8} \cdot \frac{1}{3} + \frac{10}{10} \cdot \frac{1}{3} = \frac{47}{60} = 1 - \frac{13}{60} \,,$$

wie es nach (14.11) auch sein muss.

14.2.6   Formel von BAYES

Nun stellen wir uns vor, die Ziehung einer Kugel aus einer der 3 Urnen erfolge in einem geschlossenen Raum. Eine Person außerhalb des Raumes kennt die Versuchsanordnung (Anzahl und Inhalt der Urnen) und weiß, mit welcher Wahrscheinlichkeit jede der Urnen gewählt wird (hier: $\frac{1}{3}$). Sie erhält die Mitteilung über das Ziehungsergebnis, z.B.: "Die gezogene Kugel ist weiß". Kann diese Person etwas darüber folgern, aus welcher Urne die (weiße) Kugel stammt?
Solche Fragestellungen fallen in den Anwendungsbereich der Formel von BAYES:

$$P(A_k|B) = \frac{P(B|A_k)P(A_k)}{\sum_{j=1}^{n} P(B|A_j)P(A_j)} \,. \tag{14.22}$$

Dabei wird wie bei der Formel der totalen Wahrscheinlichkeit (14.21) vorausgesetzt, dass $(A_1, A_2, \ldots, A_n)$ ein vollständiges System paarweise unvereinbarer Ereignisse mit $P(A_k) > 0$ ($1 \leq k \leq n$) ist; außerdem sei $P(B) > 0$.
Beweis: Nach (14.15) gilt

$$P(B \cap A_k) = P(B|A_k)P(A_k) = P(A_k|B)P(B) \,.$$

Daraus folgt

$$P(A_k|B) = \frac{P(B|A_k)P(A_k)}{P(B)} \ .$$

Aus der Formel der totalen Wahrscheinlichkeit (14.21) folgt (14.22).
Die Wahrscheinlichkeiten für das Eintreten von A_k ändern sich von $P(A_k)$ zu
den durch (14.22) gegebenen Werten $P(A_k|B)$, wenn man weiß, dass B einge-
treten ist. Man nennt $P(A_k)$ daher auch **a priori-Wahrscheinlichkeiten**, $P(A_k|B)$
bezeichnet man als **a posteriori-Wahrscheinlichkeiten**.
Für das obige Urnen-Beispiel ist also B das Ereignis, eine weiße Kugel zu zie-
hen und $A_k|B$ das Ereignis, dass diese Kugel aus der Urne U_k stammt. Mit
$P(B) = \sum_{j=1}^n P(B|A_j)P(A_j) = \frac{13}{60}$, $P(A_1) = P(A_2) = P(A_3) = \frac{1}{3}$, $P(B|A_1) = \frac{2}{5}$,
$P(B|A_2) = \frac{1}{4}$, $P(B|A_3) = 0$ ist nach (14.22)

$$P(A_1|B) \ = \ \frac{\frac{1}{3} \cdot \frac{2}{5}}{\frac{13}{60}} = \frac{8}{13} \equiv 0{,}62$$

$$P(A_2|B) \ = \ \frac{\frac{1}{3} \cdot \frac{1}{4}}{\frac{13}{60}} = \frac{5}{13} \equiv 0{,}38$$

$$P(A_3|B) \ = \ \frac{\frac{1}{3} \cdot 0}{\frac{13}{60}} = 0 \ .$$

Die Person außerhalb des Ziehungsraums kann also etwas sagen über die Wahrscheinlichkeit, mit der die Urne U_k tatsächlich zur Ziehung der (weißen) Kugel
benutzt wurde. Das Ergebnis ist qualitativ verständlich: Wenn die 3 Urnen zunächst gleichberechtigt waren ($P(A_k) = \frac{1}{3}$) und eine weiße Kugel gezogen wurde, dann ist es ziemlich wahrscheinlich, dass die Kugel aus der Urne U_1 stammt,
wo der Anteil der weißen Kugeln am größten ist.
$\bar{B}$ ist das Ereignis, dass eine schwarze Kugel gezogen wurde; die Wahrschein-
lichkeiten $P(A_k|\bar{B})$ berechnet man analog zur Berechnung von $P(A_k|B)$. Durch
Kenntnis eines Versuchsergebnisses (hier B oder $\bar{B}$) gehen die a priori-Wahr-
scheinlichkeiten $P(A_k)$ in die in der Tabelle angegebenen a posteriori-Wahr-
scheinlichkeiten $P(A_k|B)$ bzw. $P(A_k|\bar{B})$ über:

	$P(A_k)$	$P(A_k|B)$	$P(A_k|\bar{B})$
A_1	0,33	0,62	0.15
A_2	0,33	0,38	0,32
A_3	0,33	0	0,43

14.3 Zufallsgrößen

14.3.1 Wahrscheinlichkeitsverteilungsfunktion

Ordnet man jedem Elementarereignis $e \in E$, das bei einem Zufallsexperiment
auftreten kann, eindeutig eine reelle Zahl $X(e)$ zu, so kommt man zum Begriff
der Zufallsgröße.

Definition 14.10. (Zufallsgröße)

Es sei E die Menge der bei einem Zufallsexperiment möglichen Elementarereignisse e und Z ein Ereignisfeld entsprechend Def. 14.4. Eine (eindeutige) reelle Funktion $X(e)$, die für alle $e \in E$ definiert ist, heißt **Zufallsgröße**, wenn das Urbild $X^{-1}(I)$ eines beliebigen Intervalls I der Form $] - \infty, x[\subset \mathbb{R}$ ein zufälliges Ereignis $A \in Z$ ist.

Unter dem Urbild $X^{-1}(I)$ ist die Menge aller $e \in E$ zu verstehen, für die $X(e) \in I$ ist (vgl. Abschnitt 1.3). Gleichberechtigt mit "Zufallsgröße" werden auch die Begriffe Zufallsvariable, zufällige Größe oder zufällige Variable benutzt. Die einzelnen möglichen Werte $X(e)$ heißen **Realisierungen** der Zufallsgröße X.

Beispiel: Beim Würfeln sollen den Elementarereignissen e_i (Augenzahl i wurde gewürfelt) die Zahlen $X(e_i) = i$ zugeordnet werden ($i = 1, 2, \ldots, 6$). Diese Zuordnung ist naheliegend, aber nicht zwingend! Für $I =] - \infty, x[$ hat man

$$
X^{-1}(I) = \begin{cases}
\emptyset & \text{für } x \leq 1 \\
e_1 & \text{für } 1 < x \leq 2 \\
e_1 \cup e_2 & \text{für } 2 < x \leq 3 \\
\ldots & \\
E = \cup_{i=1}^{6} e_i & \text{für } 6 < x
\end{cases}.
$$

Statt von zufälligen Ereignissen A eines Ereignisfeldes Z kann man nun auch von zufälligen Ereignissen sprechen, die darin bestehen, dass die Zufallsgröße X Werte in bestimmten Mengen (z.B. Intervallen) der reellen Achse $\mathbb{R}$ annimmt. Damit wird von dem konkreten physikalischen, ökonomischen oder sonstigen Hintergrund der Zufallsexperimente abstrahiert und alles auf zufällige Ereignisse im Bereich der reellen Zahlen zurückgeführt.

Zur wahrscheinlichkeitstheoretischen Charakterisierung von Zufallsgrößen dient die Wahrscheinlichkeitsverteilungsfunktion.

Definition 14.11. (Wahrscheinlichkeitsverteilungsfunktion)

X sei eine Zufallsgröße. Die Wahrscheinlichkeit dafür, dass X einen Wert annimmt, der kleiner als x ist, heißt **Wahrscheinlichkeitsverteilungsfunktion** $F_X(x)$ von X:

$$
F_X(x) = P\{X < x\}. \tag{14.23}
$$

Vereinfachend spricht man auch von Verteilungsfunktion oder Wahrscheinlichkeitsverteilung; für F_X schreibt man einfacher F, wenn klar ist, um welches X es sich handelt.

Aus $X(e) < x$ folgt nach Def. 14.10, dass $e \in A$ ist, wobei A ein Element (zufälliges Ereignis) eines Ereignisfeldes Z ist. Hat man auf Z gemäß den KOLMOGOROVschen Axiomen (14.3)-(14.5) eine Wahrscheinlichkeit definiert, so wird $P\{X < x\} = P(A)$ gesetzt (Abb. 14.5, Beispiel Würfeln). Damit wird die für $A \in Z$ definierte Wahrscheinlichkeit auf Intervalle aus $\mathbb{R}$ übertragen. Für $x_1 < x_2$

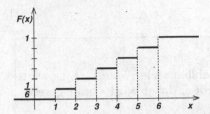

Abb. 14.5. Verteilungsfunktion $F(x)$ für das Beispiel Würfeln

gilt

$$P\{x_1 \le X < x_2\} = F(x_2) - F(x_1) \; ; \tag{14.24}$$

denn $\{X < x_1\}$ und $\{x_1 \le X < x_2\}$ sind unvereinbar, so dass (nach Additionsaxiom (14.5))

$$P\{X < x_2\} = P\{X < x_1\} + P\{x_1 \le X < x_2\}$$

ist. Es ist leicht zu sehen, dass $X^{-1}\{[x_1, x_2[\} \in Z$ ist. Man kann auf diese Weise für alle die Mengen auf $\mathbb{R}$ Wahrscheinlichkeiten definieren, deren Urbilder zu Z gehören. Das sind insbesondere Vereinigungen, Durchschnitte und Differenzen von Intervallen der Form $]-\infty, x[$ oder $[x_1, x_2[$. Im folgenden Satz notieren wir allgemeine Eigenschaften einer Verteilungsfunktion.

Satz 14.1. *(Eigenschaften einer Verteilungsfunktion)*
Eine Verteilungsfunktion $F(x) = P\{X < x\}$ hat folgende Eigenschaften:

a) $F(x)$ ist monoton nichtfallend,

b) $\lim_{x \to -\infty} F(x) = 0$, $\lim_{x \to \infty} F(x) = 1$,

c) $F(x)$ ist linksseitig stetig.

Jede Funktion mit diesen Eigenschaften ist Verteilungsfunktion einer gewissen Zufallsgröße.

Beweis: Wir beweisen, dass $F(x)$ die Eigenschaften a), b) und c) hat.
Zu a) Für $x_1 < x_2$ hat das Ereignis $\{X < x_1\}$ das Ereignis $\{X < x_2\}$ zur Folge. Daher ist nach (14.8) und (14.23) $F(x_1) \le F(x_2)$.
Zu b) Wir beschränken uns auf $\lim_{x \to -\infty} F(x) = 0$. Für eine Folge $x_1 > x_2 > \ldots$ mit $\lim_{n \to \infty} x_n = -\infty$ ist $\bigcap_{n=1}^{\infty} \{X < x_n\} = \emptyset$ und $\{X < x_{n+1}\} \subseteq \{X < x_n\}$. Nach dem Stetigkeitsaxiom (14.6) ist

$$\lim_{n \to \infty} P\{X < x_n\} = \lim_{n \to \infty} F(x_n) = \lim_{x \to -\infty} F(x) = 0 \; .$$

Zu c) Für eine beliebige Folge $x_1 < x_2 < \ldots$ mit $\lim_{n \to \infty} x_n = x$ betrachten wir die Ereignisse $A_n = \{x_n \le X < x\}$. Es ist $A_{n+1} \subseteq A_n$ und $\bigcap_{n=1}^{\infty} A_n = \emptyset$. Nach dem Stetigkeitsaxiom (14.6) ist daher

$$\lim_{n \to \infty} P(A_n) = \lim_{n \to \infty} P\{x_n \le X < x\} = \lim_{n \to \infty} [F(x) - F(x_n)] = F(x) - \lim_{n \to \infty} F(x_n) = 0 \; ,$$

also $\lim_{x_n \to x-0} F(x_n) = F(x)$. $\qquad \square$

14.3.2 Diskrete Zufallsgrößen

Definition 14.12. (diskrete Zufallsgröße)

Eine Zufallsgröße X, die nur endlich oder abzählbar viele Werte $x_1, x_2, \ldots$ annehmen kann, nennt man **diskrete Zufallsgröße**; dabei wird vorausgesetzt, dass $P\{X = x_k\} = p_k > 0$ für $k = 1, 2, \ldots$ ist.

Für die Verteilungsfunktion erhält man

$$F(x) = P\{X < x\} = \sum_{k \in I(x)} p_k \,, \qquad (14.25)$$

wobei die Indexmenge $I(x)$ alle Indizes k enthält, für die $x_k < x$ ist. An den Stellen $x = x_k$ wächst $F(x)$ sprunghaft um p_k. Offenbar muss $\sum_{k=1}^{\infty} p_k = 1$ sein.

Beispiele diskreter Zufallsgrößen:

a) BERNOULLIsches **Schema** (Folge unabhängiger Versuche)

Bei jedem von n unabhängigen Versuchen soll das Ereignis A mit der (von der Nummer des Versuchs unabhängigen) Wahrscheinlichkeit p auftreten (das Ereignis $\bar{A}$ folglich mit der Wahrscheinlichkeit $q = 1 - p$). Wir fragen nach der Wahrscheinlichkeit dafür, dass A genau m-mal auftritt ($0 \le m \le n$). Wir ordnen dem Auftreten von A die Zahl 1, dem von $\bar{A}$ die Zahl 0 zu. Die möglichen Elementarereignisse e sind n-Tupel von Zahlen 0 und 1. Wir bilden eine Zufallsgröße μ dadurch, dass wir jedem e die Anzahl der darin vorkommenden Einsen zuordnen. Gefragt ist dann nach der Wahrscheinlichkeit $P_n\{\mu = m\}$. Betrachtet man

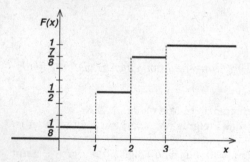

Abb. 14.6. Verteilungsfunktion (14.27) für das BERNOULLIschema mit $n = 3$, $p = \frac{1}{2}$

eine Gruppe von m ganz bestimmten Versuchen (z.B. die m ersten), so ist die Wahrscheinlichkeit dafür, dass A bei sämtlichen dieser m Versuche auftritt, bei den übrigen aber nicht, gleich $p^m q^{n-m}$ (wegen der Unabhängigkeit der Versuche, vgl. (14.17)). Man hat $\binom{n}{m}$ Möglichkeiten, aus den n Versuchen eine Gruppe von m Versuchen auszuwählen. Die zu unterschiedlichen Gruppen von m ausgewählten Versuchen gehörenden Ereignisse sind unvereinbar. Daher folgt aus (14.5)

$$p_n(m) = P_n\{\mu = m\} = \binom{n}{m} p^m q^{n-m} \, . \tag{14.26}$$

Die Bezeichnung **Binomialverteilung** erklärt sich dadurch, dass $p_n(m)$ der Koeffizient von x^m in der binomischen Formel

$$(px + q)^n = \sum_{m=0}^{n} \binom{n}{m} p^m q^{n-m} x^m \, .$$

ist. Für $x = 1$ bestätigt man $\sum_{m=0}^{n} p_n(m) = 1$. Für die Verteilungsfunktion (14.25) hat man

$$F(x) = P\{\mu < x\} = \begin{cases} 0 & \text{für } x \leq 0 \\ \binom{n}{0} q^n & \text{für } 0 < x \leq 1 \\ \dots & \\ \sum_{j=0}^{k} \binom{n}{j} p^j q^{n-j} & \text{für } k < x \leq k+1 \\ \dots & \\ \sum_{j=0}^{n} \binom{n}{j} p^j q^{n-j} = 1 & \text{für } x > n \end{cases} \cdot \tag{14.27}$$

b) POISSON-Verteilung
Eine Zufallsgröße X, die die abzählbar vielen Werte $0,1,2,\dots$ mit den Wahrscheinlichkeiten

$$p_k = P\{X = k\} = \frac{\lambda^k}{k!} e^{-\lambda} \qquad (k = 0,1,\dots) \tag{14.28}$$

annimmt, heißt POISSON-verteilt. $\lambda > 0$ heißt Parameter der Verteilung. Für große n und kleine p ist die POISSON-Verteilung eine gute Näherung für die Binomialverteilung (14.26), wenn man $\lambda = np$ setzt.

14.3.3 Parameter diskreter Zufallsgrößen

Oft interessieren weniger die genauen Verteilungen $F(x)$, sondern nur einige daraus abgeleitete Zahlenwerte.

1) Erwartungswert
Sei X eine diskrete Zufallsgröße mit endlich vielen möglichen Werten $x_1, x_2, \dots, x_n$ und zugehörigen positiven Wahrscheinlichkeiten $p_1, p_2, \dots, p_n$. Bei m Zufallsexperimenten sei m_1-mal das Ereignis $\{X = x_1\}, \dots, m_n$-mal das Ereignis $\{X = x_n\}$ aufgetreten ($m_1 + m_2 + \cdots + m_n = m$). "Im Mittel" wird dann für X der Wert $\bar{x} = \frac{1}{m} \sum_{k=1}^{n} m_k x_k = \sum_{k=1}^{n} \frac{m_k}{m} x_k$ festgestellt. Betrachtet man (bei großem m) die relativen Häufigkeiten $\frac{m_k}{m}$ als Schätzwerte für die Wahrscheinlichkeiten p_k, so ist folgende Definition naheliegend.

Definition 14.13. (Erwartungswert einer diskreten Zufallsgröße)

Die diskrete Zufallsgröße X nehme die Werte x_k mit den positiven Wahrschein-lichkeiten p_k $(k = 1,2,\dots)$ an; die Reihe $\sum_{k=1}^{\infty} p_k |x_k|$ sei konvergent. Dann heißt

$$E(X) = \sum_{k=1}^{\infty} p_k x_k \qquad (14.29)$$

Erwartungswert von X.

Statt Erwartungswert sagt man auch Mittelwert oder mathematische Erwartung.

2) Varianz und Standardabweichung
Oft benötigt man eine zahlenmäßige Aussage darüber, um wieviel die Werte ei-ner Zufallsgröße X von ihrem Erwartungswert $E(X)$ "im Mittel" abweichen. Als Maß für die Abweichung benutzt man meist den Erwartungswert der Zufallsgrö-ße $[X - E(X)]^2$.

Definition 14.14. (Streuung, Standardabweichung diskreter Zufallsgrößen)

X sei eine diskrete Zufallsgröße mit den möglichen Werten $x_1, x_2, \dots$, den zu-gehörigen Wahrscheinlichkeiten $p_1, p_2, \dots$ und dem Erwartungswert $E(X)$. Ist die Reihe

$$\sigma_X^2 = \sum_{k=1}^{\infty} p_k [x_k - E(X)]^2 \qquad (14.30)$$

konvergent, so nennt man ihren Wert σ_X^2 die **Streuung** von X und $\sigma_X \geq 0$ die **Standardabweichung** von X.

Anstelle von Streuung werden auch die Begriffe **Varianz** ($Var(X)$), **Dispersion** ($D(X)$) und **mittlere quadratische Abweichung** benutzt. Es ist $\sigma_X = 0$ genau dann, wenn X (mit Wahrscheinlichkeit 1) nur einen einzigen Wert annimmt.

Beispiele:
1) Würfeln
Es ist $x_k = k$, $p_k = \frac{1}{6}$, $(k = 1,2,\dots,6)$. Nach (14.29), (14.30) ist $E(X) = 3,5$ und $\sigma = 1,7$. Man kann den Mittelwert nie als Ergebnis des Zufallsexperiments "Wür-feln" erhalten.

2) Binomialverteilung (14.26)
Nach einfachen Rechnungen findet man unter Benutzung des binomischen Sat-zes

$$E(\mu) = n\,p\,, \qquad D(\mu) = n\,p(1 - p)\,.$$

3) Für die POISSON-Verteilung (14.28) errechnet man $E(X) = \lambda$, $\sigma_X^2 = \lambda$.

14.3.4 Stetige Zufallsgrößen

Definition 14.15. (stetige Zufallsgröße, Wahrscheinlichkeitsdichte)
Eine Zufallsgröße X, deren Wahrscheinlichkeitsverteilung $F(x)$ sich für alle x mittels einer nichtnegativen Funktion $p(x)$ in der Form

$$F(x) = \int_{-\infty}^{x} p(\xi)\, d\xi \qquad (14.31)$$

darstellen lässt, heißt **stetige Zufallsgröße**. $p(x)$ nennt man **Wahrscheinlichkeitsdichte** von X.

Satz 14.2. *(Eigenschaften der Wahrscheinlichkeitsdichte)*
Eine Wahrscheinlichkeitsdichte $p(x)$ hat die folgenden Eigenschaften:

a) $p(x) \geq 0$,

b) $p(x)$ ist über jedes x-Intervall integrierbar und

c) es gilt

$$\int_{-\infty}^{\infty} p(\xi)\, d\xi = 1\,. \qquad (14.32)$$

Andererseits ist jede Funktion $p(x)$ mit diesen Eigenschaften auch Wahrscheinlichkeitsdichte einer gewissen (stetigen) Zufallsgröße X.
Aus (14.24) und (14.31) folgt

$$P\{x_1 \leq X < x_2\} = \int_{x_1}^{x_2} p(\xi)\, d\xi\,. \qquad (14.33)$$

Ist p an der Stelle x stetig, so ist

$$F'(x) = p(x)\,.$$

Dann gilt auch (bis auf kleine Größen höherer Ordnung)

$$P\{x \leq X < x + dx\} = p(x)\, dx\,.$$

Beispiel: Gleichverteilung

$$F(x) = P\{X < x\} = \begin{cases} 0 & \text{für } x \leq a \\ \frac{x-a}{b-a} & \text{für } a < x < b \\ 1 & \text{für } x \geq b \end{cases}\,. \qquad (14.34)$$

Offenbar existiert eine Dichte $p(x)$, nämlich

$$p(x) = \begin{cases} 0 & \text{für } x \leq a \\ \frac{1}{b-a} & \text{für } a < x < b \\ 0 & \text{für } x \geq b \end{cases}\,. \qquad (14.35)$$

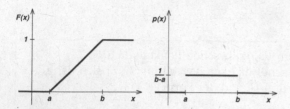

Abb. 14.7. Gleichverteilung

Wegen dieser Form der Dichte spricht man auch von **Rechteckverteilung**. Es gilt nach (14.33) für $a \leq x_1 < x_2 \leq b$

$$P\{x_1 \leq X < x_2\} = \frac{x_2 - x_1}{b - a},$$

d.h. die Wahrscheinlichkeit dafür, dass X Werte in einem Intervall $[x_1, x_2[\subset [a, b]$ annimmt, ist der Intervalllänge proportional.

14.3.5   Parameter stetiger Zufallsgrößen

1) Einfache Lageparameter

X sei stetige Zufallsgröße, $F(x)$ ihre Verteilungsfunktion. Ein Wert $x = x_p$, für den $F(x_p) = P\{X < x_p\} = p$ ist, heißt p-**Quantil**. Ein 0,5-Quantil heißt **Median**. Ein **Modalwert** x_m ist ein x-Wert, für den die Dichte $p(x)$ ein relatives Maximum hat. Dichten mit nur einem solchen relativen Maximum heißen **unimodal**, Dichten mit mehreren Maxima heißen **multimodal**. Für unimodale, bezüglich des Maximums symmetrische Dichten (z.B. Normalverteilung, s.unten) fallen Erwartungswert (s. (14.36)), Median und Modalwert zusammen.

2) Erwartungswert

> **Definition 14.16.** (Erwartungswert einer stetigen Zufallsgröße)
>
> X sei eine stetige Zufallsgröße mit der Wahrscheinlichkeitsdichte $p(x)$, für die $\int_{-\infty}^{\infty} |\xi| p(\xi) \, d\xi$ konvergiert. Dann nennt man
>
> $$E(X) = \int_{-\infty}^{\infty} \xi p(\xi) \, d\xi \tag{14.36}$$
>
> den **Erwartungswert** (auch Mittelwert, mathematische Erwartung) von X.

Man kann diese Definition ähnlich motivieren wie bei diskreten Zufallsgrößen, schließlich ist $p(x) \, dx$ näherungsweise die Wahrscheinlichkeit für das Ereignis $\{x \leq X < x + dx\}$. Die Zufallsgröße $X - E(X)$ heißt auch (die zu X gehörende) **Schwankungsgröße**.

3) Momente

Definition 14.17. (Momente einer stetigen Zufallsgröße)

Sei X eine stetige Zufallsgröße mit der Dichte $p(x)$. Wenn $\int_{-\infty}^{\infty} |\xi|^k p(\xi)\, d\xi$ konvergiert ($k = 1, 2, \dots$), nennt man

$$m_k = \int_{-\infty}^{\infty} \xi^k p(\xi)\, d\xi \qquad (14.37)$$

das k-te **Moment** von X.

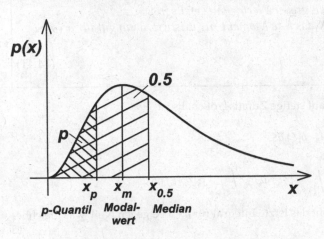

Abb. 14.8. Einfache Parameter der Wahrscheinlichkeitsverteilung

Offenbar ist $m_0 = 1$, $m_1 = E(X)$. Existiert m_k, so existieren auch alle Momente m_l mit $l < k$. Man kann zeigen, dass

$$m_k = E(X^k) \qquad (14.38)$$

gilt; dabei ist $Y = X^k$ die Zufallsgröße, die Werte zwischen x_1^k und x_2^k annimmt, wenn die Werte von X zwischen x_1 und x_2 liegen.

Statt $Y = X^k$ betrachten wir nun allgemeiner die Zufallsgröße $Y = g(X)$, wobei $g(x)$ eine integrierbare Funktion sei. X sei eine stetige Zufallsgröße mit der Dichte $p(x)$. Das Integral $\int_{-\infty}^{\infty} |g(\xi)| p(\xi)\, d\xi$ sei konvergent. Dann heißt das Integral

$$E[g(X)] := \int_{-\infty}^{\infty} g(\xi) p(\xi)\, d\xi \qquad (14.39)$$

der **Erwartungswert** der Zufallsgröße $Y = g(X)$.

Für die Operation der Erwartungswertbildung folgen aus (14.39) u.a. folgende Rechenregeln:

$$E(aX + b) = aE(X) + b$$

$$E[(aX)^k] = a^k E(X^k)$$

(14.40)

$$E[g_1(X) + g_2(X)] = E[g_1(X)] + E[g_2(X)] .$$

Dabei sind a, b nichtzufällige reelle Zahlen, $k \in \mathbb{N}$.

Je höhere Momente m_k für eine Zufallsgröße X existieren, um so unwahrscheinlicher wird es, dass $|X|$ sehr große Werte annimmt:

Satz 14.3. *(Wahrscheinlichkeit großer Werte von Zufallsgrößen)*
Wenn für eine Zufallsgröße X das k-te Moment m_k existiert, dann gilt für $a \to \infty$

$$P\{|X| > a\} = o(\frac{1}{a^k}) .$$

(14.41)

Beweis: Wir beschränken uns auf stetige Zufallsgrößen. Es ist

$$P\{|X| > a\} \;=\; \int_{|\xi|>a} p(\xi) \, d\xi$$

$$a^k P\{|X| > a\} \;=\; a^k \int_{|\xi|>a} p(\xi) \, d\xi \leq \int_{|\xi|>a} |\xi|^k p(\xi) \, d\xi .$$

Wegen der Existenz von m_k geht das letzte Integral für $a \to \infty$ gegen Null, was gleichbedeutend mit (14.41) ist. □

Definition 14.18. (zentrale Momente)
Sei X eine stetige Zufallsgröße mit Wahrscheinlichkeitsdichte $p(x)$ und existierendem Moment m_k. Dann nennt man

$$\mu_k = E[(X - E(X))^k] = \int_{-\infty}^{\infty} (\xi - m_1)^k p(\xi) \, d\xi$$

(14.42)

das **zentrale Moment** k-ter Ordnung oder k-tes zentrales Moment der Zufallsgröße X.

Die zentralen Momente sind die (nach (14.37) definierten) Momente der Schwankungsgrößen. Offenbar ist $\mu_1 = 0$. Analog zu den diskreten Zufallsgrößen (Def. 14.14) definiert man hier die Streuung bzw. die Standardabweichung als Kenngröße für die mittlere Abweichung vom Mittelwert mittels der zentralen Momente 2. Ordnung.

Definition 14.19. (Streuung, Standardabweichung einer stetigen Zufallsgröße) X sei eine stetige Zufallsgröße mit der Dichte $p(x)$, für die $m_2 = \int_{-\infty}^{\infty} \xi^2 p(\xi)\, d\xi$ existiert. Dann nennt man das zentrale Moment 2. Ordnung

$$\int_{-\infty}^{\infty} [\xi - E(X)]^2 p(\xi)\, d\xi = E[(X - E(X))^2] =: \sigma_X^2$$

die **Streuung** von X und $\sigma_X \geq 0$ die **Standardabweichung** von X.

Wie bei den diskreten Zufallsgrößen benutzt man auch hier anstelle von Streuung σ_X^2 gleichberechtigt die Begriffe Varianz ($Var(X)$), Dispersion ($D(X)$) und mittlere quadratische Abweichung. Es gilt

$$\sigma_X^2 = E[(X - E(X))^2] = E(X^2) - 2[E(X)]^2 + [E(X)]^2 = E(X^2) - [E(X)]^2 = m_2 - m_1^2.$$

Im Übrigen kann man jedes zentrale Moment μ_k durch $m_1, m_2, \ldots, m_k$ ausdrücken. Führt man X durch lineare Transformation in die Zufallsgröße Y über, d.h. $Y = aX + b$, dann ist, wie man leicht nachrechnet (Def. 14.19, (14.40))

$$\sigma_Y^2 = a^2 \sigma_X^2\,.$$

Setzt man speziell $a = \frac{1}{\sigma_X}$, $b = -\frac{E(X)}{\sigma_X}$, d.h. bildet aus X die Zufallsgröße

$$Y = \frac{X - E(X)}{\sigma_X}\,,$$

so ist $E(Y) = 0$, $\sigma_Y^2 = 1$. Man nennt Y die **Standardisierung** von X oder die zu X gehörende standardisierte Zufallsgröße.

Für Zufallsgrößen X mit bezüglich des Mittelwerts symmetrischen Dichten $p(x)$, d.h. mit $p(m_1 + x) = p(m_1 - x)$, verschwinden alle zentralen Momente ungerader Ordnung. Als Maß für die Asymmetrie einer beliebigen Zufallsgröße benutzt man manchmal die **Schiefe** $\gamma_3 = \frac{\mu_3}{\sigma^3}$. Ein weiterer öfters benutzter Parameter zur zahlenmäßigen Charakterisierung von Wahrscheinlichkeitsverteilungen ist der **Exzess** $\gamma_4 = \frac{\mu_4}{\sigma^4} - 3$. Für normalverteilte Zufallsgrößen (s. Abschnitt 14.3.7) gilt $\gamma_3 = \gamma_4 = 0$. Daher dienen γ_3 und insbesondere γ_4 zur Quantifizierung der Abweichung einer Verteilung von der Normalverteilung.

14.3.6 TSCHEBYSCHEWsche Ungleichung

Dass die Standardabweichung σ ein geeignetes Streuungsmaß ist, zeigt der folgende, sehr allgemeine Satz.

Satz 14.4. *(TSCHEBYSCHEWsche Ungleichung)*

X sei eine beliebige Zufallsgröße mit endlicher Standardabweichung σ. Für jedes positive k gilt die TSCHEBYSCHEWsche Ungleichung ($m_1 = E(X)$)

$$P\{|X - m_1| \geq k\sigma\} \leq \frac{1}{k^2} . \tag{14.43}$$

Nichttriviale Aussagen ergeben sich natürlich nur für $k > 1$.

Beweis: Wir beschränken uns auf stetige Zufallsgrößen X. Zunächst betrachten wir eine Zufallsgröße Y, die nur nichtnegative Werte annimmt und einen endlichen Erwartungswert $E(Y)$ hat. Für Y gilt mit beliebigem positiven K (p_Y Dichte von Y),

$$
\begin{aligned}
E(Y) &= \int_0^\infty \eta\, p_Y(\eta)\, d\eta = \int_0^K \eta\, p_Y(\eta)\, d\eta + \int_K^\infty \eta\, p_Y(\eta)\, d\eta \geq \int_K^\infty \eta\, p_Y(\eta)\, d\eta \\
&\geq K \int_K^\infty p_Y(\eta)\, d\eta = K\, P\{Y \geq K\} .
\end{aligned}
\tag{14.44}
$$

Diese Ungleichung kann man auf die Zufallsgröße $Y = (X - m_1)^2$ anwenden, die wegen $Y \geq 0$ und $E(Y) = \sigma^2 < \infty$ die Voraussetzungen erfüllt. Setzt man noch $K = k^2\sigma^2$, so folgt

$$P\{(X - m_1)^2 \geq k^2\sigma^2\} \leq \frac{\sigma^2}{k^2\sigma^2} = \frac{1}{k^2}$$

oder die behauptete Ungleichung (14.43)

$$P\{|X - m_1| \geq k\sigma\} \leq \frac{1}{k^2} .$$

$\square$

Gleichberechtigt mit (14.43) ist die Ungleichung

$$P\{|X - m_1| < k\sigma\} \geq 1 - \frac{1}{k^2} . \tag{14.45}$$

Bei fester Zahl k ist das Intervall $]m_1 - k\sigma, m_1 + k\sigma[$, in das X (mindestens) mit der Wahrscheinlichkeit $1 - \frac{1}{k^2}$ hineinfällt, umso kleiner, je kleiner σ ist. σ ist damit ein "vernünftiges" Maß für die Streuung. Die TSCHEBYSCHEWsche Ungleichung präzisiert die Beziehung (14.41) für $k = 2$.

14.3.7 Normalverteilung

Die im Folgenden zu behandelnde Normalverteilung einer Zufallsgröße spielt unter der Verteilungen eine besondere Rolle, da viele Zufallsgrößen näherungsweise normalverteilt sind. Das reicht z.B. von den Schuh- oder Konfektionsgrößen der weiblichen Einwohner der USA (älter als 18 Jahre) bis zu den Klausurergebnissen eines Ingenieurstudierendenjahrgangs einer Universität.

Definition 14.20. (Normalverteilung)

Eine stetige Zufallsgröße X mit der Dichte

$$p(x; \mu, \sigma) = \frac{1}{\sigma\sqrt{2\pi}} e^{-\frac{(x-\mu)^2}{2\sigma^2}} \tag{14.46}$$

heißt **normalverteilt** (σ, μ const., $\sigma > 0$). Man sagt dann auch, X genüge einer Normalverteilung.

Nach (14.31) gehört dazu die Verteilungsfunktion

$$\Phi(x; \mu, \sigma) = \frac{1}{\sigma\sqrt{2\pi}} \int_{-\infty}^{x} e^{-\frac{(\xi-\mu)^2}{2\sigma^2}} \, d\xi \; . \tag{14.47}$$

Wir zeigen, dass die Funktion $p(x; \mu, \sigma)$ die in Satz 14.2 genannten Eigenschaften a), b), c) hat. a), b) sind offensichtlich erfüllt, es bleibt zu zeigen, dass für beliebige reelle μ, σ ($\sigma > 0$)

$$I = \frac{1}{\sigma\sqrt{2\pi}} \int_{-\infty}^{\infty} e^{-\frac{(\xi-\mu)^2}{2\sigma^2}} \, d\xi = 1 \tag{14.48}$$

ist. Wir nutzen dazu einen Weg über das Flächenintegral

$$\begin{aligned}
I^2 &= \frac{1}{\sigma^2 2\pi} \int_{-\infty}^{\infty} e^{-\frac{(\xi-\mu)^2}{2\sigma^2}} \, d\xi \int_{-\infty}^{\infty} e^{-\frac{(\eta-\mu)^2}{2\sigma^2}} \, d\eta \\
&= \frac{1}{\sigma^2 2\pi} \int_{-\infty}^{\infty} \int_{-\infty}^{\infty} e^{-\frac{1}{2}[(\frac{\xi-\mu}{\sigma})^2 + (\frac{\eta-\mu}{\sigma})^2]} \, d\xi d\eta \; .
\end{aligned}$$

Der Übergang zu Polarkoordinaten (ρ, ϕ)

$$\xi = \mu + \rho\sigma\cos\phi \, , \qquad \eta = \mu + \rho\sigma\sin\phi$$

mit $\frac{\partial(\xi, \eta)}{\partial(\rho, \phi)} = \rho\sigma^2$ liefert

$$I^2 = \frac{1}{\sigma^2 2\pi} \int_0^{2\pi} \int_0^{\infty} e^{-\frac{1}{2}\rho^2} \rho\sigma^2 \, d\rho d\phi = \int_0^{\infty} e^{-\frac{1}{2}\rho^2} \rho \, d\rho = -e^{-\frac{1}{2}\rho^2} \big|_0^{\infty} = 1 \; .$$

Da der Integrand von I positiv ist, folgt $I = 1$, d.h. (14.48) ist bewiesen und die Bedingung c) in Satz 14.2 wird von der Funktion $p(x; \mu, \sigma)$ erfüllt. Wir wollen jetzt zeigen, dass $\mu = E(X)$ ist (vgl. Def. 14.17). Dazu stellen wir zunächst fest, dass

$$\frac{1}{\sigma\sqrt{2\pi}} \int_{-\infty}^{\infty} (\xi - \mu) e^{-\frac{(\xi-\mu)^2}{2\sigma^2}} \, d\xi = 0$$

ist, weil der Integrand bezüglich $\xi = \mu$ ungerade ist. Damit gilt wegen (14.48) tatsächlich

$$E(X) = \frac{1}{\sigma\sqrt{2\pi}} \int_{-\infty}^{\infty} \xi e^{-\frac{(\xi-\mu)^2}{2\sigma^2}} \, d\xi = \frac{\mu}{\sigma\sqrt{2\pi}} \int_{-\infty}^{\infty} e^{-\frac{(\xi-\mu)^2}{2\sigma^2}} \, d\xi = \mu \; .$$

Nun beweisen wir noch $\sigma^2 = Var(X)$ (vgl. Def. 14.18, 14.19). Wir haben das Integral

$$Var(X) = E[(X - E(X))^2] = \frac{1}{\sigma\sqrt{2\pi}} \int_{-\infty}^{\infty} (\xi - \mu)^2 e^{-\frac{(\xi-\mu)^2}{2\sigma^2}} \, d\xi$$

auszuwerten, wobei wir $E(X) = \mu$ bereits benutzt haben. Mit der Substitution $\xi = \mu + \sigma\eta$ ergibt sich

$$Var(X) = \frac{1}{\sigma\sqrt{2\pi}} \int_{-\infty}^{\infty} \sigma^2\eta^2 e^{-\frac{1}{2}\eta^2} \sigma \, d\eta = \frac{\sigma^2}{\sqrt{2\pi}} \int_{-\infty}^{\infty} \eta^2 e^{-\frac{1}{2}\eta^2} \, d\eta \, .$$

Partielle Integration liefert

$$Var(X) = \frac{\sigma^2}{\sqrt{2\pi}} [\underbrace{-\eta e^{-\frac{1}{2}\eta^2} |_{-\infty}^{\infty}}_{=0} + \int_{-\infty}^{\infty} e^{-\frac{1}{2}\eta^2} \, d\eta] \, ,$$

also (wegen (14.48) mit $\mu = 0, \sigma = 1$) $Var(X) = \sigma^2$. Damit ist die wahrscheinlichkeitstheoretische Bedeutung der Parameter μ und σ in der Dichte der Normalverteilung (14.46) bzw. in der Verteilungsfunktion (14.47) geklärt.

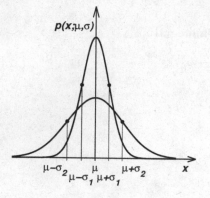

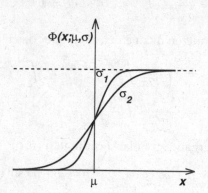

Abb. 14.9. Dichte der Normalverteilung ($\sigma_1 < \sigma_2$)

Abb. 14.10. Verteilungsfunktion der Normalverteilung ($\sigma_1 < \sigma_2$)

Man sagt, eine Zufallgröße X mit der Dichte (14.46) sei vom Verteilungstyp $N(\mu, \sigma)$ oder $N(\mu, \sigma)$-verteilt. Mitunter wird auch X selbst mit $N(\mu, \sigma)$ bezeichnet. Oft findet man anstelle von $N(\mu, \sigma)$ auch die Bezeichnung $N(\mu, \sigma^2)$. Das muss man beachten, wenn z.B. eine Aussage "X ist $N(1, 4)$-verteilt" richtig gedeutet werden soll. Wir benutzen hier $N(\mu, \sigma)$, d.h. der zweite Parameter ist die Standardabweichung. $p(x; \mu, \sigma)$ hat bei $x = \mu$ ein Maximum, ist unimodal, symmetrisch bezüglich $x = \mu$ ($p(\mu + \xi; \mu, \sigma) = p(\mu - \xi; \mu, \sigma)$), und hat bei $x = \mu \pm \sigma$ Wendepunkte. Ist X $N(\mu, \sigma)$-verteilt, so ist die standardisierte Zufallsgröße $Y = \frac{X-\mu}{\sigma}$ $N(0, 1)$-verteilt:

$$P\{Y < x\} = P\{\frac{X - \mu}{\sigma} < x\} = P\{X < \mu + x\sigma\} = \frac{1}{\sigma\sqrt{2\pi}} \int_{-\infty}^{\mu+x\sigma} e^{-\frac{(\xi-\mu)^2}{2\sigma^2}} \, d\xi \, .$$

Substituiert man $\frac{\xi-\mu}{\sigma} = \eta$, so folgt

$$P\{\frac{X-\mu}{\sigma} < x\} = \frac{1}{\sqrt{2\pi}} \int_{-\infty}^{x} e^{-\frac{1}{2}\eta^2}\, d\eta = \Phi(x; 0,1) =: \Phi(x) . \tag{14.49}$$

Das Integral $\Phi(x)$ ist (außer für $x = \infty$ und $x = 0$) nicht geschlossen auswertbar. Die Dichte von $Y = \frac{X-\mu}{\sigma}$ ist

$$p(x) = \frac{1}{\sqrt{2\pi}} e^{-\frac{1}{2}x^2} . \tag{14.50}$$

$\Phi(x)$ und $p(x)$ sind entsprechend (14.49) und (14.46) Verteilungsfunktion und Dichte einer $N(0,1)$-verteilten Zufallsgröße. Man nennt die Funktion $\Phi(x)$ das **GAUSSsche Fehlerintegral**, der Graph der zugehörigen Dichte $p(x)$ ist die bekannte GAUSSsche Glockenkurve. Die $N(0,1)$-Verteilung heißt auch **Standardnormalverteilung** oder standardisierte Normalverteilung. Für das GAUSSsche Fehlerintegral $\Phi(x)$ erhält man mit der Substitution $\xi = -\eta$ $\Phi(x) = \frac{1}{\sqrt{2\pi}} \int_{-x}^{\infty} e^{-\frac{1}{2}\xi^2}\, d\xi$. Wegen $\Phi(-x) = \frac{1}{\sqrt{2\pi}} \int_{-\infty}^{-x} e^{-\frac{1}{2}\xi^2}\, d\xi$ und (14.48) ist

$$\Phi(x) + \Phi(-x) = 1 . \tag{14.51}$$

Damit kann man die Werte $\Phi(x)$ für negative x bestimmen, wenn z.B. in einer Tabelle $\Phi(x)$ nur für $x \geq 0$ angegeben ist. Die Beziehung liefert auch $\Phi(0) = \frac{1}{2}$. Aus einer Tabelle für $\Phi_0(x) = \frac{1}{\sqrt{2\pi}} \int_0^x e^{-\frac{1}{2}\xi^2}\, d\xi$ erhält man die Werte des GAUSSschen Fehlerintegrals $\Phi(x)$ durch

$$\Phi(x) = \Phi_0(x) + \frac{1}{2} .$$

Liegt keine Tabelle (oder eine Standardfunktion eines mathematischen Computerprogramms) für $\Phi(x) = \frac{1}{\sqrt{2\pi}} \int_{-\infty}^x e^{-\frac{1}{2}\xi^2}\, d\xi$ vor, sondern nur eine für $\Psi(x) = \int_0^x e^{-t^2}\, dt$, so kann man daraus die Werte $\Phi(x)$ folgendermaßen ermitteln: Es ist $e^{-\frac{1}{2}x^2} = \Psi'(\frac{x}{\sqrt{2}}) = \sqrt{2\pi}\Phi'(x)$, also $\sqrt{2}\Psi(\frac{x}{\sqrt{2}}) = \sqrt{2\pi}\Phi(x) + c\sqrt{2}$. Für $x = 0$ ist $\Psi = 0$ und $\Phi = \frac{1}{2}$, daher muss $c = -\frac{1}{2}\sqrt{\pi}$ sein und man erhält

$$\Phi(x) = \frac{1}{2} + \frac{1}{\sqrt{\pi}}\Psi(\frac{x}{\sqrt{2}}) .$$

Wie kann man aus Werten für $\Phi(x)$, d.h. für die Verteilungsfunktion einer $N(0,1)$-verteilten Zufallsgröße, die Wahrscheinlichkeit dafür bestimmen, dass eine $N(\mu, \sigma)$-verteilte Zufallsgröße X im Intervall $[x_1, x_2[$ liegt? μ, σ seien bekannt. Es gilt

$$P\{x_1 \leq X < x_2\} = \frac{1}{\sigma\sqrt{2\pi}} \int_{x_1}^{x_2} e^{-\frac{(\xi-\mu)^2}{2\sigma^2}}\, d\xi .$$

Die Substitution $\xi = \mu + \sigma\eta$, $d\xi = \sigma d\eta$ liefert

$$P\{x_1 \leq X < x_2\} = \frac{1}{\sqrt{2\pi}} \int_{\frac{x_1-\mu}{\sigma}}^{\frac{x_2-\mu}{\sigma}} e^{-\frac{1}{2}\eta^2}\, d\eta ,$$

also ist

$$P\{x_1 \leq X < x_2\} = \Phi(\frac{x_2 - \mu}{\sigma}) - \Phi(\frac{x_1 - \mu}{\sigma}) \, . \tag{14.52}$$

Wir fragen jetzt für eine $N(\mu, \sigma)$-verteilte Größe X nach der Wahrscheinlichkeit für das Eintreten des Ereignisses $\{\mu - k\sigma \leq X < \mu + k\sigma\}$ $(k = 1,2,3,\ldots)$. Es ist nach (14.52), (14.51))

$$P\{\mu - k\sigma \leq X < \mu + k\sigma\} \quad = \quad \Phi(k) - \Phi(-k) = 2\Phi(k) - 1 \, .$$

Die Werte $\Phi(k)$ entnimmt man am besten einer Tabelle. Man erhält für die Wahrscheinlichkeiten $P\{\mu - k\sigma \leq X < \mu + k\sigma\}$ durch Auswertung des GAUSSschen Fehlerintegrals bzw. durch Nutzung der Ungleichung (14.45) für beliebig verteiltes X folgende Werte:

k	1	2	3	4
X $N(\mu, \sigma)$-verteilt	0,68	0,95	0,997	0,99994
X beliebig verteilt	≥ 0	$\geq 0,75$	$\geq 0,889$	$\geq 0,938$

Dass die Angaben für beliebig verteiltes X wesentlich gröber sind als die für $N(\mu, \sigma)$-verteiltes X, ist nicht überraschend, wird doch dabei auch die "schlechteste" Verteilung mit einbezogen. Die Werte einer $N(\mu, \sigma)$-verteilten Zufallsgröße liegen mit hoher Sicherheit (Wahrscheinlichkeit 0,997) im Intervall $[\mu - 3\sigma, \mu + 3\sigma[$. Man spricht deshalb auch von der 3σ-**Regel**. Eine normalverteilte Zufallsgröße X mit $\mu \geq 3\sigma$ nimmt nur mit Wahrscheinlichkeit $\frac{0,003}{2} = 0,0015$ negative Werte an. $p(x; \mu, \sigma)$ ist bezüglich des Erwartungswerts μ gerade. Daher verschwinden alle zentralen Momente ungerader Ordnung:

$$\mu_{2k+1} = 0 \qquad (k = 0,1,2,\ldots) \, . \tag{14.53}$$

Für die zentralen Momente gerader Ordnung erhält man $(k = 1,2,\ldots)$

$$\mu_{2k} = 1 \cdot 3 \ldots (2k - 1)\sigma^{2k} \, . \tag{14.54}$$

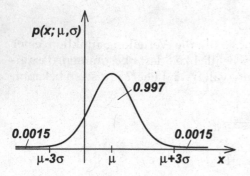

Abb. 14.11. Wahrscheinlichkeit für die Ereignisse $\{\mu - 3\sigma \leq X < \mu + 3\sigma\}$, $\{X < \mu - 3\sigma\}$ und $\{X \geq \mu + 3\sigma\}$ für normalverteiltes X

Bei der Normalverteilung sind sämtliche zentralen Momente durch die Streuung σ^2 bestimmt. Es ist z.B.

$$\mu_2 = \sigma^2 , \quad \mu_4 = 3\sigma^4 , \quad \mu_6 = 15\sigma^6 .$$

Für Schiefe γ_3 und Exzess γ_4 der $N(\mu, \sigma)$-Verteilung erhält man damit

$$\gamma_3 = \frac{\mu_3}{\sigma^3} = 0 , \qquad \gamma_4 = \frac{\mu_4}{\sigma^4} - 3 = 0 .$$

Die Normalverteilung spielt unter den zahlreichen in der Literatur untersuchten Verteilungen eine besondere Rolle. Man kann beweisen (das ist der Inhalt der zentralen Grenzwertsätze), dass die Verteilungsfunktionen einer Summe von n unabhängigen (geeignet normierten) Zufallsgrößen unter bestimmten Voraussetzungen für $n \to \infty$ gegen die Funktion $\Phi(x)$ (14.49) streben. Die Voraussetzungen besagen qualitativ, dass jeder einzelne Summand nur einen äußerst geringen Beitrag zur Summe leistet. Solche Situationen treten in Natur und Technik oft auf. So hängt z.B. das Ergebnis irgendeiner Messung von sehr vielen (kleinen) objektiven und subjektiven Einflüssen ab. Damit wird das Messergebnis bzw. der Messfehler zur Zufallsgröße. Wegen der unterschiedlichen Art der Einflüsse kann man ihre Unabhängigkeit annehmen. Es ist daher sehr naheliegend, zufällige Messfehler als normalverteilt anzunehmen.

14.4 Zufällige Vektoren

14.4.1 Wahrscheinlichkeitsverteilung

Beispiel: In einem Waldstück werden von jedem Baum Höhe h und Stammdurchmesser d (in einem festen Abstand vom Erdboden) gemessen. Die gemessenen Wertepaare (d, h) werden in einer Urliste protokolliert. Versteht man unter einem Elementarereignis e die zufällige Auswahl irgendeines solchen Wertepaars aus einer Urliste, so wird jedem e ein Vektor mit 2 Komponenten (d, h) zugeordnet.

Definition 14.21. (n-dimensionale Zufallsgröße, zufälliger Vektor)
Ein System $X(e) = (X_1(e), X_2(e), \ldots, X_n(e))$ von n reellen Funktionen $X_k(e)$, deren Definitionsbereich die Menge E der Elementarereignisse e ist, heißt n-**dimensionale Zufallsgröße** oder n-**dimensionaler zufälliger Vektor**, wenn das Urbild eines jeden n-dimensionalen Intervalls der Form
$I = \{(x_1, x_2, \ldots, x_n)| -\infty < x_k < a_k \, (k = 1, 2, \ldots, n)\} \subset \mathbb{R}^n$
ein zufälliges Ereignis A eines (aus Teilmengen von E bestehenden) Ereignisfelds Z ist: $X^{-1}(I) = A \in Z$.

Wir können die für $A \in Z$ definierte Wahrscheinlichkeit auf die n-dimensionale Zufallsgröße übertragen, analog zum eindimensionalen Fall in Abschnitt 14.3.1:

Definition 14.22. (Wahrscheinlichkeitsverteilungsfunktion eines Zufallsvektors)

$(X_1, X_2, \ldots, X_n)$ sei eine n-dimensionale Zufallsgröße. Die Wahrscheinlichkeit dafür, dass für beliebige feste reelle Zahlen $x_1, \ldots, x_n$ das Ereignis

$$\{X_1 < x_1\} \cap \{X_2 < x_2\} \cap \cdots \cap \{X_n < x_n\}$$

eintritt, heißt **Wahrscheinlichkeitsverteilungsfunktion** oder einfach **Verteilungsfunktion** F von $(X_1, X_2, \ldots, X_n)$:

$$F(x_1, x_2, \ldots, x_n) = P\{X_1 < x_1, X_2 < x_2, \ldots, X_n < x_n\}. \tag{14.55}$$

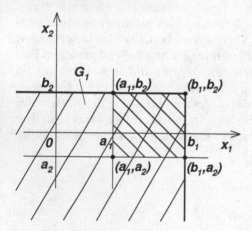

Abb. 14.12. $P\{a_1 \le X_1 < b_1, a_2 \le X_2 < b_2\}$ nach (14.56)

Für $n = 2$ bedeutet das Eintreten des Ereignisses $\{X_1 < b_1, X_2 < b_2\}$ geometrisch, dass eine Realisierung des Punktes (X_1, X_2) in das in Abb. 14.12 einfach schräg schraffierte, nach links und unten unbeschränkte Gebiet G_1 fällt. Die Wahrscheinlichkeit dafür, dass eine Realisierung von (X_1, X_2) in einem endlichen Rechteck $[a_1, b_1[\times [a_2, b_2[$ liegt, ergibt sich mittels Additionsaxiom (14.5) zu

$$P\{a_1 \le X_1 < b_1, a_2 \le X_2 < b_2\} = P\{X_1 < b_1, X_2 < b_2\} - P\{X_1 < a_1, X_2 < b_2\}$$
$$- P\{X_1 < b_1, X_2 < a_2\} + P\{X_1 < a_1, X_2 < a_2\}, \text{ d.h.}$$

$$P\{a_1 \le X_1 < b_1, a_2 \le X_2 < b_2\} = F(b_1, b_2) - F(b_1, a_2) - F(a_1, b_2) + F(a_1, a_2).$$
$$\tag{14.56}$$

Analog zum eindimensionalen Fall (Satz 14.1) beweist man folgende **Eigenschaften einer Verteilungsfunktion** eines Zufallsvektors, wobei wir uns auf $n = 2$ beschränken:

a) $F(x, y)$ ist eine monoton nichtfallende Funktion sowohl von x (bei festem y) als auch von y (bei festem x).

b) $F(x, y)$ ist sowohl als Funktion von x als auch als Funktion von y linksseitig stetig.

c) Für beliebige feste Werte x_0, y_0 gilt

$$\lim_{x \to -\infty} F(x, y_0) = 0 , \quad \lim_{y \to -\infty} F(x_0, y) = 0 \quad \text{und} \quad \lim_{x,y \to \infty} F(x, y) = 1 .$$

14.4.2 Diskrete Zufallsvektoren

Definition 14.23. (diskreter Zufallsvektor, Wahrscheinlichkeitsfunktion)
Ein Zufallsvektor $(X_1, X_2, \ldots, X_n)$, dessen sämtliche Komponenten X_k nur endlich oder abzählbar viele Werte $x_k^{(j)}$ $(j = 1, 2, \ldots)$ annehmen, heißt **diskreter Zufallsvektor**. Dabei sollen die Wahrscheinlichkeiten

$$P\{X_1 = x_1^{(j_1)}, X_2 = x_2^{(j_2)}, \ldots, X_n = x_n^{(j_n)}\} = p_{j_1 j_2 \ldots j_n} > 0 \qquad (14.57)$$

sein. Diese Funktion P heißt **Wahrscheinlichkeitsfunktion** des Vektors $(X_1, X_2, \ldots, X_n)$.

Analog zu (14.25) hat man für die Verteilungsfunktion (14.55) eines diskreten Zufallsvektors

$$F(x_1, x_2, \ldots, x_n) = \sum_{(j_1, j_2, \ldots, j_n) \in I(x_1, x_2, \ldots, x_n)} p_{j_1 j_2 \ldots j_n} , \qquad (14.58)$$

wobei die Indexmenge $I(x_1, x_2, \ldots, x_n)$ alle die n-Tupel $(j_1, j_2, \ldots, j_n)$ enthält, für die

$$x_1^{(j_1)} < x_1, \ x_2^{(j_2)} < x_2, \ldots, \ x_n^{(j_n)} < x_n$$

ist. Offenbar muss

$$\sum p_{j_1 j_2 \ldots j_n} = 1 \qquad (14.59)$$

sein, wenn ohne Beschränkung summiert wird.

Beispiel: Polynomialverteilung
In Verallgemeinerung des BERNOULLI-Schemas betrachten wir n unabhängige Versuche, wobei bei jedem Versuch eins von k unvereinbaren Ereignissen $A_1, A_2, \ldots, A_k$ eintritt. Die Wahrscheinlichkeiten $p(A_q) = p_q$ $(q = 1, 2, \ldots, k)$ seien von der Nummer des Versuchs unabhängig. Offenbar muss $\sum_{q=1}^{k} p_q = 1$ sein. Das Ergebnis von n Versuchen kann man notieren in der Form von n k-dimensionalen Vektoren $(m_1^{(s)}, m_2^{(s)}, \ldots, m_k^{(s)})$ $(s = 1, 2, \ldots, n)$, wobei für $q = 1, 2, \ldots, k$ gilt

$$m_q^{(s)} = \begin{cases} 1 & \text{falls } A_q \text{ im } s\text{-ten Versuch eingetreten ist} \\ 0 & \text{falls } A_q \text{ im } s\text{-ten Versuch nicht eingetreten ist} \end{cases}$$

Jedes der n k-Tupel $(m_1^{(s)}, m_2^{(s)}, \dots, m_k^{(s)})$ enthält dann genau eine 1 und $(k-1)$ Nullen. Eine Menge von n solchen k-Tupeln (Vektoren) bildet ein Elementarereignis e. Wir ordnen e einen zufälligen Vektor $(\mu_1, \mu_2, \dots, \mu_k)$ zu, indem wir jedem e die k Zahlen $m_q = \sum_{s=1}^{n} m_q^{(s)}$ $(q = 1, 2, \dots, k)$ zuordnen. Der Wertebereich von μ_q sind die ganzen Zahlen mit $0 \leq \mu_q \leq n$. $(\mu_1, \mu_2, \dots, \mu_k)$ ist also ein diskreter Zufallsvektor. Eine Realisierung $(m_1, m_2, \dots, m_k)$ von $(\mu_1, \mu_2, \dots, \mu_k)$ zeigt an, wie oft jedes der Ereignisse A_q $(q = 1, 2, \dots, k)$ bei einer Serie von n Versuchen aufgetreten ist (eben m_q mal, s.auch Tab. 14.1). Für die Wahrscheinlichkeitsfunktion von $(\mu_1, \mu_2, \dots, \mu_k)$ erhält man analog zur Binomialverteilung (14.26)

$$P\{\mu_1 = j_1, \mu_2 = j_2, \dots, \mu_k = j_k\} = p_{j_1 j_2 \dots j_k} =$$

$$\frac{n!}{j_1! j_2! \dots j_k!} p_1^{j_1} p_2^{j_2} \cdots p_k^{j_k} \quad \text{mit } 0 \leq j_q \leq n \text{ und } \sum_{q=1}^{k} j_q = n \,. \tag{14.60}$$

Ein Zufallsvektor $(\mu_1, \mu_2, \dots, \mu_k)$ mit dieser Wahrscheinlichkeitsfunktion heißt **polynomial verteilt**. Dass (14.59) erfüllt ist, folgt aus dem polynomischen Lehrsatz

$$(p_1 + p_2 + \dots + p_k)^n = \sum_{\substack{(j_1, j_2, \dots, j_k) \\ \text{mit } j_1 + \dots + j_k = n}} \frac{n!}{j_1! j_2! \dots j_k!} p_1^{j_1} p_2^{j_2} \cdots p_k^{j_k}$$

und $\sum_{q=1}^{k} p_q = 1$.

Tabelle 14.1. Elementarereignis für das verallgemeinerte BERNOULLI-Schema

mögliches Versuchs-ergebnis	Nummer des Versuchs			Realisierung von
	1	2	... $\quad$ n	$(\mu_1, \mu_2, \dots, \mu_k)$
A_1	$m_1^{(1)}$	$m_1^{(2)}$	... $\quad m_1^{(n)}$	$m_1 = \sum_{s=1}^{n} m_1^{(s)}$
A_2	$m_2^{(1)}$	$m_2^{(2)}$	... $\quad m_2^{(n)}$	$m_2 = \sum_{s=1}^{n} m_2^{(s)}$
$\vdots$	$\vdots$	$\vdots$	... $\quad \vdots$	$\vdots$
A_k	$m_k^{(1)}$	$m_k^{(2)}$	... $\quad m_k^{(n)}$	$m_k = \sum_{s=1}^{n} m_k^{(s)}$

14.4.3 Stetige Zufallsvektoren

Wir beschränken uns hier auf zweidimensionale Zufallsvektoren $(n = 2)$ und bezeichnen sie mit (X, Y). Verallgemeinerungen auf den Fall $n \geq 3$ sind i. Allg. leicht zu überschauen.

Definition 14.24. (stetige Zufallsvektoren, Wahrscheinlichkeitsdichte)
Eine zweidimensionale Zufallsgröße (X, Y) heißt stetig, wenn ihre Wahrschein-
lichkeitsverteilung $F(x, y)$ mit einer nichtnegativen Funktion $p(x, y)$ in der
Form

$$F(x, y) = \int_{-\infty}^{x} \int_{-\infty}^{y} p(\xi, \eta)\, d\eta d\xi \qquad (14.61)$$

darstellbar ist. $p(x, y)$ heißt **Wahrscheinlichkeitsdichte** oder einfach **Dichte** von
(X, Y).

Die Dichte hat die folgenden Eigenschaften.

$$F(\infty, \infty) = \int_{-\infty}^{\infty} \int_{-\infty}^{\infty} p(\xi, \eta)\, d\xi d\eta = 1\,. \qquad (14.62)$$

An jeder Stetigkeitsstelle von $p(x, y)$ gilt

$$\frac{\partial^2 F(x, y)}{\partial x \partial y} = p(x, y) \qquad (14.63)$$

und bis auf kleine Größen höherer Ordnung

$$P\{x \le X < x + \Delta x, y \le Y < y + \Delta y\} = p(x, y)\Delta x\, \Delta y\,. \qquad (14.64)$$

Diese Beziehung (14.64) macht die Bezeichnung "Dichte" verständlich: $p(x.y)$ ist
die "Wahrscheinlichkeit pro Flächeneinheit" am Punkt (x, y).
Ist B' ein Bereich der (x, y)-Ebene, so ist die Wahrscheinlichkeit dafür, dass
$(X, Y) \in B'$ ist, gleich dem Flächenintegral der Wahrscheinlichkeitsdichte über
den Bereich B':

$$P\{(X, Y) \in B'\} = \int_{B'} p(\xi, \eta)\, d\xi d\eta\,. \qquad (14.65)$$

Beispiel: Zweidimensionale Gleichverteilung
Es sei

$$p(x, y) = \begin{cases} p & \text{für } (x, y) \in B \\ 0 & \text{für } (x, y) \notin B \end{cases} \quad \cdot\cdot$$

Ist $m(B)$ der Flächeninhalt des Bereichs B, so muss wegen (14.62) $p = \frac{1}{m(B)}$ sein.
Die Wahrscheinlichkeit dafür, dass (X, Y) in ein Rechteck $[x, x + \Delta x[\times [y, y + \Delta y[$,
das im Inneren von B liegt, fällt, ist unabhängig von der Lage des Punktes (x, y)
und gleich $\frac{1}{m(B)} \Delta x\, \Delta y$. In diesem Sinn sind alle inneren Punkte von B gleichberechtigt. Für beliebige Bereiche B' gilt

$$P\{(X, Y) \in B'\} = P\{(X, Y) \in B' \cap B\} = \frac{m(B' \cap B)}{m(B)}\,.$$

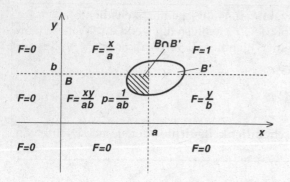

Abb. 14.13. Zweidimensionale Gleichverteilung und ihre Verteilungsfunktion F

Für den Spezialfall $B = [0, a[\times[0, b[$ vergleiche man Abb. 14.13. F bedeutet dabei die Verteilungsfunktion in den einzelnen Gebieten. Aus (14.56) folgt, dass tatsächlich auch in Gebieten, wo $F = \frac{x}{a}$, $F = 1$ bzw. $F = \frac{y}{b}$ ist, die Wahrscheinlichkeit dafür, dass (X, Y) dort in ein Rechteck $[a_1, b_1[\times[a_2, b_2[$ hineinfällt, verschwindet.

Als Anwendung von (14.65) bestimmen wir die Verteilungsfunktion $F_Z(z)$ und die Dichte $p_Z(z)$ der **Summe der Komponenten** $Z = X + Y$ eines stetigen Zufallsvektors (X, Y) mit der Dichte $p(x, y)$. Es ist für ein festes z

$$F_Z(z) = P\{Z < z\} = P\{X + Y < z\}\,.$$

Wir haben also die Wahrscheinlichkeit dafür zu bestimmen, dass

$$(X, Y) \in B' = \{(x, y) \mid -\infty < x < \infty,\ -\infty < y < z - x\}$$

ist (s.dazu Abb. 14.14). Nach (14.65) ist

$$F_Z(z) = \int\int_{(\xi,\eta)\in B'} p(\xi, \eta)\,d\xi d\eta = \int_{-\infty}^{\infty} \left(\int_{-\infty}^{z-\xi} p(\xi, \eta)\,d\eta\right) d\xi\,.$$

Mit der Substitution $\eta' = \eta + \xi$ und nach Vertauschung der Integrationsreihenfolge erhält man

$$F_Z(z) = \int_{-\infty}^{z} \left[\int_{-\infty}^{\infty} p(\xi, \eta - \xi)\,d\xi\right] d\eta\,. \tag{14.66}$$

Damit ist auch die Dichte $p_Z(z)$ bestimmt:

$$p_Z(z) = \int_{-\infty}^{\infty} p(\xi, z - \xi)\,d\xi\,. \tag{14.67}$$

Beispiel: Gesucht ist die Verteilungsdichte für die Summe $Z = X + Y$ der Komponenten eines im Quadrat $[0, a[\times[0, a[$ gleichverteilten Zufallsvektors (X, Y). Für

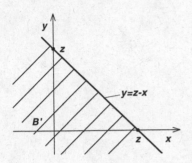

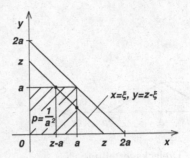

Abb. 14.14. Zur Bestimmung der Verteilungsfunktion für $Z = X + Y$

Abb. 14.15. Zur Herleitung der SIMPSON-Verteilung

die Dichte von (X, Y) gilt

$$p(x, y) = \begin{cases} \frac{1}{a^2} & \text{für } 0 \le x < a,\ 0 \le y < a \\ 0 & \text{sonst.} \end{cases}$$

(14.67) reduziert sich damit auf

$$p_Z(z) = \int_0^z p(\xi, z - \xi)\, d\xi .$$

Wegen $0 \le Z = X + Y \le 2a$ kann man sich auf $0 \le z \le 2a$ beschränken; für $z < 0$ und $z > 2a$ ist $p_Z(z) = 0$. Für $p(\xi, z - \xi)$ erhält man (Abb. 14.15)

$$p(\xi, z - \xi) = \frac{1}{a^2} \quad (0 \le \xi < z) \quad \text{für } 0 \le z < a \text{ und}$$

$$p(\xi, z - \xi) = \begin{cases} 0 & (0 \le \xi < z - a) \\ \frac{1}{a^2} & (z - a \le \xi < a) \quad \text{für } a \le z < 2a . \\ 0 & (a \le \xi < z) \end{cases}$$

Damit liefert die Integration über ξ

$$p_Z(z) = \begin{cases} \frac{1}{a^2} z & (0 \le z < a) \\ \frac{1}{a^2}(2a - z) & (a \le z < 2a) \end{cases} .$$

Die Summe der Komponenten $Z = X + Y$ eines im Quadrat $[0, a[\times [0, a[$ gleich-verteilten Zufallsvektors (X, Y) genügt einer **Dreiecksverteilung**, die manchmal auch als SIMPSON-**Verteilung** bezeichnet wird (Abb. 14.16).

14.4.4 Randverteilungen

Sei (X, Y) ein Zufallsvektor und $F(x, y)$ seine Verteilungsfunktion. Wir fragen nach der Verteilungsfunktion von X, wenn wir über Y keine Einschränkung machen, d.h. wir interessieren uns für das Ereignis $\{X < x, Y < \infty\}$ mit

$$P\{X < x, Y < \infty\} = F(x, \infty) .$$

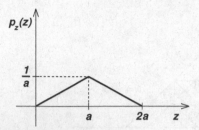

Abb. 14.16. Dreiecksverteilung

Bei dem eingangs angegebenen Beispiel (Messung von Stammdurchmesser d und Höhe h von Bäumen eines Waldstücks) ginge es jetzt z.B. um die Wahrscheinlichkeit dafür, dass $d < x$ ist, gleichgültig wie hoch die Bäume sind.
Für diskrete Vektoren mit den möglichen Werten (x_j, y_l) und den zugehörigen Wahrscheinlichkeiten p_{jl} folgt aus (14.58) bei $n = 2$

$$F(x, \infty) = \sum_{(j,l) \in I(x,\infty)} p_{jl} \, . \tag{14.68}$$

Die Summation ist zu erstrecken über alle l und über die j, für die $x_j < x$ ist. Für stetige Zufallsvektoren erhält man aus (14.61)

$$F(x, \infty) = \int_{-\infty}^{x} \int_{-\infty}^{\infty} p(\xi, \eta) \, d\eta d\xi = F_X(x) \, . \tag{14.69}$$

Die Dichte dieser Verteilung $F_X(x)$ ist

$$p_X(x) = \int_{-\infty}^{\infty} p(x, \eta) \, d\eta \, . \tag{14.70}$$

Definition 14.25. (Randverteilung, Randdichte ($n = 2$))
Sei (X, Y) ein zufälliger Vektor mit Verteilungsfunktion $F(x, y)$. Dann nennt man

$$P\{X < x, Y < \infty\} = F(x, \infty) =: F_X(x)$$
$$P\{X < \infty, Y < y\} = F(\infty, y) =: F_Y(y) \tag{14.71}$$

(eindimensionale) **Randverteilungen** von (X, Y). Ist (X, Y) ein stetiger Zufallsvektor mit Dichte $p(x, y)$, so heißen

$$p_X(x) := \int_{-\infty}^{\infty} p(x, \eta) \, d\eta \, , \qquad p_Y(y) := \int_{-\infty}^{\infty} p(\xi, y) \, d\xi \tag{14.72}$$

(eindimensionale) **Randdichten** von (X, Y).

Die Randverteilungen lassen sich mittels der Randdichten in der üblichen Weise darstellen:

$$F_X(x) = F(x, \infty) = \int_{-\infty}^{x} p_X(\xi)\, d\xi$$
$$F_Y(y) = F(\infty, y) = \int_{-\infty}^{y} p_Y(\eta)\, d\eta \qquad (14.73)$$

Es ist dann z.B.

$$P\{a \leq X < b, Y < \infty\} = F_X(b) - F_X(a) = \int_a^b p_X(\xi)\, d\xi$$

und (vgl. Def. 14.27)

$$E(X) = \int_{-\infty}^{\infty} \int_{-\infty}^{\infty} \xi\, p(\xi, \eta)\, d\xi d\eta = \int_{-\infty}^{\infty} \xi \Big[\int_{-\infty}^{\infty} p(\xi, \eta)\, d\eta \Big]\, d\xi = \int_{-\infty}^{\infty} \xi p_X(\xi)\, d\xi .$$
$$(14.74)$$

Die Erwartungswerte der Komponenten stetiger Zufallsvektoren lassen sich mittels der eindimensionalen Randdichten wie die Erwartungswerte von skalaren Zufallsgrößen berechnen.

Für höherdimensionale Zufallsvektoren ($n \geq 3$) gibt es auch höherdimensionale Randverteilungen. Z.B. ist für 4-dimensionale Zufallsvektoren (X_1, X_2, X_3, X_4) mit Verteilungsfunktion $F(x_1, x_2, x_3, x_4)$ die Funktion $F(x_1, \infty, x_3, x_4)$ eine dreidimensionale Randverteilung.

Beispiel: Zweidimensionale Gleichverteilung (s. Abb. 14.13)
Die Randverteilungen $F_X(x)$ und $F_Y(y)$ sind Verteilungsfunktionen der eindimensionalen Gleichverteilungen

$$F_X(x) = F(x, \infty) = \begin{cases} 0 & (x < 0) \\ \frac{x}{a} & (0 \leq x < a) \\ 1 & (x \geq a) \end{cases}, \quad F_Y(y) = F(\infty, y) = \begin{cases} 0 & (y < 0) \\ \frac{y}{b} & (0 \leq y < b) \\ 1 & (y \geq b) \end{cases}.$$

Die Randdichten sind nach (14.73)

$$p_X(x) = \begin{cases} 0 & (x < 0) \\ \frac{1}{a} & (0 \leq x < a) \\ 0 & (x \geq a) \end{cases}, \qquad p_Y(y) = \begin{cases} 0 & (y < 0) \\ \frac{1}{b} & (0 \leq y < b) \\ 0 & (y \geq b) \end{cases}.$$

Man verifiziert leicht (14.74):

$$E(X) = \int_{-\infty}^{\infty} \int_{-\infty}^{\infty} \xi\, p(\xi, \eta)\, d\xi d\eta$$
$$= \int_0^b \int_0^a \xi \frac{1}{ab}\, d\xi d\eta = \frac{1}{ab} \int_0^b d\eta \frac{1}{2} \xi^2 \big|_0^a = \frac{1}{ab} \frac{1}{2} a^2 b = \frac{a}{2} .$$

Mittels der Randdichte erhält man dasselbe Ergebnis:

$$E(X) = \int_{-\infty}^{\infty} \xi\, p_X(\xi)\, d\xi = \int_0^a \xi \frac{1}{a}\, d\xi = \frac{1}{a} \frac{1}{2} \xi^2 \big|_0^a = \frac{a}{2} .$$

14.4.5 Bedingte Verteilungen

Wir haben in Abschnitt 14.2.2 bedingte Wahrscheinlichkeiten allgemein für Ereignisse definiert und wollen dies jetzt auf Zufallsvariable anwenden. Wir beschränken uns auf $n = 2$ und auf stetige Zufallsvektoren (X, Y) mit Verteilungsfunktion $F(x, y)$ und stetiger Dichte $p(x, y)$. Sei A das Ereignis $\{Y < y\}$, B das Ereignis $\{x \leq X < x + h\}$ mit $h > 0$. Nach dem Multiplikationstheorem (14.15) ist

$$P\{Y < y | x \leq X < x+h\} = \frac{P\{x \leq X < x+h, Y < y\}}{P\{x \leq X < x+h\}} = \frac{\int_x^{x+h} \int_{-\infty}^y p(\xi, \eta)\, d\eta d\xi}{\int_x^{x+h} p_X(\xi)\, d\xi},$$

letzteres nach (14.73). Wir nehmen $p_X(x) > 0$ an. Damit und wegen der vorausgesetzten Stetigkeit von $p(x, y)$ kann man auf die Integrale $\int_x^{x+h} \ldots$ den Mittelwertsatz der Integralrechnung (Satz 2.16) anwenden. Der Grenzübergang $h \to 0$ ergibt

$$F(y|x) := \lim_{h \to 0} P\{Y < y | x \leq X < x+h\} = \frac{\int_{-\infty}^y p(x, \eta)\, d\eta}{p_X(x)}.$$

Das führt zur

> **Definition 14.26.** (bedingte Verteilungsfunktion, bedingte Dichte)
> (X, Y) sei ein Zufallsvektor mit Wahrscheinlichkeitsverteilung $F(x, y)$ und stetiger Dichte $p(x, y)$. Für alle festen y mit $p_Y(y) > 0$ bzw. für alle festen x mit $p_X(x) > 0$ sind
>
> $$F(x|y) := \frac{\int_{-\infty}^x p(\xi, y)\, d\xi}{p_Y(y)} \quad \text{bzw. } F(y|x) := \frac{\int_{-\infty}^y p(x, \eta)\, d\eta}{p_X(x)} \qquad (14.75)$$
>
> die **bedingten Verteilungen von** X unter der Bedingung, dass $Y = y$ ist bzw. von Y unter der Bedingung, dass $X = x$ ist. $p_X(x)$ und $p_Y(y)$ sind die Randdichten nach (14.72). Die zu $F(x|y)$ bzw. $F(y|x)$ gehörenden **bedingten Dichten** sind
>
> $$p(x|y) := \frac{p(x, y)}{p_Y(y)} \quad \text{bzw. } p(y|x) := \frac{p(x, y)}{p_X(x)}. \qquad (14.76)$$

Bei der Sprech- oder Schreibweise ''bedingte Verteilung von Y unter der Bedingung $X = x$'' darf man nicht vergessen, dass es sich hier um das Ergebnis eines Grenzprozesses handelt. Dem Grenzwert der Bedingung $x \leq X < x + h$, d.h. $X = x$, allein ist bei stetigen Zufallsvariablen i. Allg. die Wahrscheinlichkeit Null zuzuordnen.

Die Zufallsvariablen $(X|Y = y)$ bzw. $(Y|X = x)$ haben nach (14.76) die Erwartungswerte

$$E(X|Y = y) = \int_{-\infty}^{\infty} \xi\, p(\xi|y)\, d\xi = \int_{-\infty}^{\infty} \xi \frac{p(\xi, y)}{p_Y(y)}\, d\xi,$$

$$E(Y|X = x) = \int_{-\infty}^{\infty} \eta\, p(\eta|x)\, d\eta = \int_{-\infty}^{\infty} \eta \frac{p(x, \eta)}{p_X(x)}\, d\eta. \qquad (14.77)$$

Aus (14.75) folgt das Analogon zur Formel der totalen Wahrscheinlichkeit (14.21) bei stetigen Zufallsgrößen. Aus $F(x|y) \cdot p_Y(y) = \int_{-\infty}^{x} p(\xi, y)\, d\xi$ erhält man durch Integration über y und Benutzung von (14.72)

$$\int_{-\infty}^{\infty} F(x|\eta)\, p_Y(\eta)\, d\eta = \int_{-\infty}^{x} p_X(\xi)\, d\xi = F_X(x)\,. \tag{14.78}$$

14.4.6 Momente

Für eine skalare Zufallsgröße X hatten wir in Definition 14.17 Momente und in Definition 14.18 zentrale Momente definiert. Diese Begriffe werden nun auf Zufallsvektoren $(X_1, X_2, \ldots, X_n)$ übertragen. Wir beschränken uns dabei auf stetige Zufallsvektoren und i. Allg. auf $n = 2$. Die sinngemäße Übertragung auf diskrete und/oder höherdimensionale Vektoren ist nicht schwierig. Analog zu (14.39) wird zunächst der Erwartungswert einer Funktion $Z = g(X, Y)$ der Komponenten des Zufallsvektors (X, Y) definiert.

Definition 14.27. (Erwartungswert einer Funktion $Z = g(X, Y)$)
(X, Y) sei ein stetiger Zufallsvektor mit Dichte $p(x, y)$. $g(x, y)$ sei eine Funktion, mit der durch $Z = g(X, Y)$ eine Zufallsgröße Z erklärt ist. Ist $\int_{-\infty}^{\infty} \int_{-\infty}^{\infty} |g(\xi, \eta)| p(\xi, \eta)\, d\xi d\eta$ konvergent, so heißt

$$E[g(X, Y)] = \int_{-\infty}^{\infty} \int_{-\infty}^{\infty} g(\xi, \eta) p(\xi, \eta)\, d\xi d\eta \tag{14.79}$$

der **Erwartungswert der Zufallsgröße** $Z = g(X, Y)$.

Setzt man $g(X, Y) = X$ bzw. $g(X, Y) = Y$, so entstehen mit

$$\begin{aligned} E(X) &= \int_{-\infty}^{\infty} \int_{-\infty}^{\infty} \xi p(\xi, \eta)\, d\xi d\eta = \int_{-\infty}^{\infty} \xi p_X(\xi)\, d\xi \\ E(Y) &= \int_{-\infty}^{\infty} \int_{-\infty}^{\infty} \eta p(\xi, \eta)\, d\xi d\eta = \int_{-\infty}^{\infty} \eta p_Y(\eta)\, d\eta \end{aligned} \tag{14.80}$$

die Erwartungswerte der Komponenten X und Y von (X, Y) (vgl. (14.74)). Daraus folgt sofort

$$E(X + Y) = \int_{-\infty}^{\infty} \int_{-\infty}^{\infty} (\xi + \eta) p(\xi, \eta)\, d\xi d\eta = E(X) + E(Y)\,, \tag{14.81}$$

was mittels vollständiger Induktion auf $n \geq 2$ verallgemeinert werden kann. Ein Spezialfall von Def. 14.27 ist

Definition 14.28. (Momente, zentrale Momente)
(X, Y) sei ein Zufallsvektor. Die Erwartungswerte der Funktionen $X^p Y^q$ ($p, q \geq 0$, ganzzahlig) nennt man **Momente** m_{pq} der Ordnung $p + q$, die Erwartungswerte der Funktionen $[X - E(X)]^p [Y - E(Y)]^q$ nennt man **zentrale Momente** μ_{pq} der Ordnung $p + q$ des Zufallsvektors (X, Y).

Bei Zufallsvektoren (X, Y) mit Dichte $p(x, y)$ gilt also nach (14.79)

$$
\begin{aligned}
m_{pq} &= E(X^p Y^q) = \int_{-\infty}^{\infty} \int_{-\infty}^{\infty} \xi^p \eta^q p(\xi, \eta)\, d\xi d\eta \\
\mu_{pq} &= E\{[X - E(X)]^p [Y - E(Y)]^q\} = \\
&= \int_{-\infty}^{\infty} \int_{-\infty}^{\infty} [\xi - E(X)]^p [\eta - E(Y)]^q p(\xi, \eta)\, d\xi d\eta \; .
\end{aligned}
\tag{14.82}
$$

Dabei ist stets die absolute Konvergenz des Integrals vorausgesetzt. Man kann jedes zentrale Moment μ_{pq} durch Momente m_{rs} ausdrücken. Bei zweidimensionalen Vektoren (X, Y) gibt es zwei Momente 1. Ordnung

$$
\begin{aligned}
m_{10} &= E(X) , & m_{01} &= E(Y) ; \\
\mu_{10} &= 0 , & \mu_{01} &= 0 .
\end{aligned}
$$

Es gibt 3 Momente 2. Ordnung

$$
m_{20} = E(X^2) , \qquad m_{11} = E(XY) , \qquad m_{02} = E(Y^2) .
$$

Bei den zentralen Momenten 2. Ordnung benutzen wir folgende Bezeichnungen (vgl. Def. 14.19):

$$
\begin{aligned}
\mu_{20} &= E\{[X - E(X)]^2\} = \sigma_X^2 \;\; (= D(X) = Var(X)), \\
\mu_{02} &= E\{[Y - E(Y)]^2\} = \sigma_Y^2 \;\; (= D(Y) = Var(Y)), \\
\mu_{11} &= E\{[X - E(X)][Y - E(Y)]\} = cov(X, Y) .
\end{aligned}
\tag{14.83}
$$

Es gilt

$$
\sigma_X^2 = E\{[X - E(X)]^2\} = E(X^2) - 2[E(X)]^2 + [E(X)]^2 = E(X^2) - [E(X)]^2 \; .
$$

Analog zum Fall einer Zufallsgröße nennt man auch hier σ_X^2 bzw. σ_Y^2 **Streuung**, **Dispersion** oder **Varianz** von X bzw. Y. σ_X, σ_Y heißen Standardabweichungen. $\mu_{11} = cov(X, Y)$ nennt man **Kovarianz** von X und Y. Die mit σ_X, σ_Y normierte Kovarianz

$$
\rho(X, Y) = \frac{cov(X, Y)}{\sigma_X \sigma_Y}
\tag{14.84}
$$

heißt **Korrelationskoeffizient**. Dass wir es mit Zufallsvektoren und nicht nur mit Zufallsgrößen zu tun haben, kommt insbesondere im Auftreten gemischter Momente, z.B. m_{11}, μ_{11}, und damit zusammenhängender Größen wie $\rho(X, Y)$ zum Ausdruck. Setzt man $X = Y$, so wird $cov(X, Y) = cov(X, X) = \sigma_X^2$ und wegen $\sigma_X = \sigma_Y$ wird $\rho(X, X) = 1$.

Als Anwendung der Formeln wollen wir die Streuung σ_{X+Y}^2 der Summe $X + Y$ der Komponenten eines zweidimensionalen Vektors als Funktion der Streuungen σ_X^2, σ_Y^2 der Komponenten bestimmen. Die entsprechenden Zusammenhänge für die Erwartungswerte hatten wir in (14.81) angegeben; sie werden im Folgenden benutzt. Darüberhinaus verwenden wir die Rechenregeln (14.40). Es ist

$$
\begin{aligned}
\sigma_{X+Y}^2 &= E\{[(X+Y)-E(X+Y)]^2\} = E[(X+Y)^2] - [E(X+Y)]^2 \\
&= E[X^2 + 2XY + Y^2] - [E(X) + E(Y)]^2 \\
&= E[X^2 - (E(X))^2] + E[Y^2 - (E(Y))^2] + 2E[XY - E(X)E(Y)] \\
&= E\{[X - E(X)]^2\} + E\{[Y - E(Y)]^2\} + 2E[(X - E(X))(Y - E(Y))] \\
&= \sigma_X^2 + \sigma_Y^2 + 2\,cov(X,Y)\,,
\end{aligned}
$$

also

$$
\sigma_{X+Y}^2 = \sigma_X^2 + \sigma_Y^2 + 2\,\rho(X,Y)\sigma_X\sigma_Y\,, \tag{14.85}
$$

letzteres nach (14.84). Für $\rho(X,Y) = 0$ vereinfacht sich dies zu $\sigma_{X+Y}^2 = \sigma_X^2 + \sigma_Y^2$. Für Zufallsvektoren $(X_1, X_2, \ldots, X_n)$ mit $n > 2$ gibt es mehr als eine Kovarianz:

Definition 14.29. (Kovarianzmatrix, Korrelationskoeffizienten)
Ist $(X_1, X_2, \ldots, X_n)$ ein n-dimensionaler Zufallsvektor, so nennt man

$$
k_{jl} = E\{[X_j - E(X_j)][X_l - E(X_l)]\} = cov(X_j, X_l) \tag{14.86}
$$

die **Kovarianz** der Zufallsgrößen X_j, X_l $(1 \leq j, l \leq n)$. Die Matrix (k_{jl}) heißt **Kovarianzmatrix**. Die mit den Standardabweichungen normierten Kovarianzen

$$
\rho_{jl} = \frac{cov(X_j, X_l)}{\sigma_j \sigma_l} \quad (1 \leq j, l \leq n) \tag{14.87}
$$

nennt man **Korrelationskoeffizienten**.

Eine Kovarianzmatrix (k_{jl}) ist reell und symmetrisch; die Eigenschaften solcher Matrizen wurden in Abschnitt 4.7.2 untersucht. (k_{jl}) ist auch **positiv semidefinit**: Mit beliebigen (nichtzufälligen) reellen Zahlen $c_1, c_2, \ldots, c_n$ sei $Z = \sum_{j=1}^n c_j[X_j - E(X_j)]$. Dann ist

$$
0 \leq E(Z^2) = \sum_{j,l=1}^n c_j c_l E\{[X_j - E(X_j)][X_l - E(X_l)]\} = \sum_{j,l=1}^n c_j c_l\, cov(X_j, X_l)\,,
$$

d.h. $\sum_{j,l=1}^n c_j c_l\, k_{jl} \geq 0$ für beliebige reelle Zahlen $c_1, c_2, \ldots, c_n$.
Für die Korrelationskoeffizienten gilt

$$
-1 \leq \rho_{jl} \leq 1\,. \tag{14.88}
$$

Für den Nachweis der Beziehung (14.88) sei α eine beliebige nichtzufällige reelle Zahl. Es ist

$$
0 \leq E\{[\alpha\frac{X_j - E(X_j)}{\sigma_j} + \frac{X_l - E(X_l)}{\sigma_l}]^2\} = \alpha^2 + 2\alpha\rho_{jl} + 1 = (\alpha + \rho_{jl})^2 + 1 - \rho_{jl}^2\,.
$$

Da α beliebig ist, folgt daraus $\rho_{jl}^2 \leq 1$ oder eben (14.88).

Definition 14.30. (unkorrelierte Zufallsgrößen)
Sei (X, Y) ein zufälliger Vektor. Die Zufallsgrößen X, Y heißen **unkorreliert**, wenn ihr Korrelationskoeffizient $\rho(X, Y)$ verschwindet.

Den Zusammenhang zwischen Unkorreliertheit und Unabhängigkeit besprechen wir im nächsten Abschnitt. Hier betrachten wir jetzt noch das andere Extrem, nämlich $\rho^2(X, Y) = 1$. Dann liegt, wie man zeigen kann, eine nahezu vollständige Abhängigkeit zwischen X und Y vor: Es gilt

$$P\{Y = aX + b\} = 1 \qquad (a, b = \text{const.}).$$

14.4.7 Unabhängige Zufallsgrößen

Wir übertragen jetzt den Begriff "unabhängige Ereignisse" (Def. 14.9) auf Zufallsgrößen.

Definition 14.31. (unabhängige Zufallsgrößen)
Sei $(X_1, X_2, \ldots, X_n)$ ein zufälliger Vektor, $F(x_1, x_2, \ldots, x_n)$ seine Verteilungsfunktion, und $F_1(x_1), F_2(x_2), \ldots, F_n(x_n)$ seien die eindimensionalen Randverteilungen von $(X_1, X_2, \ldots, X_n)$. Man nennt die Zufallsgrößen $X_1, X_2, \ldots, X_n$ **unabhängig**, wenn für beliebige $x_1, x_2, \ldots, x_n$

$$F(x_1, x_2, \ldots, x_n) = F_1(x_1) F_2(x_2) \ldots F_n(x_n) \tag{14.89}$$

gilt.

Man kann zeigen, dass dann auch jede Gruppe $X_{i_1}, X_{i_2}, \ldots, X_{i_m}$ $(1 \leq i_1 < i_2 < \cdots < i_m \leq n)$ von m der n Zufallsgrößen $X_1, X_2, \ldots, X_n$ aus unabhängigen Zufallsgrößen besteht. (14.89) bedeutet

$$
\begin{aligned}
P\{X_1 < x_1, X_2 < x_2, \ldots, X_n < x_n\} \;=\; & P\{X_1 < x_1, X_2 < \infty, \ldots, X_n < \infty\} \\
& \cdot P\{X_1 < \infty, X_2 < x_2, \ldots, X_n < \infty\} \\
& \cdots \\
& \cdot P\{X_1 < \infty, X_2 < \infty, \ldots, X_n < x_n\}.
\end{aligned}
$$

Dies ist genau die in Def. 14.9 erklärte "Unabhängigkeit insgesamt" der Ereignisse $\{X_1 < x_1\}, \{X_2 < x_2\}, \ldots, \{X_n < x_n\}$, denn es gilt sowohl

$$
\begin{aligned}
\{X_1 < x_1, X_2 < x_2, \ldots, X_n < x_n\} \;=\; & \{X_1 < x_1, X_2 < \infty, \ldots, X_n < \infty\} \\
& \cap \{X_1 < \infty, X_2 < x_2, \ldots, X_n < \infty\} \\
& \cdots \\
& \cap \{X_1 < \infty, X_2 < \infty, \ldots, X_n < x_n\}
\end{aligned}
$$

als auch das Analoge für jede Untergruppe $X_{i_1}, X_{i_2}, \ldots, X_{i_m}$.

Sei $n = 2$. Mit den Randverteilungen F_X, F_Y gilt bei Unabhängigkeit nach (14.89)

$$F(x,y) = F_X(x)F_Y(y) .$$

Für stetige Zufallsvektoren (X, Y) mit unabhängigen Komponenten X, Y und stetiger Dichte $p(x, y)$ folgt mittels (14.73)

$$\frac{\partial^2 F(x,y)}{\partial x \partial y} = p(x,y) = F_X'(x)F_Y'(y) = p_X(x)p_Y(y) . \tag{14.90}$$

Bei unabhängigen Zufallsgrößen X, Y ist also die gemeinsame Dichte $p(x, y)$ gleich dem Produkt der Randdichten $p_X(x)$ und $p_Y(y)$. Umgekehrt folgt daraus auch die Unabhängigkeit im Sinne der Def. 14.31.

Wir wollen noch einen zur Def. 14.8 analogen Zusammenhang zwischen der bedingten Verteilung $F(x|y)$ und der Randverteilung $F_X(x)$ herstellen. Nach (14.75), (14.73) und mit der Unabhängigkeitsbedingung (14.90) erhält man

$$\begin{aligned}
p_Y(y)\, F(x|y) &= \int_{-\infty}^{x} p(\xi, y)\, d\xi = \int_{-\infty}^{x} p_X(\xi)p_Y(y)\, d\xi \\
&= p_Y(y) \int_{-\infty}^{x} p_X(\xi)\, d\xi = p_Y(y)F_X(x) ,
\end{aligned}$$

also (bei $p_Y(y) > 0$)

$$F(x|y) = F_X(x) . \tag{14.91}$$

Das heißt: Bei unabhängigen Zufallsgrößen X, Y hängt die bedingte Wahrscheinlichkeit $F(x|y) = P\{X < x|Y = y\}$ nicht von y ab. Ebenso ist $P\{Y < y|X = x\}$ von x unabhängig. Das ist auch das, was man von zwei unabhängigen Zufallsgrößen "vernünftigerweise" erwartet.

Im Folgenden werden in zwei Sätzen nützliche Eigenschaften unabhängiger Zufallsgrößen angegeben.

Satz 14.5. *(Erwartungswert des Produkts unabhängiger Zufallsgrößen)*
(X, Y) sei ein stetiger Zufallsvektor mit unabhängigen Komponenten. Dann gilt

$$E(XY) = E(X)E(Y) . \tag{14.92}$$

Beweis: Nach (14.82) und den Beziehungen (14.90), (14.80) gilt

$$\begin{aligned}
E(XY) &= \int_{-\infty}^{\infty}\int_{-\infty}^{\infty} \xi\eta\, p(\xi, \eta)\, d\xi d\eta = \int_{-\infty}^{\infty}\int_{-\infty}^{\infty} \xi\eta p_X(\xi)p_Y(\eta)\, d\xi d\eta \\
&= \int_{-\infty}^{\infty} \xi p_X(\xi) \int_{-\infty}^{\infty} \eta p_Y(\eta)\, d\eta = E(X)E(Y).
\end{aligned}$$

$\square$

Der Satz gilt auch für n-dimensionale Zufallsvektoren $(X_1, X_2, \ldots, X_n)$ mit $n > 2$.

Satz 14.6. *(Korrelationskoeffizient unabhängiger Zufallsgrößen)*
Unabhängige Zufallsgrößen X, Y sind unkorreliert, d.h. für sie gilt $\rho(X, Y) = 0$.

Beweis:

$$cov(X, Y) = E\{[X - E(X)][Y - E(Y)]\} = E(XY) - E(X)E(Y) = 0$$

nach (14.92).   □

Die Umkehrung gilt im Allgemeinen nicht, wohl aber für normalverteilte Zufallsgrößen (vgl. Satz 14.11).

Satz 14.7. *(Varianz der Summe unabhängiger Zufallsgrößen)*
$(X_1, X_2, \ldots, X_n)$ *sei ein stetiger Zufallsvektor mit unabhängigen Komponenten* $X_1, X_2, \ldots, X_n$. *Es sei* $\sigma_j^2 = Var(X_j) < \infty$ *für* $j = 1, 2, \ldots, n$. *Dann ist*

$$Var(X_1 + X_2 + \cdots + X_n) = \sum_{j=1}^{n} Var(X_j) \,. \tag{14.93}$$

Beweis: Wir beschränken uns auf $n = 2$. Da für unabhängige Komponenten X, Y des Zufallsvektors (X, Y) der Korrelationskoeffizient $\rho(X, Y)$ verschwindet (Satz 14.6), folgt aus (14.85) $\sigma_{X+Y}^2 = \sigma_X^2 + \sigma_Y^2$.   □

14.4.8 Zweidimensionale Normalverteilung

Definition 14.32. (zweidimensionale Normalverteilung)
Man sagt, der zufällige Vektor (X, Y) genüge einer **Normalverteilung** oder (X, Y) sei normalverteilt, wenn seine Wahrscheinlichkeitsdichte $p(x, y)$ die Form

$$p(x, y) = \frac{1}{2\pi\sigma_X\sigma_Y\sqrt{1-\rho^2}} e^{-\frac{1}{2(1-\rho^2)}[(\frac{x-m_X}{\sigma_X})^2 - 2\rho\frac{x-m_X}{\sigma_X}\frac{y-m_Y}{\sigma_Y} + (\frac{y-m_Y}{\sigma_Y})^2]} \tag{14.94}$$

hat; dabei sind m_X, m_Y, σ_X, σ_Y, ρ Parameter, die den Bedingungen $\sigma_X > 0$, $\sigma_Y > 0$, $-1 < \rho < 1$ genügen (vgl. Abb. 14.17).

Die in eckigen Klammern im Exponenten stehende quadratische Form ist positiv definit, d.h. sie ist für $(x - m_X, y - m_Y) \neq (0,0)$ stets positiv:

$$(\frac{x-m_X}{\sigma_X})^2 - 2\rho\frac{x-m_X}{\sigma_X}\frac{y-m_Y}{\sigma_Y} + (\frac{y-m_Y}{\sigma_Y})^2 \tag{14.95}$$
$$= [(\frac{x-m_X}{\sigma_X}) - \rho(\frac{y-m_Y}{\sigma_Y})]^2 + (1-\rho^2)(\frac{y-m_Y}{\sigma_Y})^2 \,.$$

Für alle x, y gilt $0 < p(x, y) \leq \frac{1}{2\pi\sigma_X\sigma_Y\sqrt{1-\rho^2}}$. Die Kurven $p(x, y) = $ const. sind Ellipsen mit Mittelpunkt $(x, y) = (m_X, m_Y)$, wie man durch Hauptachsentransformation (s. Abschnitt 4.7.3) zeigen kann. Wir beweisen noch, dass $p(x, y)$ die Eigenschaft $\int\int_{-\infty}^{\infty} p(\xi, \eta)\, d\xi d\eta = 1$ einer Wahrscheinlichkeitsdichte hat. Mit den Substitutionen

$$\xi' = \frac{\xi - m_X}{\sigma_X}, \qquad \eta' = \frac{\eta - m_Y}{\sigma_Y} \tag{14.96}$$

und unter Verwendung der quadratischen Ergänzung (14.95) erhält man

$$\int_{-\infty}^{\infty}\int_{-\infty}^{\infty} p(\xi, \eta)\, d\xi d\eta = \frac{1}{2\pi\sqrt{1-\rho^2}}\int_{-\infty}^{\infty}\int_{-\infty}^{\infty} e^{-\frac{1}{2(1-\rho^2)}[(\xi-\rho\eta)^2+(1-\rho^2)\eta^2]}\, d\xi d\eta$$

$$= \frac{1}{2\pi\sqrt{1-\rho^2}}\int_{-\infty}^{\infty} e^{-\frac{1}{2}\eta^2}[\int_{-\infty}^{\infty} e^{-\frac{1}{2(1-\rho^2)}(\xi-\rho\eta)^2}\, d\xi]d\eta\,.$$

Die Substitution $\xi' = \frac{1}{\sqrt{1-\rho^2}}(\xi - \rho\eta)$ im ξ-Integral liefert

$$\int_{-\infty}^{\infty}\int_{-\infty}^{\infty} p(\xi, \eta)\, d\xi d\eta = \frac{1}{2\pi}\int_{-\infty}^{\infty} e^{-\frac{1}{2}\eta^2}\, d\eta \int_{-\infty}^{\infty} e^{-\frac{1}{2}\xi^2}\, d\xi = \frac{1}{2\pi}\sqrt{2\pi}\sqrt{2\pi} = 1\,,$$

letzteres wegen $\int_{-\infty}^{\infty} e^{-\frac{1}{2}x^2}\, dx = \sqrt{2\pi}$ (vgl. (14.48)).

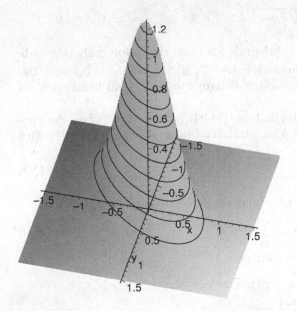

Abb. 14.17. Dichte einer zweidimensionalen Normalverteilung ($\rho = 0{,}6, \sigma_X = \sigma_Y = 0{,}4, m_X = m_Y = 0$)

Die zugehörige Verteilungsfunktion ist

$$F(x,y) =$$

$$\frac{1}{2\pi\sigma_X\sigma_Y\sqrt{1-\rho^2}} \int_{-\infty}^{x}\int_{-\infty}^{y} e^{-\frac{1}{2(1-\rho^2)}[(\frac{\xi-m_X}{\sigma_X})^2 - 2\rho\frac{\xi-m_X}{\sigma_X}\frac{\eta-m_Y}{\sigma_Y} + (\frac{\eta-m_Y}{\sigma_Y})^2]}\,d\eta d\xi\,.$$

$$(14.97)$$

Wir demonstrieren einige der bisher besprochenen Begriffe anhand der Dichte $p(x,y)$ der Normalverteilung. Dabei werden die herausragenden speziellen Eigenschaften der Normalverteilung deutlich.

Zunächst betrachten wir (14.94) für die speziellen Parameter $m_X = m_Y = 0$, $\sigma_X = \sigma_Y = 1$ und $\rho \in\,]-1,1[$. Man kann zeigen, dass dann

$$E(X) = E(Y) = 0,\quad Var(X) = Var(Y) = 1,$$
$$\rho(X,Y) = cov(X,Y) = \rho \tag{14.98}$$

gilt. Wir beschränken uns auf den Beweis von $E(X) = 0$. Nach (14.80) ist

$$E(X) = \frac{1}{2\pi(1-\rho^2)}\int\int_{-\infty}^{\infty}\xi e^{-\frac{1}{2(1-\rho^2)}(\xi^2 - 2\rho\xi\eta + \eta^2)}\,d\xi d\eta\,.$$

Mit $\xi^2 - 2\rho\xi\eta + \eta^2 = (\xi - \rho\eta)^2 + (1-\rho^2)\eta^2$ und der Substitution $\xi = \sqrt{1-\rho^2}\xi' + \rho\eta$ erhält man (analog zum obigen Nachweis von $\int\int_{-\infty}^{\infty}p(\xi,\eta)\,d\xi d\eta = 1$)

$$\begin{aligned}E(X) &= \frac{1}{2\pi}\int_{-\infty}^{\infty}e^{-\frac{1}{2}\eta^2}[\int_{-\infty}^{\infty}(\sqrt{1-\rho^2}\xi' + \rho\eta)e^{-\frac{1}{2}\xi'^2}\,d\xi']d\eta\\ &= \frac{1}{2\pi}\int_{-\infty}^{\infty}e^{-\frac{1}{2}\eta^2}[\sqrt{1-\rho^2}\int_{-\infty}^{\infty}\xi'e^{-\frac{1}{2}\xi'^2}\,d\xi' + \sqrt{2\pi}\rho\eta]d\eta = 0\,,\end{aligned}$$

da die Integranden sowohl des ξ'-Integrals als auch des η-Integrals ungerade Funktionen sind. Wir haben außerdem wieder $\int_{-\infty}^{\infty}e^{-\frac{1}{2}x^2}\,dx = \sqrt{2\pi}$ benutzt. Damit ist $E(X) = 0$ bewiesen. Die übrigen Behauptungen (14.98) kann man auf ähnlichem Wege beweisen.

(X,Y) genüge nun einer Normalverteilung (14.94) mit irgendwelchen Parametern $m_X, m_Y, \sigma_X > 0$, $\sigma_Y > 0$ und $\rho \in\,]-1,1[$. Wir bilden dann den Zufallsvektor

$$X' = \frac{X - m_X}{\sigma_X}\,,\qquad Y' = \frac{Y - m_Y}{\sigma_Y} \tag{14.99}$$

und behaupten, dass (X',Y') einer Normalverteilung mit den Parametern

$$m_{X'} = m_{Y'} = 0\,,\quad \sigma_{X'} = \sigma_{Y'} = 1\,,\quad \rho' = \rho \tag{14.100}$$

genügt. Das soll nun nachgewiesen werden.

$$\begin{aligned}P\{X' < x, Y' < y\} &= P\{X < m_X + x\sigma_X, Y < m_Y + y\sigma_Y\}\\ &= F(m_X + x\sigma_X, m_Y + y\sigma_Y)\\ &= c\int_{-\infty}^{m_X + x\sigma_X}\int_{-\infty}^{m_Y + y\sigma_Y} e^{-\frac{1}{2(1-\rho^2)}[(\frac{\xi-m_X}{\sigma_X})^2 - 2\rho\frac{\xi-m_X}{\sigma_X}\frac{\eta-m_Y}{\sigma_Y} + (\frac{\eta-m_Y}{\sigma_Y})^2]}\,d\xi d\eta\,,\end{aligned}$$

mit $c = \frac{1}{2\pi\sigma_X\sigma_Y\sqrt{1-\rho^2}}$. Mit der Substitution (14.96) erhält man

$$
\begin{aligned}
P\{X' < x, Y' < y\} \;\; =: \;\; & F_{X'Y'}(x,y) \\
= \;\; & \frac{1}{2\pi\sqrt{1-\rho^2}} \int_{-\infty}^{x}\int_{-\infty}^{y} e^{-\frac{1}{2(1-\rho^2)}(\xi^2-2\rho\xi\eta+\eta^2)} \, d\xi d\eta \; .
\end{aligned}
$$

Die zugehörige Dichte ist

$$
p_{X'Y'}(x,y) = \frac{1}{2\pi\sqrt{1-\rho^2}} e^{-\frac{1}{2(1-\rho^2)}(x^2-2\rho xy+y^2)} \; .
$$

Nach Def. 14.32 ist dies die Dichte einer Normalverteilung mit den Parametern (14.100).
Wenn aber der durch (14.99) definierte Zufallsvektor (X', Y') einer solchen speziellen Normalverteilung genügt, dann müssen Erwartungswerte, Streuungen und der Korrelationskoeffizient seiner Komponenten X', Y' die in (14.98) angegebenen Werte haben. Also gilt

$$
E(X') = E(Y') = 0, \; Var(X') = Var(Y') = 1, \; \rho(X', Y') = cov(X', Y') = \rho.
$$
$$(14.101)$$

Wir wollen daraus auf die wahrscheinlichkeitstheoretische Bedeutung der in der Formel (14.94) auftretenden Parameter $m_X, m_Y, \sigma_X, \sigma_Y, \rho$ schließen.
Aus (14.99) und (14.101) folgt sofort, dass die Parameter m_X, m_Y die Erwartungswerte von X, Y sind:

$$
E(X) = m_X , \qquad E(Y) = m_Y \; . \tag{14.102}
$$

Wegen $E(X) = m_X$ und $Var(X') = E(X'^2) - [E(X')]^2 = E(X'^2) = 1$ erhält man

$$
Var(X) = E\{[X - E(X)^2\} = \sigma_X^2 E\{(\frac{X - m_X}{\sigma_X})^2\} = \sigma_X^2 E(X'^2) = \sigma_X^2 \; .
$$

Nach analogen Schlüssen bezüglich $Var(Y)$ sieht man, dass die Parameter σ_X und σ_Y in Def. 14.32 die Standardabweichungen von X, Y bedeuten:

$$
Var(X) = \sigma_X^2 , \qquad Var(Y) = \sigma_Y^2 \; . \tag{14.103}
$$

Nach (14.101) ist

$$
E(X'Y') = E\{[X' - E(X')][Y' - E(Y')]\} = cov(X', Y') = \rho \; ,
$$

also erhält man wegen (14.102)

$$
\begin{aligned}
cov(X,Y) \;\; = \;\; & E\{[X - E(X)][Y - E(Y)]\} \\
= \;\; & \sigma_X\sigma_Y E\{(\frac{X - m_X}{\sigma_X})(\frac{Y - m_Y}{\sigma_Y})\} = \sigma_X\sigma_Y E(X'Y') = \sigma_X\sigma_Y\rho \; .
\end{aligned}
$$

Berücksichtigt man die bereits gefundene Bedeutung der Parameter σ_X, σ_Y als Standardabweichungen von X, Y, so ist damit gezeigt, dass der Parameter ρ in (14.94) den Korrelationskoeffizienten $\rho(X, Y)$ von X und Y angibt:

$$\rho(X, Y) = \frac{cov(X, Y)}{\sigma_X \sigma_Y} = \rho \,.$$

Wir fassen die durchgeführten Betrachtungen in den folgenden beiden Sätzen zusammen.

Satz 14.8. *(Parameter und Momente der zweidimensionalen Normalverteilung)*
Ist (X, Y) normalverteilt mit der Dichte (14.94), so sind die Momente erster und zweiter Ordnung des Zufallsvektors (X, Y) durch die fünf Parameter m_X, m_Y, σ_X, σ_Y, ρ in folgender Weise bestimmt:

$$E(X) = m_X \,, \quad E(Y) = m_Y \,,$$

$$Var(X) = \sigma_X^2 \,, \quad Var(Y) = \sigma_Y^2 \,, \quad \rho(X, Y) = \frac{cov(X, Y)}{\sigma_X \sigma_Y} = \rho \,. \qquad (14.104)$$

Unter der Voraussetzung, dass der Zufallsvektor (X, Y) normalverteilt ist, ist seine Dichte durch die Momente von (X, Y) bis zur zweiten Ordnung eindeutig festgelegt. Diese Momente bestimmen damit auch alle Momente höherer Ordnung, wie bei einer einzelnen normalverteilten Zufallsgröße.

Mit (14.104) hat sich auch ergeben, dass die durch (14.99) definierten Zufallsgrößen X', Y' die zu X, Y gehörenden standardisierten Zufallsgrößen sind. Wir haben also gezeigt:

Satz 14.9. *(Verteilung standardisierter Zufallsgrößen bei Normalverteilung)*
(X, Y) genüge einer Normalverteilung mit den Parametern m_X, m_Y, σ_X, σ_Y, ρ. Der Vektor (X', Y') der zu X, Y gehörenden standardisierten Zufallsgrößen genügt wieder einer Normalverteilung. Die Parameter $m_{X'}$, $m_{Y'}$, $\sigma_{X'}$, $\sigma_{Y'}$, ρ' der Verteilung von (X', Y') sind

$$m_{X'} = m_{Y'} = 0 \,, \quad \sigma_{X'} = \sigma_{Y'} = 1 \quad und \quad \rho' = \rho \,.$$

Die Korrelationsmatrix

$$\begin{pmatrix} \sigma_X^2 & \rho \sigma_X \sigma_Y \\ \rho \sigma_X \sigma_Y & \sigma_Y^2 \end{pmatrix}$$

der zweidimensionalen Normalverteilung ist genau dann positiv definit, wenn $-1 < \rho < 1$ ist.

Der Übergang zu den Randverteilungen (14.71), (14.73) führt bei zweidimensionalen Normalverteilungen wieder auf Normalverteilungen:

Satz 14.10. *(Randverteilungen der Normalverteilung)*
Die Randverteilungen der Normalverteilung (14.94) sind eindimensionale Normalverteilungen vom Typ $N(m_X, \sigma_X)$ und $N(m_Y, \sigma_Y)$.

Beweis: Wir müssen zeigen, dass die nach (14.70) definierte Funktion $p_X(x)$ mit $p(x,y)$ nach (14.94) die Dichte einer Normalverteilung ist:

$$p_X(x) = \frac{1}{2\pi\sigma_X\sigma_Y\sqrt{1-\rho^2}} \int_{-\infty}^{\infty} e^{-\frac{1}{2(1-\rho^2)}[(\frac{x-m_X}{\sigma_X})^2 + 2\rho\frac{x-m_X}{\sigma_X}\frac{\eta-m_Y}{\sigma_Y} + (\frac{\eta-m_Y}{\sigma_Y})^2]}\, d\eta\,.$$

Umformung des Exponenten analog zu (14.95):

$$\frac{1}{(1-\rho^2)}[\dots] = \frac{1}{(1-\rho^2)}\left[(1-\rho^2)\left(\frac{x-m_X}{\sigma_X}\right)^2 + \left(\frac{\eta-m_Y}{\sigma_Y} - \rho\frac{x-m_X}{\sigma_X}\right)^2\right]\,.$$

Daraus folgt

$$p_X(x) = \frac{1}{2\pi\sigma_X\sigma_Y\sqrt{1-\rho^2}} e^{-\frac{1}{2}(\frac{x-m_X}{\sigma_X})^2} \cdot \int_{-\infty}^{\infty} e^{-\frac{1}{2}\frac{1}{1-\rho^2}[\frac{\eta-m_Y}{\sigma_Y} - \rho\frac{x-m_X}{\sigma_X}]^2}\, d\eta\,.$$

Die Substitution $\eta' = \frac{1}{\sqrt{1-\rho^2}}[\frac{\eta-m_Y}{\sigma_Y} - \rho\frac{x-m_X}{\sigma_X}]$ mit $d\eta = \sigma_Y\sqrt{1-\rho^2}\, d\eta'$ bringt

$$p_X(x) = \frac{1}{2\pi\sigma_X\sigma_Y\sqrt{1-\rho^2}} e^{-\frac{1}{2}(\frac{x-m_X}{\sigma_X})^2} \int_{-\infty}^{\infty} e^{-\frac{1}{2}\eta'^2}\, d\eta'\, \sigma_Y\sqrt{1-\rho^2}\,.$$

Wegen $\int_{-\infty}^{\infty} e^{-\frac{1}{2}\eta'^2}\, d\eta' = \sqrt{2\pi}$ erhält man damit

$$p_X(x) = \frac{1}{\sigma_X\sqrt{2\pi}} e^{-\frac{1}{2}(\frac{x-m_X}{\sigma_X})^2}\,, \tag{14.105}$$

d.h. eine Dichte vom Typ $N(m_X, \sigma_X)$, wie im Satz behauptet. $\qquad\square$

Eine wichtige Eigenschaft normalverteilter Zufallsgrößen ist, dass für sie Satz 14.6 umkehrbar ist, also aus der Unkorreliertheit auf die Unabhängigkeit geschlossen werden kann.

Satz 14.11. *(Unkorreliertheit $\Longleftrightarrow$ Unabhängigkeit)*
(X, Y) genüge einer Normalverteilung. Dann sind die Zufallsgrößen X, Y genau dann unabhängig, wenn sie unkorreliert sind.

Beweis: Angesichts von Satz 14.6 genügt es zu zeigen, dass aus $\rho = 0$ die Unabhängigkeit von X und Y folgt. Aus (14.94) erhält man bei $\rho = 0$

$$\begin{aligned}
p(x,y) &= \frac{1}{2\pi\sigma_X\sigma_Y} e^{-\frac{1}{2}[(\frac{x-m_X}{\sigma_X})^2 + (\frac{y-m_Y}{\sigma_Y})^2]} \\
&= \frac{1}{\sigma_X\sqrt{2\pi}} e^{-\frac{1}{2}(\frac{x-m_X}{\sigma_X})^2} \cdot \frac{1}{\sigma_Y\sqrt{2\pi}} e^{-\frac{1}{2}(\frac{y-m_Y}{\sigma_Y})^2} = p_X(x)\, p_Y(y)
\end{aligned}$$

nach Satz 14.10 bzw. (14.105). Nach (14.90) folgt hieraus die Unabhängigkeit von X, Y. $\qquad\square$

Wie die Randverteilungen (Satz 14.10) führen auch die bedingten Verteilungen (Def. 14.26) nicht aus der Menge der Normalverteilungen heraus.

Satz 14.12. *(Bedingte Verteilungen der zweidimensionalen Normalverteilung)*
Genügt (X, Y) *einer Normalverteilung mit den Parametern* $m_X, m_Y, \sigma_X, \sigma_Y, \rho$, *so sind die bedingten Verteilungen* $F(x|y)$ *bzw.* $F(y|x)$ *(eindimensionale) Normalverteilungen:*

$$F(x|y): \quad N(m_X + \rho\frac{\sigma_X}{\sigma_Y}(y - m_Y), \sigma_X\sqrt{1 - \rho^2})$$
$$F(y|x): \quad N(m_Y + \rho\frac{\sigma_Y}{\sigma_X}(x - m_X), \sigma_Y\sqrt{1 - \rho^2}). \tag{14.106}$$

Beweis: $p(x, y)$ sei nach (14.94) gegeben. Wir bestimmen die nach (14.76),(14.75) definierten bedingten Dichten, beschränken uns dabei auf die Dichte $\frac{p(x,y)}{p_Y(y)}$, mit der

$$F(x|y) = \int_{-\infty}^{x} \frac{p(\xi, y)}{p_Y(y)} d\xi$$

gilt. Nach Satz 14.10 ist

$$\frac{p(x, y)}{p_Y(y)} = \frac{\sigma_Y\sqrt{2\pi}}{2\pi\sigma_X\sigma_Y\sqrt{1 - \rho^2}} e^{-\frac{1}{2(1-\rho^2)}[(\frac{x-m_X}{\sigma_X})^2 + 2\rho\frac{x-m_X}{\sigma_X}\frac{y-m_Y}{\sigma_Y} + (\frac{y-m_Y}{\sigma_Y})^2] + \frac{1}{2}(\frac{y-m_Y}{\sigma_Y})^2}$$

Eine einfache Umformung des Exponenten liefert

$$\frac{p(x, y)}{p_Y(y)} = \frac{1}{\sqrt{2\pi}\sigma_X\sqrt{1 - \rho^2}} e^{-\frac{1}{2}\frac{1}{1-\rho^2}(\frac{x-m_X}{\sigma_X} - \rho\frac{y-m_Y}{\sigma_Y})^2}$$

$$= \frac{1}{\sigma_X\sqrt{1 - \rho^2}\sqrt{2\pi}} e^{-\frac{1}{2}\frac{1}{1-\rho^2}\frac{1}{\sigma_X^2}[x - (m_X + \rho\frac{\sigma_X}{\sigma_Y}(y - m_Y))]^2}$$

$$= \frac{1}{\sigma_X\sqrt{1 - \rho^2}\sqrt{2\pi}} e^{-\frac{1}{2}[\frac{x - (m_X + \rho\frac{\sigma_X}{\sigma_Y}(y - m_Y))}{\sigma_X\sqrt{1 - \rho^2}}]^2}. \tag{14.107}$$

Das ist die Behauptung des Satzes.   □

Auch die Bildung der Summe $Z = X + Y$ führt bei normalverteilten Zufallsvektoren (X, Y) nicht aus der Menge der Normalverteilungen heraus. Dazu geben wir ohne Beweis an:

Satz 14.13. *(Summe zweier normalverteilter Zufallsgrößen)*
Für einen normalverteilten Zufallsvektor (X, Y) *mit der Dichte (14.94) ist die Summe* $Z = X + Y$ *eine normalverteilte Zufallsgröße mit* $E(Z) = m_X + m_Y$, $Var(Z) = \sigma_X^2 + 2\rho\sigma_X\sigma_Y + \sigma_Y^2$.

Der Kern des Satzes ist die Behauptung, dass $Z = X + Y$ einer Normalverteilung genügt. Die angegebenen Ausdrücke für $E(Z)$ und $Var(Z)$ gelten unabhängig von der Verteilung von (X, Y); sie wurden bereits in (14.81) und (14.85) angegeben. Zum Beweis der Behauptung, dass Z normalverteilt ist, kann man von (14.67) ausgehen. Wir führen das nicht aus, geben aber noch eine Folgerung aus Satz 14.13 an:

Satz 14.14. *(Verteilung der Summe von n unabhängigen, normalverteilten Zufalls-größen)*
Sind $X_1, X_2, \ldots, X_n$ n voneinander unabhängige, normalverteilte Zufallsgrößen
mit $E(X_i) = m_i$, $Var(X_i) = \sigma_i^2$ ($i = 1, 2, \ldots, n$, $n \in \mathbb{N}$ beliebig), dann ist $Z_n =$
$\sum_{i=1}^n X_i$ eine normalverteilte Größe mit $E(Z_n) = \sum_{i=1}^n m_i$, $Var(Z_n) = \sum_{i=1}^n \sigma_i^2$.
Die zu Z_n gehörende standardisierte Zufallsgröße

$$\frac{Z_n - \sum_{i=1}^n m_i}{\sqrt{\sum_{i=1}^n \sigma_i^2}} = \frac{\frac{1}{n}\sum_{i=1}^n X_i - \frac{1}{n}\sum_{i=1}^n m_i}{\sqrt{\frac{1}{n^2}\sum_{i=1}^n \sigma_i^2}}$$

ist dann für jedes n $N(0,1)$-verteilt.

14.4.9 Zentraler Grenzwertsatz

Interessant ist nun die Frage, ob man diese Aussagen auf Folgen nicht notwendig normalverteilter Zufallsgrößen $X_1, X_2, \ldots$ übertragen kann. Allgemeine Aussagen für die Verteilungen von Summen aus endlich vielen, irgendwie verteilten unabhängigen Zufallsgrößen sind natürlich kaum zu erwarten.

Als Beleg dafür betrachten wir einen zweidimensionalen, in einem Quadrat $[0, a[\times[0, a[$ gleichverteilten Zufallsvektor (X, Y) (vgl. Abschnitt 14.4.3). Man erkennt leicht, dass X und Y unabhängige, im Intervall $[0, a[$ gleichverteilte Zufallsgrößen sind: Die gemeinsame Dichte

$$p(x, y) = \begin{cases} \frac{1}{a^2} & \text{für } 0 \le x < a,\ 0 \le y < a \\ 0 & \text{sonst} \end{cases}$$

ist das Produkt der beiden Randdichten

$$p_X(x) = \begin{cases} \frac{1}{a} & \text{für } 0 \le x < a \\ 0 & \text{sonst} \end{cases} \qquad p_Y(x) = \begin{cases} \frac{1}{a} & \text{für } 0 \le y < a \\ 0 & \text{sonst} \end{cases},$$

was nach (14.90) die Unabhängigkeit von X und Y bedeutet. Die Summe $Z = X + Y$ dieser Zufallsgrößen X, Y genügt einer SIMPSON-Verteilung, also keiner Normalverteilung.

Für den Grenzfall $n \to \infty$ lassen sich dagegen Aussagen über die Verteilung der Summe unabhängiger Zufallsgrößen machen, ohne wie im Satz 14.13 vorauszusetzen, dass die einzelnen Summanden normalverteilt sind. Dies ist Gegenstand des **zentralen Grenzwertsatzes der Wahrscheinlichkeitstheorie**, der hinreichende Bedingungen dafür angibt, dass die Verteilungen der standardisierten Summen von n unabhängigen, nicht notwendig normalverteilten Zufallsgrößen für $n \to \infty$ gegen die standardisierte Normalverteilung $N(0,1)$ streben. Wir geben nur den folgenden Spezialfall des zentralen Grenzwertsatzes (ohne Beweis) an:

Satz 14.15. *(zentraler Grenzwertsatz von* LINDEBERG *und* LEVY*)*
$\{X_1, X_2, \dots\}$ *sei eine Folge unabhängiger Zufallsgrößen, die sämtlich dieselbe Vertei-lungsfunktion haben. Es sei* $E(X_i) = \mu$ *und* $Var(X_i) = \sigma^2 > 0$ $(i = 1, 2, \dots)$. *Weiter sei* $Z_n = \sum_{i=1}^{n} X_i$, $\bar{X}_n = \frac{1}{n} Z_n$. *Dann gilt für jedes* $x \in]-\infty, \infty[$

$$\lim_{n \to \infty} P\{\frac{Z_n - n\mu}{\sigma\sqrt{n}} < x\} = \frac{1}{\sqrt{2\pi}} \int_{-\infty}^{x} e^{-\frac{1}{2}\xi^2} \, d\xi = \Phi(x) \tag{14.108}$$

oder (was dasselbe ist)

$$\lim_{n \to \infty} P\{\frac{\bar{X}_n - \mu}{\frac{\sigma}{\sqrt{n}}} < x\} = \frac{1}{\sqrt{2\pi}} \int_{-\infty}^{x} e^{-\frac{1}{2}\xi^2} \, d\xi = \Phi(x) \, .$$

Als Beispiel betrachten wir das BERNOULLI-Schema (Binomialverteilung). Für die Zufallsgröße "Anzahl des Eintretens des Ereignisses A mit $P(A) = p$ bei n unabhängigen Versuchen" (in Abschnitt 14.3.2 mit μ bezeichnet) wurde die Verteilungsfunktion (14.27) angegeben. Man kann diese Zufallsgröße auffassen als Summe $Z_n = \sum_{i=1}^{n} X_i$ aus n unabhängigen (diskreten) Zufallsgrößen $X_1, X_2, \dots, X_n$, die identisch verteilt sind gemäß

$$P\{X_i = 1\} = p \, , \quad P\{X_i = 0\} = q = 1 - p \, .$$

Es ist dabei $X_i = 1$, falls A im i-ten Versuch eintritt und $X_i = 0$, falls im i-ten Versuch $\bar{A}$ eintritt. Die Zufallsgröße X_i ist die so genannte **Indikatorvariable** für das Eintreten des Ereignisses A im i-ten Versuch. Das Symbol μ benutzen wir jetzt entsprechend Satz 14.15 für $E(X_i)$, die Zufallsgröße μ in (14.27) heißt jetzt Z_n. Es gilt $\mu = E(X_i) = p$. Weiter ist $P\{X_i^2 = 1\} = p$, $P\{X_i^2 = 0\} = q$, also $E(X_i^2) = p$. Damit erhält man $Var(X_i) == E\{[X_i - E(X_i)]^2\} = \sigma^2 = pq$. Die Voraussetzungen des Satzes 14.15 sind somit erfüllt. Wir wollen (14.108) für das BERNOULLI-Schema etwas verdeutlichen. Die Wahrscheinlichkeiten in (14.108) sind in diesem Fall

$$P\{\frac{Z_n - n\mu}{\sigma\sqrt{n}} < x\} = P\{\frac{Z_n - np}{\sqrt{npq}} < x\} = P\{Z_n < np + x\sqrt{npq}\} =: F_n(x; p) \, .$$

Die Aussage von Satz 14.15 ist dann $\lim_{n \to \infty} F_n(x; p) = \Phi(x)$. Aus (14.27) folgen die Werte für die Wahrscheinlichkeiten $F_n(x; p)$ in den $(n + 2)$ x-Intervallen

$$np + x\sqrt{npq} \leq 0 \, , \quad k < np + x\sqrt{npq} \leq k+1 \quad \text{für } k = 0, 1, \dots, n-1, \quad np + x\sqrt{npq} > n \, .$$
$$\tag{14.109}$$

Wir spezialisieren auf $p = q = \frac{1}{2}$ und betrachten die Fälle $n = 4$ und $n = 9$. Im Fall $n = 4$ ist damit $np + x\sqrt{npq} = 2 + x$. Es geht somit um die Wahrscheinlichkeiten $F_4(x; \frac{1}{2}) = P\{Z_4 < x + 2\}$, die für $x \in]-\infty, \infty[$ mit $\Phi(x)$ zu vergleichen sind. Aus

(14.27) folgt

$$
F_4\left(x;\frac{1}{2}\right) =
\begin{cases}
0 & \text{für } x+2 \le 0 & (x \le -2) \\
1 \cdot 2^{-4} & \text{für } 0 < x+2 \le 1 & (-2 < x \le -1) \\
5 \cdot 2^{-4} & \text{für } 1 < x+2 \le 2 & (-1 < x \le 0) \\
11 \cdot 2^{-4} & \text{für } 2 < x+2 \le 3 & (0 < x \le 1) \\
15 \cdot 2^{-4} & \text{für } 3 < x+2 \le 4 & (1 < x \le 2) \\
1 & \text{für } 4 < x+2 & (x > 2)
\end{cases} \quad .
$$

Im Fall $n = 9$ hat man $np + x\sqrt{npq} = \frac{3}{2}(3+x)$. Zwecks Vergleich mit $\Phi(x)$ interessieren also die Wahrscheinlichkeiten $F_9(x;\frac{1}{2}) = P\{Z_9 < \frac{3}{2}(3+x)\}$. Aus (14.27) erhält man

$$
F_9\left(x;\frac{1}{2}\right) =
\begin{cases}
0 & \text{für } \frac{3}{2}(3+x) \le 0 & (x \le -3) \\
1 \cdot 2^{-9} & \text{für } 0 < \frac{3}{2}(3+x) \le 1 & (-3 < x \le -\frac{7}{3}) \\
10 \cdot 2^{-9} & \text{für } 1 < \frac{3}{2}(3+x) \le 2 & (-\frac{7}{3} < x \le -\frac{5}{3}) \\
46 \cdot 2^{-9} & \text{für } 2 < \frac{3}{2}(3+x) \le 3 & (-\frac{5}{3} < x \le -1) \\
130 \cdot 2^{-9} & \text{für } 3 < \frac{3}{2}(3+x) \le 4 & (-1 < x \le -\frac{1}{3}) \\
256 \cdot 2^{-9} & \text{für } 4 < \frac{3}{2}(3+x) \le 5 & (-\frac{1}{3} < x \le \frac{1}{3}) \\
382 \cdot 2^{-9} & \text{für } 5 < \frac{3}{2}(3+x) \le 6 & (\frac{1}{3} < x \le 1) \\
466 \cdot 2^{-9} & \text{für } 6 < \frac{3}{2}(3+x) \le 7 & (1 < x \le \frac{5}{3}) \\
502 \cdot 2^{-9} & \text{für } 7 < \frac{3}{2}(3+x) \le 8 & (\frac{5}{3} < x \le \frac{7}{3}) \\
511 \cdot 2^{-9} & \text{für } 8 < \frac{3}{2}(3+x) \le 9 & (\frac{7}{3} < x \le 3) \\
1 & \text{für } 9 < \frac{3}{2}(3+x) & (x > 3)
\end{cases} \quad .
$$

Wir wollen jetzt die angegebenen Wahrscheinlichkeiten $F_4(x;\frac{1}{2})$ und $F_9(x;\frac{1}{2})$ quantitativ mit den Wahrscheinlichkeiten $\Phi(x)$ der Standardnormalverteilung vergleichen. Dazu ermitteln wir für jedes x-Intervall I, auf dem $F_4(x;\frac{1}{2})$ bzw. $F_9(x;\frac{1}{2})$ konstant ist, die maximale Abweichung $\max_{x\in I} |\Phi(x) - F_4(x;\frac{1}{2})|$ bzw. $\max_{x\in I} |\Phi(x) - F_9(x;\frac{1}{2})|$. Aufgrund der Monotonie von $\Phi(x)$ findet man diese Maxima jeweils an einem der Endpunkte von I (s. dazu Abb. 14.18).

I	$F_4(x;\frac{1}{2})$	$\max_{x\in I} |\Phi(x) - F_4(x;\frac{1}{2})|$
$x \le -2$	0	0,023
$-2 < x \le -1$	0,062	0,097
$-1 < x \le 0$	0,313	0,188
$0 < x \le 1$	0,688	0,188
$1 < x \le 2$	0,938	0,097
$2 < x$	1	0,023

Wie die Summe zweier gleichverteilter Zufallsgrößen (s. oben), so ist auch die Summe aus 4 bzw. 9 Zufallsgrößen X_i, die gemäß $P\{X_i = 1\} = P\{X_i = 0\} = \frac{1}{2}$ verteilt sind, natürlich nicht normalverteilt. Mit wachsendem n wird aber die Approximation von $\Phi(x)$ immer besser.

I	$F_9(x; \frac{1}{2})$	$\max_{x \in I} |\Phi(x) - F_9(x; \frac{1}{2})|$
$x \le -3$	0	0,001
$-3 < x \le -\frac{7}{3}$	0,002	0,009
$-\frac{7}{3} < x \le -\frac{5}{3}$	0,020	0,028
$-\frac{5}{3} < x \le -1$	0,090	0,069
$-1 < x \le -\frac{1}{3}$	0 154	0,117
$-\frac{1}{3} < x \le \frac{1}{3}$	0,5	0,129
$\frac{1}{3} < x \le 1$	0,746	0,117
$1 < x \le \frac{5}{3}$	0,91	0,069
$\frac{5}{3} < x \le \frac{7}{3}$	0,980	0,028
$\frac{7}{3} < x \le 3$	0,998	0,009
$x > 3$	1	0,001

Die maximale Abweichung auf der x-Achse beträgt in diesem Beispiel ($p = \frac{1}{2}$) 0,188 für $n = 4$ und 0,129 für $n = 9$ (vgl. Tabellen), ist also für das größere n kleiner. Sei nun p eine beliebige feste Zahl aus dem offenen Intervall $]0,1[$. Die Verteilungsfunktion $F_n(x; p) = P\{Z_n < np + x\sqrt{npq}\}$, die entsprechend (14.108) für $n \to \infty$ gegen $\Phi(x)$ streben muss, nimmt nach (14.109) und (14.27) auf den x-Intervallen

$$-\infty < x \le -\sqrt{\frac{np}{q}}\,, \quad \frac{k - np}{\sqrt{npq}} < x \le \frac{k - np}{\sqrt{npq}} + \frac{1}{\sqrt{npq}}\,, \quad \sqrt{\frac{nq}{p}} < x < \infty$$

konstante Werte an ($k = 0,1,\ldots,n-1$). Dabei ist

$$F_n(x; p) = \begin{cases} 0 & \text{für } x \le -\sqrt{\frac{np}{q}} \\ 1 & \text{für } x > \sqrt{\frac{nq}{p}} \end{cases}$$

und $0 < F_n(x; p) < 1$ für $-\sqrt{\frac{np}{q}} < x \le \sqrt{\frac{nq}{p}}$. Mit wachsendem n gehen die Längen der Intervalle, auf denen $F_n(x; p)$ konstant ist, mit $\frac{1}{\sqrt{n}}$ gegen Null, ihre Anzahl wächst mit n. Die Länge des Intervalls mit $0 < F_n(x; p) < 1$ wächst mit $\sqrt{n}$. Alles dies spricht dafür, dass $\max_{x \in \mathbb{R}} |\Phi(x) - F_n(x; p)|$ mit wachsendem n abnimmt und die Grenzwertbeziehung (14.108) für das betrachtete Beispiel tatsächlich gilt.

Abschließend bemerken wir noch, dass die Voraussetzungen von Satz 14.15 abgeschwächt bzw. modifiziert werden können. Zum Beispiel kann die Voraussetzung der identischen Verteilung der X_i durch andere Voraussetzungen ersetzt werden. Alle diese Varianten des zentralen Grenzwertsatzes dokumentieren die herausragende Bedeutung der Normalverteilung.

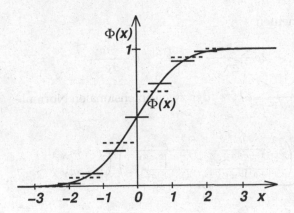

Abb. 14.18. Zum zentralen Grenzwertsatz
$(\text{—} \Phi(x), \text{---} F_4(x; \frac{1}{2}), \text{—} F_9(x; \frac{1}{2}))$

14.5 Aufgaben

1) Man weise nach, dass man die TSCHEBYSCHEWsche Ungleichung (14.43) nicht verschärfen kann.

   Hinweis: Man kann dazu z.B. zeigen, dass es mindestens eine Zufallsgröße X mit $E(X) = m_1$, $E\{[X - E(X)]^2\} = \sigma^2 > 0$ gibt, so dass für mindestens ein positives k

   $$P\{|X - m_1| \geq k\sigma\} = \frac{1}{k^2}$$

   gilt. Man überlege sich, dass bei beliebigem $q \geq 1$ die diskrete Zufallsgröße X mit der Wahrscheinlichkeitsfunktion

   $$P\{X = -q\} = \frac{1}{2q^2}, \; P\{X = 0\} = 1 - \frac{1}{q^2}, \; P\{X = q\} = \frac{1}{2q^2}$$

   diese Eigenschaft hat, und zwar für $k = q$.

2) Ein Unternehmen stellt Kugeln mit einem Solldurchmesser von $10\,mm$ her. Durch unbeeinflussbare Störeinflüsse ist der Durchmesser d der produzierten Kugeln eine Zufallsgröße, die $N(\mu, \sigma)$-verteilt ist mit $\mu = 10\,mm$, $\sigma = 0,5\,mm$.
   a) Ein Abnehmer akzeptiert nur Kugeln mit $9,6\,mm \leq d \leq 10,4\,mm$. Wieviel Prozent der Kugeln werden von dem Abnehmer im Schnitt zurückgesandt?
   b) Wie groß darf die Standardabweichung σ von d höchstens sein, wenn der Hersteller erreichen will, dass derselbe Abnehmer mindestens $80\,\%$ der Kugeln akzeptiert?

3) Man weise nach, dass die Kovarianzmatrix der zweidimensionalen Normalverteilung genau dann positiv definit ist, wenn $\rho^2 < 1$ für den Korrelationskoeffizienten ρ gilt.

4a) Man zeige, dass für den Exponenten

$$Q^2 = \frac{1}{(1-\rho^2)}[(\frac{x-m_X}{\sigma_X})^2 - 2\rho\frac{x-m_X}{\sigma_X}\frac{y-m_Y}{\sigma_Y} + (\frac{y-m_Y}{\sigma_Y})^2]$$

in der Dichte $p(x,y) = \frac{1}{2\pi\sigma_X\sigma_Y\sqrt{1-\rho^2}}e^{-\frac{1}{2}Q^2}$ der zweidimensionalen Normalverteilung gilt

$$Q^2 = (x - m_X, y - m_Y)\underbrace{\begin{pmatrix} \frac{1}{(1-\rho^2)\sigma_X^2} & \frac{\rho}{(1-\rho^2)\sigma_X\sigma_Y} \\ \frac{\rho}{(1-\rho^2)\sigma_X\sigma_Y} & \frac{1}{(1-\rho^2)\sigma_Y^2} \end{pmatrix}}_{A}\begin{pmatrix} x-m_X \\ y-m_Y \end{pmatrix}.$$

4b) Man weise nach, dass die Matrix A die Inverse der Kovarianzmatrix

$$K = \begin{pmatrix} \sigma_X^2 & \rho\sigma_X\sigma_Y \\ \rho\sigma_X\sigma_Y & \sigma_Y^2 \end{pmatrix}$$

ist und dass $\frac{1}{2\pi\sigma_X\sigma_Y\sqrt{1-\rho^2}} = \frac{1}{2\pi\sqrt{\det(K)}}$ gilt. Welche Bedingung muß ρ erfüllen, damit K^{-1} existiert?

5) Für zwei benachbarte Grundstücke A und B werden täglich X bzw. Y m^3 Wasser zur Pflege der Pflanzen verbraucht. Die Zufallsgrößen X, Y genügen einer gemeinsamen Normalverteilung mit $m_X = m_Y = 2\,m^3$, $\sigma_X = \sigma_Y = 0\,15\,m^3$, $\rho = 0,6$. Wie groß ist die Wahrscheinlichkeit dafür, dass Y in einem bestimmten Intervall $[y_1, y_2[$ liegt, wenn wir wissen, dass auf dem Grundstück A eine bestimmte Menge $X = x$ Wasser verbraucht wird? Gesucht ist also die bedingte Wahrscheinlichkeit

$$P\{y_1 \leq Y < y_2 | X = x\}.$$

Betrachten Sie für $y_1 = 1,9$, $y_2 = 2,1$ die 3 Fälle $x = 1,5$, $x = 2,0$, $x = 2,5$.

15 Statistik

Während in der Wahrscheinlichkeitsrechnung Existenz und Eigenschaften von Verteilungen vorausgesetzt werden, geht es in der Statistik hauptsächlich darum, Kenntnisse über die Verteilungen konkreter Grundgesamtheiten zu gewinnen. Gegenstand statistischer Untersuchungen sind z.B. die Beurteilung von Messreihen, der Einfluss von Messungenauigkeiten bei feinmechanischen oder medizinischen Geräten, die Ausschussreduzierung bei der Massenproduktion von Werkstücken, die gezielte Herstellung (oder auch Züchtung) von Produkten in einem vorgegeben Toleranzbereich. Wichtige Motivationen für Entwicklung und Anwendung statistischer Methoden entstanden mit der Massenproduktion in der modernen Industrie und der Notwendigkeit große Mengen von Messwerten auswerten zu müsssen. In den 20er Jahren des 20. Jahrhunderts wurden von DAEVES unter dem Begriff "Großzahlforschung" Probleme der Technik erstmals systematisch statistisch bearbeitet.

Übersicht

15.1   Stichproben

Da die Untersuchung großer Grundgesamtheiten sehr kosten- und zeitaufwendig sein kann, mitunter auch technisch gar nicht möglich ist, greift man oft eine Teilmenge heraus und versucht, von dieser Teilmenge, einer "Stichprobe", möglichst zuverlässig auf die Verteilungsfunktion oder daraus abgeleitete Eigenschaften einer Zufallsgröße zu schließen. Man kann die interessierende Zufallsgröße X mit der Grundgesamtheit identifizieren und spricht dann von einer Stichprobe aus (der Grundgesamtheit) X. Die Elemente der Stichprobe müssen unabhängig voneinander der Grundgesamtheit entnommen werden. Wir können die Festlegung eines Wertes von X als Ergebnis eines Zufallsexperiments deuten. Im Folgenden sollen nun die Begriffe Stichprobe, Häufigkeitsverteilungen und die Möglichkeiten, von einer Stichprobe begrenzten Umfangs auf die Eigenschaften sehr großer Grundgesamtheiten zu schließen, mathematisch gefasst werden.

Definition 15.1. (Stichprobe)
Es sei X eine Zufallsgröße (Grundgesamtheit) mit der Verteilungsfunktion $F(x)$. Unter einer **mathematischen Stichprobe vom Umfang** n aus (der Grundgesamtheit) X versteht man den zufälligen Vektor $(X_1, X_2, \ldots, X_n)$, dessen Komponenten $X_1, X_2, \ldots, X_n$ unabhängig voneinander sind und sämtlich die gleiche Verteilungsfunktion wie X, nämlich $F(x)$, haben.

Eine **Realisierung** $(x_1, x_2, \ldots, x_n)$ der mathematischen Stichprobe $(X_1, X_2, \ldots, X_n)$ wird auch als **konkrete Stichprobe** bezeichnet. Die Definition der mathematischen Stichprobe als zufälliger Vektor trägt der Tatsache Rechnung, dass man (mindestens theoretisch) aus einer Grundgesamtheit X viele Stichproben vom Umfang n nehmen kann, wodurch viele Realisierungen (konkrete Stichproben) entstehen.

15.1.1   Einfache Aufbereitung konkreter Stichproben

Einen ersten Eindruck von der Wahrscheinlichkeitsverteilung kann man sich schon mit relativ einfachen Mitteln verschaffen, wenn eine konkrete Stichprobe vorliegt.

a) Empirische Häufigkeitsverteilungen
Sei X eine diskrete Zufallsgröße mit den Werten $x_1^*, x_2^*, \ldots, x_k^*$, und den Wahrscheinlichkeiten $P\{X = x_i^*\} = p_i > 0$ $(i = 1, 2, \ldots, k)$. Wir nehmen an, dass die x_i^* der Größe nach geordnet sind. Wir betrachten Stichproben vom Umfang n mit $n > k$. In der konkreten Stichprobe $(x_1, x_2, \ldots, x_n)$ komme n_1 mal der Wert x_1^*, n_2 mal der Wert $x_2^*, \ldots$, n_k mal der Wert x_k^* vor $(n_1 + n_2 + \cdots + n_k = n)$. Die relative Häufigkeit $\frac{n_i}{n}$ ist dann eine Schätzung für $p_i = P\{X = x_i^*\}$, die umso besser sein wird, je größer n ist. Die **empirische Häufigkeitsverteilung** $\{(x_1^*, \frac{n_1}{n}), (x_2^*, \frac{n_2}{n}), \ldots, (x_k^*, \frac{n_k}{n})\}$ ist eine Schätzung für die Wahrscheinlichkeitsfunktion $\{(x_1^*, p_1), (x_2^*, p_2), \ldots, (x_k^*, p_k)\}$ der diskreten Zufallsgröße X. Aus den relativen Häufigkeiten $\frac{n_i}{n}$ kann man die Summenhäufigkeiten s_i bilden, de-

ren Verteilung einen Eindruck von der Wahrscheinlichkeitsverteilungsfunktion $F(x) = P\{X < x\}$ der diskreten Größe X (vgl. (14.25)) gibt:

$$s_1 = \frac{n_1}{n} , \ldots, \; s_i = s_{i-1} + \frac{n_i}{n} , \ldots, s_k = s_{k-1} + \frac{n_k}{n} = 1 .$$

Die Treppenfunktion

$$f(x) = \begin{cases} 0 & \text{für } x \leq x_1^* \\ s_i & \text{für } x_i^* < x \leq x_{i+1}^* \quad (i = 1,2,\ldots,k-1) \\ 1 & \text{für } x > x_k^* \end{cases} \tag{15.1}$$

ist die **empirische Wahrscheinlichkeitsverteilung**.

Beispiel: Von einer diskreten Zufallsgröße X mit den Werten $x_1^* = 1$, $x_2^* = 3$, $x_3^* = 5$, $x_4^* = 6$ wurde eine Stichprobe vom Umfang 10 genommen. Ergebnis war

i	x_i^*	n_i	$\frac{n_i}{n}$	s_i
1	1	2	$\frac{2}{10}$	$\frac{2}{10}$
2	3	4	$\frac{4}{10}$	$\frac{6}{10}$
3	5	1	$\frac{1}{10}$	$\frac{7}{10}$
4	6	3	$\frac{3}{10}$	1

Die graphische Aufbereitung ist in den Abbildungen 15.1 und 15.2 skizziert. Wenn die Anzahl n_i der Stichprobenwerte für einige der x_i^* zu klein wird, kann man zwei (oder mehrere) Ereignisse (z.B: $\{X = x_i^*\}$ und $\{X = x_{i+1}^*\}$) zu einem neuen Ereignis (z.B. $\{(X = x_i^*) \cup (X = x_{i+1}^*)\}$) vereinigen.

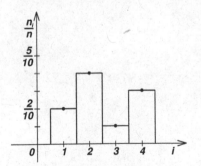
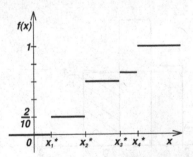

Abb. 15.1. Histogramm der empirischen Wahrscheinlichkeitsfunktion

Abb. 15.2. Empirische Verteilungsfunktion

Bei einer **stetigen Zufallsgröße** X mit (i. Allg. unbekannter) Dichte $p(x)$ wird eine konkrete Stichprobe $(x_1, x_2, \ldots, x_n)$ praktisch immer aus n unterschiedlichen Werten x_i bestehen. Um dennoch eine Häufigkeitsverteilung aus der Stichprobe gewinnen zu können, werden geeignete **disjunkte Klassen** K_i $(i = 1,2,\ldots,m)$

gebildet: Mit $\hat{x}_1 < \hat{x}_2 < \cdots < \hat{x}_{m+1}$ wird K_i als das Intervall $[\hat{x}_i, \hat{x}_{i+1}[$ ($i = 1, 2, \ldots, m$) definiert. Wir wollen annehmen, dass der Wertebereich von X im Intervall $[\hat{x}_1, \hat{x}_{m+1}[$ enthalten ist. Es ist $P\{X \in K_i\} = \int_{\hat{x}_i}^{\hat{x}_{i+1}} p(\xi)\,d\xi$. Die Klassen K_i spielen bei den stetigen Zufallsgrößen die Rolle der möglichen Werte x_i^* bei einer diskreten Zufallsgröße.

Analog zum diskreten Fall wird aus der konkreten Stichprobe bestimmt, wieviele der Werte x_i in die einzelnen Klassen K_i fallen. Sind dies n_i Stück, so ist $\frac{n_i}{n}$ ($i = 1, 2, \ldots, m$) die relative Häufigkeit dafür, dass ein Wert der Stichprobe in K_i liegt. $\frac{n_i}{n}$ ist dann ein Schätzwert für $P\{X \in K_i\}$. Nimmt man näherungsweise an, dass die Wahrscheinlichkeitsdichte von X innerhalb jeder der Klassen konstant ist und dort gleich ihrem Wert in der Klassenmitte $\tilde{x}_i = \frac{1}{2}(\hat{x}_i + \hat{x}_{i+1})$ ist:

$$p(x) = p(\tilde{x}_i) \quad \text{für } \hat{x}_i \le x < \hat{x}_{i+1},$$

dann ist $\frac{n_i}{n}$ eine Schätzung für $p(\tilde{x}_i)(\hat{x}_{i+1} - \hat{x}_i)$. Wir schreiben dafür $\frac{n_i}{n} \approx p(\tilde{x}_i)(\hat{x}_{i+1} - \hat{x}_i)$. Will man sich in Form eines Histogramms einen Eindruck von der mittels Stichprobe bestimmten empirischen Dichte von X verschaffen, so muss man die relativen Häufigkeiten $\frac{n_i}{n}$ auf die Klassenbreiten $(\hat{x}_{i+1} - \hat{x}_i)$ beziehen. Die Werte

$$\frac{n_i}{n} \frac{1}{(\hat{x}_{i+1} - \hat{x}_i)} \approx p(\tilde{x}_i)$$

(empirische Wahrscheinlichkeitsdichte) kann man dann über den Klassenmitten $\hat{x}_i$ oder über den (äquidistanten) Nummern der Klassen auftragen. Bei konstanten Klassenbreiten, die meist angestrebt werden, erübrigt sich die Division durch die Klassenbreiten. Die Fläche eines Balkens der Höhe $p(\tilde{x}_i)$ über der Klassenbreite $\hat{x}_{i+1} - \hat{x}_i$ hat die Größe $\frac{n_i}{n}$. Die Ergebnisse einer solchen Stichprobenauswer-

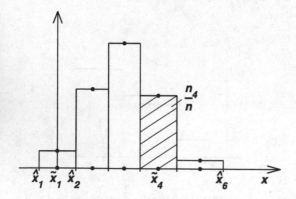

Abb. 15.3. Häufigkeitsverteilung und empirische Wahrscheinlichkeitsdichte

tung hängen von der gewählten Klasseneinteilung ab. Eine adäquate Einteilung in Klassen erfordert einige Erfahrung. In der Fachliteratur gibt es dazu einige heuristische Empfehlungen. So sollte für die Anzahl m der Klassen $m \approx \sqrt{n}$ gelten, wobei die Klassenanzahl 5 nicht unterschritten werden sollte.

b) Empirischer Median und empirischer Modalwert

Für ein 0,5-Quantil oder **Median** $x_{0,5}$ einer Zufallsgröße X gilt

$$P\{X < x_{0,5}\} = P\{X \geq x_{0,5}\} = \frac{1}{2} \, .$$

Man definiert daher den **empirischen Median** $\tilde{x}_{0,5}$ anhand einer konkreten Stichprobe so, dass links und rechts von $\tilde{x}_{0,5}$ die gleiche Anzahl Stichprobenwerte x_i liegen. Ein **empirischer Modalwert** ist eine Stelle (entweder einer der Werte einer diskreten Größe oder die Mitte einer Klasse bei einer stetigen Größe), wo die aus einer Stichprobe bestimmte relative Häufigkeit ein relatives Maximum hat.

Empirischer Median und Modalwert sind wie die oben diskutierten empirischen Häufigkeiten Zufallsgrößen, sie sind eine Funktion der Stichprobe $(X_1, X_2, \ldots, X_n)$, d.h. können bei jeder Realisierung $(x_1, x_2, \ldots, x_n)$ von $(X_1, X_2, \ldots, X_n)$ andere Werte annehmen.

15.1.2 Stichprobenfunktionen

> **Definition 15.2.** (Stichprobenfunktion)
> Es sei $(X_1, X_2, \ldots, X_n)$ mathematische Stichprobe aus X. $g(u_1, u_2, \ldots, u_n)$ sei eine Funktion von n Veränderlichen, mit der durch $Z = g(X_1, X_2, \ldots, X_n)$ eine Zufallsgröße Z erklärt ist. Z heißt **Stichprobenfunktion**.

Beispiele von Stichprobenfunktionen sind

$$\bar{X} = \frac{1}{n} \sum_{k=1}^{n} X_k \, , \tag{15.2}$$

$$S^2 = \frac{1}{n-1} \sum_{k=1}^{n} (X_k - \bar{X})^2 \, . \tag{15.3}$$

Aus jeder Realisierung $(x_1, x_2, \ldots, x_n)$ der Stichprobe $(X_1, X_2, \ldots, X_n)$ ergibt sich eine Realisierung $\bar{x}$ von $\bar{X}$ sowie eine Realisierung s^2 von S^2.

Stichprobenfunktionen dienen insbesondere dazu, möglichst effektiv "gute" Schätzwerte für Parameter der Verteilung der Zufallsgröße X zu gewinnen.

15.2 Punktschätzung

Sei q irgendein Parameter der Verteilung von X, für den ein Schätzwert gesucht ist. Es kann z.B. $q = E(X)$ oder $q = Var(X)$ sein. Eine Stichprobenfunktion $\Gamma(X_1, X_2, \ldots, X_n)$, deren Realisierungen nach Vorliegen einer konkreten Stichprobe in einem gewissen Sinn als Näherung oder Schätzung für den tatsächlichen Wert q betrachtet werden kann, heißt **Punktschätzung** oder **Schätzfunktion** für q. Sucht man dagegen nach Intervallen, die den Parameter q in gewissem Sinn (z.B. mit vorgegebener Wahrscheinlichkeit) enthalten, spricht man von einer **Intervallschätzung** (s. Abschnitt 15.3).

15.2.1 Erwartungstreue Schätzfunktionen

Natürlicherweise erwartet man von einer Punktschätzung Γ für q, dass die Realisierungen γ von Γ irgendwie eng bei q liegen und dass keine systematischen Fehler gemacht werden. Letzteres kann z.B. so interpretiert werden, dass der Erwartungswert von Γ mit dem zu schätzenden Parameter q übereinstimmt.

Definition 15.3. (Erwartungstreue)
X sei eine Zufallsgröße, $(X_1, X_2, \ldots, X_n)$ mathematische Stichprobe aus X und q ein Parameter der Verteilung von X. Eine Schätzfunktion $\Gamma(X_1, X_2, \ldots, X_n)$ für den Parameter q heißt **erwartungstreu**, wenn

$$E[\Gamma(X_1, X_2, \ldots, X_n)] = q \tag{15.4}$$

ist. Sie heißt **asymptotisch erwartungstreu**, wenn

$$\lim_{n \to \infty} E[\Gamma(X_1, X_2, \ldots, X_n)] = q \tag{15.5}$$

ist.

Dabei denkt man sich die Funktion $\Gamma(X_1, X_2, \ldots, X_n)$ mittels vieler Stichproben $(x_1, x_2, \ldots, x_n)$ aus X realisiert, und man darf dann erwarten, dass diese Realisierungen i. Allg. in der Nähe von q liegen. Dabei ist implizit angenommen, dass die Schätzfunktion Γ für jedes n, d.h. jeden Stichprobenumfang, definiert ist und (15.4) für jedes n gilt. Dann ist eine erwartungstreue Schätzfunktion auch asymptotisch erwartungstreu. Wir bemerken, dass keine Voraussetzungen über die Verteilung von X gemacht worden sind. Als "erwartungstreu" werden hier nur solche Schätzfunktionen bezeichnet, die diese Eigenschaft für beliebige Verteilungen von X haben, bei denen der Parameter q existiert. Weiterhin sei darauf hingewiesen, dass Erwartungstreue einer Schätzfunktion keine Abschätzung der Güte einer einzelnen Realisierung γ, d.h. keine Abschätzung für die Differenz $|\gamma - q|$ bedeutet. Trotz Erwartungstreue kann eine Realisierung γ von Γ im Einzelfall "weit" von q entfernt liegen. Nichtsdestoweniger sind natürlich erwartungstreue Schätzungen nicht-erwartungstreuen prinzipiell vorzuziehen.

15.2.2 Schätzfunktion für den Erwartungswert

> **Satz 15.1.** *(Erwartungstreue Schätzfunktion für den Erwartungswert)*
> *Sei X eine Zufallsgröße mit endlichem Erwartungswert $E(X)$, $(X_1, X_2, \ldots, X_n)$ mathematische Stichprobe aus X. Die Stichprobenfunktion $\bar{X} = \frac{1}{n} \sum_{k=1}^{n} X_k$ ist eine erwartungstreue Schätzung für $E(X)$, d.h. es gilt*
>
> $$E(\bar{X}) = E(X) . \tag{15.6}$$

Beweis: Aus (14.40) folgt

$$E(\bar{X}) = E(\frac{1}{n} \sum_{k=1}^{n} X_k) = \frac{1}{n} \sum_{k=1}^{n} E(X_k) .$$

Da die X_k wie X verteilt sind (vgl. Def. 15.1), gilt $E(X_k) = E(X)$ und $E(\bar{X}) = E(X)$. $\square$

Man nennt $\bar{X}$ auch **mathematisches Stichprobenmittel**. Die Realisierungen $\bar{x}$ von $\bar{X}$ heißen Stichprobenmittelwerte. Auch eine Stichprobe (X_1) erfüllt die Bedingung $E(X_1) = E(X)$. Also hat man auch mit einer einzelnen Realisierung von X eine erwartungstreue Schätzung für $E(X)$. Welchen Vorteil bringt die Verwendung von $\bar{X} = \frac{1}{n} \sum_{k=1}^{n} X_k$ für $n > 1$? Der folgende Satz zeigt, dass die Werte von $\bar{X}$ weniger um $E(X)$ herum streuen als die Werte von X selbst.

> **Satz 15.2.** *(Streuung des mathematischen Stichprobenmittels)*
> *Sei X eine Zufallsgröße mit endlicher Streuung $\sigma_X^2 > 0$. $(X_1, X_2, \ldots, X_n)$ sei mathematische Stichprobe aus X. Für die Streuung $\sigma_{\bar{X}}^2$ der Zufallsgröße $\bar{X} = \frac{1}{n} \sum_{k=1}^{n} X_k$ gilt*
>
> $$\sigma_{\bar{X}}^2 = \frac{1}{n} \sigma_X^2 . \tag{15.7}$$

Beweis: Es gilt

$$\sigma_{\bar{X}}^2 = Var(\bar{X}) = Var(\frac{1}{n} \sum_{k=1}^{n} X_k) = \frac{1}{n^2} Var(\sum_{k=1}^{n} X_k)$$

wegen $Var(aX) = a^2 Var(X)$ für nichtzufälliges a. Wegen der Unabhängigkeit der X_k ist Satz 14.7 anwendbar. Da die X_k sämtlich wie X verteilt sind, erhält man schließlich

$$\frac{1}{n^2} Var(\sum_{k=1}^{n} X_k) = \frac{1}{n^2} \sum_{k=1}^{n} Var(X_k) = \frac{1}{n^2} n Var(X) ,$$

also $\sigma_{\bar{X}}^2 = \frac{1}{n} \sigma_X^2$. $\square$

Die Streuung von $\bar{X}$ (um $E(\bar{X}) = E(X)$) nimmt also mit wachsendem n ab. In diesem Sinn wird die Schätzung $\bar{X}$ für $E(X)$ "wirksamer", wenn n zunimmt.

Definition 15.4. (Wirksamkeit)

Eine Schätzung Γ_1 für q heißt **wirksamer** als eine andere Schätzung Γ_2 für q, wenn

$$E[(\Gamma_1 - q)^2] \leq E[(\Gamma_2 - q)^2] \qquad (15.8)$$

gilt.

Für erwartungstreue Schätzungen Γ_1, Γ_2 ist $E(\Gamma_1) = E(\Gamma_2) = q$. (15.8) bedeutet dann

$$E[(\Gamma_1 - E(\Gamma_1))^2] \leq E[(\Gamma_2 - E(\Gamma_2))^2]$$
$$Var(\Gamma_1) \leq Var(\Gamma_2).$$

Aus (15.7) und Satz 15.1 folgt, dass die Schätzung $\bar{X}$ für $n = n_1$ im Sinne der Def. 15.4 wirksamer ist als die Schätzung $\bar{X}$ für $n = n_2$, wenn $n_1 > n_2$ ist.

Wir wollen die Wirksamkeit der Schätzung $\bar{X}$ für $E(X) = \mu$ im Spezialfall einer normalverteilten Zufallsgröße X vom Typ $N(\mu, \sigma_X)$ anhand einiger Zahlen verdeutlichen. μ und σ_X seien bekannt. Wir fragen nach der Wahrscheinlichkeit, mit der eine Realisierung von $\bar{X}$ in die σ_X-Umgebung von μ fällt: Wie groß ist $P\{|\bar{X} - \mu| < \sigma_X\}$ in Abhängigkeit von n? Man kann zunächst zeigen, dass die Zufallsgröße $\bar{X} = \frac{1}{n}\sum_{k=1}^{n} X_k$ für beliebiges n eine normalverteilte Zufallsgröße vom Typ $N(\mu, \frac{\sigma_X}{\sqrt{n}})$ ist, wenn X vom Typ $N(\mu, \sigma_X)$ ist. Nach Satz 14.14 ist $\frac{\bar{X}-\mu}{\sigma_X/\sqrt{n}}$ $N(0,1)$-verteilt. In Abschnitt 14.3.7 war gezeigt worden, dass $\frac{X-\mu}{\sigma}$ $N(0,1)$-verteilt ist, wenn X einer $N(\mu, \sigma)$-Verteilung genügt. Man zeigt ganz analog auch die Umkehrung. Daher ist $\bar{X}$ $N(\mu, \frac{\sigma_X}{\sqrt{n}})$-verteilt. Es gilt also

---

Satz 15.3. *(Verteilung des Stichprobenmittels)*
Ist X vom Typ $N(\mu, \sigma_X)$, so ist die Schätzfunktion $\bar{X} = \frac{1}{n}\sum_{k=1}^{n} X_k$ für $E(X)$ vom Typ $N(\mu, \frac{\sigma_X}{\sqrt{n}})$.

Entscheidende Voraussetzung für dieses relativ einfache Ergebnis über die Verteilung der Stichprobenfunktion $\bar{X}$ ist die Normalverteilung von X.

Wir können nun die Wahrscheinlichkeiten $P\{|\bar{X} - \mu| < \sigma_X\}$ in Abhängigkeit von n ermitteln. Für die Zahlenwerte benutzen wir eine Tabelle der in (14.49) definierten Funktion $\Phi(x)$. Für $n = 1$ ist $\bar{X} = X$ (Stichprobe vom Umfang 1) und man erhält

$$P\{|X - \mu| < \sigma_X\} = P\{-\sigma_X < X - \mu < \sigma_X\}$$
$$= P\{-1 < \frac{X - \mu}{\sigma_X} < 1\} = \Phi(1) - \Phi(-1) = 2\Phi(1) - 1 = 0{,}682.$$

Für $n > 1$ hat man unter Nutzung von (15.7)

$$P\{|\bar{X} - \mu| < \sigma_X\} = P\{-1 < \frac{\bar{X} - \mu}{\sigma_X} < 1\} = P\{-1 < \frac{\bar{X} - \mu}{\sqrt{n}\sigma_{\bar{X}}} < 1\}$$
$$= P\{-\sqrt{n} < \frac{\bar{X} - \mu}{\sigma_{\bar{X}}} < \sqrt{n}\}.$$

Aus Satz 15.3 wissen wir, dass $\bar{X}$ normalverteilt ist; $\frac{\bar{X}-\mu}{\sigma_{\bar{X}}}$ ist vom Typ $N(0,1)$. deshalb gilt

$$P\{|\bar{X} - \mu| < \sigma_X\} = \Phi(\sqrt{n}) - \Phi(-\sqrt{n}) = 2\Phi(\sqrt{n}) - 1 \; .$$

Es ergeben sich folgende Wahrscheinlichkeiten:

n	$P\{|\bar{X} - \mu| < \sigma_X\}$ mit $\bar{X} = \frac{1}{n}\sum_{k=1}^{n} X_k$
1	0,682
2	0,842
3	0,916
4	0,954
5	0,974

Während von 100 aus einer normalverteilten Gesamtheit X herausgegriffenen Einzelwerten x im Schnitt nur 68 in das Intervall $]\mu - \sigma_X, \mu + \sigma_X[$ fallen (also die Ungleichung $|x - \mu| < \sigma_X$ erfüllen), liegen von 100 arithmetischen Mittelwerten $\bar{x}$ aus je 5 aus X herausgegriffenen Werten im Schnitt schon 97 in diesem Intervall. Die Chance, μ "gut" zu schätzen, ist also größer geworden.

15.2.3 Schätzfunktion für die Streuung

Satz 15.4. *(Erwartungstreue Schätzfunktion für die Streuung)*
Sei X eine Zufallsgröße mit endlicher Streuung σ_X^2, $(X_1, X_2, \ldots, X_n)$ sei mathematische Stichprobe aus X. Die Stichprobenfunktion

$$S^2 = \frac{1}{n-1} \sum_{k=1}^{n} (X_k - \bar{X})^2 \tag{15.9}$$

ist eine erwartungstreue Schätzfunktion für σ_X^2.

Bemerkung: Bei der Definition von S^2 in (15.9) wird nicht vorausgesetzt, dass der Erwartungswert $E(X)$ bekannt ist; in dem Ausdruck für S^2 geht nicht $E(X)$, sondern die Schätzfunktion $\bar{X} = \frac{1}{n}\sum_{k=1}^{n} X_k$ für $E(X)$ ein. Man nennt S^2 auch **Stichprobenstreuung**, **Stichprobenvarianz** oder **Stichprobendispersion**.

Beweis: Wir haben $E(S^2) = \sigma_X^2$ zu beweisen. Dazu wird S^2 zunächst umgeformt.

$$
\begin{aligned}
(n-1)S^2 &= \sum_{k=1}^{n}[X_k - E(X) - \frac{1}{n}\sum_{j=1}^{n}(X_j - E(X))]^2 \\
&= \sum_{k=1}^{n}[(X_k - E(X))^2 - \frac{2}{n}(X_k - E(X))\sum_{j=1}^{n}(X_j - E(X)) \\
&\quad + \frac{1}{n^2}\sum_{j=1}^{n}(X_j - E(X))\sum_{l=1}^{n}(X_l - E(X))] \\
&= \sum_{k=1}^{n}[(X_k - E(X))^2 - \frac{2}{n}(X_k - E(X))^2 + \frac{1}{n^2}\sum_{j=1}^{n}(X_j - E(X))^2 \\
&\quad - \frac{2}{n}(X_k - E(X))\sum_{\substack{j=1 \\ j\neq k}}^{n}(X_j - E(X)) + \\
&\quad \frac{1}{n^2}\sum_{j=1}^{n}\sum_{\substack{l=1 \\ l\neq j}}^{n}(X_j - E(X))(X_l - E(X))] \\
&= \sum_{k=1}^{n}(X_k - E(X))^2(1 - \frac{2}{n} + \frac{1}{n}) + \\
&\quad (-\frac{2}{n} + \frac{1}{n})\sum_{j=1}^{n}\sum_{\substack{l=1 \\ l\neq j}}^{n}(X_j - E(X))(X_l - E(X)) \\
S^2 &= \frac{1}{n}\sum_{k=1}^{n}(X_k - E(X))^2 - \frac{1}{n(n-1)}\sum_{j,l=1, l\neq j}^{n}(X_j - E(X))(X_l - E(X)) \, .
\end{aligned}
$$

Da die X_k unabhängig sind und wie X verteilt sind, folgt aus Satz 14.6 und Satz 14.7

$$
E(S^2) = \frac{1}{n}n \cdot \sigma_X^2 = \sigma_X^2 \, .
$$

$\square$

Der Faktor $\frac{1}{n-1}$ in der Definition von S^2 erscheint vielleicht etwas befremdlich, man würde dort eher $\frac{1}{n}$ erwarten. Aber die Schätzfunktion

$$
S_1^2 = \frac{1}{n}\sum_{k=1}^{n}(X_k - \bar{X})^2 \tag{15.10}
$$

für σ_X^2 ist nicht erwartungstreu, sondern "nur" asymptotisch erwartungstreu (vgl. (15.5)). Wendet man die eben durchgeführte Umformung von S^2 auf S_1^2 an, so findet man nämlich

$$
n\,E(S_1^2) = n \cdot \sigma_X^2 \cdot \frac{n-1}{n}, \quad \text{also} \quad E(S_1^2) = \frac{n-1}{n}\sigma_X^2 \, .
$$

Für wachsendes n verschwinden die Unterschiede zwischen den Realisierungen von S^2 und S_1^2, die sich aus derselben konkreten Stichprobe $(x_1, x_2, \ldots, x_n)$ ergeben; es gilt $\lim_{n\to\infty} E(S_1^2) = E(S^2) = \sigma_X^2$. Kennt man den Erwartungswert $E(X)$, so ist, wie man leicht beweist,

$$S_0^2 = \frac{1}{n} \sum_{k=1}^{n} (X_k - E(X))^2 \tag{15.11}$$

eine erwartungstreue Schätzfunktion für σ_X^2.

15.3 Intervallschätzung

15.3.1 Konfidenzintervalle

Im Abschnitt 15.2.2 haben wir die Schätzfunktion $\bar{X} = \frac{1}{n} \sum_{k=1}^{n} X_k$ für den Erwartungswert $E(X)$ einer Zufallsgröße X betrachtet. Für $N(\mu, \sigma)$-verteilte Zufallsgrößen X haben wir die Wahrscheinlichkeit dafür bestimmt, dass $\bar{X}$ einen Wert $\bar{x}$ im festen Intervall $]\mu - \sigma, \mu + \sigma[$ annimmt. Sind die Parameter μ, σ der Normalverteilung aber unbekannt, kann man das Intervall $]\mu - \sigma, \mu + \sigma[$ nicht explizit angeben. Dann sind keine Aussagen über die Wahrscheinlichkeiten möglich, mit der $\bar{x} - \mu$ in einem vorgegebenen Intervall liegt.

Diesen Unzulänglichkeiten von Punktschätzungen versucht man durch Intervallschätzungen zu begegnen. Bei Punktschätzungen wird eine passende Stichprobenfunktion betrachtet, die bei Vorliegen einer konkreten Stichprobe einen "Näherungswert" (Schätzwert) für einen Parameter der Verteilung der Zufallsgröße liefert. Bei einer Intervallschätzung werden dagegen jeweils zwei Stichprobenfunktionen benutzt, die bei Vorliegen einer konkreten Stichprobe untere und obere Grenze eines Intervalls liefern. Die beiden Stichprobenfunktionen werden dabei so gewählt, dass der interessierende "wahre" Parameter der Verteilung mit einer vorgegebenen Wahrscheinlichkeit in diesem Intervall liegt. Solche Intervalle bezeichnet man als Konfidenzintervalle.

Definition 15.5. (Konfidenzintervalle, Konfidenzgrenzen)
X sei eine Zufallsgröße, $(X_1, X_2, \ldots, X_n)$ mathematische Stichprobe aus X. $\Gamma_u(X_1, X_2, \ldots, X_n)$ und $\Gamma_o(X_1, X_2, \ldots, X_n)$ seien zwei Stichprobenfunktionen mit der Eigenschaft $-\infty < \Gamma_u \leq \Gamma_o < \infty$. Das zufällige Intervall $[\Gamma_u, \Gamma_o]$ heißt zufälliges zweiseitiges **Konfidenz-** oder **Vertrauensintervall** oder Konfidenzschätzung für den unbekannten Parameter q zum **Konfidenzniveau** $1-\alpha$, wenn

$$P\{\Gamma_u \leq q \leq \Gamma_o\} = 1 - \alpha \tag{15.12}$$

gilt. Γ_u bzw. Γ_o heißen zufällige untere bzw. obere **Konfidenz-** oder **Vertrauensgrenzen** für q.

Bei manchen Fragestellungen ist es zweckmäßig, Konfidenzintervalle der Form $[\Gamma_u', \infty[$ oder $]-\infty, \Gamma_o']$ zu betrachten, für die $P\{\Gamma_u' \leq q < \infty\} = 1 - \alpha$ bzw. $P\{-\infty < q \leq \Gamma_o'\} = 1 - \alpha$ gilt. Man spricht dann von zufälligen einseitigen unteren bzw. zufälligen einseitigen oberen Konfidenzintervallen. Wir wollen uns im Wesentlichen auf zweiseitige Konfidenzintervalle beschränken. Hat man eine konkrete Stichprobe aus X genommen, werden aus den zufälligen Konfidenzintervallen konkrete Konfidenzintervalle $[\gamma_u, \gamma_o]$. Nimmt man weitere Stichproben, so erhält man weitere solcher konkreten Intervalle. Die Bedingung $P\{\Gamma_u \leq q \leq \Gamma_o\} = 1 - \alpha$ bedeutet, dass $100(1 - \alpha)\%$ der konkreten Konfidenzintervalle so liegen, dass der wahre Wert q in ihnen enthalten ist. In jedem einzelnen dieser konkreten Konfidenzintervalle $[\gamma_u, \gamma_o]$ ist q entweder enthalten oder nicht enthalten (vgl. Abb. 15.4).

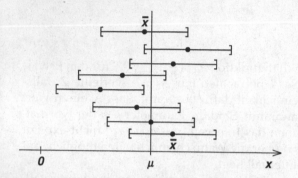

Abb. 15.4. Konkrete $100(1-\alpha)\%$-Konfidenzintervalle für μ nach (15.16) bei verschiedenen Realisierungen $\bar{x}$ von $\bar{X}$ (n fest)

15.3.2 Konfidenzschätzung für die Parameter der Normalverteilung

Sei X vom Typ $N(\mu, \sigma)$ mit $\sigma > 0$, $(X_1, X_2, \ldots, X_n)$ sei mathematische Stichprobe aus X. Die Konstruktion von Konfidenzintervallen für μ und σ stützt sich auf die erwartungstreuen Punktschätzungen $\bar{X} = \frac{1}{n} \sum_{k=1}^{n} X_k$ bzw. $S^2 = \frac{1}{n-1} \sum_{k=1}^{n} (X_k - \bar{X})^2$ für μ bzw. σ^2 (Sätze 15.1 und 15.4). Wir wollen Konfidenzintervalle der Form (15.12) für μ und σ bestimmen.

Konfidenzintervalle für den Erwartungswert bei bekannter Varianz
Die Punktschätzung $\bar{X} = \frac{1}{n} \sum_{k=1}^{n} X_k$ für $\mu = E(X)$ hat nach Satz 15.1 und Satz 15.2 die Eigenschaften

$$E(\bar{X}) = \mu, \qquad Var(\bar{X}) = \frac{1}{n}\sigma^2.$$

Nach Satz 15.3 ist $\bar{X}$ von Typ $N(\mu, \frac{\sigma}{\sqrt{n}})$. Der standardisierte Stichprobenmittelwert $\frac{\bar{X}-\mu}{\sigma/\sqrt{n}}$ ist dann vom Typ $N(0,1)$. Wenn wir zwei nichtzufällige Zahlen z_u und z_o mit $z_u \leq z_o$ so bestimmen, dass

$$P\{z_u \leq \frac{\bar{X} - \mu}{\sigma/\sqrt{n}} \leq z_o\} = 1 - \alpha$$

ist, dann gilt

$$P\{\bar{X} - z_o \frac{\sigma}{\sqrt{n}} \leq \mu \leq \bar{X} - z_u \frac{\sigma}{\sqrt{n}}\} = 1 - \alpha. \tag{15.13}$$

Durch diese einfache Umformung ist aus dem nichtzufälligen Intervall $[z_u, z_o]$, das mit Wahrscheinlichkeit $1 - \alpha$ eine Zufallsgröße $\frac{\bar{X}-\mu}{\sigma/\sqrt{n}}$ enthält, ein zufälliges Intervall $[\bar{X} - z_o \frac{\sigma}{\sqrt{n}}, \bar{X} - z_u \frac{\sigma}{\sqrt{n}}]$ geworden, das mit Wahrscheinlichkeit $1 - \alpha$ eine nichtzufällige Größe (d.h. μ) enthält. Da also die Wahrscheinlichkeit dafür, dass die $N(0,1)$-verteilte Größe $\frac{\bar{X}-\mu}{\sigma/\sqrt{n}}$ im Intervall $[z_u, z_o]$ liegt, gleich $1 - \alpha$ sein soll, muss für z_u, z_o gelten

$$\Phi(z_o) - \Phi(z_u) = \frac{1}{\sqrt{2\pi}} \int_{z_u}^{z_o} e^{-\frac{1}{2}\xi^2} \, d\xi = 1 - \alpha \, .$$

$\Phi(x)$ ist das in (14.50) definierte GAUSSsche Fehlerintegral. Ist die Wahrscheinlichkeitsdichte (wie hier) symmetrisch zum Punkt $x = 0$, so legt man den Mittelpunkt des Intervalls $[z_u, z_o]$ in den Punkt $x = 0$. Dann ist $z_u = -z_o$ und wegen $\Phi(x) + \Phi(-x) = 1$ muss

$$\Phi(z_o) - \Phi(-z_o) = 2\Phi(z_o) - 1 = 1 - \alpha$$

sein. z_u, z_o sind dann durch

$$\Phi(z_o) = 1 - \frac{\alpha}{2} \qquad \Phi(z_u) = \Phi(-z_o) = \frac{\alpha}{2}$$

eindeutig festgelegt, da $\Phi(x)$ streng monoton wächst. Wir erinnern hier an den in Abschnitt 14.3.5 bereits erwähnten Begriff Quantil.

Definition 15.6. (Quantil)
Ist $F(x)$ Verteilungsfunktion einer Zufallsgröße X und $0 < p < 1$, so nennt man eine Zahl x_p mit $F(x_p) = p$ ein p-**Quantil** von X. Es gilt $P\{X < x_p\} = p$.

Danach ist z_o das $(1 - \frac{\alpha}{2})$-Quantil einer $N(0,1)$-verteilten Zufallsgröße. Im Fall der Normalverteilung bezeichnet man das $(1 - \frac{\alpha}{2})$-Quantil z_o allerdings i. Allg. nicht mit $z_{1-\frac{\alpha}{2}}$ (wie es der Def. 15.6 entspräche), sondern mit $z_{\frac{\alpha}{2}}$. Für z_u (das $\frac{\alpha}{2}$-Quantil von $N(0,1)$) gilt $z_u = -z_o$ und man schreibt dafür entsprechend $-z_{\frac{\alpha}{2}}$ (Abb. 15.5). Es ist also

$$\Phi(z_{\frac{\alpha}{2}}) = 1 - \frac{\alpha}{2} \, , \qquad \Phi(-z_{\frac{\alpha}{2}}) = \frac{\alpha}{2} \, . \tag{15.14}$$

Die Indizes der so bezeichneten Quantile liegen zwischen 0 und $\frac{1}{2}$. Bei den üblichen Aufgaben interessieren hohe Konfidenzniveaus (etwa 90 %, 95 %, 99 %, d.h. $\alpha = 0{,}1; 0{,}05; 0{,}01$), also kleine Werte $\frac{\alpha}{2}$ (s. Tabelle 15.1). Zu vorgegebenem α kann man $z_{\frac{\alpha}{2}}$ einer Tabelle für das GAUSSsche Fehlerintegral $\Phi(x)$ entnehmen. Wir geben einige Werte in der Tabelle 15.1 an.
Aus (15.13), (15.14) folgt

$$P\{\bar{X} - z_{\frac{\alpha}{2}} \frac{\sigma}{\sqrt{n}} \le \mu \le \bar{X} + z_{\frac{\alpha}{2}} \frac{\sigma}{\sqrt{n}}\} = 1 - \alpha \, . \tag{15.15}$$

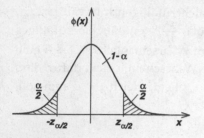
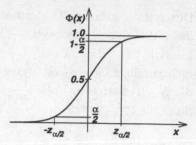

Abb. 15.5. Quantile der standardisierten Normalverteilung

Tabelle 15.1. Quantile $z_{\frac{\alpha}{2}}$ der Normalverteilung zu verschiedenen Konfidenzniveaus

		Konfidenzniveau	Quantil
$\frac{\alpha}{2}$	$1 - \frac{\alpha}{2}$	$1 - \alpha$	$z_{\frac{\alpha}{2}}$
0,15	0,85	0,70	1,04
0,10	0,90	0,80	1,29
0,05	0,95	0,90	1,64
0,025	0,975	0,95	1,96
0,005	0,995	0,99	2,58

Die beiden in Def. 15.5 angegebenen Stichprobenfunktionen Γ_u, Γ_o haben hier die Form $\Gamma_u = \bar{X} - z_{\frac{\alpha}{2}}\frac{\sigma}{\sqrt{n}}$, $\Gamma_o = \bar{X} + z_{\frac{\alpha}{2}}\frac{\sigma}{\sqrt{n}}$. Ist $\bar{x}$ eine Realisierung von $\bar{X}$, so erhält man mit

$$[\bar{x} - z_{\frac{\alpha}{2}}\frac{\sigma}{\sqrt{n}}, \bar{x} + z_{\frac{\alpha}{2}}\frac{\sigma}{\sqrt{n}}] \tag{15.16}$$

ein konkretes zweiseitiges $100(1 - \alpha)$ %-Konfidenzintervall für den Erwartungswert, das den wahren Wert μ mit Wahrscheinlichkeit $1 - \alpha$ enthält und mit Wahrscheinlichkeit α nicht enthält. $1 - \alpha$ heißt daher auch **Sicherheitswahrscheinlichkeit**, α bezeichnet man entsprechend als **Irrtumswahrscheinlichkeit**. Die Lage des Konfidenzintervalls (15.16) ist zufällig, die Länge hängt in diesem Fall (σ bekannt) nicht von der Stichprobe ab, sondern nur von α und n. Einseitige untere bzw. einseitige obere $100(1-\alpha)$ %-Konfidenzintervalle $[\Gamma_u', \infty[$ bzw. $]-\infty, \Gamma_o']$ sind folgendermaßen definiert:
Einseitiges unteres $100(1-\alpha)$ %-Konfidenzintervall: $[\bar{x} - z_\alpha\frac{\sigma}{\sqrt{n}}, \infty[$; es ist nämlich

$$P\{\bar{X} - z_\alpha\frac{\sigma}{\sqrt{n}} < \mu\} = P\{\frac{\bar{X} - \mu}{\sigma}\sqrt{n} < z_\alpha\} = 1 - \alpha .$$

Einseitiges oberes $100(1-\alpha)$ %-Konfidenzintervall: $]-\infty, \bar{x} + z_\alpha\frac{\sigma}{\sqrt{n}}]$, mit analoger Begründung. Dabei ist z_α jetzt durch $\Phi(z_\alpha) = 1 - \alpha$ theoretisch auch für $\frac{1}{2} < \alpha < 1$ definiert. Von praktischem Interesse sind allerdings wie bei den zweiseitigen Konfidenzintervallen in der Regel kleine Werte für α.

Beispiel: Ein Betrieb stellt Metallzylinder in großer Zahl her. Der Solldurchmesser d_{soll} beträgt $5,10\,cm$. Aufgrund technologisch unbeherrschbarer Störeinflüsse ist der Durchmesser d der produzierten Zylinder eine Zufallsgröße. Erfahrung über längere Zeit zeigt, dass für d die Annahme einer Normalverteilung mit der Streuung $\sigma = 0,08\,cm$ gerechtfertigt ist. Aus der aktuellen Produktion wurde eine Stichprobe von 10 Zylindern entnommen. Der daraus bestimmte Stichprobenmittelwert betrug $\bar{d} = 5,14\,cm$. In welchem Intervall liegt der mittlere Durchmesser $E(d)$ aller aktuell produzierten Zylinder mit einer Sicherheit von 70 %, 80 %, 90 %, 95 % bzw. 99 % ($\frac{\alpha}{2} = 0,15; 0,10; 0,05; 0,025; 0,005$)? Die Konfidenzintervalle für $E(d)$ nach (15.16) sind

$$[\gamma_u, \gamma_o] = [5,14 - \frac{0,08}{3,162}z_{\frac{\alpha}{2}}, 5,14 + \frac{0,08}{3,162}z_{\frac{\alpha}{2}}] .$$

Mit den $z_{\frac{\alpha}{2}}$-Werten aus der Tabelle 15.1 ergibt sich

$1 - \alpha$	γ_u	γ_o	$\gamma_o - \gamma_u$
0,70	5,114	5,166	0,052
0,80	5,107	5,173	0,066
0,90	5,099	5,181	0,082
0,95	5,090	5,190	0,100
0,99	5,075	5,205	0,130

Hieraus sieht man z.B., dass $5,090\,cm \leq E(d) \leq 5,190\,cm$ mit einer Wahrscheinlichkeit von 95 % gilt. Mit derselben Wahrscheinlichkeit liegt die Differenz $E(d) - d_{soll}$ zwischen $-0,01\,cm$ und $0,09\,cm$ (vgl. auch Abb. 15.6).

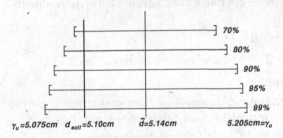

Abb. 15.6. Konfidenzintervalle für den Erwartungswert der Durchmesser d zu verschiedenen Sicherheitswahrscheinlichkeiten, bestimmt aus einer Stichprobe mit $\bar{d} = 5,14\,cm$, $n = 10$.

In dem hier betrachteten Fall, wo σ bekannt und gegeben ist, kann man die Länge

$$L = 2z_{\frac{\alpha}{2}}\frac{\sigma}{\sqrt{n}} \tag{15.17}$$

eines $100(1 - \alpha)$ %-Konfidenzintervalls durch die beiden Parameter α und n beeinflussen. Wächst die Sicherheitswahrscheinlichkeit $1 - \alpha$ bei konstantem n, so nimmt L zu; denn mit wachsenden $1 - \alpha$ wächst auch $1 - \frac{\alpha}{2}$ und aus der Monotonie von $\Phi(x)$ folgt wegen (15.14) die Zunahme von $z_{\frac{\alpha}{2}}$. Einige Zahlen dazu findet man in Tab. 15.1 (vgl. auch das obige Beispiel mit Abb. 15.6). Es ist eben wahrscheinlicher, $\mu = E(X)$ in einem großen Intervall zu finden als in einem kleinen. Hält man die Sicherheitswahrscheinlichkeit fest, dann nimmt die Länge L des Konfidenzintervalls mit wachsendem Stichprobenumfang n ab. Oder anders ausgedrückt: Einer festen Länge L des Konfidenzintervalls entspricht eine höhere Sicherheitswahrscheinlichkeit $1 - \alpha$, wenn das Konfidenzintervall bzw. der Stichprobenmittelwert mittels einer umfangreicheren Stichprobe bestimmt worden ist. Diese Zusammenhänge kann man quantitativ folgendermaßen darstellen: Setzt man $L_n = 2z_{\frac{\alpha_n}{2}} \frac{\sigma}{\sqrt{n}}$ und fordert $L_n = L_m$ für $n \neq m$, so muss gelten

$$2z_{\frac{\alpha_n}{2}} \frac{\sigma}{\sqrt{n}} = 2z_{\frac{\alpha_m}{2}} \frac{\sigma}{\sqrt{m}}, \quad \text{also} \quad z_{\frac{\alpha_m}{2}} = \sqrt{\frac{m}{n}} z_{\frac{\alpha_n}{2}}. \tag{15.18}$$

Für $m > n$ ist dann $z_{\frac{\alpha_m}{2}} > z_{\frac{\alpha_n}{2}}$ und wegen (15.14) folgt daraus $\alpha_m < \alpha_n$. Für Konfidenzintervalle fester Länge erhöht sich demnach das Konfidenzniveau, wenn sich der Stichprobenumfang erhöht. An die Beziehung (15.18) schließen sich verschiedene für die Praxis interessante Fragen an. Zum Beispiel: Wie groß muss der Stichprobenumfang n mindestens sein, damit bei einer vorgegebenen Sicherheitswahrscheinlichkeit $1 - \alpha$ die Länge L des Konfidenzintervalls einen vorgegebenen Wert L_{max} nicht überschreitet? Aus (15.17) folgt die Lösung

$$2z_{\frac{\alpha}{2}} \frac{\sigma}{\sqrt{n}} \leq L_{max} \Longleftrightarrow n \geq 4\sigma^2 \left(\frac{z_{\frac{\alpha}{2}}}{L_{max}}\right)^2. \tag{15.19}$$

Bei der Bestimmung eines zweiseitigen Konfidenzintervalls für den Erwartungswert einer normalverteilten Zufallsgröße bei bekannter Varianz kann man schrittweise folgendermaßen vorgehen:

1) Vorgabe des Konfidenzniveaus $(1 - \alpha)$,

2) Bestimmung von $z_{\frac{\alpha}{2}}$ aus $\Phi(z_{\frac{\alpha}{2}}) = 1 - \frac{\alpha}{2}$ (Tabelle für $\Phi(x)$ bzw. Tab. 15.1),

3) Festlegung des Stichprobenumfangs n

   entweder durch Vorgabe einer maximalen Länge L_{max} des gesuchten $100(1 - \alpha)\,\%$-Konfidenzintervalls und Wahl eines Stichprobenumfangs n mit $n \geq 4\sigma^2 \left(\frac{z_{\frac{\alpha}{2}}}{L_{max}}\right)^2$, oder durch Wahl eines Stichprobenumfangs n,

4) Entnahme einer konkreten Stichprobe $(x_1, x_2, \ldots, x_n)$ aus X,

5) Berechnung von $\bar{x} = \frac{1}{n} \sum_{k=1}^{n} x_k$.

6) Das gesuchte Konfidenzintervall ist $[\bar{x} - z_{\frac{\alpha}{2}} \frac{\sigma}{\sqrt{n}}, \bar{x} + z_{\frac{\alpha}{2}} \frac{\sigma}{\sqrt{n}}]$.

Konfidenzintervalle für den Erwartungswert bei unbekannter Varianz
Es sei X $N(\mu, \sigma)$-verteilt und weder μ noch σ seien bekannt. Gesucht ist auch für diesen Fall ein Konfidenzintervall für den Erwartungswert μ. Das Intervall (15.16) ist schon deshalb nicht mehr verwendbar, weil σ nicht bekannt ist. Die Konstruktion eines Konfidenzintervalls für μ bei bekanntem σ beruhte darauf,

dass die Stichprobenfunktion $\frac{\bar{X}-\mu}{\sigma}\sqrt{n}$ $N(0,1)$-verteilt ist. Bei unbekanntem σ benutzt man die Stichprobenfunktion

$$\frac{\bar{X}-\mu}{S}\sqrt{n} \tag{15.20}$$

mit den Punktschätzungen $\bar{X}$ nach Satz 15.1 und S^2 nach Satz 15.4. Um ein Konfidenzintervall für μ bestimmen zu können, muss man die Verteilungsfunktion bzw. die Dichte von (15.20) kennen. Wir geben dazu ohne Beweis an:
Wenn die Stichprobe $(X_1, X_2, \ldots, X_n)$ aus einer normalverteilten Grundgesamtheit stammt, dann ist die Verteilung der in (15.20) definierten Zufallsgröße eine t-**Verteilung** (STUDENT-Verteilung) mit $n-1$ Freiheitsgraden. Wir können n hier einfach als einen Parameter auffassen. Die Verteilung der für die Konstruktion der Konfidenzintervalle benutzten Stichprobenfunktion hängt jetzt (bei unbekanntem σ) auch vom Stichprobenumfang n ab. Die Dichte $p_{T;n}(x)$ der t-Verteilung ist analytisch gegeben durch

$$p_{T;n}(x) = \frac{\Gamma(\frac{n+1}{2})}{\sqrt{\pi n}\,\Gamma(\frac{n}{2})}\left(1 + \frac{x^2}{n}\right)^{-\frac{n+1}{2}}.$$

Der qualitative Verlauf der Dichte $p_{T;n}(x)$ der t-Verteilung ist ähnlich dem der Dichte $N(0,1)$-verteilter Größen (14.50), wobei aber eine bestimmte Abhängigkeit vom Parameter n vorliegt. Genügt die Zufallsgröße T_n einer t-Verteilung mit n Freiheitsgraden, dann sind die analog zu (15.14) bezeichneten Quantile $t_{n;\frac{\alpha}{2}}$ und $-t_{n;\frac{\alpha}{2}}$ durch

$$P\{-t_{n;\frac{\alpha}{2}} \le T_n \le t_{n;\frac{\alpha}{2}}\} = \int_{-t_{n;\frac{\alpha}{2}}}^{t_{n;\frac{\alpha}{2}}} p_{T;n}(\xi)\,d\xi = 1 - \alpha \tag{15.21}$$

definiert (s. Abb. 15.7): Die Fläche zwischen der Dichte $p_{T;n}(x)$ und der x-Achse in den vertikalen Grenzen $x = -t_{n;\frac{\alpha}{2}}$ und $x = t_{n;\frac{\alpha}{2}}$ hat den Flächeninhalt $1 - \alpha$. Wie durch die Kurvenform der Dichte $p_{T;n}(x)$ in Abb. 15.7 angedeutet, ist bei $n = n_1$ ein größerer Wert von $t_{n;\frac{\alpha}{2}}$ erforderlich als bei $n = n_2 > n_1$, wenn die Fläche unter der Kurve $p_{T;n}(x)$ zwischen $-t_{n;\frac{\alpha}{2}}$ und $t_{n;\frac{\alpha}{2}}$ stets den Inhalt $1-\alpha$ haben soll. Bei festem α nehmen die $\frac{\alpha}{2}$-Quantile $t_{n;\frac{\alpha}{2}}$ mit zunehmendem n ab. Analog zum Fall bekannter Varianz gehen wir zur Konstruktion eines Konfidenzintervalls von der Beziehung

$$P\{-t_{n-1;\frac{\alpha}{2}} \le \frac{\bar{X}-\mu}{S}\sqrt{n} \le t_{n-1;\frac{\alpha}{2}}\} = 1 - \alpha \tag{15.22}$$

aus. Ähnlich wie (15.13) entsteht hieraus

$$P\{\bar{X} - t_{n-1;\frac{\alpha}{2}}\frac{S}{\sqrt{n}} \le \mu \le \bar{X} + t_{n-1;\frac{\alpha}{2}}\frac{S}{\sqrt{n}}\} = 1 - \alpha. \tag{15.23}$$

Damit ist

$$[\bar{X} - t_{n-1;\frac{\alpha}{2}}\frac{S}{\sqrt{n}}, \bar{X} + t_{n-1;\frac{\alpha}{2}}\frac{S}{\sqrt{n}}] \tag{15.24}$$

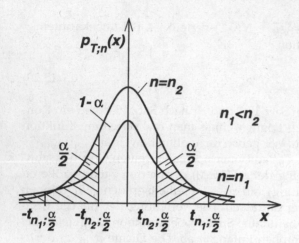

Abb. 15.7. Dichte $p_{T;n}(x)$ der t-Verteilung mit n_1 bzw. n_2 Freiheitsgraden und die Quantile $t_{n;\frac{\alpha}{2}}$, $-t_{n;\frac{\alpha}{2}}$ für $n = n_1, n_2$ (qualitativ)

ein zufälliges (zweiseitiges) Konfidenzintervall für μ zum Konfidenzniveau $1-\alpha$. Nach Auswertung einer konkreten Stichprobe vom Umfang n erhält man mit den Realisierungen $\bar{x}, s$ ein entsprechendes konkretes Konfidenzintervall

$$\left[\bar{x} - t_{n-1;\frac{\alpha}{2}}\frac{s}{\sqrt{n}}, \bar{x} + t_{n-1;\frac{\alpha}{2}}\frac{s}{\sqrt{n}}\right].$$ (15.25)

Die Quantile $t_{n-1;\frac{\alpha}{2}}$ sind tabelliert. Für große n gilt mit guter Näherung $t_{n-1;\frac{\alpha}{2}} \approx z_{\frac{\alpha}{2}}$ (vgl. (15.14)). Für die Länge L des Intervalls (15.24) gilt $L = 2t_{n-1;\frac{\alpha}{2}}\frac{S}{\sqrt{n}}$. Im Gegensatz zu (15.17) ist L jetzt eine Zufallsgröße. Eine Abschätzung analog zu (15.19) gilt nur noch näherungsweise, weil S Zufallsgröße ist, deren Wert von der Realisierung $(x_1, x_2, \ldots, x_n)$ der Stichprobe $(X_1, X_2, \ldots, X_n)$ abhängt.

Beispiel: Aus einer normalverteilten Gesamtheit wurde eine Stichprobe vom Umfang $n = 30$ entnommen. Es ergab sich $\bar{x} = 0,0433$, $s^2 = 1,1439$. Man bestimme Konfidenzintervalle für μ mit Sicherheitswahrscheinlichkeit (Konfidenzniveau) 80 %, 90 %, 95 %, 99 %. Es ist $n - 1 = 29$. Aus (15.25) erhält man die Intervalle

$$[\gamma_u, \gamma_o] = [0,0433 - t_{29;\frac{\alpha}{2}}\frac{1,0695}{5,4772}, 0,0433 + t_{29;\frac{\alpha}{2}}\frac{1,0695}{5,4772}].$$

Mit den aus einer Tabelle ermittelten Quantilen $t_{29;\frac{\alpha}{2}}$ erhält man folgende Werte für γ_u, γ_o:

$1-\alpha$	$\frac{\alpha}{2}$	$t_{29;\frac{\alpha}{2}}$	γ_u	γ_o
0,80	0,10	1,312	−0,15	0,28
0,90	0,05	1,700	−0,29	0,33
0,95	0,025	2,045	−0,36	0,44
0,99	0,005	2,756	−0,49	0,58

Das Intervall $[-0{,}15\,,\,0{,}28]$ enthält also μ mit einer Wahrscheinlichkeit von $80\,\%$. Höhere Sicherheitswahrscheinlichkeiten bedingen längere Intervalle.

Anmerkung: Als Stichprobe dienten folgende 30 Zahlen, die als aufeinanderfolgende Zahlen einer Tabelle für $N(0{,}1)$-verteilte Zufallszahlen entnommen wurden:

0,9516	−0,5863	1,1572	−1,7708	0,8574
0,9990	2,8854	−0,5557	−0,1032	0,4686
0,8115	0,5405	1,4664	−0,2676	−0,6022
1,6852	−1,2496	0,0093	−0,9690	−1,2125
0,2119	−0,0831	1,3846	−1,4647	−0,4428
−0,5564	−0,5098	−1,1929	−0,0572	−0,5061

Obwohl der Mittelwert $\bar{x} = 0{,}0433$ relativ nah am Wert $\mu = 0$ für $N(0{,}1)$-verteilte Zufallszahlen liegt, sind Intervalle $[\gamma_u, \gamma_o]$ recht groß und die Aussagekraft ist damit nicht sehr hoch. Der Umfang der Stichprobe mit $n = 30$ ist offensichtlich zu klein und die Streuung mit $s^2 = 1{,}1439$ zu groß wenn man daran denkt, dass die Intervall-Länge proportional zu $\frac{s}{\sqrt{n}}$ ist.

Konfidenzintervalle für die Varianz

Als Stichprobenfunktion, die den interessierenden Parameter (σ^2) enthält und deren Verteilung man kennt, wird hier

$$\frac{(n-1)S^2}{\sigma^2} \tag{15.26}$$

benutzt. Man kann beweisen, dass diese Größe **Chi-Quadrat-verteilt** (χ^2-verteilt) ist mit $(n-1)$ Freiheitsgraden, wenn S^2 die Stichprobenvarianz (vgl. Satz 15.4) einer Stichprobe vom Umfang n aus einer normalverteilten Grundgesamtheit mit der Varianz σ^2 ist. Die χ^2-Verteilung mit n Freiheitsgraden ist allgemein als Verteilung der Summe χ_n^2 der Quadrate von n unabhängigen, $N(0{,}1)$-verteilten Zufallsgrößen $X_1, X_2, \ldots, X_n$ definiert:

$$\chi_n^2 = X_1^2 + X_2^2 + \cdots + X_n^2 \,. \tag{15.27}$$

Den analytischen Ausdruck für die Dichte $p_{\chi^2;n}(x)$ der χ^2-Verteilung geben wir ohne Beweis mit

$$p_{\chi^2;n}(x) = \frac{x^{\frac{n}{2}-1}e^{-\frac{x}{2}}}{2^{\frac{n}{2}}\Gamma(\frac{n}{2})} \quad (x > 0)$$

an. Für $x \leq 0$ ist $p_{\chi^2;n}(x) = 0$. Aus (15.27) folgt sofort $E(\chi_n^2) = n$, $Var(\chi_n^2) = 2n$; denn für $N(0{,}1)$-verteiltes X_1 ist $E(X_1^2) = 1$ (wegen $\sigma^2 = E[(X_1 - E(X_1))^2] = E(X_1^2) - [E(X_1)]^2 = E(X_1^2) = 1$) und $Var(X_1^2) = 2$ (wegen $Var(X_1^2) = E[(X_1^2 - E(X_1^2))^2] = E[(X_1^2 - 1)^2] = E(X_1^4) - 2E(X_1^2) + 1 = 3 - 2 + 1 = 2$ nach (14.54)). Satz 14.7 liefert dann $Var(\chi_n^2) = 2n$. Die Dichte der χ^2-Verteilung unterscheidet sich von der Dichte $p_{T;n}(x)$ der t-Verteilung insbesondere dadurch, dass $p_{\chi^2;n}(x)$ nicht symmetrisch bezüglich $x = 0$ ist und nur für $x > 0$ positiv ist.

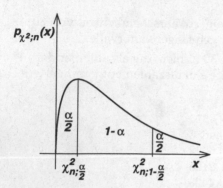

Abb. 15.8. Qualitativer Verlauf der Dichte der χ^2-Verteilung

Daher werden die Quantile jetzt in Übereinstimmung mit der allgemeinen Definition 15.6 definiert und bezeichnet (Abb. 15.8). Bei der χ^2-Verteilung kommen daher Quantile sowohl mit Indizes nahe 0 als auch nahe 1 in Betracht.

$$P\{\chi^2_{n;\frac{\alpha}{2}} \leq \chi^2_n \leq \chi^2_{n;1-\frac{\alpha}{2}}\} = \int_{\chi^2_{n;\frac{\alpha}{2}}}^{\chi^2_{n;1-\frac{\alpha}{2}}} p_{\chi^2;n}(\xi)\,d\xi = 1 - \alpha\,. \tag{15.28}$$

Da die Zufallsgröße (15.26) einer χ^2-Verteilung mit $(n-1)$ Freiheitsgraden genügt, kann man analog zu (15.21)-(15.24) ein $100(1-\alpha)\,\%$-Konfidenzintervall für σ^2 bestimmen:

$$P\{\chi^2_{n-1;\frac{\alpha}{2}} \leq \frac{(n-1)S^2}{\sigma^2} \leq \chi^2_{n-1;1-\frac{\alpha}{2}}\} \tag{15.29}$$

$$= P\{\frac{(n-1)S^2}{\chi^2_{n-1;1-\frac{\alpha}{2}}} \leq \sigma^2 \leq \frac{(n-1)S^2}{\chi^2_{n-1;\frac{\alpha}{2}}}\} = 1 - \alpha\,.$$

Damit ist

$$[\frac{(n-1)S^2}{\chi^2_{n-1;1-\frac{\alpha}{2}}}, \frac{(n-1)S^2}{\chi^2_{n-1;\frac{\alpha}{2}}}] \tag{15.30}$$

ein (zweiseitiges) Konfidenzintervall für σ zum Konfidenzniveau $1-\alpha$. Nachdem man aus einer konkreten Stichprobe vom Umfang n für S^2 die Realisierung s^2 bestimmt hat, erhält man mit

$$[\frac{(n-1)s^2}{\chi^2_{n-1;1-\frac{\alpha}{2}}}, \frac{(n-1)s^2}{\chi^2_{n-1;\frac{\alpha}{2}}}] \tag{15.31}$$

ein konkretes $100(1-\alpha)\,\%$-Konfidenzintervall für σ^2. Wenn α fällt, wird $\chi^2_{n-1;\frac{\alpha}{2}}$ kleiner und $\chi^2_{n-1;1-\frac{\alpha}{2}}$ größer (vgl. Abb. 15.8). Die Quantile der χ^2-Verteilung sind tabelliert.

Beispiel: Wir betrachten noch einmal das Beispiel der Stichprobe aus der Tabelle $N(0,1)$-verteilter Zufallszahlen vom Umfang 30, wofür sich $\bar{x} = 0{,}0433$,

$s^2 = 1{,}1439$ ergeben hatte. Gesucht sind jetzt die Konfidenzintervalle für σ^2 mit Sicherheitswahrscheinlichkeit $80\,\%$, $90\,\%$, $95\,\%$, $99\,\%$. Aus (15.30) folgt für die gesuchten Konfidenzintervalle

$$[\gamma_u, \gamma_o] = \left[\frac{29 \cdot 1{,}1439}{\chi^2_{29;1-\frac{\alpha}{2}}}, \frac{29 \cdot 1{,}1439}{\chi^2_{29;\frac{\alpha}{2}}} \right]$$

$1-\alpha$	$\frac{\alpha}{2}$	$1-\frac{\alpha}{2}$	$\chi^2_{29;\frac{\alpha}{2}}$	$\chi^2_{29;1-\frac{\alpha}{2}}$	$[\gamma_u, \gamma_o]$
0,80	0,10	0,90	19,77	39,09	[0,85 , 1,68]
0,90	0,05	0,95	17,71	42,56	[0,78 , 1,87]
0,95	0,025	0,975	16,05	45,72	[0,73 , 2,07]
0,99	0,005	0,995	13,11	52,34	[0,63 , 2,53]

Mit einem Stichprobenumfang von 30 ergeben sich damit noch recht unscharfe Aussagen für σ^2.

15.3.3 Approximatives Konfidenzintervall für die Wahrscheinlichkeit eines Ereignisses

Bisher haben wir anhand von Stichprobenfunktionen mit bekannter Verteilung Konfidenzintervalle für Parameter einer Wahrscheinlichkeitsverteilung ($N(\mu, \sigma)$) konstruiert. Wir wollen jetzt in ähnlicher Weise versuchen, quantitative Aussagen über die Genauigkeit zu gewinnen, mit der die Wahrscheinlichkeit $p = p(A)$ für das Eintreten eines Ereignisses A durch die entsprechende relative Häufigkeit $H_n(A)$ (bei n zufälligen Experimenten) approximiert wird.

Man kann $p = p(A)$ als Parameter der Verteilung der **Indikatorvariablen** X für das Eintreten von A auffassen. Die Zufallsvariable X ist durch

$$X = \begin{cases} 1 & \text{falls } A \text{ eingetreten ist} \\ 0 & \text{falls } \bar{A} \text{ eingetreten ist} \end{cases} \tag{15.32}$$

definiert. Die Wahrscheinlichkeitsfunktion dieser diskreten Größe ist

$$P\{X = 1\} = p , \quad P\{X = 0\} = 1 - p . \tag{15.33}$$

Es gilt $E(X) = p$, $Var(X) = p(1 - p)$ (vgl. Abschnitt 14.4.9).

Wir wollen also für den unbekannten Parameter p der Verteilung (15.33) von X ein Konfidenzintervall $[p_u, p_o]$ bestimmen. Dazu betrachten wir eine zufällige Stichprobe $(X_1, X_2, \ldots, X_n)$ aus X. Diese Stichprobe ist nichts anderes als eine spezielle Formulierung des BERNOULLI-Schemas (s. auch Abschnitte 14.3.2 und 14.4.9). Die Entnahme einer Stichprobe kann man sich z.B. so vorstellen: $100\,p\,\%$ der (zahlreichen) in einer Urne befindlichen Kugeln sind mit einer 1, $100\,(1-p)\,\%$ mit einer 0 gekennzeichnet. Auf gut 'Glück" werden nacheinander und unabhängig voneinander insgesamt n Kugeln entnommen (nach jeder Einzelziehung wird die gezogene Kugel zurückgelegt!). Das Ergebnis wird in Form eines Vektors $(x_1, x_2, \ldots, x_n)$, also z.B. $(0,1,1,0,0,1,\ldots,1,0)$, dargestellt.

$Z_n = \sum_{k=1}^{n} X_k$ ist die zufällige Anzahl des Eintretens von A bei n Versuchen. $z_n = \sum_{k=1}^{n} x_k$ ist die entsprechende konkrete Anzahl (d.h. die Anzahl der Einsen in $(x_1, x_2, \ldots, x_n)$). $\bar{X}_n = \frac{1}{n} Z_n = \frac{1}{n} \sum_{k=1}^{n} X_k$ ist die zufällige, $\bar{x}_n = \frac{1}{n} z_n = \frac{1}{n} \sum_{k=1}^{n} x_k = H_n(A)$ die konkrete relative Häufigkeit des Eintretens von A bei n Versuchen bzw. in einer Stichprobe vom Umfang n aus X. Da die X_k ($1 \leq k \leq n$) unabhängig sind, und sämtlich die gleiche Verteilung (15.33) haben, ist der zentrale Grenzwertsatz anwendbar. Damit werden Aussagen für "große" n möglich. Nach Satz 14.15 ist wegen $E(X_k) = p$ und $Var(X_k) = p(1-p)$ die Zufallsgröße

$$\frac{\bar{X}_n - p}{\sqrt{p(1-p)}} \sqrt{n}$$

für große n näherungsweise $N(0,1)$-verteilt. Ähnlich wie in Abschnitt 15.3.2 für den Erwartungswert einer normalverteilten Größe können wir dann ein approximatives Konfidenzintervall für p zum Konfidenzniveau $1 - \alpha$ aus der Bedingung

$$P\{-z_{\frac{\alpha}{2}} \leq \frac{\bar{X}_n - p}{\sqrt{p(1-p)}} \sqrt{n} \leq z_{\frac{\alpha}{2}}\} \approx 1 - \alpha$$

bestimmen. Wir wollen das Ereignis $\{-z_{\frac{\alpha}{2}} \leq \frac{\bar{X}_n - p}{\sqrt{p(1-p)}} \sqrt{n} \leq z_{\frac{\alpha}{2}}\}$ so umformen, dass wie in (15.13) ein Intervall mit zufälligen Grenzen entsteht, das den nichtzufälligen Parameter p mit Wahrscheinlichkeit $\approx 1 - \alpha$ enthält. Die erforderlichen Rechnungen sind hier allerdings etwas umfänglicher:

$$-z_{\frac{\alpha}{2}} \sqrt{\frac{p(1-p)}{n}} \leq \bar{X}_n - p \leq z_{\frac{\alpha}{2}} \sqrt{\frac{p(1-p)}{n}} \, .$$

Daraus folgt sukzessive

$$(p - \bar{X}_n)^2 \leq z_{\frac{\alpha}{2}}^2 \frac{p(1-p)}{n}$$

$$p^2 - z_{\frac{\alpha}{2}}^2 \frac{p(1-p)}{n} - 2\bar{X}_n p + \bar{X}_n^2 \leq 0$$

$$[p - \frac{1}{2} \frac{\frac{1}{n} z_{\frac{\alpha}{2}}^2 + 2\bar{X}_n}{1 + \frac{1}{n} z_{\frac{\alpha}{2}}^2}]^2 - \frac{1}{(1 + \frac{1}{n} z_{\frac{\alpha}{2}}^2)^2} (\frac{1}{4}(\frac{1}{n} z_{\frac{\alpha}{2}}^2 + 2\bar{X}_n)^2 - \bar{X}_n^2 (1 + \frac{1}{n} z_{\frac{\alpha}{2}}^2)) \leq 0$$

$$[p - \frac{1}{2} \frac{\frac{1}{n} z_{\frac{\alpha}{2}}^2 + 2\bar{X}_n}{1 + \frac{1}{n} z_{\frac{\alpha}{2}}^2}]^2 - \frac{1}{(1 + \frac{1}{n} z_{\frac{\alpha}{2}}^2)^2} [\frac{1}{4n} z_{\frac{\alpha}{2}}^2 + \bar{X}_n (1 - \bar{X}_n)] \cdot \frac{1}{n} z_{\frac{\alpha}{2}}^2 \leq 0 \, .$$

Um die Menge der Zahlen p zu finden, die diese Ungleichung erfüllen und das Konfidenzintervall bilden, ist die quadratische Gleichung zu lösen. Das zufällige (approximative) $100(1 - \alpha)\,\%$-Konfidenzintervall für p ergibt sich damit zu

$$[\frac{1}{1 + \frac{1}{n} z_{\frac{\alpha}{2}}^2} \{\frac{1}{2n} z_{\frac{\alpha}{2}}^2 + \bar{X}_n - \frac{1}{\sqrt{n}} z_{\frac{\alpha}{2}} \sqrt{\frac{1}{4n} z_{\frac{\alpha}{2}}^2 + \bar{X}_n (1 - \bar{X}_n)}\}, \qquad (15.34)$$

$$\frac{1}{1 + \frac{1}{n} z_{\frac{\alpha}{2}}^2} \{\frac{1}{2n} z_{\frac{\alpha}{2}}^2 + \bar{X}_n + \frac{1}{\sqrt{n}} z_{\frac{\alpha}{2}} \sqrt{\frac{1}{4n} z_{\frac{\alpha}{2}}^2 + \bar{X}_n (1 - \bar{X}_n)}\}] \, .$$

Das entsprechende konkrete (approximative) Konfidenzintervall $[p_u, p_o]$ erhält man, wenn man in (15.34) $\bar{X}_n$ durch $\bar{x}_n = H_n(A)$ ersetzt. Wir geben $[p_u, p_o]$ nur mit für große n genäherten Intervallgrenzen p_u, p_o an:

$$\left[H_n(A) - \frac{1}{\sqrt{n}} z_{\frac{\alpha}{2}} \sqrt{H_n(A)(1 - H_n(A))}, H_n(A) + \frac{1}{\sqrt{n}} z_{\frac{\alpha}{2}} \sqrt{H_n(A)(1 - H_n(A))}\right].$$

(15.35)

Mit den so bestimmten p_u, p_o gilt also

$$P\{p_u \leq p \leq p_o\} \approx 1 - \alpha. \tag{15.36}$$

Beispiele:
1) In Abschnitt 14.2.2 wurde erwähnt, dass BUFFON beim 4040 maligen Werfen einer Münze die relative Häufigkeit $H_{4040}(A) = 0{,}5080$ erhielt. Wir wollen daraus ein approximatives 90 %-Konfidenzintervall für $p(A)$ bestimmen. Mit $H_{4040}(A) = 0{,}5080$, $n = 4040$, $z_{0,05} = 1{,}64$ findet man aus (15.35) $p_u = 0{,}4951$, $p_o = 0{,}5209$, so dass entsprechend (15.36)

$$P\{0{,}4951 \leq p(A) \leq 0{,}5209\} \approx 0{,}90$$

ist. Der erwartete Wert $p(A) = \frac{1}{2}$ liegt zwar im Innern des (approximativen) Konfidenzintervalls, aber es ist sicher nicht unbedingt naheliegend, hieraus auf $p(A) = 0{,}5$ zu schließen. Das kann mehrere Gründe haben, z.B.: n zu klein, die benutzte Approximation durch den zentralen Grenzwertsatz ist zu ungenau, die geworfene Münze war nicht vollkommen symmetrisch.

2) Wir kommen nochmal auf das oben benutzte Beispiel der 30 Zahlen aus einer Tabelle $N(0,1)$-verteilter Zufallszahlen zurück. Von den 30 Zahlen sind 20 betragsmäßig ≤ 1. A sei das Ereignis $\{|X| \leq 1\}$, wobei X eine $N(0,1)$-verteilte Zufallsgröße ist. Wir wollen aus der Stichprobe ein approximatives 90 %-Konfidenzintervall für $p = p(A)$ bestimmen. Aus (15.35) erhält man mit $H_{30} = \frac{20}{30} = \frac{2}{3}$, $n = 30$, $z_{0,05} = 1{,}64$ die Grenzen $p_u = 0{,}52$ und $p_o = 0{,}81$, so dass aus (15.36) folgt

$$P\{0{,}52 \leq p \leq 0{,}81\} \approx 0{,}90.$$

Der wahre Wert für p ist $\Phi(1) - \Phi(-1) = 2\Phi(1) - 1 = 0{,}68$. Er liegt hier in einem relativ großen Konfidenzintervall.
Kleinere $100(1 - \alpha)$ %-Konfidenzintervalle erhält man natürlich für größere Stichprobenumfänge n, wie man aus (15.35) unmittelbar abliest: Es gilt wegen $H_n(A)(1 - H_n(A)) \leq \frac{1}{4}$

$$0 < p_o - p_u = \frac{1}{\sqrt{n}} 2 z_{\frac{\alpha}{2}} \sqrt{H_n(A)(1 - H_n(A))} \leq \frac{1}{\sqrt{n}} z_{\frac{\alpha}{2}}.$$

15.4 Statistische Tests

15.4.1 Grundbegriffe

Statistische Tests dienen der Prüfung statistischer Hypothesen mit Hilfe von Stichprobenmaterial. Unter einer **statistischen Hypothese** versteht man eine Annahme oder Mutmaßung über die Verteilung einer Zufallsgröße. Ist die Verteilungsfunktion der Form nach bekannt, z.B. $N(\mu, \sigma)$, und trifft man eine Annahme H_0 über einen Parameter Q dieser Verteilungsfunktion (z.B. für $Q = \mu$ die Annahme $H_0 : \mu = 2$), so nennt man H_0 eine **Parameterhypothese**. Die zugehörigen Tests heißen **Parametertests**. Bei einem vollständigen Testproblem gehört zu H_0 eine Gegen- oder Alternativhypothese H_1. Es wird dann "H_0 gegen H_1" getestet. Abhängig von der Art der Parameterhypothesen H_0, H_1 unterscheidet man **zweiseitige** Tests (z.B. $H_0 : Q = Q_0$, $H_1 : Q \neq Q_0$) und **einseitige** Tests (z.B. $H_0 : Q = Q_0$, $H_1 : Q < Q_0$). Ist H_1 die zu H_0 komplementäre Hypothese (z.B. $H_0 : Q = 2$, $H_1 : Q \neq 2$), so wird H_1 oft nicht angegeben. Man prüft dann nur eine Hypothese H_0. Solche Parametertests nennt man auch **Signifikanztests**. Darauf werden wir uns im Wesentlichen beschränken. Ist die Verteilungsfunktion auch der Form nach unbekannt, so kann eine Hypothese H_0 darin bestehen, die genaue Gestalt der Verteilungsfunktion festzulegen. Solche Hypothesen heißen **nichtparametrisch**. Die entsprechenden statistischen Tests nennt man verteilungsfreie, nichtparametrische oder **Anpassungstests**. Wie im Abschnitt 15.1.1 beschrieben, kann man sich durch Auswertung von Stichproben eine empirische Verteilungsfunktion und damit einen ersten Eindruck von der tatsächlichen Verteilungsfunktion verschaffen. Dies kann dann Hinweise zur Formulierung genauerer nichtparametrischer Hypothesen geben.

15.4.2 Parametertests

Im Folgenden sollen durch geeignete Testfunktionen auf der Basis von Stichproben bestimmte Testgrößen genutzt werden, um Hypothesen über Parameter wie z.B. den Mittelwert oder die Varianz zu testen. Dabei kann es durchaus sein, dass man aus der Erfahrung auch bestimmte Parameter kennt und mit diesem Wissen andere Parameter testet.

Beispiel: Ein Merkmal X der Elemente einer Grundgesamtheit sei $N(\mu,1)$-verteilt. Die Varianz von X sei also bekannt. Wir stellen die Hypothese $H_0 : \mu = 0$ auf. Kann man mit Hilfe einer Stichprobe aus X entscheiden, ob man H_0 annehmen kann oder ablehnen muss? Ablehnung würde implizieren, dass die Alternativhypothese $H_1 : \mu \neq 0$ anzunehmen ist.

Da sich H_0 auf den Erwartungswert bezieht, ist zunächst naheliegend, zur Verifikation von H_0 die Stichprobenfunktion $\bar{X}$, d.h. den Stichprobenmittelwert, zu benutzen (vgl. Satz 15.1). Eine im Rahmen eines Parametertests benutzte zufällige Stichprobenfunktion heißt in diesem Zusammenhang **Testfunktion**. Eine Realisierung der Testfunktion heißt **Testgröße**.

a) Wir entnehmen aus X eine Stichprobe. Sei $n = 30$ der Stichprobenumfang und

$\bar{x} = 0{,}04$ der beobachtete konkrete Stichprobenmittelwert. Können wir aus dem Vergleich zwischen $\mu = 0$ (H_0) und $\bar{x} = 0{,}04$ über die Annahme oder Ablehnung von H_0 entscheiden? Wir bestimmen dazu die Wahrscheinlichkeit dafür, dass sich der Stichprobenmittelwert $\bar{X}$ von 0 (dem Wert von μ entsprechend H_0) um nicht weniger als 0,04 unterscheidet: $P\{|\bar{X}| \geq 0{,}04\}$. Dazu setzen wir voraus, dass H_0 richtig ist. Dann ist $\bar{X}$ nach Satz 15.3 vom Typ $N(0, \frac{1}{\sqrt{30}})$ und deshalb $\sqrt{30}\bar{X}$ $N(0,1)$-verteilt. Es gilt

$$
\begin{aligned}
P\{|\bar{X}| \geq 0{,}04\} &= P\{|\bar{X}\sqrt{30}| \geq 0{,}04\sqrt{30}\} \\
&= P\{-\infty < \bar{X}\sqrt{30} \leq -0{,}219\} + P\{0{,}219 \leq \bar{X}\sqrt{30} < \infty\} \\
&= \Phi(-0{,}219) + 1 - \Phi(0{,}219) = 2(1 - \Phi(0{,}219)) = 0{,}826 \ .
\end{aligned}
$$

Die Wahrscheinlichkeit ist mit 0,826 relativ hoch. Es ist also sehr wahrscheinlich, dass bei der Gültigkeit von $H_0 : \mu = 0$ ein Stichprobenmittelwert (bei $n = 30$) festgestellt wird, der sich von $\mu = 0$ betragsmäßig um 0,04 (oder mehr) unterscheidet. Das Ergebnis spricht intuitiv sicher nicht gegen die Hypothese H_0.

b) Anders steht die Sache, wenn man aus einer Stichprobe ($n = 30$, X $N(\mu,1)$-verteilt) $\bar{x} = 0{,}38$ findet. Dann erhält man entsprechend a)

$$
\begin{aligned}
P\{|\bar{X}| \geq 0{,}38\} &= P\{|\bar{X}\sqrt{30}| \geq 2{,}081\} \\
&= 2(1 - \Phi(2{,}081)) = 2 \cdot 0{,}019 = 0{,}038 \ .
\end{aligned}
$$

Wenn H_0 gilt, ist die Wahrscheinlichkeit dafür, dass sich der Stichprobenmittelwert von $\mu = 0$ betragsmäßig um 0,38 oder mehr unterscheidet, relativ klein, das Ergebnis $\bar{x} = 0{,}38$ ist also ziemlich unwahrscheinlich. Intuitiv ist dies ein Hinweis darauf, dass für die Gesamtheit, aus der diese Stichprobe stammt, die Hypothese $H_0 : \mu = 0$ wohl kaum zutrifft.

Das Ergebnis spricht dafür, $H_0 : \mu = 0$ im Fall a) anzunehmen und im Fall b) abzulehnen. Die Frage, ob H_0 im Fall a) richtig ist, kann man genausowenig streng beantworten wie die, ob H_0 im Fall b) falsch ist. Das Ereignis $\{|\bar{X}| \geq 0{,}04\}$ (Fall a)) hat i. Allg. auch dann noch eine positive Wahrscheinlichkeit, wenn H_0 nicht gilt (sondern z.B. $\mu = 0{,}1$ ist): $\bar{x} = 0{,}04$ ist auch möglich, wenn H_0 falsch ist. Und das Ereignis $\{|\bar{X}| \geq 0{,}38\}$ (Fall b)), kann auch bei Gültigkeit von H_0 eintreten, wenn auch relativ selten (eben mit Wahrscheinlichkeit 0,038).

Um eine Entscheidung über Annahme oder Ablehnung der Hypothese H_0 treffen zu können, wird eine **kritische Wahrscheinlichkeit** oder **Irrtumswahrscheinlichkeit** α vorgegeben. α nennt man auch **Signifikanzniveau**. $1 - \alpha$ heißt **Sicherheitswahrscheinlichkeit**. α ist in der Regel klein, üblich sind die Werte $\alpha = 0{,}001$, $\alpha = 0{,}01$, $\alpha = 0{,}05$ oder $\alpha = 0{,}1$.

Ein Parametertest kann allgemein folgendermaßen beschrieben werden: Zu prüfen ist eine Hypothese $H_0 : Q = Q_0$ über den unbekannten Parameter Q der Verteilungsfunktion einer Gesamtheit X. Die Form der Verteilungsfunktion sei bekannt. Aus einer konkreten Stichprobe $(x_1, x_2, \ldots, x_n)$ aus X wird der Wert t einer geeigneten Stichprobenfunktion $T = g(X_1, X_2, \ldots, X_n)$, d.h. eine Testgröße $t = g(x_1, x_2, \ldots, x_n)$ berechnet. Unter der Voraussetzung der Gültigkeit von H_0

wird zu dem vorgegebenen Signifikanzniveau α eine Zahl t_0 bestimmt, so dass

$$P\{|T| \geq t_0\} \leq \alpha \tag{15.37}$$

ist. In der Regel wird das kleinste t_0 gewählt, das (15.37) zu vorgegebenem α erfüllt. Dieses t_0 kann man bei stetigen Zufallsgrößen T aus der Bedingung

$$P\{|T| \geq t_0\} = \alpha \tag{15.38}$$

ermitteln. Die Menge $W_1 = \{t \mid |t| \geq t_0\}$ heißt **kritischer Bereich**. Gilt für die aus der Stichprobe berechnete Testgröße t die Ungleichung $|t| \geq t_0$, so wird H_0 mit der Irrtumswahrscheinlichkeit α abgelehnt. Bei $|t| < t_0$ wird man H_0 (bei Signifikanzniveau α) nicht ablehnen. Man nennt den kritischen Bereich $W_1 = \{t \mid |t| \geq t_0\}$ auch **Ablehnungsbereich** und $W_0 = \{t \mid |t| < t_0\}$ **Annahmebereich** (besser wäre: Nichtablehnungsbereich) für H_0. Die Ablehnung einer Hypothese H_0 basiert praktisch auf der Näherung, dass man ein Ereignis (hier $\{|T| \geq t_0\}$), das bei Gültigkeit von H_0 nur mit einer kleinen Wahrscheinlichkeit α eintritt, als unmögliches Ereignis ansieht. Die angegebene Festlegung des Ablehnungsbereichs W_1 bezieht sich auf einen zweiseitigen Test. Bei einem einseitigen Test bestimmt man t_0' bzw. t_0'' so, dass $P\{T \geq t_0'\} = \alpha$ bzw. $P\{T \leq t_0''\} = \alpha$ ist und hat dann Ablehnungsbereiche der Form $W_1' = \{t \mid t \geq t_0'\}$ bzw. $W_1'' = \{t \mid t \leq t_0''\}$.

Im obigen Beispiel einer $N(\mu,1)$-verteilten Größe X kann $T = \frac{\bar{X}-\mu}{\sigma}\sqrt{n}$ als Testfunktion genutzt werden. T ist dimensionslos und daher unabhängig von der Maßeinheit, in der die Zufallsgröße X gemessen wird. Bei Gültigkeit von $H_0 : \mu = 0$ und wegen $\sigma = 1$ wird daraus $T = \bar{X}\sqrt{n}$. Gesucht ist also ein t_0 mit $P\{|\bar{X}\sqrt{n}| \geq t_0\} = \alpha$ (vgl. (14.38)). Da $\bar{X}\sqrt{n}$ $N(0,1)$-verteilt ist, kann man t_0 aus $P\{|\bar{X}\sqrt{n}| \geq t_0\} = 2[1-\Phi(t_0)] = \alpha$ ermitteln, woraus $\Phi(t_0) = 1 - \frac{\alpha}{2}$ folgt. t_0 erhält man somit aus $t_0 = z_{\frac{\alpha}{2}}$, wobei $z_{\frac{\alpha}{2}}$ das $(1 - \frac{\alpha}{2})$-Quantil der $N(0,1)$-Verteilung ist (vgl. (14.14)). Für $\alpha = 0,01$ und $\alpha = 0,05$ erhält man so folgende t_0-Werte und Ablehnungsbereiche W_1

α	t_0	W_1
0,01	2,58	$\{t \mid |t| \geq 2,58\}$
0,05	1,96	$\{t \mid |t| \geq 1,96\}$

Damit ist $H_0 : \quad \mu = 0$ im Fall b) ($\bar{x} = 0,38$) mit Irrtumswahrscheinlichkeit $\alpha = 0,05$ abzulehnen (wegen $|t| = |\bar{x}|\sqrt{30} = 2,081 > t_0 = 1,96$) und mit Irrtumswahrscheinlichkeit $\alpha = 0,01$ nicht abzulehnen (wegen $|t| = |\bar{x}|\sqrt{30} = 2,081 < t_0 = 2,58$). Entsprechend gilt $0,01 < P\{|\bar{X}| \geq 0,38\} = 0,038 < 0,05$. Im Fall a) ($\bar{x} = 0,04$) kann H_0 bei $\alpha = 0,05$ nicht abgelehnt werden ($|t| = |\bar{x}|\sqrt{30} = 0,219 < t_0 = 1,96$, Abb. 15.9), erst recht nicht bei $\alpha = 0,01$. Das Beobachtungsergebnis $\bar{x} = 0,04$ widerspricht H_0 nicht.

Da die Entscheidung über Annahme oder Ablehnung von H_0 mittels Stichproben getroffen wird, sind Fehlentscheidungen nicht auszuschließen. Ideal wäre ein Test, der dazu führt, eine Hypothese H_0 genau dann abzulehnen, wenn sie falsch ist. Das ist mit Hilfe statistischer Tests (Stichproben) nicht erreichbar. Man

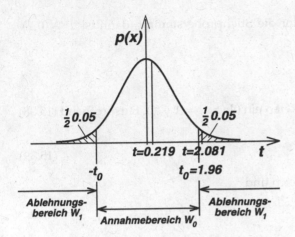

Abb. 15.9. Zum Test der Hypothese $H_0 : \mu = 0$ für das Beispiel $N(\mu,1)$ bei $\alpha = 0{,}05$, $n = 30$ (Skizze qualitativ)

unterscheidet Fehler 1. und 2. Art.

Fehler 1. Art: Die Hypothese H_0 wird abgelehnt, obwohl sie richtig ist. Die Testgröße t liegt dann im kritischen Gebiet, was ja auch bei Gültigkeit der Hypothese H_0 durchaus möglich ist. Die Wahrscheinlichkeit für einen Fehler 1. Art ist gleich der Irrtumswahrscheinlichkeit α.

Fehler 2. Art: Die Hypothese H_0 wird angenommen, obwohl sie falsch ist. Die Testgröße t liegt in diesem Fall nicht im kritischen Bereich, obwohl H_0 falsch ist.

Zusammenstellung der möglichen Entscheidungen und Fehler:

	Annahme von H_0	Ablehnung von H_0
H_0 ist richtig	richtige Entscheidung	Fehler 1. Art ("falscher Alarm")
H_0 ist falsch	Fehler 2. Art ("versäumter Alarm")	richtige Entscheidung

15.4.3 Beispiele für Parametertests

Test des Erwartungswerts bei bekannter Varianz

Dieser Test hat uns schon im vorangegangenen Abschnitt beschäftigt. Es sei X $N(\mu, \sigma)$-verteilt. Wir fassen das Verfahren nochmal zusammen. σ sei bekannt. Zu prüfen ist (zweiseitiger Test)

$$H_0 : \mu = \mu_0 \qquad \text{gegen} \qquad H_1 : \mu \neq \mu_0 .$$

Als Testfunktion wird dieselbe Stichprobenfunktion benutzt, die uns schon auf das Konfidenzintervall für μ bei bekanntem σ führte, nämlich $T = \frac{\bar{X} - \mu_0}{\sigma}\sqrt{n}$. Wenn H_0 richtig ist, d.h. wenn μ_0 wirklich der Erwartungswert der (normalverteilten) Zufallsgröße X ist, aus der die Stichprobe stammt, dann ist T $N(0,1)$-verteilt. Das Ereignis

$$|T| = |\frac{\bar{X} - \mu_0}{\sigma} \sqrt{n}| \geq z_{\frac{\alpha}{2}}$$

tritt dann nur mit Wahrscheinlichkeit α ein ($\Phi(z_{\frac{\alpha}{2}}) = 1 - \frac{\alpha}{2}$). Entsprechend (15.38) ist

$$W_1 =] - \infty, -z_{\frac{\alpha}{2}}] \cup [z_{\frac{\alpha}{2}}, \infty[\tag{15.39}$$

der kritische oder Ablehnungsbereich und

$$W_0 =] - z_{\frac{\alpha}{2}}, z_{\frac{\alpha}{2}}[$$

der Annahmebereich. Wir nehmen eine Stichprobe vom Umfang n aus X, berechnen den Stichprobenmittelwert $\bar{x}$ und bestimmen $t = \frac{\bar{x} - \mu_0}{\sigma} \sqrt{n}$.
Testergebnis: Ist $t \in W_1$, wird H_0 mit Irrtumswahrscheinlichkeit (Signifikanzniveau) α abgelehnt. Ist $t \in W_0$, wird H_0 angenommen oder nicht abgelehnt. Bei $t \in W_1$ ist $|\bar{x} - \mu_0| \geq \frac{\sigma}{\sqrt{n}} z_{\frac{\alpha}{2}}$. Man nimmt dann an, dass sich derart große Differenzen zwischen $\bar{x}$ und μ_0 nicht mehr durch die zufällige Auswahl der Stichprobe erklären lassen. Die Stichprobe mit dem Mittelwert $\bar{x}$ kann dann nicht aus einer Gesamtheit X mit $E(X) = \mu_0$ stammen: H_0 ist abzulehnen, H_1 ist anzunehmen.

Beispiel: Ein landwirtschaftlicher Betrieb liefert Kartoffeln und behauptet, seine Kartoffeln wögen durchschnittlich $150\,g$. Das Gewicht bzw. die Masse ist erfahrungsgemäß $N(\mu, \sigma)$-verteilt mit $\sigma = 35\,g$. Aus einer Stichprobe von 50 Exemplaren bestimmt der Empfänger einen Mittelwert $\bar{x} = 135\,g$. Kann trotzdem davon ausgegangen werden, dass $\mu = 150\,g$ ist? Für die Entscheidung wird die Irrtumswahrscheinlichkeit $\alpha = 0,05$ gewählt ($z_{\frac{\alpha}{2}} = 1,96$). Zu testen ist

$$H_0 : \mu = \mu_0 = 150\,g \quad \text{gegen} \quad H_1 : \mu \neq 150\,g$$

und es ergibt sich für die Testgröße $t = \frac{\bar{x} - \mu_0}{\sigma} \sqrt{n} = \frac{135 - 150}{35} \sqrt{50} = -3,03$, d.h. $t \in W_1$ (vgl. (15.39)). H_0 ist abzulehnen, H_1 ist anzunehmen. In diesem Fall ist es sinnvoller, anstatt dieses zweiseitigen Tests einen einseitigen durchzuführen. Dabei wird H_0 abgelehnt, wenn $\bar{x}$ signifikant kleiner als μ_0 ist. Beliebige Werte $\bar{x} > \mu_0$ führen nicht zur Ablehnung von H_0. Der Ablehnungsbereich W_1 für H_0 ist nun nicht $\{t \mid |t| \geq z_{\frac{\alpha}{2}}\}$ wie beim zweiseitigen Test (vgl. (15.38)), sondern $\{t \mid t \leq -z_\alpha\}$ (Abb. 15.10)

$$H_0 : \mu = \mu_0 = 150\,g , \qquad H_1 : \mu < 150\,g , \qquad t = -3,03 < -z_{0,05} = -1,64 .$$

Also ist H_0 zugunsten von H_1 abzulehnen. Die Stichprobe weist darauf hin, dass die Kartoffeln im Schnitt zu klein (leicht) sind. Die Wahrscheinlichkeit, dass man die Hypothese H_0 ablehnt, obwohl sie richtig ist, beträgt sowohl beim zweiseitigen als auch bei einseitigen Test $100 \cdot \alpha\,\% = 5\,\%$ (Fehler 1. Art). Würde man

$$H_0 : \mu = \mu_0 = 150\,g \qquad \text{gegen} \qquad H_1 : \mu > 150\,g$$

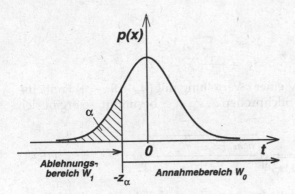

Abb. 15.10. Zum einseitigen Test $H_0 : \mu = \mu_0$ gegen $H_1 : \mu < \mu_0$

testen, so würde H_0 zugunsten von H_1 abzulehnen sein, wenn die Testgröße t die Ungleichung $t > z_\alpha$ erfüllt; $\bar{x}$ müsste signifikant größer als μ_0 sein. Im vorliegenden Fall ist $t = -3{,}03 < z_\alpha = 1{,}64$, also kann man H_0 nicht gegen H_1 ablehnen.

Test des Erwartungswerts bei unbekannter Varianz

Sei X $N(\mu, \sigma)$-verteilt. Zu testen ist

$$H_0 : \mu = \mu_0 \qquad \text{gegen} \qquad H_1 : \mu \neq \mu_0 \, .$$

Das Signifikanzniveau α sei vorgegeben. Als Testfunktion T dient die Stichprobenfunktion $T = \frac{\bar{X} - \mu_0}{S} \sqrt{n}$, die wir schon bei der Bestimmung des Konfidenzintervalls für μ bei unbekannter Varianz verwendet haben. S^2 ist die erwartungstreue Schätzfunktion für σ^2 entsprechend Satz 15.4. Wenn H_0 gilt, dann ist T t-(STUDENT-)verteilt mit $(n-1)$ Freiheitsgraden (s. Abb. 15.7). $t = \frac{\bar{x} - \mu_0}{s} \sqrt{n}$ sei die Testgröße, die sich aus der konkreten Stichprobe ergibt. Für den Annahmebereich W_0 und den Ablehnungsbereich W_1 gilt (zur Definition der t-Quantile vgl. (15.21))

$$W_0 = \,] - t_{n-1;\frac{\alpha}{2}}, t_{n-1;\frac{\alpha}{2}} [\, , \quad W_1 = \,] - \infty, -t_{n-1;\frac{\alpha}{2}}] \cup [t_{n-1;\frac{\alpha}{2}}, \infty [\, .$$

H_0 wird mit Irrtumswahrscheinlichkeit α abgelehnt, wenn $t \in W_1$, d.h. $|t| \geq t_{n-1;\frac{\alpha}{2}}$, ist.

Vergleich zweier Mittelwerte (t-Test)

Seien X, Y zwei voneinander unabhängige, normalverteilte Zufallsgrößen. X sei $N(\mu_X, \sigma)$-, Y sei $N(\mu_Y, \sigma)$-verteilt. Die Varianzen sollen also übereinstimmen, σ muss aber nicht bekannt sein. Zu testen ist

$$H_0 : \mu_X = \mu_Y \qquad \text{gegen} \qquad H_1 : \mu_X \neq \mu_Y \, .$$

Zu jeder Gesamtheit X und Y wird eine zufällige Stichprobe $(X_1, X_2, \ldots, X_{n_x})$ bzw. $(Y_1, Y_2, \ldots, Y_{n_y})$ betrachtet. Die Stichprobenumfänge n_x, n_y können unterschiedlich sein. Es wird die Testfunktion

$$T_{XY} = \frac{\bar{X} - \bar{Y}}{\sqrt{(n_x - 1)S_X^2 + (n_y - 1)S_Y^2}} \sqrt{\frac{n_x n_y (n_x + n_y - 2)}{n_x + n_y}} \tag{15.40}$$

benutzt, wobei

$$\bar{X} = \tfrac{1}{n_x} \sum_{k=1}^{n_x} X_k \, , \qquad\qquad \bar{Y} = \tfrac{1}{n_y} \sum_{k=1}^{n_y} Y_k \, ,$$

$$S_X^2 = \tfrac{1}{n_x-1} \sum_{k=1}^{n_x} (X_k - \bar{X})^2 \, , \qquad S_Y^2 = \tfrac{1}{n_y-1} \sum_{k=1}^{n_y} (Y_k - \bar{Y})^2$$

ist. Falls H_0 richtig ist, genügt T_{XY} einer t-Verteilung mit $(n_x + n_y - 2)$ Freiheitsgraden. Hat man aus 2 konkreten Stichproben $\bar{x}, s_x^2, \bar{y}, s_y^2$ bestimmt, so ergibt sich aus (15.40) die Testgröße

$$t_{xy} = \frac{\bar{x} - \bar{y}}{\sqrt{(n_x - 1)s_x^2 + (n_y - 1)s_y^2}} \sqrt{\frac{n_x n_y (n_x + n_y - 2)}{n_x + n_y}} \, . \qquad (15.41)$$

Bei dem zweiseitigen Test ist H_0 mit Irrtumswahrscheinlichkeit α abzulehnen, wenn für diese Testgröße

$$t \in]-\infty, -t_{n_x+n_y-2;\frac{\alpha}{2}}] \cup [t_{n_x+n_y-2;\frac{\alpha}{2}}, \infty[$$

gilt. Beim einseitigen Test

$$H_0 : \ \mu_X = \mu_Y \qquad \text{gegen} \qquad H_1 : \ \mu_X < \mu_Y$$

ist der Ablehnungsbereich W_1 durch $W_1 =]-\infty, -t_{n_x+n_y-2;\alpha}]$ gegeben. Beim einseitigen Test

$$H_0 : \ \mu_X = \mu_Y \qquad \text{gegen} \qquad H_1 : \ \mu_X > \mu_Y$$

ist $W_1 = [t_{n_x+n_y-2;\alpha}, \infty[$ der Bereich für die Testgröße t_{xy} (15.41), in dem H_0 mit Irrtumswahrscheinlichkeit α zugunsten von H_1 abgelehnt wird.

Beispiel: Eine Autofirma behauptet, ihr Modell M_x hat pro $100\,km$ Flachstrecke denselben durchschnittlichen Benzinverbrauch wie das Modell M_y. Aus der Erfahrung sei bekannt, dass der Verbrauch X des Modells M_x und der Verbrauch Y des Modells M_y normalverteilte Zufallsgrößen $N(\mu_X, \sigma_X)$, $N(\mu_Y, \sigma_Y)$ sind und dass die Streuungen σ_X und σ_Y übereinstimmen. Kann man gegen diese Behauptung anhand unten genannter Stichprobenergebnisse der Firma etwas einwenden, wenn die Irrtumswahrscheinlichkeit $\alpha = 0{,}05$ zugrunde gelegt wird? Zu prüfen ist

$$H_0 : \ \mu_X = \mu_Y \qquad \text{gegen} \qquad H_1 : \ \mu_X \neq \mu_Y \, .$$

Um eine Aussage zu treffen, wurden 10 Autos M_x und 15 Autos M_y bei Probefahrten bezüglich des Kraftstoffverbrauchs untersucht. Ergebnis der Stichproben:

Modell M_x: $n_x = 10$, $\bar{x} = 9{,}1\,l/100\,km$, $s_x = 0{,}8\,l/100\,km$;

Modell M_y: $n_y = 15$, $\bar{y} = 8{,}9\,l/100\,km$, $s_y = 0{,}9\,l/100\,km$.

Aus (15.41) folgt

$$t_{xy} = \frac{9{,}1 - 8{,}9}{\sqrt{9 \cdot (0{,}8)^2 + 14 \cdot (0{,}9)^2}} \sqrt{\frac{10 \cdot 15 \cdot 23}{25}} = 0{,}568 \, , \quad t_{n_x+n_y-2;\frac{\alpha}{2}} = t_{23;\frac{\alpha}{2}} = 2{,}069 \, .$$

Als Ablehnungsbereich ergibt sich damit $W_1 =]-\infty, -2{,}069] \cup [2{,}069, \infty[$. Es ist $t_{xy} \notin W_1$, also spricht das Stichprobenmaterial nicht gegen die Hypothese $\mu_X = \mu_Y$. Der Unterschied zwischen $\bar{x}$ und $\bar{y}$ ist nicht signifikant.

15.4.4 χ^2-Anpassungstest

Die bisher betrachteten Tests liefern Aussagen über Parameter bei der Form nach bekannten Verteilungsfunktionen. Oft ist die Form der Verteilungsfunktion $F(x)$ aber nicht von vornherein bekannt. Anpassungstests geben die Möglichkeit, anhand von Stichprobenmaterial zu prüfen, ob eine vermutete Funktion $F_0(x)$ (mit einer vorgegebenen Irrtumswahrscheinlichkeit α) als Verteilungsfunktion für eine bestimmte Grundgesamtheit X in Frage kommt. Der χ^2-Anpassungstest ist nicht der einzige, wohl aber der bekannteste Test dieser Art.

X sei eine Zufallsgröße mit der unbekannten Verteilungsfunktion $F(x)$. Es bestehe die Vermutung, dass eine ganz bestimmte Funktion $F_0(x)$ diese Verteilungsfunktion sein könnte. Eine solche Vermutung kann z.B. durch einfache Stichprobenauswertungen, durch Erfahrung oder auch durch die Möglichkeit theoretischer Vereinfachungen motiviert sein. Wir beschränken uns hier auf den Fall, wo $F_0(x)$ vollständig festgelegt ist. In einer modifizierten (hier nicht behandelten) Form des χ^2-Anpassungstests kann $F_0(x)$ noch freie Parameter enthalten. Der χ^2-Anpassungstest prüft mit vorgegebener Irrtumswahrscheinlichkeit α

$$H_0 : F(x) = F_0(x) \quad \text{gegen} \quad H_1 : F(x) \neq F_0(x) \,. \tag{15.42}$$

Um eine Entscheidung über Annahme oder Ablehnung von H_0 zu treffen, geht man folgendermaßen vor:

1) Man bildet eine mathematische Stichprobe $(X_1, X_2, \ldots, X_n)$ aus X und verschafft sich eine Realisierung $(x_1, x_2, \ldots, x_n)$. Man legt eine Irrtumswahrscheinlichkeit α fest.

2) Man teilt den Wertebereich W_X von X in m disjunkte Klassen (Mengen) $\Delta_1, \Delta_2, \ldots, \Delta_m$:

$$W_X = \Delta_1 \cup \Delta_2 \cup \cdots \cup \Delta_m, \ \Delta_i \cap \Delta_j = \emptyset \ (i \neq j)$$

Die Ereignisse $(X \in \Delta_1), (X \in \Delta_2), \ldots, (X \in \Delta_m)$ bilden ein vollständiges System paarweise unvereinbarer Ereignisse (Def. 14.6). Für stetiges X mit $W_X =] - \infty, \infty[$ wird man die Mengen Δ_i als Intervalle wählen:

$$\Delta_1 =] - \infty, a_1[, \ \Delta_2 = [a_1, a_2[, \ldots, \Delta_{m-1} = [a_{m-2}, a_{m-1}[, \ \Delta_m = [a_{m-1}, \infty[\,.$$

Für diskretes X mit den möglichen Werten $\tilde{x}_1, \tilde{x}_2, \ldots, \tilde{x}_r, \ldots$ kann man bei endlich vielen möglichen Werten die Klassen z.B. so wählen, dass jeder mögliche Wert eine Klasse bildet; man kann auch mehrere der $\tilde{x}_j$ in einer Klasse zusammen fassen. Das wird man insbesondere dann tun müssen, wenn die diskrete Zufallsgröße X abzählbar unendlich viele Werte $\tilde{x}_j$ annehmen kann.

3) Es sei $p_i = P\{X \in \Delta_i\}, (i = 1, 2, \ldots, m)$. Ist H_0 richtig und sind die Klassen Δ_i halboffene Intervalle im $\mathbb{R}^1$, dann gilt

$$p_i = F_0(a_i) - F_0(a_{i-1}) \qquad (i = 1, 2 \ldots, m)$$

(mit $a_0 = -\infty$, $a_m = \infty$). Im Fall einer diskreten Zufallsgröße X kann man die Hypothese H_0 in (15.42) auch so formulieren, dass sie eine Hypothese über die

Wahrscheinlichkeitsfunktion bedeutet:

$$H_0 : \quad P\{X = \tilde{x}_j\} = P_0\{X = \tilde{x}_j\} \qquad (j = 1,2\dots) \ .$$

Dann ist bei Gültigkeit von H_0

$$p_i = P\{X \in \Delta_i\} = \sum_{j,\, \tilde{x}_j \in \Delta_i} P_0\{X = \tilde{x}_j\} \qquad (i = 1,\dots,m) \ .$$

Ist $F_0(x)$ stetig differenzierbar und ist $F_0'(x) = f_0(x)$, so gilt

$$p_i = \int_{a_{i-1}}^{a_i} f_0(\xi)\, d\xi \qquad (i = 1,2\dots,m)$$

(s. Abb. 15.11). Für die Klasseneinteilung, die natürlich weitgehend willkürlich

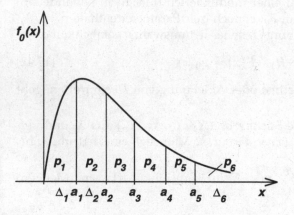

Abb. 15.11. Wahrscheinlichkeiten $p_i = P\{X \in \Delta_i\}$ bei Gültigkeit von H_0

ist, wird in der Literatur die Einhaltung der Bedingungen $n\, p_i \geq 5$ empfohlen, in den Randklassen Δ_1, Δ_m sind kleinere Werte $n\, p_1$ bzw. $n\, p_m$ möglich.

4) Die Einteilung von W_X in m Klassen Δ_i bewirkt auch eine Einteilung der n Stichprobenwerte $x_1, x_2, \dots, x_n$ in diese Klassen. Sei n_i die zufällige Anzahl der Stichprobenwerte, die in Δ_i fallen; es ist $\sum_{i=1}^{m} n_i = n$. Ist H_0 gültig, so nimmt X mit Wahrscheinlichkeit p_i einen Wert in Δ_i an und mit Wahrscheinlichkeit $1 - p_i$ einen Wert außerhalb von Δ_i. n unabhängige Versuche (Stichprobenumfang) werden gemacht. n_i ist daher bei Gültigkeit von H_0 binomialverteilt mit den Parametern n und p_i. Für den Erwartungswert von n_i, d.h. die mittlere Anzahl von Stichprobenwerten, die man beim Stichprobenumfang n in Klasse Δ_i findet, erhält man daher np_i (vgl. Beispiel 2) in Abschnitt 14.3.3). Die sich aus der Stichprobe $(x_1, x_2, \dots, x_n)$ ergebenden Zahlen n_i nennt man **empirische**, die aufgrund der Gültigkeit von H_0 bestimmten Zahlen np_i **theoretische** Häufigkeiten.

5) Wenn H_0 gilt, dürfen sich die empirischen (n_i) und die theoretischen Häufigkeiten $(n\, p_i)$ nicht signifikant unterscheiden. Man benutzt zur Entscheidung

die Testgröße

$$t = \sum_{k=1}^{m} \frac{(n_k - np_k)^2}{np_k} . \tag{15.43}$$

Einfache Umformungen führen auf

$$t = n \sum_{k=1}^{m} \frac{1}{p_k} \left(\frac{n_k}{n} - p_k\right)^2 = \sum_{k=1}^{m} \frac{n_k^2}{np_k} - n .$$

t ist ein Maß für die Differenzen von theoretischen und empirischen Häufigkeiten, und man kann wenigstens asymptotisch (n groß) etwas über die Verteilung sagen: Bei hinreichend großem Stichprobenumfang n ist t Realisierung einer angenähert χ^2-verteilten Zufallsgröße T, wobei die Anzahl der Freiheitsgrade $m-1$ ist, also von der Anzahl der Klassen Δ_i abhängt.

6) Entscheidung: H_0 wird mit Irrtumswahrscheinlichkeit α abgelehnt, wenn

$$t \geq \chi^2_{m-1;1-\alpha}$$

ist. Dabei ist, wenn $p_{\chi^2;n}(x)$ die Dichte der χ^2-Verteilung mit n Freiheitsgraden bedeutet,

$$\int_{\chi^2_{m-1;1-\alpha}}^{\infty} p_{\chi^2;m-1}(\xi) \, d\xi = \alpha$$

(vgl. Abb 15.8). Die Quantile $\chi^2_{m-1;1-\alpha}$ der χ^2-Verteilung sind tabelliert.

Beispiel: Es soll geprüft werden, ob ein bestimmter Würfel jede der Zahlen $1,2,\ldots,6$ mit der gleichen Wahrscheinlichkeit zeigt, wenn man ihn in der üblichen Weise (d.h. "zufällig") wirft. Es geht hier um eine diskrete Zufallsgröße X mit den möglichen Werten $\tilde{x}_i = i$ ($i = 1,2\ldots,6$). Wir formulieren H_0 mit Hilfe der Wahrscheinlichkeitsfunktion

$$H_0 : P(X = j) = P_0(X = j) = \frac{1}{6} \quad (j = 1,2,\ldots,6).$$

Es soll mit Irrtumswahrscheinlichkeit $\alpha = 0,05$ entschieden werden, ob H_0 abzulehnen ist oder angenommen werden kann. Für die Stichprobe wird der Würfel 200 mal geworfen. Wir wählen die Klassen Δ_i so, dass jede Klasse genau einen der möglichen Werte enthält. Gilt H_0, so ist die Wahrscheinlichkeit p_i dafür, dass X einen Wert in einer solchen Klasse Δ_i annimmt, für alle 6 Klassen gleich, nämlich $\frac{1}{6}$. Die theoretischen Häufigkeiten np_i sind daher auch für alle Klassen gleich: $np_i = \frac{200}{6}$. Die empirischen Häufigkeiten n_i ergeben sich aus der Stichprobe (s. Tabelle). Für den betrachteten Fall ist

$$t = \sum_{k=1}^{6} \frac{(n_k - \frac{200}{6})^2}{\frac{200}{6}} = \frac{6}{200} \frac{1}{36} \sum_{k=1}^{6} (6n_k - 200)^2 = \frac{1}{1200} \sum_{k=1}^{6} (6n_k - 200)^2 .$$

Berechnung von t:

$\tilde{x}_i$	Δ_i	n_i	np_i	$(6n_i - 200)^2$
1	Δ_1	33	33,33	4
2	Δ_2	30	33,33	400
3	Δ_3	35	33,33	100
4	Δ_4	36	33,33	256
5	Δ_5	29	33,33	676
6	Δ_6	37	33,33	484
		$n = 200$		$\sum = 1920$

Für die Testgröße ergibt sich daraus $t = 1,6$. Wegen $\chi^2_{5;0,95} = 11,07$ ist $t < \chi^2_{5;0,95}$, daher spricht das Stichprobenergebnis nicht gegen H_0. Die Unterschiede zwischen den empirischen und den theoretischen Häufigkeiten sind bei dem Signifikanzniveau $\alpha = 0,05$ nicht signifikant.

15.5 Korrelations- und Regressionsanalyse

15.5.1 Korrelationsanalyse

Gegenstand der Korrelationsanalyse sind Untersuchungen über wechselseitige statistische Zusammenhänge zwischen Zufallsgrößen. Wir beschränken uns auf Zusammenhänge bzw. Abhängigkeiten zwischen zwei Zufallsgrößen X und Y. Zur quantitativen Charakterisierung solcher Abhängigkeiten hat man geeignete Maßzahlen, so genannte Abhängigkeitsmaße, eingeführt. Im Rahmen der Korrelationsanalyse werden auf der Basis von Stichproben Schätzungen für diese Abhängigkeitsmaße bereitgestellt und mit Hilfe geeigneter Tests Hypothesen über diese Zusammenhänge geprüft.

Zusammenhänge zwischen Zufallsgrößen X und Y interessieren insbesondere dann, wenn die Realisierungen von X und Y zwei Merkmale desselben Elements einer Grundgesamtheit sind, z.B. Höhe h und Durchmesser d eines Baumes aus einem Fichtenbestand oder Größe und Körpergewicht eines Schülers der 10. Klasse in einer Stadt. Man kann sich z.B. dafür interessieren, ob ein Baum mit überdurchschnittlich großem Durchmesser "in der Regel" auch überdurchschnittlich hoch ist.

Beispiel: Die Vermessung von 8 zufällig ausgewählten Bäumen eines Flurstücks habe für die Realisierungen (d_i, h_i) ($[d_i] = cm$, $[h_i] = m$) des Zufallsvektors (D, H) folgendes ergeben ($\bar{d} = \frac{1}{8} \sum d_i$, $\bar{h} = \frac{1}{8} \sum h_i$): "In der Regel" sind hier die Schwankungen d_i' und h_i' vom gleichen Vorzeichen. Man wird daher intuitiv einen Zusammenhang zwischen D und H vermuten.

In (14.83), (14.84) haben wir mit der Kovarianz $cov(X, Y)$ und dem Korrelationskoeffizienten $\rho(X, Y) = \frac{cov(X,Y)}{\sigma_X \sigma_Y}$ zwei Größen eingeführt, die als Abhängigkeits-

i	1	2	3	4	5	6	7	8
d_i	35	40	41	39	34	34	38	40
$d_i' = d_i - \bar{d}$	$-2{,}6$	$2{,}4$	$3{,}4$	$1{,}4$	$-3{,}6$	$-3{,}6$	$0{,}4$	$2{,}4$
h_i	27	35	36	26	27	28	29	35
$h_i' = h_i - \bar{h}$	$-3{,}4$	$4{,}6$	$5{,}6$	$-4{,}4$	$-3{,}4$	$-2{,}4$	$-1{,}4$	$4{,}6$

Tabelle 15.2. Vermessungsergebnisse von 8 Bäumen

maße verwendbar sind:

$$\rho(X,Y) = \frac{cov(X,Y)}{\sigma_X \sigma_Y} = \frac{E\{[X - E(X)][Y - E(Y)]\}}{\sqrt{E[(X - E(X))^2]}\sqrt{E[(Y - E(Y))^2]}} \, . \tag{15.44}$$

Darüberhinaus werden in der Literatur das Bestimmtheitsmaß $B(X,Y) = \rho^2(X,Y)$ und das Korrelationsverhältnis η (von Y bezüglich X bzw. von X bezüglich Y) benutzt. Wir beschränken uns hier auf den Korrelationskoeffizienten. Gegenüber $cov(X,Y)$ hat $\rho(X,Y)$ den Vorteil, dass er dimensionslos ist, also unabhängig von den bei X und Y benutzten Maßeinheiten.

Einige Eigenschaften des Korrelationskoeffizienten:

a) Es gilt $-1 \le \rho \le 1$.

b) Wenn keine Abhängigkeit zwischen X, Y besteht (X, Y unabhängig sind), ist $\rho(X,Y) = 0$ (Satz 14.6).

c) Für normalverteilte Zufallsvektoren (X,Y) gilt auch die Umkehrung von b) (Satz 14.11).

d) Ist $\rho^2 = 1$, so gibt es zwei nichtzufällige Zahlen a, b, so dass $P\{Y = aX+b\} = 1$ gilt, und umgekehrt.

e) Es gilt

$$\sigma_X^2(1 - \rho^2) = \min_{a,b} E[(X - a - bY)^2]$$

$$\sigma_Y^2(1 - \rho^2) = \min_{a,b} E[(Y - a - bX)^2] \, .$$

In diesem Sinn ist ρ ein Maß für die Stärke des **linearen** Zusammenhangs zwischen X und Y. Man nennt X, Y

- unkorreliert für $\rho(X,Y) = 0$,

- positiv korreliert für $\rho(X,Y) > 0$,

- negativ korreliert für $\rho(X,Y) < 0$.

Die Zahlen d_i, h_i des obigen Beispiels lassen nach (15.44) $\rho > 0$ erwarten.

Punktschätzung von ρ

Man entnehme der Gesamtheit (X, Y) eine "verbundene" Stichprobe vom Umfang n:

$$[(x_1, y_1), (x_2, y_2), \ldots, (x_n, y_n)] .\tag{15.45}$$

Die Realisierungen x_i, y_i der Zufallsgrößen X, Y sind dabei an demselben Objekt zu nehmen (z.B. sind in Tab. 15.2 d_i, h_i Realisierungen von Durchmesser D und Höhe H desselben Baumes (Baum Nr. i)). Die Schätzung für ρ stützt sich auf folgenden Sachverhalt: Mit den mittels der mathematischen Stichprobe $[(X_1, Y_1), (X_2, Y_2), \ldots, (X_n, Y_n)]$ gebildeten Stichprobenfunktionen

$$S_{XY} = \frac{1}{n-1} \sum_{k=1}^{n} (X_k - \bar{X})(Y_k - \bar{Y})$$

$$S_X^2 = \frac{1}{n-1} \sum_{k=1}^{n} (X_k - \bar{X})^2 , \quad S_Y^2 = \frac{1}{n-1} \sum_{k=1}^{n} (Y_k - \bar{Y})^2$$

$$\bar{X} = \frac{1}{n} \sum_{k=1}^{n} X_k , \quad \bar{Y} = \frac{1}{n} \sum_{k=1}^{n} Y_k .$$

ist der zufällige Stichprobenkorrelationskoeffizient

$$\hat{\rho}(X, Y) = \frac{S_{XY}}{S_X S_Y}\tag{15.46}$$

eine asymptotisch erwartungstreue Schätzfunktion für $\rho(X, Y)$. Wir bestimmen daher mittels der Stichprobe (15.45) eine Realisierung r von $\hat{\rho}$:

$$s_{xy} = \frac{1}{n-1} \sum_{k=1}^{n} (x_k - \bar{x})(y_k - \bar{y})$$

$$s_x^2 = \frac{1}{n-1} \sum_{k=1}^{n} (x_k - \bar{x})^2 , \quad s_y^2 = \frac{1}{n-1} \sum_{k=1}^{n} (y_k - \bar{y})^2$$

$$\bar{x} = \frac{1}{n} \sum_{k=1}^{n} x_k , \quad \bar{y} = \frac{1}{n} \sum_{k=1}^{n} y_k .$$

Daraus folgt für die Realisierung von $\hat{\rho}$, d.h. den empirischen Korrelationskoeffizienten $r_{xy} = r$,

$$r = \frac{s_{xy}}{s_x s_y} .\tag{15.47}$$

Für das obige Beispiel $(X, Y) = (D, H)$ erhält man $s_{xy} = 9,16$, $s_x = 2,88$, $s_y = 4,21$. Daher ist $r = \frac{9,16}{2,88 \cdot 4,21} = 0,755$ ein Schätzwert für $\rho(D, H)$, wenn wir annehmen, dass $n = 8$ "hinreichend groß" ist.

Parametertest auf Unkorreliertheit

Für den Test müssen wir voraussetzen, dass (X, Y) normalverteilt ist. Der zweiseitige Test lautet

$$H_0 : \rho(X, Y) = 0 \quad \text{gegen} \quad H_1 : \rho \neq 0 .$$

Als Testfunktion fungiert die Stichprobenfunktion

$$\hat{T} = \frac{\hat{\rho}(X,Y)}{\sqrt{1 - \hat{\rho}^2(X,Y)}} \sqrt{n-2}$$

mit $\hat{\rho}(X,Y)$ nach (15.46). $\hat{T}$ ist bei normalverteiltem (X,Y) und Gültigkeit von H_0 t-verteilt mit $(n-2)$ Freiheitsgraden. H_0 ist mit der Irrtumswahrscheinlichkeit α abzulehnen, wenn die aus der Stichprobe gewonnene Realisierung

$$\hat{t} = \frac{r}{\sqrt{1 - r^2}} \sqrt{n-2} \tag{15.48}$$

von $\hat{T}$ (mit r gemäß (15.47)) die Ungleichung $|\hat{t}| > t_{n-2;\frac{\alpha}{2}}$ erfüllt. $t_{n-2;\frac{\alpha}{2}}$ ist das $(1 - \frac{\alpha}{2})$-Quantil der t-Verteilung mit $(n-2)$ Freiheitsgraden. Man wird $H_0 : \rho = 0$ gegen $H_1 : \rho > 0$ bzw. gegen $H_1 : \rho < 0$ ablehnen, wenn

$$\hat{t} > t_{n-2;\alpha} \qquad \text{bzw.} \qquad \hat{t} < -t_{n-2;\alpha}$$

ist (einseitige Tests).

Für das obige Beispiel (Tabelle 15.2) ergab sich mit $r = 0{,}755$ ein relativ hoher Schätzwert für den Korrelationskoeffizienten, so dass eigentlich wenig für die Hypothese $H_0 : \rho = 0$ spricht. Trotzdem prüfen wir die Hypothese H_0, wobei wir Normalverteilung von (D, H) annehmen. Man erhält aus (15.48)

$$\hat{t} = \frac{0{,}755}{\sqrt{1 - (0{,}755)^2}} \sqrt{6} = 2{,}82 \ .$$

Wir wählen zunächst $\alpha = 0{,}01$. Wegen $|\hat{t}| = 2{,}82 < t_{6;0,005} = 3{,}707$ kann dann $H_0 : \rho = 0$ nicht gegen $H_1 : \rho \neq 0$ abgelehnt werden. Aus $\hat{t} = 2{,}82 < t_{6;0,01} = 3{,}143$ folgt, dass $H_0 : \rho = 0$ auch nicht gegen $H_1 : \rho > 0$ abgelehnt werden kann. Angesichts des Schätzwerts $r = 0{,}755$ für ρ mag dies zunächst überraschend sein, wird aber verständlich, wenn man bedenkt, dass dieser Schätzwert aus einer relativ kleinen Stichprobe $(n = 8)$ ermittelt wurde und damit relativ unsicher ist. Für kleine n sind auch die $\hat{t}$ nach (15.48) betragsmäßig relativ klein, so dass sie eher in den Annahmebereich als in den Ablehnungsbereich des Tests fallen. Wählt man $\alpha = 0{,}05$, so ergibt sich wegen $|\hat{t}| = 2{,}82 > t_{6;0,025} = 2{,}447$ und $\hat{t} = 2{,}82 > t_{6;0,05} = 1{,}943$, dass dann $H_0 : \rho = 0$ sowohl gegen $H_1 : \rho \neq 0$ als auch gegen $H_1 : \rho > 0$ abzulehnen ist. Die Ablehnung von $H_0 : \rho = 0$ und die Annahme von $H_1 : \rho \neq 0$ bzw. $H_1 : \rho > 0$ ist also nur auf Kosten einer höheren Irrtumswahrscheinlichkeit möglich.

15.5.2 Regressionsanalyse

Wir betrachten einen stetigen Zufallsvektor (X,Y) mit Verteilungsfunktion $F(x,y)$ und stetiger Wahrscheinlichkeitsdichte $p(x,y)$. Lässt man eine der beiden Zufallsgrößen feste Werte annehmen ($X = x$ bzw. $Y = y$), so entstehen die in Abschnitt 14.4.5 angegebenen bedingten Verteilungen $F(y|x)$ bzw. $F(x|y)$ und die bedingten Dichten $p(y|x)$ bzw. $p(x|y)$ ((14.75), (14.76)). Die Zufallsvariablen $(Y|X = x)$ und $(X|Y = y)$ haben die von x bzw. y abhängigen bedingten Erwartungswerte (vgl. (14.77))

$$E(Y|X = x) = \int_{-\infty}^{\infty} \eta\, p(\eta|x)\, d\eta \quad \text{bzw.}$$

$$E(X|Y = y) = \int_{-\infty}^{\infty} \xi\, p(\xi|y)\, d\xi \,.$$

Die Kurven

$$y = m_2(x) = E(Y|X = x) \quad \text{bzw.} \quad x = m_1(y) = E(X|Y = y) \qquad (15.49)$$

nennt man **Regressionskurven** von Y bezüglich X bzw. von X bezüglich Y oder auch **Regressionsfunktionen**. Ihre Untersuchung ist wesentlicher Gegenstand der Regressionsanalyse. Dabei beschränken wir uns im Wesentlichen auf den Fall zweier Zufallsgrößen. Im Vergleich zur Korrelationsanalyse werden die Komponenten des Zufallsvektors nicht als gleichberechtigt angesehen. Diejenige der (beiden) Zufallsgrößen, die feste Werte annimmt, heißt **Einflussgröße**, die andere **Ergebnisgröße**. Mit der Beschränkung auf zweidimensionale Zufallsvektoren (X, Y) beschränken wir uns auch auf nur eine Einflussgröße. I. Allg. kann eine Ergebnisgröße von mehreren Einflussgrößen abhängen. Bei praktischen Aufgaben sind die Einflussgrößen in der Regel solche, die experimentell relativ leicht zu bestimmen oder einzustellen sind. Zum Beispiel wird der Förster den Stammdurchmesser eines Baumes als leicht messbare Einflussgröße für die Ergebnisgröße "nutzbare Holzmasse des Baumes" auffassen. Die Außentemperatur kann als Einflussgröße für den Bedarf an Wärmeenergie in einer Wohnung angesehen werden. Es geht hier nicht um funktionale Zusammenhänge zwischen Einflussund Ergebnisgröße. Auch unter der Bedingung, dass die Einflussgröße feste Werte annimmt, bleibt die Ergebnisgröße eine Zufallsgröße (Abb. 15.12).

Einige Eigenschaften der Regressionskurven

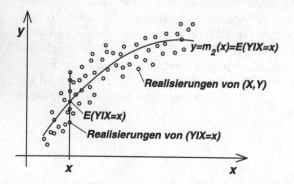

Abb. 15.12. Regressionskurve $y = m_2(x) = E(Y|X = x)$

a) Besteht zwischen X und Y eine lineare Beziehung $Y \Rightarrow aX + b$ mit $a \neq 0$, dann ist $E(Y|X = x) = ax + b = m_2(x)$ und $E(X|Y = y) = E(\frac{1}{a}Y - \frac{b}{a}|Y = y) = \frac{1}{a}y - \frac{b}{a} = m_1(y)$. Die Regressionskurve $y = m_2(x)$ von Y bezüglich X und die Regressionskurve $x = m_1(y)$ von X bezüglich Y fallen zusammen und stimmen mit der Geraden $y = ax + b$ überein.

b) Sind X, Y unabhängig, dann ist nach (14.90) die gemeinsame Dichte $p(x, y)$ gleich dem Produkt der Randdichten $p_X(x), p_Y(y)$. Daher gilt nach (14.76),(14.77)

$$x = m_1(y) = E(X|Y = y) = \int_{-\infty}^{\infty} \xi \frac{p_X(\xi)p_Y(y)}{p_Y(y)} \, d\xi = \int_{-\infty}^{\infty} \xi p_X(\xi) \, d\xi = E(X) \, .$$

Analog ist $y = m_2(x) = E(Y|X = x) = E(Y)$. Die Regressionskurven sind Parallelen zu den Koordinatenachsen der (x, y)-Ebene. Sie schneiden sich im Punkt $(E(X), E(Y))$ (Abb. 15.13).

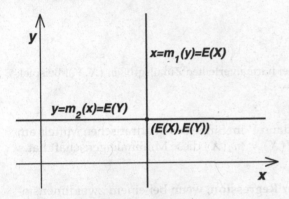

Abb. 15.13. Geradlinige Regression bei unabhängigen Zufallsgrößen X, Y

c) Bei normalverteilten Zufallsvektoren (X, Y) sind die Regressionskurven (15.49) stets Geraden. Nach Satz 14.12 ist nämlich

$$\begin{aligned} x &= m_1(y) = E(X|Y = y) = m_X + \rho \frac{\sigma_X}{\sigma_Y}(y - m_Y) \\ y &= m_2(x) = E(Y|X = x) = m_Y + \rho \frac{\sigma_Y}{\sigma_X}(x - m_X) \, . \end{aligned} \qquad (15.50)$$

Die benutzten Symbole haben dieselbe Bedeutung wie in Satz 14.12:

$$\begin{aligned} m_X &= E(X), \ m_Y = E(Y), \\ \sigma_X &= \sqrt{E[X - E(X)]^2} > 0, \ \sigma_Y = \sqrt{E[Y - E(Y)]^2} > 0, \\ \rho &= \frac{cov(X, Y)}{\sigma_X \sigma_Y}, \ cov(X, Y) = E\{[X - E(X)][Y - E(Y)]\} \, . \end{aligned}$$

Die Regressionsgeraden (15.50) fallen i. Allg. nicht zusammen. Sie schneiden sich im Punkt (m_X, m_Y) (Abb. 15.14).

d) Minimaleigenschaft

Gesucht ist eine reelle Funktion $f(X)$ der Zufallsgröße X, so dass $E[Y - f(X)]^2$ möglichst klein wird. Es soll also $f(x)$ so bestimmt werden, dass

$$\int_{-\infty}^{\infty} \int_{-\infty}^{\infty} [\eta - f(\xi)]^2 p(\xi, \eta) \, d\xi d\eta$$

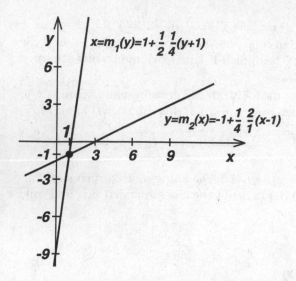

Abb. 15.14. Geradlinige Regression bei normalverteilten Zufallsgrößen (X, Y), Beispiel: $\sigma_X = 1$, $\sigma_Y = 2$, $\rho = \frac{1}{4}$, $m_X = 1$, $m_Y = -1$

minimal wird. $f(X)$ approximiert dann Y im Sinne des quadratischen Mittels am besten. Man kann beweisen, dass $f(X) = m_2(X)$ diese Minimaleigenschaft hat.

Lineare Regression

Man spricht von **einfacher linearer Regression**, wenn bei einem zweidimensionalen Zufallsvektor (X, Y) eine der beiden Zufallsgrößen X, Y als Einflussgröße, die andere als Ergebnisgröße verstanden wird und die entsprechende Regressionskurve (15.49) eine Gerade ist. Bei **mehrfacher linearer Regression** liegt ein mehrdimensionaler Zufallsvektor $(Y, X_1, X_2, \ldots, X_k)$ vor, wobei der Einfluss von mehreren Einflussgrößen $X_1, \ldots, X_k$ auf eine Ergebnisgröße Y interessiert und die Regressionsfunktionen lineare Beziehungen der Form

$$y = E(Y|X_1 = x_1, X_2 = x_2, \ldots, X_k = x_k) = \beta_0 + \beta_1 x_1 + \cdots + \beta_k x_k \quad (15.51)$$

sind. Wir wenden uns jetzt der einfachen linearen Regression zu. Vorausgesetzt wird eine Regressionsfunktion der Art

$$y = E(Y|X = x) = \beta_0 + \beta_1 x . \quad (15.52)$$

Die Regressionskoeffizienten β_0, β_1 seien aber unbekannt. Wir stellen uns das Ziel, mit Hilfe einer Stichprobe eine Punktschätzung für β_0, β_1 zu gewinnen. Die Gewinnung einer Stichprobe kann man sich hier so vorstellen, dass n $(n > 2)$ geeignete Werte $x_1, x_2, \ldots, x_n$ der Einflussgröße X eingestellt werden und dazu jeweils ein Wert der bedingten Zufallsgröße $(Y|X = x_i)$ $(i = 1, 2, \ldots, n)$ "gemessen" wird. Dabei wird angenommen, dass die Zufallsgrößen $(Y|X = x_i)$ und $(Y|X = x_j)$ für $i \neq j$ unabhängig voneinander sind. Die zufällige Stichprobe kann daher mit $\{(x_1, Y|X = x_1), (x_2, Y|X = x_2), \ldots, (x_n, Y|X = x_n)\}$ angegeben werden. Eine konkrete Stichprobe ist dann

$$\{(x_1, y_1), (x_2, y_2), \ldots, (x_n \cdot y_n)\} \ .$$

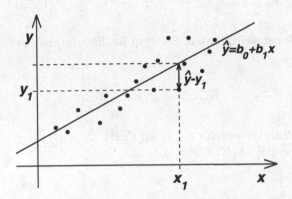

Abb. 15.15. Ausgleichsgerade $\hat{y} = b_0 + b_1 x$ nach der Methode der kleinsten Quadrate

Die graphische Darstellung ist ein Streudiagramm (Abb. 15.15). Man kann zeigen, dass man "gute" Schätzwerte b_0, b_1 für die Regressionskoeffizienten β_0, β_1 erhält, wenn die Gerade $\hat{y} = b_0 + b_1 x$ nach der Methode der kleinsten Quadrate bestimmt wird. "Gut" soll heißen, dass b_0, b_1 Realisierungen von erwartungstreuen Schätzfunktionen für β_0, β_1 sind. Dabei sind b_0, b_1 so zu bestimmen, dass die Funktion

$$F(b_0, b_1) = \sum_{i=1}^{n}(y_i - \hat{y}_i)^2 = \sum_{i=1}^{n}(y_i - b_0 - b_1 x_i)^2$$

zum Minimum wird (vgl. Abschnitt 5.15). Aus der notwendigen Extremalbedingung grad $F = 0$, d.h. $\frac{\partial F}{\partial b_0} = \frac{\partial F}{\partial b_1} = 0$, erhält man die Normalgleichungen

$$\frac{\partial F}{\partial b_0} = \sum_{i=1}^{n} 2(y_i - b_0 - b_1 x_i)(-1) = 0$$

$$\frac{\partial F}{\partial b_1} = \sum_{i=1}^{n} 2(y_i - b_0 - b_1 x_i)(-x_i) = 0 \ .$$

Einfache Umformungen ergeben die Normalgleichungen in der Form

$$b_0 n + b_1 \sum_{i=1}^{n} x_i = \sum_{i=1}^{n} y_i \qquad\qquad b_0 + b_1 \bar{x} = \bar{y}$$
$$b_0 \sum_{i=1}^{n} x_i + b_1 \sum_{i=1}^{n} x_i^2 = \sum_{i=1}^{n} x_i y_i \quad \text{bzw.} \quad b_0 n \bar{x} + b_1 \sum_{i=1}^{n} x_i^2 = \sum_{i=1}^{n} x_i y_i$$

Elimination von b_0 ergibt

$$b_1 \left(\sum_{i=1}^{n} x_i^2 - n\bar{x}^2\right) = \sum_{i=1}^{n} x_i y_i - n\bar{x}\bar{y} \ .$$

Wegen $\sum (x_i - \bar{x})^2 = \sum x_i^2 - n\bar{x}^2$ und $\sum (x_i - \bar{x})(y_i - \bar{y}) = \sum x_i y_i - n\bar{x}\bar{y}$ erhält man die Lösung der Normalgleichungen in der Form

$$b_1 = \frac{\sum_{i=1}^{n}(x_i - \bar{x})(y_i - \bar{y})}{\sum_{i=1}^{n}(x_i - \bar{x})^2} \ , \quad b_0 = \bar{y} - b_1 \bar{x} \ . \tag{15.53}$$

b_0, b_1 heißen **empirische Regressionskoeffizienten**. Sie sind Realisierungen der Stichprobenfunktionen

$$B_1 = \frac{\sum_{i=1}^{n}(x_i - \bar{x})[(Y|X = x_i) - \bar{y}]}{\sum_{i=1}^{n}(x_i - \bar{x})^2} \ , \quad B_0 = \bar{Y} - B_1 \bar{x} \ .$$

B_0, B_1 sind erwartungstreue Schätzfunktionen für β_0, β_1. Ist $Var(Y|X = x_i) = \sigma^2$ (d.h. unabhängig von i), dann ist (mit $Y_i = (Y|X = x_i)$)

$$S^2 = \frac{1}{n-2} \sum_{i=1}^{n} (Y_i - B_0 - B_1 x_i)^2$$

eine erwartungstreue Schätzfunktion für σ^2, also ist

$$s^2 = \frac{1}{n-2} \sum_{i=1}^{n} (y_i - b_0 - b_1 x_i)^2 \tag{15.54}$$

ein Schätzwert für σ^2. Man kann dann auch die Varianzen von B_0, B_1 angeben:

$$Var(B_0) = (\frac{1}{n} + \frac{\bar{x}^2}{s_{xx}})\sigma^2 \ , \quad Var(B_1) = \frac{\sigma^2}{s_{xx}}$$

(mit $\bar{x} = \frac{1}{n}\sum_{i=1}^{n} x_i$, $s_{xx} = \sum_{i=1}^{n}(x_i - \bar{x})^2$). Je weniger die Y bei beliebigem x um ihre Erwartungswerte $E(Y|X = x)$ streuen, umso weniger streuen B_0, B_1 um ihre Erwartungswerte β_0, β_1, d.h. mit umso genaueren Schätzwerten b_0, b_1 für β_0, β_1 ist zu rechnen. Schätzwerte für die Varianzen von B_0, B_1 sind (s nach (15.54))

$$s_0^2 = (\frac{1}{n} + \frac{\bar{x}^2}{s_{xx}})s^2 \ , \quad s_1^2 = \frac{s^2}{s_{xx}} \ . \tag{15.55}$$

Mit diesen Ergebnissen können nun Konfidenzintervalle angegeben werden und Parametertests konstruiert werden. Allerdings ist dafür eine zusätzliche Voraussetzung erforderlich: $(Y|X = x)$ muss normalverteilt sein, also vom Typ $N(\beta_0 + \beta_1 x, \sigma)$. Dann gibt es zufällige Stichprobenfunktionen, deren Verteilung man kennt und die Wahrscheinlichkeitsaussagen über die Differenzen $B_0 - \beta_0$ und $B_1 - \beta_1$ gestatten. Solche Stichprobenfunktionen sind

$$\tilde{B}_0 = \frac{B_0 - \beta_0}{S\sqrt{\frac{1}{n} + \frac{\bar{x}^2}{s_{xx}}}} \quad \text{und} \quad \tilde{B}_1 = \frac{B_1 - \beta_1}{S\sqrt{\frac{1}{s_{xx}}}} \ .$$

Beide sind t-verteilt mit $(n-2)$ Freiheitsgraden. Man erhält damit folgende Konfidenzintervalle zum Konfidenzniveau $1-\alpha$ für die Regressionskoeffizienten β_0, β_1:

$$
\begin{aligned}
\beta_0: &\quad [b_0 - t_{n-2;\frac{\alpha}{2}} \cdot s_0, b_0 + t_{n-2;\frac{\alpha}{2}} \cdot s_0] \\
\beta_1: &\quad [b_1 - t_{n-2;\frac{\alpha}{2}} \cdot s_1, b_1 + t_{n-2;\frac{\alpha}{2}} \cdot s_1] .
\end{aligned}
\tag{15.56}
$$

Dabei wurden die Schätzwerte b_0, b_1 (15.53) und s_0, s_1 (15.55) benutzt.

Die Stichprobenfunktionen $\tilde{B}_0$, $\tilde{B}_1$ können auch als Testfunktionen für Parametertests genutzt werden. Die Hypothese $H_0: \beta_0 = a$ wird gegen die Hypothese $H_1: \beta_0 \neq a$ mit Irrtumswahrscheinlichkeit α abgelehnt, wenn sich aus der Stichprobe mit b_0 ein Schätzwert ergeben hat, der "sehr weit" von a entfernt liegt, genauer, wenn $|b_0 - a| > t_{n-2;\frac{\alpha}{2}} s_0$ ist. Analog wird $H_0: \beta_1 = a$ gegen $H_1: \beta_1 \neq a$ abgelehnt, wenn $|b_1 - a| > t_{n-2;\frac{\alpha}{2}} s_1$ ist.

Die mehrfache lineare Regression (vgl. (15.51)) führt zwecks Schätzung der Regressionsparameter $\beta_0, \beta_1, \ldots, \beta_k$ in analoger Weise auf die Methode der kleinsten Quadrate. Ausgleichsrechnung und Methode der kleinsten Quadrate waren Gegenstand von Abschnitt 5.15. Stand dort mehr der numerische Aspekt im Vordergrund, so sollten hier für den Spezialfall der einfachen linearen Regression einige Aspekte aus der Statistik stärker betont werden.

Abschließend sei bemerkt, dass das Gebiet der Regression über die lineare Regression hinausreicht. Die Methode der kleinsten Quadrate wird in der Praxis auch in Fällen angewandt, wo die Voraussetzungen (15.51) bzw. (15.52) nicht erfüllt sind oder man nichts über deren Gültigkeit weiß. Dabei beschränkt man sich dann nicht notwendig auf lineare Regressionsfunktionen, sondern benutzt an ihrer Stelle zum Beispiel auch geeignete Polynome höheren Grades, die z.B. durch Betrachtung des Streudiagramms nahegelegt sind. Im Abschnitt 5.15 wurden beispielsweise auch Regressionsfunktionen der Form $f(x_1, x_2, \ldots, x_k) = \alpha_0 x_1^{\alpha_1} x_2^{\alpha_2} \ldots x_k^{\alpha_k}$ behandelt (logarithmisch lineare Regression).

15.6 Aufgaben

1) Die Physiker RUTHERFORD und GEIGER untersuchten die Emission von α-Teilchen aus einer radioaktiven Substanz. Die Anzahl X der α-Teilchen, die in einem bestimmten Zeitintervall emittiert werden, ist eine diskrete Zufallsgröße. RUTHERFORD und GEIGER stellten fest, dass die Zufallsgröße X für Zeitintervalle der Länge 7,5 Sekunden die 11 Werte $0, 1, \ldots, 10$ annehmen kann. Es wurde eine Stichprobe vom Umfang $n = 2608$ untersucht, d.h. es wurden die Werte von X in 2608 7,5-Sekunden-Intervallen experimentell ermittelt. Die Anzahl der Zeitintervalle, in denen X den Wert i ($i = 0, 1, \ldots, 10$) angenommen hat, sei n_i. Es ist $\sum_{i=0}^{10} n_i = n = 2608$.

i	0	1	2	3	4	5	6	7	8	9	10	
n_i	57	203	383	525	532	408	273	139	45	27	16	$n = 2608$

(a) Man bestimme die empirische Häufigkeitsverteilung $(i, \frac{n_i}{n})$.

(b) Man berechne die Summenhäufigkeiten s_i und die empirische Wahrscheinlichkeitsverteilungsfunktion $f(x)$ (Schätzung für die Wahrscheinlichkeitsverteilungsfunktion $P\{X < x\}$).

(c) Wie groß ist der empirische Median $\tilde{i}_{0,5}$? Geben Sie einen empirischen Modalwert i_m an.

(d) Vergleich mit einer POISSON-verteilten Größe Y mit $P\{Y = i\} = \frac{\lambda^i}{i!}e^{-\lambda}$. Weil λ der Erwartungswert von Y ist $(E(Y) = \lambda)$, ist es naheliegend, zwecks möglichst guter Approximation von X durch die POISSON-verteilte Größe Y den Parameter λ mit dem Stichprobenmittelwert von X zu identifizieren, d.h.

$$\lambda = \frac{1}{n}\sum_{i=1}^{10} i \cdot n_i$$

zu setzen. Bestimmen Sie dieses λ, die daraus folgenden Wahrscheinlichkeiten $P\{Y = i\} = \frac{\lambda^i}{i!}e^{-\lambda}$ und vergleichen Sie $P\{Y = i\}$ mit den empirischen Häufigkeiten $H_n(X = i) = \frac{n_i}{n}$.

(e) Prüfen Sie die Hypothese

$$H_0 : \quad P\{X = i\} = P_0\{Y = i\} = \frac{\lambda^i}{i!}e^{-\lambda} \quad (\lambda \text{ nach d})$$

mit dem χ^2-Anpassungstest.

2) Wie in Abschnitt 14.2.2 erwähnt, warf K. PEARSON eine Münze 24000 mal und erhielt die relative Häufigkeit $H_{24000} = 0{,}5005$. Bestimmen Sie ein approximatives 90 %-Konfidenzintervall für die Wahrscheinlichkeit $p(A)$ des Ereignisses A (geworfene Münze zeigt das Wappen). Vergleichen Sie das Ergebnis mit dem Ergebnis des Beispiels 1) in Abschnitt 15.3.3.

3) Für einen zufälligen Vektor (X, Y) wurden 11 Werte $X = x_i$ eingestellt und dazu die Werte y_i der bedingten Zufallsgrößen $(Y|X = x_i)$ gemessen:

i	1	2	3	4	5	6	7	8	9	10	11
x_i	-2	-1	-1	0	1	2	2	3	4	4	5
y_i	−0,3	0,8	1,2	1,9	3,0	4,5	3,9	5,4	6,1	6,2	6,8

$(Y|X = x)$ sei vom Typ $N(\beta_0 + \beta_1 x, \sigma)$.

(a) Man bestimme mittels der angegebenen Stichprobe Schätzwerte für die Regressionskoeffizienten β_0, β_1 sowie für σ^2.

(b) Man gebe Konfidenzintervalle für β_0, β_1 zum Konfidenzniveau $\alpha = 0{,}05$ an.

(c) Man prüfe die Hypothesen $(\alpha = 0{,}05)$

$$H_0 : \beta_0 = 2 \quad \text{gegen} \quad H_1 : \beta_0 \neq 2 \quad \text{und}$$
$$H_0 : \beta_1 = 1 \quad \text{gegen} \quad H_1 : \beta_0 \neq 1$$

4) Man beweise, dass der Schätzwert $r = \frac{s_{xy}}{s_x s_y}$ (vgl. (15.47)) für den Korrelations-koeffizienten ρ die Ungleichung $r^2 \leq 1$ erfüllt.
Hinweis: CAUCHY-SCHWARZsche Ungleichung nutzen.

5) X sei eine Zufallsgröße vom Typ $N(\mu,1)$. $[\gamma_u, \gamma_o]$ sei ein konkretes $100(1-\alpha)\,\%$-Konfidenzintervall für den Erwartungswert μ; $L = \gamma_o - \gamma_u$.
(a) Beweisen Sie, dass die Sicherheitswahrscheinlichkeit $1 - \alpha$ wächst, wenn man den Stichprobenumfang verdoppelt, die Intervall-Länge L aber beibehält. Auf welchen Wert steigt speziell die Sicherheitswahrscheinlichkeit $1-\alpha = 0,90$ bei Verdoppelung des Stichprobenumfangs?
(b) Um wieviel muss man den Stichprobenumfang erhöhen, wenn bei konstanter Sicherheitswahrscheinlichkeit die Länge L halbiert werden soll?

A Formelkompendium

Spezielle Ungleichungen (a, b, a_1, a_2, b_1, b_2 reell)

$|a + b| \leq |a| + |b|$, Dreiecksungleichung

$(1 + a)^n > 1 + na$, $n \in \mathbb{N}$, $n \geq 2$, $a \neq 0, a > -1$, BERNOULLIsche Ungleichung

$h = 2/[\frac{1}{a} + \frac{1}{b}]$, $g = \sqrt{ab}$, $m = (a + b)/2$

h harmonisches Mittel, g geometrisches Mittel, m arithmetisches Mittel

es gilt $h \leq g \lesseqgtr m$, a, b positiv

Ungleichung für allgemeine Mittelwerte positiver reeller Zahlen $x_1, \ldots, x_n$

$\min\{x_1, x_2, \ldots, x_n\} \leq H \leq G \leq M \leq S \leq \max\{x_1, x_2, \ldots, x_n\}$

$H = n/[\frac{1}{x_1} + \cdots + \frac{1}{x_n}]$, $\qquad G = (x_1 x_2 \ldots x_n)^{1/n}$

$M = \frac{1}{n}(x_1 + x_2 + \ldots x_n)$, $\quad S = [\frac{1}{n}(x_1^2 + x_2^2 + \ldots x_n^2)]^{1/2}$ (quadratisches Mittel)

$(a_1 b_1 + a_2 b_2)^2 \leq (a_1^2 + a_2^2)(b_1^2 + b_2^2)$, CAUCHY-SCHWARZsche Ungleichung

$a^n + b^n \leq (a + b)^n$, $a > 0, b > 0$, $n = 1, 2, \ldots$, nach dem binomischen Lehrsatz

---

Binomischer Lehrsatz - PASCALsches Dreieck und binomische Formeln

$(a + b)^n = \sum_{\nu=0}^{n} \binom{n}{\nu} a^{n-\nu} b^\nu$., $\quad \binom{n}{\nu} = \frac{n!}{\nu!(n-\nu)!} \qquad n! = 1 \cdot 2 \cdot \ldots \cdot n$

			1				$(a+b)^0$
		1		1			$(a+b)^1$
	1		2		1		$(a+b)^2$
1		3		3		1	$(a+b)^3$
1	4		6		4	1	$(a+b)^4$
1	5	10		10	5	1	$(a+b)^5$
...							

z.B. $\quad (a + b)^4 = a^4 + 4a^3 b + 6a^2 b^2 + 4ab^3 + b^4$.

$(a+b)^n = \sum_{\nu=0}^{n} \binom{n}{\nu} a^{n-\nu} b^{\nu}$, $n \in \mathbb{N}$, erste binomische Formel

$(a-b)^n = \sum_{\nu=0}^{n} \binom{n}{\nu} (-1)^{\nu} a^{n-\nu} b^{\nu}$, $n \in \mathbb{N}$, zweite binomische Formel

$\frac{a^{n+1}-b^{n+1}}{a-b} = \sum_{\nu=0}^{n} a^{n-\nu} b^{\nu}$, $n \in \mathbb{N}$, dritte binomische Formel

Summenformeln (n natürlich, a, q reell)

$\sum_{k=1}^{n} k = \frac{n(n+1)}{2}$, Summe der n ersten natürlichen Zahlen

$\sum_{k=1}^{n} k^2 = \frac{n(n+1)(2n+1)}{6}$, Summe der n ersten Quadratzahlen

$\sum_{k=1}^{n} k^3 = \frac{n^2(n+1)^2}{4}$, Summe der n ersten Kubikzahlen

$\sum_{k=0}^{n} a\,q^k = a\frac{1-q^{n+1}}{1-q}$, $q \neq 1$, endliche geometrische Summe

Identitäten für trigonometrische Funktionen und Hyperbelfunktionen

$\sin x = \sum_{k=0}^{\infty} (-1)^k \frac{x^{2k+1}}{(2k+1)!}$, $\cos x = \sum_{k=0}^{\infty} (-1)^k \frac{x^{2k}}{(2k)!}$, absolut konvergent in $\mathbb{R}$

$\sin x = \cos(x - \frac{\pi}{2})$	$\tan x = \frac{\sin x}{\cos x}$	$\cot x = \frac{\cos x}{\sin x}$
$\sin x = \frac{2\tan\frac{x}{2}}{1+(\tan\frac{x}{2})^2}$	$\cos x = \frac{1-(\tan\frac{x}{2})^2}{1+(\tan\frac{x}{2})^2}$	$\tan x = \frac{2\tan\frac{x}{2}}{1-(\tan\frac{x}{2})^2}$
$\cot x = \frac{1-(\tan\frac{x}{2})^2}{2\tan\frac{x}{2}}$	$\sin^2 x + \cos^2 x = 1$	$\cosh^2 x - \sinh^2 x = 1$

$\sin\frac{x}{2} = \pm\sqrt{\frac{1}{2}(1-\cos x)}$	$\cos\frac{x}{2} = \pm\sqrt{\frac{1}{2}(1+\cos x)}$
$\cos(2x) = 2\cos^2 x - 1$	$\sin(2x) = 2\cos x \sin x$
$\cos^2 x = \frac{1}{2}(1 + \cos 2x)$	$\sin^2 x = \frac{1}{2}(1 - \cos 2x)$

$\cos(x \pm y) = \cos x \cos y \mp \sin x \sin y$, $\quad \sin(x \pm y) = \sin x \cos y \pm \cos x \sin y$

$\cosh(x \pm y) = \cosh x \cosh y \pm \sinh x \sinh y$

$\sinh(x \pm y) = \sinh x \cosh y \pm \cosh x \sinh y$

Einige Werte von trigonometrischen Funktionen

x (Bogenmaß)	0	$\frac{\pi}{6}$	$\frac{\pi}{4}$	$\frac{\pi}{3}$	$\frac{\pi}{2}$	$\frac{2\pi}{3}$	$\frac{3\pi}{4}$	$\frac{5\pi}{6}$	π
x (Gradmaß)	0	30°	45°	60°	90°	120°	135°	150°	180°
$\sin x$	0	$\frac{1}{2}$	$\frac{\sqrt{2}}{2}$	$\frac{\sqrt{3}}{2}$	1	$\frac{\sqrt{3}}{2}$	$\frac{\sqrt{2}}{2}$	$\frac{1}{2}$	0
$\cos x$	1	$\frac{\sqrt{3}}{2}$	$\frac{\sqrt{2}}{2}$	$\frac{1}{2}$	0	$-\frac{1}{2}$	$-\frac{\sqrt{2}}{2}$	$-\frac{\sqrt{3}}{2}$	-1
$\tan x$	0	$\frac{1}{\sqrt{3}}$	1	$\sqrt{3}$	-	$-\sqrt{3}$	-1	$-\frac{1}{\sqrt{3}}$	0
$\cot x$	-	$\sqrt{3}$	1	$\frac{1}{\sqrt{3}}$	0	$-\frac{1}{\sqrt{3}}$	-1	$-\sqrt{3}$	-

Operationen und Beziehungen mit komplexen Zahlen $\mathbb{C}$

$z = x + iy \in \mathbb{C}$, komplexe Zahl mit Realteil x und Imaginärteil y, $x, y \in \mathbb{R}$

$z_1 z_2 = (x_1 x_2 - y_1 y_2) + i(x_2 y_1 + x_1 y_2)$, $z_1/z_2 = z_1 \bar{z}_2/|z_2|^2$ für $z_2 \neq 0$, $z_1, z_2 \in \mathbb{C}$

$\bar{z} = x - iy$ ist zu z konjugiert, $\bar{\bar{z}} = z$, $\overline{z_1 + z_2} = \bar{z}_1 + \bar{z}_2$, $\overline{z_1 z_2} = \bar{z}_1 \bar{z}_2$, $z\bar{z} = |z|^2$

$\operatorname{Re} z = \frac{1}{2}(z + \bar{z}), \quad \operatorname{Im} z = \frac{1}{2i}(z - \bar{z})$

Polarkoordinatendarstellung komplexer Zahlen

$z = x + iy = \rho e^{i\phi}, \quad \rho = \sqrt{x^2 + y^2}, \, \phi = \arctan\frac{y}{x}$, für $x, y > 0$

$z^n = w$, $w = \rho e^{i\phi} = \rho e^{i(\phi + 2k\pi)}$, $z = z_k = \sqrt[n]{\rho}\, e^{i\frac{\phi + 2k\pi}{n}}$, $k = 0, \ldots, n\text{-}1$

$e^z = \sum_{k=0}^{\infty} \frac{z^k}{k!}$, für alle $z \in \mathbb{C}$ absolut konvergent

$\sin z = \sum_{k=0}^{\infty} (-1)^k \frac{z^{2k+1}}{(2k+1)!}$ $\qquad$ $\cos z = \sum_{k=0}^{\infty} (-1)^k \frac{z^{2k}}{(2k)!}$

$\cos x = \frac{1}{2}(e^{ix} + e^{-ix})$ $\qquad$ $\sin x = \frac{1}{2i}(e^{ix} - e^{-ix})$

$e^{i\phi} = \cos\phi + i\sin\phi, \qquad e^z = e^{x+iy} = e^x(\cos y + i\sin y)$

Parametrisierung geometrischer Objekte

Objekt aus dem $\mathbb{R}^3$	Parametrisierung	
Graph von $f : D \to \mathbb{R}$	$\mathbf{x}(s,t) = \begin{pmatrix} s \\ t \\ f(s,t) \end{pmatrix}$	$(s,t) \in D \subset \mathbb{R}^2$
Strecke von a nach b	$\mathbf{x}(t) = \mathbf{a} + t(\mathbf{b} - \mathbf{a}),\ \mathbf{a}, \mathbf{b} \in \mathbb{R}^3$	$t \in [0,1]$
Kreiszylinder	$\mathbf{x}(r,\phi,z) = \begin{pmatrix} \rho\cos\phi \\ \rho\sin\phi \\ z \end{pmatrix}$	$\rho \in [0,1]$ $\phi \in [0,2\pi]$ $z \in [0,H]$
Kreiskegel	$\mathbf{x}(r,\phi,z) = \begin{pmatrix} \rho(R - z\frac{R}{H})\cos\phi \\ \rho(R - z\frac{R}{H})\sin\phi \\ z \end{pmatrix}$	$\rho \in [0,R]$ $\phi \in [0,2\pi]$ $z \in [0,H]$
Ellipsoid Halbachsen a, b, c	$\mathbf{x}(r,\phi,\theta) = \begin{pmatrix} ar\cos\phi\sin\theta \\ br\sin\phi\sin\theta \\ cr\cos\theta \end{pmatrix}$	$r \in [0,R]$ $\phi \in [0,2\pi]$ $\theta \in [0,\pi]$
Schraubenlinie Steigung α	$\mathbf{x}(\phi) = \begin{pmatrix} R\cos\phi \\ R\sin\phi \\ \alpha\phi \end{pmatrix}$	$\phi \in [0,2\pi]$
Rotationskörper Rotation von $f(x) > 0$ um die x-Achse	$\mathbf{x}(\rho,t,\phi) = \begin{pmatrix} \rho t\cos\phi \\ \rho t\sin\phi \\ f(t) \end{pmatrix}$	$\rho \in [0,1]$ $\phi \in [0,2\pi]$ $t \in [0,a]$

Ableitungen (Grundintegrale)

Funktion	Ableitung		Funktion	Ableitung	
$C = $ const.	0		$\sinh x$	$\cosh x$	
x^α	$\alpha\, x^{\alpha-1}$	α reell	$\cosh x$	$\sinh x$	
$\ln|x|$	$\frac{1}{x}$	$x \neq 0$	$\tanh x$	$\frac{1}{\cosh^2 x}$	
$\log_a |x|$	$\frac{1}{x\ln a}$,	$a > 0, x\ln a \neq 0$	$\coth x$	$-\frac{1}{\sinh^2 x}$	
e^x	e^x		$\operatorname{arsinh} x$	$\frac{1}{\sqrt{x^2+1}}$	$|x| < 1$
a^x	$a^x \ln a$	$a > 0$	$\operatorname{arcosh} x$	$\frac{1}{\sqrt{x^2-1}}$	$|x| < 1$
$\sin x$	$\cos x$		$\operatorname{artanh} x$	$\frac{1}{1-x^2}$	$|x| < 1$
$\cos x$	$-\sin x$		$\operatorname{arcoth} x$	$-\frac{1}{x^2-1}$	$|x| > 1$
$\arcsin x$	$\frac{1}{\sqrt{1-x^2}}$	$|x| < 1$	$\arccos x$	$-\frac{1}{\sqrt{1-x^2}}$	$|x| < 1$
$\arctan x$	$\frac{1}{1+x^2}$		$\operatorname{arccot} x$	$-\frac{1}{1+x^2}$	

Substitutionen (R bezeichnet rationale Funktion, $m, n \in \mathbb{N}$, $k \in \mathbb{Q}$)

Integral	Substitution
$\int R(\sinh x, \cosh x, e^x)\,dx$	$t = e^x$
$\int R(\sin x, \cos x)\,dx$	$t = \tan \frac{x}{2}\ (dx = \frac{2}{1+t^2}dt)$
$\int R(\sin^2 x, \cos^2 x)\,dx$	$t = \tan x$
$\int R(\sin x)\cos x\,dx$	$t = \sin x$
$\int R(\cos x)\sin x\,dx$	$t = \cos x$
$\int R\!\left(x, \sqrt[n]{\frac{\alpha x+\beta}{\gamma x+\delta}}\right)dx$	$\alpha\delta - \beta\gamma \neq 0\,,\quad t = \sqrt[n]{\frac{\alpha x+\beta}{\gamma x+\delta}}$
$\int R\!\left(x, \sqrt{\alpha^2 - (x+\beta)^2}\right)dx$	$\alpha > 0\,, x+\beta = \alpha\sin t$
$\int R\!\left(x, \sqrt{\alpha^2 + (x+\beta)^2}\right)dx$	$\alpha > 0\,, x+\beta = \alpha\sinh t$
$\int R\!\left(x, \sqrt{(x+\beta)^2 - \alpha^2}\right)dx$	$\alpha > 0\,, x+\beta = \alpha\cosh t$
$\int R\!\left(x, \sqrt{\alpha x^2 + 2\beta x + \gamma}\right)dx$	$\alpha > 0\,, t = \sqrt{\alpha x^2 + 2\beta x + \gamma} + x\sqrt{\alpha}$
$\int x^m(\alpha + \beta x^n)^k\,dx$	$\frac{m+1}{n} \in \mathbb{Z},\, t = \sqrt[q]{\alpha + \beta x^n}$ (q Nenner von k)
$\int x^m(\alpha + \beta x^n)^k\,dx$	$\frac{m+1}{n} + k \in \mathbb{Z},\, t = \sqrt[q]{\frac{\alpha + \beta x^n}{x^n}}$ (q Nenner von k)

Einige unbestimmte Integrale ($n \in \mathbb{N}$, $n > 1$)

Integral	eine Stammfunktion
$\int \sin^n(\alpha x)\,dx$	$-\frac{\sin^{n-1}(\alpha x)\,\cos(\alpha x)}{n\alpha} + \frac{n-1}{n}\int \sin^{n-2}(\alpha x)\,dx$
$\int \cos^n(\alpha x)\,dx$	$\frac{\cos^{n-1}(\alpha x)\,\sin(\alpha x)}{n\alpha} + \frac{n-1}{n}\int \cos^{n-2}(\alpha x)\,dx$
$\int \frac{1}{x^2+2b\,x+c}\,dx$	$\frac{1}{2\sqrt{-D}}\ln\left|\frac{x+b-\sqrt{-D}}{x-b+\sqrt{-D}}\right|,\quad D = c - b^2 < 0$
$\int \frac{1}{x^2+2b\,x+c}\,dx$	$\frac{1}{\sqrt{D}}\arctan\!\left(\frac{x+b}{\sqrt{D}}\right),\quad D = c - b^2 > 0$
$\int \frac{1}{(x^2+2b\,x+c)^n}\,dx$	$\frac{x+b}{2(n-1)D(x^2+2b\,x+c)^{n-1}} + \frac{(2n-3)}{2(n-1)D}\int \frac{1}{(x^2+2b\,x+c)^{n-1}}\,dx$
$\int \frac{(Ax+B)}{(x^2+2b\,x+c)^n}\,dx$	$-\frac{A}{2(n-1)}\frac{1}{(x^2+2b\,x+c)^{n-1}} + \left(B - \frac{Ab}{2}\right)\int \frac{1}{(x^2+2b\,x+c)^n}\,dx$

Lösung der Differentialgleichung $y' = \frac{h(x)}{g(y)}$, $g(y) \neq 0$

G, H Stammfunktionen von g, h: $G'(y) = g(y)$, $H'(x) = h(x)$, $G(y)$ bijektiv

$$\int g(y)y'\,dx = \int h(x)\,dx, \text{Substitution } y' = \frac{dy}{dx},\, dy = y'\,dx$$

$$\int g(y)\,dy = \int h(x)\,dx \implies G(y) = H(x) + c \implies y(x) = G^{-1}[H(x) + c]$$

LAPLACE-**Transformation - Definition - Rechenregeln**

$\mathcal{L}[f(t)] = F(z) := \int_0^\infty f(t)e^{-zt}\,dt,\ F : D \to \mathbb{C}$

Transformation von f'	$\mathcal{L}[f'(t)] = zF(z) - f(0)$
Transformation von $f^{(n)}$	$\mathcal{L}[f^{(n)}(t)] = z^n F(z) - \sum_{k=1}^n z^{n-k} f^{(k-1)}(0)$
Transformation des Integrals	$\mathcal{L}[\int_0^t f(\tau)\,d\tau] = \frac{1}{z}F(z)$
Dämpfung/Verschiebung	$\mathcal{L}[e^{-at}f(t)] = F(z + a)$
Streckung	$\mathcal{L}[f(at)] = \frac{1}{a}F(\frac{z}{a})$
Faltungsregel	$\mathcal{L}[(f * g)(t)] = \mathcal{L}[f(t)] \cdot \mathcal{L}[g(t)]$
Produkt mit t^n	$\mathcal{L}[(-1)^n t^n f(t)] = F^{(n)}(z)$
Einschaltvorgang bei $t = a$	$\mathcal{L}[h_a(t)f(t - a)] = e^{-az}F(z)$
$y'' + ay' + by = 0$	$z^2 F(z) - zy_0 - y_1 + azF(z) - y_0 + bF(z) = 0$
$y(0) = y_0, y'(0) = y_1$	$\mathcal{L}[y(x)] = F(z) = \frac{y_0 + y_1 + zy_0}{z^2 + az + b}$

LAPLACE-**Transformation - Korrespondenzen**

$f(t)$	$F(z)$	$f(t)$	$F(z)$
1	$\frac{1}{z}$	$t^n,\ n \in \mathbb{N}$	$\frac{n!}{z^{n+1}}$
$t^a,\ a > -1$	$\frac{\Gamma(a+1)}{z^{a+1}}$	e^{at}	$\frac{1}{z-a}$
$\delta(t - t_0)$ bzw. $\delta(t)$	e^{-zt_0} bzw. 1	$\frac{1}{\sqrt{\pi t}}$	$\frac{1}{\sqrt{z}}$
$\frac{t^{n-1}e^{at}}{(n-1)!},\ n \in \mathbb{N}$	$\frac{1}{(z-a)^n}$	$\frac{t^{\beta-1}e^{at}}{\Gamma(\beta)},\ \beta > 0$	$\frac{1}{(z-a)^\beta}$
$\sin at$	$\frac{a}{z^2+a^2}$	$\cos at$	$\frac{z}{z^2+a^2}$
$e^{bt}\sin at$	$\frac{a}{(z-b)^2+a^2}$	$e^{bt}\cos at$	$\frac{z-b}{(z-b)^2+a^2}$
$\sinh at$	$\frac{a}{z^2-a^2}$	$\cosh at$	$\frac{z}{z^2-a^2}$
$e^{bt}\sinh at$	$\frac{a}{(z-b)^2-a^2}$	$e^{bt}\cosh at$	$\frac{z-b}{(z-b)^2-a^2}$
$t\sin at$	$\frac{2az}{(z^2+a^2)^2}$	$t\cos at$	$\frac{z^2-a^2}{(z^2+a^2)^2}$
$J_0(at)$	$\frac{1}{\sqrt{z^2+a^2}}$	$\int_0^t f(\tau)\,d\tau$	$\frac{1}{z}F(z)$

FOURIER-**Analysis**

$$f(t) = \frac{a_0}{2} + \sum_{k=1}^{\infty}[a_k\cos(k\omega t) + b_k\sin(k\omega t)], \ f(t) = f(t+T), \ \omega = \frac{2\pi}{T}$$

$$a_k = \frac{2}{T}\int_0^T f(t)\cos(k\omega t)dt, \ k = 0,1,\dots \quad b_k = \frac{2}{T}\int_0^T f(t)\sin(k\omega t)dt, \ k = 1,2,\dots$$

$$f(t) = \sum_{-\infty}^{\infty} c_k e^{ik\omega t}, \ f \text{ reell}$$

$$c_k = \frac{1}{T}\int_0^T f(t)e^{-ik\omega t}\,dt = \begin{cases} \frac{1}{2}(a_k - ib_k) & k > 0 \\ \frac{a_0}{2} & k = 0 \\ \frac{1}{2}(a_{-k} + ib_{-k}) & k < 0 \end{cases}$$

FOURIER-**Transformation - Definition - Rechenregeln**

$$\mathcal{F}[f(t)] = \hat{f}(s) := \frac{1}{2\pi}\int_{-\infty}^{\infty} f(t)e^{-ist}\,dt, \ \hat{f}: \mathbb{R} \to \mathbb{C}$$

Transformation der Ableitung	$\mathcal{F}[f'(t)](s) = (i\,s)\mathcal{F}[f(t)](s)$
Transformation der n-ten Ableitung	$\mathcal{F}[f^{(r)}(t)](s) = (i\,s)^r\mathcal{F}[f(t)](s)$
Verschiebung	$\mathcal{F}[f(t \pm h)] = e^{\pm i\,sh}\mathcal{F}[f(t)]$
Streckung	$\mathcal{F}[f(ct)] = \frac{1}{|c|}\hat{f}(\frac{s}{c})$
Konjugation	$\mathcal{F}[\overline{f(t)}] = \overline{\mathcal{F}[f(t)]}$
Faltungsregel	$\mathcal{F}[f_1 * f_2] = \mathcal{F}[f_1] \cdot \mathcal{F}[f_2]$

Hat $f(t)$ die Sprungstellen $a_1, a_2, \dots, a_n$, dann gilt
$$\mathcal{F}[f'(t)] = (i\,s)\mathcal{F}[f(t)] - \frac{1}{2\pi}\sum_{k=1}^{n}[f(a_k + 0) - f(a_k - 0)]e^{-isa_k}$$

FOURIER-**Transformation - Korrespondenzen**

$f(t)$	$\hat{f}(s)$	$f(t)$	$\hat{f}(s)$
1	$\delta(s)$	$e^{-a|t|}$	$\frac{a}{\pi(a^2+s^2)}$
$f(t) = \begin{cases} e^{-at} & t \geq 0 \\ 0 & t < 0 \end{cases}$	$\frac{1}{2\pi(a+is)}$	$f(t) = \begin{cases} \frac{\sin t}{t} & t \neq 0 \\ 1 & t = 0 \end{cases}$	$\begin{cases} \frac{1}{2} & |s| < 1 \\ \frac{1}{4} & |s| = 1 \\ 0 & |s| > 1 \end{cases}$
$\delta(t)$	$\frac{1}{2\pi}$	$\delta(t-a)$	$\frac{e^{-isa}}{2\pi}$
$f(t) = \begin{cases} 1 & t > 0 \\ 0 & t < 0 \end{cases}$	$\frac{1}{2\pi is} + \frac{\delta(s)}{2}$	$\Pi(t) = \begin{cases} 1 & |t| \leq b \\ 0 & |t| > b \end{cases}$	$\begin{cases} \frac{\sin bs}{\pi s} & s \neq 0 \\ \frac{b}{\pi} & s = 0 \end{cases}$

Kurven-, Oberflächen- und Volumenintegrale

$\gamma : [t_a, t_b] \to \mathbb{R}^3, \qquad \gamma(t) = (x_1(t), x_2(t), x_3(t))^T$, reguläre Kurve C

$\mathbf{x} : D \to \mathbb{R}^3, \qquad \mathbf{x}(u, v) = (x_1(u, v), x_2(u, v), x_3(u, v))^T$, reguläre Fläche S

$$D = \{(x, y)^T \mid x \in [a, b], \ q(x) \leq y \leq r(x), \ q, r \text{ stetig auf } [a, b]\}$$

$$K = \{(x, y, z)^T \mid (x, y)^T \in D, \ g(x, y) \leq z \leq h(x, y), \ g, h \text{ stetig auf } D\}$$

$\mathbf{v} : D \to \mathbb{R}^n$, stetig differenzierbar, $f : D \to \mathbb{R}$, stetig

Kurvenintegrale

Länge der Kurve C	$\int_C ds = \int_{t_a}^{t_e} \lvert \dot{\gamma}(t) \rvert \, dt$
skalares Kurvenintegral	$\int_C f \, ds = \int_{t_a}^{t_e} f(\gamma(t)) \, \lvert \dot{\gamma}(t) \rvert \, dt$
Arbeitsintegral	$\int_C \mathbf{v} \cdot \mathbf{ds} = \int_{t_a}^{t_e} \mathbf{v}(\gamma(t)) \cdot \dot{\gamma}(t) \, dt$

Oberflächenintegrale

Integral von f über D	$\int_D f(u, v) \, dudv = \int_a^b [\int_{q(v)}^{r(v)} f(u, v) \, dv] \, du$
Flächeninhalt von S	$\int_S dO = \int_D \lvert \mathbf{x}_u(u, v) \times \mathbf{x}_v(u, v) \rvert \, dudv$
Oberflächenintegral	$\int_S f \, dO = \int_D f(\mathbf{x}(u, v)) \, \lvert \mathbf{x}_u(u, v) \times \mathbf{x}_v(u, v) \rvert \, dudv$
Flussintegral	$\int_S \mathbf{v} \cdot \mathbf{dO} = \int_D \mathbf{v}(\mathbf{x}(u, v)) \cdot (\mathbf{x}_u(u, v) \times \mathbf{x}_v(u, v)) \, dudv$

Satz von STOKES

$$\int_C \mathbf{v} \cdot \mathbf{ds} = \int_{S_1} \operatorname{rot} \mathbf{v} \cdot \mathbf{dO} = \int_{S_2} \operatorname{rot} \mathbf{v} \cdot \mathbf{dO} , \qquad S_1, S_2 \text{ regulär}, \ C = \partial S_1 = \partial S_2$$

Volumenintegral

Integral von f über K	$\int_K f \, dV = \int_D [\int_{g(x,y)}^{h(x,y)} f(x, y, z) \, dz] \, dxdy$

Satz von GAUSS

$$\int_{\partial K} \mathbf{v} \cdot \mathbf{dO} = \int_K \operatorname{div} \mathbf{v} \, dV , \qquad\qquad S = \partial K, \text{ Randfläche von } K$$

Gradient einer Funktion (bezügl. der Basen (9.57) bzw. (9.62))

$u(x, y, z)$ in kartesischen Koordinaten $\qquad \nabla u = \operatorname{grad} u = \frac{\partial u}{\partial x}\mathbf{e}_1 + \frac{\partial u}{\partial y}\mathbf{e}_2 + \frac{\partial u}{\partial z}\mathbf{e}_3$

$u(\rho, \phi, z)$ in Zylinderkoordinaten $\qquad \operatorname{grad} u = \frac{\partial u}{\partial \rho}\mathbf{e}_\rho + \frac{1}{\rho}\frac{\partial u}{\partial \phi}\mathbf{e}_\phi + \frac{\partial u}{\partial z}\mathbf{e}_z$

$u(r, \phi, \theta)$ in Kugelkoordinaten $\qquad \operatorname{grad} u = \frac{\partial u}{\partial r}\mathbf{e}_r + \frac{1}{r \sin\theta}\frac{\partial u}{\partial \phi}\mathbf{e}_\phi + \frac{1}{r}\frac{\partial u}{\partial \theta}\mathbf{e}_\theta$

Divergenz eines Vektorfeldes

$\mathbf{v}(x, y, z) = (v_1, v_2, v_3)$ in kartesischen Koordinaten

$$\nabla \cdot \mathbf{v} = \operatorname{div} \mathbf{v} = \frac{\partial v_1}{\partial x} + \frac{\partial v_2}{\partial y} + \frac{\partial v_3}{\partial z}$$

$\mathbf{v}(\rho, \phi, z) = (v_\rho, v_\phi, v_z)$ in Zylinderkoordinaten (bezügl. der Basis (9.57))

$$\operatorname{div} \mathbf{v} = \frac{1}{\rho}\frac{\partial(\rho v_\rho)}{\partial \rho} + \frac{1}{\rho}\frac{\partial v_\phi}{\partial \phi} + \frac{\partial v_z}{\partial z}$$

$\mathbf{v}(r, \phi, \theta) = (v_r, v_\phi, v_\theta)$ in Kugelkoordinaten (bezügl. der Basis (9.62))

$$\operatorname{div} \mathbf{v} = \frac{1}{r^2}\frac{\partial(r^2 v_r)}{\partial r} + \frac{1}{r \sin\theta}\frac{\partial v_\phi}{\partial \phi} + \frac{1}{r \sin\theta}\frac{\partial(\sin\theta v_\theta)}{\partial \theta}$$

Rotation (Rotor) eines Vektorfeldes

$\mathbf{v}(x, y, z) = (v_1, v_2, v_3)$ in kartesischen Koordinaten

$$\nabla \times \mathbf{v} = \operatorname{rot} \mathbf{v} = \left(\frac{\partial v_3}{\partial y} - \frac{\partial v_2}{\partial z}\right)\mathbf{e}_1 + \left(\frac{\partial v_1}{\partial z} - \frac{\partial v_3}{\partial x}\right)\mathbf{e}_2 + \left(\frac{\partial v_2}{\partial x} - \frac{\partial v_1}{\partial y}\right)\mathbf{e}_3$$

$\mathbf{v}(\rho, \phi, z) = (v_\rho, v_\phi, v_z)$ in Zylinderkoordinaten (bezügl. der Basis (9.57))

$$\operatorname{rot} \mathbf{v} = \left(\frac{1}{\rho}\frac{\partial v_z}{\partial \phi} - \frac{\partial v_\phi}{\partial z}\right)\mathbf{e}_\rho + \left(\frac{\partial v_\rho}{\partial z} - \frac{\partial v_z}{\partial \rho}\right)\mathbf{e}_\phi + \left(\frac{1}{\rho}\frac{\partial(\rho v_\phi)}{\partial \rho} - \frac{1}{\rho}\frac{\partial v_\rho}{\partial \phi}\right)\mathbf{e}_z$$

$\mathbf{v}(r, \phi, \theta) = (v_r, v_\phi, v_\theta)$ in Kugelkoordinaten (bezügl. der Basis (9.62))

$$\operatorname{rot} \mathbf{v} = \left(\frac{1}{r \sin\theta}\frac{\partial(\sin\theta v_\phi)}{\partial \theta} - \frac{\partial v_\theta}{\partial \phi}\right)\mathbf{e}_r + \left(\frac{1}{r}\frac{\partial(r v_\theta)}{\partial r} - \frac{1}{r}\frac{\partial v_r}{\partial \theta}\right)\mathbf{e}_\phi + \left(\frac{1}{r \sin\theta}\frac{\partial v_r}{\partial \phi} - \frac{1}{r}\frac{\partial(r v_\phi)}{\partial r}\right)\mathbf{e}_\theta$$

LAPLACE-**Operator einer Funktion**

$u(x, y, z)$ in kartesischen Koordinaten

$$\Delta u = \operatorname{div}(\operatorname{grad} u) = \frac{\partial^2 u}{\partial x^2} + \frac{\partial^2 u}{\partial y^2} + \frac{\partial^2 u}{\partial z^2}$$

$u(\rho, \phi, z)$ in Zylinderkoordinaten

$$\Delta u = \operatorname{div}(\operatorname{grad} u) = \frac{1}{\rho}\frac{\partial}{\partial \rho}[\rho \frac{\partial u}{\partial \rho}] + \frac{1}{\rho^2}\frac{\partial^2 u}{\partial \phi^2} + \frac{\partial^2 u}{\partial z^2}$$

$u(r, \phi, \theta)$ in Kugelkoordinaten

$$\Delta u = \operatorname{div}(\operatorname{grad} u) = \frac{1}{r^2}\frac{\partial}{\partial r}[r^2 \frac{\partial u}{\partial r}] + \frac{1}{r^2 \sin^2 \theta}\frac{\partial^2 u}{\partial \phi^2} + \frac{1}{r^2 \sin \theta}\frac{\partial}{\partial \theta}[\sin \theta \frac{\partial u}{\partial \theta}]$$

Wahrscheinlichkeit $P(A)$ **zufälliger Ereignisse** A

Additionsaxiom	$P(\bigcup_k A_k) = \sum_k P(A_k)$ (A_k paarweise unvereinbar)
Multiplikationstheorem	$P(A \cap B) = P(A|B)P(B) = P(B|A)P(A)$ (A, B beliebig)
	$P(A \cup B) = P(A)P(B)$ (A, B unabhängig)

Zufallsgrößen X **(Verteilungsfunktion** $F(x)$, **Wahrscheinlichkeitsdichte** $p(x)$**)**

α-Quantil x_α	$F(x_\alpha) = P\{X < x_\alpha\} = \alpha$ ($0 < \alpha < 1$)
Erwartungswert	$E(X) = \int_{-\infty}^{\infty} \xi p(\xi)\, d\xi$
Rechenregeln	$E(aX + b) = aE(X) + b$; $E[(aX)^k] = a^k E(X^k)$;
	$E[g_1(X) + g_2(X)] = E[g_1(X)] + E[g_2(X)]$ ($a, b \in \mathbb{R}$, $k \in \mathbb{N}$)
Varianz (Streuung)	$Var(X) = \int_{-\infty}^{\infty}[\xi - E(X)]^2 p(\xi)\, d\xi$ ($= \sigma_X^2 = D(X)$)
Standardabweichung	$\sigma_X = \sqrt{Var(X)} = \sqrt{D(X)}$
Momente k. Ordnung	$m_k = E(X^k) = \int_{-\infty}^{\infty} \xi^k p(\xi)\, d\xi$ ($k \in \mathbb{N}$)
Zentrale Momente k. Ordnung	$\mu_k = E\{[X - E(X)]^k\} = \int_{-\infty}^{\infty}(\xi - m_1)^k p(\xi)\, d\xi$
Schiefe γ_3, Exzess γ_4	$\gamma_3 = \frac{\mu_3}{\sigma_X^3}$, $\gamma_4 = \frac{\mu_4}{\sigma_X^4}$

Normalverteilung $N(\mu, \sigma)$, Dichte $p(x; \mu, \sigma) = \frac{1}{\sigma\sqrt{2\pi}} e^{-\frac{(x-\mu)^2}{2\sigma^2}}$ ($\sigma > 0, \mu$ Parameter)

Verteilungsfunktion $\Phi(x; \mu, \sigma) = \frac{1}{\sigma\sqrt{2\pi}} \int_{-\infty}^{x} e^{-\frac{(\xi-\mu)^2}{2\sigma^2}} d\xi$, $E(X) = \mu$, $Var(X) = \sigma^2$;

$\mu_{2k-1} = 0$, $\mu_{2k} = 1 \cdot 3 \cdot \ldots \cdot (2k-1)\sigma^{2k}$ $(k \in \mathbb{N})$, $\gamma_3 = \gamma_4 = 0$,

$p(x) = p(x; 0,1)$ GAUSSsche Glockenkurve,

$\Phi(x) = \Phi(x; 0,1)$ GAUSSsches Fehlerintegral, $\Phi(x) + \Phi(-x) = 1$, $\Phi(0) = \frac{1}{2}$

Zufallsvektoren $(X_1, X_2, \ldots, X_n)$

Verteilungsfunktion $\quad F(x_1, \ldots, x_n) = P\{X_1 < x_1, \ldots, X_n < x_n\}$

Dichte $p(x_1, \ldots, x_n)$ $\quad F(x_1, \ldots, x_n) = \int_{-\infty}^{x_1} \cdots \int_{-\infty}^{x_n} p(\xi_1, \ldots, \xi_n)\, d\xi_n \ldots d\xi_1$,

---

Momente $(n = 2)$ $\quad m_{pq} = E(X^p Y^q) = \int_{-\infty}^{\infty} \int_{-\infty}^{\infty} \xi^p \eta^q p(\xi, \eta)\, d\eta d\xi$ $(p, q \geq 0)$

Erwartungswerte $\quad m_{10} = E(X)$, $m_{01} = E(Y)$

Zentrale Momente $\quad \mu_{pq} = E\{[X - E(X)]^p [Y - E(Y)]^q\}$ $(n = 2)$

Varianzen $\quad \mu_{20} = \sigma_X^2$, $\mu_{02} = \sigma_Y^2$

Kovarianz $\quad \mu_{11} = E\{[X - E(X)][Y - E(Y)]\} = cov(X, Y)$

Varianz von $X + Y$ $\quad \sigma_{X+Y}^2 = \sigma_X^2 + \sigma_Y^2 + 2\, cov(X, Y)$

Kovarianzmatrix (k_{jl}) $\quad k_{jl} = cov(X_j, X_l) = E\{[X_j - E(X_j)][X_l - E(X_l)]\}$

$\qquad\qquad\qquad (k_{jl})$ symmetrisch, positiv semidefinit $(1 \leq j, l \leq n)$

Korrelationskoeffizienten $\quad \rho_{jl} = \frac{cov(X_j, X_l)}{\sigma_{X_j} \sigma_{X_l}}$, $-1 \leq \rho_{jl} \leq 1$ $(1 \leq j, l \leq n)$

Für Zufallsvektoren (X, Y) mit unabhängigen Komponenten gilt:

$$E(XY) = E(X)E(Y), \quad \rho(X, Y) = 0, \quad \sigma_{X+Y}^2 = \sigma_X^2 + \sigma_Y^2$$

(X, Y) $\quad p(x, y) = \frac{1}{2\pi\sigma_X\sigma_Y\sqrt{1-\rho^2}} e^{-\frac{1}{2(1-\rho^2)}[(\frac{x-m_X}{\sigma_X})^2 - 2\rho\frac{x-m_X}{\sigma_X}\frac{y-m_Y}{\sigma_Y} + (\frac{y-m_Y}{\sigma_Y})^2]}$

normalverteilt $(m_X, m_Y, \sigma_X, \sigma_Y, \rho$ Parameter mit $\sigma_X > 0, \sigma_Y > 0$, $|\rho| < 1)$

$$E(X) = m_X, \; E(Y) = m_Y, \; Var(X) = \sigma_X^2, \; Var(Y) = \sigma_Y^2,$$

$$cov(X, Y) = \rho\sigma_X\sigma_Y, \qquad \rho = 0 \Longleftrightarrow X, Y \text{ unabhängig.}$$

Punktschätzungen

$(x_1, x_2, \ldots, x_n), (y_1, y_2, \ldots, y_n)$ konkrete Stichproben aus X bzw. Y

Parameter	Schätzwert	Bemerkung
$E(X)$	$\bar{x} = \frac{1}{n} \sum_{k=1}^{n} x_k$	
σ_X^2	$s_x^2 = \frac{1}{n-1} \sum_{k=1}^{n} (x_k - \bar{x})^2$	
$\rho(X,Y)$	$r = \frac{s_{xy}}{s_x s_y}$	$s_{xy} = \frac{1}{n-1} \sum_{k=1}^{n} (x_k - \bar{x})(y_k - \bar{y})$

Regression

Koeffizienten		Regressionsgerade
β_0, β_1	$b_0 = \bar{y} - b_1 x, \ b_1 = \frac{s_{xy}}{s_x^2}$	$y = E(Y|X = x) = \beta_0 + \beta_1 x$

Konfidenzintervalle, $X \ N(\mu, \sigma)$-verteilt; Konfidenzniveau $1 - \alpha$

Parameter	Konfidenzintervall	Bemerkung
μ (σ bekannt)	$[\bar{x} - z_{\frac{\alpha}{2}} \frac{\sigma}{\sqrt{n}}, \bar{x} + z_{\frac{\alpha}{2}} \frac{\sigma}{\sqrt{n}}]$	$\pm z_{\frac{\alpha}{2}}$ Quantile von $N(0,1)$:
μ (σ unbekannt)	$[\bar{x} - t_{n-1;\frac{\alpha}{2}} \frac{s_x}{\sqrt{n}}, \bar{x} + t_{n-1;\frac{\alpha}{2}} \frac{s_x}{\sqrt{n}}]$	$\pm t_{n-1;\frac{\alpha}{2}}$ Quantile der t-Verteilung mit $(n-1)$ Freiheitsgraden
σ^2	$[\frac{(n-1)s_x^2}{\chi_{n-1;1-\frac{\alpha}{2}}^2}, \frac{(n-1)s_x^2}{\chi_{n-1;\frac{\alpha}{2}}^2}]$	$\chi_{n-1;1-\frac{\alpha}{2}}^2, \ \chi_{n-1;\frac{\alpha}{2}}^2$ Quantile der χ^2-Verteilung mit $(n-1)$ Freiheitsgraden

Parametertests

Voraussetzung	Test	Testgröße	Ablehnungsbereich
$X \ N(\mu, \sigma)$-verteilt, σ bekannt	$H_0 : \mu = \mu_0$ $H_1 : \mu \neq \mu_0$	$t = \frac{\bar{x} - \mu_0}{\sigma} \sqrt{n}$	$|t| \geq z_{\frac{\alpha}{2}}$
$X \ N(\mu, \sigma)$-verteilt, σ unbekannt	$H_0 : \mu = \mu_0,$ $H_1 : \mu \neq \mu_0$	$t = \frac{\bar{x} - \mu_0}{s_x} \sqrt{n}$	$|t| \geq t_{n-1;\frac{\alpha}{2}}$
(X,Y) normalverteilt	$H_0 : \rho(X,Y) = 0,$ $H_1 : \rho(X,Y) \neq 0$	$t = \frac{r}{\sqrt{1-r^2}} \sqrt{n-2}$	$|t| \geq t_{n-2;\frac{\alpha}{2}}$

Tabelle 1: Werte der Verteilungsfunktion $\Phi(x) = \frac{1}{\sqrt{2\pi}} \int_{-\infty}^{x} e^{-\frac{1}{2}\eta^2} \, d\eta$ einer $N(0,1)$-verteilten Zufallsgröße X

x	$\Phi(x)$	x	$\Phi(x)$	x	$\Phi(x)$
0,00	0,500000	0.50	0,691463	1,00	0,841345
0,05	0,519939	0,55	0,708840	1,05	0,853141
0,10	0,539828	0,60	0,725747	1,10	0,864334
0,15	0,559618	0,65	0,742154	1,15	0,874928
0,20	0,579260	0,70	0,758036	1,20	0,884930
0.15	0,589706	0,75	0,773373	1,25	0,894350
0,30	0,617911	0,80	0,788145	1,30	0,903200
0,35	0,636831	0,85	0,802338	1,35	0,911492
0,40	0,655422	0,90	0,815940	1,40	0,919243
0,45	0,673045	0,95	0,828944	1,45	0,926471

x	$\Phi(x)$	x	$\Phi(x)$	x	$\Phi(x)$
1,50	0,933193	2,00	0,977250	2,50	0,993790
1,55	0,939429	2,05	0,979818	2,55	0,994614
1,60	0,945201	2,10	0,982136	2,60	0,995339
1,65	0,950528	2,15	0,984222	2,65	0,995975
1,70	0,955434	2,20	0,986097	2,70	0,996533
1,75	0,959941	2,25	0,987776	2,75	0,997020
1,80	0,964070	2,30	0,989276	2,80	0,997445
1,85	0,967843	2,35	0,990613	2,85	0,997814
1,90	0,971283	2,40	0,991802	2,90	0,998134
1,95	0,974412	2,45	0,992857	2,95	0,998411
				3,00	0,998650

Tabelle 2: $(1 - \alpha)$-Quantile z_α einer $N(0,1)$-verteilten Zufallsgröße X für $\alpha = 0{,}005;\ 0{,}01;\ 0{,}025;\ 0{,}05;\ 0{,}1$:

$$P\{X < z_\alpha\} = \Phi(z_\alpha) = 1 - \alpha, \ P\{X < -z_\alpha\} = \Phi(-z_\alpha) = \alpha$$

α	0,005	0,01	0,025	0,05	0,1
z_α	2,576	2,326	1,960	1,645	1,282

Tabelle 3: $(1 - \alpha)$-Quantile $t_{n;\alpha}$ einer t-verteilten Zufallsgröße T_n mit n Freiheitsgraden für $\alpha = 0{,}005;\ 0{,}01;\ 0{,}025;\ 0{,}05;\ 0{,}1$:

$$P\{T_n < -t_{n;\alpha}\} = \alpha, \ P\{T_n < t_{n;\alpha}\} = 1 - \alpha$$

α n	0,005	0,01	0,025	0,05	0,1
1	63,697	31,821	12,706	6,314	3,078
2	9,924	6,966	4,303	2,921	1,836
3	5,841	4,542	3,183	2,353	1,638
4	4,604	3,747	2,775	2,131	1,533
5	4,032	3,365	2,570	2,015	1,476
6	3,707	3,143	2,447	1,943	1,440
7	3,500	2,997	2,365	1,895	1,415
8	3,355	2,896	2,306	1,860	1,397
9	3,250	2,821	2,262	1,832	1,383
10	3,170	2,764	2,228	1,812	1,371
15	2,948	2,601	2,131	1,753	1,341
20	2,846	2,528	2,086	1,725	1,325
25	2,787	2,485	2,060	1,708	1,316
30	2,750	2,457	2,042	1,698	1,311
40	2,704	2,423	2,021	1,684	1,303
50	2,678	2,404	2,009	1,676	1,299
100	2,626	2,364	1,984	1,660	1,290
200	2,600	2,345	1,972	1,653	1,286
500	2,585	2,334	1,965	1,647	1,283
∞	2,576	2,326	1,960	1,645	1,282

Tabelle 4: α- und $(1-\alpha)$-Quantile $\chi^2_{n;\alpha}$ und $\chi^2_{n;1-\alpha}$ einer Chi-Quadrat-verteilten Zufallsgröße χ^2_n mit n Freiheitsgraden für $\alpha = 0{,}01;\ 0{,}025;\ 0{,}05;\ 0{,}1$:

$$P\{\chi^2_n < \chi^2_{n;\alpha}\} = \alpha, \quad P\{\chi^2_n < \chi^2_{n;1-\alpha}\} = 1 - \alpha$$

	$\chi^2_{n;\alpha}$ für $\alpha =$				$\chi^2_{n;1-\alpha}$ für $1-\alpha =$			
n	0,01	0,025	0,05	0,1	0,90	0,95	0,975	0,99
1	<0,001	<0,001	0,004	0,016	2,71	3,84	5,02	6,63
2	0,02	0,05	0,10	0,21	4,61	5,99	7,38	9,21
3	0,12	0,22	0,35	0,58	6,25	7,81	9,35	11,34
4	0,30	0,49	0,71	1,06	7,78	9,49	11,14	13,28
5	0,56	0,83	1,15	1,61	9,24	11,07	12,83	15,08
6	0,87	1,24	1,64	2,20	10,64	12,59	14,45	16,81
7	1,24	1,69	2,17	2,83	12,02	14,07	16,01	18,48
8	1,65	2,18	2,73	3,49	13,36	15,51	17,53	20,09
9	2,10	2,70	3,33	4,17	14,68	16,92	19,02	21,67
10	2,56	3,25	3,94	4,87	16,00	18,31	20,48	23,21
15	5,23	6,26	7,26	8,55	22,31	25,09	27,49	30,58
20	8,27	9,59	10,85	12,44	28,41	31,41	34,17	37,57
25	11,52	13,12	14,60	16,47	34,38	37,65	40,65	44,31
30	14,95	16,80	18,49	20,60	40,26	43,77	46,98	50,89
35	18,51	20,57	22,47	24,80	46,06	49,80	53,20	57,34
40	22,16	24,43	26,51	29,05	51,81	55,76	59,34	63,69
45	25,90	28,37	30,61	33,35	57,51	61,67	65,41	69,96
50	29,71	32,36	34,76	37,69	63,17	67,50	71,42	76,15
75	49,48	52,94	56,05	59,79	91,06	96,22	100,84	106,39
100	70,06	74,22	77,93	82,36	118,50	124,34	129,56	135,81

B Octave/MATLAB

Im Folgenden soll ein kurzer Überblick über die interaktive Programmiersprache **Octave** gegeben werden. Es handelt sich hierbei um eine interaktive Scriptsprache, die speziell für vektorisierbare Berechnungen optimiert ist und dabei Standardroutinen der numerischen Mathematik (z.B. EISPACK oder LAPACK) auf einfache Weise zugänglich macht. Die Syntax von Octave ist dem proprietären MATLAB sehr ähnlich, d.h. ein Octave Programm kann meist auch von MATLAB ausgeführt werden. Die Rückwärtskompatibilität ist nicht immer gegeben, da MATLAB besonders im Grafikbereich um einen erheblich größeren Funktionsumfang verfügt. Octave ist ein freies "Open Source"-Programm. Allerdings sei darauf hingewiesen, dass MATLAB insbesondere hinsichtlich des Befehlsumfangs und der Rechengeschwindigkeit mehr als Octave leistet.

In Octave gibt es (wie in MATLAB) ein umfangreiches Angebot an Routinen zu vielen Gebieten der angewandten Mathematik wie z.B. "Numerische lineare Algebra", "Statistik", "Interpolation", "Lineare und nichtlineare Gleichungen", "Spezielle Funktionen". Die **Lernkurve** zur effektiven Nutzung von Octave ist flach, so dass man sehr schnell in der Lage ist, die vielfältigen Möglichkeiten zur Lösung von konkreten Aufgaben anzuwenden.

Octave ist leicht zugänglich und speziell in linux-Distributionen oft enthalten oder sehr leicht installierbar. Im Netz findet man auch leicht installierbare Octave-Versionen für Windows.

Nachdem anfangs Octave über nur eine Kommandozeile einer Konsole nutzbar war, gibt es jetzt Nutzer-Interface (GUI), das die Arbeit mit Octave wesentlich angenehmer macht.

Ich orientere mich bei dieser kurzen Anleitung sehr stark an der Kurzbeschreibung von Simon A. Eugster (Absolvent der ETH Zürich, http://granjow.net/), die ich unter den vielen im Netz zu findenden Beschreibungen am instruktivsten finde.

B.1 Eingabekonventionen

Alle Befehle können sowohl interaktiv, als auch über Skriptdateien eingegeben werden. Scripts sind Textdateien mit dem Suffix .m. Sie werden durch Aufruf des Dateinamens ohne Suffix eingelesen, und verhalten sich so, als ob ihr Inhalt Zeile für Zeile am Prompt (Kommandozeile) eingegeben würde. ; trennt mehrere Befehle in einer Zeile, und unterdrückt die Ausgabe von Werten. , trennt Befehle, gibt aber Werte aus. ... am Zeilenende bedeutet, dass der Ausdruck in der nächsten Zeile weitergeht. Kommentare werden mit % eingeleitet. Octave unterscheidet zwischen Groß- und Kleinbuchstaben. In den folgenden Erläuterungen

werden optionale Parameter oder Argumente durch die Sans-Serif-Schriftart gekennzeichnet.

B.2 Kontrollstrukturen

Verzweigung

Wenn TEST wahr ist, wird der nachfolgende Codeblock (und kein weiterer) ausgeführt. Sowohl elseif als auch else sind optional. elseif kann mehrfach vorkommen. else wird ausgeführt, falls keine der vorherigen Bedingungen zutrifft.

```
if (TEST)
   CODE
elseif (TEST)
   CODE
else
   CODE
endif
```

While-Schleife

Wie die Verzweigung, der Codeblock wird aber (als Ganzes!) wiederholt, bis die
Abbruchbedingung TEST nicht mehr wahr ist.

```
while (TEST)
   CODE
end
MORE
```

Auführungsreihenfolge:
TEST ⇑ - CODE - TEST ⇑ - CODE - ... - TEST ⇓ - MORE.

For-Schleife

Die Zählervariable bekommt bei jedem Durchlauf den nächsten Wert aus dem
angegebenen Vektor zugewiesen, bis keine weiteren mehr vorhanden sind.

```
for i=1:10
   CODE
end
MORE
```

Auführungsreihenfolge:
CODE (i=1) - CODE (i=2) - ... - CODE (i=10) - MORE.

Flusskontrolle

Schleifen können fühzeitig verlassen werden.

```
continue
```

überspringt die verbleibenden Zeilen im Codeblock und macht dann wie ge-
wohnt weiter. In der der while-Schleife wird danach wieder die Abbruchbedingung TEST geprüft, in der for-Schleife der nächste Wert des Vektors verwendet.

```
break
```

bricht die Ausführung der Schleife ganz ab und springt nach `end` bzw. `endif` zu MORE.

Arithmetischen, Vergleichende und logische Operatoren

Es gibt die "üblichen" Operationen/Funktionen +, -, *, /, ; sin, cos, exp, acos, usw., wobei "Punktrechnung" vor "Strichrechnung" geht, d.h. $a + b * c$ bedeutet $a + (b * c)$. Die Quadratwurzel einer reellen Zahl a berechnet man durch `sqrt(a)`. Das Ausgabeformat von Zahlen ist standardmäßig %.4f (short, vier Nachkommastellen). Die Umstellung zum Ausgabeformat %.14f (long, vierzehn Nachkommastellen) erreicht man durch das Kommando

```
format long
```

und durch

```
format short
```

stellt man wieder auf die Ausgabe im Format %.4f um. Octave kennt z.B. die Konstanten `pi` (Kreiszahl π), `e` (Eulersche Zahl) und `i` (komplexe Zahl 0+1i = $\sqrt{-1}$). Die folgende Befehlssequenz demonstriert die verschiedenen Ausgabeformate:

```
pi
   3.1416
format long
pi
   3.14159265358979
e
   2.71828182845905
format short
   2.7183
```

Vergleichende und logische Operatoren werden für TEST-Bedingungen (Logische Ausdrücke) benötigt. A und B sind Zahlen, E und F sind logische Ausdrücke.

$A == B$	Gleichheit
$A \sim= B$	Ungleichheit
$A < B$	Kleiner als (> für Größer)
$A <= B$	Kleiner oder gleich als (>= für Größer oder gleich)
$E \&\& F$	Und
$E \| F$	Oder
$\sim E$	Nicht (Negation)

Als Werte für Wahr und Falsch werden 1 oder 0 verwendet (das Resultat des Ausdrucks 2 < 1 ist 0). Siehe dazu das Anwendungsbeispiel mit Vergleichsoperator und Zählervariable:

```
counter = 0
while (counter < 43)
```

```
  counter = counter + 1
  CODE
end
```

wiederholt CODE 43 Mal.

B.3   Vektoren und Matrizen

Vektoren

```
b = [2,  3,  7]
b = [2  3  7]
d = [1;  4;  2]
```

Die ersten beiden Befehle sind gleichwertig und erzeugen einen Zeilenvektor, der dritte erzeugt einen Spaltenvektor. Das Semikolon bedeutet, dass eine neue Zeile beginnt.

$$b = (2\ 3\ 7) \qquad d = \begin{pmatrix} 1 \\ 4 \\ 2 \end{pmatrix}$$

Vektoren sind $1 \times n$- oder $n \times 1$ Matrizen. Auf das n-te Element eines Vektor v wird mit $v(n)$ zugegriffen:

```
d(2)  --> 4
```

Bei der Erzeugung der Vektoren werden eckige Klammern benutzt, und beim Zugriff auf Vektor-Elemente benutzt man runde Klammern.

Sequenzen

equenzen werden in folgenden Form geschrieben:

```
low:inc:high
```

Damit wird ein Vektor generiert, der bei `low` beginnt und mit `high` endet. Die Schrittweite `inc` (optional) ist standardmäßig auf 1 gesetzt, wenn sie nicht angegebene wird.

$$\begin{array}{lll} 1{:}4 & \to & [1\ 2\ 3\ 4] \\ 5{:}{-}1{:}3 & \to & [5\ 4\ 3] \\ 0{:}.3{:}2.0 & \to & [\,0\ 0.3\ 0.6\ 0.9\ 1.2\ 1.5\ 1.8] \end{array}$$

Im zweiten Fall muss `inc` angegeben werden, da 5:3 einen leeren Vektor ergeben würde. Im letzten Fall wird 2.1 weggelassen, da diese Zahl größer als `high` ist. Die führende 0 vor dem Komma darf bei Gleitkommazahlen weggelassen werden, d.h. 0.1 == .1

Matrizen

```
A = [1   2   3;  4   5   6]
```

erzeugt eine Matrix mit zwei Zeilen und drei Spalten

$$A = \begin{pmatrix} 1 & 2 & 3 \\ 4 & 5 & 6 \end{pmatrix}$$

Auf einzelne Elemente greift man analog zu Vektoren mit A(m, n) zu:

```
a(2,1) --> 4
```

Auf Zeilen oder Spalten mit Vektoren als Parameter:

$$
\begin{aligned}
A(1,[1\ 3]) &\rightarrow & [1\ 3] \\
A(1,2{:}\text{end}) &\rightarrow & [2\ 3] \\
A(1,\ 1{:}3) &\rightarrow & [1\ 2\ 3] \\
A(1,\ :) &\rightarrow & [1\ 2\ 3]
\end{aligned}
$$

wobei end für das letzte Element steht und : alleine die ganze Zeile oder Spalte auswählt.

B.4 Allgemeines

Datentypen

```
x = 1.25     s = 'abc'     A = [1 2; 3 4]     c = 1+2i
```

Von links nach rechts:

- Zahlen (Skalare). Dazu gehören auch Inf (Unendlich);1/0) und NaN (Not-a-Number; 0/0).

- Text (Strings). Um ein ' zu schreiben, muss es verdoppelt werden: 'ist''s ergibt ist's.

- Vektoren und Matrizen

- Komplexe Zahlen; i=$\sqrt{-1}$ bzw. $i^2 = -1$. Sie können auch mit complex([1,2]) erzeugt werden. real(c) gibt den Realteil 1 und imag(c) den Imaginärteil 2 zurück.

Zahlen können auch in wissenschaftlicher Notation (3.25e3 für 325) oder hexadezimal mit dem 0x-Präfix (0x2a) eingegeben werden. Binärzahlen mit bin2dec('101010').

Textausgabe mit fprintf

```
fprintf(FORMAT, var1, var2, ...)
```

Gibt den String FORMAT aus. %f, %s etc. dienen als Platzhalter, die der Reihe nach mit den folgenden Argumenten var1, var2, etc. ersetzt werden. Die häufigsten Platzhalter:

%f   Floating-Point-Zahlen, einfache Darstellung
%d   Ganze Zahlen
%e   Wissenschaftliche Darstellung (E-Notation)
%s   Strings
%.4f   Floating-Point mit vier Nachkommastellen

Weiter wird \n durch einen Zeilenumbruch, \\ durch einen Backslash und %%
durch ein Prozentzeichen ersetzt. Beispiel mit Ausgabe:

```
Zeit = 3
temp = 13.857
fprintf('%d Uhr: Temperatur = %.2f Grad \n',zeit,temp)
   3 Uhr: Temperatur = 13.85 Grad
```

Praktische Funktionen und Kommandos

```
abs(X)
```

berechnet elementweise den Absolutwert $|x_{ij}|$.

```
max(X)    min(X)    sum(X)    mean(X)
```

geben den Maximal-/Minimalwert, die Summe und das arithmetische Mittel
($\frac{1}{n} \sum x_i$) des übergebenen Vektors zurück. In Matrizen wird das Resultat spalten-
weise berechnet, das Resultat über eine ganze Matrix erhält man durch zweifache
Anwendung. Beispiel Maximum: max(max(A)).

```
ceil(X)    floor(X)    round(X)
```

ceil rundet X auf die nächste ganze Zahl (in Richtung $+\infty$) auf, floor rundet
nach $-\infty$ ab und round rundet zur nächsten ganzen Zahl. 0.1*round(10*x)
rundet auf eine Nachkommastelle.

```
diary 'arbeitsprotokoll'
```

erstellt nach Eingabe dieses Kommandos ein lückenloses Protokoll sämtlicher Ei-
nagben der Octave-Sitzung auf der Octave-Kommandozeile bis zu deren Ende.
Das Protokoll findet man unter dem angegebenen Namen in dem Arbeitsver-
zeichnis als Textdatei.
Außerdem stehen auf der Kommandozeile die gängigen Shell-Kommandos wie
z.B. pwd, ls oder cd zur Verfügung, um das aktuelle Verzecihnis anzuzeigen, die
im Verzeichnis vorhandenen Files aufzulisten und in ein anderes Verzeichnis zu
wechaseln.
Das Kommande help gibt eine Übersicht über alle verfügbaren Kommandos aus,
und

```
help floor
```

gibt z.B. eine Beschreibung des Kommandos floor aus.

B.5 Visualisierung: 2-dimensionale Plots

Plotten

```
figure(ID)
```

öffnet ein neues Plot-Fenster. Mit der optionalen ID wird dieses Fenster später mit dem selben Befehl wieder aktiviert.

```
plot(X, Y, FORMAT)
```

plottet die Werte aus dem Vektor Y zu den entsprechenden x-Werten, als (X_1, Y_1), (X_2, Y_2),... etc. X ist optional, ohne den Parameter werden die x-Werte 1,2,3,... verwendet.

Mit FORMAT kann der Zeichenstil geändert werden: '-ok' zeichnet schwarze (k) Linien (-) zwischen den Datenpunkten, die als Kreise (o) erscheinen. '-xg' zeichnet nur Punkte (.), die als grüne (g) Kreuze (x) erscheinen. Weitere Optionen erfährt man durch den Hilferuf help plot.

```
hold on
```

erlaubt das Zeichnen mehrerer Kurven im selben Plot: Der nächste Plot-Befehl zeichnet, ohne bereits existierende Kurven zu löschen. Standardeinstellung: hold off

```
clf(ID)
```

leert das aktive Plotfenster. Wenn die ID vom figure-Befehl angegeben wird (optional), wird dieses Fenster geleert. Einstellungen (z.B. von subplot) werden zrückgesetzt.

Formatìerung und Beschriftung

```
axis ARG
```

ändert die Darstellungsoptionen der Achsen. Beispiele für ARG sind equal für gleichen Maßstab beider Achsen, off für unsichtbare Achsen oder tight für optimale Platzausnutzung.

```
xlabel(TEXT)  ylabel(...)  title(...)
```

beschriftet x- und y-Achse und den Plot als Ganzes.

```
legend(str1, str2,...)
```

setzt für geplottete Kurven der Reihe nach eine Legende. Das folgende Beispiel plottet eine Sinus- und eine x^2-Kurve

```
hold on
x = linspace(0,pi,50)
plot(x,sin(x), 'r'); plot(x, x.^2, 'g');
legend('sin(x)', 'x^2')
```

Dateiausgabe

```
print(FILENAME)
```

speichert den Plot im aktiven Fenster als Grafik in der Datei `FILENAME` (z.B. 'kurve1.png' oder 'kurve1.svg').

Mehrere Plots pro Fenster

```
subplot(M, N, i)
```

Mit `subplot` kann das Plot-Fenster in $M \times N$ Felder aufgeteilt werden, so dass verschiedene Plots im selben Fenster gezeichnent werden. Das aktive Feld wird mit dem Index i (zeilenweise durchgezählt) ausgewählt. Das folgende Beispiel zeichnet links $\sqrt{x}$ und rechts x^2, wobei die y-Achsen unterschiedliche Skalen aufweisen:

```
subplot(1,2, 1); plot([1:100].^.5);
subplot(1,2, 2); plot([1:100].^2);
```

Die Operationen `x.^2` und `plot([1:100].^2` werden im folgenden Abschnitt erklärt.

B.6   Rechnen mit Matrizen

Indizierung

Die Indizierung von Matrizen ist 1-basiert, das erste Element besitzt den Index 1. Zugriffe außerhalb des gültigen Bereichs ergeben Indexfehler. Beispiel für $v = [3\ 1]$

v(0) $\rightarrow$ Fehler
v(1) $\rightarrow$ 3

Zahlen mit gleichmäßigem Abstand

```
linspace(min, max, N)
```

generiert N Zahlen zwischen `min` und `max` mit gleichgleichmäßigem Abstand. Gegenüber Sequenzangabe mit `low:inc:high` hat dieser Befehl den Vorteil, dass die Sequenz genau mit `max` endet. Beispiel, das mit linspace einfacher ist:

```
linspace(0, pi, 10)
  [0  0.628  1.256  1.885  2.513 3.1415]
```

Matrizen generieren

```
zeros(m,n)    ones(m,n)    eye(m,n)    rand(m,n)
```

erstellt eine Matrix des Types $m \times n$ (m Zeilen, n Spalten). Sie wird folgendermaßen initialisiert:

- mit Nullen bei zeros

- mit Einsen bei ones

- als Identitätsmatrix ($A_{ij} = 0$, $A_{jj} = 1$) bei eye

- zufällig mit Werten $\in [9,1]$ bei rand

Verwendet man nur das erste Argument, z.B. `zeros(3)`, wird eine 3×3-Matrix mit Nullen erzeugt.

`diag(X,d)`

erzeugt eine Diagonalmatrix mit dem Vektor X auf der Diagonalen und Nullen sonst. Mit dem optionalen Parameter d kann die Diagonale nach oben oder (negativer Index) nach unten verschoben werden. Beispiele: `D = diag(rand(3,1))` ezeugt eine 3×3-Matrix

$$D = \begin{pmatrix} 0\,944 & 0 & 0 \\ 0 & 0\,978 & 0 \\ 0 & 0 & 0\,055 \end{pmatrix}$$

`F = diag([3 1 4],1)` erzeugt eine 4×4-Matrix mit einer um 1 Element verschobenen Diagonalen

$$F = \begin{pmatrix} 0 & 3 & 0 & 0 \\ 0 & 0 & 1 & 0 \\ 0 & 0 & 0 & 4 \\ 0 & 0 & 0 & 0 \end{pmatrix}$$

Matrix- und Vektormultiplikationen

Alle Arten von Multiplikationen werden mit dem $*$-Operator berechnet. Matrizen werden wie üblich in Großbuchstaben geschrieben, Vektoren sind hier Spaltenvektoren, d.h. $n \times 1$-Matrizen.

- $s = u' * v$
  Skalarprodukt $\vec{u} \cdot \vec{v} = |\vec{u}|\,|\vec{v}| \cos \varphi$

- $A = u * v'$
  dyadisches Produkt

- $b = A * x$
  Matrix-Vektor-Multiplikation mit A vom Typ $m \times n$, x vom Typ $n \times 1$ und b vom Typ $m \times 1$

- $C = A * B$
  Matrix-Matrix-Multiplikation mit A vom Typ $m \times k$, B vom Typ $k \times n$ und dem Ergebnis C vom Typ $m \times n$

Transponieren

Der Postfix-Operator ' (einfaches Anführungszeichen) spiegelt die Matrizen an der Diagonale. D.h., A^T wird als A' geschrieben. Damit werden auch Zeilen- in Spaltenvektoren umgewandelt (und umgekehrt). .

$$\begin{pmatrix} 2 & 4 & 8 & 9 \\ 1 & 2 & 5 & 7 \end{pmatrix}^T = \begin{pmatrix} 2 & 1 \\ 4 & 2 \\ 8 & 5 \\ 9 & 7 \end{pmatrix} \qquad [1 \ 3 \ 6]^T = \begin{pmatrix} 1 \\ 3 \\ 6 \end{pmatrix}$$

Elementweise Operationen

Mit einem Punkt vor den Operationen * / wir die Operation für jedes Element einzeln durchgeführt. $A\verb|^|2$ ist gleichbedeutend mit $A * A$ (Matrixmultiplikation), aber $A.\verb|^|2$ quadriert jedes Element der Matrix A separat.

$$A = \begin{pmatrix} a & b \\ c & d \end{pmatrix} \quad BA = \begin{pmatrix} s & t \\ u & v \end{pmatrix} \quad x = [\alpha \ \beta \ \gamma]$$

$$A * B = \begin{pmatrix} as + bu & at + bv \\ cs + du & ct + dv \end{pmatrix} \quad A.* B = \begin{pmatrix} as & bt \\ cu & dv \end{pmatrix}$$

$$A.\verb|^|B = \begin{pmatrix} a^s & b^t \\ c^u & d^v \end{pmatrix} \quad A./B = \begin{pmatrix} \frac{a}{s} & \frac{b}{t} \\ \frac{c}{u} & \frac{d}{v} \end{pmatrix}$$

$$[1\ 2\ 3\ 4].\verb|^|2 = [1\ 4\ 9\ 16] \qquad x.\verb|^|2 = [\alpha^2 \ \beta^2 \ \gamma^2]$$

Für die restlichen Operationen (+ - == etc.) und bei Multiplikation/Division mit Skalaren (2*A, A/4) ist der Punkt nicht notwendig.

Auswahl von Submatrizen

```
A(x, y)
```

So wie einzelne Elemente oder Zeilen/Spalten einer Matrix ausgewählt werden können, funktioniert das auch für Submatrizen. Dazu wird einfach für die Zeilen- und Spaltenauswahl ein Vektor angegeben.

$$A, B, C, D, E = \begin{pmatrix} 1 & 2 & 3 & 4 \\ 5 & 6 & 7 & 8 \\ 9 & 10 & 11 & 12 \end{pmatrix}$$

Die Elemente können so mittels Zuweisung auch direkt in der Matrix geändert werden (B und C)

```
A = A([1,3],[2,4])
B([1,3],[2,4]) = 0
C(1:3, 1:3) = [20 22 24; 26 28 30; 32 34 36]
```

Die Resultate dieser Zuweisungen sind:

$$A = \begin{pmatrix} 2 & 4 \\ 10 & 12 \end{pmatrix} \quad B = \begin{pmatrix} 1 & 0 & 3 & 0 \\ 5 & 6 & 7 & 8 \\ 9 & 0 & 11 & 0 \end{pmatrix} \quad C = \begin{pmatrix} 20 & 22 & 24 & 4 \\ 26 & 28 & 30 & 8 \\ 32 & 34 & 36 & 12 \end{pmatrix}$$

B.7 Funktionen

Funktions- und Variablennamen

müssen mit einem Buchstaben a-zA-Z beginnen, die folgenden Zeichen dürfen auch Zahlen 0-9 oder Unterstriche _ sein. Groß- und Kleinschreibung wird unterschieden.

Funktionen definieren

Beim Funktionsaufruf wird CODE mit den angegebenen Parametern ausgeführt. Pro Funktion wird eine Datei funcName.m benötigt. Sowohl die durch Kommata getrennten Parameter arg1,... als auch Rückgabewert ret und Beschreibung sind optional.

```
function ret = funcName(arg1, arg2, ...)
   CODE
end
```

Mehrere Rückgabewerte

Für mehrere Rückgabewerte wird die Zeilenvektorschreibweise verwendet: [ret1, ret 2] statt ret. Für die linke Seite der Zuweisung wird ebenfalls ein Zeilenvektor mit Variablen angegeben.

```
function [q,k] = quadKub(x)
   q = x^2;
   k = x^3;
end

[a,b] = quadKub(2)
   a = 4
   b = 8
```

Für unbenötigte Rückgabewerte wird statt eines Variablennamens eine Tilde angegeben.

```
[~, b] = quadKub(4)
   b = 64
```

Rückgabewerte werden der Reihe nach zugewiesen, fehlende Output-Variablen auf der linken Seite der Zuweisung werden ignoriert. Im folgenden Beispiel wird nur der erste Rückgabewert verwendet:

```
a = quadKub(2)
   a = 8
```

Anonyme Funktionen

```
funcName = @(ARGS) EXPR
```

Anonyme Funktionen lassen sich auch innerhalb einer normalen Funktion und im Befehlsfenster definieren. Sie haben genau einen Rückgabewert, der mit dem

Ausdruck `EXPR` berechnet wird, Kontrollstrukturen (z.B. `while`, `for`,...) können nicht verwendet werden. Das folgende Beispiel verwendet elementweise Operationen für den Fall, dass x und y Vektoren sind.

```
f = @(x,y) x.^2 + 2*x:*y + y.^2;


f(2,3)
  25
f([1 2],[3 1])
  16   9
```

B.8 Rekursionen

Idee

Ein rekursives Programm ruuft sich zur Berechnung des Resultates mit einer "kleineren" Probleminstanz selbst auf. Das heißt, zur Lösung eines kleineren - weniger schwierigen - Problems verwendet. Als Beispiel betrachten wir die rekursive Funktion

$$f(x) = \begin{cases} 1, & x <= 1 \\ x + f(x-1), & x > 1 \end{cases}$$

zur Berechnung der Summe $\sum x$ ohne Verwendung einer Schleife, sondern durch die Addition zweier Werte $\sum x = x + \sum(x-1)$. Der Basisfall $x = 1$ ist notwendig, damit die Funktion terminiert wird und nicht unendlich weiter läuft.

Für die Summe $f(4) = \sum_{i=1}^{4} i$ erhält man

$$\begin{aligned} f(4) &= 4 + f(3) \\ &= 4 + \overbrace{3 + f(2)} \\ &= 4 + 3 + \overbrace{2 + f(1)} \\ &= 4 + 3 + 2 + \overbrace{1} \end{aligned}$$

Call Stack

Durch Rekursion lassen sich gewisse Funktionen wie z.B. die Fibonacci-Folge elegant definieren. Nachteil bei prozeduralen Programmiersprachen ist der hohe Speicherverbrauch; bei Octave/MATLAB wird für jeden Funktionsaufruf der aktuelle Arbeitsspeicher zwischengespeichert, bis der Aufruf beendet ist. Die folgende rekursive Funktion berechnet das x-te Glied der Fibonacci-Folge.

```
function y = fib(x)
if x <= 2
  y = 1; % Basisfall
else
  y = fib(x-1) + fib(x-2);
endif
end
```

Da in rekursiven Funktionen wieder eine Funktion aufgerufen wird, muss immer wieder ein weiterer Arbeitsspeicher (Workspace) zwischengespeichert werden, bis der Basisfall erreicht ist.

Rekursionstiefe

Die folgende Funktion verdeutlicht bei der Ausführung, wie sie sich selbst rekursiv aufruft. Während f(1) ausgeführt wird, sind alle Workspaces bis f(n) auf dem Stack im Hauptspeicher zwischengespeichert. Dies kann viel Speicher belegen, weshalb die Rekursionstiefe beschränkt ist (in MATLAB auf 500, in meiner Octave-Version auf 100). Wird sie überschritten, wird das Programm abgebrochen.

```
function y = f(x)
fprintf('f(%d) aufgerufen; ', x);
if x <= 1
  y = 1;
else
  y = x + f(x-1);
end
fprintf('f(%d) beendet. ', x);
end
```

B.9 Komplexität

Landau- oder O-Notation

Zu Algorithmen wird normalerweise die **Komplexität** angegeben. Sie kann z.B. linear (geschrieben als $\mathcal{O}(n)$) oder quadratisch, $\mathcal{O}(n^2)$, sein. Damit wird der Rechenaufwand - z.B. die Anzahl der Multiplikationen - in Abhängigkeit von der Größe n des Inputs angegeben.

- Um die Summe von n Zahlen zu bilden, werden n-1 Additionen benötigt: $\mathcal{O}(n)$

- Matrix-Vektor-Multiplikation ($n \times n$-Matrix) benötigt insgesamt $2n^2$ Operationen: $\mathcal{O}(n^2)$

- Einfachen Matrix-Matrix-Multiplikation benötigt insgesamt $2n^3$ Operationen: $\mathcal{O}(n^3)$

- Sortieralgorithmen für Datensätze mit n Einträgen besitzen eine Komplexität von $\mathcal{O}(n \log_2 n)$

Beispiel: Matrixmultiplikation

Pro Element im y-Vektor sind n Multiplikationen notwendig, und y hat n Elemente.

$$
\begin{bmatrix} \cdot & \cdot & \cdot & \cdot \\ A_{21} & A_{22} & A_{23} & A_{24} \\ \cdot & \cdot & \cdot & \cdot \\ \cdot & \cdot & \cdot & \cdot \end{bmatrix} \cdot \begin{bmatrix} x_1 \\ x_2 \\ x_3 \\ x_4 \end{bmatrix} = \begin{bmatrix} \cdot \\ y_2 \\ \cdot \\ \cdot \end{bmatrix}
$$

Im folgenden Code wird die innere Schleife pro Durchlauf der äußeren Schleife n mal ausgeführt, die äußere insgesamt auch n Mal. Das führt zu je n^2 Additionen und Multiplikationen.

```
for r=1:n
  for c=1:n
    y(r) = y(r) * A(r,c) * x(x)
  end
end
```

Optimierung

Falls die Matrix eine Bandmatrix mit z.B. konstant 3 Einträgen pro Zeile ist, kann die innere Schleife so umgeschrieben werden, dass dort nur noch je drei statt n Additionen/Multiplikationen berechnet werden, denn die Position der Nicht-Null-Einträge ist bekannt.

Damit kann die Matrix-Vektor-Multiplikation bereits in $n \cdot 3$ statt in $n \cdot n$ Schritten berechnet werden, die Laufzeit sinkt von $\mathcal{O}(n^2)$ auf $\mathcal{O}(n)$.

Für große Matrizen mit z.B. $n = 10\,000$ wird dieser Unterschied bemerkbar: Mit 10^9 Operationen pro Sekunde (1 Ghz) liegt die Multiplikation mit quadratischer Laufzeit bereits im Sekundenbereich ($n^2 = 10^8$ Operationen), für Bandmatrizen selber Größe aufgrund der linearen Laufzeit noch im Millisekundenbereich.

B.10 Handles

Allgemein

Ein Handle ist eine Art "Zeiger" auf ein anderes Objekt, z.B. eine Funktion oder eine geplottete Kurve. Handles könnenFunktionen übergeben werden, welche dann auf das Objekt zugreifen können.

Grafik-Handles

Funktionen wie `plot`, `line` und `text` geben ein Handle zum erstellten Grafikobjekt zurück.

```
H = plot([1:10].^2);
```

Damit können im Nachhhinein Eigenschaften des Grafikobjektes verändert oder Plot-Kurven selektiv beschriftet werden.

```
set(H, 'linewidth', 2, 'color', [1 .8 .2]);
legend(H, 'Power function');
```

`gcf` bzw. `gca` geben ein Grafik-Handle zur aktuellen Figur/Achse zurück.

```
get(H)
set(H, name, value)
```

ruft Eigenschaften des Grafikhandles ab respektive setzt sie, z.B. `'color'` oder `'linewidth'`.

Funktionshandle

```
H = @funcName
```

Mit dem @ vor dem Funktionsnamen wird ein Funktionshandle erstellt. Diese werden etwa für `fplot` oder Runge-Kutta-Methoden `lsode` (Octave), `ode23`, `ode45` (MATLAB) usw. benötigt. `fplot` erwartet ein Funktionshandle mit einem Parameter und plottet diese Funktion im angegebenen Bereich.

```
H = @sin
fplot(H, [0, 2*pi]);
```

Zur Lösung des Anfangswertproblems

$$\dot{x} = -xt, \quad x(0) = 1$$

auf dem Intervall $[0,2\pi]$ betrachten wir

```
function xdot = f(x,t)
  xdot = -x*t;
end
H = @f
X = lsode(H, 1, 0:0.1:2*pi)

plot(X);
```

Standardwerte für Funktionsparameter

Funktionen, die als Parameter ein Funktionshandle benötigen, müssen Annahmen über dessen Parameter treffen. `lsode` oder `ode23` etwa erwarten ein Handle zu einer Funktion mit einem oder zwei Parametern, f(t) oder f(y,t).

Die folgende Beispielfunktion soll nur über t integriert werden. Mit Hilfe einer anonymen Funktion werden die Parameterwerte S und P festgelegt und eine Funktion f(t) generiert. Die Werte von S und P sind notwendig, dürfen aber nicht integriert werden.

```
S = 100; P = 0.225;
f = @(t) = druck(t, S, P);
```

Die Zuweisung kann man sich so vorstellen, dass der Programmcode der Funktion `druck` in f gespeichert wird und dabei S und P durch die aktuellen Werte ersetzt werden. nachträgliche Änderungen an den Variablen ändern an der Funktion nichts.

B.11 Verschiedenes

Textausgabe in Variablen

Anders als die Funktion `fprintf`, die den Text im Befehlsfenster ausgibt, gibt ihn `sprintf` als String zurück. Damit kann er in eine Variable gespeichert oder für Funktionsaufrufe - wie im folgenden Beispiel - verwendet werden.

```
a = pressure(t, S);
legend( sprintf('Pressure: %f', a);
```

Oberflächenplots (3D)

```
surf(X, Y, Z)
```

zeichnet einen 3D-Plot mit Z-Werten an den jeweiligen $X-$ und Y-Koordinaten. Wie im Plot-Befehl werden ohne X und Y Standardkoordinaten verwendet. Koordinatengitter können mit `repmat` generiert werden.

```
repmat(A, m, n)
```

setzt die Matrix A $m \times n$ Mal zusammen. Beispiel: X = `repmat`(1:10, 10, 1).

Farben

```
[r g b]
```

definiert eine Farbe mit angegebenen Rot-, Grün- und Blauwerten $\in [0 \dots 1]$ und erweitert damit die vordefinierten Farben `rgbcmyk` (rot, grün, blau, cyan usw.). Beispiel für RGB-Farbwerte $\in [0,255]$ aus einem Grafikprogramm wie Inkscape oder GIMP, mit Normierung:

```
plot(sin(1:.1:10).^2, 'color', [132 186 241]/255)
```

**Der Backslash Befehl **

Der Backslash-Befehl ist ein sehr mächtiges Werkzeug zur Lösung von linearen Gleichungssystemen und Ausgleichsproblemen. Soll das eindeutig lösbare lineare Gleichungssystem $Ax = b$ (A quadratisch) gelöst werden, dann leistet dies der Befehl

```
x = A\b
```

Hat das Gleichungssystem (mit nicht notwendig quadratischer Matrix A) unendlich viele Lösungen, dann wird nur eine Lösung ausgegeben, und zwar die sogenannte least-square-Lösung, die man durch Nutzung der Pseudoinversen A^+ (s. dazu z.B. Bärwolff, G.: Numerik für Ingenieure, Physiker und Informatiker. Spektrum-Verlag 2015) von A mit $x = A^+ b$ erhält. Hat ein homogenes lineares Gleichungssystem ($b = 0$) nicht nur die Null-Lösung, dann ergibt $A\backslash b$ einzig die Null-Lösung. Den gesamten Lösungsraum muss man z.B. mit dem GAUSSschen Eliminationsverfahren berechnen.

Ist A eine Matrix vom Typ $m \times n$ mit $m > n$ und b ein Spaltenvektor der Länge m, dann ergibt $A\backslash b$ die Lösung des Minimum-Problems

$$\min_{x \in \mathbb{R}^n} \|Ax - b\|_2^2 \,,$$

die ebenfalls unter Nutzung der Pseudoinversen A^+ erhalten wird. Falls hier der Rang der Matrix A gleich dem Rang der erweiterten Matrix $A|b$ ist, dann ist die Lösung des Minimumproblems auch die Lösung von $Ax = b$.

C Literaturhinweise

Bei den Empfehlungen haben wir uns auf 2 bis 3 Monographien pro Kapitel und bis auf eine Ausnahme auf deutschsprachige Titel beschränkt. Unter den genannten Büchern sind vorwiegend "Klassiker", die durch vielfache Neuauflagen eine für den Leser positive Evolution erfahren haben. Neben den Mathematikbüchern werden am Ende der Literaturhinweise zur Erholung einige bemerkenswerte Beispiele spannender mathematischer Belletristik empfohlen.

Kapitel 1

Hilbert, D., Bernays, P.: Grundlagen der Mathematik. Springer-Verlag 1968,

v. Mangoldt, H., Knopp, K.: Einführung in die Höhere Mathematik. Hirzel-Verlag 1980.

Kapitel 2

Forster, O.: Analysis, Bd. 1,2. Vieweg-Verlag 2001,1984,

Heuser, H.; Lehrbuch der Analysis, Bd. 1,2. Teubner-Verlag 1995,

Fichtenholz, G.: Differential- und Integralrechnung, Bd. 1-3. Deutscher Verlag der Wissenschaften 1992.

Kapitel 3

Knopp, K.: Theorie und Anwendung der unendlichen Reihen. Springer-Verlag 1996,

Fichtenholz, G.: Differential- und Integralrechnung, Bd. 2. Deutscher Verlag der Wissenschaften 1992.

Kapitel 4

Anton, H.: Lineare Algebra, Spektrum-Verlag 1995,

Bärwolff, G.: Numerik für Ingenieure, Physiker und Informatiker. Spektrum-Verlag 2015,

Eisenreich, G.: Lineare Algebra und analytische Geometrie. Akademie-Verlag 1991.

Kapitel 5

Courant, R., Hilbert, D.: Die Methoden der mathematischen Physik, Bd. 1,2. Springer-Verlag 1993,

Harbarth, K., Riedrich, T., Schirotzek, W.: Differentialrechnung für Funktionen mit mehreren Variablen, Teubner-Verlag 1993.

Kapitel 6

Boyce, W.E., Di Prima, R.C.: Gewöhnliche Differentialgleichungen. Spektrum-Verlag 1995,

Arnold, V.: Gewöhnliche Differentialgleichungen. Deutscher Verlag der Wissenschaften 1983.

Kapitel 7

Valentiner, S.: Vektoranalysis. Walter de Gruyter Verlag 1954,

Jänich, K.: Vektoranalysis. Springer-Verlag 1993.

Kapitel 8

Körber, K.H., Pforr, E.A.: Integralrechnung für Funktionen mit mehreren Variablen. Teubner-Verlag 1989,

Fichtenholz, G.: Differential- und Integralrechnung. Bd. 3, Deutscher Verlag der Wissenschaften 1992.

Kapitel 9

Strauss, W.: Partielle Differentialgleichungen. Vieweg-Verlag 1995,

Tychonoff, A.N., Samarski, A.A.: Differentialgleichungen der mathematischen Physik. Deutscher Verlag der Wissenschaften 1959,

Carathéodory, C.: Variationsrechnung und partielle Differentialgleichungen erster Ordnung, Bd. 1. Teubner-Verlag 1956,

Courant, R., Hilbert, D.: Die Methoden der mathematischen Physik, Bd. 2. Springer-Verlag 1993.

Kapitel 10

Knopp, K.: Funktionentheorie Bd. 1,2. Sammlung Göschen 1976,

Smirnow, W.: Lehrgang der höheren Mathematik, Bd. III/2. Verlag H. Deutsch 1995.

Kapitel 11

Stopp, F.: Operatorenrechnung. Laplace-, Fourier- und Z-Transformation. Teubner-Verlag 1992,

Doetsch, G.: Handbuch der Laplace-Transformation, Bd. 1-3. Birkhäuser-Verlag 1971-1973.

Kapitel 12

Carathéodory, C.: Variationsrechnung und partielle Differentialgleichungen erster Ordnung. Mit Erweiterungen zur Steuerung- und Dualitätstheorie. Hrsg.: R. Klötzler. Teubner-Verlag 1994,

Tröltzsch, F.: Optimale Steuerung partieller Differentialgleichungen. Vieweg 2005,

Gajewski, H., Gröger, K., Zacharias, K.: Nichtlineare Operatorgleichungen und Operatordifferentialgleichungen. Akademie-Verlag 1974.

Kapitel 13

Iben, H.K.: Tensorrechnung, Teubner-Verlag 1999,

Lichnerowicz, A.: Einführung in die Tensoranalysis, Bibl. Institut Mannheim, 1982.

Kapitel 14 und 15

Fisz, M.: Wahrscheinlichkeitsrechnung und mathematische Statistik. Deutscher Verlag der Wissenschaften 1989,

Gnedenko, B.: Einführung in die Wahrscheinlichkeitstheorie. Akademie-Verlag 1991,

Beichelt, F.E.: Stochastik für Ingenieure. Teubner-Verlag 1995.

Beichelt, F.E., Montgomery, D.C.: Taschenbuch der Stochastik; Wahrscheinlichkeitstheorie, Stochastische Prozesse, Mathematische Statistik. Teubner-Verlag 2003.

Nachschlagewerke (Tabellen von Verteilungen etc.) und mathematische Belletristik zur Entspannung

Bronstein, I.N., Semendjajew, K.A.: Taschenbuch der Mathematik. Teubner-Verlag 1979

Aigner, M., Ziegler, G.M.: Proofs from THE BOOK. Springer-Verlag 1998,

Doxiadis, A.: Onkel Petros und die Goldbachsche Vermutung, Lübbe-Verlag 2000,

Singh, S.: Fermats letzter Satz. dtv 2000,

Singh, S.: Geheime Botschaften. dtv 2001.

Index

Willkommen zu den Springer Alerts

- Unser Neuerscheinungs-Service für Sie:
  aktuell *** kostenlos *** passgenau *** flexibel

Springer veröffentlicht mehr als 5.500 wissenschaftliche Bücher jährlich in gedruckter Form. Mehr als 2.200 englischsprachige Zeitschriften und mehr als 120.000 eBooks und Referenzwerke sind auf unserer Online Plattform SpringerLink verfügbar. Seit seiner Gründung 1842 arbeitet Springer weltweit mit den hervorragendsten und anerkanntesten Wissenschaftlern zusammen, eine Partnerschaft, die auf Offenheit und gegenseitigem Vertrauen beruht.

Die SpringerAlerts sind der beste Weg, um über Neuentwicklungen im eigenen Fachgebiet auf dem Laufenden zu sein. Sie sind der/die Erste, der/die über neu erschienene Bücher informiert ist oder das Inhaltsverzeichnis des neuesten Zeitschriftenheftes erhält. Unser Service ist kostenlos, schnell und vor allem flexibel. Passen Sie die SpringerAlerts genau an Ihre Interessen und Ihren Bedarf an, um nur diejenigen Information zu erhalten, die Sie wirklich benötigen.

Mehr Infos unter: springer.com/alert

A14445 | Image: Tastenauswahl/istock

inted in the United States
Bookmasters